数据科学与大数据技术

数据挖掘与预测分析

(第2版)

[美] Daniel T. Larose
Chantal D. Larose 著
王念滨 宋敏 裴大茗 译

U0378222

清華大学出版社
北 京

Daniel T. Larose, Chantal D. Larose
Data Mining and Predictive Analytics, Second Edition
EISBN：978-1-118-11619-7

北京市版权局著作权合同登记号 图字：01-2015-5032

图书在版编目(CIP)数据

数据挖掘与预测分析：第 2 版 / (美) 丹尼尔 · T.拉罗斯 (Daniel T.Larose) 等著；王念滨，宋敏，裴大茗 译. —北京：清华大学出版社，2017 (2024. 2 重印)
(大数据应用与技术丛书)
书名原文：Data Mining and Predictive Analytics, Second Edition
ISBN 978-7-302-45987-3

Ⅰ. ①数… Ⅱ. ①丹… ②王… ③宋… ④裴… Ⅲ.①数据采集 Ⅳ. ①TP274

中国版本图书馆 CIP 数据核字(2016)第 312858 号

责任编辑：王 军 于 平
封面设计：孔祥峰
版式设计：牛静敏
责任校对：牛艳敏
责任印制：丛怀宇

出版发行：清华大学出版社
网 址：https://www.tup.com.cn, https://www.wqxuetang.com
地 址：北京清华大学学研大厦 A 座 邮 编：100084
社 总 机：010-83470000 邮 购：010-62786544
投稿与读者服务：010-62776969，c-service@tup.tsinghua.edu.cn
质 量 反 馈：010-62772015，zhiliang@tup.tsinghua.edu.cn
印 装 者：三河市龙大印装有限公司
经 销：全国新华书店
开 本：185mm×260mm 印 张：47 字 数：1144 千字
版 次：2017 年 2 月第 1 版 印 次：2024 年 2 月第 7 次印刷
定 价：198.00 元

产品编号：064482-03

译 者 序

《数据挖掘与预测分析(第 2 版)》一书从解决现实世界的问题出发，介绍了当前被广泛应用于现实世界数据集合中的数据挖掘和预测分析技术。本书对数据挖掘与预测分析的讲解是以数据准备、统计分析、分类、关联规则、强化模型性能、案例研究为线索，根据技术的适用情况，结合相应的案例开展研究工作，帮助读者了解并掌握各种算法的操作和细微差异，让读者真正理解算法思想和适用环境。

本书提出的方法和技术全面、深入，几乎涵盖了当前应用中常见的各类挖掘与分析方法。对方法的介绍从概念、算法、评价等部分着手，深入浅出地加以介绍。在介绍方法的章节中增加了 R 语言开发园地，帮助读者利用 R 语言开展实际设计和开发工作，获得章节中涉及内容的结果，便于读者掌握所学内容。

本书的第Ⅰ、Ⅳ、Ⅶ部分由王念滨翻译，第Ⅱ、Ⅲ部分由裴大茗翻译，第Ⅴ、Ⅵ部分由宋敏翻译，王红滨负责 R 语言开发园地的翻译工作，周连科负责各章练习的翻译工作，博士研究生王瑛琦、何鸣、宋奎勇负责全书图表及附录的翻译工作。另外，硕士研究生孙静、李丝然等参加了本书的校对工作，在此一并致谢。

译者在翻译此书的过程中发现，数据挖掘与预测分析领域的许多术语国内的专家们尚未达成共识，因此在翻译过程中，主要参考了互联网释义。由于本书体量庞大，不少算法的细微之处译者尚未开展深入研究，翻译中的错误和不当之处在所难免，恳请读者批评指正。

译 者

致　谢

致谢——Daniel

首先我要感谢我的导师，杰出的统计学教授、康涅狄格大学文理学院副院长 Dipak K. Dey 博士，以及韦斯特菲尔德州立大学数学系统计学教授 John Judge 博士。我将终生感谢你们对我的教诲。我还要感谢我在中央康涅狄格州立大学数据挖掘项目组的同事：Chun Jin 博士、Daniel S. Miller 博士、Roger Bilisoly 博士、Darius Dziuda 博士以及 Krishna Saha 博士。感谢我的女儿 Chantal，感谢我的孪生子 Tristan Spring 及 Ravel Renaissance，感谢你们让我体验到生活的真谛。

Daniel T. Larose 博士

中央康涅狄格州立大学，数据挖掘及统计学的教授

致谢——Chantal

首先我要感谢我的博士生导师、康涅狄格大学统计系的杰出教授 Dipak Dey 博士和副教授 Ofer Harel 博士。他们的洞察力及理解力都深深体现在我们令人激动的研究项目及我的博士论文 *Model-Based Clustering of Incomplete Data*(基于模型的不完整数据聚类)中。感谢我的父亲 Daniel，将我带入值得一生探究的数据分析领域，感谢我的母亲 Debra，感谢她对统计学的关注。最后，感谢我的兄弟姐妹们：Ravel 和 Tristan，感谢他们的洞察力、音乐及友谊。

Chantal D. Larose 硕士

康涅狄格大学统计系

前　言

什么是数据挖掘？什么是预测分析

> 数据挖掘是从大型数据集中发现有用的模式和趋势的过程。
>
> 预测分析是从大型数据集中抽取信息以便对未来的情况做出预测和估计的过程。

由 Daniel Larose 和 Chantal Larose 合著的《数据挖掘与预测分析(第 2 版)》一书能够确保读者成为这一前沿且大有前途的领域的专家。

为什么需要本书

根据 MarketsandMarkets 研究公司的调查，从 2013 年～2018 年，全球大数据市场有望以每年 26%的速度增长，将从 2013 年的 148.7 亿美元增加到 2018 年的 463.4 亿美元[1]。世界范围内的公司和团体正在学习如何应用数据挖掘和预测分析以增加利润。尚未应用数据挖掘和预测分析的公司将会在 21 世纪经济的全球竞争中落伍。

在大多数领域中，人类都被数据所淹没。遗憾的是，这些花费庞大成本收集得到的数据多数都被遗弃在数据仓库中。问题是，缺乏足够的、受过良好训练的、具备将这些数据转换为人类需要的知识并就此将分类树转换为智慧的分析人员。这也是编写本书的目的所在。

McKinsey Global Institute 报告指出[2]：

公司在利用大数据的技能需求方面将会存在人才短缺现象。从大数据中获取价值的制约主要体现在缺乏必要的人才，特别是缺乏那些掌握统计和机器学习专门知识的人才，缺

---

1 *Big Data Market to Reach $46.34 Billion by 2018*, by Darryl K.Taft, *eWeek*, www.eweek.com/database/big-data-market-to-reach-46.34-billion-by-2018.html, posted September 1, 2013, last accessed March 23, 2014.

2 *Big data: The next frontier for innovation, competition, and productivity*, by James Manyika et al., Mckinsey Global Institute, www.mckinsey.com, May, 2011.Last accessed March16, 2014.

乏能够使用从大数据中获取的见识来运营公司的管理人员和分析人员。我们认为对大数据世界开展分析工作的职位比目前能够提供的缺少大约 140 000 ~ 190 000 个。此外，我们认为在美国额外还将需要 150 万位能够提出正确问题并能够有效利用大数据分析结果的管理和分析人员。

本书试图帮助解决数据分析人员短缺的问题。

数据挖掘得到越来越广泛的应用，因为它有助于增强公司从其已有的数据集合中发现有利的模式和趋势的能力。公司和团体花费了大量的金钱，收集到海量的数据，但是未能很好地利用隐藏在其数据仓库中的有价值的和可操作的信息。然而，随着数据挖掘实践变得越来越广泛，无法应用这些技术的公司将存在落后于市场的危险，将逐渐失去市场份额，因为他们的竞争对手都在使用数据挖掘，从而赢得竞争优势。

谁将从本书获益

《数据挖掘和预测分析(第 2 版)》一书通过逐步动手解决现实世界的现实问题，介绍了当前广泛运用于现实世界数据集合中的数据挖掘技术，这一方式将吸引管理人员、首席信息官、首席执行官、首席财务官、数据分析人员、数据库分析人员以及其他需要了解最新方法以提高投资回报率的群体的注意。

利用《数据挖掘与预测分析(第 2 版)》，你将学习什么类型的分析能够从数据中发现最有益的知识，同时避免进入可能会导致公司投入大量资金而不能带来相应利益的误区。你将通过真正实践数据挖掘和预测分析来学习数据挖掘和预测分析。

危险！数据挖掘容易被搞砸

能够开展数据挖掘工作的新的现有软件平台不断涌现，这将带来新的危险。这些应用处理数据非常方便，强大的数据挖掘算法以黑盒方式嵌入到软件中，导致滥用情况出现的比例更高，从而带来巨大的危险。

简言之，数据挖掘工作不容易做好。将强大的模型应用于海量数据时，一知半解特别危险。例如，对未经过预处理的数据开展分析工作可能会得出错误的结论，或者对数据集采用不适当的分析方法，又或者模型构建基于完全不正确或似是而非的假设之上。如果进行了部署，分析中存在的这些错误可能会让你付出昂贵的代价。《数据挖掘与预测分析(第 2 版)》一书有助于使你成为一名能够避免进入这些昂贵陷阱的精明的分析人员。

“白盒”方法

了解基本算法和模型结构

数据挖掘和预测分析出现问题的症结在于盲目采用“黑盒”方法，避免代价昂贵错误的最佳方法是转而采用“白盒”方法，白盒方法强调要求对软件中基本算法和统计模型结构的了解。

《数据挖掘与预测分析(第 2 版)》通过如下方式应用白盒方法：

- 明确地揭示为什么需要运用某一特定方法或算法。
- 让读者了解某个算法或方法是如何工作的，采用实例(小型数据集)解释，以便读者逐步了解其中的逻辑关系，从而以白盒方法了解方法或算法的内部工作模式。
- 提供将方法应用于大型、现实世界数据集的实例。
- 通过练习测试读者对概念和算法的理解程度。
- 为读者提供将数据挖掘应用于大型数据集的经验。

算法概览

《数据挖掘与预测分析(第 2 版)》将利用小型数据集，指引读者学习各种算法的操作和细微差异，让读者真正理解算法的内部工作情况。例如，在第 21 章中，我们将逐步利用小型数据库，应用 BIRCH 聚类算法(BIRCH 是层次聚类的一种方法)学习平衡迭代消减和聚类，精确地展示 BIRCH 如何针对数据集选择优化的聚类解决方法。正如我们所知，此类演示是本书针对 BIRCH 算法的独特方法。同样，在第 27 章中，我们将通过使用选择、交叉和变异操作算子，针对小型数据集逐步发现优化解决方案，以便读者能够更好地理解所涉及的过程。

将算法和模型应用到大型数据库

《数据挖掘与预测分析(第 2 版)》提供了大量将数据分析方法应用于大型数据库的示例。例如，第 9 章通过利用实际数据库，解析了营养等级与谷物含量之间的关系。在第 4 章中，我们将主成分分析应用于实际的加利福尼亚州的人口普查数据中。所有数据集均可从本书网站 www.dataminingconsultant.com 中获得。

章节练习：检查并确认读者是否了解了本章内容

《数据挖掘与预测分析(第 2 版)》一书的各章中包含大约 750 个练习，有助于读者了解自己对各章提供材料的理解程度，并从中体验与数字和数据打交道的乐趣。这些练习包含概念辨析类型的练习，可帮助读者进一步梳理清楚数据挖掘中某些更具有挑战性的概念；利用数据开展工作的练习，帮助读者将特定数据挖掘算法应用到小型数据集中，从而能够逐步实现较好的解决方案。例如，在第 14 章中，我们要求读者通过该章提供的数据集获得最大后验分类。

动手实践：通过实际编写数据挖掘算法学习数据挖掘

本书大多数章节为读者提供了动手实践分析问题，为读者提供了运用新学的数据挖掘专业知识，解决大型数据集实际问题的方法。许多人都喜欢边学边做，而《数据挖掘与预测分析(第 2 版)》为读者提供了一个边学边做的框架。例如，在第 13 章中，读者将采用实际的信用卡审批分类数据集，构建自己的最佳 logistic 回归模型，尽可能利用从该章中学习到的方法，提供对模型强大的、可解释的支持，包括对获取的变量及标识变量的解释。

令人兴奋的新主题

《数据挖掘与预测分析(第 2 版)》一书还提供大量令人兴奋的新主题，主要包括：

- 通过利用数据驱动的误分类开销实现成本-效益分析
- 独立或多元分类模型的成本-效益分析
- 分类模型的图形化评估方法
- BIRCH 聚类
- 分段模型
- 集成方法：bagging 和 boosting 方法
- 模型投票与趋向平均
- 缺失数据的填补方法

R 语言开发园地

R 语言是一种探索及分析数据集的功能强大的开源语言。使用 R 语言的分析人员可以利用大量免费的程序包、例程和图形用户界面来解决大多数数据分析问题。本书大多数章节中都为读者提供 R 语言开发园地，用 R 语言获得章节中涉及内容的结果，以及部分输出的截图。

附录：数据汇总与可视化

一些读者可能不大容易理解某些统计和图形化概念，这些概念通常会在统计课程中学习。《数据挖掘与预测分析(第 2 版)》一书提供了介绍常见概念和术语的附录，为读者更好地理解本书的相关材料奠定基础。

案例研究：分析方法汇总

《数据挖掘与预测分析(第 2 版)》最后提供了详细的案例研究。通过对案例的研究，读者能够了解怎样将自己从书中学习到的方法融会贯通，以建立可操作的、有益的解决方案。详细的案例研究包括在以下 4 章中：

- 第 29 章　案例研究，第 1 部分：业务理解、数据预处理和探索性数据分析。
- 第 30 章　案例研究，第 2 部分：聚类与主成分分析。
- 第 31 章　案例研究，第 3 部分：建模与评估性能和可解释性。
- 第 32 章　案例研究，第 4 部分：高性能建模与评估

案例研究中包含大量图形、探索数据分析、预测模型、客户分析，并提供针对不同用户需求的解决方案。采用定制的数据驱动成本效益表的模型评估方法，反映分类误差的真正开销，而不是采用常见的诸如总体误差率等评估方法。因此，分析人员能够使用每位客户接触的开销对模型进行比较工作，给予接触客户的数量，预测模型能够实现多少利润。

本书组织结构

《数据挖掘与预测分析(第 2 版)》一书的组织结构有助于读者直接发现相关的逻辑。共设 32 章，包含 8 个主要部分：

- 第 I 部分是数据准备，包含有关数据预处理、探索性数据分析、降维方法等章节。
- 第 II 部分是统计分析，提供开展数据分析工作常见的经典统计方法，包括单变量统计分析及多元变量统计分析、简单及多元线性回归方法、为构建模型准备数据、模型构建等章节。
- 第III部分是分类，包含 9 章，是本书涉及内容最多的部分：其中包含 *k*-最近邻算法、决策树、神经元网络、logistic 回归、朴素贝叶斯与贝叶斯网络、模型评估技术、基于数据驱动成本的成本-效益分析、二元及 *k* 元分类模型、分类模型的图形化评估等。
- 第IV部分是聚类，包含层次聚类和 *k*-均值聚类、Kohonen 网络、BIRCH 聚类、度量簇的优劣等。
- 第 V 部分是关联规则，本部分仅包含一章内容，涵盖 A Priori 关联规则以及广义规则归纳。
- 第VI部分是模型性能强化，提供细分模型、集成方法：bagging 和 boosting、模型投票与趋向平均等章节。
- 第VII部分介绍针对预测建模的其他方法，包括缺失数据填补以及遗传算法等。

- 第Ⅷ部分是案例研究：针对直邮市场的预测响应，包括 4 章，给出如何从直邮市场营销活动中获取最大利润的完整案例分析方法。

软件

本书使用的软件包括：

- IBP SPSS Modeler 数据挖掘软件套件
- R 开放源代码统计分析软件
- SAS Enterprise Miner
- SAS 统计分析软件
- Minitab 统计分析软件
- Weka 开放源代码数据挖掘软件

IBM SPSS Modeler 是数据挖掘领域应用最广泛的数据挖掘软件套件，该软件由 SPSS 开发(www-01.ibm.com/software/analytics/spss/products/modeler/)，本书采用了其基本软件。SAS Enterprise Miner 比 IBM Modeler 功能更强大，但学习该软件比较困难。SPSS 可以获得免费试用版(通过 Google 搜索“spss”即可下载)。Minitab 是简单易用的统计软件包，可以在该公司提供的网站 www.minitab.com 下载试用版。

Weka：开源软件

Weka 机器学习平台是一种基于 GNU 通用公共许可证发布的开源软件，它包括实现多数数据挖掘任务所需要的工具集合。《数据挖掘与预测分析(第 2 版)》利用 Weka 3.6 开发动手实践、一步一步实例教程等，该软件可从本书的相关网站 www.dataminingconsultant.com 获得。读者可以使用 Weka 执行如下类型的分析：logistic 回归(见第 13 章)、朴素贝叶斯分类(见第 14 章)、贝叶斯网络分类(见第 14 章)、遗传算法(见第 27 章)。有关 Weka 的更多信息可参考 www.cs.waikato.ac.nz/ml/weka。作者非常感谢 James Steck 提供了大量的 Weka 实例和练习。James Steck(jame_steck@comcast.net)是 2005 年康涅狄格州州立中央大学最早获得数据挖掘学科硕士学位的学生之一，也是最早获得研究生学术研究奖的学生。

本书网站 www.dataminingconsultant.com

读者可以获得由 Daniel Larose 和 Chantal Larose 撰写的、Wiley InterScience 出版的数据挖掘书籍相关材料。通过该网站，或扫描本书封底的二维码，可以下载本书用到的大多数数据集，方便读者动手实践开发各种本书提到的分析方法和模型。网站还包括勘误表和比较完整的数据挖掘相关资源，涉及数据集链接、数据挖掘研究组链接以及相关的研究论文等。

然而，本网站真正强大的原因还在于可供讲授本书的教师使用，提供的资源包括：

- 所有练习的答案，包括动手实践分析。
- 各章的 PPT，可方便教学工作。
- 示例数据挖掘课程项目，由作者亲自编写，可以在你的课程讲授中采用。
- 实际的数据集，可用于课程学习参考。
- 每章所涉及的网络资源。

作为教材的《数据挖掘与预测分析(第 2 版)》

《数据挖掘与预测分析(第 2 版)》自然适合作为 1 学期或 2 学期课程的课本，2 学期课程内容可分为数据挖掘介绍和中级数据挖掘。教师在授课时可获得如下好处：

- 数据挖掘过程介绍。
- “白盒”方法，强调理解基本算法的结构：
  - 利用玩具数据集讲授算法概览。
  - 将算法应用于大型数据集。
  - 超过 300 幅图、275 张表。
  - 包含 750 道章节练习和动手实践分析。
- 大量令人兴奋的新专题，例如基于数据驱动误分类开销的成本-效益分析。
- 详细的案例研究，有助于融会贯通前 28 章介绍的内容。
- 附录：数据汇总与可视化，包含读者可能比较生疏的统计和图形方面的概念综述。
- 对应 Web 网站，提供了上述内容详细的资源列表。

《数据挖掘与预测分析(第 2 版)》可作为本科高年级或研究生课程内容。若先有选修统计方面的课程更好，但并非必需。读者不需要具备计算机编程经验或数据库的专门知识。

目　录

第Ⅰ部分　数据准备

第 II 部分 统计分析

第III部分　分类

第Ⅴ部分　关联规则

第Ⅵ部分　增强模型性能

第Ⅶ部分　更多主题

第 I 部分

数据准备

第 1 章

数据挖掘与预测分析概述

1.1 什么是数据挖掘和预测分析

最近，计算机制造商 Dell 对提高其销售人员的工作效率非常感兴趣。为此，公司利用数据挖掘和预测分析方法分析其潜在客户数据库，以发现那些最有可能真正成为其客户的人群。通过利用 LinkedIn 及其他能够提供大量丰富潜在客户信息的类似网站，研究潜在客户的社会网络行为，Dell 就能为其客户开发出更具个性化的销售方式。以上案例是通过挖掘客户数据，帮助识别潜在客户市场行为类型的实例，它基于客户的个人档案记录。这一工作能获得什么样的效益呢？可以将需要联系的预期人群数量减少 50%，只与那些最有可能成为客户的人群联系，销售人员的效率和效益提高一倍左右，同时 Dell 的营业额也获得了类似的增长[1]。

美国麻省州政府以预测分析为工具，大大减少了全州的医疗福利诈骗案件。当医疗索赔发生时，州政府立即将相关信息实时发送到预测分析模型，执行异常检测。据麻省州医疗福利欺诈中心负责人 Joan Senatore 透露，在投入使用的前 6 个月期间，该系统"发现了涉及大约两百万美元的不应支付的款项，避免了大量欺诈索赔金额的支付"。[2]

麦肯锡全球研究所(MGI)报告[3]称大多数雇员超过 1000 人的美国公司平均有至少 200

---

1 *How Dell Predicts Which Customers Are Most Likely to Buy*, by Rachael King, CIO Journal, Wall Street Journal, December 5, 2012.

2 *How MassHealth cut Medicaid fraud with predictive analytics*, by Rutrell Yasin, GCN, February 24, 2014.

3 *Big data: The next frontier for innovation, competition, and productivity*, by James Manyika et al., Mckinsey Global Institute, www.mckinsey.com, May, 2011. Last accessed March 16, 2014.

TB 的数据存储。麦肯锡全球研究所认为在世界范围内，数据产生的总量将以每年 40%的速度增长，对公司来说，这将带来有利可图的机会，它们可以利用其数据减少开销并增加利润。例如，按照 MGI 的报告，能够最大限度地利用这些“大数据”的零售商可使其营业额毛利增长 60%以上。

《福布斯》杂志报告[4]表明，利用数据挖掘和预测分析，可发现那些具有最严重危险的充血性心脏衰竭病人。IBM 收集了涉及 350 000 位病人的 3 年数据，包括超过 200 个参数的数据度量值，如血压、体重以及处方药等。利用预测分析，IBM 发现可能会死于充血性心脏衰竭的风险最大的 8500 位病人。

《MIT(麻省理工学院)技术导报》报告[5]声称，正是由于奥巴马竞选团队有效利用了数据挖掘技术，帮助奥巴马于 2012 年赢得了与对手罗姆尼的总统竞选。首先，竞选团队使用数据挖掘模型确定出潜在的奥巴马支持者，然后确定这些支持者将会参与投票。竞选团队还使用了单独的数据挖掘模型，按照不同选区预测投票结果。在著名的摇摆选区，即俄亥俄州汉密尔顿选区，该模型预测奥巴马将获得 56.4%的选票；实际情况是，奥巴马总统在该选区获得 56.6%的选票，预测值与实际值仅相差 0.2%。这样准确的预测能力使得竞选团队成员能在分配紧缺资源时获得更高的效率。

> 数据挖掘是从大型数据集中发现有用的模式和趋势的过程。
> 预测分析是从大型数据集中获取信息以便对未来结果进行预测和估计的过程。

那么，数据挖掘是什么？预测分析是什么？

当你在大型超市排队等待结账时，是否曾经闭上眼睛倾听？你可能会听到收款台上的读卡器在扫描读取食品杂货条形码时所发出的嘟嘟声，此时读取的数据都存放到公司的服务器上。每一次嘟嘟声都意味着向数据库中插入了一条新记录，表明收集到包含新“观察值”的信息，这些信息涉及你的家庭以及其他通过收款台的家庭所具有的购买习惯。

显然，可以收集到大量的数据。然而，我们能够从所有这些数据中学习到什么呢？将会从所有这些数据中得到何种新知识呢？现实情况是，可能没有你想象的那样多，原因在于有经验的数据分析人员严重短缺。

1.2 需求：数据挖掘技术人员

早在 1984 年，在《大趋势》一书[6]中，约翰·奈斯比特注意到“我们被大量信息淹没，

4 *IBM and Epic Apply Predictive Analytics to Electronic Health Records*, by Zina Moukheiber, Forbes magazine, February 19, 2014.

5 *How President Obama's campaign used big data to rally individual voters*, by Sasha Issenberg, MIT Technology Review, December 19, 2012.

6 *Megatrends*, John Naisbitt, Warner Books, 1984.

但却缺乏知识”。当前，这一问题不在于我们没有足够的数据或信息流。事实上，目前多数领域都存在大量的数据。问题在于，我们缺乏擅长于将所有这些数据转换为知识的足够分析人员，他们能够将分类树转为智慧。

数据挖掘和知识发现领域的持续显著成长是源于多种因素幸运交汇的结果：

- 收集到的数据呈爆炸性增长，正如前述超市扫码器的案例所示；
- 将数据存储到数据仓库中，从而整个企业能够访问可靠的、最新的数据库；
- 越来越多的人能够通过网页浏览和内联网访问数据；
- 在经济全球化进程中为增加市场份额所遇到的竞争压力；
- 可用的商业数据挖掘套件的开发；
- 计算能力和存储能力的不断增大。

遗憾的是，McKinsey 报告[7]认为：

企业需要的能够利用大数据的人才存在短缺。因此，想要获取大数据中蕴含的价值将严重受制于人才的短缺，特别是具有统计和机器学习方面专门知识的专家型人才，以及熟知如何利用从大数据中获得的知识来运营公司的管理人员和分析师。我们认为对大数据领域需要的、能够进行深入分析的职位呈现供不应求的状况，短缺将达到 140 000～190 000 个职位。此外，我们认为在美国大约需要额外的 150 万管理人员和分析师，他们能够提出正确的问题并有效地使用大数据分析的结果，开展管理和分析工作。

本书试图帮助缓解数据分析人员严重短缺的现状。

1.3　数据挖掘离不开人的参与

自动化无法替代人的监督，数据挖掘过程的每个阶段都需要人的积极参与。与其寻找人员适合在数据挖掘中处理什么工作，不如询问我们如何能够将数据挖掘设计成为人性化的问题求解过程。

此外，当前可用的强大数据挖掘算法嵌入在黑盒软件中，这会导致大量的误用，从而产生更大的危险。与其他新的信息技术一样，数据挖掘技术也容易产生不良的效果。例如，研究人员可能应用不适当的、与正确途径完全不同的方法分析数据集，或者得出的模型建立在完全似是而非的假设的基础上。因此，需要理解作为软件底层的统计和数学模型的结构。

---

7 *Big data: The next frontier for innovation, competition, and productivity*, by James Manyika *et al.*, Mckinsey Global Institute, www.mckinsey.com, May, 2011. Last accessed March 16, 2014.

1.4　跨行业数据挖掘标准过程：CRISP-DM

在一些公司中，由于部门习惯和组织划分，存在着混乱地处理数据挖掘的情况，从而浪费大量资源，开展重复劳动。因此明显需要建立一种跨行业的标准，该标准应与行业、工具和应用无关。跨行业数据挖掘标准过程(CRISP-DM[8])由来自戴姆勒-克莱斯勒、SPSS 和 NCR 的分析人员共同开发。CRISP 提供了一种开放的、可自由使用的数据挖掘标准过程，使数据挖掘适合于商业或研究单位的问题求解策略。

按照 CRISP-DM 标准，一个数据挖掘项目的生命周期包含 6 个阶段，如图 1.1 所示。注意阶段顺序是自适应的。这意味着，后一阶段通常依赖于与之相关的前一个阶段的结果。阶段之间最显著的依赖关系用箭头表示。例如，假设我们目前处于建模阶段。根据模型的行为和特征，在进入模型评估阶段前，我们可能需要返回到数据准备阶段做进一步的完善工作。

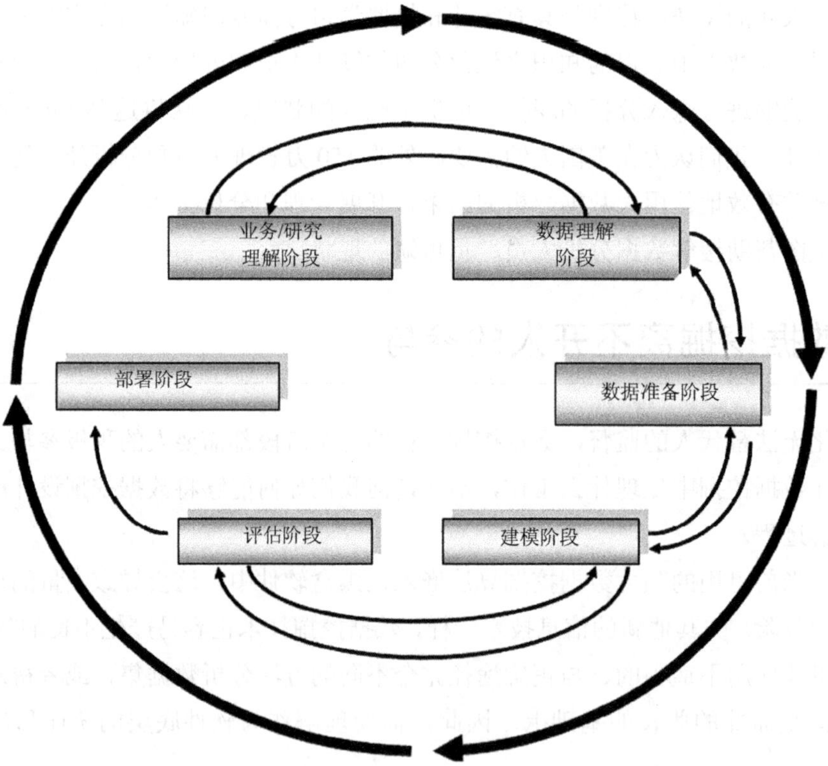

图 1.1　CRISP-DM 是一个迭代的、自适应的过程

CRISP 的迭代特性如图 1.1 中的外圈所示。通常，针对特定业务或研究问题的解决方案将会产生更为深入的有趣问题，这些问题往往可以使用与之前类似的通用过程加以解决。

8 Peter Chapman, Julian Clinton, Randy Kerber, Thomas Khabaza, Thomas Reinart, Colin Shearer, Rudiger Wirth, *CRISP-DM Step-by-Step Data Mining Guide*, 2000.

从过去的项目中学到的经验教训始终应该作为新项目的输入。以下是对各个阶段的简略描述(在评估阶段遇到的问题可以由分析人员返回前面的任一阶段开展完善工作)。

CRISP-DM：六阶段概述

1. **业务/研究理解阶段**
   a. 首先，根据业务或研究单元，从总体上清楚地阐明项目目标和需求。
   b. 然后，将这些目标和约束转换为数据挖掘问题定义的公式。
   c. 最后，准备实现这些目标的初步策略。
2. **数据理解阶段**
   a. 首先，收集数据。
   b. 然后，通过探索性数据分析熟悉数据，发现浅层见解。
   c. 评估数据质量。
   d. 最后，如果需要的话，选择可能包含可执行模式的感兴趣数据子集。
3. **数据准备阶段**
   a. 该阶段需要投入大量的精力，涵盖准备最终数据集的方方面面，这些数据将用于后续阶段，涉及初始数据、原始数据和脏数据。
   b. 选择要分析的案例和变量，为分析做好准备工作。
   c. 如果需要的话，对确定的变量进行转换。
   d. 对原始数据展开清理工作，为使用建模工具建模打下基础。
4. **建模阶段**
   a. 选择并应用适当的建模技术。
   b. 校准模型设置以优化结果。
   c. 通常，对同一个数据挖掘问题可能要应用多种不同的技术。
   d. 可能需要返回数据准备阶段，以便使数据形式能够符合特定数据挖掘技术对数据的特定需求。
5. **评估阶段**
   a. 建模阶段将发布一个或多个模型。在将这些模型部署到现场进行使用前，必须对模型质量和效果开展评估工作。
   b. 同时要确认模型是否能完成阶段 1 设定的目标集。
   c. 确认业务或研究问题的重要组成部分是否未被清楚地解释。
   d. 最后，做出有关是否使用数据挖掘结果的决定。
6. **部署阶段**
   a. 建立了模型并不意味着项目已经完成。需要应用已建立的模型。
   b. 简单部署实例：建立报表。
   c. 复杂一些的部署实例：在其他部门实现并行数据挖掘过程。
   d. 对商业应用来说，客户通常会基于建立的模型开展部署工作。

本书广泛采纳 CRISP-DM，当然有些方面进行了修改。例如，在执行探索性数据分析(第 3 章)前，我们趋向于先清理数据(第 2 章)。

1.5 数据挖掘的谬误

在美国众议院技术、信息政策、政府间关系和人口普查小组委员会以前的发言中，鹦鹉螺系统公司总裁 Jen Que Louie 描述了对数据挖掘的 4 种常见谬误，其中两种与我们前述的警告相同：

- 谬误 1：数据挖掘工具可以方便地连接到我们的数据仓库并得出问题的答案。
  - 实际情况是，不存在能够机械式地自动解决你的问题并且你什么都不需要做的自动化数据挖掘工具。数据挖掘是一个过程，而 CRISP-DM 是一种将数据挖掘过程融合到整个业务和研究活动中的方法。
- 谬误 2：数据挖掘过程是自动化的过程，几乎不需要人为的监督。
  - 实际情况是，数据挖掘不是魔术。没有训练有素的人员的监督，盲目使用数据挖掘软件将会带给你错误问题的错误解答，并且运用到错误的数据类型。此外，错误的分析比不做分析更糟，因为错误分析所产生的策略建议将带给你代价昂贵的失败。即使部署模型之后，新数据的引入通常也需要对模型进行更新。必须由分析人员不断地开展质量监督和其他的评估度量工作。
- 谬误 3：数据挖掘很快就会收回投资。
  - 实际情况是，回报率差别很大，这依赖于初始开销、分析人员开销、数据仓库准备的开销等。
- 谬误 4：数据挖掘软件包直观易用。
  - 实际情况是，易用性也是千差万别的。然而，不要听信一些软件开发商广告的宣传，你不能仅仅购买数据挖掘软件，安装并袖手旁观，等着它为你解决所有的问题。例如，算法需要特定的数据格式，这可能需要大量的预处理工作。数据分析人员必须同时具备分析问题的学科知识，并且熟悉整个业务和研究模型。

除了以上所列的谬误外，我们增加了其他 3 种常见的谬误。

- 谬误 5：数据挖掘将确定我们的业务或研究问题的原因。
  - 实际情况是，知识发现过程将帮助你揭示行为模式。再次强调，确定原因是由人完成的工作。
- 谬误 6：数据挖掘将自动清理混乱的数据库。
  - 实际情况是，当然不是自动的。作为数据挖掘过程的最初阶段，数据准备阶段通常用于处理多年来未检验和使用的数据。因此，开始新的数据挖掘操作的组织通常将面对多年未使用的数据问题。由于多年未被使用，需要对这些数据进行大量的更新工作。

- 谬误 7：数据挖掘总是会提供正面的结果。
  - 实际情况是，当对数据进行挖掘工作以获得可用知识时，并不能保证获得正面的结果。数据挖掘不是解决商业问题的灵丹妙药。通过由理解所涉及的模型、数据需求和项目总体目标的人员适当地使用，数据挖掘的确能够提供有价值的、高效益的结果。

以上讨论也可称为数据挖掘不能做什么工作。以下内容将转入讨论数据挖掘能做什么工作。

1.6　数据挖掘能够完成的任务

以下列表展示最常见的数据挖掘任务：

数据挖掘任务

1 描述

2 评估

3 预测

4 分类

5 聚类

6 关联

1.6.1　描述

有时，研究人员和分析人员试图发现隐藏在数据中的模式和趋势描述方法。例如，民意调查员可能会发现失业人员不大可能在总统选举中支持现任总统的证据。对此类模式和趋势的描述通常会得出可能的解释。例如，失业人员的财务状况通常比现任总统就任前要差得多，因此趋向于投票给新的总统候选人。

数据挖掘模型应该尽可能透明。也就是说，数据挖掘模型的结果应该描述清晰的模式，这些模式服从直觉解释。一些数据挖掘方法比其他数据挖掘方法更适合透明解释。例如，决策树提供直观的、便于人们理解的解释结果。然而，神经元网络由于模型的非线性和复杂性，对非专业人士来说其解释相对要模糊得多。

高质量的描述通常能够以探索性数据分析实现，这是一种图形化的方法，对数据进行探索以搜索模式和趋势。我们将在第 3 章中考察探索性数据分析方法。

1.6.2 评估

对评估来说，我们用一组数字和/或分类预测变量近似估计数字目标变量的值。建立的模型使用“完整”的记录，这些记录提供了目标变量的值以及预测值。然后，对于新的观测结果，估计目标变量与预测变量之间值的差异。

例如，我们对评估医院病人的收缩期血压读数感兴趣，该评估基于病人的年龄、性别、身体质量指数、血钠水平等。收缩期血压与训练集中的预测变量之间的关系将给我们提供一个评估模型。然后我们可以将该模型应用于新病例中。

业务和研究中涉及的评估任务包括：

- 评估一个随机选择的四口之家在秋季返校前的购物开销情况；
- 评估橄榄球联赛中进攻后卫在膝盖受伤后导致的折返跑动作下降的百分比；
- 评估勒布朗·詹姆斯在加时赛中面对包夹战术时每场比赛的得分情况；
- 基于本科生的 GPA，评估研究生的 GPA。

如图 1.2 所示，散点图表示 1000 名研究生的 GPA 与本科生的 GPA 的情况。按照最小二乘准则的简单线性回归让我们能够发现这两个变量之间的近似关系。在已知学生本科 GPA 的情况下，图 1.2 所示的回归线用于评估研究生的 GPA。

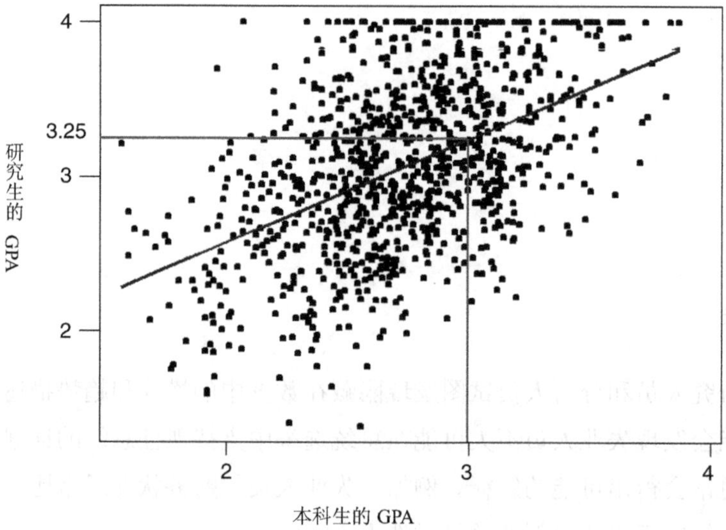

图 1.2 基于回归线的回归评估

回归线的表达式(由统计软件包 Minitab 产生，图 1.2 也是由该软件包生成的)为 $\hat{y}=1.24+0.67x$。该公式表明，评估毕业生年级平均成绩等于 1.24 加上 0.67 倍本科生年级平均成绩。例如，假定你的本科年级平均成绩为 3.0，则毕业生年级平均成绩为 $\hat{y}=1.24+0.67(3)=3.25$。注意点 $(x=3.0, \hat{y}=3.25)$ 精确地出现在回归线上，与线性回归预测的结果完全一致。

统计分析领域提供了几种广泛使用的经典评估方法，包括点评估以及置信区间评估、简单线性回归和关联、多元回归等。我们将在第 5、6、8、9 等章中介绍这些方法。第 12 章也可用于评估分析。

1.6.3　预测

预测与分类和评估类似，但预测主要是针对未来的情况。商业和研究领域的预测任务包括：

- 预测未来 3 个月的股票价格；
- 在限速提高后，预测下一年交通死亡人数增加的百分比；
- 根据每个球队的统计结果比较，预测今年秋季世界杯系列赛的冠军；
- 预测药物研发中的某个特定分子是否会给制药公司带来有利可图的新药。

在适当的环境下，所有分类和评估技术使用的方法和技术也可以用于预测。这些方法包括传统的点评估和置信区间评估、简单线性回归和关联、多元回归等统计方法，将在第 5 章、第 6 章、第 8 章和第 9 章中探讨。还包括数据挖掘和知识发现方法，如 *k*-最近邻方法(第 10 章)、决策树(第 11 章)和神经元网络(第 12 章)等。

1.6.4　分类

分类方法与评估方法类似，区别是分类方法的目标变量是类别而不是数字。对分类来说，包括一个目标分类变量，例如收入档次，该变量可分为 3 个类别或类：高收入、中等收入和低收入。数据挖掘模型检验大量的数据记录，每个记录包含目标变量的信息以及一组输入或预测变量。例如，考虑如表 1.1 所示的数据集摘录内容。

表 1.1　摘录自数据集的分类收入

目标	年龄	性别	职业	收入档次
001	47	女	软件工程师	高
002	28	男	营销顾问	中等
003	35	男	失业	低
…	…	…	…	…

假设研究人员希望对新个体的收入档次进行分类，该个体目前不在上述数据集中，而是要基于与该个体相关的其他特征开展分类工作，例如年龄、性别、职业等。这就是典型的分类任务，非常适合采用数据挖掘方法和技术来解决。

解决该问题的算法简单描述如下。首先，验证数据集中包含的预测变量和(已经分类的)目标变量，即收入档次。以此方法，算法(软件)“通过学习知道”不同的变量组合与收入档次的哪个类别关联。例如，年龄稍长的男性可能与高收入类别关联。该数据集称为训练集。

然后，算法将查询新记录，新记录的收入档次一栏中尚未包含任何信息。基于训练集中的分类，算法将给新记录分配其所属的类别。例如，63 岁的男性教授可能会被分类到高收入类别中。

商业和研究领域的分类任务示例如下：

- 确定特定的信用卡交易是否存在欺诈；
- 根据其特定的需求，将新学生放入特定的队列中；
- 评估抵押贷款申请的信用风险；
- 确定遗嘱是否由死者书写，还是被他人篡改；
- 确定一定的财务或个人行为是否预示存在某种恐怖威胁。

例如在医疗领域中，假设我们希望根据病人的特征(如病人的年龄、病人的钠钾比)对其服用药的类型进行分类。对于包括 200 名病人的样例，图 1.3 给出了病人钠钾比与病人年龄的散点图。服用的不同药物由图中不同灰度的点表示。浅灰点表示药物 Y，中度灰点表示药物 A 或 X，深灰点表示药物 B 或 C。图中钠钾比对应 Y(垂直)轴，年龄对应 X(水平)轴。

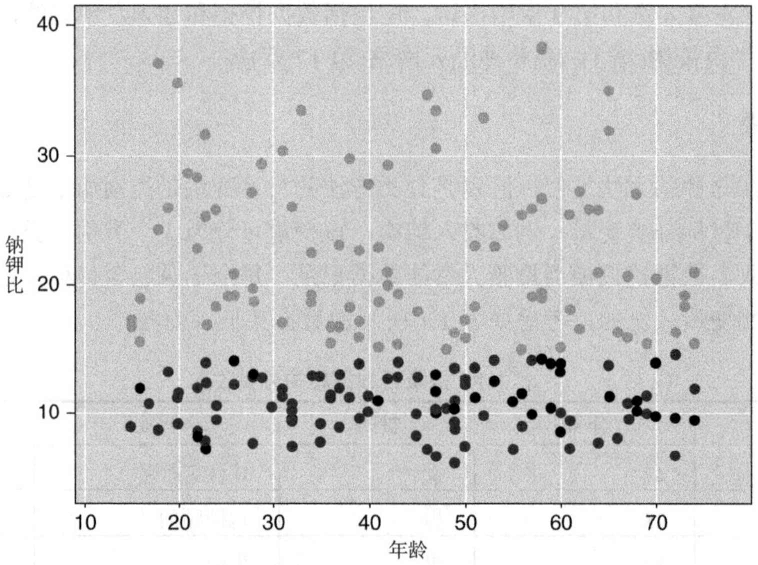

图 1.3 何种药物应该让何种类型的病人服用

假定我们将基于该数据集，为病人开具处方药。

(1) 对于钠钾比高的年轻病人，我们应该推荐何种药物呢？

年轻病人位于图的左边，钠钾比高的病人位于图的上半部分，这表明以前推荐给具有高钠钾比的年轻病人的药物为 Y(浅灰点)。因此，推荐给该类病人的预测分类药物为 Y。

(2) 对于具有低钠钾比的老年病人，我们应该推荐其服用何种药物呢？

该类病人处于图中右下的位置，已服用不同的药物，由深灰点(药物 B 或 C)或中度灰点(药物 A 或 X)表示。在没有其他具体信息的情况下，无法获得确定的分类。例如，也许这些药对 beta 阻滞剂、雌激素水平或其他药物存在不同的影响，或者存在禁忌条件，如哮喘或心脏病等。

图形和图表有助于理解数据所包含的二维或三维关系。但有些时候，分类需要基于很多不同的预测属性，并且需要多维图表。因此，我们需要开发更复杂的模型以执行分类任务。在第 10～14 章中将对用于分类的常见数据挖掘方法开展讨论。

1.6.5 聚类

聚类是一种将相似的记录、观察和案例划分到同一个类别中的方法。聚类中的簇是相似记录的集合，不相似的记录被划分到不同的簇中。聚类与分类的区别在于，其没有目标变量。聚类任务不需要分类、评估或预测目标变量的值。相反，聚类算法发现并将整个数据集划分为相对同质的子集合或簇，簇内的记录相似性最大化，簇外的记录与簇内的记录相似性最小化。

Nielsen Claritas 公司处理聚类业务，他们提供按照邮政编码划分的全国不同地理区域的人口统计概貌。该公司所使用的聚类机制之一是 **PRIZM** 分段系统，该系统描述美国所有邮政编码区域的独特生活方式类型。表 1.2 展示的是涉及的 66 个不同簇。

表 1.2 PRIZM 分段系统使用的 66 个簇

01 Upper Crust	02 Blue Blood Estates	03 Movers and Shakers
04 Young Digerati	05 Country Squires	06 Winner's Circle
07 Money and Brains	08 Executive Suites	09 Big Fish, Small Pond
10 Second City Elite	11 God's Country	12 Brite Lites, Little City
13 Upward Bound	14 New Empty Nests	15 Pools and Patios
16 Bohemian Mix	17 Beltway Boomers	18 Kids and Cul-de-sacs
19 Home Sweet Home	20 Fast-Track Families	21 Gray Power
22 Young Influentials	23 Greenbelt Sports	24 Up-and-Comers
25 Country Casuals	26 The Cosmopolitans	27 Middleburg Managers
28 Traditional Times	29 American Dreams	30 Suburban Sprawl
31 Urban Achievers	32 New Homesteaders	33 Big Sky Families
34 White Picket Fences	35 Boomtown Singles	36 Blue-Chip Blues
37 Mayberry-ville	38 Simple Pleasures	39 Domestic Duos
40 Close-in Couples	41 Sunset City Blues	42 Red, White and Blues
43 Heartlanders	44 New Beginnings	45 Blue Highways
46 Old Glories	47 City Startups	48 Young and Rustic
49 American Classics	50 Kid Country, USA	51 Shotguns and Pickups
52 Suburban Pioneers	53 Mobility Blues	54 Multi-Culti Mosaic
55 Golden Ponds	56 Crossroads Villagers	57 Old Milltowns
58 Back Country Folks	59 Urban Elders	60 Park Bench Seniors
61 City Roots	62 Hometown Retired	63 Family Thrifts
64 Bedrock America	65 Big City Blues	66 Low-Rise Living

如表 1.2 所示，邮政编码 90210 的加利福尼亚贝弗里山地区的簇如下：

- 簇#01：上流社会
- 簇#03：名流权贵
- 簇#04：青年文人
- 簇#07：富人与老板
- 簇#16：波希米亚人

簇#01：上流社会的描述是“作为国家最独特的地域，上流社会是美国最富裕的生活方式，年龄在 45～64 岁的空巢夫妇的天堂。其他区段没有像该区域一样具有如此大量年收入 10 万美元以上且具有硕士学位的居民，也没有如此奢华的生活标准”。

业务和研究领域的聚类任务包括如下示例：

- 为不能投入大量市场预算的小型公司的小众产品确定目标市场；
- 出于财务审计目的，将财务行为划分为良好和可疑类别；
- 当数据集包含大量属性时，可作为一种降维工具；
- 对基因表示聚类，发现大量基因可能具有的相似行为。

聚类通常作为数据挖掘过程的预处理步骤执行，得到的簇当作下游的不同技术的进一步输入，例如神经元网络等。第 19 章将讨论分层和 K 均值聚类，第 20 章将讨论 Kohonen 网络(一种自组织竞争型神经网络)，第 21 章将讨论平衡迭代约简，以及使用层次的聚类方法(BIRCH 方法)。

1.6.6 关联

数据挖掘的关联任务主要是发现哪些属性“同时出现”。商业领域最流行的方法常称为关联分析或购物篮分析，其关联的任务是发现规则以量化两个或多个属性之间的关联关系。关联规则是一些形如“如果存在*前件*，则产生*结果*”的规则，与规则有关的度量主要涉及支持度和可信度。例如，在某个超市中可能会发现，于周四晚上到超市购物的 1000 名客户中有 200 人购买了尿布，在购买了尿布的 200 名顾客中有 50 人购买了啤酒。为此，产生的关联规则为“如果购买了尿布，则还会购买啤酒”，该规则的支持度为 200/1000=20%，可信度为 50/200=25%。

商业和研究领域中关联任务的示例包括：

- 调查在订购公司手机计划的客户群体中正面回应服务升级的客户所占的比例；
- 验证父母为其阅读的孩子自己成为优秀阅读者的比例；
- 预测电信网络出现问题的情况；
- 发现超市中哪些商品往往被客户一起购买，哪些商品从未一起购买；
- 确定新药物将显示出危险副作用的案例比例。

在第 22 章，我们将讨论建立关联规则的两种算法：先验算法以及广义规则归纳(GRI)算法。

R 语言开发园地

R 语言入门

#注释、缩进以及分号

```
# 以#符号开始的所有字符均为注释
# 注释不会被 R 执行，它们主要用于解释代码将要做什么事情
# 缩进代码(不是注释)只要处于同一行中，就将在 R 中执行
# 由分号隔开的代码将作为不同的行运行
# 使用分号表示行结束
```

打开数据集并显示数据

```
# 使用你希望打开文件的准确位置替换"c:/…/"
cars <- read.csv(file = "C:/…/cars.txt", stringsAsFactors = FALSE)
cars   #为显示整个数据集，应输入数据集名称
head(cars) #显示数据集的前几条记录
names(cars) #显示数据帧的变量名，这是 R 中的一种数据
cars$weight #仅查找在数据帧 cars 中的 weight 变量
```

矩阵

```
# 建立一个三行、两列的矩阵，将所有元素赋初值为 0.0
mat <- matrix(0.0, nrow = 3, ncol = 2); mat
colnames(mat) <- c("Var 1", "Var 2")   #定义矩阵变量名
colnames(mat) #显示矩阵的变量名
```

数据子集化及声明新变量

```
cars.rsub   cars[1:50,] #按行建立数据子集
cars.csub <- cars[,1:3] #按列建立数据子集
cars.rcsub <- cars[c(1,3,5), c(2,4)] #按特定的行和列建立数据子集
cars.vsub <- cars[which(cars$mpg> 30),] #根据逻辑条件建立数据子集
#声明新变量，键入变量名、左向箭头，然后给出变量值
firstletter <-"a"
weight <- cars$weight
```

同时显示一幅或多幅图

```
par(mfrow=c(1,1)) #画出 1 幅图；这是默认设置
par(mfrow=c(2,3)) #画出 6 幅图：其中 3 幅图画在顶部，另外 3 幅图画在底部
#图形将逐行地填充
```

 # 下载并安装 R 软件包

```
# 示例：ggplot2，见第 3 章
install.packages("ggplot2")
# 选择可选的 CRAN 镜像，如右图所示
# 打开新的软件包
library(ggplot2)
```

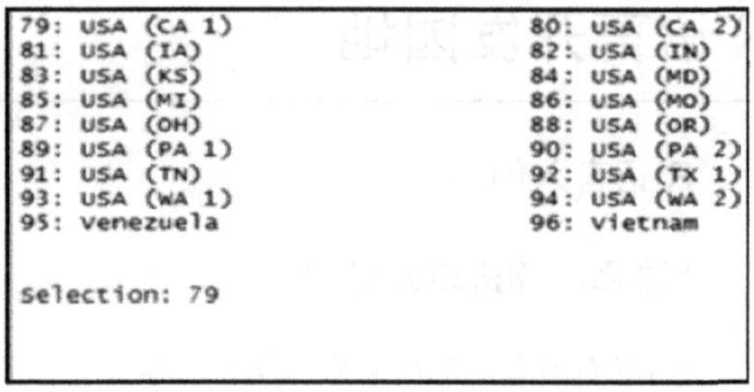
79: USA (CA 1)
80: USA (CA 2)
81: USA (IA)
82: USA (IN)
83: USA (KS)
84: USA (MD)
85: USA (MI)
86: USA (MO)
87: USA (OH)
88: USA (OR)
89: USA (PA 1)
90: USA (PA 2)
91: USA (TN)
92: USA (TX 1)
93: USA (WA 1)
94: USA (WA 2)
95: venezuela
96: vietnam
Selection: 79

R 参考文献

Wickham H. ggplot2: *Elegant Graphics for Data Analysis*. New York: Springer; 2009.

R Core Team. R: A Language and Environment for Statistical Computing. Vienna, Austria: R Foundation for Statistical Computing; 2012. ISBN: 3-900051-07-0, http://www.R-project.org/.

练习

1. 对以下每个描述，确定与之相关的数据挖掘任务：
   a. 波士顿凯尔特人队希望近似预测他们的下一个对手在与他们比赛时会得到多少分。
   b. 某军事情报官员希望通过学习了解在某一个特定的战略区域内，两个派别各自的比例。
   c. 北美防空联合司令部的防御计算机必须立刻确定雷达上的光点是一群鹅还是来袭的核导弹。
   d. 政治策略师寻找特定国家/地区的募捐最佳组合。
   e. 国土安全局官员希望确定一系列财务和住宅变动是否暗示具有恐怖行动的趋势。
   f. 华尔街分析师被要求采用相似价格/收益比找出一系列公司股票价格的预期变化。
2. 对下列每场会议，解释其处于 CRISP-DM 过程的哪个阶段。
   a. 项目经理想知道到下周为止是否将开始部署工作。因此，分析师开会讨论他们设计模型的可用性和准确性。
   b. 数据挖掘项目经理与数据仓库项目经理会面讨论如何收集数据。
   c. 数据挖掘顾问与市场部副总经理会面，该经理表示他希望推进客户关系管理。
   d. 数据挖掘项目经理与产品线管理人员会面，讨论如何实现改变和完善。
   e. 分析师开会讨论是否需要应用神经元网络或决策树模型。
3. 讨论数据挖掘中对人的使用问题。描述完全依赖自动化数据分析工具可能带来的后果。

4. CRISP-DM 并不是数据挖掘领域唯一的标准过程。研究可以使用的替代方法(提示：采样、探索、修改、建模和评估(SEMMA)出自 SAS 联盟的标准过程)。讨论其与 CRISP-DM 的异同。

第 2 章

数据预处理

第 1 章介绍了数据挖掘技术以及跨行业数据挖掘标准过程(CRISP-DM)——目前数据挖掘模型开发的标准过程。数据挖掘过程的第一阶段为业务理解，或称为研究理解，其中企业和研究人员首先阐明项目目标，然后将这些目标转化为数据挖掘问题的定义，最后为完成这些目标制定初步策略。

在本章中，我们将考察 CRISP-DM 标准过程中接下来的两个阶段：数据理解和数据准备。我们将指出如何评估数据质量，清理原始数据，处理缺失数据，对特定变量进行变换。第 3 章将主要研究数据理解阶段这一重要方面。所有数据挖掘项目的核心都在建模阶段，我们将在第 7 章对其进行介绍。

2.1 需要预处理数据的原因

包含在数据库中的大部分原始数据未被处理，它们是不完整且含有噪声的。例如，数据库可能包含：

- 过时或冗余字段；
- 缺失值；
- 离群值；
- 其形式不适合数据挖掘模型的数据；
- 与策略或常识不一致的值。

为有利于数据挖掘工作的开展，数据库需要经过预处理，包括数据清理和数据变换两种形式。数据挖掘通常处理多年以来未被注意的数据，因此这些数据通常包含过期的、不再相关的或简单缺失的字段值。最主要的目标是最小化无用数据输入和无用数据输出(GIGO)，将进入数据挖掘模型的垃圾数据最小化，从而最少化我们所建立的模型给出的垃圾信息。

根据不同的数据集的情况，数据预处理一般占整个数据挖掘过程时间和精力的 10%～60%。本章我们将考察几种预处理数据以进一步向下分析的方式。

2.2 数据清理

为了说明清理数据的必要性，让我们看看以下小型数据集中各种类型的错误，如表 2.1 所示。

表 2.1 你能找到这个小型数据集中存在的问题吗

客户 ID	邮编	性别	收入	年龄	婚姻状况	交易金额
1001	10048	男	75 000	C	M	5000
1002	J2S7K7	女	− 40 000	40	W	4000
1003	90210		10 000 000	45	S	7000
1004	6269	男	50 000	0	S	1000
1005	55101	女	99 999	30	D	3000

让我们逐个属性地讨论出现在表 2.1 的数据集里面的问题。变量客户 ID(Customer ID)似乎没有问题。那么，邮编(Zip)有问题吗？

假设我们期望数据库中所有的客户都有一个常见的五位数美国邮政编码。现在客户 1002 有这样一个奇怪的(从美国人的视角来看)邮政编码 J2S7K7。如果我们不小心，会将此不寻常的值分类为一个错误，并丢弃这些信息，直到我们停下来思考，不是所有的国家/地区都使用相同的邮政编码格式。事实上，这是加拿大魁北克区 St. Hyancinthe 的邮政编码(称为加拿大邮政编码)，所以可能代表一位真正客户的真实数据。很显然，一位法裔加拿大客户进行了一次采购，并将家庭邮政编码填入了必填的字段中。在这个自由贸易的时代，我们需要对各个字段中的不寻常值作好预期准备，例如邮政编码可能在每个国家/地区都不相同。

客户 1004 的邮编如何呢？我们不知道有哪个国家/地区拥有四位数的邮政编码，如表 2.1 中所示的 *6269*，所以这可能是一个错误，对吗？可能不对。新英格兰州的邮政编码以数字 *0* 开始。除非邮政编码字段定义为字符(文本)型而不是数值型，否则软件很可能自动删除数值中的前导零，显然是这里所发生的情况。邮政编码很可能是 *06269*，指的是美国康涅狄格州斯托尔斯康涅狄格大学的邮编。

对于客户 1003，下一个字段：性别(Gender)包含一个缺失值。我们将在本章后面详细地介绍处理缺失值的方法。

收入(Income)字段有 3 个可能的异常值。首先，表中显示客户 1003 拥有一份每年 10,000,000 美元的收入。此收入完全有可能是一个异常值、一个极端的数据值，尤其是在考虑到客户的邮政编码(*90210*，比弗利山庄)时。某些统计和数据挖掘建模技术在遇到异常值时往往不能平稳运行；因此，本章后续部分将会考察处理异常值的方法。

贫困是一回事，但是很少会看到收入为负值的情况，就像表中贫穷的客户 1002 所拥有的数值那样。和客户 1003 的收入不同，客户 1002 的收入－40 000 美元低于收入字段的值范围，因此必定是一个错误。目前尚不清楚这个错误是如何产生的，最有可能的解释是，负号可能是一个偶然数据输入错误。然而，我们无法确定，因此应该谨慎地处理此值，并尝试与最熟悉数据库历史的数据库管理员交流。

那么，客户 1005 的收入 99 999 美元又有什么问题呢？也许没有什么问题；实际上它可能是有效的。但是，如果所有其他收入值都四舍五入至最接近的 5000 美元，为什么客户 1005 的收入有这样的精度呢？通常，在遗留数据库中，某些特定值可用于编码异常记录，例如缺失值。可能在以前的数据库中，99999 被编码为代表缺失值。再一次，我们无法确定，同样应当咨询数据库管理员。

最后，我们是否清楚关于收入(Income)变量的计量单位？数据库经常会产生合并操作，有时不需要检查这些合并是否完全适合所有字段。例如，拥有加拿大邮政编码的客户 1002 很可能使用加元来计量收入，而不用美元。

年龄(Age)字段存在以下两个问题。尽管所有其他客户的年龄字段为数字值，即客户 1001 的“age”值为 C，可能代表此人的年龄在早期分类中被分到标签为 C 的类别中。数据挖掘软件决不允许数值型字段中存在此分类变量，我们必须使用某种方法解决这个问题。客户 1004 的年龄为 *0* 又是怎么回事呢？也许有一名居住在康涅狄格州斯托斯的新生儿进行了一次 1000 美元的交易。但更为可能的情况是，此人的年龄可能是一个缺失值，编码为 *0* 来表示此类或其他异常情况(例如客户拒绝提供年龄信息)。

当然，在数据库中保存年龄(Age)字段本身就是一个雷区，因为时光流逝会快速地使此字段值过时或者失实。在数据库中最好保存日期型字段(例如出生日期)，因为它们是不变的，而且在需要时可以转换为年龄。

婚姻状况(Marital Status)字段看起来似乎没错，对吗？可能不对。问题在于这些符号背后的意义。我们都自认为了解这些符号的含义，但有时候这些含义是出乎意料的。例如，如果你在蒙特利尔的洗手间寻找冷水，并打开标记为 *C* 的水龙头，你一定会很惊讶，因为 *C* 代表 *chaude*，在法语中表示热。也会存在歧义性问题。例如，在表 2.1 中，客户 1003 和 1004 中的 S 代表单身(*single*)还是离异(*separated*)？

交易额(Transaction Amount)字段似乎是符合要求的，只要我们确信知道使用的是什么样的计量单位，并且所有记录都以此单位进行交易。

2.3　处理缺失数据

缺失数据是不断困扰数据分析方法的一个问题。虽然分析方法变得更加精妙，我们仍然会遇到缺失字段值的问题，特别是在拥有大量字段的数据库中。信息的缺失是极其不利的。在同等条件下，信息通常越多越好。因此，我们应该仔细考虑如何处理缺失数据这一棘手问题。

为了帮助解决这一问题，我们将引入一个新的数据集：汽车数据集，其最初由硅谷图形公司的 Barry Becker 和 Ronny Kohavi 两人编译，并在图书系列网站 www.dataminingconsultant.com 上提供有效下载。该数据集包含在 20 世纪 70 年代和 80 年代生产的大约 261 辆汽车信息，信息包括油耗、气缸数、立方英寸、功率等。

然而，假设某些记录的字段值缺失。图 2.1 提供了数据集的前 10 条记录，其中有两个字段值缺失。

	mpg	cubicinches	hp	brand
1	14.000	350	165	US
2	31.900		71	Europe
3	17.000	302	140	US
4	15.000	400	150	
5	37.700	89	62	Japan

图 2.1　一些字段值缺失

从分析中简单地省略带有缺失值的记录或字段是“处理”缺失值的常用方法之一。然而，此做法可能极其危险，因为缺失值的模式实际上可能具有系统性，简单地删除带有缺失值的记录会导致偏差的数据子集。而且，仅仅因为一个字段值的缺失而删除所有其他字段的信息似乎是一种浪费。事实上，Schmueli、Patel 和 Bruce[1]曾经这样陈述，在一个包含 30 个变量的数据集中，如果仅有 5%的数据值丢失，这些缺失值均匀地遍布在整个数据中，那么几乎 80%的记录都将会出现至少一个缺失值。因此，数据分析人员转向另外一些方法，根据不同的标准使用替代值来替换缺失值。

为缺失数据选择替换值的常见标准如下：

(1) 使用分析师指定的一些常量替换缺失值。

(2) 使用字段均值[2](对于数值型变量)或众数(对于分类变量)替换缺失字段值。

(3) 从观察到的变量分布中随机产生一个值替换缺失值。

(4) 根据记录的其他特性得出估算值以替换缺失值。

让我们分别研究前 3 种方法，后面将会看到，没有一种方法完全令人满意。图 2.2 展示了替换结果，对于数值型变量立方英寸(*cubicinches*)，使用常量 0 替换缺失值；对于分类变量品牌(*brand*)，使用标签 *Missing* 替换缺失值。

	mpg	cubicinches	hp	brand
1	14.000	350	165	US
2	31.900	0	71	Europe
3	17.000	302	140	US
4	15.000	400	150	Missing
5	37.700	89	62	Japan

图 2.2　使用用户定义的常量替换缺失字段值

1 Gallit Shmueli, Nitin Patel, and Peter Bruce, *Data Mining for Business Intelligence,* 2nd edition, John Wiley and Sons, 2010.

2 有关均值和众数的定义请参阅附录。

图 2.3 说明了如何使用字段均值和众数替换缺失值。

	mpg	cubicinches	hp	brand
1	14.000	350	165	US
2	31.900	200.65	71	Europe
3	17.000	302	140	US
4	15.000	400	150	US
5	37.700	89	62	Japan

图 2.3　使用均值或众数替换缺失字段值

品牌变量为分类变量，且类别为“US”。因此，软件使用 *brand=US* 替换缺失的品牌值。但是，立方英寸(cubicinches)变量是连续的(数值型)，所以软件使用 *cubicinches=200.65* 替换缺失的立方英寸值，其中 200.65 为其余 258 个非缺失值的均值。

软件能如此关注缺失数据问题不应值得高兴吗？在某种程度上，确实如此。然而，不要忽视这样一个事实：软件现场生成信息，实际上是使用捏造的数据填充数据集的数据缺失。选择字段均值来替换任何值可能有时会奏效。然而，需要告知最终用户此过程已发生。

此外，对于由“典型”值构成的数据集，均值可能并不总是最好的选择。例如，Larose[3] 检查数据集，其中均值大于第 81 个百分位数。另外，如果许多缺失值被此均值替换，统计推断结果的置信区间会过于乐观，因为散布度量将会被人为地减小。需要强调的一点是，替换缺失值是一场赌博，必须权衡其好处和可能带来的无效结果。

最后，图 2.4 显示了如何使用从观察的变量分布中随机产生的值来替换缺失值。

	mpg	cubicinches	hp	brand
1	14.000	350	165	US
2	31.900	450	71	Europe
3	17.000	302	140	US
4	15.000	400	150	Japan
5	37.700	89	62	Japan

图 2.4　使用变量分布中的随机取值替换缺失字段值

与均值替换方法相比，这种方法的一个好处是，中心和散布的度量值与原始值更为接近。然而，无法保证生成的结果记录有意义。例如，图 2.4 中的随机取值已导致至少一辆汽车事实上是不存在的！数据库中没有任何一辆日产汽车的发动机大小为 400 立方英寸。

因此我们需要一种数据估算方法，在计算缺失的立方英寸值时能够利用已有知识：汽车为日产车。在数据估算中，我们会问“考虑到一个特定记录的所有其他属性，缺失值最可能是什么？”例如，相比于一辆 100 立方英寸、90 马力的日产汽车，一辆 300 立方英寸、150 马力的美式汽车很可能拥有更多的汽缸数。这就是所谓的缺失数据估算。但是，在能够有利地讨论数据估算之前，我们需要学习所需的工具，如多元回归或者分类和回归树。因此，为了解缺失数据的估算，请参见第 27 章。

---

3 *Discovering Statistics*, 2nd edition, by Daniel Larose, W.H. Freeman and Company, Publishers, 2013.

2.4 识别错误分类

让我们看一个检查分类变量上分类标签的例子，以确保它们都是有效且一致的。假设品牌变量的频率分布如表 2.2 所示。

表 2.2 注意这张频率分布表的异样之处

品牌	频率
USA	1
France	1
US	156
Europe	46
Japan	51

频率分布显示了 5 个类别：USA、France、US、Europe 和 Japan。但是，其中的两个类别 USA 和 France 分别只包含一条汽车记录。显然这两条记录关于制造产地是不一致的分类。为了和数据集中剩余的数据保持一致性，产地为 *USA* 的记录应标记为 *US*，产地为 *France* 的记录应标记为 *Europe*。

2.5 识别离群值的图形方法

离群值是偏离了其他值的趋势的极端值。识别离群值非常重要，因为它们有可能代表数据输入错误。此外，某些统计方法对离群值的存在是敏感的，即使离群值是有效的数据点而不是错误，也可能产生不可靠的结果。

识别数值变量离群值的图形方法是校验变量的直方图[4]。图 2.5 显示了来自汽车数据集的汽车重量(vehicle weights)的直方图(略有修改)(注意，这个略微修改后的数据集作为系列网站中的 cars2 提供)。

在分布的最左侧尾部出现了一辆孤立的车，其汽车重量(vehicle weight)为几百磅而不是数千磅。进一步的调查(未显示)告诉我们，汽车的最小重量为 192.5 磅，毫无疑问是图中左侧尾部极小的离群值。因为 192.5 磅对于汽车来说偏轻，我们会怀疑此信息的有效性。

我们推测这个重量最初可能是 1925 磅，小数点位置不对。但是，我们无法确定，需要对数据源作进一步的调查。

4 有关直方图的更多信息请参阅附录，其中包括有关其解释的注意事项。

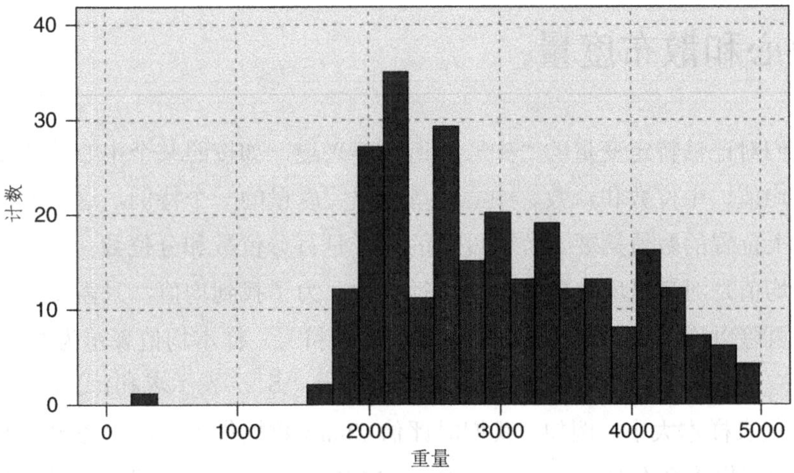

图 2.5　汽车重量(vehicle weights)直方图：你能够从中找到离群值吗？

有时二维散点图[5]能够展示不止一个变量的离群值。图 2.6 是关于油耗(mpg：每加仑行驶的英里数)和磅重量(weightlbs)的散点图，其中似乎存在两个离群值。

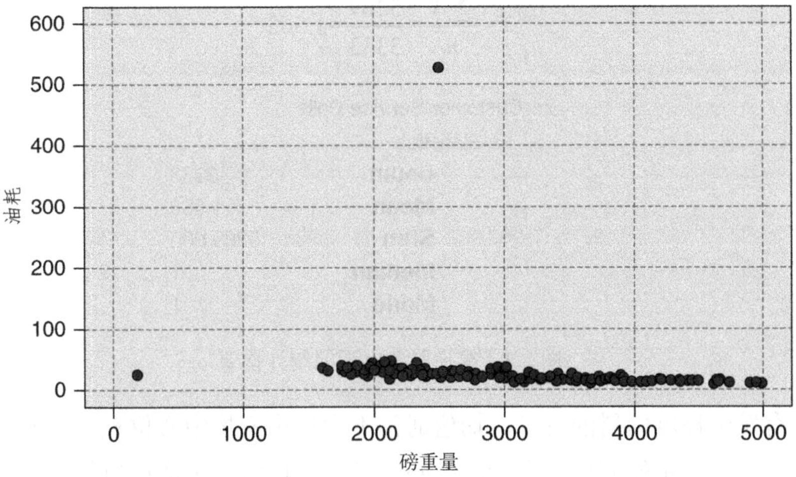

图 2.6　关于 mpg 和 weightlbs 的散点图显示了两个离群值

大部分的数据点沿水平轴聚集在一起，不同之处是两个离群值。图 2.6 左侧的汽车是我们识别出的重量仅有 192.5 磅的汽车。接近图上端的离群值是一个新的值：一辆车每加仑行驶 500 多英里！显然，除非这辆车行驶在双锂晶体上，否则我们看到的是一个数据输入错误。

注意，对于重量来说，192.5 磅的汽车是离群值；而对于里程(mileage)来说，它并不是离群值。同样，每加仑跑 500 英里的汽车对于里程(mileage)来说是一个离群值，而对于重量(weight)来说并不是。因此，在一个维度下记录可能是离群值，而对于另外一个维度却不是。我们将会考察识别离群值的数值方法，但首先需要掌握一些工具。

---

5 有关散点图的信息请参考附录。

2.6 中心和散布度量

假设我们对评估特定变量的“中心”所在感兴趣，如按照某个中心数值度量来衡量，最常见的是均值、中位数和众数。中心度量是位置度量的一个特例，这是表明了某些特定变量在数轴上位置的数值摘要。位置度量的例子是百分位数和分位数。

变量的均值是对变量所取的有效值进行平均。为了找到均值，只需要简单地将所有的字段值相加再除以样本大小。这里，我们介绍一些符号。样本均值表示为$\overline{x}$("x-bar")，使用公式$\overline{x}=\sum x/n$计算，其中Σ(第十八个希腊文字母“S”，表示求和)代表“将所有的变量值求和”，n代表样本大小。例如，我们对评估 Churn 数据集中客户服务电话变量的中心点感兴趣，该数据集将会在第 3 章进行探索。IBM/SPSS Modeler 为我们提供了统计摘要，如图 2.7 所示。样本 n=3333 个客户的客户服务电话均值为$\overline{x}$=1.563。使用 *sum* 和 *count* 统计量，我们可以验证：

$$\overline{x}=\frac{\sum x}{n}=\frac{5209}{3333}=1.563$$

Customer Service Calls

Statistics

Count	3333
Mean	1.563
Sum	5209.000
Median	1
Mode	1

图 2.7 客户服务电话的统计摘要

对于没有发生极度倾斜的变量，均值通常不太远离变量中心位置。然而，对于极度倾斜的数据集，均值并不能够代表变量的中心。另外，均值对于离群值的存在也极其敏感。出于这个原因，分析人员有时更喜欢使用其他的中心度量手段，例如中位数，其定义为升序变量集的中间字段值。中位数对离群值的存在具有抵抗力。另外一些分析人员可能更倾向于使用众数，其代表出现频率最高的字段值。众数可以用于数值型数据或分类型数据，但并不总是与变量中心相关联。

注意中心的度量和数据集的中心所在位置并不总是一致的。在图 2.7 中，中位数为 1，意味着一半客户至少拨打一个客户服务电话；众数也为 1，意味着最频繁出现的客户服务电话数为 1。中位数和众数保持一致。然而，均值为 1.563，高于其他度量值 56.3%。这是由于均值对数据右倾斜较为敏感。

位置的度量不足以有效地概括变量。事实上，具有不同性质的两个变量可能有完全相同的均值、中位数和众数。例如，假设股票投资组合 A 和 B 分别包含 5 只股票，它们的价格/收益(P/E)率如表 2.3 所示。在 P/E 比率方面，以上两种投资组合截然不同。组合 A 中的一只股票有很小的 P/E 比率，而另外一只股票有较大的 P/E 比率。但是，组合 B 中的 P/E 比率紧凑地聚集在均值周围。然而，除了这些差异，两组合 P/E 比率的均值、中位数和众数恰好完全相同：每个组合中 P/E 比率的均值为 10，中位数为 11，众数为 11。

表 2.3　两种投资组合有相同的均值，中位数和众数却明显不同

股票投资组合 A	股票投资组合 B
1	7
11	8
11	11
11	11
16	13

显然，这些中心的度量不能为我们提供完整的特征。所缺少的是离散程度的度量或差异的度量，这些度量将描述数据值是如何分布的。与组合 B 相比，组合 A 的 P/E 比率值更为分散，这样组合 A 的离散度将会大于组合 B。

标准的离散度量度包括极差(最大值- 最小值)、标准偏差(*SD*)、平均绝对偏差和四分位差(IQR)。样本 *SD* 可能是最常见的离散度度量指标，其定义为：

$$s=\sqrt{\frac{\sum(x-\bar{x})^2}{n-1}}$$

由于涉及开方，SD 对离群值的存在极为敏感，导致分析人员在涉及极端值的情况下倾向于其他散布度量方法，如平均绝对偏差。

SD 可以解释为字段值与均值间的“典型”距离，大多数字段值位于均值的两倍 SD 值内。从图 2.7 中可以看出，大多数客户所拨打的客户服务电话数位于平均电话数 1.563 的两倍 SD 值 2(1.315)=2.63 内。也就是说，大多数的客户服务电话数位于区间(−1.067,4.193)中，也就是(0,4)(以上值可以通过检查图 3.12 中的客户服务电话直方图进行验证)。

关于这些统计量的更多信息请参见附录。关于位置和可变性度量的更完整讨论可查找任意基础统计教科书，例如 Larose[6]。

---

6 *Discovering Statistics*, 2nd edition, by Daniel Larose, W.H. Freeman and Company, Publishers, 2013.

2.7 数据变换

不同变量的极差往往存在很大差异。例如，假设我们对美国职业棒球大联盟感兴趣，球员的平均击球率在 0～0.400 变化，而一个赛季的本垒打数则介于 0～70。对于一些数据挖掘算法，这种极差上的差异将会导致具有较大极差的变量对结果产生不良影响。也就是说，相对于可变性较小的击球率变量，具有较大可变性的本垒打将会起到主导作用。

因此，数据挖掘者应该对其数值变量进行规范化处理，以便标准化每个变量对结果的影响程度。神经网络得益于规范化，因为其使用的算法充分利用距离度量，如 k-近邻算法。有几种规范化技术，我们将会考察两种较为流行的方法。令 X 表示我们的初始字段值，X^* 表示规范化字段值。

2.8 min-max 规范化

min-max 规范化的工作方式为观测字段值比最小值 *min*(*X*)大多少，并通过极差来缩放此差异，即：

$$X_{mm}^{*}=\frac{X-min(X)}{range(X)}=\frac{X-min(X)}{max(X)-min(X)}$$

变量 *weight* 的概要统计量如图 2.8 所示。最小 weight 值为 1613 磅，极差=*max*(*X*)－*min*(*X*)= $4997-1613=3384$磅。

weightlbs
Statistics

Mean	3005.490
Min	1613
Max	4997
Range	3384
Standard Deviation	852.646

图 2.8 变量 weight 的概要统计量

分别计算 weight 为 1613、3384 和 4997 磅的 3 辆汽车的 min-max 规范化值。

- 对于一辆超轻型汽车，weight 仅有 1613 磅(字段最小值)，min-max 规范化为：

$$X_{mm}^{*}=\frac{X-min(X)}{range(X)}=\frac{1613-1613}{3384}=0$$

因此，代表最小变量的数据值的 min-max 规范化值为 0。

- 中列数是数据集的最大值和最小值的平均值。也就是：

$$Midrange(X)=\frac{max(X)+min(X)}{2}=\frac{4997+1613}{2}=3305\text{磅}$$

对于值为中列数的汽车(如果存在)，它的重量恰好介于最大重量和最小重量的中间值，其 min-max 规范化为：

$$X^*_{mm} = \frac{X - min(X)}{range(X)} = \frac{3305 - 1613}{3384} = 0.5$$

所以中列数数据值的 min-max 规范化值为 0.5。

- 最重汽车的 min-max 规范化值为：

$$X^*_{mm} = \frac{X - min(X)}{range(X)} = \frac{4497 - 1613}{3384} = 1$$

即代表字段最大值的数据值的 min-max 规范化为 1。总而言之，min-max 规范化值的范围为 0～1。

2.9　Z-score 标准化

Z-score 标准化是统计分析领域一种非常普遍的方法，其捕获字段值和字段均值间的差异，并通过字段值的标准差 SD 缩放此差异，即：

$$Z\text{-score} = \frac{X - mean(\mathrm{X})}{SD(\mathrm{X})}$$

图 2.8 告诉我们，mean(weight)= 3005.49，SD(weight)= 852.49。

- 对于重量只有 1613 磅的汽车，Z-score 标准化为：

$$Z\text{-score} = \frac{X - mean(X)}{SD(X)} = \frac{1613 - 3005.49}{852.49} \approx -1.63$$

因此，小于均值的数据值的 Z-score 标准化为负数。

- 如果存在一辆汽车的重量等于 mean(X)=3005.49 磅，其 Z-score 标准化为：

$$Z\text{-score} = \frac{X - mean(X)}{SD(X)} = \frac{3005.49 - 3005.49}{852.49} = 0$$

也就是说，恰好为均值的数据有一个为 0 的 Z-score 标准化值。

- 对于重量最大的汽车，Z-score 标准化为：

$$Z\text{-score} = \frac{X - mean(X)}{SD(X)} = \frac{4997 - 3005.49}{852.49} \approx 2.34$$

即大于均值的数据有一个正的 Z-score 标准化值[7]。

2.10 小数定标规范化

小数定标规范化确保每一个规范化值都在 - 1～1 之间。

$$X^*_{\text{decimal}} = \frac{X}{10^d}$$

其中 d 表示具有最大绝对值的数据的位数。对于 weight 数据，最大绝对值为 |4997|=4997，对应的 d = 4 位数。最小和最大 weight 值的小数定标规范化为：

$$Min: X^*_{\text{decimal}} = \frac{1613}{10^4} = 0.1613 \quad Max: X^*_{\text{decimal}} = \frac{4997}{10^4} = 0.4997$$

2.11 变换为正态数据

一些数据挖掘算法和统计方法需要变量呈正态分布。正态分布为连续概率分布，也就是对称的钟形曲线。它以均值 μ ("mew")为中心，以标准差 σ ("sigma")分布。图 2.9 展示了均值 $\mu = 0$、标准差 $\sigma = 1$ 的正态分布，称为标准正态分布 Z。

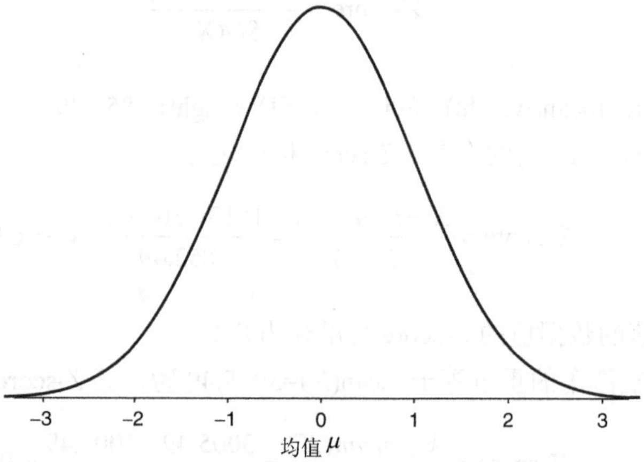

图 2.9 标准正态分布 Z

存在这样一个常见的误解：经过 Z-score 标准化的变量一定服从标准正态分布 Z。这是不正确的！经过 Z-标准化后，数据的均值为 0、标准差为 1。但是，分布可能仍然是倾斜的。比较原始 weight 数据的直方图 2.10 和 Z-标准化数据的直方图 2.11。两个直方图均呈现右倾斜；特别是图 2.10 为非对称，因此不可能是正态分布。

---

7 同样，对于给定 Z-score，可以获得与其相关的数据值。请参考附录。

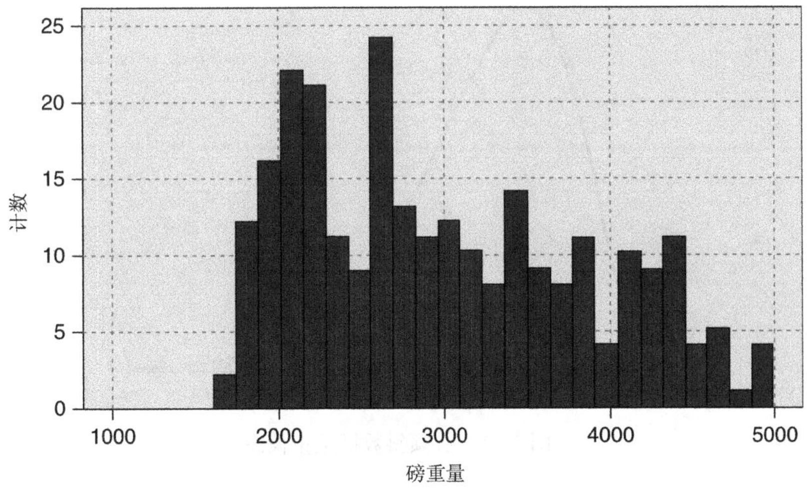

图 2.10　原始数据

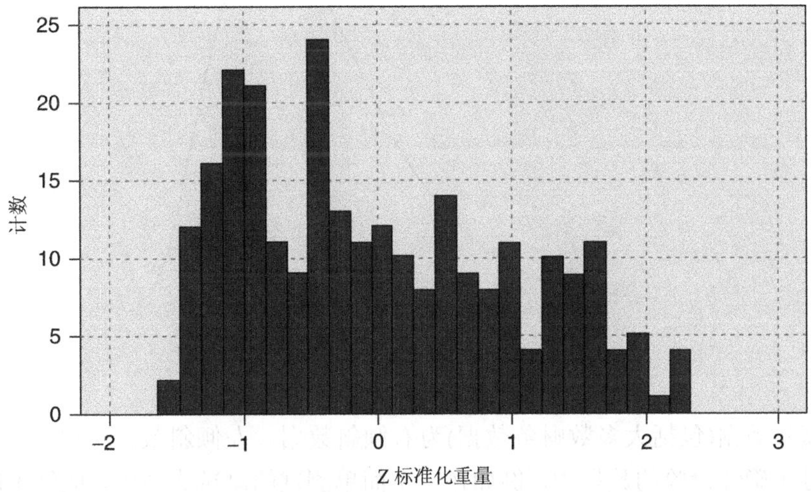

图 2.11　*Z*-标准化数据仍然右倾斜，为非正态分布

我们使用以下统计量来衡量分布的倾斜度[8]：

$$\text{倾斜度}=\frac{3(\text{均值}-\text{中位数})}{\text{标准差}}$$

对于右倾斜数据，均值大于中位数，因此为正倾斜(参见图 2.12)；而对于左倾斜数据，均值小于中位数，产生负倾斜(参见图 2.13)。当然，对于完全对称数据(单峰数据，参见图 2.9)，均值、中位数和众数均相等，所以倾斜度为 0。

8 有关标准差的更多信息请参阅附录。

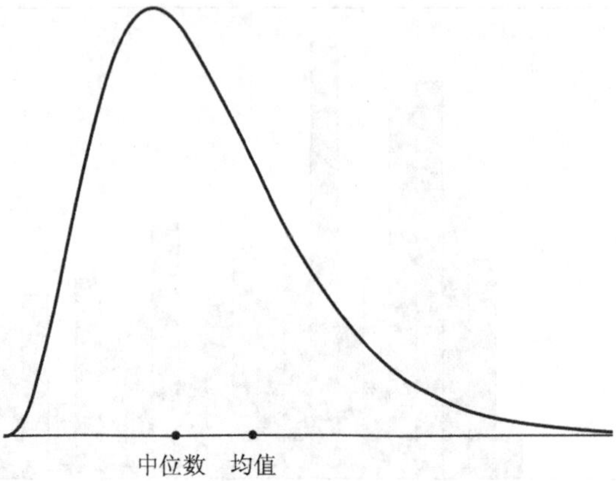

图 2.12 右倾斜数据呈正偏态

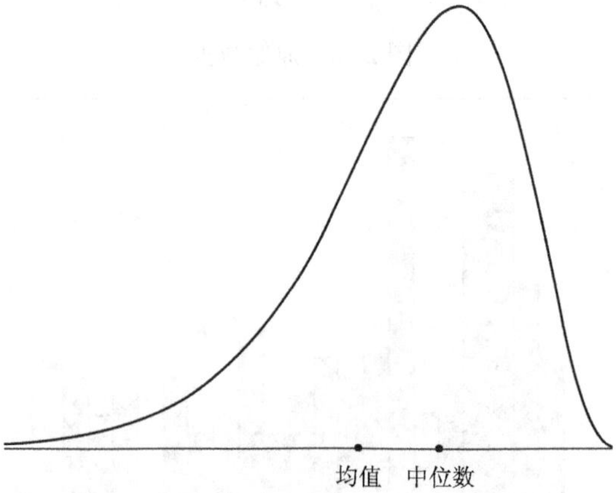

图 2.13 左倾斜数据呈负偏态

很多真实数据(包括大多数财务数据)为右倾斜数据。左倾斜数据一般不常见，但通常出现在经过正确性检验的数据中，例如在一个简单测试的测试成绩中，成绩不能超过 100。我们使用如图 2.14 所示的 *weight* 和 *weight_Z* 的统计量来计算这些变量的倾斜度。

weightlbs — Statistics

Mean	3005.490
Standard Deviation	852.646
Median	2835

weight_Z — Statistics

Mean	0.000
Standard Deviation	1.000
Median	-0.200

图 2.14 计算倾斜度的统计量

对于 *weight*，我们有：

$$倾斜度=\frac{3(均值-中位数)}{标准差}=\frac{3(3005.490-2835)}{852.646}=0.6$$

对于 *weight_Z*，我们有：

$$倾斜度=\frac{3(均值-中位数)}{标准差}=\frac{3(0-(-0.2))}{1}=0.6$$

因此，Z-score 标准化对倾斜度并未产生影响。

为了使我们的数据更加趋于“正态分布”，首先必须使其对称，这就意味着消除倾斜。为了消除倾斜，我们对数据进行变换。常见的变换包括自然对数变换ln(weight)、平方根变换$\sqrt{\text{weight}}$和平方根倒数变换$1/\sqrt{\text{weight}}$。图 2.15 中的平方根变换在某种程度上减小了倾斜，而图 2.16 中的自然对数变换则进一步减小了倾斜。

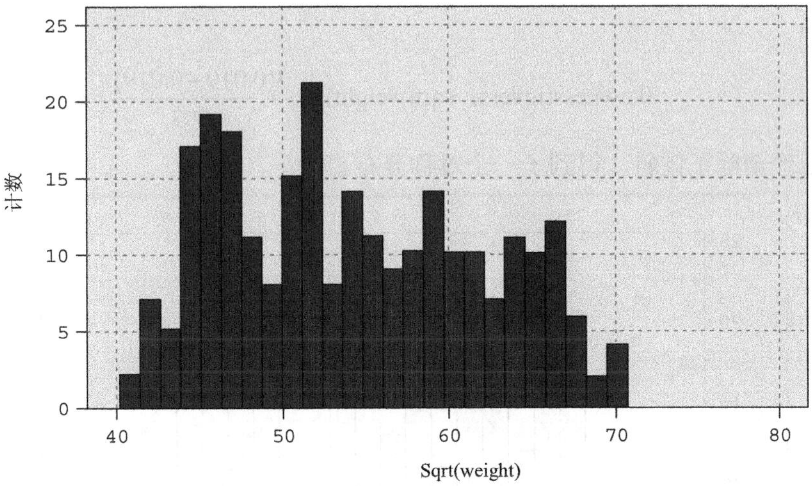

图 2.15　平方根变换一定程度上减小倾斜

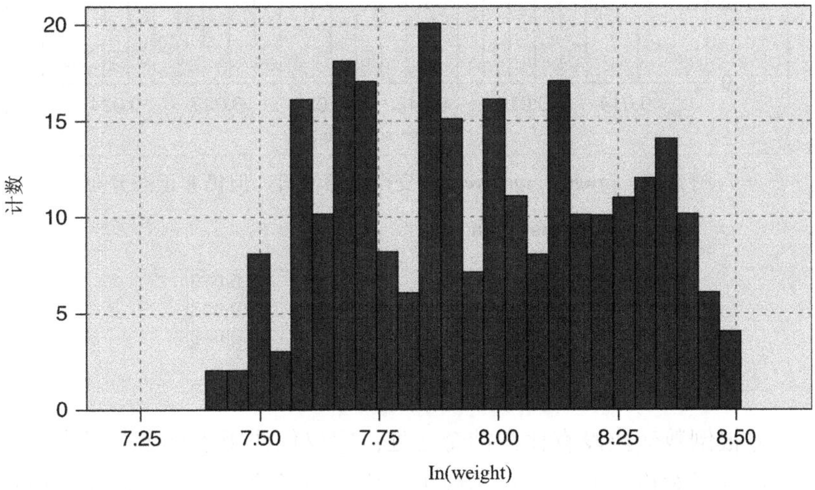

图 2.16　自然对数变换进一步减小倾斜

图 2.17 中的统计量用来计算倾斜度的减小。

$$\text{Skewness(sqrt(weight))} = \frac{3(54.280-53.245)}{7.709} \approx 0.40$$

$$\text{Skewness(ln(weight))} = \frac{3(7.968-7.950)}{0.284} \approx 0.19$$

⊟ sqrt(weight)
⊟ Statistics

Mean	54.280
Standard Deviation	7.709
Median	53.245

⊟ ln(weight)
⊟ Statistics

Mean	7.968
Standard Deviation	0.284
Median	7.950

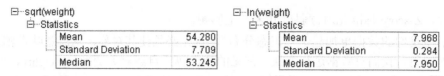

图 2.17 计算倾斜度的统计量

最后，我们尝试使用平方根倒数变换$1/\sqrt{\text{weight}}$，对应的分布如图 2.18 所示。图 2.19 中的统计量：

$$\text{Skewness(inverse\_sqrt(weight))} = \frac{3(0.019-0.019)}{0.003} = 0$$

表明我们已经消除了倾斜，得到了一个对称分布。

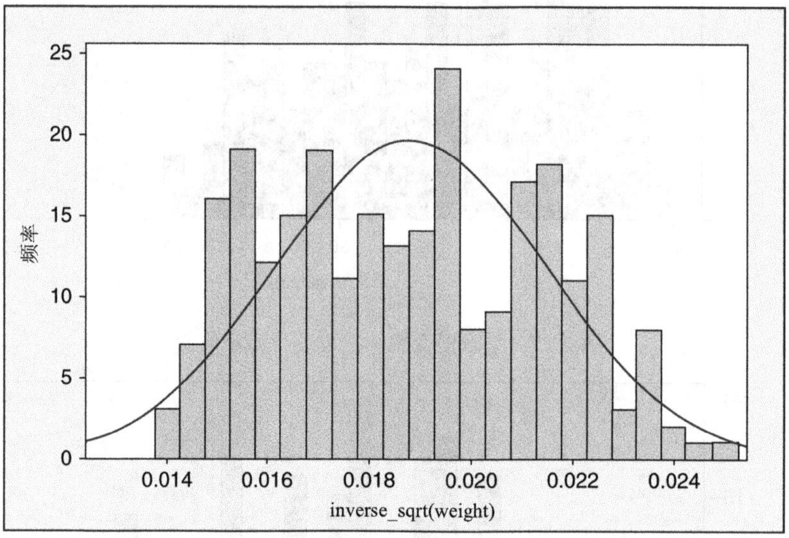

图 2.18 *inverse_sqrt*(*weight*)变换消除倾斜，但仍非正态分布

⊟ inverse_sqrt(weight)
⊟ Statistics

Mean	0.019
Standard Deviation	0.003
Median	0.019

图 2.19 *inverse_sqrt*(*weight*)的统计量

目前，平方根倒数变换没有什么神奇之处；它仅仅作用于这个变量上。

虽然我们达到了对称，但并没有实现正态化。为了检查正态化，我们构建了正态概率图，该图描绘特殊分布的分位数相对于标准正态分布的分位数。和百分位相似，一个分布的第 p 个分位数为值 x_p，这样分布中 p%的数值都小于或等于 x_p。

在正态概率图中，如果分布呈正态性，图中的大多数点应该落在一条直线上；图中的线性系统偏差表明了非正态性。请注意，图 2.18 中的分布并不符合正态分布曲线。这样，我们预计对应的正态概率图将会显示非正态性。可以预测，图 2.20 中 *inverse_sqrt*(*weight*)的正态概率图显示了线性系统偏差，表明非正态性。相反，正态分布数据的正态概率图如图 2.21 所示；此图形显示无线性系统偏差。

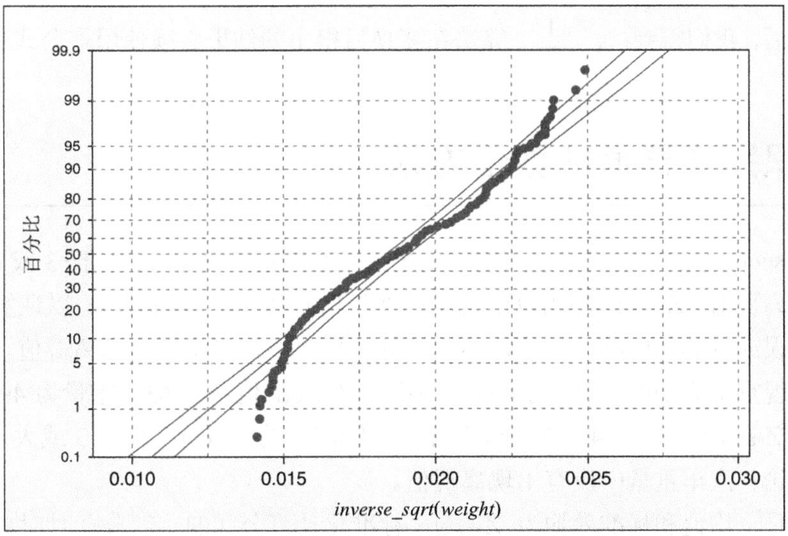

图 2.20 *inverse_sqrt*(*weight*)的正态概率图表明非正态性

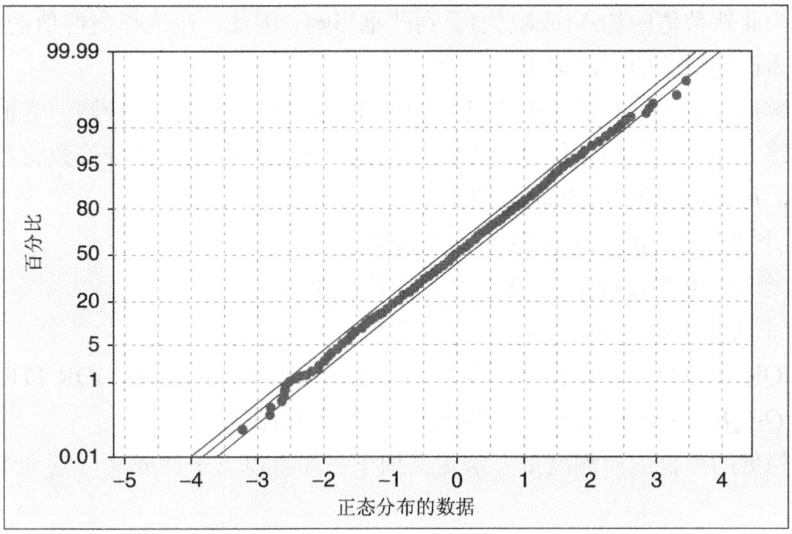

图 2.21 正态分布数据的正态概率图

进一步的变换实验(未给出)不能为 *inverse_sqrt*(*weight*)产生合适的正态性。幸运的是，当提供对称且单峰的数据时，需要具有正态分布性质数据的算法也能够表现良好。

最后，通过分析完成该算法时，不要忘记“逆变换”数据。令 x 代表原始变量，y 代表变换后的变量。那么，对平方根倒数变换

$$y=\frac{1}{\sqrt{x}}$$

执行逆变换后，我们得到：$x=\frac{1}{y^2}$。算法在变换后得出的结果必须使用该公式进行逆变换[9]。

2.12 识别离群值的数值方法

使用 Z-score 方法识别离群值表明：如果一个数据值的 Z-score 小于−3 或者大于 3，则此数据值为离群值。Z-score 超出以上范围的变量值有待进一步的调查，以证实它们不代表数据输入错误或者其他问题。但是，不应该从分析中不经思索地删除离群值。

我们发现重量为 1613 磅的汽车对应最小的 Z-score 值：−1.63，重量为 4997 磅的汽车对应最大的 Z-score 值：2.34。因为没有任何一辆汽车的 Z-score 小于−3 或大于 3，我们得出这样的结论：汽车重量中没有出现离群值。

遗憾的是，均值和标准差均为 Z-score 标准化计算公式的一部分，且对离群值的存在相当敏感。也就是说，如果将一个离群值添加到数据集中(或从数据集中删除)，均值和标准差将会因为此新数值的加入(或缺失)受到严重影响。因此，在选择离群值的评估方法时，使用自身对离群值敏感的方法似乎并不合适。

因此，数据分析人员开发了更为健壮的统计方法用于离群值的检测，它们对离群值的存在并不敏感。一种基本的、稳健的方法是使用 IQR。数据集的四分位数将数据集分为以下 4 个部分，每个部分包含 25%的数据：

- 第 1 个四分位数(Q_1)为第 25 个百分位数。
- 第 2 个四分位数(Q_2)为第 50 个百分位数，即中位数。
- 第 3 个四分位数(Q_3)为第 75 个百分位数。

那么，IQR 作为数据离散程度的度量，其比标准差 SD 更健壮。IQR 按以下方法进行计算：$IQR=Q_3-Q_1$，可解释为中间 50%数据所覆盖的范围。

因此，稳健的离群值检测度量方法定义如下。如果以下条件成立，则一个数据值是离群值：

a. 小于 Q_1 的 $1.5\times IQR$，或者

b. 大于 Q_3 的 $1.5\times IQR$。

例如，假定有一组测验成绩数据集，第 25 个百分位数为 $Q_1=70$，第 75 个百分位数为 $Q_3=80$，因此有一半测验成绩位于 70 分～80 分之间。那么，四分位极差或四分位间的差异为 $IQR=80-70=10$。

如果测验成绩满足以下条件，则被认定为离群值：

a. 低于 $Q_1-1.5(IQR)=70-1.5(10)=55$，或者

b. 高于 $Q_3+1.5(IQR)=80+1.5(10)=95$。

9 有关数据转换的更多内容请参阅第 8 章。

2.13　标志变量

一些分析方法，如回归分析，需要数值型的预测因子。因此，分析人员希望使用回归分析中所需的分类预测因子将分类变量重新编码为一个或多个标志变量。标志变量(即虚拟变量或指示符变量)是一种只有两个取值——0 和 1 的分类变量。例如，分类预测因子 *sex* 包括 *female* 和 *male* 两种取值，可以记录为以下标志变量 *sex_flag*：

如果 *sex=female*，则 *sex_flag=0*；如果 *sex=male*，则 *sex_flag=1*。

当一个分类预测因子有 $k\geqslant 3$ 个可能取值时，则定义 $k-1$ 个虚拟变量，并且使用未分配的类别作为参考类别。例如，如果一个分类预测因子 region 有 $k=4$ 个可能的类别{north, east, south, west}，则分析人员定义以下 $k-1=3$ 个标志变量：

north_flag：如果 *region=north*，则 *north_flag=1*；否则 *north_flag=0*。

east_flag：如果 *region=east*，则 *east_flag=1*；否则 *east_flag=0*。

south_flag：如果 *region=south*，则 *south_flag=1*；否则 *south_flag=0*。

west 不需要标志变量，因为 *region=west* 已经被 3 个已有标志变量的零值唯一标识[10]。未分配的类别作为参考类别，意思是，与 *region=west* 相比，标志变量 *north_flag* 值的含义为 *region=north*。例如，如果我们正在运行一个回归分析，以收入作为目标变量，*north_flag* 的回归系数(见第 8 章)等于 1000 美元，那么当所有其他预测因子保持不变时，*region=north* 的估计收入值比 *region=west* 的估计收入值高出 1000 美元。

2.14　将分类变量转换为数值变量

比起使用多个不同的标志变量，简单地将分类变量 region 转换为单个数值变量是否更方便？例如，假设我们定义一个数量变量 region_num，如下所示：

Region	*Region_num*
North	1
East	2
South	3
West	4

然而，这是一种常见且危险的错误。此时，算法会错误地认为存在以下几点：

- 4 个地区是有序的。
- West >South >East >North。
- West 距 South 的距离比起距 North 的距离要近 3 倍等。

因此，在大多数情况下，数据分析人员应避免将分类变量转换为数值变量。唯一例外

---

10 此外，包含第 4 个标识变量会导致某些算法出现错误，例如，原因是矩阵$(X'X)^{-1}$在回归中存在的奇异性。

的是明显有序的分类变量，例如变量 *survey_response*，其有 *always*、*usually*、*sometimes*、*never* 4 种取值。在这种情况下，可以为此变量赋数字值，尽管有人会对实际的赋值产生分歧，如：

Survey response	*Survey Response_num*
always	4
usually	3
sometimes	2
never	1

never 应该为“0”而不是“1”？*always* 和 *usually* 间的距离比 *usually* 和 *sometimes* 间的距离近吗？慎重地进行数字赋值显得尤为重要。

2.15　数值变量分箱

一些算法更喜欢使用分类预测因子而不是连续预测因子[11]，在这种情况下需要将任意数值型的预测因子划分到多个箱或环中。例如，我们可能希望将数值型预测因子“房屋价格”分为低、中、高 3 种类型。对于数值型的预测因子有以下 4 种常见的分箱方法：

(1) 等宽分箱法是将数值型预测因子分为宽度相等的 *k* 个分类，其中 *k* 的取值由客户或者分析人员确定。

(2) 等频分箱法是将数值型预测因子分为 *k* 个分类，其中每个分类有 *n*/*k* 条记录，*n* 为记录的总数。

(3) 通过使用一种聚类算法进行分箱，例如 *k*-均值聚类(参见第 19 章)，以自动计算“最佳”划分。

(4) 基于预测值的分箱。方法(1)～(3)忽略了目标变量；基于预测值的分箱则根据每个分组在目标变量上起到的作用对数值型预测因子进行划分。第 3 章包含这样一个例子。

在大多数数据挖掘应用软件中不推荐使用等宽分箱法，因为离群值的存在将会极大地影响到类别的宽度。等频分布假设每个类别具有同等可能性，这样的假设通常得不到保障。因此，方法(3)和(4)相对较好。

假设我们有以下小型数据集，希望将其离散化为 k=3 个分类：X={1,1,1,1,1,2,2,11,11,12,12,44}。

(1) 使用等宽分箱法，我们将 X 分为以下同等宽度的类别，如图 2.22(a)所示：

- 低：$0 \leqslant X < 15$，包含了所有数据值，只有一个值除外。
- 中：$15 \leqslant X < 30$，没有包含任何数据值。
- 高：$30 \leqslant X < 45$，仅仅包含一个离群值。

11 有关离散和连续变量的更多信息以及变量分类的其他方法，请参阅附录。

(2) 使用等频分箱法，有 n=12、k=3 和 n/k=4。分箱如图 2.22(b)所示：

- 低：包含前 4 个数据值，所有的 X=1。
- 中：包含接下来的 4 个数据值{1,2,2,11}。
- 高：包含最后 4 个数据值{11,12,12,44}。

注意“中”类别中的一个数据值和“低”类别中的一个数据值相等，另外一个数值则和“高”类别中的一个数据值相等。这样就违背了启发式规则：相等的数据值应该属于同一类别。

(3) 最后，k 均值聚类能够识别出直观上正确的分组，如图 2.22(c)所示。

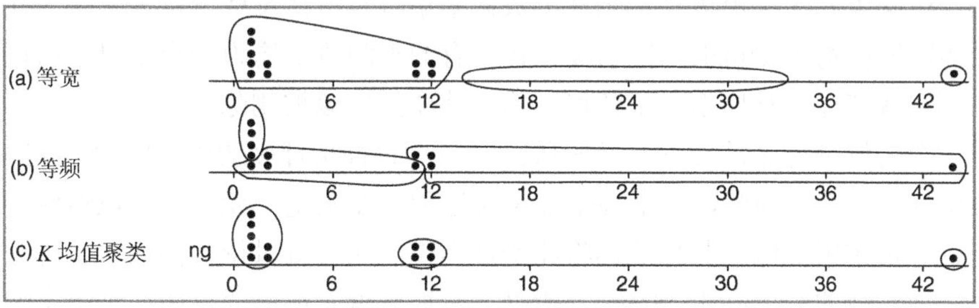

图 2.22　(a-c)分箱方法示例图

基于第 3 章的预测值，我们提供两个分箱的例子。

2.16　对分类变量重新划分类别

分类变量重新划分类别和数值变量“分箱”是完全等价的。通常，一个分类变量包含很多易于分析的字段值。例如，预测因子 state 包含 50 种不同的字段值。当预测因子包含过多字段值时，logistic 回归和 C4.5 决策树算法等数据挖掘方法的执行性能不是最优的。在这种情况下，数据分析人员应该对字段值进行重分类。例如，50 种 state 值可重新分类为变量 *region*，包含字段值 *Northeast*、*Southeast*、*North Central*、*Southwest* 和 *West*。这样，分析人员(算法)面临的字段值只有 5 种而不是 50 种。另外，50 种 state 值也可以重新分类为变量 *economic_level*，包含 3 个字段值 richer states、midrange states 和 poorer states。数据分析人员应该选择重分类以解决商业问题或者研究问题。

2.17　添加索引字段

建议数据分析人员创建一个索引字段，以便追踪数据库中记录的排序顺序。数据挖掘的数据至少经过一次分区(有时会发生多次分区)。索引字段有助于重新创建原始的排序顺序。例如，使用 IBM/SPSS Modeler 时，可以通过 *Derive* 节点中的@*Index* 功能创建索引字段。

2.18 删除无用变量

无论提议何种数据挖掘任务或算法，数据分析人员都希望删除对分析没有帮助的变量。这样的变量包括：

- 一元变量
- 近似一元变量

一元变量只能获取单一取值，所以与其说一元变量是一个变量，不如说其是一个常数。例如，在一所女子私立学校进行学生样本数据采集时，将会发现变量 *sex* 是一元变量，因为每个主体的取值均为 female。因为 *sex* 在所有的观测值中均为一个常量，所以它对任何数据挖掘算法或统计工具均不产生任何影响。此变量应该被删除。

有时一个变量可能非常接近一元变量。例如，假设曲棍球联盟中 99.95%的球员为女性，剩下的 0.05%为男性。因此，变量 sex 非常接近但不完全是一元变量。虽然对男性球员的调查可能有一定作用，但一些算法仍将此变量当作一元变量对待。例如，一种分类算法确信给定球员为女性的概率高于 99.9%。所以，数据分析人员需要权衡一个给定变量有多接近一元变量，从而决定此变量是应该保留还是删除。

2.19 可能不应该删除的变量

从分析中删除以下类型的变量是一种常见的做法(尽管值得怀疑)：

- 包含 90%或更多缺失值的变量。
- 具有较强相关性的变量。

在删除一个包含 90%或更多缺失值的变量之前，考虑到这些缺失值可能存在一种模式，因此可能丢弃了一些有用信息。包含 90%缺失值的变量成为任何缺失数据填充策略的挑战(见第 27 章)。例如，剩余的 10%数据是否能够真正代表缺失数据？或者，数据缺失是由于一些系统但未被观察到的现象产生的。例如，假设在自我报告调查数据库中有一个字段 donation_dollars。可以想象，那些捐赠较多的人会倾向于报告他们的捐赠，而那些捐赠不多的人可能倾向于跳过此项调查问题。因此，10%的报告者并不能代表整体。在这种情况下，构造一个标志变量 *donation_flag* 可能更为可取，因为存在于缺失数据中的模式可能具有预测能力。

然而，如果数据分析人员有理由相信 10%的数据具有代表性，那么他(她)可能会选择继续进行 90%缺失值的填充。强烈推荐使用第 27 章中的回归分析或决策树方法进行填充。不管 10%能否代表全部，数据分析人员都能够判定：为非缺失值构建标志变量是明智的，因为它们对预测和分类可能都是非常有用的。90%这个数字也没有什么特别之处，数据分析人员可能会使用他们认为有保证的任意大的比例。底线是：不应该因为有较多缺失值而删除变量。

相关变量的一个例子是州立海滩上的降水量和出现人数。随着降水量的增加，出现在海滩上的人数减少，这样的变量呈负相关关系[12]。在最好的情况下，包含相关变量可能会重复计算某一方面的分析；在最坏的情况下，可能会导致模型结果的不稳定。在面临两个强相关变量时，一些数据分析人员可能决定简单地删除其中的一个变量。我们不建议这么做，因为重要信息可能会因此丢失。相反，建议应用主成分分析，其中相关预测因子中的共同变量可能转换为一组不相关的主成分[13]。

2.20 删除重复记录

数据库的历史操作过程中，记录可能会被不经意地复制，从而创建重复记录。重复记录会导致这些记录中的数据值增多。因此，如果记录确实是重复的，则它们当中仅有一组应该保留。例如，如果 ID 字段是重复的，当然应删除重复记录。但是，数据分析人员应该遵照基本规则。有一个极端的例子，假定数据集名义上包含 3 个字段，每个字段有 3 个取值，则仅仅有 3×3×3=27 种可能的观测值组合。换句话说，如果存在多于 27 条记录，则它们当中至少有一条是重复的。因此，数据分析人员应该权衡重复记录真正代表不同的记录或者确实为重复的可能性。

2.21 ID 字段简述

因为每条记录有不同的 ID 字段值，所以它们对下游数据挖掘算法并没有帮助。它们甚至是不利的，因为算法会发现 ID 字段和目标之间的虚假关系。因此，建议将 ID 字段从数据挖掘算法中过滤掉，但不应该从数据中删除，这样数据分析人员能够区分相似记录。

在第 3 章中，我们将运用一些基本的图形和统计工具来发现数据结构的简单模式和趋势。

R 语言开发园地

读入数据集 Cars 和 Cars2

```
cars <- read.csv("C:/ … /cars.txt",
stringsAsFactors = FALSE)
cars2 <- read.csv("C:/ … /cars2.txt",
stringsAsFactors = FALSE)
```

12 有关相关关系的更多内容，请参阅附录。

13 有关主成分分析的更多内容，请参阅第 4 章。

#缺失数据

#观察数据集 *cars* 中的 4 个变量

```
cars.4var<-cars[, c(1, 3, 4, 8)]
head(cars.4var)
```

```
> head(cars.4var)
   mpg cubicinches  hp   brand
1 14.0         350 165      US
2 31.9          89  71  Europe
3 17.0         302 140      US
4 15.0         400 150      US
5 30.5          98  63      US
6 23.0         350 125      US
```

确定缺失的某些条目

```
cars.4var[2,2]<-cars.4var[4,4]<-NA
head(cars.4var)
```

```
> head(cars.4var)
   mpg cubicinches  hp  brand
1 14.0         350 165     US
2 31.9          NA  71 Europe
3 17.0         302 140     US
4 15.0         400 150   <NA>
5 30.5          98  63     US
6 23.0         350 125     US
```

#使用常量替换缺失值

```
cars.4var[2,2]<-0
cars.4var[4,4]<-"Missing"
head(cars.4var)
```

```
> head(cars.4var)
   mpg cubicinches  hp   brand
1 14.0         350 165      US
2 31.9           0  71  Europe
3 17.0         302 140      US
4 15.0         400 150 Missing
5 30.5          98  63      US
6 23.0         350 125      US
```

使用均值和众数替换缺失值

```
cars.4var[2,2]<-
  mean(na.omit(cars.4var$cubicinches))
our_table<-table(cars.4var$brand)
our_mode<-names(our_table)[our_table== max(our_table)]
cars.4var[4,4]<-our_mode
head(cars.4var)
```

```
> head(cars.4var)
   mpg cubicinches  hp   brand
1 14.0    350.0000 165      US
2 31.9    201.5346  71  Europe
3 17.0    302.0000 140      US
4 15.0    400.0000 150      US
5 30.5     98.0000  63      US
6 23.0    350.0000 125      US
```

#生成随机观测值

```
obs_brand<-
  sample(na.omit(cars.4var$brand), 1)
obs_cubicinches<-
  sample(na.omit(cars.4var$cubicinches), 1)
cars.4var[2,2]<-obs_cubicinches
cars.4var[4,4]<-obs_brand
head(cars.4var)
```

```
> head(cars.4var)
   mpg cubicinches  hp   brand
1 14.0         350 165      US
2 31.9          86  71  Europe
3 17.0         302 140      US
4 15.0         400 150  Europe
5 30.5          98  63      US
6 23.0         350 125      US
```

#创建直方图

```
# 设置绘图区域
par(mfrow=c(1,1))
#创建直方图
hist(cars2$weight,
 breaks=30,
 xlim=c(0,5000),
 col="blue",
 border="black",
 ylim=c(0,40),
 xlab="Weight",
 ylab="Counts",
 main="Histogram
   of Car Weights")
# 在图周围创建边框
box(which="plot",
 lty="solid",
 col="black")
```

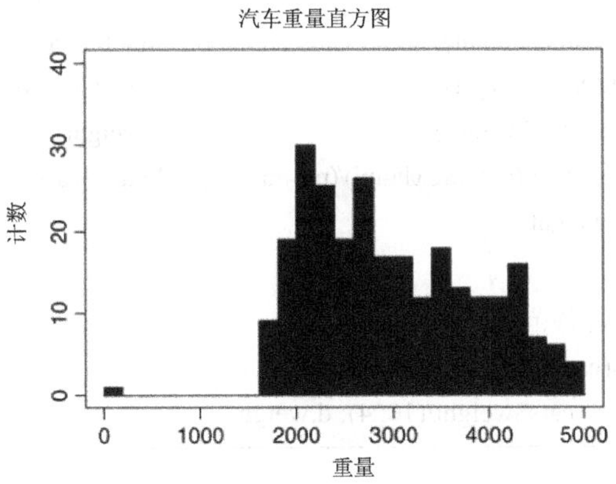

#创建散点图

```
plot(cars2$weight,cars2$mpg,
  xlim=c(0, 5000),
  ylim=c(0,600),
  xlab ="Weight",
  ylab ="MPG",
  main="Scatterplot of MPG by Weight",
  type="p",
  pch=16,
  col="blue")
# 添加空心黑色圆点
points(cars2$weight, cars2$mpg,
  type="p",
  col="black")
```

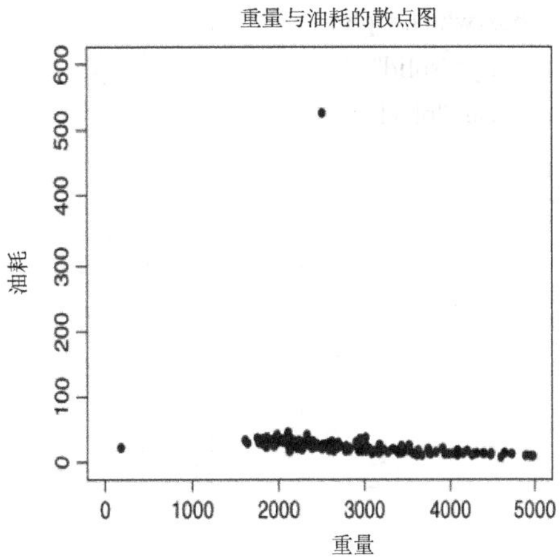

统计描述

```
mean(cars$weight) #均值
median(cars$weight)#中值
length(cars$weight) #观测次数
sd(cars$weight) #标准差
summary(cars$weight) #最小值、Q1、中值、均值、Q3、最大值
```

#变换

```
# min-max 规范化
summary(cars$weight)
mi<-min(cars$weight)
ma<-max(cars$weight)
minmax.weight<-(cars$weight-mi)/(ma-mi)
minmax.weight

#小数定标规范化
max(abs(cars$weight)) #四位数
d.weight<-cars$weight/(10^4); d.weigh
```

```
# Z-score 标准化
m<-mean(cars$weight);s<-sd(cars$weight)
z.weight<-(cars$weight-m)/s
z.weight
length(cars$weight)
```

#并排柱状图

```
par(mfrow=c(1,2))
#创建两个直方图
hist(cars$weight, breaks=20,
   xlim=c(1000,5000),
   main="Histogram of Weight",
   xlab ="Weight",
   ylab ="Counts")
box(which="plot",
   lty="solid",
   col="black")
```

```
hist(z.weight,
   breaks=20,
   xlim=c(-2,3),
   main="Histogram of Z-score of  Weight",
   xlab ="Z-score of Weight",
   ylab ="Counts")
box(which="plot",
   lty="solid",
   col="black")
```

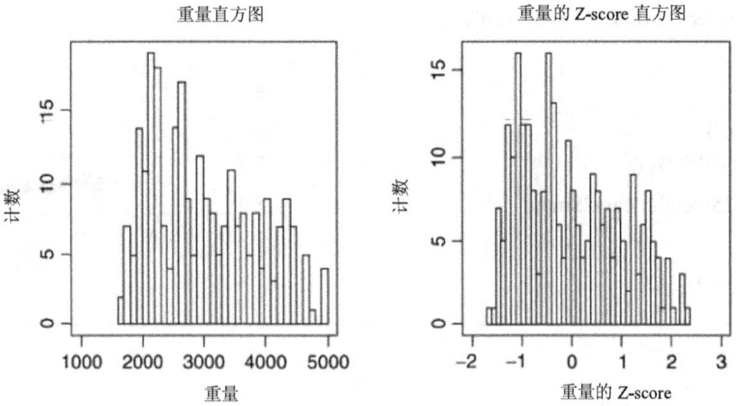

#倾斜度

```
(3*(mean(cars$weight) - median(cars$weight)))/sd(cars$weight)
(3*(mean(z.weight) - median(z.weight)))/sd(z.weight)
```

#正态转换

```
sqrt.weight<-sqrt(cars$weight)#平方根
sqrt.weight_skew<-(3*(mean(sqrt.weight) - median(sqrt.weight))) / sd(sqrt.weight)
ln.weigh t<-log(cars$weight) #自然对数
ln.weight_skew<-(3*(mean(ln.weight) - median(ln.weight))) / sd(ln.weight)
invsqrt.weight<-1/ sqrt(cars$weight)#逆平方根
invsqrt.weight_skew<-(3*(mean(invsqrt.weight) - median(invsqrt.weight))) /sd(invsqrt.weight)
```

#正态分布直方图

```
par(mfrow=c(1,1))
x<-rnorm(1000000,
   mean=mean
   (invsqrt.weight),
sd=sd(invsqrt.weight))
hist(invsqrt.weight,
   breaks=30,
   xlim=c(0.0125,0.0275),
   col="lightblue",
   prob=TRUE,
   border="black",
   xlab ="Inverse Square Root of Weight",
   ylab ="Counts",
   main="Histogram of Inverse Square Root of Weight")
box(which="plot",
   lty="solid",
   col="black")
#正态密度覆盖图
lines(density(x), col="red")
```

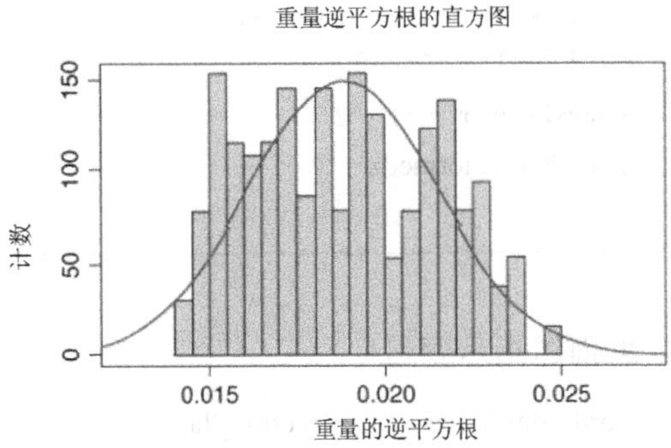

正态 Q-Q 图

```
qqnorm(invsqrt.weight,
  datax=TRUE,
  col="red",
  ylim=c(0.01,0.03),
  main="Normal Q-Q Plot of
        Inverse Square Root of
        Weight")
  qqline(invsqrt.weight,
        col="blue",
        datax=TRUE)
```

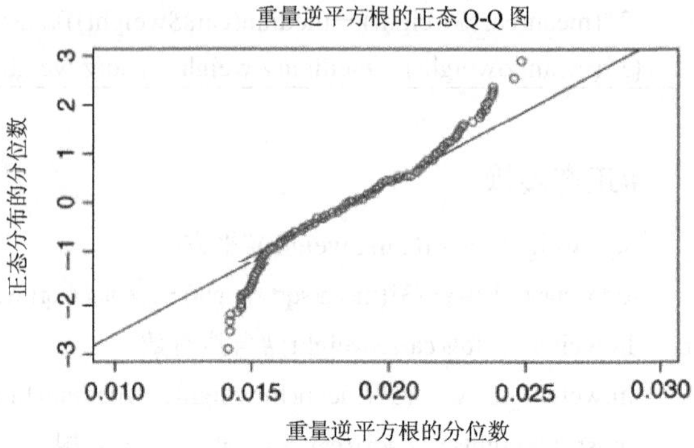

数据逆变换

```
#使用 y=1/sqrt(x)变换 x
x<-cars$weight[1];y<-1/sqrt(x)
#使用 x= 1/(y)^2 逆变换 x
detransformedx <-1/y^2
x; y; detransformedx
```

```
> x; y; detransformedx
[1] 4209
[1] 0.01541383
[1] 4209
```

创建指示变量

```
north_flag<- east_flag<-south_flag<-
  c(rep(NA,10))
region<- c(rep(c("north", "south","east",
  "west"),2), "north", "south")
#将区域变量转换为指示变量
for (i in1：length(region)){
  if(region[i]=="north")   north_flag[i]=1
   else north_flag[i]=0
  if(region[i]=="east")   east_flag[i] =1
   else east_flag[i]=0
  if(region[i]=="south")  south_flag[i] =1
   else south_flag[i]=0
}
north_flag;  east_flag; south_flag
```

```
> north_flag; east_flag; south_fla
 [1] 1 0 0 0 1 0 0 0 1 0
 [1] 0 0 1 0 0 0 1 0 0 0
 [1] 0 1 0 0 0 1 0 0 0 1
```

索引字段

```
#数据帧有一个索引字段；
#数据集 cars 的最左列
cars[order(cars$mpg),]
```

```
#对于向量或矩阵，
#添加一列作为索引字段
x<-c(1,1,3：1,1：4,3);y<-c(9,9：1)
z<-c(2,1：9)
matrix<- t(rbind(x,y,z));matrix
indexed_m<-cbind(c(1：length(x)),matrix);
indexed_m
indexed_m[order(z),]
```

重复记录

```
#使用 anyDuplicated 记录重复记录数
anyDuplicated(cars)
#使用 duplicated 检查重复记录
duplicated(cars)
# "True"：记录是重复的，
# "False"：记录不是重复的
```

```
#复制第一条记录
new.cars<-rbind(cars, cars[1,])
#检查重复记录
anyDuplicated(new.cars)
#第 262 条记录是重复的
duplicated(new.cars)
```

R 参考文献

R Core Team. *R: A Language and Environment for Statistical Computing*. Vienna, Austria: R Foundation for Statistical Computing; 2012. ISBN: 3-900051-07-0, http://www.Rproject.org/。

练习

概念辨析

1. 描述未经预处理而直接进行数据挖掘可能带来的负面影响。
2. 在进行预处理前，参考表 2.1 中 5 位客户的 income 属性。
   a. 找出预处理前的 income 均值。
   b. 此数值的实际意义是什么？
   c. 现在，计算预处理后 3 个剩余值的 income 均值。这个值有意义吗？
3. 解释为什么邮政编码应当作为文本变量而不是数值变量。
4. 什么是离群值？为什么我们需要小心地处理离群值？
5. 解释在数据库中为什么优先考虑使用出生日期变量而不是年龄变量。
6. 判断真假：在同等条件下，信息越多通常越好。
7. 解释为什么以下做法不予推荐作为处理缺失数据的策略：从分析中简单地删除带有

缺失值的记录或字段。

8. 在4种处理缺失数据的方法中，哪一种会导致变量散布(如标准差)的低估？这种方法的好处是什么？

9. 从变量分布中随机地选取值，以上处理缺失数据的方法有哪些优缺点？

10. 在处理缺失数据的4种方法中，哪一种是首选方法？

11. 构造一个自身带有缺陷的分类方案，其将会导致误分类，如表2.2所示。例如，杂货店中客户所购买的物品分类。

12. 构造一个数据集，包含六个孩子的身高和体重，其中一个孩子关于一个变量是离群值，而关于另一个变量不是离群值。然后，改变数据集以使上述孩子关于两个变量均为离群值。

数据应用

使用以下股票价格数据(美元)完成练习13～18。

10	7	20	12	75	15	9	18	4	12	8	14

13. 计算股票价格的均值、中位数和众数。
14. 计算股票价格的标准差，并解释它的含义。
15. 找到股票价格20美元的min-max规范化价格。
16. 计算股票价格中列数。
17. 计算股票价格20美元的Z-score标准化价格。
18. 找到股票价格20美元的小数定标规范化价格。
19. 计算股票价格数据的倾斜度。
20. 解释为什么数据分析人员需要规范化数值型变量。
21. 描述标准正态分布的3个特性。
22. 如果一个分布是对称的，它是否服从正态分布？给出一个反例。
23. 需要在正态概率图中寻找什么信息来表明非正态性？

使用股票价格数据完成练习24～26。

24. 完成以下操作：
    a. 识别离群值。
    b. 使用Z-score方法验证此值是离群值。
    c. 使用IQR方法验证此值是离群值。
25. 使用以下方法识别出所有可能为离群值的股票价格：
    a. Z-score方法。
    b. IQR方法。
26. 通过以下方法探讨离群值如何影响均值和中位数：
    a. 找出存在离群值和不存在离群值时的得分均值和得分中位数。

b. 陈述离群值的存在对以下哪种度量的影响更大：均值还是中位数？并说明原因。

27. 关于数值型预测因子，有哪 4 种常见的分箱方法？哪一种是首选方法？

使用以下数据集完成练习 28～30：

1	1	1	3	3	7

28. 将数据划分到 3 个等宽的箱子中(宽度=3)。
29. 将数据划分到 3 个箱子中，每个箱子均包含 2 条记录。
30. 阐述为什么以上分箱方案不是最优的。
31. 解释为什么我们不希望删除包含 90%或更多缺失值的变量。
32. 解释为什么我们不希望删除一个与其他变量高度相关的变量。

实践分析

使用图书系列网站上的 *churn* 数据集完成以下练习：

33. 探索变量是否存在缺失值。
34. 比较 area code 和 state 字段。讨论明显的异常情况。
35. 用图形来直观地确定客户服务电话的数量中是否存在离群值。
36. 在确定客户服务电话的极差时应当考虑离群值，使用以下方法进行说明：
    a. Z-score 方法；
    b. IQR 方法。
37. 使用 Z-score 标准化方法变换 day minutes 属性。
38. 处理倾斜度如下：
    a. 计算 day minutes 的倾斜度。
    b. 然后计算 Z-score 标准化 day minutes 的倾斜度，并加以评论。
    c. 根据倾斜度的取值，你认为 day minutes 是倾斜的还是几乎完全对称的？
39. 构造 day minutes 的正态概率图。评论数据的正态性。
40. 使用 international minutes 完成以下工作：
    a. 构造 international minutes 的正态概率图。
    b. 是什么阻止此变量服从正态分布。
    c. 构造一个标志变量来处理(b)中的情况。
    d. 构造一个派生变量 nonzero international minutes 的正态概率图，并说明此派生变量的正态性。

41. 使用 Z-score 标准化方法对 night minutes 属性进行变换。使用图形来描述标准化值的极差。

第 3 章

探索性数据分析

3.1 假设检验与探索性数据分析

在处理数据挖掘问题时，数据挖掘分析人员可能已经事先有一些先验假设：用于检验相关变量之间的关系。例如，假设手机管理人员对近期收费结构的增加是否会导致市场占有率的降低感兴趣。在这种情况下，分析人员需要检验市场占有率已下降的假设，因此将使用假设检验程序。

大多数统计假设检验程序可通过传统的统计分析文献得到。我们将在第 5 章和第 6 章中讨论许多这些方法。然而，对于变量间的预期关系，分析人员并不总是具备先验的概念。尤其是当面对未知的大型数据库时，分析人员往往更倾向于使用探索性数据分析(Exploratory Data Analysis，EDA)或图形数据分析方法。探索性数据分析允许分析人员：

- 深入了解数据集；
- 检验属性间的相互关系；
- 确定观察对象的感兴趣子集；
- 对于预测变量之间可能存在的关系以及预测变量与目标变量之间可能存在的关系，建立初步的设想。

3.2 了解数据集

图形、点图和表通常揭示了重要关系，这些关系能够指明有待深入研究的重要领域。在第 3 章中，我们使用探索性方法来研究加利福尼亚大学欧文分校 UCI 机器学习数据库中的 churn 数据集[1]。该数据集也在本书系列网站 www.dataminingconsultant.com 上提供下载。Churn(流失，也可称为损耗)是一个经常用于表示一个客户放弃一家公司提供的服务而选择另一家公司的术语。该数据集包含 20 个预测变量，涉及大约 3333 个客户信息，并且有一个目标变量 Churn，用于表示客户是否流失(离开公司)。

涉及的变量如下所示：

- 州：分类变量，适用于 50 个州和哥伦比亚特区。
- 账户时长：整数值，表示账户已被激活多久。
- 区域编码：分类变量。
- 电话号码：本质上可代替顾客 ID。
- 国际套餐：二元分类，值为是或否。
- 语音信箱套餐：二元分类，值为是或否。
- 语音邮件短信数：整数值。
- 白天通话时长总数：连续变量，客户在白天使用的服务时长。
- 白天通话数：整数值。
- 白天通话费用总数：连续变量，可能基于上述两个变量。
- 夜间通话时长总数：连续变量，客户在傍晚使用的服务时长。
- 夜间通话数：整数值。
- 夜间通话费用：连续变量，可能基于上述两个变量。
- 夜间总计时长：连续变量，客户在夜间使用的服务时长。
- 夜间通话总时长：整数值。
- 夜间费用总数：连续变量，可能基于上述两个变量。
- 国际通话时长总数：连续变量，客户拨打国际电话使用的服务时长。
- 国际通话总数：整数值。
- 国际费用总数：连续变量，可能基于上述两个变量。
- 客户服务通话数：整数值。
- 流失情况：目标变量，指示客户是否已经离开公司(值为真或假)。

首先，对于一些记录，通常最好先简单地看一下其字段值。图 3.1 显示了 Churn 数据集中前 10 条记录的变量值。

1 Churn data set. Blake, C.L. & Merz, C.J. UCI Repository of machine learning databases [kdd.ics.uci.edu/]. Irvine, CA: University of California, Department of Information and Computer Science, 1998.

(a)

	State	Account Length	Area Code	Phone	Intl Plan	VMail Plan	VMail Message	Day Mins	Day Calls	Day Charge	Eve Mins
1	KS	128	415	382-4657	no	yes	25	265.100	110	45.070	197.400
2	OH	107	415	371-7191	no	yes	26	161.600	123	27.470	195.500
3	NJ	137	415	358-1921	no	no	0	243.400	114	41.380	121.200
4	OH	84	408	375-9999	yes	no	0	299.400	71	50.900	61.900
5	OK	75	415	330-6626	yes	no	0	166.700	113	28.340	148.300
6	AL	118	510	391-8027	yes	no	0	223.400	98	37.980	220.600
7	MA	121	510	355-9993	no	yes	24	218.200	88	37.090	348.500
8	MO	147	415	329-9001	yes	no	0	157.000	79	26.690	103.100
9	LA	117	408	335-4719	no	no	0	184.500	97	31.370	351.600
10	WV	141	415	330-8173	yes	yes	37	258.600	84	43.960	222.000

(b)

	Eve Calls	Eve Charge	Night Mins	Night Calls	Night Charge	Intl Mins	Intl Calls	Intl Charge	CustServ Calls	Churn
1	99	16.780	244.700	91	11.010	10.000	3	2.700	1	False
2	103	16.620	254.400	103	11.450	13.700	3	3.700	1	False
3	110	10.300	162.600	104	7.320	12.200	5	3.290	0	False
4	88	5.260	196.900	89	8.860	6.600	7	1.780	2	False
5	122	12.610	186.900	121	8.410	10.100	3	2.730	3	False
6	101	18.750	203.900	118	9.180	6.300	6	1.700	0	False
7	108	29.620	212.600	118	9.570	7.500	7	2.030	3	False
8	94	8.760	211.800	96	9.530	7.100	6	1.920	0	False
9	80	29.890	215.800	90	9.710	8.700	4	2.350	1	False
10	111	18.870	326.400	97	14.690	11.200	5	3.020	0	False

图 3.1　Churn 数据集中前 10 条记录的字段值

我们可以先通过查看图 3.1 了解数据。例如，我们注意到：

- 变量手机号码(Phone)仅使用了七位数字。
- 有两个标志变量。
- 大多数变量是连续型变量。
- 响应变量流失情况(Churn)是一个标志变量，具有 2 个取值：真和假。

接下来，我们转向概要和可视化(见附录)。图 3.2 显示了数据集中每个变量的图形(直方图或柱状图)和概要统计，电话除外，这是一个识别字段。该软件(Modeler，由 IBM/SPSS 提供)的变量类型显示出来(set 用于分类变量，flag 用于标志变量，range 用于连续变量)。我们可以注意到，语音邮件在长度上有一个尖峰，而且大多数定量变量似乎呈正态分布，除了国际电话和海关电话呈右倾斜(注意，这些变量的倾斜度统计值较大)。唯一(Unique)代表不同字段值的数目。我们可能怀疑对于国家怎么能有 51 个不同取值，而对于区域编码仅有 3 个不同的取值。此外，国家的模式是西部弗吉尼亚州，这可能会使我们感到疑惑。更多相关内容稍后进行讨论。我们仅对此数据集有了初步的认识。

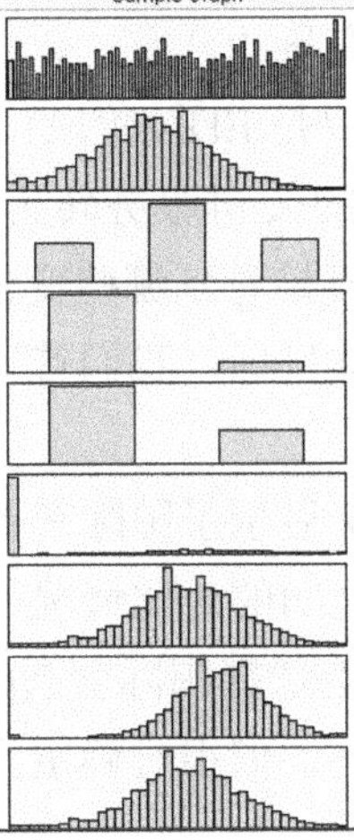

(a)

Field	Sample Graph	Type	Min	Max	Mean	Std. Dev	Skewn...	Median	Mode	Unique	Valid
State		Set	--	--	--	--	--	--	WV	51	3333
Account Length		Range	1	243	101.065	39.822	0.097	101	105	--	3333
Area Code		Set	408	510	--	--	--	--	415	3	3333
Intl Plan		Flag	--	--	--	--	--	--	no	2	3333
VMail Plan		Flag	--	--	--	--	--	--	no	2	3333
VMail Message		Range	0	51	8.099	13.688	1.265	0	0	--	3333
Day Mins		Range	0.000	350.800	179.775	54.467	-0.029	179.400	154.000'	--	3333
Day Calls		Range	0	165	100.436	20.069	-0.112	101	102	--	3333
Day Charge		Range	0.000	59.640	30.562	9.259	-0.029	30.500	26.180'	--	3333

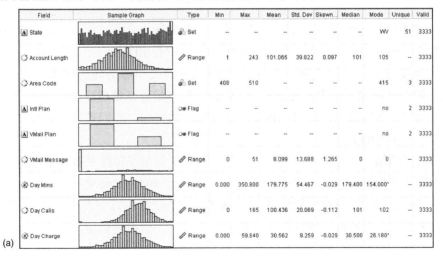

图 3.2　Churn 数据集的概要与可视化

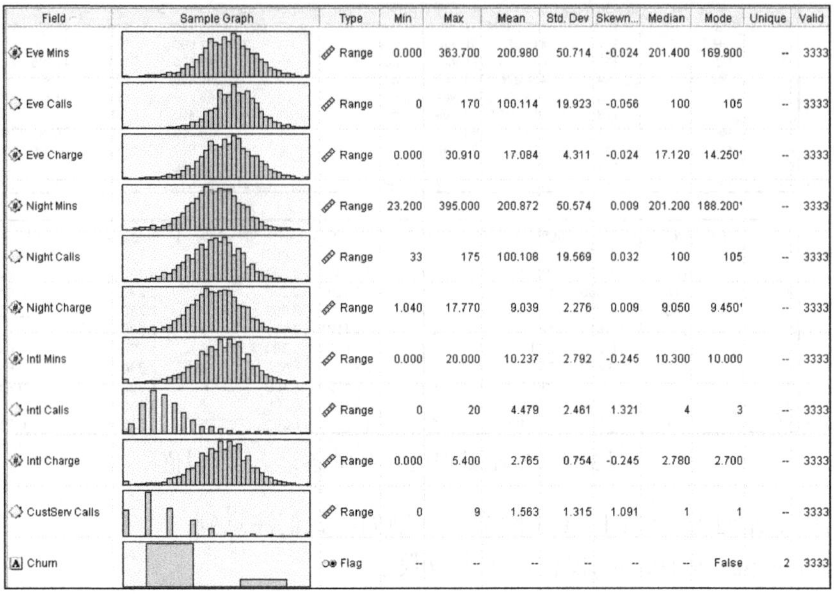

Field	Sample Graph	Type	Min	Max	Mean	Std. Dev	Skewn...	Median	Mode	Unique	Valid
Eve Mins		Range	0.000	363.700	200.980	50.714	-0.024	201.400	169.900	--	3333
Eve Calls		Range	0	170	100.114	19.923	-0.056	100	105	--	3333
Eve Charge		Range	0.000	30.910	17.084	4.311	-0.024	17.120	14.250'	--	3333
Night Mins		Range	23.200	395.000	200.872	50.574	0.009	201.200	188.200'	--	3333
Night Calls		Range	33	175	100.108	19.569	0.032	100	105	--	3333
Night Charge		Range	1.040	17.770	9.039	2.276	0.009	9.050	9.450'	--	3333
Intl Mins		Range	0.000	20.000	10.237	2.792	-0.245	10.300	10.000	--	3333
Intl Calls		Range	0	20	4.479	2.461	1.321	4	3	--	3333
Intl Charge		Range	0.000	5.400	2.765	0.754	-0.245	2.780	2.700	--	3333
CustServ Calls		Range	0	9	1.563	1.315	1.091	1	1	--	3333
Churn		Flag	--	--	--	--	--	--	False	2	3333

(b)

图 3.2 Churn 数据集的概要与可视化(续)

3.3 探索分类变量

图 3.3 中的条形图显示了已流失客户(真)和未流失客户(假)的计数与百分比。幸运的是，只有少数客户(14.49%)放弃了我们的服务。我们的任务是识别数据中的模式，这将有助于减少流失客户的比例。

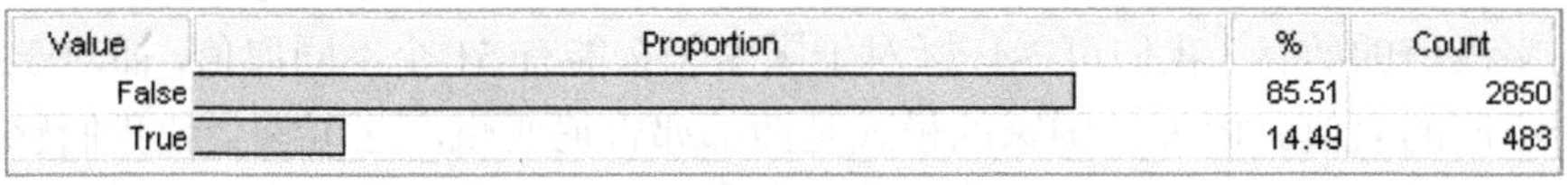

Value	Proportion	%	Count
False		85.51	2850
True		14.49	483

图 3.3 约 14.49%的客户流失

执行 EDA 的一个主要原因是考察变量、分类变量的分布、数值变量的直方图，以及探索各组变量间的关系。然而，作为一个整体(不仅仅是 EDA 阶段)，我们对数据挖掘项目的整体目标是构建一个流失客户类型的模型(从你的公司服务转为使用另一个公司的服务)。如今的软件包允许我们熟悉变量，同时让我们开始看到哪些变量与流失相关。以这种方式，我们可以探索数据，同时密切关注我们的总体目标。我们首先考虑分类变量，以及它们与客户流失间的关系。

我们研究的第一个分类变量是国际套餐。图 3.4 显示了国际套餐的条形图，该条形图与客户流失的叠加，显示了流失和非流失客户比例之间的对比情况。在这些客户中，或者是选择了国际套餐(是，9.69%的客户)，又或者是没有选择国际套餐(否，90.31%的客户)。该图形似乎表明更大比例的国际套餐持有者正在流失，但很难确定。

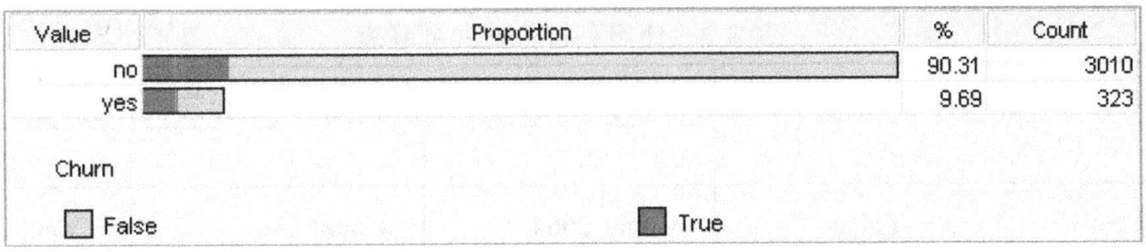

图 3.4　通过国际套餐的参与情况比较流失比例的条形图

为了“增加对比”，更好地辨别比例间的差异，可以使用软件(在此是IBM / SPSS Modeler)为每个分组提供相同大小的条形。这样，在图 3.5 中就可以看到与图 3.4 具有相同信息的图形，不同之处在于表示“是”类别的条形已“延伸”到与“否”类别条形相同的长度。这使我们能够更好地辨别类别的流失比例间是否存在差异。显然，选择了国际套餐的人与没有选择国际套餐的人相比，放弃本公司服务的几率更大。

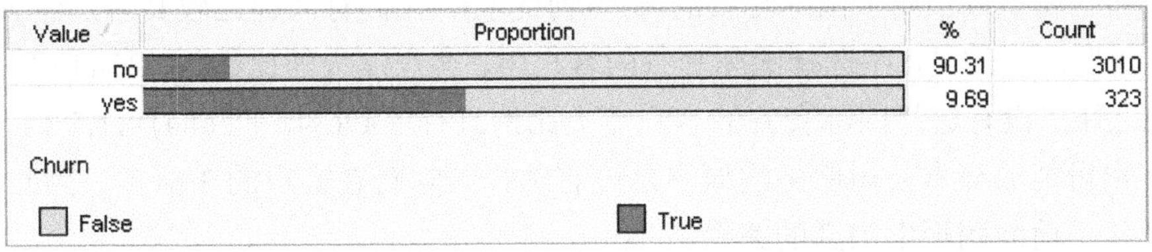

图 3.5　通过国际套餐的参与情况比较流失比例且具有相等长度条形的条形图

上面的图形告诉我们，国际套餐持有者往往流失会比较频繁，但并没有量化国际套餐与流失之间的关系。为了量化国际套餐的持有与流失之间的关系，我们可以使用列联表(参见表 3.1)，因为两个变量均为分类变量。

表 3.1　国际套餐与客户流失的列联表

		国际套餐		
		否	是	总计
客户流失	False	2664	186	2850
	True	346	137	483
	总计	3010	323	3333

注意，第一列显示了图 3.4 中所有不参加国际套餐的总人数为 2664+346=3010。第二列同理。表 3.1 中的第一行显示了未流失用户的计数，而第二行显示的是流失客户的计数。

总计列包含流失的边缘分布，也就是仅此变量的频率分布。同样，总计行表示了国际套餐的边缘分布。注意国际套餐的边缘分布与图 3.5 中的计数一致。

我们可以使用百分比扩展表 3.1，这取决于我们感兴趣的问题。例如，表 3.2 增加了列的百分比，这表明对于每个单元格，我们对列总计的百分比感兴趣。

表 3.2 使用列百分比的列联表

		国际套餐		
		否	是	总计
客户流失	False	Count 2664 Col% 88.5%	Count 186 Col% 57.6%	Count 2850 Col% 85.5%
	True	Count 346 Col% 11.5%	Count 137 Col% 42.4%	Count 483 Col% 14.5%
	总计	3010	323	3333

对于每个列变量值，当我们对比较其行变量百分比感兴趣时，可计算列的百分比。例如，对于那些属于或不属于国际套餐的客户(列变量)，我们有兴趣比较其客户流失(行变量)的比例。需要注意的是，在选择国际套餐的客户中，客户流失的比例为 137/(137+186)=42.4%，相比之下，没有选择国际套餐的客户流失比例只有 346/(346 + 2664)=11.5%。选择国际套餐的客户可能放弃本公司服务的概率是没有选择国际套餐客户的 3 倍多。因此，我们现在已经量化了前面图形中揭露的关系。

列联表的图形对应物为聚类条形图。图 3.6 显示一个根据国际套餐客户聚类所生成的客户流失 Minitab 条形图。第一组的 2 个条形表示那些不选择国际套餐且与表 3.2 中“否”列相关的客户。第二组的 2 个条形代表那些选择国际套餐且与表 3.2 中“是”列相关的客户。显然，选择国际套餐的客户流失的比例更大。

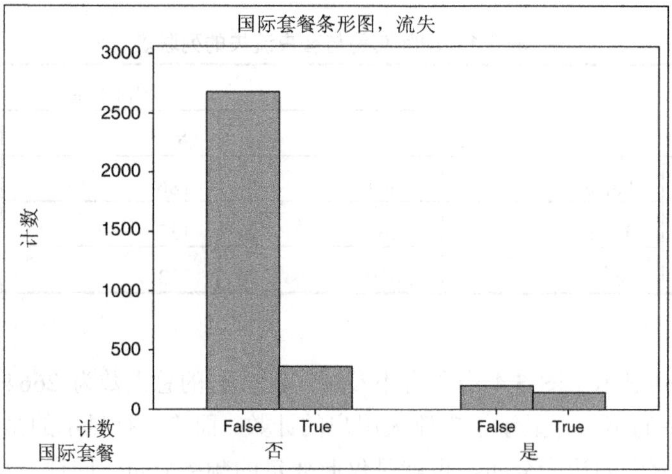

图 3.6 聚类条形图是列联表的图形对应物

比较两个分类变量的另一个有效图形是对比饼图。图 3.7 显示了没有选择(“否”)和选择(“是”)国际套餐客户的流失比例的对比饼图。聚类条形图通常是首选的图形，因为它可以传达计数和比例，而对比饼图只能传达比例。

对比表 3.2 与表 3.3，拥有行百分比的列联表表明了每个单元格占相应行总数的百分比。对于行变量的每个值来说，每当我们希望比较列变量的百分比时，总会计算行百分比。例如，表 3.3 表明，相较于 6.5%的非流失客户，28.4%的流失客户选择了国际套餐。

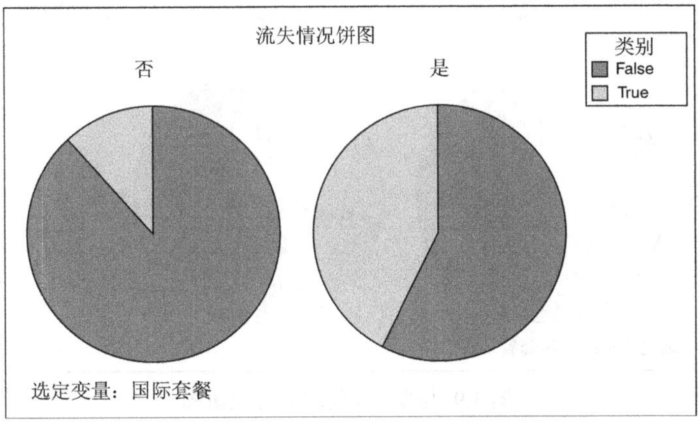

图 3.7　与表 3.2 相关联的对比饼图

表 3.3　拥有行百分比的列联表

		国际套餐		
		否	是	总计
客户流失	False	Count 2664 Row% 93.5%	Count 186 Row% 6.5%	2850
	True	Count 346 Row% 71.6%	Count 137 Row% 28.4%	483
	总计	Count 3010 Row% 90.3%	Count 323 Row% 9.7%	3333

图 3.8 包含了根据流失客户聚类生成的国际套餐条形图，并对应于表 3.3 中拥有行百分比的列联表。第一组条形图代表非流失客户，并与表 3.3 中的 False 行相关联。第二组条形图代表流失客户，并与表 3.3 中的 True 行相关联。显然，在流失客户中，国际套餐持有者所占比例更大。类似地，图 3.9 显示按照是否已流失(True 或 False)划分，其国际套餐持有者的对比条形图。

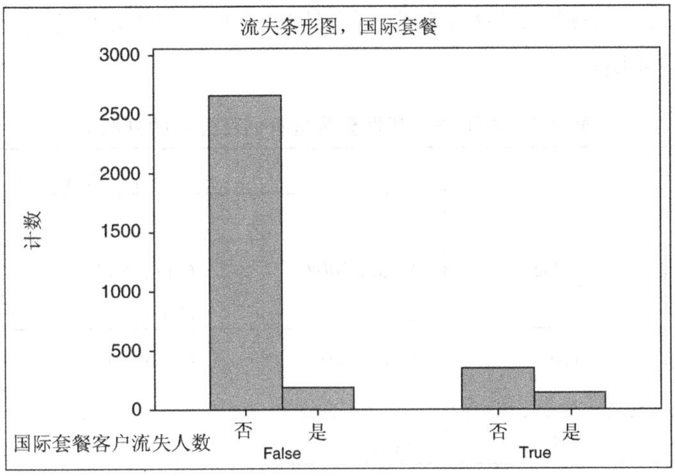

图 3.8　与表 3.3 关联的聚类条形图

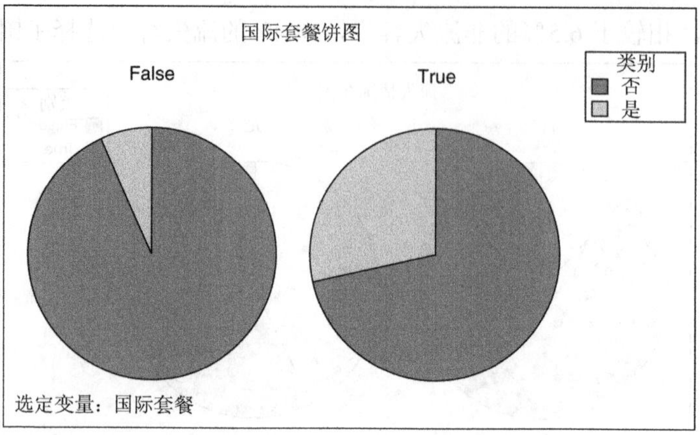

图 3.9 与表 3.3 关联的对比饼图

概括来说，国际套餐的探索性数据分析表明：

(1) 也许我们应该研究关于国际套餐究竟是什么原因引起客户流失；

(2) 我们应预料到，无论我们使用何种数据挖掘算法预测客户流失，模型都很可能包含客户是否选择国际套餐。

现在介绍语音邮件套餐。图 3.10 显示在等长条形图下，相比使用语音邮件套餐的客户，那些没有使用语音邮件套餐的客户更容易流失(图中的数字表示使用或不使用语音邮件的客户的比例和计数，不涉及流失问题)。

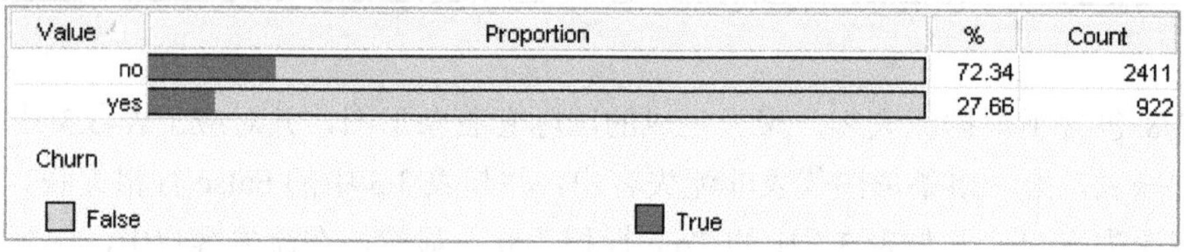

图 3.10 未订阅语音邮箱的客户更易流失

同样，我们可以通过使用列联表量化发现的问题。由于对于列变量(语音邮件套餐)中的每一个值，我们对比较行变量(流失)的百分比感兴趣，因此我们选择一个拥有列百分比的列联表，如表 3.4 所示。

表 3.4 对于语音邮件套餐含有列百分比的列联表

		语音邮件套餐		
		否	是	总计
客户流失	False	Count 2008 Col% 83.3%	Count 842 Col% 91.3%	Count 2850 Col% 85.5%
	True	Count 403 Col% 16.7%	Count 80 Col% 8.7%	Count 483 Col% 14.5%
	总计	2411	922	3333

语音邮件套餐(行总数)的边缘分布表明，842 + 80 = 922 名客户使用语音邮件套餐，而 2008 + 403 = 2411 名客户未使用。然后，我们发现：在未使用语音邮件套餐的客户中，403/2411 = 16.7%的客户为流失者；相比之下，在使用语音邮件套餐的客户中，80/922= 8.7%的客户为流失者。因此，没有使用语音邮件套餐客户的流失概率几乎是使用语音邮件套餐的两倍。

概括地说，在语音邮件套餐上的探索性数据分析表明：

(1) 或许我们应该进一步加强我们的语音邮件套餐，或者使它更易于客户加入，作为提高客户忠诚度的工具；

(2) 我们应预料到，无论使用何种数据挖掘算法预测客户流失，模型都很可能包含客户是否选择了语音邮件套餐。相对于国际套餐，我们对这一预期的信心也许不太高。

针对客户流失，我们也可以探讨分类变量之间的双向互动。例如，图 3.11 展示了一个由国际套餐和语音邮件套餐聚类构成的多层聚类条形图。

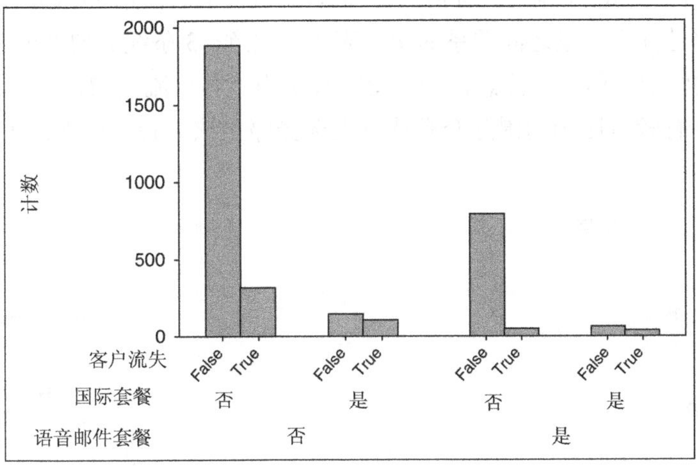

图 3.11 多层聚类条形图

与图 3.11 相关联的统计数据如表 3.5 所示。注意，两种套餐均未使用的客户数(1878 + 302 = 2180)远多于仅使用国际套餐的客户数(130 + 101 = 231)。更重要的是，在未使用语音邮件套餐的客户中，使用国际套餐(101/231 =44%)的客户流失比例要多于未使用国际套餐的情况(302/2180 = 14%)。只使用语音邮件套餐(786 + 44 = 830)的客户数远多于两种套餐均使用的客户数(56 + 36 = 92)。此外，在使用语音邮件套餐的客户中，同时选择国际套餐的客户流失比例(36/92 = 39%)却远多于未使用国际套餐的客户流失比例(44/830 = 5%)。还需要注意的是，分类变量之间没有交互。也就是说，不管是否是语音邮件套餐客户，持有国际套餐的客户流失比例更大。

表 3.5 多层聚类条形图的统计信息

Results for Voice Mail Plan = no

Rows: Churn Columns: International Plan

	no	yes	All
False	1878	130	2008
True	302	101	403
All	2180	231	2411

Results for Voice Mail Plan = yes

Rows: Churn Columns: International Plan

	no	yes	All
False	786	56	842
True	44	36	80
All	830	92	922

最后，图 3.12 展示了国际套餐持有者、语音邮件套餐持有者和流失者之间关系的有向网络图。网络图是分类变量之间关系的图形表示。注意，3 条线通向“客户流失=False”节点，这是很好的情况。但是请注意，一条模糊线引出“客户流失=True”节点，即国际套餐持有者，这表明有较多比例的国际套餐持有人选择停止该套餐。这支持了我们先前的调查结果。

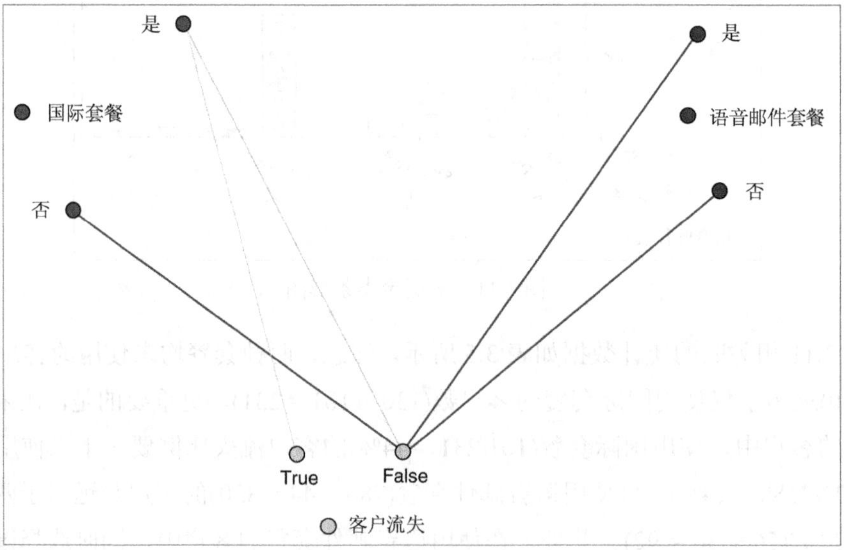

图 3.12 有向网络图支持早期发现的结果

3.4 探索数值变量

接下来，我们转向数值预测变量的探索。请参考前面的图 3.2 和各种预测因子的直方图以及概括统计数据。需要注意的是，很多字段显示出对称性的证据，如账户时长和呼叫分钟数、费用和呼叫字段。不显示对称性证据的字段包括语音邮件和客户服务电话。语音邮件信息的中位数为零，表明至少有一半客户没有订阅语音邮件。如上所述，此结果当然出自少于半数选择了语音邮件的客户。客户服务电话的均值(1.563)大于中值(1.0)，这显示出略微右倾斜，也表明客户服务的最大数量为 9。

遗憾的是，通用类型的直方图(例如图 3.2)并不能帮助我们确定预测变量是否与目标变量相关联。为了探索一个预测变量是否有助于探测目标变量，我们应该使用覆盖直方图，这种直方图中的矩形根据目标变量的值着色。例如，图 3.13 显示了一个预测变量客户服务电话的直方图，其中无覆盖图。我们可以发现，分布呈现右倾斜且带有模式“电话”，但我们不知道这个变量是否有助于预测客户流失。接下来，图 3.14 展示了客户服务电话的直方图，其中带有目标变量流失的覆盖图。

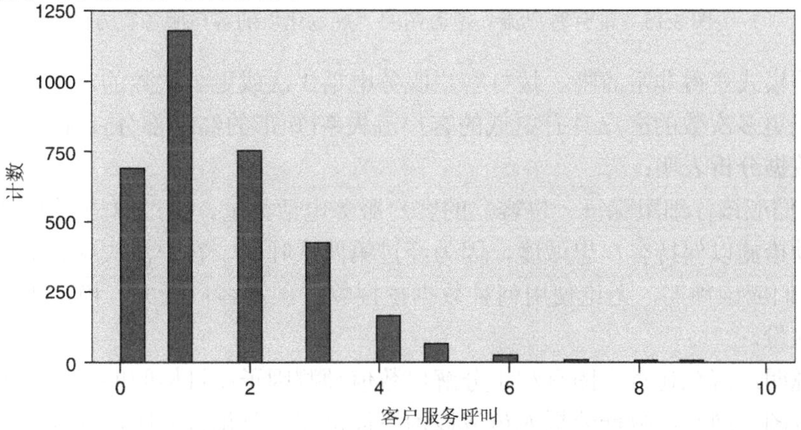

图 3.13 无覆盖图的客户服务电话直方图

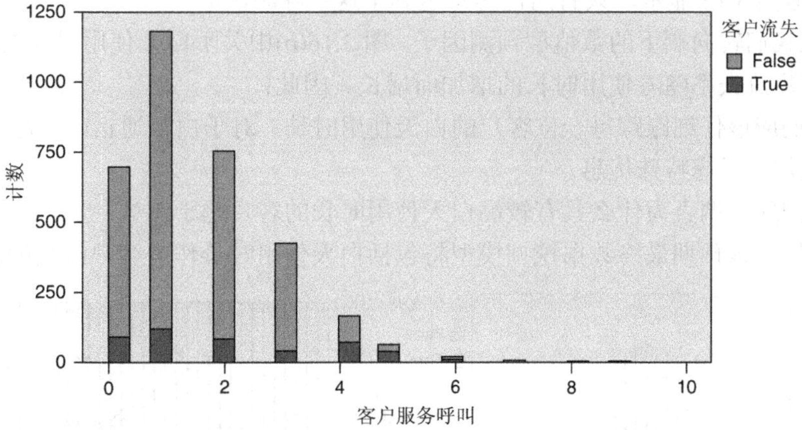

图 3.14 带有流失覆盖图的客户服务电话直方图

图 3.14 提示更多的客户服务电话数量可能带来更高的客户流失比例，但也很难明确辨别这个结果。因此，我们转向“规范化”直方图，每一个矩形具有相同的高度和宽度，如图 3.15 所示。需要注意的是，图 3.15 中流失者与非流失者的比例与图 3.14 中完全一样；它只是表明：“扩展”矩形使具有低计数的矩形有更好的清晰度和对比度。

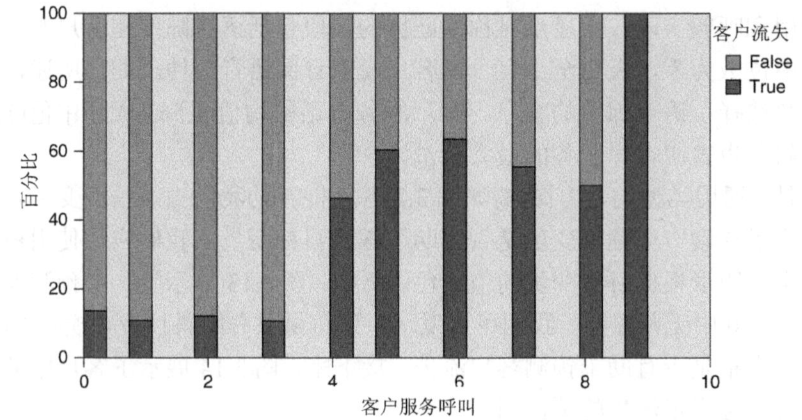

图 3.15 带有客户流失覆盖图的“规范化”的客户服务直方图

现在的模式变得非常清晰。拨打客户服务电话 3 次或更少次数的客户比拨打客户服务电话四次或更多次数的客户具有更低的客户流失率(矩形的红色部分)。在客户服务电话上的探索性数据分析表明：

(1) 我们应该仔细跟踪每一位客户的客户服务电话数量。经过第 3 次呼叫后，应提供专业的激励措施以保持客户忠诚度，因为经过第四次呼叫，客户流失率会大大增加。

(2) 我们应该预期，无论使用何种数据挖掘算法预测客户流失，模型很可能包括客户服务电话数量。

重要说明：规范化直方图有利于分解出数值预测因子和目标间的关系。然而，在提供规范化直方图的同时，数据分析人员应该始终提供非规范化直方图，因为规范化直方图不提供任何关于变量频率分布的信息。例如，图 3.15 表示第 9 次拨打电话服务的客户流失率为 100%；但图 3.14 显示，只有两位客户达到了这个呼叫次数。

现在让我们转向剩下的数值型预测因子。图 3.16(b)中关于白天使用时长的规范化直方图表明了客户流失率随着使用时长的增加而增长。因此：

(1) 我们应该仔细跟踪每一位客户的白天使用时长。对于白天通话时长超过 200 分钟的号码，我们要考虑特殊优惠。

(2) 我们应该调查为什么具有较高白天使用时长的客户趋于流失。

(3) 我们应该预期最终数据挖掘模型将包括白天使用时长作为客户流失的预测因子。

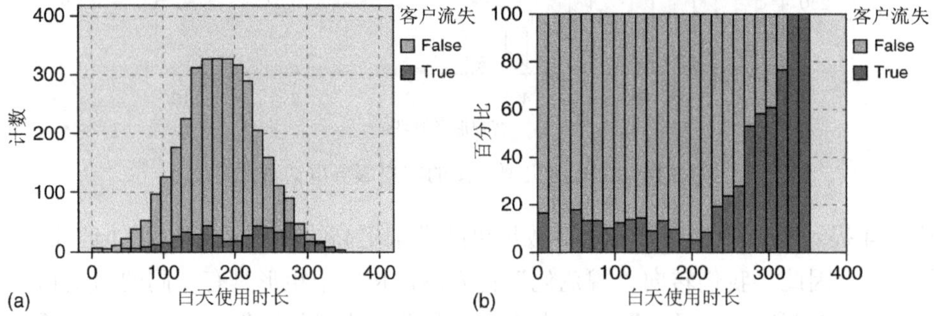

图 3.16 (a)白天使用时长的非规范化直方图 (b)白天使用时长的规范化直方图

图 3.17(b)显示具有更高傍晚使用时长的客户略微趋于流失。但是，完全基于图形化的证据，我们无法毫无疑问地断定存在这样的结果。因此，我们将暂缓在傍晚使用时长方面制定政策，直到我们的数据挖掘模型提供了更坚实的证据，证明假定的结果确实存在。

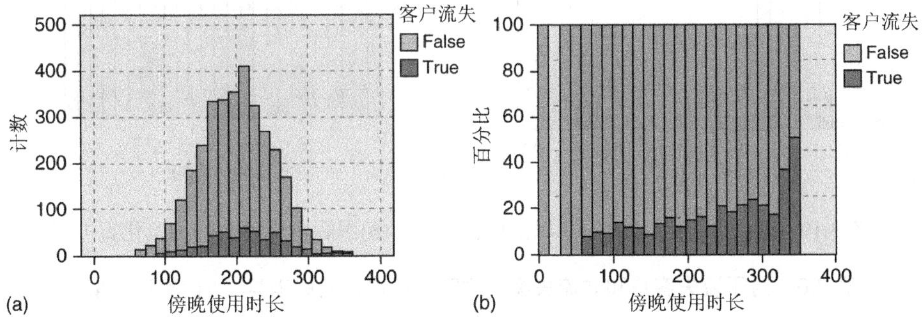

图 3.17　(a)傍晚使用时长的非规范化直方图　(b)傍晚使用时长的规范化直方图

图 3.18(b)表明客户流失和夜间使用时长之间没有明显的关联，因为模式相对平缓。事实上，探索性数据分析表明数据集中剩余的任意数值变量(有一个除外)均与目标无明显关联，但将显示此图形留作练习。

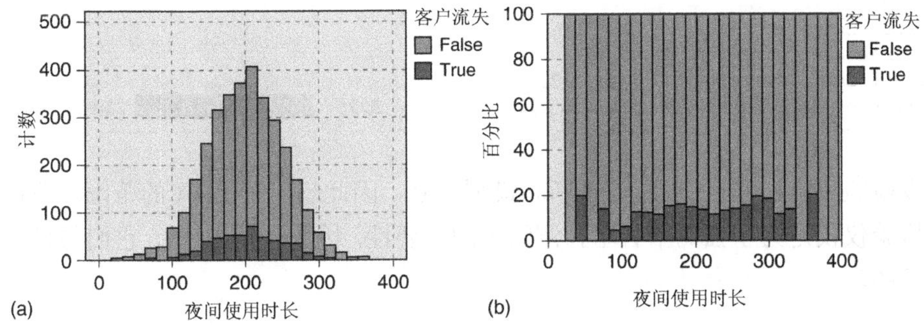

图 3.18　(a)夜间使用时长的非规范化直方图　(b)夜间使用时长的规范化直方图

注意：在探索性数据分析阶段，预测因子和目标之间缺乏明显的关联并不足以作为从模型中省略预测因子的理由。例如，基于在客户流失和夜间使用时长之间缺乏明显的关联，我们不见得期望数据挖掘模型使用此预测因子来发现有价值的预测信息。但是，我们还是应该将此预测因子保留，并作为数据挖掘模型的一个输入变量，因为可操作的关联仍然对于可识别的记录子集存在，它们可能参与到更高维度的关联和交互。任何情况下，在建模前除非有很好的理由消除变量，否则我们应该允许建模过程确定哪些变量具有预测性，哪些没有。

例如，在图 3.19(a)和图 3.19(b)中，即预测变量国际电话且覆盖有客户流失，不能表明国际电话预测重要性的较强的图形化证据。然而，流失客户和非流失客户国际电话均值间差异的 *t*-检验(见第 5 章)具有统计学意义(见表 3.6，*p* 值= 0.003；*p* 值大于 0.10 在统计学上意义不大；见第 5 章)，这意味着变量在预测客户流失时确实有用：流失客户倾向于较低的国际电话均值。因此，如果我们仅基于表面上图形化证据的缺失就从分析中省略国际电话变量，就会犯错误，预测模型也不能较好地执行。

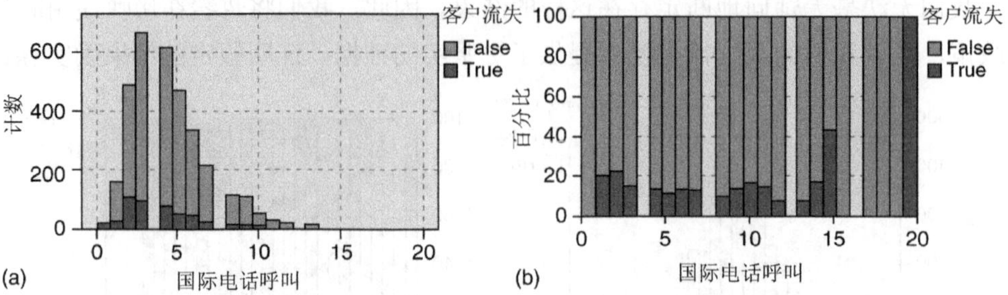

图 3.19 (a)国际电话呼叫的非规范化直方图 (b)国际电话呼叫的规范化直方图

表 3.6 对于流失客户和非流失客户国际电话均值间的差异，*t*-检验意义重大

两样本的 *t*-检验及 CI

```
Two-sample T for Intl Calls

Churn      N  Mean  StDev  SE Mean
False   2850  4.53   2.44    0.046
True     483  4.16   2.55     0.12


Difference = mu (False) - mu (True)
Estimate for difference:  0.369
95% CI for difference:  (0.124, 0.614)
T-Test of difference = 0 (vs not =): T-Value = 2.96  P-Value = 0.003  DF = 640
```

假设检验(如 *t*-检验)代表统计推断和模型建立，因此超出了 EDA 的范围。我们在这里提到此检验仅仅是为了强调不省略预测因子的重要性，因为使用 EDA，它们与目标的关系是不明显的。

3.5 探索多元关系

接下来我们使用散点图检查数值变量和客户流失间可能存在的多元关系。多变量图形可以发现单变量探测中所遗漏的新相互作用。

图 3.20 展示了日使用时长相对于夜间使用时长的散点图，其中客户流失用暗点表示。注意图中的直线分割了图的右上部分。在这个对角线上方的记录代表同时具有较长日使用时长和夜间使用时长的客户，似乎比直线下方的记录有着更高的流失比例。高夜间使用时长导致高流失率，这一单变量证据是没有定论的(参见图 3.17(b))。所以采用多变量图支撑这种关联是很明智的，至少对于有着较高日使用时长的客户是如此。

图 3.21 显示了客户电话服务与日使用时长的散点图。流失者和非流失者分别用大、小圆圈表示。考虑散点图中矩形区域里的记录，其表明在图的左上角是一个高客户流失区域。这些记录代表着这样的一群客户，他们有着较高的客户服务电话数量和较低的日使用时长。请注意，这一组客户不能被认定不会将我们限制在单变量探索(按照单变量探索变量)。这

是因为变量间相互作用的结果。

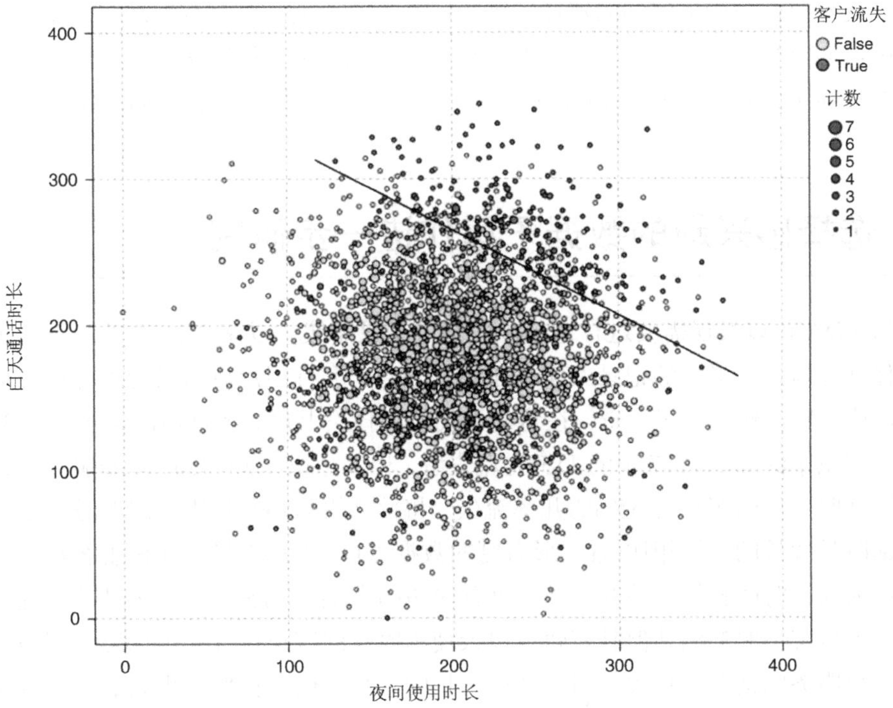

图 3.20 具有较高日使用时长和夜间使用时长的客户有着较高的流失率

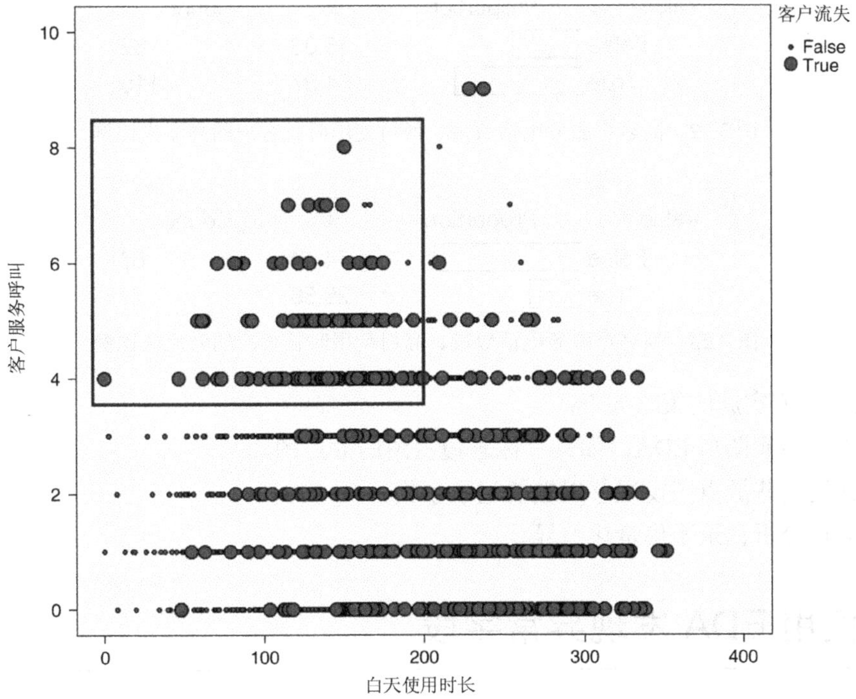

图 3.21 关于客户流失、客户服务电话和白天使用时长间存在相互作用

一般情况下，有着较高客户服务电话数量的客户倾向于有着较高的流失率，正如我们在前面单变量分析中所了解到的那样。然而，图 3.21 表明，在具有较高客户服务电话数量的客户中，同时具有较高日使用时长的客户在某种程度上在抑制这种高流失率。散点图右上方的客户显示出较低的流失率(相对于左上方的客户)。但是，我们如何量化这些图形结果呢？

3.6 选择感兴趣的数据子集作进一步研究

图形 EDA 可以发现需要进行进一步研究的记录子集，以图 3.21 中的矩形来说明。让我们更仔细地检查矩形中的记录。IBM/SPSS Modeler 允许用户单击兴趣点并在其周围拖出一个框，选择它们作进一步调查。在这里，我们选择左上角矩形框内的记录。图 3.22 显示出所选择记录中约 65%(177 中的 115)为流失者。也就是说，那些使用客服服务电话次数多且白天通话时长少的客户有 65%的几率流失。将此结果与那些使用客户服务电话次数多且白天通话时长较长的记录相比较(矩形右侧的数据点)。图 3.23 显示在使用客户服务电话次数多且白天通话时间长较长的客户中，仅有约 26%的客户为流失者。因此我们建议，为那些拨打了大量客户服务电话但具有较少白天使用时长的客户设置红色标志，因为与使用相同数量客户服务电话但具有较长白天使用时长的客户相比，他们有更高的风险放弃该公司的服务。

Value	Proportion	%	Count
False		35.03	62
True		64.97	115

图 3.22 高客户服务电话数量、低日使用时长客户的高流失比例

Value	Proportion	%	Count
False		74.44	67
True		25.56	23

图 3.23 高客户服务电话数量、高日使用时长客户的低流失比例

总之，我们实施的策略如下：

(1) 生成多元图形 EDA，如具有标志覆盖图的散点图。

(2) 使用这些散点图发现感兴趣的记录子集。

(3) 通过分析记录子集量化差异。

3.7 使用 EDA 发现异常字段

EDA 有时会发现早期数据清理阶段可能遗漏的异常记录或字段。例如，考虑本数据集

中的区域编码字段。虽然区域编码包含数字，它们仍然可以作为分类变量，因为它们可以根据地理位置对客户进行分类。令我们好奇的是，对于所有记录，该区域编码字段仅包含 3 个不同的值 408、415 和 510(所有值都正好是加利福尼亚区域编码)，如图 3.24 所示。

Value	Proportion	%	Count
408		25.14	838
415		49.65	1655
510		25.2	840

图 3.24　对于所有记录仅有 3 个区域编码

如今，记录显示客户都住在加利福尼亚将不是异常的情况。然而在图 3.25 的列联表中(为节省空间，只显示到乔治亚州)，3 个地区编码似乎或多或少均匀地分布在所有的州和哥伦比亚特区。另外，卡方检验(见第 6 章)有一个 0.608 的 p-值，支持了对该区域编码随机分布在所有州的怀疑。现在领域专家也许能够解释此类现象，但是也有可能该字段包含不良数据。

	Area Code		
State	408	415	510
AK	14	24	14
AL	25	40	15
AR	13	27	15
AZ	15	36	13
CA	7	17	10
CO	25	29	12
CT	22	39	13
DC	14	27	13
DE	13	31	17
FL	12	31	20
GA	15	21	18

Cells contain: cross-tabulation of fields

Chi-square = 95.518, df = 100, probability = 0.608

图 3.25　异常：3 个区域编码随机分布在 50 个州

我们应该谨慎对待这一区域编码字段，不应该将其作为下一阶段数据挖掘模型的输入。此外，州字段也可能是错误的。无论哪种方式，在确定数据挖掘模型中的变量之前，需要与熟悉数据历史的人或领域专家作进一步交流。

3.8　基于预测值分级

第 2 章讨论了对数值变量进行分箱的 4 种方法。在这里，我们提供了第 4 种方法的两个例子: 基于预测值分箱。回想一下图 3.15，其中我们看到，拨打 4 次以下客户服务电话的客户比拨打 4 次或更多次客户服务电话的客户流失率低。因此，我们决定将客户服务电话变量分为 2 类：低(不少于 4 次)和高(4 次或更多次)。表 3.7 显示拨打客户服务电话次数低的客户流失率为 11.3%，而拨打客户服务电话次数高的客户流失率为 51.7%，比前者高四倍以上。

表 3.7 对客户服务电话变量分箱，显示了客户流失率的差异

		CustServPlan_Bin	
		低	高
客户流失	False	Count 2721 Col% 88.7%	Count 129 Col% 48.3%
	True	Count 345 Col% 11.3%	Count 138 Col% 51.7%

这种客户服务电话变量的分箱创建一个标志变量，该变量具有两个值：高和低。下一个关于分箱的例子创建了一个有序分类变量，该变量具有 3 个值：低、中、高。回顾一下，我们试图确定夜间使用时长和客户流失之间是否有关联。图 3.17(b)暗示一种关系，但非决定性。我们可以使用分箱从噪音中梳理出一个信号？我们重现图 3.17(b)，即图 3.26，但是有所扩展，并且箱之间带有边界。

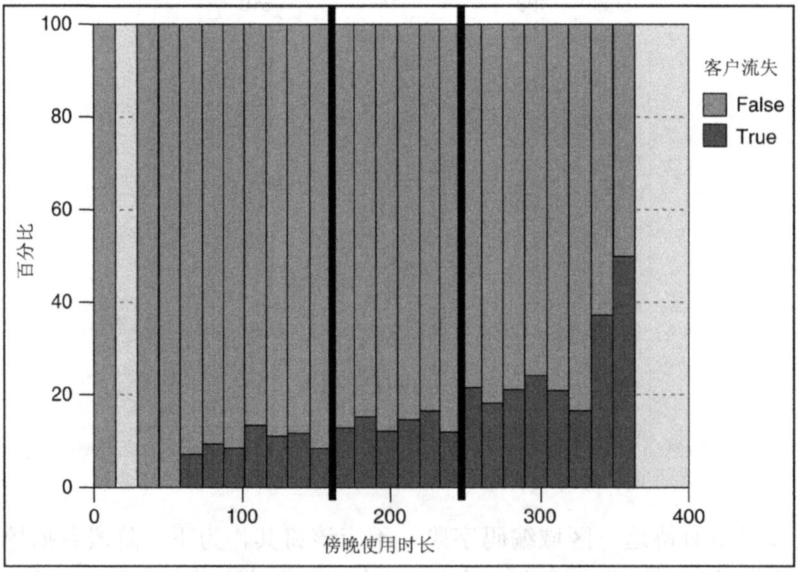

图 3.26 对傍晚使用时长分箱有助于从噪音中找出一个信号

分箱是一门艺术，需要判断。在哪里插入边界将最大限度地显示流失比例的差异？第一个分界插入在傍晚使用时长=160 处，此边界右侧的矩形组似乎比左侧的矩形组具有更高的流失比例。同理，第二条边界插入在傍晚使用时长=240 处(分析人员可能为了最大化对比而微调这些边界，但现在这些边界值会做得很好；请记住，我们需要向客户解释我们的结果，而整数更易于解释)。这些边界定义了 3 个箱子或类别，如表 3.8 所示。

表 3.8　傍晚使用时长的分箱取值

类别变量分箱 Evening Minutes_Bin	数值变量值 傍晚使用时长
低	傍晚使用时长≤160
中	160<傍晚使用时长≤240
高	傍晚使用时长>240

分箱管理设法找出一个信号吗？我们可以通过构建 EveningMinutes_Bin 与客户流失的列联表进行解答，如表 3.9 所示。

表 3.9　我们已经发现 3 个类别中客户流失率间的显著差异

		Evening Minutes_Bin		
		低	中	高
客户流失	False	Count 61.8 Col% 90.0%	Count 1626 Col% 85.9%	Count 606 Col% 80.5%
	True	Count 69 Col% 10.0%	Count 138 Col% 14.1%	Count 138 Col% 19.5%

约一半的客户有中等数量的夜间使用时长(1626 / 3333 =48.8%)，大约 1/4 的客户分别具有高和低的夜间使用时长。回顾一下，所有客户的基准客户流失率为 14.49%(见图 3.3)。傍晚使用时长为中的小组十分接近这个数据：14.1%。然而，夜间使用时长为高的小组流失率大约是低的小组的两倍：19.5%比 10%。卡方检验(见第 6 章)是很有意义的，它意味着这些结果很可能是真实的，而不仅仅是由于偶然的巧合。换句话说，我们成功地从夜间使用时长与客户流失之间的关系中找到了标志变量。

3.9　派生新变量：标志变量

严格地说，派生新变量是一种数据准备活动。然而，我们在 EDA 章节中介绍派生新变量，是为了说明如何对新的派生变量在预测目标变量中所起到的作用进行评估。我们以一个派生变量的例子开始，但比例并不见得特别有用。图 3.2 显示了变量语音邮件消息分布中的一个尖峰，此尖峰使其分析出现问题。因此，我们派生出一个标志变量(见第 2 章)VoiceMailMessages_Flag 来解决此问题，如下：

```
If Voice Mail Messages> 0 then
VoiceMailMessages_Flag = 1;
Otherwise VoiceMailMessages_Flag = 0.
```

所得的结果列联表如表 3.10 所示。将此结果与 3.4 表语音邮件套餐的列联表进行比较。结果是完全一样的。这并不奇怪，因为那些没使用套餐的人可以没有语音邮件。因此，因为标志变量 VoiceMailMessages_Flag 和变量语音邮件套餐具有相同的值，所以不认为是一个有用的派生变量。

表 3.10　对于 VoiceMailMessages_Flag 的列联表

		VoiceMailMessages_Flag	
		0	1
客户流失	False	Count 2008 Col% 83.3%	Count 842 Col% 91.3%
	True	Count 403 Col% 16.7%	Count 80 Col% 8.7%

回想一下图 3.20(这里重现为图 3.27)，其中显示了日使用时长与夜间使用时长的散点图，用一条直线分离右上角的一组数据点(同时具有高的日使用时长和夜间使用时长)，这些数据点显然以更大的速率流失。量化此断言是非常有用的操作。我们选择右上角的记录，并将其客户流失率与其他记录进行比较。为此，在 IBM / SPSS Modeler 中的一种方法是在所需记录周围绘制一个椭圆，然后软件进行选择(未示出)。然而，该方法是特设的，并不能移植到不同的数据集(验证集)。更好的方法是：

(1) 评估直线方程。

(2) 通过一个标志变量，使用该方程来分隔记录。

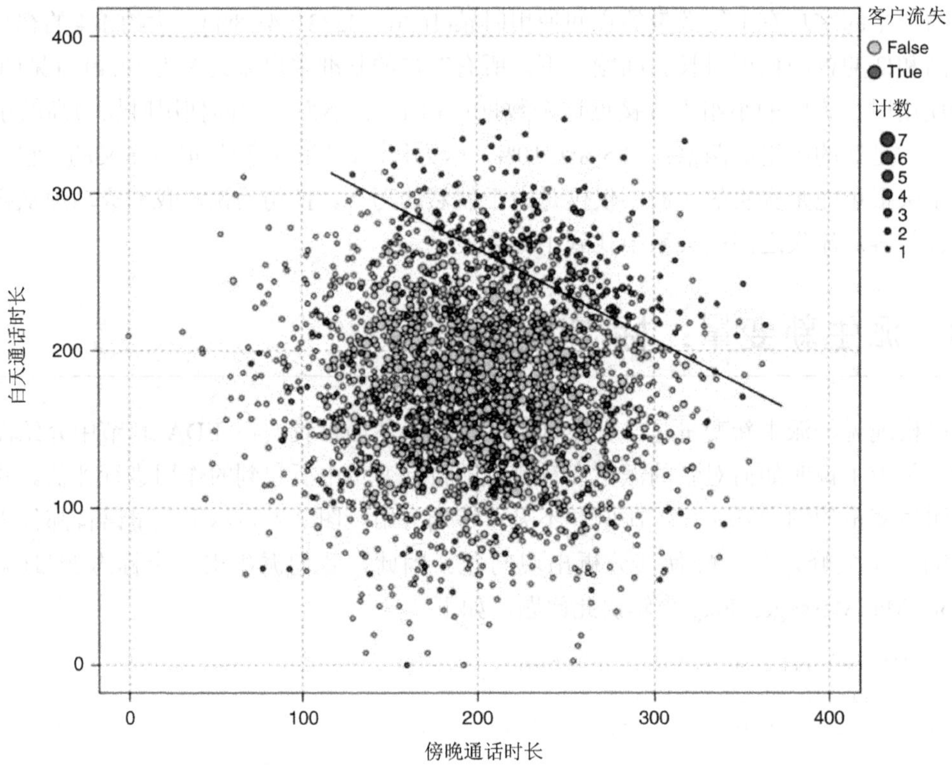

图 3.27　通过标志变量使用直线方程来分隔记录

这种方法可移植到验证集或其他相关数据集。

我们估计图 3.27 中的直线方程如下：

$$\hat{y} = 400 - 0.6x$$

也就是说，对于每一位客户，白天使用时长的估计值等于 400 分钟减去 0.6 倍的傍晚使用时长。我们可以创建一个标志变量 *HighDayEveMins_Flag*，如下：

```
如果白天使用时长> 400 - 0.6傍晚使用时长那么
HighDayEveMins_Flay=1;
否则HighDayEveMins_Flay=0
```

那么，直线上每个数据点的 *HighDayEveMins_Flag* = *1*，而直线下的数据点有 *HighDayEveMins_Flag* = *0*。结果列联表(表 3.11)显示了目前为止我们已经研究的任意变量的最高流失比例：70.4 与 11%，大于 6 倍的差异。然而，对公司来说幸运的是，这 70.4% 的客户流失率仅限于小于 200 的记录子集。

表 3.11　对于 HighDayEveMins_Flag 的列联表

		HighDayEveMins_Flag	
		0	1
客户流失	False	Count 2792 Col% 89.0%	Count 58 Col% 29.6%
	True	Count 345 Col% 11.0%	Count 138 Col% 70.4%

关于数据挖掘中 CRISP-DM 的注释：具有结构性但却是灵活的

对于 *EveningMinutes_Bin*，我们提到卡方显著性检验(第 6 章)，这其实是属于数据分析的建模阶段。同样，我们的派生变量其实属于数据准备阶段。这些例子说明了数据挖掘中跨行业标准过程(CRISP-DM)的灵活性(或实际上是数据挖掘中结构化的标准实践)。各个阶段是相互依存的，不应该视为彼此独立。例如，派生变量是数据准备活动，但派生变量需要使用 EDA 和(有时)显著性检验进行探测。数据挖掘需要像 CRISP-DM 那样灵活。

然而，一些数据分析人员成为问题对立面的受害者，在数据准备和 EDA 之间无限地迭代，迷失在细节中，而不向研究目标推进。当这种情况发生时，CRISP-DM 可以作为一个有用的路线图和结构，能使数据挖掘有组织地向研究目标的实现推进。

3.10　派生新变量：数值变量

假设我们想派生一个新的数值变量，它结合了客户服务电话和国际通话，其值为这两字段的均值。现在，因为国际通话相对于客户服务电话有更大的均值和标准差，对原始字段值求平均值是不明智的，因为国际通话将因此占据更大的权重。相反，当结合数值变量时，我们首先需要标准化。因此，新的派生变量形式为：

$$CSCInternational\_Z = \frac{(\text{CSC\_Z} + \text{International\_Z})}{2}$$

其中，*CSC_Z* 代表客户服务电话的 Z-score 标准化，*International_Z* 代表国际通话的 Z-score 标准化。由此产生的 *CSCInternational_Z* 的规范化直方图表明，它有助于预测客户流失，如图 3.28(b)所示。

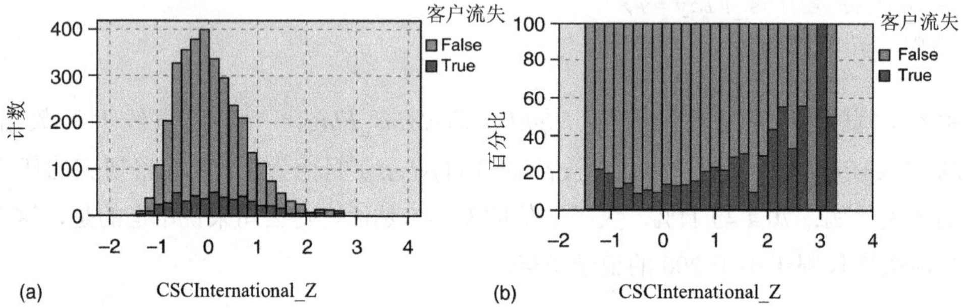

图 3.28 (a) CSCInternational_Z 的非规范化直方图 (b) CSCInternational_Z 的规范化直方图

3.11 使用 EDA 探测相关联的预测变量

如果 *x* 随 *y* 变大(小)而变大(小)，那么 *x* 与 *y* 线性相关。相关系数 *r* 量化 *x* 和 *y* 之间线性关系的程度和方向。对于相关系数 *r* 意义的阈值不仅取决于样本容量，还取决于数据挖掘，其中有大量的记录(超过 1000 条)，即使 *r* 的取值很小，例如 $-0.1 \leqslant r \leqslant 0.1$，也可能有显著的统计意义。

应该注意避免为数据挖掘和统计模型输送相关变量。即使在最好的情况下，使用相关变量也会过分强调一个数据成分；在最坏的情况下，使用相关变量将导致模型变得不稳定且产生不可靠的结果。然而，仅仅因为两个变量相关并不意味着我们应该省略其中之一。相反，在 EDA 阶段，我们应该应用以下策略。

EDA 阶段用于处理相关预测变量的策略

(1) 识别任意完全相关的变量(即 $r=1.0$ 或 $r=-1.0$)。不要在一个模型中同时保留这两个变量，而是省略两者之一。

(2) 识别相互关联的一组变量。然后，在建模阶段，在这些变量上应用降维方法，例如主成分分析法[2]。

[2] 更多降维和主成分分析法的相关信息请见第 4 章。

注意，此策略仅适用于发现预测变量间的相关性，而不适用于发现预测变量与目标变量间的相关性。

转向我们的数据集，对于每个白天、傍晚、夜间和国际，数据集包含 3 个变量：分钟、电话和费用。数据描述表明费用变量可能为分钟和电话的函数，这样就导致变量可能是相关联的。我们使用矩阵图(见图 3.29)进行调研，这是关于一组数值变量散点图的矩阵，在这种情况下数值变量为白天使用时长、白天电话量和白天费用。表 3.12 包含了每一对变量集的相关系数值和 p-值。

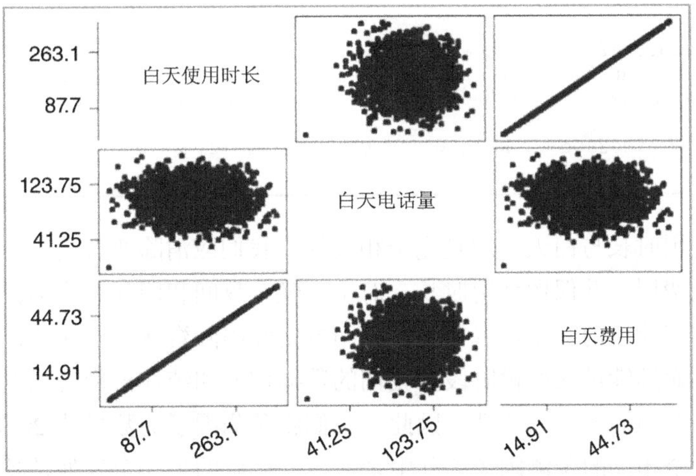

图 3.29　白天使用时长、白天电话量和白天费用的矩阵图

表 3.12　相关性和 p-值

关联：白天使用时长、白天电话量、白天费用

	Day Mins	Day Calls
Day Calls	0.007	
	0.697	
Day Charge	1.000	0.007
	0.000	0.697

Cell Contents: Pearson correlation
P-Value

无论是在白天使用时长和白天电话量之间，还是在白天电话量和白天费用之间，似乎都没有任何关联。这一点我们觉得很奇怪，因为可以预期，随着呼叫次数的增加，分钟数会增加(费用与此类似)，导致这些字段之间呈正相关关系。然而，无论是图 3.29 中的图形证据还是表 3.12 中的相关性都不支持这一点，两个关系中 r=0.07，p-值为 0.697。

然而，白天使用时长和白天费用间有一个完美的线性关系，说明白天费用是一个关于日使用时长的简单线性函数。使用 Minitab 的回归工具(见表 3.13)，我们发现，可以将此函数表达为估计回归方程：“白天费用等于 0.000613 加白天通话时长的 0.17 倍。”这本质上是一个统一的付费模型，每分钟计费 17 美分。注意表 3.13 中 R-squared 统计量取值为 100%，表示一个完美的线性关系。

表 3.13 白天费用对于白天使用时长的 Minitab 回归输出

回归分析：白天费用与白天使用时长

The regression equation is
Day Charge =0.000613 + 0.170 Day Mins

Predictor	Coef	SE Coef	T	P
Constant	0.0006134	0.0001711	3.59	0.000
Day Mins	0.170000	0.000001	186644.31	0.000

S = 0.002864 R-Sq = 100.0% R-Sq(adj) = 100.0%

由于白天使用时长与白天费用是完全相关的，我们应消除两者之一。因此，我们任意地选择消除白天费用，并保留使用时长。对于傍晚、夜间和国际组成部分的调查反映了类似的结果，我们因此也消除了傍晚资费、夜间资费和国际资费。请注意，我们没有事先发现这些相关性，而继续进入建模阶段，我们的数据挖掘和统计模型可能返回不合逻辑的结果，例如多元回归中的多重共线性。因此，我们将预测因子的数量从 20 减小到 16，方法是消除每一对完全相关的预测因子的其中之一。这样做的另一个好处是减少了解空间的维度，从而使某些数据挖掘算法可以更有效地找到全局最优解。

处理了完全相关的预测因子之后，数据分析人员应该转向策略的第 2 步，识别任意其他的相关预测因子，用于随后主成分分析的处理。如果可行的话，应该检查每个数值预测因子与所有其他数值预测因子间的相关性。*p*-值较小的相关性应该识别出来。这个过程的子集如表 3.14 所示。需要注意的是，相关系数 0.038 在账户时长和白天通话次数之间有一个小的 *p*-值 0.026，这告诉我们账户时长和电话数呈正相关关系。数据分析应该注意到这一点，并准备在建模阶段应用主成分分析。

表 3.14 账户时长与日电话量正相关

关联：账户(开通)时长、语音邮件消息、白天使用时长、白天电话量、客户服务电话量

	Account Length	VMail Message	Day Mins	Day Calls
VMail Message	-0.005 0.789			
Day Mins	0.006 0.720	0.001 0.964		
Day Calls	0.038 0.026	-0.010 0.582	0.007 0.697	
CustServ Calls	-0.004 0.827	-0.013 0.444	-0.013 0.439	-0.019 0.274

Cell Contents: Pearson correlation
P-Value

3.12　EDA 概述

让我们考虑一些通过使用 EDA 洞察流失客户数据集的例子。我们检查了每一个变量(在这里和在练习中)，并已初步了解它们与客户流失之间的关系。

- 4 个费用字段为分钟字段的线性函数，应该忽略。
- 该地区编码字段和/或国家字段均异常，并且应该忽略，直到得到进一步说明。

关于客户流失的说明如下：

- 使用国际套餐的客户往往会更频繁地流失。
- 使用语音邮件套餐的客户流失频率较低。
- 拨打 4 次或更多次客户服务电话的客户流失要比其他客户多 4 倍以上。
- 同时具有较高日使用时长和夜间使用时长的客户往往更容易流失。
- 同时具有较高日使用时长和夜间使用时长的客户流失率是其他客户流失率的 6 倍。
- 具有较低日使用时长和较高客户服务电话的客户更易流失。
- 国际电话量较少的客户比国际电话量较多的客户更易流失。
- 对于其余的预测因子，EDA 没有发现与客户流失有明显的关联。然而，这些变量仍然保留用于接下来数据挖掘模型和技术的输入。

注意 EDA 的强大所在。在这个数据集上我们还没有使用任何高性能的数据挖掘算法，诸如决策树或神经网络算法。然而，对于客户放弃公司服务的属性，我们通过细致地使用 EDA 仍然获得了深入的洞察。这些洞察可以很容易地表述为可操作的建议，以便该公司可以采取行动来降低其客户群的流失率。

R 语言开发园地

#读入 churn 数据集

```
churn<-d.csv(file =
        "C:/.../churn.txt",
    stringsAsFactors=TRUE)
#显示前 10 条记录
churn[1:10,]
```

```
> churn[1:10,]
   State Account.Length Area.Code    Phone Int.l.Plan
1     KS            128       415 382-4657         no
2     OH            107       415 371-7191         no
3     NJ            137       415 358-1921         no
4     OH             84       408 375-9999        yes
5     OK             75       415 330-6626        yes
6     AL            118       510 391-8027        yes
7     MA            121       510 355-9993         no
8     MO            147       415 329-9001        yes
9     LA            117       408 335-4719         no
10    WV            141       415 330-8173        yes
```

```
#总结客户流失变量

sum.churn <-summary(churn$Churn)
sum.churn
```

```
#计算客户流失比例

prop.churn <-sum(churn$Churn ==
      "True") / length(churn$Churn)
prop.churn
```

#流失变量的条形图

```
barplot(sum.churn,
      ylim =c(0, 3000),
      main="Bar Graph of Churners and
      Non-Churners",
      col ="lightblue")
box(which ="plot",
      lty ="solid",
      col="black")
```

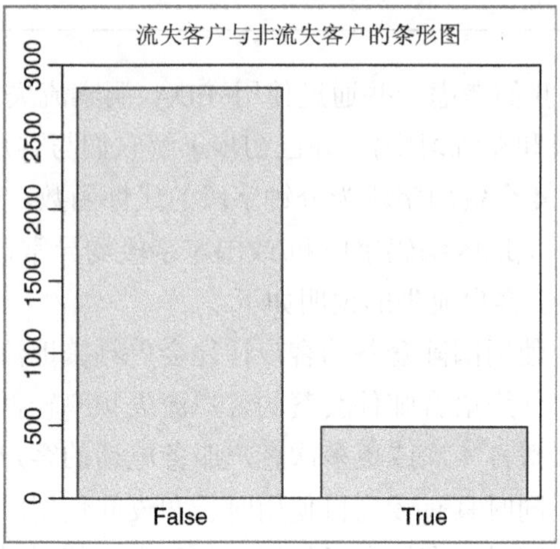

#为客户流失和国际套餐的计数建表

```
counts <-table(churn$Churn,
    churn$Int.l.Plan,
      dnn=c("Churn", "International Plan"))
counts
```

```
> counts
       International Plan
Churn     no  yes
  False 2664  186
  True   346  137
```

#叠加柱状图

```
barplot(counts,
      legend=rownames(counts),
      col =c("blue", "red"),
      ylim =c(0, 3300),
      ylab ="Count",
      xlab ="International Plan",
      main="Comparison Bar Chart:
            Churn Proportionsby
            International Plan")
box(which ="plot",
      lty ="solid",
      col="black")
```

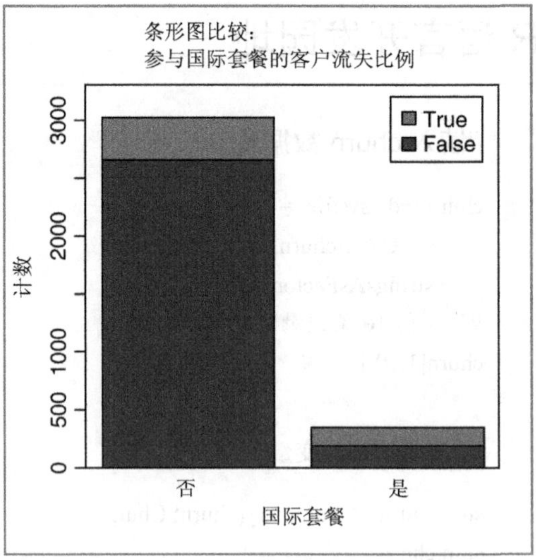

#创建两个变量的汇总表

```
sumtable <-addmargins(counts,
    FUN=sum)
Sumtable
```

```
> sumtable
       International Plan
Churn     no  yes  sum
  False 2664  186 2850
  True   346  137  483
  sum   3010  323 3333
```

#创建分行比例表

```
row.margin<- round(prop.table(counts,
        margin = 1),
    4)*100
row.margin
```

```
> row.margin
       International Plan
Churn     no   yes
  False 93.47  6.53
  True  71.64 28.36
```

#创建分列的比例表

```
col.margin <-round(prop.table(counts,
        margin =2),
    4)*100
col.margin
```

```
> col.margin
       International Plan
Churn     no   yes
  False 88.50 57.59
  True  11.50 42.41
```

 # 带有图例的聚类条形图

```
barplot(t(counts),
    col =c("blue", "green"),
    ylim =c(0, 3300),
    ylab ="Counts",
    xlab ="Churn",
    main ="International PlanCountby Churn",
    beside=TRUE)
legend("topright",
    c(rownames(counts)),
    col =c("blue", "green"),
    pch=15,
    title ="Int'l Plan")
box(which ="plot",
    lty ="solid",
    col="black")
```

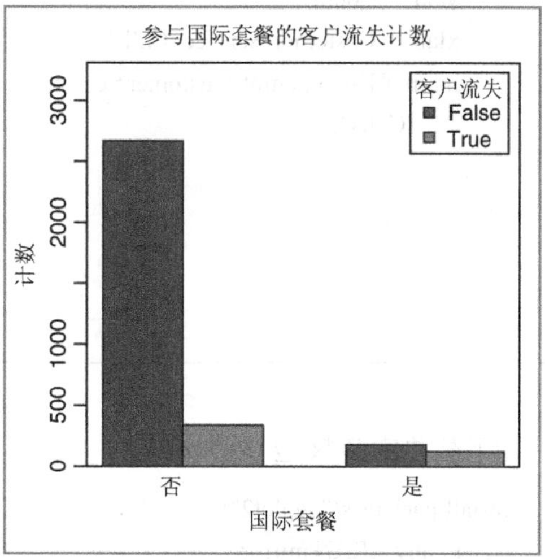

带有图例的客户流失与国际套餐的聚类条形图

```
barplot(t(counts),
    col =c("blue", "green"),
    ylim =c(0, 3300),
    ylab ="Counts",
    xlab ="Churn",
    main="International Plan Count by
        Churn",
    beside=TRUE)
legend("topright",
    c(rownames(counts)),
    col =c("blue", "green"),
    pch=15,
    title ="Int'l Plan")
box(which ="plot",
    lty ="solid",
    col="black")
```

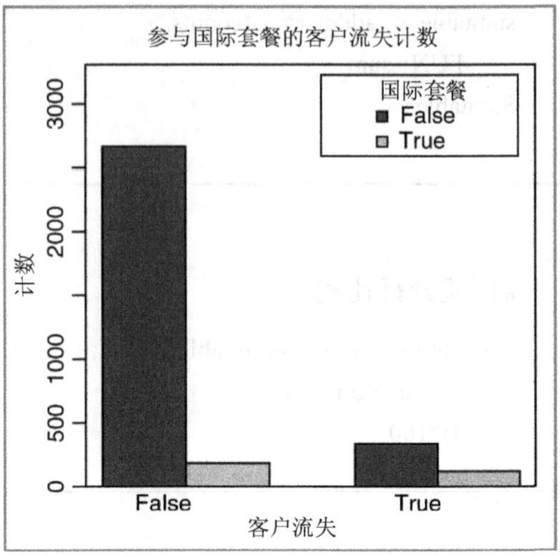

客户服务呼叫的非覆盖直方图

```
hist(churn$CustServ.Calls,
    xlim =c(0,10),
    col ="lightblue",
    ylab ="Count",
    xlab ="Customer Service Calls",
    main="Histogramof Customer Service
        Calls")
```

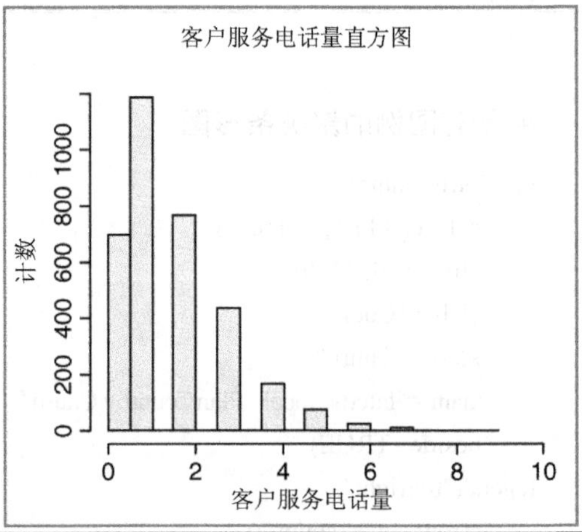

下载并安装 R 包 ggplot2

```
install.packages("ggplot2")
#Pick any CRAN mirror
#(see example image)
#Open the new package
library(ggplot2)
```

```
79: USA (CA 1)          80: USA (CA 2)
81: USA (IA)            82: USA (IN)
83: USA (KS)            84: USA (MD)
85: USA (MI)            86: USA (MO)
87: USA (OH)            88: USA (OR)
89: USA (PA 1)          90: USA (PA 2)
91: USA (TN)            92: USA (TX 1)
93: USA (WA 1)          94: USA (WA 2)
95: Venezuela           96: Vietnam

Selection: 79
```

#覆盖条形图

```
ggplot() +
    geom_bar(data =churn,
    aes(x = factor(churn$CustServ.Calls),
    fill =factor(churn$Churn)),
    position="stack") +
    scale_x_discrete("Customer Service Calls")+
    scale_y_continuous("Percent") +
    guides(fill=guide_legend(title="Churn"))+
    scale_fill_manual(values=c("blue", "red"))
```

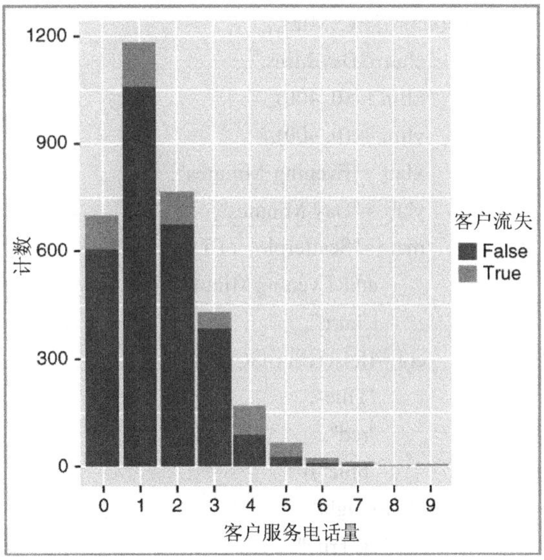


```
ggplot() +
    geom_bar(data=churn,
    aes(x  =factor(churn$CustServ.Calls),
    fill =factor(churn$Churn)),
    position="fill")+
    scale_x_discrete("Customer Service
Calls")+
    scale_y_continuous("Percent") +
guides(fill=guide_legend(title="Churn")) +
scale_fill_manual(values=c("blue", "red"))
```

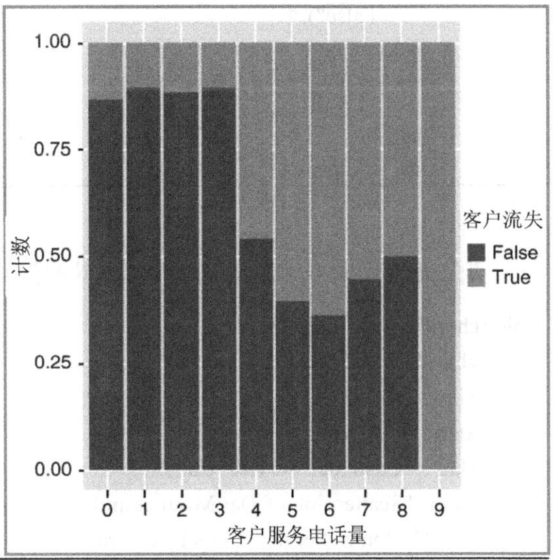

#*t*-检验和国际电话的两个例子

```
#数据分割
churn.false <-subset(churn,
    churn$Churn ==
        "False")
churn.true<-subset(churn,
    churn$Churn ==
        "True")
#运行检验
t.test(churn.false$Intl.Calls,
    churn.true$Intl.Calls)
```

```
> t.test(churn.false$Intl.Calls,
+         churn.true$Intl.Calls)

 Welch Two Sample t-test

data:  churn.false$Intl.Calls and churn.true$Intl.Calls
t = 2.9604, df = 640.643, p-value = 0.003186
alternative hypothesis: true difference in means is not
equal to 0
95 percent confidence interval:
 0.1243807 0.6144620
sample estimates:
mean of x mean of y
 4.532982  4.163561
```

#傍晚使用时长和白天使用时长的散点图，将客户流失着色

```
lot(churn$Eve.Mins,
    churn$Day.Mins,
    xlim =c(0, 400),
    ylim =c(0, 400),
    xlab ="Evening Minutes",
    ylab ="Day Minutes",
    main="Scatterplot of Day
        and Evening Minutes by
        Churn",
    col =ifelse(churn$Churn==
        "True",
        "red",
        "blue"))
legend("topright",
        c("True",
        "False"),
    col =c("red",
        "blue"),
    pch=1,
    title ="Churn")
```

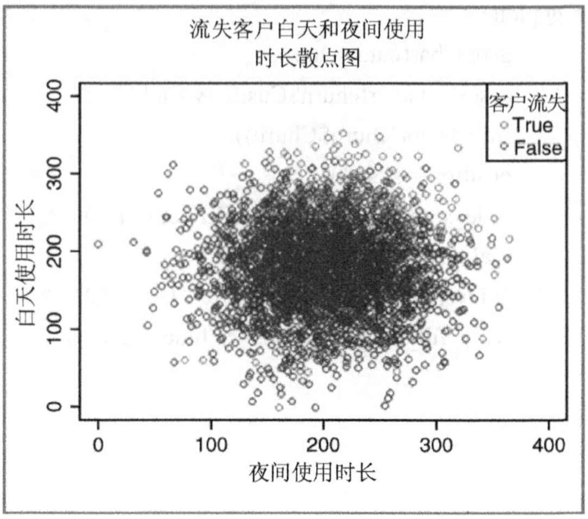

#白天使用时长和客户服务电话量的散点图，将客户流失着色

```
plot(churn$Day.Mins,
    churn$CustServ.Calls,
    xlim =c(0, 400),
    xlab ="Day Minutes",
    ylab ="Customer Service Calls",
    main="Scatterplot of Day Minutes and
        Customer Service Calls by Churn",
    col =ifelse(churn$Churn=="True",
        "red",
        "blue"),
    pch=ifelse(churn$Churn=="True",
        16,20))
legend("topright",
    c("True",
        "False"),
    col =c("red",
        "blue"),
    pch=c(16, 20),
    title ="Churn")
```

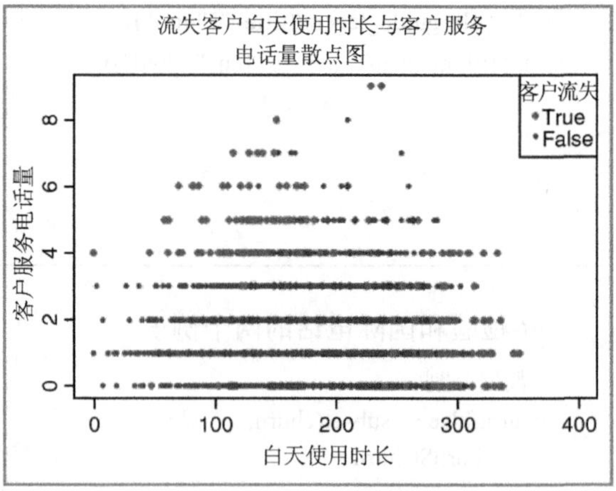

#散点图矩阵

```
pairs( churn$Day.Mins+
    churn$Day.Calls+
    churn$Day.Charge)
```

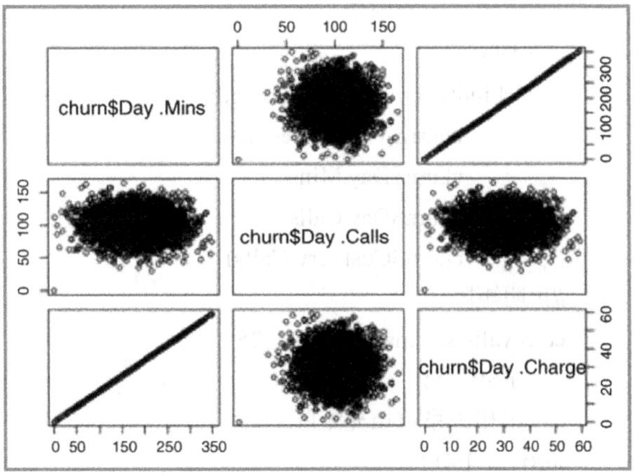

#白天费用和白天使用时长的回归分析

```
fit <-lm(churn$Day.Charge ~
        churn$Day.Mins)
summary(fit)
```

```
> summary(fit)

Call:
lm(formula = churn$Day.Charge ~ churn$Day.Mins)

Residuals:
       Min         1Q     Median         3Q        Max
-0.0045935 -0.0025391  0.0004326  0.0024587  0.0045224

Coefficients:
                Estimate Std. Error   t value Pr(>|t|)
(Intercept)    6.134e-04  1.711e-04 3.585e+00 0.000341 ***
churn$Day.Mins 1.700e-01  9.108e-07 1.866e+05  < 2e-16 ***
---
Signif. codes:  0 '***' 0.001 '**' 0.01 '*' 0.05 '.' 0.1 ' ' 1

Residual standard error: 0.002864 on 3331 degrees of freedom
Multiple R-squared:      1, Adjusted R-squared:      1
F-statistic: 3.484e+10 on 1 and 3331 DF,  p-value: < 2.2e-16
```

#相关值和 *p*-值

```
days <-cbind(churn$Day.Mins,
    churn$Day.Calls,
  churn$Day.Charge)
MinsCallsTest<-cor.test(churn$Day.Mins,
    churn$Day.Calls)
MinsChargeTest <-cor.test(churn$Day.Mins,
    churn$Day.Charge)
CallsChargeTest <-cor.test(churn$Day.Calls,
    churn$Day.Charge)
round(cor(days),
    4)
MinsCallsTest$p.value
MinsChargeTest$p.value
CallsChargeTest$p.value
```

```
> round(cor(days), 4)
       [,1]   [,2]   [,3]
[1,] 1.0000 0.0068 1.0000
[2,] 0.0068 1.0000 0.0068
[3,] 1.0000 0.0068 1.0000
> MinsCallsTest$p.value
[1] 0.6968515
> MinsChargeTest$p.value
[1] 0
> CallsChargeTest$p.value
[1] 0.6967428
```

#相关值和 *p*-值以矩阵形式展现

```
#收集感兴趣的变量
corrdata <-
    cbind(churn$Account.Length,
        churn$VMail.Message,
        churn$Day.Mins,
        churn$Day.Calls,
        churn$CustServ.Calls)
#声明矩阵
corrpvalues<-matrix(rep(0, 25),
    ncol =5)
#使用相关系数填充矩阵
for(i in 1:4) {
    for (j in (i+1):5) {
        corrpvalues[i,j] <-
        corrpvalues[j,i] <-
          round(cor.test(corrdata[,i],
            corrdata[,j])$p.value,
            4)
    }
}
round(cor(corrdata),4)
corrpvalues
```

```
> round(cor(corrdata), 4)
        [,1]    [,2]    [,3]    [,4]    [,5]
[1,]  1.0000 -0.0046  0.0062  0.0385 -0.0038
[2,] -0.0046  1.0000  0.0008 -0.0095 -0.0133
[3,]  0.0062  0.0008  1.0000  0.0068 -0.0134
[4,]  0.0385 -0.0095  0.0068  1.0000 -0.0189
[5,] -0.0038 -0.0133 -0.0134 -0.0189  1.0000
> corrpvalues
       [,1]   [,2]   [,3]   [,4]   [,5]
[1,] 0.0000 0.7894 0.7198 0.0264 0.8266
[2,] 0.7894 0.0000 0.9642 0.5816 0.4440
[3,] 0.7198 0.9642 0.0000 0.6969 0.4385
[4,] 0.0264 0.5816 0.6969 0.0000 0.2743
[5,] 0.8266 0.4440 0.4385 0.2743 0.0000
```

R 参考文献

Wickham H. *ggplot2: Elegant Graphics for Data Analysis*. New York: Springer; 2009.

R Core Team. R: *A Language and Environment for Statistical Computing*. Vienna, Austria: R Foundation for Statistical Computing; 2012. ISBN: 3-900051-07-0, http://www.R-project.org/.

练习

1. 解释一下探索性数据分析和假设检验两者间的差异，并说明为什么分析人员在进行数据挖掘时，更偏向使用探索性数据分析。

2. 为什么需要进行探索性数据分析？为什么不能直接简单地进行建模，并运用高性能的数据挖掘软件？

3. 为什么要采用列联表来取代仅呈现的图形化结果？

4. 如何找出列联表中每个变量的边缘分布？

5. 在列联表中，采用行百分比和采用列百分比的区别是什么？

6. 什么是列联表对应的图形副本？

7. 用一个例子来描述发生在两个分类变量之间的相互作用意味着什么。

8. 什么类型的直方图在检查数值预测因子和目标之间的关系时是有用的。

9. 解释使用规范化直方图的优点和缺点。我们是不是应该展示规范化直方图，而不显示对应的非规范化直方图？

10. 解释说明在建模阶段我们是否应该省略一个预测因子，前提是其在探索性数据分析阶段没有显示任何与目标变量间的关系。

11. 描述散点图如何在二维上发现模式，此模式在一维的探索性数据分析上是不可见的。

12. 构造带有一对异常属性的虚拟数据集。描述探索性数据分析是如何帮助发现异常的。

13. 解释基于预测值分箱的目的和方法。

14. 为什么基于预测值的分箱被认为是一门艺术？

15. 在使用一个派生变量代表另外两个数值变量之前应该进行什么步骤。

16. 两个变量相关意味着什么？

17. 描述在模型中允许保留相关变量可能产生的后果。

18. 在遇到两个相关预测因子时，一些分析人员的常见做法是从分析中省略两者之一。这种做法可被推荐吗？

19. 描述在探索性数据分析阶段，处理相关预测变量的策略。

20. 对于下面给出的每种描述方法，说明其是否可以应用于分类数据、连续数值数据或者两者均可。

a. 条形图
b. 直方图
c. 概要统计
d. 交叉制表
e. 相关性分析
f. 散点图
g. 网络图
h. 分箱

实践分析

21. 使用 churn 数据集，进行探索性数据分析，用来显示在数据集中保留的数值变量，这些变量与目标变量无明显关联。

使用图书系列网站上的 adult 数据集进行以下练习。目标变量是 income，目的是基于其他变量对收入进行分类。

22. 哪些变量是分类变量？哪些变量是连续变量？

23. 用软件构建数据集前10条记录的数据表，目的是为了对数据有一个直观的感受。

24. 调查我们是否有相关变量。

25. 对于每一个分类变量，构造这个变量和目标变量叠加的条形图。如果有必要，可以进行规范化。

a. 如果变量和目标变量间存在关联，进行讨论。

b. 在数据挖掘分类模型中，哪些变量具有重大意义？

26. 对每一对分类变量，构建一个交叉制表。讨论你所得到的显著性结果。

27. (如果你的软件支持)构建一个分类变量的网络图。调整这个图形使其出现有趣的结果。讨论你的发现。

28. 基于探索性数据分析，报告在数据集上是否存在异常字段。我们应当如何处理？

29. 报告每个数值变量的均值、中位数、最小值、最大值和标准差。

30. 对于每个数值变量，构建这个变量和一个目标变量income叠加的直方图。如果有必要，则进行规范化。

a. 如果变量和目标变量间存在关联，进行讨论。

b. 在数据挖掘分类模型中，哪些变量具有重大意义？

31. 对于每一对数值变量，构造这个变量的散点图。讨论显著的结果。

32. 基于探索性数据分析，在数据集内识别出值得进行进一步研究的有趣记录子集。

33. 对其中的一个数值变量进行分箱。以一种方式进行，将类别的影响最大化(遵循文中的建议)。现在以这样的方式进行最小化类别的影响，从而使得类别间的差异得到削弱。并作评价。

34. 参考之前的练习。在同一变量上应用另外两种分箱方法(等宽和相等记录)。比较结果并讨论其差异。你更喜欢哪一种方法？

35. 从上面的练习中，总结显著的探索性数据分析发现，就像你在写一份报告。

第 4 章

降维方法

4.1 数据挖掘中降维的必要性

数据挖掘中常用的数据库可能包含数百万条记录和数千个变量。不是所有的变量都相互独立，没有任何关联。数据分析人员需要预防多重共线性，即预防一种情形：预测变量之间相互关联。多重共线性会导致解空间的不稳定，从而可能导致结果的不连贯，如在多元回归中，即使单个变量的回归结果均不显著，预测变量的多重共线性也可能导致回归结果显著。即使此不稳定性得以避免，包含具有高度相关性变量的模型往往强调某一特定成分，该成分实际被重复计算。

贝尔曼[1]指出样本量需要符合一个多元函数，此函数随着变量个数呈指数级增长。换言之，高维空间本身具有稀疏性。例如，经验规则告诉我们，在一维空间中，大约68%的正态分布变量值位于正负标准差之间；然而，在十维多元正态分布中，仅有 2%的数据位于类似的超球面内[2]。

在考察预测变量和回应变量间的关系时，过多地使用预测变量会复杂化分析的解释说明，并且违反简约原则，应当考虑将预测变量的个数保持在可控的范围内。同时，保留过多变量可能会导致过度拟合，结果的通用性受到阻碍，因为新的数据对所有变量做出的反应很可能和建模中采用的数据反应不同。

进一步，仅在变量层面上的分析可能会忽略预测变量间基本的底层关系。例如，几个

1 Bellman, R., *Adaptive Control Processes: A Guided Tour*, Princeton University Press, 1961.

2 Pace, R. Kelley and Ronald Berry, 1997. Sparse Spatial Autoregressions, *Statistics and Probability Letters*, Vol 33, Number 3, May 5, 1997, pp. 291－297.

预测变量可能自然地落在反映数据某一方面特征的单一分组(抽象因素或组成部分)中。例如，变量储蓄账户余额、支票账户余额、房屋资产、所持股票价值、养老金结余均属于同一分组——资产。

在某些应用中，如图像分析，保留所有的维度会使大部分问题变得棘手。例如，一个基于256×256像素的人脸分类系统图片可能需要65 536维的向量空间。人类天生具有图像模式识别能力，使我们能够容易地凭直觉识别图像中的图案，但如果图像以代数或文本的形式存在，我们可能无法识别。然而，即使最先进的数据可视化技术也不超过五维。那么，我们该如何在大量数据集中发现变量间的关联呢？

降维的目标是利用变量间的相关结构完成以下工作：

- 减少预测变量的个数。
- 帮助确保这些预测变量是相互独立的。
- 提供一个框架用于解释结果。

在本章我们会考察以下降维方法：

- 主成分分析(Principal Components Analysis，PCA)
- 因子分析
- 用户自定义合成

下一小节要求你具备一定代数矩阵方面的知识。如果你对代数矩阵比较生疏，请集中精力看看结论1-3的意义(见下文)[3]。下列所有术语和符号都可以应用到现实生活的一些具体实例中。

4.2　主成分分析

主成分分析(PCA)是指将多个变量通过线性组合，选出小部分重要变量集合来描述相关结构的一种统计分析方法，这些线性组合被称为“成分”。由 m 个变量组成的数据集的总体变异情况，用 k 个线性组合变量组成的子集来表示。这意味着 k 个变量和原始 m 个变量反映了同样多的信息。必要时，分析人员可以使用 $k<m$ 个成分来取代原始的 m 个变量。这样目标数据集是基于 k 个成分的 n 条记录，而不是 m 个变量的 n 条记录。分析人员需要注意的是，主成分分析仅用于处理预测变量，不针对目标变量。

假定初始变量 $X_1,X_2,\cdots,X_m$ 组成 m 维空间的一个坐标系。主成分代表一个新的坐标系统，沿着最大变化的方向旋转原始坐标系得到。当准备降低数据维度时，分析人员首先应该规范化数据，以使每个变量的均值为0、标准差为1。令变量 X_i 代表 $n\times1$ 维向量，其中 n 为记录的条数。然后使用 Z_i 代表 $n\times1$ 维经过规范化后的变量，其中 μ_i 为 X_i 的均值，σ_{ii} 为 X_i

3 Johnson andWichern, *Applied Multivariate Statistical Analysis*, 6th edition, Prentice Hall, Upper Saddle River, New Jersey, 2007.

的标准差。在矩阵符号中，这些规范化被表示为$Z=(V^{1/2})^{-1}(X-\mu)$，其中指数“-1”为矩阵求逆，$V^{1/2}$为对角矩阵(非零元素仅出现在对角线上)；$m\times m$维标准差矩阵表示为：

$$V^{1/2}=\begin{bmatrix}\sigma_{11} & 0 & \cdots & 0\\ 0 & \sigma_{22} & \cdots & 0\\ \vdots & \vdots & \ddots & \vdots\\ 0 & 0 & \cdots & \sigma_{mm}\end{bmatrix}$$

令Σ表示对称的协方差矩阵：

$$\Sigma=\begin{bmatrix}\sigma_{11}^2 & \sigma_{12}^2 & \cdots & \sigma_{1m}^2\\ \sigma_{12}^2 & \sigma_{12}^2 & \cdots & \sigma_{2m}^2\\ \vdots & \vdots & \ddots & \vdots\\ \sigma_{1m}^2 & \sigma_{2m}^2 & \cdots & \sigma_{mm}^2\end{bmatrix}$$

其中$\sigma_{ij}^2, i\neq j$指的是X_i和X_j间的协方差。

$$\sigma_{ij}^2=\frac{\sum_{k=1}^{n}(x_{ki}-\mu_i)(x_{kj}-u_j)}{n}$$

协方差衡量的是两个变量同时变化的变化程度。正协方差表明，当一个变量增加时，另一个变量也有增加的趋势。负协方差则表明，当一个变量增加时，另一个变量呈递减趋势。符号σ_{ij}^2用于表明X_i和X_j间的协方差。如果X_i和X_j相互独立，则$\sigma_{ij}^2=0$；但是$\sigma_{ij}^2=0$并不表示X_i和X_j相互独立。注意协方差是无单位的量，所以如果同样的两个变量所采用的单位发生变化，它们的协方差在数值上也会发生变化。

相关系数r_{ij}克服了以上弊端，通过标准差对协方差进行缩放：

$$r_{ij}=\frac{\sigma_{ij}^2}{\sigma_{ii}\sigma_{jj}}$$

然后，相关系数矩阵被表示为ρ(rho，表示r的古希腊字母)：

$$\rho=\begin{bmatrix}\frac{\sigma_{11}^2}{\sigma_{11}\sigma_{11}} & \frac{\sigma_{12}^2}{\sigma_{11}\sigma_{22}} & \cdots & \frac{\sigma_{1m}^2}{\sigma_{11}\sigma_{mm}}\\ \frac{\sigma_{12}^2}{\sigma_{11}\sigma_{22}} & \frac{\sigma_{22}^2}{\sigma_{22}\sigma_{22}} & \cdots & \frac{\sigma_{2m}^2}{\sigma_{22}\sigma_{mm}}\\ \vdots & \vdots & \ddots & \vdots\\ \frac{\sigma_{1m}^2}{\sigma_{11}\sigma_{mm}} & \frac{\sigma_{2m}^2}{\sigma_{22}\sigma_{mm}} & \cdots & \frac{\sigma_{mm}^2}{\sigma_{mm}\sigma_{mm}}\end{bmatrix}$$

重新考虑标准数据矩阵$Z=(V^{1/2})^{-1}(X-\mu)$。每个变量都被标准化，有$E(Z)=0$，其中0表

示 $n \times m$ 维的零矩阵，Z 有协方差矩阵 $\mathrm{Cov}(Z) = (V^{1/2})^{-1} \sum (V^{1/2})^{-1} = \rho$。这样，对于此标准数据集，协方差矩阵就和相关矩阵相同。

标准数据矩阵的第 i 个主成分 $Z=[Z_1, Z_2, ..., Z_m]$ 由 $Y_i = e_i' Z$ 给出，其中 e_i 表示第 i 个特征向量(在下面讨论)，e_i' 指的是 e_i 的转置。主成分 $Y_1, Y_2, ..., Y_k$ 为 Z 中标准化变量的线性组合，这样有(a) Y_i 的方差尽可能大，(b) Y_i 是不相关的。

第一个主成分为线性组合 $Y_1 = e_1' Z = e_{11} Z_1 + e_{21} Z_2 + \cdots + e_{m1} Z_m$，与 Z 中任意其他线性组合相比有更大的可变性，因此：

- 第一个主成分为线性组合 $Y_1 = e_1' Z$，最大化 $\mathrm{Var}(Y_1) = e_1' \rho e_1$；
- 第二个主成分为线性组合 $Y_2 = e_2' Z$，与 Y_1 线性无关，最大化 $\mathrm{Var}(Y_2) = e_2' \rho e_2$；
- 通常，第 i 个主成分为线性组合 $Y_i = e_i' Z$，与所有其他主成分 $Y_j, j < i$ 线性无关，且能使 $\mathrm{Var}(Y_i) = e_i' \rho e_i$ 最大化。

特征值 令 B 为 $m \times m$ 维矩阵，I 为 $m \times m$ 维单位矩阵(对角线元素为 1 的对角阵)。如果标量 $\lambda_1, \lambda_2, \cdots, \lambda_m$ (维度为 1×1 的一组数)满足 $|B - \lambda I| = 0$，其中 $|Q|$ 为 Q 的绝对值，则它们为 B 的特征值。

特征向量 令 B 为 $m \times m$ 维矩阵、λ 为 B 的一个特征值。非零 $m \times 1$ 向量 e 如果满足 $Be = \lambda e$，则 e 为 B 的特征向量。

以下结论对于主成分分析非常重要。

结论 1

标准预测变量集中的总体可变性等于 Z 向量的方差总和，等于成分方差的总和，等于预测变量的个数。即，

$$\sum_{i=1}^{m} \mathrm{Var}(Y_i) = \sum_{i=1}^{m} \mathrm{Var}(Z_i) = \sum_{i=1}^{m} \lambda_i = m$$

结论 2

给定成分和给定预测变量间的偏相关性是由特征向量和特征值组成的一个函数。具体地，$\mathrm{Corr}(Y_i, Z_j) = e_{ij} \sqrt{\lambda_i}, \quad i, j = 1, 2, ..., m$，其中 $(\lambda_1, e_1), (\lambda_2, e_2), ..., (\lambda_m, e_m)$ 为相关系数矩阵 ρ 的特征值-特征向量对，注意 $\lambda_1 \geqslant \lambda_2 \geqslant ... \geqslant \lambda_m$。换言之，特征值按从小到大的顺序排列(偏相关系数包括了其他所有变量之间的影响)。

结论 3

Z 中第 i 个主成分解释了变量总体可变性的百分比，也就是第 i 个特征值和变量个数间的比率，即 λ_i / m。

接下来，通过示例说明如何将主成分分析法应用到真实数据中。

4.3　将主成分分析应用于房屋数据集

所用的房屋数据集[4]提供了 1990 年加利福尼亚州人口普查所有地块的信息。在此数据集中，每一个地块组平均有 1425.5 人生活在一个集中的地区。地块组拒绝任意变量为零的输入。房屋价值的中位数为因变量；预测变量如下所示：

Median income	Population
Housing median age	Households
Total rooms	Latitude
Total bedrooms	Longitude

原始数据集包含 20 640 条记录，其中 18540 条是从数据集中随机挑选出来的，作为训练数据集，其余 2100 条记录作为测试数据集。快速查看变量如图 4.1 所示(“范围”为 IBM Modeler 中连续变量的类型标签)。

房屋价值的中位数以美元为单位，收入中位数按比例用从 0 到 15 的连续量进行计算。注意，经度为负数意味着在格林尼治以西，具有较大绝对值的经度说明地理位置更靠西。

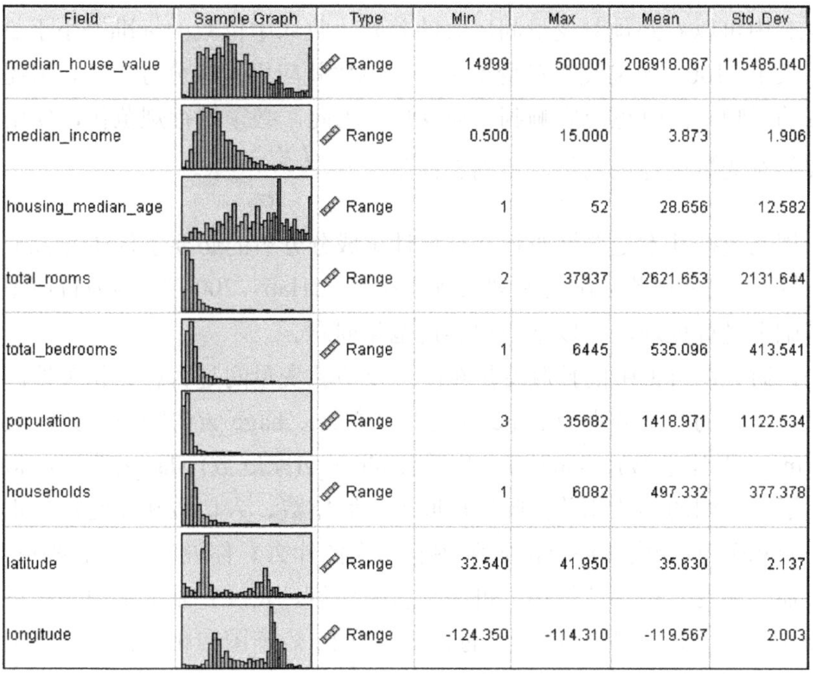

Field	Sample Graph	Type	Min	Max	Mean	Std. Dev
median_house_value		Range	14999	500001	206918.067	115485.040
median_income		Range	0.500	15.000	3.873	1.906
housing_median_age		Range	1	52	28.656	12.582
total_rooms		Range	2	37937	2621.653	2131.644
total_bedrooms		Range	1	6445	535.096	413.541
population		Range	3	35682	1418.971	1122.534
households		Range	1	6082	497.332	377.378
latitude		Range	32.540	41.950	35.630	2.137
longitude		Range	-124.350	-114.310	-119.567	2.003

图 4.1　房屋数据集

用之前的符号表示此数据集，X_1为收入中位数，X_2为房龄中位数，……，X_8为经度，

4 数据集可从 http://lib.stat.cmu.edu/datasets/houses.zip 获得。

因此$m=8$，$n=18\ 540$。训练数据集的前 20 条记录见图 4.2。例如，在第一地块中，房屋价值中位数为 425 600 美元，收入中位数为 8.3252(根据人口普查)，房龄中位数为 41，房间总数为 880，卧室总数为 129 个，人口总数为 322，家庭数为 126，纬度为北纬 37.88 度，经度为西经 122.23 度。很明显，这一地块具有非常高的房屋价值中位数。地图搜索显示，这个地区位于美国加利福尼亚大学伯克利分校和蒂尔登区域公园之间。

	median_house_value	median_income	housing_median_age	total_rooms	total_bedrooms	population	households	latitude	longitude
1	452600	8.325	41	880	129	322	126	37.880	-122.230
2	358500	8.301	21	7099	1106	2401	1138	37.860	-122.220
3	352100	7.257	52	1467	190	496	177	37.850	-122.240
4	342200	3.846	52	1627	280	565	259	37.850	-122.250
5	299200	3.659	52	2535	489	1094	514	37.840	-122.250
6	241400	3.120	52	3104	687	1157	647	37.840	-122.250
7	226700	2.080	42	2555	665	1206	595	37.840	-122.260
8	261100	3.691	52	3549	707	1551	714	37.840	-122.250
9	241800	3.270	52	3503	752	1504	734	37.850	-122.260
10	191300	2.674	52	696	191	345	174	37.840	-122.260
11	159200	1.917	52	2643	626	1212	620	37.850	-122.260
12	140000	2.125	50	1120	283	697	264	37.850	-122.260
13	152500	2.775	52	1966	347	793	331	37.850	-122.270
14	155500	2.120	52	1228	293	648	303	37.850	-122.270
15	158700	1.991	50	2239	455	990	419	37.840	-122.260
16	147500	1.358	40	751	184	409	166	37.850	-122.270
17	159800	1.714	42	1639	367	929	366	37.850	-122.270
18	99700	2.181	52	1688	337	853	325	37.840	-122.270
19	132600	2.600	52	2224	437	1006	422	37.840	-122.270
20	107500	2.404	41	535	123	317	119	37.850	-122.280

图 4.2 房屋数据集的前 20 条记录

从图 4.1 中可以看到预测变量间巨大的差异。收入中位数的标准差小于 2，而房屋总数的标准差大于 2100。如果没有对变量进行规范化就应用主成分分析法，房屋总数将会支配中等收入的影响，同时也会影响到其他变量。因此，必须进行规范化，使用图 4.1 中的均值和标准差对变量进行规范化，得到 Z 向量，$Z_i=\frac{(X_i-\mu_i)}{\sigma_{ii}}$。

注意，规范数据并不是严格履行非推理性主成分分析的必要条件(Johnson 及 Wichern，2006)[5]，但是明显偏离规范会削弱所观察到的相关性(Hair，2006)[6]。因为目前不打算在主成分分析的基础上进行推理，所以不用担心规范化问题。

接下来，研究图 4.3 中的预测变量矩阵图以检验变量间是否存在相关性。从左到右对角线上经过规范化的变量分别为 minc_z(收入中位数)、hage_z(房龄中位数)、rooms_z(房间总数)、bedrms_z(卧室总数)、popn_z(人口数)、hhlds_z(家庭数)、lat_z(纬度)、long_z(经度)。矩阵图显示了变量间的哪些相关性呢？房间数、卧室数、人口数和家庭数呈正相关性。经度和纬度呈负相关性(经度和纬度的矩阵图看起来像什么？你说的是加利福尼亚州吗？)哪一变量和其他预测变量相关性最小？可能是房龄均值。表 4.1 显示了预测变量的相关矩阵æ。注意该矩阵为对称矩阵且对角线上的元素全为 1。矩阵图和相关性矩阵是常用的两种方法，用来观察预测变量间的相关性结构。

5 Johnson and Wichern, *Applied Multivariate Statistical Analysis*, 6th edition. Prentice Hall, Upper Saddle River, New Jersey, 2007.

6 Hair, Black, Babin, Anderson, and Tatham, *Multivariate Data Analysis*, 6th edition, Prentice Hall, Upper Saddle River, New Jersey, 2006.

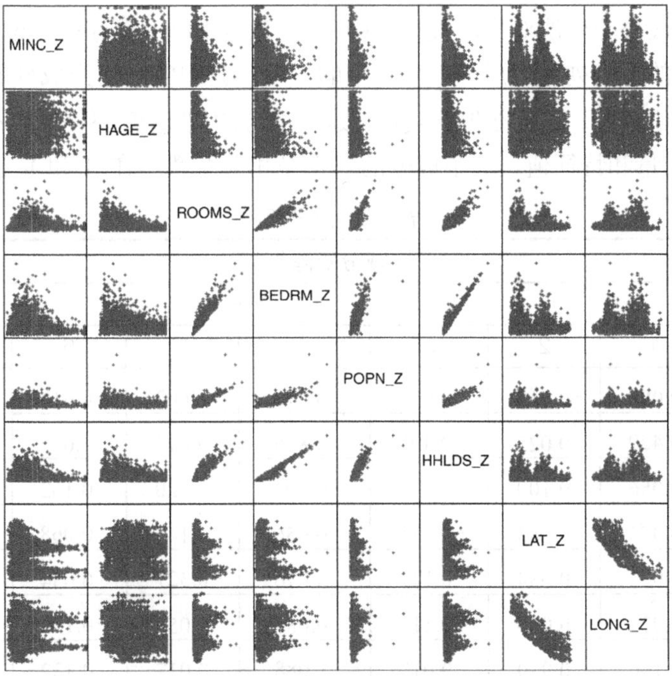

图 4.3 预测变量的矩阵图

注意，相关性矩阵ρ的元素排列与矩阵图中的变量一一对应。

表 4.1 相关性矩阵 ρ

	相关性							
	MINC_Z	HAGE_Z	ROOMS_Z	BEDRMS_Z	POPN_Z	HHLDS_Z	LAT_Z	LONG_Z
MINC_Z	1.000	-0.117	0.199	-0.012	0.002	0.010	-0.083	-0.012
HAGE_Z	-0.117	1.000	-0.360	-0.318	-0.292	-0.300	0.011	-0.107
ROOMS_Z	0.199	-0.360	1.000	0.928	0.856	0.919	-0.035	0.041
BEDRMS_Z	-0.012	-0.318	0.928	1.000	0.878	0.981	-0.064	0.064
POPN_Z	0.002	-0.292	0.856	0.878	1.000	0.907	-0.107	0.097
HHLDS_Z	0.010	-0.300	0.919	0.981	0.907	1.000	-0.069	0.051
LAT_Z	-0.083	0.011	-0.035	-0.064	-0.107	-0.069	1.000	-0.925
LONG_Z	-0.012	-0.107	0.041	0.064	0.097	0.051	-0.925	1.000

如果完成房屋价值预测的多元回归分析，但不考虑数据集中的多重共线性的有力论据，将会发生什么情况？回归结果将会变得非常不稳定，预测值较小的变化会导致回归系数极大的变化。简言之，我们不能使用这种回归结果得出结论。这种情况是主成分分析发挥作用的时候。主成分分析可以通过相关结构，确定相关变量基本的组成部分。主成分分析可以用于接下来的进一步分析，例如回归分析和分类等。

这里采用主成分分析法对房屋数据集中的 8 个预测值进行分析。该成分矩阵如表 4.2 所示。表 4.2 中的每个列代表成分 $Y_i = e_i'Z$ 中的一项。列中的元素为成分的权重，代表了变量和成分之间的偏相关。结论 2 告诉我们，这些成分的权重等于 $Corr(Y_i, Z_j) = e_{ij}\sqrt{\lambda_i}$ ，成分涉及第 i 个特征向量和特征值。其中成分的权重是相关系数，在-1 和 1 之间。

表 4.2 成分矩阵

成分矩阵[a]								
	成分							
	1	2	3	4	5	6	7	8
MINC_Z	0.086	−0.058	0.922	0.370	−0.02	−0.018	0.037	−0.004
HAGE_Z	−0.429	0.025	−0.407	0.806	0.014	0.026	0.009	−0.001
ROOMS_Z	0.956	0.100	0.102	0.104	0.120	0.162	−0.119	0.015
BEDRMS_Z	0.970	0.083	−0.121	0.056	0.144	−0.068	0.051	−0.083
POPN_Z	0.933	0.034	−0.121	0.076	−0.327	0.034	0.006	−0.015
HHLDS_Z	0.972	0.086	−0.113	0.087	0.058	−0.112	0.061	0.083
LAT_Z	−0.140	0.970	0.017	−0.088	0.017	0.132	0.113	0.005
LONG_Z	0.144	−0.969	−0.062	−0.063	0.037	0.136	0.109	0.007

获取方法：主成分分析

[a] 获取 8 个成分

一般来说，第一主成分可以被作为预测值相关性的一个最好的总结。这一特定吸纳性组合比任何其他线性组合更能解释可变性，它最大化了 $\mathrm{Var}(Y_1) = e_1'\rho e_1$ 。如从矩阵图和相关矩阵所看到的，房屋总数、卧室数、人口数和家庭数一起变化。这里，它们都有非常高(非常相似)的成分权重，表明 4 个变量和第一主成分是高度相关的。

表 4.3 展示了每个成分的特征值以及由该成分引起的变异在总变异中的百分比。结论 3 告诉我们，Z 的总变异中第 i 个主成分所占的比例为 λ_i / m 。即第 i 个特征值和变量数的比值。在这里可以看到，第一特征值为 3.901，因为有 8 个预测变量，第一主成分解释 3.901/8=48.767%的变异，如表 4.3 所示(采用四舍五入)。因此，一个成分解释了此数据集中 8 个预测变量中近一半的变化，也就是说，这一个成分包含 8 个预测变量大约一半的信息。注意特征值幅度的下降， $\lambda_1 \geq \lambda_2 \geq \cdots \geq \lambda_m$ ， $\lambda_1 \geq \lambda_2 \geq \cdots \geq \lambda_8$ ，如结论 2 所指出的。

表 4.3 通过成分解释的变异比例和特征值

成分	初始特征值		
	合计	方差%	累计%
1	3.901	48.767	48.767
2	1.910	23.881	72.648
3	1.073	13.409	86.057
4	0.825	10.311	96.368
5	0.148	1.847	98.215

(续表)

成分	初始特征值		
	合计	方差%	累计%
6	0.082	1.020	99.235
7	0.047	0.586	99.821
8	0.014	0.179	100.00

第二主成分 Y_2 是第二好的变量线性组合，前提是它与第一主成分正交。如果在数学上相互独立，之间没有任何关联，并成直角，则两个矢量正交。第二主成分解释了第一主成分未解释的变异。第三主成分是第三好的变量线性组合，前提是它与前两个主成分正交。第三主成分来自前两个主成分提取的变异后余下的部分。其余主成分有类似定义。

4.4　应提取多少个主成分

接下来，回想主成分分析的动机之一是减少不同解释性成分的个数。出现一个问题：该如何确定应提取多少个主成分呢？例如，是不是应该只保留第一主成分，因为它解释了大约一半的变异？或者应该保留所有 8 个主成分，因为它们解释了 100%的变异？显然，保留 8 个主成分不利于减少不同解释性成分的个数。通常，答案在这两个极端之间。注意：表 4.3 中的若干主成分的特征值相当低，只能解释 Z 变量不到 2%的变异性。也许应该将这些主成分从分析中去除？决定应提取多少主成分的标准如下：

- 特征值标准
- 解释变异的比例标准
- 最小共性标准
- 坡度图标准

4.4.1　特征值标准

回顾结论 1，可以看到特征值总和可以解释为包含在由主成分得出的模型中原始变量的个数。特征值为 1 表示该成分将解释“一个变量价值”的变异。特征值标准的原理是，每一个主成分应当解释至少一个变量价值的变异性。因此，特征值标准表明只有特征值大于 1 的主成分应该保留。注意，如果少于 20 个变量，特征值标准通常提取较少的主成分，而如果超过 50 个变量，特征值标准通常提取较多的主成分。从表 4.3 可以看到，有 3 个主成分的特征值大于 1，因此应该保留。第 4 个主成分的特征值为 0.825，和 1 非常接近。因此，如果有其他标准支持，可以考虑保留这一个主成分，特别是考虑到特征值指标在此情况下倾向于提取较少的主成分。

4.4.2 解释变异的比例标准

首先，分析人员定义他认为主成分应该具有多大的变异程度。然后，分析人员简单地逐一选择主成分，直到获得需要解释的变异量的期望比例为止。例如，假定我们希望获得的成分能够解释变量中 85%的变异。则从表 4.3 中，将选择成分 1-3，它们一起能解释 86.057%的变异量。但是，如果希望成分解释 90%或 95%的变异量，则需要包括成分 1-4，能够一起解释 96.368%的变异量。那么按照特征值的标准，需要多大的比例呢？

这个问题类似于回答线性回归领域里 r^2(决定系数)的值需要达到多少的问题。一部分答案取决于研究的领域，社会科学家可能对解释大约 60%的变异已满足，因为人们的反应是难以预测的；而自然科学家期望主成分解释 90%至 95%的变异性，因为它们的测量有着较少的内在波动。其他因素也决定了需要多大的比例。例如，如果主成分仅被用于描述，如客户相貌，那么相比于其他目的可以采取较低的比例。但是，如果主成分用于替代原始(标准化)数据集，并且用于进一步的模型推理，那么比例的选择应该便于实现其他标准。

4.4.3 最小共性标准

现在，将在介绍共性概念后讨论此标准。

4.4.4 坡度图标准

坡度图是特征值针对成分数的曲线。坡度图可用于寻找上限(最大值)来决定多少成分应该被保留。坡度图的示例如图 4.4 所示。大部分坡度图在形状上相似，左侧开始处高，迅速下降，然后从某一点变平缓。这是因为第一个主成分通常解释许多变异量，接下来的部分主成分解释量适中，最后的主成分解释较少的变异。坡度图标准是：特征值-变量数曲线开始平缓的分界点为最多主成分数量的取值。例如在图 4.4 中，在第 5 个主成分之后曲线趋于平缓，曲线几乎水平，因为之后的所有主成分之和所解释的变异量差异不大。该坡度图标准表明，应该提取的最多主成分数为 4，因为第 4 个主成分是在曲线趋于水平之前的最近的一个成分。

通常建议的标准如下：

- **特征值标准** 保留第 1 至第 3 主成分，但不排除第 4 主成分。
- **解释变异的比例标准** 第 1 至第 3 主成分解释了 86%的变异量，增加第 4 主成分可解释 96%的变异量。
- **坡度图标准** 不要提取超过 4 个主成分。

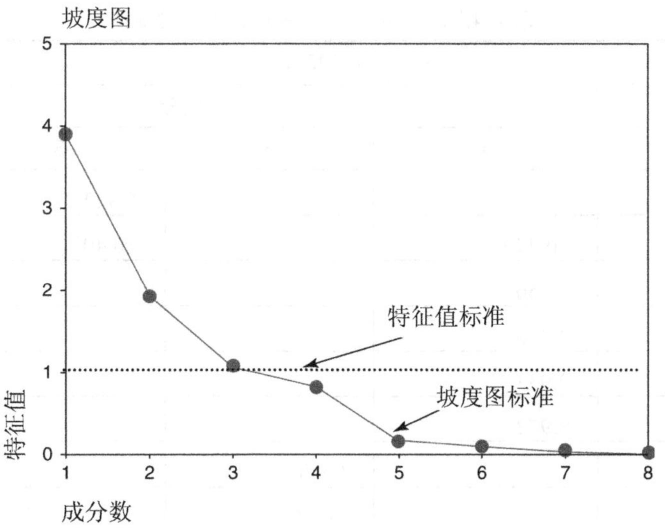

图 4.4　坡度图，在曲线趋于水平之前停止提取主成分

所以，可提取至少 3 个但不超过 4 个主成分。是 3 个还是 4 个呢？正如在许多数据分析中，涉及需要提取多少主成分的问题时，没有绝对答案。这就是为什么说数据挖掘是一门科学，同时也是一门艺术，这也是数据挖掘需要人为管理的另一个原因。数据挖掘或数据分析人员必须权衡决策中涉及的各方面因素，运用判断力，并依据经验进行调整。

在这类情况下，如果没有明确的最佳解决方案，为什么不尝试一下所有的方法，看看会发生什么呢？表 4.4(a)和表 4.4(b)分别列举了提取 3 个、4 个主成分时的矩阵对比。该表除去了主成分权重小于 0.15 的值，避免降低主成分的解释。注意这两种情况下的前 3 个主成分完全相同，且和表 4.2 中提取 8 个成分时的值也相同(在除去小权重值后)。这是因为它的每个主成分按顺序提取变异量，后面主成分的提取不影响前面主成分的提取。

表 4.4(a)　提取出 3 个主成分的成分矩阵

成分矩阵[a]			
	成分		
	1	2	3
MINC_Z			0.922
HAGE_Z	−0.429		−0.407
ROOMS_Z	0.956		
BEDRMS_Z	0.970		
POPN_Z	0.933		
HHLDS_Z	0.972		
LAT_Z		0.970	
LONG_Z		−0.969	

获取方法：PCA

[a]获取 3 个成分

表 4.4(b) 提取出 4 个主成分的成分矩阵

成分矩阵 [a]				
	成分			
	1	2	3	4
MINC_Z			0.922	0.370
HAGE_Z	−0.429		−0.407	0.806
ROOMS_Z	0.956			
BEDRMS_Z	0.970			
POPN_Z	0.933			
HHLDS_Z	0.972			
LAT_Z		0.970		
LONG_Z		−0.969		

获取方法：PCA

[a] 获取 4 个成分

4.5 主成分描述

分析人员通常对主成分剖析感兴趣，现在来分析每个主成分的重要特点。给每个主成分一个标题以便于解释。

- **大小主成分**。第 1 主成分，如前面所看到的，“地块大小”变量：由总房数、总卧室数、人口数和家庭数组成，这些量的大小基本同步。也就是存在如下趋势：大地块群体对应的所有 4 个变量有较大的值；小地块群体对应的所有 4 个变量有较小的值。住房平均年龄权重较小，与上述 4 个变量独立对应，该主成分在群体中趋于低值(最近建成的房屋)，在小块群体中趋于高值(老房子)。
- **地域主成分**。第 2 主成分是“地域”主成分，完全由经度和纬度变量构成，二者呈强负相关性，可以用它们主成分权重符号的相反性来解释。支持了图 4.3 和表 4.1 中关于这两个变量的探索性数据分析。负相关是由经度和纬度的正负定义决定的，由于加州由西北方向延伸至东南方向，所以是负相关。如果加州由东北方向延伸至西南方向，那么纬度和经度呈正相关。
- **收入和房龄 1**。第 3 主成分提示了地块群体的平均收入，对于平均房龄具有较小的影响。也就是说，在数据集中，高平均收入与最近建成的住房相联系，而较低的平均收入与老房子相联系。
- **收入和房龄 2**。第 4 主成分很有趣，因为它是一个没有决定是否保留的主成分。同样，它主要对住房平均年龄和平均收入有影响。可以看到，当考虑完这两个变量的负相关性时，它们之间会存在正相关性。也就是说，一旦高收入和新建住房的联系被提取，剩余的就是高收入和老房子的联系。

为了进一步探讨第 3 和第 4 主成分及其构成变量间的关系，接下来要考虑因子得分。因子得分基于因子分析，是对每个观测因素的估计值，将在下节讨论因子分析。关于因子分析的推导，详见 Johnson 和 Winchern[7]。

图 4.5 提供了两个矩阵图。左边的矩阵图显示第 3 主成分中的平均收入、住房平均年龄和因子得分间的关系；右边的矩阵图显示了第 4 主成分中平均收入、住房平均年龄和因子得分间的关系。表 4.4 和表 4.5 显示第 3 和第 4 主成分包括了这些变量成分。但是，在绝对主成分权重中存在重大差异，例如，第 3 主成分的变量权重中 0.922 比-0.407 有更大的数值。这种差异是否体现在矩阵图中呢？

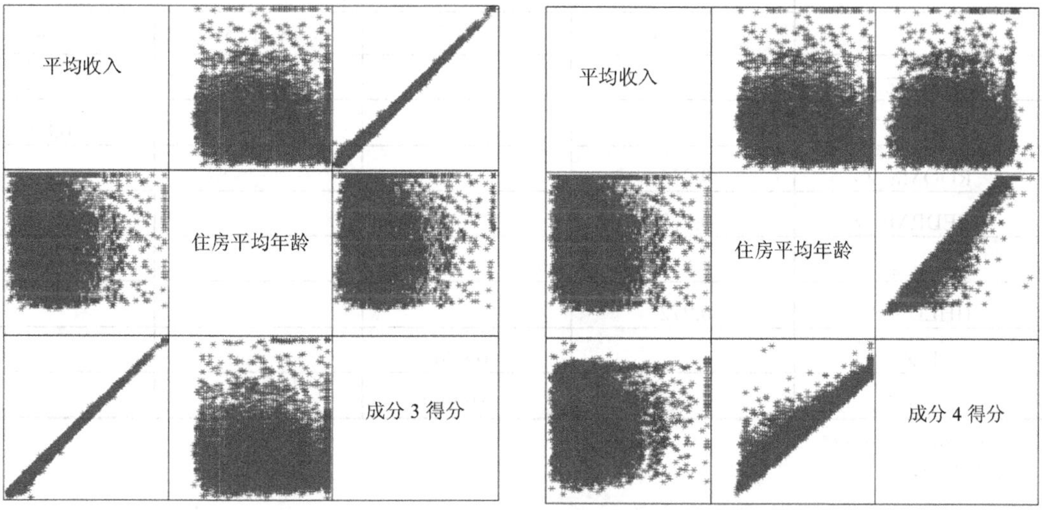

图 4.5　成分 3 和成分 4 与其他变量间的相关性

在图 4.5 的左边，第 3 主成分与平均收入呈强正相关性，达到了 0.922，但其与住房平均年龄的相关性却比较模糊。通过矩阵图中分散的点来估计第 3 主成分和住房平均年龄间的相关性为-0.407 较为困难。类似地，在图 4.5 的右边，第 4 主成分和住房平均年龄的联系非常明显，正相关系数为 0.806，但与平均收入的联系并不显著，正相关系数为 0.370。因此可认为，在第 3 主成分中平均房龄的权重-0.407 并没有实际意义，第 4 主成分中平均收入的权重也是如此。

以上讨论可以得出下面关于衡量主成分权重的标准。一个主成分若要具有实际意义，它的权重在数值上应该超过±0.50。注意各主成分的权重代表其与变量之间的相关性，这样，主成分权重的平方表示其所解释变量的总变异。因此，要达到上面所说的±0.50 的临界值，一个特定主成分需要至少 25%的变量。因此表 4.5 体现了表 4.4(a)和表 4.4(b)中的成分矩阵，不同的是将各成分的权重压在±0.50 以下。这样主成分描述就显得清晰：

---

7 Johnson and Wichern, *Applied Multivariate Statistical Analysis*, 6th edition, Prentice Hall, Upper Saddle River, New Jersey, 2007.

- **大小主成分**。第 1 主成分代表了“地块组大小”因素，由 4 个变量组成：总房间数、总卧室数、人口数和家庭数。
- **地域主成分**。第 2 成分代表了“地理”因素，由两个变量组成：经度和纬度。
- **平均收入**。第 3 主成分代表了“收入”因素，由 1 个变量组成：平均收入。
- **平均房龄**。第 4 主成分代表了“房龄”因素，由 1 个变量组成：平均房龄。

表 4.5 成分权重矩阵，除去权重在-0.5 到 0.5 之间的变量

成分矩阵[a]				
	成分			
	1	2	3	4
MINC_Z			0.922	
HAGE_Z				0.806
ROOMS_Z	0.956			
BEDRMS_Z	0.970			
POPN_Z	0.933			
HHLDS_Z	0.972			
LAT_Z		0.970		
LONG_Z		-0.969		

获取方法：主成分分析

[a] 获取 4 个成分

注意以上 4 个主成分变量的分离是互斥的，意味着任意一个变量都不会被两个主成分共享，并具有完备性，意味着全部 8 个变量都包含在 4 个主成分内。进一步说，8 个变量在前 4 个主成分之间的分布为 4 -2 -1 -1，这与之前在表 4.3 中得出的它们在前 4 个特征值之间的 3.901 -1.910 -1.073 -0.825 的分布非常接近。

4.6 共性

现在该决定保留几个主成分了，还需要考虑一个因素：共性。主成分分析并不提取变量的所有变异，仅提取不同变量间共有的部分变异，共性所代表的正是这一部分变异。

共性代表了各变量在主成分分析中的总体重要性。例如，对于一个与其他变量相比具有较低共性的变量，其变异中与所有其他变量的共有变异的部分较小，因此对主成分分析结果的共性也少。如果某个特定变量的共性特别低，那么就启发了数据分析人员，该变量可能并没有参与到主成分分析的解中(即不是任何一个主成分中的因子)。总的来说，较高的共性值表示主成分成功地提取了初始变量中的大部分波动；较低的共性值说明数据集中仍有一些未被主成分解释的波动。

对于一个给定的变量而言，共性的值等于各成分权重的平方和。现在来尝试决定是否保留第 4 主成分，即“平均房龄”成分。从表 4.2 中得出平均房龄的权重(hage_z)，并依此计算该变量的总体贡献值，即共性。我们分别对于保留 3 个主成分和 4 个主成分下的平均房龄进行计算。

- 总体贡献值(平均房龄，3 个主成分)：
  $(-0.429)^2+(0.025)^2+(-0.407)^2=0.350315$
- 总体贡献值(平均房龄，4 个主成分)：
  $(-0.429)^2+(0.025)^2+(-0.407)^2+(0.806)^2=0.999951$

小于 0.5 的总体贡献值可以认为是过低的，因为这意味着该变量与其他变量的共同波动不到其自身波动量的一半。现在，假设因为某种原因希望或需要保留平均房龄变量作为分析的一部分。这样只提取 3 个主成分将无法满足要求，因为平均房龄与其他变量只享受 35%的共同波动。如果希望在分析中保留这个变量，就必须提取第 4 主成分，从而将平均房龄的总体贡献值提升到 50%以上。这就引出了前面曾经提到过的主成分筛选中的最小共性标准。

最小共性标准

假设要求在分析中必须保留一些特定的变量集。那么，必须提取足够多的成分，从而确保这些变量的总体贡献大于某个特定阈值(例如 50%)。

因此，我们可以对应保留多少个主成分进行讨论。最终决定保留 4 个主成分，原因如下：

- 虽然特征值标准推荐 3 个主成分，不过并未完全拒绝第 4 主成分。同时，对于较少的变量数，该准则可能低估了应提取主成分的最好个数。
- 解释变异的比例标准表明，如果希望对 96%的变异性做出解释，则应该使用 4 个主成分。由于最终目的是用这些主成分代替原始数据用于进一步建模，因此它们对于原始数据的变异性有好的解释是非常具有吸引力的。
- 选取 4 个主成分没有超过坡度图标准不超过 4 个主成分的要求。
- 最小共性标准表明，如果希望在分析中保留平均房龄，则必须提取第 4 主成分。由于想要用这些主成分代替原始数据中的所有变量，因此为了保留平均房龄这个变量，需要提取第 4 主成分。

4.7 主成分验证

回忆一下原始数据集被分成训练数据集和测试数据集的过程。以上全部分析均在训练数据集中完成。为了对此处未涵盖的主成分进行确认，需要对测试数据集中标准化后的变量进行主成分分析。分析得到的成分矩阵如表 4.6 所示，其中小于±0.50 的成分权重被忽略。

表 4.6　有效的主成分分析：在测试集中主成分的权重

成分矩阵 [a]				
	成分			
	1	2	3	4
MINC_Z			0.920	
HAGE_Z				0.785
ROOMS_Z	0.957			
BEDRMS_Z	0.967			
POPN_Z	0.935			
HHLDS_Z	0.968			
LAT_Z		0.962		
LONG_Z		−0.961		

获取方法：PCA

[a] 获取 4 个成分

尽管成分权重和训练集中的成分权重并不完全相同，但同样的 4 个成分仍然被提取出来，而且哪些变量与哪个成分相联系也是一一对应的。这可以作为对其进行主成分分析的依据。因此，可以用这些主成分来代替标准化变量对该数据集进行分析。特别地，可以研究一下这些成分是否可以用来对平均房价进行估计。

如果样本分裂法无法对主成分进行成功的验证，那么分析人员应意识到该分析结果对整体数据集不具概括性，因此报告的结果无效。如果无法对变量的一个子集进行主成分验证，那么分析人员可以考虑去除这些变量后重新进行主成分分析。第 9 章会介绍一个多元回归中应用主成分分析的实例。

4.8　因子分析法

因子分析法和主成分分析法有很大的联系，但是两种方法的目的不同。主成分分析法是为了描述或者寻找一些不相关的成分来替代初始变量，意在确定各个原始变量线性组合的正交成分。相反，因子分析法代表了一个数据模型，更为精巧。记住，我们研究数据挖掘的主要原因是学习因子分析，这样我们可以应用因子旋转。

因子分析模型假设响应向量 $X_1, X_2, \cdots, X_m$ 能被表示为不能直接观察到的 k 个潜在随机变量 $F_1, F_2, \cdots, F_k$，即共同因子的线性组合与一个误差项 $\varepsilon = \varepsilon_1, \varepsilon_2, \cdots, \varepsilon_m$ 的和。因子分析模型可以表示为：

$$\underset{m\times 1}{\mathrm{X}} - \mu = \underset{m\times k}{L}\ \underset{k\times 1}{F} + \underset{m\times 1}{\varepsilon}$$

其中 $\underset{m\times 1}{\mathrm{X}} - \mu$ 是响应向量，利用均值进行向量中心化。$\underset{m\times k}{L}$ 是因子负载矩阵，其中 l_{ij} 表示

第i个变量对应于第j个因子的系数。$\underset{k\times1}{F}$表示不能直接观察到的共同因子的向量，$\underset{m\times1}{\varepsilon}$表示误差向量。因子分析模型与其他模型(如线性回归模型)有些不同。在因子分析中，变量$F_1,F_2,\cdots,F_k$是不能直接观察到的。

由于有如此多的不能直接观察到的变量，因此，在从能直接观察到的变量中寻找不能被直接观察到的变量时，必须做进一步的假设：$E(\mathrm{F})=0$，$Cov(F)=\mathrm{I}$，$E(\varepsilon)=0$，并且$Cov(\varepsilon)$是一个对角矩阵。

因子分析提供的解并不唯一。例如：两个模型$X-\mu=LF+\varepsilon$和$X-\mu=(LT)(TF)+\varepsilon$，其中，$T$是一个正交变换矩阵，两者提供相同的结果。因此，如果没有进一步的假设，在模型中所揭示的这些因子，在本质上是不确定的。这个不确定性要求对因子进行旋转，接下来进行简要验证。

4.9 因子分析法在成年人数据集中的应用

成年人数据集[8]是从美国人口统计署提供的数据中抽取出来的，其预期任务是从这个数据集中提取一个关于人口统计的特征集合，预测一个人的年收入是否超过 5 万美元。对于这个实例，用以下变量作为因子分析变量：年龄、社会地位衡量指标、受教育程度、一个星期的工作时间以及投资净收入(资本得利减去资本损失)。训练数据集中包含了 25 000 条记录，实验数据集中包含了 7561 条记录。这些变量都经过了标准化处理，Z向量也能被求出：$Z_i=(X_i-\mu_i)/\sigma_{ii}$。相关性矩阵如表 4.7 所示。

表 4.7 因子分析示例中的相关性矩阵

	相关性				
	AGE_Z	DEM_Z	EDUC_Z	CAPNET_Z	HOURS_Z
AGE_Z	1.000	0.076[b]	0.033[b]	0.070[b]	0.069[b]
DEM_Z	−0.076[b]	1.000	−0.044[b]	0.005	−0.015[a]
EDUC_Z	0.033[b]	−0.044[b]	1.000	0.116[b]	0.146[b]
CAPNET_Z	0.070[b]	0.005	0.116[b]	1.000	0.077[b]
HOURS_Z	0.069[b]	−0.015[a]	0.146[b]	0.077[b]	1.000

[a] 关联显著性为 0.05 级别(双尾检验)

[b] 关联显著性为 0.01 级别(双尾检验)

虽然在几个示例中各变量的统计特征都很显著，但整体上，比工作时间集中的相关性要弱很多。在一个弱相关性结构中降维的方法是比较困难的。

8 Blake and Merz, 1998. UCI Repository of machine learning databases [http://www.ics.uci.edu/’mlearn/MLRepository.html]. Irvine, CA: University of California, Department of Information and Computer Science. *Adult* data set donated by Ron Kohavi. Also available at textbook website: www.DataMiningConsultant.com.

为了能够合理建模，因子分析法需要一定的相关性水平。已有相关的检验方法能够确定变量之间是否存在高的相关性以便利用因子分析法来建模[9]。

- Kaiser-Meyer-Olkin(KMO)样本充足度的测量值，表示由隐含因子造成的在各个被标准化的指示变量中有共同变化的比率。当 KMO 比率小于 0.50 时，说明用因子分析法不合适。
- 假设检验 Bartlett's test of Sphericity，检验的零假设为：相关性矩阵是一个单位矩阵，即变量之间完全不相关。其统计变量称为 ρ 值，若其值过小则意味着证据对零假设不利，即变量之间存在相关性。如 ρ 值比 0.1 大，就没有足够的证据来拒绝零假设，可以认为变量之间是完全不相关的，因此，因子分析法将不适用。

表 4.8 提供了统计检验的结果。KMO 统计值为 0.549，比 0.5 大，意味着检验找不到相关性水平太低以至于不能采用因子分析法的证明。另外 ρ 值在 0 附近，因此零假设被拒绝。从而，可以利用因子分析法进行分析。

表 4.8 相关性足够强，可以采用因子分析吗

KMO 和 Bartlett 检验		
KMO 度量采样充足率		0.549
Bartlett 球度检验	卡方值	1397.824
	自由度	10
	p-值	0.000

为了能用坡度图表示预测结果，通常只抽取两个因子。下列因子分析采用了主轴因子选择法。在主轴因子中，用一个反复迭代的过程估计因子的解。一个特殊的分析需要 152 次迭代才能得到收敛解。表 4.9 中展示了每个因子的特征值和变异被解释的比例。

表 4.9 特征值与变异被解释的比例：因子分析

总方差解释			
	初始特征值		
因子	总计	方差百分比	累计百分比
1	1.277	25.533	25.533
2	1.036	20.715	46.248
3	0.951	19.028	65.276
4	0.912	18.241	83.517
5	0.824	16.483	100.000

获取方法：主轴因子法

9 注意，在大数据环境下的统计测试可能会导致一些误导。由于样本数量巨大，即使最小的容量也具有统计显著性。因此数据挖掘方法采用交叉验证方法而不是统计推理。

注意，前两个因子提取出的变异不到总变异的一半，而相对于房屋数据集，前两个因子提取出总变异的 72%。这是因为原始数据结构中有内在的弱相关性。

因子负载 $\underset{m\times k}{L}$ 如表 4.10 所示。因子负载与主成分分析中的因子权重相似，代表第 i 个变量与第 j 个因子之间的相关性。注意因子负载比上述房屋数据的示例要弱，这也是因为标准化变量之间存在弱相关性。

表 4.10 因子负载弱于前面例子

因子矩阵 [a]		
	因子	
	1	2
AGE_Z	0.590	−0.329
EDUC_Z	0.295	0.424
CAPNET_Z	0.193	0.142
HOURS_Z	0.224	0.193
DEM_Z	−0.115	0.013

获取方法：主轴因子法

[a] 双因子获取。需要 152 次迭代

从表 4.11 中可以看出，共线性也比上述示例要弱。较低的共线性反映出各变量之间没有很强的相关度，注意因子提取增加了其相关性。

表 4.11 共性较小，反映很小的共相关性

共性		
	初始	获取
AGE_Z	0.015	0.457
EDUC_Z	0.034	0.267
CAPNET_Z	0.021	0.058
HOURS_Z	0.029	0.087
DEM_Z	0.008	0.013

获取方法：主轴因子法

4.10 因子旋转

可以使用因子旋转来帮助解释因子。因子旋转对应于坐标系转换(通常是正交变换)，会导致不同的因子负载。因子旋转类似于科学家通过调整显微镜焦距以获取更加清晰和详细的信息一样。

当每个变量在一个因子上具有较高的因子负载，而在其他因子上具有较低的因子负载时，最合适的焦点就出现了。在上述房屋数据集的示例中，这个合适的焦点在未做因子旋转时就出现了(见表 4.5)，所以因子旋转不是必需的。但是表 4.10 显示了对成人数据集尝试一下因子旋转法，为了帮助我们更好地解释这两个因子。

图 4.6 显示了表 4.10 中每个变量在因子向量中的负载图。注意大部分向量不与坐标轴的方向一致，这是因为变量之间有较弱的相关性，从而降低了因子的解释能力。

将最大方差旋转法(将在后面讨论)应用于因子负载矩阵，得出表 4.12 中新因子的负载集。注意大多数变量的负载值增加了，可由图 4.7 旋转向量的因子负载清晰地看到。

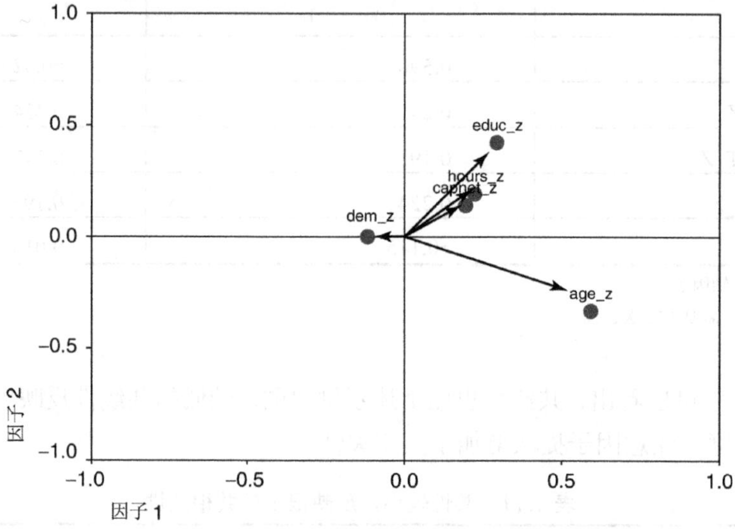

图 4.6 因子负载旋转之前的向量不沿着坐标轴方向

表 4.12 最大方差旋转后的因子负载

旋转因子矩阵 [a]		
	因子	
	1	2
AGE_Z	0.675	0.041
EDUC_Z	0.020	0.516
CAPNET_Z	0.086	0.224
HOURS_Z	0.084	0.283
DEM_Z	-0.104	-0.051

获取方法：主轴因子法

旋转方法：Kaiser 标准化最大方差法

[a] 三次迭代后旋转收敛

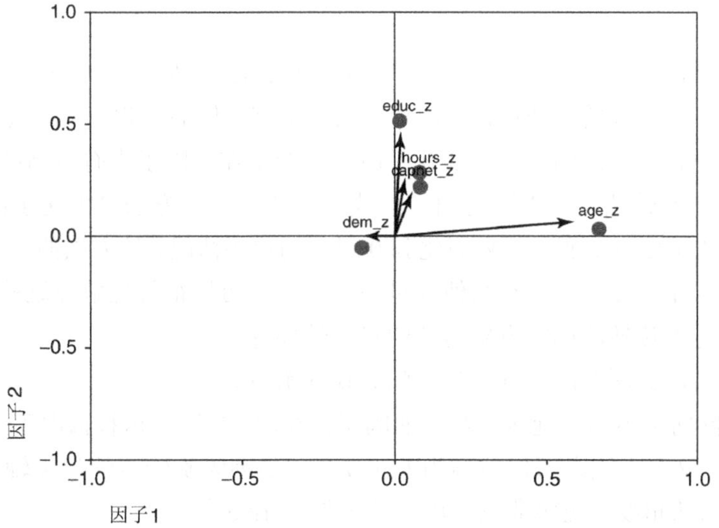

图 4.7 旋转后的因子负载向量接近于沿着坐标轴方向

图 4.7 显示了因子负载沿着变量的最大变异方向变化，因子 1 和因子 2 是典型代表。通常情况下，第一个提取的因子是一个“总体因子”，解释了大部分的变异。因子旋转的作用是在第二个、第三个和之后的因子之间重新分配对变异的解释。例如，表 4.13 显示了因子 1 和因子 2 对总体变异解释的百分比，表的左侧是未经旋转的原始数据所解释的百分比，表的右侧是旋转后的数据所解释的百分比。

表 4.13 旋转后的因子重新分配了解释变异的比例

总体方差解释						
	获取负载平方和			旋转负载平方和		
因子	总计	方差百分比	累计百分比	总计	方差百分比	累计百分比
1	0.536	10.722	10.722	0.481	9.161	9.616
2	0.346	6.912	17.635	0.401	8.019	17.635

在未旋转的情况下，因子 1 的负载平方和是(使用表 4.10 的数据，并允许四舍五入) $0.590^2+0.295^2+0.193^2+0.224^2+0.115^2=0.536$。

这表示总变异的 10.7%，同时，大约 61%的总体变异被前两个因子解释。旋转后，因子 1 的变异部分被重新分配给因子 2，解释了总变异的 9.6%，大约 55%的总体变异被前两个因子解释。

正交旋转有 3 种方法，旋转角度确定为 90°。变换因子负载矩阵的目的是通过简化矩阵的行和列来提高因子的解释力。在后续讨论中，我们假定因子负载矩阵的列表示因子，行表示变量。例如表 4.10 所示。简化矩阵的行将会使得某个变量在某个因子中的负载最大化，而在其他因子中的负载值尽量小(理想状态：行元素是 0 和 1)。类似地，简化该矩阵的列将会使得某个变量在某个因子中的负载最大化，而在其他因子中的负载值尽量小(理想状态：列元素是 0 和 1)。

- 四方旋转法试图简化因子负载矩阵的行。该方法旋转一定的角度，使得变量在第一个因子中有较高的负载值，而在其他因子中有较低的负载值。问题的难点在于生成一个“总体”好的因子，需要几乎所有的变量在此因子中有较高的负载值。
- 最大方差旋转法倾向于简化因子负载矩阵的列。该方法最大化了因子负载的变异量，目的是使每个变量的列简化到 0 或 1 的理想情况。该方法的基本原理是当因子与一些变量强相关，而与其他变量不相关时，可以很好地解释这些变量。凯撒[10]认为最大方差旋转法比四方旋转法的稳定性要好。
- 均等旋转法试图在简化行和列之间寻找均衡点。

分析人员倾向于不要求旋转后得到的因子正交(不独立)。这种情况下，可以考虑使用非正交旋转法。这个方法之所以被称为非正交的，是因为旋转后的坐标轴角度不是 90°，而是有一个倾斜的角度。更多非正交旋转法参见 Harmon[11]。

4.11 用户自定义合成

因子分析法一直都是有争议的，部分原因是在转换后缺乏不变性，从而导致得到的结果不唯一。由于这些原因，分析人员可能更喜欢一种直接的方式：用户自定义合成。用户自定义合成是将几个变量组合成一个单一合成因子的简单线性组合方法。在行为科学文献中，用户自定义合成被称为求和量表法(见 Robinson 等，1991)[12]。

用户自定义合成采取以下形式：

$$W = a'Z = a_1Z_1 + a_2Z_2 + \cdots + a_kZ_k$$

其中 $\sum_{i=1}^{k} a_i = 1, k \leqslant m$，并且 Z_i 是标准化变量。无论线性组合采取哪种形式，变量都应该首先被标准化，从而使具有高分布性的变量不会将其他变量覆盖。最简单的用户自定义合成是各变量的平均值。在这种情况下，$a_i = 1/k, i = 1,2,\cdots,k$。但是，如果分析人员具有先导性信息或专家知识，认为所有的变量不应有相同的权重，那么每个系数 a_i 可以反映变量间的相对权重，含有重要信息的变量拥有较高的权重。

应用用户自定义合成有什么好处呢？与应用单个变量相比，用户自定义合成能够消除测量误差带来的影响。测量误差是指变量的观察值和实际值之间的差异。差异产生的原因有很多，包括遗漏和仪器的错误使用。测量误差增加了背景噪音，影响了模型正确处理数

---

10 Kaiser, H.F., A Second-Generation Little Jiffy, in *Psychometrika*, 35, 401－415, 1970. Also Kaiser, H.F., Little Jiffy, Mark IV, in *Educational and Psychology Measurement*, 34, 111－117.

11 Harman, H.H., *Modern Factor Analysis*, 3rd edition, University of Chicago Press, Chicago, 1976.

12 Robinson, Shaver, and Wrigtsman, Criteria for Scale Selection and Evaluation, in *Measures of Personality and Social Psychological Attitudes*, Academy Press, San Diego, 1991.

据提供信息的能力，产生的后果是真正重要的信息可能被错过。用户自定义合成减少了由多个变量合成为单个单位的测量误差。

合理建立的用户自定义合成使分析人员能够通过使用单一指标来表现一个特殊概念的多个方面。因此，用户自定义合成使分析人员能够掌握模型的特征，同时保持模型小的优点。分析人员应该确保用户自定义合成的概念性定义依赖于之前的研究或已有的经验。合成的概念性定义是指合成的理论基础。例如，是否有其他研究人员使用了相同的合成？或者这个合成是否很好地应用于某个商业领域？如果分析人员在他的用户自定义合成中没有意识到以前的这些实例，那么应该为支持该合成的概念性定义提供充分的理论依据。

组成用户自定义合成的各变量之间应该具有强相关性，而与分析中的其他变量没有相关关系。这种性质可以由经验来验证，也许可以通过使用主成分分析，变量在单一的成分中具有高负载，而在其他成分中具有中负载或低负载。

4.12 用户自定义合成的示例

再来看一下关于房屋的数据集。假设分析人员有理由相信总房间数、总卧室数、总人口数和总家庭数彼此相关且不与其他因素相关，分析人员可以创建如下用户自定义合成模型：

$$W=a'Z=a_1(\text{总房间数})+a_2(\text{总卧室数})+a_3(\text{总人口数})+a_4(\text{总家庭数})$$

其中$a_i=1/4$，$i=1,\cdots,4$，合成变量 W 表示 4 个标准变量的平均值。

合成变量是一个自然、直观的概念性定义，表示簇的大小。不同的簇，W 值不同，因此不同的簇能解释不同变量的变异。我们期望大的簇对于 4 个变量来说有较大的值，而小的簇有较小的值。

分析人员应当从之前的研究或商业文献中寻求对合成概念定义支持的观点，用户自定义合成的相关证据应该清晰且令人信服。如对于合成变量 W 来说，分析人员可以引用美国国家科学院[13]的相关研究，该值在城市中的平均值为 $5.3km^2$，而在城市外的平均值为 $168km^2$。我们不能认为影响该值的因素在城市内外都是一样的，这意味着组块的大小也许与不同组块的特征有关，如房价中位数、反映变量等其他因素。而且，分析人员应该参与美国统计调查局[14]在《联邦公报》上的报告，当人口密度极低时，组块的规模将大于 $2km^2$。因此，组块的规模应该被认为是一个真实、相关的概念，并被应用于进一步的统计研究。

---

13 Hope, Gries, Zhu, Fagan, Redman, Grimm, Nelson, Martin, and Kinzig, Socioeconomics Drive Urban Plant Diversity, in *Proceedings of the National Academy of Sciences*, Volume **100**, Number 15, pages 8788－8792, July 22, 2003.

14 Bureau of the Census, Urban Area Criteria for Census 2000, *Federal Register*, Volume **67**, Number 51, March 15, 2002.

R 语言开发园地

读入房屋数据集，准备数据

```
houses<-read.csv(file="C:/…/houses.csv",
    stringsAsFactors =FALSE,header = FALSE)
names(houses)<-c("MVAL", "MINC" , "HAGE", "ROOMS", "BEDRMS", "POPN",
    "HHLDS", "LAT", "LONG")
# 标准化变量
houses$MINC_Z<-(houses$MINC-mean(houses$MINC))/(sd(houses$MINC))
houses$HAGE_Z<-(houses$HAGE-mean(houses$HAGE))/(sd(houses$HAGE))
# 同样操作作用于其他变量
# 随机选取 90%用于测试数据集
choose<-runif(dim(houses)[1],0,1)
test.house<-houses[which(choose<.1),]
train.house<-houses[which(choose <=.1),]
```

主成分分析

```
# 需要库"psych"
library(psych)
pca1<-principal(train.house[,c(10:17)],
    nfactors=8,
    rotate="none",
    scores=TRUE)
```

主成分分析结果

```
#特征值：
pca1$values
#负载矩阵，
#解释变异，
pca1$loadings
```

```
> pca1$values
[1] 3.91572423 1.90929235 1.07366473 0.81878484 0.13983203
[6] 0.08106670 0.04667528 0.01495984
> pca1$loadings

Loadings:
          PC1    PC2    PC3    PC4    PC5    PC6    PC7    PC8
MINC_Z                  0.922  0.370
HAGE_Z    -0.434        -0.410 0.801
ROOMS_Z    0.956  0.102        0.106  0.129  0.155 -0.119
BEDRMS_Z   0.970        -0.122        0.139
POPN_Z     0.937        -0.118       -0.314
HHLDS_Z    0.972        -0.113              -0.116
LAT_Z     -0.140  0.970                      0.131  0.113
LONG_Z     0.147 -0.969                      0.135  0.109

                 PC1   PC2   PC3   PC4   PC5   PC6   PC7   PC8
SS loadings    3.916 1.909 1.074 0.819 0.140 0.081 0.047 0.015
Proportion Var 0.489 0.239 0.134 0.102 0.017 0.010 0.006 0.002
Cumulative Var 0.489 0.728 0.862 0.965 0.982 0.992 0.998 1.000
```

坡度图

```
plot(pca1$values,
   type ="b",
   main="ScreePlotfor
HousesData")
```

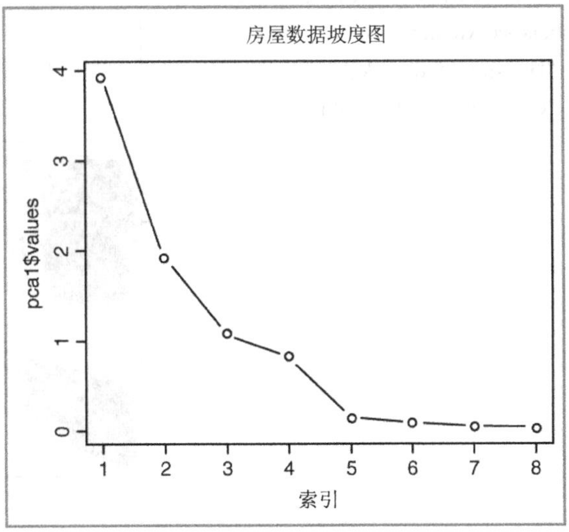

坡度图因子得分

```
pairs( ~train.house$MINC+
train.house$HAGE+pca1$scores[,3],
   labels=c("Median Income",
      "Housing Median Age",
      "Component  3 Scores"))
```

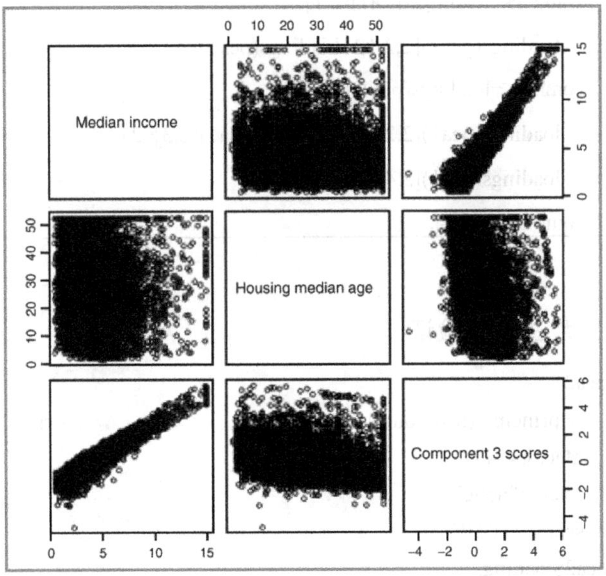

```
pairs( ~train.house$MINC+
   train.house$HAGE+pca1$scores[,4],
   labels=c("Median Income",
      "Housing Median Age",
      "Component  4 Scores"))
```

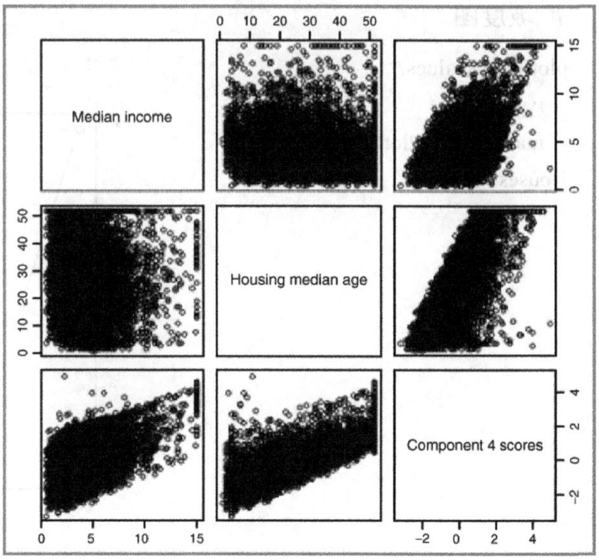

计算共性

```
comm3<-loadings(pca1)[2,1]^2+
   loadings(pca1)[2,2]^2+loadings(pca1)[2,3]^2
comm4<-loadings(pca1)[2,1]^2+
   loadings(pca1)[2,2]^2+loadings(pca1)[2,3]^2+
   loadings(pca1)[2,4]^2
comm3; comm4
```

```
> comm3; comm4
[1] 0.3571416
[1] 0.9990797
```

主成分验证

```
pca2
   <-principal(test.house[,c(10:17)],
   nfactors=4,
   rotate="none",
   scores=TRUE)
pca2$loadings
```

```
> pca2$loadings

Loadings:
           PC1    PC2    PC3    PC4
MINC_Z     0.117         0.923  0.361
HAGE_Z    -0.412        -0.387  0.824
ROOMS_Z    0.958  0.110
BEDRMS_Z   0.967        -0.111
POPN_Z     0.906        -0.140
HHLDS_Z    0.968  0.104 -0.112
LAT_Z     -0.177  0.964
LONG_Z     0.167 -0.965

                 PC1   PC2   PC3   PC4
SS loadings    3.853 1.897 1.058 0.847
Proportion Var 0.482 0.237 0.132 0.106
Cumulative Var 0.482 0.719 0.851 0.957
```

读入，准备数据用于因子分析

```
adult<-read.csv(file="C:/.../adult.txt",
  stringsAsFactors =FALSE)
adult$"capnet"<-adult$capital.gain-adult$capital.loss
adult.s<-adult[,c(1,3,5,13,16)]
# 标准化数据：
adult.s$AGE_Z<-(adult.s$age-mean(adult.s$age))/(sd(adult.s$age))
adult.s$DEM_Z<-(adult.s$demogweight–
  mean(adult.s$demogweight))/(sd(adult.s$demogweight))
adult.s$EDUC_Z<-(adult.s$education.num–
  mean(adult.s$education.num))/(sd(adult.s$education.num))
adult.s$CAPNET_Z<-(adult.s$capnet-mean(adult.s$capnet))/(sd(adult.s$capnet))
adult.s$HOURS_Z<-(adult.s$hours.per.week–
  mean(adult.s$hours.per.week))/(sd(adult.s$hours.per.week))
#随机选取测试集
choose<-runif(dim(adult.s)[1],0,1)
test.adult<-adult.s[which(choose<.1),c(6:10)]
train.adult<adult.s[which(choose>=.1),c(6:10)]
```

Bartlett 球度检验

```
# 需要包 psych
library(psych)
corrmat1<-cor(train.adult,
  method="pearson")
cortest.bartlett(corrmat1,
  n=dim(train.adult)[1])
```

```
> cortest.bartlett(corrmat1,
+         n = dim(train.adult)[1])
$chisq
[1] 1227.187

$p.value
[1] 1.967231e-257

$df
[1] 10
```

带有 5 个主成分的因子分析

```
# 需要 psych、GPArotation
library(GPArotation)
fa1<-fa(train.adult,nfactors=5,
  fm= "pa",rotate="none")
fa1$values # 特征值
fa1$loadings# 负载,
# 变异比例,
# 累积变异
```

```
> fa1$values
[1] 1.2714050 1.0330490 0.9575673 0.9156883
[5] 0.8222904
> fa1$loadings

Loadings:
          PA1    PA2    PA3    PA4    PA5
AGE_Z     0.426 -0.530  0.547  0.370  0.319
DEM_Z    -0.256  0.760  0.423  0.333  0.258
EDUC_Z    0.626  0.257 -0.385 -0.214  0.589
CAPNET_Z  0.531  0.244  0.512 -0.532 -0.337
HOURS_Z   0.591  0.220 -0.263  0.582 -0.440

                 PA1   PA2   PA3   PA4
SS loadings    1.271 1.033 0.958 0.916
Proportion Var 0.254 0.207 0.192 0.183
Cumulative Var 0.254 0.461 0.652 0.836
                 PA5
SS loadings    0.822
Proportion Var 0.164
Cumulative Var 1.000
```

带有两个主成分的因子分析

```
fa2<-fa(train.adult,nfactors=2,
  fm="pa",max.iter=200,
  rotate="none")
fa2$values # 特征值
fa2$loadings# 负载
fa2$communality # 共性
```

```
> fa2$values
[1]  0.525535230  0.355071207  0.032759632
[4] -0.005213205 -0.028543798
> fa2$loadings

Loadings:
          PA1    PA2
AGE_Z      0.554 -0.364
DEM_Z     -0.119
EDUC_Z     0.336  0.428
CAPNET_Z   0.200  0.112
HOURS_Z    0.227  0.162

                 PA1   PA2
SS loadings    0.526 0.355
Proportion Var 0.105 0.071
Cumulative Var 0.105 0.176
> fa2$communality
     AGE_Z      DEM_Z     EDUC_Z   CAPNET_Z
0.43915473 0.01429767 0.29655977 0.05273470
   HOURS_Z
0.07785957
```

最大方差旋转法

```
fa2v<-fa(train.adult,nfactors =2,
  fm="pa",max.iter =200,rotate="varimax")
fa2v$loadings
fa2v$communality
```

```
> fa2v$loadings

Loadings:
          PA1    PA2
AGE_Z      0.662
DEM_Z     -0.104
EDUC_Z           0.544
CAPNET_Z         0.210
HOURS_Z          0.266

                 PA1   PA2
SS loadings    0.465 0.416
Proportion Var 0.093 0.083
Cumulative Var 0.093 0.176
```

用户自定义合成

```
small.houses<-houses[,c(4:7)]
a<-c(1/4,1/4, 1/4, 1/4)
W<-t(a)*small.houses
```

R 参考文献

Bernaards CA, Jennrich RI. 2005. Gradient projection algorithms and software for arbitraryrotation criteria in factor analysis, *Educational and Psychological Measurement*: 65,

676-696.

http://www.stat.ucla.edu/research/gpa.

R Core Team. *R: A Language and Environment for Statistical Computing*. Vienna, Austria:

R Foundation for Statistical Computing; 2012. ISBN: 3-900051-07-0http://www.R-project.org/.

Revelle W. 2013. *psych: Procedures for Personality and Psychological Research*, Northwestern University, Evanston, Illinois, USA, http://CRAN.R-project.org/package=psychVersion=1.4.2.

练习

概念辨析

1. 判断题。如果错误，请解释为什么，并给出一个改进的建议使其成为正确的。
   a. 正相关是指一个变量增加时，另外的变量也增加。
   b. 改变协方差矩阵的度量刻度(如从米到千米)会改变协方差的值。
   c. 数据集的全部变异等于数据记录的数量。
   d. 第 i 个主成分的值等于第 i 个特征值除以变量的个数。
   e. 第二主成分表示第一主成分被提取出来后，变量的任意线性组合中具有最大变率的成分。
   f. 一个成分权重在 ± 0.5 之外，才具有重大实际意义。
   g. 主成分之间总是相互独立的且对变量是完全解释的。
   h. 当验证主成分时，应该期望练习数据集和测试数据集主成分的权重有相同值。
   i. 为了使因子分析有好的效果，预测变量之间应该没有高度的相关性。
2. 哪种类型的数据，其协方差和相关矩阵是同样的？在这种情况下$\sum$是什么？
3. 在变异的条件下第一主成分有什么特殊之处？
4. 描述选择主成分个数的 4 个标准。解释每种标准的基本原理。
5. 解释公因子方差的概念，使不了解这个领域的人明白这一概念。
6. 解释主成分分析和因子分析之间的区别。因子分析的缺点是什么？
7. 描述两个测试来检验是否在一个数据集中存在足够的相关性，从而可以使用因子分析。测试得到什么样的结果可以继续下去？
8. 解释一下为什么要进行因子旋转。描述 3 种不同的因子旋转的方法。
9. 什么是用户自定义合成，使用它来代替个别变量的好处是什么？

数据应用

以下计算机输出探索了主成分分析应用于 churn 数据集的过程。

10. 基于以下表给出的信息，在预测变量中，存在一个足够水平的相关性来继续主成分分析吗？解释一下为什么？如何得到交叉信息？

KMO and Bartlett's Test

Kaiser–Meyer–Olkin measure of sampling adequacy		0.512
Bartlett's test of sphericity	Approx. Chi–square	34.908
	df	55
	Sig.	0.984

11. 假设我们继续进行 PCA，使用 7 个主成分。考虑一下在下表中给出的公因子方差，哪个或者哪些变量应该考虑从 PCA 中删除，为什么？如果在分析中需要这些变量，应该如何做？

Communalities

	Initial	Extraction
ZACCTLEN	1.000	0.606
ZVMAILME	1.000	0.836
ZDAYCALL	1.000	0.528
ZDAYCHAR	1.000	0.954
ZEVECALL	1.000	0.704
ZEVECHAR	1.000	0.621
ZNITECAL	1.000	0.543
ZNITECHA	1.000	0.637
ZINTCALL	1.000	0.439
ZINTCHAR	1.000	0.588
ZCSC	1.000	0.710

获取方法：主成分分析

12. 基于如下表给出的信息，应该提取哪几个主成分？分别使用如下方法：

(a) 特征值标准

(b) 变异解释比例标准

Component	Initial Eigenvalues		
	Total	% of Variance	Cumulative %
1	1.088	9.890	9.890
2	1.056	9.596	19.486
3	1.040	9.454	28.939
4	1.023	9.296	38.236
5	1.000	9.094	47.329
6	0.989	8.987	56.317
7	0.972	8.834	65.151
8	0.969	8.811	73.961
9	0.963	8.754	82.715
10	0.962	8.747	91.462
11	0.939	8.538	100.000

13. 基于如下所示的坡度图，用坡度图标准应该提取多少个主成分？现在基于 3 个标准，得出要提取的主成分数目的决策。

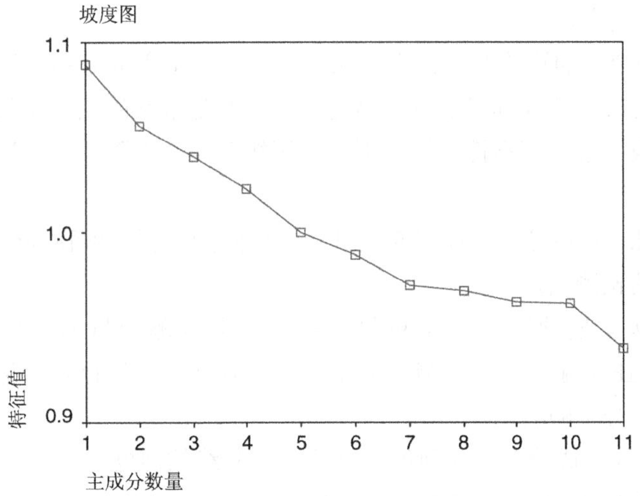

14. 基于如下旋转主成分矩阵：
    (a) 提供前 4 个主成分的一个概括。
    (b) 如果我们提取了 8 个主成分，描述第一主成分可能的变化。
    (c) 如何考虑将 PCA 应用在该数据集上的有效性？

实践分析

对于练习 15～20 题，采用棒球数据集，此数据集在网站 www.DataMiningConsultant.com 上可以找到。

15. 首先，过滤掉所有少于 100 次击球的击球手。然后，使用 Z-分数标准化所有数字变量。

16. 假设对数据集中的基于变量估计本垒数量感兴趣，那么所有其他的数字变量都是预测变量。研究变量间是否有足够的变异来进行 PCA 分析。

17. 基于以下给出的标准，多少个主成分应该被提取：
    (a) 特征值标准？
    (b) 变异解释比例标准？
    (c) 坡度图标准？
    (d) 最小公因子方差标准？

18. 基于练习 17 中的信息，需要提取多少个主成分？

19. 在选中的主成分上使用最大变异法旋转坐标并应用 PCA。描述前几个被提取主成分的概述。

20. 用预测变量构建一个有用的用户自定义合成。描述在何种状况下这种合成会比主成分更适合或更有效？反之亦然。

使用葡萄酒质量训练数据集，可以在教科书的网站上有效下载，完成以下练习。数据由来自葡萄牙的关于葡萄酒的化学数据构成。目标变量为质量。在降维分析中省略目标变量。除非仅使用白葡萄酒用于分析。

21. 标准化预测变量。

22. 构建预测变量的矩阵图。提供一张表来显示每个主成分和其他主成分间的相关系数。用颜色标记此表，这样读者能够容易地发现哪些是最强的相关系数。这里你要做的是为之后的每个主成分进行探索性数据分析。使用矩阵图和系数表，讨论哪组预测变量一起变化。

23. 假设我们最后要对质量预测变量进行线性回归分析。解释为什么我们需要谨慎使用一组高度相关的预测变量。

24. 完成一次质量预测的多元回归分析。获取预测变量的方差膨胀因子(variance inflation factor，VIF)。解释在此问题中它们意味着什么。并解释它们是支持还是破坏在此问题中对于主成分分析的需求。

25. 清楚地解释主成分分析如何解决预测变量共线的问题。

26. 确定应提取的最佳主成分数量，使用：

a. 特征值标准；

b. 解释变异的比例标准；

c. 最小共性标准；

d. 坡度图标准；

e. 试图使 4 个标准在应提取的最佳成分个数方面达成一致。

27. 使用最大变异法旋转坐标，对预测变量进行主成分分析。保持输出中的因子负载小于|0.5|。

a. 提供旋转前和旋转后的成分矩阵。

b. 使用(a)中的结果说明最大变异法旋转坐标如何提高成分的解释力。

c. 汇报主成分的详细描述，包括描述性的标题。向客户清晰地解释结果的含义非常重要。值得在葡萄酒质量数据集方面做一些研究。

28. 将主成分和之前的探索性数据分析进行一对一的比较。

29. 完成一次质量预测的主成分多元回归分析。

a. 获取主成分的 VIF 测量值并评论。

b. 比较两个回归模型的回归标准误差并评论。

c. 比较两个回归模型的 R^2 并评论。

30. 提供一张表用来显示每个主成分和其他主成分间的相关系数并进行评论。

31. 讨论我们是否应该添加主成分来加强回归模型的预测能力和/或降低标准误差。在进行此讨论之前，使用 1 来增加最优的成分数，运行主成分分析，使用添加的主成分来进行回归分析，并和之前的模型进行标准误差和 R^2 的比较。

32. 仅使用红酒质量数据集重复练习 21～31。比较主成分的描述和回归模型的性能。

第 II 部分

统 计 分 析

第 5 章

单变量统计分析

5.1 数据知识发现中的数据挖掘任务

在第 1 章中，我们介绍了以下 6 种数据挖掘任务：

- 描述
- 估计
- 预测
- 分类
- 聚类
- 关联

在描述性任务中，分析人员试图寻找一些用于描述数据中潜在的模式和趋势的方法。模式和趋势的描述通常提出了关于这些模式和趋势的可能解释，也提出了可能发生的策略变化的建议。描述性任务既可以通过第 3 章所述的探索性数据分析(Exploratory Data Analysis，EDA)来完成，也可以使用描述统计来执行，例如，样本比例或回归方程。当然，数据挖掘方法并不局限于用单个任务实现，这样就会导致在数据挖掘方法和任务中出现大量重叠。例如，决策树可能被用于分类、估计和预测。

5.2 用于估计和预测的统计方法

如果认为估计和预测是数据挖掘任务的话，那么统计分析师已经采用数据挖掘超过一个世纪。在本章和第 6 章，我们将会从统计分析的角度出发，研究更为普遍和传统的估计和预测方法。在本章，我们同时使用单变量方法、统计估计和预测方法分析同一变量。这些方法包括对于总体均值和比例的点估计和置信区间估计。我们还会讨论减小置信区间估计中误差范围的方法。接着，我们将会转向假设检验，进行总体均值和比例的假设检验。随后在第 6 章，我们将要考虑统计估计和预测的多元方法。

5.3 统计推理

从数据挖掘器的角度考虑。我们面对一个可能并不熟悉的数据集。对于该数据集我们已经完成了数据理解和数据准备阶段并且使用探索性数据分析收集了一些描述性信息。下一步，我们将要执行单变量估计和预测。常见的执行估计和预测的工具为统计推理。

统计推理包含一些方法，它们基于包含在样本中的信息，对总体特征进行估计和假设检验。总体指的是在一个特定研究中感兴趣的所有元素的集合(人、物和数据)。

例如，假定一个手机公司不希望把投诉结果限制在所收集的 3333 名客户样本中。当然，它希望为目前和将来的所有手机客户设置客户流失模型。这些手机客户能够代表总体。参数为一个总体特征，例如，所有手机客户的客户服务电话的平均数。

样本只是总体的一个子集，最好是总体的一个具有代表性的子集。如果样本在总体中不具有代表性，也就是说样本特征系统性地偏离了总体特征，就不应该采用统计推理。一个统计量是样本的某个特征，例如，样本中 3333 个客户的客户服务电话的均值(1.563)。

注意，对于大多数令人关注的问题，总体参数值是未知的。特别地，总体均值通常是未知的。例如，我们并不知道公司的所有手机用户所拨打的客户服务电话数量的均值。为了代表它们的未知性，总体参数经常被记为小写的希腊字母。例如，使用小写希腊字母 μ (发音为“mew”)代表总体均值，对应希腊字母“ m ”(“mean”)。

客户服务电话的总体均值 μ 是未知的，由于各种各样的原因，其中包括数据还未被收集或存储。数据分析师将会使用估计。例如，他们将会估计总体均值 μ 的未知值，通过获取一个样本并计算样本均值 $\bar{x}$，此样本均值用于估计 μ。这样，我们可以估计所有客户的客户服务电话的均值为 1.563，因为这是我们所得到的样本均值。

关键在于，只有在样本能够真实地代表总体时，估计才会是有效的。例如，不妨假设客户流失数据集由一个包含 3333 个不满用户的样本组成。那么，此样本对于公司的所有客户组成的总体并不具代表性。对于所有客户总体，第 3 章中所执行的 EDA 没有一个是可行的。

分析师也可能对比例感兴趣，例如，流失客户的比例。样本比例 p 是用于度量未知总体比例 π 值的统计量。例如，在第 3 章，我们发现数据集的流失比例为 p=0.145，可以用于估计所有客户的总体流失比例，记住以上注意事项。

点估计指的是使用统计量的单个已知值来估计相关的总体参数。统计量的观测值称为点估计。在表 5.1 中我们概括了总体均值、标准偏差和比例的估计。

表 5.1　使用观测到的样本统计量估计未知的总体参数

	样本统计	评估	总体参数
均值	$\bar{x}$	→	μ
标准偏差	s	→	σ
比率	p	→	π

没有必要将估计局限于表 5.1 中给出的参数。从样本数据中观测到的任意统计量均可以被用于估计总体中的类似参数。例如，可以使用样本最大值来估计总体最大值，或者可以使用样本的第 27 个百分位来估计总体的第 27 个百分位。任意样本特征是统计量，在恰当的情况下可以被用于估计它们各自的参数。

更具体而言，例如，可以使用开通邮箱套餐而不是开通国际套餐的客户，以及拨打了 3 次客户服务电话的客户的样本流失比例来估计所有这类客户的总体流失比例。或者，可以使用没有开通语音邮件套餐的客户的日通话时长的样本第 99 百分位值来估计所有没有开通语音邮件套餐的客户的日通话时长的总体第 99 百分位值。

5.4　我们对评估的确信程度如何

我们必须承认：任何人都能够进行估计。占卜的人通常喜欢为你提供你感兴趣参数的估计(为了赚钱)。问题是：我们对于估计精确度的确信程度？

你认为所有公司的客户服务电话的总体均值和样本均值$\bar{x}$=1.563完全相同吗？很可能不是。通常，由于样本是总体的子集，对于给定的特征，总体难免会比样本包含更多的信息。因此，遗憾的是，基于一定样本数量的点估计法几乎总是与目标参数存在差异，因此，点估计是存在误差的，尽管这种误差未必一定存在，但很可能存在较小的误差。

点估计的观测值和其目标参数的未知值间的差异被称为采样误差，定义为|*statistic*-*parameter*|。例如，均值的采样误差为$|\bar{x}-\mu|$，即已观测到的样本均值和未知的总体均值间的差异(通常为正)。在现实问题中参数的真实值和采样误差值通常是未知的。事实上，对于连续变量，点估计的观测值和其目标参数完全相等的概率恰好为 0。这是因为概率代表连续变量区间上方的面积，而针对一个点，无法计算其面积。

点估计在精确度上没有置信测量；关于估计并不存在概率表达。我们所知道的是估计很可能接近于目标参数的值(小样本误差)，但是估计和目标参数间的差异可能非常大(大样本误差)。事实上，点估计被比作飞镖投掷者，使用一个极小的镖头(点估计)投向小的靶心(目标参数)。更糟糕的是，靶心是隐藏的，投掷者将无法确切地知道飞镖距离靶子的距离有多远。

在遇到挫折时，飞镖投掷者投掷啤酒杯而不是投掷飞镖通常可以被原谅。但是等一下，因为啤酒杯具有宽度，确实存在一个正向概率，杯子的一部分命中隐藏的靶心。我们依然不知道确切的情况，但是对于靶心被命中的情况，我们能够有一定的置信度。大致来说，啤酒杯代表我们的下一个估计方法：置信区间。

5.5 均值的置信区间估计

总体参数的置信区间估计由点估计产生的数值区间构成，连同相关的置信水平指定了区间包含参数的概率。大多数置信区间具有以下通用形式：

point estimate(点估计) ± margin of error(误差范围)

误差范围是对区间估计精确度的度量。误差范围越小表明精确度越大。例如，总体均值的 t-区间如下：

$$\overline{x} \pm t_{a/2}\left(\frac{s}{\sqrt{n}}\right)$$

样本均值 $\overline{x}$ 为点估计，$t_{a/2}\left(\frac{s}{\sqrt{n}}\right)$ 代表误差范围。均值的 t-区间可能被使用，当总体标准或者样本容量较大时。

在何种情况下这些置信区间能够提供精确的估计？即什么情况下误差范围 $t_{a/2}\left(\frac{s}{\sqrt{n}}\right)$ 较小？$s/\sqrt{n}$ 代表样本均值($\overline{x}$ 采样分布的标准偏差)的标准误差，当样本容量很大或者样本可变性较小时，$s/\sqrt{n}$ 较小。因子 $t_{a/2}$ 与样本容量和分析师指定的置信水平(通常为 90-99%)相关，对于更低的置信区间，该值会更小。由于我们不能直接影响样本可变性并且不愿降低置信水平，我们必须致力于增加样本容量，试图提供更加精确的置信区间估计。

通常，对于很多数据挖掘工作，获得一个大的样本容量并不是难题。例如，使用图 5.1 中的统计量，我们可以找到所有客户的客户服务电话的平均数的 95% t-区间，如下：

$$\begin{aligned}&\overline{x} \pm t_{\alpha/2}(s/\sqrt{n})\\&1.563 \pm 1.96(1.315/\sqrt{3333})\\&1.563 \pm 0.045\\&(1.518, 1.608)\end{aligned}$$

Customer Service Calls

Statistics

Count	3333
Mean	1.563
Sum	5209.000
Median	1
Mode	1

图 5.1 客服电话的概要统计

对所有客户的客户服务电话的总体均值落在 1.518 和 1.608 之间，我们有 95%的把握。这里，客户服务电话的误差范围是 0.045。

但是，数据挖掘工具通常用于执行组间分析，即估计客户特殊子集的行为来代替全部客户，正如上述例子所示。例如，假定我们对估计同时拥有国际套餐和语音邮件套餐且日通话时长高于 220 分钟的客户的服务电话的均值感兴趣。这样就将样本容量减小到 28(见图 5.2)，然而，对于构建置信区间它依然足够大。

Customer Service Calls

Statistics

Count	28
Mean	1.607
Standard Deviation	1.892

图 5.2　开通国际套餐和语音邮件套餐且日通话时长高于 20 分钟的客户服务电话的概要统计

样本中仅有 28 个客户同时参与两个计划且日通话时长超过 220 分钟。对于所有客户的客户服务电话的总体均值的点估计为样本均值 1.607。我们能够发现 95%的 t-置信区间估计如下：

$$\bar{x} \pm t_{a/2}(s/\sqrt{n})$$
$$1.607 \pm 2.052(1.892/\sqrt{28})$$
$$1.607 \pm 0.734$$
$$(0.873, 2.341)$$

对于同时拥有两个计划且日使用时长高于 220 分钟的所有客户的客户服务电话的总体均值落在 0.873 和 2.341 之间，我们有 95%的把握。这里，0.873 被称为置信区间的下限，2.341 被称为置信区间的上限。此特殊客户子集的误差范围为 0.734，表明我们对于这些客户子集的客户服务电话的均值估计的精度比对于整个客户群小得多。

置信区间估计可以被应用于任意期望的目标参数。最普遍的区间估计为对于总体均值和总体比例的估计。

5.6　如何减少误差范围

对于总体均值 μ 的一个 95%置信区间的误差范围 E 为 $E = t_{a/2}(s/\sqrt{n})$，可以解释如下：

我们有 95%的把握在 E 误差范围内估计 μ。

例如，上述所有客户的客户服务电话的误差范围为 0.045 个服务电话，可以被理解为：我们有 95%的把握在 0.045 的误差范围内估计所有客户的客户服务电话均值。

现在，误差范围越小，我们估计的精确度就越大。因此问题就是，我们如何才能减小误差范围？现在误差范围 E 包含 3 种量，如下所示：

- $t_{a/2}$ 取决于置信水平和样本容量。

- 样本标准偏差 s，作为数据的特征，可能不会发生变化。
- n，样本容量。

因此，可以使用以下两种方法来减小误差范围：

- 通过减小置信水平，即减小 $t_{a/2}$ 的取值，因此可以减小 E。不推荐。
- 通过增大样本容量。推荐。要想在减小误差范围的同时保持置信水平不变，增大样本容量是唯一的方法。

例如，我们获取一个新的样本包含 5000 个客户，有相同的标准偏差 $s=1.315$，那么 95% 的置信区间的误差范围为：

$$E = t_{a/2}(s/\sqrt{n}) = 1.96(1.315/\sqrt{5000}) = 0.036$$

由于 E 的公式中包含 $\sqrt{n}$，样本容量中 a 的增加会导致 $\sqrt{a}$ 的误差范围的减小。

5.7　比例的置信区间估计

图 3.3 显示在 3333 个客户中有 483 个客户已经流失，以至于所有公司流失客户的总体比例 π 为：

$$p=\frac{\text{流失的客户数}}{\text{样本大小}}=\frac{x}{n}=\frac{483}{3333}=0.1449$$

遗憾的是，关于整个客户总体，我们没有对这个估计的精确度进行度量。事实上，这个值恰好等于 π 是几乎不可能的。这样，我们更倾向于总体比例 π 的置信区间，如下：

$$p \pm Z_{a/2}\sqrt{\frac{p\cdot(1-p)}{n}}$$

其中，样本比例 p 为 π 的点估计，$Z_{a/2}\sqrt{\frac{p\cdot(1-p)}{n}}$ 代表误差范围。$Z_{a/2}$ 依赖于置信水平：对于 90%的置信度，$Z_{a/2}=1.645$；对于 95%的置信度，$Z_{a/2}=1.96$；对于 99%的置信度，$Z_{a/2}=2.576$。当 $np \geqslant 5$ 且 $n(1-p) \geqslant 5$ 时，π 的 Z-区间可能被使用。

例如，公司客户整个总体的流失比例 π 的一个 95%置信区间如下：

$$\begin{aligned} p \pm Z_{a/2}\sqrt{\frac{p\cdot(1-p)}{n}} &= 0.1149 \pm 1.96\sqrt{\frac{(0.1449)(0.8551)}{3333}} \\ &= 0.1149 \pm 0.012 \\ &= (0.1329, 0.1569) \end{aligned}$$

我们有 95%的把握，这个区间能够捕获总体比例 π。注意 π 的置信区间有以下形式：

$$p \pm E = 0.1149 \pm 0.012$$

其中，对于总体均值 π 的 95%置信区间的误差范围 E 为 $E = Z_{a/2}\sqrt{\frac{p\cdot(1-p)}{n}}$。误差范围可以被解释如下：

我们有 95%的把握估计 π 在 E 的范围内。

在此情况下，我们有 95%的把握估计流失客户的总体比例为 0.012(或者 1.2%)。对于给定的置信水平，仅仅通过使用一个更大的样本容量能够减小误差范围。

5.8　均值的假设检验

假设检验是指使用样本中的证据来断言总体参数值的过程。针对参数值，精心设计了两种矛盾的声明或假设。具体如下：

- 零假设 H_0 是原假设，表示参数值已经假定的内容。
- 另一种假设或研究假设 H_a 表示参数值的另一个断言。

两种可能的结论是(a)拒绝 H_0 和(b)不拒绝 H_0。刑事审判是一种假设检验形式，具有如下的假设：

H_0：被告是无辜的 H_a：被告是有罪的

表 5.2 列出了关于陪审团裁决的 4 种可能刑事审判结果以及现实中的真实裁决情况。

- 类型 I 错误：当 H_0 是真时，拒绝 H_0。陪审团宣判一个无辜的人有罪。
- 类型 II 错误：当 H_0 是假时，没有拒绝 H_0。陪审团无罪释放一个有罪的人。
- 正确的裁决：
  - 当 H_0 是假时，拒绝 H_0。陪审团宣判一个有罪的人有罪。
  - 当 H_0 是真时，没有拒绝 H_0。陪审团无罪释放一个无辜的人。

表 5.2　刑事审判假设检验的 4 种可能结果

		现实	
		H_0 真：被告没有犯罪	H_0 假：被告有罪
评审团的决定	拒绝 H_0：发现被告有罪	类型 I 错误	正确决定
	不拒绝 H_0：发现被告无罪	正确决定	类型 II 错误

类型 I 错误的概率记为 α，而类型 II 错误的概率记为 β。对于一个固定样本容量，α 减小与 β 增大相关，反之亦然。在统计分析中，α 通常固定在某个较小值，例如 0.05，称之为显著性水平。

均值假设检验的一般处理是将假设限定为以下 3 种形式。

- 左尾检验。$H_0: \mu \geq \mu_0$ 与 $H_a: \mu < \mu_0$
- 右尾检验。$H_0: \mu \leq \mu_0$ 与 $H_a: \mu > \mu_0$
- 双尾检验。$H_0: \mu = \mu_0$ 与 $H_a: \mu \neq \mu_0$

其中 μ_0 表示 μ 的一个假设值。

当样本容量很大或者总体为正态分布时，检验统计量 $t_{data} = \frac{\bar{x} - \mu_0}{s / \sqrt{n}}$ 遵循自由度为 n-1 的 t 分布。t_{data} 的值可理解为在假设的均值 μ 之上或之下的标准误差数目，样本均值 $\bar{x}$，其中标准误差等于 $s / \sqrt{n}$ (粗略地讲，标准误差表示统计量分布的分散程度度量)。当 t_{data} 值为极值时，这表明一种零假设(伴随假设值 μ_0)和观测数据之间的冲突。由于数据表示经验证据而零假设仅仅表示一种断言，因此解决这样的冲突有利于数据，因此，当 t_{data} 为极值时，零假设 H_0 是拒绝的。什么样的极值才算是极值？需要使用 p -值进行度量。

p -值是指：如果我们假定零假设为真时，观测样本统计量(比如 $\bar{x}$ 和 t_{data})至少与真实观测的统计量一样极端的概率。由于 p -值(“概率值”)表示一个概率，因此其值必须总是位于 0 和 1 区间。表 5.3 说明了针对假设检验形式如何计算 p -值。

表 5.3 如何计算 p-值

假设检验的形式	P-值
左-尾检验 H_0:$\mu \geqslant \mu_0$ 与 H_a:$\mu < \mu_0$	$P(t < t_{\text{data}})$
右-尾检验 H_0:$\mu \leqslant \mu_0$ 与 H_a:$\mu > \mu_0$	$P(t > t_{\text{data}})$
双-尾检验 H_0:$\mu = \mu_0$ 与 H_a:$\mu \neq \mu_0$	如果 $t_{\text{data}}<0$，那么 p-value=2 • $P(t<t_{\text{data}})$ 如果 $t_{\text{data}}>0$，那么 p-value=2 • $P(t>t_{\text{data}})$

假设检验形式的名称表明 p-值将会在 t 分布的哪尾或双尾中发现。

一个较小 p-值将表明数据与零假设之间的冲突。因此，如果 p-值较小，我们将拒绝 H_0。多小才为较小？因为研究者设置显著性水平 α 为某个较小值(比如 0.05)，因此，如果 p-值小于 α，我们则认为 p-值较小。这引导我们得出拒绝规则：

拒绝 H_0，如果 p -值小于 α。

例如，回忆一下拥有国际套餐和语音邮件套餐并且超过 220 分钟/天的这部分客户。假定我们想要检验所有这样客户的客服电话平均数量是否与 2.4 不同，并且设置显著性水平 α 为 0.05。我们将有一个双尾假设检验：$H_0: \mu = 2.4$ 与 $H_a: \mu \neq 2.4$。

如果 p 值小于 0.05，那么零假设将会被拒绝。此处，我们有 $\mu_0 = 2.4$，更早的时候，我们发现 $\bar{x} = 1.607$，$s = 1.892$ 并且 $n = 28$。因此，$t_{data} = \frac{\bar{x} - \mu_0}{s / \sqrt{n}} = \frac{1.607\text{-}2.4}{1.892 / \sqrt{28}} = -2.2178$。

因为 $t_{data} < 0$，我们有：

$$p\text{-值} = 2 \cdot P(t < t_{data}) = 2 \cdot P(t < -2.2178) = 2 \cdot 0.01758 = 0.035$$

由于 p -值 0.035 小于显著性水平 α=0.05，因此我们拒绝 H_0。这个结论的解释是：在显著性水平 α=0.05 下，存在证据"总体所有这样客户的客服电话的总体平均数量不同于 2.4"。当我们还未拒绝 H_0 时，我们可以在前面句子中"证据"前简单地插入词"不充分"。

5.9 拒绝零假设的证据力度的评估

然而，显著性水平 α 等于 0.05 不是一成不变的。在该例中我们选择 $\alpha = 0.01$ 又将会怎样呢？那么 p-值 0.035 将不小于 $\alpha = 0.01$，我们将不会拒绝 H_0。注意假设和数据并没有发生变化，但是通过改变 α 值结论刚好相反。

进一步，考虑到假设检验制约我们做出"是或者不是"的决定：或者拒绝 H_0 或者不拒绝 H_0。但是，二分法的结论并没有提供存在于数据中零假设的证据力度。例如，对于显著性水平 α=0.05，一组数据可能返回 p-值 0.06，而另一组数据提供 p-值为 0.96。两组 p -值导致同样的结果——不拒绝 H_0。但是，第一组数据集非常接近拒绝 H_0，展示了大量的证据拒绝零假设，然而第二组数据集并没有展示证据拒绝零假设。p-值提供了二分法结论并没有利用的额外信息。一个简单的"是或者不是"的决定将会漏掉这两种情况的区别。p-值提供了二分法结论所没有利用的额外信息。

一些数据分析师不考虑是否拒绝零假设，尽可能地估计拒绝零假设的证据力度。表 5.4 提供了在不同 p-值下，拒绝 H_0 的证据力度的简要解释。对于特定的数据领域，例如，物理和化学，解释可能不同。

表 5.4 不同 p-值下拒绝 H_0 的证据力度

p-值	H_0 证据的强度
p-值≤0.001	极强的证据
0.001< p-值≤0.01	非常强的证据
0.01< p-值≤0.05	确切的证据
0.05< p-值≤0.10	较确切的证据
0.10< p-值≤0.15	不够充分的证据
0.15< p-值	无证据

这样，对于假设检验 H_0:μ=2.4 与 H_0:$\mu \neq$2.4，其中 p-值等于 0.035，我们不会提供结论如"是否拒绝 H_0"。相反，我们将会简要陈述拒绝零假设的确凿证据。

5.10 使用置信区间执行假设检验

你知道一个置信区间抵得上 1000 个假设检验吗？由于 t 置信区间和 t 假设检验均基于相同分布，且带有相同假设，因此我们可以做出如下声明：

关于 μ 的一个 $100(1\text{-}\alpha)\%$ 置信区间等价于在显著性水平 α 下 μ 的双尾假设检验。

表 5.5 展示了等价的置信水平和显著性水平。

表 5.5 关于等价的置信区间与假设检验的置信水平和显著性水平

置信度等级 $100(1\text{-}a)\%$	显著性级别 a
90%	0.10
95%	0.05
99%	0.01

等价性声明如下(见图 5.3)：

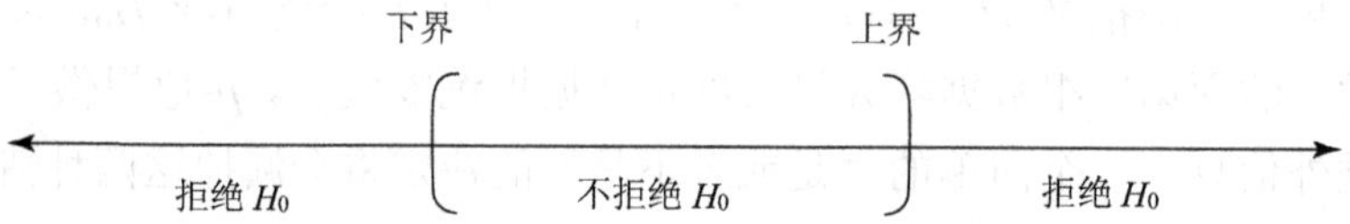

图 5.3 拒绝超出等价置信区间的 μ_0 的值

- 如果关于 μ_0 的某个假设值超出置信水平 $100(1-\alpha)\%$ 下的置信区间，那么关于 μ_0 的这个假设值在显著性水平 α 下的双尾假设检验将拒绝 H_0 。
- 如果关于 μ_0 的某个假设值落在置信水平 $100(1-\alpha)\%$ 下的置信区间，那么关于 μ_0 的这个假设值在显著性水平 α 下的双尾假设检验将不会拒绝 H_0 。

例如，回忆一下，对于拥有国际套餐和语音邮件套餐以及每天使用超过 220 分钟的所有客户的客服电话的总体平均数量，95%置信区间为(下界，上界)=(0.875,2.339)。

只要显著性水平 α 下检验是双尾的，那么我们可以使用这个置信区间来检验 μ_0 的任意数量的可能取值。例如，使用显著性水平 $\alpha=0.05$ 来检验对于这样客户的客服电话数量是否不同于以下值：

a. 0.5

b. 1.0

c. 2.4

解决方案如下。我们有如下假设检验：

a. $H_0: \mu = 0.5$ 与 $H_a: \mu \neq 0.5$

b. $H_0: \mu = 1.0$与$H_a: \mu \neq 1.0$

c. $H_0: \mu = 2.4$与$H_a: \mu \neq 2.4$

我们构建 95%置信区间，并且把 μ_0 的假设值置于数字线之上，如图 5.4 所示。

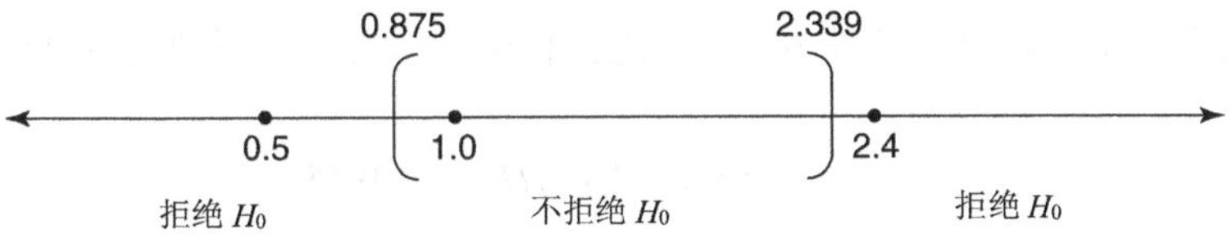

图 5.4　把 μ_0 的假设值放在关于置信区间的数字线之上立即得到结论

关于置信区间的放置允许我们立即声明在显著性水平 α=0.05 下双尾假设检验的结论，如表 5.6 所示。

表 5.6　使用置信区间的 3 种假设检验的结论

μ_0	假设 a=0.05	位置与 95%的关系 可信度区间	结论
0.5	H_0:μ=0.5 *vs* H_a:$\mu\neq$0.5	之外	拒绝 H_0
1.0	H_0:μ=1.0 *vs* H_a:$\mu\neq$1.0	之内	不拒绝 H_0
2.4	H_0:μ=2.4 *vs* H_a:$\mu\neq$2.4	之外	拒绝 H_0

5.11　比例的假设检验

关于总体比例 π 的假设检验也可以被执行。检验统计量为：

$$Z_{\text{data}} = \frac{p-\pi_0}{\sqrt{(\pi_0(1-\pi_0)/n)}}$$

其中，π_0 为 π 的假设值，p 为样本比例

$$p = \frac{number\ of\ successes}{n}$$

假设和 p-值如表 5.7 所示。

表 5.7　关于 π 的假设检验的假设和 p-值

假设检验形式 a=0.05	p-值
左-尾检验 H_0:$\pi\geqslant\pi_0$ 与 H_a: $\pi<\pi_0$	$P(Z<Z_{\text{data}})$
右-尾检验 H_0:$\pi\leqslant\pi_0$ 与 H_a: $\pi>\pi_0$	$P(Z>Z_{\text{data}})$
双-尾检验 H_0:$\pi=\pi_0$ 与 H_a: $\pi\neq\pi_0$	如果 $Z_{\text{data}}<0$，那么 p-value=2 • $P(Z<Z_{\text{data}})$ 如果 $Z_{\text{data}}>0$，那么 p-value=2 • $P(Z>Z_{\text{data}})$

例如，回想我们的例子 3333 个客户中有 483 个客户已经流失，以至于所有公司流失

客户的总体比例 π 的估计为：

$$p=\frac{\text{流失的客户数}}{\text{样本大小}}=\frac{x}{n}=\frac{483}{3333}=0.1449$$

假设我们想要使用显著性水平 $\alpha=0.10$ 进行检验，无论 π 等不等于 0.15。

假设为：

$$H_0:\pi=0.15 \text{ 与 } H_a:\pi\neq 0.15$$

检验统计量为：

$$Z_{data}=\frac{p-\pi_0}{\sqrt{(\pi_0(1-\pi_0)/n)}}=\frac{0.1449-0.15}{\sqrt{(0.15(0.85)/3333)}}=-0.8246$$

因为 $Z_{data}<0$，p-值 $=2\cdot P(Z<Z_{data})=2\cdot P(Z<-0.8246)=2\cdot 0.2048=0.4096$。

因为 p-值不小于 $\alpha=0.10$，我们将不拒绝 H_0。存在这样一个不充分证据：我们的客户流失比例不同于 15%。进一步，使用表 5.5 估计拒绝零假设的证据力度，将会导致我们产生这样的陈述没有证据拒绝 H_0。给定一个置信区间，我们将会对 π 执行双尾假设检验，正如我们对 μ 执行的假设检验。

R 语言开发园地

```
# 读入客户流失数据集

churn <- read.csv(file = "C:/…/churn.txt",
       stringsAsFactors=TRUE)
```

```
# 分析数据子集

subchurn <- subset(churn,
       churn$Int.l.Plan == "yes" &
       churn$VMail.Plan == "yes" &
       churn$Day.Mins>220)
summary(subchurn$CustServ.Calls)
length(subchurn$CustServ.Calls)
```

```
> summary(subchurn$CustServ.Calls)
   Min. 1st Qu.  Median    Mean 3rd Qu.    Max.
  0.000   0.750   1.000   1.607   2.000   9.000
> length(subchurn$CustServ.Calls)
[1] 28
```

```
# 均值的样本 T-检验和置信区间

mean.test <- t.test(x= subchurn$CustServ.Calls,
      mu=2.4, conf.level= 0.95)
mean.test$statistic
mean.test$p.value
mean.test$conf.int
```

```
> mean.test$statistic
        t
-2.217128
> mean.test$p.value
[1] 0.03522289
> mean.test$conf.int
[1] 0.8733969 2.3408888
attr(,"conf.level")
[1] 0.95
```

 # 样本比例检验和置信区间

```
num.churn<- sum(churn$Churn == "True") # 流失客户
sample.size<- dim(churn)[1] # 样本容量
p <- num.churn/sample.size # 点估计
Z_data<- (p - 0.15) / sqrt((0.15*(1-0.15))/sample.size)
error <- qnorm(0.975, mean = 0, sd = 1)*
sqrt((p*(1-p))/sample.size)
lower.bound<- p – error; upper.bound<- p + error
p.value<- 2*pnorm(Z_data, mean = 0, sd = 1)
Z_data; p.value #检验统计量, p-值
lower.bound; upper.bound # 置信区间
```

```
> Z_data; p.value
[1] -0.8222369
[1] 0.4109421
> lower.bound; upper.bound
[1] 0.1329639
[1] 0.1568651
```

R 参考文献

R Core Team. *R: A Language and Environment for Statistical Computing*. Vienna, Austria: R Foundation for Statistical Computing; 2012. ISBN: 3-900051-07-0, http://www.R-project.org/.

练习

概念辨析

1. 解释统计推理的含义。从日常生活中或者政治调查中给出一个统计推理的例子。
2. 总体和样本之间的区别是什么？
3. 描述参数和统计量之间的区别。
4. 统计推理不应该何时被应用？
5. 点估计和置信区间估计之间的区别是什么？
6. 讨论置信区间的宽度和其置信水平之间的关系。
7. 讨论样本容量和置信区间宽度之间的关系。宽区间和紧密区间，哪一个更好，为什么？
8. 解释抽样误差的含义是什么。
9. 误差范围的含义是什么？
10. 减小误差范围的两种方法是什么，通常推荐使用哪种方法？
11. 一次政治民调的误差范围为 3%。如何解释这个数字？
12. 什么是假设检验？
13. 描述作出正确结论的两种方法和作出错误结论的两种方法。
14. 清楚地解释为什么小的 p-值会导致零假设的检验否定。

15. 解释为什么在假设检验中得出黑和白、上和下的结论无法总能令人满意。我们应该用什么来代替？

16. 我们如何使用置信区间来构造假设检验？

数据应用

17. 保险公司的客户服务电话持续时长呈正态分布，均值 20 分钟，标准偏差 5 分钟。对于以下样本容量，为客户服务电话持续时长的总体均值构建 95%的置信区间。

a. n=25

b. n=100

c. n=400

18. 对于先前练习中的每个置信区间，计算和解释其误差范围。

19. 参考先前的练习，描述误差范围和样本容量间的关系。

20. 在收到营销活动宣传资料的 1000 名客户中，有 100 名客户响应此活动。对于以下置信水平，为响应活动的客户的总体比例构建置信区间。

a. 90%

b. 95%

c. 99%

21. 对于先前练习中的每个置信区间，计算和解释其误差范围。

22. 参考先前的练习，描述误差范围和置信水平间的关系。

23. 样本包含慈善事业中的 100 名捐赠者，捐赠金额均值为 55 美元，样本标准偏差为 25 美元。无论捐赠金额的总体均值是否超过 50 美元，使用 α=0.05 进行检验。

a. 提供假设，说明 μ 的含义。

b. 拒绝法则是什么？

c. 检验统计量 t_{data} 的含义是什么？

d. 检验统计量 t_{data} 是极限值吗？我们该如何判定？

e. 在这个例子中 p- 值的含义是什么？

f. 我们的结论是什么？

g. 解释我们的结论以便非专家人士也可以理解。

24. 参考先前练习中的假设检验。假设现在设定 α=0.01。

a. 现在我们的结论是什么？解释这个结论。

b. 注意，由于我们改变了 α 的取值，结论已经发生了颠倒。但是，数据改变了吗？没有，简单地说我们考虑的显著性水平是非常重要的。相反，继续并评估拒绝零假设的证据力度。

25. 参考你为客户服务电话持续时长的总体均值计算的第一个置信区间。使用此置信区间来检验总体均值是否区别于以下值，使用显著性水平 α=0.05。

a. 15 分钟

b. 20 分钟

c. 25 分钟

26. 在一个样本中，包含 100 个客户，当公司提高资费时有 240 个客户流失。检验流失总体比例是否低于 25%，显著性水平 α=0.01。

第 6 章

多元统计

到目前为止，我们讨论了一次仅涉及一个变量的推理方法。数据分析人员也对包含多个变量的推理方法感兴趣，此时，需要分析两个变量之间的关系，或者涉及一个目标变量与一系列预测变量之间的关系。

我们从二元变量分析着手，变量涉及两个独立的样例，期望检验两个样例的均值或比例的显著差异。数据挖掘人员什么时候对二元变量分析感兴趣呢？本章我们将描述如何将数据划分为训练数据集和测试数据集，以实现交叉验证的目的。数据挖掘人员可以使用假设检验来确定训练数据集或测试数据集中不同的变量的均值是否存在显著性差异。如果这种差异的确存在，则交叉验证是无效的，因为训练数据集无法代表测试数据集。

- 对连续型变量来说，使用两样例 t-检验描述均值间的差异。
- 对标识型变量来说，使用两样例 Z-检验描述比例之间的差异。
- 对多元变量，使用比例同构测试描述。

当然，可以设想在每个训练集和测试集中都包含许多变量。然而，对随机选择的变量进行点-检测通常是具有充分性的。

6.1 描述均值差异的两样例 t-检验方法

为测试总体均值的差异，我们采用如下测试统计。

$$t_{data} = \frac{\overline{x}_1 - \overline{x}_2}{\sqrt{(s_1^2/n_1) + (s_2^2/n_2)}}$$

上式满足具有自由度取 $n_1 - 1$ 和 $n_2 - 1$ 较小值的近似 t 分布，无论何时两个总体是正态分布或样例数量较大。

例如，我们将客户流失数据集划分为包含 2529 个记录的训练集和包含 804 个记录的测试集(读者的划分可以不同)。我们期望通过测试客服电话的总体平均数在两个集合中是否存在差异来评估划分的正确性。汇总统计见表 6.1。

表 6.1 客服电话、训练数据集和测试数据集的汇总统计

数据集	样本均值	样本标准偏差	样本大小
训练集	$\bar{x}_1=1.5714$	$s_1=1.3126$	$n_1=2529$
测试集	$\bar{x}_2=1.5361$	$s_2=1.3251$	$n_2=804$

现在，样例均值看起来差异并不明显，但是我们期望使假设检验的结果有意义。假设为：

$$H_0:\mu_1=\mu_2 \text{ 与 } H_a:\mu_1\neq\mu_2$$

检验统计为：

$$t_{data}=\frac{\bar{x}_1-\bar{x}_2}{\sqrt{(s_1^2/n_1)+(s_2^2/n_2)}}=\frac{1.5714-1.5361}{\sqrt{(1.3126^2/2529)+(1.3251^2/804)}}=0.6595$$

$t_{\text{data}}=0.6594$ 的双尾 p-值为：

$$p-value=2\cdot P(t>0.6595)=0.5098$$

因为 p-值较大，没有证据表明客服电话平均数在训练数据集与测试数据集之间存在差异。至少从该变量来看，划分是合理的。

6.2 判断总体差异的两样例 Z-检验

当然，并非所有的变量都像客服电话那样是数字变量。如果遇到 0/1 标识变量怎么办，例如，语音邮件套餐-期望测试是否记录总体具有 1 值时训练数据集与测试数据集的差异。我们转而采用两样例 Z-检验判断总体差异。测试统计为：

$$Z_{\text{data}}=\frac{p_1-p_2}{\sqrt{p_{\text{pooled}}\cdot(1-p_{\text{pooled}})((1/n_1)+(1/n_2))}}$$

其中 $p_{\text{pooled}}=\dfrac{x_1+x_2}{n_1+n_2}$， x_i 和 p_i 分别表示样例 i 的值为 1 的记录的数量和比例。

例如，划分结果为在训练集的 $n_1=2529$ 位客户中，属于语音邮件套餐的数量为 $x_1=707$，而在测试集中的 $n_2=804$ 位客户中，属于语音邮件套餐的数量为 $x_2=215$，因此

$p_1 = \frac{x_1}{n_1} = \frac{707}{2529} = 0.2796$， $p_2 = \frac{x_2}{n_2} = \frac{215}{804} = 0.2674$， 故 $P_{\text{pooled}} = \frac{x_1 + x_2}{n_1 + n_2} = \frac{707+215}{2529+804} = 0.2766$

假设为：

$$H_0 : \pi_1 = \pi_2 \ versus \ H_a : \pi_1 \neq \pi_2$$

测试统计为：

$$Z_{\text{data}} = \frac{p_1 - p_2}{\sqrt{p_{\text{pooled}} \cdot (1 - p_{\text{pooled}})((1/n_1) + (1/n_2))}} = \frac{0.2796 - 0.2674}{\sqrt{0.2766 \cdot (0.7234)((1/2529) + (1/804))}} = 0.6736$$

p-值为：

$$p - value = 2 \cdot P(Z > 0.6736) = 0.5006$$

因此，没有证据表明训练集与测试集中语音邮件套餐的成员的比例存在差异。因此对该变量的划分是合理的。

6.3　比例均匀性的测试

多元数据是对二元数据的扩展，多元数据分类个数 k>2。例如，假设多元变量婚姻状态可取的值包括：已婚、单身、其他。假设我们的训练集包括 1000 人，测试数据包括 250 人，相关频率见表 6.2。

表 6.2　观察得到的频率

数据集	已婚	单身	其他	总计
训练集	410	340	250	1000
测试集	95	85	70	250
总计	505	425	320	**1250**

为确定两个数据集的多元比例之间是否存在显著性差异，我们可转而测试其均匀性比例[1]。假设为：

$$H_0 : p_{\text{married,training}} = p_{\text{married,test}},$$
$$p_{\text{single,training}} = p_{\text{single,test}},$$
$$p_{\text{other,training}} = p_{\text{other,test}}$$
$$H_a : H_0\text{中的声明至少有一个是错误的}$$

1 感谢 Daniel S.Miller 博士对该主题的讨论。

为确定这些观察到的频率表示训练集与测试集的比例是否存在显著的差异，将这些观察得到的频率与期望频率进行比较，假设我们期望 H_0 为真。例如，为找到训练集中已婚人数的期望频率，我们(i)获得测试集与训练集中所有已婚客户的比例，$\frac{505}{1250}$，(ii)将总比例乘以训练集的总人数，1000，得到训练集中已婚客户的期望比例为：

$$期望频率_{married,training} = \frac{(1000)(505)}{1250} = 404$$

利用(i)的总比例，因为 H_0 指明训练与测试集的比例是相等的，对表中的每个单元，期望频率如下计算获得：

$$期望频率 = \frac{(row\ total)(column\ total)}{grand\ total}$$

对表中每个单元应用上述公式，获得期望频率如表 6.3 所示。

表 6.3　期望频率

数据集	已婚	单身	其他	总计
训练集	404	340	256	1000
测试集	101	85	64	250
总计	505	425	320	**1250**

对观察得到的频率(O)与期望频率(E)，采用以下满足卡方分布的测试统计 χ^2：

$$\chi^2_{data} = \sum \frac{(O-E)^2}{E}$$

观察频率与期望频率之间存在较大的差别时，也就是 χ^2_{data} 值较大时，将会导致 p-值较小，从而拒绝零假设。表 6.4 描述了如何计算该统计量。

表 6.4　计算测试统计 χ^2_{data}

单元	观察频率	期望频率	$\frac{(Obs-Exp)^2}{Exp}$
已婚，训练	410	404	$\frac{(410-404)^2}{404}=0.09$
已婚，测试	95	101	$\frac{(95-101)^2}{101}=0.36$
单身，训练	340	340	$\frac{(340-340)^2}{340}=0$
单身，测试	85	85	$\frac{(85-85)^2}{85}=0$

(续表)

其他，训练	250	256	$\frac{(250-256)^2}{256}=0.14$
其他，测试	70	64	$\frac{(70-64)^2}{64}=0.56$ $\text{Sum}=\chi^2_{\text{data}}=1.15$

p-值处于 χ^2 曲线之下的右侧区域，其自由度等于(行数量-1)(列数量-1)=(1)(2)=2：

$$p-value=P(\chi^2>\chi^2_{data})=P(\chi^2>1.15)=0.5627$$

由于 p-值较大，没有证据表明观察频率表示的训练数据与测试数据之间的比例存在显著的差异。换句话说，对该变量，划分是合理的。

以上讨论了应用于检查划分合理性的测试覆盖率问题。

6.4 多元数据拟合情况的卡方检验

现在，假设多元变量婚姻状态可取值为已婚、单身、其他，假设我们知道人口中 40%的个体为已婚，35%是单身，25%处于其他婚姻状态。我们举一个简单的例子，期望确定该示例是否可以作为总体的代表。将利用 χ^2(卡方)拟合合理性测试。

卡方拟和合理性测试的假设如下：

$H_0: p_{\text{married}}=0.40, p_{\text{single}}=0.35, p_{\text{other}}=0.25$

$H_a: H_0$ 中至少有一个是错误的

我们采用的样例大小为 $n=100$，产生的观察频率如下(用字母“O”表示)：

$$O_{\text{married}}=36, O_{\text{single}}=35, O_{\text{other}}=29$$

为确定这些数字表示的比例与 H_0 表示的比例有显著的差别，比较观察频率与期望频率，在期望 H_0 为真的情况下。如果 H_0 为真，则我们期望 100 个样例中的 40 个样例为已婚，也就是说，已婚的期望频率为：

$$E_{\text{married}}=n\cdot p_{\text{married}}=100\cdot 0.40=40$$

类似地：

$$E_{\text{single}}=n\cdot p_{\text{single}}=100\cdot 0.35=35$$
$$E_{\text{other}}=n\cdot p_{\text{other}}=100\cdot 0.25=25$$

利用以下测试统计开展比较工作：

$$\chi^2_{\text{data}} = \sum \frac{(O-E)^2}{E}$$

再一次发现观察频率与期望频率之间存在较大的差异，因为 χ^2_{data} 值较大，将导致 p-值较小，零假设被拒绝。表 6.5 描述了该统计是如何获得的。

表 6.5 计算测试统计 χ^2_{data}

婚姻状态	观察频率	期望频率	$\frac{(\text{Obs} - \text{Exp})^2}{\text{Exp}}$
已婚	36	40	$\frac{(36-40)^2}{40} = 0.4$
单身	35	35	$\frac{(35-35)^2}{35} = 0$
其他	29	25	$\frac{(29-25)^2}{25} = 0.64$ Sum = $\chi^2_{\text{data}} = 1.04$

p-值处于 χ^2 曲线之下的 χ^2_{data} 右侧区域，其自由度为 $k-1$，其中 k 为分类成员的数量(此处 $k=3$)：

$$p-value = P(\chi^2 > \chi^2_{data}) = P(\chi^2 > 1.04) = 0.5945$$

因此，没有证据表明观察频率表示的比例与零假设的比例存在显著差异。换句话说，我们的样例可以代表总体。

6.5 方差分析

考虑扩展两样例 t-检验的情况，假设我们对数据集进行三重划分，希望检验是否连续型变量的均值在所有 3 个划分中都相同。采用方差分析方法(ANOVA)。为理解 ANOVA 是如何工作的，考虑下列小样例。样例被分成 A、B、C 3 个组，每个组都包括 4 个观察对象，来自连续型变量年龄，如表 6.6 所示：

表 6.6 组 A、B、C 的样例年龄

A 组	B 组	C 组
30	25	25
40	30	30
50	50	40
60	55	45

假设为：

$$H_0: \mu_A = \mu_B = \mu_C$$
$$H_a: \text{所有分组均值并非都相等}$$

年龄的样例均值为$\overline{x}_A = 45, \overline{x}_B = 40, \overline{x}_C = 35$。数据的比较点图(图 6.1)显示 3 个数据组之间存在较大的重叠。因此，尽管样例均值存在差异，点图提供拒绝所有分组均值都相等的零假设的证据很少或基本没有。

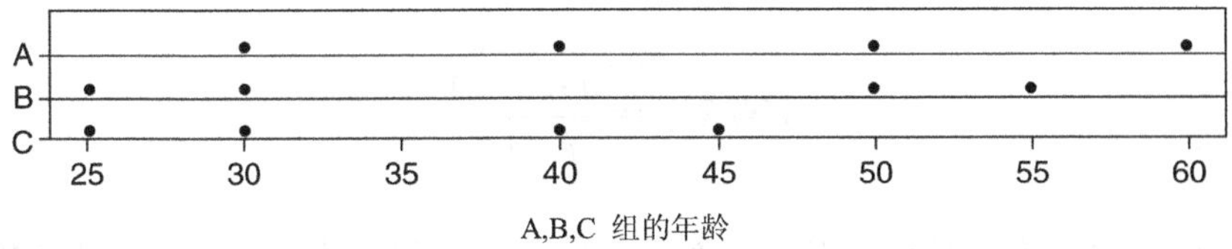

图 6.1　组 A、B、C 的点图显示出相当大的重叠

接着，考虑下列组 D、E、F 的样例中，连续型变量年龄的情况，如表 6.7 所示。

表 6.7 组 D、E、F 样例的年龄

D 组	E 组	F 组
43	37	34
45	40	35
45	40	35
47	43	36

同样，样例显示的年龄的均值为$\overline{x}_D = 45, \overline{x}_E = 40, \overline{x}_F = 35$。比较数据点图(见图 6.2)表明 3 个数据组几乎没有重叠。因此，图 6.2 提供了良好的证据用于解决零假设-所有分组均值都相等。

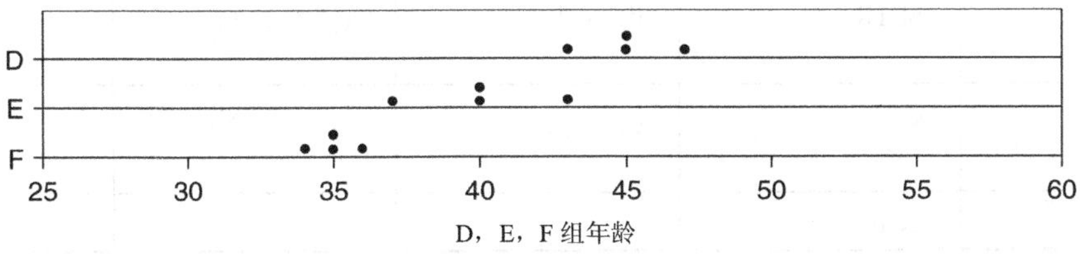

图 6.2　组 D、E、F 的点图显示重叠很少

概括地说，图 6.1 显示出分组的均值不存在差异，而图 6.2 显示出组均值存在差异的证据，即使各自的样本均值在两个例子中都是一样的。差别来自于组间的重叠，其本身就是在组中传播的结果。注意在图 6.1 中每个例子中的传播是比较大的，而在图 6.2 中比较小。当在每个组中的传播大(见图 6.1)，样例均值的差别似乎比较小。当某个样例的传播比较小时(见图 6.2)，样例均值之间的差异似乎较大。ANOVA 可用于下列比较工作。比较：

(1) 样本间的变化，即样例均值的变化，例如$\overline{x}_A = 45, \overline{x}_B = 40, \overline{x}_C = 35$。

(2) 样例内的变化，即每个样例内的变化，例如，通过样例标准差度量。

当(1)比(2)大时，提供了表明分组均值不等的证据。因此，分析依赖于度量变化性，成为方差分析。

令$\overline{\overline{x}}$表示总的样例均值，即，所有组中观察对象的均值。通过发现k个样例均值的方差，度量样例间的变化情况，以样例容量为权，表示均方处理(MSTR)：

$$MSTR = \frac{\sum n_i(\overline{x}_i - \overline{\overline{x}})^2}{k-1}$$

对样例内变化的度量是通过发现样例方差的含权均值，表示为均方误差(MSE)：

$$MSE = \frac{\sum (\mathrm{n}_i - 1)\,\mathrm{s}_i^2}{n_t - k}$$

通过比率关系比较这两个度量。

$$F_{\text{data}} = \frac{MSTR}{MSE}$$

该比较遵循F分布，包含自由度为$df_1 = k-1$及$df_2 = n_t - k$。分子 MSTR 是平方处理的汇总，SSTR，分母 MSE 是方差的汇总，SSE。总的平方汇总(SST)为 SSTR 与 SSE 的合计。采用方差分析表示一种显示上述结果的方便的方法，如表 6.8 所示。

表 6.8 ANOVA 表

源方差	平方和	自由度	均值平方	F
治疗	SSTR	$\mathrm{df}_1=k$-1	$\mathrm{MSTR} = \frac{\mathrm{SSTR}}{\mathrm{df}_1}$	$F_{\text{data}} = \frac{\mathrm{MSTR}}{\mathrm{MSE}}$
误差	SSE	$\mathrm{df}_2= n_t$-k	$\mathrm{MSE} = \frac{\mathrm{SSE}}{\mathrm{df}_2}$	
总计	SST			

当样例间的变化比样例内的变化大时，测试统计F_{data}将较大，该情况表明应当拒绝零假设。P-值为$P(F > F_{\text{data}})$，当p-值小时，拒绝零假设，此时F_{data}较大。

例如，让我们验证图 6.1 显示的没有或很少有证据表明组均值是不相等的。表 6.9 展示的是采用 Minitab 软件执行 ANOVA 的结果。

表 6.9 零假设 $H_0: \mu_A = \mu_B = \mu_C$ 的 ANOVA 结果

源	DF	SS	MS	F	P
因子	2	200	100	0.64	0.548
误差	9	1400	156		
总计	11	1600			

p-值为 0.548，表明没有证据能够反对所有分组的均值相等的零假设。这也证明了我们之前的声明。接着让我们验证图 6.2 显示分组均值不等的证据。表 6.10 显示的是用 Minitab 执行 ANOVA 的结果。

表 6.10 $H_0: \mu_D = \mu_E = \mu_F$ 的 ANOVA 结果

源	DF	SS	MS	F	P
因子	2	200.00	100.00	32.14	0.000
误差	9	28.00	3.11		
总计	11	228.00			

p-值近似为零，表明有较强的证据表明并非所有的分组年龄的均值都相等，这一结论支持我们前述的声明。有关 ANOVA 的更多内容，请参考 Larose 的相关文献[2]。

回归分析表示另外一种多元分析技术，比较单一预测变量与目标变量是简单线性回归，比较预测变量集与目标变量为多元回归。我们将在第 8 章、第 9 章分别讨论这两个方面的内容。

R 语言开发园地

#两样例 t-检验方法的差异

```
#输入汇总统计表 5.1
xbar1 <- 1.5714
xbar2 <- 1.5361
s1 <- 1.3126; s2 <- 1.3251
n1 <- 2529; n2 <- 804
dfs<- min(n1-1, n2-1)
tdata<- (xbar1 - xbar2) / sqrt((s1^2/n1)+(s2^2/n2))
pvalue<- 2*pt(tdata, df = dfs, lower.tail=FALSE)
tdata; pvalue # Test statistic and p-value
```

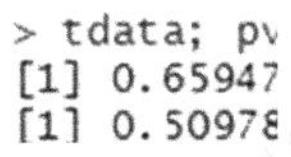
> tdata; pv
[1] 0.65947
[1] 0.50978

2 Daniel Larose, *Discovering Statistics*, Second Edition, W.H. Freeman and Company, Publishers, New York, 2013.

#两样例 Z-检验差异比例

```
#输入汇总统计
#有些会覆盖值
#从前面的例子
x1<- 707
x2<- 215
n1 <- 2529
n2 <- 804
p1 <- x1 / n1
p2 <- x2 / n2
ppooled<- (x1+x2) / (n1+n2)
zdata<- (p1-p2) / sqrt(ppooled*(1-ppooled)
*((1/n1)+(1/n2)))
pvalue<- 2*pnorm(abs(zdata), lower.tail = FALSE)
zdata; pvalue # Test statistic and p-value
```

```
> zdata; pvalue
[1] 0.6705405
[1] 0.5025133
```

#卡方检验为同质性的比例

```
#重新创建表 5.2
table5.2 <- as.table(rbind(c(410, 340, 250),
c(95, 85, 70)))
dimnames(table5.2) <- list(Data.Set =
c("Training Set", "Test Set"),
Status = c("Married", "Single",
"Other"))
Xsq_data<- chisq.test(table5.2)
Xsq_data$statistic # Test statistic
Xsq_data$p.value # p-value
Xsq_data$expected # Expected counts
```

```
> Xsq_data$statistic
X-squared
 1.14867
> Xsq_data$p.value
[1] 0.5630793
> Xsq_data$expected
              Status
Data.Set       Married Single Other
  Training Set     404    340   256
  Test Set         101     85    64
```

#卡方拟合多元数据

```
#人口比例
p_status<- c(0.40, 0.35, 0.25)
# 观测频率
o_status<- c(36, 35, 29)
chisq.test(o_status, p = p_status)
```

```
> chisq.test(o_status, p = p_status)

 Chi-squared test for given probabilities

data:  o_status
X-squared = 1.04, df = 2, p-value = 0.5945
```

#方差分析

```
a <- c(30, 40, 50, 60); b <- c(25, 30, 50, 55)
c <- c(25, 30, 40, 45)
ab<- append(a,b); datavalues<- append(ab, c)
datalabels<- factor(c(rep("a", length(a)),
rep("b", length(b)), rep("c", length(c))))
anova.results<- aov(datavalues~datalabels)
summary(anova.results)
```

```
> summary(anova.results)
            Df Sum Sq Mean Sq F value Pr(>F)
datalabels   2    200   100.0   0.643  0.548
Residuals    9   1400   155.6
```

R 参考文献

R Core Team. *R: A Language and Environment for Statistical Computing*. Vienna, Austria: R Foundation for Statistical Computing; 2012. ISBN: 3-900051-07-0, http://www.R-project.org/.

练习

1. 在第 7 章中，我们将学习如何将数据集划分为训练集和测试集。为检验训练集与测试集中是否存在不需要的差异，对下列不同类型的变量，应当采用何种假设检验：

a. 标识变量

b. 多元变量

c. 连续型变量

表 6.11 包含训练集与测试集中有关客户服务电话持续时间的均值。检验对该变量的划分是否是合理的，其中 α=0.10。

表 6.11 客户服务电话持续时间的汇总统计

数据集	样本均值	样本标准差	样本大小
训练集	$\bar{x}_1=20.5$	$s_1=5.2$	$n_1=2000$
测试集	$\bar{x}_2=20.4$	$s_2=4.9$	$n_2=600$

2. 划分显示在测试集中，2000 名客户中的 800 人拥有一款平板电脑，在训练集中，600 位客户中的 230 人拥有一款平板电脑。检验对该变量的划分是否是合理的，使用 α=0.10。

表 6.12 包含婚姻状态变量的测试集和训练集的有关计数。检验该划分是否是合理的，α=0.10。

表 6.12 婚姻状态的观察频率

数据集	已婚	单身	其他	总计
训练集	800	750	450	2000
测试集	240	250	110	600
总计	1040	1000	560	**2600**

3. 多元变量付款偏好取值为：信用卡、借记卡和支票。现在，假设我们知道总体上50%的客户喜欢采用信用卡，20%的客户偏好采用借记卡，30%的客户偏好采用支票。从总体中拿出样例，希望确定是否能够代表总体。样例容量为 200，显示 125 名客户偏好以信用卡支付，25 位喜欢采用借记卡支付，50 位偏好使用支票支付。检验是否样例能够代表总体的情况，使用$\alpha = 0.50$。

4. 假设我们希望测试 3 个分组的总体均值的差异。

a. 解释为什么只考察样例均值间的差异，不考虑每个分组的变化情况是不够充分的。

b. 描述我们使用样例间变化和样例内变化的意义。

c. 采用哪种统计度量(b)的相关概念。

d. 解释在此环境下，ANOVA 能起到什么作用。

表 6.13 包含采用信用卡、借记卡、支票付款的随机样例购买开销(以美元为单位)。测试 3 个组花销的总体均值的差异，$\alpha = 0.05$。参考以前的练习。测试 3 个组总体开销的均值间的差异，$\alpha = 0.01$。描述两个结论是否存在冲突。建议至少采用两种方法加以改善。

表 6.13 3 种不同支付方式的购买数量

信用卡	借记卡	支票
100	80	50
110	120	70
90	90	80
100	110	80

第 7 章

数据建模准备

7.1 有监督学习与无监督学习

数据挖掘方法可以按照有监督或无监督进行分类。对无监督方法来说，不存在目标变量。数据挖掘算法从所有变量中搜索模式和结构。聚类是最常见的无监督数据挖掘方法，本书第 19～22 章专门讨论聚类算法。例如，政治顾问可能采用聚类方法分析国会选区，以发现选民聚类的位置，这一位置可能是对某一特定候选人的响应。在此情况下，所有适合的变量(例如，收入、种族和性别等)都将成为聚类算法的输入，没有特定的目标变量，用于开发出准确的选民轮廓，以便开展筹资和实现广告意图。

另外一种既可以认为是监督学习方法，也可以认为是无监督学习方法的数据挖掘方法是关联规则挖掘算法。例如，在市场购物篮分析过程中，可能我们对“哪些商品总是被一起购买？”感兴趣，在此情况下没有明确的目标变量。当然，此处的问题在于，因为可以购买的商品数量非常巨大，希望通过搜索得到所有的可能存在的关联是不可能完成的工作，会产生组合爆炸。然而，采用相关的算法，例如，priori 算法，可以方便地解决这一问题，我们将在第 23 章讨论关联规则挖掘算法。

然而，多数数据挖掘算法是监督学习方法，其含义为(i)存在一个特定的目标变量，(ii)算法可以获得很多目标变量值已知的样例，这样算法可以学习目标变量的哪些值与预测变量的值存在关系。例如，第 8 章和第 9 章将讨论的回归方法是监督学习方法，将响应变量 y 的观察值用最小二乘法处理，并使这些 y 值与根据 x 向量得到的 y 值的距离平方最小化。我们将在第 10～18 章中讨论与分类有关的算法，这些算法均为监督学习方法，包括决策树、神经元网络和 K 最近邻。

注意：术语监督学习和无监督学习在学术界被广泛采用，因此我们也采用这一分类方法。然而，这并不意味着无监督学习方法就不需要人的参与。恰恰相反，高效的聚类分析和关联规则挖掘往往需要大量人的判断和技能。

7.2 统计方法与数据挖掘方法

在第 5、6 章中，我们介绍了一系列用于实现推理的统计方法，即评估或测试感兴趣的总体的未知参数。统计方法和数据挖掘方法主要存在以下两点差异：

(1) 统计推理的应用使用数据挖掘中用到的大量带有统计显著性的样例，即使当结果没有任何实际意义时。

(2) 在使用统计方法时，数据分析人员在头脑中已经具备一个先验的假设。而数据挖掘过程通常不存在任何先验假设，相反，它采用自由的方法探测数据以获得实际可用的结果。

7.3 交叉验证

若不采用正确的方法，数据挖掘将成为数据淤积，数据挖掘分析人员发现的是虚幻的结果，来自于随机变化而不是真正的影响。因此，至关重要的是数据挖掘人员需要避免数据淤积。实现这一目标的方法是通过交叉验证。

交叉验证是一种技术，用于确保通过分析所发现的结果对独立的、未见的数据集具有一般性。在数据挖掘中，大多数常见的方法是两折交叉验证或 k 折交叉验证。采用两折交叉验证时，采用随机分配方法对数据进行划分，将数据集划分为训练集和测试集。测试数据集将忽略目标变量。训练集与测试集唯一的系统性差异在于训练数据包含目标变量，而测试数据集没有包含。例如，假设我们对收入等级感兴趣，基于年龄、性别和职业来预测收入档次，则分类算法需要大量记录，包括涉及每个不同字段的完整(尽量完整的)信息，也包括目标字段收入档次。换句话说，训练集中的记录需要预先分好类。利用训练数据集提供的训练样例建立一个临时的数据挖掘模型。

然而，训练集又具有不完整性，即它并未包括数据建模人员真正感兴趣的用于分类的“新的”或未来的数据。因此，算法需要防范“记忆”训练集，并将从训练集中发现的模式盲目地应用到未来数据上。例如，在训练集中可能所有名为“David”的客户都属于高收入等级。当然我们不希望最终应用到新数据的模型，包括这样的模式“如果客户名为 David，则该客户属于高收入等级。”这样的模式是训练集的虚假结果，在部署前需要加以验证。

因此，有监督数据挖掘方法的下一步工作是检验临时模型在测试集上执行的情况。在测试集中，对临时模型隐藏目标变量的值，按照从训练集中学习得到的结构和模式执行分类工作。通过将模型得到的结果与目标变量的实际值进行比较来评估分类的有效性。然后对临时模型进行调整，直到与测试集的误差率最小为止。

对未来的，未见数据的模型性能评估，可根据观察不同评估度量应用到测试数据集中计算而获得。这些模型评估技术将在第 15～18 章中讨论。底线是用交叉验证防范虚假结果，相同的随机变化在测试集和训练集中都被发现具有显著性的可能性极低。例如，假设某个具有 0.05 概率的虚假信号被观察到，而事实上该虚假信号并不存在。因为这些数据集是独立的，所以在训练集和测试集中都被观察到的概率大约是 $0.05^2 = 0.0025$。换句话说，数据分析人员平均每得到 400 个结果才会有 1 个虚假结果出现。

但数据分析人员必须通过对划分的验证，确保训练集和测试集的确是相互独立的。对测试集和训练集划分的验证可采用图形化或统计比较对两个数据集进行验证。例如，即使按照随机方法分派记录，我们仍然可能会发现，某个重要的标识变量在训练集中取正值的比例比在测试集中取正值的比例明显要高。这将导致得到的结果存在偏差，降低了我们对测试集进行预测或分类的精度。特别重要的是，训练集与测试集中目标变量的特征要尽可能相似。表 7.1 是基于目标变量的类型，为验证目标变量给出的假设检验推荐方法。

表 7.1　验证不同类型目标变量类型的建议假设检验

目标变量类型	参考第 5 章检验
连续型	均值差异的两样本 t-检验
标识型	比率差异的两样本 Z-检验
多项式	比率同质性检验

在 k 折交叉验证中，原始数据被划分为 k 个独立的、大小相似的子集。然后，模型用 k-1 个子集的数据构建，剩下的一个子集作为测试集。这一过程迭代执行，直到产生 k 个不同的模型。然后，k 个模型的结果用平均或投票的方式集成形成最终的结果。对 k 的选择，流行的方式是 k=10。k 折交叉验证的好处是每个记录在测试集中都精确地出现一次。缺点是必要的验证工作变得更加困难。

总结，多数有监督数据挖掘方法采用下列方法建立并评估模型：

建立与评估数据模型的方法：

(1) 将可用数据划分为训练数据集和测试数据集。验证划分。

(2) 利用训练数据集中的数据建立数据挖掘模型。

(3) 利用测试数据集评估数据挖掘模型。

7.4　过度拟合

临时模型在测试集上的精度通常没有在训练集上高。一般是由于临时模型与训练集存在过度拟合。过度拟合产生的原因是临时模型试图解释训练集中所有的趋势和结构所造成的，甚至是所有的特定情况，例如，前述的名为“David”的样例那样。在模型构建时在模型复杂性(训练集的高精度)与测试和验证测试数据集的泛化能力之间始终存在一种矛盾。增强训练集的精度，造成模型复杂性的增加，最终并且不可避免地会导致临时模型泛化能力的降低，如图 7.1 所示。

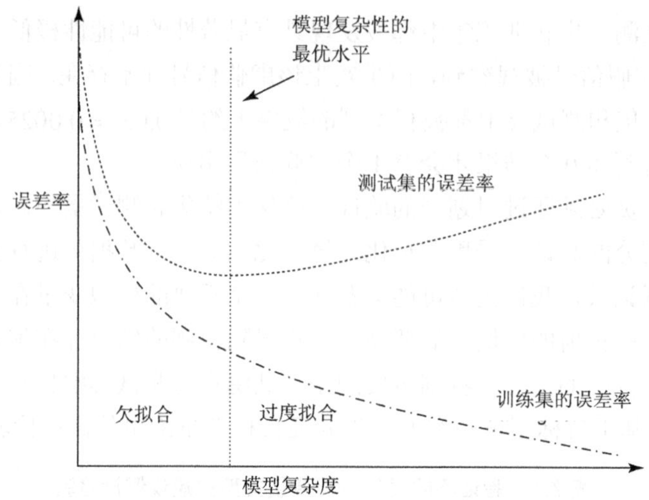

图 7.1 模型复杂性的最优水平位于测试集误差率最小

图 7.1 表示临时模型从零模型(不存在复杂性)开始复杂性不断提高，训练集和测试集的误差率降低。随着模型复杂性的不断增加，训练数据集的误差率持续单调下降。然而，随着模型复杂性的不断增加，测试数据集的误差率开始变平坦并呈增加趋势，因为临时模型记忆的是训练数据而不是考虑未见数据的泛化能力。当测试集的误差率最小时，模型复杂性达到最优化，如图 7.1 所示。复杂性比该点大则将导致过度拟合，反之复杂性下降将会出现欠拟合。

7.5 偏差-方差权衡

假定我们有如图 7.2 的散点图，希望构建最优曲线(或直线)，能够将深灰色点与浅灰色点分开。直线的好处是复杂性低，但是容易导致分类错误(点被划分到错误的一边)。

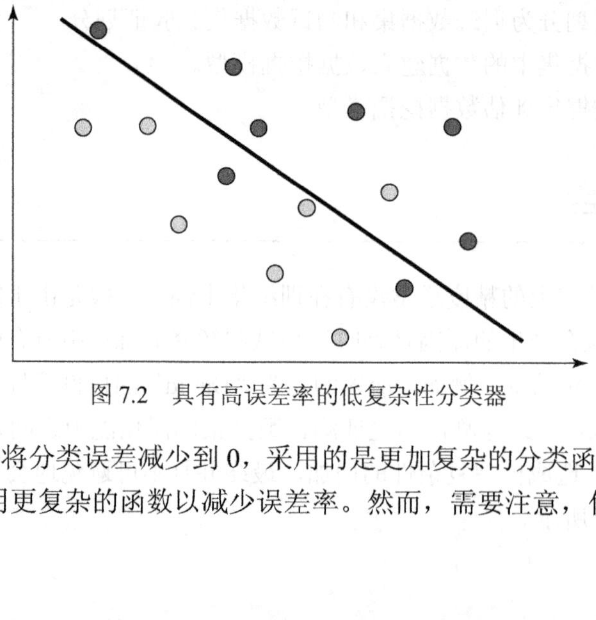

图 7.2 具有高误差率的低复杂性分类器

图 7.3 中，我们将分类误差减少到 0，采用的是更加复杂的分类函数(曲线)以减少误差率。当然还可以采用更复杂的函数以减少误差率。然而，需要注意，使函数不要依赖训练

集的特性。例如，假定我们现在在散点图中增加更多的数据点，如图 7.4 所示。

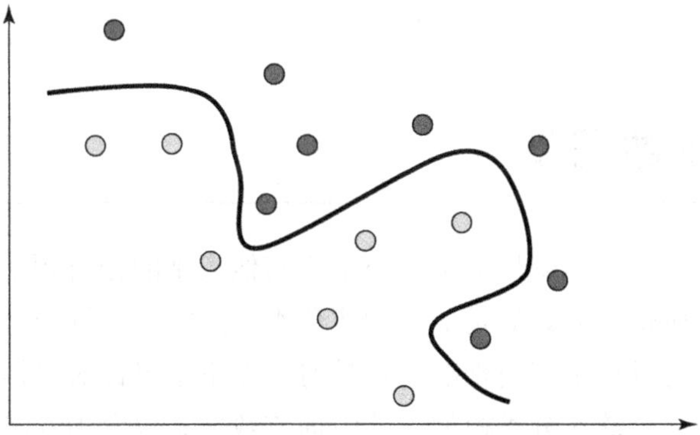

图 7.3　具有低误差率的较高复杂性的分类器

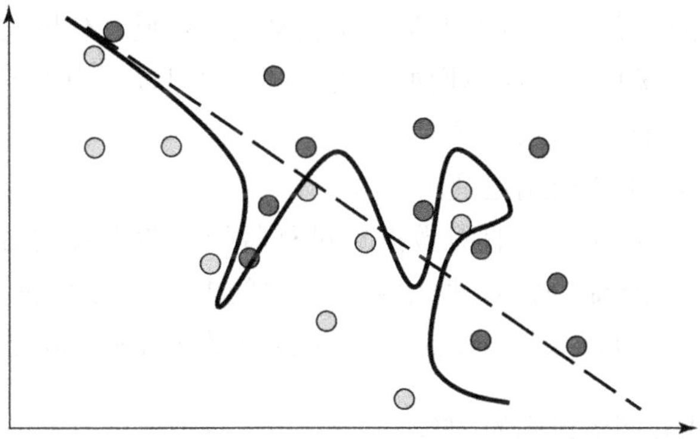

图 7.4　加入更多的数据：低复杂度的分类器不要任何改变；高复杂度的分类器需要大量的修改

注意到，复杂程度低的分类器不需要做较大的修改就能够适应新数据点。这意味着复杂程度低的分类器具有较低的方差。然而，复杂程度高的分类器，曲线，要维持以前获得的误差率，必须做出较大的修改。较大的修改意味着复杂程度高的分类器具有较高的方差。

即使高复杂度模型具有较低的偏差(根据训练集的误差率)，但其方差较高；尽管低复杂度模型偏差较大，但其方差较低。因此需要考虑偏差-方差的平衡问题。偏差-方差权衡，见图 7.1，是描述过度拟合/欠拟合双刃剑的方法之一。随着模型复杂度的增加，训练集的偏差减小，但方差变大。因此，目标是要构建一种模型，使得无论是偏差或方差都不高，但一般来说，减小某个趋势会导致另外一种趋势上升。

例如，处理连续型目标变量的模型的准确性评估是采用均方误差(MSE)。对两个模型取舍时，一般可能会选择具有较低 MSE 的模型。为什么 MSE 能够成为较好的评估度量呢？因为它既考虑了偏差也考虑了方差。MSE 是评估误差(平方误差和，SSE)，及模型复杂性(例如，自由度)的函数。MSE 能够采用下列方程(例如，Hand,Mannila,Smyth[1])划分，清楚表明

1 David Hand, Heikki Mannila, and Padhraic Smyth, *Principles of Data Mining*, MIT Press, Cambridge, MA, 2001.

偏差与方差之间的互补关系。

$$\text{MSE} = \text{方差} + \text{偏差}^2$$

7.6 平衡训练数据集

对分类模型来说，若目标变量的某个类别比其他类别的相对频率低很多，则需要考虑平衡问题。平衡数据所带来的好处是，在构建分类算法时，数据记录中不同类别的输出具有平衡性，因此算法可以从不同类别的记录学习，而不是仅针对目标频率高的记录学习。例如，假设我们运行一个欺诈分类模型，其中训练数据集包含 100 000 个事务，其中 1000 个涉及欺诈。则分类模型可以简单地预测所有事务“无欺诈”，因为这样做可以获得 99%的精度。然而，显然构建这样一种模型是毫无意义的。相反，分析人员应该对训练数据进行平衡，以便使欺诈事务的相对频率增加。实现该方法可以采用如下两种方法：

(1) 重新对欺诈(稀有的)记录采样。

(2) 抛弃部分无欺诈(常见的)记录。

重采样方法涉及随机采样，且对数据集进行替换。假设我们希望 1000 个欺诈记录表示平衡训练数据集的 25%，而不是原始数据集中的 1%。则我们需要增加 32 000 条重采样欺诈记录，以便有 33 000 条欺诈记录，总记录条数为 100 000+32 000=132 000。表示为 $\dfrac{33\,000}{132\,000} = 0.25$，或者期望得到的 25%。

如何得到 32 000 条额外的欺诈记录呢？可以使用方程

$$1000 + x = 0.25(100\,000 + x)$$

求解上式的 x ,可得到需要重采样的记录数。一般情况下，该方程为：

$$\text{Rare} + x = p(\text{records} + x)$$

结果为：

$$x = \frac{p(\text{records}) - \text{rare}}{1 - p}$$

其中 x 为需要重采样的记录条数，p 表示平衡数据集中期望得到的稀有记录的比例，*records* 表示不平衡数据集中记录的总条数，*rare* 表示当前稀疏目标值的数量。

某些数据挖掘人员从思想上讨厌采取重采样的方式以获取平衡，他们认为这样做无异于人为制造数据。在此情况下，大量的无欺诈事务反而会被搁置，从而增加欺诈事务的比例。为达到 25%的均衡比例，我们将仅保留 3000 个无欺诈记录，需要采用随机选择的方法，抛弃 99 000 个无欺诈记录中的 96 000 个。不应该对数据模型以此种方式选择数据感到惊讶。相反，数据分析人员可能会得到很好的建议，要么减少希望获得平衡比例到类似 10%左右的比例，要么采用重采样。

在选择平衡比例时，记住这样做的理由：为使模型能够反映不同记录，以便从整个环境中学习如何对目标变量所具有的稀有值进行分类。如果分析人员相信稀有目标值暴露于具有大量变化的记录中，平衡比例相对较低(例如，10%)。如果分析人员不认同该情况，则平衡比例应该比较高(例如，25%)。

测试数据集不需要平衡。测试数据集表示的是模型未见的新数据。当然，现实世界不会为方便模型分类而平衡未来的数据集；因此，测试数据本身不需要平衡。注意所有模型评估都将应用于测试数据集上，因此评估度量都将应用于无平衡(类似于现实世界)的数据。

由于一些预测变量与目标变量之间存在比其他预测变量与目标变量更高的相关性，因此平衡数据的特征将会发生改变。例如，假设我们使用客户流失数据集，假设流失客户的日通话时长比不流失客户的日通话时长要高。则在对该数据集平衡时，总的日通话时长均值将会增加，因为我们会去掉大量的不流失客户记录。做数据平衡时无法避免此类变化。因此，直接从总体上比较原始数据集和平衡数据集没有任何意义，因为特征的变化是无法避免的。然而，除了这些不可避免的变化外，虽然随机抽样有避免系统性偏差的趋向，数据分析人员应当提供足够的证据表明他们所构建的平衡数据集与原始数据集之间不存在系统性偏差。实现的方法是以图形化或汇总统计的方法比较原始数据集和平衡数据集，并按照目标变量的分类开展划分工作。有必要时，可采用第 6 章介绍的假设检验。如果发现偏差，则需要重新进行平衡。如果分析人员关注此类偏差，则可以采用交叉验证度量。构成对平衡数据集的多次随机选择，并取结果的平均值。

7.7　建立基线性能

在*星际旅行 IV：抢救未来*中，舰长 Kirk 返航回到 20 世纪，发现他自己需要现金，于是将其眼镜典当。典当行付其 100 美元，Kirk 的反映是“那很多吗？”。很遗憾，舰长没有参照系来与 100 美元比较，因此他无法确定 100 美元是否是满意的交易。作为数据分析人员，我们应该尽力避免让我们的客户处于舰长 Kirk 的处境，给出的结果没有可比较的基线。如果没有可比较的基线，客户就无法确定我们给出的结果是否正确。

例如，假设我们简单地报告“仅”28.4%采纳了我们提供的国际电话计划(参考表 3.3)的客户将会流失。听起来似乎不错，但直到得知在所有的客户中，总的流失率为 14.49%(参考图 3.3)，总的流失率可被认为是我们提供的基线，在此基础上，才能校准其他所有的结果。因此，采纳国际电话业务的客户流失率几乎是流失率的两倍，显然不是很好。

可使用的基线类型依赖于报告结果的方式。针对流失情况实例，我们感兴趣的是降低总的流失率，该结果是以百分比表示的。因此，我们的目标是报告总流失率降低的结果。注意绝对流失率与相对流失率之间的差异。假设我们的数据挖掘模型报告预测流失率为 9.99%。这一结果代表流失率绝对降低的情况，$(14.49-9.99)\% = 4.5\%$，但是流失率的相对降低结果为$4.5\%/14.49\% = 31\%$。分析人员应当清楚地告诉客户所采用的比较方法是什么？

假设我们的任务是评估，采用的是回归模型。则我们的基线模型采用的形式是“$\bar{y}$模型”，即，模型简单地获得响应变量的均值，并为每个记录预测该值。显然，该方法过于朴素，因此任何称职的数据挖掘模型都比较轻易赢得$\bar{y}$模型。采用同样的标志，如果你的数据挖掘模型的性能赶不上$\bar{y}$模型，则显然发生了某些错误(一般我们采用r^2估计s标准差来评价回归模型的好坏)。

校准模型的一个更具有挑战性的标准是使用已经存在的研究获得结果。例如，假定你采用的算法成功地分辨出 90%的在线事务欺诈。则新的数据挖掘模型应当比 90%的基线要好。

R 语言开发园地

#读取数据，划分训练和测试数据

```
adult <- read.csv(file = "C:/…/adult.txt",
    stringsAsFactors=TRUE)
choose<- runif(length(adult$income),
    min = 0,
    max = 1)
training<- adult[choose <= 0.75,]
testing<- adult[choose > 0.75,]
adult[1:5, c(1,2,3)]
training[1:5, c(1,2,3)]
testing[1:5, c(1,2,3)]
```

```
> adult[1:5, c(1,2,3)]
  age        workclass demogweight
1  39        State-gov       77516
2  50 Self-emp-not-inc       83311
3  38          Private      215646
4  53          Private      234721
5  28          Private      338409
> training[1:5, c(1,2,3)]
  age        workclass demogweight
2  50 Self-emp-not-inc       83311
3  38          Private      215646
4  53          Private      234721
5  28          Private      338409
6  37          Private      284582
> testing[1:5, c(1,2,3)]
   age workclass demogweight
1   39 State-gov       77516
9   31   Private       45781
10  42   Private      159449
12  30 State-gov      141297
14  32   Private      205019
```

#从试验数据去除目标变量，收入

```
names(testing)
#目标变量是列 15
testing<- testing[,-15]
names(testing)
#目标变量不再在测试数据中
```

```
> names(testing)
 [1] "age"            "workclass"      "demogweight"
 [4] "education"      "education.num"  "marital.status"
 [7] "occupation"     "relationship"   "race"
[10] "sex"            "capital.gain"   "capital.loss"
[13] "hours.per.week" "native.country" "income"
[16] "part"
> testing <- testing[,-15]
> names(testing)
 [1] "age"            "workclass"      "demogweight"
 [4] "education"      "education.num"  "marital.status"
 [7] "occupation"     "relationship"   "race"
[10] "sex"            "capital.gain"   "capital.loss"
[13] "hours.per.week" "native.country" "part"
```

#从数据集删除分区变量，部分

```
#现在是第 15 个变量部分
testing<- testing[,-15]
names(testing)
names(training)
#现在是第 16 个变量部分
#在训练数据集中
training<- training[,-16]
names(training)
```

```
> names(testing)
 [1] "age"            "workclass"      "demogweight"
 [4] "education"      "education.num"  "marital.status"
 [7] "occupation"     "relationship"   "race"
[10] "sex"            "capital.gain"   "capital.loss"
[13] "hours.per.week" "native.country"
> names(training)
 [1] "age"            "workclass"      "demogweight"
 [4] "education"      "education.num"  "marital.status"
 [7] "occupation"     "relationship"   "race"
[10] "sex"            "capital.gain"   "capital.loss"
[13] "hours.per.week" "native.country" "income"
[16] "part"
> training <- training[,-16]
> names(training)
 [1] "age"            "workclass"      "demogweight"
 [4] "education"      "education.num"  "marital.status"
 [7] "occupation"     "relationship"   "race"
[10] "sex"            "capital.gain"   "capital.loss"
[13] "hours.per.week" "native.country" "income"
```

R 参考文献

R Core Team. R: *A Language and Environment for Statistical Computing*. Vienna, Austria: R Foundation for Statistical Computing; 2012. ISBN: 3-900051-07-0, http://www.R-project.org/. Accessed 2014 Sep 30.

练习

1. 解释监督方法和无监督方法的差异。哪些数据挖掘任务可采用监督方法？哪些可采用无监督方法？哪些两种方法都可以采用？
2. 描述训练集、测试集和验证集之间的差异？
3. 我们应当更加努力从训练集获得更高准确率吗？为什么应该或者为什么不应该？
4. 偏差-方差分为如何解决过度拟合和欠拟合的问题？过度拟合和欠拟合都会有高的偏差和高的方差吗？为什么？
5. 解释为什么我们有时需要平衡数据。
6. 假设我们执行欺诈分类模型，训练集包含 10 000 条记录，其中仅 400 个记录存在欺诈。如果我们期望在平衡数据集中欺诈记录的比例为 20%，则需要重采样多少欺诈记录？
7. 什么时候需要对测试数据集进行平衡操作？
8. 解释为什么应当始终报告基线性能，而不是仅仅引用来自模型的未校准的结果。
9. 解释报告的绝对差异与相对差异之间的差别。
10. 如果我们使用回归模型，基线模型将采用什么结构？

第 8 章

简单线性回归

回归建模是一种估计目标变量类型为连续型的强大且简洁的方法。本章我们将通过介绍简单线性回归研究回归建模，简单线性回归利用直线近似单一连续值预测变量与单一连续值响应变量之间的关系。稍后，我们将在第 9 章介绍多元回归，利用多个预测变量估计单一响应变量。

8.1 简单线性回归示例

为开发简单线性回归模型，考虑 Cereals(谷物类)数据集[1]，表 8.1 给出了从数据集中摘录出来的部分内容。Cereals 数据集包含 77 种用于制作早点的谷物的营养信息，该数据集包含以下变量：

- 谷物名称
- 谷物制造商
- 类型(热或冷)
- 每份谷物的热量(卡路里)
- 蛋白质含量，克数
- 脂肪含量，克数
- 钠含量，毫克数
- 纤维含量，克数
- 碳水化合物含量，克数

1 谷物类数据集，可从 http://lib.stat.cmu.edu/DASL 获取。

- 糖含量，克数
- 钾含量，毫克数
- 每日摄入维生素推荐量的百分比(0%、25%或 100%)
- 每份谷物的含量
- 每份谷物的杯数
- 上架位置(1=bottom, 2=middle,3=top)
- 营养等级，按照消费者报表计算获得

表 8.1 摘录自 Cereals 数据集的数据记录：8 个字段，前 16 种谷物

谷物名称	制造商	糖	卡路里	蛋白质	脂肪	钠	等级
100% Bran	N	6	70	4	1	130	68.4030
100% Natural Bran	Q	8	120	3	5	15	33.9737
All-Bran	K	5	70	4	1	260	59.4255
All-Bran Extra Fiber	K	0	50	4	0	140	93.7049
Almond Delight	R	8	110	2	2	200	34.3848
Apple Cinnamon Cheerios	G	10	110	2	2	180	29.5095
Apple Jacks	K	14	110	2	0	125	33.1741
	…	…	…	…	…	…	…

我们感兴趣的是在给定含糖量的情况下，估计谷物的营养等级。然而，在开始建模前，我们注意到该数据集中包含缺失数据。以下 4 个字段值缺失：

- Almond Delight 的钾含量
- Cream of Wheat 的钾含量
- Quaker Oatmeal 的碳水化合物及糖含量

由于 Quaker Oatmeal 糖含量的数据缺失，我们不能使用 Quaker Oatmeal 的糖含量来预测营养等级，只有 76 种谷物可用于根据糖含量预测营养等级的工作。图 8.1 给出了 76 种谷物营养等级与糖含量的散点图，并给出了最小二乘回归直线。

回归线用以下形式给出：$\hat{y}=b_0+b_1x$。该式被称为回归方程，其中：

- $\hat{y}$ 为响应变量的估计值
- b_0 为回归线的截距
- b_1 为回归线的斜率
- b_0, b_1 一起被称为回归系数

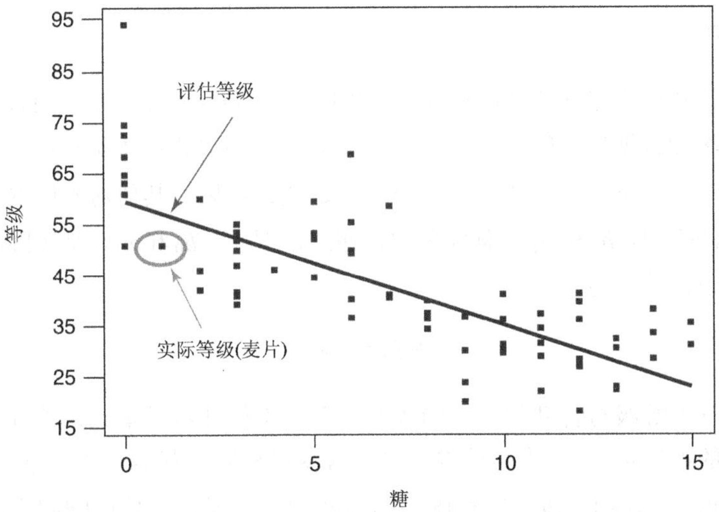

图 8.1　77 种谷物的营养等级与糖含量的散点图

谷物实例的糖含量 (x) 与营养等级 (y) 之间的关系用回归方程表示为：$\hat{y}=59.853-2.4614x$。以下将介绍如何计算获得该回归方程。该估计回归方程可以解释为“估计营养等级等于 59.853 减去 2.4614 倍糖含量克数”。回归线和回归方程用于线性近似 x (预测变量)与 y (响应变量)之间的关系，也就是说用于近似含糖量与营养等级之间的关系。得到该方程后，可以利用该回归方程估计或预测。

例如，假定我们需要估计新的谷物实例(原始数据集中未包含的)，该实例含糖量为 1 克。利用回归方程，我们可以得到包含 1 克糖含量的谷物，其估计营养等级为 $\hat{y}=59.853-2.4614(1)=57.3916$。注意到该营养等级的估计值可直接从回归线获得，其位置在 $(x=1,\hat{y}=57.3916)$，如图 8.1 所示。事实上，对任意给定的 x (糖含量)，对 y (营养等级)的估计可以精确地从回归线上获得。

现在，分析我们的数据集，发现数据集中有一种谷物 Cheerios(麦片)，其含糖量为 1 克，但其营养等级为 50.765，而不是我们通过回归方程计算得到的含糖量 1 克的谷物，其营养等级为 57.3916。Cheerios 在散点图中的点位置为 $(x=1,\hat{y}=50.765)$，如图 8.1 所示，用椭圆形标注的地方。图 8.1 中，指向该位置的向上的箭头标明回归线位于实际 Cheerios 点之上。回归线上该点是采用回归方程得到的含糖量为 1 克的谷物的营养等级。预测结果比实际结果高出 57.3916-50.765=6.6266 个等级点，该值表示从 Cheerios 数据点到回归线之间的垂直距离。该距离为 6.6266 个营养等级点，一般用 $(y-\hat{y})$ 表示预测误差，也称为估计误差或残差。

当然，我们需要寻找最小的总体预测误差。最小二乘回归用于获得唯一的能够使所有数据点残差平方和最小的回归线。尽管最小二乘回归是最常见的方法，但还存在其他一些用于获得近似变量之间线性关系的方法，例如中位数回归。注意我们提到的执行“针对糖含量的等级回归”，在句子中其中 y 变量位于 x 变量之前。

最小二乘估计

假设我们的数据集包含的 76 种谷物中的 1 种与 Cereals 数据集中的谷物不同。我们能够希望营养等级和含糖量之间的关系与我们前面获得的等式：等级=59.853-2.4614 倍糖含量完全一样吗？可能不一样。此处的 b_0 和 b_1 是统计结果，其值对不同的样本可能不同。与其他统计方法类似，b_0 和 b_1 为总体参数，在此情况下，β_0 和 β_1，是实际回归线的截距和斜率。也就是说，等式为

$$\hat{y} = \beta_0 + \beta_1 x + \varepsilon \tag{8.1}$$

表示所有谷物营养等级与含糖量之间的线性关系，不仅针对样本。误差项 ε 是需要考虑的存在于模型中的不确定性，因为两种谷物可能含糖量相同但营养等级却不同。残差$(y_i - \hat{y})$是误差项的估计值，$\varepsilon_i, i=1,\ldots,n$。方程(8.1)称为回归方程或真实总体回归方程。它与实际的或总体回归线相关。

前面讨论中，我们已经通过含糖量估计营养等级的方法，得到营养等级的估计回归方程为 $\hat{y} = 59.853 - 2.4614(\text{sugars})$。$b_0$ 和 b_1 值是如何获得的？现在根据给定的数据，推导估计回归线的截距和斜率的公式[2]。

假定我们有方程(8.1)表示的模型的 n 个观察值；也就是说，我们有

$$y_i = \beta_0 + \beta_1 x_i + \varepsilon_i,\ i=1,\ldots,n$$

最小二乘线是使总体误差平方和最小的线，$SSE_P = \sum_{i=1}^{n} \varepsilon_i^2$。首先，我们重新表示总体 SSEs 为：

$$SSE_P = \sum_{i=1}^{n} \varepsilon_i^2 = \sum_{i=1}^{n} (y_i - \beta_0 - \beta_1 x_i)^2 \tag{8.2}$$

接着，利用微积分，可以通过包含 β_0 和 β_1 的微分方程(8.2)，将其结果设置为 0，获得使 $SSE_P = \sum_{i=1}^{n} \varepsilon_i^2$ 最小的 β_0 和 β_1 值。方程 8.2 有关 β_0 和 β_1 的偏导数分别为：

$$\begin{aligned} \frac{\partial SSE_P}{\partial \beta_0} &= -2\sum_{i=1}^{n} (y_i - \beta_0 - \beta_1 x_i) \\ \frac{\partial SSE_P}{\partial \beta_1} &= -2\sum_{i=1}^{n} x_i (y_i - \beta_0 - \beta_1 x_i) \end{aligned} \tag{8.3}$$

我们感兴趣的是估计 b_0 和 b_1 的值，因此令方程(8.3)等于 0，我们有：

---

2 这一推导需要微积分知识，但对那些对微积分比较生疏的读者可以跳过这些，对理解内容不会有什么影响。

$$\sum_{i=1}^{n}(y_i - b_0 - b_1x_i) = 0$$

$$\sum_{i=1}^{n}x_i(y_i - b_0 - b_1x_i) = 0$$

对其求和可以得到：

$$\sum_{i=1}^{n}y_i - nb_0 - b_1\sum_{i=1}^{n}x_i = 0$$

$$\sum_{i=1}^{n}x_iy_i - b_0\sum_{i=1}^{n}x_i - b_1\sum_{i=1}^{n}x_i^2 = 0$$

上式可如下表示：

$$b_0n + b_1\sum_{i=1}^{n}x_i = \sum_{i=1}^{n}y_i$$
$$b_0\sum_{i=1}^{n}x_i + b_1\sum_{i=1}^{n}x_i^2 = \sum_{i=1}^{n}x_iy_i \tag{8.4}$$

求上述方程 b_0 和 b_1，我们有：

$$b_1 = \frac{\sum x_iy_i - [(\sum x_i)(\sum y_i)]/n}{\sum x_i^2 - (\sum x_i)^2/n} \tag{8.5}$$

$$b_0 = \overline{y} - b_1\overline{x} \tag{8.6}$$

其中 n 是观察对象的数量，$\overline{x}$ 是预测变量均值，$\overline{y}$ 是响应变量均值。求和范围为 i=1 到 n。方程式(8.5)和(8.6)为 β_0 和 β_1 的最小二乘估计结果，其值为最小 SSEs。

现在我们考虑如何通过方程式(8.5)和(8.6)，以及表 8.2 的汇总统计获得 b_0=59.853 和 b_1=-2.4614。表 8.2 给出了谷物数据集(注意，该表仅给出了 77 种谷物中的 16 种，其他数据记录被省略了)的 x_i、y_i、x_iy_i 和 x_i^2。结果是，对该数据集有，$\sum x_i = 534, \sum y_i = 3234.4309, \sum x_iy_i = 19186.7401, \sum x_i^2 = 5190$。

表 8.2　获得 b_0 和 b_1 的汇总统计

谷物名称	X=Sugars	Y=Rating	X*Y	X^2
100% Bran	6	68.4030	410.418	36
100% Natural Bran	8	33.9837	271.870	64
All-Bran	5	59.4255	297.128	25
All-Bran Extra Fiber	0	93.7049	0.000	0
Almond Delight	8	34.3848	275.078	64
Apple Cinnamon Cheerios	10	29.5095	295.095	100
Apple Jacks	14	33.1741	464.437	196

(续表)

谷物名称	X=Sugars	Y=Rating	X*Y	X^2
Basic 4	8	37.0386	296.309	64
Bran Chex	6	49.1203	294.722	36
Bran Flakes	5	53.3138	266.569	25
Cap' n Crunch	12	18.0429	216.515	144
Cheerios	1	50.7650	50.765	1
Cinnamon Toast Crunch	9	19.8236	178.412	81
Clusters	7	40.4002	282.801	49
Cocoa Puffs	13	22.7364	295.573	169
⋮	⋮	⋮		
Wheaties Honey Gold	8	36.1876	289.501	64
	$\sum x_i = 534$ $\overline{x} = 534/76$ $= 7.0263$	$\sum y_i = 3234.4309$ $\overline{y} = 3234.4309/76$ $= 42.5583$	$\sum x_i y_i$ $= 19,186.7401$	$\sum x_i^2 = 5190$

合并公式(8.5)和公式(8.6)，我们有：

$$b_1 = \frac{\sum x_i y_i - [(\sum x_i)(\sum y_i)]/n}{\sum x_i^2 - (\sum x_i)^2/n}$$

$$= \frac{19186.7401 - (534)(3234.4309)/76}{5109 - (534)^2/76} = \frac{-3539.3928}{1437.9474} \tag{8.7}$$

$$= -2.4614$$

和

$$b_0 = \overline{y} - b_1\overline{x} = 42.5583 + 2.4614(7.0263) = 59.853 \tag{8.8}$$

上述求得的值为我们提供了图 8.1 所示的估计回归线的斜率和截距。

截距 b_0 是回归线在 Y 轴上的截距，其意义为当预测变量值为 0 时响应变量的估计值。当 x=0 时，截距 b_0 的值可被解释为 y 的估计值。例如，对谷物数据集，其截距为 59.853 表示在谷物含糖量为 0 时，谷物营养等级的估计值。实际上，在大量回归应用中，预测变量值为 0 往往没有任何意义。例如，假设我们期望预测小学生的体重(y)，基于其身高(x)。身高=0 没有任何意义，因此截距的外延含义在该例中没有可解释的实际意义。然而，对谷物数据集来说，含糖量为 0 的确具有实际意义，可以发现数据集中有多条记录含糖量均为 0 克。

回归线的斜率表示 x 单位增加时，y 的估计变化情况。我们对斜率为-2.4614 含义的解释为："含糖量每增加 1 克，估计营养等级将下降 2.4614 个等级点。"例如，谷物 A 比谷物 B 的含糖量高 5 克，则谷物 A 的营养等级比谷物 B 要低 5(2.4614)=12.307 等级点。

8.2　外推的危险

假设市场上出现一种新的谷物(比尔・华特生笔下的卡通人物，加尔文喜爱的巧克力磨砂糖炸弹)，该谷物每份含糖量为 30 克。让我们用估计回归方程来估计巧克力磨砂糖炸弹的营养等级：

$$\hat{y} = 59.853 - 2.4614(\text{sugars}) = 59.4 - 2.4614(30) = -13.989.$$

换句话说，加尔文的谷物含有如此高的含糖量，与数据集中的其他谷物不同(含糖量最高为 18 克)，以至于其营养等级为负值，类似学生在考试中得了负分。这里发生了什么？巧克力磨砂糖炸弹的估计营养等级为负值时外推存在危险的实例。

分析人员应当在利用回归方程开展估计和预测工作时，限制其预测变量的取值，使其取值在数据集的取值范围内。例如，在谷物数据集中，含糖量从最低的 0 克到最高的 15 克，因此在进行营养等级预测时，对任意的含糖量 x 值应该在 0-15 克之间。然而，外推，将可能导致 x 值超出这一范围，这样做是存在危险的，因为我们不知道在要求范围之外的响应变量和预测变量之间的关系属性。

应尽量避免外推。如果预测变量超出给定 x 值的范围，应该告知进行预测的终端用户，其 x 值数据无法支持该预测。危险在于，当数据集中的 x 处于正常范围时，预测变量 x 和响应变量 y 之间的关系可能是线性的；而当 x 处于正常范围之外时，这种线性关系可能不存在。

考虑图 8.2，假设我们的数据集仅包含黑色数据点，但实际上预测变量 x 和响应变量 y 之间的关系包含黑色(观察点)点和灰色(非观察)点。则仅根据可用数据(黑色点)获得的回归线与图中回归线表示大致近似。假定我们期望预测三角形表示的位置的 x 值的 y 值，基于有效数据的预测将由回归线上的点表示，该点位于向上箭头指示处。显然，这一预测结果完全不正确，图中的垂直线表明预测误差非常大。当然，由于分析人员不知道隐藏在数据中的含义，在预测过程中将产生巨大的预测误差。基于此种包含错误的预测结果制定的政策建议将会带来灾难性的结果。

外推

- 外推是指在进行目标变量的预测和估计时，使用的回归方程式中，涉及的预测变量的值超出了数据集中 x 的取值范围。
- 分析人员不知道预测变量 x 和响应变量 y 之间的关系，在超出 x 取值范围时应该是何形状。有可能不是线性关系。
- 应该避免采用外推。如果无法避免外推，则告知开展分析工作的终端用户其 x 数据值无法支持该类预测。

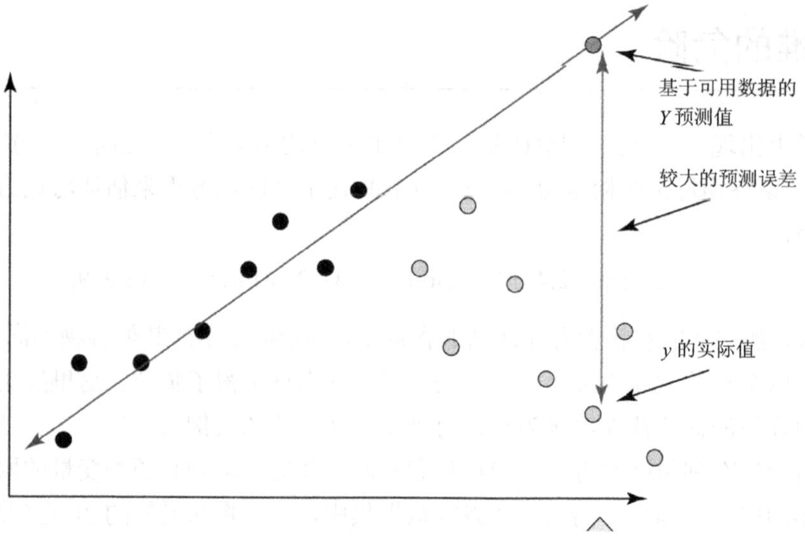

图 8.2 外推的危险

8.3 回归有用吗？系数的确定

尽管最小二乘回归曲线可以发现两个类型为连续值的变量之间的近似关系，无论它们之间关系的质量如何，但这并不能保证回归是有用的。因此需要解决的问题是我们是否能确定特定的估计回归方程式对制定决策是有用的。

我们将试图构建一个统计，r^2，用于度量回归的适合程度。也就是说采用称为系数确定性的 r^2，度量由最小二乘回归曲线产生的线性近似性是否确实能够拟合观察数据。

我们仍然采用 $\hat{y}$ 表示响应变量的估计值，用 $(y-\hat{y})$ 表示预测误差或残差。参考表 8.3 的数据集，涉及 10 个定向竞争者以千米为计数单位的旅行距离，以及以小时为计数单位的旅行所用时间。例如，第 1 个竞争者用 2 小时旅行了 10 千米。根据 10 个竞争者的情况，估计回归的形式为 $\hat{y}=6+2x$，表示估计其旅行的距离等于 6 千米加上所用时间的 2 倍。应当验证计算获得估计回归方程式的结果，通过软件或者利用方程式(8.7)和(8.8)。

表 8.3 计算定向运动 SSE 实例

Subject	*X*=Time	*Y*=Distance	预测分数 $\hat{y}=6+2x$	预测误差 $(y-\hat{y})$	预测误差平方 $(y-\hat{y})^2$
1	2	10	10	0	0
2	2	11	10	1	1
3	3	12	12	0	0
4	4	13	14	-1	1
5	4	14	14	0	0
6	5	15	16	-1	1

(续表)

Subject	X=Time	Y=Distance	预测分数 $\hat{y}=6+2x$	预测误差 $(y-\hat{y})$	预测误差平方 $(y-\hat{y})^2$
7	6	20	18	2	4
8	7	18	20	-2	4
9	8	22	22	0	0
10	9	25	24	1	1
					$SSE=\sum(y-\hat{y})^2=12$

前述得到的估计回归方程可用于在给定小时数情况下，预测旅行的距离。其中 y 的估计值在表 8.3 的 Predicted Score(预测分值，$\hat{y}$)列中给出。根据预测分值和估计值，可得到预测误差和预测误差平方和。预测误差平方和，也称为误差平方和，$\text{SSE}=\sum(y-\hat{y})^2$，表示采用估计回归方程进行预测所产生的总的预测误差，根据表中预测误差平方和的值求得 $SSE=12$，该值大吗？我们无法说明该值 $SSE=12$，是大或者小，因为我们没有其他度量与之比较。

现在，考虑一下，假设在没有给定时间数信息的情况下，我们希望得到旅行的距离数据。也就是说，我们在预测 y 变量时，无法获知 x 变量的情况。显然，我们对旅行距离的估计总体来说将会退化，因为可用的信息越少，通常得到的结果精度越低。

由于我们缺乏预测变量的信息，对 y 的最佳的估计只能采用 $\bar{y}$，样例旅行距离的均值。我们将不得不使用 $\bar{y}=16$ 来估计每个参与竞争者旅行的距离数，而不管该竞争者花费了多少时间。

考虑图 8.3，忽略了时间信息的旅行距离估计通过水平直线 $\bar{y}=16$ 表示，不考虑时间信息来预测旅行距离为 $\bar{y}=16$ 千米，对定向竞争者来说，无论其徒步旅行了 2 或 3 小时，或者行走了一整天(8 到 9 小时)，都采用这一距离，显然该方法不是最佳的。

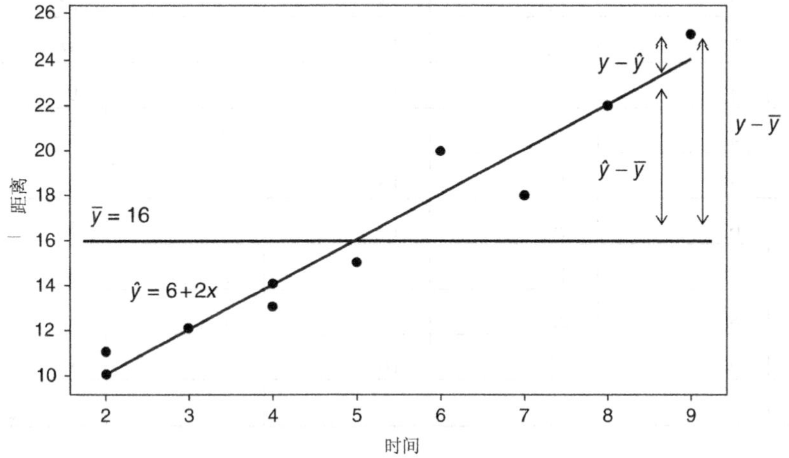

图 8.3　总体来看，回归线的预测误差小于样本均值

从图 8.3 可以看出，数据点与估计回归线拟合的效果比$\overline{y}=16$直线更聚集，这一情况表明，总的来说，使用 x 信息比其他情况下获得的预测误差更小。例如，考虑竞争者#10，该竞争者用 9 小时徒步旅行了 25 千米。如果我们忽略 x 信息，估计误差为$(y-\overline{y})=25-16=9$千米。预测误差由该竞争者所表示的数据点与水平直线的垂直距离表示，也就是说，是观察结果 y 与预测结果$\overline{y}$之间的垂直距离。

假设我们为整个数据集中的每个记录计算$(y-\overline{y})$，然后获得这些结果的平方和，类似于计算$(y-\overline{y})$以获得 SSE 那样。将获得 SST，平方和。

$$\text{SST}=\sum_{i=1}^{n}(y-\overline{y})^2$$

SST，也称为平方和汇总，是一种仅度量响应变量总体变化值，而不考虑预测变量的方法。注意 SST 是 y 的样例方差的函数，其方差是 y 的标准偏差的平方：

$$\text{SST}=\sum_{i=1}^{n}(y-\overline{y})^2=(n-1)s_y^2=(n-1)(s_y)^2$$

总之，上述 3 种度量——SST、方差、标准偏差——是仅对 y 变化特性的单变量度量(当然我们也可以获得预测变量的方差和标准偏差)。

我们期望 SST 比 SSE 更大或者更小吗?计算结果显示在表 8.4 中，可得 SST=228，该值比 SSE=12 要大得多。现在我们有可以与 SSE 比较的对象。显然 SSE 比 SST 要小得多，这一结果表明利用预测变量信息获得的回归结果要比未应用预测变量信息获得的回归结果总体上拟合度更好。采用平方和度量预测误差，其值越小越好。换句话说，利用回归改进了对旅行距离的估计。

表 8.4 获得定向运动示例的 SST

学生	X=Time	Y=Distance	$\overline{y}$	$(y-\overline{y})$	$(y-\overline{y})^2$
1	2	10	16	-6	36
2	2	11	16	-5	25
3	3	12	16	-4	16
4	4	13	16	-3	9
5	4	14	16	-2	4
6	5	15	16	-1	1
7	6	20	16	4	16
8	7	18	16	2	4
9	8	22	16	6	36
10	9	25	16	9	81
					$\text{SST}=\sum(y-\overline{y})^2=228$

接着我们希望度量估计的回归方程对预测的改进情况。通过图 8.3 进行验证。对徒步旅行者#10 来说，使用回归，其估计误差为 $(y-\hat{y})=25-24=1$，而忽略时间信息的情况下为 $(y-\overline{y})=25-16=9$。因此，改进的量(估计误差减少值)为 $(\hat{y}-\overline{y})=24-16=8$。

根据以上计算结果，我们可以基于 $(\hat{y}-\overline{y})$ 构建一种统计平方和。该统计为 SSR(sum of squares regression)，称为回归平方和，该统计量可度量利用回归而没有忽略预测变量信息时，预测精度的改进情况。

观察图 8.2，垂直距离 $(y-\overline{y})$ 可被划分为两块，分别是 $(\hat{y}-\overline{y})$ 和 $(y-\hat{y})$。可用以下等式描述：

$$(y-\overline{y})=(\hat{y}-\overline{y})+(y-\hat{y}) \tag{8.9}$$

对上式两边求平方，并采用汇总方式。可以得到[3]：

$$\sum(y_i-\overline{y})^2=\sum(\hat{y}_i-\overline{y})^2+\sum(y_i-\hat{y}_i)^2 \tag{8.10}$$

从方程式(8.8)、(8.9)、(8.10)的三个平方和，可知它们之间的关系可以从下式表示：

$$\text{SST}=\text{SSR}+\text{SSE} \tag{8.11}$$

由上式可知，SST 度量了响应变量总的变化情况。SSR 可以被认为是由回归所“解释”的响应变量变化的数量。换句话说，SSR 度量了响应变量变化的部分，该结果是通过响应变量与预测变量之间的线性关系计算获得的。

但是并不是所有的数据点都精确地处于回归线上。这也意味着在采用回归时，y 变量存在一些变异。SSE 可被视为是通过回归获得 x 与 y 之间线性关系拟合结果后，度量所有数据源 y 变量的变异性，包括随机误差。

前面分析达到 SST=228，SSE=12。然后，利用方程式(8.11)，可以得到 SSR：SSR=SST-SSE=228-12=216。当然，这些平方和一定是非负值。现在可以介绍系数确定方法，r^2，该值可用于度量预测变量与响应变量之间线性关系近似情况的回归拟合性。

$$r^2=\frac{\text{SSR}}{\text{SST}}$$

由于 r^2 的形式为 SSR 与 SST 的比率，因此可以认为 r^2 表示回归所解释的 y 变量的变异性；也就是说，预测变量与响应变量之间的线性关系。

r^2 的最大值可以取何值呢？当回归与数据集完全拟合时，即每个数据点都处于估计回归线上，r^2 取最大值。当 r^2 取最大值时，使用回归没有产生估计误差，意味着所有残差都为 0，反过来也意味着 SSE 等于 0。从方程式(8.11)可以看出，我们有 SST=SSR+SSE。如果 SSE=0，则 SST=SSR，因此 r^2 等于 SSR/SST=1。因此，当回归完全拟合时，r^2 取最大值为 1。

---

3 交叉乘积项 $2\cdot\sum(\hat{y}_i-\bar{y})(y_i-\hat{y}_i)$ 被忽略。

r^2的最小值可以取何值呢？假设回归没有得到任何改进，即回归未能解释 y 的变异型，这将会使 SSR 等于 0，结果 r^2 取值为 0。总体来说，r^2 取值范围在 0-1 之间，包括取 0 或取 1 值。

如何解释 r^2 的取值情况呢？基本上，当 r^2 取值较高时，表明回归与数据集的拟合较好，当 r^2 取值接近 1 时，表明回归与数据集精确拟合，当 r^2 取值接近 0 时，表明拟合度很差。在物理科学领域，我们常常会遇见关系具有非常高的 r^2 值，而在社会科学领域，会因为人与人之间的变异性，使得 r^2 往往比较低。通常分析人员的判断应当与领域专家的经验相结合。

8.4 估计标准误差

通过以上分析我们知道 r^2 可用于度量回归与数据集的拟合度。下面我们将引入称为估计标准误差的 s 统计量。该统计量用于度量由回归建立的估计量的准确性。显然，s 是在回归分析中需要考虑的最重要的统计量之一。为求得 s 值，我们首先给出误差平方均值(Mean Square Error，MSE)：

$$\mathrm{MSE}=\frac{\mathrm{SSE}}{(n-m-1)}$$

其中 m 表示预测变量的个数，对简单线性回归，该值为 1，对多元线性回归(第 9 章)，该值大于 1。类似 SSE，MSE 表示一种度量回归为能解释的响应变量的变异性。

估计的标准误差由下式得到：

$$s=\sqrt{\mathrm{MSE}}=\sqrt{\frac{\mathrm{SSE}}{(n-m-1)}}$$

s 的值提供了一种估计“典型”残差大小的方法，类似于单因素分析中用到的标准偏差，标准偏差用于估计典型偏差的大小。换句话说，s 是在估计中一种度量典型误差的方法，预测响应值与实际响应值之间的典型差异。采用该方法，估计 s 的标准误差表示由估计回归方程所产生预测的精度。s 值越小越好，当 s 用响应变量 y 的单位来表示时效果更好。

对定向徒步旅行的例子来说，我们有：

$$s=\sqrt{\mathrm{MSE}}=\sqrt{\frac{12}{(10-1-1)}}=1.2$$

上式可得到利用回归模型预测距离时，典型的估计误差为 1.2 千米。该值表明，当我们被告知旅行者行走的距离时，我们通过估计获得的距离往往与实际距离有 1.2 千米的差异。注意到表 8.3 中所有残差的绝对值都处于 0-2 之间，因此 1.2 可被认为是对典型残差的合理估计(其他度量方法，比如残差偏差绝对值的均值，也可以考虑使用，但在商业软件包中并未广泛采用)。

我们也可以比较 s=1.2 千米与忽略预测变量信息，仅仅从响应的标准偏差的典型估计误差：

$$\sigma_y = \sqrt{\frac{\sum_{i=1}^{n}(y-\bar{y})^2}{n-1}} = 5.0$$

在忽略时间数据的情况下，典型预测误差为 5.0 千米。而利用回归将典型预测误差从 5.0 千米减低到 1.2 千米。

在没有软件工具的情况下，我们可以利用以下计算公式计算得到 SST 和 SSR 的值。SSR 公式与斜率 b_1 的公式非常相似，除了 SSR 分子为平方项外。

$$\text{SST} = \sum y^2 - \frac{(\sum y)^2}{n}$$

$$\text{SSR} = \frac{[\sum xy - (\sum x)(\sum y)/n]^2}{\sum x^2 - (\sum x)^2/n}$$

利用上述公式为定向徒步旅行示例计算的 SST 和 SSR 值。你可以验证我们有 $\sum x = 50, \sum y = 160, \sum xy = 908, \sum x^2 = 304, \sum y^2 = 2788$。

根据上述结果可得，

$$\text{SST} = \sum y^2 - {(\sum y)^2}/{n} = 2788 - {(160)^2}/{10} = 2788 - 2560 = 228$$

$$\text{SSR} = \frac{[\sum xy - (\sum x)(\sum y)/n]^2}{\sum x^2 - (\sum x)^2/n} = \frac{[908-(50)(160)/10]^2}{304-(50)^2/10} = \frac{108^2}{54} = 216$$

当然，这一结果与我们前面利用更麻烦的表格方法得到的值一样。最后，可计算得到系数确定值 r^2：

$$r^2 = \frac{\text{SSR}}{\text{SST}} = \frac{216}{228} = 0.9474$$

换句话说，时间与距离之间的线性关系占旅行距离变化的 94.74%。回归模型与数据集拟合度非常高。

8.5　相关系数 *r*

用于量化两个定量变量之间线性关系的常见度量为相关系数。相关系数 r(也称为皮尔逊相关系数)是一种表明两个定量变量之间线性关系强度的指标，定义如下：

$$r = \frac{\sum(x-\bar{x})(y-\bar{y})}{(n-1)s_x s_y}$$

其中 s_x 和 s_y 分别表示样例 x 和 y 数据值的标准偏差。

解释相关性

- 当 x 和 y 正相关时，若 x 的值增加，则 y 值也具有增加的趋势。
- 当 x 和 y 负相关时，若 x 的值增加，则 y 值具有减小的趋势。
- 当 x 和 y 不存在相关性时，若 x 的值增加，则 y 值不会受到影响。

相关系数 r 的取值范围为-1 与 1 之间，包含-1 和 1。r 取值接近 1 表示 x 和 y 存在正相关关系，当 r 取值接近-1 时，表示 x 和 y 存在负相关关系。然而，由于数据挖掘涉及的数据量非常庞大，即使 r 的绝对值相对小也可能被认为具有统计显著性。例如，对具有 1000 个记录的数据集，当相关系数 r=0.07 时被认为具有统计显著性。在本章后面，我们将学习如何构建置信区间，以确定相关系数 r 的统计显著性。

上述的相关系数定义公式可能太过繁琐，因为其分子需要计算 x 数据和 y 数据的偏差。在没有软件工具可用的情况下，我们可以采用以下公式计算：

$$r = \frac{\sum xy - (\sum x)(\sum y)/n}{\sqrt{\sum x^2 - (\sum x)^2/n}\sqrt{\sum y^2 - (\sum y)^2/n}}$$

对定向运动示例，我们有：

$$\begin{aligned} r &= \frac{\sum xy - (\sum x)(\sum y)/n}{\sqrt{\sum x^2 - (\sum x)^2/n}\sqrt{\sum y^2 - (\sum y)^2/n}} \\ &= \frac{908 - (50)(160)/10}{\sqrt{304 - (50)^2/10}\sqrt{2788 - (160)^2/10}} \\ &= \frac{108}{\sqrt{54}\sqrt{228}} = 0.9733 \end{aligned}$$

根据上述计算结果，表明徒步旅行时间与徒步旅行的距离具有极强的正相关性。旅行所花费的时间增加，则旅行走过的距离趋向于增加。

然而，将相关系数 r 表示为 $r = \pm\sqrt{r^2}$ 会给计算带来更大的方便。当估计回归线的斜率 b_1 为正时，相关系数也为正，$r = \sqrt{r^2}$；当斜率为负时，相关系数也为负，$r = -\sqrt{r^2}$。在定向运动的示例中，我们有 b_1=2。该值为正，意味着相关系数亦为正，$r = \sqrt{r^2} = \sqrt{0.9474} = 0.9733$。

这里需要强调的是，相关系数 r 仅度量 x 与 y 之间的线性相关性。例如，预测变量与目标变量可能与曲线方式相关，r 就无法揭示这样的关系。

8.6　简单线性回归的方差分析表

回归统计可能简洁地表示为对方差表的分析(ANOVA)。其一般形式如表 8.5 所示。其中，m表示预测变量的数目，对简单线性回归来说，$m=1$。

表 8.5　简单线性回归的方差分析表

变异源	平方和	自由度	均值平方	F
回归	SSR	m	$MSR=\frac{SSR}{m}$	$F=\frac{MSR}{MSE}$
误差(或残差)	SSE	$n-m-1$		
总计	SST=SSR+SSE	$n-1$	$MSE=\frac{SSE}{n-m-1}$	

方差分析表方便地显示出几个统计量之间的关系，例如，平方和累加为 SST。均值平方表示这些项与其他项之间的比率，对推理来说，测试统计 F 表示平方的比率。表 8.6 和表 8.7 展示的是 Minitab 的回归结果，包括针对定向运动和谷物两个示例的方差分析表。

表 8.6　定向运动示例中距离与时间的回归结果

```
The regression equation is
Distance = 6.00 + 2.00 Time


Predictor      Coef   SE Coef      T      P
Constant     6.0000    0.9189   6.53  0.000
Time         2.0000    0.1667  12.00  0.000


S = 1.22474   R-Sq = 94.7%   R-Sq(adj) = 94.1%


Analysis of Variance

Source            DF      SS      MS       F      P
Regression         1  216.00  216.00  144.00  0.000
Residual Error     8   12.00    1.50
Total              9  228.00
```

表 8.7 谷物示例中营养等级与含糖量的回归结果

```
The regression equation is
Rating = 59.9 - 2.46 Sugars

Predictor      Coef  SE Coef       T      P
Constant     59.853    1.998   29.96  0.000
Sugars      -2.4614   0.2417  -10.18  0.000


S = 9.16616    R-Sq = 58.4%    R-Sq(adj) = 57.8%


Analysis of Variance

Source          DF       SS      MS       F      P
Regression       1   8711.9  8711.9  103.69  0.000
Residual Error  74   6217.4    84.0
Total           75  14929.3


Unusual Observations

Obs  Sugars  Rating    Fit  SE Fit  Residual  St Resid
  1     6.0   68.40  45.08    1.08     23.32     2.56R
  4     0.0   93.70  59.85    2.00     33.85     3.78R

R denotes an observation with a large standardized residual.
```

8.7 离群点、高杠杆率点与有影响的观察点

接着，我们讨论 3 类观察对象的作用，这些对象可能会对回归结果产生不适当的影响。它们是：

- 离群点
- 高杠杆率点
- 有影响的观察对象

离群点是这样一类观察对象，其标准残差的绝对值非常大。考虑图 8.4 所示的营养等级与含糖量的散点图。残差绝对值最大的两个点分别是 All Bran Extra Fiber(所有品牌额外的纤维)和 100% Bran(所有品牌)。注意这两个点与回归线的垂直距离(带箭头的垂直线)比其他任何谷物与回归线的垂直距离要大得多，表明这两个点的残差最大。例如，All Bran Extra Fiber 实际营养等级为 93.7，比仅根据含糖量(该谷物含糖量为 0 克)来预测的营养等级 59.85 高很多。类似的，100% Bran 的实际营养等级为 68.4，比基于含糖量(该谷物含糖量为 6 克)预测的营养等级 45.08 高得多。

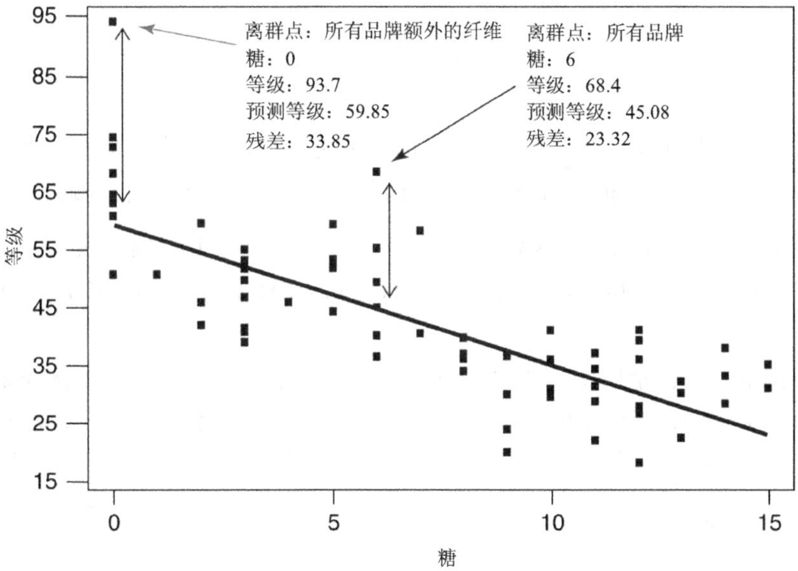

图 8.4　识别含糖量预测的营养等级回归结果的离群点

残差可能具有不同的方差，因此使用标准残差可以更好地识别离群点。标准残差等于残差除以标准误差，使其具有同样的量纲。令 $s_{i,resid}$ 表示第 i 个残差的标准误差，则：

$$s_{i,resid} = s\sqrt{1-h_i}$$

其中 h_i 表示第 i 个观察对象的杠杆率点。

标准残差等于：

$$\text{residual}_{i,\text{standardized}} = \frac{y_i - \hat{y}_i}{s_{i,resid}}$$

一个简略的经验法则是将残差绝对值超过 2 的观察对象标记为离群点。例如，注意表 8.7，Minitab 根据最大标准残差，判断观察对象 1 和 4 为离群点；这两个点正好是 All Bran Extra Fiber 和 100% Bran。

一般来说，如果残差为正，我们可以认为在给定 x 值情况下，观察对象的 y 值比回归估计结果要高。如果残差为负，我们可以认为在给定 x 值情况下，观察对象的 y 值比回归估计结果要低。例如，All Bran Extra Fiber(其残差为正)，我们可以说在含糖量值给定的情况下，观察的实际营养等级比回归估计的营养等级要高(这大概可能是因为额外的纤维造成的)。

高杠杆率点是取预测空间极值的观察点。换句话说，高杠杆率点取 x 变量的极值，不涉及 y 变量。即，杠杆率点仅考虑 x 变量，忽略 y 变量。术语杠杆率点取自物理学中的杠杆率，阿基米德断言，如果给定足够长度的杠杆率，则可以利用它来撬动地球。

第 i 个观察点的杠杆率点 h_i 可定义如下：

$$h_i = \frac{1}{n} + \frac{(x_i - \overline{x})^2}{\sum (x_i - \overline{x})^2}$$

给定数据集，其中 1/n 和 $\sum (x_i - \overline{x})^2$ 可以认为是常量，因此第 i 个观察点的杠杆率点仅依赖 $(x_i - \overline{x})^2$，即预测变量值与预测变量均值的差的平方。在 x 取值范围内，观察点与观察点均值的差别越大，杠杆率值就越大。杠杆率点最低取值为 1/n，最大取值为 1。观察点的杠杆率值比 $2(m+1)/n$ 或 $3(m+1)/n$ 大，则可以认为其杠杆率值较高(其中 m 表示预测变量的个数)。

例如，在定向旅行示例中，假设具有一个新的观察点，一个实际的优秀定向运动竞争者，他运动了 16 小时，运动距离为 39 千米。图 8.5 给出了散点图，更新为 11 个参与者。

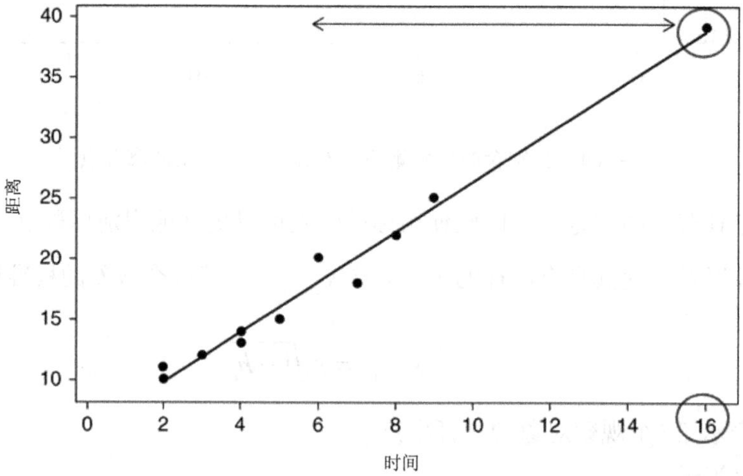

图 8.5 新加入一个运动时间为 16 小时的竞争者时，距离与时间的散点图

考察图 8.5 可发现新加入的旅行者徒步旅行的时间(16 小时)为 x 空间的极值，如图中

水平箭头线所示。这充分表明该观察对象处于最高杠杆率点，无须考察其徒步旅行了多少千米。用表 8.8 验证，显示出经过更新的 11 个徒步旅行者的回归结果。注意到 Minitab 正确地指出极端徒步旅行者的确表示出不同寻常的观察结果，其 x 值给出了最大的杠杆率。也就是说，Minitab 正确地发现新加入的核心定向徒步旅行者具有高杠杆率点，因为他徒步旅行了 16 小时。在考虑杠杆率值时不需要考虑距离(y 值)。

表 8.8　包含新加入的核心徒步旅行者的更新的回归结果

```
The regression equation is
Distance = 5.73 + 2.06 Time


Predictor      Coef   SE Coef      T      P
Constant     5.7251    0.6513   8.79  0.000
Time        2.06098   0.09128  22.58  0.000


S = 1.16901   R-Sq = 98.3%   R-Sq(adj) = 98.1%


Analysis of Variance

Source           DF      SS      MS       F      P
Regression        1  696.61  696.61  509.74  0.000
Residual Error    9   12.30    1.37
Total            10  708.91


Unusual Observations

Obs  Time  Distance     Fit  SE Fit  Residual  St Resid
 11  16.0    39.000  38.701   0.979     0.299     0.47 X

X denotes an observation whose X value gives it large leverage.


Predicted Values for New Observations

New Obs     Fit  SE Fit       95% CI              95% PI
      1  18.091   0.352  (17.294, 18.888)  (15.329, 20.853)
```

然而，核心徒步旅行者并不是一个离群点。注意图 8.5，在给定旅行时间 16 小时的情况下，核心徒步旅行者的数据点与回归方程非常接近，意思是在其旅行的时间给定的情况下，其旅行的距离 39 千米非常接近回归方程预测出的结果。表 8.8 告诉我们标准残差为：

$residual_{i,\text{standardized}} = 0.47$，远小于 2，因此该点不是离群点。

接下来我们开始考虑有影响的观察点。从历史的角度考虑，一个有影响的人到底意味着什么？若某个人的存在与否，会使得世界历史具有显著的变化，称该人为具有影响的人。在贝德福德瀑布(出自圣诞节电影《美妙人生》)，乔治.贝利(詹姆斯.斯图尔特扮演)发现，当天使为其展现出他尚未出生时的世界是多么的不同时，他所受到的影响。同样，在回归过程中，某个观察点会受到由于数据集中观察点的出现与否对回归参数显著变化的影响。

离群点可能带来影响也可能不会带来影响。同样，高杠杆率点也可能带来或不带来影响。通常，会产生影响的观察点通常包含残差大和高杠杆率的组合特征。某个观察点可能既不是离群点，也不是高杠杆率点，但在两个特征组合的情况下，仍然具有影响力。

首先让我们考虑某观察点是离群点但不具有影响的实例。假设我们将 11 号观察点替换为某个用 5 小时徒步旅行 20 千米的观察者(不再是哪个厉害的徒步旅行者)。验证表 8.9，该表展示了 11 个徒步旅行者的回归结果。注意表 8.9 中新观察点为离群点(通常具有大的标准残差的观察对象)。该旅行者旅行的距离(20 千米)，在给定时间的情况下(5 小时)，比回归预测结果要高(回归预测结果为 16.364 千米)。

表 8.9 包括耗费 5 小时旅行 20 千米的旅行者的回归结果

```
The regression equation is
Distance = 6.36 + 2.00 Time


Predictor     Coef  SE Coef     T      P
Constant     6.364    1.278  4.98  0.001
Time        2.0000   0.2337  8.56  0.000


S = 1.71741   R-Sq = 89.1%   R-Sq(adj) = 87.8%


Analysis of Variance

Source          DF      SS      MS      F      P
Regression       1  216.00  216.00  73.23  0.000
Residual Error   9   26.55    2.95
Total           10  242.55


Unusual Observations

Obs  Time  Distance     Fit  SE Fit  Residual  St Resid
 11  5.00    20.000  16.364   0.518     3.636     2.22R

R denotes an observation with a large standardized residual.
```

现在，我们考察该观察点是否具有影响？总的来说，该观察点可能不具有影响。比较表 8.9(新旅行者 5 小时/20 千米的回归输出)和表 8.6(回归结果来自原始数据集)，评估新观察点出现后对回归系数的影响情况。y 轴截距发生了变化，从 $b_0 = 6.00$ 变化为 $b_0 = 6.36$。但新旅行者的出现并未使斜率发生变化，仍然是 $b_1 = 2.00$。

图 8.6 显示出该离群点对估计回归线具有一定的影响，垂直方向发生了较小的改变，但未对斜率造成影响。尽管为离群点，但该点并未造成影响，因为其杠杆率较低，其位置处于 x 值的均值附近，因此它对容量为 11 的数据集具有较小的杠杆率。

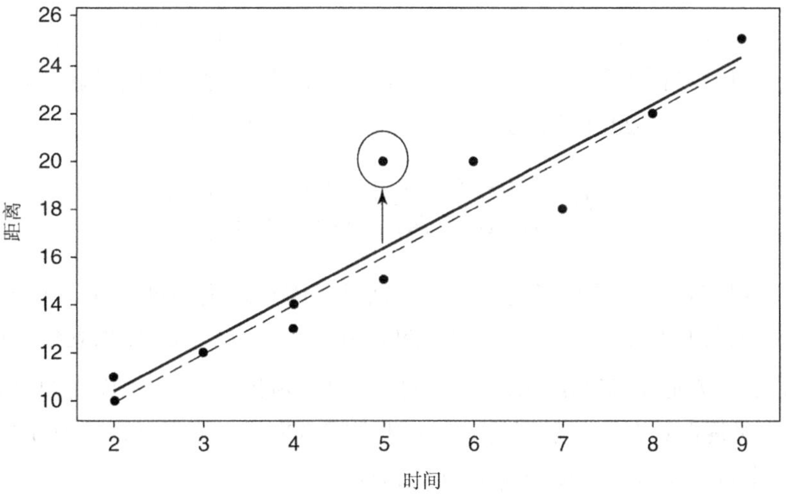

图 8.6　轻度离群点仅对回归线有轻微的影响

可如下计算该观察点的杠杆率($x=5, y=20$)。由 $\bar{x}=5$，可得：

$$\sum(x_i-\bar{x})^2=(2-5)^2+(2-5)^2+(3-5)^2+\ldots+(9-5)^2+(5-5)^2=54$$

由此可得该新观察点的杠杆率为：

$$h_{(5,20)}=\frac{1}{11}+\frac{(5-5)^2}{54}=0.0909$$

在得到该观察点的杠杆率后，我们可以如下得到标准残差。首先，获得残差的标准误差：

$$s_{(5,20),\text{resid}}=1.71741\sqrt{1-0.0909}=1.6375$$

由此获得标准残差：

$$\text{residual}_{(5,20),\text{standardized}}=\frac{y_i-\hat{y}_i}{s_{(5,20),\text{resid}}}=\frac{20-16.364}{1.6375}=2.22$$

如表 8.9 所示。注意标准残差值，2.22，仅比 2.0 稍大一点，由此按照我们的经验规则，该观察点可被视为轻度离群点。

库克距离是最常用的度量观察点影响的方法。它既考虑到观察点残差的大小，又考虑了杠杆率。对第 i 个观察点，库克距离形式如下：

$$D_i=\frac{(y_i-\hat{y}_i)^2}{(m+1)s^2}\left[\frac{h_i}{(1-h_i)^2}\right]$$

其中 $(y_i-\hat{y}_i)$ 表示第 i 个观察点的残差，s 表示估计的标准差，h_i 表示第 i 个观察点的杠杆率，m 表示预测变量的数目。

库克距离公式中左边的比率包含表示残差的元素，而右边的比率包含杠杆率的函数。由此库克距离包含离群点和杠杆率两个概念，合并两个概念用于度量影响。利用库克距离度量以 5 小时时间旅行 20 千米的旅行者的值，如下计算可得：

$$D_i = \frac{(20-16.364)^2}{(1+1)1.71741^2}\left[\frac{0.0909}{(1-0.0909)^2}\right] = 0.2465$$

确定某一观察点是否具有影响的经验规则是其库克距离超过 1.0。更精确地说，也可以比较库克距离与具有$(m, n-m-1)$自由度的 F 分布的百分位数。如果观察值位于该分布的第 1 个四分之一位(低于 25%)，则观察点对回归的影响较小。如果库克距离大于该分布的中位数，则该观察点具有一定的影响。对上述观察点来说，其库克距离为 0.2465，位于 $F_{2,9}$ 分布的第 22 个百分位处，表明该观察点的影响较小。

我们前期讨论过的核心徒步旅行者的情况如何呢？该观察对象具有影响吗？回忆该旅行者用 16 小时旅行了 39 千米，第 11 个观察点结果参考表 8.8。首先，我们计算其杠杆率。

我们有$n=11$，$m=1$，因此，该观察点有$h_i > \frac{2(m+1)}{n} = 0.36$，或$h_i > \frac{3(m+1)}{n} = 0.55$，可认为该观察点具有高杠杆率。该观察点实际为 h_i=0.7007，表明该不知疲倦的徒步旅行者的确具有高杠杆率，诸如早期在图 8.5 中所提到的，图 8.5 似乎表明该徒步旅行者(x=16, y=39)并不是一个离群点，因为观察对象与回归线拟合度高。标准残差也支持这一结论，标准残差为 0.46801。在本章的练习中要求读者验证杠杆率和标准残差值。最后，该观察点的库克距离为 0.2564，与前例的情况类似，表明该观察点没有影响。图 8.7 展示了在有(实线)或没有(虚线)该观察点的情况下，回归的轻微变化情况。

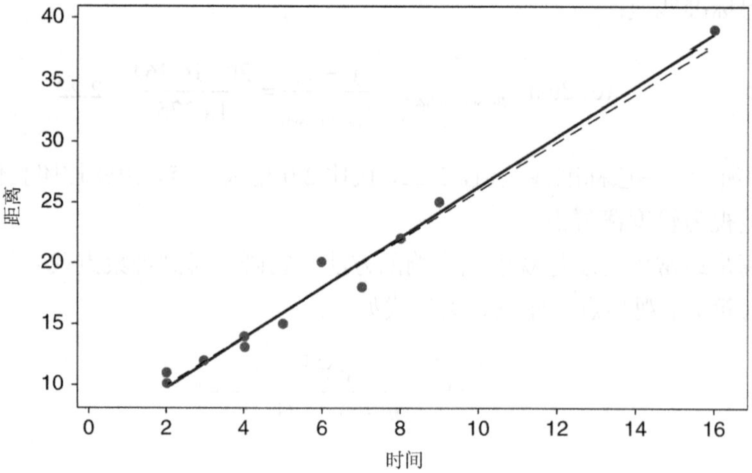

图 8.7 增加核心徒步旅行者后，回归直线的轻微变化情况

以上我们考察了观察对象是离群点，但几乎没有什么影响；以及观察对象是具有较小

残差的高杠杆率点，此类观察对象也没有什么特别的影响。接下来，我们将描述具有中等高残差和中等高杠杆率但的确有影响的数据点的情况。假设将我们的第 11 个徒步旅行者替换为用时为 10 小时旅行 23 千米的观察对象。对新形成的 11 个旅行者的回归分析如表 8.10 所示。

表 8.10　增加旅行时间为 10 小时距离为 23 千米的新观察点后的回归结果

```
The regression equation is
Distance = 6.70 + 1.82 Time


Predictor     Coef  SE Coef      T      P
Constant    6.6967   0.9718   6.89  0.000
Time        1.8223   0.1604  11.36  0.000


S = 1.40469   R-Sq = 93.5%   R-Sq(adj) = 92.8%


Analysis of Variance

Source          DF      SS      MS       F      P
Regression       1  254.79  254.79  129.13  0.000
Residual Error   9   17.76    1.97
Total           10  272.55
```

注意 Minitab 并未将观察对象归类到离群点或者是高杠杆率点。原因在于，正如我们要求读者在练习中需要验证的那样，该新观察对象的杠杆率为 $h_i = 0.36019$，标准残差等于 -1.70831。

然而，尽管既不是大杠杆率点，残差也不大，但毫无疑问，此观察对象具有影响力，其库克距离为 $D_i = 0.821457$，位于 $F_{1,10}$ 分布的第 62 个百分位。

该观察对象的影响源于其中等大小的杠杆率和中等大小的残差的合并结果。图 8.8 展示的是该观察对象对回归线的影响，在该点的右侧使回归线的斜率降低(从 2.00 降低到 1.82)。由此增加了 y 轴的截距(从 6.00 增加到 6.70)。

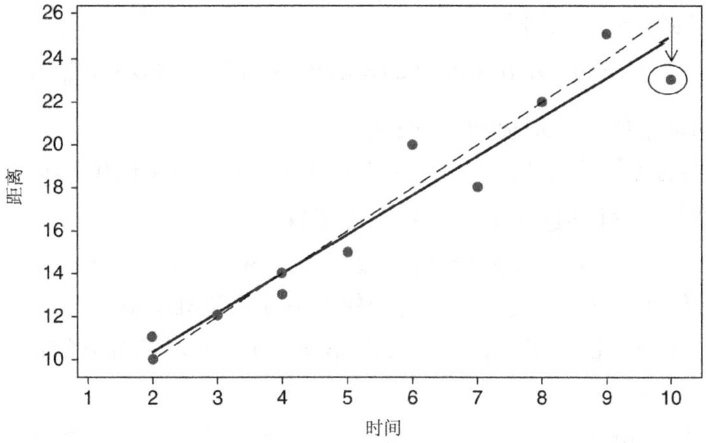

图 8.8　中等残差加上中等杠杆率=有影响的观察对象

8.8 回归方程概括

最小二乘回归是一种强大且优雅的方法。然而，如果回归模型假设未被验证，则由此开展的推理和模型构建都是不正确的。部署一个结果是基于未经验证假设的模型可能会给后续工作带来巨大的错误。简单线性回归模型如下。我们有 n 个二元观察对象集合，其响应值 y_i，以及与之关联的预测变量值 x_i，具有以下的线性关系。

通用回归方程式

$$y = \beta_0 + \beta_1 x + \varepsilon$$

其中

- β_0 和 β_1 表示模型参数，分别对应截距和斜率。这些值是常量，其真实值未知，需要通过最小二乘估计从数据集中估计得到。
- ε 表示误差项。由于大多数预测-响应变量之间的关系是不确定的，因此对实际关系的所有线性近似都需要增加误差项。所以需要引入由随机变量建模的误差项。

有关误差项的假设

- **零均值假设**。误差项 ε 是一个随机变量，其均值或者说其期望值等于 0，换句话说，误差项的期望值 $E(\varepsilon) = 0$。
- **常数方差假设**。ε 的方差，用 σ^2 表示，无论 x 取何值，是一个常数。
- **独立性假设**。ε 的值是独立的。
- **正态假设**。误差项 ε 是满足正态分布的随机变量。

换句话说，误差项 ε_i 的值是均值为 0、方差为 σ^2 的独立正态分布随机变量。

基于上述 4 点假设，我们可以得到响应变量 y 行为的如下 4 个隐含意义。

响应变量行为的隐含假设

(1) 按照零均值假设，我们有：

$$E(y) = E(\beta_0 + \beta_1 x + \varepsilon) = E(\beta_0) + E(\beta_1 x) + E(\varepsilon) = \beta_0 + \beta_1 x$$

即，对 x 的每个值，y 的均值在回归线上。

(2) 基于常数方差假设，我们有 y 的方差 $\mathrm{Var}(y)$，为 $\mathrm{Var}(y) = \mathrm{Var}(\beta_0 + \beta_1 x + \varepsilon) = Var(\varepsilon) = \sigma^2$。即，无论预测变量 x 取何值，y 的方差始终为常数。

(3) 基于独立性假设，对 x 的任意特定值，y 的取值也是独立的。

(4) 基于正态分布假设，可知 y 亦是一种正态分布随机变量。

换句话说，响应变量 y_i 的值是均值为 $\beta_0+\beta_1 x$，方差为 σ^2 的独立的正态分布随机变量。

图 8.9 图形化地描述了 y_i 均值为 $\beta_0+\beta_1 x$、方差为常数 σ^2 的正态特性。假设我们有数据

集包括预测变量值为 x=5,10,15 以及其他值。对 x 的每个值，回归假设断言 y 的观察值是正态分布总体均值($E(y)=\beta_0+\beta_1 x$)、标准差为常数 σ^2 的回归线上的样例。注意图 8.9 中每个正态分布曲线都有同样的形状，表明对 x 的每个不同取值，其方差为常数。

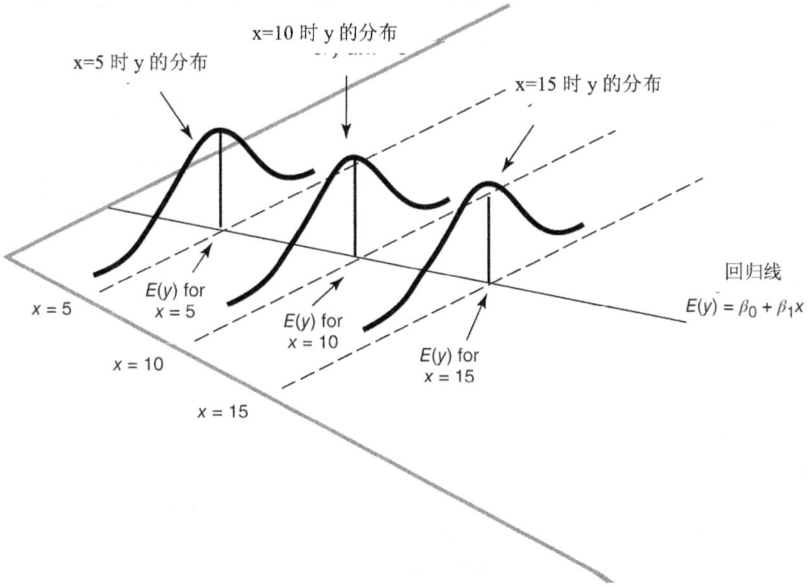

图 8.9　对每个 x 值，y_i 满足正态分布，其均值位于回归线上，方差为常数

如果读者兴趣在应用回归分析时采用严格的描述性方法，不需要推理和建模，则不需要非常担忧假设验证。因为假设是关于误差项的。如果不涉及误差项，则不需要假设。然而，如果读者希望推理或构建模型，则必须要验证假设。

8.9　回归假设验证

如何着手开展假设的验证工作呢？以下将讨论两种主要的用于验证回归假设的图形化方法：

a．残差的正态概率图

b．标准残差与拟合(预测)值的点图

正态概率图是一种特定分布分位数与标准正态分布分位数之间比较的分数位-分数位图，目的是确定特定分布与正态分布的偏差程度(类似于百分位，特定分布的分位数值为 x_p，其分布值的 p%小于或等于 x_p)。在正态分布图中，待考察分布的观察值与正态分布相同数量的值比较。如果待考察的分布是正态分布，则图中大部分的点构成一条直线；如果与线性形态存在系统偏差，则该图表明待考察分布不是正态分布。

为描述不同数据分布的正态概率图的行为，我们提供3个实例。图8.10～图8.12包含分别取自均匀(0，1)分布、卡方分布(5)和标准(0，1)正态分布的10 000个值的正态概率图。

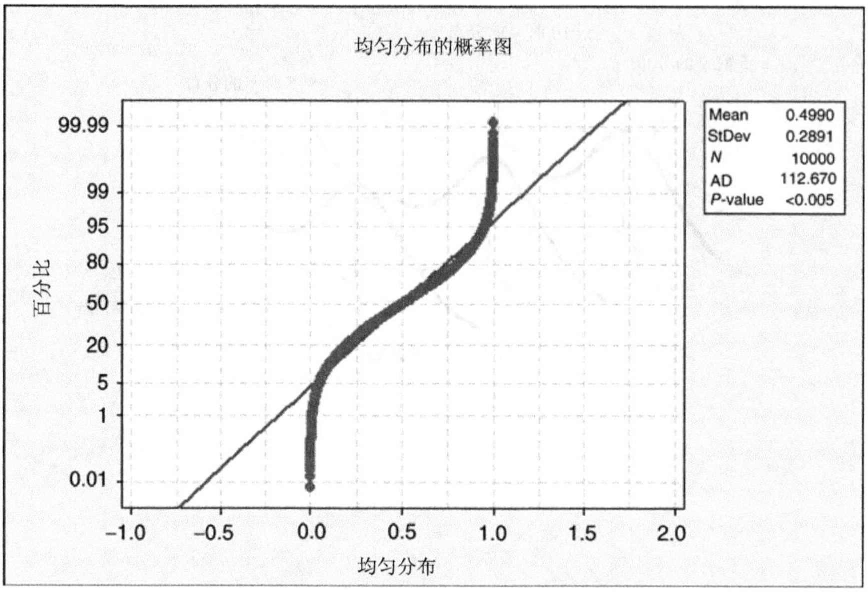

图8.10 均匀分布的正态概率图：长尾

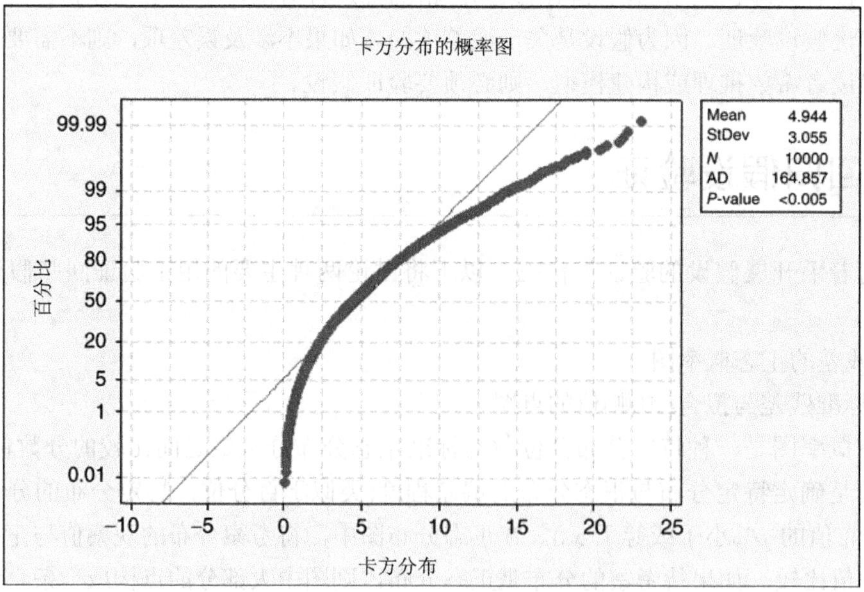

图8.11 卡方分布的概率图：右倾斜

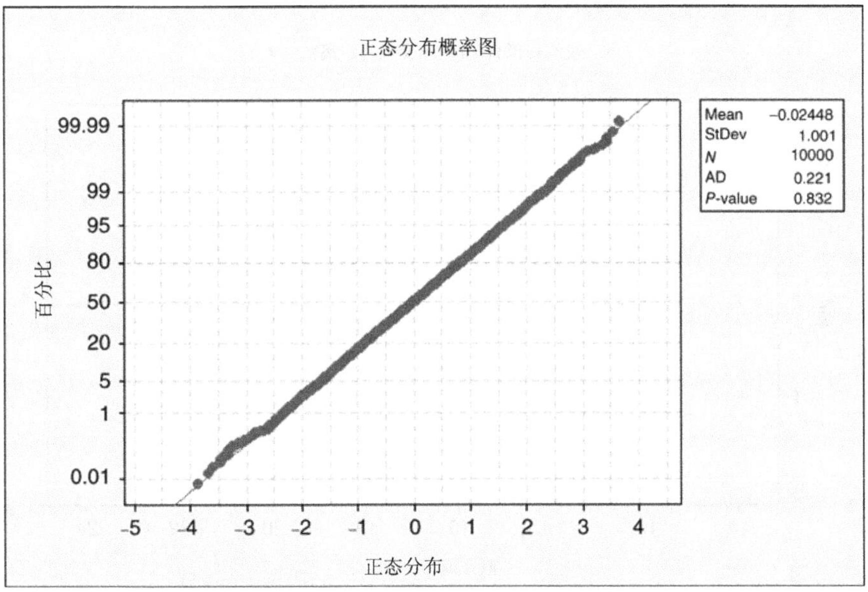

图 8.12　正态分布的概率图：不要期望实际数据能得到如此好的拟合效果

注意图 8.10 的大部分数据未能显现直线形状，呈现出清楚的模式(反 S 曲线)，表明与正态分布存在系统性偏差。均匀分布时一种矩形分布，其尾部与正态分布存在较大的偏差。因此，图 8.10 是一种待考察分布的尾部与正分布存在较大差别的概率图实例。

图 8.11 也存在一种非常清楚的曲线模式，表明待考察分布与正态分布存在较大偏差。卡方(5)分布存在右倾斜性，因此图 8.11 的曲线模式显然可以被认为是一种正态概率图的典型的右倾斜分布的模式。

最后，考察图 8.12，点线与直线拟合得非常好，表明其正态特性，获得该结果的原因在于其所有的数据都取自正态(0，1)分布。应该提出注意的是实际应用中，数据不可能取得如此好的拟合效果。样例的误差和其他噪声的出现通常使我们很难获得如此好的正态特性。

注意采用 Minitab 工具针对上述每个图，图 8.10、图 8.11、图 8.12 得到的安德逊-道尔(Anderson-Darling，AD)统计和 *p*-值。该值是正态分布的 AD 测试。AD 统计值越小，表明数据与正态分布拟合程度高。零假设表明与正态分布拟合，因此 *p*-值小表明拟合程度不高。注意均匀分布和卡方分布的情况，AD 测试的 *p* 值小于 0.005，说明均匀分布和卡方分布与正态分布具有明确的偏差。然而，正态分布样例的 *p*-值为 0.832，表明没有否定零假设的证据，该分布是正态分布。

第 2 种用于判定回归假设的图形化方法是一种采用标准残差与拟合度(预测值)比较的点图。该类图的示例见图 8.13，该图显示的是定向运动示例中原始观察对象的距离与时间的回归。

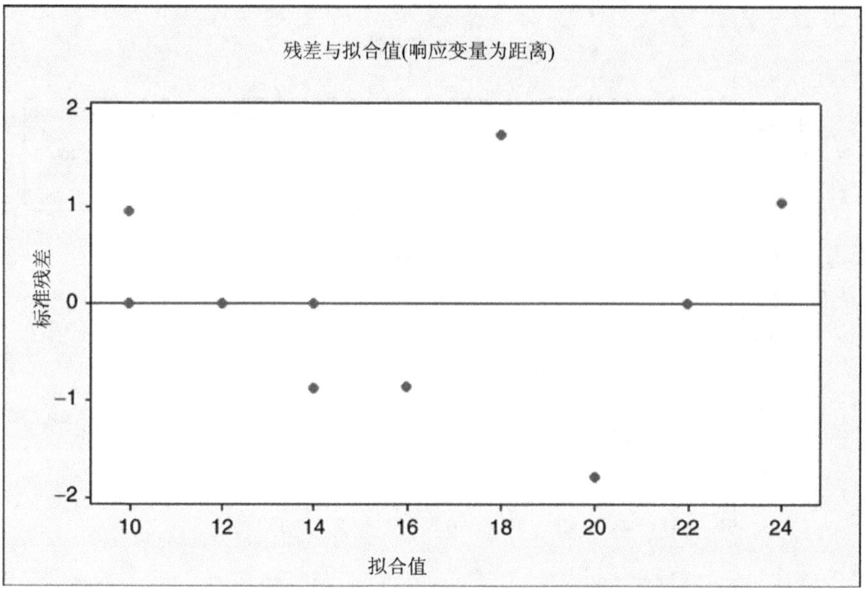

图 8.13 定向运动示例中标准残差与预测值点图

注意该图与图 8.3 所示的原始散点图的紧密关系。图 8.3 的回归线现在表现为一种位置处于 0 的水平直线。在图 8.3 中处于回归线上部、下部或正好处于回归线上的点在图 8.13 中处于水平 0 直线的上部、下部或正好处于 0 直线上。

我们对回归假设有效性的评估是通过观察残差与拟合的点图是否存在一定的模式开展的。在这种情况下，如果违反了某个假设，或者可能不存在明显的模式，那么假设保持不变。图 8.13 中的 10 个数据点实在是太少了，无法确定是否存在某种模式。当然，在数据挖掘应用中，基本上不会出现缺乏数据的情况。让我们看看能观察到什么类型的模式。图 8.14 给出了可能会从残差拟合点图中观察到的 4 种“典型”模式。图(a)显示出一种“健康的”点图，无法观察到明显的模式，其中的点显示为一种从左至右的矩形形状。图(b)展现出一种曲线，违背了独立性假设。图(c)显示出一种“烟筒”形状，违背了方差位常数的假设。图(d)展现出一种从左至右上升的模式，违背了零均值的假设。

为什么说图(b)违背了独立性假设呢？因为误差被认为应当是独立的，因此残差(对误差的估计)也应当显示出独立性。然而，如果在残差给定的情况下，其点图表现出一种曲线模式，我们就可以在一定的边际误差范围内，预测出该残差的左右邻居点的情况。如果残差确实存在独立性，则无法进行这样的预测。

为什么说图(c)违背了方差为常数的假设呢？注意图(a)所反映出来的残差的变异情况，无论 x 取何值，考察垂直距离都相当稳定。然而，观察图(c)，其残差的变异性表现在随着 x 取值的变化而变化，x 取值越小，残差越小，x 取值越大，残差取值越大。因此，其变异性非常量，违背了方差为常数的假设。

为什么说图(d)违背了零均值假设呢？零均值假设指出无论 x 的取值如何，误差项的均值应当为零。然而，图(d)显示出，x 取值较小时，残差均值小于 0，x 取值较大时，残差均值大于 0。因此违反了零均值假设，同时也违背了独立性假设。

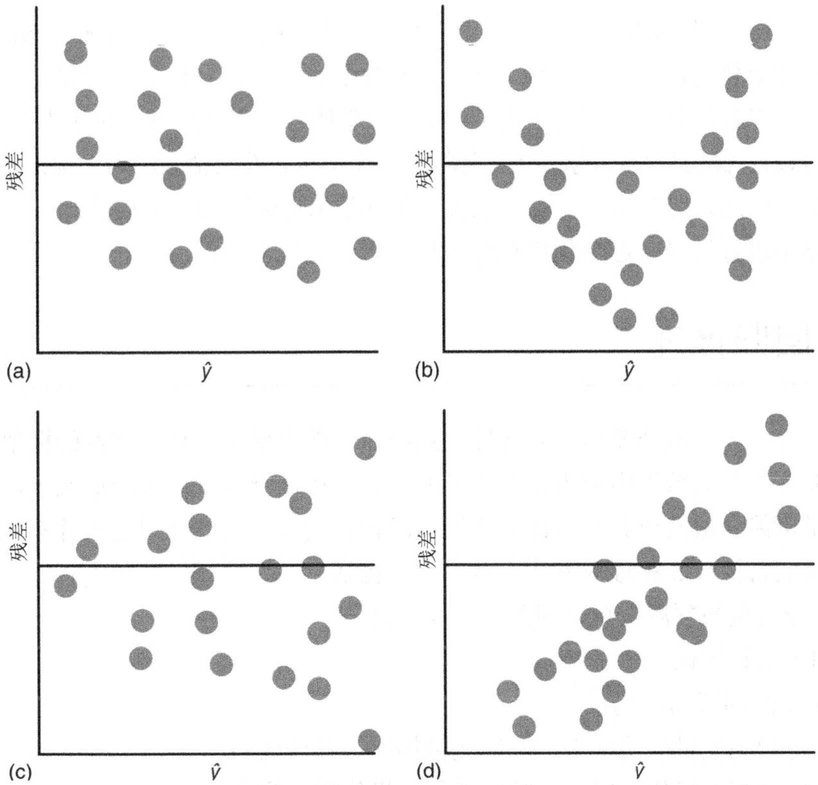

图 8.14　残差与拟合情况点图可能出现的 4 种模式

在检验点图的模式时，要注意防止随机考察模式存在的“罗夏效应(Rorschach effect)”。考察点图的零假设是这些假设都完整无缺，只有在点图中能够系统清楚给出的可识别的模式才能作为比较的证据。

除了上述提到的图形化方法外，还有几种可用于评估回归假设有效性的诊断假设测试。如上所述，AD 测试可用于判断残差与正态分布的符合程度。为评价是否存在违反常数方差的假设，可采用 Bartlett's test 或 Levene's test。评价是否违背了独立性假设，可采用 Durban-Watson test 或其他可运行的测试。有关这些诊断测试的信息可参考 Draper 和 Smith 撰写的论著[4]。

注意上述提到的假设表示了执行回归推理所需要的结构。回归的描述性方法，例如点估计以及这些统计的简单报告，例如斜率，相关性，估计的标准误差和 r^2，如果结果是交叉检验的结果，即使在不满足假设的情况下可能仍然会被采用。在统计推理中，违反假设是不允许的。但是我们作为数据挖掘和大数据分析人员应当理解这样的推理不是我们的主要观点。相反，数据挖掘通过对结果的交叉验证寻求确认。例如，如果我们要检验户外活

4 Draper and Smith, *Applied Regression Analysis*, 3rd edition, Wiley Publishers, Hoboken, New Jersey, 1998.

动门票销售与降雨量之间的关系，如果训练数据集和测试数据集结果都报告相关系数在 0.7 左右，并有图形化的证据来支持这一结果，则我们可以比较自信地将变量之间存在负相关关系这一结果以描述性方式报告给我们的客户，即使这两个变量都不是正态分布(满足相关性测试的假设)。我们只是不能说相关系数具有统计显著性负值，因为“统计相关性”属于推理的范畴。因此，对数据分析人员来说，关键是(i)跨分区的交叉检验；(ii)严格地以描述性语言对结果进行解释，避免使用推理术语。

8.10 回归推理

回归推理为评估两个变量之间线性关系的显著性提供了一种系统性的框架。当然，分析人员需要注意在大数据中应用推理常见的警告。在样例容量巨大的情况下，甚至非常小的影响容量可能会被发现具有统计显著性，即使它们本身的统计显著性并不明显。

本章我们将检验 5 种推理方法，这些方法包括：

(1) 响应变量与预测变量之间关系的 t-检验。

(2) 相关系数测试。

(3) 斜率 β_1 的置信区间。

(4) 给定预测变量值情况下，响应变量均值的置信区间。

(5) 给定预测变量值情况下，响应变量随机值的预测区间。

在第 9 章中，我们还将从总体上讨论验证回归显著性的 F-检验。然而，对简单线性回归来说，t-检验和 F-检验是等价的。

怎样着手开展回归推理工作呢？让我们回忆总体回归方程式的形式：

$$y = \beta_0 + \beta_1 x + \varepsilon$$

该方程式断言，y 与 x 的函数之间存在线性关系。其中 β_1 为模型参数，是一个值未知的常数。是否存在一些值，当 β_1 取这些值时，y 与 x 之间不再存在线性关系?考虑当 β_1 为零时，会有什么情况发生。此时，实际回归方程如下：

$$y = \beta_0 + (0)x + \varepsilon$$

换句话说，当 β_1=0 时，实际回归方程如下：

$$y = \beta_0 + \varepsilon$$

即，y 与 x 之间不再存在线性关系。然而，如果 β_1 取除零之外的其他任何值，则响应变量与预测变量之间存在某种线性关系。本章中大多数回归推理都是基于这一基本思想，y 与 x 之间的线性关系依赖于 β_1。

8.11　x 与 y 之间关系的 t-检验

本节中所采用的多数推理涉及等级和含糖量回归示例。假设是回归的残差(或标准残差)近似正态分布。图 8.15 显示该假设是可信的。尽管在两个端点存在背离，但大多数数据处于置信范围内。

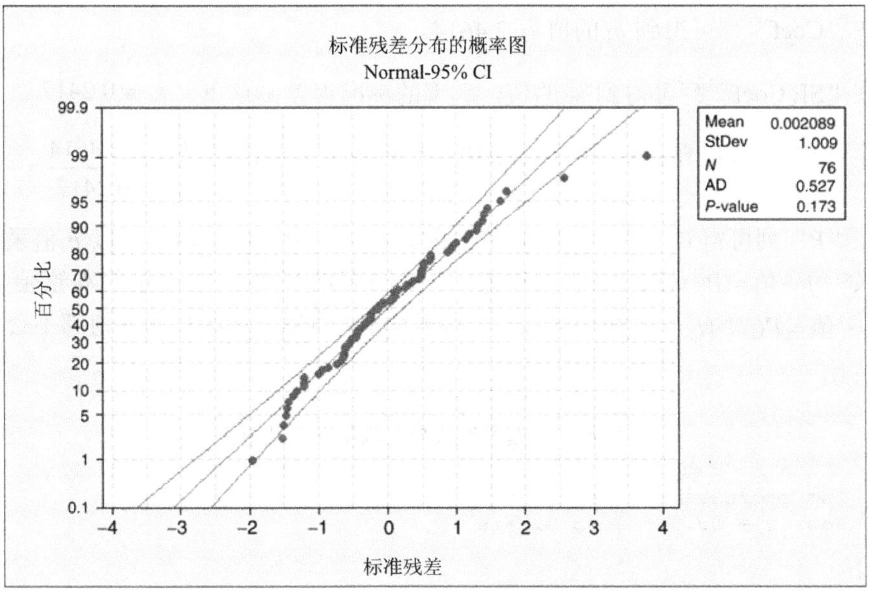

图 8.15　等级与含糖量回归残差的正态分布图

采用最小二乘法估计斜率 b_1 是一个统计量，因为其值随着样例的不同而存在差异。与其他的所有统计量类似，该统计量是一个具有特定均值和标准误差的抽样分布。b_1 的抽样分布为实际斜率 β_1 值的平均值(未知)，其标准误差如下：

$$\sigma_{b_1}=\frac{\sigma}{\sqrt{\sum x^2-(\sum x)^2/n}}$$

正如一个有关均值 μ 的样例推理是基于对 $\overline{x}$ 的抽样分布，因此关于斜率 β_1 回归推理是基于对 b_1 的抽样分布。对 σ_{b_1} 的点估计是 s_{b_1}，由下式给出：

$$s_{b_1}=\frac{s}{\sqrt{\sum x^2-(\sum x)^2/n}}$$

其中 s 是估计的标准误差，在回归结果中。s_{b_1} 统计量被解释为是对斜率变化的度量。大量 s_{b_1} 的不同取值表明斜率 b_1 的估计是不稳定的。而 s_{b_1} 的不同取值数量较小说明斜率 b_1

是精确的。t-检验基于分布 $t=\frac{(b_1-\beta_1)}{s_{b_1}}$，遵循具有 n-2 自由度的 t-分布。当零假设为真时，测试统计量 $t=\frac{b_1}{s_{b_1}}$ 遵循 n-2 自由度的 t-分布。t-检验要求残差为正态分布。

为便于描述，我们采用表 8.7 的结果执行 t-检验，针对含糖量的营养等级回归。方便起见，表 8.7 用表 8.11 重新表示。考察表 8.11 的标记为“糖”的行。

- 在“Coef”列可得到 b_1 的值为-2.4614。
- 在“SE Coef”列可得到 s_{b_1} 的值，斜率的标准误差。这里，$s_{b_1}=0.2417$。
- 在“T”列可得到 t-统计量，即 t-检验的检验统计量，$t=\frac{b_1}{s_{b_1}}=\frac{-2.4614}{0.2417}=-10.18$。
- 在“P”列可得到 t-统计量的 p 值。因为这是一个二尾检验，所以 p 值采用如下形式：$p-值=P(|t|>|t_{\text{obs}}|)$，其中 t_{obs} 表示回归结果中 t-统计量的观察值。此处，$p-值=P(|t|>|t_{\text{obs}}|)=P(|t|>|-10.18|)\approx 0.000$，当然，连续型的 p 值都不会精确地等于 0。

表 8.11 营养等级与含糖量回归结果

```
The regression equation is
Rating = 59.9 - 2.46 Sugars


Predictor      Coef  SE Coef       T      P
Constant     59.853    1.998   29.96  0.000
Sugars      -2.4614   0.2417  -10.18  0.000

S = 9.16616   R-Sq = 58.4%   R-Sq(adj) = 57.8%


Analysis of Variance

Source          DF       SS      MS       F      P
Regression       1   8711.9  8711.9  103.69  0.000
Residual Error  74   6217.4    84.0
Total           75  14929.3


Unusual Observations

Obs  Sugars  Rating    Fit  SE Fit  Residual  St Resid
  1     6.0   68.40  45.08    1.08     23.32     2.56R
  4     0.0   93.70  59.85    2.00     33.85     3.78R

R denotes an observation with a large standardized residual.
```

该假设检验的假设如下。零假设断言变量之间不存在线性关系，备选假设指出变量之间的线性关系的确是存在的。

$H_0: \beta_1 = 0$(含糖量与营养等级之间不存在线性关系)

$H_a: \beta_1 \neq 0$(是的，含糖量与营养等级之间存在线性关系)

我们将采用 p-值方法进行假设检验，其中当检验统计量的 p 值小时，零假设被拒绝。如何确定小的含义依赖于研究的领域、分析人员和领域专家，尽管多数分析人员例行使用 0.05 作为小的阈值。此处，由于 $p-值 \approx 0.00$，的确比任何合理的显著性阈值要小。因此，我们拒绝零假设，结论是含糖量与营养等级之间存在线性关系。

8.12 回归直线斜率的置信区间

研究人员可能会认为假设检验的结论过于黑白分明，而更喜欢采用置信区间来估计回归线 β_1 的斜率。使用的区间为一种称为 t-区间的区间，该区间基于上述 β_1 的抽样分布。置信区间的形式如下[5]：

回归直线的实际斜率 β_1 的 $100(1-\alpha)\%$ 置信区间

我们可以获得回归线斜率 β_1 的 $100(1-\alpha)\%$ 置信度为：

$$b_1 \pm (t_{\alpha/2,n-2})(s_{b_1})$$

其中，$t_{\alpha/2,n-2}$ 基于 n-2 自由度。

例如，为回归直线 β_1 的实际斜率构建 95%置信区间。我们有点估计 $b_1 = -2.4614$。95%置信度和 n−2=75 自由度的 t-关键值为 $t_{75,95\%} = 2.0$。根据图 8.16，我们有 $s_{b_1} = 0.2417$。因此，置信区间如下获得：

$$b_1 - (t_{n-2})(s_{b_1}) = -2.4614 - (2.0)(0.2417) = -2.9448$$
$$b_1 + (t_{n-2})(s_{b_1}) = -2.4614 + (2.0)(0.2417) = -1.9780$$

回归线实际斜率的 95%置信区间位于−2.9448 与−1.9780 之间。即，每增加额外的含糖量克数，营养等级将减少 2.9448−1.9780 点。由于点 β_1=0 并未包含在该区间内，我们可以确信变量之间存在具有显著性的关系，可信度为 95%。

5 $100(1-\alpha)\%$ 标记可能会引起混淆。但假定我们令 $\alpha = 0.05$，则置信度为 $100(1-\alpha)\% = 100(1-0.05)\% = 95\%$。

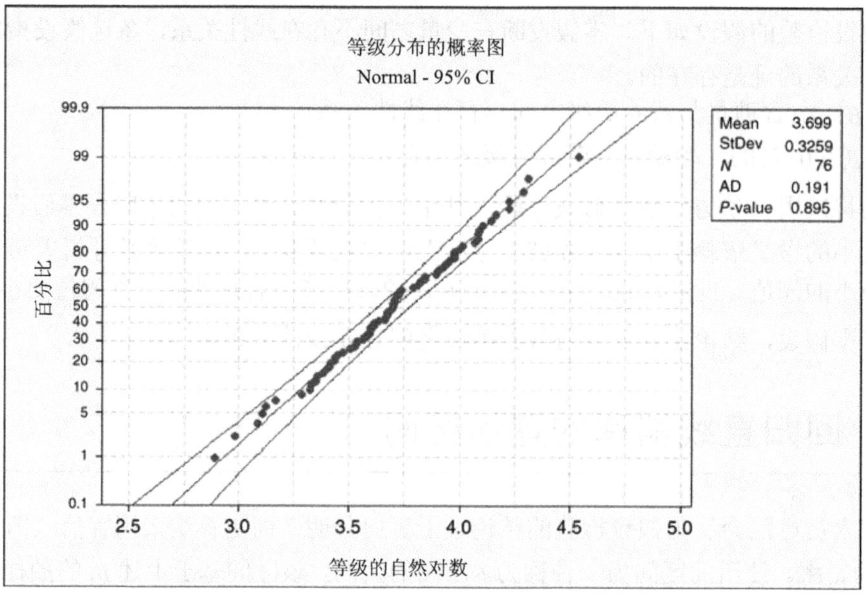

图 8.16 In rating 显示出近似正态分布的概率图

8.13 相关系数ρ的置信区间

令 ρ (读“rho”)表示总体的 x 变量与 y 变量之间的总体相关系数。则 ρ 的置信区间如下：

我们可以得到总体相关系数 ρ 的 100(1-α)%置信区间位于：

$$r \pm t_{\alpha/2,n-2} \cdot \sqrt{\frac{1-r^2}{n-2}}$$

其中$t_{\alpha/2,n-2}$基于 n-2 的自由度。

该置信区间需要 x 变量与 y 变量均满足正态分布。现在，营养等级不满足正态分布，但转换变量 *In rating* 满足正态分布，如图 8.16 所示。然而，含糖量以及其转换(参考本章后述的“再论梯度”)均不满足正态分布。碳水化合物，勉强可以认为满足正态分布，其 AD 值为 0.081，如图 8.17 所示。计算 *In rating* 与碳水化合物之间总的相关系数的置信区间的假设可得到满足。这样，让我们来为 ρ 构建 95%置信区间，也就是为 *In rating* 和碳水化合物之间总的相关系数构建 95%的置信区间。

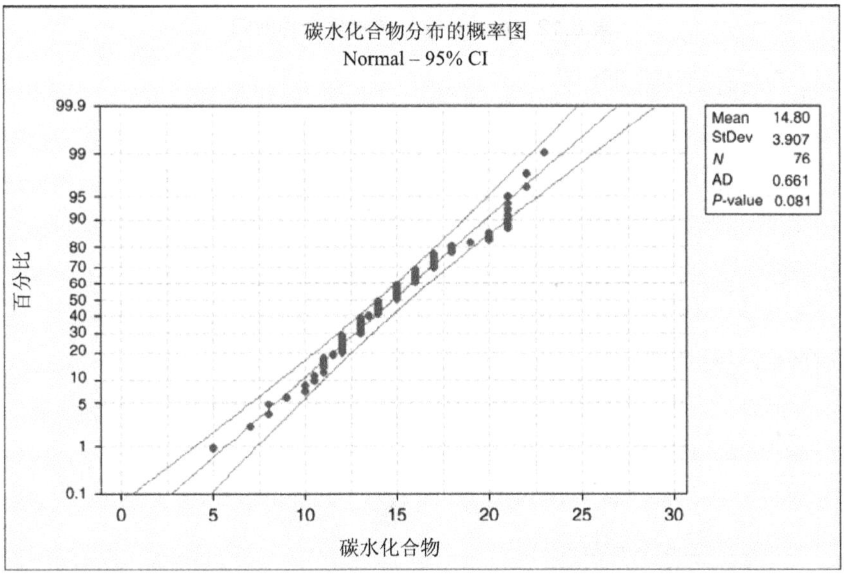

图 8.17　碳水化合物的概率图显示可勉强认为其满足正态分布

根据表 8.12，*In rating* 与碳水化合物回归的回归结果，我们有：$r^2 = 2.5\% = 0.025$，斜率 b_1 为正值，因此样例的相关系数为 $r = +\sqrt{r^2} = +\sqrt{0.025} = 0.1581$。样例大小为 n=76，因此 $n-2=74$。最后，$t_{\alpha/2,n-2} = t_{0.025,74}$ 表示曲线尾部区间 0.025 包含 74 自由度的 *t*-关键值。该值等于 1.99。由此，我们关于 ρ 的 95%置信区间由下式给出：

$$
\begin{aligned}
& r \pm t_{\alpha/2,n-2} \cdot \sqrt{\frac{1-r^2}{n-2}} \\
& = 0.1581 \pm 1.99 \cdot \sqrt{\frac{1-0.025}{74}} \\
& = (-0.0703, 0.3865)
\end{aligned}
$$

我们得到总体相关系数的 95%置信区间位于-0.0703 至 0.3865 之间。由于零包含在区间内，我们可以得出结论 *In rating* 和碳水化合物不是线性相关的。对该解释的一般化概括如下：

利用置信区间评估相关性

- 如果置信区间的两端均为正，则在 100(1-α)%置信区间，x 与 y 是正相关的。
- 如果置信区间的两端均为负，则在 100(1-α)%置信区间，x 与 y 是负相关的。
- 如果一端为负，另一端为正，则在 100(1-α)%置信区间，x 与 y 不存在线性相关性。

表 8.12 *ln rating* 与碳水化合物回归

```
The regression equation is
ln rating = 3.50 + 0.0131 Carbo


Predictor        Coef    SE Coef      T      P
Constant       3.5043     0.1465  23.91  0.000
Carbo        0.013137   0.009576   1.37  0.174


S = 0.324030   R-Sq = 2.5%   R-Sq(adj) = 1.2%


Analysis of Variance

Source          DF      SS      MS     F      P
Regression       1  0.1976  0.1976  1.88  0.174
Residual Error  74  7.7697  0.1050
Total           75  7.9673


Unusual Observations

Obs  Carbo  ln rating     Fit  SE Fit  Residual  St Resid
  1    5.0     4.2254  3.5699  0.1010    0.6555     2.13RX
  4    8.0     4.5402  3.6094  0.0750    0.9308     2.95R
 11   12.0     2.8927  3.6619  0.0458   -0.7692    -2.40R
 13   13.0     2.9869  3.6750  0.0410   -0.6882    -2.14R

R denotes an observation with a large standardized residual.
X denotes an observation whose X value gives it large leverage.
```

8.14 给定均值的置信区间

在预测变量值给定的情况下，响应变量值的点估计可以通过应用估计回归方程 $\hat{y}=b_0+b_1x$ 获得。但是，点估计无法提供关于其准确性的概率表述。因此分析人员被告诫应向终端用户提供如下的两类区间：

- 给定 x 的情况下，y 均值的置信区间。
- 给定 x 的情况下，随机选择 y 值的预测区间。

这两类区间均需要残差满足正态分布。

给定值的均值的置信区间

$$\hat{y}_p \pm t_{n-2}(s)\sqrt{\frac{1}{n}+\frac{(x_p-\bar{x})^2}{\sum(x_i-\bar{x})^2}}$$

其中：

x_p 在预测确定的情况下，x 的值，

$\hat{y}_p$ 是 x 取特定值时，y 的点估计，

t_{n-2} 是与样例大小和置信区间有关的乘数，其中 s 是估计的标准误差。

在考察该类型的置信区间的示例前，我们首先引入一类新的区间，预测区间。

8.15 给定随机选择值的预测区间

棒球爱好者很容易预测：整个球队的平均击球率，或随机选择一个队员的平均击球率？也许，你会注意到考察每周平均击球率的统计量，该统计量为球队的击球率(每个量表示特定球队的所有队员的平均击球率)要比考察单个队员的平均击球率更为紧密。这种情况说明对球队平均击球率的估计要比随机选择一个队员的平均击球率的估计更准确。一般来说，预测某个变量的均值要比预测随机选择该变量的某个值更容易。

该现象的另外一个示例是，考虑考试分数。我们通常认为随机选择一个分数超过 98 分的学生是可能的，但某个年级平均分超过 98 分却是相当不易的。回想统计基础，与某个变量的均值的差异要比该变量的某个个体的变化小得多。例如，单随机变量 x 的标准差为 σ，然而样例均值 $\overline{x}$ 的抽样分布的标准差是 $\sigma/\sqrt{n}$。因此，预测年级考试平均分要比预测从年级中随机选择一个学生的分数容易得多。

在多数环境下，分析人员对预测个别值比对预测所有值的均值更感兴趣。例如，分析人员可能期望预测某个具体信用申请人的信用评分，而不是预测类似申请人的平均信用评分。或者，遗传学家可能会对特定的某一基因感兴趣，而不是对所有类似基因的均值感兴趣。

预测区间用于在给定 x 情况下，随机选择某个 y 值的估计。显然，该任务比估计均值要困难得多，在同样的置信等级下，估计个体值的置信区间要比估计均值的置信区间宽得多(精度低)。

在给定值的情况下，随机选择值的预测区间

$$\hat{y}_p \pm t_{n-2}(s)\sqrt{1+\frac{1}{n}+\frac{(x_p-\bar{x})^2}{\sum(x_i-\bar{x})^2}}$$

注意该公式与前述给定 x，求 y 的均值的置信区间的公式很相像，除了平方根下面多“1+”以外。这反映出估计 y 的单一值而不是均值具有更大的可变性；这也表明预测区间总是比类似的置信区间要宽。

回忆一下定向运动的示例，共提供了 10 个参与者的旅行时间与旅行距离。假设我们期望估计某个给定旅行者($y_p=5, x=5$)旅行的距离。点估计可利用回归方程方便地获得结果，如表 8.6 所示：$\hat{y}=6+2(x)=6+2(5)=16$。结果表明，某个旅行参与者旅行 5 小时，估计其旅行的距离为 16 千米。注意图 8.3，该预测 $(x=5, y=16)$ 正好落在回归线上，在做类似的预测时都会出现这种情况。

然而，我们必须提出这样的问题：我们能确认点估计得到的精度吗？即，我们能够确定该旅行者的确走了 16 千米，而不是 15.9 或者是 16.1 千米吗？对点估计来说，通常没有与之相关的置信度量方法，这也限制了点估计的应用能力和可用性。

为此我们打算构建一种置信区间。回忆前述的回归模型假设，对每个 x 值，y 的观察值都是来自满足回归线($E(y)=\beta_0+\beta_1 x$)均值、方差为 σ^2 的总体正态分布的样例，如图 8.9 所示。点估计表示通过数据估计得到的该总体均值。

现在，根据该例，我们有唯一的观察结果，其值 $x=5$ 小时。尽管如此，回归模型假设对任何一个可能的具有该值的旅行者，存在一个总体的正态分布。对处于该分布的所有可能的旅行者来说，95%的旅行者旅行的距离将处于点估计结果 16 千米的一定的范围内(误差边际)。因此我们得到旅行 5 小时的所有可能的旅行者，平均旅行距离的 95%置信区间(或其他级别的置信区间)。利用前述的公式：

$$\hat{y}_p \pm t_{n-2}(s)\sqrt{\frac{1}{n}+\frac{(x_p-\overline{x})^2}{\sum(x_i-\overline{x})^2}}$$

其中

- $\hat{y}_p=16$，点估计，
- $t_{n-2,\alpha}=t_{=8.95\%}=2.306$，
- $s=1.22474$，见表 8.6，
- $n=10$，
- $x_p=5$，
- $\overline{x}=5$。

我们有 $\sum(x_i-\overline{x})^2=(2-5)^2+(2-5)^2+(3-5)^2+\ldots+(9-5)^2=54$，因此我们如下计算 95%置信区间：

$$\begin{aligned}&\hat{y}_p \pm t_{n-2}(s)\sqrt{\frac{1}{n}+\frac{(x_p-\overline{x})^2}{\sum(x_i-\overline{x})^2}}\\&=16\pm(2.306)(1.22474)\sqrt{\frac{1}{10}+\frac{(5-5)^2}{54}}\\&=16\pm 0.893\\&=(15.107,16.893)\end{aligned}$$

所有可能存在的旅行时间为 5 小时的旅行者，其旅行距离均值的 95%置信度处于 15.107 与 16.893 千米之间。

然而，我们能够确信所有可能存在的旅行 5 小时的旅行者的均值是我们期望得到的估计吗？也许估计某个随机选择的旅行者旅行的距离对我们来说更为有用。多数分析人员都

会同意这一观点，因此更愿意预测单个旅行者的置信区间，而不是旅行者平均值的置信区间。

计算预测区间与上述置信区间的计算类似，但结果却存在差异。计算如下：

$$\hat{y}_p \pm t_{n-2}(s)\sqrt{1+\frac{1}{n}+\frac{(x_p-\bar{x})^2}{\sum(x_i-\bar{x})^2}}$$

$$=16 \pm (2.306)(1.22474)\sqrt{1+\frac{1}{10}+\frac{(5-5)^2}{54}}$$

$$=16 \pm 2.962$$

$$=(13.038,18.962)$$

换句话说，随机选择的旅行 5 小时的旅行者旅行距离的 95%置信度处于 13.038 与 18.962 千米之间。注意，如前所述，预测区间比置信区间要宽，因为对单一响应变量的估计要比响应变量均值的估计困难得多。然而，我们也注意到，对数据挖掘人员来说对预测区间的解释可能具有更大的实际应用价值。

以下通过表 8.13 来验证上述的计算，表 8.13 是 Minitab 对距离与时间回归的结果，包括底部标有“新观察对象的预测值”的置信区间和预测区间。*Fit* of 16 是点估计结果，拟合误差等于 $(s)\sqrt{\frac{1}{n}+\frac{(x_p-\bar{x})^2}{\sum(x_i-\bar{x})^2}}$ ，95% CI 表示所有旅行 5 小时旅行者的平均距离的置信区间，95% PI 表示通过随机选择旅行 5 小时的旅行者旅行距离的预测区间。

表 8.13　包括显示在底部的置信区间和预测区间的距离与时间的回归结果

```
The regression equation is
Distance = 6.00 + 2.00 Time


Predictor      Coef   SE Coef       T      P
Constant     6.0000    0.9189    6.53  0.000
Time         2.0000    0.1667   12.00  0.000


S = 1.22474   R-Sq = 94.7%   R-Sq(adj) = 94.1%


Analysis of Variance

Source            DF      SS      MS       F      P
Regression         1  216.00  216.00  144.00  0.000
Residual Error     8   12.00    1.50
Total              9  228.00


Predicted Values for New Observations

New Obs     Fit   SE Fit       95% CI              95% PI
      1  16.000    0.387   (15.107, 16.893)   (13.038, 18.962)
```

8.16 获得线性特性的变换

如果正态分布点图显示与线性特性没有系统性偏差，残差拟合点图显示没有明显的模式，则我们可以得出结论，没有表明违反了回归假设的图形化证据，到此为止，我们可以开展回归分析工作。然而，如果这些图表明违反了假设，我们应当如何解决呢？例如，假设我们关于残差的正态概率图显示出类似图 8.14(c)的点图，指出方差不是常量。此时我们可以对响应变量 y 进行转换工作，例如采用对数(底数为 e 的自然对数)转换。我们将用取自世界棋类游戏的示例来描述转换工作。

你曾经玩过拼字游戏®吗？拼字游戏从字母块池中选择字母，构成纵横填字谜。每个字母块有一定数量的点数与之关联。例如，字母“E”为 1 点，字母“Q”为 10 点。字母块的点值大致与字母出现频率相关，也就是与字母出现在池中的次数相关。表 8.14 包含游戏中每个字母出现的频率和点值。假设我们期望通过线性回归获得频率与点值之间的近似关系。通常在执行线性回归时，分析人员所要做的第一件事情是构建预测变量与响应变量之间的散点图，以考察两个变量之间的关系是否存在线性关系。图 8.18 给出点值与频率之间关系的散点图。注意每个点可能表示不止一个字母。

表 8.14 字母表中字谜游戏®的字母频率和点值

字母	在字谜中出现的频率	在字谜中的点值
A	9	1
B	2	3
C	2	3
D	4	2
E	12	1
F	2	4
G	3	2
H	2	4
I	9	1
J	1	8
K	1	5
L	4	1
M	2	3
N	6	1
O	8	1
P	2	3
Q	1	10
R	6	1

(续表)

字母	在字谜中出现的频率	在字谜中的点值
S	4	1
T	6	1
U	4	1
V	2	4
W	2	4
X	1	8
Y	2	4
X	1	10

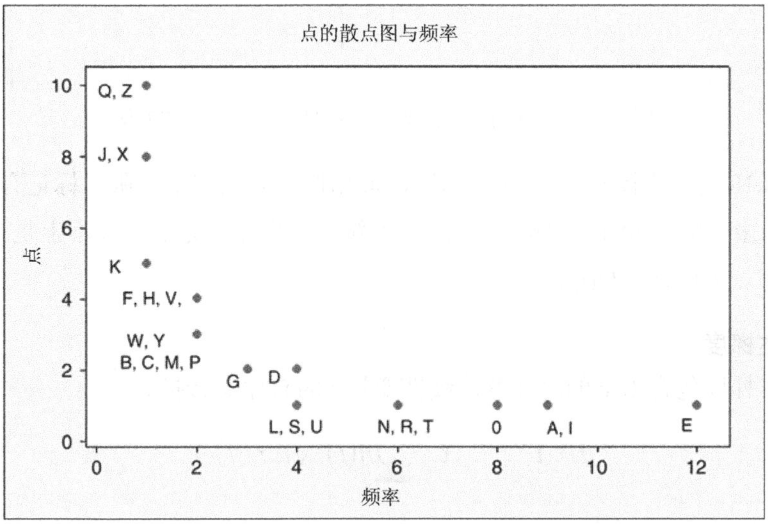

图 8.18　字谜游戏®点值与频率的散点图

考察散点图，可以清楚地看出点值与字母频率之间的关系。然而，该关系是非线性的，是一种典型的曲线，显示出二次曲线的性质。因此，不适合采用类似简单线性回归这样的线性近似方法来建模点值与字母频率之间的关系。这样建立的模型会产生巨大的错误并得到不正确的推理。因此，分析人员需要考虑采用转换方法以获得线性关系。

Frederick、Mosteller 和 Tukey 在他们出版的 *Data Analysis and Regression* 一书中建议采用“凸规则”发现获得线性性状的转换方法。为理解二次曲线的凸规则，考虑图 8.19(取自 Frederick、Mosteller 撰写的书中实例)。

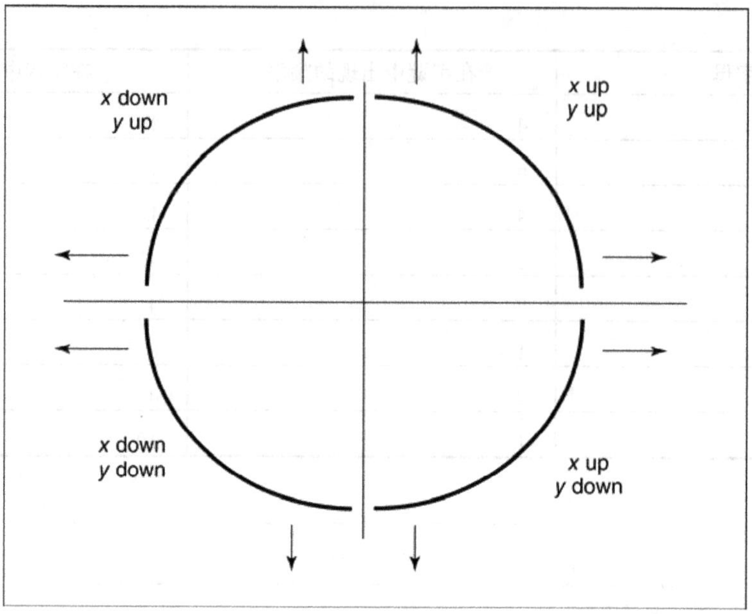

图 8.19 凸规则，转换变量以获得线性的启发式方法

比较图 8.18 的散点图与图 8.19 的曲线，最相似之处在左下象限，标记有“*x* down，*y* down”的象限。Mosteller 和 Tukey 提出“重新表达梯度”方法，基本上是一组强大的转换方法，只有一个例外。*In*(*t*)。

重新表达梯度

重新表达梯度包含以下的对任意连续性变量 *t* 的有序集转换。

$$t^{-3}\ t^{-2}\ t^{-1}\ t^{-1/2}\ \ In(t)\ \sqrt{t}\ t^{1}\ t^{2}\ t^{3}$$

对我们的曲线来说，来自凸规则的启发式规则是“*x* down, *y* down”。这意味着我们将转换变量 *x*，方法是将 *x* 在梯度上的位置降低 1 个或多个点。对 *y* 也采用同样的方法。所有未转换变量的当前位置为 t^1。凸规则建议我们对字母块的频率和点值，要么运用平方根进行转换，要么运用自然对数进行转换，这样就可能会得到两个变量之间存在的线性关系。

本例中我们对频率和点值均采用平方根转换方法，考察频率的平方根与点值的平方根散点图，参考图 8.20。遗憾的是，该图显示点值平方根与频率平方根仍然是非线性关系，因此平方根方法不适合应用到实例的线性回归中。在本例中平方根方法对线性特性的影响并不显著。

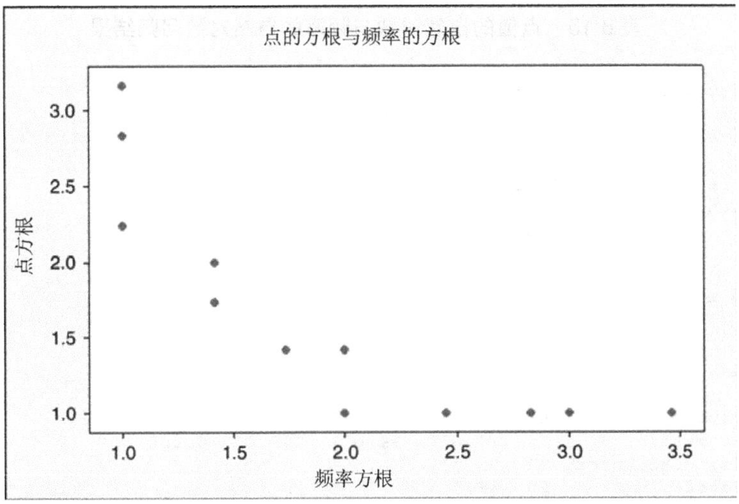

图 8.20　运用平方根转换后，变量之间的关系仍然不是线性关系

因此我们转而运用使梯度下降更大的方法，运用自然对数对频率和点值进行转换，建立转换变量 *In points* 和 *In frequency*。*In points* 和 *In frequency* 的散点图如图 8.21 所示，散点图显示出接受的线性特性，当然，与现实世界散点图比较，线性特性并不是非常完美。但我们可以由此开展对点值的对数和频率的对数进行回归分析。

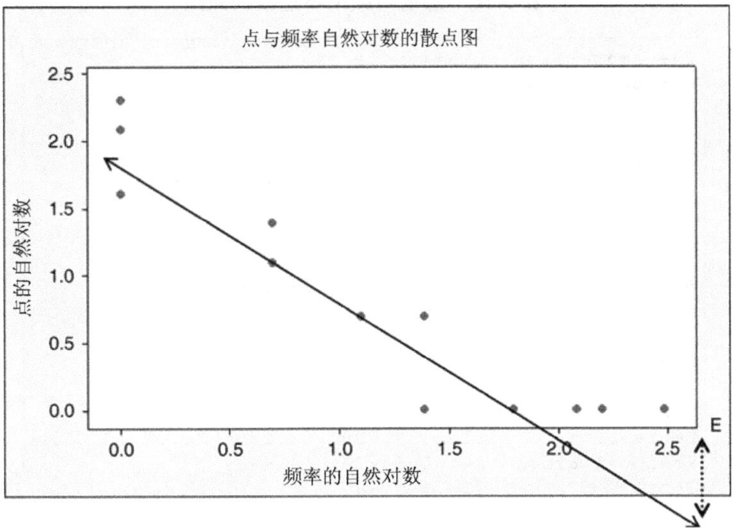

图 8.21　自然对数转换得到大致可接受的线性特性

(图中标示出单个离群点 *E*)

表 8.15 给出了点值自然对数与频率自然对数回归的结果。将该结果与未进行转换产生的不适合回归的点值与频率的结果(表 8.16 所示)进行比较。未进行转换的例子中确定性系数仅为 45.5%，转换后确定性系数为 87.6%，结果表明，与不转换变量进行比较，转换后的预测变量导致转换后的响应变量有将近两倍的变异性。

表 8.15 点值的自然对数与频率的自然对数回归结果

```
The regression equation is
ln points = 1.94 - 1.01 ln freq


Predictor        Coef   SE Coef        T      P
Constant      1.94031   0.09916    19.57  0.000
ln freq      -1.00537   0.07710   -13.04  0.000


S = 0.293745   R-Sq = 87.6%   R-Sq(adj) = 87.1%


Analysis of Variance

Source            DF      SS      MS       F      P
Regression         1  14.671  14.671  170.03  0.000
Residual Error    24   2.071   0.086
Total             25  16.742


Unusual Observations

Obs  ln freq  ln points      Fit  SE Fit  Residual  St Resid
  5     2.48     0.0000  -0.5579  0.1250    0.5579     2.10R

R denotes an observation with a large standardized residual.
```

表 8.16 点值与频率不适当的回归

```
The regression equation is
Points = 5.73 - 0.633 Frequency


Predictor      Coef   SE Coef      T      P
Constant     5.7322    0.6743   8.50  0.000
Frequency   -0.6330    0.1413  -4.48  0.000


S = 2.10827   R-Sq = 45.5%   R-Sq(adj) = 43.3%


Analysis of Variance

Source            DF       SS      MS      F      P
Regression         1   89.209  89.209  20.07  0.000
Residual Error    24  106.676   4.445
Total             25  195.885
```

我们还比较了给定频率情况下的预测点值，考察频率=4 的字母块。在正确回归情况下，估计点数的自然对数等于：$1.94-1.01(In\ freq)=1.94-1.01(1.386)=0.5401$，有 $e^{0.5401}=1.72$，表明每个频率为 4 的字母块，其估计点值为 1.72。具有该频率的字母的实际点值要么是 1 点，要么是 2 点，该估计是有意义的。然而，当采用未进行转换的变量时，具有频率为 4 的字母块的估计点值是 $5.73-0.633(frequency)=5.73-0.633(4)=3.198$，该值比频率为 4 的字母块所对应的实际点值要大很多。这也印证了采用不适合的模型进行预测所带来的风险。

图 8.21 和表 8.15 表明存在一个离群点，字母“E”。由于标准残差为正值，表明在给定频率的情况下，E 的点值比期望值高，为给定字母块的最高点，12。残差为 0.5579，用

图 8.21 的垂直虚线表示。字母“E”也是唯一的“有影响力”的观察对象，其库克距离为 0.5081(未显示出)，刚刚超过 $F_{1,25}$ 分布的 50%。

8.17　博克斯-考克斯变换

对梯度转换的思想加以泛化，利用任何连续值的权重，我们可以运用博克斯-考克斯变换(Box-Cox Transformations)。博克斯-考克斯变换的形式如下：

$$W = \begin{cases} (y^{\lambda} - 1)/\lambda, & for\ \lambda \neq 0, \\ In\, y, & for\ \lambda = 0 \end{cases}$$

例如，我们有 $\lambda = 0.75$，得到如下转换，$W = (y^{0.75} - 1)/0.75$。Draper 和 Smith 提供了一种利用最大似然选择 λ 最优值的方法。该方法首先选 λ 的候选值集合，获得每个 λ 值回归的 *SSE*。然后，得到 SSE_{λ} 与 λ 的点图，获得这些点形成的曲线上的最低点。该方法表示出 λ 的最大似然估计结果。

R 语言开发园地

#阅读并准备谷物数据

```
cereal <- read.csv(file = "C:/…/cereals.txt",
    stringsAsFactors=TRUE, header=TRUE, sep="\t")
#保存评级和糖作为新变量
sugars<- cereal$Sugars; rating <- cereal$Rating
which(is.na(sugars)) #记录 58 缺失
sugars <- na.omit(sugars) #删除缺失值
rating <- rating[-58] #从等级匹配中删除记录 58
```

#运行回归分析

```
lm1<-
    lm(rating sugars)
#显示摘要
summary(lm1)
anova(lm1)
```

```
> summary(lm1)

Call:
lm(formula = rating ~ sugars)

Residuals:
    Min      1Q  Median      3Q     Max
-17.877  -5.612  -1.285   4.689  33.852

Coefficients:
            Estimate Std. Error t value Pr(>|t|)
(Intercept)  59.8530     1.9975   29.96  < 2e-16 ***
sugars       -2.4614     0.2417  -10.18 1.01e-15 ***
---
Signif. codes:  0 '***' 0.001 '**' 0.01 '*' 0.05 '.' 0.1 ' ' 1

Residual standard error: 9.166 on 74 degrees of freedom
Multiple R-squared: 0.5835, Adjusted R-squared: 0.5779
F-statistic: 103.7 on 1 and 74 DF,  p-value: 1.006e-15

> anova(lm1)
Analysis of Variance Table

Response: rating
          Df Sum Sq Mean Sq F value    Pr(>F)
sugars     1 8711.9  8711.9  103.69 1.006e-15 ***
Residuals 74 6217.4    84.0
---
Signif. codes:  0 '***' 0.001 '**' 0.01 '*' 0.05 '.' 0.1 ' ' 1
```

#图数据的回归线

```
plot(sugars, rating,
     main = "Cereal Rating by Sugar Content",
     xlab = "Sugar Content", ylab = "Rating",
     pch = 16, col = "blue")
abline(lm1, col = "red")
```

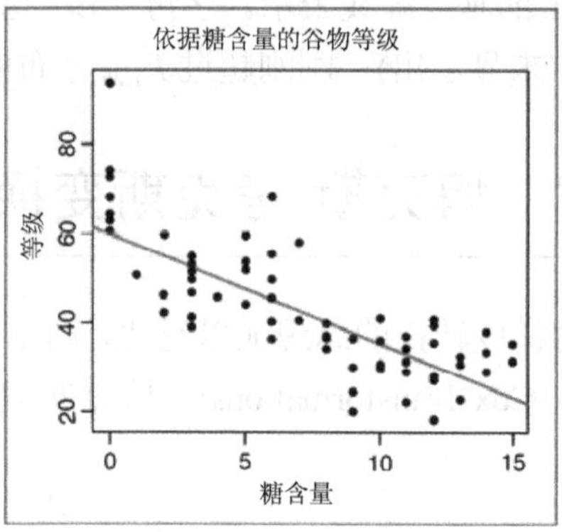

#残差,r^2，标准残差,杠杆

```
lm1$residuals #所有残差
lm1$residuals[12] #残差，记录 12
a1 <- anova(lm1)
#计算 r^2
r2.1 <- a1$"Sum Sq"[1] / (a1$"Sum Sq"[1] +
     a1$"Sum Sq"[2])
std.res1 <- rstandard(lm1) #标准残差
lev<- hatvalues(lm1) #杠杆
```

```
> lm1$residuals[12]
      12
-6.626598
> r2.1
[1] 0.5835462
```

#定向运动的例子

```
#输入数据
x <- c(2,···,9)
y <- c(10, ···, 25)
o.data<- data.frame(cbind(
     "Time" = x,
     "Distance" = y))
lm2 <- lm(Distance ~
     Time, data = o.data)
a2 <- anova(lm2)
#直接计算 r^2
r2.2 <- a2$"Sum Sq"[1] /
     (a2$"Sum Sq"[1] +
     a2$"Sum Sq"[2])
# MSE
mse<- a2$"Mean Sq"[2]
s <- sqrt(mse) # s
# Stddev of Y
sd(o.data$Distance)
r <- sign(lm2$coefficients[2])* sqrt(r2.2) # r
```

```
> summary(lm2)

Call:
lm(formula = Distance ~ Time, data = o.data)

Residuals:
   Min     1Q Median     3Q    Max
 -2.00  -0.75   0.00   0.75   2.00

Coefficients:
            Estimate Std. Error t value Pr(>|t|)
(Intercept)   6.0000     0.9189   6.529 0.000182 ***
Time          2.0000     0.1667  12.000 2.14e-06 ***
---
Signif. codes:  0 '***' 0.001 '**' 0.01 '*' 0.05 '.'
0.1 ' ' 1

Residual standard error: 1.225 on 8 degrees of freedom
Multiple R-squared: 0.9474, Adjusted R-squared: 0.9408
F-statistic:   144 on 1 and 8 DF,  p-value: 2.144e-06

> a2
Analysis of Variance Table

Response: Distance
          Df Sum Sq Mean Sq F value    Pr(>F)
Time       1    216   216.0     144 2.144e-06 ***
Residuals  8     12     1.5
---
Signif. codes:  0 '***' 0.001 '**' 0.01 '*' 0.05 '.'
0.1 ' ' 1
> sd(o.data$Distance)
[1] 5.033223
> r2.2
[1] 0.9473684
> mse
[1] 1.5
> s
[1] 1.224745
> r
     Time
0.9733285
```

#使用其他的旅行者回归

```
#核心的徒步旅行者
hardcore<- cbind("Time" = 16,
    "Distance" = 39)
o.data<- rbind(o.data, hardcore)
lm3 <- lm(Distance Time,
    data = o.data)
summary(lm3); anova(lm3)
hatvalues(lm3)
# 杠杆
rstandard(lm3)
#标准残差
cooks.distance(lm3)
#库克距离
# 5-hour, 20-km hiker
o.data[11,] <- cbind("Time" = 5, "Distance" =20)
lm4 <- lm(Distance Time, data = o.data)
summary(lm4); anova(lm4); rstandard(lm4) ;
hatvalues(lm4) ; cooks.distance(lm4)
# 10-hour, 23-km hiker
o.data[11,] <- cbind("Time" = 10, "Distance"= 23)
lm5 <- lm(Distance Time, data = o.data)
summary(lm5); anova(lm5); hatvalues(lm5);
rstandard(lm5); cooks.distance(lm5)
```

```
> summary(lm3)

Call:
lm(formula = Distance ~ Time, data = o.data)

Residuals:
    Min      1Q  Median      3Q     Max
-2.1786 -0.4286  0.1421  0.3044  1.8931

Coefficients:
            Estimate Std. Error t value Pr(>|t|)
(Intercept)  5.67666    0.57317   9.904 1.74e-06
Time         2.07171    0.06951  29.806 4.23e-11


> anova(lm3)
Analysis of Variance Table

Response: Distance
          Df  Sum Sq Mean Sq F value    Pr(>F)
Time       1 1097.31 1097.31  888.37 4.225e-11
Residuals 10   12.35    1.24

> hatvalues(lm3)
         1          2          3          4
0.17470665 0.17470665 0.14080834 0.11473272
         5          6          7          8
0.11473272 0.09647979 0.08604954 0.08344198
         9         10         11         12
0.08865711 0.10169492 0.41199478 0.41199478
> rstandard(lm3)
          1           2           3           4
 0.17820117  1.16863808  0.10504338 -0.92138866
          5           6           7           8
 0.03491053 -0.97991227  1.78172600 -2.04753860
          9          10          11          12
-0.23593694  0.64361631  0.20652794  0.20652794
> cooks.distance(lm3)
           1            2            3
3.361183e-03 1.445543e-01 9.041609e-04
           4            5            6
5.501342e-02 7.897612e-05 5.126759e-02
           7            8            9
1.494437e-01 1.908354e-01 2.707657e-03
          10           11           12
2.344766e-02 1.494301e-02 1.494301e-02
```

#验证假设

```
par(mfrow=c(2,2)); plot(lm2)
#正常概率图：右上
#残差与拟合：左上
#绝对值的平方根
#标准残差的：
#左下
#重置情节空间
par(mfrow=c(1,1))
```

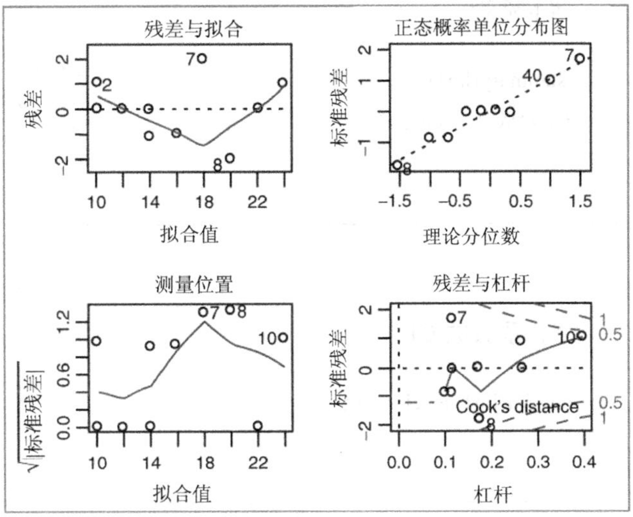

#绘制标准残差的拟合值

```
plot(lm2$fitted.values, rstandard(lm2),
     pch = 16, col = "red",
     main = "Standardized
          Residuals by Fitted Values",
     ylab = "Standardized Residuals",
     xlab = "Fitted Values")
abline(0,0)
```

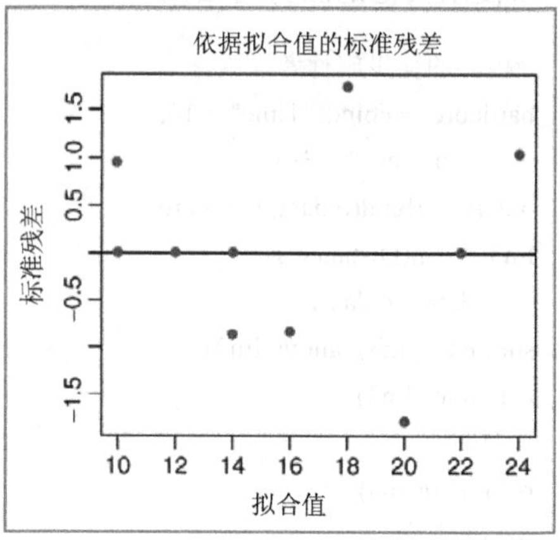

#检查残差的正态分布

```
#正态概率单位分布图
qqnorm(lm1$residuals, datax = TRUE)
qqline(lm1$residuals, datax = TRUE)
# Anderson-Darling 检验
#要求“nortest”包
library(“nortest”)
ad.test(lm1$residuals)
```

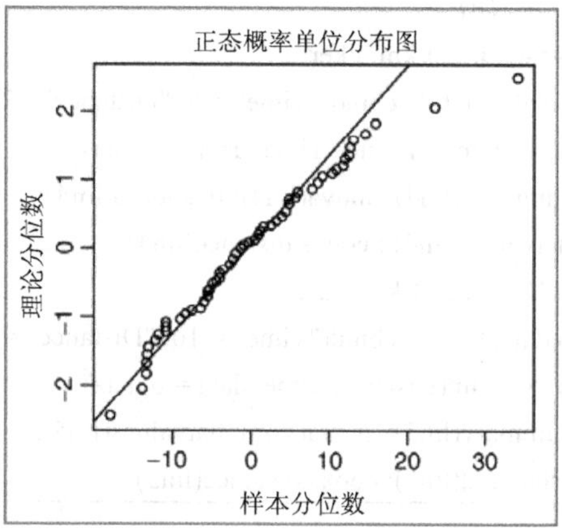

---

t-检验

```
summary(lm1)
# t-检验在‘sugars’行
```

```
Coefficients:
            Estimate Std. Error t value Pr(>|t|)
(Intercept)  59.8530     1.9975   29.96  < 2e-16
sugars       -2.4614     0.2417  -10.18 1.01e-15
```

β 系数的 CI

```
confint(lm1, level = 0.95)
```

```
> confint(lm1, level = 0.95)
                 2.5 %    97.5 %
(Intercept) 55.872858 63.833176
sugars      -2.943061 -1.979779
```

#对碳水化合物和评级自然对数的回归

```
carbs <- cereal$"Carbo"[-58]
lrating<- log(rating)
ad.test(lrating); ad.test(carbs)
lm6 <- lm(lrating~carbs)
summary(lm6)
a6 <- anova(lm6); a6
```

```
Coefficients:
            Estimate Std. Error t value Pr(>|t|)
(Intercept) 3.504260   0.146539  23.913   <2e-16
carbs       0.013137   0.009576   1.372    0.174

   Analysis of Variance Table

   Response: lrating
             Df Sum Sq Mean Sq F value Pr(>F)
   carbs      1 0.1976 0.19761  1.8821 0.1742
   Residuals 74 7.7697 0.10500
```

CI for r

```
alpha<- 0.05
n <- length(lrating)
r2.6 <- a6$"Sum Sq"[1] / (a6$"Sum Sq"[1] +
 a6$"Sum Sq"[2])
r <- sign(lm6$coefficients[2])*sqrt(r2.6)
sr<- sqrt((1-r^2)/(n-2))
lb<- r - qt(p=alpha/2, df = n-2, lower.tail = FALSE)*sr
ub<- r + qt(p=alpha/2, df = n-2, lower.tail = FALSE)*sr
lb;ub
```

```
> lb;ub
      carbs
-0.07124931
     carbs
0.3862266
```

#置信度和预测区间

```
newdata<- data.frame(cbind(Distance = 5, Time = 5))
conf.int <- predict(lm2, newdata, interval = "confidence")
pred.int <- predict(lm2, newdata, interval = "prediction")
conf.int; pred.int
```

```
> conf.int
  fit      lwr      upr
1  16 15.10689 16.89311
> pred.int
  fit      lwr      upr
1  16 13.03788 18.96212
```

#评估拼字游戏的正态性

```
#拼字游戏数据
s.freq<- c(9, … 1); s.point<- c(1, … 10)
scrabble<- data.frame("Frequency" = s.freq,
"Points" = s.point)
plot(scrabble,
    main = "Scrabble Points vs Frequency",
    xlab = "Frequency", ylab = "Points",
    col = "red", pch = 16,
```

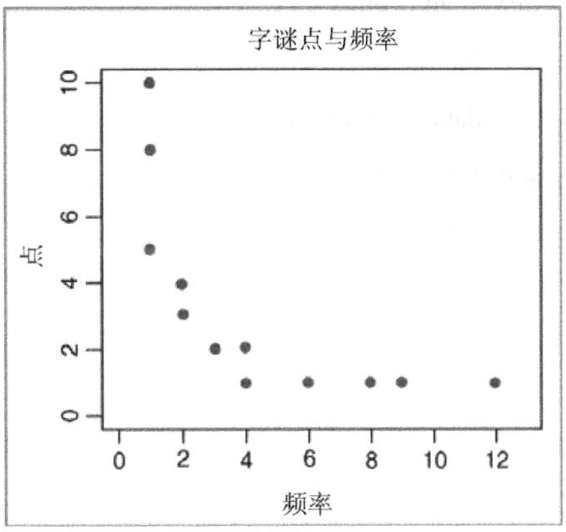

```
      xlim = c(0, 13), ylim = c(0,10))
sq.scrabble<- sqrt(scrabble)
plot(sq.scrabble,
     main = "Square Root of Scrabble Points
      vs Frequency",
      xlab = "Sqrt Frequency", ylab = "Sqrt
      Points", col = "red", pch = 16)
ln.scrabble<- log(scrabble)
plot(ln.scrabble, main = "Natural Log of Scrabble Points vs Frequency",
      xlab = "Ln Frequency", ylab = "Ln
      Points", col = "red", pch = 16)
```

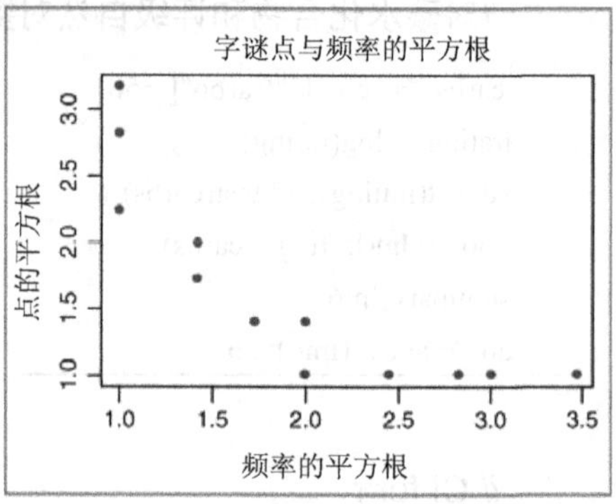

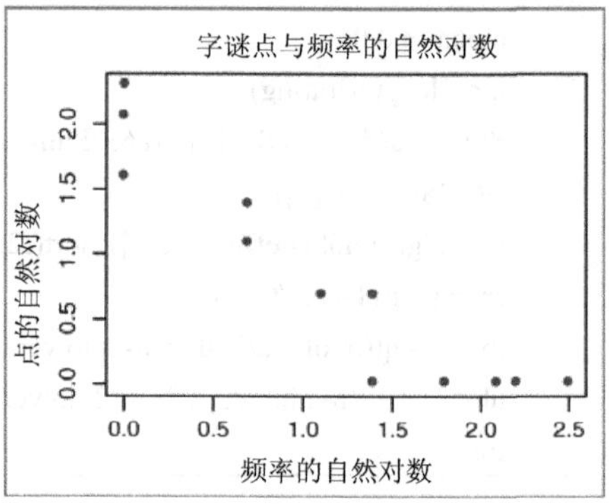


```
#运行回归拼字游戏数据，变换和未变换的
lm7 <- lm(Points~
      Frequency,
      data = ln.scrabble)
summary(lm7)
anova(lm7)
rstandard(lm7)
lm8 <- lm(Points~
      Frequency,
      data = scrabble)
summary(lm8)
anova(lm8)
```

```
> summary(lm7)

Call:
lm(formula = Points ~ Frequency, data = ln.scrabble)
Residuals:
    Min      1Q  Median      3Q     Max
-0.5466 -0.1448  0.1391  0.1457  0.5579

Coefficients:
            Estimate Std. Error t value Pr(>|t|)
(Intercept)  1.94031    0.09916   19.57 2.94e-16 ***
Frequency   -1.00537    0.07710  -13.04 2.20e-12 ***

> anova(lm7)
Analysis of Variance Table

Response: Points
          Df  Sum Sq Mean Sq F value    Pr(>F)
Frequency  1 14.6711 14.6711  170.03 2.197e-12 ***
Residuals 24  2.0709  0.0863

> summary(lm8)

Call:
lm(formula = Points ~ Frequency, data = scrabble)

Residuals:
    Min      1Q  Median      3Q     Max
-2.2001 -1.4661 -0.4661  0.8068  4.9008

Coefficients:
            Estimate Std. Error t value Pr(>|t|)
(Intercept)   5.7322     0.6743   8.502 1.06e-08 ***
Frequency    -0.6330     0.1413  -4.480 0.000156 ***

> anova(lm8)
Analysis of Variance Table

Response: Points
          Df  Sum Sq Mean Sq F value    Pr(>F)
Frequency  1  89.209  89.209   20.07 0.0001558 ***
Residuals 24 106.676   4.445
```

Box-Cox 变换

```
# 需要 MASS 包
library(MASS)
bc<- boxcox(lm8)
```

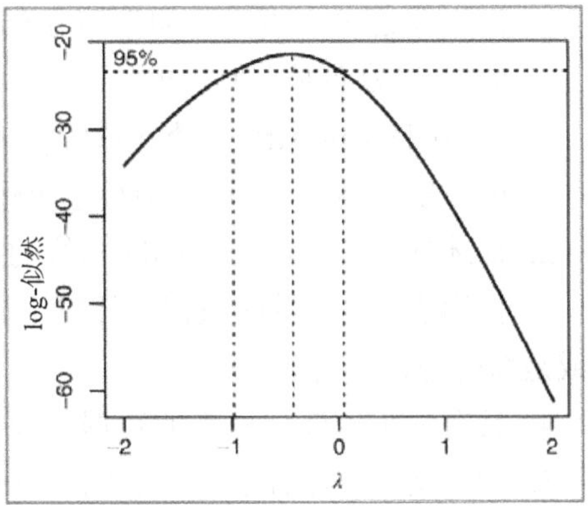

R 参考文献

Juergen Gross and bug fixes by Uwe Ligges. 2012. nortest: Tests for normality. R package version 1.0-2. http://CRAN.R-project.org/package=nortest.

R Core Team. *R: A Language and Environment for Statistical Computing*. Vienna, Austria: R Foundation for Statistical Computing; 2012. ISBN: 3-900051-07-0, http://www.R-project.org/.

Venables WN, Ripley BD. *Modern Applied Statistics with S*. Fourth ed. New York: Springer; 2002. ISBN: 0-387-95457-0.

练习

概念辨识

1. 指出下列说法是否正确。如果不正确，请加以改正。

   a. 最小二乘直线是残差和最小化的直线。

   b. 如果所有的残差都等于 0，则 $SST = SSR$ 。

   c. 如果相关系数值为负数，则表明变量之间存在负相关关系。

   d. 给定 r^2 值，就可以计算得到相关系数的值。

   e. 离群点是有影响力的观察对象。

   f. 如果某个离群点的残差为正值，则在给定 x 的情况下，我们可以认为观察得到的 y 值比回归估计得到的 y 值高。

   g. 某个观察对象可能是有影响力的，即使它不是离群点，也不是高杠杆率点。

   h. 确定某个观察对象是否有影响力的最佳方法是考察其库克距离是否大于 1.0。

i. 如果打算以严格的描述性方法使用回归分析，不考虑建立模型和推理，则不需要关注假设验证。

j. 对正态分布点图，如果该分布是正态分布，则大量的点将处在一条直线上。

k. 卡方分布是左倾斜的。

l. Anderson-Darling 统计量的 p 值小，表明数据是右倾斜的。

m. 残差与拟合的点图中显示出烟筒模式表明违反了独立性假设。

2. 描述估计回归线与实际回归线的差异。

3. 使用表 8.3 提供的数据，计算定向运动示例的估计回归方程。自己决定采用公式方法或是软件方法计算得到。

4. 具有最小可能杠杆率的数据点处于什么位置上。

5. 计算文中核心徒步旅行者的杠杆率值、标准残差、库克距离值。

6. 计算旅行时间为 10 小时，旅行距离为 23 千米，即第 11 个徒步旅行者的杠杆率值、标准残差和库克距离值。说明，为什么它既不是离群点，也不是杠杆率点，但却是有影响力的。

7. 为下列回归术语选择正确的定义，如表 8.17 所示。

表 8.17 回归术语及其定义

回归术语	定义
a. 有影响力的观察对象	度量预测响应值与实际响应值之间的典型差异
b. SSE	表示响应变量总的变动情况，不考虑预测变量
c. r^2	具有较大标准残差绝对值的观察对象
d. 残差	两个定量变量之间线性关系强度的度量，取值范围为−1 到 1
e. s	当在数据集中出现时，对回归参数有很大影响的观察对象
f. 高杠杆率点	考虑观察对象残差的大小和杠杆率点的数量来度量观察对象的影响程度
g. r	对估计回归方程式应用的预测结果的总体误差度量方法
h. SST	预测空间极值的观察对象，不考虑响应变量的情况下
i. 离群点	运用回归时，预测精度的总体改进程度的度量，与之相对的是忽略预测变量的信息
j. SSR	预测响应与实际响应之间的垂直距离
k. 库克距离	响应变量变动性的比例，被解释为预测变量与响应变量之间的线性关系

8. 用自己的语言解释响应变量 y 行为的回归假设所蕴含的意思。

9. 考察表 8.11，解释什么统计量告诉我们在该例中的 x 与 y 的确存在线性关系，即使其 r^2 的值小于 1%。

10. 斜率参数的哪个值表明预测变量与响应变量之间不存在线性关系？解释其中原因。

11. 解释斜率估计的标准误差值传递了什么信息？

12. 描述在使用 p-值方法进行假设检验时，拒绝零假设的判断标准。谁选择显著性等级值，α？构建一种环境(一个 p-值和两个不同的 α 值)，其中非常小的数据可能会导致假设检验的两个不同的结论，并对此进行讨论。

13. (a)解释为什么分析人员在假设检验时更喜欢采用置信区间。(b)描述如何利用置信区间评价显著性。

14. 解释置信区间与预测区间之间的区别。哪个区间总是比较宽？为什么？哪个区间可能在一定的环境下，对数据挖掘人员来说更有用？为什么？

15. 清楚地解释数据的原始散点图和残差与拟合值的点图的对应关系。

16. 如果残差分析表明违反了回归假设，我们可以利用何种资源？描述 3 类可帮助我们开展工作的规则、启发式知识或函数族。

17. 某个同事打算使用线性回归，基于某些预测变量，预测客户是否将购买商品。对此，你应当向该同事做何种解释。

数据应用

练习 18～23 利用了橄榄球比赛的参与人数与主队赢得比赛百分比的散点图，见图 8.22。

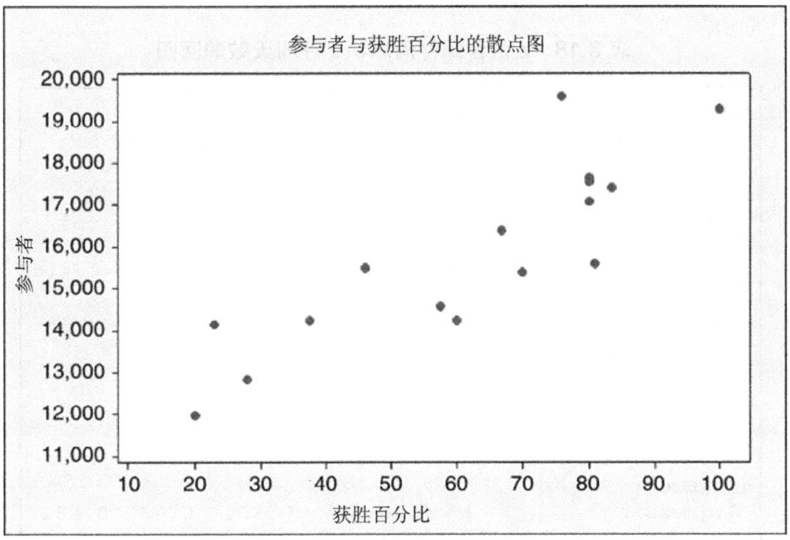

图 8.22 参与者与赢得比赛百分比的散点图

18. 描述变量之间的相关性。并对这种相关性进行解释。

19. 尽你所能，估计回归系数 b_0 与 b_1 的值。

20. 当变量之间存在线性关系时，假设检验的 p-值应当大还是小？请给出解释。

21. 斜率参数的置信区间会包括 0 吗？解释原因。

22. s 值应当更接近 10 还是 100、1000 或是 10000，为什么？

23. 是否存在某个观察对象看起来像离群点？并对此加以解释。

利用图 8.23 的散点图，回答练习 24 和练习 25 的问题。

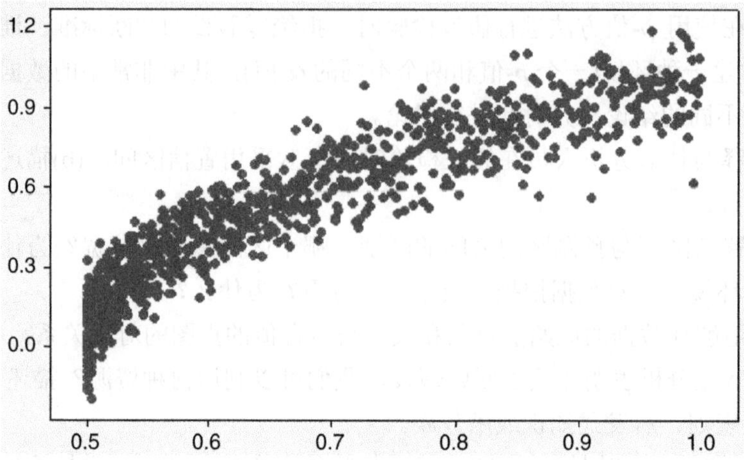

图 8.23 散点图

24. 适合采用线性回归方法吗？为什么？

25. 存在什么类型的变换或多种变换方法？使用凸规则。

使用来自 z 语音邮件消息和 z 呼叫天数的回归输出(来自流失数据集)，参考表 8.18，回答练习 26～30 的问题。

表 8.18 z 语音邮件消息和 z 呼叫天数的回归

```
The regression equation is
zvmail messages = 0.0000 - 0.0095 z day calls


Predictor          Coef    SECoef       T      P
Constant        0.00000   0.01732    0.00  1.000
z day calls    -0.00955   0.01733   -0.55  0.582


S = 1.00010    R-Sq = 0.0%    R-Sq(adj) = 0.0%


Analysis of Variance

Source            DF        SS       MS      F      P
Regression         1     0.304    0.304   0.30  0.582
Residual Error  3331  3331.693    1.000
Total           3332  3331.997
```

26. 有证据表明 z 语音邮件消息(语音邮件消息的 z 分数)和 z 呼叫天数(呼叫天数的 z 分数)之间存在线性关系吗？解释原因。

27. 使用 ANOVA 表的数据发现或计算下列度量：

a. SSE, SSR, SST

b. 确定系数，使用(a)获得的结果。并与 Minitab 获得的结果比较。

c. 相关系数 r。

d. 使用 SSE 和残差自由度计算估计的标准误差 s。并对该值进行解释。

28. 假设总体相关系数满足正态分布，构建并解释其 95%置信区间。

29. 讨论 z 语音邮件消息和 z 呼叫天数回归的作用。

30. 在被标准化后，响应变量 z 语音邮件消息标准差为 1.0。如果我们仅使用样例的响应均值且不使用呼叫天数的有关信息，则预测 z 语音邮件消息，典型误差是什么？现在，从打印输出来看，给定 z 呼叫天数，预测 z 语音邮件消息的典型误差是什么？

练习 31～38，未定义的 y 和未定义 x 的回归输出如表 8.19 所示，回答问题。

表 8.19 未定义的 y 和未定义 x 的回归输出

```
The regression equation is
Y = 0.783 + 0.0559 X


Predictor      Coef    SE Coef       T       P
Constant    0.78262    0.03791   20.64   0.000
Y           0.05594    0.03056    1.83   0.067


S = 0.983986    R-Sq = 0.3%    R-Sq(adj) = 0.2%
```

31. 用术语和数值仔细给出回归方程式。

32. 解释 y 截距 b_0 值的含义。

33. 解释斜率 b_1 的含义。

34. 解释估计的标准误差 s 的含义。

35. 假设我们令 $\alpha = 0.10$ 。执行假设检验以确定是否 x 与 y 之间存在线性关系。

36. 计算相关系数 r 。

37. 假设满足正态分布。为总体相关系数构建 90%置信区间，并对结果加以解释。

38. 比较并讨论假设检验与置信区间的结果。

实践分析

打开棒球数据集，该集合包含 2002 年美国棒球联盟的 331 位棒球手的击球统计，可从本书的 Web 网站 www.DataMiningConsultant.com 获得。假定我们对击球平均成功率与全垒打次数之间是否存在关系感兴趣。一些球迷可能会对此有争议，例如，那些经常打出本垒打的球员也常常会出现三击不中出局的情况，因此他们的击球平均数可能不高。让我们将本垒打次数与击球平均次数(本垒打次数除以击球数)进行回归处理来验证一下。因为棒球击球平均率往往比击球次数要高，我们对数据加以限制，只取那些在 2002 赛季至少有 100 次击球次数的队员。通过这样的限制，我们得到 209 位队员。使用该数据集回答练习 39～61。

39. 构建本垒打与平均击球率的散点图。

40. 粗略看来，有变量之间存在关系的证据吗？

41. 对那些具有更高平均击球率的队员来说，你认为其本垒打次数的变化趋势是什么？

42. 参考前述练习。哪种回归假设预示存在困难。

43. 执行本垒打与击球平均次数的回归。获取从该回归得到的标准残差的正态概率点图。该正态概率点图表明满足正态分布吗？或者存在倾斜？如果存在倾斜，是何种类型的倾斜。

44. 构建残差与拟合值的点图(拟合值指 y 的值)。能看出该点图存在模式吗？关于回归假设，如果存在模式，这种模式说明什么情况？

45. 取本垒打的自然对数，执行本垒打对数与击球平均数的回归。获得从该回归获得的标准残差的正态概率点图。该图是否预示满足正态分布？

46. 构建残差与拟合值的点图。能够看出有强烈的证据表明违反了方差常数假设吗？(记住避免 Rorschach 效应)。由此得出假设验证的结论。

47. 写出模型的总体回归方程。解释 β_0 及 β_1 的含义。

48. 用术语和数值说明回归方程(根据回归结果)。

49. 对 y 截距 b_0 的值进行解释。

50. 对斜率 b_1 的值进行解释。

51. 估计平均击球率为 0.300 的球员本垒打(不是本垒打对数)次数。

52. 基于球员的击球平均率，预测本垒打次数时典型误差大小是多少？

53. 利用平均击球率如何解释本垒打对数的波动百分比？

54. 完成假设检验，确定是否变量之间存在线性关系。

55. 构建并解释回归线未知实际斜率的 95%置信区间。

56. 计算相关系数。为总体相关系数构建 95%置信区间。并解释结果。

57. 为平均击球率为 0.300 的所有队员的本垒打次数均值构建 95%置信区间，并解释结果。

58. 随机抽取平均击球率为 0.300 的某个队员，并为其构建 95%置信区间。该预测区间有用吗？

59. 列出所有的离群点。所有离群点有什么共同之处？解释 Orlando Palmeiro 为什么是离群点？

60. 列出所有的高杠杆率点。为什么 Greg Vaughn 具有高杠杆率点？为什么 Bernie Williams 具有高杠杆率点？

61. 根据库克距离和 F 评价规则，列出所有的有影响力对象。

抽取棒球数据库的子集，该子集包含至少有 100 次击球的队员。完成练习 62～71。

62. 我们对研究队员的偷垒被抓次数与偷垒成功次数是否存在线性关系感兴趣。构建散点图，以“被抓”为响应变量。是否存在证据表明存在线性关系？

63. 基于散点图，需要进行线性转换吗？为什么。

64. 根据队员偷垒被抓次数与偷垒次数，执行回归。

65. 发现并解释能够告诉我们数据与模型拟合程度的统计量。

66. 在给定偷垒次数情况下，预测队员偷垒被抓次数的典型误差是什么？

67. 解释截距。截距有何意义？有意义或无意义的理由是什么？

68. 从推理角度来看，两个变量之间存在显著的关系吗？什么能告诉我们是否存在显著关系。

69. 计算并解释相关系数。

70. 清楚地解释斜率系数的含义。

71. 假定某人说，知道队员偷垒次数能够解释队员偷垒被抓次数的主要差异。对此你有什么看法。

练习 72～85，利用了谷物数据集。

72. 我们对基于钠含量预测营养等级感兴趣。构建适合的散点图。注意存在一个离群点。找到该离群点。解释该谷物为什么是离群点。

73. 执行适当的回归。

74. 忽略该离群点。执行相同回归。对两个回归中斜率和截距的值进行比较。

75. 利用散点图，解释为什么在忽略离群点时，*y* 截距比斜率变化更大。

76. 获取离群点的库克距离值，该离群点有影响力吗？

77. 将离群点放回数据集。基于散点图，变量之间存在线性关系吗？讨论，若存在关系，刻画变量之间的关系。

78. 构建图形评估回归假设。它们能得到验证吗？

79. 基于钠含量预测营养等级的典型误差是什么？

80. 解释截距。它具有意义吗？解释为什么有或没有？

81. 从推理角度来看，两个变量之间存在显著的关系吗？什么能告诉我们是否存在显著关系。

82. 计算并解释相关系数。

83. 清楚地解释斜率系数的含义。

84. 构建并解释所有谷物中钠含量为 100 的谷物实际营养等级的 95%置信区间。

85. 构建并解释随机选择谷物中钠含量为 100 的谷物营养等级的 95%置信区间。

打开加利福尼亚数据集(源：美国人口普查局，www.census.gov，可通过本书网站 www.DataMiningConsultant.com 获得)，该数据集包含加利福尼亚州 858 个城镇的部分人口统计信息。利用该示例处理离群点及高杠杆率点，以及预测变量与响应变量的转换等。我们对城市人口中老年居民的百分比与该城市总体人口之间的关系感兴趣。即，城市中老年居民(超过 64 岁)比例高，与该城市是大城市或者是小城市之间是否存在关系。练习 86～92 均利用该数据集。

86. 构建年龄超过 64 岁的百分比与 *popn* 的散点图。该图有助于描述变量之间的关系。

87. 找出明显比散点图中其他数据显示的城市规模大的 4 个城市。

88. 对预测变量运用对数转换，给出对数转换后的预测变量 *ln popn*。注意该转换的应用仅仅是由于变量本身具有倾斜特性(显示在散点图上)，并不是任何回归诊断的结果。执行年龄超过 64 岁的居民百分比与 *In Popn* 的回归，获得回归诊断。

89. 描述在残差的正态概率图中存在的模式。解释其含义。

90. 描述图中残差与拟合值的模式。解释其含义。假设得到验证了吗？

91. 执行 *In pct*(年龄超过 64 岁的居民百分比的对数)与 *In popn* 的回归，获得回归诊断。解释如何获得年龄超过 64 岁居民的百分比的对数才能抑制残差与拟合值图。

92. 识别出残差与拟合值点图右下角的离群点集。我们能发现自然分组吗？解释该分组在图中位置如何结束。

第 9 章

多元回归与模型构建

9.1 多元回归示例

第 8 章讨论了涉及单个预测变量和单个响应变量的简单线性回归的回归建模方法。显然，数据挖掘和预测分析人员通常对目标变量与预测变量集(两个或两个以上预测变量)之间存在的关系感兴趣。多数的数据挖掘应用包含丰富的数据，一些数据集包括成百上千的变量，这些变量多数与目标(响应)变量存在线性关系。多元回归建模提供了用于描述此类关系的精巧方法。与简单线性回归比较，多元回归模型为估计和预测提供了更好的精度，类似于对单变量估计的回归估计那样。多元回归模型使用了线性曲面，例如平面或超平面，实现对连续型响应变量(目标变量)与预测变量集的近似。预测变量通常是连续的，当然也可以包括范畴型预测变量，通过使用指示(哑元)变量来实现。

对于简单线性回归，我们使用直线(一维)近似响应变量与预测变量之间存在的关系。现在，假设我们期望对一个响应变量与两个预测变量之间存在的关系进行近似。在此情况下，我们需要用一个平面来近似存在的关系，因为平面可以体现二维线性关系。

例如，回到谷物数据集，假设我们期望估计的目标变量为营养等级，但这一次使用两个预测变量，含糖量和纤维含量，而不像第 8 章那样仅使用含糖量[1]。数据的三维散点图如图 9.1 所示。高纤维含量似乎与高营养等级有关，而高含糖量似乎与低营养等级有关。

这些通过平面近似的关系如图 9.1 所示，采用的方法与简单线性回归的直线近似。图中显示的平面向右下方(高含糖量)倾斜，倾斜方向朝前(低纤维含量)。

1 燕麦的含糖量缺失，因此分析中不包含该谷物。

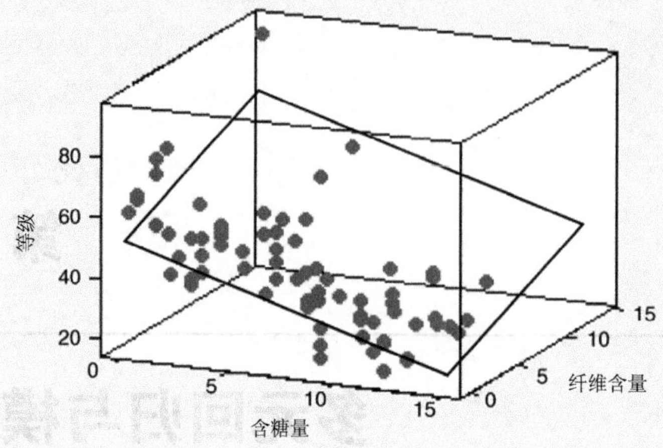

图 9.1 近似于一个响应变量与两个预测变量之间关系的平面

也可以如图 9.2 所示，一次一个地检验营养等级与其预测变量的关系，即营养等级与含糖量以及营养等级与纤维含量之间的关系。该图清楚地描述了营养等级与含糖量之间的负相关关系，营养等级与纤维含量之间的正相关关系。多元回归就是要反映这些关系。

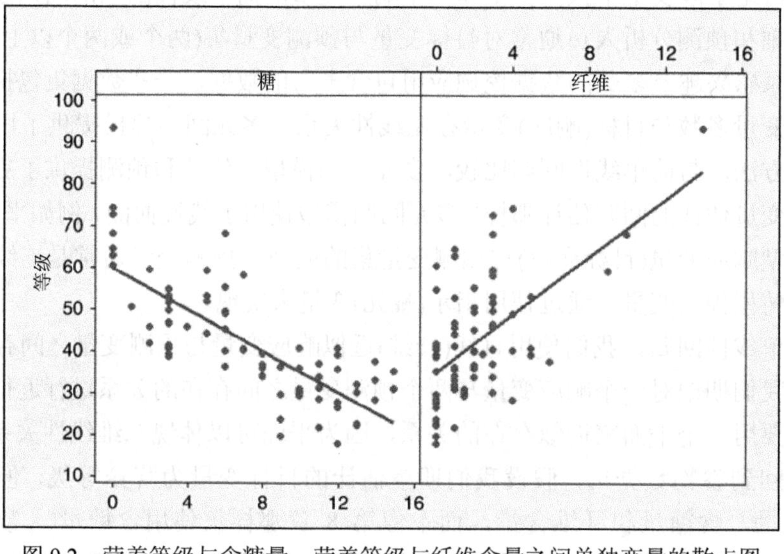

图 9.2 营养等级与含糖量、营养等级与纤维含量之间单独变量的散点图

让我们来检验营养等级针对两个预测变量多元回归的结果(见表 9.1)。包含两个预测变量的多元回归方程式形式如下：

$$\hat{y} = b_0 + b_1x_1 + b_2x_2$$

对包含 m 个(预测)变量的多元回归来说，回归方程式形式如下：

$$\hat{y} = b_0 + b_1x_1 + b_2x_2 + \cdots + b_mx_m$$

根据表 9.1，我们有：

- $x_1 =$ 含糖量
- $x_2 =$ 纤维含量
- $b_0 = 52.174$
- $b_1 = -2.2436$
- $b_2 = 2.8665$

因此，该例的回归方程式如下：

$$\hat{y} = 52.174 - 2.2436(\text{含糖量}) + 2.8665(\text{纤维含量})$$

根据上式，估计营养等级等于 52.174 减去 2.2436 倍含糖量克数加上 2.8665 倍纤维含量克数。注意含糖量的系数为负，表示含糖量与营养等级之间存在的关系是负相关关系。而纤维含量的系数为正，表明纤维含量与营养等级之间存在正相关关系。这些结果与图 9.1 和图 9.2 中图的特征一致。图 9.2 显示的直线表示每个变量的斜率系数的值，含糖量为 −2.2436，纤维含量为 2.8665。

表 9.1 营养等级与含糖量和纤维含量回归的结果

```
The regression equation is
Rating = 52.2 - 2.24 Sugars + 2.87 Fiber


Predictor      Coef  SE Coef       T      P
Constant     52.174    1.556   33.54  0.000
Sugars      -2.2436   0.1632  -13.75  0.000
Fiber        2.8665   0.2979    9.62  0.000


S = 6.12733   R-Sq = 81.6%   R-Sq(adj) = 81.1%


Analysis of Variance

Source          DF       SS      MS       F      P
Regression       2  12188.6  6094.3  162.32  0.000
Residual Error  73   2740.7    37.5
Total           75  14929.3


Source  DF  Seq SS
Sugars   1  8711.9
Fiber    1  3476.6

Predicted Values for New Observations

New Obs     Fit  SE Fit        95% CI              95% PI
      1  55.289   1.117  (53.062, 57.516)  (42.876, 67.702)


Values of Predictors for New Observations

New Obs  Sugars  Fiber
      1    5.00   5.00
```

对斜率系数 b_1 和 b_2 的解释与简单线性回归的情况稍有不同。例如，为解释 $b_1 = -2.2436$，我们说“在纤维含量为常量的情况下，每增加一个单位的含糖量将导致对营养等级的估计降低 2.2436 点”。同样，对 $b_2 = 2.8665$，我们的解释是“当含糖量保持不变时，纤维含量每增加一个单位将导致营养等级增加 2.8665 点”。一般情况下，对包含 m 个预测变量的多元回归来说，我们对系数 b_i 作如下解释：“当所有其他预测变量为常量时，变量 x_i 每增加一个单位，将会导致响应变量的估计变化为 b_i。”

对预测产生的误差我们前面已经讨论过，采用残差来度量，即 $y-\hat{y}$。在简单线性回归时，残差由实际数据点与回归线之间的垂直距离来表示。多元回归中，残差由数据点与回归平面或超平面的垂直距离表示。

例如，*Spoon Size Shredded Wheat* 的含糖量 $x_1 = 0$ 克，纤维含量 $x_2 = 3$ 克，营养等级为 72.8018。然而，估计回归方程式预测其营养等级为：

$$\hat{y} = 52.174 - 2.2436(0) + 2.8665(3) = 60.7735$$

因此，如图 9.3 所示，我们可以得到 *Spoon Size Shredded Wheat* 的残差为 $y-\hat{y} = 72.8018 - 60.7735 = 12.0283$。由于残差结果为正，数据位于回归平面之上。

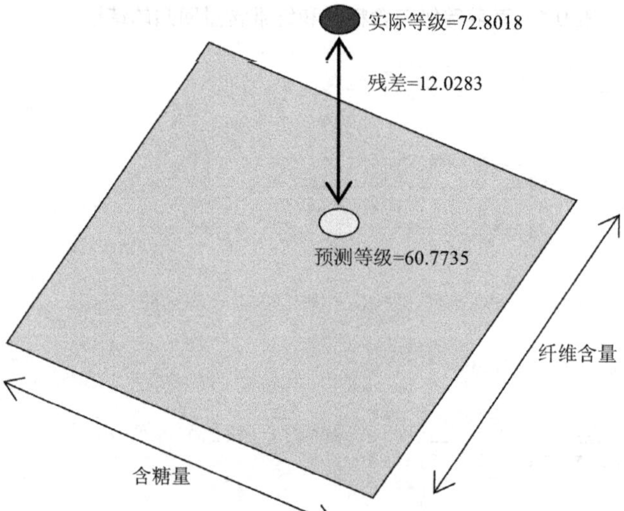

图 9.3 估计误差为实际数据点与回归平面或超平面之间的垂直距离

每个观察对象有自己的残差，将这些残差汇总，可计算得到误差平方和(SSE)，通过该值可以得到总估计误差。与简单线性回归示例类似，我们可以计算得到 3 类平方和，如下所示：

- $\text{SSE} = \sum (y-\hat{y})^2$
- $\text{SSR} = \sum (\hat{y}-\bar{y})^2$
- $\text{SST} = \sum (y-\bar{y})^2$

我们可以采用传统方差分析(ANOVA)表简洁地表示回归统计，如表 9.2 所示，其中 m

表示预测变量的个数。最后，对多元回归，我们有多元确定系数[2]，如下所示：

$$R^2 = \frac{SSR}{SST}$$

对多元回归来说，R^2 被解释为根据与预测变量集的线性关系比较，作为目标变量变化的比例。

表 9.2 多元回归的 ANOVA 表

变异来源	平方和	自由度	均值平方	F
回归	SSR	m	$MSR = \frac{SSR}{m}$	$F = \frac{MSR}{MSE}$
误差(或残差)	SSE	$n-m-1$	$MSE = \frac{SSE}{n-m-1}$	
总计	SST=SSR+SSE	$n-1$		

从表 9.1 我们可以看出，R^2 的值为 81.6%，其含义为营养等级与预测变量集(含糖量和纤维含量)之间的线性关系导致 81.6%的营养等级变化。现在，我们期望 R^2 比从对营养等级仅与含糖量简单线性得到的回归确定系数值更大吗？回答是肯定的。无论何时，当有新的预测变量加入模型时，R^2 的值总是会上升。如果新变量是有用的，则 R^2 的值将会显著增加；如果新变量名不起作用，则 R^2 值几乎不会有增加。

表 8.7(这里重新定义为表 9.3)给我们提供了简单线性回归实例的确定系数，$r^2 = 58.4\%$。由此，通过增加一个新的预测变量(纤维含量)到模型中，可以得到营养等级额外的 $(81.6 - 58.4)\% = 23.2\%$ 的变化。这看起来似乎又是显著的增加。但是我们将推迟这一决定。

估计典型误差通过估计标准误差 s 获得。此处 s 的值大约是 6.13 点。因此，我们对基于含糖量和纤维含量的谷物营养等级的估计通常会包含 6.13 点的误差。不过这一误差会比通过营养等级与含糖量之间的简单线性回归得到的 s 更大或者更小吗？一般来说，该问题的答案要看新的预测变量是否有用。如果新的预测变量有用，则 s 会减小，但是如果新的预测变量对预测目标变量不起作用，则 s 值实际上会增加。这一行为类型使得 s(估计的标准误差)在考查某个新变量是否应该加入到模型中时成为比 R^2 更有吸引力的指标，因为 R^2 在有新变量加入时(无论该变量是否有用)总是会增加。

表 9.3 显示，营养等级仅与含糖量回归时，s 值大约是 9.17 点。在将纤维含量作为新变量加入时，将会使营养等级的典型误差从 9.17 点下降到 6.13 点，减少了 3.04 点。由此可知，在回归分析中增加第二个预测变量将会使预测误差降低(或者，也等于是说精度得到提高)大约 3 点。

---

2 按照惯例，多元回归中的 R^2 要采用大写字母 R。

表 9.3 营养等级与预测变量含糖量的回归结果

```
The regression equation is
Rating = 59.9 - 2.46 Sugars


Predictor      Coef  SE Coef      T      P
Constant     59.853    1.998  29.96  0.000
Sugars      -2.4614   0.2417 -10.18  0.000


S = 9.16616   R-Sq = 58.4%   R-Sq(adj) = 57.8%


Analysis of Variance

Source          DF       SS      MS       F      P
Regression       1   8711.9  8711.9  103.69  0.000
Residual Error  74   6217.4    84.0
Total           75  14929.3


Unusual Observations

Obs  Sugars  Rating    Fit  SE Fit  Residual  St Resid
  1     6.0   68.40  45.08    1.08     23.32     2.56R
  4     0.0   93.70  59.85    2.00     33.85     3.78R

R denotes an observation with a large standardized residual.
```

下一步，将转向多元回归推理。首先验证总体多元回归方程的细节。

9.2 总体多元回归方程

我们知道，对于简单线性回归，回归模型形式为：

$$\hat{y} = \beta_0 + \beta_1 x + \varepsilon \tag{9.1}$$

其中 β_0 和 β_1 被称为回归系数的未知值，ε 称为误差项，与之有关的假设见第 8 章的相关讨论。多元回归模型直接将等式(9.1)进行扩展，形式如下：

总体多元回归方程

$$y = \beta_0 + \beta_1 x_1 + \beta_2 x_2 + \cdots + \beta_m x_m + \varepsilon$$

其中，$\beta_0, \beta_1, \cdots, \beta_m$ 表示模型参数。它们为常数，其实际值仍然是未知的，可利用最小二乘法从数据中估计得出。ε 是误差项。

关于误差项的假设

(1) 零均值假设。误差项 ε 是一个随机变量，其均值或期望值为 0。换句话说，$E(\varepsilon)=0$。

(2) 常数方差假设。误差项 ε 的方差定义为 σ^2，无论 $x_1, x_1, ..., x_m$ 取何值，均为常量。

(3) 独立性假设。误差项 ε 的值具有独立性。

(4) 正态假设。误差项 ε 是一个满足正态分布的随机变量。

换句话说，误差项 ε_i 的值是满足均值为 0 且方差为 σ^2 的正态分布的独立随机变量。

与为简单线性回归实例所做的类似，我们可以获得响应变量 y 的如下 4 种含义：

响应变量 y 行为假设的含义

(1) 基于零均值假设，我们有：

$$\begin{aligned} E(y) &= E(\beta_0 + \beta_1 x_1 + \beta_2 x_2 + \cdots + \beta_m x_m + \varepsilon) \\ &= E(\beta_0) + E(\beta_1 x_1) + \cdots + E(\beta_m x_m) + E(\varepsilon) \\ &= \beta_0 + \beta_1 x_1 + \beta_2 x_2 + \cdots + \beta_m x_m \end{aligned}$$

即，对 $x_1, x_1, ..., x_m$ 的每个值集，y 的均值处于回归线上。

(2) 基于方差为常数的假设，我们给出 y 的方差 Var(y)：

$$\mathrm{Var}(y) = \mathrm{Var}(\beta_0 + \beta_1 x_1 + \beta_2 x_2 + \cdots + \beta_m x_m + \varepsilon) = \mathrm{Var}(\varepsilon) = \sigma^2$$

即，无论预测变量 $x_1, x_1, ..., x_m$ 取何值，y 的方差始终为常数。

(3) 基于独立性假设，可得出，对 $x_1, x_1, ..., x_m$ 的任意特定值集，y 值也具有独立性。

(4) 基于正态分布假设，可得出，y 也是满足正态分布的随机变量。

换句话说，响应变量 y_i 的值是独立的正态分布随机变量，其均值为 $\beta_0 + \beta_1 x_1 + \beta_2 x_2 + ... + \beta_m x_m$，方差为 σ^2。

9.3 多元回归推理

本章我们将验证如下 5 个推理方法：

(1) 在存在其他预测变量 $x_{(i)}$ 的情况下，响应变量 y 与特定预测变量 x_i 之间关系的 t-检验。其中 $x_{(i)} = x_1, x_2, ..., x_{i-1}, x_{i+1}, ..., +x_m$ 表示除 x_i 之外的所有预测变量集。

(2) 总体回归显著性的 F-检验。

(3) 第 i 个预测变量斜率 β_i 的置信区间。

(4) 在给定特定预测变量值集 $x_1, x_2, ..., x_m$ 时，响应变量 y 均值的置信区间。

(5) 在给定特定预测变量值集 $x_1, x_2, ..., x_m$ 时，响应变量 y 为随机变量取值时的预测区间。

9.3.1 y 与 x_i 之间关系的 t-检验

该检验的假设如下：

$$H_0\text{：}\ \beta_i = 0$$

$$H_a\text{：}\ \beta_i \neq 0$$

该假设所隐含的模型如下：

$$\text{在}H_0\text{情况下：}\beta_0+\beta_1x_1+\cdots+0+\cdots+\beta_m x_m+\varepsilon$$
$$\text{在}H_a\text{情况下：}\beta_0+\beta_1x_1+\cdots+\beta_i x_i+\cdots+\beta_m x_m+\varepsilon$$

注意两个模型的唯一差别是有没有第 i 项，除此以外，模型中其他项都是相同的。因此，对 t-检验结果的解释必须包括其他保持不变的预测变量作为参考。

零假设情况下，检验统计量 $t=\dfrac{b_i}{s_{b_i}}$ 满足自由度为 $n-m-1$ 的 t 分布，其中 s_{b_i} 表示第 i 个预测变量斜率的标准误差。利用表 9.1 的结果，我们对每个预测变量轮流进行 t-检验。

9.3.2 营养等级与含糖量之间关系的 *t*-检验

- H_0：$\beta_1=0$ 模型：$y=\beta_0+\beta_2(\text{纤维含量})+\varepsilon$。
- H_a：$\beta_1\neq0$ 模型：$y=\beta_0+\beta_1(\text{含糖量})+\beta_2(\text{纤维含量})+\varepsilon$。
- 表 9.1 中，在“Sugars(含糖量)”行的 Coef 列可得到值 $b_1=-2.2436$。
- 在“Sugars(含糖量)”行的 SE Coef 列可得到含糖量斜率的标准误差值 $s_{b_1}=0.1632$。
- 在“Sugars(含糖量)”行的 T 列可得到 t-统计值，即 t-检验的检验统计量，$t=\dfrac{b_1}{s_{b_1}}=\dfrac{-2.2436}{0.1632}=-13.75$。
- 在“Sugars(含糖量)”行的 P 列可获得 t-统计量的 p-值。因为是双尾检验，p-值按照以下形式获得：$p\text{-值}=P(|t|>|t_{\text{obs}}|)$，其中 t_{obs} 表示回归结果 t-统计量的观察值。此处，$p\text{-值}=P(|t|>|t_{\text{obs}}|)=P(|t|>|-13.75|)\approx0.000$。当然，连续的 p-值不会精确地等于 0。

p-值方法常用于当检验统计量的 p-值很小，零假设被拒绝时。此处，我们有 $p\text{-值}\cong0$，比所有合理的显著性阈值都要小。因此结论为拒绝零假设。对该结论的解释是，在纤维含量存在的情况下，有证据表明营养等级与含糖量之间存在线性关系。

9.3.3 营养等级与纤维含量之间关系的 *t*-检验

- H_0：$\beta_2=0$ 模型：$y=\beta_0+\beta_1(\text{含糖量})+\varepsilon$。
- H_a：$\beta_2\neq0$ 模型：$y=\beta_0+\beta_1(\text{含糖量})+\beta_2(\text{纤维含量})+\varepsilon$。
- 表 9.1 中，在“Fibers(纤维含量)”行的 Coef 列可得到值 $b_2=-2.8665$。
- 在“Fibers(纤维含量)”行的 SE Coef 列可得到纤维含量斜率的标准误差值 $s_{b_1}=0.2979$。
- 在“Fibers(纤维含量)”行的 T 列可得到 t-统计值，即 t-检验的检验统计量，$t=\dfrac{b_2}{s_{b_2}}=\dfrac{2.8665}{0.2979}=9.62$。
- 在“Fibers(纤维含量)”行的 P 列可获得 t-统计量的 p-值。同样，$p\text{-值}\approx0.000$。

据此，我们的结论是再次拒绝零假设。对此的解释为，在存在含糖量的情况下，有证据表明营养等级与纤维含量之间存在线性关系。

9.3.4　总体回归模型显著性的 F-检验

本节介绍用于验证总体回归模型的显著性的 *F*-检验。图 9.4 描述了 *t*-检验与 *F*-检验的差异。我们可以对每个预测变量 x_1、x_2或 x_3 分别应用不同的 *t*-检验，以验证目标变量 *y* 与每个预测变量是否存在线性关系。然而，*F*-检验是从总体来考虑目标变量 *y* 与预测变量集(例如$\{x_1, x_2, x_3\}$)之间是否存在线性关系。

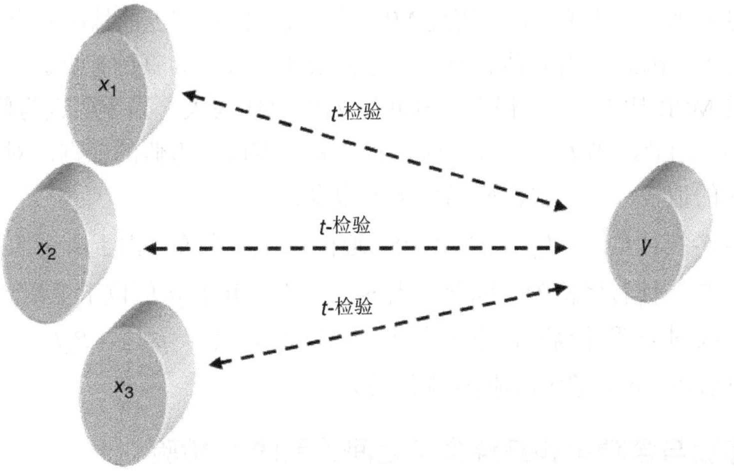

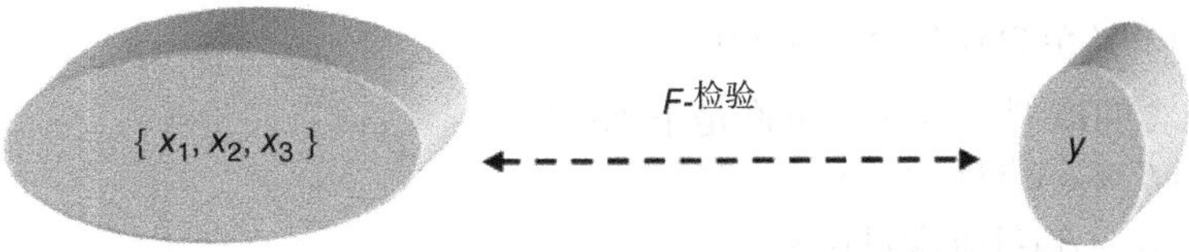

图 9.4　*F*-检验考虑目标与预测变量集之间的总体关系

F-检验的假设如下：

$$H_0:\ \beta_1 = \beta_2 = \ldots = \beta_m = 0$$
$$H_a:\ 至少存在一个\beta_i不等于0$$

零假设断言目标变量 *y* 与预测变量集 $x_1, x_2, \ldots, x_m$ 之间不存在线性关系。因此，零假设指出每个预测变量 x_i 的系数 β_i 都等于 0，使零模型为：

$$H_0情况下的模型：y = \beta_0 + \varepsilon$$

替代假设并未断言所有回归系数不等于 0。当替代假设为真时，至少存在一个未定义的回归系数不等于 0。因此，*F*-检验的替代假设未定义一个特定的模型，因为只要存在某些或全部系数不等于 0，它就为真。

如表 9.2 所示，*F*-统计量包含两个平方均值的比率——回归平方均值(MSR)和误差平方均值(MSE)。平方均值表示平方总计除以与平方统计量相关的自由度。因为平方总计始终是非负值，因此平方均值也是非负值。为理解 F-检验的工作原理，考虑如下情况。

MSE 总是能对总体方差(参考模型假设 2)σ^2作出良好的估计，无论零假设为真或为假(事实上，回忆一下我们学习过的估计标准误差$s=\sqrt{\text{MSE}}$，它用于估计回归的有用性，未引用推理模型)。现在，MSR 也能对σ^2作出良好的估计，但是仅仅适合当零假设为真的情况。如果零假设为假，则 MSR 对σ^2的估计会出现问题。

因此，针对零假设，考虑$F=\text{MSR}/\text{MSE}$的值。假定 MSR 与 MSE 彼此相差无几，结果是F值较小(接近 1.0)。由于 MSE 始终能对σ^2作出良好的估计，而 MSR 只有当零假设为真时才能够对σ^2作出良好的估计，因此 MSR 与 MSE 比较接近的情况只有在零假设为真的情况下才能发生。因此，当F值较小时，存在表明零假设为真的证据。

然而，假设 MSR 比 MSE 大得多，则此时F的值比较大。当零假设为假时，MSR 较大(过高估计σ^2)。因此，当F的值较大时，存在表明零假设为假的证据。对 F-检验来说，当检验统计量F的值较大时，我们应当拒绝零假设。

观察得到的 F-统计量$F=F_{\text{obs}}=\text{MSR/MSE}$遵循$F_{m,n-m-1}$分布。由于所有的$F$值均为非负值，因此 F-检验是一种右尾检验。因此，当p-值较小，其中p-值位于观察到的 F-统计量的右侧尾部区域时，我们将拒绝零假设。也就是说，$p\text{-值}=P(F_{m,n-m-1}>F_{\text{obs}})$，当$P(F_{m,n-m-1}>F_{\text{obs}})$值较小时，我们将拒绝零假设。

9.3.5 营养等级与含糖量和纤维含量之间关系的 F-检验

- H_0：$\beta_1=\beta_2=0$ 模型：$y=\beta_0+\varepsilon$。
- H_a：β_1和β_2至少有一个不等于0。
- H_a隐含的模型未定义，也许是下列中的一个：
  - $y=\beta_0+\beta_1(\text{含糖量})+\varepsilon$
  - $y=\beta_0+\beta_2(\text{纤维含量})+\varepsilon$
  - $y=\beta_0+\beta_1(\text{含糖量})+\beta_2(\text{纤维含量})+\varepsilon$
- 表 9.1 中，从“方差分析”部分“回归”行所对应的 MS 列可以得到 MSR 值为 6094.3。
- 从“方差分析”部分“残差误差”行所对应的 MS 列可以得到 MSE 值为 37.5。
- 从“方差分析”部分“回归”行所对应的 F 列可以得到 F-检验统计量$F=\dfrac{\text{MSR}}{\text{MSE}}=\dfrac{6094.3}{37.5}=162.32$。
- F-统计量的自由度在 DF 列可获得，我们有$m=2$，且$n-m-1=73$。
- 从“方差分析”部分“回归”行所对应的 P 列可以得到 F-统计量的p-值。此处，p-值为$P(F_{m,n-m-1}>F_{\text{obs}})=P(F_{2,75}>162.32)\approx 0.000$，尽管连续的$p$-值未精确地等于 0。

p-值近似等于零，远小于任何显著性阈值。因此结论是我们将拒绝零假设。对该结论的解释如下。有证据表明营养等级与预测变量集、含糖量和纤维含量之间存在线性关系。更确切地说，总体回归模型是显著的。

9.3.6 特定系数 β_i 的置信区间

与简单线性回归类似，我们可以为某个特定系数 β_i 构建 $100(1-\alpha)\%$ 置信区间。如下所示，我们能够有 $100(1-\alpha)\%$ 可信度认为某个特定系数 β_i 位于以下区间内：

$$b_i \pm (t_{n-m-1})(s_{b_i})$$

其中 t_{n-m-1} 自由度为 $n-m-1$，s_{b_i} 表示第 i 个系数估计的标准误差。

例如，让我们为含糖量 x_1 的系数 β_1 的实际值构建 95%置信区间。参考表 9.1，点估计给出的值是 $b_1=-2.2436$。95%置信度及 $n-m-1=73$ 自由度的 t-关键值为 $t_{n-m-1}=1.99$。系数估计的标准误差为 $s_{b_1}=0.1632$。因此，可得置信区间为：

$$\begin{aligned} b_1 &\pm (t_{n-m-1})(s_{b_1}) \\ &= -2.2436 \pm 1.99(0.1632) \\ &= (-2.57, -1.92) \end{aligned}$$

我们有 95%的置信度认为系数 β_1 的值处于−2.57～−1.92 之间。换句话说，当纤维含量保持不变时，含糖量每增加 1 克，营养等级将会减低 1.92 至 2.57 点。例如，假设某个营养研究师声称在纤维含量为常量的情况下，含糖量每增加 1 克，营养等级将会下降 2 点。因为−2.0 处于 95%置信区间内，因此我们可以认为其说法是正确的可能性为 95%。

9.3.7 (在给定 $x_1,x_2,\ldots,x_m$ 的情况下) y 的均值的置信区间

在给定特定预测变量值集 $x_1,x_2,\ldots,x_m$ 的情况下，我们也可以为目标变量 y 的均值建立置信区间。建立的公式是对第 8 章提出的公式的多元化扩展，需要矩阵操作，可参考 Draper and Smith[3]的书籍。例如，表 9.1 的底部(“新观察对象的预测变量值”)显示了我们期望得到包含 5 克糖和 5 克纤维的谷物的所有营养等级分布均值的置信区间。

95%置信区间结果在“新观察对象的预测值”中给出，其 95% CI=(53.062, 57.516)。即，我们有 95%的信心认为包含 5 克糖和 5 克纤维的所有谷物，其营养等级的均值处于 55.063 至 57.516 点之间。

9.3.8 (在给定 $x_1,x_2,\ldots,x_m$ 的情况下)随机选择的 y 值的预测区间

同样，我们可以在给定特定预测变量值集 $x_1, x_2, \ldots, x_m$ 的情况下，获得随机选择目标变量值的预测区间。参考表 9.1 中我们感兴趣的情况：5.00 克糖和 5.00 克纤维。在 95% PI 处，我们得到其预测区间为(42.876, 67.702)。即，我们有 95%的信心认为，随机选择的含

3 Draper and Smith, *Applied Regression Analysis*, John Wiley and Sons, New York, 1998.

糖量为 5.00 克和纤维含量为 5.00 克的谷物，其营养等级处于 42.876 至 67.702 点之间。我们再一次发现，正如期望的那样，预测区间比置信区间宽。

9.4 利用指示变量的包含范畴型预测变量的回归

至此，我们的预测变量都是连续的。然而，范畴型预测变量也可以被用作回归模型的输入，方法是使用指示变量(哑元)。例如，在谷物数据集中，考虑变量货架(shelf)，它指明某一特定的谷物是在超市的哪个货架上。所有的 76 种谷物，有 19 种在货架 1 上，21 种在货架 2 上，36 种在货架 3 上。

每个货架的谷物营养等级的散点图如图 9.5 所示，每个货架的均值处于三角形标示的位置上。现在，假设我们打算仅使用范畴型变量(例如货架或制造商)作为预测变量，完成 ANOVA[4]。然而，我们实际的兴趣在于利用范畴型变量货架以及连续型变量(例如含糖量和纤维含量)。因此，我们将采用指示变量的多元回归分析。

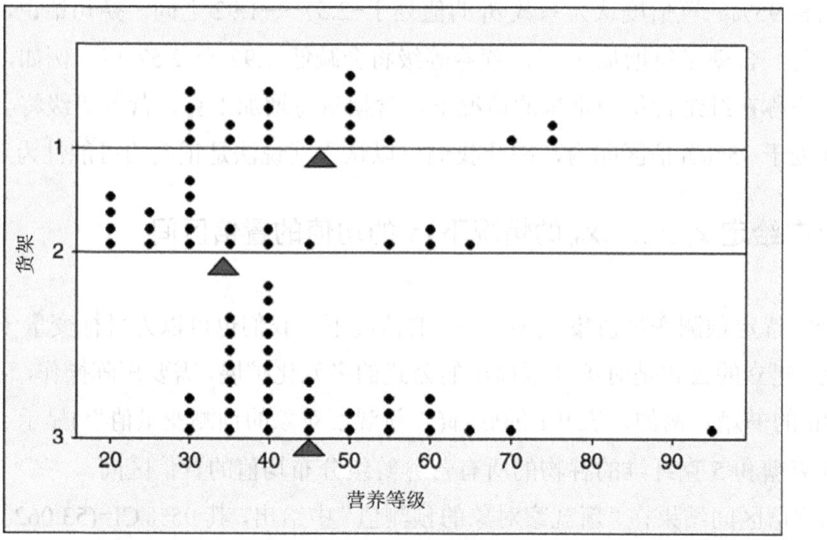

图 9.5 有证据表明货架位置会对营养等级产生影响吗

比较图 9.5 中的散点图，有证据表明货架位置对营养等级有影响吗？看起来货架 2 的谷物，其平均营养等级为 34.97，与营养等级分别为 45.90 和 45.22 的货架 1 和货架 3 的谷物比较，似乎相对滞后。然而，我们并不清楚是否这种差异是显著的。此外，散点图并未考虑其他变量，例如含糖量和纤维含量等。我们不清楚在出现其他变量时，是否有其他的“货架效应”显现。

4 相关内容可参阅第 5 章。

在应用回归时，包含 k 个分类的范畴型变量必须被转换为 $k-1$ 个指示变量。指示变量，也称为旗标变量或哑元变量，是一种二元 0/1 变量。当观察对象属于该分类时，取值为 1，否则取值为 0。

针对当前的示例，我们定义如下的指示变量：

$$\text{Shelf 1} = \begin{cases} 1 & \text{如果谷物位于货架1上} \\ 0 & \text{否则} \end{cases}$$

$$\text{Shelf 2} = \begin{cases} 1 & \text{如果谷物位于货架2上} \\ 0 & \text{否则} \end{cases}$$

表 9.4 指出对于处于货架 1、2 和 3 的谷物，指示变量的取值。注意不需要定义第 3 个指示变量“货架 3”，因为谷物位于货架 3 时，对货架 1 或货架 2 来说，取值均为零，足以对这 3 种不同的情况作出区分。事实上，不需要对这第 3 个哑元变量进行定义，因为结果产生的协方差矩阵是奇异的，回归不起作用。未被分配指示变量的分类称为参考分类。这里，货架 3 是参考分类。最后，我们将度量针对货架 3(也就是参考分类)给定谷物上架位置(例如在货架 1 上)与营养等级的效果。

表 9.4　对于货架 1、2 和 3 的谷物，各个指示变量的取值

谷物位置	货架 1 变量值	货架 2 变量值
Shelf 1	1	0
Shelf 2	0	1
Shelf 3	0	0

让我们来构建包含表 9.4 所示两个指示变量的多元回归模型。在该例中，我们的回归方程式如下：

$$\hat{y} = b_0 + b_3(\text{货架1}) + b_4(\text{货架 2})$$

在执行回归前，考虑一下回归系数值可能会是什么？基于图 9.5，我们认为 b_4 可能会是负值，因为与货架 3 的谷物比较，货架 2 的谷物营养等级的均值较低。我们还会认为 b_3 的值基本上可以忽略，但却是正值，与货架 3 的谷物比较，货架 1 的谷物营养等级均值稍微大一些。

表 9.5 包含针对货架 1 和货架 2 的营养等级回归的结果。注意到货架 2 哑元变量的系数值为-10.247，该值等于(四舍五入后)货架 2 与货架 3 上的谷物营养等级的均值之差：34.97-45.22。类似地，货架 1 上的谷物的哑元变量的系数为 0.679，等于(四舍五入后)货架 2 与货架 3 营养等级的均值之差：45.90-45.22。这些值与我们基于图 9.5 的期望相符。

表 9.5 仅基于货架位置的营养等级回归结果

```
The regression equation is
Rating = 45.2 + 0.68 Shelf 1 - 10.2 Shelf 2


Predictor        Coef   SE Coef       T       P
Constant       45.220     2.246   20.14   0.000
Shelf 1         0.679     3.821    0.18   0.859
Shelf 2       -10.247     3.700   -2.77   0.007


S = 13.4744    R-Sq = 11.2%    R-Sq(adj) = 8.8%


Analysis of Variance

Source           DF       SS      MS      F       P
Regression        2   1675.4   837.7   4.61   0.013
Residual Error   73  13253.9   181.6
Total            75  14929.3
```

接着，考虑执行涉及营养等级与含糖量、纤维含量和货架位置的多元回归，使用表 9.4 所示的两个哑元变量。回归方程如下所示：

$$\hat{y}=b_0+b_1(\text{含糖量})+b_2(\text{纤维含量})+b_3(\text{货架1})+b_4(\text{货架2})$$

对位于货架 1 上的谷物，回归方程如下所示：

$$\begin{aligned}\hat{y}&=b_0+b_1(\text{含糖量})+b_2(\text{纤维含量})+b_3(1)+b_4(0)\\&=(b_0+b_3)+b_1(\text{含糖量})+b_2(\text{纤维含量})\end{aligned}$$

对位于货架 2 上的谷物，回归方程如下所示：

$$\begin{aligned}\hat{y}&=b_0+b_1(\text{含糖量})+b_2(\text{纤维含量})+b_3(0)+b_4(1)\\&=(b_0+b_4)+b_1(\text{含糖量})+b_2(\text{纤维含量})\end{aligned}$$

最后，对位于货架 3 上的谷物，回归方程如下所示：

$$\begin{aligned}\hat{y}&=b_0+b_1(\text{含糖量})+b_2(\text{纤维含量})+b_3(0)+b_4(0)\\&=b_0+b_1(\text{含糖量})+b_2(\text{纤维含量})\end{aligned}$$

注意模型方程相互之间的关系。3 个模型表示平行的平面，如图 9.6 所示(当然，注意平面并未直接表示货架本身，但不同货架上的谷物与营养等级的回归模型拟合)。营养等级与含糖量、纤维含量和货架位置的回归结果见表 9.6。回归方程的一般形式如下：

$$\hat{y}=50.252-2.3183(\text{含糖量})+3.1314(\text{纤维含量})+2.101(\text{货架1})+3.915(\text{货架2})$$

由此，基于不同货架的谷物的回归方程可按如下所示给出：

$$\begin{aligned}\text{Shelf}\quad 1: \hat{y} &= 50.525 - 2.3183(\text{含糖量}) + 3.1314(\text{纤维含量}) + 2.101(1)\\ &= 52.626 - 2.3183(\text{含糖量}) + 3.1314(\text{纤维含量})\\ \text{Shelf}\quad 2: \hat{y} &= 50.525 - 2.3183(\text{含糖量}) + 3.1314(\text{纤维含量}) + 3.915(1)\\ &= 54.44 - 2.3183(\text{含糖量}) + 3.1314(\text{纤维含量})\\ \text{shelf}\quad 3: \hat{y} &= 50.252 - 2.3183(\text{含糖量}) + 3.1314(\text{纤维含量})\end{aligned}$$

注意上述估计回归方程除了截距不同以外，几乎是相同的。这意味着每个货架上的谷物都是按照相同的含糖量维度(−2.3183)和相同的纤维含量维度(3.1314)作为斜率建模的，其结果显示为如图 9.6 所示的 3 个平行的平面。

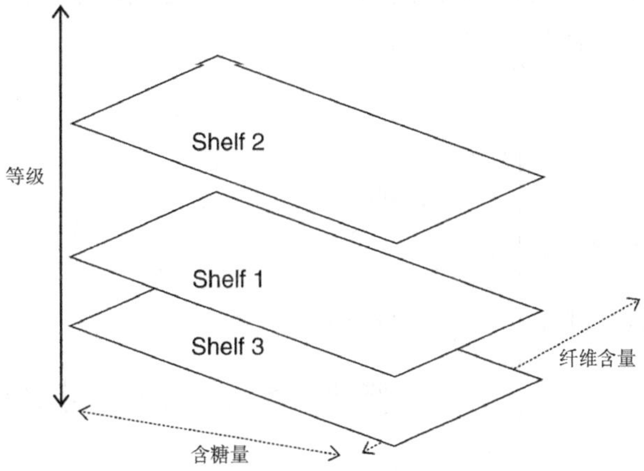

图 9.6　多元回归中使用指示变量产生平行的平面(或超平面)集

表 9.6　营养等级与含糖量、纤维含量和货架位置的回归结果

```
The regression equation is
Rating = 50.5 - 2.32 Sugars + 3.13 Fiber + 2.10 Shelf 1 + 3.92 Shelf 2


Predictor      Coef  SE Coef       T      P
Constant     50.525    1.851   27.29  0.000
Sugars      -2.3183   0.1729  -13.41  0.000
Fiber        3.1314   0.3186    9.83  0.000
Shelf 1       2.101    1.795    1.17  0.246
Shelf 2       3.915    1.865    2.10  0.039


S = 6.02092   R-Sq = 82.8%   R-Sq(adj) = 81.8%


Analysis of Variance

Source          DF        SS      MS      F      P
Regression       4   12355.4  3088.9  85.21  0.000
Residual Error  71    2573.9    36.3
Total           75   14929.3


Source    DF   Seq SS
Sugars     1   8711.9
Fiber      1   3476.6
Shelf 1    1      7.0
Shelf 2    1    159.9
```

该例中参考分类是货架 3。那么货架 3 平面与货架 1 平面的垂直距离是什么呢？注意按照上述内容，货架 1 上谷物的估计回归方程如下所示：

$$\hat{y} = (b_0 + b_3) + b_1(\text{含糖量}) + b_2(\text{纤维含量})$$

因此截距为 $b_0 + b_3$。对货架 3 上的谷物，我们有估计回归方程为：

$$\hat{y} = b_0 + b_1(\text{含糖量}) + b_2(\text{纤维含量})$$

因此，截距之间的差异是 $(b_0 + b_3) - b_0 = b_3$。我们可以通过 $(b_0+b_3)-b_0=52.626-50.525=2.101$ 验证该结果，正如表 9.6 所给出的结果一样。平面之间的垂直距离表示货架 1 和货架 3 始终相差 2.101 个营养等级点，如图 9.7 所示。

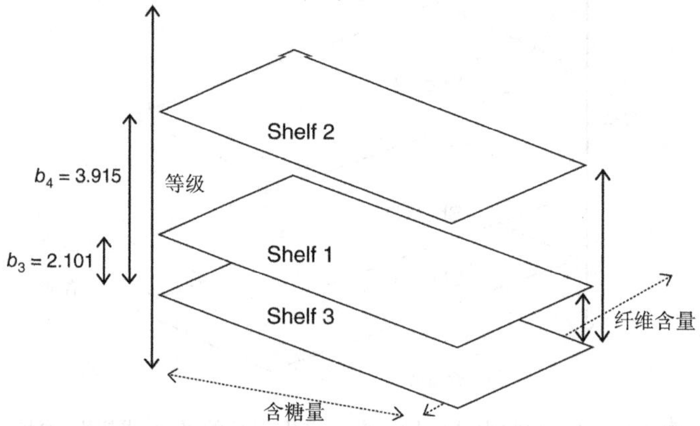

图 9.7　与参考分类比较，指示变量系数估计响应值的差异

特别重要的是对 b_3 值的解释。现在，截距表示当含糖量与纤维含量均为零时估计的营养等级。然而，由于平面均是平行的，货架之间截距的差异对整个含糖量和纤维含量的取值范围来说都是常量。因此，平行平面之间的垂直距离，正如通过指示变量的系数估计的那样，表示特定指示变量对目标变量的有关参考分类的影响的估计。

在本例中，$b_3 = 2.101$ 表示位于货架 1 的谷物与位于货架 3 的谷物的营养等级的估计差异。由于 b_3 为正值，这表明位于货架 1 的谷物的估计营养等级较高。对 b_3 可以作如下解释：在含糖量和纤维含量保持常数时，与位于货架 3 的谷物的营养等级比较，位于货架 1 的谷物的营养等级估计的增加值为 $b_3 = 2.101$ 点。对位于货架 2 上的谷物可以采用类似的方法。对此类谷物的估计回归方程为：

$$\hat{y} = (b_0 + b_4) + b_1(\text{含糖量}) + b_2(\text{纤维含量})$$

因此，表示货架 2 与货架 3 的平面之间截距的差异为 $(b_0 + b_4) - b_0 = b_4$。我们有 $(b_0+b_4)-b_0 = 54.44 - 50.525 = 3.915$，与表 9.6 给出的值相同。即，表示货架 2 和货架 3 的平面之间的垂直距离均为 3.915 个营养点，如图 9.7 所示。因此，在含糖量和纤维含量不变的情况下，与位于货架 3 的谷物的营养等级比较，位于货架 2 的谷物的营养等级估计增量为 3.915 点。

我们可以推断货架 2 和货架 1 之间营养等级的估计差别。它们之间的差别计算如下：$(b_0+b_4)-(b_0+b_3)=b_4-b_3=3.915-2.101=1.814$ 点。在含糖量和纤维含量不变的情况下，与货架 1 上的谷物比较，货架 2 上的谷物的营养等级估计增量为 1.814。

现在，考虑图 9.5，与其他货架上谷物平均等级为 46 和 45 比较，货架 2 上的谷物的营养等级平均大约是 35。我们获得证据，表明货架 2 上的谷物营养等级最低。这一知识如何能够与哑元变量结果协调一致(哑元变量结果似乎表明货架 2 上的谷物营养等级最高)？

答案是我们的指示变量结果考虑了其他变量，也就是考虑了含糖量和纤维含量。的确货架 2 上的谷物营养等级最低。然而，参考表 9.7，货架 2 上的谷物含糖量最高(平均为 9.62 克，货架 1 和货架 3 上的谷物含糖量分别为 5.11 和 6.53 克)且纤维含量最低(平均 0.91 克，而货架 1 和货架 3 上的谷物平均的纤维含量分别为 1.63 和 3.14 克)。由于含糖量与营养等级是负相关的，而纤维含量与营养等级是正相关的，因此货架 2 上的谷物按照含糖量和纤维含量来看，其营养等级已经具有相对低的估计。

表 9.7　仅使用含糖量和纤维含量，回归模型对货架 2 上谷物的营养等级的估计较低

货架	含糖量均值	纤维含量均值	等级均值	估计等级均值*	误差均值
1	5.11	1.63	45.90	45.40	−0.50
2	9.62	0.91	34.97	33.19	−1.78
3	6.53	3.14	45.22	46.53	+1.31

*等级估计仅使用含糖量和纤维含量，没有考虑货架位置[5]

表 9.7 显示当在模型中包括含糖量和纤维含量但不包括货架位置时各个货架上谷物的平均拟合值(估计营养等级)。注意，平均来看，货架 2 上的谷物的营养等级被低估了 1.78 点。然而，货架 3 上的谷物被高估了 1.31 点。因此，当在模型中引入货架位置时，这些低估/高估得到了补偿。从表 9.7 可以注意到，货架 2 与货架 3 之间的相对估计误差差异为 1.31+1.78=3.09。为此，我们可以预期如果货架位置用于补偿货架 2 上的谷物相对于货架 3 上的谷物的估计值，则其需要增加大约 3.09 个营养等级点。参考图 9.6，该值为 $b_4=3.915$，其值大于 3.09。同样，注意到货架 1 与货架 3 之间营养等级的相对估计误差差异为 1.31+0.50=1.81。我们可以预期货架指示变量对估计误差的补偿至少需要 1.81 点，的确，我们可以得到相关系数为 $b_3=2.101$。

上述示例描述了多元回归的情况，预测变量集与目标变量之间的关系不一定能由目标变量与每个预测变量之间独立的二元关系表述。例如，图 9.5 让我们以为货架 2 的谷物有一个指示变量使得估计营养等级下降。但实际的包括含糖量、纤维含量和货架位置的多元回归模型，由于其他变量的影响，其指示变量会调整并导致估计营养等级上升。

5 要考虑的话，可以存储从针对含糖量和纤维含量回归预测得到的等级值，然后按照货架位置获得预测等级值的均值。

再次考虑表 9.6。注意含糖量系数和纤维含量系数的 *p*-值都比较小(接近零)，因此我们可以将这些预测变量都包括在模型中。然而，货架 1 系数的 *p*-值比较大(0.246)，表明该变量之间的关系不具有统计显著性。也就是说，当涉及含糖量和纤维含量时，货架 1 与货架 3 上的谷物的营养等级的差异不具有显著性。因此，我们可以考虑从模型中去掉货架 1 指示变量。假设我们由于货架 1 的 *p*-值大而从模型中去掉货架 1 指示变量，但保留货架 2 指示变量，则针对含糖量、纤维含量和货架 2 指示变量(与货架 3 比较)的营养等级回归结果如表 9.8 所示。

表 9.8　针对含糖量、纤维含量和货架 2 指示变量的营养等级回归结果

```
The regression equation is
Rating = 51.7 + 3.03 Fiber - 2.35 Sugars + 3.12 Shelf 2

Predictor      Coef  SE Coef       T      P
Constant     51.709    1.554   33.27  0.000
Fiber        3.0283   0.3070    9.86  0.000
Sugars      -2.3496   0.1713  -13.72  0.000
Shelf 2       3.125    1.742    1.79  0.077


S = 6.03639   R-Sq = 82.4%   R-Sq(adj) = 81.7%


Analysis of Variance

Source          DF       SS      MS       F      P
Regression       3  12305.8  4101.9  112.57  0.000
Residual Error  72   2623.5    36.4
Total           75  14929.3
```

从表 9.8 中，我们可以注意到货架 2 哑元变量的 *p*-值从 0.039 增加到 0.077，表明其不再处于模型中。增加或去除预测变量对其他预测变量的影响是不可预测的。这就是为什么在执行任务时要有变量选择过程，例如逐步回归。本章后续内容将讨论相关的方法。

9.5 调整 R^2：惩罚包含无用预测变量的模型

前述内容提到过在模型中增加一个变量，无论该变量是否有用，都会增加确定性系数 R^2 的值。这并不是该度量特别有吸引力的地方，因为它会导致我们喜欢 R^2 值稍大的模型，仅仅是因为包含更多的变量，而不是因为其他预测变量有用。因此，从简约性考虑，我们应当找到一些方法来惩罚包含无用预测变量的模型的 R^2 度量。对 R^2 调整的公式如下：

$$R_{\mathrm{adj}}^2 = 1-(1-R^2)\frac{n-1}{n-m-1}$$

如果 R_{adj}^2 小于 R^2，则表明模型中至少有一个变量是多余的，分析人员应该考虑从模型中消除该变量。

计算 R_{adj}^2 的示例如图 9.10 所示，其中我们有：

- $R^2 = 0.828$
- $R_{adj}^2 = 0.818$
- $n = 76$
- $m = 4$

则 $R_{adj}^2 = 1-(1-R^2)\dfrac{n-1}{n-m-1} = 1-(1-0.828)\dfrac{75}{71} = 0.818$。

让我们来比较表 9.6 和表 9.8，它们分别表示回归模型包含或不包含货架 1 指示变量的情况。可以发现货架 1 指示变量对营养等级的估计没有起作用。这种情况将对 R^2 和 R_{adj}^2 有什么影响呢？

- 包含货架 1 时：惩罚 $= R^2 - R_{adj}^2 = 0.828-0.818 = 0.010$
- 不包含货架 1 时：惩罚 $= R^2 - R_{adj}^2 = 0.824-0.817 = 0.007$

因此，当不包括货架 1 时，回归模型其惩罚项的值比包含货架 1 时受到的惩罚小，如果货架 1 不是一个有用的预测变量，则这一结果是有意义的。然而，在该例中，针对两种情况，惩罚项的值都不大。需要记住的是：在构建多元回归模型时要利用 R_{adj}^2 和 s，而不是仅仅考虑 R^2。

9.6　序列平方和

一些分析人员会利用序列平方和提供的信息，多数软件包都提供序列平方和，帮助分析人员更好地确定将何种变量引入模型中。序列平方和表示 SSR(回归平方和)的分区。前述讨论过，SSR 表示目标变量波动的比例，通过目标变量与预测变量之间的线性关系来解释。在给定其他预测变量的情况下，序列平方和将 SSR 划分为 SSR 特有的由特定预测变量解释的部分。因此，序列平方和的值与变量进入模型的顺序有关。例如，由表 9.6 以及表 9.9 可得模型的序列平方和如下：

$$y = \beta_0 + \beta_1(\text{含糖量}) + \beta_2(\text{纤维含量}) + \beta_3(\text{货架1}) + \beta_4(\text{货架2}) + \varepsilon$$

含糖量的序列平方和显示为 8711.9，表示按照营养等级与含糖量之间的线性关系来解释的营养等级的波动情况。即，该序列平方和与营养等级和含糖量的简单线性回归的 SSR 值一致[6]。

$$y = \beta_0 + \beta_1(\text{含糖量}) + \beta_2(\text{纤维含量}) + \beta_3(\text{货架1}) + \beta_4(\text{货架2}) + \varepsilon$$

第 2 个针对纤维含量的序列平方和是 3476.6。该值表示在给定已经获取的含糖量情况下，按照营养等级与纤维含量之间的线性关系来解释的营养等级的波动情况。第 3 个针对货架 1 的序列平方和为 7.9。该值表明给定含糖量和纤维含量的变动情况下，按照货架 1 位置(与参考分类货架 3 比较)获得的营养等级的变动情况。货架 1 的序列平方和值比较小，

6 可以通过与表 8.7 比较，证实这一结论。

表明该变量对估计营养等级可能不会起到什么作用。最后，货架 2 的序列平方和是偏中间的值 159.9。

表 9.9 模型 $y=\beta_0+\beta_1$(含糖量)+ β_2(纤维含量)+ β_3(货架 1)+ β_4(货架 2)+ε 的序列平方和

Source	DF	Seq SS
Sugars	1	8711.9
Fiber	1	3476.6
Shelf 1	1	7.0
Shelf 2	1	159.9

现在，假设我们改变回归模型中引入变量的次序。这可能会使序列平方和的值发生改变。例如，假设我们按照以下模型完成分析工作：

$$y=\beta_0+\beta_1(\text{货架1})+\beta_2(\text{货架2})+\beta_3(\text{含糖量})+\beta_4(\text{纤维含量})+\varepsilon$$

表 9.10 提供了回归的结果。注意到除了序列平方和结果外，表 9.10 的所有结果与表 9.6 完全相同。此时，指示变量能在其他变量被引入前“声明”它们的变动的唯一部分，从而使其序列平方和取值较大。参考 Neter, Wasserman, and Kutner[7]可获得更多的有关如何在进行变量选择时应用序列平方和的内容。我们将序列平方和应用于有偏 *F*-检验环境中，以执行本章后续的变量选择。

表 9.10 改变引入变量到模型中的顺序仅对序列平方和有影响

```
The regression equation is
Rating = 50.5 + 2.10 Shelf 1 + 3.92 Shelf 2 - 2.32 Sugars + 3.13 Fiber


Predictor      Coef   SE Coef       T      P
Constant     50.525     1.851   27.29  0.000
Shelf 1       2.101     1.795    1.17  0.246
Shelf 2       3.915     1.865    2.10  0.039
Sugars      -2.3183    0.1729  -13.41  0.000
Fiber        3.1314    0.3186    9.83  0.000


S = 6.02092   R-Sq = 82.8%   R-Sq(adj) = 81.8%


Analysis of Variance

Source          DF       SS      MS      F      P
Regression       4  12355.4  3088.9  85.21  0.000
Residual Error  71   2573.9    36.3
Total           75  14929.3


Source   DF   Seq SS
Shelf 1   1    282.7
Shelf 2   1   1392.7
Sugars    1   7179.0
Fiber     1   3501.0
```

7 Neter,Wasserman, and Kutner, *Applied Linear StatisticalModels*, 4th edition, McGraw-Hill/Irwin, 1996.

9.7 多重共线性

设想我们打算将含钾量这一变量增加到模型中去，此时回归方程如下所示：

$$\hat{y} = b_0 + b_1(\text{含糖量}) + b_2(\text{纤维含量}) + b_3(\text{货架1}) + b_4(\text{含钾量})$$

现在，数据挖掘人员需要避免产生多重共线性，所谓多重共线性是指预测变量之间存在关联关系。多重共线性会使求解空间具有不稳定性，导致产生不连贯结果的可能性。例如，在包含多重共线性的数据集中，可能会导致整个回归的 F-检验具有显著性，而对个体预测变量的 t-检验却不显著。

考虑图 9.8 和图 9.9，图 9.8 描述了一种环境，其中预测变量 x_1 和 x_2 相互之间不存在相关性；也就是说它们之间是正交的或者说是独立的。在这种情况下，预测变量形成了稳固的基础，响应面 y 可以受到稳定支撑，因此提供了稳定的系数估计 b_1 和 b_2，相应的 s_{b_1} 和 s_{b_2} 变化幅度不大。然而，图 9.9 描述了一种存在多重共线性的环境，其预测变量 x_1 和 x_2 相互之间存在关联关系，因此当其中一个变量增加时，另外一个变量也相应地增加。在此情况下，预测变量不再构成一种对响应变量起稳定作用的支撑基础。相反，当预测变量之间存在相互关联时，响应面不再是稳定的，由于 s_{b_1} 和 s_{b_2} 膨胀的取值，导致对变量系数的估计 b_1 和 b_2 较高。

估计值具有高的变化率意味着不同的样例可能产生具有差异较大的系数估计。例如，一个样例可能对 x_1 产生正值系数，而另外一个样例可能会得到一个负的系数估计值。当分析任务需要独立地解释响应变量与预测变量之间的关系时，产生这种情况是无法接受的。即使这样的不稳定性可以避免，在预测变量中包含的此类相关性将会导致过分强调模型中特定元素的作用，因为该元素实质上被计算过两次。

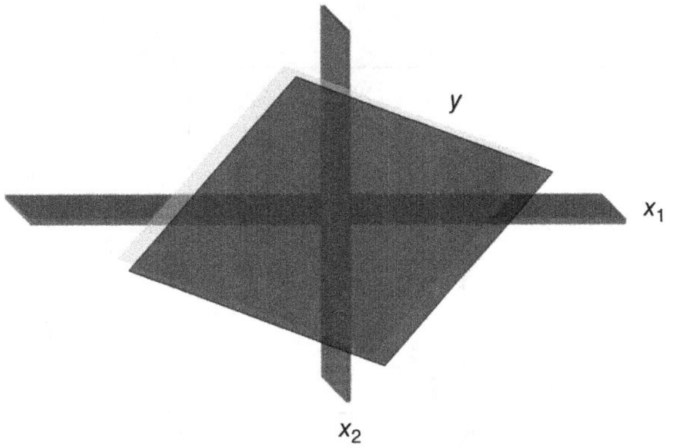

图 9.8　当预测变量 x_1 和 x_2 之间不存在相关性时，响应面 y 依托于稳固的基础之上，提供稳定的系数估计值

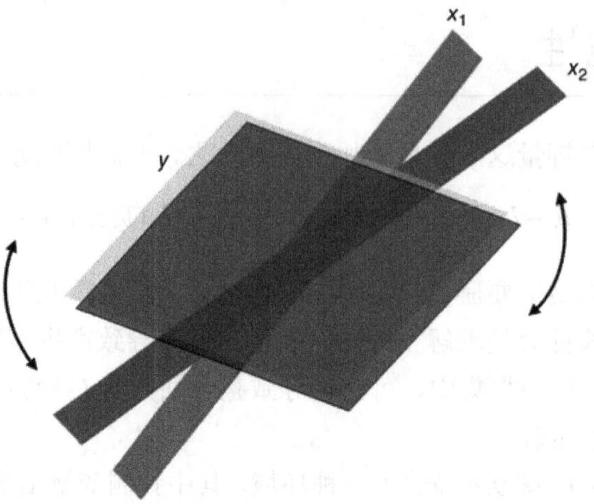

图 9.9 多重共线性：当预测变量之间存在关联性时，响应面呈现出不稳定性，导致产生可疑的且高度变化的变量系数估计值

为避免出现多重共线性，分析人员需要研究预测变量(暂时忽略目标变量)之间的相关结构。表 9.11[8]提供了我们给出的模型的预测变量之间的相关系数。例如，含糖量与纤维含量之间的相关系数为−0.139，而含糖量与含钾量之间的相关系数为 0.001。非常遗憾，纤维含量与含钾量这一对变量之间存在强相关关系：r=0.912。评价预测变量之间是否存在相关性还可以通过构建预测变量之间的矩阵点图(如图 9.10 所示)来进行。矩阵点图支持所发现的纤维含量与含钾量之间存在正相关关系的结论。

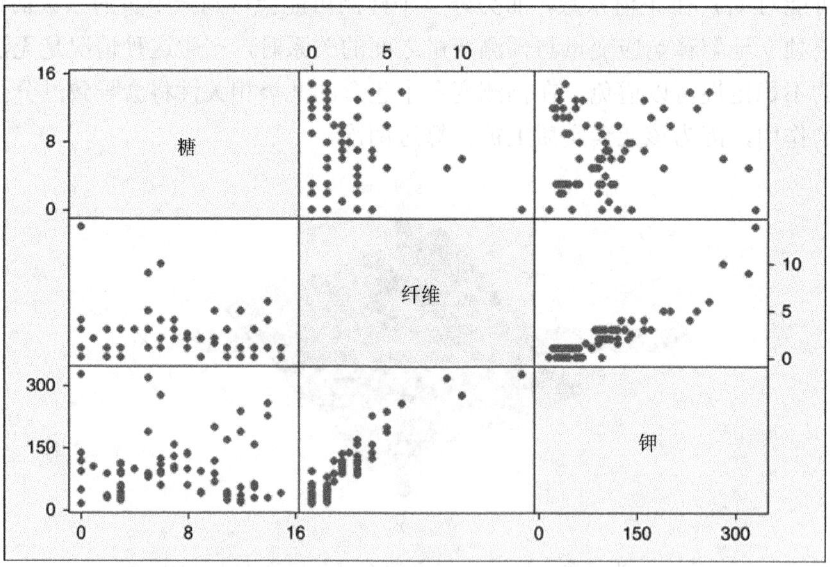

图 9.10 显示纤维含量与含钾量之间关联的预测变量矩阵点图

8 货架 2 是一个指示变量。对指示变量，无法执行关联推理，因为会违反正常的假设。然而，将关联系数作为指示变量的描述性统计量是一种可以采用的探索性工具。

表 9.11　预测变量之间的相关系数：我们有一个问题

	Sugars	Fiber	Shelf 2
Fiber	-0.139		
Shelf 2	0.368	-0.322	
Potass	0.001	0.912	-0.326

然而，假设我们不对预测变量之间存在的相关性进行检测，继续进行回归分析，是否存在某些方法能够通过回归结果告诉我们存在多重共线性呢？答案是肯定的：我们可以通过方差膨胀因子(VIF)获知是否存在多重共线性。

方差膨胀因子具有何种含义呢？首先，我们知道s_{b_i}表示第 i 个预测变量 x_1 的系数 b_i 的变化情况。我们可以将s_{b_i}表示为估计标准误差s与c_i的乘积，其中c_i是一个依赖于预测变量观察值的常量。即$s_{b_i}=s\cdot c_i$。现在，针对模型中包含的相关变量，s是比较健壮的。因此，若存在相关的预测变量，则我们可以通过考察c_i来解释s_{b_i}的变化较大的情况。

c_i可如下表示：

$$c_i=\sqrt{\frac{1}{(n-1)s_i^2}\cdot\frac{1}{1-R_i^2}}$$

其中s_i^2表示第i个预测变量观察值的样例方差，x_i和R_i^2表示x_i针对其他预测变量回归所获得的R^2值。注意当x_i与其他变量高度相关时，R_i^2取值也较大。

注意，c_i中包含两项，第 1 个因子$\left(\frac{1}{(n-1)s_i^2}\right)$用于度量第$i$个预测变量$x_i$内固有的变异性。其第 2 个因子$\left(\frac{1}{1-R_i^2}\right)$用于度量第$i$个预测变量$x_i$与其他预测变量之间的相关性。出于该原因，第 2 个因子可定义为x_i的 VIF：

$$\text{VIF}_i=\frac{1}{1-R_i^2}$$

我们能够描述 VIF 的行为吗？假设x_i与其他变量一点相关性也没有，则$R_i^2=0$。由此可得$\text{VIF}_i=\frac{1}{1-0}=1$。即 VIF 的最小值为 1，当$x_i$与其他预测变量完全没有相关性时，VIF 取最小值 1。然而，当x_i与其他预测变量的相关度增加时，R_i^2的值也相应增加。当R_i^2接近 1 时，$\text{VIF}_i=\frac{1}{1-R_i^2}$的值将无约束地增加。即$\text{VIF}_i$值没有上界。

VIF_i 的变化对第 i 个系数 s_{b_i} 的变化有什么影响呢？我们有 $s_{b_i}=s\cdot c_i=s\cdot\sqrt{\frac{1}{(n-1)s_i^2}\cdot\frac{1}{1-R_i^2}}=s\cdot\sqrt{\frac{\text{VIF}_i}{(n-1)s_i^2}}$。如果$x_i$与其他预测变量无相关性，则$\text{VIF}_i$=1，系数$s_{b_i}$的标准误差将不会急速扩张。然而，如果 x_i 与其他变量存在相关性，则系数s_{b_i}的

标准误差将会快速扩张。正如您所知道的那样，膨胀的方差估计值将导致估计精度的退化。用于解释 VIF 值的粗略的经验法则认为：当 $VIF_i \geq 5$ 时，可能会存在多重共线性；当 $VIF_i \geq 10$ 时，预示存在严重的多重共线性。当 $VIF_i \geq 5$ 时，对应的 R_i^2 为 0.80，而 $VIF_i \geq 10$ 时，对应的 $R_i^2 = 0.90$。

回到我们的示例中，假设我们仍然采用营养等级与含糖量、纤维含量、货架 2 以及新变量钾含量等进行回归，含钾量与纤维含量存在相关性。其结果(包含观察获得的 VIF)如表 9.12 所示。该模型的估计回归方程如下：

$$\hat{y} = 52.525 - 2.1476(\text{含糖量}) + 4.2515(\text{纤维含量}) + 1.663(\text{货架2}) - 0.04656(\text{含钾量})$$

含钾量的 p-值不是很小(0.082)，因此粗略看来，该变量放不放在模型中都行。同样，货架 2 指示变量的 p-值 0.374 比较大，以至于我们也许不应将该变量包含在模型中。然而，我们不应过分相信这一结果，因为观察得到的 VIF 似乎表明存在多重共线性。在进一步分析该模型前，我们需要解决明显存在的多重共线性。

表 9.12 回归结果，其中方差膨胀因子表明存在多重共线性问题 [a]

```
The regression equation is
Rating = 52.5 - 2.15 Sugars + 4.25 Fiber + 1.66 Shelf 2 - 0.0466 Potass

74 cases used, 2 cases contain missing values


Predictor       Coef   SE Coef        T      P    VIF
Constant      52.525     1.698    30.94  0.000
Sugars       -2.1476    0.1937   -11.09  0.000  1.461
Fiber         4.2515    0.7602     5.59  0.000  6.952
Shelf 2        1.663     1.860     0.89  0.374  1.417
Potass      -0.04656   0.02637    -1.77  0.082  7.157


S = 5.96956    R-Sq = 82.9%    R-Sq(adj) = 81.9%


Analysis of Variance

Source          DF       SS      MS      F      P
Regression       4  11918.1  2979.5  83.61  0.000
Residual Error  69   2458.9    35.6
Total           73  14377.0
```

[a] 注意仅使用了 74 个样例，因为 Almond Delight 和 Cream of Wheat 的含钾量缺失，而 Quaker Oats 的含糖量亦缺失。

纤维含量的 VIF 值为 6.952，含钾量的 VIF 值为 7.157，上述两个值都表明具有中等偏强的多重共线性。不过至少可以将问题定位到这两个变量上，因为其他变量的 VIF 值都处于可接受的范围。

如何解决这一问题呢？一些文献建议选择一个变量并将其从模型中删除。然而，这种方法只能被视为是一种极端的手段，因为被删除的变量可能会给我们带来麻烦。正如第 4 章所看到的那样，主成分可能是一种用于从具有相关性结构的预测变量组中产生较小的独立性成分的强有力手段。此处，主成分分析可以作为一种备选方案。另外一种可选方案同样可参考第 4 章，即构建用户自定义组合。此处，用户自定义组合较为简单，即纤维含量 $_z$ 和含钾量 $_z$ 的均值，其中 z-下标表明该变量是经过标准化的。为此，定义组合 W 为 $W=(纤维含量_z+含钾量_z)/2$。注意我们需要对组合中涉及的变量进行标准化，以避免出现其中一个变量波动巨大而完全控制另外一个变量的波动的可能性。例如，所有谷物的纤维含量的标准差为 2.38 克，而所有谷物含钾量的标准差为 71.29 毫克(克与毫克的计量标准在此不是问题。即使存在不同的计量标准，变量相关主要涉及波动性的差异)。图 9.11 描述了波动性的差异[9]。

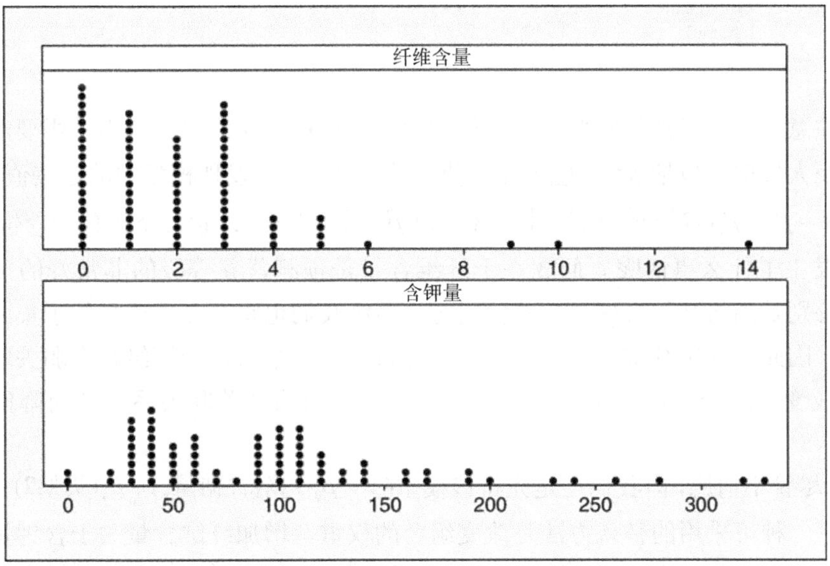

图 9.11 纤维含量与含钾量存在不同的波动性，因此在构建用户自定义组合前需要标准化

因此，我们针对以下变量执行营养等级回归：

- 含糖量 $_z$
- 货架 2
- $W=(纤维含量_z+含钾量_z)/2$

结果如表 9.13 所示。

9 注意标准化本身无法解决多重共线性问题。事实上，如果预测变量被标准化，VIF 值不会发生变化。

表 9.13 营养等级与含糖量、货架 2 及纤维含量/含钾量组合的回归结果

```
The regression equation is
Rating = 41.7 - 10.7 Sugarsz + 3.00 Shelf 2 + 7.07 W

74 cases used, 2 cases contain missing values

Predictor        Coef   SE Coef       T      P    VIF
Constant      41.7149    0.9242   45.14  0.000
Sugarsz      -10.6865    0.8443  -12.66  0.000  1.221
Shelf 2         3.000     1.987    1.51  0.136  1.365
W              7.0717    0.8226    8.60  0.000  1.130

S = 6.49820   R-Sq = 79.4%   R-Sq(adj) = 78.6%

Analysis of Variance

Source           DF       SS      MS      F      P
Regression        3  11421.1  3807.0  90.16  0.000
Residual Error   70   2955.9    42.2
Total            73  14377.0
```

首先注意多重共线性问题似乎已经得到解决，VIF 值接近 1。然而，需要注意的是，回归结果令人失望，包括 R^2、R^2_{adj} 及 s 的值。从表 9.8 可以发现模型中的这些值表现不佳，该模型为 $y=\beta_0+\beta_1(\text{含糖量})+\beta_2(\text{纤维含量})+\beta_4(\text{货架}2)+\varepsilon$，它甚至未包含含钾量。

这里发生了什么事情呢？问题在于纤维含量是预测营养等级的非常好的预测变量这一事实，特别是当将其与含糖量一起使用时，后续我们也将会在完成最佳子集回归时看到这一结论。因此，使用纤维含量这一变量，并将其与某个与营养等级存在弱关联关系的变量一起构成变量组合，可以稀释纤维含量与营养等级的强关联关系，从而降低模型的有效性。

因此，尽管不情愿，但我们还是先将该模型($y=\beta_0+\beta_1(\text{含糖量}_z)+\beta_4(\text{货架}2)+\beta_5(W)+\varepsilon$)放到一边。一种可采用的替代方法是改变组合的权重，增加纤维含量关于含钾量的权重。例如，我们可以令 $W_2=(0.9\times\text{纤维含量}_z+0.1\times\text{含钾量}_z)$。然而，与仅用纤维含量相比，模型性能有所下降。相反，分析人员更可能被劝说采用主成分。

现在，考虑分析人员所面对的任务，事实上，多重共线性可能不是致命的问题。Weiss[10] 指出多重共线性“不会对用简单回归方程预测响应变量产生不利的影响”。他指出多重共线性不会对预测响应变量的点估计、响应均值的置信区间或随机选择响应值的预测区间造成显著的影响。然而，数据挖掘研究者在估计及预测目标变量时，必须严格限制对于多重共线模型的使用。对模型的解释是不适当的，因为多重共线性的出现，对单独的系数没有意义。

10 Weiss, *Introductory Statistics*, 9th edition, Pearson, 2010.

9.8　变量选择方法

为帮助数据分析人员确定应该在多元回归模型中采用哪种变量，目前可以采用一些不同的变量选择方法。

- 前向选择
- 反向删除
- 逐步选择
- 最佳子集

上述变量选择方法是建立具有优化预测变量集的模型的基本算法。

9.8.1　有偏 *F*-检验

为便于讨论变量选择方法，我们首先需要学习有偏 *F*-检验。假设我们已知模型包含 p 个变量 $x_1, x_2, ..., x_p$，且我们感兴趣的是是否应该将某个额外的变量 x^* 引入到模型中。回忆前面讨论过的序列平方和。此处，计算在模型中已经包含 $x_1, x_2, ..., x_p$ 时，将 x^* 增加到模型中时的序列平方和。定义如下：$SS_{Extra} = SS(x^* | x_1, x_2, ..., x_p)$。现在，该平方和的计算方法是用整个模型(包括 $x_1, x_2, ..., x_p$ 和 x^*)的回归平方和，定义为 $SS_{Full} = SS(x_1, x_2, ..., x_p, x^*)$，减去原模型(仅包含 $x_1, x_2, ..., x_p$)的回归平方和，定义为 $SS_{Reduced} = SS(x_1, x_2, ..., x_p)$，即

$$SS_{Extra} = SS_{Full} - SS_{Reduced}$$

也就是

$$SS(x^* | x_1, x_2, ..., x_p) = SS(x_1, x_2, ..., x_p, x^*) - SS(x_1, x_2, ..., x_p)$$

有偏 *F*-检验的零假设如下：

H_0：否定，当 x^* 与 SS_{Extra} 关联时未对已包含 $x_1, x_2, ..., x_p$ 的模型的回归平方和作出显著的贡献。因此，不需要将 x^* 包含到模型中去。

备选假设如下：

H_a：肯定，当 x^* 与 SS_{Extra} 关联时将对已包含 $x_1, x_2, ..., x_p$ 的模型的回归平方和作出显著的贡献。因此，可将 x^* 包含到模型中去。

有偏 *F*-检验的检验统计如下：

$$F(x^* | x_1, x_2, ..., x_p) = \frac{SS_{Extra}}{MSE_{Full}}$$

其中 MSE_{Full} 表示包含 $x_1, x_2, ..., x_p$ 及 x^* 的整个模型的平方误差项均值。也就是 x^* 的有偏 *F*-统计量。当零假设为真时，该检验统计量遵循 $F_{1,n-p-2}$ 分布。因此，当 $F(x^* | x_1, x_2, ..., x_p)$ 较大时，或当与之相关的 *p*-值较小时，我们选择拒绝零假设。

一种替代有偏 *F*-检验的方法是 *t*-检验。现在包含 1 和 $n-p-2$ 个自由度的 *F*-检验等价于包含 $n-p-2$ 个自由度的 *t*-检验。这是由分布关系 $F_{1,n-p-2} = (t_{n-p-2})^2$ 所决定的。因此，无论

是 F-检验还是 t-检验都可以执行。类似我们在本章稍前部分所介绍的对待 t-检验的方法，给出假设如下：

$$H_0:\ \beta^* = 0$$
$$H_a:\ \beta^* \neq 0$$

相关的模型如下：

在 H_0 情况下：$y = \beta_0 + \beta_1 x_1 + \cdots + \beta_p x_p + \varepsilon$

在 H_{a} 情况下：$y = \beta_0 + \beta_1 x_1 + \cdots + \beta_p x_p + \beta^* x^* + \varepsilon$

在零假设情况下，检验统计量 $t = \dfrac{b^*}{s_{b^*}}$ 满足包含 $n-p-2$ 个自由度的 t 分布。当双尾 p-值 $P(|t|>|t_{\text{obs}}|)$ 较小时，拒绝零假设。

最后，需要对序列平方和与有偏平方和之间存在的差异进行讨论。本章曾对序列平方和进行过描述。由于每个变量依次加入到模型中，因此序列平方和表示当已经进入模型的变量的波动性被获得的情况下，通过该变量解释的额外的特有的波动性。即，变量加入模型的顺序与序列平方和存在密切的关系。

然而，有偏平方和与顺序没有直接关系。对某个特定的变量，有偏平方和表示当已经进入模型的其他变量的波动性被获得的情况下，通过该变量解释的额外的特有的波动性。表 9.14 显示了在模型包含 4 个预测变量 x_1, x_2, x_3, x_4 时，序列平方和和有偏平方和之间的差异。

表 9.14 序列平方和与有偏平方和之间的差异

变量	序列平方和	有偏平方和
x_1	$SS(x_1)$	$SS(x_1 \mid x_2, x_3, x_4)$
x_2	$SS(x_2 \mid x_1)$	$SS(x_2 \mid x_1, x_3, x_4)$
x_3	$SS(x_3 \mid x_1, x_2)$	$SS(x_3 \mid x_1, x_2, x_4)$
x_4	$SS(x_4 \mid x_1, x_2, x_3)$	$SS(x_4 \mid x_1, x_2, x_3)$

9.8.2 前向选择过程

在前向选择过程的初始状态，模型中不包含变量。

- 步骤 1。选择与目标变量相关性最高的预测变量加入到模型中(不失一般性，设该变量为 x_1)。如果产生的模型不具有显著性，则停止并报告没有变量是重要的预测变量。否则，进入步骤 2。注意分析人员可以选择等级 α；该值较低会导致变量不易加入到模型中。常见的选择是 $\alpha = 0.05$，但这一选择不是一成不变的。
- 步骤 2。对每个其他变量，在给定模型中的变量情况下，计算每个变量的序列 F-统计量。例如，在算法处于第一遍过程时，计算序列 F-统计量为

$F(x_2|x_1)$、$F(x_3|x_1)$和$F(x_4|x_1)$。当算法处于第二遍过程时，应该计算的是$F(x_3|x_1,x_2)$和$F(x_4|x_1,x_2)$。选择 F-统计量最大的变量。

- 步骤 3。对在步骤 2 选择出的变量，检验其序列 F-统计量的显著性。如果结果表示模型不具有显著性，则停止并报告当前模型不会将步骤 2 中选择的变量加入到模型中。否则，将步骤 2 中选择的变量加入到模型中并返回步骤 2。

9.8.3 反向删除过程

在反向删除过程初始时，模型中包含所有的变量，或者模型中包含用户自定义的变量集。

- 步骤 1。对整个模型执行回归操作。即，利用可用的所有变量。例如，也许整个模型包含 4 个变量x_1,x_2,x_3,x_4。
- 步骤 2。对当前模型中的每个变量，计算有偏 F-统计量。在算法处于第一遍过程时，对上述选定的模型，这些统计量包括$F(x_1|x_2,x_3,x_4)$、$F(x_2|x_1,x_3,x_4)$、$F(x_3|x_1,x_2,x_4)$及$F(x_4|x_1,x_2,x_3)$。选择具有最小有偏 F-统计量的变量。将该值定义为F_{min}。
- 步骤 3。检验 F_{min} 的显著性。如果 F_{min} 不具有显著性，则从模型中删除与 F_{min} 相关的变量，并返回步骤 2。如果 F_{min} 具有显著性，则停止该算法并报告当前模型为最后生成的模型。如果此时不是算法的第一遍过程，则当前模型中至少被删除一个变量。注意分析人员可以根据删除变量的需求选择 α 的等级。该值低，则模型趋向于较少的变量。

9.8.4 逐步选择过程

逐步选择过程是对前向选择过程的修改。当有新的变量加入到模型中后，通过前向选择过程加入到模型中的变量可能不再具有显著性。逐步选择过程用于检查是否存在这样的可能性，方法是在每步针对每个模型中的变量，利用有偏平方和执行有偏 F-检验。如果模型中的某个变量不再具有显著性，则具有最小 F-统计量的变量将被从模型中删除。当没有变量从模型中删除或加入后，该过程将被终止。分析人员可以选择需要加入到模型中的α级别和需要从模型中删除的 α' 级别，一般选择的 α' 值比 α 要大。

9.8.5 最佳子集过程

对包含大量预测变量的数据集来说，最佳子集过程是一种非常有吸引力的变量选择方法。然而，如果变量数目超过 30 种，则最佳子集方法将会遇到组合爆炸问题，执行过程将会变得非常慢。

最佳子集过程如下：

- 步骤 1。分析人员定义期望的每个尺度的模型的数量(k)，以及预测变量的最大数量(p)。

- 步骤 2。当一个预测变量的所有模型被建立后，其 R^2、R_{adj}^2、Mallows' C_p(下面将描述该度量)以及 s 的值可以计算获得。基于这些度量，可以获得最佳 k 模型。
- 步骤 3。接着建立包含两个预测变量的所有模型。计算其 R^2、R_{adj}^2、Mallows' C_p 和 s 值，并基于这些度量结果，获得最佳 k 模型。
- 持续执行该过程，直到预测变量的最大值(p)为止。至此，分析人员得到 $1, 2, ..., p$ 每个尺度的最佳模型，用于选择整体最佳的模型。

9.8.6 "所有可能子集"过程

上述所谈论的 4 种模型选择方法可以看成针对大样例空间的优化算法。正因为如此，我们无法保证能够获得的是全局优化模型。即，无法保证这些变量选择算法获得的模型具有最低的 s 值和最高的 R_{adj}^2 值(Draper and Smith[11]；Kleinbaum，Kupper，Nizam，and Muller[12])。确保能够获得全局最优模型的唯一方法是对所有可能的选择执行回归。遗憾的是，在数据挖掘应用中，通常存在大量的有效候选预测变量，因此采用这一方法是不现实的。如果不考虑零模型 $y=\beta_0+\varepsilon$，则当包含预测变量数量为 p 时，需要建立的模型数量为 2^p-1。

预测变量数量较小时，构建所有可能存在的回归是不成问题的。例如，当 $p=5$ 时，可能的模型数量为 $2^5-1=31$。然而，当预测变量数量增加时，搜索空间将会以指数级别增长。例如，当包含预测变量数量 $p=10$ 时，则模型数量为 $2^{10}-1=1023$，而当 $p=20$ 时，模型数量将达到 $2^{20}-1=1\,048\,575$。因此，对大多数数据挖掘应用来说，可能包含上百个变量，对所有可能开展回归的方法是不可行的。为此，数据挖掘人员可能会趋向于选择上述讨论的四种方法之一。尽管采用上述的方法可能无法保证获得全局最优模型，但它们通常能够提供有用的模型集，并提供正面结果。然后，分析人员采纳这些模型，以此为出发点，不断调整并修改，从而从它们中得出最佳效果。

9.9 油耗数据集

至此，有必要转向采用新的数据集来描述变量选择方法的主要特点。我们将使用油耗数据集[13]，其目标变量为 MPG(每加仑英里数)，该目标变量由 4 个预测变量估计得出：驾驶室空间、马力、最高速度、重量。让我们先来对该数据集进行初步探索。图 9.12 显示的是目标变量 MPG 与每个预测变量的散点图。由于 MPG 与变量马力之间未显现出线性关系，因此需要采用变换规则。

---

11 Draper and Smith, *Applied Regression Analysis*, 3rd edition, Wiley Publishers, Hoboken, New Jersey,1998.

12 Kleinbaum, Kupper, Nizam, and Muller, *Applied Regression Analysis and Multivariable Methods*, 4th edition, Cengage Learning, 2007.

13 来自DASL网站(Data and Story Library), http://lib.stat.cmu.edu/DASL/.

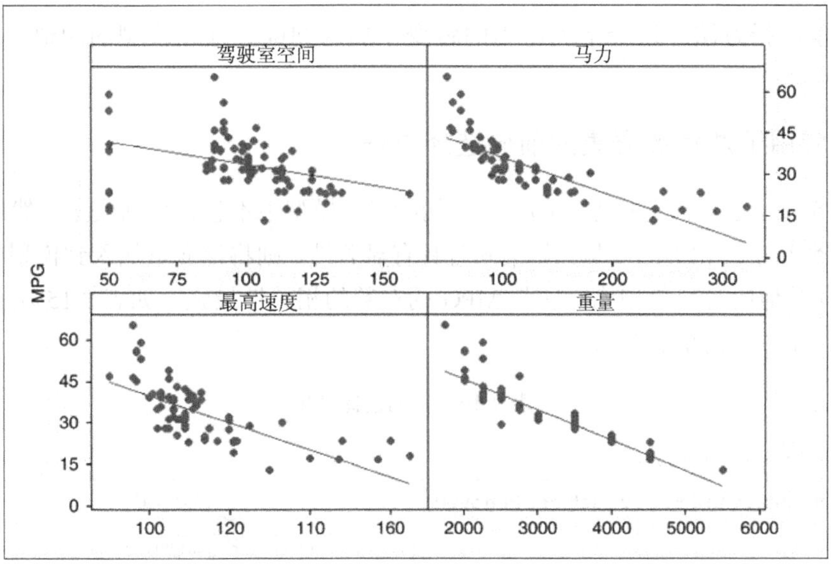

图 9.12　MPG 与每个变量的散点图。有些呈现出非线性性状

按照第 8 章中提供的方法，我们将采用取每个变量的对数的方式。产生的散点图如图 9.13 所示，表明对线性关系的改进情况。因此我们将继续考虑基于驾驶室空间的油耗的对数、马力的对数、最高速度及重量。

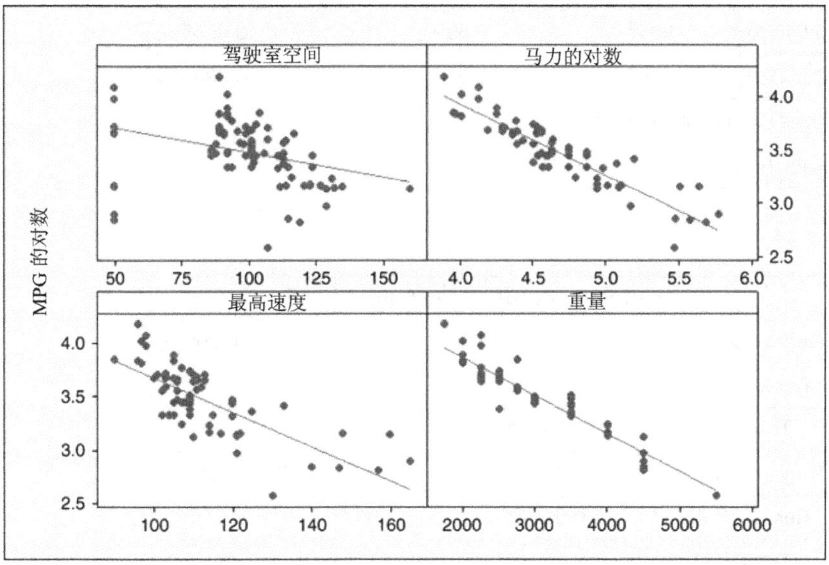

图 9.13　MPG 的对数与驾驶室空间、马力的对数、最高速度和重量的散点图，用于改进线性性状

9.10　变量选择方法的应用

我们希望获得最简约的模型，不遗漏任何具有显著性的预测变量。我们将运用上述讨

论过的变量选择方法。选择下列常用的将变量加入到或剔除出模型的阈值：$\alpha = 0.05$ 且 $\alpha' = 0.10$。

9.10.1 应用于油耗数据集的前向选择过程

表 9.15 显示了前向选择方法的结果。初始时，模型中不包含任何变量。然后，选择与 MPG 的对数结果最相关的变量，如果同时具有显著性，则将该变量加入到模型中。该变量是重量，与其他所有变量相比，它与 MPG 的对数的相关性最强。如表 9.15 左上部所示，重量成为首先进入模型的变量。

表 9.15 前向选择结果

Variables Entered/Removed[a]

Model	Variables Entered	Variables Removed	Method
1	Weight	.	Forward (Criterion: Probability-of-*F*-to-enter <= 0.050).
2	ln HP	.	Forward (Criterion: Probability-of-*F*-to-enter <= 0.050).

[a] Dependent variable: ln MPG.

Model Summary

Model	*R*	*R* Square	Adjusted *R* Square	Std. Error of the Estimate
1	0.949(a)	0.901	0.899	0.096592
2	0.962(b)	0.925	0.923	0.084374

[a] Predictors: (Constant), Weight.

[b] Predictors: (Constant), Weight, ln HP.

ANOVA[a]

Model		Sum of Squares	df	Mean Square	*F*	Sig.
1	Regression	6.757	1	6.757	724.268	0.000(b)
	Residual	0.746	80	0.009		
	Total	7.504	81			
2	Regression	6.942	2	3.471	487.540	0.000(c)
	Residual	0.562	79	0.007		
	Total	7.504	81			

[a] Dependent Variable: ln MPG.

[b] Predictors: (Constant), Weight.

[c] Predictors: (Constant), Weight, ln HP.

然后执行序列 *F*-检验，例如 $F(ln\ HP\,|\,weight)$、$F(cab\ space\,|\,weight)$等。结果表明，序列 *F*-统计量最高值由对 $F(ln\ HP\,|\,weight)$的显著性检验得到，因此变量 *ln HP* 成为第二个加入到模型中的变量，如表 9.15 所示。再次执行序列 *F*-检验，没有发现其他具有显著性的变量。因此，前向选择方法趋向于采用如下模型：

$$\hat{y} = b_0 + b_1\text{weight} + b_2\ln\text{ HP}$$

表 9.15 包含由前向选择过程选择得到的两个模型的方差分析(ANOVA)表。我们可以使用这些方差分析表中的结果计算序列 *F*-统计量。模型 1 表示模型仅包含一个变量——重量。模型 2 表示模型包含 *weight* 和 *ln HP*(马力的对数)两个变量。

因为 $SS_{Extra}=SS_{Full}-SS_{Reduced}$，我们有：

$$SS_{\ln HP|weight}=SS_{weight,\ \ln HP}-SS_{weight}$$

从表 9.15 可知：

- $SS_{weight,\ \ln HP}=6.942$ 且
- $SS_{weight}=6.757$，由此得
- $SS_{\ln HP|weight}=SS_{weight,\ \ln HP}-SS_{weight}=6.942-6.757=0.185$

有偏(或序列)*F*-检验的检验统计量如下：

$$F(\ln\text{ HP}\,|\,\text{weight}) = \frac{SS_{\ln\text{ HP}|\text{weight}}}{MSE_{\text{weight},\ln\text{ HP}}}$$

根据表 9.15 提供的数据，我们有：

- $MSE_{\text{weight},\ln\text{ HP}} = 0.007$，由此得
- $F(\ln\text{ HP}\,|\,\text{weight}) = \dfrac{SS_{\ln\text{ HP}|\text{weight}}}{MSE_{\text{weight},\ln\text{ HP}}} = \dfrac{0.185}{0.007} = 26.4$

样例大小为 82，模型中参数为 $p=2$，该检验统计量遵循 $F_{1,n-p-2}=F_{1,79}$ 分布。该检验的统计量的 *p*-值近似等于零，因此零假设被拒绝，ln HP(马力的对数)将不被引入到模型中。

9.10.2 应用于油耗数据集的后向删除过程

在应用后向删除时，初始状态下的模型包含所有变量。然后计算模型中每个变量的有偏 *F*-统计量(例如 $F(cab\ space\,|\,weight, ln\ HP, top\ speed)$)。具有最小 *F*-统计量的变量(记为 F_{min})将被得到，在本示例中为驾驶室空间(cab space)。如果 F_{min} 不具有显著性(本例中情况正是这样)，则该变量将会从模型中删除。驾驶室空间将被删除，如表 9.16 所示。执行下一遍过程，具有最小有偏 *F*-统计量的变量是最高速度(top speed)，它仍然不具有显著性。因此，最高速度成为第二个从模型中删除的变量。此后，没有其他变量被从模型中删除，结果表明后向删除方法得到的模型与前向选择方法得到的模型相同。

表 9.16 后向删除方法结果

Variables Entered/Removed[a]

Model	Variables Entered	Variables Removed	Method
1	ln HP, Cab Space, Weight, Top Speed(b)	.	Enter
2	.	Cab space	Backward (criterion: Probability of F-to-remove >= 0.100).
3	.	Top speed	Backward (criterion: Probability of F-to-remove >= 0.100).

[a] Dependent variable: ln MPG.
[b] All requested variables entered.

Model Summary

Model	R	R Square	Adjusted R Square	Std. Error of the Estimate
1	0.963(a)	0.927	0.924	0.084165
2	0.963(b)	0.927	0.924	0.083654
3	0.962(c)	0.925	0.923	0.084374

[a] Predictors: (Constant), ln HP, Cab Space, Weight, Top Speed.
[b] Predictors: (Constant), ln HP, Weight, Top Speed.
[c] Predictors: (Constant), ln HP, Weight.

ANOVA[a]

Model		Sum of Squares	df	Mean Square	F	Sig.
1	Regression	6.958	4	1.740	245.580	0.000(b)
	Residual	0.545	77	0.007		
	Total	7.504	81			
2	Regression	6.958	3	2.319	331.433	0.000(c)
	Residual	0.546	78	0.007		
	Total	7.504	81			
3	Regression	6.942	2	3.471	487.540	0.000(d)
	Residual	0.562	79	0.007		
	Total	7.504	81			

[a] Dependent variable: ln MPG.
[b] Predictors: (Constant), ln HP, Cab Space, Weight, Top Speed.
[c] Predictors: (Constant), ln HP, Weight, Top Speed.
[d] Predictors: (Constant), ln HP, Weight.

9.10.3 应用于油耗数据集的逐步选择过程

逐步选择过程是对前向选择方法的改进，该算法在每一步都要检查当前模型中包含的所有变量是否仍然具有显著性。在本例中，在新变量进入模型中时它们仍然保持显著性。因此，对本例来说，得到的结果与前向选择得到的结果相同，相关汇总情况见表 9.15。

9.10.4 应用于油耗数据集的最佳子集过程

表 9.17 提供了利用 Minitab 工具在油耗数据集上应用最佳子集过程的结果。预测变量

名位于右上侧，并且竖向排列。表中每条水平线表示不同的模型，若变量包含在特定模型中，则该行出现 X。最佳子集过程报告了两个包含 p=1 预测变量的最佳模型，以及两个包含 p=2 预测变量的最佳模型等。第 1 个模型仅包含重量；第 2 个模型仅包含马力的对数；第 3 个模型包含重量和马力的对数；第 4 个模型包含最高速度和重量。

表 9.17　将最佳子集过程应用于油耗数据集的结果(“最佳”模型被高亮显示)

Vars	R-Sq	R-Sq(adj)	Mallows Cp	S	Cab Space	lnHP	Top Speed	Weight
1	90.1	89.9	27.4	0.096592				X
1	83.7	83.5	95.1	0.12379		X		
2	92.5	92.3	3.4	0.084374		X		X
2	91.8	91.6	11.0	0.088310			X	X
3	92.7	92.4	3.1	0.083654		X	X	X
3	92.6	92.3	4.8	0.084576	X	X		X
4	92.7	92.4	5.0	0.084165	X	X	X	X

该表报告了每个模型的 4 个模型选择标准：R^2、R^2_{adj}、Mallows' C_p和s。

9.10.5　Mallows' C_p统计量

现在我们讨论 C_p统计量，该方法由 C. L. Mallows[14]提出。该统计量的形式如下：

$$C_p = \frac{SSE_p}{MSE_{full}} - [n - 2(p+1)]$$

其中 p 表示当前模型中预测变量的数量，SSE_p 表示包含 p 个变量的模型的误差平方和。MSE_{full} 表示这个模型的均方误差；即所有变量都包含在模型中时的均方误差。

当拟合良好时，将[15]显示 $E(C_p)=p+1$。即，当模型拟合较好时，我们期望 C_p的值与 $p+1$ 近似。然而，当模型拟合效果不好时，C_p 的值将大于(有时远大于) $p+1$。包含所有变量的全模型始终有 $C_p=p+1$，但通常都不是最佳模型。

将 Mallows' C_p值与预测变量数量值 p 一起画一个点图通常是有用的。图 9.14 显示了

---

14 Mallows, Some comments on C_p, *Technometrics*, Volume 15, pages 661 – 675, 1973.

15 Draper and Smith, *Applied Regression Analysis*, 3rd edition, Wiley Publishers, Hoboken, New Jersey, 1998.

这样一种用于油耗数据集回归的点图(为增加粒度，C_p=95.1 的模型被删除了)。选择最佳模型的启发法之一是随着 p 的增加，选择 C_p 值首次接近或跨越 $C_p=p+1$ 的模型。

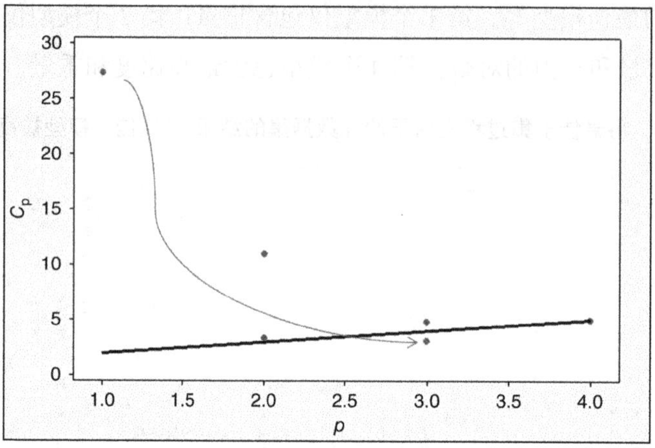

图 9.14　包含 Mallows' C_p 值与预测变量数量值 p 的点图可帮助选择最佳模型

考察图 9.14，C_p 的一般趋势是随着 p 的增加而下降，也可从图 9.17 中看出这一趋势。当 p=2 时，C_p=3.4，接近 $C_p=p+1$ 直线。这表示由其他 3 个变量选择方法选择的模型。

最后，当 p=3 时，C_p=3.1，处于 $C_p=p+1$ 直线之下。因此，Mallows' C_p 启发法选择该模型。该模型包含 *ln HP*(马力的对数)、*top speed*(最高速度)和 *weight*(重量)3 个变量。

至此，我们有两个候选模型。

$$\text{模型 A：}\ \hat{y} = b_0 + b_1\text{weight} + b_2\ln\text{HP}$$
$$\text{模型 B：}\ \hat{y} = b_0 + b_1\text{weight} + b_2\ln\text{HP} + b_3\text{top speed}$$

模型 A 被前向选择、后向删除、逐步选择所支持，差不多也受到最佳子集方法的支持。模型 B 较勉强地受到最佳子集的支持。我们认为最终模型不必仅提出一种模型。两个或三个模型也可以，其需求来自管理人员，看看哪个模型更适合业务或研究问题。然而，为方便起见，往往会选择一个“工作模型”，因为在多元环境下建立模型具有一定的复杂性。但是，从简约性考虑，如果所有的事物都相等，则选择简单的模型。出于简约性，模型 A 受到大部分变量选择方法的青睐，因此我们推荐将模型 A 作为工作模型。模型 A 的回归结果如表 9.18 所示。

查看一下回归假设，发现图 9.15 中的每个图都包含有离群点 Subaru Loyale，在其他变量不变的情况下，它比期望的油耗小。表 9.19 给出当离群点被删除后的回归结果。回归精度得到了改善；例如，估计的标准误差 s 降低了 6.6%。

表 9.18　按照变量选择标准选择的模型的回归结果

```
The regression equation is
ln MPG = 5.39 - 0.249 ln HP - 0.000242 Weight


Predictor          Coef      SE Coef       T       P     VIF
Constant         5.3858       0.1641   32.81   0.000
ln HP          -0.24895      0.04897   -5.08   0.000   4.728
Weight      -0.00024173   0.00002504   -9.65   0.000   4.728


S = 0.0843736   R-Sq = 92.5%   R-Sq(adj) = 92.3%


Analysis of Variance

Source          DF      SS      MS       F       P
Regression       2  6.9415  3.4708  487.54   0.000
Residual Error  79  0.5624  0.0071
Total           81  7.5039
```

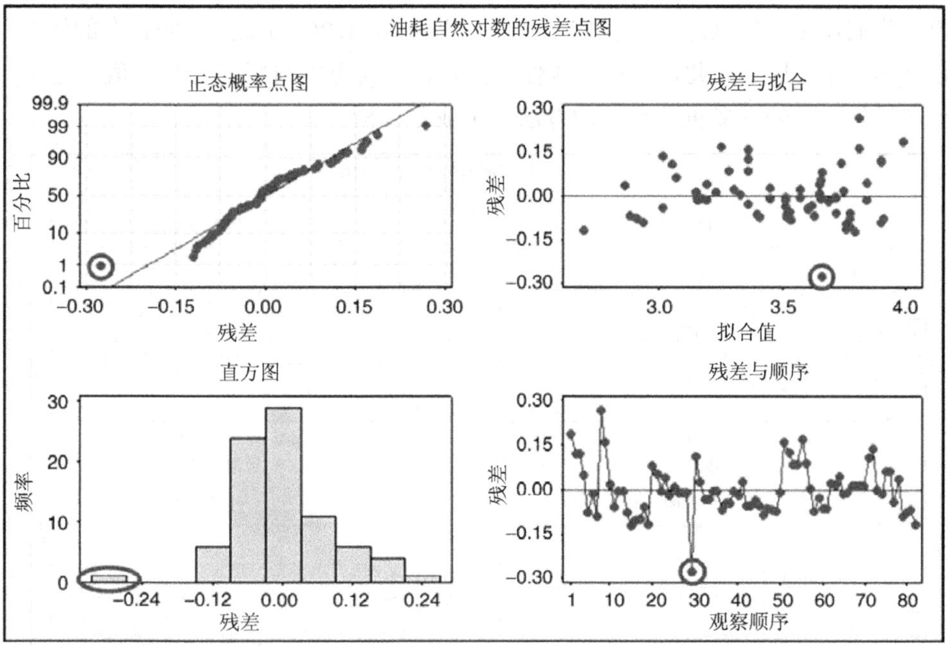

图 9.15　发现离群点

表 9.19 离群点删除后稍微得到一点改进的回归结果

```
The regression equation is
ln MPG = 5.37 - 0.240 ln HP - 0.000249 Weight


Predictor          Coef       SE Coef        T       P     VIF
Constant         5.3684        0.1533    35.01   0.000
ln HP          -0.23963       0.04579    -5.23   0.000   4.734
Weight      -0.00024908    0.00002347   -10.61   0.000   4.734


S = 0.0787767   R-Sq = 93.5%   R-Sq(adj) = 93.4%


Analysis of Variance

Source          DF       SS       MS        F       P
Regression       2   7.0114   3.5057   564.91   0.000
Residual Error  78   0.4841   0.0062
Total           80   7.4955
```

图 9.16 显示的是验证回归假设的点图。残差稍微有点右倾斜，且残差与拟合值有一点曲线化，该结果与我们的期望稍有偏差。在该练习中，我们试图处理上述问题。然而，总体来说，我们还是比较满意的，我们的回归模型对 *ln MPG* 与变量之间存在的线性关系提供了较好的总结。尽管如此，多重共线性仍然存在，因为预测变量的 VIF 值接近 5。为此，我们转向另外一种处理多重共线性的方法：主成分分析。

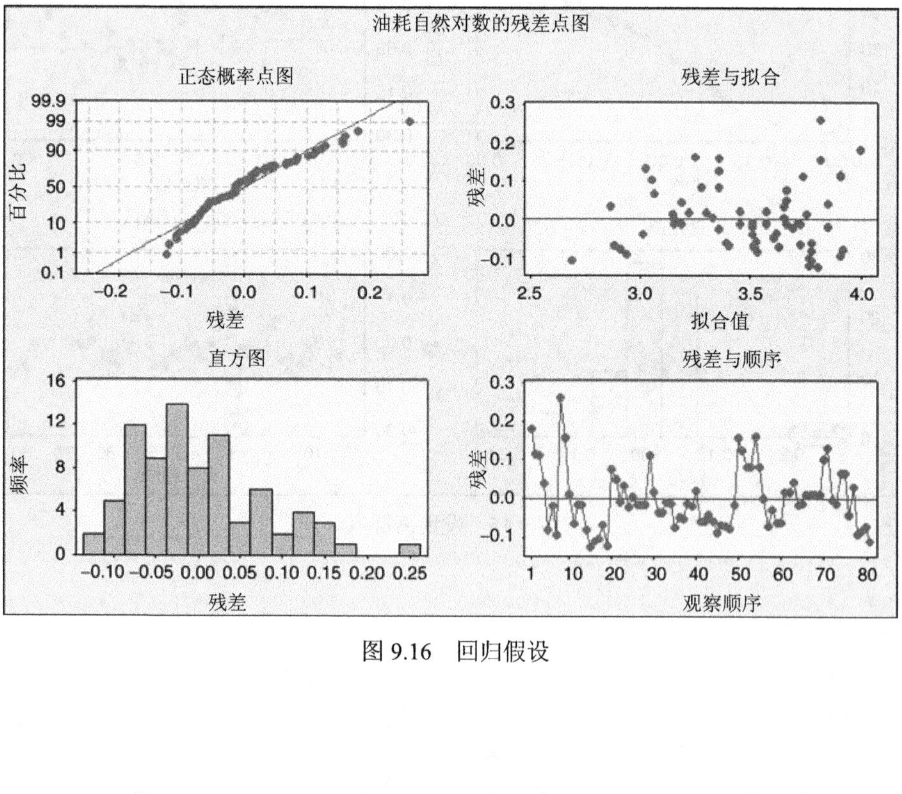

图 9.16 回归假设

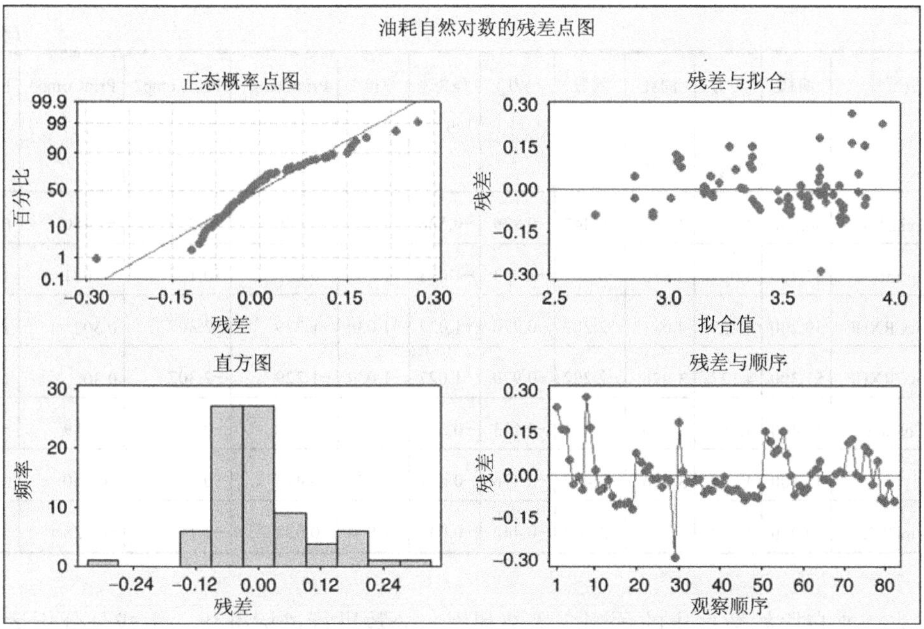

图 9.17　显示出倾斜趋势的正态概率点图

9.11　将主成分作为预测变量进行多元回归

主成分[16]可作为多元回归模型的预测变量。每条记录包含每个主成分的成分值，如表 9.20 最右端所示的 4 列。这些成分值可被视为回归模型中的预测变量，或者可以用于任何分析模型中。

表 9.20　每个记录包含每个成分的成分权重值

制造商/型号	油耗	马力自然对数	油耗自然对数	驾驶室空间_z	马力_z	最高速度_z	重量_z	PrinComp1	PrinComp2	PrinComp3	PrinComp4
GM/GeoMetroXF1	65.400	3.892	4.181	−0.442	−1.199	−1.169	−1.648	−0.770	−0.246	−1.454	2.449
GM/GeoMetro	56.000	4.007	4.025	−0.307	−1.093	−1.098	−1.341	−0.805	−0.167	−1.081	1.896
GM/GeoMetroLSI	55.900	4.007	4.024	−0.307	−1.093	−1.098	−1.341	−0.805	−0.167	−1.081	1.896
SuzukiSwift	49.000	4.248	3.892	−0.307	−0.829	−0.528	−1.341	−0.173	−0.081	−1.518	0.115
DaihatsuCharade	46.500	3.970	3.839	−0.307	−1.128	−1.169	−1.341	−0.885	−0.177	−1.026	2.094

16 主成分分析可参阅第 5 章相关内容。

(续表)

制造商/型号	油耗	马力自然对数	油耗自然对数	驾驶室空间_z	马力_z	最高速度_z	重量_z	PrinComp1	PrinComp2	PrinComp3	PrinComp4
GM/GeoSprintTurbo	46.200	4.248	3.833	−0.442	−0.829	−0.528	−1.341	−0.199	−0.229	−1.450	0.079
GM/GeoSprint	45.400	4.007	3.816	−0.307	−1.093	−1.098	−1.341	−0.805	−0.167	−1.081	1.896
HondaCivicCRXHF	59.200	4.127	4.081	−2.202	−0.970	−1.027	−1.034	−1.229	−2.307	0.302	1.012
HondaCivicCRXHF	53.300	4.127	3.976	−2.202	−0.970	−1.027	−1.034	−1.229	−2.307	0.302	1.012
DaihatsuCharade	43.400	4.382	3.770	−0.217	−0.653	−0.386	−1.034	−0.118	−0.039	−1.189	−0.246
SubaruJusty	41.100	4.290	3.716	−0.442	−0.776	−0.671	−1.034	−0.473	−0.328	−0.860	0.686
HondaCivicCRX	10.900	4.522	3.711	−2.202	−0.442	−0.042	−1.034	−0.027	−2.145	−0.528	−1.953

首先，来自原始数据集的预测变量都利用 *z*-分数进行过标准化。主成分分析运行于具有最大方差旋转的标准化预测变量之上。方差结果解释见表 9.21。最大方差旋转解决方案表明由 3 个成分解释的方差基本接近 100%。因此，我们可获得 3 个成分用作回归模型中的预测变量[17]。

表 9.21 由 3 个成分的旋转解决方案所解释的方差的百分比接近 100%

总体方差解释									
	初始特征值			获取负载平方和			旋转负载平方和		
成分	Total	% of Variance	Cumulative %	Total	% of Variance	Cumulative %	Total	% of Variance	Cumulative %
1	2.689	67.236	67.236	2.689	67.236	67.236	2.002	50.054	50.054
2	1.100	27.511	94.747	1.100	27.511	64.747	1.057	26.436	76.490
3	0.205	5.137	99.884	0.205	5.137	99.884	0.935	23.386	99.876
4	0.005	0.116	100.00	0.005	0.116	100.00	0.005	0.124	100.00

获取方法：主成分分析

表 9.22 展示了无旋转和旋转成分权重，为清楚起见，权重小于 0.5 的被隐藏。针对旋转方案的简要的成分解释如下：

- 成分 1：力量。该成分合并了最高速度和马力。
- 成分 2：容量。仅包含驾驶室空间变量。

17 在练习中，我们确认选择成分数量的 4 个准则可获取 3 个成分，尽管每个参数可用于获取两个成分。

● 成分 3：重量。仅包含重量变量。

表 9.22　无旋转和旋转成分权重

Component Matrix[a]

	Component			
	1	2	3	4
Horsepower_z	0.984			
Top Speed_z	0.921			
Weight_z	0.906			
Cab Space_z		0.958		

Extraction method: Principal component analysis.

[a] Four components extracted.

Rotated Component Matrix[a]

	Component			
	1	2	3	4
Top Speed_z	0.969			
Horsepower_z	0.892			
Cab Space_z		0.988		
Weight_z	0.517		0.809	

Extraction method: Principal component analysis. Rotation method: Varimax with Kaiser normalization.

[a] Rotation converged in five iterations.

对 MPG 自然对数与 3 个主成分执行回归操作，结果如表 9.23 所示。残差点图见图 9.17。可注意到多重共线性问题得到解决，因为 VIF 统计量完美地等于 1.0。然而，残差的正态概率点图显示凹型曲面，表明存在右倾斜。因此我们对 MPG 应用下列 Box-Cox 转换，以减低倾斜程度：

$$\text{MPG}_{\text{BC}\,0.75}=\frac{(\text{MPG}^{0.75}-1)}{0.75}$$

表 9.23　利用主成分解决多重共线性问题的回归

```
The regression equation is
ln MPG = 3.48 - 0.184 PrinComp1 - 0.0751 PrinComp2 - 0.213 PrinComp3


Predictor        Coef    SE Coef        T       P     VIF
Constant      3.47571    0.00982   354.12   0.000
PrinComp1   -0.183916   0.009875   -18.62   0.000   1.000
PrinComp2   -0.075066   0.009875    -7.60   0.000   1.000
PrinComp3   -0.213480   0.009875   -21.62   0.000   1.000


S = 0.0888786    R-Sq = 91.8%    R-Sq(adj) = 91.5%


Analysis of Variance

Source          DF      SS      MS       F      P
Regression       3  6.8877  2.2959  290.64  0.000
Residual Error  78  0.6162  0.0079
Total           81  7.5039
```

针对主成分进行回归得到的残差点图如图 9.18 所示。倾斜度得到改善。这些点图还不算完美。特别是，按照观察顺序得到的汽车集合在接近结束一端存在一些系统性的差异。浏览数据集可看到这些汽车都是豪华车，例如罗尔斯-罗伊斯、美洲豹等，它们与油耗模型存在差异。总体来看，我们发现点图对回归假设进行了广泛的验证。记住，现实世界存在大量的脏数据，完美的验证是不易得到的。

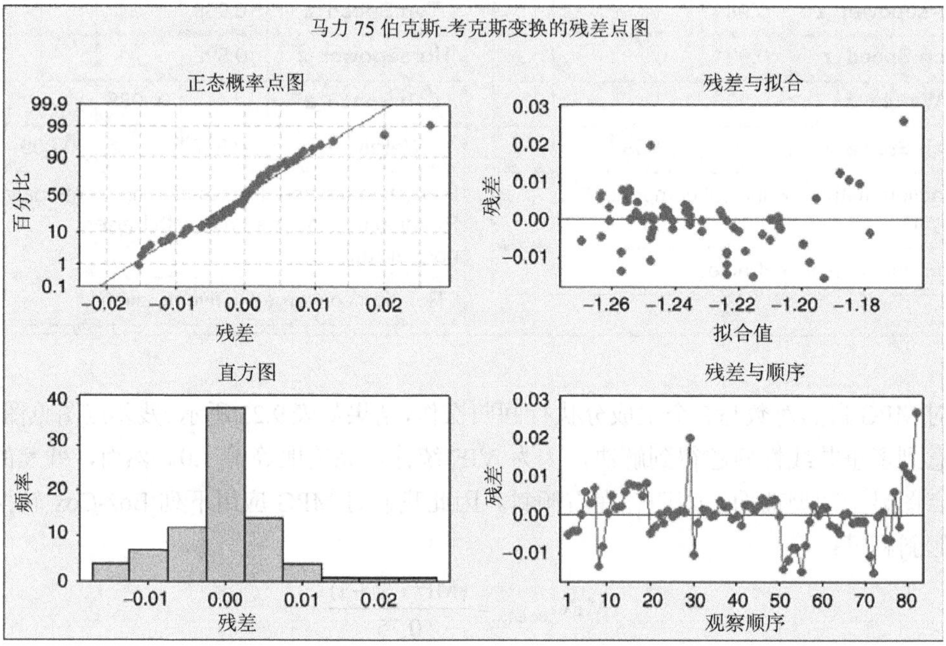

图 9.18 观察顺序表明豪华车可能存在差异

$MPG_{BC\ 0.75}$针对主成分回归的回归结果如表 9.24 所示，以下几点需要引起注意：

- 多重共线性得到解决，所有 VIF=1.0。
- $R^2 = 92.1\%$，比不考虑多重共线性时的模型(93.5%)稍差。
- 注意最后 4 个特殊的观察对象，它们均为高值点，包括：梅赛德斯、美洲豹、宝马和罗尔斯-罗伊斯。其中罗尔斯-罗伊斯是最极端的离群点。

在后续的练习中，我们将邀请分析人员进一步改进这一模型。可能通过改进 Box-Cox 转换、对豪华车设置指示变量或其他方法来进行。

表 9.24　$MPG_{BC\ 0.75}$ 针对主成分的回归

```
The regression equation is
BC mpg 75 = - 1.23 + 0.0151 PrinComp1 + 0.00498 PrinComp2 + 0.0171 PrinComp3


Predictor        Coef     SE Coef         T      P    VIF
Constant     -1.23233     0.00077  -1596.15  0.000
PrinComp1   0.0151380   0.0007768     19.49  0.000  1.000
PrinComp2   0.0049782   0.0007768      6.41  0.000  1.000
PrinComp3   0.0171224   0.0007768     22.04  0.000  1.000


S = 0.00699137   R-Sq = 92.1%   R-Sq(adj) = 91.8%


Analysis of Variance

Source          DF        SS        MS       F      P
Regression       3  0.044316  0.014772  302.22  0.000
Residual Error  78  0.003813  0.000049
Total           81  0.048129


Source      DF    Seq SS
PrinComp1    1  0.018562
PrinComp2    1  0.002007
PrinComp3    1  0.023747


Unusual Observations

Obs  PrinComp1  BC mpg 75       Fit   SE Fit  Residual  St Resid
  8      -1.23   -1.27086  -1.25724  0.00218  -0.01362    -2.05R
 29      -0.01   -1.22800  -1.24803  0.00112   0.02003     2.90R
 51      -0.50   -1.23801  -1.22378  0.00114  -0.01423    -2.06R
 55       1.68   -1.23035  -1.21544  0.00174  -0.01490    -2.20R
 67      -0.05   -1.20881  -1.20665  0.00279  -0.00216    -0.34 X
 72       3.35   -1.20801  -1.19278  0.00319  -0.01523    -2.45RX
 78       3.69   -1.18139  -1.17819  0.00346  -0.00320    -0.53 X
 80       2.04   -1.17408  -1.18496  0.00289   0.01088     1.71 X
 81       3.56   -1.17193  -1.18170  0.00302   0.00977     1.55 X
 82       0.53   -1.14080  -1.16733  0.00276   0.02653     4.13RX
```

R 语言开发园地

输入并准备谷物数据

```
cereal <- read.csv(file = "C:/…/cereals.txt",
    stringsAsFactors=TRUE,
    header=TRUE,
    sep="\t")
which(is.na(cereal$Sugars))
# 记录 58 缺少含糖量值
```

```
cereal <- cereal[-58,]
dat <- data.frame(Rating = cereal$Rating,
      Sugars = cereal$Sugars,
      Fiber = cereal$Fiber)
```

三变量的散点图

```
library(scatterplot3d)
# 颜色评级
rg <- colorRampPalette(c("red",
      "green"))(76)
sp <- scatterplot3d(z=sort(cereal$Rating),
       y=cereal$Sugars,
       x=cereal$Fiber,
       color=rg,
       pch = 16,
       xlab = "Fiber",
       ylab = "Sugars",
       zlab = "Rating",
       main = "3D Scatterplot")
```

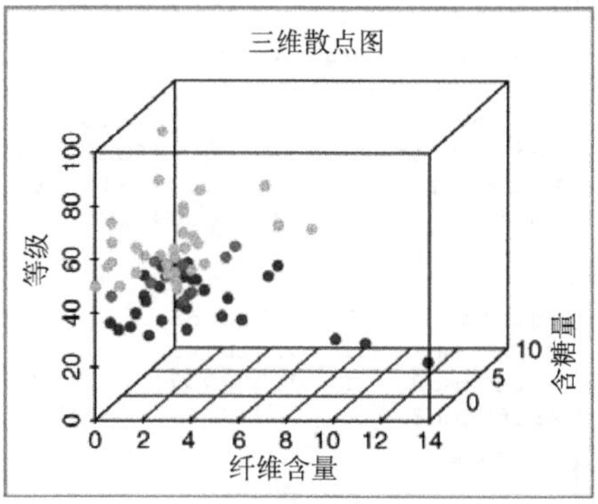

等级与含糖量和纤维含量的独立变量散点图

```
par(mfrow=c(1,2),
      mar = c(4.5,4,3,3),
      oma = c(0,1,0,0))
lm91 <- lm(Rating~
        Sugars,
      data = cereal)
lm92 <- lm(Rating~
        Fiber,
      data = cereal)
plot(Rating~Sugars,
      data = cereal,
      pch = 16,
```

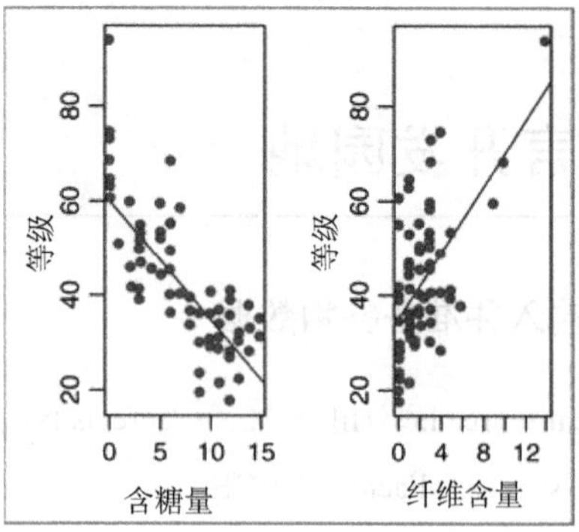

```
    col = "red",
    ylab = "Rating")
abline(lm91, col = "blue")
plot(Rating~Fiber, data = cereal, pch = 16, col = "red")
abline(lm92, col = "blue")
# Reset plot area
par(mfrow=c(1,1))
```

 # 多元回归：<插入回车> #输出，*t*-检验，*F*-检验

```
mreg1 <- lm(Rating~
    Sugars + Fiber,
    data = cereal)
summary(mreg1)
# t-检验在系数表中
# F-检验：在输出的底端

ma1 <- anova(mreg1)
ma1
# SSR 被拆散置于预测变量之间
```

```
Call:
lm(formula = Rating ~ Sugars + Fiber, data = cereal)

Residuals:
    Min      1Q  Median      3Q     Max
-12.159  -4.415  -1.151   2.584  16.732

Coefficients:
            Estimate Std. Error t value Pr(>|t|)
(Intercept)  52.1742     1.5556  33.541  < 2e-16 ***
Sugars       -2.2436     0.1632 -13.750  < 2e-16 ***
Fiber         2.8665     0.2979   9.623 1.28e-14 ***
---
Signif. codes:  0 '***' 0.001 '**' 0.01 '*' 0.05 '.' 0.1 ' ' 1

Residual standard error: 6.127 on 73 degrees of freedom
Multiple R-squared: 0.8164, Adjusted R-squared: 0.8114
F-statistic: 162.3 on 2 and 73 DF,  p-value: < 2.2e-16

Analysis of Variance Table

Response: Rating
          Df Sum Sq Mean Sq F value    Pr(>F)
Sugars     1 8711.9  8711.9 232.045 < 2.2e-16 ***
Fiber      1 3476.6  3476.6  92.601 1.276e-14 ***
Residuals 73 2740.7    37.5
---
Signif. codes:  0 '***' 0.001 '**' 0.01 '*' 0.05 '.' 0.1 ' ' 1
```

 # 置信区间

```
# β 系数的 CI
confint(mreg1, level =0.95)
# 置信区间
predict(mreg1, newdata =
    data.frame(Sugars = 5, Fiber = 5),
    interval = c("confidence"))
# 预测区间
predict(mreg1, newdata =
    data.frame(Sugars = 5, Fiber = 5),
    interval = c("prediction"))
```

```
                2.5 %    97.5 %
(Intercept) 49.074025 55.274460
Sugars      -2.568736 -1.918369
Fiber        2.272853  3.460221

       fit      lwr      upr
1 55.28916 53.06209 57.51623

       fit    lwr      upr
1 55.28916 42.876 67.70233
```

```
# 基于货架的等级情况的点图

# 创建指示变量
cereal$shelf1 <- ifelse(cereal$Shelf==1,
   1, 0)
cereal$shelf2 <- ifelse(cereal$Shelf==2,
   1, 0)
stripchart(Rating~Shelf,
   data = cereal,
   method = "stack",
   pch = 1,
   col=c("green", "blue", "red"),
main = "Rating by Shelf",
   offset=0.5,
   ylab = "Shelf")
```

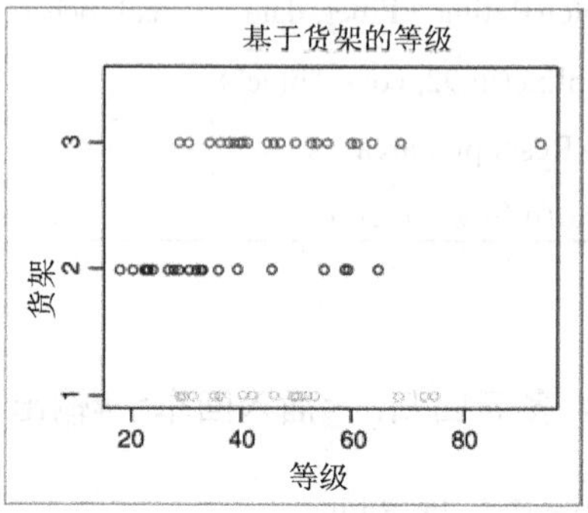


```
# 包括货架效果的回归

# 所有的货架
mreg2 <- lm(Rating~
   shelf1 + shelf2,
   data = cereal)
summary(mreg2)
anova(mreg2)
# 一个货架
mreg3 <- lm(Rating~
   Sugars + Fiber +
   shelf1 + shelf2,
   data = cereal)
summary(mreg3)
```

```
Call:
lm(formula = Rating ~ shelf1 + shelf2, data = cereal)

Residuals:
    Min      1Q  Median      3Q     Max
-17.157  -8.822  -4.254   5.984  48.485

Coefficients:
            Estimate Std. Error t value Pr(>|t|)
(Intercept)  45.2200     2.2457  20.136  < 2e-16 ***
shelf1        0.6789     3.8209   0.178  0.85946
shelf2      -10.2472     3.6999  -2.770  0.00711 **
---
Signif. codes:  0 '***' 0.001 '**' 0.01 '*' 0.05 '.' 0.1 ' ' 1

Residual standard error: 13.47 on 73 degrees of freedom
Multiple R-squared: 0.1122, Adjusted R-squared: 0.0879
F-statistic: 4.614 on 2 and 73 DF,  p-value: 0.01297
Analysis of Variance Table

Response: Rating
          Df  Sum Sq Mean Sq F value   Pr(>F)
shelf1     1   282.7  282.72  1.5572 0.216067
shelf2     1  1392.7 1392.70  7.6708 0.007112 **
Residuals 73 13253.9  181.56
---
Signif. codes:  0 '***' 0.001 '**' 0.01 '*' 0.05 '.' 0.1 ' ' 1

Call:
lm(formula = Rating ~ Sugars + Fiber + shelf1 + shelf2, data = cereal)

Residuals:
     Min       1Q   Median       3Q      Max
-13.7512  -4.3085  -0.6918   2.9774  17.4020

Coefficients:
            Estimate Std. Error t value Pr(>|t|)
(Intercept)  50.5245     1.8512  27.293  < 2e-16 ***
Sugars       -2.3183     0.1729 -13.409  < 2e-16 ***
Fiber         3.1314     0.3186   9.827 7.08e-15 ***
shelf1        2.1011     1.7948   1.171   0.2457
shelf2        3.9154     1.8646   2.100   0.0393 *
---
Signif. codes:  0 '***' 0.001 '**' 0.01 '*' 0.05 '.' 0.1 ' ' 1

Residual standard error: 6.021 on 71 degrees of freedom
Multiple R-squared: 0.8276, Adjusted R-squared: 0.8179
F-statistic: 85.21 on 4 and 71 DF,  p-value: < 2.2e-16
```

三维散点图组

```
sp <- scatterplot3d(z=
    sort(cereal$Rating),
    y=cereal$Sugars, x=cereal$Fiber,
    color=cereal$Shelf, pch = 16,
    xlab = "Fiber", ylab = "Sugars",
    zlab = "Rating",
    main = "3D Scatterplot")
```

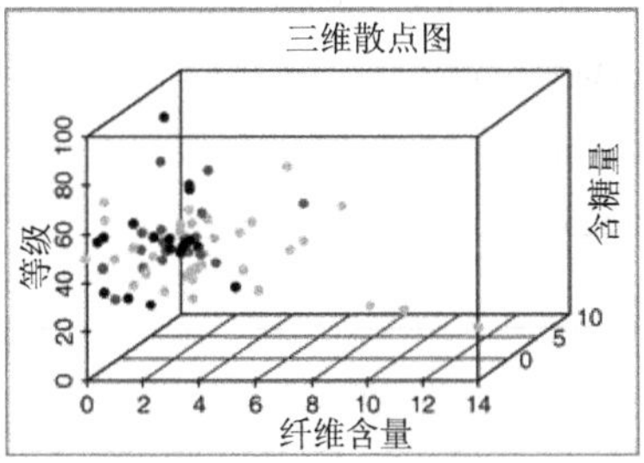

序列 SS

```
mreg4.1 <- lm(Rating~
    Sugars + Fiber + shelf2,
    data = cereal)
anova(mreg4.1)
mreg4.2 <- lm(Rating~
    shelf1 + shelf2 +
    Sugars + Fiber,
    data = cereal)
anova(mreg4.2)
```

```
> anova(mreg4.1)
Analysis of Variance Table

Response: Rating
          Df Sum Sq Mean Sq  F value    Pr(>F)
Sugars     1 8711.9  8711.9 239.0896 < 2.2e-16 ***
Fiber      1 3476.6  3476.6  95.4126 7.891e-15 ***
shelf2     1  117.2   117.2   3.2162   0.07711 .
Residuals 72 2623.5    36.4

> anova(mreg4.2)
Analysis of Variance Table

Response: Rating
          Df Sum Sq Mean Sq  F value    Pr(>F)
shelf1     1  282.7   282.7   7.7989  0.006713 **
shelf2     1 1392.7  1392.7  38.4178 3.340e-08 ***
Sugars     1 7179.0  7179.0 198.0328 < 2.2e-16 ***
Fiber      1 3501.0  3501.0  96.5764 7.084e-15 ***
Residuals 71 2573.9    36.3
```

多重共线性

```
datam <- matrix(c(cereal$Fiber,
    cereal$Sugars,
    cereal$shelf2),
    ncol = 3)
colnames(datam) <- c("Fiber",
    "Sugars", "Shelf2")
cor(datam)
pairs(~Sugars+Fiber+Potass,
    data = cereal)
```

```
> cor(datam)
            Fiber     Sugars     Shelf2
Fiber   1.0000000 -0.1387595 -0.3215911
Sugars -0.1387595  1.0000000  0.3683165
Shelf2 -0.3215911  0.3683165  1.0000000
```

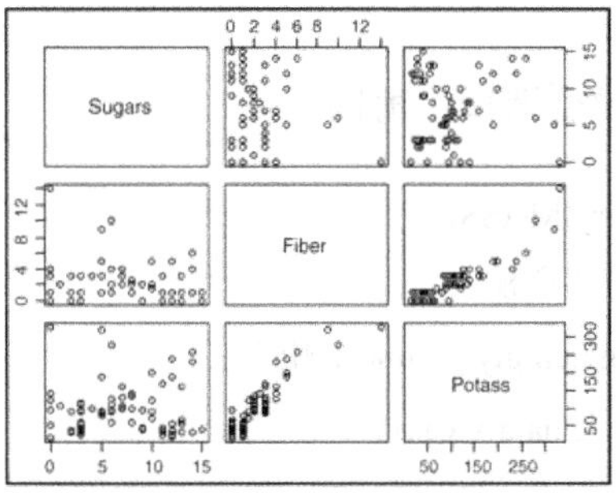


```
> vif(mreg5)
  Sugars    Fiber   shelf2   Potass
1.460974 6.951804 1.417057 7.156593
```

```
# VIFs
mreg5 <- lm(Rating~Sugars +
    Fiber + shelf2 + Potass,
    data = cereal)
library(car)
vif(mreg5)
```

油耗数据的示例

```
# 读入数据
gas <- read.csv(file =
    "C:/…/gasmilage.csv",
     stringsAsFactors=TRUE,
    header=TRUE)
gas$"lnMPG" <-
    log(gas$MPG)
gas$"lnHP" <-
    log(gas$HP)
gas1 <- gas[,c(7, 2, 8, 5, 6)]
names(gas1)
pairs(gas1[,1]~gas1[,2]+
    gas1[,3]+gas1[,4]+gas1[,5],
    labels = names(gas1),
    cex.labels = 1)
```

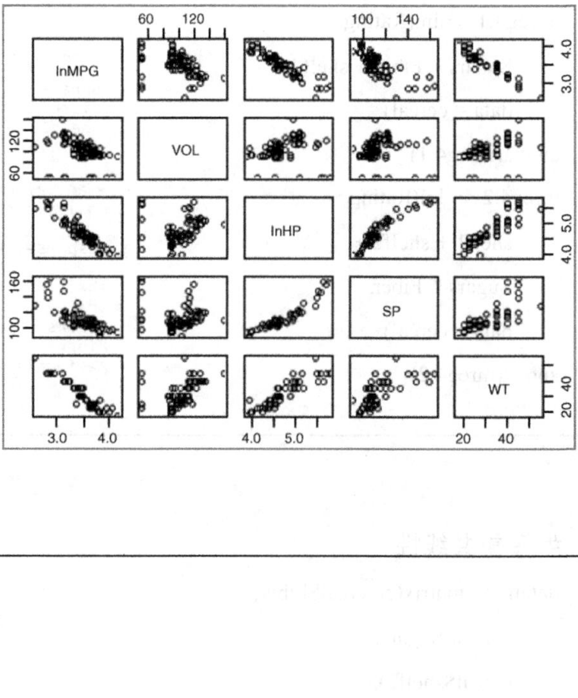

模型选择：前向

```
library(MASS)
# 声明空模型
mreg7.empty <- lm(lnMPG~
    1, data = gas1)
stepF1 <- add1(mreg7.empty,
    scope = gas1[,-1],
```

```
    test = "F", trace = TRUE)
mreg7.empty2 <-
    lm(lnMPG~WT,
    data = gas1)
stepF2 <-
    add1(mreg7.empty2,
    scope = gas1[,-1],
    test = "F", trace = TRUE)
mreg7.empty3 <-
    lm(lnMPG~WT+lnHP,
    data = gas1)
stepF3 <-
    add1(mreg7.empty3,
    scope = gas1[,-1],
    test = "F", trace = TRUE)
```

```
> stepF1
Single term additions

Model:
lnMPG ~ 1
       Df Sum of Sq    RSS     AIC F value    Pr(>F)
<none>              7.5039 -194.09
lnHP    1    6.2780 1.2259 -340.65 409.682 < 2.2e-16 ***
SP      1    4.1170 3.3869 -257.32  97.245 1.802e-15 ***
WT      1    6.7575 0.7464 -381.33 724.268 < 2.2e-16 ***

> stepF2
Single term additions

Model:
lnMPG ~ WT
       Df Sum of Sq     RSS     AIC F value    Pr(>F)
<none>              0.74641 -381.33
lnHP    1   0.18402 0.56239 -402.55  25.849 2.425e-06 ***
SP      1   0.13032 0.61609 -395.07  16.710 0.0001039 ***

> stepF3
Single term additions

Model:
lnMPG ~ WT + lnHP
       Df Sum of Sq     RSS     AIC F value Pr(>F)
<none>               0.56239 -402.55
SP      1  0.016553 0.54584 -403.00  2.3653 0.1281
```

模型选择：后向

```
# 声明整个模型
mreg7.full <- lm(lnMPG~.,
    data = gas1)
stepB1 <- drop1(mreg7.full,
    scope = gas1[,-1],
    test = "F",
    trace = TRUE)
mreg7.full2 <- lm(lnMPG~
    lnHP+WT,
    data = gas1)
stepB2 <- drop1(mreg7.full2,
    scope = gas1[,-c(1,4)],
    test = "F",
    trace = TRUE)
```

```
> stepB1
Single term deletions

Model:
lnMPG ~ VOL + lnHP + SP + WT
       Df Sum of Sq     RSS     AIC F value    Pr(>F)
<none>               0.54544 -401.06
lnHP    1  0.063853 0.60930 -393.98  9.0141  0.003611 **
SP      1  0.012503 0.55795 -401.20  1.7651  0.187916
WT      1  0.170533 0.71598 -380.75 24.0741 5.058e-06 ***
> stepB2
Single term deletions

Model:
lnMPG ~ lnHP + WT
       Df Sum of Sq     RSS     AIC F value    Pr(>F)
<none>              0.56239 -402.55
lnHP    1   0.18401 0.74641 -381.33  25.849 2.425e-06 ***
WT      1   0.66353 1.22592 -340.65  93.207 5.163e-15 ***
```

模型选择：逐步

```
library(rms)
 mreg8 <- ols(lnMPG~
      VOL+lnHP+SP+WT,
      data = gas1)
stepS <- fastbw(mreg8,
      rule="p")
# 你的模型是
# lnHP + WT
```

```
> stepS

 Deleted Chi-Sq d.f. P      Residual d.f. P      AIC   R2
 VOL     0.06   1    0.8130 0.06     1    0.8130 -1.94 0.927
 SP      2.34   1    0.1264 2.39     2    0.3023 -1.61 0.925

Approximate Estimates after Deleting Factors

              Coef     S.E. Wald Z         P
Intercept  5.38578 0.163739 32.892 0.000e+00
lnHP      -0.24895 0.048845 -5.097 3.455e-07
WT        -0.02417 0.002498 -9.678 0.000e+00

Factors in Final Model

[1] lnHP WT
```

模型选择：最佳子集

```
library(leaps)
stepBS <- regsubsets(x=lnMPG~
           WT+SP+lnHP+VOL,
      data = gas,
      nbest = 2)
sum.stepBS <- summary(stepBS)
sum.stepBS$which
sum.stepBS$rsq
sum.stepBS$cp
plot(c(1,2,2,3,3,4),
      sum.stepBS$cp[-2],
      main = "Cp by p",
      ylab = "Cp",
      xlab = "p",
      col = "red",
      pch = 16)
abline(a = 1, b = 1, lwd = 2)
# 最终模型无离群点
which(gas$MAKE.MODEL==
      "Subaru Loyale")
# 记录 29 是个离群点
gas2 <- gas1[-29,]
```

```
> sum.stepBS$which
  (Intercept)    WT    SP  lnHP   VOL
1        TRUE  TRUE FALSE FALSE FALSE
1        TRUE FALSE FALSE  TRUE FALSE
2        TRUE  TRUE FALSE  TRUE FALSE
2        TRUE  TRUE  TRUE FALSE FALSE
3        TRUE  TRUE  TRUE  TRUE FALSE
3        TRUE  TRUE FALSE  TRUE  TRUE
4        TRUE  TRUE  TRUE  TRUE  TRUE
> sum.stepBS$rsq
[1] 0.9005306 0.8366288 0.9250532
[4] 0.9178972 0.9272591 0.9256456
[7] 0.9273119
> sum.stepBS$cp
[1] 27.369888 95.062410  3.392653
[4] 10.973080  3.055936  4.765084
[7]  5.000000
```

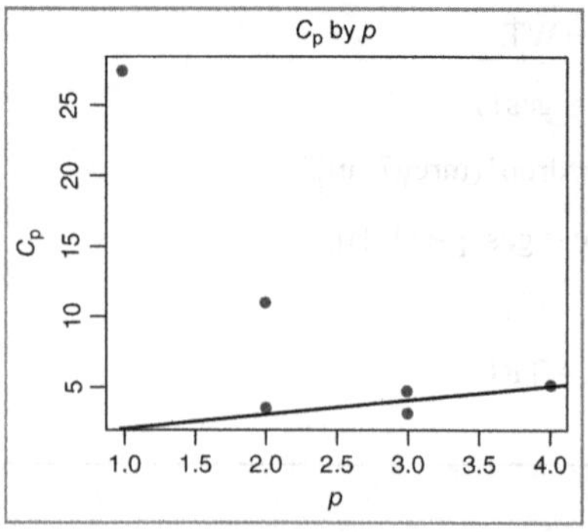

```
mreg.fin2 <- lm(lnMPG~
    lnHP+WT,
    data = gas2)
summary(mreg.fin2)
plot(mreg.fin2)
```

```
# 显示最终模型

mreg.fin <- lm(lnMPG~
        lnHP+WT,
    data = gas1)
summary(mreg.fin)
par(mfrow=c(2,2))
plot(mreg.fin)

# 最终模型无离群点
which(gas$MAKE.MODEL==
    "Subaru Loyale")
# 记录 29 是个离群点
gas2 <- gas1[-29,]
mreg.fin2 <- lm(lnMPG~
    lnHP+WT,
    data = gas2)
summary(mreg.fin2)
plot(mreg.fin2)
```

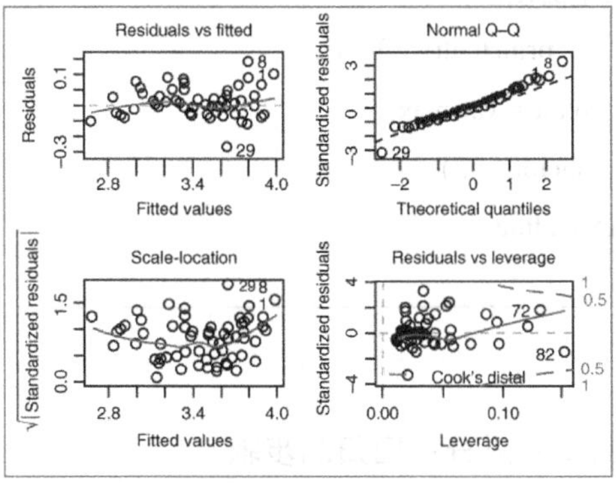

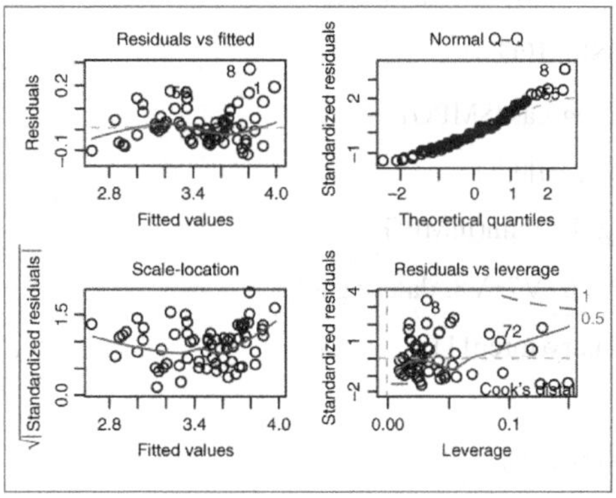


```
# 回归主成分：准备步骤

# 规范所有数据
gas$CabSpace_z <- (gas$VOL - mean(gas$VOL))/sd(gas$VOL)
gas$Horsepower_z <- (gas$HP - mean(gas$HP))/sd(gas$HP)
gas$TopSpeed_z <- (gas$SP - mean(gas$SP))/sd(gas$SP)
gas$Weight_z <- (gas$WT - mean(gas$WT))/sd(gas$WT)
```

```
# 创建新的数据集
gas3 <- gas[,-c(1:3,5:8)]
names(gas3)
```

回归主成分：PCA 的步骤

```
# 运行主成分分析法
library(psych)
pca1 <- principal(gas3[,-1],
    rotate="varimax",
    nfactors = 3)
pca1$loadings
```

```
Loadings:
              RC1    RC2    RC3
CabSpace_z           0.988  0.152
Horsepower_z  0.892         0.449
TopSpeed_z    0.969         0.236
Weight_z      0.518  0.279  0.809

                 RC1   RC2   RC3
SS loadings    2.003 1.058 0.934
Proportion Var 0.501 0.265 0.234
Cumulative Var 0.501 0.765 0.999
```

回归主成分：回归的步骤

```
gas3[,c(6:8)] <- pca1$scores
gas3$lnMPG <-
    log(gas3$MPG)
# 成分的回归
mreg11 <- lm(lnMPG~
    V6+V7+V8, data = gas3)
summary(mreg11)
```

```
Call:
lm(formula = lnMPG ~ V6 + V7 + V8, data = gas3)

Residuals:
     Min       1Q   Median       3Q      Max 
-0.28477 -0.05303 -0.01717  0.03899  0.27432 

Coefficients:
             Estimate Std. Error t value Pr(>|t|)    
(Intercept)  3.475713   0.009918 350.451  < 2e-16 ***
V6          -0.184021   0.009979 -18.441  < 2e-16 ***
V7          -0.075567   0.009979  -7.573  6.3e-11 ***
V8          -0.212837   0.009979 -21.329  < 2e-16 ***
---
Signif. codes:  0 '***' 0.001 '**' 0.01 '*' 0.05 '.' 0.1 ' ' 1

Residual standard error: 0.08981 on 78 degrees of freedom
Multiple R-squared: 0.9162, Adjusted R-squared: 0.9129 
F-statistic: 284.1 on 3 and 78 DF,  p-value: < 2.2e-16
```

```
# 点图诊断
par(mfrow=c(2,2))
plot(mreg11)
```

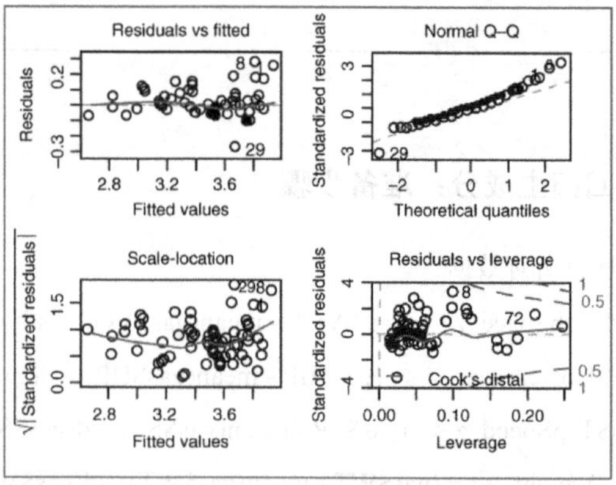

R 参考文献

1. Harrell FE Jr. 2014. rms: Regression modeling strategies. R package version 4.1-3. http://CRAN.R-project.org/package=rms.

2. Fox J,Weisberg S. *An {R} Companion to Applied Regression*. 2nd ed. Thousand Oaks, CA: Sage; 2011. http://socserv.socsci.mcmaster.ca/jfox/Books/Companion.

3. Ligges U, Mächler M. Scatterplot3d－an R Package for visualizing multivariate data. *Journal of Statistical Software* 2003;*8*(11):1－20.

4. R Core Team. *R: A Language and Environment for Statistical Computing*. Vienna, Austria: R Foundation for Statistical Computing; 2012. ISBN: 3-900051-07-0,http://www.R-project.org/.

5. Revelle W. *psych: Procedures for Personality and Psychological Research*. Evanston, Illinois, USA: Northwestern University; 2013.. http://CRAN.R-project.org/package=psych Version=1.4.2.

6. Thomas Lumley using Fortran code by Alan Miller. 2009. leaps: regression subset selection. R package version 2.9. http://CRAN.R-project.org/package=leaps.

7. Venables WN, Ripley BD. *Modern Applied Statistics with S*. 4th ed. New York: Springer; 2002. ISBN: 0-387-95457-0.

练习

概念辨析

1. 指出下列说法是否正确。如果不正确，请加以改正。
   a. 若打算近似模拟响应变量和两个连续型预测变量之间的关系，则需要构建一个平面。
   b. 在应用线性回归时，响应变量通常是连续型的，也可以是范畴型的。
   c. 一般地，对包含 m 个预测变量的多元回归，我们对系数 b_i 的解释如下："预测变量 x_i 每增加一个单位，响应变量的估计变化为 b_i。"
   d. 在多元回归中，残差由数据点与回归平面或回归超平面之间的垂直距离来表示。
   e. 无论何时向模型中增加新的预测变量，R^2 的值总是会上升。
   f. 整体回归中 F-检验的备选假设声明回归系数都不等于零。
   g. 估计标准差是对回归有用性的合法性度量，与推理模型无关(例如，假设不需要关联)。
   h. 如果我们打算只用范畴型变量作为预测变量，则我们需要利用方差分析，不能使用线性回归。

i. 在应用回归分析时，若范畴型变量包含 k 个类别，则需要将其转换为包含 k 个指示变量的集。

j. 第 1 个序列平方和就是对第 1 个预测变量进行简单线性回归的相应的 SSR 值。

k. VIF 最小值为零，但没有上限。

l. 在前向选择过程中，当新变量被加入到模型中时，原来已经在模型中的变量的显著性不会发生变化。

m. 选择最佳模型的变量选择准则要处理预测变量之间的多重共线性。

n. 使用最大方差旋转的主成分的 VIF 始终等于 1.0。

2. 解释在度量构建模型时为什么 s 和 R^2_{adj} 比 R^2 更好。

3. 解释在评估预测变量显著性时，t-检验与 F-检验之间的差异。

4. 为范畴型变量“年级(class)”构建指示变量，包括 4 个值：1 年级、2 年级、3 年级和 4 年级。

5. 在使用指示变量时，用图形化或数字化方式解释指示变量系数的意义。

6. 讨论显著性级别(α)的概念。应该设置为何值？α 值由谁来决定？如果观察得到的 p-值与 α 值差不多怎么办？描述在何种情况下，在给定两个 α 值时，同样的 p-值将会产生两种不同的结论。

7. 解释当 R^2_{adj} 比 R^2 小时意味着什么。

8. 解释序列平方和与有偏平方和的差异。在哪个过程中需要这些统计量？

9. 解释具有多重共线性的预测变量集存在的问题。

10. 通过哪个统计量可以知道在预测变量集中存在多重共线性？解释在使用公式时，该统计量是如何发挥作用的。解释该值取值较大和较小的情况下，对系数的误差的影响情况。

11. 比较多重共线性对响应变量点估计和置信区间估计的影响，以及对预测变量系数取值的影响。

12. 描述前向选择过程、后向删除过程、逐步选择过程之间的相同之处和不同之处。

13. 描述最佳子集过程。为什么不能在所有情况下都采用最佳子集过程。

14. 描述 Mallows' C_p 统计量的含义，包括它对选择最佳模型的启发式效果。

15. 假设我们期望限制回归模型中预测变量的数量，使该数量比使用变量选择准则中的默认设置获得的少。需要对选择方法进行何种改变？现在，假设我们希望增加预测变量的数量，我们需要对选择方法作何种改变？

16. 解释在何种环境下，R^2 的值将接近 100%。解释对任何检验统计，何时 p-值将接近零。

数据应用

对于练习 17～27，考虑表 9.25 中来自 SPSS 的多元回归输出，并使用“营养等级”数据集(该数据集可从本书网站 www.DataMiningConsultant.com 上获得)。

表 9.25　练习 17～27 的回归结果

ANOVA[b]

Model		Sum of Squares	df	Mean Square	*F*	Sig.
1	Regression	2.83E+08	6	47,104,854.46	132,263.1	.000[a]
	Residual	339,762.5	954	356.145		
	Total	2.83E+08	960			

[a] Predictors: (Constant), SODIUM, CHOLEST, IRON, FAT, PROTEIN, CARBO.

[b] Dependent variable: CALORIES.

Coefficients[a]

Model		Unstandardized Coefficients		Standardized Coefficients			Collinearity Statistics	
		B	Std. Error	Beta	*t*	Sig.	Tolerance	VIF
1	(Constant)	–0.323	0.768		–0.421	0.674		
	PROTEIN	4.274	0.088	0.080	48.330	0.000	0.463	2.160
	FAT	8.769	0.023	0.535	375.923	0.000	0.621	1.611
	CHOLEST	0.006	0.007	0.001	0.897	0.370	0.535	1.868
	CARBO	3.858	0.013	0.558	293.754	0.000	0.349	2.864
	IRON	–1.584	0.305	–0.009	–5.187	0.000	0.404	2.475
	SODIUM	0.005	0.001	0.006	4.032	0.000	0.557	1.796

[a] Dependent variable: CALORIES.

17. 响应变量是什么？预测变量又是什么？

18. 关于回归总体的显著性的解释是什么？如何得到这一解释？这一解释意味着所有的预测变量都是重要的吗？请解释。

19. 预测变量的典型误差是什么？(提示：需要深入考虑)。

20. 在样例中包含多少种食物？

21. 如何解释常量项系数 b_0 的值？该系数等于 0 与不等于 0 有什么显著的差异吗？解释其中包含的意义。

22. 哪个预测变量可能不属于该模型。解释你如何得出这一结果的。在考察了这些结果后，下一步要开展的工作是什么？

23. 假设我们将胆固醇从模型中去除，并重新执行回归。解释 R^2 值将会发生什么变化？

24. 哪个预测变量与响应变量之间存在负相关关系，解释你对此情况的认识。

25. 讨论多重共线性出现的情况。评估产生多重共线性的证据的强弱。基于该评估，我们应该转向运用主成分分析方法吗？

26. 清晰并全面地解释钠变量的系数。

27. 假设根据其预测变量的内容，某种食品热量的预测比实际所含热量低 60 卡路里。这可以认为是正常的吗？具体解释你是如何判定的。

对于练习 28～29，考虑表 9.26 所示的来自 SPSS 的多元回归输出。在 17～27 的练习中增加 3 个预测变量：饱和脂肪、单不饱和脂肪、多不饱和脂肪。

表 9.26 练习 28～29 的回归结果

Coefficients[a]

Model		Unstandardized coefficients		Standardized Coefficients			Collinearity Statistics	
		B	Std. Error	Beta	*t*	Sig.	Tolerance	VIF
1	(Constant)	−0.158	0.772		−0.205	0.838		
	PROTEIN	4.278	0.088	0.080	48.359	0.000	0.457	2.191
	FAT	9.576	1.061	0.585	9.023	0.000	0.000	3379.867
	CHOLEST	1.539E−02	0.008	0.003	1.977	0.048	0.420	2.382
	CARBO	3.860	0.014	0.558	285.669	0.000	0.325	3.073
	IRON	−1.672	0.314	−0.010	−5.328	0.000	0.377	2.649
	SODIUM	5.183E−03	0.001	0.006	3.992	0.000	0.555	1.803
	SAT_FAT	−1.011	1.143	−0.020	−0.884	0.377	0.002	412.066
	MONUNSAT	−0.974	1.106	−0.025	−0.881	0.379	0.002	660.375
	POLUNSAT	−0.600	1.111	−0.013	−0.541	0.589	0.002	448.447

[a]Dependent variable: CALORIES.

28. 评估多重共线性出现的证据强度。

29. 基于此，我们应当转而采用主成分分析吗？

对于练习 30～37，考虑表 9.27 中来自 SPSS 的多元回归输出，并使用“纽约”数据集(该数据集可以从本书网站 www.DataMiningConsultant.com 中获取)。该数据集包含纽约市部分城镇的人口统计信息。响应变量 MALE_FEM 是每百名妇女对应的男性的数量。预测变量是居住在该市的 18 岁以下人口的百分比、18～64 岁人口的百分比和超过 64 岁人口的百分比(所有变量都用百分数表示，如 57.0)，以及该城市的总人口。

表 9.27　练习 30～37 的回归结果

ANOVA[b]

Model		Sum of Squares	df	Mean Square	F	Sig.
1	Regression	100,298.8	3	33,432.919	44.213	0.000[a]
	Residual	594,361.3	786	756.185		
	Total	694,660.1	789			

[a] Predictors: (Constant), PC_18_64, TOT_POP, PCT_U18.
[b] Dependent variable: MALE_FEM.

Coefficients[a]

Model		Unstandardized Coefficients		Standardized Coefficients			Collinearity Statistics	
		B	Std. Error	Beta	t	Sig.	Tolerance	VIF
1	(Constant)	−63.790	16.855		−3.785	0.000		
	TOT_POP	−1.90E-06	0.000	−0.017	−0.506	0.613	1.000	1.000
	PCT_U18	0.660	0.249	0.105	2.657	0.008	0.700	1.428
	PC_18_64	2.250	0.208	0.427	10.830	0.000	0.700	1.428

[a] Dependent variable: MALE_FEM.

Excluded Variables[b]

Model		Beta In	t	Sig.	Partial Correlation	Collinearity Statistics		
						Tolerance	VIF	Minimum Tolerance
1	PCT_O64	−0.338[a]	−0.103	0.918	−0.004	1.009E-04	9907.839	7.906E-05

[a] Predictors in the Model: (Constant), PC_18_64, TOT_POP, PCT_U18.
[b] Dependent variable: MALE_FEM.

30. 注意到变量 PCT_O64 被排除在外。解释为什么该变量被软件从分析中自动排除(提示：考虑使用太多指示变量定义某一特定范畴型变量的类似情况)。

31. 对回归总体的显著性的结论是什么？

32. 预测的典型误差是什么？

33. 样例中包含多少个城镇？

34. 哪个预测变量可能不应当包含在模型中。解释你对此的认识。在初步考察了这些结果后，你下一步打算做什么？

35. 假设我们在模型中忽略 TOT_POP 变量，执行回归。解释 R^2 的值将会发生何种变化？

36. 讨论多重共线性情况。评估出现多重共线性的证据的强度。基于上述的评估，决定是否应转而采用主成分分析。

37. 清晰并全面地解释 PCT_U18 变量的系数。讨论这是否有意义？

实践分析

对于练习 38～41，使用“营养等级”数据集，该数据集可从本书网站 www.DataMining

Consultant.com 上获得。

38. 为预测食品热量建立多元回归模型，使用除热量之外的所有变量为预测变量。不用考虑预测变量系数稳定与否。比较采用前向选择、后向删除、逐步选择过程所产生的结果的异同。

39. 运用最佳子集过程，并与前面采用的方法比较。

40. (可选题)编写脚本执行所有可能的回归。变量选择算法能够获得最佳的回归吗？

41. 接着，尽你所能建立最佳的多元回归模型，实现响应变量的预测和刻画独立的预测变量与响应变量之间的关系。确保考虑了多重共线性。

对于练习 42～44，利用了“纽约”数据集，该数据集可从本书网站 www.DataMining Consultant.com 上获得。

42. 尽你所能建立最佳的多元回归模型，目的是预测响应变量，使用性别比例作为响应变量，并选择其他所有变量为预测变量。比较采用前向选择、后向删除、逐步选择过程所产生的结果的异同。

43. 运用最佳子集过程，并与前述方法比较。

44. 执行所有可能的回归。变量选择算法能够获得最佳回归吗？

对于练习 45～49，使用了 crash 数据集，该数据集可从本书网站 www.DataMining Consultant.com 上获得。

45. 尽你所能建立多元回归模型，目标是预测头部损伤的严重程度，使用除该变量外的所有变量作为预测变量。

46. 确定哪个变量必须被转换为指示变量。

47. 确定哪个变量可能是多余的？

48. 建立两个平行的模型，一个考虑多重共线性，另外一个不考虑多重共线性。在什么情况下可分别使用不同的模型？

49. 继续考虑 crash 数据集，将 4 种损伤度量变量合并为一个变量，解释你构建的组合函数。尽你所能，建立最佳多元回归模型，用于预测损伤程度，利用其他所有变量作为预测变量。建立两个模型，一个考虑多重共线性，一个不考虑多重共线性，说明这两个模型分别适用于何种情况。

对于练习 50～51，考察是否能够改进 *ln MPG* 与 *ln HP* 和 *weight* 的回归模型。

50. 使用 Box-Cox 转换方法消除存在于正态概率点图中的倾斜度。

51. 在残差与拟合值点图中是否存在曲线状态？建立残差与每个预测变量之间的点图。是否存在曲面？为模型中的某个预测变量(例如 $weight^2$)增加一个二次项，看看是否有助于消除曲线状态。

52. 使用第 5 章提出的 4 个评价标准，确定油耗数据主成分的最佳数量。

53. 试着改进 $\mathrm{MPG}_{\mathrm{BC}\ 0.75}$ 针对主成分的回归。例如，可以对 Box-Cox 转换方法进行调整，或者可以为豪华车使用指示变量。无论采取何种方法，都要获得解决多重共线性问题的最佳模型并验证回归假设。

第 III 部分

分　类

第 10 章

k-最近邻算法

10.1 分类任务

分类也许是最常见的数据挖掘任务。几乎可以在所有领域中发现分类任务的示例。

- 银行业：确定抵押贷款申请是否存在较大的或较小的信用风险，或某个信用卡交易是否存在欺诈行为。
- 教育：引导新生进入满足其特殊需求的课程体系。
- 医疗：诊断是否存在某一具体的病症。
- 法律：确定某一遗嘱是否是由死者本人所为还是由其他人杜撰。
- 国土安全：根据财务或个人行为判断是否存在恐怖袭击行为。

分类通常存在一个目标分类变量(例如收入档次)，该变量被划分为预定义的类或类别，例如高收入、中等收入、低收入等。数据挖掘模型将检验大量的数据记录，每个数据记录包含目标变量及输入或预测变量的集合。例如，考虑表 10.1，该表是从数据集中摘录出来的部分内容。假定研究者希望对未出现在数据库中的新记录，按照与该人相关的其他特征(例如年龄、性别、职业等)，对其收入档次进行分类。这一任务是典型的分类任务，非常适合用数据挖掘方法和技术解决。

表 10.1 为对收入进行分类而从数据集中摘录出来的内容

主题	年龄	性别	职业	收入档次
001	47	F	Software engineer	High
002	28	M	Marketing consultant	Middle
003	35	M	Unemployed	Low
…				

算法的大致流程简述如下。首先，算法将验证包含预测变量和目标变量(已分类的)收入档次的数据集。在此过程中，算法(软件)将“学习”哪些变量的组合与哪种收入档次有关。例如，老年男性可能与高收入档次有关。该数据集被称为训练集。然后，算法将查询新数据记录，新数据记录中收入档次不包含任何信息。基于训练集的分类，算法将给新记录的收入档次分类。例如，某个 63 岁的男性教授可能被分类为高收入档次。

10.2 *k*-最近邻算法

我们讨论的第一个算法是 *k*-最近邻算法，该算法是分类任务中最常应用的算法之一，实际上该算法也常常用于评估和预测。*k*-最近邻是基于示例学习的一种方法。在基于示例学习中保存有训练数据集，对一个新的未分类记录进行分类时，将在训练数据集中寻找与该未分类记录最相似的记录集合。参考如下的示例。

回忆我们在第 1 章中讨论的为病人开具药物的类型分类的例子，其分类基于病人特征，例如病人的年龄、病人的钠/钾比指标等。参考如图 10.1 所示的 200 位病人的示例，该图描述了病人钠/钾比与病人年龄的散点图。具体推荐的药物由点的不同深度确定。浅灰色代表药物 Y，中灰色表示药物 A 或 X，深灰色代表药物 B 或 C。

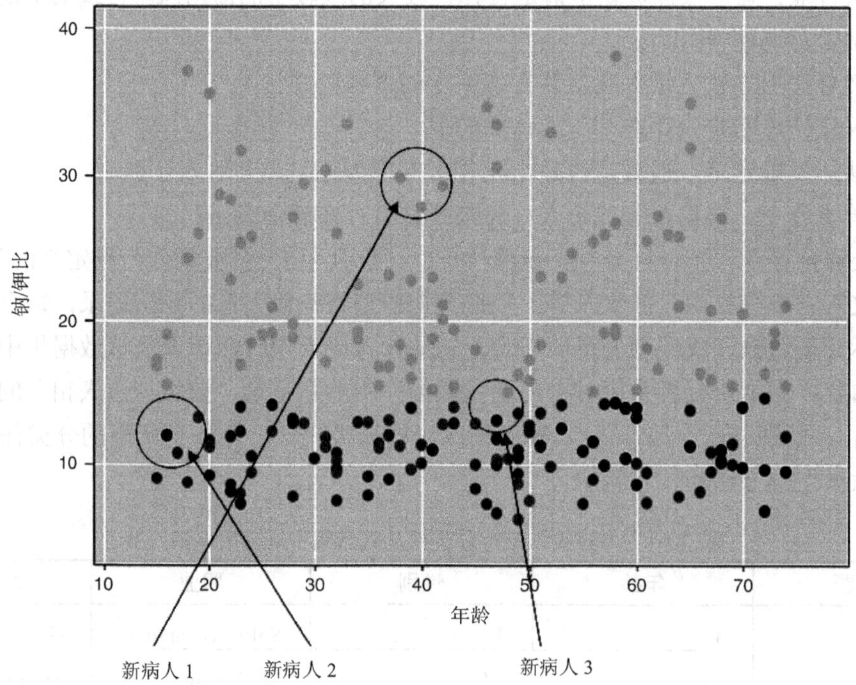

图 10.1 钠/钾比与年龄的散点图，点为推荐的药物

现在假设有一个新的病人记录，该记录尚没有开具药物，希望按照具有相似属性的病

人开具的药物来确定。参考图中“新病人 1”，该病人年龄为 40 多岁，钠/钾比为 29，以新病人 1 为圆心画一个圆，如图 10.1 所示。应该为新病人开具哪种药物呢？从新病人的资料看，由于其所处的位置附近的所有病人的散点都预示着这些病人服用了药物 Y，因此我们将为新病人 1 提供同样的药物 Y。与新病人 1 最近的所有点，也就是说所有具有相似资料(年龄和钠/钾比)的病人，都使用了同样的药物，使得为新病人 1 分类的工作非常容易。

现在我们来看看新病人 2 的情况，其基本资料是年龄为 17 岁，钠/钾比为 12.5。图 10.2 提供了以新病人 2 为中心的训练数据点局部近邻的特写镜头。假设我们对 *k*-最近邻算法选择 k=1，这样算法将为新病人 2 选择与其最近的一个观察值。在本例中，新病人 2 将会被分类为使用药物 B 或 C(深灰色点)，因为该分类点最靠近新病人 2 的散点图。

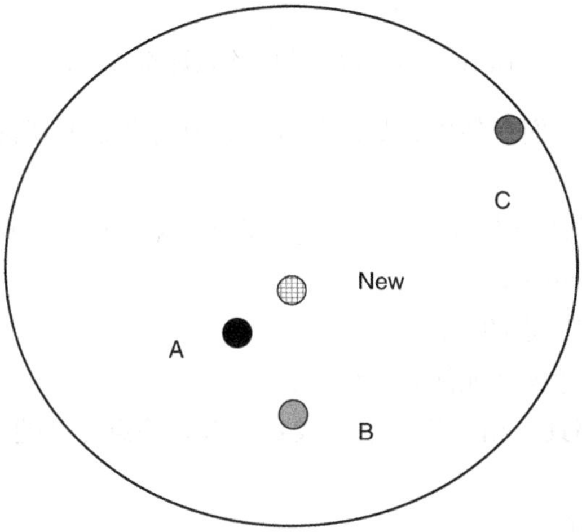

图 10.2　新病人 2 最近的 3 个点放大图

然而，假定 *k*-最近邻算法选择 k=2 的情况，那么该算法将选择与新病人 2 最近的两个点的情况。这两个点中一个为深灰色点，一个为中灰色点。这样分类器将面临一个决策，将新病人 2 分类为使用药物 B 和 C(深灰色点)或将新病人 2 分类为使用药物 A 和 X(中灰色点)。分类器如何在两个分类之间选择呢？此时投票不起作用，因为每个分类点都有一票。

然而，如果我们在算法中令 k=3，那么投票方式就能发挥作用。当选择 k=3 时，新病人 2 的分类将依赖与之最近的 3 个点。由于与之最近的 3 个点中有两个都是中灰色点，因此基于投票的方式的分类方法将选择采用药物 A 和 X 这一分类。注意到选择不同的 k 值可能会对新病人 2 的分类产生不同的结果。

最后，考虑新病人 3 的情况，新病人 3 年龄为 47 岁，钠/钾比为 13.5。图 10.3 显示的是新病人 3 的 3 个最近邻。当 k=1 时，基于距离度量，*k*-最近邻算法选择深灰色点(药物 B 和 C)分类。在 k=2 时，无法采用投票方法。在 k=3 时，仍然无法采用投票方式，因为最近的 3 个近邻都存在不同的分类(深灰度点、中灰色点和浅灰色点)。

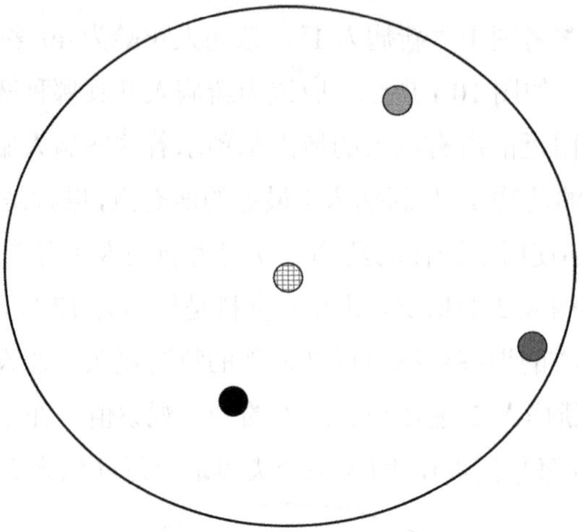

图 10.3 新病人 3 的 3 个最近邻放大图

上述的示例告诉了我们在使用 *k*-最近邻算法建立分类器时所涉及的一些问题。这些问题包括：

- 我们应该为分类选择多少个近邻？也就是说，*k* 应该取何值为宜。
- 如何度量近邻的距离。
- 如何合并多个观察点的信息。

最后，我们还需要考虑其他问题，例如：

- 所有的点是否都具有相同的权重，或者是否某些点比其他点的影响更大。

10.3 距离函数

通过前节内容，可以看出 *k*-最近邻算法是如何通过最相似的记录或记录集来确定分类的。但我们如何来定义相似性呢？例如，假设有一个新病人是一位 50 岁的男性。一位 20 岁的男性或一位 50 岁的女性，哪个病人与之更相似呢？

数据分析师定义距离度量来计算相似性。距离度量或距离函数由实值函数 d 定义，例如对任一坐标 x、y 和 z，有如下性质：

(1) $d(x,y)\geqslant 0$，当且仅当 $x=y$ 时，$d(x,y)=0$。

(2) $d(x,y)= d(y,x)$。

(3) $d(x,z)\leqslant d(x,y)+ d(y,z)$。

性质 1 表明距离是非负值，距离等于 0 的唯一可能是坐标相同(例如散点图中所示)。性质 2 说明距离函数满足交换律，也就是说从纽约到洛杉矶的距离与从洛杉矶到纽约的距离相同。最后，性质 3 是一个三角不等式，表明当引入第 3 个点时，其值总是大于另外两点间的距离。

最常见的距离函数是欧氏距离，该函数是人类在计算现实世界距离时最常用的方法。

$$d_{\text{Euclidean}}(x,y)=\sqrt{\sum_i (x_i-y_i)^2}$$

其中 $x=x_1, x_2, \ldots, x_m$ 和 $y=y_1, y_2, \ldots, y_m$ 表示两个记录的 m 个属性。例如，假设病人 A 的岁数 $x_1=20$，其钠/钾比为 $x_2=12$；病人 B 的岁数 $y_1=30$，钠/钾比为 $y_2=8$。这两个点之间的欧氏距离如下(如图 10.4 所示)。

$$d_{\text{Euclidean}}(x,y)=\sqrt{\sum_i (x_i-y_i)^2}=\sqrt{(20-30)^2+(12-8)^2}=\sqrt{100+16}=10.77$$

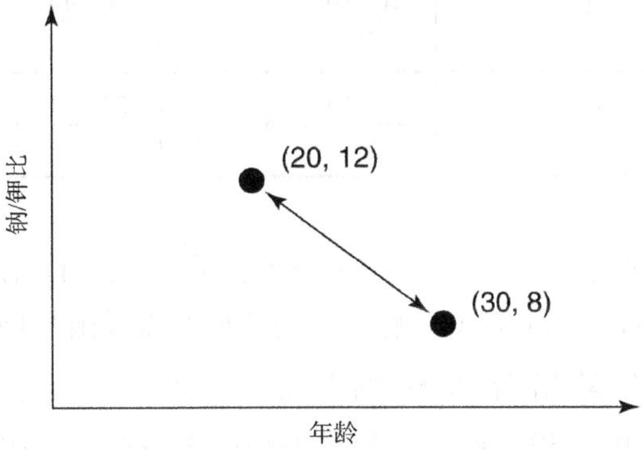

图 10.4　欧氏距离

然而，在度量距离时，某些涉及的值比较大的属性(例如收入)会比那些度量结果相对较小的属性(例如工作时间)对结果的影响更大。为避免这种情况的发生，数据分析师应当确保对属性值开展标准化工作。

对于连续变量，可以使用最大最小规范化(也称为离差标准化)或 Z-score 标准化(第 2 章中讨论过该内容)。

最大-最小规范化

$$X^*=\frac{X-\min(X)}{\text{range}(X)}=\frac{X-\min(X)}{\max(X)-\min(X)}$$

Z-score 标准化

$$X^*=\frac{X-\text{mean}(X)}{\text{SD}(X)}$$

对分类变量来说，采用欧氏距离度量是不太合适的。为此，定义一个“差异”函数，用于比较一对记录的第 i 个属性值的大小。

$$\text{Different}(x_i,y_i)=\begin{cases}0 & 若 x_i=y_i\\ 1 & 否则\end{cases}$$

其中 x_i 和 y_i 是分类值。我们可以用 Different(x_i, y_i)函数替换上述欧氏距离度量中的第 i 项。

例如，考察前述问题：假设有一个新病人是一位 50 岁的男性。一位 20 岁的男性或一位 50 岁的女性，哪个病人与之更相似呢？假设在年龄变量中，范围是 50，最小值是 10，均值为 45，标准差为 15。设病人 A 为 50 岁男性，病人 B 为 20 岁男性，病人 C 为 50 岁女性。表 10.2 包含原始变量值，以及最大最小规范化值和 Z-score 标准化值。

表 10.2 年龄和性别的变量值

病人	年龄	年龄 MMN	年龄 Z-score	性别
A	50	$\frac{50-10}{50}=0.8$	$\frac{50-45}{15}=0.33$	Male
B	20	$\frac{20-10}{50}=0.2$	$\frac{20-45}{15}=-1.67$	Male
C	50	$\frac{50-10}{50}=0.8$	$\frac{50-45}{15}=0.33$	Female

其中涉及一个连续变量(年龄 x_1)和一个分类变量(性别 x_2)。在对病人 A 和 B 进行比较时，其差异函数 $\text{Different}(x_2, y_2)=0$，病人之间其他的差异函数 $\text{Different}(x_2, y_2)=1$。首先，考察对年龄变量不采用标准化的情况。此时，病人 A 和 B 的距离为 $d(\text{A},\text{B})=\sqrt{(50-20)^2+0^2}=30$，病人 A 和 C 的距离为 $d(\text{A},\text{C})=\sqrt{(50-50)^2+1^2}=1$。据此得出结论：年龄为 20 岁的男性病人与年龄为 50 岁的男性病人之间的距离是年龄为 50 岁的男性病人与年龄为 50 岁的女性病人之间距离的 30 倍。换句话说，年龄为 50 岁的女性病人与年龄为 50 岁的男性病人的相似性是年龄为 50 岁的男性病人与年龄为 20 岁的男性病人的相似性的 30 倍。这一结论合理吗？也许在一定环境下，这一结论是合理的，正如在一些与年龄相关的病例中所示。但一般而言，两个男性之间的差异应该与两个 50 岁的年龄是一样的。问题在于年龄变量比 $\text{Different}(x_2, y_2)$ 变量具有更大的比例。因此，我们继续通过对年龄值的规范化和标准化来处理这一矛盾，如表 10.2 所示。

下一步利用最大最小规范化值发现哪个病人与病人 A 更相似。我们有 $d_{\text{MMN}}(\text{A},\text{B})=\sqrt{(0.8-0.2)^2+0^2}=0.6$ 和 $d_{\text{MMN}}(\text{A},\text{C})=\sqrt{(0.8-0.8)^2+1^2}=1$，这一结果意味着病人 B 与病人 A 更相似。

最后，我们利用 Z-score 标准化值来确定哪个病人与病人 A 更相似。我们有 $d_{\text{Zscore}}(\text{A},\text{B})=\sqrt{[0.33-(-1.67)]^2+0^2}=2.0$ 和 $d_{\text{Zscore}}(\text{A},\text{C})=\sqrt{(0.33-0.33)^2+1^2}=1.0$，这意味着病人 C 与病人 A 更相似。使用 Z-score 标准化而不是采用最大最小规范化获得的结果颠覆了关于哪个病人与病人A更相似的结论。这进一步强化了使用哪种标准化类型的重要性。最大最小规范化类似于“恒等”函数，其值始终处于 0 和 1 之间。Z-score 标准化，通常取值为 $-3<z<3$，比最大最小规范化的取值范围更宽泛。因此，在同时包含分类和连续变量的情况下，采用最大最小规范化也许更合适。

10.4　组合函数

既然我们得到了一种方法用于确定哪些记录与新的未分类记录最相似，那么此时需要一种方法用于确定如何将这些相似的记录组合以提供对新记录分类的决策。也就是说，我们需要一种组合函数。最基本的组合函数是简单的权重投票方法。

10.4.1　简单权重投票方式

(1) 在执行算法前，确定 k 值，也就是说在确定新记录的类别时需要多少记录参与。

(2) 然后，将新记录与 k 个最邻近的记录比较，也就是说按照欧氏距离或者用户希望采用的其他距离度量方式选择 k 个与新记录最近的记录。

(3) 一旦选择了 k 个记录，将采用简单的权重投票方式，k 个记录与新记录的距离已经不重要。每个记录具有一票。

考察图 10.2 和图 10.3 中的无权重简单投票示例。在图 10.2 中，当 k=3 时，基于简单投票的分类将选择采用药物 A 和 X(中灰色点)作为病人 2 的分类，因为在 3 个最近的点中有两个为中灰色点。因此将选择药物 A 和 X，其可信度为 66.67%，置信级别由记录计数表示，选择最多的分类除以 k 值获得。

然而，在图 10.3 中，当 k=3 时，使用简单投票方法将无法做出确定的选择，因为 3 个类别各有 1 票。图 10.3 中 3 个记录所表示的 3 种分类都有相同的选择，平局无法获得希望的结果。

10.4.2　加权投票

读者可能会认为与新记录更接近或更相似的近邻应该比那些与新记录更远的近邻得到更大的权重。例如，在图 10.3 中，与新记录距离较远的浅灰色记录获得和与新记录距离较近的深灰色记录同样的投票权，这种方式公平吗？这样做也许是不公平的。为此，分析人员可能会采用加权投票方式，距离近的近邻在分类决策中将比距离远的近邻获得更大的投票权。基于加权的投票将会大大减少平局发生的可能性。

采用加权投票，特定记录对分类新记录的影响与其和新记录的距离成反比。来看一个示例。观察图 10.2，我们希望为新记录获取药物分类，应用 k=3 的情况。在采用简单无加权投票时，我们看到中灰色分类有 2 票，深灰色分类有 1 票。然而，深灰色记录比其他两个记录更靠近新记录。距离更近这一因素是否表明深灰色记录对新记录分类的影响应该比数量更多的中灰色记录更大呢？

假设问题中记录的年龄和钠/钾比的值由表 10.3 给出，该表也给出了年龄和钠/钾比的最大-最小规范化值。由此记录 A、B、C 与新记录的距离计算如下：

$$d(\text{new},\text{A})=\sqrt{(0.05-0.0467)^2+(0.25-0.2471)^2}=0.004393$$

$$d(\text{new},\text{B})=\sqrt{(0.05-0.0533)^2+(0.25-0.1912)^2}=0.58893$$

$$d(\text{new},\text{C}) = \sqrt{(0.05-0.0917)^2+(0.25-0.2794)^2} = 0.051022$$

这些记录的投票权重将按照距离的平方倒数获得。

表 10.3 图 5.4 中记录的年龄和钠/钾比

记录	年龄	钠/钾比	年龄 $_{MMN}$	钠/钾比 $_{MMN}$
New	17	12.5	0.05	0.25
A(dark gray)	16.8	12.4	0.0467	0.2471
B(medium gray)	17.2	10.5	0.0533	0.1912
C(medium gray)	19.5	13.5	0.0917	0.2794

记录(A)为新记录投票给深灰色记录(选择药物 B 和 C)，因此该分类的权重投票如下：

$$\text{Votes}\left(\text{dark gray}\right) = \frac{1}{d(\text{new},\text{A})^2} = \frac{1}{0.004393^2} \cong 51\ 818$$

记录(B 和 C)为新记录投票给中灰色记录(选择药物 A 和 X)，因此该分类的权重投票如下：

$$\text{Votes}\left(\text{medium gray}\right) = \frac{1}{d(\text{new},\text{B})^2} + \frac{1}{d(\text{new},\text{C})^2} = \frac{1}{0.058893^2} + \frac{1}{0.051022^2} \cong 672$$

综上所述，通过令人信服的计算结果 51 818 与 672，加权投票程序将选择深灰色点(药物 B 和 C)作为病人年龄为 17 岁，钠/钾比为 12.5 的新记录的分类。注意该结论颠覆了先前在 k=3 且不考虑权重时选择中灰色类的分类结果。

当距离为 0 时，公式中倒数是不存在的。此时，算法将选择距离为 0 的所有记录的多数分类结果作为新记录的分类。

考虑一下当开始计算记录权重时，我们为什么不能随意增加 k 值，以便使所有存在的记录都能运用到权重分类中，理论上这样做是可以的。然而，这样做将与应用实际背道而驰，因为当每次需要为新记录确定分类时都将花费大量的时间来为所有记录计算权重。

10.5 量化属性的相关性：轴伸缩

考虑并非所有属性都与分类有关的情况。以决策树为例，在决策树分类中，只考虑使用那些与分类有关的属性。在 k-最近邻算法中，默认情况下要计算所有属性的距离。可能存在一些相关记录，其所有的重要的变量都与新记录相似，而在不重要的方面却与新记录距离甚远，导致其总体上与新记录有相当大的距离，由此在分类决策中未被考虑。因此分析师可以对算法作出一些限制，让算法去考虑对分类新记录重要的字段，或者至少让算法不考虑那些不相关的字段。

数据分析师往往不会按照先验经验去限制某些不重要的字段，而愿意指明字段对分类目标变量的重要程度。这一工作可以利用交叉验证方法或基于领域专家知识的方法来完成。

首先，注意到确定某个字段的重要程度的问题与找到系数 Z_j 并用该系数乘以第 j 个轴等价，用较大的 Z_j 与更重要的变量轴关联。该过程被称为轴伸缩。

交叉验证方法从数据集中随机选取一个子集作为训练集，并寻找值集 $z_1, z_2, \ldots, z_m$，该集合可最小化测试数据集的分类误差。重复该过程，直到获得最精确的值集 $z_1, z_2, \ldots, z_m$。否则，可利用领域专家来推荐 $z_1, z_2, \ldots, z_m$ 集合。采用该方法，k-最近邻算法可以获得更高的准确率。

例如，假设通过交叉验证或者领域专家推荐，在药物分类时，钠/钾比的重要性是年龄的 3 倍。那么可以得到 $z_{\mathrm{Na/K}} = 3$ 及 $z_{\mathrm{age}} = 1$。针对前述的示例，记录 A、B、C 与新记录的距离如下：

$$d(\text{new}, \text{A}) = \sqrt{(0.05 - 0.0467)^2 + [3(0.25 - 0.2471)]^2} = 0.009305$$

$$d(\text{new}, \text{B}) = \sqrt{(0.05 - 0.0533)^2 + [3(0.25 - 0.1912)]^2} = 0.17643$$

$$d(\text{new}, \text{C}) = \sqrt{(0.05 - 0.0917)^2 + [3(0.25 - 0.2794)]^2} = 0.09756$$

在此例中，钠/钾比伸缩并未改变分类的结果，仍然选择采用深灰色点。然而，在实际工作中，轴伸缩可以得到更精确的分类，因为采用该方法可量化每个变量在分类决策中的相关性。

10.6　数据库方面的考虑

对于基于示例学习方法(例如 k-最近邻算法)，访问包含不同属性组合值的数据库是至关重要的。更为重要的是能够充分表示稀有分类，这样算法不仅能够预测常见的分类，而且能够预测不常见的分类。因此，需要考虑数据集的平衡性问题，对不常见的分类赋予较大的百分比。保持平衡性的常用方法之一是减少常用分类的百分比。

如果主存空间受到限制，则维护这样的包含丰富内涵的数据库以便于存取可能会带来一些问题。主存可能会被用尽，而对辅助存储的访问速度又很慢。因此，如果数据库只用于处理 k-最近邻方法，则将那些接近分类边界的数据点保存在主存中可有助于解决这一问题。例如，在图 10.1 的示例中，忽略钠/钾比值大于 19 的点将不会影响分类精度。因为所有这一区域的记录都被分类为浅灰色点。因此，钠/钾比大于 19 的新记录都有相同的分类。

10.7　将 k-最近邻算法用于评估和预测

到目前为止，我们都在考虑如何使用 k-最近邻算法进行分类工作。然而，该算法也可用于连续型目标变量的评估和预测。完成这些工作的方法之一被称为局部加权平均。假设我们具有与前述示例相同的数据集，但与前面的分类药物类别不同，我们希望基于病人的年龄和钠/钾比(预测变量)估计病人的收缩压读数(BP，目标变量)。假设病人记录中 BP 范围为 80，最小值为 90。

在该例中，我们希望估计年龄为 17 岁，钠/钾比为 1.5 的病人的收缩压，与我们前例中用于分类工作的新病人记录相同。令 k=3，我们得到与前例中相同的 3 个最近邻，如表 10.4 所示。为反映钠/钾比的重要性，我们采用 $z_{Na/K}=3$ 倍轴伸缩方法。

表 10.4 新记录的 k=3 近邻

记录	年龄	钠/钾比	血压	年龄 MMN	钠/钾比 MMN	距离
New	17	12.5	?	0.05	0.25	—
A	16.8	12.4	120	0.0467	0.2471	0.009305
B	17.2	10.5	122	0.0533	0.1912	0.17643
C	19.5	13.5	130	0.0917	0.2794	0.26737

局部加权平均将采用血压加权平均来估计 3 个最近邻的血压，与我们前例采用同样的方法，以距离的平方倒数为权重。目标变量值 $\hat{y}$ 计算如下：

$$\hat{y}_{\text{new}} = \frac{\sum_i w_i y_i}{\sum_i w_i}$$

其中对于已存在的记录 $x_1, x_2, \ldots, x_k$，其 $w_i = 1/d(\text{new}, \text{x}_i)^2$。也就是说在此例中，对新记录的收缩压读数的计算公式如下：

$$\hat{y}_{\text{new}} = \frac{\sum_i w_i y_i}{\sum_i w_i} = \frac{(120/0.009305^2)+(122/0.17643^2)+(130/0.09756^2)}{(1/0.009305^2)+(1/0.17643^2)+(1/0.09756^2)} = 120.0954$$

与预期吻合，估计的血压值与数据集中和新记录最近(在伸缩属性空间中)的记录的血压值非常接近。换句话说，因为记录 A 与新记录更靠近，所以其血压值 120 在估计新记录的血压值时获得的权重更大一些。

10.8 *k* 值的选择

应该如何选择 k 值呢？事实上，可能不会存在一个普遍适用的最佳方案。如果选择的 k 值较小，则容易受到离群点或异常观察值(噪声)的影响。在 k 取值较小的情况下(例如 k=1)，算法简单地返回最近的观察点的目标值，这一过程可能会导致算法产生过度拟合，趋向于以昂贵的泛化成本记忆训练数据集。

然而，若 k 值选择不太小的值，则趋向于平滑掉从训练集中可以学到的具有特性的行为。如果进一步增大 k 值，选择较大的 k 值的话，局部呈现的比较有趣的行为将会被忽略掉。因此，数据分析师在选择 k 值时需要综合考虑 k 值的选择问题。

可以利用数据本身帮助解决这一问题，采用类似前面使用的在进行轴伸缩时发现 $z_1, z_2, \ldots, z_m$ 最优值的交叉验证过程。通过选择不同的 k 值来训练随机选择的训练集，获得能够最小化分类或评估误差的 *k* 值。

10.9　利用 IBM/SPSS 建模工具应用 *k*-最近邻算法

表 10.5 包含从 ClassifyRisk 数据集中抽取的包含 10 个记录的小数据集，预测变量为年龄、婚姻状况和收入，目标变量为风险。寻找记录 10 的 *k*-最近邻，其中 *k*=2。建模工具产生的结果如图 10.5 所示(注意建模工具自动规范化数据)。记录 8 和记录 9 是记录 10 的最近邻，具有同样的婚姻状况，年龄差别最小。由于记录 8 和记录 9 都被分类为无风险，因此记录 10 也将被分类为无风险。

表 10.5　为记录 10 寻找 *k*-最近邻

记录	年龄	婚姻状况	收入	风险
1	22	Single	$46,156.98	Bad loss
2	33	Married	$24,188.10	Bad loss
3	28	Other	$28,787.34	Bad loss
4	51	Other	$23,886.72	Bad loss
5	25	Single	$47,281.44	Bad loss
6	39	Single	$33,994.90	Good risk
7	54	Single	$28,716.50	Good risk
8	55	Married	$49,186.75	Good risk
9	50	Married	$46,726.50	Good risk
10	66	Married	$36,120.34	Good risk

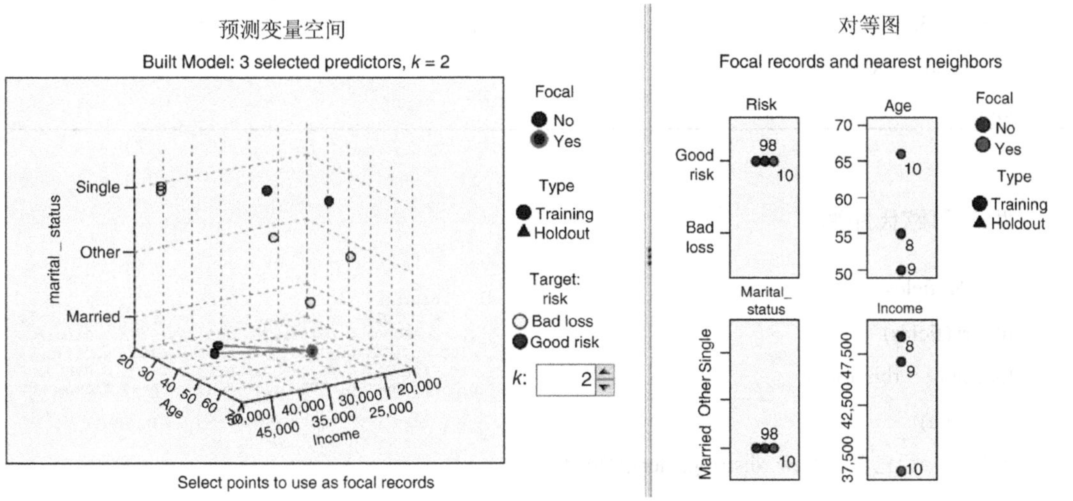

图 10.5　建模工具产生的 *k*-最近邻结果

R 语言开发园地

使用表 10.3 创建数据集

```
new <- c(0.05, 0.25)
A <- c(0.0467, 0.2471)
B <- c(0.0533, 0.1912)
C <- c(0.0917, 0.2794)
data <- rbind(A, B, C)
dimnames(data) <- list(c("Dark", "Medium", "Light"),
    c("Age (MMN)", "Na/K (MMN)"))
# 声明 A、B 和 C 的真实分类
trueclass <- c("Dark", "Medium", "Light")
```

运行 KNN

```
# 需要 class 包
library(class)
knn <- knn(data,
    new,
    cl = trueclass,
    k = 3,
    prob = TRUE)
knn
```

```
> knn(data,
+       new,
+       cl = trueclass,
+       k = 3,
+       prob = TRUE)
[1] Medium
attr(,"prob")
[1] 0.6666667
Levels: Dark Medium
```

计算欧氏距离

```
# 需要 fields 包
library(fields)
together <- rbind(new,
    data)
# 最上一行包含与 New rdist(together)的距离
```

```
> rdist(together)
             [,1]         [,2]         [,3]         [,4]
[1,] 0.0000000001 0.0043931765 0.0588925292 0.0510220541
[2,] 0.0043931765 0.0000000001 0.0562882759 0.0553921475
[3,] 0.0588925292 0.0562882759 0.0000000001 0.0961966735
[4,] 0.0510220541 0.0553921475 0.0961966735 0.0000000001
```

伸缩轴

```
ds_newA <- sqrt((new[1] -A[1])^2 + (3*(new[2]-A[2]))^2)
ds_newB <- sqrt((new[1] -B[1])^2 + (3*(new[2]-B[2]))^2)
ds_newC <- sqrt((new[1] -C[1])^2 +(3*(new[2]-C[2]))^2)
```

表 10.4

```
distance <- c(ds_newA,
    ds_newB,
    ds_newC)
BP <- c(120, 122, 130)
data <- cbind(BP,
    data,
    distance)
data
```

```
> data
        BP Age (MMN) Na/K (MMN)    distance
Dark    120    0.0467     0.2471 0.009304837
Medium 122    0.0533     0.1912 0.176430865
Medium 130    0.0917     0.2794 0.097560904
```

局部加权平均

```
weights <- (1/(distance^2))
sum_wi <- sum(weights)
sum_wiyi <- sum(weights*data[,1])
yhat_new <- sum_wiyi/sum_wi
yhat_new
```

```
> yhat_new
[1] 120.0954
```

ClassifyRisk 示例：准备数据

```
# 读取 ClassifyRisk 数据集
risk <- read.csv(file = "C:/…/classifyrisk.txt", stringsAsFactors=FALSE, header=TRUE,
    sep="\t")
# 表 10.5 包含记录 51、65、79、87、124、141、150、162、163
risk2 <- risk[c(51, 65, 79, 87, 124, 141, 150, 162), c(5, 1, 4, 6)]
risk2$married.I <- ifelse(risk2$marital_status=="married",1,0)
risk2$single.I <- ifelse(risk2$marital_status=="single", 1, 0)
risk2 <- risk2[,-2]; new2 <- risk[163, c(5, 1, 4)]
```

```
new2$married.I <- 1; new2$single.I <- 0
new2 <- new2[,-2]; cll<- c(risk2[,3])
```

ClassifyRisk 示例：KNN

```
knn2 <- knn(train = risk2[,c(1,2,4,5)],
    test = new2,
    cl = cll,
    k = 3)
```

```
> knn2
[1] good risk
Levels: bad loss good risk
```

R 参考文献

R Core Team (2012). *R: A Language and Environment for Statistical Computing*. R Foundation for Statistical Computing, Vienna, Austria. 3-900051-07-0, http://www.R-project.org/.

Venables WN, Ripley BD. *Modern Applied Statistics with S*. 4th ed. New York: Springer; 2002. ISBN: 0-387-95457-0.

练习

1. 清楚描述分类的含义。
2. 术语“基于示例学习”的含义。
3. 建立有 3 个记录的集合，每个记录包含两个数值型预测变量和一个范畴型目标变量，无论 k 值如何变化，分类都不会发生变化。
4. 参考练习 3。改变数据集，以便在选择不同的 k 值时，分类会发生改变。
5. 参考练习 4。获得每对点之间的欧氏距离。利用这些点，验证欧氏距离是一种正确的距离度量。
6. 比较无权重和权重投票的优缺点。
7. 为什么需要平衡数据库?
8. 文中的示例在采用 k-最近邻算法进行评估时，其最近的记录控制了其他记录对评估的影响。提出两种新的方法，用来降低最近邻记录的影响。
9. 讨论 k 取值较小和取值较大的优缺点。
10. 为什么需要采用轴伸缩?

11. 什么是局部加权平均，该方法对评估有何好处?

实践分析

12. 利用表 10.5 中的数据，寻找记录 10 的 k-最近邻，其中 k=3。

13. 利用 ClassifyRisk 数据集，其中预测变量为年龄、婚姻状况和收入，目标变量为风险，寻找记录 1 的 k-最近邻，其中 k=2，距离计算采用欧氏距离。

14. 利用 ClassifyRisk 数据集，其中预测变量为年龄、婚姻状况和收入，目标变量为风险，寻找记录 1 的 k-最近邻，其中 k=2，距离计算采用闵可夫斯基距离(参见第 19 章)。

第 11 章

决 策 树

11.1 决策树是什么

本章我们将继续展开数据挖掘分类方法的研究。构建决策树是一种有吸引力的分类方法。决策节点通过分支连接在一起，连接路径自根节点向下，直到叶节点终止。按照惯例，根节点被放置在决策树图的顶部，从根节点开始，在决策节点进行属性测试，每个可能的结果产生一个分支。每个分支要么与另一个决策节点相连，要么到达一个终止叶节点。图 11.1 展示了一个简单决策树的示例。

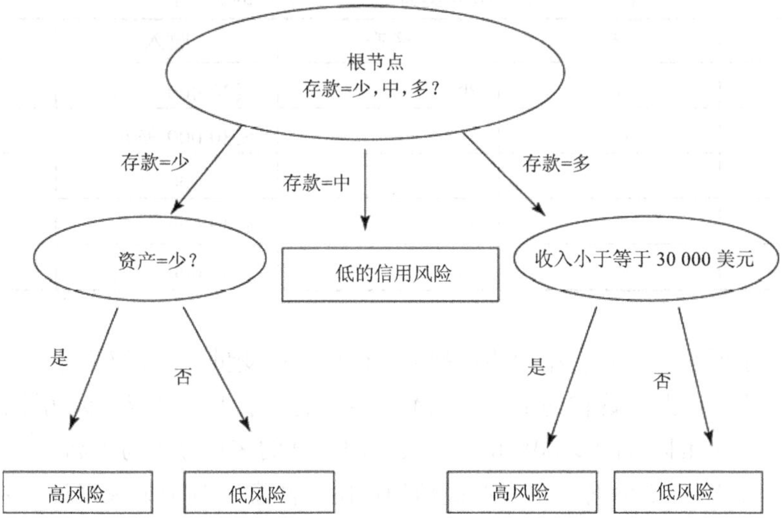

图 11.1 简单决策树

图 11.1 所示决策树的目标变量是信贷风险，潜在客户的信用风险被归类为高或低。预测变量是存款(少、中、多)，资产(少或者不少)以及收入(≤30 000 美元或者>30 000 美元)。

这里，根节点代表一个决策节点，测试每个记录是否具有少、中或多类别的存款水平(由分析或领域专家所定义)。根据该属性的值，数据集被划分，或拆分。存款少的那些记录沿着最左边的分支(存款=少)到另一个决策节点。存款多的记录沿着最右边的分支到了不同的决策节点。

存款级别为中等记录经由中间分支直接到达叶节点，表示该分支的终止。为什么是到了一个叶节点，而不是另一个决策节点？因为，在数据集中(未展示出)，所有中等存款级别的记录已被分类为低的信用风险。没有必要添加另一个决策节点，因为我们学习过，在数据集中，只要客户具有存款等级为中等，就能100%地准确预测他具有良好的信用。

对于存款级别为少的客户，接下来的决策节点将测试客户是否具有较少的资产。那些资产少的用户将被分类为高信用风险；其他的被分类为低信用风险。对于存款多的客户，接下来的决策节点将测试客户是否具有最多30 000美元的收入。收入在30 000美元或者30 000美元以下的客户都将分类为高信用风险，其他的分类为低信用风险。

如果不能进行进一步的拆分，决策树算法将不会再添加新节点。例如，假设所有的分支终止于“纯”叶节点，在该节点的记录中目标变量是一元的(例如，在叶节点中的每个记录是一个低信用风险)。进一步的划分是没有必要的，所以节点层次将不会再增长。

然而，存在这样的情况，一个特定的节点包含“多样性”的属性(目标属性不是一元值)，而决策树不能划分。例如，假设我们把图11.1中的记录用存款等级为多、收入为低(≤30 000美元)来考虑。假设有5个记录符合这些值，这5个记录的资产等级为低。最后，假设这5个客户中有3个被分类为高信用风险，两个为低信用风险，如表11.1所示。在现实世界中，人们也经常遇到像这样的情况，即使预测变量的值完全相同，但是结果却是不同的。

表11.1 不能被分类为“纯”叶节点的记录样本

顾客	存款	资产	收入	信用风险
004	多	少	≤30 000美元	低
009	多	少	≤30 000美元	低
027	多	少	≤30 000美元	高
031	多	少	≤30 000美元	高
104	多	少	≤30 000美元	高

在此，由于所有客户具有相同的预测值，根据预测变量，没有方法将记录分类到一个“纯”的叶节点。因此，这样的节点变成不“纯”的叶节点，对应目标属性有多种取值。在这种情况下，决策树可能以60%的置信度，将这样的客户分类为“高”信用风险类别，因此在这个节点中，3/5的客户都存在高信用风险。注意，对于记录来说，并不是其所有的属性都被测试。例如，在本示例中，对于存款少和资产少的客户，没有开展针对收入的测试。

11.2 使用决策树的要求

在应用决策树算法之前，必须满足以下要求：

(1) 决策树算法是典型的有监督学习，因此需要预分类目标变量。必须提供一个训练数据集，该数据集为算法提供目标变量的值。

(2) 训练数据集应当是丰富多样的，为算法提供涉及不同方面的记录类型，以适应未来的分类需求。以决策树学习为例，如果示例记录缺乏系统定义的子集，那么对这个子集进行分类和预测将会存在问题。

(3) 目标属性类必须是离散的。也就是说，决策树分析不适用于目标变量为连续型值的情况。当然，目标变量的值必须能明确界定属于或不属于某个特定的类。

在上面的示例中，为什么决策树选择存款属性作为根节点划分？为什么不选择资产或收入来代替？决策树寻求建立一组尽可能“纯”的叶节点;也就是说，在一个特定的叶节点中的记录具有相同的分类。以这种方式，决策树的分类可信度可能就是最大的。

但是，如何衡量一致性，或者反过来，如何衡量异构性？我们将介绍测量叶节点纯度的许多方法，这产生了以下两个常用的构建决策树的算法：

- 分类和回归树(Classification And Regression Trees，CART)算法
- C4.5 算法

11.3 分类与回归树

CART 模型由 Breiman 等人[1]在 1984 年提出。通过 CART 产生的决策树是严格的二叉树，每个决策节点正好包含两个分支。CART 将训练数据集中具有相同目标属性值的记录递归地划分为一些记录子集。对所有可用的变量和所有可能存在的划分值进行穷举搜索划分，CART 算法按照以下标准(Kennedy 等人[2]的思想)选择最优的划分为每个决策节点构建树。

用 $\Phi(s|t)$ 表示在节点 t 处，候选划分 s 优劣的衡量，其中：

$$\Phi(s|t) = 2P_L P_R \sum_{j=1}^{\#classes} |P(j|t_L) - P(j|t_R)| \tag{11.1}$$

其中：

t_L:节点 t 的左子节点

1 Leo Breiman, Jerome Friedman, Richard Olshen, and Charles Stone, *Classification and Regression Trees*, Chapman & Hall/CRC Press, Boca Raton, FL, 1984.

2 Ruby L.Kennedy,Yuchun Lee, BenjaminVan Roy,ChristopherD. Reed, and Richard P. Lippman, *Solving Data Mining Problems through Pattern Recognition*, Pearson Education, Upper Saddle River, NJ, 1995.

t_R:节点 t 的右子节点

$$P_L = \frac{t_L\text{的记录数}}{\text{训练集的记录数}}$$

$$P_R = \frac{t_R\text{的记录数}}{\text{训练集的记录数}}$$

$$P(j|t_L) = \frac{\text{在}t_L\text{处，}j\text{类的记录数}}{\text{节点}t\text{的记录数}}$$

$$P(j|t_R) = \frac{\text{在}t_R\text{处，}j\text{类的记录数}}{\text{节点}t\text{的记录数}}$$

在节点 t 处的所有可能划分中，最佳的划分是按照 $\Phi(s|t)$ 方法得到的最大值。

让我们看一个示例。假设我们有表 11.2 所示的训练数据集，并有兴趣使用 CART 建立一个决策树，预测特定客户是否应该被归类为一个低的或高的信用风险。在这个小示例中，所有 8 个训练记录进入根节点。由于 CART 被限制为二元划分，CART 算法将为根节点的初始划分做出评估，候选划分用表 11.3 来表示。虽然收入是一个连续变量，但 CART 根据该变量在数据集的不同的取值的数量，仍有可能确定一个可能的划分方案的列表。或者，分析人员可以选择将连续变量分类为数量较小的类。

表 11.2 信用风险分类的训练集记录

顾客	存款	资产	收入($1000s)	信用风险
1	中	多	75	低
2	少	少	50	高
3	多	中	25	高
4	中	中	50	低
5	少	中	100	低
6	多	多	25	低
7	少	少	25	高
8	中	中	75	低

表 11.3 根节点的候选划分

候选划分	左子节点	右子节点
1	存款=少	存款∈{中,多}
2	存款=中	存款∈{少,多}
3	存款=多	存款∈{少,中}
4	资产=少	资产∈{中,高}
5	资产=中	资产∈{低,高}
6	资产=多	资产∈{低,中}

(续表)

候选划分	左子节点	右子节点
7	收入≤\$25 000	收入>\$25 000
8	收入≤\$50 000	收入>\$50 000
9	收入≤\$75 000	收入>\$75 000

对于每一个候选划分，让我们看看表 11.4 中的最佳度量$\Phi(s|t)$的各个组成部分的值。利用这些观察值，我们可以在各种条件下，研究最佳度量的行为。例如，$\Phi(s|t)$什么时候大？我们看到，当$\Phi(s|t)$的主要成分$2P_L P_R$和$\sum_{j=1}^{\#classes}|P(j|t_L)\text{-}P(j|t_R)|$的取值都大时，$\Phi(s|t)$取值就大。

表 11.4　根节点的每个候选划分的最佳度量 Φ(s|t)的分量值(最佳性能突出显示)

Split	P_L	P_R	$P(j\|t_L)$	$P(j\|t_R)$	$2P_LP_R$	$Q(s\|t)$	$\Phi(s\|t)$
1	0.375	0.625	G:0.333 B:0.667	G:0.8 B:0.2	0.46875	0.934	0.4378
2	0.375	0.625	G:1 B:0	G:0.4 B:0.6	0.46875	1.2	0.5625
3	0.25	0.75	G:0.5 B:0.5	G:0.667 B:0.333	0.375	0.334	0.1253
4	0.25	0.75	G:0 B:1	G:0.833 B:0.167	0.375	1.667	**0.6248**
5	0.5	0.5	G:0.75 B:0.25	G:0.5 B:0.5	0.5	0.5	0.25
6	0.25	0.75	G:1 B:0	G:0.5 B:0.5	0.375	1	0.375
7	0.375	0.625	G:0.333 B:0.667	G:0.8 B:0.2	0.46875	0.934	0.4378
8	0.625	0.375	G:0.4 B:0.6	G:1 B:0	0.46875	1.2	0.5625
9	0.875	0.125	G:0.571 B:0.429	G:1 B:0	0.21875	0.858	0.1877

考虑$Q(s|t)=\sum_{j=1}^{\#classes}|P(j|t_L)\text{-}P(j|t_R)|$。$Q(s|t)$的分量什么时候取值大？当每个类中，$P(j|t_L)$与$P(j|t_R)$之间的差距越大(目标变量的值)，$Q(s|t)$的值越大。换句话说，当目标变

量的每个特定值的子节点的记录比例尽量不同时，这个分量的值就会最大化。当每个类的子节点是完全统一的(纯)，最大值就会存在。$Q(s|t)$的理论最大值是 k，其中 k 是目标变量的类的数量。由于我们的输出变量的信用风险需要两个值，低和高，那么这一部分的最大值为 2。

当左、右子节点涉及的记录的比例相等时，P_L 和 P_R 的值最大，分量 $2P_LP_R$ 就会最大化。因此，$\Phi(s|t)$将倾向于平衡划分数据，划分成包含记录数大致相等的子节点。因此，最佳度量 $\Phi(s|t)$要实现的目标是，每一个子节点中的记录都属于同一个类，并且子节点中包含记录的数量大致相等。$2P_LP_R$ 的理论最大值是 $2(0.5)(0.5) = 0.5$。

在这个示例中，只有候选划分 5 的 $2P_LP_R$ 观察值达到统计的理论最大值 0.5，因为所有的记录被分成相同记录数的两组，每组 4 条记录。只有每个子节点是纯的时候，才能取得 $Q(s|t)$的理论最大值，因而该数据集没有达到这个最大值。

在所有的候选划分中，划分 4 取得 $\Phi(s|t)$的最大观测值，$\Phi(s|t)$=0.6248。因此，CART 使用候选划分 4，对数据集进行初始的划分，一条分支是资产=少，另一条分支是资产∈{中，多}，如图 11.2 所示。

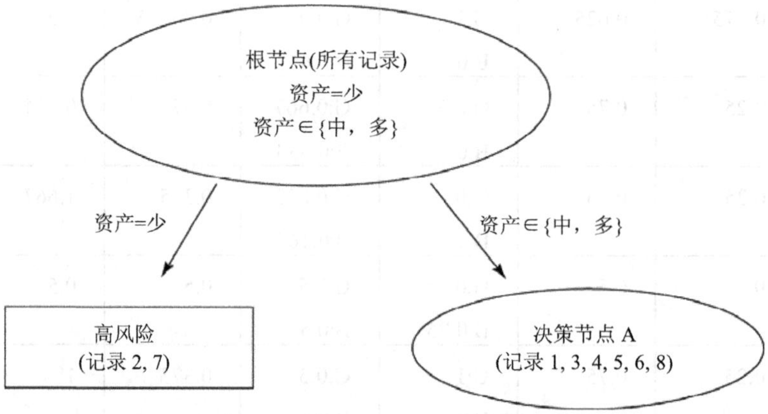

图 11.2 初始划分后的 CART 决策树

左边的子节点是一个最终的叶节点，因为这个节点的两个记录都属于不良信用风险。然而，右边的子节点，不属于同一个类，需要进一步的划分。

我们再次编译候选划分表(除了划分 4 之外的所有可用划分)，以及最佳度量的值(见表 11.5)。这里，两个候选划分 3 和 7，同时得到 $\Phi(s|t)$的最大值 0.4444。我们任意选择一个划分方案，划分 3，对于决策节点 A，一个分支是存款=多，另一个分支是存款∈{少，中}，得到的结果树如图 11.3 所示。

表 11.5 对于决策节点 A，每个候选划分的最佳度量 Φ(s|t)的分量值(最佳性能高亮显示)

Split	P_L	P_R	$P(j\|t_L)$	$P(j\|t_R)$	$2P_LP_R$	$Q(s\|t)$	$\Phi(s\|t)$
1	0.167	0.833	G:1 B:0	G:0.8 B:0.2	0.2782	0.4	0.1113
2	0.5	0.5	G:1 B:0	G:0.667 B:0.333	0.5	0.6666	0.3333
3	0.333	0.667	G:0.5 B:0.5	G:1 B:0	0.4444	1	**0.4444**
5	0.667	0.333	G:0.75 B:0.25	G:1 B:0	0.4444	0.5	0.2222
6	0.333	0.667	G:1 B:0	G:0.75 B:0.25	0.4444	0.5	0.2222
7	0.333	0.667	G:0.5 B:0.5	G:1 B:0	0.4444	1	**0.4444**
8	0.5	0.5	G:0.667 B:0.333	G:1 B:0	0.5	0.6666	0.3333
9	0.833	0.167	G:0.8 B:0.2	G:1 B:0	0.2782	0.4	0.1113

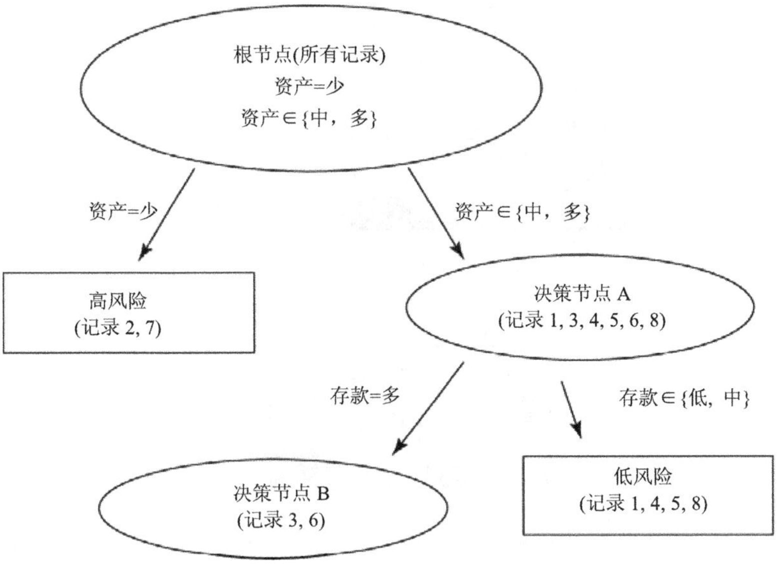

图 11.3 决策节点 *A* 划分之后的 CART 决策树

由于决策节点 *B* 中的记录属于不用的类，因此我们需要再次寻找最优划分。这个决策节点只有两个记录，并且存款都是多，收入都是 25。因此，唯一可能的划分是，一条分支是资产为多，另一条分支是资产为中等，为我们提供这个示例的最终形式的 CART 决策树，如图 11.4 所示。比较图 11.4 和图 11.5，图 11.5 是由建模者利用 CART 算法生成的决策树。

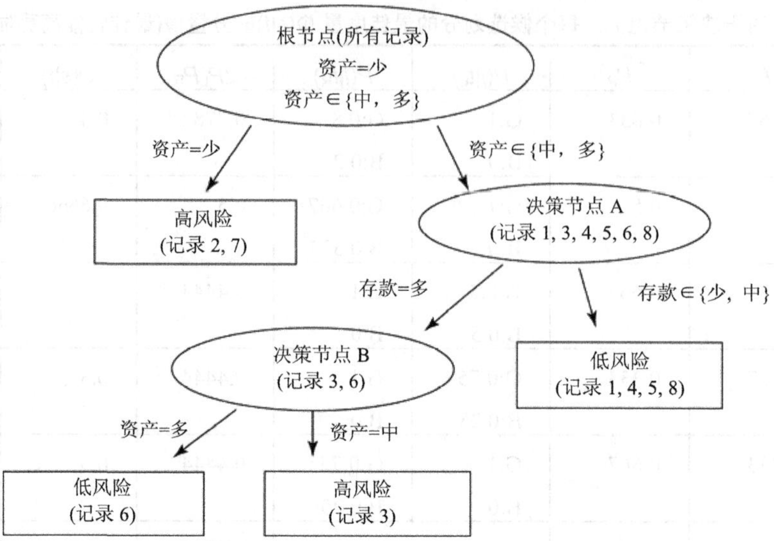

图 11.4 最终形式的 CART 决策树

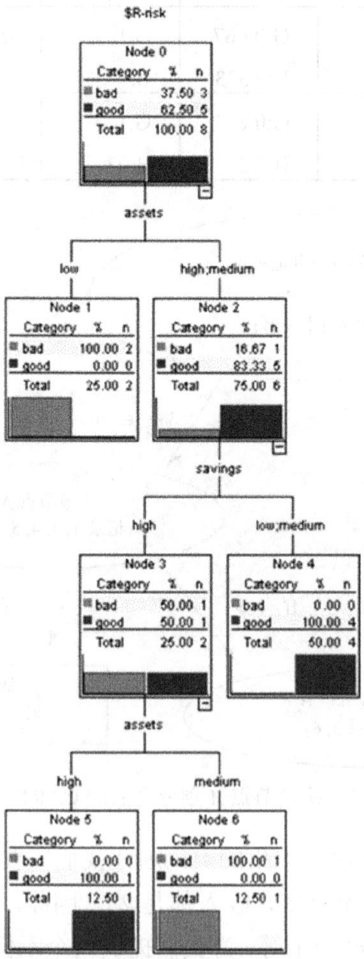

图 11.5 建模者的 CART 决策树

现在让我们撇开这个示例，考虑一下 CART 如何在任意的数据集上运行。一般情况下，CART 将递归地访问每个剩余的决策节点，并应用上述过程在每个节点找到最佳的划分。最终，没有决策节点剩余，“整棵树”已经生成。然而，正如我们在表 11.1 中看到的，并非所有的叶节点都一定属于同一个类别，这导致了一定程度的分类错误。

例如，假设在表 11.1 中我们不能进一步划分记录，我们将把包含在这个叶节点的记录分类为高信用风险。然后，从该叶节点中随机选择的记录被正确分类的概率为 0.6，因为 5 个记录中有 3 个(60%)实际分类为高信用风险。因此，我们对这个特定的叶节点的分类错误率会是 0.4 或 40%，因为这 5 个记录的两个实际上被归类为低信用风险。然后，CART 将计算每个叶节点错误率的加权平均作为整个决策树的错误率，权重等于每一个叶节点中记录的比例。

为避免记忆训练集，CART 算法需要开始修剪节点和分支，否则会降低分类结果的普遍性。虽然成年树在训练集上的错误率最低，但是得到的模型可能过于复杂，导致过度拟合。由于每个决策节点都在不断成长，可用于分析的记录的子集变得更小，更不代表整体数据。修剪树会增加结果的普遍性。从本质上讲，一个调整总体错误率指出惩罚决策树的叶节点太多，因此太复杂。

11.4 C4.5 算法

为了生成决策树，C4.5 算法是 Quinlan 的迭代分类器 3(Iterative Dichotomizer 3，ID3)算法[3]的扩展。就像 CART 一样，C4.5 算法递归访问每个决策节点，选择最优划分，直到不可能进一步划分。然而，CART 和 C4.5 之间存在以下有趣的差异：

- 与 CART 不同，C4.5 算法并不局限于二元划分。而 CART 总是产生一个二叉树，C4.5 产生更多变化形状的树。
- 对于分类属性，C4.5 为分类属性的每个值默认生成一个独立的分支。这可能会导致比预期有更多的“分支”，因为一些值可能具有较低的频率或可能会与其他值相关。
- 该 C4.5 方法测量节点是否属于同一个类与 CART 的方法完全不同，在下面详细探讨。

C4.5 算法使用信息增益或熵降低的概念来选择最优划分。假设存在变量 X：该变量包含 k 个可能取值，且每个值出现的概率分别是 $p_1, p_2 \ldots p_k$。平均来看，每个符号发送形成符号流，用于表示被观察到的 X 的值，被观察到的 X 值的最小比特数是什么？答案就是 X 的信息熵，定义如下：

$$H(X) = -\sum_j p_j \log_2(p_j) \tag{11.1}$$

3 J. Ross Quinlan, *C4.5: Programs for Machine Learning*, Morgan Kaufmann, San Francisco, CA, 1992.

熵的这一公式从何而来的呢？对某个出现概率为 p 的事件，用比特衡量该事件所包含的平均信息量为 $-\log_2(p)$。例如，一个均匀的硬币投掷产生的结果，其正反面出现的概率均为 0.5，可以转换为 $-\log_2(0.5)=1$ 比特，究竟出现正面或反面，取决于投掷的结果。当涉及多个输出结果时，我们简单对 $\log_2(p_j)s$ 进行加权汇总，权重等于输出结果的概率，故其公式如下所示。

$$H(X)=-\sum_j p_j\log_2(p_j)$$

C4.5 使用熵的概念如下。假设我们有一个候选划分 S，将训练数据集 T 分成若干子集，T_1，T_2，…，T_K。这意味着信息需求可以用单个子集熵的加权和计算，如下所示：

$$H_S(T)=-\sum_{i=1}^{k} p_i H_S(T_i) \tag{11.2}$$

其中，P_i 代表子集 i 中的记录比例。我们可以定义信息增益为 $\text{gain}(S)=H(T)-H_S(T)$，即，根据候选划分 S，由训练数据 T 划分产生的信息增益。对于每个决策节点，C4.5 选择具有最大信息增益的最优划分，gain(S)。

为了说明 C4.5 算法起作用，让我们返回到数据集表 11.2，然后应用 C4.5 算法构建决策树来对信用风险进行分类，就像我们之前使用 CART 算法的做法一样。再次，我们使用的所有数据(见表 11.6)，在根节点考虑所有可能的划分。

表 11.6 C4.5 算法在根节点的候选划分

候选划分	子节点		
1	存款=少	存款=中	存款=多
2	资产=少	资产=中	资产=多
3	收入≤25 000 美元		收入>25 000 美元
4	收入≤50 000 美元		收入>50 000 美元
5	收入≤75 000 美元		收入>75 000 美元

现在，由于 8 个记录中的 5 个被归类为低信用风险，剩余的 3 个记录归类为高信用风险，在划分前的熵为：

$$H(T)=-\sum_j p_j\log_2(p_j)=-\frac{5}{8}\log_2(\frac{5}{8})-\frac{3}{8}\log_2(\frac{3}{8})=0.9544$$

我们将每一个候选划分的熵与 $H(T)$=0.9544 做比较，看看哪一个划分的结果最大地减少熵(或增益信息)。

对于候选划分 1(存款)，两个记录具有多的存款，3 个记录有中等存款，3 个记录具有少存款，因此，我们得出：$P_{\text{high}}=2/8, P_{\text{medium}}=3/8, P_{\text{low}}=3/8$。多存款的记录中，一个是低信用风险，一个是高信用风险，选择的记录以 0.5 的概率被分类为低信用风险。因此，多存款数据集的熵为：$-1/2\log_2(1/2)-1/2\log_2(1/2)=1$，这类似于一个相同条件下的硬币的抛掷问题。中等存款的这 3 个记录都是低信用风险，因此，中等存款数据集的熵为：

$-3/3\log_2(3/3)-0/3\log_2(0/3)=0$，其中，按照惯例我们定义 $\log_2(0)=0$。

在工程应用中，信息是类似于信号的，而熵类似于噪声，所以存款等级为中等的记录的熵为零是有意义的，因为信号是完全透明的，没有噪音。如果客户的存款等级为中等水平，他或她有一个低信用风险，诚心度为 100%。只要我们知道他们的存款等级为中等，则对这些客户的信用评级所需的信息量就是零。

少存款的记录中，有一个记录的信用风险等级为低，两个记录的信用风险等级为高，那么低信用风险的熵为 $-1/3\log_2(1/3)-2/3\log_2(2/3)=0.9183$。我们结合这 3 个子集的熵，用等式(11.2)和子集 P_i 的比例，得出：$H_{\text{savings}}(T)=(2/8)(1)+(3/8)(0)+(3/8)(0.9183)=0.5944$。然后，通过对存款属性划分表示的信息增益的计算公式为：$H(T)-H_{\text{savings}}(T)=0.9544-0.5944=0.36$ bits。

我们如何解读这些数据？首先，$H(T)=0.9544$意味着，平均而言，需要 0.9544 比特(0 或 1)来传输数据集的 8 个客户的信用风险。$H_{\text{savings}}(T)=0.5944$意味着，将客户划分为 3 个子集，降低了传输客户信用风险状况的平均比特需求，现在为 0.5944 比特。熵值越小越好。熵值的减少可以被看作是信息增益，所以，我们已经通过使用存款属性的划分平均获得 $H(T)-H_{savings}(T)=0.9544-0.5944=0.36$ 比特信息。我们将把该值和由其他候选划分获得的信息增益相比较，并选择具有最大信息增益的划分，作为根节点的最优划分。

对于候选划分 2(资产)，两个记录具有多资产，4 个记录具有中等资产，还有两个记录具有少资产，因此我们得出：$P_{\text{high}}=2/8, P_{\text{medium}}=4/8, P_{\text{low}}=2/8$。多资产的记录都被分类为低信用风险，这意味着多资产的熵将是 0，正如它是中等以上的存款。

资产等级为中等的记录中有 3 个记录信用风险等级为低，一个信用风险等级为高，得出熵为：$-3/4\log_2(3/4)-1/4\log_2(1/4)=0.8113$。资产等级为少的所有记录都具有高信用风险，从而导致少资产的熵为 0。结合这 3 个子集的熵，用等式(11.2)和子集 P_i 所占的比例，我们得出：$\text{H}_{\text{assets}}(T)=(2/8)(0)+(4/8)(0.8113)+(2/8)(0)=0.4057$。资产划分的熵比存款划分的熵(0.5944)要低，这表明根据资产属性划分包含较少的噪音并且优于根据存款属性划分。这里直接使用信息增益度量，$\text{H}(T)-H_{\text{assets}}(T)=0.9544-0.4057=0.5487$ 比特。此信息增益为 0.5487 比特，大于 0.36 比特的存款划分，证实了资产划分是可取的。

虽然 C4.5 划分与 CART 的分类变量不同，但是划分变量的数值是相似的。这里，我们有收入的 4 个观察值：25 000、50 000、75 000 和 100 000，这为我们提供了划分的 3 个阈值，如表 11.6 中所示。在表 11.6 中，候选划分 3，收入小于等于 25 000 美元或者收入大于 25 000 美元，有 3 个记录的收入小于等于 25 000 美元，其他 5 个记录的收入大于 25 000 美元，因此得出：$\text{P}_{\text{income}}\le \$25\,000=3/8, P_{\text{income}}>\$25\,000=5/8$。对于收入小于等于 25 000 美元的记录，一个记录具有低信用风险，两个记录具有高信用风险，那么收入小于等于 25 000 美元的熵为：$-1/3\log_2(1/3)-2/3\log_2(2/3)=0.9483$。收入高于 25 000 美元的 5 个记录中，有 4 个记录具有低信用风险，因此收入高于 25 000 美元的熵为：

$-4/5\log_2(4/5)-1/5\log_2(1/5)=0.7219$。综合以上情况，我们得出候选划分 3 的熵为：$H_{income\le\$25000}(T)=(3/8)(0.9183)+(5/8)(0.7219)=0.7956$。因此这种划分对应的信息增益是：$H(T)-H_{income\le\$25000}(T)=0.9544-0.7956=0.1588$ 比特，这是目前最不理想的选择。

对于候选划分 4，收入小于等于 50 000 美元或者收入大于 50 000 美元，收入小于等于 50 000 美元的 5 个记录中，两个具有低信用风险，3 个记录具有高信用风险，而收入大于 50 000 美元的 3 个记录都具有低信用风险。因此候选划分 4 的熵为：$H_{income\le\$50000}(T)=\frac{5}{8}(-\frac{2}{5}\log_2\frac{2}{5}-\frac{3}{5}\log_2\frac{3}{5})+\frac{3}{8}(-\frac{3}{3}\log_2\frac{3}{3}-\frac{0}{3}\log_2\frac{0}{3})=0.6069$。因此这个划分对应的信息增益为：$H(\mathrm{T})-H_{income\le\$50000}(T)=0.9544-0.6069=0.3475$，不如资产属性合适。最后，对于候选划分 5，收入小于等于 75 000 美元或者大于 75 000 美元，收入小于等于 75 000 美元的 7 个记录中，4 个具有低信用风险，3 个具有高信用风险，而收入大于 75 000 美元的唯一一个记录属于低信用风险。因此，候选划分 5 的熵为：$H_{income\le\$75000}(T)=\frac{7}{8}(-\frac{4}{7}\log_2\frac{4}{7}-\frac{3}{7}\log_2\frac{3}{7})+\frac{1}{8}(-\frac{1}{1}\log_2\frac{1}{1}-\frac{0}{1}\log_2\frac{0}{1})=0.8621$。这个划分的信息增益为：$H(T)-H_{income\le\$75000}(T)=0.9544-0.8621=0.0923$，是这 5 个候选划分中最差的划分。

表 11.7 总结了在根节点的每个候选划分的信息增益。候选划分 2，资产，具有最大的信息增益，因此被选为 C4.5 算法的初始划分。注意，最优划分的这个选择符合 CART 的首选划分，是关于资产的划分，资产为少或者资产等于{中，多}。C4.5 最初划分的部分决策树结果如图 11.6 所示。

表 11.7 在根节点的每个候选划分的信息增益

候选划分	子节点	信息增益(熵减少)
1	存款=少 存款=中 存款=多	0.36 比特
2	资产=少 资产=中 资产=多	0.5487 比特
3	收入≤25 000 美元 收入>25 000 美元	0.1588 比特
4	收入≤50 000 美元 收入>50 000 美元	0.3475 比特
5	收入≤75 000 美元 收入>75 000 美元	0.0923 比特

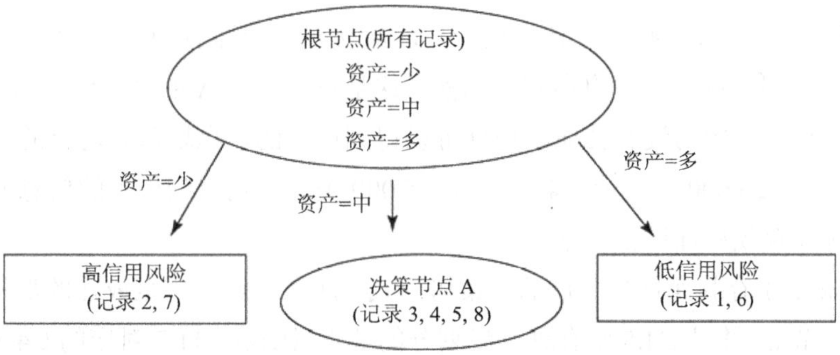

图 11.6 C4.5 与 CART 在最初划分中选择资产属性的一致性

最初的划分产生了两个最终的叶节点和一个新的决策节点。由于少资产的这两个记录都具有高信用风险，因此这种分类有 100%的可信度，并没有进一步划分的需要。这与多资产的两个记录类似。然而，在决策节点 A(资产=中等)的 4 个记录中既包含低，也包含高的信用风险，因此需要进一步划分。

我们继续为决策节点 A 确定最优划分，包含记录 3、4、5 和 8，如表 11.8 所示。因为 4 条记录中的 3 条被分类为低信用风险，剩余的一条记录分类为高信用风险，在划分前的熵为：$H(A)=-\sum_j p_j\log_2(p_j)=-\frac{3}{4}\log_2(\frac{3}{4})-\frac{1}{4}\log_2(\frac{1}{4})=0.8113$。

表 11.8 可用于在决策节点 A 进行分类信用风险的记录

顾客	存款	资产	收入($1000s)	信用风险
3	多	中	25	高
4	中	中	50	低
5	少	中	100	低
8	中	中	75	低

决策节点 A 的候选划分如表 11.9 所示。

表 11.9 决策节点 A 的候选划分

候选划分	子节点		
1	存款=少	存款=中	存款=高
3	收入≤25 000 美元		收入>25 000 美元
4	收入≤50 000 美元		收入>50 000 美元
5	收入≤75 000 美元		收入>75 000 美元

对于候选划分 1，存款，少量存款的唯一一条记录具有低信用风险，以及中等存款的两条记录也具有低信用风险。也许与直觉相反，多存款的单条记录具有高信用风险。因此，这 3 个类的熵都等于 0，因为存款的等级完全决定了信用风险。这也导致资产划分的组合

熵为 0，$H_{assets}(A)=0$，对于决策节点 A 是最优的。因此这种划分的信息增益为：$H(A)-H_{assets}(A)=0.8113-0.0=0.8113$。当然，这是决策节点 A 的最大信息增益。因此，我们不需要继续计算，因为没有其他的划分可以得到更大的信息增益。巧合的是，候选划分 3，收入小于等于 25 000 美元或者收入大于 25 000 美元，也得到最大的信息增益，但是我们再次任意选择存款属性进行划分。

图 11.7 展示了存款属性划分后的决策树形式。注意到这是完全成熟的形式，因为所有的节点都是叶节点，并且 C4.5 没有进一步划分的节点。比较图 11.7 对应的 C4.5 树和图 11.4 对应的 CART 树，我们看到，C4.5 树比较稠密，提供一个更大的广度，而 CART 树则是深度更深一层。两种算法都指出，资产是最重要的变量(根划分)，存款也很重要。最后，一旦决策树完全生成，C4.5 采用悲观后修剪法进行剪枝。有兴趣的读者可以参考 Kantardzic[4]。

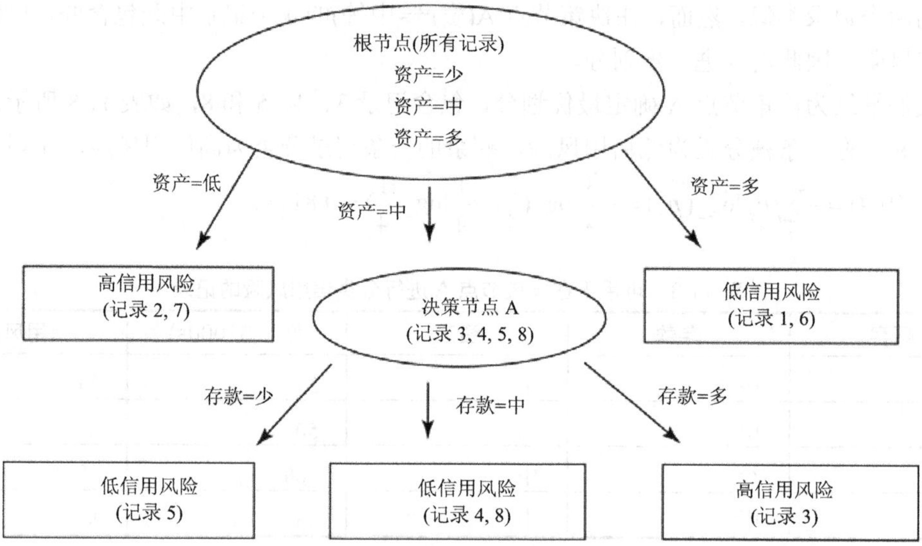

图 11.7 C4.5 决策树：完全成熟的形式

11.5 决策规则

一个决策树的最吸引人的方面在于它们的可解释性，特别是关于决策规则的构建。决策规则的构建可通过遍历任何给定的从根节点到叶节点的路径实现。决策树生成的决策规则的完整集与决策树本身是等价的(用于分类的目的)。例如，从图 11.7 中的决策树，我们可以构造出表 11.10 中的决策规则。

4 Mehmed Kantardzic, *Data Mining: Concepts, Models, Methods, and Algorithms*, Wiley-Interscience, Hoboken, NJ, second edition.

表 11.10 由图 11.7 对应的决策树生成的决策规则

前提	结果	支持度	置信度
如果资产为少	则高信用风险	2/8	1.00
如果资产为多	则低信用风险	2/8	1.00
如果资产为中，并且存款为少	则低信用风险	1/8	1.00
如果资产为中，并且存款为中	则低信用风险	2/8	1.00
如果资产为中，并且存款为多	则高信用风险	1/8	1.00

决策规则的形式为：如果前提成立，那么得出什么样的结论，如表 11.10。对于决策规则，条件包含沿着树的特定路径分支的属性值，而结论是由特定的叶节点给定的目标属性的分类值。

决策规则的支持度是指，在数据集中依赖于特定终端叶节点的记录的比例。规则的置信度指的是叶节点中决定规则为真的记录的比例。在这个小示例中，我们所有的叶节点都是纯的，就能达到 100%=1 的完美置信水平。但在现实世界中的示例中，人们不能期望获得如此高的置信水平。

11.6 比较 C5.0 和 CART 算法应用到实际的数据

接下来，我们将使用 IBM 公司的 SPSS 建模工具，对现实世界的数据集进行决策树分析。我们使用的是由成人数据组成的数据集的一个子集，这个数据集是由 Kohavi 整理的美国人口普查数据[5]。可以从本书的系列网站 www.dataminingconsultant.com 上下载这里使用到的数据集。在这里我们感兴趣的是，根据以下几组预测领域，对一个人的收入是否不到 50 000 美元进行分类。

- 数值变量
  - 年龄
  - 受教育年限
  - 资本收益
  - 资本损失
  - 每周工作小时数
- 分类变量
  - 种族
  - 性别

5 Ronny Kohavi, Scaling up the accuracy of naive Bayes classifiers: A decision tree hybrid, *Proceedings of the 2nd International Conference on Knowledge Discovery and Data Mining*, Portland, OR, 1996.

工作类别

婚姻状况

变量的数值归一化，使得所有的值在 0 和 1 之间。在工作类别和婚姻状况等方面进行了一些低频类的压缩。模型被用来比较 C5.0 算法(C4.5 算法的改进)和 CART 算法。由 CART 算法生成的决策树如图 11.8 所示。

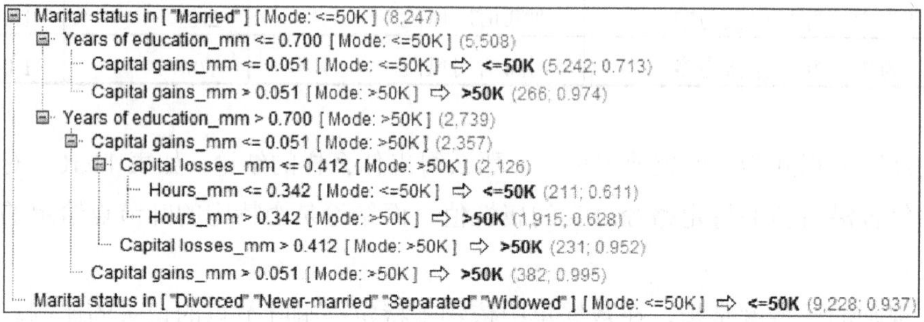
Marital status in ["Married"] [Mode: <=50K] (8,247)
Years of education_mm <= 0.700 [Mode: <=50K] (5,508)
Capital gains_mm <= 0.051 [Mode: <=50K] ⇨ <=50K (5,242; 0.713)
Capital gains_mm > 0.051 [Mode: >50K] ⇨ >50K (266; 0.974)
Years of education_mm > 0.700 [Mode: >50K] (2,739)
Capital gains_mm <= 0.051 [Mode: >50K] (2,357)
Capital losses_mm <= 0.412 [Mode: >50K] (2,126)
Hours_mm <= 0.342 [Mode: <=50K] ⇨ <=50K (211; 0.611)
Hours_mm > 0.342 [Mode: >50K] ⇨ >50K (1,915; 0.628)
Capital losses_mm > 0.412 [Mode: >50K] ⇨ >50K (231; 0.952)
Capital gains_mm > 0.051 [Mode: >50K] ⇨ >50K (382; 0.995)
Marital status in ["Divorced" "Never-married" "Separated" "Widowed"] [Mode: <=50K] ⇨ <=50K (9,228; 0.937)

图 11.8 成人数据集的 CART 决策树

这里水平地显示树结构，根节点在左侧，叶节点在右侧。对于 CART 算法，根节点划分依据的是婚姻状况，利用二叉划分将已婚者与其他人相分离(婚姻状况包括[“离婚”“未婚”“分居”“丧偶”])。也就是说，根据婚姻状况这个特殊的划分使得 CART 划分的选择标准最大化[方程(11.1)]：

$$\Phi(s|t)=2P_{\rm L}P_{\rm R}\sum_{j=1}^{\#\text{classes}}|P(j|t_{\rm L})-P(j|t_R)|$$

注意，这种模式分类的每个分支小于或等于 50 000 美元。已婚的分支通向一个决策节点，这个决策节点可以进一步的划分。然而，未婚分支通向一个叶节点，9228 个这样的记录中，以 93.7%的置信度归类为小于或等于 50 000 美元。也就是说，9228 个目前未婚的人中，93.7%的收入不超过 50 000 美元。

根节点划分被认为是表明分类收入的最重要的单变量。需要注意的是婚姻状况属性的划分是二元的，如同 CART 关于分类变量的划分。图 11.8 所示的完整的 CART 决策树中的所有划分属性均为数值型变量。下一个决策节点是受教育年限的归一化数，代表最大-最小受教育年限的归一化数。按照这种划分，将分为受教育年限的归一化数小于等于 0.700(收入小于等于 50 000 美元)或者大于 0.700(收入大于 50 000 美元)。然而，你的客户可能不明白归一化值 0.700 代表什么。因此，报告结果时，分析人员始终应该非归一化，以便找出原始字段值。最小-最大归一化的形式为：$X^*=\dfrac{X-\min(X)}{\text{range}(X)}=\dfrac{X-\min(X)}{\max(X)-\min(X)}$。

受教育年限范围从 16(最大)到 1(最低)，范围为 15。因此，进行非归一化，得出：$X=X^*\times\text{range}(X)+\min(X)=0.700\times15+1=11.5$。因此，划分发生在 11.5 年的教育年限。看来那些高中毕业的人往往比没有毕业的学生有更高的收入。

有趣的是，对于受教育程度的两个教育分组，资本收益代表了下一个最重要的决策节点。对于受教育时间较多的分支，有两个进一步的划分，依据资本流失，然后是依据每周工作的小时数。

现在，信息增益的划分准则和 C5.0 算法的其他特征生成的决策树与 CART 的划分标准生成的树基本上不同还是很相似？针对图 11.9 中显示的数据，比较 CART 决策树与 C5.0 决策树(我们只需要指定三层的划分。模型给我们的八个层次的划分，不适合页面)。

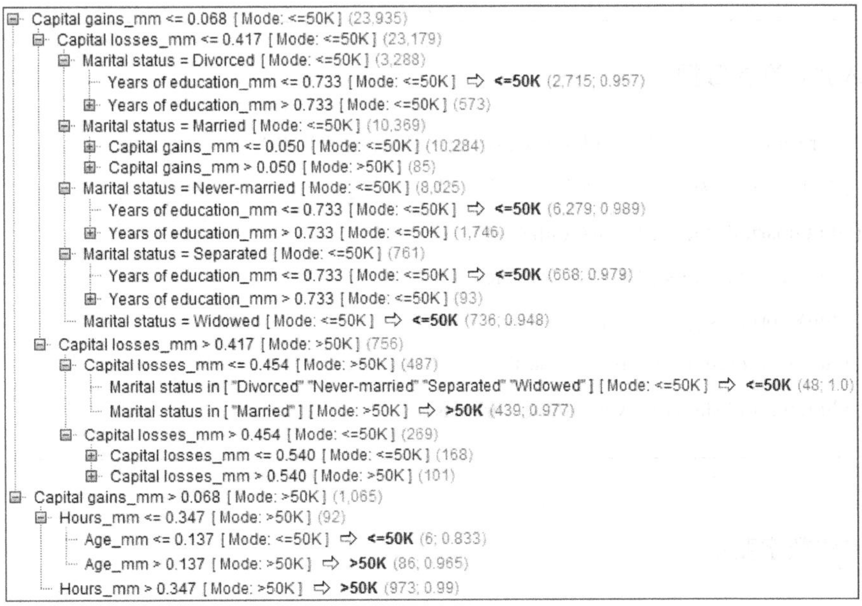
Capital gains_mm <= 0.068 [Mode: <=50K] (23,935)
Capital losses_mm <= 0.417 [Mode: <=50K] (23,179)
Marital status = Divorced [Mode: <=50K] (3,288)
Years of education_mm <= 0.733 [Mode: <=50K] ⇨ <=50K (2,715; 0.957)
Years of education_mm > 0.733 [Mode: <=50K] (573)
Marital status = Married [Mode: <=50K] (10,369)
Capital gains_mm <= 0.050 [Mode: <=50K] (10,284)
Capital gains_mm > 0.050 [Mode: >50K] (85)
Marital status = Never-married [Mode: <=50K] (8,025)
Years of education_mm <= 0.733 [Mode: <=50K] ⇨ <=50K (6,279; 0.989)
Years of education_mm > 0.733 [Mode: <=50K] (1,746)
Marital status = Separated [Mode: <=50K] (761)
Years of education_mm <= 0.733 [Mode: <=50K] ⇨ <=50K (668; 0.979)
Years of education_mm > 0.733 [Mode: <=50K] (93)
Marital status = Widowed [Mode: <=50K] ⇨ <=50K (736; 0.948)
Capital losses_mm > 0.417 [Mode: >50K] (756)
Capital losses_mm <= 0.454 [Mode: >50K] (487)
Marital status in ["Divorced" "Never-married" "Separated" "Widowed"] [Mode: <=50K] ⇨ <=50K (48; 1.0)
Marital status in ["Married"] [Mode: >50K] ⇨ >50K (439; 0.977)
Capital losses_mm > 0.454 [Mode: <=50K] (269)
Capital losses_mm <= 0.540 [Mode: <=50K] (168)
Capital losses_mm > 0.540 [Mode: >50K] (101)
Capital gains_mm > 0.068 [Mode: >50K] (1,065)
Hours_mm <= 0.347 [Mode: >50K] (92)
Age_mm <= 0.137 [Mode: <=50K] ⇨ <=50K (6; 0.833)
Age_mm > 0.137 [Mode: >50K] ⇨ >50K (86; 0.965)
Hours_mm > 0.347 [Mode: >50K] ⇨ >50K (973; 0.99)

图 11.9 关于成人数据集的 C5.0 决策树

在根节点就出现差异。此时，根节点根据资金收益的归一化属性进行划分，在相对较低的 0.068 归一化水平发生划分。在这组数据中，资金收益的范围是 99 999 美元(最大为 99 999，最低为 0)，因此非归一化数为：$X = X^{*} \times \text{range}(X) + \min(X) = 0.0685 \times 99\,999 + 0 = 6850$ 美元。资金收益超过 6850 美元中，超过一半的收入高于 50 000 美元，而资金收益低于 6850 美元中，超过一半的收入低于 50 000 美元。这是在所有领域的所有可能的划分中，以信息增益作为标准的最优划分。然而注意到，资本收益低的记录是资本收益高的记录的 23 倍(23 935 条记录对 1065 条记录)。

对于资本收益较低的记录，第二次划分的划分属性为资金损失，与前期的资本收益的划分模式类似。大多数人(23 179 条记录)的资本损失少，在这些人中，大部分收入低于 50 000 美元。少数人(756 条记录)有较高的资本损失，他们中的大多数的收入高于 50 000 美元。

对于资本收益低和资本损失低的记录，考虑下一个划分，即婚姻状况。注意，C5.0 为每个分类的字段值都提供一个独立的分支，而 CART 被限制为二元划分。C5.0 将分类变量的值划分，这种分类策略存在的一个可能缺点是，它可能会导致过度浓密的树，使得相当多的叶节点仅包含很少的记录。

虽然 CART 和 C5.0 决策树在细节上不一致，然而我们还是可以从他们之间的一致性的广泛领域中获得有用信息。例如，最重要的变量是婚姻状况、教育、资本收益、资本亏损或者每周工作时间。这两个模型都认为这些字段是重要的，但对这些属性重要性的排序上不一样。更适合称为建模分析。对于完整的决策树的应用到现实世界的数据集，从数据准备、建立模型和决策规则的生成，可以参考第29～32章的案例。

R 语言开发园地

#读入并且准备数据

```
adult <- read.csv(file = "C:/…/adult.txt", stringsAsFactors=TRUE)
#通过给它们相同的因子标签，来减少一些类别
levels(adult$marital.status); levels(adult$workclass)
levels(adult$marital.status)[2:4] <- "Married"
levels(adult$workclass)[c(2,3,8)] <- "Gov"
levels(adult$workclass)[c(5, 6)] <- "Self"
levels(adult$marital.status); levels(adult$workclass)
```

#标准化数字变量

```
adult$age.z <- (adult$age - mean(adult$age))/sd(adult$age)
adult$education.num.z <- (adult$education.nummean(
adult$education.num))/sd(adult$education.num)
adult$capital.gain.z <- (adult$capital.gain - mean(adult$capital.gain))/sd(adult$capital.gain)
adult$capital.loss.z <- (adult$capital.loss - mean(adult$capital.loss))/sd(adult$capital.loss)
adult$hours.per.week.z <- (adult$hours.per.weekmean(
adult$hours.per.week))/sd(adult$hours.per.week)
```

#使用分类器对一个人的收入是否低于 5 万美元进行分类

```
#需要引入包 rpart
library("rpart")
cartfit<-rpart(income ~ age.z + education.num.z + capital.gain.z + capital.loss.z +
    hours.per.week.z + race + sex + workclass + marital.status,
    data = adult,
    method = "class")
print(cartfit)
```

#绘制决策树

```
#需要引入包 rpart.plot
library("rpart.plot")
rpart.plot(cartfit, main =
      "Classification Tree")
```

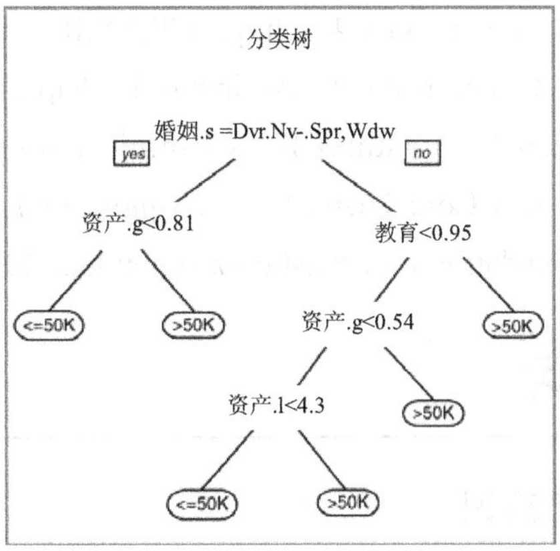

#C5.0

```
#需要引入包 C50
library("C50")
 names(adult)
x <- adult[,c(2,6, 9, 10, 16, 17, 18, 19, 20)]
y <-adult$income
c50fit1 <- C5.0(x, y)
summary(c50fit1)
```

```
> c50fit1

Call:
C5.0.default(x = x, y = y)

Classification Tree
Number of samples: 25000
Number of predictors: 9

Tree size: 78

Non-standard options: attempt to group attributes
```

#C5.0-剪枝

```
c50fit2 <- C5.0(x, y, control =C5.0Control(CF=.1))
summary(c50fit2)
```

```
> c50fit2

Call:
C5.0.default(x = x, y = y, control = C5.0Control(CF = 0.1))

Classification Tree
Number of samples: 25000
Number of predictors: 9

Tree size: 30

Non-standard options: attempt to group
 attributes, confidence level: 0.1
```

R 参考文献

1. Kuhn M, Weston S, Coulter N. 2013. C code for C5.0 by R. Quinlan. C50: C5.0 decision trees and rule-based models. R package version 0.1.0-15. http://CRAN.R-project.org/package=C50.

2. Milborrow S. 2012. rpart.plot: Plot rpart models. An enhanced version of plot.rpart. R package version 1.4-3. http://CRAN.R-project.org/package=rpart.plot.

3. Therneau T, Atkinson B, Ripley B. 2013. rpart: Recursive partitioning. R package version 4.1-3. http://CRAN.R-project.org/package=rpart.

4. R Core Team. *R: A Language and Environment for Statistical Computing*. Vienna, Austria: R Foundation for Statistical Computing; 2012. ISBN: 3-900051-07-0, http://www.R-project.org/.

练习

概念辨识

1. 描述在一个决策节点，不能进一步划分的可能的情况。
2. 假设我们的目标变量是连续的数字类型值。可以直接应用决策树分类吗？如何解决此问题？
3. 判断正误：在生成叶节点时,决策树追求的是，使每个节点的异构性最大化。
4. 讨论二叉树与浓密树的优缺点。

数据应用

考虑表 11.11 中的数据。目标变量是工资。将工资字段值按如下方式离散化：

- 等级 1：少于 35 000 美元
- 等级 2：35 000 美元到 45 000 美元之间
- 等级 3：45 000 美元到 55 000 美元之间
- 等级 4：高于 55 000 美元

表 11.11 决策树数据

职业	性别	年龄	薪水
服务	女	45	48 000 美元
	男	25	25 000 美元
	男	33	35 000 美元
管理	男	25	45 000 美元
	女	35	65 000 美元
	男	26	45 000 美元
	女	45	70 000 美元
销售	女	40	50 000 美元
	男	30	40 000 美元
职员	女	50	40 000 美元
	男	25	25 000 美元

5. 基于其他变量，构建分类与回归树，对工资属性进行分类。尽可能多地手工完成，然后再使用软件。

6. 基于其他变量，构建 C4.5 决策树，对工资属性进行分类。尽可能多地手工完成，然后再使用软件。

7. 比较这两种决策树，并讨论每一种决策树的优点和缺点。

8. 生成 CART 决策树的全部决策规则。

9. 生成 C4.5 决策树的全部决策规则。

10. 比较这两组决策规则，并讨论各自的优点和缺点。

实践分析

对于下面的练习，使用的是可在本书系列网站上获取的变化的数据集。规范化数值数据并处理相关的变量。

11. 生成 CART 决策树。

12. 生成 C4.5 类型的决策树。

13. 比较这两种决策树，并讨论每一种决策树的优点和缺点。

14. 生成 CART 决策树的全部决策规则。

15. 生成 C4.5 决策树的全部决策规则。

16. 比较这两组决策规则，并讨论各自的优点和缺点。

第 12 章

神经元网络

神经元网络思想认为动物大脑中用于识别的复杂学习系统是由相互之间紧密连接的神经元构成的。尽管单个的神经元的结构相对比较简单，但由这些神经元相互连接所形成的致密的网络可以完成诸如分类和模式识别等复杂的学习任务。例如，人的大脑，大约有 10^{11} 个神经元，每个神经元平均大约与 10 000 个其他神经元连接，总共大约有 1 000 000 000 000 000 $=10^{15}$ 个突触连接。人工神经网络(本书后面均称神经元网络)表示了一种在较低层面上通过研究自然的神经元网络的情况模拟非线性学习的方法。

如图 12.1 所示，实际的神经元通过树突汇聚其他神经元的输入，并合并输入信息。当达到某些阈值时，产生非线性响应(“刺激”)，并将此类信息通过轴突传送给其他神经元。图 12.1 还描述了一种多数神经元网络采用的人工神经元网络模型。其输入(x_i)汇集了上游神经元(或数据集)并通过某一合并函数组合，例如，汇总函数(Σ)，输入通过激活函数(通常是非线性的)产生输出响应(y)，然后传导给下游的其他神经元。

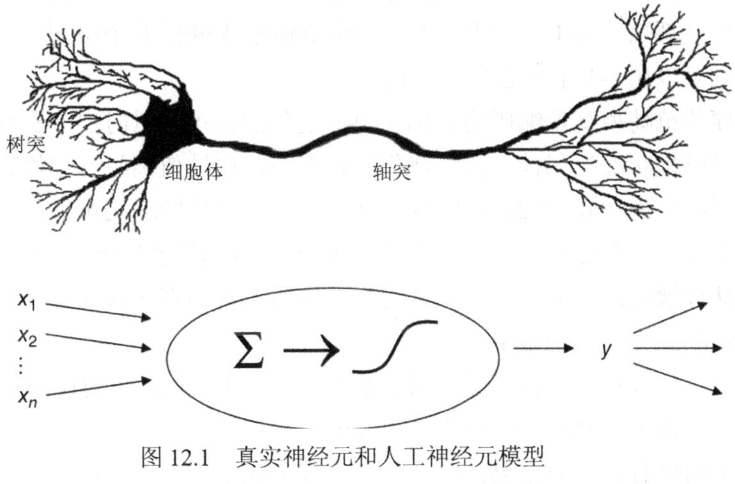

图 12.1　真实神经元和人工神经元模型

哪种类型的问题适合采用神经元网络来解决呢？运用神经元网络的好处之一是它们

对噪声数据有较强的鲁棒性。因为网络包含许多节点(人工神经元)，每个连接都被分配不同的权重，网络可以学习数据集中无用的(甚至是错误的)样例。然而，与决策树不同，决策树产生出即使对非专业人士也能够通过直觉就能理解的规则，正如我们所观察到的那样，神经元网络相对不太容易为人们所理解。同时，与决策树比较，神经元网络通常需要相对较长的训练时间，往往需要更多的训练时间。

12.1 输入和输出编码

神经元网络的缺点之一是所有的属性值必须以标准方式编码，取值在 0 和 1 之间，即使是面对范畴型变量。最后，当我们验证反向传播算法时，将会理解为什么需要这样做。现在，让我们先来看看如何标准化所有的属性值。

对连续型变量，不存在问题，正如我们在第 2 章中所讨论的那样。我们可以简单应用最小-最大规范化方法：

$$X^* = \frac{X - \min(X)}{\text{range}(X)} = \frac{X - \min(X)}{\max(X) - \min(X)}$$

在最大最小值已知，所有可能的新数据值都介于最小最大值之间的情况下，该方法效果良好。神经元网络对少数违反边界要求的情况具有较强的鲁棒性。如果可能会发生更多的违反边界限制的情况，可采用特殊的解决方案，例如，拒绝采用超出边界的值，或将最大最小值分配给超出边界的值。

可以预料到，范畴型变量存在的问题要多一些。如果可能出现的类型的数量不太大的话，可以使用标志(*flag*)变量。例如，多数数据集中包含性别属性，其值为女性、男性和未知。因为神经元网络无法处理这种形式的属性值，我们可以为女性、男性设立标志变量。每个记录将包含这两个标志变量中的一个。如果记录为女性，则该值为 1 表示女性，值为 0 表示男性；如果记录为男性，则该值为 0 表示女性，为 1 表示男性。若记录中性别值未知时，无论男女都赋值为 0。一般来说，如果范畴型变量有 k 个级别，只要能清楚地定义标志的值，则可以用 k-1 个标志变量替代。

在将无序的范畴型变量编码为范围在 0-1 之间的简单变量时要非常仔细。例如，假设数据集包含“婚姻状况”属性。假设我们将该变量的属性值离异、已婚、分居、单身、丧偶和未知分别编码为 0.0，0.2，0.4，0.6，0.8，1.0。这样的编码可能存在暗示，例如，离异与已婚比离异与单身更接近，如此等等。神经元网络只能意识到“婚姻状态”字段的数字值，而无法理解编码中的含义，因此它们之间所包含的真实含义是无法体现出来的。可能会产生虚假的毫无意义的结果。

关于输出，可以观察到神经元网络总是返回一个 0～1 之间的连续值作为输出。如何利用这些连续值输出得到正确的分类结果呢？

多数分类问题具有二分结果，即产生一个或上或下的结果，仅包含两个可能的输出结果。例如，“该客户将放弃我们公司提供的服务吗？”。对二分类问题，一种选择是使用单一的输出节点(如图 12.2 所示)，具有一个门限值用于区分不同的类别，例如，“放弃”或“停留。”例如，门限值为“如果输出≥0.67”，则当输出为 0.72 时，则该记录将会被分类为“放弃”公司提供的服务。

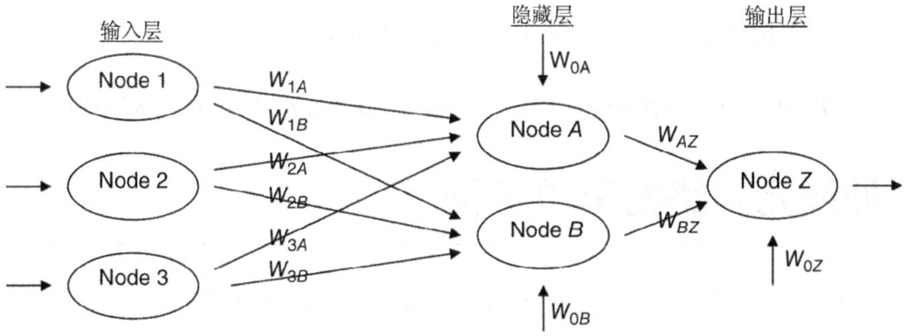

图 12.2　简单的神经元网络

当分类具有明确的顺序时，也可以采用单一输出节点。例如，假设想要基于某些学生属性将小学的阅读能力进行分类的话，我们可以定义门限值如下：

- 如果 0≤输出<0.25，则分类为一级阅读水平。
- 如果 0.25≤输出<0.50，则分类为二级阅读水平。
- 如果 0.50≤输出<0.75，则分类为三级阅读水平。
- 如果输出≥0.75，则分类为四级阅读水平。

可能需要对阈值进行微调，调整主要根据经验和领域专家的判断。

然而，并不是所有的分类问题都适合用单一分类节点。例如，假设目标变量包含一些无序的类型。例如，前述示例中的“婚姻状况”。在此情况下，我们可能会选择 1-of-n 输出编码，一个输出节点对应目标变量的每个可能的分类类别。例如，假设婚姻状况是我们的目标变量，网络输出层可能会包含 6 个节点，6 个类分别是：离异、已婚、分居、单身、丧偶和未知。对某个具体的记录，具有最高值的输出节点将被选择。

1-of-n 输出编码的好处在于，它提供了分类的可信度量，差别以输出节点的最高值和次高值的形式体现出来。具有低可信度的分类(节点输出值的微小差别)可以被标记用于深入的分类。

12.2　神经元网络用于评估和预测

显然，当神经元网络产生连续的输出时，自然可以将它们用于评估和预测。例如，假设我们希望预测某只股票未来 3 个月的价格。我们很可能会利用前述的最小-最大规范化方法对价格信息进行编码。然而，神经元网络输出的是 0～1 之间的某个值，这样的结果无法表示股票的预测价格。

显然，需要转换最小-最大规范化方法的结果，以便神经元网络输出能够被理解的股票价格。一般来说，这种非规范化表示如下：

Prediction=output(data range)+minimum

其中 output 表示在范围(0，1)中的网络输出，data range 表示原始属性值在规范化前的标量范围，minimum 表示在规范化前的最小属性值。例如，假设某只股票价格范围在 20～30 美元，网络输出值为 0.69。则未来 3 个月的股票价格预测值为：

Prediction=output(data range)+minimum=0.69($10)+$20=$26.90

12.3 神经元网络的简单示例

考察图 12.2 所示的简单神经元网络示例。该神经元网络包含一个层次化的、前向反馈的、全连接的人工神经元或节点的网络。网络的前向反馈特性限制网络只能向单一方向流动并且不允许循环。尽管多数的神经元网络仅包含 3 层：输入层、隐藏层和输出层，但神经元网络可以包含两个或两个以上的层次。通常可以包含多个隐藏层，然而，多数网络往往只有一层，在多数情况下可以满足要求。全连接神经元网络意味着任一给定层的每个节点都与下一层的所有节点连接，然而，并不与同层的其他节点存在连接关系。节点之间的每个连接都具有一个与该连接关联的权重(例如，W_{1A})。这些权重在初始化时将被随机分配一个 0～1 之间的值。

输入节点的数量通常依赖于数据集中属性的类型的数量。隐藏层层数以及每一隐藏层中节点的数量通常由用户来确定其配置。输出层通常包含不止一个节点，依赖于要解决的分类任务。

每一个隐藏层究竟应该包含多少节点呢？隐藏层包含大量的节点将会增加网络的处理能力和发现复杂模式的灵活性，通常都试图在隐藏层中包含大量的节点。然而，庞大的隐藏层容易导致过度拟合且大量存储训练集，以牺牲验证集合的泛化能力为代价。在出现过度拟合时，需要考虑减少隐藏层节点的数量；相反如果训练精度过低，就要考虑增加隐藏节点的数量。

输入层从数据集接受输入，例如，属性值，简单地将这些输入数据值交给隐藏层而不需要做更多的处理。因此输入层有必要和隐藏层和输出层具有类似的详细的节点结构。

我们将利用表 12.1 提供的样例数据讨论隐藏层和输出层节点的结构。首先，组合函数(通常采用汇总函数 Σ)产生一个节点输入和连接权重的线性组合，产生一个单一的标量值，我们称之为组合权重值。对任一给定的节点 j，有：

$$\text{Net}_j = \sum_i W_{ij} x_{ij} = W_{0j} x_{0j} + W_{1j} x_{1j} + \ldots + W_{Ij} x_{Ij}$$

其中 x_{ij} 表示节点 j 的第 i 个输入，W_{ij} 表示与节点 j 关联的第 i 个输入节点的权重。节点 j 共有 I+1 个输入。注意 $x_1, x_2, ..., x_I$ 表示来自上游节点的输入，其中 x_0 表示一个常量输入，类似回归模型中的常量因子，按照惯例一般取值为 $x_{0j} = 1$。如此，每个隐藏层或输出层节

点 j 包含一个“额外”的输入为 $W_{0j}x_{0j}=W_{0j}$，例如，对节点 B 为 W_{0B}。

表 12.1　数据输入和神经元网络权重的初始值

x_0=1.0	W_{0A}=0.5	W_{0B}=0.7	W_{0Z}=0.5
x_1=0.4	W_{1A}=0.6	W_{1B}=0.9	W_{AZ}=0.9
x_2=0.2	W_{2A}=0.8	W_{2B}=0.8	W_{BZ}=0.9
x_3=0.7	W_{3A}=0.6	W_{3B}=0.4	

例如，对隐藏层中的某一节点 A，有：

$$\begin{aligned}\text{Net}_A &= \sum_i W_{iA}x_{iA} = W_{0A}(1)+W_{1A}x_{1A}+W_{2A}x_{2A}+W_{3A}x_{3A}\\ &= 0.5+0.6(0.4)+0.80(0.2)+0.6(0.7)=1.32\end{aligned}$$

对节点 A，组合函数 net_A=1.32 将作为激活函数的输入。生物神经元中，信号在神经元之间传导，当某一神经元的输入组合达到一定的阈值时，该神经元被“激活”。这是一种非线性的行为，激活的响应与输入激励的增量不一定会呈现出线性关系。

最常见的激活函数是 sigmoid 函数：

$$y=\frac{1}{1+e^{-x}}$$

其中 e 是自然对数的底，等于 2.718281828。在节点 A 中，激活值采用 net_A=1.32 作为 sigmoid 激活函数的输入，产生输出值为 $y=1/(1+e^{-1.32})=0.7892$。节点 A 的工作完成(当前值)，该输出值将被传送到输出节点 Z，该值将构成(通过另外的线性组合)net_Z 的一个组成成分。

在计算 net_Z 前，我们需要得到节点 B 的贡献。根据表 12.1 的值，我们有：

$$\begin{aligned}\text{Net}_B &= \sum_i W_{iB}x_{iB} = W_{0B}(1)+W_{1B}x_{1B}+W_{2B}x_{2B}+W_{3B}x_{3B}\\ &= 0.7+0.9(0.4)+0.80(0.2)+0.4(0.7)=1.5\end{aligned}$$

则：

$$f(\text{net}_B)=\frac{1}{1+e^{-1.5}}=0.8176$$

节点 Z 合并来自节点 A 和 B 的输出，通过 net_Z，加权汇总，使用与这些节点关联的权重。注意到节点 Z 的输入 x_i 不是节点的属性值。而是来自上游节点的 sigmoid 函数的输出：

$$\text{Net}_Z = \sum_i W_{iZ} x_{iZ} = W_{0Z}(1) + W_{AZ} x_{AZ} + W_{BZ} x_{BZ}$$
$$= 0.5 + 0.9(0.7892) + 0.9(0.8176) = 1.9461$$

最后，net_Z输入到节点 Z 的 sigmoid 函数中，产生结果：

$$f(\text{net}_Z) = \frac{1}{1+e^{-1.9461}} = 0.8750$$

值 0.8750 是神经元网络的第 1 遍输出，该值表示对目标变量的首次观察预测值。

12.4 sigmoid 激活函数

为什么使用 sigmoid 函数？因为其按照不同的输入值组合近似线性行为、曲线行为和接近常量行为。图 12.3 展示了 sigmoid 函数 $y = f(x) = 1/(1+\mathrm{e}^{-x})$ (-5<x<5)的图示(显然，该函数理论上可以取所有实数值作为输入)。若取输入值 x 的中心区域(如-1<x<1)，则函数 $f(x)$ 的图示近似线性的。当输入取值偏离中心位置时，$f(x)$图示变成曲线。当输入取值取极端值时，$f(x)$取值接近常量。

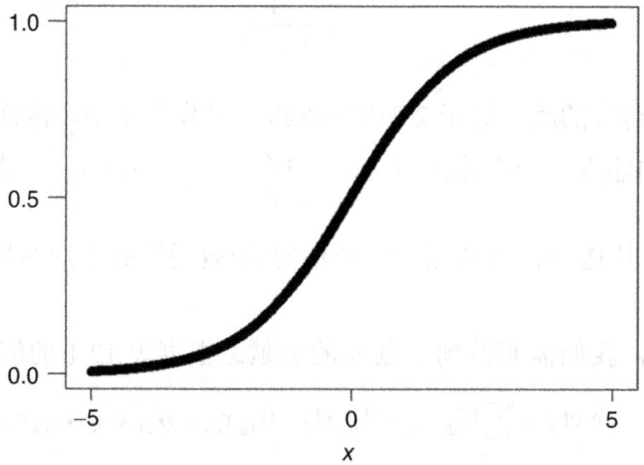

图 12.3 sigmoid 函数 $y = f(x) = 1/(1+\mathrm{e}^{-x})$ 的图示

值 x 的适度递增将会使 $f(x)$值产生不等值的增量，增量情况与 x 所处的位置有关。在靠近中心的位置，x 值的适度增量将会使 $f(x)$的值产生适度的增量；然而，在极端区域，x 值的适度增量仅会使 $f(x)$产生很小的增量。sigmoid 函数有时被称为压缩函数，因为对任一实数值输入，返回的输出值都将位于 0～1 之间。

12.5　反向传播

神经元网络是如何学习的呢？神经元网络代表一类监督学习方法，需要包含完整记录的训练集，包括目标变量。当训练集中每个观察记录经过神经元网络时，从输出节点(假设仅有如图 12.2 所示的一个输出节点)产生输出值。输出值将与训练集中被考察记录的目标变量比较，计算误差(实际值-输出值)。此预测误差与回归模型中的残差类似。为度量输出预测值与实际目标值，多数神经元网络利用误差平方和(SSE)来求得：

$$\text{SSE} = \sum_{\text{records}} \sum_{\text{output nodes}} (\text{actual} - \text{output})^2$$

其中所有训练集中的记录在所有输出节点的预测误差的平方被累加。

因此，问题就是如何构建模型权重集以使得预测误差的平方和最小。采用该方法，权重类似于回归模型中的参数。满足能够最小化预测误差平方和的权重的“实际”值未知，我们的任务就是要在数据已知的情况下，估计这些权重值。然而，由于遍布网络的 sigmoid 函数具有非线性特性，不存在类似最小二乘回归那样的最小化误差平方和的封闭形式的解集。

12.6　梯度下降法

因此需要考虑采用优化方法，特别是像梯度下降法这样的优化方法来帮助我们获得能够使误差平方和最小的权重集合。假设在神经元网络模型中有一个包含 m 个权重的集(向量) $\text{W} = w_0, w_1, w_2, \ldots, w_m$，我们希望获得一个权重集合，能够使平方误差和最小。可以利用梯度下降法，利用该方法调整权重从而降低误差平方和。权重 W 向量的误差平方和的梯度是向量导数：

$$\nabla \text{SSE}(\text{w}) = [\frac{\partial \text{SSE}}{\partial w_0}, \frac{\partial \text{SSE}}{\partial w_1}, \ldots, \frac{\partial \text{SSE}}{\partial w_m}]$$

也就是说，向量是 SSE 关于每个权重的偏导数。

为描述梯度下降的工作过程，让我们考虑仅包含一个权重的情况。考虑图 12.4，该图描述了误差 SSE 及权重 w_1 的取值范围。我们希望 w_1 能够最小化误差平方和 SSE。权重 w_1 的最优化值用 w_1^* 表示。我们希望建立一种规则能够帮助我们从当前值 w_1 移动并接近 w_1^*，规则如下：$w_{\text{new}} = w_{\text{current}} + \Delta w_{\text{current}}$，其中 $\Delta w_{\text{current}}$ 表示“当前位置 w 的变化情况”。

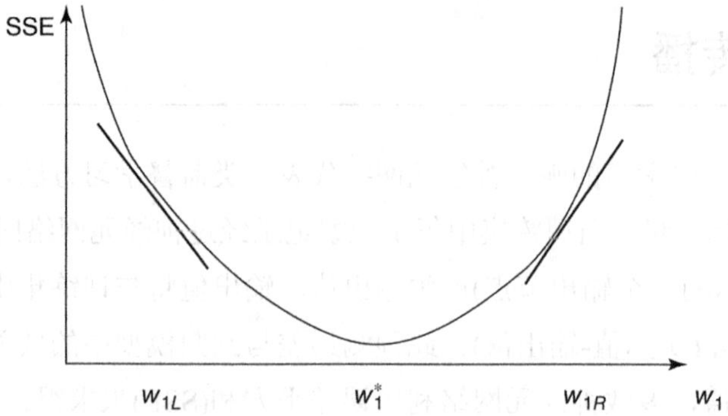

图 12.4　使用 SSE 关于 w_1 的梯度获取权重调整方向

现在，假设当前权重值 w_{current} 近似为 w_{1L}。则可以增加当前的权重值使其更接近优化值 w_1^*。然而，假设我们当前的权重值 w_{current} 靠近 w_{1R}，则应该减少该值，以便使它能够靠近 w_1^*。目前，导数 $\partial\text{SSE}/\partial w_1$ 是误差平方和曲线在 w_1 处的斜率。当 w_1 越靠近 w_{1L} 时，其斜率为负值，当 w_1 靠近 $w_{1\text{R}}$ 时，斜率为正值。因此，调整 w_{current} 时，其方向是 w_{current} 的误差平方和的导数的符号，为负，也就是说-$\partial SSE/\partial w_{\text{current}}$。

在方向-$(\partial SSE/\partial w_{current})$上，$w_{\text{current}}$ 要进行多大的调整呢？假设利用 w_{current} 处 SSE 导数的倾斜程度来作出调整。当曲线比较陡峭时，这些点上的斜率都比较大，因此调整幅度较大。当曲线比较平滑时，由于斜率小，因此调整的幅度就小。最后，导数还要乘以一个正的常量 η(希腊小写字母 eta)，该常量被称为学习率，其取值范围是 0～1(后续我们将更详细地讨论 η)。最终 $\Delta w_{\text{current}}$ 如下：$\Delta w_{\text{current}} = -\eta(\partial\text{SSE}/\partial w_{\text{current}})$，意思是当前权重值变化等于小常量值与 w_{current} 处误差函数的斜率的积的负数。

12.7　反向传播规则

反向传播算法获取特定记录的预测误差(实际值-输出值)并将该误差通过网络反向传播，并分配划分的误差响应到各类连接上。这些连接的权重按照梯度下降方法进行相应调整以减少误差。

利用 sigmoid 激活函数和梯度下降，Mitchell[1]提出了一种如下的反向传播规则：

$$w_{ij.\text{new}} = w_{ij.\text{current}} + \Delta w_{ij}, \text{其中} \Delta w_{ij} = \eta\delta_j x_{ij}$$

我们知道 η 表示学习率，x_{ij} 表示节点 j 的第 i 个输入，但 δ_j 表示什么呢？元素 δ_j 表示属于节点 j 的特定误差的响应能力。误差响应能力由关于节点 j 的 sigmoid 函数的偏导数计算获得，其形式取决于计算的节点是处于输出层还是处于隐藏层。

1 Tom M. Mitchell, *Machine Learning*, McGraw-Hill, New York, 1997.

$$\delta_j = \begin{cases} \text{output}_j\left(1-\text{output}_j\right)\left(\text{actual}_j-\text{output}_j\right) & \text{for output layernode} \\ \text{output}_j(1-\text{output}_j)\sum\limits_{\text{downstream}} W_{jk}\delta_j & \text{for hidden layer nodes} \end{cases}$$

其中$\sum_{\text{downstream}} W_{jk}\delta_j$表示来自特定隐藏层节点下游的节点误差响应能力的和。

注意到反向传播规则还描述了为什么属性值需要被归约为 0～1 之间的值。例如，假设其取值范围为 6 个数字，未被归约，权重调整$\Delta w_{ij}=\eta\delta_j x_{ij}$将会被$x_{ij}$的数据值所控制。因此，经过网络的误差传播(形式为$\delta_j$)将被淹没，学习(权重调整)将被遏制。

12.8　反向传播示例

回忆先前介绍的例子，经过网络的第 1 遍正向传播后，输出值为 0.8750。假设目标属性的实际值为$actual=0.8$且学习率$\eta=0.1$。则预测误差为 0.8-0.8750=-0.075，可以利用前面提到的规则，描述反向传播算法如何将该误差的响应能力分配给各节点进而调整权重的。虽然可以在读取所有记录后修改权重，但神经元网络采用的是随机(或在线)反向传播，在读取每个记录后更新权重。

首先得到节点 Z 的误差响应能力 δ_Z。由于 Z 是输出节点，有：

$$\begin{aligned}\delta_Z &= \text{output}_Z(1-\text{output}_Z)(\text{actual}_Z-\text{output}_Z)\\ &= 0.8751(1-0.8751)(0.8-0.875)=-0.0082\end{aligned}$$

现在可以利用反向传播规则对“常量”权重 W_{0Z}(其传送的输入为 1)做出如下调整：

$$\Delta W_{0Z}=\eta\delta_Z(1)=0.1(-0.0082)(1)=-0.00082$$
$$w_{0Z,\text{new}}=w_{0Z,\text{current}}+\Delta w_{0Z}=0.5-0.00082=0.49918$$

接着，移动至上游节点 A。因为节点 A 是隐藏层节点，其误差响应能力为：

$$\delta_A=\text{output}_A(1-\text{output}_A)\sum_{\text{downstream}} W_{AK}\delta_K$$

节点 A 仅有一个唯一的下游节点 Z。与该连接关联的权重为 W_{AZ}=0.9，节点 Z 的误差响应能力为-0.0082，因此$\delta_A=0.7892(1-0.7892)(0.9)(-0.0082)=-0.00123$。

现在可以利用反向传播规则更新权重 W_{AZ}，如下：

$$\Delta W_{AZ}=\eta\delta_Z\cdot\text{output}_A=0.1(-0.0082)(0.7892)=-0.000647$$
$$w_{AZ,\text{new}}=w_{AZ,\text{current}}+\Delta w_{AZ}=0.9-0.000647=0.899353$$

隐藏层节点 A 与输出层节点 Z 之间的连接权重从初始值 0.9 调整为 0.899353。

考虑隐藏层节点 B，其误差响应能力为：

$$\delta_B = \text{output}_B(1-\text{output}_B)\sum_{\text{downstream}} W_{BK}\delta_K$$

同样，节点 B 的唯一下游节点为节点 Z，我们有 $\delta_B = 0.8176(1-0.8176)(0.9)(-0.0082) = -0.0011$。

利用反向传播规则更新权重 W_{BZ}，如下：

$$\Delta W_{BZ} = \eta\delta_Z \cdot \text{output}_B = 0.1(-0.0082)(0.8176) = -0.00067$$
$$w_{BZ,\text{new}} = w_{BZ,\text{current}} + \Delta w_{BZ} = 0.9 - 0.00067 = 0.89933$$

移动被用于节点 A 的输入的上游。对权重 W_{1A}，我们有：

$$\Delta W_{1A} = \eta\delta_A x_1 = 0.1(-0.00123)(0.4) = -0.0000492$$
$$w_{1A,\text{new}} = w_{1A,\text{current}} + \Delta w_{1A} = 0.6 - 0.0000492 = 0.5999508$$

对权重 W_{2A}，我们有：

$$\Delta W_{2A} = \eta\delta_A x_2 = 0.1(-0.00123)(0.2) = -0.0000246$$
$$w_{2A,\text{new}} = w_{2A,\text{current}} + \Delta w_{2A} = 0.8 - 0.0000246 = 0.7999754$$

对权重 W_{3A}，我们有：

$$\Delta W_{3A} = \eta\delta_A x_3 = 0.1(-0.00123)(0.7) = -0.0000861$$
$$w_{3A,\text{new}} = w_{3A,\text{current}} + \Delta w_{3A} = 0.6 - 0.0000861 = 0.5999139$$

对权重 W_{0A}，我们有：

$$\Delta W_{0A} = \eta\delta_A(1) = 0.1(-0.00123) = -0.000123$$
$$w_{0A,\text{new}} = w_{0A,\text{current}} + \Delta w_{0A} = 0.5 - 0.000123 = 0.499877$$

对权重 W_{0B}、W_{1B}、W_{2B}、W_{3B} 的调整将留作练习。

注意到权重调整仅基于单个记录的读数获得。网络将为目标变量计算预测值，并与实际目标变量的值比较，然后通过网络传播预测误差、调整权重以获得更小的预测误差。调整后的权重将会使预测误差更小，这一事实将留作练习供读者自己验证。

12.9 终止条件

神经元网络算法不断地对训练数据集的每个记录进行处理，进而不断地调整权重以减少预测误差。在终止条件满足前，算法将不断地对数据集进行处理。什么情况下终止条件或停止条件被触发呢？如果考虑训练时间的话，可以简单地设置处理数据的遍数，或者设置算法将运行的实际时间，以此作为终止执行算法的条件。然而，训练时间较短可能会导致模型功效的降低。

或者，比较吸引人的终止条件是评估训练数据的误差平方和，当误差平方和低于某个较低的阈值时，终止算法的执行。遗憾的是，由于其灵活性，神经元网络容易产生过度拟合，容易保留缺乏一般性的模式，无法保证对未见数据的泛化能力。

因此，多数神经元网络在实现中采纳如下所示的交叉验证终止过程：

(1) 保留部分原始数据集作为不参加训练的验证集合。

(2) 利用原始数据集中未被选作验证数据集的数据集来训练神经元网络。

(3) 将从训练数据集中学习得到的权重应用到验证数据集。

(4) 监督两个权重集合，一个由训练集产生的“当前”权重集合，另外一个“最佳”权重集，通过验证集获得的具有最低 SSE 的权重集。

(5) 若由当前权重集合获得的 SSE 明显高于最佳权重集时，终止程序执行。

无论使用何种停止条件，神经元网络都无法保证能获得最优结果，也就是说无法保证 SSE 能够达到全局最小。相反，该算法可能会陷入局部最小，得到比较好的结果，但不是最优结果。实际应用中，这一问题已经不是一个不可逾越的问题。

- 例如，可以采用多个具有不同初始权重的神经元网络，选择具有最佳性能的模型作为“最终”模型。
- 其次，可采用在线或随机反向传播方法来防止陷入局部最优，该方法将在梯度下降中引入随机元素。[2]
- 或者，在反向传播算法中增加动量项，后续将讨论其效果。

12.10　学习率

本节将讨论前述的学习率 $\eta(0<\eta<1)$，η 是一个常量，用于改变网络权重值以使 SSE 达到全局最小。然而，η 应该取什么值呢？权重调整应该取多大值呢？

当学习率非常小时，权重调整较小。这样，当算法被初始化时，如果 η 很小，则网络在达到收敛时其耗费的时间是不可接受的。那么是否应该选择较大的 η 值呢？答案是未必。假设算法比较接近最优方案时，如果选择的是较大的 η 值，较大的 η 值将导致算法跨过最优方案。

考虑图 12.5 所示的情况，W^* 为权重 W 的最优值，W_{current} 为权重当前值。按照梯度下降规则，$\Delta w_{\text{current}}=-\eta(\partial \text{SSE}/\partial w_{\text{current}})$，$W_{\text{current}}$ 将沿 W^* 方向调整。但是如果作为 $\Delta W_{\text{current}}$ 的一个乘数的学习率 η 太大时，产生的新权重值 W_{new} 将会直接跨越最优值 W^*，可能会出现比 W_{current} 离 W^* 更远的情况。

---

2 Russell D. Reed and Robert J. Marks II, *Neural Smithing: Supervised Learning in Feedforward Artificial Neural Networks*, MIT Press, Cambridge, MA, 1999.

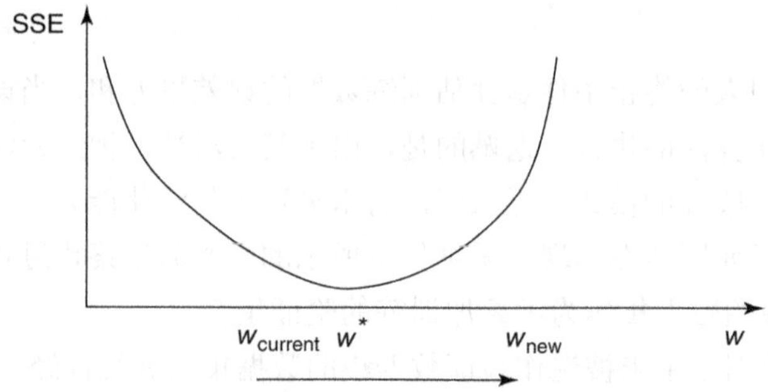

图 12.5 较大的η可能导致算法跨过全局最优点

事实上，新产生的权重值将处于 W^*的相反方向，下一次调整可能仍然会跨越 W^*，导致在山谷中的两个坡度之间来回震荡的情况发生，且始终无法停留在谷底(最小值)。解决方案之一是允许学习率η值随着训练的过程不断改变。在开始训练时，η被初始化为相对较大的值，这样网络能够快速到达离最优方案较近的位置。然后，当网络开始接近收敛时，逐渐减小η值，这样可以避免出现跨越最小值的情况发生。

12.11 动量项

为反向传播算法增加如下式的动量项α将使算法更加强大：

$$\Delta w_{\text{current}} = -\eta \frac{\partial \text{SSE}}{\partial w_{\text{current}}} + \alpha \Delta w_{\text{previous}}$$

其中 $\Delta w_{\text{previous}}$表示先前的权重调整，且 $0 \leqslant \alpha < 1$。因此，新成员 $\alpha \Delta w_{\text{previous}}$表示对给定权重的先前权重调整的结果。

从本质上来看，动量项代表一种惯性。α 值比较大的话，将会对当前权重的调整($\Delta w_{\text{current}}$)产生较大的影响，与先前调整的移动方向相同。事实上，当在反向传播算法中包含动量时，将会使调整结果为先前所有调整的指数平均值：

$$\Delta w_{\text{current}} = -\eta \sum_{k=0}^{\infty} \alpha^k \frac{\partial \text{SSE}}{\partial w_{\text{current}-k}}$$

其中 α^k 项越是最近的调整，其发挥的影响也越大。α 值越大，则调整越容易被调整期间的更多项所影响；α 值小，则将会减少惯性效应，受到先前调整的影响减小；当 α=0 时，该元素的影响完全消失。

显然，动量成分，通过支持在同一方向上的调整，有助于抑制前面提到的在最优值附近来回震荡的情况发生。动量通过增加权重接近最优值的邻域的比率，帮助算法的前几个阶段。因为早期的调整基本可能处于同一方向，因此调整的指数平均也将处于该方向上。当 SSE 的梯度关于 w 是比较平滑时，动量也能发挥很好的作用。如果动量项α值太大，多数先前调整的累积影响，将可能使权重调整再次跨越最小值。

以下用图 12.6 和图 12.7 的图示来说明动量项的取值问题。在两个图中，初始化权重处于位置 I，局部最小处于位置 A 和位置 C，全局最优处于位置 B。首先考虑图 12.6，假设动量项α值比较小，用曲线上的小质量的“球”表示。如果我们将小球沿曲线向下滚动，则它不可能越过曲线上的第 1 个山峰，将陷入第 1 个山谷中来回滚动，也就是说在α值较小时，小球最终将会停留在第 1 个山谷中的局部最优 A 上，得到的结果将会是局部最优，但无法获得位置 B 的全局最优。

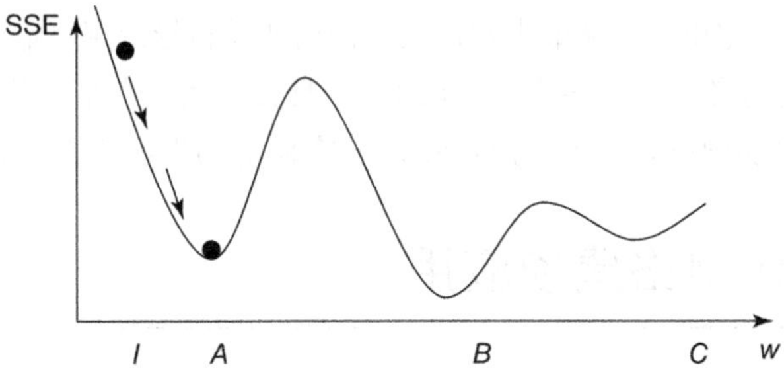

图 12.6　当α值较小时可能导致算法无法得到全局最优

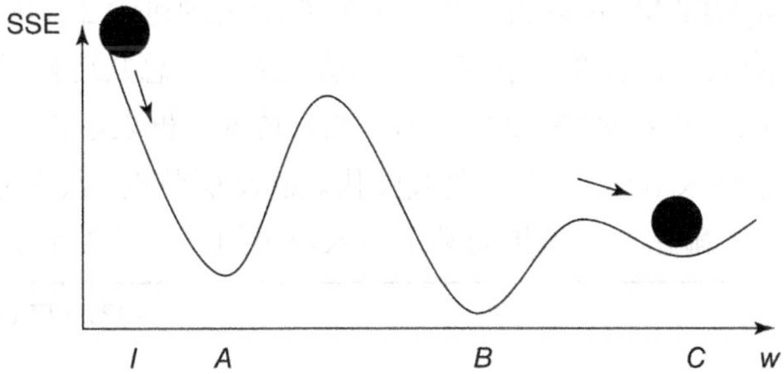

图 12.7　当α值较大时可能导致算法越过全局最优，而得不到全局最优

紧接着，参考图 12.7，当动量项α值较大时，用曲线上大质量的“球”表示。如果我们将大球沿曲线下降方向滚动，则大球将可能越过第 1 个山峰，但由于其动量大，球将越过位置 B 的全局最优并最终停留在位置 C 的局部最优上。

因此，需要仔细考虑学习率η和动量项α的取值问题。在获得最佳结果前，可能需要选取不同的η值和α值进行实验。

12.12　敏感性分析

神经元网络的缺点之一是难以理解。神经元网络本身具有的使其能够建模范围广泛的非线性行为的灵活性同样限制了方便地制定规则来解释其结果。与决策树不同，我们无法将神经元网络权重转换为类似决策树那样的规则集。

然而，我们可以采用一种称为敏感性分析的方法，该方法允许我们度量每个属性对输出结果的相关的影响情况。应用前述的测试数据集的敏感性分析如下：

(1) 建立新观察值x_{mean}，x_{mean}的每个属性值等于测试集中所有记录的每个属性值的平均值。

(2) 获得输入x_{mean}的网络输出，称为$output_{mean}$。

(3) 逐个属性地，改变x_{mean}以获取属性的最小和最大值。发现每个变化的网络输出，并将该结果与$output_{mean}$比较。

敏感性分析将发现某些属性的最大最小值的变化情况将比其他属性的最大最小值的变化情况对网络输出的影响大。例如，假设我们打算基于市盈率、股息率和其他属性来预测股票价格。同时，假定市盈率从最小到最大的价格变动将导致网络输出增长 0.2，同时股息率从最小到最大的变动将导致网络输出增长 0.3，且其他属性在平均值保持不变。结论是网络对股息率的变动更加敏感，因此对预测股票价格来说，股息率是比市盈率更重要的因素。

12.13 神经元网络建模应用

本节将利用来源于 UCal Irvine 机器学习数据库的 Insightful Miner 的成人数据集，应用神经元网络模型。Insightful Miner 神经元网络软件被应用到包含 25 000 个示例的训练集上，使用单一隐藏层，该隐藏层包含 8 个节点。该算法在终止前总共迭代了 47 次(在数据集上运行的遍数)。产生的神经元网络如图 12.8 所示。图左边的方框表示输入节点。对范畴型的变量，其每个类对应一个输入节点。8 个黑色圆圈代表隐藏层节点。浅灰色圆圈表示常量输入。网络只有一个输出节点，输出节点结果为某个输入记录的收入是否小于或等于$50 000 美元。

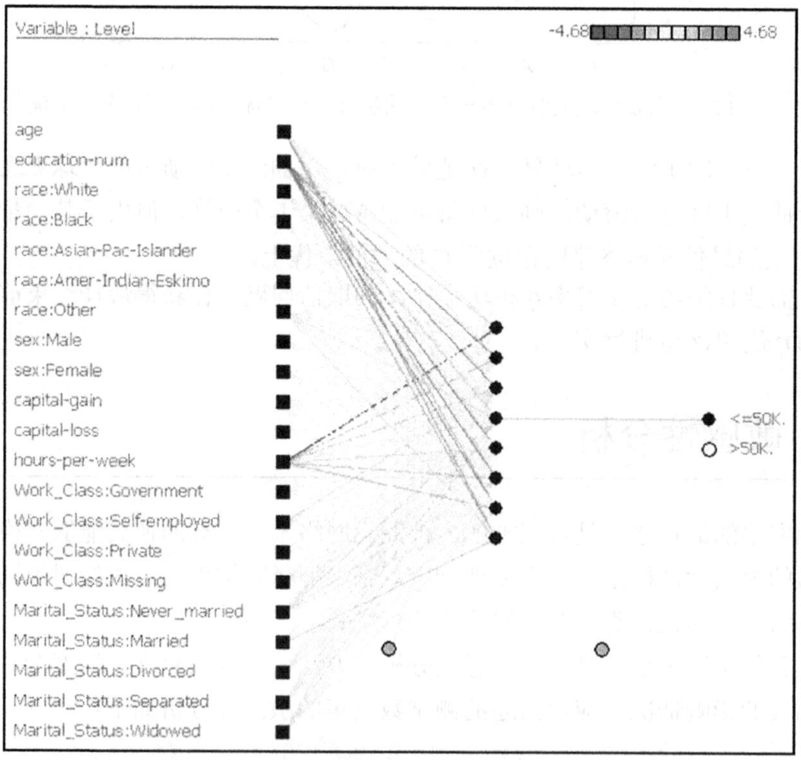

图 12.8 神经元网络应用于根据 Insightful Miner 建立的成人数据集

在此算法中，权重中心为 0。图 12.9 提供了摘录的计算机输出的权重值。第 1 个表的列分别表示 1=年龄，2=受教育程度等。该表的行表示隐藏层节点：22=第 1 个隐藏节点(顶端第 1 个节点)，23=第 2 个隐藏节点等。例如，从年龄到最顶端隐藏节点之间的连接权重是-0.97，而从种族：美国印地安人/爱斯基摩人(第 6 个输入节点)到最后一个隐藏节点(底部)的连接权重为-0.75。图 12.9 底部的表表示从隐藏层节点到输出节点之间的连接权重。

Weights

To/From	1	2	3	4	5	6	7	8	9
22	-0.97	-1.32	-0.18	-0.51	0.69	0.13	-0.25	-0.33	0.30
23	-0.70	-2.97	-0.12	0.34	0.43	0.50	1.03	-0.29	-0.10
24	-0.70	-2.96	-0.24	0.05	0.16	0.46	1.15	-0.16	-0.07
25	0.74	2.86	0.22	0.41	-0.03	-0.59	-1.05	0.18	0.14
26	-0.84	-2.82	-0.23	0.02	-0.16	0.62	1.06	-0.22	-0.20
27	-0.68	-2.89	-0.18	-0.03	-0.03	0.50	1.07	-0.24	-0.12
28	-1.68	-2.54	-0.43	-0.09	0.04	0.54	0.88	-0.18	-0.26
29	-2.11	-1.95	0.01	0.34	0.04	-0.75	-1.16	-0.03	0.38

Weights

To/From	22	23	24	25	26	27	28	29	0
30	0.18	0.59	0.69	-1.40	0.77	0.76	0.74	1.06	-0.08

图 12.9　收入示例中部分神经元网络权重

应用该基本模型的估计预测精度为 82%，该精度来源于 Kohavi 报告。由于超过 75%的受测对象其收入小于等于 50 000 美元，因此简单地预测任何一个受测对象的收入“小于等于 50 000 美元”，其基准精度大约为 75%。

然而，我们希望知道哪些变量对预测收入最重要。因此，使用建模实现敏感性分析，其结果如图 12.10 所示。显然，在预测某个人收入是否小于或等于 50 000 美元时，资本收益是最重要的预测因素，当然也需要考虑其受教育的年数。其他主要的变量包括每周工作的小时数以及婚姻状况。某人的性别似乎难以成为收入预测的重要依据。

Relative Importance of Inputs

capital-gain	0.719519
education-num	0.486229
hours-per-week	0.289301
Marital_Status	0.27691
age	0.237282
capital-loss	0.228844
race	0.183006
Work_Class	0.119079
sex	0.0641384

图 12.10　最重要的变量：结果来源于敏感性的分析

当然，在利用神经元网络分类模型进行分类预测时，可能会涉及更多的工作。例如，需要开展深入的数据预处理工作。模型需要利用持有的验证数据集进行验证等。针对实际情况的神经元网络应用，从数据准备到模型构建到敏感性分析的全过程将在第 29～32 章中给出更详细的讨论。

R 语言开发园地

```
# 读入并准备数据

adult <- read.csv(file = "C:/…/adult.txt",
    stringsAsFactors=TRUE)
# Collapse 类别见第 11 章内容
# 我们将使用较小的数据样例
adult <- adult[1:500,]
```

```
# 确定需要指示变量的个数

unique(adult$income)          # income 变量
unique(adult$sex)             # sex 变量
unique(adult$race)            # race 涉及 4 个变量
unique(adult$workclass)       # workclass 涉及 3 个变量
unique(adult$marital.status)  # marital.status 涉及 4 个变量
```

```
# 建立指示变量

adult$race_white<-adult$race_black<- adult$race_as.pac.is <-
    adult$race_am.in.esk<-adult$wc_gov<-adult$wc_self<-adult$wc_priv <-
    adult$ms_marr<-adult$ms_div<-adult$ms_sep<-adult$ms_wid<-
    adult$income_g50K <- adult$sex2 <- c(rep(0, length(adult$income)))
for (i in 1:length(adult$income)) {
    if(adult$income[i]==">50K.")
        adult$income_g50K[i]<-1
    if(adult$sex[i] == "Male")
        adult$sex2[i] <- 1
```

```
    if(adult$race[i] == "White") adult$race_white[i] <- 1
    if(adult$race[i] == "Amer-Indian-Eskimo") adult$race_am.in.esk[i] <- 1

if(adult$race[i] == "Asian-Pac-Islander") adult$race_as.pac.is[i] <- 1
    if(adult$race[i] == "Black") adult$race_black[i] <- 1
    if(adult$workclass[i] == "Gov") adult$wc_gov[i] <- 1
    if(adult$workclass[i] == "Self") adult$wc_self[i] <- 1
    if(adult$workclass[i] == "Private" ) adult$wc_priv[i] <- 1
    if(adult$marital.status[i] == "Married") adult$ms_marr[i] <- 1
    if(adult$marital.status[i] == "Divorced" ) adult$ms_div[i] <- 1
    if(adult$marital.status[i] == "Separated" ) adult$ms_sep[i] <- 1
    if(adult$marital.status[i] == "Widowed" ) adult$ms_wid[i] <- 1
}
```

```
#连续变量的极小极大转换

adult$age_mm<- (adult$age - min(adult$age))/(max(adult$age)-min(adult$age))
adult$edu.num_mm<- (adult$education.num - min(adult$education.num))/
    (max(adult$education.num)-min(adult$education.num))
adult$capital.gain_mm<- (adult$capital.gain - min(adult$capital.gain))/
    (max(adult$capital.gain)- min(adult$capital.gain))
adult$capital.loss_mm<- (adult$capital.loss - min(adult$capital.loss))/
    (max(adult$capital.loss)- min(adult$capital.loss))
adult$hours.p.w_mm<- (adult$hours.per.week - min(adult$hours.per.week))/
(max(adult$hours.per.week)-min(adult$hours.per.week))
newdat<-as.data.frame(adult[,-c(1:15)]) # 抛弃不再需要的变量
```

```
#运行神经元网络

library(nnet) # 需要加入的 nnet 包
net.dat <-nnet(income_g50K~ ., data = newdat, size = 8)
table(round(net.dat$fitted.values, 1))
# 如果拟合值相同，则重新运行 nnet
net.dat$wts # Weights
hist(net.dat$wts)
```

R 参考文献

1. R Core Team. *R: A Language and Environment for Statistical Computing*. Vienna, Austria: R Foundation for Statistical Computing; 2012. ISBN: 3-900051-07-0, http://www.R-project.org/.

2. Venables WN, Ripley BD. *Modern Applied Statistics with S*. 4th ed. New York: Springer; 2002. ISBN: 0-387-95457-0.

练习

1. 假设需要为神经元网络算法准备如表 6.10 那样的数据，为职业属性定义指示变量。
2. 详细描述神经元网络的如下特征：
   (1) 层次化
   (2) 反馈
   (3) 全连接
3. 输入层节点的唯一功能是什么？
4. 究竟应该采用大的隐藏层还是采用较小的隐藏层？描述不同选择的利弊。
5. 描述为什么神经元网络具有非线性的函数功能。
6. 解释为什么当前权重更新项包含导数(梯度)的负号。
7. 对正文中反向传播的权重W_{0B}、W_{1B}、W_{2B}、W_{3B}进行调整。
8. 参考练习 7。说明调整后的权重结果预测误差更小。
9. 对或错：神经元网络的价值在于它们总是能获得 SSE 的全局最小值。
10. 讨论学习率取值大或小的利弊。
11. 描述动量项取值大或小的利弊。

实践分析

做练习 12～14，应用数据集 churn。规范化数值数据，重新编码范畴性变量，处理相关变量。

12. 基于其他变量建立神经元网络模型为 churn 分类。

13. 确定分类 churn 最重要的变量，按照重要性的顺序。

14. 比较神经元网络和分类与回归树(CART)及 C4.5 模型应用于第 11 章的任务。讨论神经元网络模型与其他模型比较的优缺点。这些模型是否存在收敛或发散的结果。

做练习 15～17，使用分类风险数据集。

15. 仅基于年龄，利用神经元网络模型预测收入情况。使用默认设置并确保仅存在一个包含一个神经元的隐藏层。

16. 考虑下列数量：(年龄与神经元 1 的权重)+(偏置与神经元 1 的权重)*(神经元 1 与输

出节点的权重)。解释在给定数据情况下这样的数量是否存在意义，为什么？

17. 确保目标类型取值为标记类型。比较符号(年龄与神经元节点 1 的权重)+(偏置与神经元节点 1 的权重)*(神经元节点 1 与输出节点的权重)在输出节点风险较小与风险较大的情况。解释在给定数据的情况下，这种比较是否有意义，为什么？

IBM/SPSS 模型分析。做练习 18，19，使用 *nnl* 数据集。

18. 设置神经元网络包含如下选项：使用多层神经元，定制隐藏层 1 至 1 和隐藏层 2 至 0 的单位数量。对停止规则，选择 ONLY 定制最大训练循环数量。从 1 开始直到 20。更高级的情况，不选择复制结果。

19. 浏览模型。在网络窗口的模型选项上，选择类型：系数。记录每一遍的 Pred1 至神经元节点 1 的权重，及 Pred2 至神经元节点 1 的权重。描述这些权重的变化情况。解释为什么会发生这些变化。

第 13 章

logistic 回归

线性回归用于近似连续型响应变量与预测变量集之间的关系。然而，对多数数据应用来说，响应变量往往是范畴型的，不是连续型的，线性回归并不适用于这类情况。幸运的是，分析人员可以使用一种名为 logistic 回归的方法，该方法在许多方面与线性回归类似。

logistic 回归是一种描述范畴型响应变量与预测变量之间关系的方法。本章将探讨 logistic 回归应用于二元或二分类变量的方法；如果希望将 logistic 回归应用于响应变量取值超过两个分类的情况，可参考 Hosmer 和 Lemeshow 撰写的相关书籍[1]。为深入研究 logistic 回归方法，描述其与线性回归的相似性，首先考虑以下示例。

13.1 logistic 回归简单示例

假设医疗行业的研究人员希望分析病人年龄(x)与是否(y)患有(1)或未患有(0)某种疾病之间的关系。从 20 位病人收集到的数据如表 13.1 所示，数据图如图 13.1 所示。该图显示的是最小二乘回归曲线(虚直线表示)，logistic 回归曲线(实曲线表示)，以及病人 11($age = 50, disease = 0$)与两条线之间的估计误差。

表 13.1　20 位病人的年龄与是否患病标示

病人 ID	1	2	3	4	5	6	7	8	9	10
年龄(x)	25	29	30	31	32	41	41	42	44	49
疾病(y)	0	0	0	0	0	0	0	0	1	1

1 Hosmer and Lemeshow, *Applied Logistic Regression*, 3rd edition, John Wiley and Sons, 2013.

(续表)

病人 ID	11	12	13	14	15	16	17	18	19	20
年龄(x)	50	59	60	62	68	72	79	80	81	84
疾病(y)	0	1	0	0	1	0	1	0	1	1

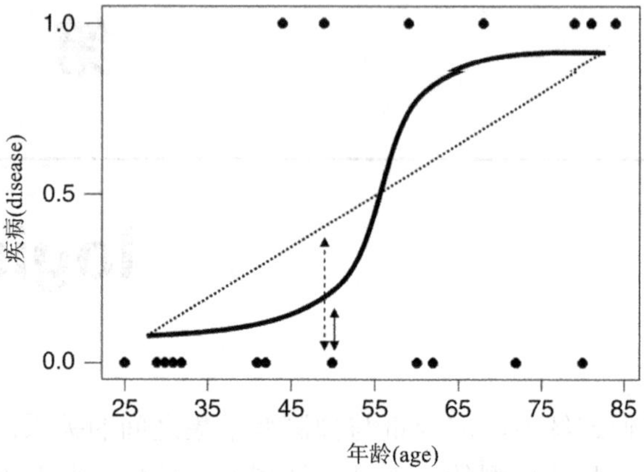

图 13.1 疾病与年龄的关联图，采用最小二乘回归曲线与 logistic 回归曲线

注意，最小二乘回归曲线是一条线形曲线，意味着线性回归方法认为预测与响应之间存在一种线性关系。而与之不同的是，logistic 回归线是非线性的，意味着 logistic 回归认为预测与响应之间的关系是非线性的。散点图表明响应变量的不连续性，此类散点图通常能告诉分析师，在这种情况下采用线性回归是不适当的。

考虑图 13.1 所示的病人 11($age=50, disease=0$)的预测误差。病人 11 与线性回归曲线之间的距离用垂直虚线表示，而与 logistic 回归之间的距离用垂直实线表示。显然，线性回归曲线的距离更大，这也意味着与 logistic 回归比较，线性回归对病人 11 是否患有疾病的预测结果没有采用 logistic 回归方法好。类似的，这一观察结果也适合大多数其他病人的情况。

logistic 回归曲线是如何产生的呢？考虑在给定 $X=x$ 情况下 Y 的条件均值，表示为 $E(Y|x)$。该式表示在给定预测变量值的情况下，期望的响应变量值。回忆前述内容，在线性回归中，响应变量被认为是一个定义为 $Y=\beta_0+\beta_1 x+\varepsilon$ 的随机变量。现在，当误差项 ε 均值为 0 时，利用线性回归，得到 $E(Y|x)=\beta_0+\beta_1 x$，其可能的取值包含整个实数域。

简单来说，将条件均值 $E(Y|x)$ 定义为 $\pi(x)$。则，logistic 回归的条件均值具有与线性回归不同的形式。

$$\pi(x)=\frac{e^{\beta_0+\beta_1 x}}{1+e^{\beta_0+\beta_1 x}} \tag{13.1}$$

等式(13.1)中的曲线形式被称为 sigmoidal，因为其形式为 S 型，而且是非线性的。统计学家之所以选用 logistic 分布来建模二元分类变量，原因就在于该方法的灵活性和可解释能力。当$\lim_{\alpha\to-\infty}\left[\frac{e^{\alpha}}{1+e^{\alpha}}\right]=0$时，$\pi(x)$取得最小值，而当$\lim_{\alpha\to-\infty}\left[\frac{e^{\alpha}}{1+e^{\alpha}}\right]=1$时，$\pi(x)$取得最大值。如此，$\pi(x)$成为当$0\leqslant\pi(x)\leqslant1$时，能够用概率来解释的一种表示形式。也就是说，$\pi(x)$可以被解释为$X=x$的记录取值(例如，某种疾病)的概率，或解释为$1-\pi(x)$，表示该记录与取值之间的概率差。

线性回归模型假设$Y=\beta_0+\beta_1x+\varepsilon$，其中误差项$\varepsilon$是均值为 0、方差为常数的正态分布。这与 logistic 回归的假设是不同的。当响应为二元分类变量时，误差仅取两种可能形式的一种：如果$Y=1$(例如，患有某种疾病)，对记录$X=x$来说，其概率是$\pi(x)$(响应的概率为正)，则$\varepsilon=1-\pi(x)$，为数据点$Y=1$与在其下的曲线$\pi(x)=\frac{e^{\beta_0+\beta_1x}}{1+e^{\beta_0+\beta_1x}}$之间的垂直距离。然而，如果$Y=0$(未患有某种疾病)，其出现的概率为$1-\pi(x)$(响应概率为负值)，对记录$X=x$，则$\varepsilon=0-\pi(x)=-\pi(x)$，为数据点$Y=0$与在其下的曲线$\pi(x)$之间的垂直距离。这样，方差$\varepsilon$为$\pi(x)[1-\pi(x)]$，其方差为二项分布，logistic 回归$Y=\pi(x)+\varepsilon$的响应变量可被假定为具有成功概率$\pi(x)$，且满足二项分布。

logistic 回归的一种有用转换是对数转换，其形式如下：

$$g(x)=\ln\left[\frac{\pi(x)}{1-\pi(x)}\right]=\beta_0+\beta_1x$$

对线性回归模型来说，对数转换$g(x)$具有几个有吸引力的特性，例如，它的线性特性、连续性特性以及其从负无穷到正无穷的范围特性。

13.2 最大似然估计

线性回归最具有吸引力的特征之一是能够获得回归系数最优值的封闭形式解集，这也是最小二乘法的优点。遗憾的是，在估计 logistic 回归时，这样的封闭形式解并不存在。为此，必须利用最大似然估计方法，通过该方法获得参数估计，以使观察到的观察数据的似然性最大化。

似然函数$l(\boldsymbol{\beta}\mid x)$是关于参数$\boldsymbol{\beta}=\beta_0,\beta_1,\ldots,\beta_m$的函数，表示观察数据$x$的概率。通过获得$\boldsymbol{\beta}=\beta_0,\beta_1,\ldots,\beta_m$的值，使$l(\boldsymbol{\beta}\mid x)$最大化，从而发现最大似然估计，获得最能反映观察数据的参数值。

给定数据的肯定响应的概率为$\pi(x)=P(Y=1\mid x)$，否定响应的概率为$1-\pi(x)=P(Y=0\mid x)$。当响应为肯定值时，$(X_i=x_i,Y_i=1)$，将使$\pi(x)$概率达到似然值，而当观察的响应为否定值时；$(X_i=x_i,Y_i=0)$，将使$1-\pi(x)$概率达到似然。这样，当$Y_i=0$或1时，第 i 个观察记录对似然的贡献可以表示为$[\pi(x_i)]^{y_i}[1-\pi(x_i)]^{1-y_i}$。观察的假设是独立的，使得我们可以将似然函数$l(\boldsymbol{\beta}\mid x)$表示为独立项的乘积：

$$l(\boldsymbol{\beta} \mid x) = \prod_{i=1}^{n} [\pi(x_i)]^{y_i} [1 - \pi(x_i)]^{1-y_i}$$

上式采用对数似然 $L(\boldsymbol{\beta} \mid x) = \text{In}[l(\boldsymbol{\beta} \mid x)]$ 将会使计算更加方便：

$$L(\boldsymbol{\beta} \mid x) = \text{In}[l(\boldsymbol{\beta} \mid x)] = \sum_{i=1}^{n} \{y_i \text{ In}[\pi(x_i)] + (1 - y_i) \text{In}[1 - \pi(x_i)]\} \tag{13.2}$$

最大似然估计可以通过获得每个参数的 $L(\boldsymbol{\beta} \mid x)$ 获得，并将所得到的结果形式设置为 0。遗憾的是，与线性回归不同，无法获得这些结果形式的封闭形式解。因此，需要采用其他的方法，例如，迭代加权最小二乘法(可参考 McCullagh 和 Nelder 撰写的文献[2])。

13.3 解释 logistic 回归的输出

让我们来验证表 13.2 所示的，年龄与疾病示例的 logistic 回归结果。得到的系数，也就是对未知参数 β_0 和 β_1 的最大似然估计，给出的结果是 $b_0 = -4.7372$ ， $b_1 = 0.06696$ 。因此，对 $\pi_{(x)} = \dfrac{e^{\beta_0+\beta_1 x}}{1+e^{\beta_0+\beta_1 x}}$ 的估计如下：

$$\hat{\pi}(x) = \frac{e^{\hat{g}(x)}}{1+e^{\hat{g}(x)}} = \frac{e^{-4.372+0.06696(age)}}{1+e^{-4.372+0.06696(age)}},$$

采用对数估计：

$$\hat{g}(x) = -4.372 + 0.06696(age).$$

这样可以用该等式，在病人年龄给定的情况下，估计该病人患有某种疾病的概率。例如，当病人年龄为 50 岁，我们可以得到：

$$\hat{g}(x) = -4.372 + 0.06696(50) = -1.024$$

且

$$\hat{\pi}(x) = \frac{e^{\hat{g}(x)}}{1+e^{\hat{g}(x)}} = \frac{e^{-1.024}}{1+e^{-1.024}} = 0.26$$

因此，年龄为 50 岁的病人患有该疾病的估计概率为 26%，未患有该疾病的概率为 100%−26%=74%。

2 McCullagh and Nelder, *Generalized Linear Models*, 2nd edition, Chapman and Hall, London, 1989.

表 13.2　年龄与疾病的 logistic 回归，结果来源于 minitab

```
Logistic Regression Table
                                                    Odds        95% CI
Predictor        Coef       StDev        Z     P    Ratio     Lower     Upper
Constant       -4.372       1.966    -2.22 0.026
Age           0.06696     0.03223     2.08 0.038     1.07      1.00      1.14

Log-Likelihood = -10.101
Test that all slopes are zero: G = 5.696, DF = 1, P-Value = 0.017
```

然而，对一位年龄 72 岁的病人来说，有：

$$\hat{g}(x) = -4.372 + 0.06696(72) = 0.449$$

从而

$$\pi(x) = \frac{e^{\hat{g}(x)}}{1+e^{\hat{g}(x)}} = \frac{e^{0.449}}{1+e^{0.449}} = 0.61$$

年龄为 72 岁的病人患有该疾病的估计概率为 61%，未患有该疾病的概率为 39%。

13.4　推理：这些预测有显著性吗

回忆前述的简单线性回归，当均方回归(mean square regression，MSR)比均方误差(mean squared error，MSE)大时，回归模型被认为是有意义的。MSR 是一种估计响应改进情况的度量，这种改进表示响应包括预测因子与不包括预测因子这两种情况的比较。如果预测变量有助于对响应变量值的估计，则 MSR 较大，测试统计 $F = \frac{MSR}{MSE}$ 也将会较大，采用线性回归模型是有意义的。

logistic 回归的系数是否有意义的判断与此类似。本质上说，我们是通过比较包括特定预测因子的模型与不包括该预测因子的模型，检验前者是否对响应变量的拟合程度比后者更好，从而判断其是否有意义的。

为模型定义全模型(饱和模型)意味着参数与数据点数量一样多，例如，简单的线性回归模型仅包含两个点。显然，全模型能够更完美地预测响应变量，不会产生预测误差。我们将考察全模型中响应变量的观察值和预测值。为比较拟合模型(不含的参数比数据点少[3])的预测值和全模型的预测值，采用偏差比较方法，偏差定义如下：

$$\text{Deviance} = D = -2\ln\left[\frac{\text{likelihood of the fitted model}}{\text{likelihood of the saturated model}}\right]$$

3 McCullagh and Nelder, *Generalized Linear Models*, 2nd edition, Chapman and Hall, London, 1989.

公式中包含两个似然的比，因此结果假设检验被称为似然比率检验。为建立分布是已知的度量，我们必须采用-2ln[似然比率]，将来自拟合模型的估计 $\pi(x_i)$ 定义为 $\hat{\pi}_i$。然后，按照 logistic 回归示例，利用等式(13.2)，偏差定义为：

$$\text{Deviance} = D = -2\ln\sum_{i=1}^{n}\left\{y_i\ln\left[\frac{\hat{\pi}_i}{y_i}\right]+(1-y_i)\ln\left[\frac{1-\hat{\pi}_i}{1-y_i}\right]\right\}$$

偏差表示预测因子计算完成后，模型剩余的误差。类似于线性回归中的误差平方和。该过程确定某一特定预测因子是否有意义，由没有预测因子的模型的偏差减去包含预测因子的模型的偏差得到，即：

$$\begin{aligned} G &= \text{deviance}(\text{model without predictor}) - \text{deviance}(\text{model with predictor}) \\ &= -2\ln\left[\frac{\text{likelihood without predictor}}{\text{likelihood with predictor}}\right] \end{aligned}$$

令 $n_1=\sum y_i$ 且 $n_0=\sum(1-y_i)$，则在仅包含单一预测因子的情况下，有：

$$G = 2\left\{\sum_{i=1}^{n}[y_i\ln[\hat{\pi}_i]+(1-y_i)\ln[1-\hat{\pi}_i]]-[n_1\ln(n_1)+n_0\ln(n_0)-n\ln(n)]\right\}$$

考虑偏差的示例，注意在表 13.2 中，对数似然为-10.101，则：

$$G = 2\{-10.101-[7\ln(7)+13\ln(13)-20\ln(20)]\} = 5.696$$

如表 13.2 所示。

测试统计 G 遵循自由度为 1 的卡方分布(i.e., $\chi^2_{v=1}$)，假设 β_1=0 时空假设为真。由此产生的这一假设检验的 p 值为 $P(\chi_1^2) > G_{observed} = P(\chi_1^2) > 5.696 = 0.017$，如表 13.2 所示。相当小的 p 值表明在预测是否患有某种疾病的问题上，年龄是一个非常有用的预测变量。

其他假设检验，如 Wald 检验，用于确定是否某一特定的预测变量是有意义的。在 β_1=0 的空假设情况下，比率为：

$$Z_{\text{Wald}} = \frac{b_1}{\text{SE}(b_1)}$$

该比率遵循标准正态分布，其中 SE 表示系数的标准差，从数据中估计并通过软件报告。表 13.2 提供了系数估计以及标准差如下：$b_1 = 0.06696$ 及 $\text{SE}(b_1) = 0.03223$，由此可得：

$$Z_{\text{Wald}} = \frac{0.06696}{0.03223} = 2.08$$

正如在表 13.2 中在表示年龄的 z 所处的那一列中所给出的结果。表中 p 值为 $P(|z|>2.08)=0.038$。同样，尽管没有似然比率检验值小，p 值也相当小，因此可以肯

定年龄在疾病预测方面有意义。

可以为 logistic 回归系数构建$100(1-\alpha)\%$可信度置信区间，如下所示：

$$b_0 \pm z \cdot \mathrm{SE}(b_0)$$
$$b_1 \pm z \cdot \mathrm{SE}(b_1)$$

其中 z 表示与置信度$100(1-\alpha)\%$相关的 z 评价值。

在示例中，可以如下所示得到梯度 β_1 的 95%的可信度置信区间。

$$\begin{aligned} b_1 \pm z \cdot \mathrm{SE}(b_1) &= 0.06696 \pm (1.96)(0.03223) \\ &= 0.06696 \pm 0.06317 \\ &= (0.00379, 0.13013) \end{aligned}$$

由于区间中未包含 0 值，可以得出结论，当$\beta_1 \neq 0$时，置信度为 95%，由此可以认为年龄是有意义的。

上述结果可以从单一 logistic 回归模型(包含一个预测因子)扩展到多元 logistic 回归模型(包括多个预测因子)。

13.5 概率比比率与相对风险

回忆前述简单线性回归，梯度系数 β_1 被解释为响应变量针对预测变量单位增加而发生的变化。梯度系数 β_1 在 logistic 回归中具有类似的解释，但采用的是对数函数。也就是说，梯度系数 β_1 可以被解释为预测变量值每增加一个单位的对数变化值。换句话说，可以表示如下：

$$\beta_1 = g(x+1) - g(x)$$

本节将通过以下 3 种示例，讨论简单 logistic 回归中 β_1 的解释。

(1) 二分预测。

(2) 多元分类预测。

(3) 连续值预测。

为方便解释，需要考虑概率比的含义。概率比可以被定义为一个事件发生的概率与该事件不发生的概率的比值。例如，在前面示例中，我们知道 72 岁的病人患有疾病的估计概率是 61%，未患有疾病的概率为 39%。因此，72 岁病人患有疾病的概率比为 $odds = \dfrac{0.61}{0.39} = 1.56$。我们还能发现 50 岁病人患或未患病的估计概率分别为 26%和 74%，由此获得概率比为 $odds = \dfrac{0.26}{0.74} = 0.35$。

根据上述结果可以发现，当某一事件发生的概率大于不发生的概率时，$odds > 1$；当事件发生的概率小于不发生的概率时 $odds < 1$；当事件发生的概率与不发生的概率相等时 $odds = 1$。注意到概率比的概念与概率的概念是不同的，因为概率的取值范围是 0～1，而

概率比的取值范围是从 0 到∞。概率比表示一个事件发生与该事件不发生相比的可能性到底有多大。

在包含二元分类预测变量的二元 logistic 回归中，当记录$x=1$时，响应变量发生$(y=1)$的概率比可以表示为：

$$\frac{\pi(1)}{1-\pi(1)}=\frac{\dfrac{e^{\beta_0+\beta_1}}{1+e^{\beta_0+\beta_1}}}{\dfrac{1}{1+e^{\beta_0+\beta_1}}}=e^{\beta_0+\beta_1}$$

对应的，当记录$x=0$时，响应变量发生的概率比可表示为：

$$\frac{\pi(0)}{1-\pi(0)}=\frac{\dfrac{e^{\beta_0}}{1+e^{\beta_0}}}{\dfrac{1}{1+e^{\beta_0}}}=e^{\beta_0}$$

概率比比率(odds ratio，OR)定义为当记录在$x=1$时，响应变量发生的概率比与当记录在$x=0$时响应变量发生的概率比的比值。也就是说，

$$\begin{aligned}\text{Odds ratio}=\text{OR}&=\frac{\pi(1)\Big/[1-\pi(1)]}{\pi(0)\Big/[1-\pi(0)]}\\&=\frac{e^{\beta_0+\beta_1}}{e^{\beta_0}}\\&=e^{\beta_1}\end{aligned}\tag{13.3}$$

概率比比率有时被用于估计相对风险，相对风险定义为$x=1$时响应发生的概率与$x=0$时响应发生的概率的比值，即：

$$\text{Relative risk}=\frac{\pi(1)}{\pi(0)}$$

为使概率比比率 OR 能准确地估计相对风险，我们必须使$\frac{[1-\pi(0)]}{[1-\pi(1)]}\approx 1$，对$x=1$和$x=0$，响应发生可能性小的时候可得到 OR 值。

概率比比率在研究领域被广泛应用，因为它简略地表达了概率比比率与梯度系数之间的关系。例如，假如某个临床试验报告表明在患子宫内膜癌的患者中使用过雌激素替代疗法的与未使用雌激素替代疗法的概率比比率为 5.0，则可以解释为，平均来说，采用雌激素替代疗法的病人患子宫内膜癌的可能性是未使用雌激素替代疗法的病人的 5 倍。然而，这一解释仅在$\frac{[1-\pi(0)]}{[1-\pi(1)]}\approx 1$时有效。

13.6 对二分 logistic 回归预测的解释

回忆 churn 数据集，通过该数据集，利用预测变量集，可预测某个顾客是否将会离开移动电话公司提供的服务(churn)。对这样一个简单的 logistic 回归示例，假设仅包含一个预测变量 Voice Mail Plan(语音邮件套餐)，该变量是一个标记变量。

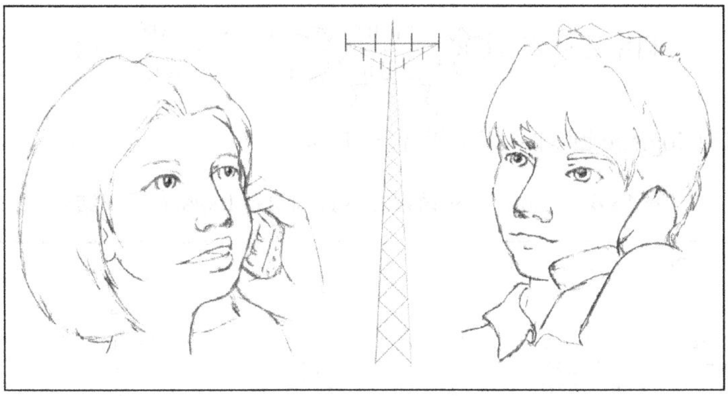

按照语音邮件套餐成员组织的 churn 的交叉列表如表 13.3 所示。

表 13.3 按照语音邮件套餐成员组织的 churn 的交叉列表

	VMail=No x=0	VMail=Yes x=0	Total
Churn=False y=0	2008	842	2850
Churn=True y=1	403	80	483
Total	2411	922	3333

根据表 13.3 给出的数据，可以求得似然函数如下：

$$l(\beta\,|\,\mathrm{x})=[\pi(0)]^{403}\times[1-\pi(0)]^{2008}\times[\pi(1)]^{80}\times[1-\pi(1)]^{842}$$

注意到我们直接利用了表 13.3 中的条目构建概率比和概率比比率。

- 具有语音邮件套餐条目获得的概率比 $=\dfrac{\pi(1)}{[1-\pi(1)]}=\dfrac{80}{842}=0.0950$
- 不具有语音邮件套餐条目获得的概率比 $=\dfrac{\pi(0)}{[1-\pi(0)]}=\dfrac{403}{2008}=0.2007$

因此

$$概率比比率 = OR = \frac{\pi(1)/[1-\pi(1)]}{\pi(0)/[1-\pi(0)]} = \frac{80/842}{403/2008} = 0.47$$

也就是说，具有语音邮件套餐(Voice Mail Plan)的仅比不具有语音邮件套餐的情况高0.47。注意到概率比也可以按照以下的交叉乘积计算：

$$概率比比率 = OR = \frac{\pi(1)[1-\pi(0)]}{\pi(0)[1-\pi(1)]} = \frac{80 \cdot 2008}{403 \cdot 842} = 0.47$$

而后可以执行 logistic 回归，其结果见表 13.4。

表 13.4 Churn 针对语音邮件计划执行 logistic 回归结果

```
Logistic Regression Table

                                                        Odds     95% CI
Predictor        Coef    SE Coef       Z       P   Ratio   Lower  Upper
Constant     -1.60596  0.0545839  -29.42   0.000
VMail       -0.747795   0.129101   -5.79   0.000    0.47    0.37   0.61


Log-Likelihood = -1360.165
Test that all slopes are zero: G = 37.964, DF = 1, P-Value = 0.000
```

首先，注意由 Minitab 得到的概率比比率等于 0.47，我们发现直接采用单元计算可获得同样的值。其次，等式(13.3)表明，使用$OR = e^{\beta_1}$。可以验证该结果，$b_1 = -0.747795$，得到$e^{\beta_1} = 0.47$。

在此，有$b_0 = -1.60596$，$b_1 = -0.747795$。因此，对于语音邮件套餐属于$(x=1)$的客户的 churning 或不属于$(x=0)$的客户的 churning 概率估计如下：

$$\hat{\pi} = \frac{e^{\hat{g}(x)}}{1+e^{\hat{g}(x)}} = \frac{e^{-1.60596+-0.747795(x)}}{1+e^{-1.60596+-0.747795(x)}}$$

其对数为：

$$\hat{g}(x) = -1.60596 - 0.747795(x)$$

对属于语音邮件套餐的客户，估计其 churning 概率为：

$$\hat{g}(1) = -1.60596 - 0.747795(1) = -2.3538$$

由此得到：

$$\hat{\pi}(1) = \frac{e^{\hat{g}(x)}}{1+e^{\hat{g}(x)}} = \frac{e^{-2.3538}}{1+e^{-2.3538}} = 0.0868$$

表明客户属于语音邮件套餐且会流失的估计概率为 8.68%，远小于整个数据集中将会流失的比率 14.5%。同样，这一概率可以直接从表 13.3 得到，$P(churn \mid voice\ mail\ plan) = \frac{80}{922} = 0.0868$。

对那些不属于语音邮件套餐的客户，估计其流失概率的方法如下：

$$\hat{g}(0) = -1.60596 - 0.747795(0) = -1.60596$$

且

$$\hat{\pi}(0) = \frac{e^{\hat{g}(x)}}{1+e^{\hat{g}(x)}} = \frac{e^{-1.60596}}{1+e^{-1.60596}} = 0.16715$$

这一概率比整个数据集中流失比率 14.5%稍高，表明不属于语音邮件的可能更能代表数据集的概率。该概率也可以从表 13.3 直接获得：$P(churn|not\ voice\ mail\ plan) = \frac{403}{2411} = 0.16715$。

下面，运用 Wald 检验获得语音邮件套餐的意义。有 $b_1 = -0.747795$，且 $SE(b_1) = 0.129101$，可得出：

$$Z_{\text{Wald}} = \frac{-0.747795}{0.129101} = -5.79$$

正如表 13.4 中列 z 下有关参与语音邮件的结果一样。p 值为 $P(|z| > 5.79) \cong 0.000$，该值具有很强的意义。表明有强有力的证据说明语音邮件套餐变量对预测 churn 是非常有意义的。

针对 $100(1-\alpha)\%$ 置信区间的概率比(OR)可如下获得：

$$\exp[b_1 \pm z \cdot \hat{\text{SE}}(b_1)]$$

其中，$\exp[\alpha]$ 表示 e^{α}。

如此，可由下式为概率比获得 95%的置信区间：

$$\begin{aligned}\exp[b_1 \pm z \cdot \hat{\text{SE}}(b_1)] &= \exp[-0.747795 \pm (1.96) \cdot (0.129101)] \\ &= (e^{-1.0008}, e^{-0.4948}) \\ &= (0.37, 0.61)\end{aligned}$$

如表 13.4 所示。根据以上计算，可以得到参与语音邮件和未参与语音邮件的成员流失概率比为 95%的可信度置信区间为 0.37～0.61。该区间不包含 $e^0 = 1$ 的情况，该关系具有 95%的可信度。

可以通过单元条目直接估计系数的标准差如下。针对参与语音邮件套餐的 logistic 回归的参数 b_1 标准差估计如下：

$$\hat{\text{SE}}(b_1) = \sqrt{\frac{1}{403} + \frac{1}{2008} + \frac{1}{80} + \frac{1}{842}} = 0.129101$$

在 churn 示例中，语音邮件成员编码为 1，非语音邮件成员编码为 0。这是一个参照单元编码(reference cell coding)的例子，其中参照单元表示的分类被编码为 0。然后通过比较属于该分类的成员与不属性该分类的成员，计算获得相应的概率比。

一般情况下，对变量编码为 a 和 b 而非 0 和 1 的情况，有：

$$\begin{aligned}\ln[\mathrm{OR}(a,b)] &= \hat{g}(x=a)-\hat{g}(x=b) \\ &= (b_0+b_1\cdot a)-(b_0+b_1\cdot b) \\ &= b_1(a-b)\end{aligned} \tag{13.4}$$

由此获得在此情况下的概率比为：

$$\exp(b_1(a-b))$$

当 $a=1$ 且 $b=0$ 时，该公式变换为 e^{b_1} 。

13.7 对应用于多元预测变量的 logistic 回归的解释

针对 churn 数据集，假定将客户服务电话变量分类为新的变量 *CSC*，如下所示：

- 包含 0 个或 1 个客户服务电话：$CSC = Low$。
- 包含 2 个或 3 个客户服务电话：$CSC = Medium$。
- 包含 4 个或 4 个以上客户服务电话：$CSC = High$

可以看出，*CSC* 是一个包含 3 个分类的预测变量。logistic 回归如何处理这样的情况呢？首先，分析师需要使用指示符(哑元)变量和参考单元编码来对数据集进行编码。假定选择 $CSC = Low$ 作为参考单元，则可以为两个新指标变量 *CSC_Med* 和 *CSC_Hi* 分配指标变量值，如表 13.5 所示。对于每个记录将为其每个 *CSC_Med* 和 *CSC_Hi* 分配值 0 或 1。例如，若某个客户有 1 个客户服务电话，则其 *CSC_Med*=0 且 *CSC_Hi*=0，若某个客户有 3 个客户服务电话，则 *CSC_Med*=1 且 *CSC_Hi*=0。若某客户有 7 个客户服务电话，则 *CSC_Med*=0 且 *CSC_Hi*=1。

表 13.5 客户服务呼叫指标变量的参考单元编码

	CSC_Med	*CSC_Hi*
Low(0～1 个电话)	0	0
Medium(2～3 个电话)	1	0
High(≥4 个电话)	0	1

表 13.6 所示为数据集 churn 的 *CSC* 交叉表。

表 13.6　数据集 churn 的 *CSC* 交叉表

	CSC_Low	*CSC_Medium*	*CSC_High*	Total
churn=False y=0	1664	1057	129	2850
churn=True y=1	214	131	138	483
Total	1878	1188	267	3333

以 *CSC*=*Low* 为参照类，可以按照如下跨产品的方式计算概率比：

- 对 $CSC = Medium$，有概率比比率 $\text{OR} = \dfrac{131 \cdot 1664}{214 \cdot 1057} = 0.963687 \approx 0.96$。
- 对 $CSC = High$，有概率比比率 $\text{OR} = \dfrac{138 \cdot 1664}{214 \cdot 129} = 8.31819 \approx 8,32$

然后可以执行 logistic 回归，结果如表 13.7 所示。

表 13.7　关于 *CSC* 的 churn 数据集执行 logistic 回归的结果

```
Logistic Regression Table

                                                        Odds      95% CI
Predictor        Coef    SE Coef       Z      P    Ratio   Lower   Upper
Constant     -2.05100  0.0726213  -28.24  0.000
CSC-Med    -0.0369891   0.117701   -0.31  0.753     0.96    0.77    1.21
CSC-Hi        2.11844   0.142380   14.88  0.000     8.32    6.29   11.00


Log-Likelihood = -1263.368
Test that all slopes are zero: G = 231.557, DF = 2, P-Value = 0.000
```

注意到 Minitab 报表中的 OR(概率比比率，Odds Ratio)与直接利用单元计算获得的结果一样。使用等式(13.3)验证表 13.7 给出的概率比比率结果：

- CSC_Med：$\hat{\text{OR}} = e^{b_1} = e^{-0.0369891} = 0.96$
- $CSC = High$：$\hat{\text{OR}} = e^{b_1} = e^{2.11844} = 8.32$

其中，$b_0 = -2.051$，$b_1 = -0.0369891$，$b_2 = 2.11844$。由此，churning 概率估计如下：

$$\hat{\pi}(x) = \frac{e^{\hat{g}(x)}}{1 + e^{\hat{g}(x)}} = \frac{e^{-2.051-0.0369891(CSC\_Med)+2.11844(CSC\_Hi)}}{1 + e^{-2.051-0.0369891(CSC\_Med)+2.11844(CSC\_Hi)}}$$

对数估计为：

$$\hat{g}(x) = -2.051 - 0.0369891(CSC\_Med) + 2.11844(CSC\_Hi)$$

对客户服务电话少的客户来说，估计其 churning 的概率为：

$$\hat{g}(0) = -2.051 - 0.0369891(0) + 2.11844(0) = -2.051$$

且

$$\hat{\pi}(0,0)=\frac{e^{\hat{g}(0,0)}}{1+e^{\hat{g}(0,0)}}=\frac{e^{-2.051}}{1+e^{-2.051}}=0.114$$

因此，客户服务电话数较低的客户将流失的估计概率为 11.4%，该计算结果低于整个数据集流失客户的比率 14.5%，表明此类客户比整个组客户流失的比率稍低。同样，该计算结果可以直接从表 13.6 计算获得，$P(churn\,|\,CSC=low)=\frac{214}{1878}=0.114$。

对客户服务电话数中等的客户来说，其流失的概率如下估计：

$$\hat{g}(1,0)=-2.051-0.0369891(1)+2.11844(0)=-2.088$$

且

$$\hat{\pi}(1,0)=\frac{e^{\hat{g}(1,0)}}{1+e^{\hat{g}(1,0)}}=\frac{e^{-2.088}}{1+e^{-2.088}}=0.110$$

客户服务电话数中等的客户流失的估计概率为 11.0%，大约与客户服务电话数较低的客户流失的估计概率相当。分析师可以不考虑 CSC_Med 与 $CSC=Low$ 之间的差别。此概率同样可以从表 13.6 直接计算获得：$P(churn\,|\,CSC=medium)=\frac{131}{1188}=0.110$。

对客户服务电话数较高的客户来说，其流失的概率如下估计：

$$\hat{g}(0,1)=-2.051-0.0369891(0)+2.11844(1)=0.06744$$

且

$$\hat{\pi}(0,1)=\frac{e^{\hat{g}(0,1)}}{1+e^{\hat{g}(0,1)}}=\frac{e^{0.06744}}{1+e^{0.06744}}=0.5169$$

结果表明，客户服务电话数较高的客户，其流失的估计概率更高，超过 51%，是整体流失率的 3 倍多。显然，公司需要关注具有 4 次或更多客户服务电话的客户，在他们流失前开展相关的工作。此概率仍然可以直接通过表 13.6 获得，$P(churn\,|\,CSC=high)=\frac{138}{267}=0.5169$。

采用 Wald 检验判断 *CSC_Med* 参数的显著性，有 $b_1=-0.0369891$，且 $SE(b_1)=0.117701$，由此得：

$$Z_{\text{Wald}}=\frac{-0.0369891}{0.117701}=-0.31426$$

正如表 13.7 中列 z 表示的系数 *CSC_Med*，*p* 值为 $P(|z|>0.31426)=0.753$，并不显著。没有证据表明 *CSC_Med* 与 *CSC_Low* 之间的差别可用于预测流失情况。

对 *CSC_Hi* 参数来说，有 $b_1=2.11844$，且 $SE(b_1)=0.142380$，由此得：

$$Z_{\text{Wald}}=\frac{2.11844}{0.142380}=14.88$$

如表 13.7 所示的系数 *CSC_Hi*。*p* 值 $P(|z|>14.88)\cong 0.000$，指示有较强的证据表明 *CSC_Hi* 与 *CSC_Low* 之间的差别可用于预测流失情况。

验证表 13.7，注意到对那些直接使用单元计算的 $CSC = Medium$ 与 $CSC = High$ 的概率比比率是相等的。同时注意到指示变量的 logistic 回归系数等于其各自概率比比率的自然对数：

$$b_{CSC\text{-Med}} = \ln(0.96) \approx \ln(0.963687) = -0.0369891$$
$$b_{CSC\text{-High}} = \ln(8.32) \approx \ln(8.31819) = 2.11844$$

例如，CSC_H_i 到 *CSC_Low* 的概率比比率的自然对数可以利用等式(13.4)获得：

$$\begin{aligned}
ln[OR(\text{High},\text{Low})] &= \hat{g}(High) - \hat{g}(Low) \\
&= [b_0 + b_1\cdot(CSC_Med = 0) + b_2\cdot(CSC_Hi = 1)] \\
&\quad -[b_0 + b_1\cdot(CSC_Med = 0) + b_2\cdot(CSC_Hi = 0)] \\
&= b_2 \\
&= 2.11844
\end{aligned}$$

同样，CSC_Medium 到 CSC_Low 的概率比比率的自然对数可以利用等式(13.4)获得：

$$\begin{aligned}
\ln[OR(\text{Medium},\text{Low})] &= \hat{g}(\text{Medium}) - \hat{g}(\text{Low}) \\
&= [b_0 + b_1\cdot(CSC_Med = 1) + b_2\cdot(CSC_Hi = 0)] \\
&\quad -[b_0 + b_1\cdot(CSC_Med = 0) + b_2\cdot(CSC_Hi = 0)] \\
&= b_1 \\
&= -0.0369891
\end{aligned}$$

与二元分支示例类似，可以使用单元条目直接估计系数的标准差。例如，对 CSC_Med 的 logistic 回归参数 b_1 的标准差可估计如下：

$$\hat{\text{SE}}(b_1) = \sqrt{\frac{1}{131}+\frac{1}{1664}+\frac{1}{214}+\frac{1}{1057}} = 0.117701$$

多元分支示例类似，可以为概率比比率计算 $100(1-\alpha)\%$ 置信区间，对第 *i* 个预测变量，有：

$$\exp[b_i \pm z\cdot\hat{\text{SE}}(b_i)]$$

例如，计算 CSC_Hi 到 CSC_Low 之间的概率比比率置信区间为 95%的情况，计算如下：

$$\begin{aligned}
\exp[b_2 \pm z\cdot\hat{\text{SE}}(b_2)] &= \exp[2.11844 \pm (1.96)\cdot(0.142380)] \\
&= (e^{1.8394}, e^{2.3975}) \\
&= (6.29, 11.0)
\end{aligned}$$

如表 13.7 所示。将客户服务电话数较高的客户与客户服务电话数较低的客户比较流失的概率比比率可信度在 95%时，概率比处于 6.29～11.0 之间。该区间不包括 $e^0=1$ 的情况，当置信度为 95%时，该关系是有意义的。

然而，在考虑 CSC_Med 与 CSC_Low 之间的概率比比率在 95%置信度要求下：

$$\begin{aligned}\exp[b_1 \pm z\cdot\hat{\mathrm{SE}}(b_1)] &= \exp[-0.0369891 \pm (1.96)\cdot(0.117701)] \\ &= (e^{-0.2677}, e^{0.1937}) \\ &= (0.77, 1.21)\end{aligned}$$

如表 13.7 所示。将客户服务电话数中等的客户与客户服务电话数较低的客户比较流失的概率比比率可信度在 95%时，概率比处于 0.77～1.21 之间。该区间不包括 $e^0=1$ 的情况，当置信度为 95%时，该关系并不显著。依靠其他建模因子，分析师可考虑将 CSC_Med 与 CSC_Med 与 CSC_Low 合并到一个分类中。

13.8 对应用于连续型预测变量的 logistic 回归的解释

本章第一个示例是一个基于年龄来预测疾病的示例，该示例利用 logistic 回归预测连续变量值。本节将讨论另外一个示例，该示例基于 churn 数据集。假定对预测流失情况感兴趣，希望利用单一连续值变量——Day Minutes(日分钟数)来预测流失情况。

首先检验独立的有关流失和不流失的客户，每天打电话的时间值点图，如图 13.2 所示。

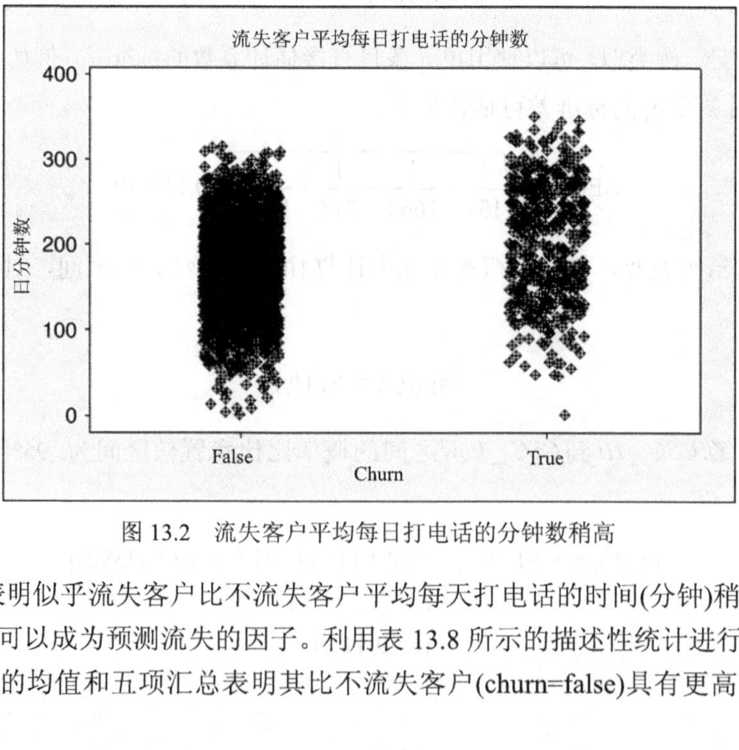

图 13.2 流失客户平均每日打电话的分钟数稍高

图 13.2 表明似乎流失客户比不流失客户平均每天打电话的时间(分钟)稍高，也说明使用的频繁程度可以成为预测流失的因子。利用表 13.8 所示的描述性统计进行验证。流失客户(churn=true)的均值和五项汇总表明其比不流失客户(churn=false)具有更高的每日电话分

钟数。图 13.2 支持这一观察结果。

表 13.8 流失客户的日分钟(Day Minutes)电话时长的描述性统计

Descriptive Statistics: Day Mins

					Five – Number - Summary				
Variable	Churn	N	Mean	StDev	Min	Q1	Median	Q3	Max
Day Mins	False	2850	175.18	50.18	0.00	142.75	177.20	210.30	315.60
	True	483	206.91	69.00	0.00	153.10	217.60	266.00	350.80

这种差异有意义吗？执行二元样例 t-检验，包含空假设，其中 true 所在行所表示的平均日分钟使用情况与 false 所在行所表示的平均日分钟使用情况几乎没有差别。结果见表 13.9。

表 13.9 按照流失情况的日分钟二元样例 t-检验结果

Two-Sample T-Test and CI: Day Mins, Churn

```
Two-sample T for Day Mins

Churn      N   Mean  StDev  SE Mean
False   2850  175.2   50.2     0.94
True     483  206.9   69.0      3.1


Difference = mu (False) - mu (True)
Estimate for difference:  -31.7383
95% CI for difference:  (-38.1752, -25.3015)
T-Test of difference = 0 (vs not =): T-Value = -9.68  P-Value = 0.000  DF = 571
```

产生的 t 统计结果是-9.68，舍入后的 p 值为 0，表明具有很强的意义。也就是说，在流失和不流失之间 true 所在行所表示的平均日分钟使用情况没有差别的空假设是不正确的。

重申有关需要谨慎对待在数据挖掘问题中执行推理的告诫，特别是样例容量非常巨大的情况下。当样例容量非常大时，多数统计测试将会变得非常敏感，应当拒绝空假设的微小影响。分析人员应当理解，由于样例容量巨大，被发现的影响在统计上表现显著，因此没有必要遵循这种影响是具有实际意义的。分析人员应当充分考虑商业或研究问题的约束和需求，综合考虑各种结果，始终将重点放在模型对原始问题的可解释性和模型对原始问题的应用能力上。

注意 t-检验并未告诉我们日分钟增加时，如何影响客户流失的概率。同时，t-检验也不能提供一种基于客户的日通话分钟数来发现某一特定客户流失概率的方法。要学习这些知识，必须转而利用现在正在讨论的 logistic 回归方法，其结果如表 13.10 所示。

表 13.10 针对日分钟的 logistic 回归客户流失评定结果

```
Logistic Regression Table

                                                          Odds     95% CI
Predictor        Coef     SE Coef        Z        P     Ratio   Lower   Upper
Constant     -3.92929    0.202822   -19.37    0.000
Day Mins    0.0112717   0.0009750    11.56    0.000      1.01    1.01    1.01


Log-Likelihood = -1307.129
Test that all slopes are zero: G = 144.035, DF = 1, P-Value = 0.000
```

首先，检验日分钟数与系数 $\hat{\text{OR}} = e^{b_1} = e^{0.0112717} = 1.011335 \cong 1.01$ 之间概率比比率(OR)的关系，如表 13.10 所示。稍后将讨论解释该值。在该例中，有 $b_0 = -3.92929$，$b_1 = 0.0112717$。因此，对给定日分钟数的流失为 $\pi(x) = \dfrac{e^{\beta_0+\beta_1 x}}{1+e^{\beta_0+\beta_1 x}}$ 的客户的概率估计如下：

$$\hat{\pi}(x) = \frac{e^{\hat{g}(x)}}{1+e^{\hat{g}(x)}} = \frac{e^{-3.92929+0.0112717(\text{day minutes})}}{1+e^{-3.92929+0.0112717(\text{day minutes})}}$$

其对数估计为：

$$\hat{g}(x) = -3.92929 + 0.0112717(\text{day minutes})$$

对日分钟数为 100 的客户来说，可以估计其流失的概率为：

$$\hat{g}(100) = -3.92929 + 0.0112717(100) = -2.80212$$

且

$$\hat{\pi}(100) = \frac{e^{\hat{g}(100)}}{1+e^{\hat{g}(100)}} = \frac{e^{-2.80212}}{1+e^{-2.80212}} = 0.0572$$

因此日分钟数为 100 的客户将会流失的估计概率低于 6%。这一概率小于整个数据集中流失客户的比例 14.5%，表明具有较低日通话时长的客户流失的可能性小。

然而，对日通话时长数为 300 分钟的客户来说，有：

$$\hat{g}(300) = -3.92929 + 0.0112717(300) = -0.54778$$

且

$$\hat{\pi}(300) = \frac{e^{\hat{g}(300)}}{1+e^{\hat{g}(300)}} = \frac{e^{-0.54778}}{1+e^{-0.54778}} = 0.3664$$

日通话时长数为 300 分钟的客户，其流失的概率为 36%，几乎是整个数据集中流失客户比例的两倍多，表明通话频繁的客户流失的可能性更高。

该例中的偏差差异 G 如下给出：

$$
\begin{aligned}
G &= \text{deviance(model without predictor)} - \text{deviance(model with predictor)} \\
&= -2\ln[\frac{\text{likelihood without predictor}}{\text{likelihood with predictor}}] \\
&= 2\{\sum_{i=1}^{n}[y_i \ln|\hat{\pi}_i| + (1-y_i)\ln[1-\hat{\pi}_i]] - [n_1\ln(n_1) + n_0\ln(n_0) - n\ln(n)]\} \\
&= 2\{-1307.129 - [483\ln(483) + 2850\ln(2850) - 3333\ln(3333)]\} \\
&= 144.035
\end{aligned}
$$

如表 13.10 所示。

对 G 的 chi-平方测试的 p 值，是在空假设为真 $(\beta_1 = 0)$ 的情况下，通过 $P(x_1^2) > G_{\text{observed}} = P(x_1^2) > 144.035 \cong 0.000$ 给出的如表 13.10 所示。logistic 回归得出的结论为：日通话时长分钟数可用于预测客户流失情况(churn)。

运用 Wald 检验验证日通话时长分钟参数的显著性，有 $b_1 = 0.0112717$ 且 $\text{SE}(b_1) = 0.0009750$，由此可得：

$$
Z_{\text{Wald}} = \frac{0.0112717}{0.0009750} = 11.56
$$

如表 13.10 所示。相关的 p 值为 $P(|z| > 11.56) \cong 0.000$，应用 $\alpha = 0.05$，表明日通话时长分钟数对预测客户流失是有效的。

对表 13.10 进行验证，注意日通话时长数的系数与概率比比率(OR)的自然对数相等：

$$
b_{\text{day minutes}} = \ln(1.01) \approx \ln(1.011335) = 0.0112717
$$

同样，该系数可以如下获得，与公式(13.4)相同：

$$
\begin{aligned}
\ln[\text{OR(day minutes)}] &= \hat{g}(x+1) - \hat{g}(x) \\
&= [b_0 + b_1 \cdot (x+1)] - [b_0 + b_1 \cdot (x)] \\
&= \text{b}_1 = 0.0112717
\end{aligned} \tag{13.5}
$$

上述结果提供了对 b_1 取值的解释。也就是，b_1 表示当预测变量单位增加时，概率比比率对数的估计变化情况。在该例中，b_1=0.0112717，意味着当客户使用的日通话时长数每增加一个单位，流失的概率比比率的对数将增加 0.0117217。

上述获得的概率比比率值，$\hat{\text{OR}} = e^{b_1} = e^{0.0112717} = 1.011335 \cong 1.01$，可解释为日通话时长为 $x+1$ 的客户流失可能性与日通话时长为 x 的客户流失可能性的比值。例如，日通话时长为 201 分钟的客户流失的可能性是日通话时长为 200 分钟的客户流失的可能性的 1.01 倍。

这里单位增加解释为作用有限，因为分析人员可能更希望使用不同的度量单位来解释结果，例如，10 分钟或 60 分钟，甚至有可能为 1 秒。因此，将 logistic 回归系数泛化解释如下：

对于连续预测变量的 logistic 回归系数的解释

对常量 c，$c \cdot b_1$ 表示对数概率比比率 OR 针对预测变量变化为 c 个单位时的估计变化情况。

可以看出这一结果是用 $\hat{g}(x+c)-\hat{g}(x)$ 替代公式(13.5)中的 $\hat{g}(x+1)-\hat{g}(x)$。

$$\begin{aligned}\hat{g}(x+1)-\hat{g}(x) &= [b_0 + b_1 \cdot (x+c)] \\ &= [b_0 + b_1 \cdot (x)] \\ &= c \cdot \mathrm{b}_1\end{aligned}$$

例如，令 $c=60$，表明对对数概率比比率变化为日分钟通话时长增加 60 分钟的情况感兴趣。这一增加估计为 $c \cdot b_1 = 60 \cdot (0.0112717) = 0.676302$。考虑客户 A，其日分钟通话时长比客户 B 多 60。则可以估计客户 A 流失与客户 B 流失的概率比比率(OR)为 $e^{0.676302}=1.97$。也就是说，每增加 60 个单位日分钟通话时长，将使客户流失的概率增加近 1 倍。

与范畴性预测实例类似，可以计算 $100(1-\alpha)\%$，得到概率比的置信区间如下：

$$\exp[b_i \pm z \cdot \hat{\mathrm{SE}}(b_i)]$$

例如，针对某一日分钟通话时长的概率比为 95%的置信区间为：

$$\begin{aligned}\exp[b_i \pm z \cdot \hat{\mathrm{SE}}(b_i)] &= \exp[0.0112717 \pm (1.96) \cdot (0.0009750)] \\ &= (e^{0.0093607}, e^{0.0131827}) \\ &= (1.0094, 1.0133) \\ &\cong (1.01, 1.01)\end{aligned}$$

如表 13.10 所示。客户每增加一个日分钟通话时长的流失概率比比率可信度为 95%时，其置信区间为 1.0094～1.0133。由于该区间不包括 $e^0=1$，故“其关系是有意义的”具有 95%的可信度。

也可以获得第 i 个预测变量的概率比比率，当该预测变量发生 c 个单位的变化时：

$$\exp[\mathrm{c} \cdot b_i \pm z \cdot c \cdot \hat{\mathrm{SE}}(b_i)]$$

例如，前面估计了当日分钟通话时长每增加 60 分钟时，概率比比率的变化情况为 1.97。与该估计相关的置信度为 99%的置信区间的获得方法如下：

$$\begin{aligned}\exp[\mathrm{c} \cdot b_i \pm z \cdot c \cdot \hat{\mathrm{SE}}(b_i)] &= \exp[60 \cdot (0.0112717) \pm 2.576 \cdot (60) \cdot (0.0009750)] \\ &= \exp[0.6763 \pm 0.1507] \\ &= (1.69, 2.29)\end{aligned}$$

我们可以得到每增加一个日分钟通话时长为 60 分钟的变化，在 99%的置信度条件下，将会使流失概率比比率增加的可能性介于 1.69～2.29。

13.9 线性假设

如果连续变量的对数是非线性的，则在涉及概率比比率估计和概率比比率置信区间计算的应用中可能会出现问题。原因在于估计的概率比比率在预测变量的区间内是恒定的。例如，每增加一个单位的日分钟通话时长的估计概率比比率都是 1.01，无论是在第 23 分钟还是在第 323 分钟。同样，增加 60 分钟时，估计概率比比率也都是相同的。无论是涉及 0～60 分钟的时间片还是涉及 55～115 分钟的时间片，其估计概率比比率都是 1.97。

概率比比率为常量的假设未必总是合理的。例如，假设为针对客户服务电话(初始变量，不是指示变量集)的流失情况执行 logistic 回归，其取值为 0～9。结果如表 13.11 所示。

表 13.11 针对客户服务呼叫的流失情况利用 logistic 回归的可疑结果

```
Logistic Regression Table

                                                              Odds     95% CI
Predictor            Coef      SE Coef        Z        P    Ratio   Lower   Upper
Constant         -2.49016    0.0863180   -28.85    0.000
CustServ Calls   0.396169    0.0345617    11.46    0.000     1.49    1.39    1.59


Log-Likelihood = -1313.618
Test that all slopes are zero: G = 131.058, DF = 1, P-Value = 0.000
```

估计概率比比率为 1.49，表明每增加一个额外的客户服务电话时，流失增加的概率比比率。我们期望客户服务电话与流失覆盖的点图可以形成常规的阶梯状模式。然而，考察图 13.3，该图展示的是客户服务电话与流失覆盖率的归一化直方图(归一化使每个矩形有相同的长度，从而增加对比度，以牺牲信息为代价)。较深的部分表明客户流失的比例。

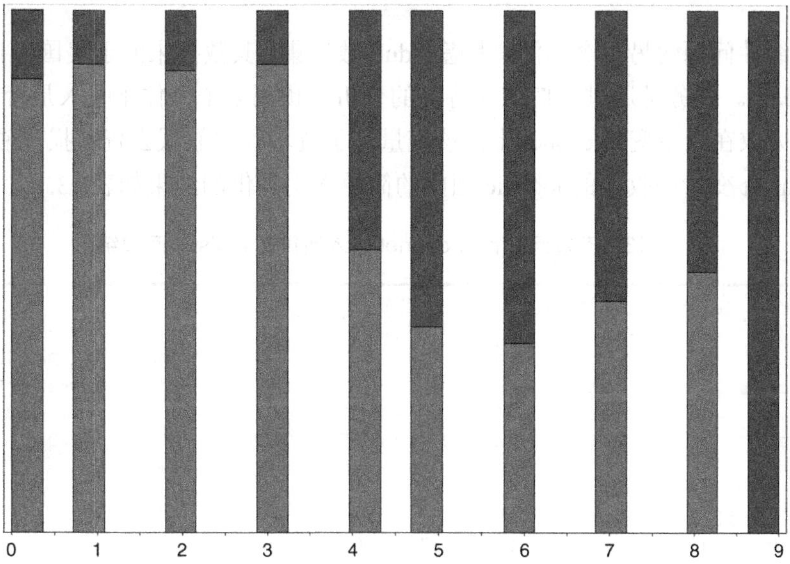

图 13.3 客户服务电话与流失覆盖率的归一化直方图

注意，从左向右移动时，不会获得逐渐下降的模式。相反，在位于 4 个客户服务电话时出现显著的不连续变化的情况。这种情况是前面发现的进行客户服务电话分级时出现的，具有 3 个或更少客户服务电话的客户的流失与 4 个或 4 个以上客户服务电话相比有较大的差别。

表 13.11 的结果表明，客户服务电话从 0 个增加到 1 个将会使概率比比率增加 1.49。这种情况不是个案，正如具有 1 个客户服务电话的客户流失比具有 0 个客户服务电话的客户更少。例如，表 13.12 显示的是客户服务电话为 10 的客户流失与不流失的计数情况，以及每增加一个客户服务电话的估计概率比比率。例如，当客户服务电话从 0 增加到 1 个时其概率比比率为 0.76，其含义是客户服务电话为 1 的用户其流失的可能性比客户服务电话数为 0 的客户要小。在具有 4 个客户服务电话时出现不连续性，其概率比比率为 7.39，表明客户服务电话数为 4 的客户流失的可能性是客户服务电话数为 3 的客户的 7 倍还多。

表 13.12 客户服务电话的客户流失情况，包含估计概率比

	客户服务电话数									
	0	1	2	3	4	5	6	7	8	9
Churn=False	605	1059	672	385	90	26	8	4	1	0
Churn=True	92	122	87	44	76	40	14	5	1	2
Odds ratio	—	0.76	1.12	0.88	7.39	1.82	1.14	0.71	0.8	未定义

注意概率比比率 1.49，其来自于不合适的 logistic 回归应用，未能反映实际数据的情况。如果分析人员希望在分析中利用客户服务电话(的确应该对其加以分析)，则需要考虑非线性的情况，例如，使用指标变量(参考多分支示例)或使用更高阶的项(例如 $x^2, x^3, \cdots$)。注意客户服务电话数为 9 的列包含一个未定义概率比比率，该列包含一个 0 单元。后续将讨论 0 单元问题。

考虑非线性问题的另一个示例，考虑 Adult 数据集，其数据来源于美国人口普查局(US Census Bureau)。任务是通过人口统计特征的分析，预测某个个体年收入是否在$50000 以上。将注意力放在派生变量 capnet 上。该变量等于资本收益额减去资本损失额，以美元计数。关于 capnet 变量的收入的 logistic 回归的简单应用提供的结果如表 13.13。

表 13.13 有疑问的针对 capnet 收入所得的 logistic 回归结果

```
Logistic Regression Table

                                                        Odds     95% CI
Predictor        Coef     SE Coef        Z        P    Ratio  Lower  Upper
Constant     -1.32926   0.0159903   -83.13    0.000
capnet      0.0002561   0.0000079    32.58    0.000     1.00   1.00   1.00


Log-Likelihood = -12727.406
Test that all slopes are zero: G = 2062.242, DF = 1, P-Value = 0.000
```

如表 13.13 所示，capnet 变量的概率比比率为 1.00，置信区间(1.00, 1.00)。能够得出结论认为 capnet 没有显著性吗？如果这一结论成立，如何解释其 Z-检验 p 值近似为 0 所代表的强烈的显著性，如何解释它们表现出来的矛盾呢？

当然，实际并不存在矛盾。问题在于表 13.13 中的概率比结果仅包含两位小数点。更详细的 95%置信区间计算如下：

$$\begin{aligned}\mathrm{CI}(\mathrm{OR}_{\text{capnet}}) &= \exp[b_1 \pm z \cdot \hat{\mathrm{SE}}(b_1)] \\ &= \exp[0.0002561 \pm (1.96) \cdot (0.0000079)] \\ &= (e^{0.0002406}, e^{0.0002716}) \\ &= (1.000241, 1.000272)\end{aligned}$$

如此，capnet 变量 95%置信区间并不包括空值 $e^0 = 1$，表明该变量事实上是显著的。为什么需要这样的精度呢？因为 capnet 是按照美元计量的。例如，每额外增加 1 美元，不会显著地增加高收入的概率。因此，概率比反映比较小，但仍然是显著的(当然，需要输出有更多的小数点位数，才能发现相近的结果之间存在的差异)。

然而，近 87%的记录 capnet 值为 0(无论是资本收益还是资本损失)。这种情况对线性假设有什么影响呢？表 13.14 提供了 capnet 变量可能分类的收入分级计数。

表 13.14 capnet 变量的收入分级计数

收入	cpanet 分类							
	Loss		None		Gain<$3000		Gain≥$3000	
≤$50 000	574	49.7%	17 635	81.0%	370	100%	437	25.6%
>$50 000	582	50.3%	4 133	19.0%	0	0%	1269	74.4%
Total	1 156		21 768		370		1706	

注意到高收入关联的是 capnet loss 或 capnet gain≥$3000，而低收入关联的是 capnet none 或 capnet gain<$3000。这样的关系与线性假设是不兼容的。因此需要返回 logistic 回归分析，使用表 13.14 所示的 capnet 分类。

13.10 零单元问题

很遗憾，现在面对一个新问题，即交叉验证表中的零计数单元问题。在数据集中没有收入超过$50 000 且 capnet 收益低于$3000 的个体记录。零单元破坏了 logistic 回归解决方案，导致分析的不稳定性并可能产生不可靠的结果。

与其忽略"gain < $3000"的分类，不如尝试对分类进行划分或重新定义，以便发现属于零单元的记录。在该示例中，将尝试重新为 capnet 收益分类定义类的限制，将找到更好的平衡这些记录分类的好处。新的类边界和交叉验证如表 13.15 所示。

表 13.15 cpanet 分类的收入水平计数，新类别

收入	cpanet 分类							
	Loss		None		Gain<$5000		Gain≥$5000	
≤$50 000	574	49.7%	17 635	81.0%	685	83.0%	122	9.8%
>$50 000	582	50.3%	4 133	19.0%	140	17.0%	1129	90.2%
Total	1 156		21 768		370		1706	

收入的 logistic 回归的新分类 capnet 结果如表 13.16 所示。

表 13.16 分类 capnet 的收入的 logistic 回归结果

```
Logistic Regression Table

                                                          Odds     95% CI
Predictor              Coef    SE Coef       Z       P   Ratio  Lower  Upper
Constant           -1.45088  0.0172818  -83.95   0.000
capnet-cat
 gain < $5,000    -0.136894  0.0943471   -1.45   0.147    0.87   0.72   1.05
 gain >= $5,000     3.67595  0.0968562   37.95   0.000   39.49  32.66  47.74
 loss               1.46472  0.0613110   23.89   0.000    4.33   3.84   4.88


Log-Likelihood = -12156.651
Test that all slopes are zero: G = 3203.753, DF = 3, P-Value = 0.000
```

参考类是 zero capnet。该分类中 gain<$5000 不显著，因为其高低收入的比例与 zero capnet 相似，如表 13.15 所示。损失和 gain≥$5000 都具有显著性，但存在数量级的差别。记录显示高收入资本损益是 zero capnet 的 4.33 倍，而 capnet 收益至少为$5000 的人，高收益是参考分类的 40 倍。

这些结果所表现出来的变异性增强了收益与 cpanet 之间的关系是非线性的这一断言，简单地在 logistic 回归中插入 capnet 变量的方法存在缺陷。

对显示 cpanet 损失的人来说，可以估计其具有$50000 收入的概率，首先计算对数：

$$\hat{g}(0,1) = -1.45088 + 3.67595(0) + 1.46472(1) = 0.01384$$

由此获得概率：

$$\hat{\pi}(0,1) = \frac{e^{\hat{g}(0,1)}}{1 + e^{\hat{g}(0,1)}} = \frac{e^{0.01384}}{1 + e^{0.01384}} = 0.5035$$

由此可得，具有 capnet 损失的人其收入在$50 000 以上的概率为 50-50。同样，可以估计那些 cpanet 收益至少$5000 的人其收入高于$50 000 的概率。对数为：

$$\hat{g}(0,1) = -1.45088 + 3.67595(1) + 1.46472(0) = 2.22507$$

由此得到概率：

$$\hat{\pi}(0,1)=\frac{e^{\hat{g}(1,0)}}{1+e^{\hat{g}(1,0)}}=\frac{e^{2.22507}}{1+e^{2.22507}}=0.9025$$

注意，这些概率与表 13.15 中使用单元计数所得的概率相同。同样方法可知 capent 收益低于$5000 的情况。然而，发现该分类没有显著性。对 capnet 收益较小的人的概率估计表明他们具有高收入吗？

应当使用单元计数和 logistic 回归(概率=17%)提供的估计吗？即使这一估计没有显著性。回答是否定的，这种方法不适用于规范的估计。使用非显著性变量进行估计将增加估计不具有适用性的概率。也就是说，估计的普遍性(有用性)减弱了。

现在，在一定的环境下，如交叉验证(参考后面的 logistic 回归验证相关内容)分析，其中所有的子样例共同作用的变量具有显著性，则分析人员可以注释估计，注明该变量可以被用于估计。然而，一般来说，在估计时应该使用那些显著性的变量。由此，在该例中，那些具有 capnet 收益较小但可能收入较高的人的概率估计如下：

$$\hat{g}(0,0)=-1.45088$$

得其概率为：

$$\hat{\pi}(0,0)=\frac{e^{\hat{g}(0,0)}}{1+e^{\hat{g}(0,0)}}=\frac{e^{-1.45088}}{1+e^{-1.45088}}=0.1899$$

该结果与具有 cpanet 为 0 但收入高的人的概率相同。

13.11　多元 logistic 回归

到目前为止，所讨论的 logistic 回归一次仅包含一个变量。然而，数据挖掘中的数据集仅包含一个变量的情况很少见。因此需要考虑多元 logistic 回归，涉及利用多个预测变量来分类二元响应变量。

回到客户流失(churn)数据集，检查客户流失是否与下列预测变量有关：

- 国际套餐(International Plan)，标志型变量
- 语音邮件套餐(Voice Mail Plan)，标志型变量
- CSC-Hi，标志型变量，表示某个客户是否有很高的客户服务电话数(≥4)
- 账户长度(Account Length)，连续型变量
- 日通话时长(Day Minutes)，连续型变量
- 晚间通话分钟(Evening Minutes)，连续型变量
- 夜晚通话分钟(Night Minutes)，连续型变量
- 国际电话分钟(International Minutes)，连续型变量

结果如表 13.17 所示。

表 13.17 客户流失案例多变量多元 logistic 回归结果

Logistic Regression Table

Predictor	Coef	SE Coef	Z	P	Odds Ratio	95% CI Lower	95% CI Upper
Constant	-8.15980	0.536092	-15.22	0.000			
Account Length	0.0008006	0.0014408	0.56	0.578	1.00	1.00	1.00
Day Mins	0.0134755	0.0011192	12.04	0.000	1.01	1.01	1.02
Eve Mins	0.0073029	0.0011695	6.24	0.000	1.01	1.01	1.01
Night Mins	0.0042378	0.0011474	3.69	0.000	1.00	1.00	1.01
Intl Mins	0.0853508	0.0210217	4.06	0.000	1.09	1.05	1.13
Int_l Plan							
yes	2.03287	0.146894	13.84	0.000	7.64	5.73	10.18
VMail Plan							
yes	-1.04435	0.150087	-6.96	0.000	0.35	0.26	0.47
CSC-Hi							
1	2.67683	0.159224	16.81	0.000	14.54	10.64	19.86

Log-Likelihood = -1036.038
Test that all slopes are zero: G = 686.218, DF = 8, P-Value = 0.000

首先，注意整个回归具有显著性，其 G 统计的 p 值近似于 0。因此，整个模型可用于客户流失情况的分类。

然而，并不是模型中的所有变量都有用。检验每个预测变量的(Wald)z 统计 p 值。所有 p 值除了一个以外都比较小，表明除了账户长度外，所有其他预测变量都属于该模型。账户长度是标准化的客户账户的长度。Wald 账户长度的 z 统计为 0.56，p 值较大为 0.578，表明该变量对客户流失分类没有用处。另外，概率比比率的 95%置信区间包含 1.0，也增强了账户长度不属于该模型的结论。

为此，将从该模型中消除账户长度，只考虑对其他变量运用 logistic 回归。其结果如表 13.18 所示。

表 13.18 忽略账户长度后进行 logistic 回归产生的结果

Logistic Regression Table

Predictor	Coef	SE Coef	Z	P	Odds Ratio	95% CI Lower	95% CI Upper
Constant	-8.07374	0.512446	-15.76	0.000			
Day Mins	0.0134735	0.0011190	12.04	0.000	1.01	1.01	1.02
Eve Mins	0.0072939	0.0011694	6.24	0.000	1.01	1.01	1.01
Night Mins	0.0042223	0.0011470	3.68	0.000	1.00	1.00	1.01
Intl Mins	0.0853509	0.0210212	4.06	0.000	1.09	1.05	1.13
Int_l Plan							
yes	2.03548	0.146822	13.86	0.000	7.66	5.74	10.21
VMail Plan							
yes	-1.04356	0.150064	-6.95	0.000	0.35	0.26	0.47
CSC-Hi							

Log-Likelihood = -1036.192
Test that all slopes are zero: G = 685.910, DF = 7, P-Value = 0.000

比较表 13.17 与表 13.18，可以看出，忽略账户长度几乎不会对分析产生影响。其余变量都具有显著性，并被保留在模型中。

预测变量系数为正值，表明预测变量的增加与客户流失概率增加相关。同样，预测变量系数为负值，表明与流失概率降低相关。每个分钟变量的单位增加与流失概率增加相关，同样，国际套餐的成员和客户服务电话数较高的客户也是如此。仅当客户属于语音邮件套餐时，流失的概率下降。

表 13.18 提供的估计对数为：

$$\begin{aligned}\hat{g}(\text{x}) = &-8.07374 + 0.0134735(\text{DayMins}) + 0.0072939(\text{EveMins}) \\ &+ 0.0042223(\text{NightMins}) + 0.0853509(\text{IntlMins}) \\ &+ 2.03548(\text{Int\_lPlan} = \text{Yes}) - 1.04356(\text{VMailPlan} = \text{Yes}) \\ &+ 2.67697(\text{CSC} - \text{Hi} = 1)\end{aligned}$$

其中 IntlPlan=Yes，VMailPlan=Yes，CSC-Hi=1 分别表示指标(哑元)变量。利用：

$$\hat{\pi}(x) = \frac{e^{\hat{g}(x)}}{1 + e^{\hat{g}(x)}}$$

在给定预测变量的各类值后，可以估计特定客户流失的概率。将为下列客户估计其流失的概率：

(1) 不属于任何套餐且客户服务电话数低的低使用客户。

(2) 不属于任何套餐且客户服务电话数低的中等使用客户。

(3) 属于国际套餐但不属于语音邮件套餐，客户服务电话数高的高使用客户。

(4) 属于语音邮件套餐但不属于国际套餐，客户服务电话数低的高使用客户。

- 第(1)类情况：不属于任何套餐且客户服务电话数低的低使用客户。该客户日通话、晚间通话和夜晚通话时长均为 100 分钟，没有国际通话。其对数为：

$$\begin{aligned}\hat{g} = &-8.07374 + 0.0134735(100) + 0.0072939(100) \\ &+ 0.0042223(100) + 0.0853509(0) \\ &+ 2.03548(0) - 1.04356(0) + 2.67697(0) \\ = &-5.57477\end{aligned}$$

  客户(1)流失的概率为：

$$\hat{\pi}(x) = \frac{e^{\hat{g}(x)}}{1 + e^{\hat{g}(x)}} = \frac{e^{-5.57477}}{1 + e^{-5.57477}} = 0.003778$$

  结果表明，具有较低使用率、不属于任何套餐、客户服务电话数低的客户其流失的可能性小于 1%。

- 第(2)类客户：不属于任何套餐且客户服务电话数低的中等使用客户。该客户具有 180 分钟日通话时长，200 分钟晚间和夜晚通话时长，10 分钟国际通话，每个数字都接近分类的平均值。其对数为：

$$\begin{aligned}\hat{g}(x) &= -8.07374 + 0.0134735(180) + 0.0072939(200) \\ &\quad + 0.0042223(200) + 0.0853509(10) \\ &\quad + 2.03548(0) - 1.04356(0) + 2.67697(0) \\ &= -2.491761\end{aligned}$$

客户(2)流失的概率为：

$$\hat{\pi}(x) = \frac{e^{\hat{g}(x)}}{1+e^{\hat{g}(x)}} = \frac{e^{-2.491761}}{1+e^{-2.491761}} = 0.076435$$

具有中等使用，不属于任何套餐，客户服务电话数低的客户流失的概率低于 8%。

- 第(3)类情况：属于国际套餐但不属于语音邮件套餐，客户服务电话数高的高使用客户。客户白天、傍晚和夜晚通话时长 300 分钟，20 分钟国际通话。其对数为：

$$\begin{aligned}\hat{g}(x) &= -8.07374 + 0.0134735(300) + 0.0072939(300) \\ &\quad + 0.0042223(300) + 0.0853509(20) \\ &\quad + 2.03548(1) - 1.04356(0) + 2.67697(1) \\ &= 5.842638\end{aligned}$$

因此，客户(3)流失的概率为：

$$\hat{\pi}(x) = \frac{e^{\hat{g}(x)}}{1+e^{\hat{g}(x)}} = \frac{e^{5.842638}}{1+e^{5.842638}} = 0.997107$$

高使用率客户，属于国际套餐但不属于语音邮件套餐，客户服务电话数高的客户，其流失的概率达到令人惊讶的 99.71%。针对该类型的客户，公司需要尽快部署干预措施，以避免这类客户的大量流失。

- 第(4)类客户：属于语音邮件套餐但不属于国际套餐，客户服务电话数低的高使用客户。客户日、晚间、夜晚通话时长仍然为 300 分钟，20 分钟国际通话。其对数为：

$$\begin{aligned}\hat{g}(x) &= -8.07374 + 0.0134735(300) + 0.0072939(300) \\ &\quad + 0.0042223(300) + 0.0853509(20) \\ &\quad + 2.03548(0) - 1.04356(1) + 2.67697(0) \\ &= 0.086628\end{aligned}$$

客户(4)流失的概率为：

$$\hat{\pi}(x) = \frac{e^{\hat{g}(x)}}{1+e^{\hat{g}(x)}} = \frac{e^{0.086628}}{1+e^{0.086628}} = 0.5216$$

此类客户的流失率也超过 50%，大约是总流失率 14.5%的 3 倍。

对于缺少一个或多个指标变量值的数据，在估计时简单地忽略这些缺少值可能是不适当的。假设对客户(4)来说，没有他是否参与语音邮件套餐的数据。如果忽略该数据，则计算对数如下：

$$
\begin{aligned}
\hat{g}(x) &= -8.07374 + 0.0134735(300) + 0.0072939(300) \\
&\quad + 0.0042223(300) + 0.0853509(20) \\
&\quad + 2.03548(0) + 2.67697(0) \\
&= 1.130188
\end{aligned}
$$

注意，该结果与已知客户没有参与语音邮件套餐获得的对数结果相同。采用该结果来估计那些不知是否参加语音邮件套餐的客户的概率是不正确的。因为该结果实际上就是该客户未参加语音邮件套餐的结果，其他情况与客户(4)相同：

$$\hat{\pi}(x) = \frac{e^{\hat{g}(x)}}{1+e^{\hat{g}(x)}} = \frac{e^{1.130188}}{1+e^{1.130188}} = 0.7559$$

这类客户流失的概率接近 76%。

13.12 引入高阶项处理非线性

通过再次运用 Adult 数据集，描述了如何检验多元 logistic 回归的线性假设问题。对该示例，仅仅利用了如下变量：

- 年龄(Age)
- 受教育年限(Education-num)
- 每周工作小时数(Hours-per-week)
- Capnet(=资本收益-资本损失)(=capital - capital loss)
- 婚姻状态(Marital-status)
- 性别(Sex)
- 收入(Income)：二元目标变量，收入≤\$50000，或收入>\$50000

其中原始数据中婚姻状态中包含的 3 类“已婚”分类被分成为单一的“已婚”类别。其中年龄与目标变量叠加而成的归一化直方图如图 13.4 所示。

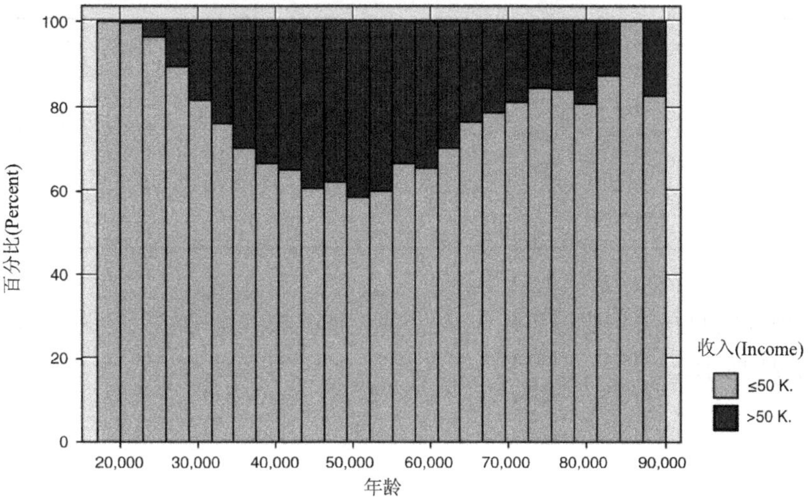

图 13.4 年龄与收入叠加形成的归一化直方图显示出二次关系

较深的带条表示高收入的比例。显然，该比例在年龄=52 之前都处于增长状态，在年龄=52 之后开始下降。这一行为是非线性的且在 logistic 回归中不能通过简单建模获得。假设希望利用年龄这一单一预测变量对收入执行 logistic 回归。则其结果如表 13.19 所示。

表 13.19 简单应用年龄预测收入的 logistic 回归结果

Logistic Regression Table

Predictor	Coef	SE Coef	Z	P	Odds Ratio	95% CI Lower	Upper
Constant	-2.72401	0.0486021	-56.05	0.000			
age	0.0388221	0.0010994	35.31	0.000	1.04	1.04	1.04

表 13.19 显示预测变量年龄具有显著性，其估计的概率比比率为 1.04。回忆前述对该概率比比率的解释如下：年龄为 $x+1$ 的人具有高收入的比例是年龄为 x 的人具有高收入比例的 1.04 倍。

现在根据图 13.4 重新考虑这一解释。概率比比率为 1.04 显然无法解释年龄大于 50 的情况。原因在于 logistic 回归被假定为是线性的，而实际存在的关系是非线性的。

解决这一问题可以采用两种方案。首先，采用前述的利用指标变量的方法。在本例中，利用指示变量年龄 33～65，其中所有属于该区域的记录被编码为 1，而不属于该区域的记录编码为 0。采用该编码的原因在于，可以发现高收入人群柱状图都处于该区域中。利用该方法产生的 logistic 回归结果见表 13.20。概率比比率为 5.01，表明年龄在 33～65 岁的人群具有高收入的可能性是未处于该年龄范围内人群具有高收入可能性的 5 倍。

表 13.20 针对年龄为 33～65 岁的收入情况的 logistic 回归

Logistic Regression Table

Predictor	Coef	SE Coef	Z	P	Odds Ratio	95% CI Lower	Upper
Constant	-2.26542	0.0336811	-67.26	0.000			
age 33 - 65	1.61103	0.0379170	42.49	0.000	5.01	4.65	5.39

另外一种替代的方法是通过引入 age^2 变量直接建模关系的二元行为。其 logistic 回归结果如表 13.21 所示。

表 13.21 引入二次项 age^2 对非线性的年龄建模

Logistic Regression Table

Predictor	Coef	SE Coef	Z	P	Odds Ratio	95% CI Lower	Upper
Constant	-9.08016	0.194526	-46.68	0.000			
age	0.347807	0.0089465	38.88	0.000	1.42	1.39	1.44
age-squared	-0.0034504	0.0000992	-34.77	0.000	1.00	1.00	1.00

年龄变量的概率比比率从未采用二次项时的 1.04 增加到 1.42。对 age^2 来说，概率比比率和置信区间的端点为均为 1.00，但这一结果仅仅是因为采用了四舍五入造成的。根据实际情况，$\text{OR} = e^{b_2}$ 来获得更准确的概率比，则 $\text{OR} = e^{b_2} = e^{-0.0034504} = 0.99656$。同样 95%置信区间计算如下：

$$\begin{aligned} \text{CI(OR)} &= \exp[b_2 \pm z \cdot \hat{SE}(b_2)] \\ &= \exp[-0.0034504 \pm (1.96) \cdot (0.0000992)] \\ &= (e^{-0.003645}, e^{-0.0003256}) \\ &= (0.9964, 0.9967) \end{aligned}$$

该结果支持 p 值有关该项具有显著性的结论。

age^2 项类似一种惩罚函数，降低了年龄较大的人具有高收入的概率。下面同时检验 age 和 age^2 项，用于估计具有以下特征的人群，其收入高于$50000 的概率。

(1) 年龄为 30 岁的人群

(2) 年龄为 50 岁的人群

(3) 年龄为 70 岁的人群

估计对数如下计算：

$$\hat{g}(age, age^2) = -9.08016 + 0.347807(age) - 0.0034504(age^2)$$

对上述 3 类不同人群，其值如下：

$$\begin{aligned} \hat{g}(30, 30^2) &= -9.08016 + 0.347807(30) - 0.0034504(30^2) = -1.75131 \\ \hat{g}(50, 50^2) &= -9.08016 + 0.347807(50) - 0.0034504(50^2) = -0.31581 \\ \hat{g}(70, 70^2) &= -9.08016 + 0.347807(70) - 0.0034504(70^2) = -1.64063 \end{aligned}$$

注意 50 岁人群的对数值最大，建模其行为如图 13.4 所示。由此可以获得 3 类人群中收入高于$50 000 的估计概率：

$$\hat{\pi}(x)=\frac{e^{\hat{g}(x)}}{1+e^{\hat{g}(x)}}$$

$$\begin{cases}(1)=\dfrac{e^{-1.75131}}{1+e^{-1.75131}}=0.1479\\(2)=\dfrac{e^{-0.31581}}{1+e^{-0.31581}}=0.4317\\(3)=\dfrac{e^{-1.64063}}{1+e^{-1.64063}}=0.1624\end{cases}$$

30 岁、50 岁、70 岁人群其收入高于$50 000 的概率分别为 14.79%、43.17%、16.24%。整个包含 25 000 记录的训练集中，收入高于$50 000 的比例为 $\frac{5984}{25000}=23.94\%$。

使用二次项(包括原来的年龄的一次项)而不是指标变量的好处在于二次项是连续的，基本上能够对年龄的变化提供更切实的估计。例如，指标变量 *age*=33～65 将整个记录分为两类，由此年龄为 20 岁的人群与年龄为 32 岁的人群都放在一个分类中，产生的模型(所有其他变量均为常数)对 20 岁人群和 32 岁人群中具有高收入的概率计算结果是相同的。而采用二次项，32 岁人群中具有高收入的概率比 20 岁人群中具有高收入的概率更高(见练习题)。

接着考虑受教育年限变量，该变量表示记录所表示的个体受教育的年数。收入与受教育年限之间的关系如图 13.5 所示。

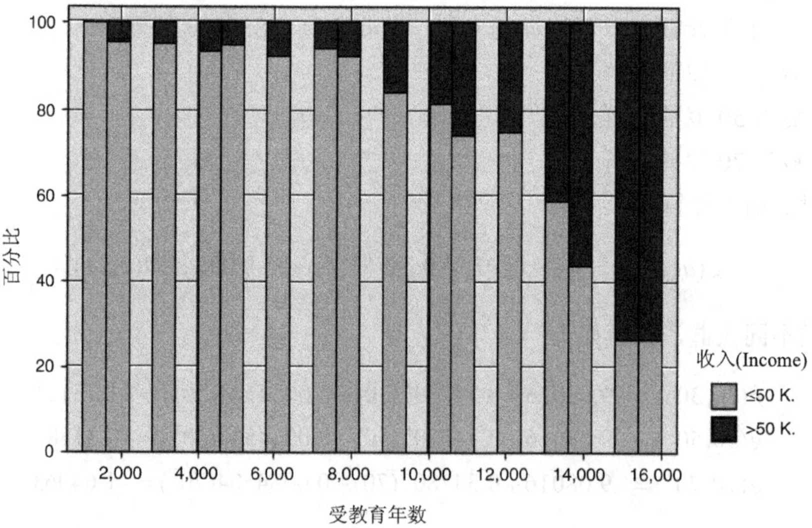

图 13.5 受教育年限与收入叠加的归一化直方图

图 13.5 的模式显示的也是二次项，虽然看起来不如图 13.4 那样明显。当受教育年限增加时，个体具有高收入的比例也随之增加。以受教育年限为 8 年为界，之前的比例增长比较缓慢，在此以后，高收入比例随受教育年限的增长快速增长。由此，将收入与受教育

水平之间的关系建模为严格的线性关系是不正确的，需要引入二次项。

注意，对变量年龄而言，二次项 age^2 的系数为负值，表示其年龄越大，对收入的影响越具有负面影响。然而，对变量受教育年限来说，则是高收入的比例越高，由此认为二次项 $education^2$ 系数应该为正值。针对受教育年限和其二次项 $education^2$ 进行 logistic 回归的结果如表 13.22 所示。

表 13.22　对受教育年限和其二次项 $education^2$ 进行收入 logistic 回归的结果

Logistic Regression Table

Predictor	Coef	SE Coef	Z	P	Odds Ratio	95% CI Lower	95% CI Upper
Constant	-3.10217	0.235336	-13.18	0.000			
education-num	-0.0058715	0.0443558	-0.13	0.895	0.99	0.91	1.08
educ-squared	0.0170305	0.0020557	8.28	0.000	1.02	1.01	1.02

正如期望的那样，$education^2$ 的系数为正值。然而，注意到变量受教育年限并不具有显著性，因为其具有较大的 p 值，置信区间包含 1.0。由此，在分析时将会忽略受教育年限，在对收入执行 logistic 回归时仅针对 $education^2$ 开展，结果如表 13.23 所示。

表 13.23　仅对 $education^2$ 开展针对收入的 logistic 回归结果

Logistic Regression Table

Predictor	Coef	SE Coef	Z	P	Odds Ratio	95% CI Lower	95% CI Upper
Constant	-3.13280	0.0431422	-72.62	0.000			
educ-squared	0.0167617	0.0003193	52.50	0.000	1.02	1.02	1.02

此时，$education^2$ 项具有显著性，有 $\text{OR} = e^{b_1} = e^{0.0167617} = 1.0169$，95%置信区间由下式给出：

$$
\begin{aligned}
\text{CI(OR)} &= \exp[b_1 \pm z \cdot \hat{\text{SE}}(b_1)] \\
&= \exp[0.0167617 \pm (1.96) \cdot (0.0003193)] \\
&= (e^{0.01614}, e^{0.01739}) \\
&= (1.01627, 1.01754)
\end{aligned}
$$

估计具有下列受教育年限的人群收入超过$50 000 概率。

(1) 受教育年限为 12 年。

(2) 受教育年限为 16 年。

对数估计为：

$$\hat{g}(x) = -3.1328 + 0.0167617(education^2)$$

得到如下值：

(1) $\hat{g}(x) = -3.1328 + 0.0167617(12^2) = -0.719115$

(2) $\hat{g}(x) = -3.1328 + 0.0167617(16^2) = 1.1582$

然后，可得收入超过$50 000 的估计概率：

$$\hat{\pi}(x) = \frac{e^{\hat{g}(x)}}{1 + e^{\hat{g}(x)}}$$

$$\begin{cases} (1) = \dfrac{e^{-0.719115}}{1 + e^{-0.719115}} = 0.3276 \\ (2) = \dfrac{e^{1.1582}}{1 + e^{1.1582}} = 0.7610 \end{cases}$$

受教育年限为 12 年和 16 年的人群其收入高于$50 000 的概率分别为 32.76%和 76.10%。显然，对这些人群来说，在学校多待些时间是值得的。

最后，验证变量每周工作小时数(hours-per-week)，该变量表示个体每周工作的小时数。其归一化直方图如图 13.6 所示。

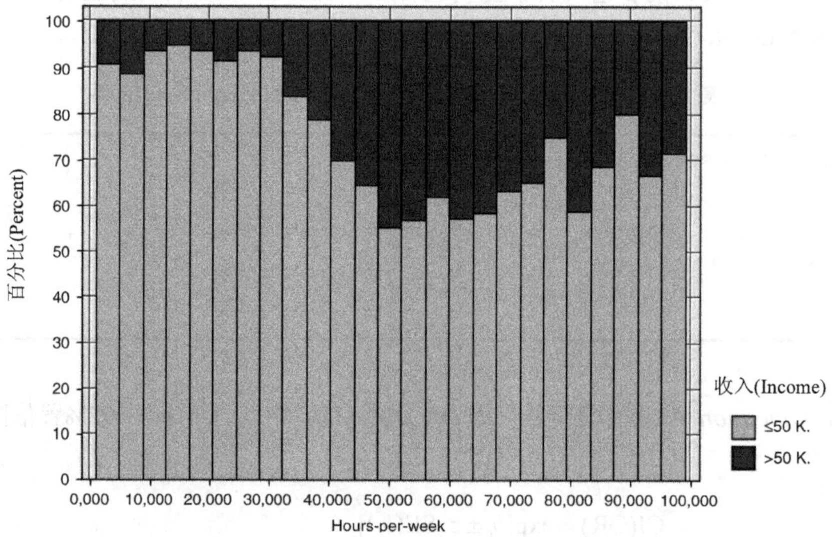

图 13.6 周工作小时数与收入叠加的归一化直方图

在图 13.6 中，的确能够发现非线性。二次项似乎出现在每周 50 小时之前。然而，在每周 50 小时时，模式发生了改变，因此整个曲线是一个倒 S 曲线。这种模式表示需要一个三次项，在原变量中引入三次项。在此引入 *hours*^{3}，针对周工作小时数、*hours*^{2} 和 *hours*^{3} 进行收入的 logistic 回归分析，结果见表 13.24。

表 13.24 针对周工作小时数、*hours*^{2} 和 *hours*^{3} 进行收入的 logistic 回归分析的结果

Logistic Regression Table

Predictor	Coef	SE Coef	Z	P	Odds Ratio	95% CI Lower	Upper
Constant	-3.04582	0.232238	-13.12	0.000			
hours-per-week	-0.0226237	0.0155537	-1.45	0.146	0.98	0.95	1.01
hours squared	0.0026616	0.0003438	7.74	0.000	1.00	1.00	1.00
hours cubed	-0.0000244	0.0000024	-10.14	0.000	1.00	1.00	1.00

注意，原始变量周工作小时数，不再具有显著性。重新进行分析，仅引入二次项 *hours*^{2} 和三次项 *hours*^{3}，结果如表 13.25 所示。二次项 *hours*^{2} 和三次项 *hours*^{3} 都具有显著性。对这些结果的分析和解释留在作业中供学习。

表 13.25 针对 *hours*^{2} 和 *hours*^{3} 进行收入的 logistic 回归的分析结果

Logistic Regression Table

Predictor	Coef	SE Coef	Z	P	Odds Ratio	95% CI Lower	Upper
Constant	-3.37144	0.0708973	-47.55	0.000			
hours squared	0.0021793	0.0000780	27.96	0.000	1.00	1.00	1.00
hours cubed	-0.0000212	0.0000009	-22.64	0.000	1.00	1.00	1.00

将所有本节讨论的结果汇总，可以构建 logistic 回归模型，用于基于以下变量预测收入：

- 年龄(age)
- *age*^{2}
- *education*^{2}
- *hours*^{2}
- *hours*^{3}
- *Capnet-cat*
- 婚姻状况
- 性别

结果如表 13.26 所示，分析和解释留作练习作业。

表 13.26 收入 logistic 回归结果

Logistic Regression Table

Predictor	Coef	SE Coef	Z	P	Odds Ratio	95% CI Lower	Upper
Constant	-11.5508	0.282276	-40.92	0.000			
age	0.235060	0.0115234	20.40	0.000	1.26	1.24	1.29
age-squared	-0.0023038	0.0001253	-18.38	0.000	1.00	1.00	1.00
educ-squared	0.0163723	0.0004017	40.76	0.000	1.02	1.02	1.02
hours squared	0.0012647	0.0000888	14.25	0.000	1.00	1.00	1.00
hours cubed	-0.0000127	0.0000010	-12.35	0.000	1.00	1.00	1.00
capnet-cat							
gain < $5,000	-0.189060	0.109220	-1.73	0.083	0.83	0.67	1.03
gain >= $5,000	3.46054	0.114327	30.27	0.000	31.83	25.44	39.83
loss	1.15582	0.0793780	14.56	0.000	3.18	2.72	3.71
marital-status							
Married	2.15226	0.0749850	28.70	0.000	8.60	7.43	9.97
Never-married	-0.124760	0.0931762	-1.34	0.181	0.88	0.74	1.06
Separated	-0.0212868	0.175555	-0.12	0.903	0.98	0.69	1.38
Widowed	0.372877	0.169419	2.20	0.028	1.45	1.04	2.02
sex							
Male	0.209341	0.0554578	3.77	0.000	1.23	1.11	1.37

Log-Likelihood = -8238.566
Test that all slopes are zero: G = 11039.923, DF = 13, P-Value = 0.000

13.13 logistic 回归模型的验证

Hosmer 和 Lebeshow 撰写的书提供了 logistic 回归模型拟合情况的评估方法，包括拟合优度统计和模型诊断。然而，在此采用传统的保持样本方法研究 logistic 回归模型的验证。

包含 25 000 条记录的训练数据集被随机划分为两个数据集，训练集 A 包括 12 450 条记录，训练集 B 包含 12 550 条记录。在训练集 A 中共有 2953 条记录(23.72%)的收入超过$50 000，而训练集 B 有 3031 条(24.15%)记录的收入超过$50 000。因此，不能期望对两个数据集的参数估计和概率比比率完全相同。婚姻状况和性别包含的是指标变量。它们的参考分类(所有的指标均为 0)分别是离异和女性。针对训练集 A 和 B 执行 logistic 回归结果分别如表 13.27 和表 13.28 所示。

表 13.27　训练集 A 的 logistic 回归结果

Logistic Regression Table

Predictor	Coef	SE Coef	Z	P	Odds Ratio	95% CI Lower	Upper
Constant	-9.06305	0.232199	-39.03	0.000			
age	0.0278994	0.0023420	11.91	0.000	1.03	1.02	1.03
education-num	0.374356	0.0120668	31.02	0.000	1.45	1.42	1.49
marital-status							
Married	2.02743	0.103258	19.63	0.000	7.59	6.20	9.30
Never-married	-0.489140	0.127005	-3.85	0.000	0.61	0.48	0.79
Separated	-0.369533	0.278258	-1.33	0.184	0.69	0.40	1.19
Widowed	-0.0760889	0.233292	-0.33	0.744	0.93	0.59	1.46
sex							
Male	0.166622	0.0757310	2.20	0.028	1.18	1.02	1.37
hours-per-week	0.0309548	0.0023358	13.25	0.000	1.03	1.03	1.04
capnet	0.0002292	0.0000127	17.98	0.000	1.00	1.00	1.00

Log-Likelihood = -4358.063
Test that all slopes are zero: G = 4924.536, DF = 9, P-Value = 0.000

表 13.28　训练集 B 的 logistic 回归结果

Logistic Regression Table

Predictor	Coef	SE Coef	Z	P	Odds Ratio	95% CI Lower	Upper
Constant	-8.85216	0.230298	-38.44	0.000			
age	0.0224645	0.0023381	9.61	0.000	1.02	1.02	1.03
education-num	0.368721	0.0121961	30.23	0.000	1.45	1.41	1.48
marital-status							
Married	2.02076	0.100676	20.07	0.000	7.54	6.19	9.19
Never-married	-0.587585	0.126032	-4.66	0.000	0.56	0.43	0.71
Separated	0.0943940	0.222559	0.42	0.671	1.10	0.71	1.70
Widowed	-0.181349	0.246958	-0.73	0.463	0.83	0.51	1.35
sex							
Male	0.311218	0.0745234	4.18	0.000	1.37	1.18	1.58
hours-per-week	0.0316433	0.0023875	13.25	0.000	1.03	1.03	1.04
capnet	0.0002455	0.0000135	18.16	0.000	1.00	1.00	1.00

Log-Likelihood = -4401.957
Test that all slopes are zero: G = 5071.837, DF = 9, P-Value = 0.000

注意，两个数据集所有的参数，除分居(*separated*)和丧偶标志(*widowed*)变量外，都具有显著性(Wald-Z p 值所示)。总体来说，除了那些反复变化的情况，如男性(male)和分居外，系数值彼此之间是比较接近的。

训练集 A 和 B 的估计对数分别为：

$$\hat{g}_A(x) = -9.06305 + 0.0278994(Age) + 0.374356(Education\_num) + 2.02743(Married) - 0.489140(Never\_married) - 0.369533(Separated) - 0.0760889(Windowed) + 0.166622(Male) + 0.0309548(Hours\_per\_week) + 0.0002292(Capnet)$$

$$\hat{g}_B(x) = -8.8516 + 0.0224645(Age) + 0.368721(Education\_num) + 2.02076(Married) - 0.587585(Never\_married) - 0.094394(Separated) - 0.181349(Windowed) + 0.311218(Male) + 0.0316433(Hours\_per\_week) + 0.0002455(Capnet)$$

针对每个对数，将估计下列不同类型人群收入超过$50 000 的概率：

(1) 50 岁已婚男性，具有 20 年受教育经历，每周工作 40 小时，capnet 为$500。

(2) 50 岁已婚男性，具有 16 年受教育经历，每周工作 40 小时，无资本收益或损益。

(3) 35 岁离异女性，12 年受教育经历，每周工作 30 小时，无资本收益或损益。

- 50 岁已婚男性，具有 20 年受教育经历，每周工作 40 小时，capnet 为$500 的情况，对训练集 A、B 计算对数如下：

$$\hat{g}_A(x) = -9.06305 + 0.0278994(50) + 0.374356(20) + 2.02743(1) - 0.489140(0) - 0.369533(0) - 0.0760889(0) + 0.166622(1) + 0.0309548(40) + 0.0002292(500) = 3.365884$$

$$\hat{g}_B(x) = -8.8516 + 0.0224645(50) + 0.368721(20) + 2.02076(1) - 0.587585(0) - 0.094394(0) - 0.181349(0) + 0.311218(1) + 0.0316433(40) + 0.0002455(500) = 3.365945$$

根据上述对数结果，该类型人群收入超过$50 000 的概率为：

$$\hat{\pi}_A(x) = \frac{e^{\hat{g}(x)}}{1+e^{\hat{g}(x)}} = \frac{e^{3.365884}}{1+e^{3.365884}} = 0.966621$$

$$\hat{\pi}_B(x) = \frac{e^{\hat{g}(x)}}{1+e^{\hat{g}(x)}} = \frac{e^{3.365945}}{1+e^{3.365945}} = 0.966623$$

上述结果表明，50 岁已婚男性，具有 20 年受教育经历，每周工作 40 小时，capnet 为$500 的人群收入超过$50 000 的概率为 96.66%，两个数据集中的差别仅仅只有 0.000002。如果是合理的，则这些估计概率的相似性对 logistic 回归的验证提供了强烈的证据。

遗憾的是，这些估计并不完全合理，因为他们表示针对受教育年限变量的推理，其最大值仅为 16 年。因此，这些估计无法用于一般性估计，无法用于模型的验证。

- 50 岁已婚男性，具有 20 年受教育经历，每周工作 40 小时，cpanet 为$500，其对数为：

$$\begin{aligned}\hat{g}_{\mathrm{A}}(x) &= -9.06305+0.0278994(50)+0.374356(16)\\ &\quad +2.02743(1)-0.489140(0)\\ &\quad -0.369533(0)-0.0760889(0)+0.166622(1)\\ &\quad +0.0309548(40)+0.0002292(500)\\ &= 1.86846\end{aligned}$$

$$\begin{aligned}\hat{g}_{\mathrm{B}}(x) &= -8.8516+0.0224645(50)+0.368721(16)\\ &\quad +2.02076(1)-0.587585(0)\\ &\quad -0.094394(0)-0.181349(0)+0.311218(1)\\ &\quad +0.0316433(40)+0.0002455(500)\\ &= 1.891061\end{aligned}$$

50 岁已婚男性，具有 16 年受教育经历，每周工作 40 小时，cpanet 为$500，其收入超过$50000 的估计概率为：

$$\hat{\pi}_{\mathrm{A}}(x)=\frac{e^{\hat{g}(x)}}{1+e^{\hat{g}(x)}}=\frac{e^{1.86846}}{1+e^{1.86846}}=0.8663$$

$$\hat{\pi}_{\mathrm{B}}(x)=\frac{e^{\hat{g}(x)}}{1+e^{\hat{g}(x)}}=\frac{e^{1.891061}}{1+e^{1.891061}}=0.8689$$

也就是说，该人群在基于两个数据集建立的模型所得到的收入高于$50 000 的估计概率都接近 87%。两个数据集结果的差异仅为 0.0026。差异很小，当然，构成差异小的原因取决于具体的研究问题，以及其他因素。

35 岁离异女性，具有 12 年受教育经历，每周工作 30 小时，无资本收益或损益的人，对数结果如下：

$$\begin{aligned}\hat{g}_{\mathrm{A}}(x) &= -9.06305+0.0278994(35)+0.374356(12)\\ &\quad +2.02743(0)-0.489140(0)\\ &\quad -0.369533(0)-0.0760889(0)+0.166622(0)\\ &\quad +0.0309548(30)+0.0002292(0)\\ &= -2.66566\end{aligned}$$

$$\begin{aligned}\hat{g}_{B}(x) &= -8.8516+0.0224645(35)+0.368721(12)\\ &\quad +2.02076(0)-0.587585(0)\\ &\quad -0.094394(0)-0.181349(0)+0.311218(0)\\ &\quad +0.0316433(30)+0.0002455(0)\\ &= -2.69195\end{aligned}$$

因此，对 35 岁离异女性，有 12 年受教育经历，每周工作 30 小时，无资本收益或损益的人群来说，其收入超过$50 000 的估计概率为：

$$\hat{\pi}_{\mathrm{A}}(x)=\frac{e^{\hat{g}(x)}}{1+e^{\hat{g}(x)}}=\frac{e^{-2.66566}}{1+e^{-2.66566}}=0.06503$$

$$\hat{\pi}_{\mathrm{B}}(x)=\frac{e^{\hat{g}(x)}}{1+e^{\hat{g}(x)}}=\frac{e^{-2.69195}}{1+e^{-2.69195}}=0.06345$$

上述结果表明，对 35 岁离异女性，有 12 年受教育经历，每周工作 30 小时，无资本收益或损益的人群来说，按照两个不同的数据集构建的模型，其收入超过$50 000 的估计概率为 6.3%和 6.5%。其点估计差别仅有 0.00158，比年龄为 50 岁的男性估计的效果更好。

13.14 WEKA：应用 logistic 回归的实践分析

本节作为练习将利用 Waikato 环境中知识分析模块(WEKA)的(logistic)类建立 logistic 回归模型。以经过修订的谷物数据集为输入，其中 TATING 字段将值大于 42 的记录映射为“高”，而将值小于 42 的记录映射为“低”的离散化类别结果。数据集还包含 3 个数值类型的预测字段：PROTEIN、SODIUM 和 FIBER。

数据集划分为不同的训练和测试文件。训练文件 cereals_train.arff 包含 24 个示例，用于训练 logistic 模型。该文件采用 50-50 平衡划分，其中一半示例包含值“High”，另一半包含“Low”。预测字段 PROTEIN、SODIUM、FIBER 均值分别为：2.667、146.875、2.458。完整的训练文件如表 13.29 所示。

表 13.29 ARFF 训练文件 cereals_train.arff

```
@relation cereals_train.arff

@attribute PROTEIN numeric
@attribute SODIUM numeric
@attribute FIBER numeric
@attribute RATING {High,Low}

@data
3,200,3.000000,High
3,230,3.000000,High
3,200,3.000000,High
3,0,4.000000,High
4,150,2.000000,High
3,0,3.000000,High
4,260,9.000000,High
3,140,3.000000,High
2,0,3.000000,High
2,0,2.000000,High
3,80,1.000000,High
2,200,4.000000,High
2,180,1.500000,Low
4,150,3.000000,Low
2,140,2.000000,Low
4,95,3.000000,Low
1,220,0.000000,Low
2,180,0.000000,Low
3,140,4.000000,Low
3,170,2.000000,Low
2,200,1.000000,Low
3,250,1.500000,Low
2,200,1.000000,Low
1,140,0.000000,Low
```

训练文件与测试文件均为 ARFF 格式文件，ARFF 是 WEKA 表示数据集示例和属性的标准方法。关键字 relation 表示文件名，紧接其后的是数据集中定义所有属性的块。注意 3 个预测变量字段被定义为 numeric 类型，而目标变量 RATING 为分类变量。data(数据集)列出了所有示例，每个记录对应一种特定的谷物。例如，数据段中第 1 行描述了一种谷物，其 PROTEIN=3，SODIUM=200，FIBER=3.0，RATING=High。

加载训练文件并建立 logistic 模型：

(1) 单击 WIKA 图形用户界面上 Chooser 对话框中的 Explorer。

(2) 在 Preprocess(预处理)选项卡，单击 Open file 定义训练文件路径，Cereals_train.arff。

如图 13.7 所示，WEKA Explorer 对话框展示了训练文件的一些特征。在属性框(左侧)中包含 3 个预测变量属性和类变量。对 PROTEIN 的统计，包括范围(1～4)，均值(2.667)，标准差(0.868)，这些显示在可选属性框中(右侧)。对话框底部的状态(Status)条告诉我们 WEKA 已成功加载文件。

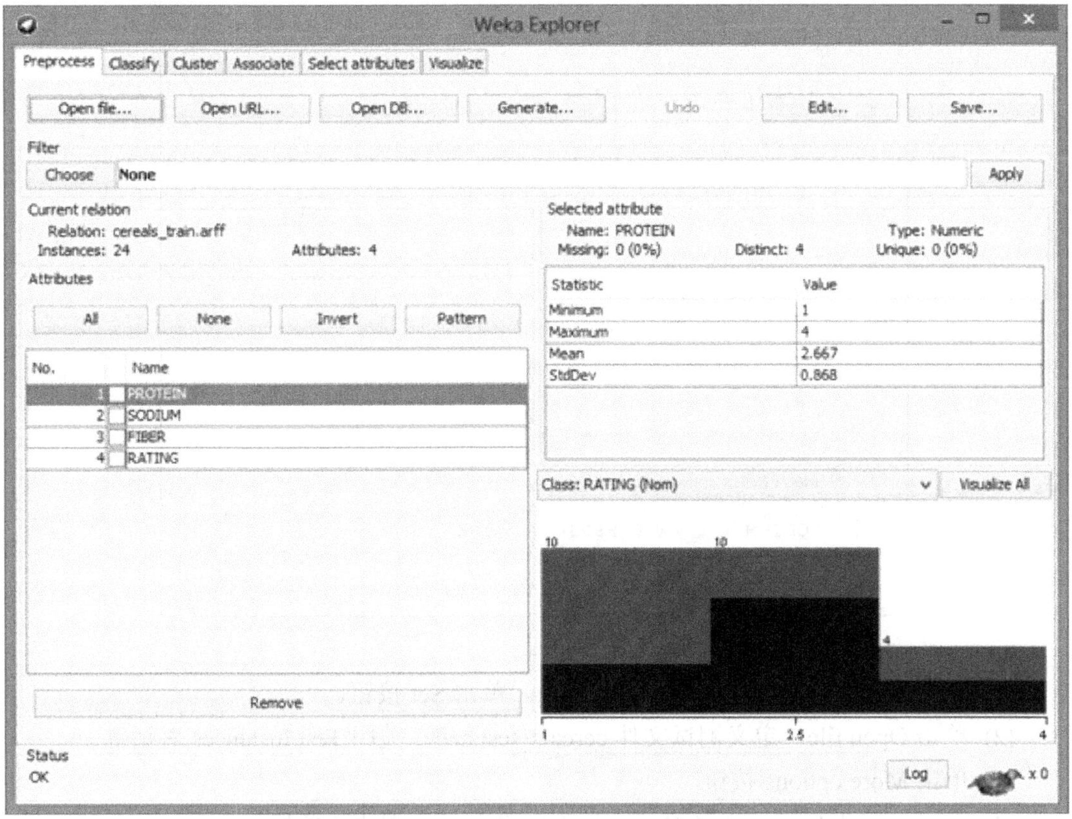

图 13.7　WEKA Explorer 对话框：Preprocess 选项卡

(1) 接着，选择 Classify 选项卡。

(2) 在 Classifier，单击 Choose 按钮。

(3) 从导航层次选择 Classifier | Functions | Logistic。

(4) 在建模试验中，将数据集划分为训练集和测试集；因此，在 Test 选项组，选择 Use

training set 选项。

(5) 单击 Start 建立模型。

WEKA 建立 logistic 回归模型并在 Classifier(分类器)输出窗口中报告结果。尽管结果(未显示)表明模型的分类精度，对训练集的度量，其结果为 75%($\frac{18}{24}$)，但感兴趣的是利用该模型对测试集中的未见数据进行分类。概率比比率和回归系数 β_0、β_1、β_2、β_3 的值如表表 13.30 所示。不久将再次访问这些值，现在首先利用测试集评估模型。

表 13.30 logistic 回归系数

```
                    Class
Variable             High
====================
PROTEIN           -0.0423
SODIUM            -0.0107
FIBER              0.9476
Intercept         -0.5478


Odds Ratios...
                    Class
Variable             High
====================
PROTEIN            0.9586
SODIUM             0.9893
FIBER              2.5795
```

(1) 在 Test 选项组，选择 Supplied test set。单击 Set 按钮。

(2) 单击 Open file，定义测试文件 cereals_test.arff。关闭 Test Instances 对话框。

(3) 单击 More options 按钮。

(4) 在 test set 选项组，选择 Output text predictions，单击 OK 按钮。

(5) 单击 Start 按钮利用测试集评估模型。

同样，结果显示在 Classifier 输出窗口中，然而，这一次输出显示针对测试集示例进行的 logistic 回归结果为 62.5%($\frac{5}{8}$)。此外，有关实际预测变量，每个示例的概率显示在表 13.31 中。

表 13.31 测试集预测变量的 logistic 回归

```
=== Predictions on test split ===

inst#,    actual, predicted, error, probability distribution

     1     1:High      2:Low      +    0.433 *0.567

     2     1:High      2:Low      +    0.357 *0.643

     3     1:High     1:High          *0.586  0.414

     4     1:High     1:High          *0.578  0.422

     5      2:Low      2:Low           0.431 *0.569

     6      2:Low      2:Low           0.075 *0.925

     7      2:Low      2:Low           0.251 *0.749

     8      2:Low     1:High      +   *0.86   0.14
```

例如，第 1 个示例分类为“Low”是不正确的，其概率为 0.567。该行对应的误差(error)列的加号(+)表明根据最大(*0.567)概率，该分类是不正确的。按照表 13.30 给出的系数，针对该示例计算其估计对数 $\hat{g}(x)$。

然而，首先要检验测试文件 cereals_test.arff 并确定第 1 个记录包含属性值对 PROTEIN=4、SODIUM=135、FIBER=2.0、RATING=HIGH。由此，估计对数等于：

$$\hat{g}(x) = -0.5478 - 0.0423(4) - 0.0107(135) + 0.9476(2) = -0.2663$$

由此可得：

$$\hat{\pi}(x) = \frac{e^{-0.2663}}{1 + e^{-0.2663}} = 0.43382$$

由此包含蛋白质(4 克)，钠(135 毫克)，纤维(2 克)的具有较高营养价值的谷类其估计概率为 43.4%。注意该结果与 WEKA 报告结果相同(仅有极少的四舍五入差别)。模型估计的概率为该谷类具有较低营养价值比率的概率为 $1 - \hat{\pi}(x) = 56.6\%$。基于计算得到的概率，模型将该谷类分类为“Low”是错误的。

表 13.31 还显示出 3 个连续值预测变量的概率比比率结果。例如，PROTEIN 的概率比比率是 $\widehat{\text{OR}} = e^{b_1} = e^{-0.0423} = 0.9586$。这一结果表明具有 $x+1$ 克蛋白质的谷类的与具有 x 克蛋白质的谷类相比，具有更高的营养价值。

R 语言开发园地

#logistic 回归

```
patients <-data.frame(age = c(25, ⋯, 84),
    disease = c(0, ⋯, 1)) # Input the data
lm1 <- lm(disease age, data = patients)
lr1 <-glm(disease age, data = patients,
    family=binomial)
plot(patients$age, patients$disease,
    xlab = "Age", ylab = "Disease",
    main = "Disease vs. Age",
    xlim = c(20, 90), pch = 16)
abline(lm1, lty = 3)
curve(predict(lr1, data.frame(age=x),
        type = "resp"),
    add = TRUE, lwd = 2)
legend("topleft",
    legend=c("LS", "Log."),
    lty = c(3, 1), cex = .9)
```

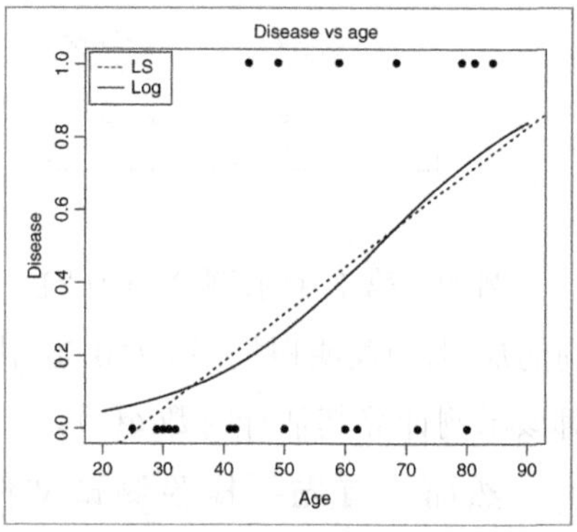

#参数推理

```
with(lr1, null.deviance - deviance)
with(lr1, df.null - df.residual)
with(lr1, pchisq(null.deviance -
    deviance,
    df.null - df.residual,
    lower.tail = FALSE))
```

```
> with(lr1, null.deviance - deviance)
[1] 5.696407324
> with(lr1, df.null - df.residual)
[1] 1
> with(lr1, pchisq(null.deviance - deviance,
+                  df.null - df.residual,
+                  lower.tail = FALSE))
[1] 0.01699967537
```

#预测

```
newd <- with(patients,
    data.frame(age =
    c(50, 72)))
predict.glm(lr1,
    newdata = newd)
    # log odds
predict.glm(lr1,
    newdata = newd,
    type="resp") # prob.
```

```
> newd <- with(patients, data.frame(age = c(50, 72)))
> predict.glm(lr1, newdata = newd) # log odds
           1            2
-1.0242944778  0.4487387796
> predict.glm(lr1, newdata = newd, type="resp") # prob.
           1            2
0.2641917329 0.6103393257
```

#概率比比率

```
round(exp(coef(lr1)), 3)
```

```
> round(exp(coef(lr1)), 3)
(Intercept)         age
      0.013       1.069
```

#二分示例

```
churn <- read.csv(file =
    "C:/... /churn.txt",
    stringsAsFactors=TRUE)
table(churn$Churn,
     churn$VMail.Plan)
churn$VMP.ind <-
    ifelse(churn$VMail.Plan==
        "yes",
    1, 0)
lr2 <- glm(Churn ~ VMP.ind,
    data = churn,
    family = "binomial")
summary(lr2)
```

```
> table(churn$Churn, churn$VMail.Plan)

         no  yes
False  2008  842
True    403   80

> summary(lr2)

Call:
glm(formula = Churn ~ VMP.ind, family = "binomial",
data = churn)

Deviance Residuals:
    Min       1Q   Median       3Q      Max
-0.6048  -0.6048  -0.6048  -0.4261   2.2111

Coefficients:
            Estimate Std. Error z value Pr(>|z|)
(Intercept) -1.60596    0.05458 -29.422  < 2e-16 ***
VMP.ind     -0.74780    0.12910  -5.792 6.94e-09 ***
---
Signif. codes:  0 '***' 0.001 '**' 0.01 '*' 0.05 '.'
0.1 ' ' 1
```

#二分示例：概率比比率与预测

```
# Odds ratio
round(exp(coef(lr2)), 3)
# Make predictions
newd <- with(churn,
    data.frame(VMP.ind = c(0,
        1)))
predict.glm(lr2, newdata = newd)
predict.glm(lr2, newdata = newd,
    type="resp")
```

```
> round(exp(coef(lr2)), 3)
(Intercept)     VMP.ind
      0.201       0.473

> predict.glm(lr2, newdata = newd)
          1            2
-1.605957919 -2.353753380
> predict.glm(lr2, newdata = newd, type="resp")
          1             2
0.16715055993 0.08676789588
```

#多元分类示例

```
# Redefine Customer Service
# Calls
churn$CSC <-
    factor(churn$CustServ.Calls)
levels(churn$CSC)
levels(churn$CSC)[1:2] <- "Low"
levels(churn$CSC)[2:3] <-
    "Medium"
levels(churn$CSC)[3:8] <- "High"
churn$CSC_Med <-
    ifelse(churn$CSC ==
        "Medium", 1, 0)
churn$CSC_Hi <-
    ifelse(churn$CSC == "High",
    1, 0)
table(churn$Churn, churn$CSC)
lr3 <- glm(Churn ~ CSC_Med +
    CSC_Hi, data = churn,
    family = "binomial")
summary(lr3)
```

```
> summary(lr3)

Call:
glm(formula = Churn ~ CSC_Med + CSC_Hi, family =
"binomial",
    data = churn)

Deviance Residuals:
    Min       1Q   Median       3Q      Max
-1.2062  -0.4919  -0.4919  -0.4834   2.0999

Coefficients:
            Estimate Std. Error z value Pr(>|z|)
(Intercept) -2.05100    0.07262 -28.243   <2e-16 ***
CSC_Med     -0.03699    0.11770  -0.314    0.753
CSC_Hi       2.11844    0.14238  14.879   <2e-16 ***
---
Signif. codes:  0 '***' 0.001 '**' 0.01 '*' 0.05 '.'
0.1 ' ' 1
```

#连续型示例

```
lr4 <- glm(Churn~Day.Mins,
    data = churn,
    family = "binomial")
summary(lr4)
```

```
> summary(lr4)

Call:
glm(formula = Churn ~ Day.Mins, family = "binomial",
data = churn)

Deviance Residuals:
    Min       1Q   Median       3Q      Max
-1.0241  -0.6001  -0.4902  -0.3738   2.8102

Coefficients:
              Estimate Std. Error z value Pr(>|z|)
(Intercept) -3.929289   0.202823  -19.37   <2e-16 ***
Day.Mins     0.011272   0.000975   11.56   <2e-16 ***
---
Signif. codes:  0 '***' 0.001 '**' 0.01 '*' 0.05 '.'
0.1 ' ' 1
```

#成人数据示例

```
# Read in data using stringsAs
    Factors = TRUE
adult$over50K <-
    ifelse(adult$income== ">50K.", 1, 0)
adult$"capnet"<- adult$capital.gainadult$
    capital.loss
lr5 <- glm(over50K ~ capnet,
    data = adult,
    family = "binomial")
summary(lr5)
```

```
> summary(lr5)

Call:
glm(formula = over50K ~ capnet, family = "binomial",
data = adult)

Deviance Residuals:
    Min       1Q   Median       3Q      Max
-4.3015  -0.6853  -0.6853  -0.5596   2.1775

Coefficients:
              Estimate Std. Error z value Pr(>|z|)
(Intercept) -1.329e+00  1.599e-02  -83.13   <2e-16
capnet       2.561e-04  7.871e-06   32.54   <2e-16

(Intercept) ***
capnet      ***
---
Signif. codes:  0 '***' 0.001 '**' 0.01 '*' 0.05 '.'
0.1 ' ' 1
```

#成人数据示例：分类 capnet

```
adult$cap_lvl <- factor(adult$capnet)
levels(adult$cap_lvl)
levels(adult$cap_lvl)[1:88] <- "Loss"
levels(adult$cap_lvl)[2] <- "None"
levels(adult$cap_lvl)[3:77] <- "Gain < $5000"
levels(adult$cap_lvl)[4:44] <- "Gain >= $5000"
adult$cap_loss <- ifelse(adult$cap_lvl == "Loss", 1, 0)
adult$cap_l5K <- ifelse(adult$cap_lvl == "Gain < $5000", 1, 0)
adult$cap_ge5K <- ifelse(adult$cap_lvl == "Gain >= $5000", 1, 0)
```

#成人数据示例：回归模型

```
lr6 <- glm(over50K ~ cap_loss +
    cap_l5K + cap_ge5K,
    data = adult,
    family = "binomial")
summary(lr6)
```

```
> summary(lr6)

Call:
glm(formula = over50K ~ cap_loss + cap_l5K + cap_ge5K,
family = "binomial",
    data = adult)

Deviance Residuals:
    Min       1Q   Median       3Q      Max
-2.1576  -0.6489  -0.6489  -0.6099   1.8835

Coefficients:
            Estimate Std. Error z value Pr(>|z|)
(Intercept) -1.45088    0.01728 -83.954   <2e-16 ***
cap_loss     1.46472    0.06131  23.890   <2e-16 ***
cap_l5K     -0.13689    0.09435  -1.451    0.147
cap_ge5K     3.67595    0.09685  37.957   <2e-16 ***
---
Signif. codes:  0 '***' 0.001 '**' 0.01 '*' 0.05 '.'
0.1 ' ' 1
```

#多元 logistic 回归

```
churn$IntlP.ind <-
    ifelse(churn$Int.l.Plan ==
        "yes",
    1, 0)
churn$VMP.ind <-
    ifelse(churn$VMail.Plan ==
        "yes",
    1, 0)
lr7 <- glm(Churn ~
    IntlP.ind+VMP.ind+CSC_Hi+
    Day.Mins+Eve.Mins+
    Night.Mins+ Intl.Mins,
    data = churn,
    family = "binomial")
summary(lr7)
```

```
> summary(lr7)

Call:
glm(formula = Churn ~ IntlP.ind + VMP.ind + CSC_Hi +
Day.Mins +
    Eve.Mins + Night.Mins + Intl.Mins, family =
"binomial", data = churn)

Deviance Residuals:
    Min       1Q   Median       3Q      Max
-2.5992  -0.4708  -0.3330  -0.1993   3.0945

Coefficients:
             Estimate Std. Error z value Pr(>|z|)
(Intercept) -8.073740   0.512453 -15.755  < 2e-16 ***
IntlP.ind    2.035480   0.146823  13.863  < 2e-16 ***
VMP.ind     -1.043561   0.150067  -6.954 3.55e-12 ***
CSC_Hi       2.676966   0.159152  16.820  < 2e-16 ***
Day.Mins     0.013474   0.001119  12.041  < 2e-16 ***
Eve.Mins     0.007294   0.001169   6.237 4.46e-10 ***
Night.Mins   0.004222   0.001147   3.681 0.000232 ***
Intl.Mins    0.085351   0.021021   4.060 4.90e-05 ***
---
Signif. codes:  0 '***' 0.001 '**' 0.01 '*' 0.05 '.'
0.1 ' ' 1
```

#高阶项

```
adult$age.sq <- adult$age^2
lr8 <- glm(over50K~age +
    age.sq,
    data = adult,
    family = "binomial")
summary(lr8)
```

```
> summary(lr8)

Call:
glm(formula = over50K ~ age + age.sq, family =
"binomial", data = adult)

Deviance Residuals:
    Min       1Q   Median       3Q      Max
-1.0466  -0.8746  -0.4929  -0.1756   3.3850

Coefficients:
              Estimate Std. Error z value Pr(>|z|)
(Intercept) -9.080e+00  1.945e-01  -46.68   <2e-16
age          3.478e-01  8.946e-03   38.88   <2e-16
age.sq      -3.450e-03  9.922e-05  -34.77   <2e-16

(Intercept) ***
age         ***
age.sq      ***
---
Signif. codes:  0 '***' 0.001 '**' 0.01 '*' 0.05 '.'
0.1 ' ' 1
```

#验证模型：数据准备

```
# Prepare the data
levels(adult$marital.status)
levels(adult$marital.status)[2:4] <- "Married"
levels(adult$marital.status)
adult$ms.married <- ifelse(adult$marital.status == "Married", 1, 0)
adult$ms.neverm <- ifelse(adult$marital.status == "Never-married", 1, 0)
adult$ms.sep <- ifelse(adult$marital.status == "Separated", 1, 0)
adult$ms.widowed <- ifelse(adult$marital.status == "Widowed", 1, 0)
adult$capnet <- adult$capital.gain-adult$capital.loss
levels(adult$sex)
adult$male <- ifelse(adult$sex == "Male", 1, 0)
# Create hold-out sample
hold <- runif(dim(adult)[1], 0, 1)
trainA <- adult[which(hold < .5),]
trainB <- adult[which(hold >= .5),]
dim(trainA); dim(trainB)
```

#验证模型：运行模型

```
lr11A <- glm(over50K~age + education.num + ms.married + ms.neverm + ms.sep +
    ms.widowed + male + hours.per.week + capnet,
    data = trainA,
    family = "binomial")
lr11B <- glm(over50K~age + education.num + ms.married + ms.neverm + ms.sep +
    ms.widowed + male + hours.per.week + capnet,
    data = trainB,
    family = "binomial")
summary(lr11A)
summary(lr11B)
```

R 参考文献

R Core Team. *R: A Language and Environment for Statistical Computing*. Vienna, Austria: R Foundation for Statistical Computing; 2012. 3-900051-07-0, http://www.R-project.org/. Accessed 2014 Oct 5.

练习

概念辨析

1. 指出下列语句的对错。如果语句是错误的，将其改正。
   a. logistic 回归用于描述分类响应变量与分类预测变量集之间的关系。
   b. logistic 回归假定预测变量与响应变量之间的关系是非线性的。
   c. $\pi(x)$可以解释为概率。
   d. logistic 回归模型假设误差项 ε 为均值为 0，方差为常数的正态分布。
   e. 在 logistic 回归中，可以获得回归系数最优值的封闭形式解。
   f. 饱和模型可以完美地预测响应变量。
   g. 偏差表示响应变量的总体变化情况。
   h. 编码三元预测变量仅需要两个指标变量。
   i. t 测试提供了一种发现响应变量概率的方法。
   j. 对连续型预测变量的 logistic 回归系数的解释可以从单位增加扩展到任意数量的增加。
   k. 估计概率比比率在预测变量整个范围内是一个常量。
2. 手工推导对数结果 $g(x)=\beta_0+\beta_1 x$。
3. 解释最大似然估计和最大似然估计因子。
4. 清楚解释 logistic 回归中梯度系数 β_1 及其估计 b_1。至少提供两个例子，使用可分类的和连续的预测变量。
5. 概率比比率是什么意思？说明概率比比率与概率之间的差别。
6. 概率比比率的定义是什么？概率比比率与梯度系数 β_1 之间有什么关系？用于评估中的概率比比率通常的取值情况如何？
7. 描述如何确定概率比比率的统计显著性，利用置信区间。
8. 如果某一特定指标变量和参考分类的差异不具有显著性，分析人员应该考虑采取什么措施？
9. 针对数据挖掘中常见的海量样本容量情况，讨论统计推理的作用。
10. 讨论假设概率比比率在预测变量整个范围内是常量时，针对预测变量和响应变量不同类型的关系。提供在此假设不能反映数据情况时的建模方法。

11. 讨论在使用预测变量估计响应变量时，预测变量不具备显著性的情况。什么情况下就算真存在上述情况也是适合的？为什么一般情况下，这种情况都是不合适的？

12. 解释当数据缺失一个或多个指标变量值时，在进行评估时，简单地忽略这些变量是不正确的原因。

数据应用

练习 13～18 使用下列信息。logistic 回归输出如表 13.32 所示，引用了乳腺癌数据集。这些数据由威斯康辛大学医院的 Dr.William H.Wohberg 收集。包含 10 个数值型预测变量，用于预测恶性乳腺癌类(class=1)和良性肿瘤类(class=0)。

表 13.32　为练习 13 提供的 logistic 回归结果

Logistic Regression Table

Predictor	Coef	SE Coef	Z	P	Odds Ratio
Constant	-10.1039	1.17490	-8.60	0.000	
Clump Thickness	0.535014	0.142018	3.77	0.000	1.71
Cell Size Uniformity	-0.0062797	0.209079	-0.03	0.976	0.99
Cell Shape Uniformity	0.322706	0.230602	1.40	0.162	1.38
Marginal Adhesion	0.330637	0.123451	2.68	0.007	1.39
Single Epithelial Cell Size	0.0966354	0.156593	0.62	0.537	1.10
Bare Nuclei	0.383025	0.0938437	4.08	0.000	1.47
Bland Chromatin	0.447188	0.171383	2.61	0.009	1.56
Normal Nucleoli	0.213031	0.112874	1.89	0.059	1.24
Mitoses	0.534836	0.328777	1.63	0.104	1.71

Log-Likelihood = -51.444
Test that all slopes are zero: G = 781.462, DF = 9, P-Value = 0.000

13. 偏差差异值是什么？总体的 logistic 回归具有显著性吗？如何解释？总体 logistic 回归具有显著性这句话意味着什么？

14. 在不参考推理显著性的情况下，给出对数的形式。

15. 哪些变量不是乳腺肿瘤类具有显著性的预测变量？为什么这么说？

16. 讨论在处理新的未见数据时，在练习 15 中引用的变量是否应当用于预测肿瘤类别。

17. 讨论如何处理那些 p 值为 0.05、0.10、0.15 的变量。

18. 解释如果去掉那些不显著的变量，重新运行模型，偏差差异将会发生什么改变。用线性回归方法开展工作。

练习 19～24 使用了以下信息。这是前述练习的继续，将再次利用 logistic 回归处理去掉了 cell size uniformity 和 single epithelial cell size 变量而保留了其他变量的乳腺癌数据集。logistic 回归输出见表 13.33。

表 13.33 练习 19～24 的 logistic 回归结果

Logistic Regression Table

Predictor	Coef	SE Coef	Z	P	Odds Ratio	95% CI Lower	95% CI Upper
Constant	-9.98278	1.12607	-8.87	0.000			
Clump Thickness	0.534002	0.140788	3.79	0.000	1.71	1.29	2.25
Cell Shape Uniformity	0.345286	0.171640	2.01	0.044	1.41	1.01	1.98
Marginal Adhesion	0.342491	0.119217	2.87	0.004	1.41	1.11	1.78
Bare Nuclei	0.388296	0.0935616	4.15	0.000	1.47	1.23	1.77
Bland Chromatin	0.461943	0.168195	2.75	0.006	1.59	1.14	2.21
Normal Nucleoli	0.226055	0.110970	2.04	0.042	1.25	1.01	1.56
Mitoses	0.531192	0.324454	1.64	0.102	1.70	0.90	3.21

Log-Likelihood = -51.633
Test that all slopes are zero: G = 781.083, DF = 7, P-Value = 0.000

19. 为什么很小的数量，导致偏差差异下降？

20. 在前面的练习中，减少过 cell shape uniformity 吗？减少后，会发现变量具有显著性了。讨论在模型构建的初期阶段保留变量的边界显著性的重要性。

21. 假设显著性等级为 0.11。将所有具有显著性的变量用对数表示。

22. 按照给定的条件，计算肿瘤是恶性的概率：

  a. 所有预测变量的值都是最小的(1)。

  b. 所有预测变量的值都是中等的(5)。

  c. 所有预测变量的值都是最大的(10)。

23. 计算下列预测系数的 95%置信区间为

  a. 肿瘤厚度

  b. 有分裂核

  c. 讨论关于有分裂核显著性的置信区间为有分裂核提供的证据

24. 清楚地解释下列预测变量系数的值

  a. 染色质

  b. 正常核仁

实践分析

练习 25～37 利用了 adult 数据集。

25. 利用本章提供的方法开发 logistic 回归模型，包含年龄平方(age^2)项，且指标变量(age)取值为 33-65。

验证当使用平方项时，年龄为 32 岁的人群能获得比年龄为 20 岁的人群更高的高收入概率估计。

练习 26～28 利用了表 13.25。

26. 发现估计对数的形式。

27. 计算每周工作 30、40、50、60 小时的人群高收入的概率。

28. 为每个系数构建 95%置信区间并解释过程。

练习 29～31 使用了表 13.26。

29. 考虑表 13.26 所示的结果。利用 logistic 回归模型求得该结果。

30. 对那些不具有显著性的指标类型，将其划分为参考分类(如何处理 p 值为 0.083 的分类？)。为划分后的分类重新执行 logistic 回归。

31. 求估计对数。

32. 为年龄，性别=男，受教育年限平方的系数构建 95%置信区间，并验证这些预测变量应该存在于模型中。

33. 计算年龄 20 岁，单身女性，具有 12 年受教育经历，每周工作 20 小时，没有资本增益和损益的人群有高收入的概率。

34. 计算 50 岁已婚男性，具有 16 年受教育经历，每周工作 40 小时，资本增益为$6000 的人群有高收入的概率。

35. 打开由本书网站提供的数据集 German，。该数据集包含 20 个预测变量，这些预测变量有连续值变量，也有类型变量，一个响应变量，该变量表示每条记录具有好的或不好的信用风险。预测变量如下，单位为德国马克(DM)：

- 现有支票账户状态
- 持续月数
- 信用历史
- 贷款目的
- 信用金额
- 储蓄存款账户/国债
- 目前受聘单位
- 可支配收入百分比
- 个人状态与性别
- 其他债务人及保证人
- 现居住地
- 财产
- 年龄
- 其他分期付款计划
- 房产
- 在该银行的信贷额度
- 职业
- 有义务提供抚养费用的人数
- 电话
- 外籍工人

更多信息可参考本书提供的 Web 网站。构建所能建立的最好的 logistic 回归模型，尽可能多地使用本章所学的方法。为模型提供强大的可解释性支持，包括对派生变量和指标变量的解释。

36. 打开乳腺癌数据集。对于每个显著性预测变量，研究其是否满足线性假设。如果不满足，利用本章讨论的方法加以改善。

37. 回忆利用 WEKA 将谷物营养等级划分为高或低的 logistic 示例。从测试集中选择 4 个被分类为高或低的示例，计算其概率。验证计算获得的概率与 WEKA 产生的结果是否相匹配？

第 14 章

朴素贝叶斯与贝叶斯网络

14.1 贝叶斯方法

在统计领域，针对概率主要有两种方法。例如，在多数典型的介绍统计方法的课程中，用于讲授的常见方法是频率或经典方法。在研究概率的频率方法中，总体参数是固定的常数，但其值未知。这些概率由不同分类的相对频率定义，试验可重复进行无限次。例如，如果我们掷均匀的硬币 10 次，观察到 80%出现正面的情况并非偶然，但是如果我们掷均匀的硬币 10 万亿次，则可以比较确定正面出现的总次数将接近 50%。频率方法对概率的定义正是采用这样的“长期”行为。

然而，某些情况下，对概率的经典定义难以表达清楚。例如，入侵者使用脏弹袭击纽约的概率是多少？由于此类事件从未发生过，因此很难想象这种可怕试验的长期行为会是什么样的。采用频率方法求解概率时，参数是固定的，随机性存在于数据中，这些数据被视为是给定的参数未知但固定的分布情况下的随机样例。

解决概率的贝叶斯方法绕过这些假设。采用贝叶斯统计时，参数被认为是随机变量，数据被认为是已知的。参数被视为来自可能值的分布，贝叶斯测试这些观察数据并提供可能的参数值的信息。

令 θ 表示未知分布的参数。贝叶斯分析需要 θ 的启发式先验知识分布，称为先验分布 $p(\theta)$。该先验分布可以对现存的专家知识建模，是关于 θ 的分布(如果该分布存在的话)。例如，客户流失示例通过建模专家知识可能会意识到，呼叫次数超过一定阈值的客户可以表示流失的似然。这类知识可被提炼为关于客户服务呼叫分布的先验假设，包括其均值和标准差。如果没有关于先验分布的专家知识，采用贝叶斯分析的分析人员可采用被称为无先验信息的方法，对每个参数赋予相同的概率。例如，在采用无先验信息方法时，可将流失和不会流失的情况都设置为 0.5(注意，在此情况下，如果该假设不合理，则可以利用关于流失建模的先验知识)。无论如何，由于数据挖掘领域通常包含大量的数据，先验分布应由在观察数据中发现的信息数量来确定。

一旦获得观察数据，则可以根据包含在观察数据中的有关 θ 的信息的情况更新有关 θ 分布的先验知识。这一修改将产生后验分布 $p(\theta\,|\,\mathrm{X})$，式中 X 表示数据的整个数组。

这种根据先验分布到后验分布的对 θ 的更新方法最早是由托马斯·贝叶斯牧师在其论文《机会问题的解法》中提出的，该文在其去世后于 1763 年发表。

后验分布可通过下式获得：$p(\theta\,|\,\mathrm{X})=\dfrac{p(\mathrm{X}\,|\,\theta)p(\theta)}{p(\mathrm{X})}$，其中 $p(\mathrm{X}\,|\,\theta)$表示似然函数，$p(\theta)$为先验分布。$p(\mathrm{X})$是一个被称为数据边际分布的归一化因子。由于后验知识是一种分布而不是单一值，我们可以想象的任何可能的对分布的统计都能被检验，例如第一个四分位数或绝对误差的均值等(见图 14.1)。

图 14.1 托马斯·贝叶斯牧师(1702—1761)

然而，通常需要选择后验概率的模式，使 θ 值最大化 $p(\theta\,|\,\mathrm{X})$，来完成估计，因此将该估计方法称为最大后验方法(MAP)。对无信息先验来说，MAP 估计和频率最大似然估计通常是相同的，因为数据决定先验知识。似然函数 $p(\mathrm{X}\,|\,\theta)$从满足特定分布 $f(\mathrm{X}\,|\,\theta)$的独立和同分布的观察数据的假设中获取，因此 $p(\mathrm{X}|\theta)=\prod_{i=1}^{n}f(X_i\,|\,\theta)$。

对给定的数据集和模型来说，归一化因子 $p(\mathrm{X})$本质上是一个常数，因此我们可以将后验分布表示为：$p(\theta\,|\,\mathrm{X})\propto p(\mathrm{X}\,|\,\theta)p(\theta)$。即在数据给定的情况下，$\theta$ 的后验分布与似然和先验的乘积成正比。也就是说，当我们有大量满足似然的信息时，正如我们在实际的数据挖掘应用中所做的那样，先验由似然决定。

对贝叶斯框架的批评主要来自两个潜在的缺陷。首先，先验分布的启发式知识往往带有主观性。也就是说，两个不同的主题专家可能会提供不同的先验分布，这样可能会将主观思想渗透到结果中，得到不同的后验分布。对该问题的解决方案是①如果对先验存在争议，则选择无信息先验；②应用大量数据以便削弱先验的相对重要性。不这样做，则可以构建两个不同后验分布的模型，利用模型的充分性和效率评价标准，从中选择更好的模型。

得到不止一个模型是坏事吗?

第二种批评是贝叶斯计算对多数有趣的问题来说都具有复杂性，用数据挖掘语言来说，就是该方法存在可量测性问题。贝叶斯分析会导致维度灾难，因为归一化因子需要集成参数向量的所有可能存在的值，直接加以应用将使计算无法实现。然而，马尔可夫链蒙特卡洛(MCMC)方法(例如吉布斯分布采样以及 Metropolis 算法)极大地扩展了问题和维度的范围，使得贝叶斯分析可以被广泛采用。

14.2 最大后验(MAP)分类

如何获得 θ 的 MAP 估计？当然，我们需要得到 θ 的值，使 $p(\theta \mid \mathrm{X})$最大。该值表示为 $\theta_{\mathrm{MAP}} = \arg\max_{\theta} p(\theta \mid \mathrm{X})$，因为该值为参数值，对所有 θ，$p(\theta \mid \mathrm{X})$最大。利用后验分布公式，由于 $p(\mathrm{X})$没有 θ 项，因此我们有：

$$\theta_{\mathrm{MAP}} = \arg\max_{\theta} p(\theta \mid \mathrm{X}) = \arg\max_{\theta} \frac{p(\mathrm{X} \mid \theta) p(\theta)}{p(\mathrm{X})} = \arg\max_{\theta} p(\mathrm{X} \mid \theta) p(\theta) \tag{14.1}$$

贝叶斯 MAP 分类是最优的；即对所有可能存在的分类器，其具有最小误差率。下面我们将该公式应用到客户流失数据集的部分子集中，以便发现流失数据集的 MAP 估计。

然而，首先让我们停下脚步，讨论简单事件的贝叶斯定理。令 A 和 B 为样例空间中的事件。$P(A \mid B)$ 的条件概率定义如下：

$$P(A \mid B) = \frac{P(A \cap B)}{P(B)} = \frac{\# A\text{与}B\text{的交集结果}}{\# B\text{的结果}}$$

同样，$P(B \mid A) = \dfrac{P(A \cap B)}{P(A)}$。现在，对交集重新表示，我们有 $P(A \cap B) = P(B \mid A) \cdot P(A)$。对上式作代换，得到：

$$P(A \mid B) = \frac{P(B \mid A) \cdot P(A)}{P(B)} \tag{14.2}$$

上式即为简单事件的贝叶斯定理。

我们对示例加以限制，令其仅包含两个分类预测变量(国际套餐与语音邮件套餐)，分类目标变量为流失情况。业务问题是对新记录进行分类，基于训练集中学习到的两个预测变量与流失情况的关联，将其分类为流失或非流失。现在，我们如何利用贝叶斯术语来考虑流失分类问题？首先，我们用参数向量 θ 表示二元变量流失情况，取值要么为真，要么为假。为清晰起见，我们定义 θ 为流失情况 C。3333×2 矩阵 X 包含数据集中的 3333 条记录，每个记录包含两个字段，两个预测变量取值要么为是，要么为否。

方程(14.1)可表示为：

$$\theta_{\text{MAP}} = C_{\text{MAP}} = \arg\max_{c,\bar{c}} p(I \cap V \mid C)p(C) \tag{14.3}$$

其中 I 表示国际套餐，V 表示语音邮件套餐。定义如下：

- I 表示“国际套餐=是”
- $\bar{I}$ 表示“国际套餐=否”
- V 表示“语音邮件套餐=是”
- $\bar{V}$ 表示“语音邮件套餐=否”
- C 表示“流失情况=是”
- $\bar{C}$ 表示“流失情况=否”

例如，某个新记录包含($I \cap C$)，我们需要利用方程(14.3)计算下列概率。

针对流失客户

$$P(International\ Plan = yes,\ Voice\ Mail\ Plan = yes \mid Churn = false) \cdot P(Churn = true) = P(I \cap V \mid C) \cdot P(C)$$

针对非流失客户

$$P(International\ Plan = yes,\ Voice\ Mail\ Plan = yes \mid Churn = false) \cdot P(Churn = false) = P(I \cap V \mid \bar{C}) \cdot P(\bar{C})$$

我们将确定流失情况下哪个值产生的概率较大，选择该值为 C_{MAP}，成为流失的 MAP 估计。

我们将通过发现一系列的边际和条件概率开始，所有发现都将被用于建立 MAP 估计。同时，我们可以验证包含 3333 个记录的整个训练集，直接计算后验概率，如表 14.2 所示。

注意，利用表 14.1 和表 14.2 给出的概率，可以方便地找到其补集，用 1 减去这些概率。补集可参考表 14.3。

表 14.1 流失数据集的边际和条件概率

	数量	数量	可能性
国际套餐	No 3010	Yes 323	$P(I) = \dfrac{323}{(323+3010)} = 0.0969$
语音邮件套餐	No 2411	Yes 922	$P(V) = \dfrac{922}{(922+2411)} = 0.2766$
流失情况	False 2850	True 483	$P(C) = \dfrac{483}{(483+2850)} = 0.1449$
国际套餐，给定 Churn=false	No 2664	Yes 186	$P(I\|\overline{C}) = \dfrac{186}{(186+2664)} = 0.0653$

(续表)

	数量	数量	可能性
语音邮件套餐，给定 Churn=false	No 2008	Yes 842	$P(V\|\overline{C}) = \dfrac{842}{(842+2008)} = 0.2954$
国际套餐，给定 Churn=true	No 346	Yes 137	$P(I\|C) = \dfrac{137}{(137+346)} = 0.2836$
语音邮件套餐，给定 Churn= true	No 403	Yes 80	$P(V\|C) = \dfrac{80}{(80+403)} = 0.1656$

表 14.2 流失训练数据集的后验概率

	数量	数量	可能性
Churn=true，给定国际套餐=yes	False 186	True 137	$P(C\|I) = \dfrac{137}{(137+186)} = 0.4241$
Churn=true，给定语音邮件套餐=yes	False 842	True 80	$P(C\|V) = \dfrac{80}{(80+842)} = 0.0868$

表 14.3 流失训练数据集概率的补集

补充概率	
$P(\overline{I}) = 1 - P(I) = 1 - 0.0969 = 0.9031$	$P(\overline{V}) = 1 - 0.2766 = 0.7234$
$P(\overline{C}) = 1 - 0.1449 = 0.8551$	$P(\overline{I}\|\overline{C}) = 1 - 0.0653 = 0.9347$
$P(\overline{V}\|\overline{C}) = 1 - 0.2954 = 0.7046$	$P(\overline{I}\|C) = 1 - 0.2836 = 0.7164$
$P(\overline{V}\|C) = 1 - 0.1656 = 0.8344$	$P(\overline{C}\|I) = 1 - 0.4241 = 0.5759$
$P(\overline{C}\|V) = 1 - 0.0868 = 0.9132$	

让我们用这些数据集来验证贝叶斯定理，利用表 14.2 的概率可得 $P(C|V)=\dfrac{P(V|C)\cdot P(C)}{P(V)}=\dfrac{(0.1656)\cdot(0.1449)}{0.2766}=0.0868$，此后验概率的取值来自表 14.2。

我们仍然还未对流失情况的 MAP 估计进行计算。首先需要发现形式为 $P(I,V|C)$ 的联合条件概率。表 14.4 中的列联表允许我们计算联合条件概率，方法是计数有各自联合条件的记录。

表 14.4 流失训练数据集的联合条件概率

		Churn	
		False	True
$I \cap V$	No	2794	447
	Yes	56	36
$p(I \cap V \mid C) = 36/(36+447) = 0.0745$			
$p(I \cap V \mid \bar{C}) = 56/(56+2794) = 0.0196$			

		Churn	
		False	True
$I \cap \bar{V}$	No	2720	382
	Yes	130	101
$p(I \cap \bar{V} \mid C) = 101/(101+382) = 0.2091$			
$p(I \cap \bar{V} \mid \bar{C}) = 130/(130+2720) = 0.0456$			

		Churn	
		False	True
$\bar{I} \cap V$	No	2064	439
	Yes	786	44
$p(\bar{I} \cap V \mid C) = 44/(44+439) = 0.0911$			
$p(\bar{I} \cap V \mid \bar{C}) = 786/(786+2064) = 0.2758$			

		Churn	
		False	True
$\bar{I} \cap \bar{V}$	No	972	181
	Yes	1878	302
$p(\bar{I} \cap \bar{V} \mid C) = 302/(302+181) = 0.6253$			
$p(\bar{I} \cap \bar{V} \mid \bar{C}) = 1878/(1878+972) = 0.6589$			

现在可以针对国际套餐与语音邮件套餐的 4 种组合获取流失情况的 MAP 估计，利用方程(14.3)：

$$\theta_{\text{MAP}} = C_{\text{MAP}} = \arg\max_{c,\bar{c}} p(I, V \mid C)p(C)$$

假设有一条新记录，其中客户属于国际电话套餐以及语音邮件套餐。我们能够得知该新客户将会流失或者不会流失吗？即对新客户流失与否的评定由 MAP 估计给出。我们将运用方程(14.3)计算每个流失或非流失情况，并选择提供最大值的分类。此处，我们有：

针对流失客户

$$P(International\ Plan = yes,\ Voice\ Mail\ Plan = yes \mid Churn = false)$$
$$\cdot P(Churn = true) = P(I \cap V \mid C) \cdot P(C) = (0.0745) \cdot (0.1449) = 0.0108$$

针对非流失客户

$$P(International\ Plan = yes,\ Voice\ Mail\ Plan = yes \mid Churn = false)$$
$$\cdot P(Churn = false) = P(I \cap V \mid \bar{C}) \cdot P(\bar{C}) = (0.0196) \cdot (0.8551) = 0.0168$$

由于流失情况下两种情况的最大值为 0.0167，因此$\theta_{\text{MAP}} = C_{\text{MAP}}$，对流失的 MAP 估计为“Churn=false”。对属于两个套餐的客户来说，其 MAP 估计“Churn=false”将成为我们的预测。也就是说，我们将预测他们不会流失。

假设新客户属于国际套餐，但不属于语音邮件套餐，则 $P(I \cap \bar{V} \mid C) \cdot p(C) = (0.2091) \cdot (0.1449) = 0.0303$ 且

$$P(I \cap \bar{V} \mid \bar{C}) \cdot p(\bar{C}) = (0.0456) \cdot (0.8551) = 0.0390$$

因此$\theta_{\text{MAP}} = C_{\text{MAP}}$，Churn=false。

对属于语音邮件套餐但不属于国际套餐的客户来说，$P(\bar{I} \cap V \mid C) \cdot P(C) = (0.0911) \cdot (0.1449) = 0.0132$ 且

$$P(\bar{I} \cap V \mid \bar{C}) \cdot P(\bar{C}) = (0.2758) \cdot (0.8551) = 0.2358$$

再一次有$\theta_{\text{MAP}} = C_{\text{MAP}}$，Churn=false。

最后假设新客户即不属于语音邮件套餐，也不属于国际套餐，则 $P(\bar{I} \cap \bar{V} \mid C) \cdot P(C) = (0.6253) \cdot (0.1449) = 0.0906$ 且

$$P(\bar{I} \cap \bar{V} \mid \bar{C}) \cdot P(\bar{C}) = (0.6589) \cdot (0.8551) = 0.5634$$

因此，得$\theta_{\text{MAP}} = C_{\text{MAP}}$，Churn=false。

14.3　后验概率比

因此，流失情况的 MAP 估计对国际套餐和语音邮件套餐的所有组合来说都是 false。这一结果似乎没有什么用处，因为无论客户是否存在于哪种套餐中，其输出结果是一样的。然而，并非所有的分类都有同样强度的证据。接下来，将用后验概率比考虑每种情况的证据等级。后验概率比表示一种度量证据强度的方法，偏向于特定的分类，计算工作如下开展。

后验概率比

$$\frac{p(\theta_c \mid \mathrm{X})}{p(\bar{\theta}_c \mid \mathrm{X})} = \frac{p(\mathrm{X} \mid \theta_c) \cdot p(\theta_c)}{p(\mathrm{X} \mid \bar{\theta}_c) \cdot P(\bar{\theta}_c)}$$

其中 θ_c 表示未知目标变量的特定分类。

后验概率比等于 1 表示后验分布提供的证据同时支持两种分类。也就是说，来自数据和先验分布的信息组合并不偏好某一种分类。若值大于 1.0，则表示后验分布趋向正例类。

若值小于 1.0，则表明具有否定正例类(例如，流失情况=真)的证据。后验概率比可以被解释为由后验分布提供的偏向正例类而否定负例类的证据的比例。

在我们的例子中，属于两个套餐的新客户的后验概率比为：

$$\frac{P(I \cap V \mid C) \cdot P(C)}{P(I \cap V \mid \bar{C}) \cdot P(\bar{C})} = \frac{0.0108}{0.0168} = 0.6467$$

这一结果意味着后验分布中该客户“流失情况=真”与“流失情况=假”的证据比例为 64.67%。

对某个仅属于国际套餐的客户，后验概率比为：

$$\frac{P(I \cap \bar{V} \mid C) \cdot P(C)}{P(I \cap \bar{V} \mid \bar{C}) \cdot P(\bar{C})} = \frac{0.0303}{0.0390} = 0.7769$$

上式表明，后验分布中该客户“流失情况=真”与“流失情况=假”的证据比例为 77.69%。

对某个仅属于语音邮件套餐的新客户，后验概率比为：

$$\frac{P(\bar{I} \cap V \mid C) \cdot P(C)}{P(\bar{I} \cap V \mid \bar{C}) \cdot P(\bar{C})} = \frac{0.0132}{0.2356} = 0.0560$$

上式表明，后验分布中该客户“流失情况=真”与“流失情况=假”的证据比例为 5.6%。

最后，对既不属于语音邮件套餐也不属于国际套餐的客户，其后验概率比为：

$$\frac{P(\bar{I} \cap \bar{V} \mid C) \cdot P(C)}{P(\bar{I} \cap \bar{V} \mid \bar{C}) \cdot P(\bar{C})} = \frac{0.0906}{0.5634} = 0.1608$$

上式表明，后验分布中该客户“流失情况=真”与“流失情况=假”的证据比例为 16.08%。

根据以上结果，尽管 MAP 分类在每种情况中都是“流失情况=假”，但分类的“可信度”变化较大，其中“流失情况=真”与“流失情况=假”的比例范围为 5.6%～77.69%。对属于国际套餐的客户来说，流失的证据更加强烈。事实上，以上的 MAP 计算表明，属于国际套餐的客户的联合条件概率趋向于“流失情况=真”的情况，但是被数据集中不流失的优势所压倒，从 85.51%到 14.49%，所以 MAP 分类表明“流失情况=假”。因此，后验概率比允许我们评估 MAP 分类的证据强度，有助于分析人员做出决策，而不是仅仅得出真或假的结论。

14.4 数据平衡

然而，由于分类决策会受数据集中占绝对优势的非流失数据的影响，我们应当考虑如果对数据采取平衡工作会发生什么情况？当目标变量中类的相对频率未处于极端情况时，数据挖掘算法往往能获得满意的结果。例如，在欺诈调查中，如果数据集中仅有一小部分事务存在欺诈问题，则算法将会简单地忽略此类事务，仅考虑无欺诈事务，这样做的正确率仍然能够达到 99.99%。因此，平衡采样方法可用于缩小出现在训练数据中的目标类的差距。

在示例中，14.49%的记录表示流失者，这显得缺乏一般性。尽管如此，让我们对数据集进行平衡，以便能够将流失者的比例提高到 25%。在第 4 章中，我们曾经学习过两种平衡数据的方法。

(1) 重采样稀疏记录。

(2) 取消部分非稀疏记录。

在本例中，我们将采用取消部分非稀疏记录的方法。这可以通过如下方法得到：①接受所有的“流失情况=真”的记录；②随机选择 50%的“流失情况=假”的记录。由于原始数据集中包含 483 个流失记录，2850 个非流失记录，该平衡过程将为我们提供 $\frac{483}{(483+1425)}=25.3\%$ 的包含“流失情况=真”的记录，这正是我们希望得到的。

通过使用平衡流失数据集的方法，再次计算 MAP 来估计 4 种类型客户的流失情况。对于更新后的记录，其流失情况概率为：

$$P(C_{\mathrm{Bal}})=\frac{483}{(483+1425)}=0.2531$$

对于非流失情况：

$$P(\bar{C}_{\mathrm{Bal}})=1-0.2531=0.7469$$

对属于国际套餐且属于语音邮件套餐的新客户，我们有：

$$P(I\cap V\mid C_{\mathrm{Bal}})\cdot P(C_{\mathrm{Bal}})=(0.0745)\cdot(0.2531)=0.0189$$

以及

$$P(I\cap V\mid \bar{C}_{\mathrm{Bal}})\cdot P(\bar{C}_{\mathrm{Bal}})=(0.0196)\cdot(0.7469)=0.0146$$

因此，在平衡后，流失情况的 MAP 估计 C_{MAP} 为“流失情况=真”，因为 0.0189 为较大的值。平衡反转了对该客户分类的分类决策。

对仅属于国际套餐的新客户来说，我们有：

$$P(I \cap \bar{V} \mid C_{\text{Bal}}) \cdot P(C_{\text{Bal}}) = (0.2091) \cdot (0.2531) = 0.0529$$

以及

$$P(I \cap \bar{V} \mid \bar{C}_{\text{Bal}}) \cdot P(\bar{C}_{\text{Bal}}) = (0.0456) \cdot (0.7469) = 0.0341$$

MAP 估计 C_{MAP} 为“流失情况-真”，因为 0.0529 为较大值。平衡再一次反转了对该类客户的原始分类决策。

对仅属于语音邮件套餐的新客户，我们有：

$$P(\bar{I} \cap V \mid C_{\text{Bal}}) \cdot P(C_{\text{Bal}}) = (0.0911) \cdot (0.2531) = 0.0231$$

以及

$$P(\bar{I} \cap V \mid \bar{C}_{\text{Bal}}) \cdot P(\bar{C}_{\text{Bal}}) = (0.2758) \cdot (0.7469) = 0.2061$$

MAP 估计并未改变原来的 C_{MAP}：流失情况=假。

最后，对既不属于国际套餐又不属于语音邮件套餐的新客户，我们有：

$$P(\bar{I} \cap \bar{V} \mid C_{\text{Bal}}) \cdot P(C_{\text{Bal}}) = (0.6253) \cdot (0.2531) = 0.1583$$

以及

$$P(\bar{I} \cap \bar{V} \mid \bar{C}_{\text{Bal}}) \cdot P(\bar{C}_{\text{Bal}}) = (0.6589) \cdot (0.7469) = 0.4921$$

同样，MAP 估计未改变原来的 C_{MAP}：流失情况=假。

在原始数据中，对所有客户，MAP 估计为“流失情况=假”，只能得到有限的可操作性。平衡数据集可以对新客户的不同分类提供不同的 MAP 估计，为管理人员提供简单且可操作的结果。如果希望评估分类证据的强度，那么可以为每个分类决策计算后验概率比。读者可以关注本章的练习。

14.5 朴素贝叶斯分类

对我们的采用两个二分类预测变量和一个二分类目标变量的简化示例来说，发现 MAP 分类没有任何计算困难。然而，Hand、Mannila 和 Smyth 指出，通常发现 MAP 分类所需要计算的概率的数值应为 k^m，其中 k 是目标变量的类的数目，m 是预测变量的数目。在我们的示例中，流失情况包含 $k=2$ 个类，包含 $m=2$ 个预测变量。这意味着要做出分类决策，需要发现 4 个概率，例如 $P(I \cap V \mid C)$、$P(C)$、$P(I \cap V \mid \bar{C})$ 及 $P(\bar{C})$。

然而，假设我们试图预测个体的婚姻状态($k=5$：单身、已婚、离异、寡居、分居)，其中包含 m=10 个统计预测变量。那么要计算的概率数量为 $k^m = 5^{10} = 9\ 765\ 625$ 个概率。这进一步说明，9 765 625 个概率中的每一个需要按照 10 维数组的适当单元的相对频率来计算。如果利用每个单元的最少 10 条记录估计相对频率，并假设数组中的记录具有正态分布，则最少需要 1 亿条记录。

因此，将 MAP 分类应用于所有现实数据挖掘场景中是不现实的。如何来解决这一问题呢？

MAP 分类要求我们发现：

$$\arg_\theta \max\ p(\mathrm{X}\,|\,\theta)p(\theta) = \arg_\theta \max\ p(X_1 = x_1, X_2 = x_2, \ldots, X_m = x_m\,|\,\theta)p(\theta)$$

问题不在于如何计算 $p(\theta)$，因为通常包含的类的数量较小。问题在于可能产生的维度灾难；也就是说，为所有可能存在的 X 变量(预测变量)的组合发现 $p(X_1 = x_1, X_2 = x_2, \ldots, X_m = x_m\,|\,\theta)$。此时会产生组合空间爆炸问题，因此此处需要做的事情是设法找到一种方法用于削减问题的搜索空间。

这里的关键在于：假设我们简化假设，使预测变量之间存在条件独立关系，并给定目标变量(例如，流失情况=假)。如果对任意给定的事件 C，有 $p(A \cap B\,|\,C) = p(A\,|\,C)\cdot p(B\,|\,C)$，则两个事件 A 和 B 被认为是非条件依赖的。例如，非条件依赖指出，对流失的客户来说，在两个套餐(I 或 V)之一中的成员不会影响其他套餐中的成员的概率。类似地，该思想可以扩展到非流失客户。

一般来说，条件独立性假设可以如下表示：

$$p(X_1 = x_1, X_2 = x_2, \ldots, X_m = x_m\,|\,\theta) = \prod_{i=1}^{m} p(X_i = x_i\,|\,\theta)$$

因此朴素贝叶斯分类为 $\theta_{\mathrm{NB}} = \arg\max_\theta \prod_{i=1}^{m} p(X_i = x_i\,|\,\theta)p(\theta)$。

当条件独立性假设有效时，朴素贝叶斯分类与 MAP 分类相同。为此，我们研究流失数据集样例(表 14.5)是否满足条件依赖假设。在每种情况中，可注意到非流失客户的近似度是流失客户的好几倍。这可能表明条件独立性假设更适合非稀有分类，也表明平衡数据是必要的。

现在让我们来计算流失情况数据集的朴素贝叶斯分类。对参加两种套餐的新客户来说，针对流失客户我们有：

$$p(I\,|\,C)\cdot p(V\,|\,C)\cdot p(C) = (0.0470)\cdot(0.1449) = 0.0068$$

针对非流失客户有：

$$p(I\,|\,\bar{C})\cdot p(V\,|\,\bar{C})\cdot p(\bar{C}) = (0.0193)\cdot(0.8551) = 0.0165$$

由于 0.0165 是两个值中较大的一个，因此对参加两个套餐的新客户的贝叶斯分类是“流失情况=假”。这一情况表明，与 MAP 分类器一样，所有 4 种返回的贝叶斯分类均为“流失情况=假”。同样，在进行 $\frac{25.31\%}{74.69\%}$ 数据平衡后，与 MAP 分类器类似，参与国际套餐的新客户被贝叶斯分类方法分类为流失客户，而无论该客户是否参与语音邮件套餐。这些结果将通过章节后面的练习加以验证。

在使用朴素贝叶斯分类时，需要估计的概率数量相对少得多，仅为$k \cdot m$，而不是 MAP 分类器的k^m。换句话说，仅需要预测变量数量乘以目标变量的不同值。仍然考虑婚姻状态的示例，婚姻状态包含 5 种不同值，涉及 10 个预测变量，需要计算的概率数量为$k \cdot m = 5 \cdot 10 = 50$种，而 MAP 分类器需要计算的概率数量为 9 765 625 种。每个单元 10 个记录，意味着仅需要 500 条记录，而 MAP 需要 1 亿条记录。显然，在条件独立性假设有效时，计算工作会更加简单容易。此外，在条件独立性假设成立时，朴素贝叶斯分类与 MAP 分类可得到同样的结果，而从减小整个分类器误差率的意义上考虑，朴素贝叶斯方法更优。不过，在实践中，条件独立性假设通常会限制贝叶斯分类器的优化能力。

表 14.5 检查流失数据集的条件独立性假设

$(I \cap V) \mid C$	$(I \cap V) \mid C$
$p(I \cap V \mid C) = 0.0745$ $p(I \mid C).\, p(V \mid C)$ $= (0.2836) \cdot (0.1656) = 0.0470$ Difference $= \lvert 0.0745 - 0.0470 \rvert = 0.0275$	$p(I \cap V \mid C) = 0.2091$ $p(I \mid C).\, p(V \mid C)$ $\cap (0.2836) \cdot (0.8344) = 0.2366$ Difference $= \lvert 0.2091 - 0.2366 \rvert = 0.0275$
$(I \cap V) \mid \overline{C}$	$(I \cap \overline{V}) \mid \overline{C}$
$p(I \cap V \mid \overline{C}) = 0.0196$ $p(I \mid \overline{C}) \cdot p(V \mid \overline{C}) = (0.0653) \cdot (0.2954)$ $= 0.0193$ Difference $= \lvert 0.0196 - 0.0193 \rvert$ $= 0.0003$	$p(I \cap \overline{V} \mid \overline{C}) = 0.0456$ $p(I \mid \overline{C}) \cdot p(V \mid \overline{C}) = (0.0653) \cdot (0.7046)$ $= 0.0460$ Difference $= \lvert 0.0456 - 0.0460 \rvert$ $= 0.0004$
$(\overline{I} \cap V) \mid C$	$(\overline{I} \cap \overline{V}) \mid C$
$p(\overline{I} \cap V \mid C) = 0.0911$ $p(\overline{I} \mid C) \cdot p(V \mid C) = (0.7164) \cdot (0.1656)$ $= 0.1186$ Difference $= \lvert 0.0911 - 0.1186 \rvert$ $= 0.0275$	$p(\overline{I} \cap \overline{V} \mid C) = 0.6253$ $p(\overline{I} \mid C) \cdot p(\overline{V} \mid C) = (0.7164) \cdot (0.8344)$ $= 0.5978$ Difference $= \lvert 0.6253 - 0.5978 \rvert = 0.0275$
$(\overline{I} \cap V) \mid \overline{C}$	$(\overline{I} \cap \overline{V}) \mid \overline{C}$
$p(\overline{I} \cap V \mid \overline{C}) = 0.2758$ $p(\overline{I} \mid \overline{C}) \cdot p(V \mid \overline{C}) = (0.9347) \cdot (0.2954)$ $= 0.2761$ Difference $= \lvert 0.2758 - 0.2761 \rvert$ $= 0.0003$	$p(\overline{I} \cap \overline{V} \mid \overline{C}) = 0.6589$ $p(\overline{I} \mid \overline{C}) \cdot p(\overline{V} \mid \overline{C}) = (0.9347) \cdot (0.7046)$ $= 0.6586$ Difference $= \lvert 0.6589 - 0.6586 \rvert = 0.0003$

当然，不能盲目地使用条件独立性假设。例如，预测变量的关联性会违背条件独立性假设。例如，对于信用违约风险的分类，财产总额与年收入可能会存在关联。然而，对每个分类(违约或未违约的)，朴素贝叶斯分类认为财产总额与年收入是独立的，不存在关联关系。当然，细致的数据挖掘实践包括在探索性数据分析阶段处理关联变量，因为关联性将会使多种数据挖掘方法产生问题。主成分分析可用于处理关联变量问题。另外一种可选择的方法是构建用户自定义组合，将高度相关的变量集进行线性合并(请参考第 1 章有关处理关联变量的其他重要方法)。

14.6　解释对数后验概率比

本节将检验对数后验概率比，对数后验概率比可为我们提供一种有关每个变量对分类决策贡献程度的直接度量。后验概率比的形式如下：

$$\frac{p(\theta_c \mid X)}{p(\theta_c \mid X)} = \frac{p(X \mid \theta_c)\cdot p(\theta_c)}{p(X \mid \theta_c)\cdot p(\theta_c)}$$

$$= \frac{p(X_1 = x_1, X_2 = x_2, \ldots, X_m = x_m \mid \theta)\cdot p(\theta_c)}{p(X_1 = x_1, X_2 = x_2, \ldots, X_m = x_m \mid \theta)\cdot p(\theta_c)}$$

$$\overset{\text{条件独立性假设}}{=} \frac{\prod_{i=1}^{m} p(X_i = x_i \mid \theta)\cdot p(\theta_c)}{\prod_{i=1}^{m} p(X_i = x_i \mid \theta)\cdot p(\theta_c)}$$

以上是朴素贝叶斯后验概率比的形式。

接着考虑后验概率比的对数。乘积的对数等于对数和，由此我们有：

$$\log\left[\frac{\prod_{i=1}^{m} p(X_i = x_i \mid \theta)\cdot p(\theta_c)}{\prod_{i=1}^{m} p(X_i = x_i \mid \bar{\theta})\cdot p(\bar{\theta}_c)}\right]$$

$$= \log\left(\prod_{i=1}^{m} p(X_i = x_i \mid \theta)\right) + m\log p(\theta_c) - \log\left(\prod_{i=1}^{m} p(X_i = x_i \mid \bar{\theta})\right)$$

$$- m\log p(\bar{\theta}_c)$$

$$= m\log\frac{p(\theta_c)}{p(\bar{\theta}_c)} + \sum_{i=1}^{m}\log\left(\frac{p(X_i = x_i \mid \theta)}{p(X_i = x_i \mid \bar{\theta})}\right)$$

从解释的观点来说，对数后验概率比的这种形式是有用的，因为每个项

$$\log\left(\frac{p(X_i = x_i \mid \theta)}{p(X_i = x_i \mid \bar{\theta})}\right)$$

都涉及相加贡献，对每个属性来说，要么是正，要么是负。

例如，考虑一个参加了国际套餐和语音邮件套餐的新客户的对数后验概率比。这样，对国际套餐我们有：

$$\log\left(\frac{p(I\mid C)}{P(I\mid \bar{C})}\right)=\log\left(\frac{0.2836}{0.0653}\right)=0.6378$$

对语音邮件套餐我们有：

$$\log\left(\frac{p(V\mid C)}{P(V\mid \bar{C})}\right)=\log\left(\frac{0.1656}{0.2954}\right)=-0.2514$$

至此，我们看到国际套餐成员对特定客户将流失的似然的贡献为正，而语音邮件套餐降低了流失的概率。这一发现为我们在第 3 章探索的结果提供了支持。

14.7 零单元问题

正如我们在第 13 章中所见到的那样，一个频率为 0 的单元可能会给分析工作带来困难。现在，考虑在使用朴素贝叶斯方法时，如果某个特定单元(属性值的组合)频率为 0 会发生什么情况？例如，483 个客户为流失客户，其中 80 个参加了语音邮件套餐，因此 $p(V\mid C)=\frac{80}{483}=0.1656$。然而，假设流失客户没人参与语音邮件套餐，则 $p(V\mid C)=\frac{0}{483}=0.0$。真正的问题是，由于条件独立性假设意味着我们需要获得边际概率的乘积，$p(V\mid C)$ 为 0 将对结果产生支配作用。因为朴素贝叶斯分类包含 $\prod_{i=1}^{m}p(X_i=x_i\mid\theta)$，该乘积中包含一个为 0 的概率，所以乘积的结果为 0，也导致 $\prod_{i=1}^{m}p(X_i=x_i\mid\theta)\cdot p(\theta)$ 等于 0，因此需要考虑在涉及语音邮件套餐时有效地消除该类(流失情况=真)。

为避免出现该问题，我们假设有一个额外数量的“虚拟”样例，为零-频率单元提供以下的调整概率估计。

为零-频率单元提供调整概率估计

$$\frac{n_c+n_{\text{equiv}}\cdot p}{n+n_{\text{equiv}}}$$

其中 n 表示该目标类总的记录数，n_c 表示这 n 个记录中包含感兴趣属性值的数量，p 为要估计概率的先验估计，n_{equiv} 是一个表示相等样例大小的常量。

常量 n_{equiv} 表示用于发现调整概率的虚拟样例的附加数量，用于控制调整的权重。在缺乏相关信息的情况下，可以指定先验概率估计 p 的值。通常无信息先验概率为 $p=\frac{1}{k}$，其

中 k 是目标变量包含的类的数量。为此，附加样例包含 n_{equiv} 个，分布满足 p，以此来计算概率。

在实际例子中，$n=483$，n_c=0，且 $p=\frac{1}{2}$。我们选择 n_{equiv}=1 以使干预的影响最小化。

调整后 $p(V\mid C)$ 零概率单元的概率估计为：

$$\frac{n_c+n_{\text{equiv}}\cdot p}{n+n_{\text{equiv}}}=\frac{0+1\cdot(1/2)}{483+1}=0.0010$$

14.8　朴素贝叶斯分类中的数值型预测变量

假定我们知道相关的概率分布，则贝叶斯分类可以从范畴型变量扩展到连续型预测变量。假定除了考虑国际套餐和语音邮件套餐外，我们还考虑总的通话时间，该变量为手机客户总共的通话分钟数，同时有证据表明无论对流失客户或是非流失客户，总通话时间的分布为正态分布。流失客户总通话时间的均值为 $\mu_{\text{churn}}=635$ 分钟，标准差为 $\sigma_{\text{churn}}=111$ 分钟。非流失客户总通话时间的均值为 $\mu_{\text{non-churn}}=585$ 分钟，标准差为 $\sigma_{\text{non-churn}}=84$ 分钟。由此，我们得到流失客户的总通话时间的分布为 正态分布(635,111)，非流失客户总的通话时间为正态分布(585,84)。

设 T_{churn} 表示流失客户总通话时间的随机变量，则

$$\begin{aligned}p(T_{\text{churn}}=t)&\cong f_{T|C}\\&=\frac{1}{\sqrt{2\pi}\sigma_{\text{churn}}}\exp\left(\frac{-1}{2\sigma^2_{\text{churn}}}(t-\mu_{\text{churn}})^2\right)\\&=\frac{1}{\sqrt{2\pi}(111)}\exp\left(\frac{-1}{2(111)^2}(t-635)^2\right)\end{aligned}$$

非流失客户形式与之类似(此处, $\exp(y)$ 表示 e^y)。

同样，$f_{T|C}(t)$ 替换了 $p(T=t\mid C)$，因为对连续型随机变量来说，$p(T=t)=0,\forall t$。

接着，假设我们要利用朴素贝叶斯方法对通话时长为 800 分钟的新客户分类，该客户参与了两种套餐。

对流失客户我们有：

$$\begin{aligned}p(I\cap V\cap T=800\mid C)\cdot P(C)&=P(I\mid C)\cdot P(V\mid C)\cdot f_{T|C}(800)\cdot P(C)\\&=(0.2836)\cdot(0.1656)\cdot(0.001191)\cdot(0.1449)\\&=0.000008105\end{aligned}$$

对非流失客户我们有：

$$p(I \cap V \cap T = 800 \mid \bar{C}) \cdot P(\bar{C}) = P(I \mid \bar{C}) \cdot P(V \mid \bar{C}) \cdot f_{T|\bar{C}}(800) \cdot P(\bar{C})$$
$$= (0.0653) \cdot (0.2954) \cdot (0.0001795) \cdot (0.8551)$$
$$= 0.000002961$$

由此，对通话时长为 800 分钟且参与了两个套餐的新客户来说，按照后验概率比，朴素贝叶斯分类结果为“流失情况=真”。

$$\frac{0.000008105}{0.000002961} = 2.74$$

换句话说，具有 800 分钟通话时长的新客户这一附加信息使分类发生了反转，从“流失情况=假”(以前在没有通话时长的情况下)到“流失情况=真”。原因在于流失组客户手机使用非常频繁，通话时长均值更高。

现在，由于缺乏支持证据，无法作出正态分布的假设。考虑图 14.2，对两个点图进行比较。我们立刻就能发现的确非流失客户记录比流失客户记录更多。也能注意到流失客户的平衡点(均值，图中三角形所示的位置)比非流失客户的平衡点要大，支持了上述的假设。最后，我们注意到非流失客户正态分布的假设看起来十分可靠，而流失客户正态分布的假设似乎不太可靠。

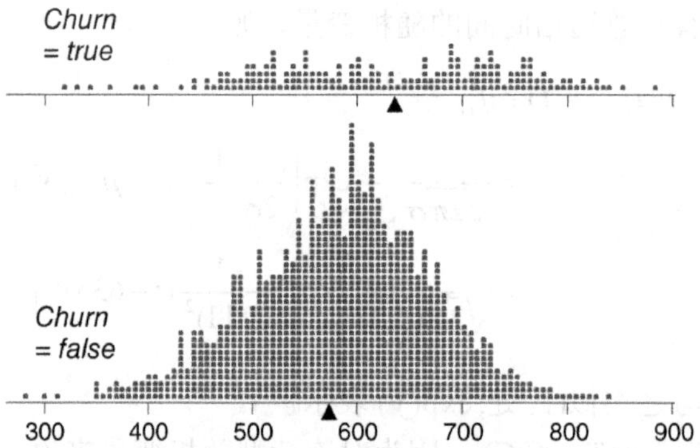

图 14.2 流失客户与非流失客户总通话时长点图比较

为前面刚刚描述的两种分布构建正态概率图，如图 14.3 所示。正态概率点图应当与线性性没有系统性的偏差，否则正态分布的假设就会存在问题。参考图 14.3，非流失客户中大量的点线性排列成近似完美的直线，这表明对非流失客户的总通话时长来说，正态分布的假设是合理的。然而，流失客户的数据点的确出现系统偏差，呈倒 S 型形状，这表明对流失客户总通话时长正态分布的假设存在问题。由于假设不成立，因此应用该假设得到的推理结果都应该为终端用户给出注释。例如，“流失情况=真”的朴素贝叶斯分类可能是合理的或不合理的，应当将这种不确定性告诉终端用户。

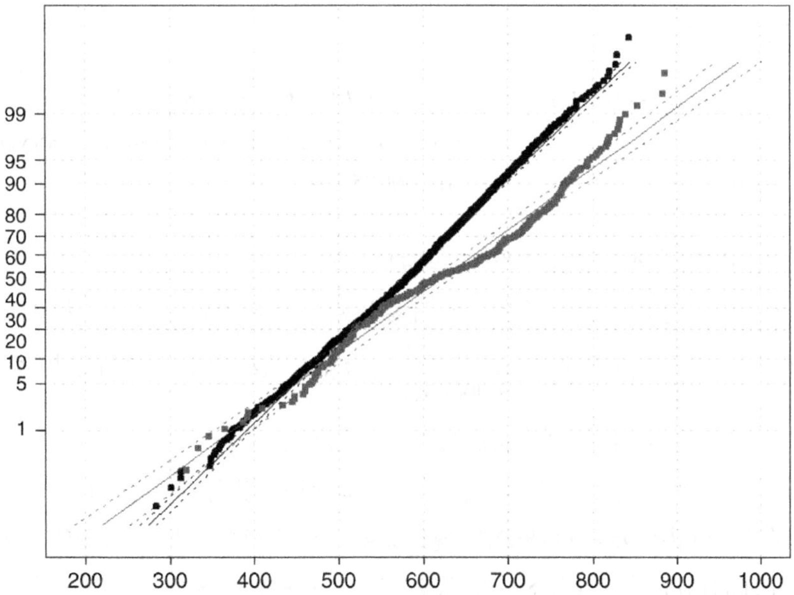

图 14.3　流失客户与非流失客户总通话时长的正态概率点图

通常，可以将非正态分布转换为正态分布，例如使用 Box-Cox 转换 $T(y)=\frac{(y^{\lambda}-1)}{\lambda}$。然而，图 14.2 显示流失客户总通话时长实际上看起来像两个正态分布的混合，这也限制了单调转换到正态分布。混合思想是非常有趣的，值得深入研究，但我们不打算在此深入探讨。读者可以在第 8 章和第 9 章中学习更多的数据转换研究工作。

当然，也可以完全放弃正态分布假设，选择直接利用从流失或非流失客户总通话时长观察到的经验分布。我们感兴趣的是比较每个分布情况的 $p(T=800)$；为什么不能通过直接估计每个分布的 $p(798\leqslant T\leqslant 802)$来获得相关的概率呢？结果是有 3 个流失客户总通话时长在 798 与 802 之间，而有 1 个非流失客户总通话时长在 798 与 802 之间。由此，对流失客户的概率估计为 $p(T=800\mid C)\cong\frac{3}{483}=0.006211$，对非流失客户的概率估计为 $p(T=800\mid\bar{C})\cong\frac{1}{2850}=0.0003509$。

对流失客户计算朴素贝叶斯分类为：

$$\begin{aligned}p(I\cap V\cap T=800\mid C)\cdot P(C)&=P(I\mid C)\cdot P(V\mid C)\cdot\hat{f}_{T|C}(800)\cdot P(C)\\&=(0.2836)\cdot(0.1656)\cdot(0.006211)\cdot(0.1449)\\&=0.00004227\end{aligned}$$

对非流失客户为：

$$
\begin{aligned}
p(I \cap V \cap T = 800 \mid \bar{C}) \cdot P(\bar{C}) = P(I \mid \bar{C}) \cdot P(V \mid \bar{C}) \cdot \hat{f}_{T|\bar{C}}(800) \cdot P(\bar{C}) \\
= (0.0653) \cdot (0.2954) \cdot (0.0003509) \cdot (0.8551) \\
= 0.000005788
\end{aligned}
$$

(此处，$\hat{f}_{T|C}(800)$ 表示对 $f_{T|C}(800)$ 的经验估计)。

结果再次表明，对总通话时长为 800 且参与两个套餐的新客户，其朴素贝叶斯分类为“流失情况=真”，其后验概率比为 $\frac{0.00004227}{0.000005788} = 7.30$。该结果更趋向将这些客户分类为“流失情况=真”，我们不再承担正态分布假设带来的负担。

这里讨论的经验概率估计方法应该在一个边际误差范围内验证。上述示例中，我们在两个记录的误差边际内($798 \leqslant T \leqslant 802$)发现记录数。读者可以验证，在期望为 800 分钟，误差范围为 5 分钟的情况下，包含 8 个流失客户，3 个非流失客户。在期望为 800 分钟，误差范围为 10 分钟的情况下，包含 15 个流失客户，5 个非流失客户。在分布区域内，流失客户与非流失客户记录的比率近似稳定在 3∶1。

14.9 WEKA：使用朴素贝叶斯开展分析

本节利用维卡托知识分析环境(WEKA)中的朴素贝叶斯分类器分类一个小的电影评论集，其中的数据要么是正面评论(pos)，要么是负面评论(neg)。首先，对包含 20 个实际评论的文本进行预处理，形成训练文件 movies_train.arff，该训练集包含 3 个布尔类型的属性和 1 个目标变量。利用该训练文件训练朴素贝叶斯模型，集合中包含 20 个独立评论实例，其中 10 个评论类值为 pos，10 个评论为 neg。类似地，建立另外一个文件用于对模型进行测试。该文件为 movies_test.arff，仅包含 4 个评论实例，其中 2 个为正面评论，2 个为负面评论。

在预处理阶段，从评论中获取单构词成分(特定形容词)，并形成形容词列表。从该列表中选择 3 个最频繁出现的形容词，形成反映评论实例的属性列表。每个示例用一个包含 3 个元素的布尔型文档向量表示，其属性值要么为 1，要么为 0，分别对应评论包含或不包含特定形容词的情况。基于属性关系文件格式(ARFF)的训练文件 movies-train.arff 如表 14.6 所示。

表 14.6　ARFF 电影训练文件 movies_train.arff

```
@relation movies_train.arff

@attribute more              {0, 1}
@attribute much              {0, 1}
@attribute other             {0, 1}
@attribute CLASS             {neg, pos}

@data
1, 0, 0, neg
1, 1, 0, neg

1, 1, 0, neg

0, 1, 1, neg

1, 1, 1, neg

1, 1, 0, neg

1, 0, 0, neg

1, 0, 1, neg

1, 1, 1, neg

1, 1, 1, neg

1, 1, 1, pos

1, 0, 1, pos

1, 1, 1, pos

1, 1, 1, pos

1, 0, 0, pos

1, 1, 0, pos

0, 1, 1, pos

1, 0, 1, pos

0, 0, 0, pos

1, 1, 1, pos
```

ARFF 文件中的所有属性为标称属性，取两个值中的一个；输入为 0 或 1，目标变量 CLASS 要么是 pos，要么是 neg。data 部分列出了每个实例，对应特定的电影评论记录。例如，data 部分的第 3 行电影评论是 more=1，much=1，other=0，CLASS=neg。

现在加载训练文件并建立朴素贝叶斯分类模型。

(1) 单击 WEKA GUI Chooser 对话框中的 Explorer。

(2) 打开 Preprocess 选项卡，单击 Open file 并指定训练文件 movies_train.arff 的路径。

(3) 选择 Classify 选项卡。

(4) 在 Classifier 下面，单击 Choose 按钮。

(5) 从导航层次中选择 Classifiers | Bayes | Naïve Bayes。

(6) 在本例的建模实验中，训练集与测试集是分开的。因此，在 Test options 下选择 Use training set 选项。

(7) 单击 Start 建立模型。

WEKA 建立朴素贝叶斯模型并在 Classifer output 窗口中产生结果，如图 14.4 所示。一般来说，结果表明模型的分类精度，与训练集比较，精度为 65%($\frac{13}{20}$)。

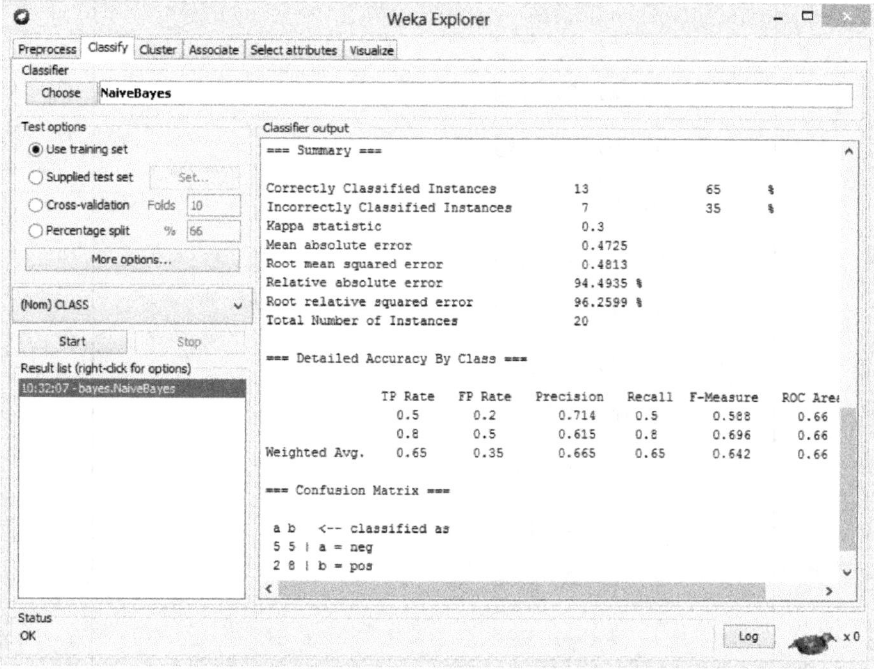

图 14.4 Weka Explorer：朴素贝叶斯训练结果

接着，将利用测试集 moives_test.arff 中的未见数据评估我们的模型。

(1) 在 Test options 下，选择 Supplied test set，单击 Set 按钮。

(2) 单击 Open file，指定测试文件 moives_test.arff 的路径。关闭 Test Instances 对话框。

(3) 选择 Output text predictions on test set 选项，单击 OK 按钮。

(4) 单击 Start 按钮通过测试集评估模型。

令人惊奇的是，Explorer 面板中显示出我们构建的朴素贝叶斯分类器对测试集中的 4 个评论的分类完全正确。尽管结果令人鼓舞，但从现实世界的角度来看，训练集的属性和样例都缺乏充分性。我们的目标主要是熟悉朴素贝叶斯分类器。下面让我们考虑朴素贝叶斯是如何获得正确结果的。然而，首先，我们将检验朴素贝叶斯分类器报告的概率。

朴素贝叶斯模型报告实际概率，它们用于将测试集中的每个评论实例分类为 pos 或 neg。例如，表 14.7 显示了朴素贝叶斯将测试集中的第 4 个实例分类为 pos，其概率为 0.60。

表 14.7　朴素贝叶斯测试集预测

```
=== Predictions on test split ===

inst#,    actual, predicted, error, probability distribution

     1      1:neg      1:neg          *0.533  0.467

     2      1:neg      1:neg          *0.533  0.467

     3      2:pos      2:pos           0.444 *0.556

     4      2:pos      2:pos           0.4   *0.6
```

在表 14.8 中，对 moives_train.arff 文件中的对应数据的条件概率进行了计算。例如，假设评论是负面的，词 more 发生的条件概率为 $p(more=1|CLASS=neg)=\dfrac{9}{10}$。此外，我们也知道先验概率为 $p(CLASS=pos)=p(CALSS=neg)=\dfrac{10}{20}=0.5$。这些结果与事实相符，我们的训练集是平衡的 $\dfrac{50}{50}$。

表 14.8　从 movies_train.arff 获得的条件概率

more		much		other	
neg					
1	**0**	**1**	**0**	**1**	**0**
9/10	1/10	7/10	3/10	5/10	5/10
pos					
1	**0**	**1**	**0**	**1**	**0**
8/10	2/10	6/10	4/10	7/10	3/10

回忆本章前面部分有关调整概率估计以避免出现零-频率单元的方法。在这个特殊的示例中，朴素贝叶斯产生内部调整，其中 $n_{\text{equiv}}=2$，$p=0.5$，产生 $\dfrac{(n_c+1)}{n+2}$。因此，现在就计算测试集中的第 4 个评论为 pos 和 neg 的可能性有多大。

$$\prod_{i=1}^{3} p(X_i = x_i \mid CLASS = pos)p(CLASS = pos)$$

$$= (\frac{8+1}{10+2}) \cdot (\frac{4+1}{10+2}) \cdot (\frac{7+1}{10+2}) \cdot (0.5)$$

$$= (\frac{9}{12}) \cdot (\frac{5}{12}) \cdot (\frac{8}{12}) \cdot (0.5) \approx 0.1042$$

$$\prod_{i=1}^{3} p(X_i = x_i \mid CLASS = neg)p(CLASS = neg)$$

$$= (\frac{9+1}{10+2}) \cdot (\frac{3+1}{10+2}) \cdot (\frac{5+1}{10+2}) \cdot (0.5)$$

$$= (\frac{10}{12}) \cdot (\frac{4}{12}) \cdot (\frac{6}{12}) \cdot (0.5) \approx 0.0694$$

最后，对概率进行规范化并确定：

$$p(pos) = \frac{0.1042}{0.1042 + 0.0694} \approx 0.6002$$

$$p(neg) = \frac{0.0694}{0.1042 + 0.0694} \approx 0.3998$$

至此，评论被分类为正面的概率为 0.6。该结果支持由表 14.7 采用 WEKA 所报告的结果，将该评论分类为正面评论。尽管本例中使用的数据集较小，但是它演示了将训练集与测试集分开时利用 WEKA 的朴素贝叶斯分类器的方法。更重要的是，我们对算法的一般理解得到进一步深化，利用模型计算出用于实际分类的概率。

14.10 贝叶斯信念网络

朴素贝叶斯分类假定在目标变量值给定的情况下，属性之间是条件独立的。实际上，这一假设对在预测变量之间存在关联关系的环境来说可能太强了。贝叶斯信念网络(Bayesian Belief Network，BBN)允许采用联合条件独立定义变量子集。BBN，有时也称为贝叶斯网络或贝叶斯网，采用有向非循环图(Directed Acyclic Graph，DAG)形式，其中“有向”意味着图中的弧仅指向一个方向，“非循环”意味着子节点没有返回到其任何祖先节点的弧存在。

图 14.5 给出了一个有向非循环图类型的贝叶斯信念网络示例。节点表示变量，弧表示变量之间的(直接)依赖关系。一般来说，如果节点 A 与节点 X 之间存在一个有向弧，则节点 A 是节点 X 的父节点或直接前驱节点，节点 X 是节点 A 的子节点。贝叶斯网络中变量之间的内在关系如下：

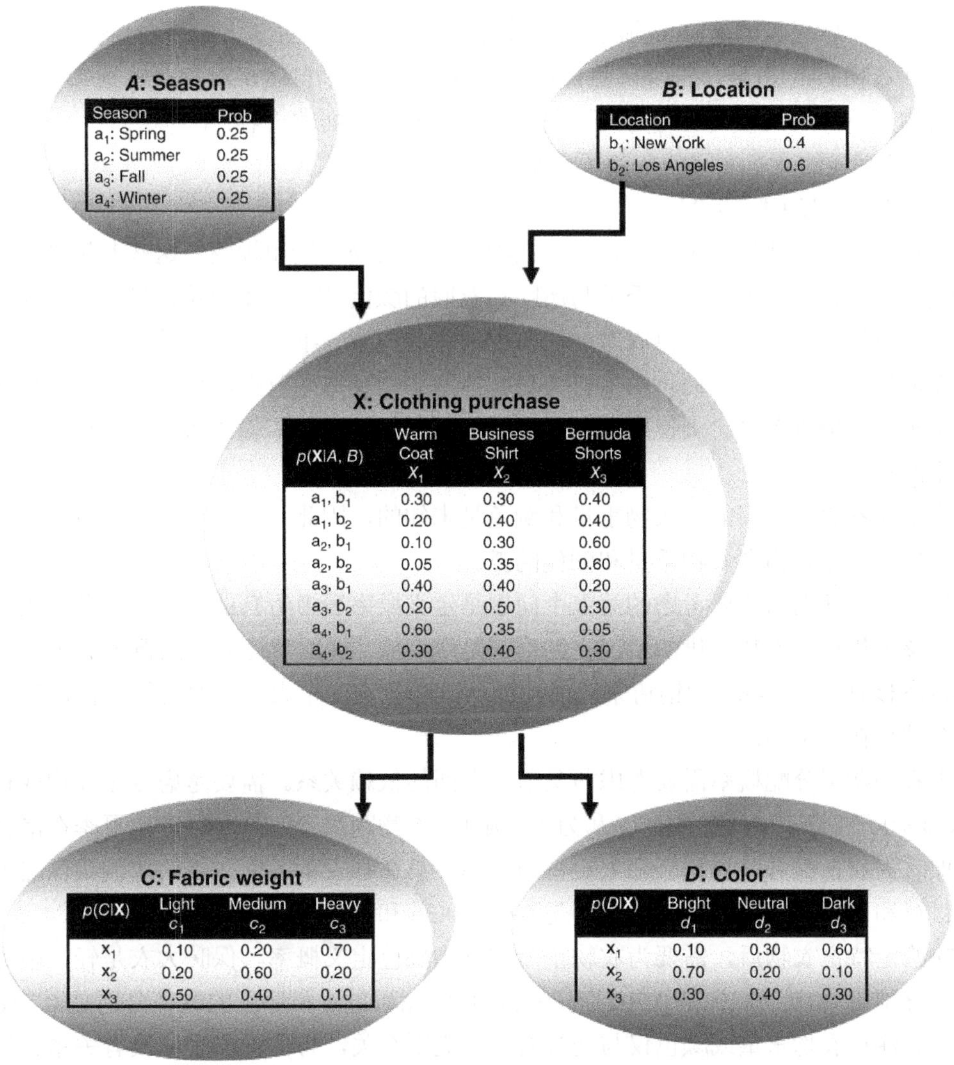

图 14.5　衣物购买贝叶斯网络示例

在存在父节点的情况下，贝叶斯网络中的节点与其他的非后继节点是条件独立的。因此，我们有：

$$p(X_1 = x_1, X_2 = x_2, \ldots, X_m = x_m) = \prod_{i=1}^{m} p(X_i = x_i \mid parents(X_i)) \tag{14.4}$$

注意，子节点的概率仅与其父节点有关。

14.11　衣物购买示例

为了向读者更好地介绍贝叶斯网络，我们将利用衣物购买示例，如图 14.5 中的贝叶斯网络所示。假设衣物零售商经营两家网点，一家在纽约，一家在洛杉矶，每家都经营四季服装。零售商感兴趣的是 3 类服装(保暖大衣、商务衬衫和百慕大短裤)的概率。感兴趣的问题包括衣物的重量(轻、中等、重)和衣服的颜色(明亮、自然、深色)。

为构建贝叶斯网络，要考虑的问题包含以下两个方面的内容：

(1) 感兴趣的变量之间的依赖关系是什么？

(2) 哪些是有关联的“局部”概率？

零售商有 5 个变量：季节、位置、衣物购买、衣物重量和颜色。这些变量之间存在的依赖关系是什么？例如，每个季节与所购买衣服的颜色是否存在依赖？当然不存在，因为客户未必仅仅在春季购买亮色衣服，尽管他们有此期望。事实上，季节与其他变量之间并不存在依赖关系，因此我们将季节作为贝叶斯网络的最顶端节点，这意味着季节变量与其他变量不存在依赖关系。类似地，位置与其他变量也不存在依赖关系，因此也被放在贝叶斯网络的顶端。

由于在衣服被购买前，衣物重量和颜色是未知的，因此衣物购买变量节点放在顶节点的下一层，并包含指向衣物重量和颜色的弧。

构建贝叶斯网络需要考虑的第二个问题是定义概率表中所有的项。季节节点表中的概率表明该零售机构衣物销售的情况在四季都是统一的。位置节点表中的概率显示 60%的销售来自洛杉矶分店，40%的销售来自纽约分店。注意这两个表不需要支持条件概率，因为这两个节点在网络顶部。

为衣物购买分配概率需要考虑与父节点之间的依赖关系。需要考虑专家知识或相关频率(未显示)。注意表中每行的概率和为 1。例如，衣物购买表的第 4 行表明夏季在洛杉矶店购买保暖大衣、商务衬衫和百慕大短裤的概率。第 7 行表示冬季在纽约店购买保暖大衣、商务衬衫和百慕大短裤的概率，分别是 0.60、0.35 和 0.05。

在给定特定衣物后，需要为衣物重量和衣物颜色定义概率。保暖大衣是轻、中等和重的概率分别为 0.10、0.20 和 0.70。商务衬衫是明亮、自然和深色的概率分别是 0.70、0.20 和 0.10。注意衣物重量或颜色仅与购买衣物的类别有关，与位置和季节没有关系。换句话说，在给定购买衣物的种类后，颜色与位置是条件独立的。这是从贝叶斯网络中可以发现的一种条件独立关系。其他关系如下所示：

- 给定衣物种类后，颜色与季节存在条件独立关系。
- 给定衣物种类后，颜色与衣物重量存在条件独立关系。
- 给定衣物种类后，衣物重量与颜色存在条件独立关系。
- 给定衣物种类后，衣物重量与位置存在条件独立关系。
- 给定衣物种类后，衣物重量与季节存在条件独立关系。

注意在父节点确定后，我们说季节与位置存在条件独立关系。但是季节在贝叶斯网络中没有父节点，这意味着季节与位置是独立的(无条件的)。

在贝叶斯网络中插入弧时要特别小心，因为这表示对条件独立性的强烈断言。

14.12　利用贝叶斯网络发现概率

假定我们希望获得冬季在纽约分店购买轻质自然颜色的百慕大短裤的概率。利用等式(14.4)，我们可以表示如下：

$$
\begin{aligned}
& p(A=a_4, B=b_1, C=c_1, D=d_2, X=x_3) \\
& = p(A=a_4)\cdot p(B=b_1)\cdot p(X=x_3 \mid A=a_4 \cap B=b_1) \\
& \quad \cdot p(C=c_1 \mid X=x_3)\cdot p(D=d_2 \mid X=x_3) \\
& = p(season=winter)\cdot p(location=New\ York) \\
& \quad \cdot p(clothing=shorts \mid season=winter \text{ and } location=New\ York) \\
& \quad \cdot p(fabric=light \mid clothing=shorts)\cdot p(color=neutral \mid clothing=shorts) \\
& = (0.25)\cdot(0.4)\cdot(0.05)\cdot(0.50)\cdot(0.40)=0.001
\end{aligned}
$$

显然，冬季在纽约分店对轻质自然颜色的百慕大短裤的需求并不高。

同样，可以按照该方法得到任何有关季节、位置、衣物类别、衣物重量、颜色不同组合的概率。使用贝叶斯网络结构，我们还可以计算每个节点的先验概率。例如，保暖大衣的先验概率可如下获得：

$$
\begin{aligned}
p(coat) = p(X=x_1) \\
& = p(X=x_1 \mid A=a_1 \cap B=b_1)\cdot p(A=a_1 \cap B=b_1) \\
& \quad + p(X=x_1 \mid A=a_1 \cap B=b_2)\cdot p(A=a_1 \cap B=b_2) \\
& \quad + p(X=x_1 \mid A=a_2 \cap B=b_1)\cdot p(A=a_2 \cap B=b_1) \\
& \quad + p(X=x_1 \mid A=a_2 \cap B=b_1)\cdot p(A=a_2 \cap B=b_2) \\
& \quad + p(X=x_1 \mid A=a_3 \cap B=b_1)\cdot p(A=a_3 \cap B=b_1) \\
& \quad + p(X=x_1 \mid A=a_3 \cap B=b_2)\cdot p(A=a_3 \cap B=b_2) \\
& \quad + p(X=x_1 \mid A=a_4 \cap B=b_1)\cdot p(A=a_4 \cap B=b_1) \\
& \quad + p(X=x_1 \mid A=a_4 \cap B=b_2)\cdot p(A=a_4 \cap B=b_2) \\
& = (0.30)\cdot(0.10)+(0.20)\cdot(0.15)+(0.10)\cdot(0.10)+(0.05)\cdot(0.15) \\
& \quad +(0.40)\cdot(0.10)+(0.20)\cdot(0.15)+(0.6)\cdot(0.10)+(0.30)\cdot(0.15) \\
& = 0.2525
\end{aligned}
$$

根据以上计算，购买保暖大衣的先验概率为 0.2525。注意我们使用了季节和位置是独立的这一信息，因此 $p(A \cap B)=p(A)\cdot p(B)$。例如，春季在纽约某个销售的概率为 $p(A=a_1 \cap B=b_1)=p(A=a_1)\cdot p(B=b_1)=(0.25)\cdot(0.4)=0.10$。

还可以获得后验概率。例如：

$$
p(winter \mid coat)=\frac{p(winter \cap coat)}{p(coat)}
$$

为获得 $p(winter \mid coat)$，必须首先获得 $p(winter \cap New\ York \cap coat)$ 和 $p(winter \cap Los\ Angeles \cap coat)$。利用图 14.5 所示的贝叶斯网络的条件概率结构，我们有：

$$p(winter \cap New\ York \cap coat)$$
$$= p(winter) \cdot p(New\ York) \cdot p(coat \mid winter \cap New\ York)$$
$$= (0.25) \cdot (0.4) \cdot (0.6) = 0.06$$
$$p(winter \cap Los\ Angeles \cap coat)$$
$$= p(winter) \cdot p(Los\ Angeles) \cdot p(coat \mid winter \cap Los\ Angeles)$$
$$= (0.25) \cdot (0.6) \cdot (0.3) = 0.045$$

可得，$p(winter \cap coat) = 0.06 + 0.045 = 0.105$。

我们有 $p(winter \mid coat) = p(winter \cap coat) / p(coat) = 0.105 / 0.2525 = 0.4158$。贝叶斯网络可以利用 $p(winter \mid coat)$、$p(spring \mid coat)$、$p(summer \mid coat)$ 和 $p(fall \mid coat)$ 中最高的后验概率提供分类决策(参见练习)。

贝叶斯网络表示给定变量集的联合概率分布。什么是联合概率分布？令 $X_1, X_2 \ldots, X_m$ 为包含 m 个随机变量的集合，其中每个随机变量 X_i 定义在空间 S_{X_i} 中。例如，正态随机变量 X 定义在空间 S_X 中，其中 S_X 是实数直线。因此 $X_1, X_2 \ldots, X_m$ 的联合空间被定义为 $S_{X_1} \times S_{X_2} \times \ldots \times S_{X_m}$ 笛卡尔乘积。即，每个联合观察对象包含长度为 m 的观察字段值 $< x_1, x_2, \ldots, x_m >$ 的向量。联合空间中的这些观察对象的分布被称为联合概率分布。

贝叶斯网络表示联合概率分布的方法是提供①有关变量之间条件独立性的特定的假设集合和②给定其直接祖先情况下的每个变量的概率表。对每个变量，都提供了有关①和②的信息。

对于变量集 $X_1, X_2 \ldots, X_m$，其联合概率可通过以下方法获得：

$$p(X_1 = x_1, X_2 = x_2, \ldots, X_m = x_m) = \prod_{i=1}^{m} p(X_i = x_i \mid parents(X_i))$$

其中，我们定义 $parents(X_i)$为网络中 X_i 直接祖先的集合。概率 $p(X_i{=}x_i \mid parents(X_i)p(X_i{=}x_i \mid parents(X_i))$是定义在概率表中的与 X_i 节点有关的概率。

贝叶斯网络中是如何开展学习工作的？在网络结构已知的情况下，可以观察到字段值，然后可以直接针对贝叶斯网络开展学习。局部(特定节点)概率表完全可以得到，所有期望的联合、条件、先验和后验概率均可计算获得。

然而，当某些字段值隐藏或者未知时，则需要采用其他方法，目标是填充局部概率分布表中的所有项。Russell 等人提出了一种应用于贝叶斯网络学习的梯度下降方法。采用该方法，在给定数据的情况下，概率分布表中的未知项被认为具有未知权重。梯度下降方法模拟神经元网络学习方法，用于发现最优权重(概率值)。

贝叶斯网络最初是用于辅助主题专家图形化地定义变量间的条件独立结构。然而，分析人员也可能试图通过研究观察变量值之间的依赖和独立关系，认识贝叶斯网络的未知结构。Sprites、Glymour 和 Scheines 以及 Ramoni 和 Sebastian 等提供了学习贝叶斯网络结构和内容的更多信息。

WEKA：利用贝叶斯网络开展分析

让我们再次利用电影数据集；不过，这次我们将利用 WEKA 的贝叶斯网络分类器开展数据分类工作。与我们的上次试验类似，在 movies_train.arff 中包含 20 个实例用于模型训练，而模型的测试利用了 moives_test.arff 中的 4 个评论。首先加载训练文件。

(1) 单击 WEKA GUI Chooser 对话框中的 Explorer。

(2) 在 Preprocess 选项卡上，单击 Opern file 并指定训练文件 movies.train.arff 的路径。

(3) 若成功，Explorer 面板看起来应该与图 14.6 类似，表明 movies_train.arff 文件中包含具有 4 个属性的 20 个实例。默认情况下，也显示出 CLASS 被定义为数据集的类变量。接着，选择 Classify 选项卡。

(4) 在 Classifier 下，单击 Choose 按钮。

(5) 从导航层次中选择 Classifiers | Bayes | BayesNet。

(6) 在 Test options 下，选择 Use training set。

(7) 单击 Start 按钮。

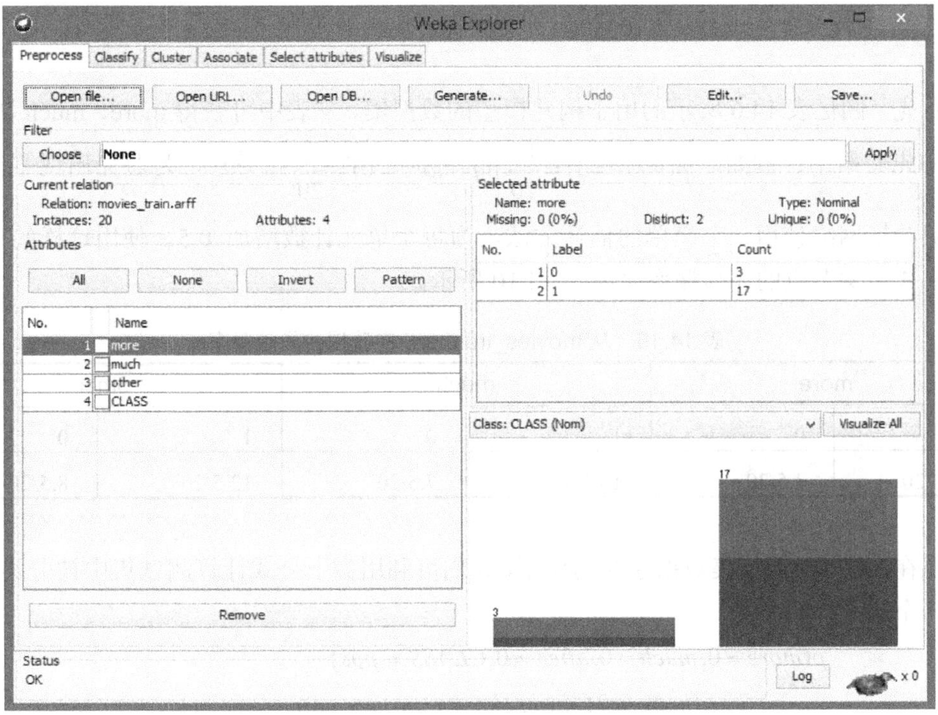

图 14.6 Weka Explorer 面板：Preprocess 选项卡

Classifier output 窗口中报告了结果。贝叶斯网络的分类精度为 65%(13/20)，与朴素贝叶斯得到的结果相同。让我们再次使用 movies_test.arff 文件中的数据评估分类模型，目标是确定贝叶斯网络用来分类这些实例的概率。

(1) 在 Test options 下，选择 Supplied test set，单击 Set 按钮。

(2) 单击 Open file，指定测试文件 movies_test.arff 的路径。关闭 Test Instances 对话框。

(3) 接着，单击 More Options 按钮。

(4) 选择 Output text Predictions on test set 选项。单击 OK 按钮。

(5) 单击 Start 按钮利用测试集评估模型。

现在，每个实例的预测(包括与它们有关的概率)在 Classifier output 窗口中获得。例如，贝叶斯网络正确地将 3 个实例分类为 pos，概率为 0.577，如表 14.9 所示。接下来，让我们对贝叶斯网络为第 3 个实例作的分类决策进行评估。

表 14.9 贝叶斯网络测试集预测

```
=== Predictions on test split ===

inst#,    actual, predicted, error, probability distribution

     1      1:neg      1:neg          *0.521  0.479

     2      1:neg      1:neg          *0.521  0.479

     3      2:pos      2:pos           0.423 *0.577

     4      2:pos      2:pos           0.389 *0.611
```

首先，回忆表 14.6 所示的用于构建模型的数据集。从表中可获得 more、much 和 other 属性的先验概率；例如，$p(more=1)=\dfrac{17}{20}$和$p(more=0)=\dfrac{3}{20}$。另外，为避免出现零概率单元，贝叶斯网络使用一个简单的估计方法，为每个单元计数增加 0.5。使用这样的信息，网络中 3 个父节点的先验概率表如表 14.10 所示。

表 14.10 从 movies_train.arff 中获得的先验概率

more		much		other	
1	0	1	0	1	0
17.5/20	3.5/20	13.5/10	7.5/20	12.5/20	8.5/20

现在，根据由训练集数据建立的模型，我们可利用如下公式计算测试集中被分类为 pos 的第 3 个记录的概率：

$$\begin{aligned}&p(more=0, much=0, after=0, CLASS=pos)\\&\quad=p(more=0)\cdot p(much=0)\cdot p(after=0)\\&\quad\quad\cdot p(CLASS=pos\mid more=0)\cdot p(CLASS=pos\mid much=0)\\&\quad\quad\cdot p(CLASS=pos\mid after=0)\end{aligned}$$

如上所述，贝叶斯网络也给条件概率表单元计数增加了 0.5 以避免出现零概率。例如，利用该内部调整，条件概率 $p(CLASS=pos\mid more=0)=\dfrac{2}{10}$ 变为 $\dfrac{2.5}{10}$。因此，给定第 3 个实例中的 more、much 和 other 值，正例类的概率可按如下所示计算获得：

$$\begin{aligned} &p(more=0, much=0, after=0, CLASS=pos) \\ &=(\frac{3.5}{20})\cdot(\frac{7.5}{20})\cdot(\frac{8.5}{20})\cdot(\frac{2.5}{20})\cdot(\frac{4.5}{20})\cdot(\frac{3.5}{20}) \\ &=0.175\cdot 0.375\cdot 0.425\cdot 0.25\cdot 0.45\cdot 0.35 \\ &\approx 0.001098 \end{aligned}$$

同样地，负例类也可以采用同样的方法获得：

$$\begin{aligned} &p(more=0, much=0, after=0, CLASS=neg) \\ &=(\frac{3.5}{20})\cdot(\frac{7.5}{20})\cdot(\frac{8.5}{20})\cdot(\frac{1.5}{10})\cdot(\frac{3.5}{10})\cdot(\frac{5.5}{10}) \\ &=0.175\cdot 0.375\cdot 0.425\cdot 0.15\cdot 0.35\cdot 0.55 \\ &\approx 0.000805 \end{aligned}$$

最后一步是按如下方式开展概率规范化工作：

$$p(pos)=\frac{0.001098}{0.001098+0.000805}\approx 0.57698$$

$$p(neg)=\frac{0.000805}{0.001098+0.000805}\approx 0.42302$$

我们的计算表明，按照由训练集建立的贝叶斯网络模型，第 3 个实例被分类为正面评论的概率为 0.577。手动计算的概率再次与通过 WEKA 模型产生的结果相同，如表 14.9 所示。显然，结果表明，为中等大小的网络“手动计算”概率值并不是一个简单的过程。

R 语言开发园地

读入流失数据，计算边际概率

```
churn <- read.csv(file = "C:/…/churn.txt",
      stringsAsFactors=TRUE)
n <- dim(churn)[1] # Total sample size
p.IntlPlan <- sum(churn$Int.l.Plan=="yes")/n
p.VMailPlan <- sum(churn$VMail.Plan=="yes")/n
p.Churn <- sum(churn$Churn=="True")/n
```

```
> p.IntlPlan
[1] 0.09690969
> p.VMailPlan
[1] 0.2766277
> p.Churn
[1] 0.1449145
```

计算条件概率

```
n.ChurnT <- length(churn$Churn[which(churn$Churn=="True")])
# 流失数量 = True
n.ChurnF <- length(churn$Churn[which(churn$Churn=="False")])
```

```
p.Intl.g.ChurnF <-
    sum(churn$Int.l.Plan[which(churn$Churn=="False")]=="yes")/n.ChurnF
p.VMP.g.ChurnF <-
    sum(churn$VMail.Plan[which(churn$Churn=="False")]=="yes")/n.ChurnF
p.Intl.g.ChurnT <-
    sum(churn$Int.l.Plan[which(churn$Churn=="True")]=="yes")/n.ChurnT
p.VMP.g.ChurnT <-
    sum(churn$VMail.Plan[which(churn$Churn=="True")]=="yes")/n.ChurnT
```

使用先前计算的后验概率

```
p.Churn.g.Intl <- p.Intl.g.ChurnT*p.Churn/p.IntlPlan
p.Churn.g.VMP <- p.VMP.g.ChurnT*p.Churn/p.VMailPlan
```

```
> p.Churn.g.Intl
[1] 0.4241486
> p.Churn.g.VMP
[1] 0.0867679
```

直接计算的后验概率

```
# 国际套餐的样本大小 ="yes"
n.Intl <- length(churn$Int.l.Plan[which(churn$Int.l.Plan=="yes")])
# 语音邮件套餐的样本大小 ="yes"
n.VMP <- length(churn$Int.l.Plan[which(churn$VMail.Plan=="yes")])
p2.Churn.g.Intl <- sum(churn$Churn[which(churn$Int.l.Plan=="yes")]=="True")/n.Intl
p2.Churn.g.VMP <- sum(churn$Churn[which(churn$VMail.Plan=="yes")]=="True")/n.VMP
```

联合条件概率

```
i.v <- i.vbar <- ibar.v <- ibar.vbar <- rep("no", n)
for(i in 1:n){
    if(churn$Int.l.Plan[i]=="yes" &&
    churn$VMail.Plan[i]=="yes") i.v[i] <- "yes"
    if(churn$Int.l.Plan[i]=="yes" &&
    churn$VMail.Plan[i]=="no") i.vbar[i] <-
        "yes"
    if(churn$Int.l.Plan[i]=="no" &&
    churn$VMail.Plan[i]=="yes")
```

```
> p.i.v.ChurnT*p.Churn
[1] 0.01080108
> p.i.v.ChurnF*(1-p.Churn)
[1] 0.01680168
```

```
ibar.v[i] <- "yes"
   if(churn$Int.l.Plan[i]=="no" &&
   churn$VMail.Plan[i]=="no")
        ibar.vbar[i] <- "yes"
}
tiv <- table(i.v, churn$Churn); tivbar <- table(i.vbar, churn$Churn)
tibarv <- table(ibar.v, churn$Churn); tibarvbar <- table(ibar.vbar, churn$Churn)
p.i.v.ChurnT <- tiv[4]/sum(tiv[4], tiv[3])
p.i.v.ChurnF <- tiv[2]/sum(tiv[2], tiv[1])
p.i.v.ChurnT*p.Churn
p.i.v.ChurnF*(1-p.Churn)
# 其他表类似
```

后验概率比

```
(p.i.v.ChurnT*p.Churn)/
    (p.i.v.ChurnF*(1-p.Churn))
```

```
> (p.i.v.ChurnT*p.Churn)/
+    (p.i.v.ChurnF*(1-p.Churn))
[1] 0.6428571
```

平衡数据

```
b.churn <- churn[which(churn$Churn=="True"),]
notchurn <- churn[which(churn$Churn=="False"),]
choose <- runif(dim(notchurn)[1], 0,1)
halfnotchurn <- notchurn[which(choose<.5),]
b.churn <- rbind(b.churn, halfnotchurn)
# 更新后的概率
n <- dim(b.churn)[1]
p.Churn <- sum(b.churn$Churn=="True")/n
```

联合概率分布

```
i.v <- rep("no", n)
for(i in 1:n){
    if(b.churn$Int.l.Plan[i]=="yes" &&
    b.churn$VMail.Plan[i]=="yes")
```

```
> p.i.v.ChurnT*p.Churn
[1] 0.01909814
> p.i.v.ChurnF*(1-p.Churn)
[1] 0.01167109
```

```
        i.v[i] <- "yes"
}
tiv <- table(i.v, b.churn$Churn)
p.i.v.ChurnT <- tiv[4]/sum(tiv[4], tiv[3])
p.i.v.ChurnF <- tiv[2]/sum(tiv[2], tiv[1])
p.i.v.ChurnT*p.Churn
p.i.v.ChurnF*(1-p.Churn)
```

朴素贝叶斯分类，使用原始流失数据

```
N <- dim(churn)[1]
p.Churn <- sum(churn$Churn=="True")/n
n.ChurnTrue <- length(churn$Churn[which(churn$Churn=="True")])
n.ChurnFalse <- length(churn$Churn[which(churn$Churn=="False")])
p.Intl.given.ChurnF <-
    sum(churn$Int.l.Plan[which(churn$Churn=="False")]=="yes")/n.ChurnFalse
p.VMP.given.ChurnF <-
    sum(churn$VMail.Plan[which(churn$Churn=="False")]=="yes")/n.ChurnFalse
p.Intl.given.ChurnT <-
    sum(churn$Int.l.Plan[which(churn$Churn=="True")]=="yes")/n.ChurnTrue
p.VMP.given.ChurnT <-
    sum(churn$VMail.Plan[which(churn$Churn=="True")]=="yes")/n.ChurnTrue
p.Intl.given.ChurnT*p.VMP.given.ChurnT*p.Churn
p.Intl.given.ChurnF*p.VMP.given.ChurnF*(1-p.Churn)
```

对数后验概率比

```
log((p.Intl.given.ChurnT)/
    (p.Intl.given.ChurnF))
log((p.VMP.given.ChurnT)/
    (p.VMP.given.ChurnF))
```

```
> log((p.Intl.given.ChurnT)/
+    (p.Intl.given.ChurnF))
[1] 1.469292
> log((p.VMP.given.ChurnT)/
+    (p.VMP.given.ChurnF))
[1] -0.5786958
```

朴素贝叶斯分类中的数值型预测变量

```
p.ChurnT.t800 <- dnorm(800, mean = 635,
```

```
> p.i.v.t800.givenChurnT/
+    p.i.v.t800.givenChurnF
[1] 2.738979
```

```
        sd = 111)
p.ChurnF.t800 <- dnorm(800, mean = 585,
        sd = 84)
p.i.v.t800.givenChurnT <- p.Intl.given.ChurnT*
p.VMP.given.ChurnT*p.ChurnT.t800*p.Churn
p.i.v.t800.givenChurnF <- p.Intl.given.ChurnF*
p.VMP.given.ChurnF*p.ChurnF.t800*(1-p.Churn)
p.i.v.t800.givenChurnT/p.i.v.t800.givenChurnF
```

R 参考文献

R Core Team. *R: A Language and Environment for Statistical Computing*. Vienna, Austria: R Foundation for Statistical Computing; 2012. 3-900051-07-0, http://www.R-project.org/. Accessed 2014 Oct 07.

练习

概念辨析

1. 描述频率方法与贝叶斯方法理解概率的差异。
2. 解释先验分布与后验分布的差别。
3. 在多数数据挖掘应用中，为什么我们期望后验估计最大值与极大似然估计近似？
4. 用浅显易懂的文字解释最大后验分类的含义。
5. 解释后验概率比的含义并说明为什么需要它。
6. 描述平衡的含义，以及什么时候和为什么需要它。描述得到平衡数据集的两种技术，解释为什么一种方法是首选方法？
7. 解释在应用平衡方法时为什么无法避免对数据特征的调整？
8. 解释为什么对任意现实世界的数据挖掘应用，直接应用 MAP 分类是不切实际的。
9. 条件独立性的含义是什么？给出一种存在条件独立性的事件示例，并提供一种非条件独立性的示例。
10. 什么情况下朴素贝叶斯分类与 MAP 分类结果相同？从优化角度看，对朴素贝叶斯分类器来说这意味着什么？
11. 解释为什么对数后验概率比是非常有用的。给出一个示例。

12. 利用分布的相关概念，描述在贝叶斯分类中使用连续型预测变量的过程。

13. 加分题：研究文章中提到的连续性预测变量的混合思想。

14. 解释经验分布的含义。描述如何将经验分布应用于评估真实概率。

15. 解释朴素贝叶斯分类与贝叶斯网络之间假设的差异。

16. 描述贝叶斯网络中变量之间的内在关系。

17. 在建立贝叶斯网络时，需要考虑的两个主要问题是什么？

数据应用

18. 使用平衡过的数据集，计算国际套餐与语音邮件套餐成员关系每种组合的后验概率比。

19. 使用$\frac{25.31\%}{74.69\%}$平衡，计算国际套餐与语音邮件套餐成员关系 4 种可能组合的朴素贝叶斯分类。

20. 为每个流失或非流失客户，验证文中引用的经验分布结果，记录数量处于边际误差 800 分钟之内。

21. 为下列客户找到朴素贝叶斯分类器。必要时利用经验分布。

    a. 不属于任何套餐，400 分钟

    b. 只属于国际套餐，400 分钟

    c. 属于两个套餐，400 分钟

    d. 属于两个套餐，0 分钟

试解释。

22. 根据季节，给出销售出的保暖大衣的 MAP 分类，参见有关贝叶斯网络一节的衣物购买示例。

23. 再次分析 WEKA 朴素贝叶斯分类示例。计算 movies_test.arff 中第一个实例为 pos 和 neg 的概率。你的计算结果与 WEKA 报告的那些导致负分类的报告相同吗？

24. 计算利用贝叶斯网络模型分类测试文件 movies_test.arff 中的第 4 个实例的概率。你的计算与 WEKA 报告的那些导致正分类的报告相同吗？

实践分析

对于练习 25～35，利用乳腺癌数据集。该数据集由 Willian H.Wohlberg 博士从威斯康星大学医院收集而来。用于预测恶性肿瘤(class=1)和良性肿瘤(class=0)的变量为 10 个数值型预测变量。

25. 考虑仅使用两个变量(有丝分裂和肿块厚度)，预测肿瘤类型。有丝分裂的分类值为：Low=1，High=2～10。肿块厚度分类值为：Low=1～5，High=6～10。丢弃原始变量，使用上述的类别变量。

26. 发现每个预测变量和目标变量的先验概率。发现每个的补充概率。

27. 在假定肿瘤为恶性时，获得每个预测变量的条件概率。然后给定肿瘤为良性，获得每个预测变量的条件概率。

28. 在假定有丝分裂为①高和②低的情况下，获得肿瘤为恶性的后验概率。

29. 在假定肿块厚度为①高和②低的情况下，获得肿瘤为恶性的后验概率。

30. 构建联合概率分布，参考表 14.4。

31. 利用前面练习的结果，根据下列不同组合，得到肿瘤类别的最大后验分类：

a. 有丝分裂=low, 肿块厚度=low

b. 有丝分裂=low, 肿块厚度=high

c. 有丝分裂=high, 肿块厚度=low

d. 有丝分裂=high, 肿块厚度=high

32. 对于前面练习中的每个组合，获得其后验概率比。

33. (可选)利用与表 14.5 类似的方法，评估条件独立性假设的有效性。

34. 为练习 31 中的每个组合计算朴素贝叶斯分类。

35. 对每个预测变量，发现对数后验概率比，解释该预测变量对恶性肿瘤概率的贡献程度。

第 15 章

模型评估技术

回顾第 1 章，跨行业数据挖掘标准流程(CRISP)包括以下 6 个阶段来应用于一个迭代循环：

(1) 业务理解阶段

(2) 数据理解阶段

(3) 数据准备阶段

(4) 建模阶段

(5) 评估阶段

(6) 部署阶段

介于建模和部署阶段之间的是至关重要的评估阶段，其相关技术将在本章进行讨论。当我们进入评估阶段时，建模阶段已经产生一个或多个候选模型。在部署应用之前对这些模型进行质量和有效性的评估相当重要。数据挖掘模型的部署通常代表公司方面的资本支出和投入。如果所考虑的模型无效，则将给公司带来时间和财务的浪费。在本章，我们针对数据挖掘的六项主要任务(描述、评估、预测、分类、聚类和关联)对模型评估技术进行考察研究。

15.1 用于描述任务的模型评估技术

在第 3 章中，我们学习了如何应用探索性数据分析(EDA)了解数据集的显著特征。EDA 代表了一种应用数据挖掘的描述任务的普遍且强大的技术。但是，描述性技术没有分类、预测或者评估，因此很难找到一种客观方法用于评估这些技术的有效性。要记住数据挖掘模型应该尽可能透明。也就是说，数据挖掘模型的结果应该描述清晰的模式，此模式经得起直观解释和说明的考验。EDA 的效果可以通过对目标客户的清晰理解被较好地评估，无论是一组管理人员评估一项新提议还是美国食品和药物管理局的评估系统对新的药品申请进行评估。

如果一个人坚持使用一个可量化的度量来评估描述，那么可以应用最小描述长度原则。所有其他条件都相同的情况下，奥卡姆剃刀理论表明：简单描述比复杂描述更可取。最小描述长度原则量化了这一点，指明模型或数据主体最好的表示(或描述)是最小化所需信息(以比特为单位)来编码①模型和②模型异常。

15.2 用于评估和预测任务的模型评估技术

对于评估和预测模型，我们同时提供了数值目标变量的估计(或预测)值 $\hat{y}$ 和实际值 y。因此，评估模型适用性的一个自然度量为检验估计误差或残差($y-\hat{y}$)。平均残差通常等于0，我们不能使用它进行模型评估；需要一些其他度量方法。

用于评估估计或预测模型的通用度量为均方误差(MSE)：

$$\text{MSE}=\frac{\sum_i (y_i-\hat{y}_i)^2}{n-p-1}$$

其中 p 代表模型变量的个数。优先考虑具有最小均方误差的模型。均方误差的平方根被认为是使用特定模型进行估计或预测时的典型误差的估计值。结合上下文，这被称为估计的标准误差并用 $s=\sqrt{\text{MSE}}$ 表示。

例如，根据76种含糖量取值未缺失的早餐谷物的含糖量，图15.1(选自第8章)提供了关于估计的营养等级的Minitab回归分析输出。MSE = 84.0和 s = 9.16616在输出中用圆圈标出。s 值9.16616表明仅根据含糖量使用此回归模型进行营养等级预测的话，所估计的预测误差为9.16616点。

Regression Analysis: Rating versus Sugars

```
The regression equation is
Rating = 59.9 - 2.46 Sugars


76 cases used, 1 cases contain missing values


Predictor      Coef   SE Coef       T      P
Constant     59.853     1.998   29.96  0.000
Sugars      -2.4614    0.2417  -10.18  0.000


S = 9.16616    R-sq = 58.4%   R-sq(adj) = 57.8%


Analysis of Variance

Source          DF       SS      MS       F      P
Regression       1   8711.9  8711.9  103.69  0.000
Residual Error  74   6217.4    84.0
Total           75  14929.3
```

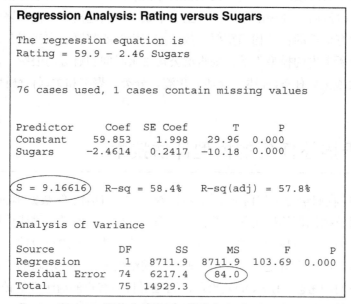

图15.1 回归分析结果，其中标出了MSE和 s

这对于继续进行模型部署足够好吗？答案是取决于商业或研究问题的目标。当然，模型本身很简单：仅包含一个预测变量和一个响应变量；但是，也可能由于预测误差过大而不能被考虑用于部署。将以上估计的预测误差与表 9.1 中经过多元回归所得到的 s 值 6.12733 进行比较。多元回归预测中的估计误差相对较小，但是需要更多的信息来实现此结果，这就出现了第二个预测变量：纤维含量。正如统计分析和数据挖掘中的其他方面那样，模型复杂度和预测误差之间存在权衡。商业或研究问题的领域专家需要确定返回的递减点出现在什么位置。

在第 12 章，我们研究了关于 MSE 的评估度量：

$$\text{SSE} = \sum_{\text{Records}} \sum_{\text{Output nodes}} (\text{actual output})^2$$

这粗略表示上述 MSE 的分子部分。此外，目标是最小化所有输出节点的误差平方和。在第 8 章，我们学习了有关回归模型的另一种度量——决定系数：

$$R^2 = \frac{\text{SSR}}{\text{SST}}$$

R^2 代表响应变量中的波动比例，由预测变量和响应变量之间的线性关系进行表示。例如，在图 15.1 中，我们看到 R^2=58.4%，这意味着谷物等级中 58.4%的波动由等级和含糖量间的线性关系进行表示。这实际上是一个相当大的波动，因为它仅将 41.6%的波动留给了剩余的所有因素。

以上评估度量的一个缺点是离群点可能对评估度量值产生不良影响。这是因为以上评估基于误差平方，而与大多数数据相比，离群点的误差平方值更大。因此，分析人员更加喜欢使用平均绝对误差(MAE)，MAE 定义如下：

$$\text{平均绝对误差} = \text{MAE} = \frac{\sum |y_i - \hat{y}_i|}{n}$$

其中，$|x|$ 代表 x 的绝对值。MAE 将平等对待所有误差，无论其是否为离群点，从而避免了离群点的不良影响的问题。遗憾的是，并不是所有的统计分析软件均汇报此评估统计值。这样，为了找到 MAE，分析人员将会执行以下步骤：

计算平均绝对误差(MAE)

(1) 计算估计的目标值 $\hat{y}_i$。

(2) 找到每个估计值和其相应的实际目标值 y_i 间的绝对值 $|y_i - \hat{y}_i|$。

(3) 找到步骤(2)中绝对值的均值，也就是 MAE。

15.3　用于分类任务的模型评估方法

如何评估分类算法的运行效果呢？答案是可以基于抛掷硬币、茶叶渣、羊内脏或水晶球(以上均为常见的占卜方法)令人信服地作出分类。我们应该使用哪种评估方法来保证由数据挖掘算法产生的分类是有效且准确的呢？我们是否能够胜过硬币投掷？

在使用 C5.0 模型进行收入分类时，我们使用本章中的评估概念、方法和工具，如下所示[1]：

- 模型准确率
- 总误差率
- 灵敏性和特效性
- 假正类率和假负类率
- 真正类和真负类的比例
- 假正类和假负类的比例
- 误分类成本和总体模型成本
- 成本-收益表
- 提升图表
- 增益图表

回顾第 11 章的“成人”数据集，我们应用 C5.0 模型基于一组预测变量(包括资本增益、资本损失、婚姻状况等)对人的收入进行分类：低收入(≤50 000 美元)或者高收入(>50 000 美元)。我们使用误差率、假正、假负等概念评估决策树分类模型的性能(保留所有层，而不仅仅是三层，如图 11.9 所示)。

分类算法所产生的正确分类和错误分类矩阵的一般形式为列联表[2]，如表 15.1 所示。表 15.2 包含 C5.0 模型中的统计量，用“≥50K”表示正类。对于 25 000 条记录中的每条记录，列代表预测分类，行代表实际分类。其中有 19 016 条记录，其目标变量收入的实际值小于或等于 50 000；有 5984 条记录，其收入的实际值大于 50 000。C5.0 算法将 20 758 条记录分类为收入小于或等于 50 000 的记录，将 4242 条记录分类为收入大于 50 000 的记录。

表 15.1　正确分类和错误分类列联表的一般形式

		预测分类		
		0	1	总计
实际分类	0	Truenegatives: Predicted 0 Actually 0	Falsenegatives: Predicted 1 Actually 0	Totalactuallynegative
	1	Falsenegatives: Predicted 0 Actually 0	Truenegatives: Predicted 1 Actually 1	Totalactuallyposive
	总计	Total Predictednegative	Total Predictedpositive	Grandtotal

1 本章考虑的模型涉及二元目标变量。对三元或 k 元目标变量分类的讨论，请参考第 17 章的相关内容。此外，有关图形化评估变量(例如利润图表)的内容，将会在第 18 章中讨论。

2 也被称为混淆矩阵或误差矩阵。

表 15.2 C5.0 模型的列联表

		预 测 分 类		
		50K	>50K	总计
实 际 分 类	50K	18 197	819	19 016
	>50K	2561	3423	5984
	总计	20 758	4242	25 000

经过算法预测收入小于或等于 50 000 的 20 758 条记录中，有 18 197 条记录确实具有低收入。但是，算法错误地将其中的 2561 条记录分类为“收入≤50 000”的分类，而它们的实际收入大于 50 000。

现在，对于一家金融借贷公司假定此项分析已经被实施，该公司对判定申请借贷人的收入是否大于 50 000 感兴趣。收入超过 50 000 的分类被认为是正类，借贷公司会将借贷扩展到此类人。收入小于或等于 50 000 的分类被认为是负类，基于低收入(以这样一种简化方案)公司将拒绝此类人的贷款申请。假定不存在其他信息，默认的决策将会因为低收入而拒绝借贷。

这样，收入小于或等于 50 000 的 20 758 个分类被称为负类，收入大于 50 000 的 4242 个分类被称为正类。其中 2561 个负类被错误分类，被称为假负类。也就是说，假负类代表实际为正类的记录被归类为负类。在 4242 个正类中，有 819 条记录实际具有低收入，因此有 819 个假正类。假正类代表实际为负类的记录被归类为正类。

令 TN、FN、FP 和 TP 分别代表列联表中真负类、假负类、假正类和真正类的数目。另外，

$$\text{TAN} = \text{实际为负的记录总数} = \text{TN} + \text{FP}$$

$$\text{TAP} = \text{实际为正的记录总数} = \text{FN} + \text{TP}$$

$$\text{TPN} = \text{预测为负的记录总数} = \text{TN} + \text{FN}$$

$$\text{TPP} = \text{预测为正的记录总数} = \text{FP} + \text{TP}$$

更进一步地，令 N=TN+FN+FP+TP 代表 4 种分类的总计数。

15.4 准确率和总误差率

通过使用下列表示法，我们开始对分类评估度量准确率和总误差率(或简单地称为误差率)进行讨论。

$$\text{准确率} = \frac{\text{TN} + \text{TP}}{\text{TN} + \text{FN} + \text{FP} + \text{TP}} = \frac{\text{TN} + \text{TP}}{N}$$

$$\text{总误差率} = 1 - \text{准确率} = \frac{\text{FN} + \text{FP}}{\text{TN} + \text{FN} + \text{FP} + \text{TP}} = \frac{\text{FN} + \text{FP}}{N}$$

准确率代表模型正确分类比例的总体度量，而总误差率衡量了跨越列联表所有单元的错误分类比例。例如，有以下例子：

$$准确率 = \frac{\text{TN} + \text{TP}}{N} = \frac{18\,197 + 3423}{25\,000} = 0.8648$$

$$总误差率 = 1 - 准确率 = \frac{\text{FN} + \text{FP}}{N} = \frac{2561 + 819}{25\,000} = 0.1352$$

也就是说，由此模型产生的分类中 86.48%为正确分类，而 13.52%为错误分类。

15.5 灵敏性和特效性

接下来，我们转向灵敏性和特效性，定义如下：

$$灵敏性=\frac{真正类的数目}{实际为正的记录总数} = \frac{\text{TP}}{\text{TAP}} = \frac{\text{TP}}{\text{TP} + \text{FN}}$$

$$特效性=\frac{真负类的数目}{实际为负的记录总数} = \frac{\text{TN}}{\text{TAN}} = \frac{\text{TN}}{\text{FP} + \text{TN}}$$

灵敏性衡量模型正确分类正类记录的能力，而特效性衡量模型正确分类负类记录的能力。对于本章中的示例，我们有：

$$灵敏性=\frac{真正类的数目}{实际为正的记录总数} = \frac{\text{TP}}{\text{TAP}} = \frac{3423}{5984} =0.5720$$

$$特效性=\frac{真负类的数目}{实际为负的记录总数} = \frac{\text{TN}}{\text{TAN}} = \frac{18.197}{19.016} =0.9569$$

在某些领域(如信息检索[3])中，灵敏性被称为召回率。一个好的分类模型应该是灵敏的，这意味着它应该识别很大比例的正类客户(具有高收入)。但是，此模型似乎很难做到，正确地将实际高收入客户归类为高收入的概率仅有 57.20%。

当然，一个完美的分类模型其灵敏性=1.0=100%。然而，一个无效模型简单地将所有客户归类为正类，同样也具有灵敏性=1.0。显然，仅识别正类是不够的。分类模型也需要具有特效性，这意味着它应该能识别很大比例的负类客户(具有较低收入)。在这个例子中，我们的分类模型正确地将 95.69%的实际低收入客户归类为低收入客户。

当然，一个完美的分类模型其特效性=1.0。但是一个模型将所有客户归类为低收入客户也会具有同样的特效性。一个好的分类模型应该同时具有可接受的灵敏性和特效性。但是，这种可接受的组合在不同领域间具有较大区别。在我们的模型中，0.9569 的特效性要

---

3 Zdravko Markov and Daniel Larose, *Data Mining the Web*, *Uncovering Patterns in Web Content*, *Structure*, *and Usage*, John Wiley and Sons, New York, 2007.

高于 0.5720 的灵敏性，在此情况下可能是很好的。在信贷申请领域中，准确地识别将会违约的客户相比于识别不会违约的客户更为重要，我们将在本章后面进行讨论。

15.6 假正类率和假负类率

下一个评估度量为假正类率和假负类率。这些是灵敏性和特效性的加法逆元，正如在它们的公式中看到的那样：

$$\text{假正类率}=1-\text{特效性}=\frac{\text{FP}}{\text{TAN}}=\frac{\text{FP}}{\text{FP}+\text{TN}}$$

$$\text{假负类率}=1-\text{灵敏性}=\frac{\text{FN}}{\text{TAP}}=\frac{\text{FN}}{\text{TP}+\text{FN}}$$

对于本章中的例子，我们有：

$$\text{假正类率}=1-\text{特效性}=\frac{\text{FP}}{\text{TAN}}=\frac{819}{19.016}=0.0431$$

$$\text{假负类率}=1-\text{灵敏性}=\frac{\text{FN}}{\text{TAP}}=\frac{2561}{5984}=0.4280$$

较低的假正类率表明我们将实际低收入客户错误地分类为高收入客户的概率仅有 4.31%。相对较高的假负类率表明我们将高收入客户错误地分类为低收入客户的概率为 42.80%。

15.7 真正类、真负类、假正类、假负类的比例

我们接下来的评估度量为真正类比例[4]和真负类比例[5]，如下所示：

$$\text{真正类的比例}=\text{PTP}=\frac{\text{TP}}{\text{TPP}}=\frac{\text{TP}}{\text{FP}+\text{TP}}$$

$$\text{真负类的比例}=\text{PTN}=\frac{\text{TN}}{\text{TPN}}=\frac{\text{TN}}{\text{FN}+\text{TN}}$$

对于收入例子，我们有：

$$\text{真正类的比例}=\text{PTP}=\frac{\text{TP}}{\text{TPP}}=\frac{3423}{4242}=0.8069$$

4 在信息检索领域，通常将真正类比例称为精确度。

5 医学文献中将这些度量分别称为正预测值和负预测值。在本书中，我们通常对评估度量避免使用预测值这一术语，因为我们认为术语预测值应当用于表示估计或预测模型中的估计值或预测值，如线性回归或 CART。

$$\text{真负类的比例=PTN=}\frac{\text{TN}}{\text{TPN}}=\frac{18\,197}{20\,758}=0.8766$$

也就是说，假定对于一个客户，我们的模型已经将其归类为高收入客户，那么客户实际具有高收入的概率为 80.69%。相反，如果模型已经将客户归类为低收入客户，则客户实际具有低收入的概率为 87.66%。

遗憾的是，医学领域中的真正类比例已被证明取决于患病率[6]。事实上，随着患病率的增加，PTP 也随之增加。在练习中，我们提供了简单的例子来展示此关系。在医学领域之外，我们可以说，随着被归类为正类的记录的实际比例的增加，真正类比例也增加。然而，数据分析人员依然发现这些方法是有用的，因为我们通常使用它们来比较竞争模型间的有效性，并且在测试数据集中这些模型通常基于相同的实际分类比例。

最后，我们转而讨论假正类比例和假负类比例，不出所料，它们分别为真正类比例和真负类比例的加法逆元。

$$\text{假正类的比例=1}-\text{PTP=}\frac{\text{FP}}{\text{TPP}}=\frac{\text{FP}}{\text{FP}+\text{TP}}$$

$$\text{假负类的比例=1}-\text{PTN=}\frac{\text{FN}}{\text{TPN}}=\frac{\text{FN}}{\text{FN}+\text{TN}}$$

注意假正类比例和假正类率间的区别。假正类率的分母是实际为负的记录总数，而假正类比例的分母是预测为正的记录总数。对于这里的示例，我们有：

$$\text{假正类的比例=1}-\text{PTP=}\frac{\text{FP}}{\text{TPP}}=\frac{819}{4242}\text{=0.1931}$$

$$\text{假负类的比例=1}-\text{PTN=}\frac{\text{FN}}{\text{TPN}}=\frac{2561}{20\,758}=0.1234$$

换句话说，在模型分类为高收入的客户中，实际上具有低收入的客户有 19.31%的可能性；在模型分类为低收入的客户中，实际上具有高收入的客户有 12.34%的可能性。

使用这些分类模型评估度量，分析人员能够对不同模型间的准确率进行比较。例如，C5.0 决策树模型可能与分类和回归树(CART)决策树模型或者神经网络模型进行比较。基于这些评估度量得到的相对模型性能，模型选择决策被提出。

此外，按照假设检验的说法，作为默认决策是寻找具有低收入的申请人，我们将会有以下假设：

$$H_0\text{：收入}\leqslant 50\,000$$

$$H_a\text{：收入}>50\,000$$

6 例如，参考 Understanding and using sensitivity, specificity, and predictive values, by Parikh, Mathai, Parikh, Sekhar, and Thomas, *Indian Journal of Opthamology*, Volume 56, 1, pages 45–50, 2008.

其中 H_0 代表默认或者零假设，H_a 代表另外一个可选假设，需要证据给予支持。假正被认为是此设定下的错误类型 I，错误地拒绝了零假设，而假负被认为是错误类型 II，错误地接受了零假设。

15.8　通过误分类成本调整来反映现实关注点

从借贷机构的角度考虑这种情况。对于假负类或假正类，从贷款人的角度出发哪一类错误被认为具有更大的危害性？如果贷方认可假负类，则具有高收入的申请人将被拒绝此贷款：这是令人遗憾的但不会产生非常严重后果的错误。

但是，如果贷方认可假正类，则具有低收入的申请人将会获得此贷款。这类错误显著地增加了申请人拖欠贷款的几率，这对于贷方来说是非常昂贵的代价。因此，贷方认为假正类是一种更具破坏性的错误类型，从而希望减小假正类的比例。分析人员也因此调整 C5.0 算法的误分类成本矩阵来反映贷方的关注点。例如，假定分析人员将假正类成本由 1 增加到 2，而假负类成本仍停留在 1。这样，相对于假负类，假正类被认为具有两倍的破坏性。分析人员希望通过使用两类误差的不同成本值进行实验，找到最好的组合来适用于手边的任务和商业问题。

你希望误分类成本调整如何影响算法性能呢？你希望增加或者减少哪种评估方法？我们可能期望如下：

假正类成本递增的预期结果

- 假正类比例应该减小，因为犯这样一个错误的成本将翻倍。
- 假负类比例应该增加，因为较少的假正类通常意味着较多的假负类。
- 灵敏性应该减少。公式 TP/TAP 中的分母保持不变，但是将会有较少的真正类，因为模型一般会避免进行正类预测(由于假正类较高的成本)。
- 特效性应该增加，因为实际负类总数保持不变，而应该有更多的真负类(由于模型更倾向于负分类)。

C5.0 算法重新进行测试，这次包括误分类成本调整。生成的列联表如表 15.3 所示。分类模型评估度量呈现在表 15.4 中，每个单元包含其加法逆元。正如预期的那样，假正类比例增加而假负类比例减小。而在此之前假正类更可能发生，这次假正类比例比假负类比例低。正如所期望的那样，假正类比例减小。然而，这已带来一定损失。由于较高的成本，算法不能确定地将记录分类为正类，相反生成了许多负分类，因此产生了更多的假负类。像预期的那样，由于上述原因，灵敏性减小而特效性增加。

表 15.3 误分类成本调整后的列联表

		预测分类		
		≤50K	>50K	总计
实际分类	≤50K	18 711	305	19 016
	>50K	3307	2677	5984
总计		22 018	2982	25 000

表 15.4 带有误分类成本和不带误分类成本的 CART 模型评估度量的对比(以粗体显示较高性能)

评估度量	CART 模型	
	模型 1：没有误分类成本	模型 2：有误分类成本
准确率	**0.8648**	0.8552
总误差率	**0.1352**	0.1448
灵敏性	**0.5720**	0.4474
假正类率	**0.4280**	0.5526
特效性	0.9569	**0.9840**
假负类率	0.0431	**0.0160**
真正类的比例	0.8069	**0.8977**
假正类的比例	0.1931	**0.1023**
真负类的比例	**0.8766**	0.8498
假负类的比例	**0.1234**	0.1502

遗憾的是，总误差率也上升：

$$\text{总误差率}=\frac{3307+305}{25\ 000}=0.14448,\ \text{之前为}\ 0.1352$$

然而，一个更高的总误差率和一个更高的假负类比例被贷方认为是一笔好的交易，贷方希望减小贷款拖欠率，因为拖欠贷款对于公司来说需要付出昂贵的代价。假正类比例从19.31%减小到10.23%当然能够为金融借贷公司显著地节省开支，因为无法偿还贷款的申请人获得贷款的机会将减少。这里数据分析人员应该注意一个重要的启示：我们不应该将总误差率作为好模型的最佳指标。

15.9 决策成本/效益分析

公司管理人员可能需要依据成本/效益分析进行模型比较。例如，将误分类成本调整前的原始 C5.0 模型(称之为模型 1)与使用了误分类成本调整的 C5.0 模型(称之为模型 2)进行比较，管理人员可能更希望将各自的误差率、假负类和假正类转换为美元和美分的形式。

通过结合正确分类和错误分类的 4 种可能组合的成本或效益，分析人员能够根据预期盈亏提供模型比较。例如，假定分析人员进行了成本/效益值分配，如表 15.5 所示。成本“-$300”实际上是从实际收入大于 50 000 的申请人那里得到的预期平均利息收益。$500 表示贷款违约平均成本，即所有低收入申请人的贷款违约成本均值。当然，此处指定的特殊数字限于讨论，仅为了示例说明。

表 15.5　正确/错误决策组合的成本/效益表

结果	分类	实际值	成本	理论基础
真负类	≤50 000	≤50 000	$0	未获得赢利或损失
真正类	>50 000	>50 000	-$300	贷款的预期平均利润收入
假负类	≤50 000	>50 000	$0	未获得赢利或损失
假正类	>50 000	≤50 000	$500	收入≤50 000 组的贷款违约成本均值

使用表 15.5 中的成本，我们可以比较模型 1 和模型 2。

模型 1 的成本(假正成本不加倍)：

$$18\,197(\$0)+3423(-\$300)+2561(\$0)+819(\$500)=-\$275\,100$$

模型 2 的成本(假正成本加倍)：

$$18\,711(\$0)+2677(-\$300)+3307(\$0)+305(\$500)=-\$382\,900$$

负成本代表收益。这样，部署模型 2 加倍了假正误差成本，由其得到的预计节约成本为：

$$-\$275\,100-(-\$382\,900)=\$107\,800$$

换句话说，简单的数据挖掘步骤“加倍假正成本”会导致模型部署显著增加公司利润。这样一个简单的误分类成本调整能够对公司的基本运营如此重要难道不令人惊讶吗？这样，即使模型 2 具有较高的总误差率和较高的假负比例，也胜过具有较低的假正比例的模型 1，直接导致公司估计利润六位数的增加。当涉及误分类成本时，最好的模型评估度量为模型的总成本。

15.10　提升图表和增益图表

对于分类模型，提升是源自于市场营销领域的概念，力图将使用分类模型和不使用分类模型的响应率进行比较。提升图表和增益图表是图形评估方法，用于评估和比较分类模型的有效性。我们将通过继续对收入分类中 C5.0 模型的检测评估这些概念。

假定金融借贷公司对识别高收入人员感兴趣，建立一个应用于新的铂金信用卡的定向市场营销方案。过去，营销者可能简单地讨论联系人的整个列表，并不考虑有关联系人收入的提示信息。这种总括方案非常昂贵且趋于一个较低的响应率。更好的方式是应用人口统计信息，这样公司可能拥有关于联系人的列表，建立模型来预测哪些联系人具有高收入并将营销对象限制为这些分类为高收入的联系人。市场营销程序的成本将会大幅降低，响应率将会更高。

一个好的分类模型应该识别它的正分类(表 15.2 和表 15.3 中的>50 000 列)，此分组对于正类命中有更高的比例(相对于将数据库作为整体)。提升的概念量化此情况。我们定义提升为：真正类比例除以整个数据集中正类命中比例：

$$\text{提升} = \frac{\text{真正类比例}}{\text{正类命中比例}} = \frac{\text{TP/TPP}}{\text{TAP}/N}$$

起初我们看到对于模型 1

$$\text{真正类比例} = \text{PTP} = \frac{\text{TP}}{\text{TPP}} = \frac{3423}{4242} = 0.8069$$

我们有：

$$\text{正类命中比例} = \frac{\text{TAP}}{N} = \frac{5984}{25\,000} = 0.23936$$

因此，以 4242 个预测为正的记录进行度量，得到：

$$\text{提升} = \frac{0.8069}{0.23936} = 3.37$$

提升是样本容量的函数，这也是为什么我们指明模型 1 的提升 3.37 是在 n=4242 个记录上度量的原因。在计算提升时，软件首先按照被分类为正类的概率将记录进行排序。计算样本容量从 n=1 到 n=数据集容量的提升。产生图表，表示提升 VS 数据集百分位的情况。

考虑图 15.2，它代表模型 1 的提升图表。注意，最低百分位的提升最高，此结果也不无道理，因为数据按照最有可能正类命中的概率进行排列。最低百分位具有最高的正类命中比例。随着图从左向右移动，正类命中趋于“穷尽”，这样比例不断减小直到提升最终完全等于 1，此时整个数据集被认为是一个样本。因此，对于任意提升图表，最大的提升通常对应最小的样本容量。

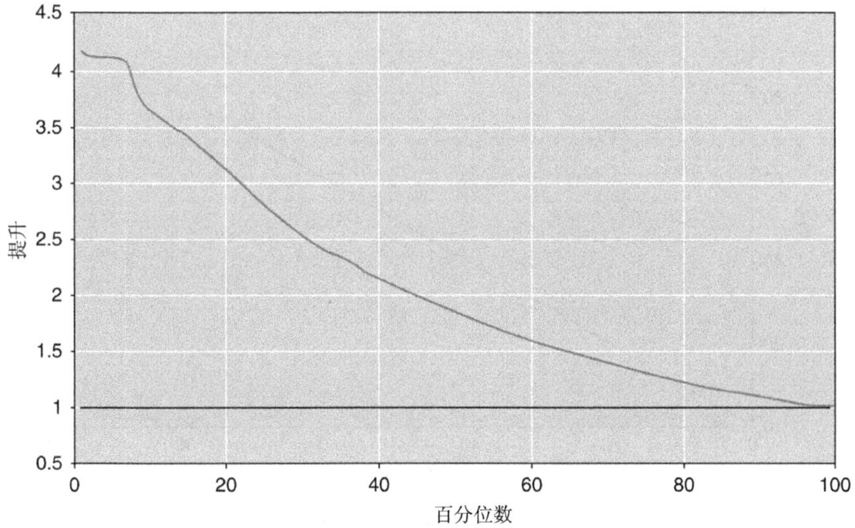

图 15.2　模型 1 的提升图表：左端起始数据强劲，之后迅速下降

现在，4242 条记录代表 25 000 个总记录的第 17 个百分位数。请注意在图 15.2 中，第 17 个百分位数的提升大约为 3.37(正如我们上面计算的那样)。如果我们的市场调研项目仅需要最具可能的 5%记录，提升将会更高，大约 4.1，如图 15.2 所示。但是，如果项目需要所有记录的 60%，提升将会降低至 1.6 左右。由于数据按照正类倾向排序，在数据集中延伸得越远，正类总体命中率就会越低。需要另外一个平衡法：在得到多个联系人和每个联系人有高的成功期望值之间平衡。

提升图表经常以其累加形式出现，它们表示累加的提升图表或者增益图表。图 15.2 中提升图表对应的增益图表如图 15.3 所示。增益图表中的对角线与提升图表中“提升=1”的水平轴类似。分析人员希望看到增益图表中上面的曲线由左向右急剧上升，接着逐渐变平。换句话说，相对于较浅的“碗状”，分析人员更喜欢较深的“碗状”。如何解读增益图表？假定我们研究联系人列表的前 20%(百分位数=20)。通过这样做，我们希望得到列表中高收入人员总数的 62%。加倍的努力是否也能加倍我们的结果？不能。对列表的前 40%进行营销将会使我们得到列表中 85%的高收入人员。经过该点后，收益递减规律发挥主要作用。

提升图表和增益图表也能用于模型性能比较。图 15.4 展示了模型 1 和模型 2 的联合提升图表。数字显示：就模型选择而言，特定的模型可能不是更可取的。例如，在第 6 个百分位数上，模型提升没有存在明显的区别。此外，在达到大约第 17 个百分位数时，模型 2 更为可取，提供了更高的提升。此后，模型 1 更为可取。

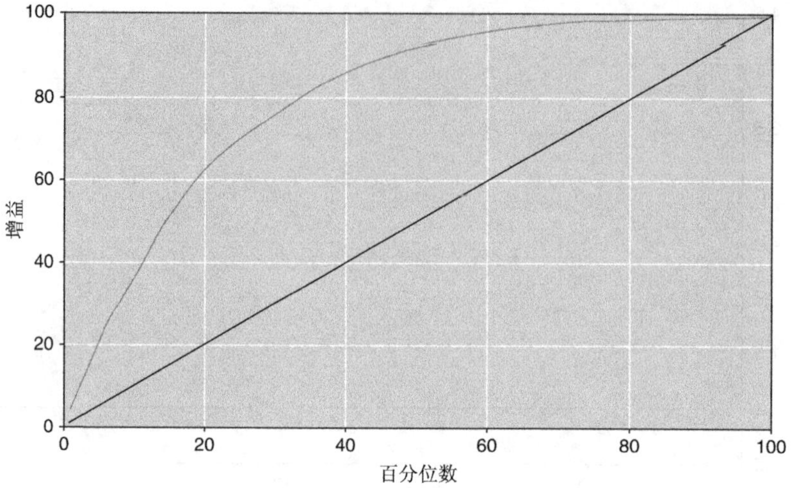

图 15.3 模型 1 的增益图表

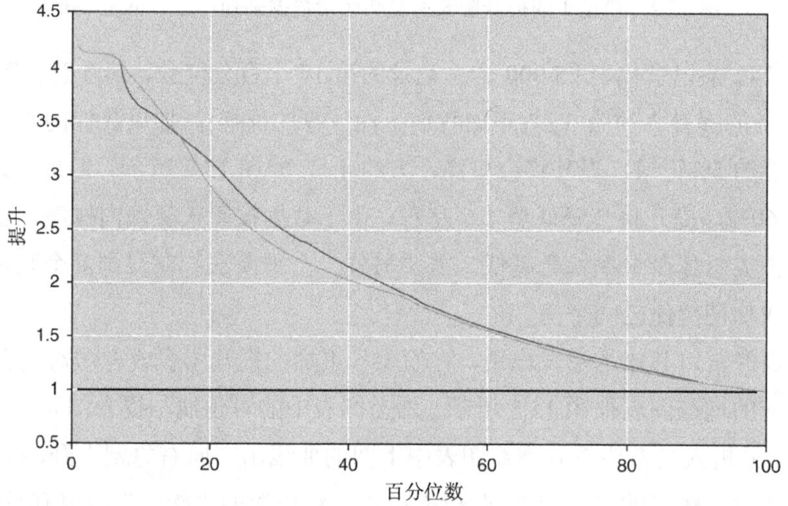

图 15.4 模型 1 和模型 2 的联合提升图表

因此，如果目标是在前 17%或者联系人列表的高收入人员中进行营销，模型 2 更有可能被选中。但是，如果目标延伸到市场营销前 20%的范围或者更多可能具有高收入的人员，则模型 1 更有可能被选中。多模型和模型选择是一个重要的问题，我们将在参考文献中花大量时间进行讨论。

值得强调的是，模型评估技术应该在测试数据集上执行，而不是在训练集或者整个数据集上执行(在这里使用整个“成人”数据集，因此如果读者选择这样做，则能重现该结果)。

15.11 整合模型评估与模型建立

在第 1 章中，数据挖掘的 CRISP-DM 标准过程的图形化表示包括模型建立和评估阶段之间的反馈回路。在第 7 章中，我们提出了建立和评估数据模型的方法。第 15 章中的模型评估方法适合这些过程吗?

我们建议将模型评估变成一个接近“自动化”的过程，每当新的模型产生时在一定程度上执行。这样，在过程中的任意一点，我们能够对当前或工作模型的质量有一个准确的评估。因而，建议将模型评估无缝地交织在第 7 章介绍的数据模型建立和评估方法中，在由每个训练集和测试集产生的模型上执行。例如，当我们调整临时模型来最小化测试集上的误差率时，我们随意选择评估度量，例如灵敏性和特效性，连同提升图表和增益图表。这些评估度量和图表能够为分析人员指明合适的方向，用于改善工作模型中的任意缺陷。

15.12　结果融合：应用一系列模型

在奥运会花样滑冰中，仅通过一位裁判无法挑选出表现最好的滑冰者。相反，通过调用一组裁判从所有的候选滑冰者中选择最好的滑冰者。同样在模型选择中，只要有可能，分析人员不应该仅依靠单一的数据挖掘方法。相反，他或她应该从一系列不同的数据挖掘模型中探索融合的结果。

例如，对于“成人”数据集，第 11 章和第 12 章中的分析显示，表 15.6 中列出的变量对于分类收入最具影响力(大致按重要性顺序排列)，分别由 CART、C5.0 和神经网络算法确定。虽然按照重要变量次序没有一个合适的匹配，但依然存在很多由以上 3 种单独的分类算法所揭示的内容，包括：

- 3 种算法都判定婚姻状况、受教育年限、资本收益、资本损失和每周小时数作为最重要的变量，除了神经网络，其中年龄潜藏在过去的资本损失中。
- 没有一种算法认定工作类别或者性别为重要的变量，仅有神经网络算法判定年龄为重要变量。
- 算法认同不同的排序趋势，例如教育数比每周小时数更重要。

表 15.6　对于分类收入最重要的变量由 CART、C5.0 和神经网络算法确定

CART	C5.0	神经网络
婚姻状况	资本收益	资本收益
受教育年限	资本损失	受教育年限
资本收益	婚姻状况	每周小时数
资本损失	受教育年限	婚姻状况
每周小时数	每周小时数	年龄 资本损失

尽管建立上述 3 种数据挖掘方法采用的数学基础存在显著的差异，然而针对收入的分类却得到非常令人信服的一致结果。CART 算法其决策是基于“划分的优劣”的判断准则

$\Phi(s|t)$，C5.0采用信息-理论方法作为其决策基础，神经元网络采用基于反向传播的学习方法。的确，这3种不同的算法从广义上讲代表了当前潮流，三者共同作用，形成了结果的汇集。采用这种方法，不同的模型相互得到验证。

R语言开发园地

 # 混淆矩阵

使用C5.0包后，混淆矩阵被包含在summary()的输出中

参考第11章的数据准备和编码来实现C5.0包

 # 为模型增加成本

```
library("C50")
# 进行第11章中的数据准备后
x <- adult[,c(2,6,9,10,16,17,18,19,20)]
y <- adult$income
# 不带权重
c50fit <- C5.0(x,
    y,
    control=C5.0Control(CF=.1))
summary(c50fit)
```

```
Decision Tree
----------------
Size      Errors

  30 3462(13.8%)    <<

   (a)    (b)     <-classified as
  ----   ----
 18132    884     (a): class <=50K.
  2578   3406     (b): class >50K.
```

```
# 带权重
 costm <- matrix(c()1,2,1,1),
        byrow=FALSE,
        2, 2)
c50cost <- C5.0(x,
        y,
        costs=costm,
        control=C5.0Control(CF=.1))
summary(c50cost)
```

```
       Decision Tree
-----------------------
Size      Errors     Cost

  42 3669(14.7%)    0.16    <<

   (a)    (b)     <-classified as
  ----   ----
 18768    248     (a): class <=50K.
  3421   2563     (b): class >50K.
```

R参考文献

Kuhn, M,Weston, S, Coulter, N. 2013. C code for C5.0 by R. Quinlan. C50: C5.0 decision trees and rule-based models. R package version 0.1.0-15. http://CRAN.R-project.org/package=C50.

R Core Team. *R: A Language and Environment for Statistical Computing*. Vienna, Austria: R Foundation for Statistical Computing; 2012. ISBN: 3-900051-07-0, http://www.R-project.org/.

练习

概念辨析

1. 为什么在模型部署之前需要进行模型评估？
2. 最小描述长度原理是什么，它如何代表奥卡姆剃刀理论？
3. 为什么我们不使用平均差作为模型评估度量？
4. 均方误差的平方根如何理解？
5. 描述模型复杂性和预测误差之间的权衡。
6. 基于误差平方的评估方法的缺点是什么？我们该如何避免？
7. 描述列联表的一般形式。
8. 什么是假正？假负呢？
9. 预测为负的记录总数和实际为负的记录总数之间的区别是什么？
10. 准确率和总误差率之间的关系是什么？
11. 对或错：如果模型 A 较于模型 B 有更高的准确率，那么模型 A 有更低的假负。如果错误，给出反例。
12. 假设模型具有完美的灵敏性。为什么不足以得出拥有好模型的结论？
13. 假设模型有好的灵敏性和特效性，那么准确率和总误差率会怎么样呢？
14. 假正类率和灵敏性之间的关系是什么？
15. 在医学文献中用于真正类比例的术语是什么？为什么在本书中我们更倾向于避免使用此术语？
16. 描述假正类比例和假正类率之间的差异。
17. 如果我们使用假设检验框架，那么解释什么代表错误类型 I 和错误类型 II。
18. 正文描述了一种情况：假正比假负更糟糕。描述医学领域的一种情况，例如在病毒的筛选测试中，假负比假正更糟糕。解释为什么它更加糟糕。
19. 从之前的练习中，描述增加假负成本的预期结果。为什么这些是有益的？
20. 准确率和总误差率通常是一个好的模型的最佳指标吗？
21. 当涉及误分类成本时，最好的模型评估方法是什么？
22. 用你自己的语言解释提升。
23. 描述在得到大量联系人和每个联系人有高的成功期望值之间的权衡。
24. 在评估增益图表时，我们应该寻找什么？

25. 对于模型选择，模型评估应该在训练数据集或者测试数据集上执行，为什么？

26. 结果融合的意义是什么？

实践分析

使用图书系列网站上的“客户流失”数据集完成以下练习。确定已经作出了相关变量的说明。

27. 应用 CART 模型预测客户流失。使用默认的误分类成本。构建一张表包含以下度量：

a. 准确率和总误差率

b. 灵敏性和假正类率

c. 特效性和假负类率

d. 真正类比例和假正类比例

e. 真负类比例和假负类比例

f. 总体模型成本

28. 在一个典型的客户流失模型中，挽留一个潜在流失客户成本相对较低，而损失一个客户成本相对昂贵。考虑一下假负类和假正类(正类=被预测为流失客户)，哪个错误成本更大？解释原因。

29. 根据前面练习的回答，调整模型 CART 的误分类成本用于减小发生代价更高的错误的概率。重新运行 CART 算法。与前面的模型比较假正、假负、灵敏性、特效性和总误差率。在公司成本方面讨论各个比率间的权衡。

30. 为练习 1 中的默认 CART 模型执行成本/效益分析如下。按美元计算，为假正、真正、假负、真负的每一种组合分配成本或效益，如表 15.5 所示。然后，使用列联表，寻找总体预期成本。

31. 为经过误分类成本调整的 CART 模型执行成本/效益分析。对于默认模型使用相同的成本/收益分配。找到总体预期成本。与默认的模型相比，给出建议说明哪个模型更好。

32. 为默认的 CART 模型构造提升图表。估计的提升 20%、33%、40%、50%分别是什么？

33. 为默认的 CART 模型构造增益图表。解释此图表和提升图表间的关系。

34. 为经过误分类成本调整的 CART 模型构造提升图表。估计的提升 20%、33%、40%、50%分别是什么？

35. 为两个 CART 模型构建单一的提升图表。哪种模型在何种领域上更为可取？

36. 现在转向 C4.5 决策树模型，重做练习 17～35。比较结果。哪种模型更为可取？

37. 接下来，应用神经网络模型预测客户流失。构建一张表包含与练习 27 相同的度量。

38. 为神经网络模型构造提升图表。估计的提升 20%、33%、40%、50%是什么？

39. 构造单一的提升图表，包含两个 CART 模型中较好的一个、两个 C4.5 模型中较好的一个以及神经网络模型。哪种模型在哪个领域上更为可取？

40. 鉴于上述结果，讨论客户流失分类模型的整体质量和充分性。

第 16 章

基于数据驱动成本的成本-效益分析

在第 15 章中，我们介绍了成本-效益分析和误分类成本。本章目标是得出一套方法。让数据本身使我们了解误分类成本应该是什么，即基于数据驱动误分类成本的成本-效益分析。然而在进行成本-效益分析前，我们必须更系统地讨论误分类成本和成本-效益表。根据误分类成本和成本-效益表[1]，我们得出以下三个重要结果：

- 在行调整条件下的决策不变性
- 正分类标准
- 在缩放条件下的决策不变性

16.1 在行调整条件下的决策不变性

对于一个二元分类器，为了把一条数据记录归类为$i=0$或$i=1$，我们定义$P(i|x)$为模型的置信度(后面将定义)。例如，$P(1|x)$表示：给定数据的情况下，给定的分类算法把一条记录归类为正数(1)的置信度。$P(i|x)$也称为给定分类的后验概率。作为比较，$P(i)$将表示给定分类的先验概率，即训练集中 1 或者 0 的比例。此外，对于表 16.1 所示的成本矩阵，令 Cost_{TN}、Cost_{FP}、Cost_{FN} 和 Cost_{TP} 分别表示真负类、假正类、假负类和真正类的成本。

1 Following Charles X. Ling and Victor S. Sheng, Cost-Sensitive Learning and the Class Imbalance Problem, *Encyclopedia of Machine Learning*, C. Sammut (Ed.), Springer, 2008.

表 16.1 关于二元分类器的成本矩阵

		预测分类	
		0	1
实际分类	0	Cost_{TN}	Cost_{FP}
	1	Cost_{FN}	Cost_{TP}

然后，正或负分类的期望成本可能表示如下：

正分类的期望成本$=P(0|x)\cdot\text{Cost}_{\text{FP}}+P(1|x)\cdot\text{Cost}_{\text{TP}}$

负分类的期望成本$=P(0|x)\cdot\text{Cost}_{\text{TN}}+P(1|x)\cdot\text{Cost}_{\text{FN}}$

对于一个正分类，这表示正预测列中成本的加权平均，它通过把记录相应地归类为负和正的置信度进行加权。负分类也类似。然后应用这里描述的最小期望成本原则。

最小期望成本原则

给定一个成本矩阵，一条数据记录应该归类为最小期望成本所属的类。

因此，当且仅当正类的期望成本不大于负类的期望成本时，一条数据记录将被分为正类。即，我们作出正分类的条件是当且仅当

$$P(0|x)\cdot\text{Cost}_{\text{FP}}+P(1|x)\cdot\text{Cost}_{\text{TP}}\leqslant P(0|x)\cdot\text{Cost}_{\text{TN}}+P(1|x)\cdot\text{Cost}_{\text{FN}}$$

即当且仅当

$$P(0|x)\cdot(\text{Cost}_{\text{FP}}-\text{Cost}_{\text{TN}})\leqslant P(1|x)\cdot(\text{Cost}_{\text{FN}}-\text{Cost}_{\text{TP}}) \tag{16.1}$$

现在，假定成本矩阵(表 16.1)中第一行的每个单元格减去一个常数 a，并且最后一行的每个单元格减去一个常数 b。那么公式(16.1)变为：

$$P(0|x)\cdot[(\text{Cost}_{\text{FP}}-a)-(\text{Cost}_{\text{TN}}-a)]\leqslant P(1|x)\cdot[(\text{Cost}_{\text{FN}}-b)-(\text{Cost}_{\text{TP}}-b)]$$

这化简了公式(16.1)。因此，我们有结果 1。

结果 1：在行调整条件下的决策不变性

一项分类决策不会因成本矩阵的同一行中单元格加上或减去一个常数发生变化。

16.2 正分类标准

我们使用结果 1 来设计一种用于正分类决策的标准，如下所示。首先，成本矩阵中第一行的每个单元格减去 $a=\text{Cost}_{\text{TN}}$，并且成本矩阵中最后一行的每个单元格减去 $b=\text{Cost}_{\text{TP}}$。这给我们提供了一个调整后的成本矩阵，如表 16.2 所示。

表 16.2　调整后的成本矩阵

		预测分类	
		0	1
实际分类	0	0	$\text{Cost}_{FP}-\text{Cost}_{TN}$
	1	$\text{Cost}_{FN}-\text{Cost}_{TP}$	0

结果 1 意味着我们总能够调整成本矩阵中的成本，以便表示正确决策的两个单元格具有零成本。因此，调整后的成本为：

$$\text{Cost}_{\text{FP,Adjusted}} = \text{Cost}_{\text{FP,Adj}} = \text{Cost}_{\text{FP}} - \text{Cost}_{\text{TN}}$$

$$\text{Cost}_{\text{FN,Adjusted}} = \text{Cost}_{\text{FN,Adj}} = \text{Cost}_{\text{FN}} - \text{Cost}_{\text{TP}}$$

$$\text{Cost}_{\text{TP,Adjusted}} = \text{Cost}_{\text{TP,Adj}} = 0$$

$$\text{Cost}_{\text{TN,Adjusted}} = \text{Cost}_{\text{TN,Adj}} = 0$$

重写公式(16.1)后，然后我们将作出正分类，条件是当且仅当

$$P(0\,|\,x)\cdot\text{Cost}_{\text{FP,Adj}} \leqslant P(1\,|\,x)\cdot\text{Cost}_{\text{FN,Adj}} \tag{16.2}$$

由于 $P(0\,|\,x)=1-P(1\,|\,x)$，因此我们把公式(16.2)重写为：

$$[1-P(1\,|\,x)]\cdot\text{Cost}_{\text{FP,Adj}} \leqslant P(1\,|\,x)\cdot\text{Cost}_{\text{FN,Adj}}$$

在一些代数变换后，这变为：

$$\text{Cost}_{\text{FP,Adj}} \leqslant P(1\,|\,x)\cdot[\text{Cost}_{\text{FN,Adj}}+\text{Cost}_{\text{FP,Adj}}]$$

于是我们来到结果 2。

结果 2：正分类标准

令 $P(1|x)$=PC 表示模型的正置信度，即模型作出正分类的置信度。然后令正置信度阈值定义为：

$$\text{PCT}=\text{正置信度阈值}=\frac{\text{Cost}_{\text{FP,Adj}}}{\text{Cost}_{\text{FN,Adj}}+\text{Cost}_{\text{FP,Adj}}}$$

然后，作出正分类，条件是当且仅当 PC≥PCT。

16.3 正分类标准的示范

对于 C5.0 模型，模型作出正或负分类的置信度为：

$$置信度=\frac{正确的叶子节点数量+1}{总叶子节点数量+2}$$

然后，模型的正置信度 PC 计算为：

如果分类为正类，那么 PC=置信度，否则，PC=1-置信度。

我们使用 Adult2_training 数据集和 Adult2_test 数据集演示正分类标准，如下所示。首先，在训练集上训练 3 个 C5.0 分类模型：

- 没有使用误分类成本的模型 A。这里，$Cost_{FP}=Cost_{FN}=1$且$Cost_{TP}=Cost_{TN}=0$，因此$Cost_{FP,Adj}=Cost_{FP}-Cost_{TN}=1$，$Cost_{FN,Adj}=Cost_{FN}-Cost_{TP}=1$且正置信度阈值为$PCT=\frac{Cost_{FP,Adj}}{Cost_{FP,Adj}+Cost_{FN,Adj}}=\frac{1}{2}=0.5$。因此，当 PC≥0.5 时，模型 A 应该作出正分类。
- 使用$Cost_{FP}=2$，$Cost_{FN}=1$且$Cost_{TP}=Cost_{TN}=0$的模型 B。这里，$Cost_{FP,Adj}=2$，$Cost_{FN,Adj}=1$且正置信度阈值为$PCT=\frac{2}{3}=0.67$。因此，当 PC≥0.67 时，模型 B 应该作出正分类。
- 使用$Cost_{FP}=4$，$Cost_{FN}=1$且$Cost_{TP}=Cost_{TN}=0$的模型 C。这里，$Cost_{FP,Adj}=4$，$Cost_{FN,Adj}=1$且正置信度阈值为$PCT=\frac{4}{5}=0.8$。因此，当 PC≥0.8 时，模型 C 应该作出正分类。

每个模型均在测试数据集上进行评估。对于每个模型的每条记录来说，计算模型的正置信度 PC。然后，对于每个模型，构建 PC 值的直方图，该直方图中目标分类部分重叠。对于模型 A、B、C，图 16.1(a)～(c)分别展示了这些直方图。注意，正如所期望的：

- 对于模型 A，每当 PC≥0.5 时，模型 A 应该作出正分类。
- 对于模型 B，每当 PC≥0.67 时，模型 B 应该作出正分类。
- 对于模型 C，每当 PC≥0.8 时，模型 C 应该作出正分类。

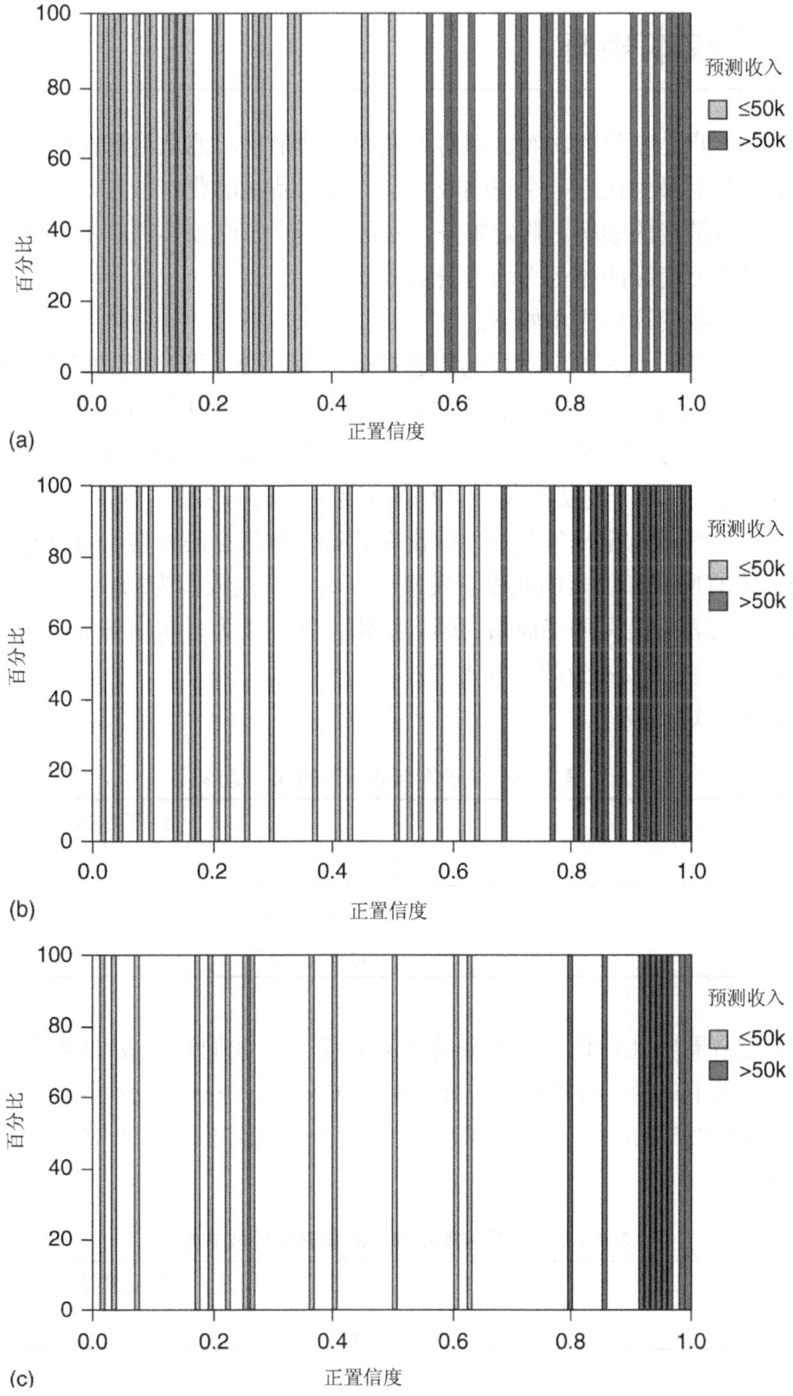

图 16.1　(a)模型 A：当 PC≥0.5 时作出正分类；(b)模型 B：当 PC≥0.67 时作出正分类；(c)模型 C：当 PC≥0.8 时作出正分类

16.4 构建成本矩阵

假定我们的客户是零售商。对于即将到来的商品销售，他从给潜在顾客邮寄优惠券的直接营销中追求收益最大化。一个正响应表示购买商品并消费的顾客。一个负响应表示没有购买商品和没有消费的顾客。假定邮寄一张优惠券给一位顾客的成本为$2，并且以往的经验表明：购买相似商品的顾客平均消费$25。

对于该例子，我们计算成本如下：

- **真负类**。这表示没有回应邮件的顾客被准确地归类为没有回应邮件。这类顾客产生的真实成本为零，这是因为没有进行邮寄。因此，对于这项决策的直接成本为$0。
- **真正类**。这表示回应邮件的顾客被准确地归类为响应邮件。邮寄成本为$2，而收益为$25。因此，对于这类顾客，直接成本为$2-$25=-$23。
- **假负类**。这表示肯定地答复邮件但没有获得任何机会的顾客，因为他或她被错误地归类为没有回应邮件，因此没有发送优惠券。直接成本为$0。
- **假正类**。这表示没有购买商品的顾客被错误地归类为肯定地答复邮件的顾客。对于这类顾客，直接成本为邮寄开支$2。

表 16.3 总结了这些成本。

表 16.3 关于零售商例子的成本矩阵

		预测分类	
		0	1
实际分类	0	$Cost_{TN}$=$0	$Cost_{FP}$ =$2
	1	$Cost_{FN}$ =$0	$Cost_{TP}$=$23

然后，通过结果 1(在行调整条件下的决策不变性)，我们得出表 16.4 中的调整后的成本矩阵。其中，表中最后一行的每个单元格减去 $Cost_{TP}$。注意，表示两个正确分类的成本等于零。像 IBM/SPSS Modeler 之类的软件包要求成本矩阵格式如表 16.4 所示：对于正确决策，其成本为 0。

表 16.4 关于零售商例子的调整后的成本矩阵

		预测分类	
		0	1
实际分类	0	0	$Cost_{FP,Adj}$=$2
	1	$Cost_{FN,Adj}$=$23	0

16.5　在缩放条件下的决策不变性

到目前为止，结果 2 声明：当模型的 PC 不小于如下值，我们将作出正分类：

$$\frac{\text{Cost}_{\text{FP,Adj}}}{\text{Cost}_{\text{FN,Adj}}+\text{Cost}_{\text{FP,Adj}}}=\frac{2}{2+23}=\frac{2}{25}=\frac{1}{12.5}=\frac{0.08}{1}=0.08 \tag{16.3}$$

仔细观察公式(16.3)，我们可以看到：为了作出一项分类决策的目的，表 16.5 和表 16.6 中新调整后的成本矩阵等价于表 16.4 中调整后的成本矩阵。如果把调整后成本的其中一个表示为一个单位(例如$1)十分重要的话，例如用于解释目的，那么对于两个调整后成本中任意一个，通过合适的调整后成本进行缩放。例如，我们能够告知客户：对于一个假正类，我们每损失一美元，那么一个假负类使我们损失$11.50(表 16.5)；或者相反地，对于一个假负类，我们每损失一美元，那么一个假正类使我们只损失 8 美分(表 16.6)。

表 16.5　调整后的成本矩阵，其中假正类的调整后成本等于 1

		预测分类	
		0	1
实际分类	0	0	$\text{Cost}_{\text{FP,Adj\_3}}$=\$1
	1	$\text{Cost}_{\text{FN,Adj\_3}}$=\$11.5	0

表 16.6　调整后的成本矩阵，其中假负类的调整后成本等于 1

		预测分类	
		0	1
实际分类	0	0	$\text{Cost}_{\text{FP,Adj\_4}}$=\$0.08
	1	$\text{Cost}_{\text{FN,Adj\_4}}$=\$1	0

这里我们正在处理的是通过调整后成本的其中一个进行缩放；因此，我们得到结果 3。

结果 3：在缩放条件下的决策不变性

一项分类决策不会因成本矩阵中所有单元格按照一个常量缩放而发生变化。

例如，为作出一项分类决策，表 16.7 中成对的调整后成本是等价的。

表 16.7 成对的等价调整后成本

调整后成本矩阵	调整后假正类成本	调整后假负类成本
原始值	$\text{Cost}_{FP,Adj}$	$\text{Cost}_{FN,Adj}$
按 $\text{Cost}_{FP,Adj}$ 缩放	$\frac{\text{Cost}_{FP,Adj}}{\text{Cost}_{FP,Adj}}=1$	$\frac{\text{Cost}_{FN,Adj}}{\text{Cost}_{FP,Adj}}$
按 $\text{Cost}_{FN,Adj}$ 缩放	$\frac{\text{Cost}_{FP,Adj}}{\text{Cost}_{FN,Adj}}$	$\frac{\text{Cost}_{FN,Adj}}{\text{Cost}_{FN,Adj}}=1$

重要提示：当计算一个分类模型的总成本或比较一组模型的总成本时，分析师应该使用表 16.3 所示的原始未调整的成本矩阵，并且不要应用任何的矩阵行调整或者缩放。行调整或者缩放导致等价的分类决策，但是会改变最终模型报告的成本。因此，当计算一个分类模型的总成本时，使用未调整的成本矩阵。

16.6 直接成本和机会成本

直接成本表示由分类模型所选类的真实开销，而直接增益是选择该类所获得的真实收益。只使用直接成本构建上述成本矩阵。然而，机会成本表示没有被分类模型所选类的损失收益。机会增益表示没有被分类模型所选类的未产生的成本。我们使用下面的例子说明如何合并直接成本和机会成本为总成本，然后这将在成本-效益分析中被使用。例如，对于假负类情况，机会增益为$2，因为客户节省了优惠券的成本，但是机会成本为$25，因为在这个顾客消费的收益中客户没有获得$25 的收益。因此，机会成本为$25−$2=$23。那么，当构建成本矩阵时为什么不使用机会成本？这是因为这样做的话将两次计算成本。例如，如果我们计算假负类机会成本和真正类直接成本，那么一个客户从假负类到真正类的转换将导致减少$46 的模型成本。平均来说[2]，这是每位顾客消费的两倍多。

16.7 案例研究：基于数据驱动误分类成本的成本-效益分析

现在，可以在下面的基于数据驱动误分类成本的成本-效益分析的案例研究应用中一起借用本章提出的许多概念。在大数据时代，商业应该利用已有数据库中的信息，从而帮助发现最优的预测模型。换句话来说，作为分派误分类成本的另一选择，因为“在顾问眼中，这些成本值似乎是正确的”或者“那就是我们一直对它们建模的方式”，我们会被建议靠数据来说话并且从数据本身中学习误分类成本应该是什么。下面的案例研究举例说明了这个过程。

2 感谢联邦安全署 Frank Bensics 博士以及 Iain Pardoe 博士针对这些问题的有益的讨论。

贷款数据集表示一组三年期的银行贷款申请。预测指标包括负债收入比、申请额度和FICO 评分。目标变量是批准，即基于预测指标信息是否批准贷款申请。利息表示 15%的统一税率乘以申请额度，再乘以 3 年，并且不应该用于构建预测模型。银行想要通过向可能偿付的贷款申请提供资金和对可能违约的那些贷款申请不提供申请来获取最大化收益(我们作个简化的假设：所有被批准贷款的申请人确实获得了贷款)。

得到且应用数据驱动误分类成本的策略如下：

应用数据驱动误分类成本的策略

(1) 计算每位申请人的平均申请额度(假定已批准贷款提供足额资金)。如果申请人拖欠贷款，那么这表示银行一定会受的损失。

(2) 求出每位申请人的平均贷款利息。这表示银行的收益。

(3) 使用步骤(1)和(2)的信息构建数据驱动误分类成本。构建成本矩阵。

(4) 调整步骤(3)中成本矩阵为有利于软件的形式，在这种情况下，采用 IBM/SPSS Modeler。

(5) 使用贷款训练(Loans_training)数据集，基于负债收入比、申请额度和 FICO 评分，设计一个分类和回归树(CART)模型，该模型不使用误分类成本预测是否批准。假定到现在为止这个朴素模型一直被银行使用。

(6) 使用贷款训练(Loans_training)数据集，基于负债收入比、申请额度和 FICO 评分，设计一个 CART 模型，该模型使用步骤(4)中调整后的成本矩阵预测是否批准。

(7) 使用贷款测试(Loans_test)数据集，采用模型比较成本矩阵(类似于表 16.9)评估步骤(5)和(6)中的每个模型。对于每个模型，报告常用的模型评估度量，如整体误差率。然而，更重要的是，报告总模型收益(例如负模型成本)和每位申请人的收益。报告该模型采用误分类成本获得的总模型收益的绝对差和每位申请人收益的百分比差，并与银行以前使用的朴素模型进行比较。

注意，我们的误分类成本是数据驱动的，这意味着数据本身提供分派误分类成本值所需的所有信息。使用贷款训练(Loans_training)数据集，我们发现平均申请额度为$13 427，并且平均贷款利息为$6042。一项正类决策表示贷款批准。我们作出一组简化假设，如下所示，从而允许我们专注于当前过程。

简化假设

- 我们建模的唯一成本和收益是本金和利息。忽略其他类型的成本，如行政成本。
- 如果一个顾客拖欠贷款，那么基本上认为拖欠立即发生，因此银行没有从这样的贷款中获得任何利息。

我们继续设计成本矩阵，如下所示。

- **真负类**。这表示已经不可能偿还贷款(例如违约)的申请人被正确地归类为没有批准。这类申请人产生的成本为\$0，因为没有提供任何贷款，没有获得任何利息和没有损失任何本金。
- **真正类**。这表示确实偿还贷款的申请人被正确地归类为贷款批准。银行显然从这样的顾客中赚到\$6042(平均贷款利息)。因此这类申请人的成本是-\$6042。
- **假负类**。这表示确实已经还清贷款的申请人，但是他们没有给任何机会，因为他或者她被错误地归类为没有批准。这类申请人产生的成本为\$0，因为没有提供任何贷款，没有获得任何利息并且没有损失任何本金。
- **假正类**。这表示将违约的申请人被错误地归类为贷款批准。这对于银行是非常昂贵的错误，直接造成银行损失\$13 427 的平均贷款申请额。

我们在表 16.8 中汇总成本。

表 16.8 关于银行贷款案例研究的直接成本矩阵

		预测分类	
		0	1
实际分类	0	$Cost_{TN}$=\$0	$Cost_{FP}$=\$13 427
	1	$Cost_{FN}$=\$0	$Cost_{TP}$=-\$6042

表 16.9 关于银行贷款案例研究的调整后成本矩阵

		预测分类	
		0	1
实际分类	0	0	$Cost_{FP,Adj}$=\$13 427
	1	$Cost_{FN,Adj}$=\$6042	0

表 16.8 将被用于计算使用这些误分类成本构建的任意模型的总成本。

给定表 16.8 中的成本矩阵，我们通过最后一行减去 $Cost_{TP}$=-\$6042 来得到表 16.9 所示的调整后成本矩阵，使得它有利于软件。

为简单起见，通过 $Cost_{FN,Adj}$=\$6042 缩放每一个非零成本，我们应用结果 3 来得出表 16.10 所示的成本矩阵。

表 16.10 关于银行贷款案例研究的简化后成本矩阵

		预测分类	
		0	1
实际分类	0	0	$Cost_{FP,Adj}$=2.222277
	1	$Cost_{FN,Adj}$=1	0

使用贷款训练(Loans_training)数据集，构建两个 CART 模型。

● 模型 1：没有使用误分类成本的朴素 CART 模型，迄今为止一直被银行使用。
● 模型 2：使用表 16.10 指定的误分类成本的 CART 模型。

然后使用贷款测试(Loans_test)数据集评估这些模型。表 16.11 和表 16.12 分别展示了模型 1 和模型 2 产生的列联表。使用表 16.8 中的总成本矩阵评估计数。

表 16.11　关于没有使用误分类成本的模型 1 的列联表

		预测分类	
		0	1
实际分类	0	18 314	6620
	1	1171	23 593

表 16.12　关于使用数据驱动误分类成本的模型 2 的列联表

		预测分类	
		0	1
实际分类	0	21 595	3339
	1	6004	18 760

表 16.13 包含针对模型 1 和模型 2 的评估度量，并以粗体形式表示结果表现更好的模型。注意，使用以下度量时，模型 1 表现更好：准确率、总误差率、灵敏性、假正类率、真负类的比例和假负类的比例。对于特效性、假负类率、真正类的比例和假正类的比例，模型 2 表现更好。回忆一下，对于银行来说，假正类错误是成本更昂贵的错误。因此，通过对犯假正类错误使用更重的惩罚，模型 2 提供更低比例的假正类(0.1511 与 0.2191 相比)。但是更重要的是，模型 2 给出了其价值所在：如表最后部分所示。对于模型 1，整体模型成本为-$53 662 166，而模型 2 为-$68 515 167。这意味着与没有使用误分类成本的模型相比，使用误分类成本的模型收益是增加的。

表 16.13　评估度量，其中使用数据驱动误分类成本的模型 2 已经增加了几乎$1500 万收益(粗体表示更好的性能)

评价方法	CART 模型	
	模型 1：没有误分类成本	模型 2：有误分类成本
准确率	**0.8432**	0.8120
总误差率	**0.1568**	0.1880
灵敏性	**0.9527**	0.7576
假正类率	**0.0473**	0.2424
特效性	0.7345	**0.8661**
假负类率	0.2655	**0.1339**
真正类的比例	0.7809	**0.8489**

(续表)

评价方法	CART 模型	
	模型 1：没有误分类成本	模型 2：有误分类成本
假正类的比例	0.2191	**0.1511**
真负类的比例	**0.9399**	0.7825
假负类的比例	**0.0601**	0.2175
整体模型成本	−$53 662 166	**−$68 515 167**
每个申请人的收益	$1080	**$1379**

收益增加=$68 515 167−$53 662 166=$14 853 001

也就是说，应用数据驱动误分类成本的简单步骤已经导致增加了几乎$1500 万收益。这表示每位申请人增加$1379−$1080=$299 收益。

16.8 再平衡作为误分类成本的代理

并非所有算法都有一个显式方法来应用误分类成本。例如，神经网络建模的 IBM/SPSS Modeler 实现不允许用误分类成本。幸运的是，数据分析师可以使用再平衡作为误分类成本的代理。再平衡是指要么过度采样正响应要么过度采样负响应的实践，从而反映误分类成本的影响。归功于 Elkan，再平衡的公式如下：

再平衡作为误分类成本的代理

- 如果 $Cost_{FP,Adj}>Cost_{FN,Adj}$，那么在应用分类算法前，用 a 乘以训练数据中负响应的记录数，其中 a 为重采样率，$a=Cost_{FP,Adj}/Cost_{FN,Adj}$。
- 如果 $Cost_{FN,Adj}>Cost_{FP,Adj}$，那么在应用分类算法前，用 b 乘以训练数据中正响应的记录数，其中 b 为重采样率，$b=Cost_{FN,Adj}/Cost_{FP,Adj}$。

对于银行贷款案例研究，我们有 $Cost_{FP,Adj}$=$13 427> $Cost_{FN,Adj}$=$6042，因此我们的重采样率为 a=13 427/6042=2022。因此我们用 2.22 乘以训练数据集中的负响应(Approval=F)记录数。这通过替换重采样负响应记录来完成。

然后我们提供如下 4 个网络模型。

- 模型 3：在训练集上构建的、没有采用再平衡技术的朴素神经网络模型。
- 模型 4：在训练集上构建的、负记录为正记录 2 倍的神经网络模型。
- 模型 5：在训练集上构建的、负记录为正记录 2.22 倍的神经网络模型。
- 模型 6：在训练集上构建的、负记录为正记录 2.5 倍的神经网络模型。

表 16.14 包含训练数据集中正、负响应的数量，以及为模型 3～6 中每个模型取得的重采样率。注意，负响应数量增多是替换重采样率的结果。

表 16.14　负响应数和正响应数以及取得的重采样率

	负响应数	正响应数	理想的采样率	获得的采样率
模型 3	75 066	75 236	N/A	N/A
模型 4	150 132	75 236	2.0	150 132/75 236=1.996
模型 5	166 932	75 236	2.22	166 932/75 236=2.219
模型 6	187 789	75 236	2.5	187 789/75 236=2.496

然后使用测试数据集评估 4 个模型。表 16.15 包含这些模型的评估度量。

表 16.15　关于重采样模型的评估度量。采用数据驱动重采样率的重采样神经网络模型是所有模型中性能最佳的模型(性能最佳的模型用粗体显示)

	CART 模型			
评价方法	模型 3：无	模型 4：a=2.0	模型 5：a=2.22	模型 6：a=2.5
准确率	**0.8512**	0.8361	0.8356	0.8348
总误差率	**0.1488**	0.1639	0.1644	0.1652
灵敏性	**0.9408**	0.8432	0.8335	0.8476
假正类率	**0.0592**	0.1568	0.1665	0.1526
特效性	0.7622	0.8291	**0.8376**	0.8221
假负类率	0.2378	0.1709	**0.1624**	0.1779
真正类的比例	0.7971	0.8305	**0.8360**	0.8256
假正类的比例	0.2029	0.1695	**0.1640**	0.1744
真负类的比例	**0.9284**	0.8418	0.8351	0.8446
假负类的比例	**0.0716**	0.1582	0.1649	0.1554
整体模型成本	-$61 163 875	-$68 944 513	**-$70 346 999**	-$67 278 877
每个申请人的收益	$1231	$1387	**$1415**	$1354

注意，模型 5 是所有模型中性能最佳的模型，具有-$70 346 999 的模型成本和$1415 的每申请人收益。其中，该模型的重采样率 2.22 是数据驱动的，完全由数据驱动的调整后误分类成本指定。事实上，再平衡为 2.22 的神经网络模型优于我们以前的最佳模型——具有误分类成本的 CART 模型。收益增加如下。

收益增加=$70 346 999-$68 515 167=$1 831 832

由于采用误分类成本导致大约$1 831 832 的收益损失，银行的数据分析师不得不求助于使用再平衡技术替换误分类成本技术。

为什么再平衡行得通？以 $\text{Cost}_{\text{FP,Adj}}>\text{Cost}_{\text{FN,Adj}}$ 的情况为例，这里假正类是成本更昂贵的错误。一个假正类错误唯一可能出现的情况就是当响应应该为负类时。再平衡为算法提供了更多数量、具有负响应的记录，因此算法能够拥有更丰富的样例，从这些样例中学习负响应的记录。该算法考虑了拥有负响应记录的信息优势，恰如这些记录的权重更大。这降低了算法把一条记录归类为正类的倾向，因此降低了假正类的比例。

例如，假定我们有一个决策树算法，定义置信度和 PC 如下：

$$\text{置信度}=\frac{\text{正确的叶子节点数量}+1}{\text{总叶子节点数量}+2}$$

如果分类为正类，那么正置信度为置信度，否则正置信度为 1-置信度。

假定(为了进行说明)这个决策树算法没有一个定义误分类成本的方法，$Cost_{FP,Adj}>Cost_{FN,Adj}$。考虑结果 2，它声明一个模型作出正分类的条件是当且仅当它的正置信度大于正置信度阈值，即当且仅当 PC≥PCT，其中

$$\text{PCT=正置信度阈值=}\frac{Cost_{FP,Adj}}{Cost_{FN,Adj}+Cost_{FP,Adj}}$$

该算法不依赖于不等式 PC≥PCT 右边的误分类成本。然而，等价行为可能通过操作左边的 PC 得到。因为 $Cost_{FP,Adj}>Cost_{FN,Adj}$，所以我们加上额外的负响应记录，这对在树的每个叶节点中增加典型记录的数量有影响。由于新记录是负类，因此通常降低了 PC。所以，平均来说，算法作出正类预测变得更难，因此将产生更少的假正类错误。

R 语言开发园地

```
# 加载和准备数据，加载所需的包

adult <- read.csv(file = "C:/.../adult.txt",
    stringsAsFactors=TRUE)
library("C50")

# 在第 11 章中压缩分类和标准化变量后
x <- adult[,c(2,6, 9, 10, 16, 17, 18, 19, 20)]
y <- adult$income
xydat <- cbind(x, y)
# 创建训练和测试的成人数据集
choose <- runif(dim(xydat)[1], 0, 1)
a.train <- xydat[which(choose <= 0.75),]
a.test <- xydat[which(choose > 0.75),]
```

```
# 运行模型

# 模型 A: Cost FP = 1, FN = 1, TP = 0, TN = 0
costA <- matrix(c(0, 1, 1, 0), 2, 2)
rownames(costA) <- colnames(costA) <- levels(y)
c50fitA <- C5.0(x=a.train[,1:9], a.train$y, costs = costA)

# 模型 B: Cost FP = 2, FN = 1, TP = 0, TN = 0
costB <- matrix(c(0, 2, 1, 0), 2, 2)
rownames(costB) <- colnames(costB) <- levels(y)
c50fitB <- C5.0(x=a.train[,1:9], a.train$y, costs = costB)

# 模型 C: Cost FP = 4, FN = 1, TP = 0, TN = 0
costC <- matrix(c(0, 4, 1, 0), 2, 2)
rownames(costC) <- colnames(costC) <- levels(y)
c50fitC <- C5.0(x=a.train[,1:9], a.train$y, costs = costC)
```

```
# 评估测试数据集中的每个模型

pA.prob <- predict(c50fitA, newdata=a.test[,1:9], type = "prob")
pA.class <- predict(c50fitA, newdata=a.test[,1:9], type = "class" )
# 模型 A
modelA.class <- ifelse(pA.class==">50K.", 2, 1)
dotchart(pA.prob[,2], color = modelA.class, pch = 16, bg = "white",
    lcolor = "white",ylab = "", labels="", xlab = "Positive Confidence",
    main = "Plot of Positive Confidence for Model A")
# 注：截至 2014 年 5 月，C5.0 软件包不提供使用成本建立的模型的可信度值
# 因此，模型 B 和 C 无法建立它们的 PC 图
# 欲获取更多详细信息，键入：?C5.0
```

```
# 读入并准备借贷数据集，并显示平均请求量

loan.train <- read.csv(file="C:/… /Loans_Training.csv",
    header = TRUE)
choose <- sample(dim(loan.train)[1], size = 1000)
train <- loan.train[choose,-5]
test <- read.csv(file="C:/… /Loans_Test.csv",
```

```
    header = TRUE)
train$DtIR.z <- (train$Debt.to.Income.Ratio-
    mean(train$Debt.to.Income.Ratio))/sd(train$Debt.to.Income.Ratio)
train$FICOs.z <- (train$FICO.Score - mean(train$FICO.Score))/sd(train$FICO.Score)
train$ReqAmt.z <- (train$Request.Amount-
    mean(train$Request.Amount))/sd(train$Request.Amount)
mean(train$Request.Amount) # Mean request amount
mean(train$Request.Amount*0.15)*3 # Mean interest
train <- train[,-c(2:4)]
test$DtIR.z <- (test$Debt.to.Income.Ratio-
    mean(test$Debt.to.Income.Ratio))/sd(test$Debt.to.Income.Ratio)
test$FICOs.z <- (test$FICO.Score - mean(test$FICO.Score))/sd(test$FICO.Score)
test$ReqAmt.z <- (test$Request.Amount-
    mean(test$Request.Amount))/sd(test$Request.Amount)
test <- test[,-c(2:4)]
```

 # 运行模型并评估测试数据

```
# 声明成本矩阵
costs <- matrix(c(0, 2.22, 1, 0), ncol=2, byrow=FALSE)
rownames(costs) <- colnames(costs) <- levels(as.factor(train[,1]))
# 运行模型
m.nocost <- C5.0(x=train[,-1], as.factor(train[,1]))
m.cost <- C5.0(x=train[,-1], as.factor(train[,1]), costs = costs)
# 预测测试数据
m.nocost.pred <- predict(object=m.nocost, newdata=test)
m.cost.pred <- predict(object=m.cost, newdata=test)
```

 # 评估结果

```
test[,1] # 实际分类
m.nocost.pred # 预测分类
sum(test[,1]==m.nocost.pred)/dim(test)[1] # 准确率
1 - sum(test[,1]==m.nocost.pred)/dim(test)[1] # 总误差率
# 等等
```

R 参考文献

1. Kuhn M, Weston S, Coulter N. 2013. C code for C5.0 by R. Quinlan. C50: C5.0 decision trees and rule-based models. R package version 0.1.0-15. http://CRAN.R-project.org/package=C50.

2. R Core Team. *R: A Language and Environment for Statistical Computing*. Vienna, Austria: R Foundation for Statistical Computing; 2012. ISBN: 3-900051-07-0, http://www.R-project.org/.

练习

对于练习 1～8，如果我们增加假负类误分类成本同时不增加假正类成本，那么陈述你期望什么发生在所表明的分类评估度量中。解释你的理由。

1. 灵敏性。
2. 假正类率。
3. 特效性。
4. 假负类率。
5. 真正类的比例。
6. 假正类的比例。
7. 真负类的比例。
8. 假负类的比例。
9. 对或错：总误差率总是好模型的最佳指标。
10. 描述何谓最小期望成本原则。
11. 解释在行调整条件下的决策不变性。
12. 对或错：我们总是能够调整成本矩阵中的成本，以便表示正确决策的两个单元格具有零成本。
13. 置信度与正置信度的区别是什么？
14. 调整后假正类成本是什么？调整后假负类成本呢？
15. 正置信度阈值是什么？
16. 解释正类分类标准。
17. 清楚地解释图 16.1 如何说明关于 C5.0 二元分类器的正类分类标准。
18. 解释何谓在缩放条件下的决策不变性。
19. 结果 3 如何对向客户作陈述的分析师有用？
20. 直接成本是什么？机会成本呢？当构建成本矩阵时，为什么我们不应该包含这两个？
21. 当我们说案例研究中的误分类成本是数据驱动的时，这是什么意思？

22. 在案例研究中，解释模型 1 为什么具有更好的灵敏性、更小的假负类比例以及更低的总误差率。然后解释模型 2 为什么更好。

23. 为什么需要再平衡作为误分类成本的代理？

24. 当调整后假正类成本大于调整后假负类成本时，解释我们如何做这样的再平衡。

25. 重采样率是数据驱动的，这代表什么意思？

26. 为什么再平衡作为误分类成本的代理行得通？

练习 27～44 使用下面的信息。

假定我们的客户是零售商。对于即将到来的商品销售，他从给潜在顾客邮寄优惠券的直接营销中追求收益最大化。一个正响应表示购买商品并消费的顾客。一个负响应表示没有购买商品和消费的顾客。假定邮寄一张优惠券给一个顾客的成本为$5，并且以往的经验表明：购买相似商品的顾客平均消费为$100。

27. 解释①为什么这个应用场景需要误分类成本？②为什么总误差率不是好模型的最佳度量？

28. 构建成本矩阵。给出每个成本的理由。

29. 使用结果 1 构建调整后成本矩阵。解释调整后成本。

30. 计算正置信度阈值。使用结果 2 陈述模型何时作出正分类。

31. 使用结果 3 重新调整这些已调整过的误分类成本，以便重调整后的假正类成本为$1。解释重调整后的假正类成本和假负类成本。

32. 使用结果 3 重新调整这些已调整过的误分类成本，以便重调整后的假负类成本为$1。解释重调整后的假正类成本和假负类成本。

对于练习 33～42，考虑两种分类模型：模型 1 是没有使用误分类成本的朴素模型，而模型 2 使用先前构建的成本矩阵。根据下面的度量，你期望哪个模型表现更好，为什么？

33. 灵敏性。

34. 假正类率。

35. 特效性。

36. 假负类率。

37. 真正类的比例。

38. 假正类的比例。

39. 真负类的比例。

40. 假负类的比例。

41. 模型成本。

42. 每客户收益。

43. 假定选择的分类算法没有应用误分类成本的方法。

   a. 对于使用再平衡作为误分类成本的代理，重采样率是多少？

   b. 如何再平衡训练集？

44. 为什么没有再平衡测试数据集？

实践分析

练习 45～52 使用“客户流失”数据集。一个正响应表示一个流失客户(停止公司服务的客户)。一个负响应表示一个非流失客户。假定干预处于流失边缘的客户的成本为$100，并且流失客户表示损失$2000 收益。现在，假定公司的干预策略是无效的，并且公司干预以阻止流失的每位客户无论如何都停止该公司服务。

45. 构建成本矩阵。给出每个成本的理由。

46. 划分“客户流失”数据集为训练集和测试集。

47. 使用训练集，设计一个预测客户流失的 CART 模型。不要使用误分类成本。称这种模型为模型 1。

48. 使用训练集和成本矩阵，设计一个预测客户流失的 CART 模型。称这种模型为模型 2。

49. 构建一个关于这两个模型的评估度量表，类似于表 16.13。

50. 使用模型 2，记录收益的增加量或减少量、每客户收益的百分比增加量或减少量。

51. 接下来，假定公司的干预策略很理想，并且公司干预以阻止流失的每位客户将不再停止该公司服务。在这个假设条件下，重做练习 45～50。

52. 最后，假定在那些处于流失边缘且被公司干预的客户中，50%的客户将继续使用该公司服务，而 50%的客户无论如何都要停止该公司服务。在这个假设条件下重做练习 45～50。

第 17 章

三元和 *k* 元分类模型的成本-效益分析

并不是所有的分类问题都涉及二元目标。例如，色彩研究者也许对用户颜色分类(如红、蓝、黄和绿等)感兴趣。在之前的章节中，我们对仅包含二元目标变量的分类模型进行成本-效益分析。在本章中，首先针对三元目标，然后针对常见的 *k* 元目标，我们将分析框架扩展到分类评估变量和数据驱动的误分类成本。

17.1 三元目标的分类评估变量

对于带有变量取值为 A、B 和 C 的三元目标的分类问题，有 9 种可能的预测/实际分类组合，如表 17.1 所示。对于此三元问题的列联表如表 17.2 所示。

表 17.1 一般三元变量 9 种可能的决策组合的定义和符号

	决策	预测值	实际值
A|A	决策 $_{A\|A}$	A	A
B|B	决策 $_{B\|B}$	B	B
C|C	决策 $_{C\|C}$	C	C
A|B	决策 $_{A\|B}$	A	B
A|C	决策 $_{A\|C}$	A	C
B|A	决策 $_{B\|A}$	B	A
B|C	决策 $_{B\|C}$	B	C
C|A	决策 $_{C\|A}$	C	A
C|B	决策 $_{C\|B}$	C	B

表 17.2 一般三元变量的列联表

		预测分类			
		A	B	C	实际总计
实际分类	A	计数 $_{A\|A}$	计数 $_{B\|A}$	计数 $_{C\|A}$	计数 $_{\Sigma\|A}$
	B	计数 $_{A\|B}$	计数 $_{B\|B}$	计数 $_{C\|B}$	计数 $_{\Sigma\|B}$
	C	计数 $_{A\|C}$	计数 $_{B\|C}$	计数 $_{C\|C}$	计数 $_{\Sigma\|C}$
	预测总计	计数 $_{A\|\Sigma}$	计数 $_{B\|\Sigma}$	计数 $_{C\|\Sigma}$	计数 $_{\Sigma\|\Sigma}$

决策 $_{A|A}$ 可以被认为是真 A，类似于二元实例中的真正类或真负类。类似地，决策 $_{B|B}$ 和决策 $_{C|C}$ 可以分别被视作真 B 和真 C。但是请注意，真正类/假正类/真负类/假负类的用法在这里不再适用于三元目标变量。因此我们需要定义新的分类评估度量。

我们定义边际总数如下。预测属于 A 分类的记录总数定义如下：

$$\text{计数}_{A|\Sigma}=\text{计数}_{A|A}+\text{计数}_{A|B}+\text{计数}_{A|C}$$

类似地，预测属于 B 分类的记录总数定义如下：

$$\text{计数}_{B|\Sigma}=\text{计数}_{B|A}+\text{计数}_{B|B}+\text{计数}_{B|C}$$

预测属于 C 分类的记录总数定义如下：

$$\text{计数}_{C|\Sigma}=\text{计数}_{C|A}+\text{计数}_{C|B}+\text{计数}_{C|C}$$

另外，实际属于 A 分类的记录总数定义如下：

$$\text{计数}_{\Sigma|A}=\text{计数}_{A|A}+\text{计数}_{B|A}+\text{计数}_{C|A}$$

类似地，实际属于 B 分类的记录总数定义如下：

$$\text{计数}_{\Sigma|B}=\text{计数}_{A|B}+\text{计数}_{B|B}+\text{计数}_{C|B}$$

同样实际属于 C 分类的记录总数定义如下：

$$\text{计数}_{\Sigma|C}=\text{计数}_{A|C}+\text{计数}_{B|C}+\text{计数}_{C|C}$$

总数 N=计数 $_{\Sigma|\Sigma}$ 代表列联表中所有单元格的总和。

接下来，我们为三元实例定义分类评估度量，扩展并修改类似的二元分类评估度量。对于二元实例，灵敏性和特效性定义如下：

$$\text{灵敏性}=\frac{\text{TP}}{\text{TP}+\text{FN}}$$

$$\text{特效性}=\frac{\text{TN}}{\text{FP}+\text{TN}}$$

在二元实例中，灵敏性被定义为真正类数目与数据集中实际正类数目的比率。特效性被定义真负数目与实际负类数目的比率。对于三元实例，我们类似地定义如下度量：

$$\text{A-特效性} = \frac{\text{计数}_{\text{A|A}}}{\text{计数}_{\Sigma|\text{A}}}$$

$$\text{B-特效性} = \frac{\text{计数}_{\text{B|B}}}{\text{计数}_{\Sigma|\text{B}}}$$

$$\text{C-特效性} = \frac{\text{计数}_{\text{C|C}}}{\text{计数}_{\Sigma|\text{C}}}$$

例如，A-灵敏性是被正确预测的 A 类记录与 A 类记录总数的比率。它被解释为一个记录被正确归类为 A 类的可能性(假定此记录实际归属于 A 类)；同样，B-灵敏性和 C-灵敏性也有类似的解释。不需要任何特效性度量，因为在二元实例中，特效性本质上是负类的一种灵敏性度量。

接下来，在二元实例中，我们有以下度量：

$$\text{假正类率}=1-\text{特效性}=\frac{\text{FP}}{\text{FP}+\text{TN}}$$

$$\text{假负类率}=1-\text{灵敏性}=\frac{\text{FN}}{\text{TP}+\text{FN}}$$

我们将此度量在三元实例上进行扩展如下：

$$\text{假A率}=1-\text{A-灵敏性}=\frac{\text{计数}_{\text{B|A}}+\text{计数}_{\text{C|A}}}{\text{计数}_{\Sigma|\text{A}}}$$

$$\text{假B率}=1-\text{B-灵敏性}=\frac{\text{计数}_{\text{A|B}}+\text{计数}_{\text{C|B}}}{\text{计数}_{\Sigma|\text{B}}}$$

$$\text{假C率}=1-\text{C-灵敏性}=\frac{\text{计数}_{\text{A|C}}+\text{计数}_{\text{B|C}}}{\text{计数}_{\Sigma|\text{C}}}$$

例如，假 A 率被解释为错误分类的 A 记录数目与 A 记录总数目的比率。对于二元实例，真正类比例和真负类比例的定义如下所示：

$$\text{真正类比例}=\text{PTP}=\frac{\text{TP}}{\text{TP}+\text{FP}}$$

$$\text{真负类比例}=\text{PTN}=\frac{\text{TN}}{\text{TN}+\text{FN}}$$

在二元实例中，PTP 被解释为一个记录实际为正类的可能性(假定该记录被分类为正类)。类似地，PTN 被解释为一个记录实际为负类的可能性(假定该记录被分类为负类)。对于三元实例来说，我们有如下的评估度量，类似于二元实例中定义的那样：

$$真A的比例=\frac{计数_{A|A}}{计数_{A|\Sigma}}$$

$$真B的比例=\frac{计数_{B|B}}{计数_{B|\Sigma}}$$

$$真C的比例=\frac{计数_{C|C}}{计数_{C|\Sigma}}$$

例如，真 A 所占比例被解释为一个记录实际属于 A 类的可能性(假定此记录被分类为 A 类)。接下来我们转向在二元实例中所定义的假正类和假负类比例：

$$假正类比例=\frac{FP}{FP+TP}$$

$$假负类比例=\frac{FN}{FN+TN}$$

将此方法在三元实例上进行扩展如下：

$$假A的比例=1-真A的比例=\frac{计数_{A|B}+计数_{A|C}}{计数_{A|\Sigma}}$$

$$假B的比例=1-真B的比例=\frac{计数_{B|A}+计数_{B|C}}{计数_{B|\Sigma}}$$

$$假C的比例=1-真C的比例=\frac{计数_{C|A}+计数_{C|B}}{计数_{C|\Sigma}}$$

最后，我们定义准确率和总误差率如下：

$$准确率=\frac{\sum_{i=j}计数_{i|j}}{N}=\frac{计数_{A|A}+计数_{B|B}+计数_{C|C}}{N}$$

$$总误差率=1-准确率=\frac{\sum_{j}\sum_{i\neq j}计数_{i|j}}{N}$$

$$=\frac{计数_{A|B}+计数_{A|C}+计数_{B|A}+计数_{B|C}+计数_{C|A}+计数_{C|B}}{N}$$

17.2 三元分类评估度量在贷款审批问题中的应用

对于三元目标变量审批，有 9 种预测/实际的分类组合，如表 17.3 所示。

表 17.3　9 种可能的审批决策组合的定义和符号

	决策	预测值	实际值
D|D	决策 $_{D\|D}$	Denied	Denied
AH|AH	决策 $_{AH\|AH}$	Approved half	Approved half
AW|AW	决策 $_{AW\|AW}$	Approved whole	Approved whole
D|AH	决策 $_{D\|AH}$	Denied	Approved half
D|AW	决策 $_{D\|AW}$	Denied	Approved whole
AH|D	决策 $_{AH\|D}$	Approved half	Denied
AH|AW	决策 $_{AH\|AW}$	Approved half	Approved whole
AW|D	决策 $_{AW\|D}$	Approved whole	Denied
AW|AH	决策 $_{AW\|AH}$	Approved whole	Approved half

表 17.4 提供了无误分类成本的分类和回归树(CART)模型的列联表，应用于 Loans3_training 数据集并在 Loans3_test 数据集上进行评估。注意，Loans3 数据集和 Loans 数据集相类似，不同的是两数据集的记录分布以及由二元目标到三元目标的变化。我们对边际总数定义如下：被预测为拒绝的记录总数目为

$$\begin{aligned}计数_{D|\Sigma} &= 计数_{D|D} + 计数_{D|AH} + 计数_{D|AW} \\ &= 14\ 701+1098+5=15\ 842\end{aligned}$$

表 17.4　无误分类成本的 CART 模型(“模型 1”)的列联表，在 Loans3_test 数据集上进行评估

		预测分类			
		Denied	Approved half	Approved whole	实际总计
实际分类	Denied	计数 $_{D\|D}$ 14 739	计数 $_{AH\|D}$ 919	计数 $_{AW\|D}$ 29	计数 $_{\Sigma\|D}$ 15 687
	Approved half	计数 $_{D\|AH}$ 1 098	计数 $_{AH\|AH}$ 11 519	计数 $_{AW\|AH}$ 1 518	计数 $_{\Sigma\|AH}$ 14 135
	Approved whole	计数 $_{D\|AW}$ 5	计数 $_{AH\|AW}$ 1 169	计数 $_{AW\|AW}$ 18 702	计数 $_{\Sigma\|AW}$ 19 876
	预测总计	计数 $_{D\|\Sigma}$ 15 842	计数 $_{AH\|\Sigma}$ 13 607	计数 $_{AW\|\Sigma}$ 20 249	计数 $_{\Sigma\|\Sigma}$ 49 698

相似地，被审批获得半额贷款的客户数目为：

$$\begin{aligned}计数_{AH|\Sigma} &= 计数_{AH|D} + 计数_{AH|AH} + 计数_{AH|AW} \\ &= 919+11\ 519+1169=13\ 607\end{aligned}$$

令获得全额贷款审批的客户数如下：

$$\text{计数}_{\text{AW}|\Sigma}=\text{计数}_{\text{AW}|\text{D}}+\text{计数}_{\text{AW}|\text{AH}}+\text{计数}_{\text{AW}|\text{AW}}$$
$$=29+1518+18\ 702=20\ 249$$

另外，让那些实际在经济上不安全，本该被拒绝贷款的客户总数表示如下：

$$\text{计数}_{\Sigma|\text{D}}=\text{计数}_{\text{D}|\text{D}}+\text{计数}_{\text{AH}|\text{D}}+\text{计数}_{\text{AW}|\text{D}}$$
$$=14\ 739+919+29=15\ 687$$

类似地，令那些实际经济上有些安全保障，本该获得半额贷款的客户数表示如下：

$$\text{计数}_{\Sigma|\text{AH}}=\text{计数}_{\text{D}|\text{AH}}+\text{计数}_{\text{AH}|\text{AH}}+\text{计数}_{\text{AW}|\text{AH}}$$
$$=1098+11\ 519+1518=14\ 135$$

令那些实际上经济相当安全，本该获得全额贷款的客户数表示如下：

$$\text{计数}_{\Sigma|\text{AW}}=\text{计数}_{\text{D}|\text{AW}}+\text{计数}_{\text{AH}|\text{AW}}+\text{计数}_{\text{AW}|\text{AW}}$$
$$=5+1169+18\ 702=19\ 876$$

令总计数 $N=\text{计数}_{\Sigma|\Sigma}=49\ 698$ 代表列联表中所有单元格之和。

我们对使用之前介绍的三元分类评估度量评估列联表感兴趣。这些度量对于三元贷款分类问题可表示如下：

$$\text{D-灵敏性}=\frac{\text{计数}_{\text{D}|\text{D}}}{\text{计数}_{\Sigma|\text{D}}}=\frac{14\ 739}{15\ 687}=0.94$$

$$\text{AH-灵敏性}=\frac{\text{计数}_{\text{AH}|\text{AH}}}{\text{计数}_{\Sigma|\text{AH}}}=\frac{11\ 519}{14\ 135}=0.81$$

$$\text{AW-灵敏性}=\frac{\text{计数}_{\text{AW}|\text{AW}}}{\text{计数}_{\Sigma|\text{AW}}}=\frac{18\ 702}{19\ 876}=0.94$$

例如，D-灵敏性是申请人正确地被拒绝的人数和被拒绝贷款的申请人总数的比率。它被解释为一个原本属于被拒绝类的申请人被正确分类为拒绝类的可能性。同其他类相比，CART 模型对于批准半额贷款的申请人有较低的灵敏性。例如，AH-灵敏性=0.81 表明申请人被正确批准半额贷款的人数和那些本来就该被批准半额贷款的总人数的比率。换而言之，假定一个原本就属于获取半额贷款的申请人，其被正确分类为获取半额贷款的可能性为 0.81。

接下来，我们有如下表示：

$$\text{假D率}=1-\text{D-灵敏性}$$
$$=\frac{\text{计数}_{\text{AH}|\text{D}}+\text{计数}_{\text{AW}|\text{D}}}{\text{计数}_{\Sigma|\text{D}}}=\frac{919+29}{15\ 687}=0.06$$

$$假AH率=1-AH\text{-}灵敏性$$
$$=\frac{计数_{D|AH}+计数_{AW|AH}}{计数_{\Sigma|AH}}=\frac{1098+1518}{14\,135}=0.19$$

$$假AW率=1-AW\text{-}灵敏性$$
$$=\frac{计数_{D|AW}+计数_{AH|AW}}{计数_{\Sigma|AW}}=\frac{5+1169}{19\,876}=0.06$$

例如，作为 D-灵敏性的补集，假 D 率被解释为一个申请人没有被分类为拒绝类的可能性(即使该申请人原本属于被拒绝类)。在这个例子中，这种可能性是 0.06。注意假 AH 率是其他比率的 3 倍，这表明在用模型进行批准半额贷款的分类时，并没有太多的信心。

对于这 3 种分类，指定的真分类所占比例如下：

$$真D的比例=\frac{计数_{D|D}}{计数_{D|\Sigma}}=\frac{14\,739}{15\,842}=0.93$$

$$真AH的比例=\frac{计数_{AH|AH}}{计数_{AH|\Sigma}}=\frac{11\,519}{13\,607}=0.85$$

$$真AW的比例=\frac{计数_{AW|AW}}{计数_{AW|\Sigma}}=\frac{18\,702}{20\,249}=0.92$$

例如，如果一个特定的申请人被分类为拒绝，那么这个客户实际上属于被拒绝类的可能性为 0.93。这明显高于其他类似的分类度量，尤其是批准获得半额贷款的分类。

接下来，我们发现这些度量的加法逆元表示如下：

$$假D的比例=1-真D的比例$$
$$=\frac{计数_{D|AH}+计数_{D|AW}}{计数_{D|\Sigma}}=\frac{1098+5}{15\,842}=0.07$$

$$假AH的比例=1-真AH的比例$$
$$=\frac{计数_{AH|D}+计数_{AH|AW}}{计数_{AH|\Sigma}}=\frac{919+1169}{13\,607}=0.15$$

$$假AW的比例=1-真AW的比例$$
$$=\frac{计数_{AW|D}+计数_{AH|AH}}{计数_{AW|\Sigma}}=\frac{29+1958}{20\,249}=0.08$$

例如，如果一个申请人被分类为批准获取半额贷款，那么此申请人实际上属于其他分类的可能性为 15%。

最后，准确率表示如下：

$$准确率=\frac{\sum_{i=j}计数_{i|j}}{N}=\frac{计数_{D|D}+计数_{AH|AH}+计数_{AW|AW}}{N}$$

$$=\frac{14\ 739+11\ 519+18\ 702}{49\ 698}=0.90$$

总误差率表示如下：

$$总误差率=1-准确率=\frac{\sum_{j}\sum_{i\neq j}计数_{i|j}}{N}$$

$$=\frac{计数_{D|AH}+计数_{D|AW}+计数_{AH|D}+计数_{AH|AW}+计数_{AW|D}+计数_{AW|AH}}{N}$$

$$=\frac{1098+5+919+1169+29+1518}{49\ 698}$$

$$=0.10$$

换而言之，在所有分类中，我们的模型能对 90%的申请人正确分类，对于所有申请人误差率只有 10%。

17.3 三元贷款分类问题的数据驱动成本-效益分析

为了进行数据驱动成本-效益分析，我们来看以下数据，它们告诉我们不同决策带来的成本和效益。

- **本金**。使用 Loans3_training 数据集，我们发现申请的平均金额是$13 427。
  - 因此，对于审批全额贷款，贷款的本金建模为$13 427。
  - 对于审批半额贷款，贷款的本金是$13 427 的一半，即$6713.50。
- **利息**。从 Loans3_training 数据集知道，贷款利息的平均金额是$6042。
  - 因此，对于审批全额贷款，贷款的利息是$6042。
  - 对于审批半额贷款，贷款的利息是$6042 的一半，即$3021。
- **简化假设**。为简单起见，我们作如下假设：
  - 我们建模的唯一成本和收益是本金和利息。其他形式的成本(例如事务费用)可以忽略。
  - 如果一个客户违约贷款，违约被假定本质上是立即发生的，因此银行没有从这个贷款中获取利息。

在数据驱动说明和简单假设的基础上，我们着手计算成本如下。

- 决策 $_{D|D}$：正确地预测一个申请人应该被拒绝。这代表一个没有偿还贷款能力的申请人被正确分类为拒绝贷款。对于该申请人的直接成本为 0。由于没有贷款被提供，这样也就没有利息产生和违约发生。因此成本是$0。
- 决策 $_{AH|D}$：当申请人本该被拒绝时，预测批准贷款所需的一半金额。客户是立即违约，所以银行没有收到利息。加上银行会失去所有的贷款金额，这样平均下来是

$6713.50，或者是数据集中平均所需金额的一半。因此，因为这个错误的成本是$6713.50。

- 决策 $_{AW|D}$：当申请人本该被拒绝时，预测批准贷款所需的全部金额。这是银行的最大错误。平均来看，银行将会损失$13 427，或者是贷款所需金额的一半。对于每一个这样的错误，成本为$13 427。
- 决策 $_{D|AH}$：当申请人本该是被批准贷款所需金额的一半时，预测贷款被拒绝。由于没有贷款被提供，那么就没有利息产生和违约发生，因此成本为$0。
- 决策 $_{AH|AH}$：当申请人本该是被批准贷款所需金额的一半时，预测贷款正确批准。这代表一个能可靠偿还贷款所需金额一半的申请人被正确分类为这种层次。银行势必将从这样的客户中赚取$3021(贷款利息平均金额的一半)。因此对于这个申请人，银行成本为-$3021。
- 决策 $_{AW|AH}$：当申请人本该被批准贷款所需金额的一半时，预测批准贷款所需的全部金额。假设申请人将会偿还一半的贷款，银行将会有一半贷款的利息(成本=-$3021)，申请人将会立即违约剩余的贷款(成本=$6713.50)。因此，这种错误的成本为$3692.50($6713.50-$3021)。
- 决策 $_{D|AW}$：当申请人本该被批准贷款所需的全部金额时，预测被拒绝贷款。同样，没有贷款被提供，因此成本为$0。
- 决策 $_{AH|AW}$：当申请人本该被批准贷款所需的全部金额时，预测批准贷款所需的一半金额。这种经济状况安全的客户应该能够偿还这种较小的贷款，因此银行将会赚取$3021(数据集中平均贷款利息的一半)，因此成本为-$3021。
- 决策 $_{AW|AW}$：本该被批准贷款所需的全部资金的申请人被正确预测。这代表着能够可靠偿还全部贷款的申请人被正确分类为这种层次的贷款批准。银行势必将会从这样的客户中赚取$6042(贷款利息的平均数额)。因此这种申请人的成本为-$6042。

我们把这些成本转换为成本矩阵，如表 17.5 所示。

表 17.5　三元贷款分类问题的成本矩阵，用这种矩阵形式计算模型的总成本

		预测分类		
		Denied	Approved half	Approved whole
实际分类	Denied	成本 $_{D\|D}$=$0	成本 $_{AH\|D}$=$6713.50	成本 $_{AW\|D}$=$13 427
	Approved half	成本 $_{D\|AH}$=$0	成本 $_{AH\|AH}$=-$3021	成本 $_{AW\|AH}$=$3692.50
	Approved whole	成本 $_{D\|AW}$=$0	成本 $_{AH\|AW}$=-$3021	成本 $_{AW\|AW}$=-$6042

17.4　比较使用/不使用数据驱动误分类成本的 CART 模型

让我们来看一下 CART 模型使用数据驱动误分类成本的效果。我们希望总成本矩阵的对角线元素包括 0，因为当软件(例如 IBM 的 SPSS Modeler)设置误分类成本时，需要这样的结构。基于成本矩阵行调整下的决策不变性，通过为成本矩阵中同一行的单元格增加或减少一个常量，分类决策不发生变化。因此，我们能通过以下方式获得我们期望的对角线元素为 0 的成本矩阵：

(1) 不改变第一行。

(2) 给第二行的每个单元格加上$3021。

(3) 给第三行的每个单元格加上$6042。

然后我们直接得到了对角线上包含 0 的成本矩阵，如表 17.6 所示。为了简单和透视，表 17.6 中的成本被最小的非 0 记录$3021 缩放。表 17.7 提供缩放的成本矩阵。表 17.7 中的缩放成本被作为软件误分类成本，用来构建 CART 模型，并基于 Loans3_training 数据集预测贷款批准。用 Loans3_test 数据集评估这个模型得到的列联表如表 17.8 所示。

表 17.6 对角线上含 0 的成本矩阵

		预测分类		
		Denied	Approved half	Approved whole
实际分类	Denied	成本 $_{D\|D}$=$0	成本 $_{AH\|D}$=$6713.50	成本 $_{AW\|D}$=$13 427
	Approved half	成本 $_{D\|AH}$=$3021	成本 $_{AH\|AH}$=$0	成本 $_{AW\|AH}$=$6713.50
	Approved whole	成本 $_{D\|AW}$=$6042	成本 $_{AH\|AW}$=$3021	成本 $_{AW\|AW}$=$0

表 17.7 缩放的成本矩阵

		预测分类		
		Denied	Approved half	Approved whole
实际分类	Denied	0	2.222277	4.444555
	Approved half	1	0	2.222277
	Approved whole	2	1	0

表 17.8 带有误分类成本的 CART 模型(“模型 2”)的列联表

		预测分类			
		Denied	Approved half	Approved whole	实际总计
实际分类	Denied	计数 $_{D\|D}$ 14 739	计数 $_{AH\|D}$ 948	计数 $_{AW\|D}$ 0	计数 $_{\Sigma\|D}$ 15 687
	Approved half	计数 $_{D\|AH}$ 1098	计数 $_{AH\|AH}$ 12 616	计数 $_{AW\|AH}$ 421	计数 $_{\Sigma\|AH}$ 14 135
	Approved whole	计数 $_{D\|AW}$ 5	计数 $_{AH\|AW}$ 2965	计数 $_{AW\|AW}$ 16 906	计数 $_{\Sigma\|AW}$ 19 876
	预测总计	计数 $_{D\|\Sigma}$ 15 842	计数 $_{AH\|\Sigma}$ 16 529	计数 $_{AW\|\Sigma}$ 17 327	计数 $_{\Sigma\|\Sigma}$ 49 698

表 17.9 包含了本章中两个模型上分类评估度量的比较(为了节省空间，带有误分类成本的模型的计算没有显示)。我们将不带误分类成本的模型记作模型 1，带有误分类成本的模型记作模型 2。注意单元格中的度量相加等于 1，表明这些度量是加法逆元。对于每个度量，性能较好的模型用粗体表示。

表 17.9　带有/不带误分类成本的 CART 模型评估度量的比较(性能较好的高亮表示)

评估度量	CART 模型	
	模型 1：没有误分类成本	模型 2：有误分类成本
D-灵敏性	0.94	0.94
假 D 率	0.06	0.06
AH-灵敏性	0.81	**0.89**
假 AH 率	0.19	**0.11**
AW-灵敏性	**0.94**	0.85
假 AW 率	**0.06**	0.15
真 D 的比例	0.93	0.93
假 D 的比例	0.07	0.07
真 AH 的比例	**0.85**	0.77
假 AH 的比例	**0.15**	0.23
真 AW 的比例	0.92	**0.98**
假 AW 的比例	0.08	**0.02**
准确率	**0.90**	0.89
总误差率	**0.10**	0.11

我们可以从表 17.9 提供的比较中发现以下有趣的点。

- 有趣的是，对于两个模型，列联表最左列的计数是一样的，这表明模型间在预测拒绝分类时没有区别。这是由真 D 和假 D 所占比例具有相同的值所支撑的(D-灵敏性和假 D 率的值是相似的，但除了四舍五入，否则不是完全一样的)。
- 模型 2 的 AH-灵敏性是较高的，因为它使决策 $_{AW|AH}$ 的误差较小。这大概是因为误分类成本跟此决策有关。
- 模型 1 的 AW-灵敏性是较高的，原因在于模型 1 使决策 $_{AH|AW}$ 的误差较小。可以推测原因在于当申请人为全额贷款时，其误分类成本往往比较高，因此模型不愿意作这样的分类，进而将一些 AW|AW 决策转变为 AH|AW。
- 模型 1 中真 AH 所占的比例是较高的，这同样是因为它使决策 $_{AH|AW}$ 的误差较小，也许是和上面提到的原因相同。
- 模型 2 中真 AW 所占的比例是较高的，因为模型 2 使决策 $_{AW|AH}$ 和决策 $_{AW|D}$ 的误差较小。

- 模型 1 的准确率和总误差率稍微好点。这意味着模型 1 总体较好吗？

当业务或研究问题需要误分类成本时，比较两个或多个模型性能的最佳度量是模型的总体成本。使用表 17.5 的成本矩阵，我们发现模型 1 的总体成本是-$139 163 628(见表 17.4)，每个申请人的利润是$2800.19。模型 2 的总体成本是-$141 138 534(见表 17.8)，每个申请人的利润是$2839.92。

因此，使用模型 2 而不是模型 1 的估计收益增加如下：

收益增加=$141 138 534-$139 163 628=$1 974 906

因此，模型 2 是较好的，用这种方式可以最大限度地赚取利润。事实上，对于我们的 CART 模型简单地运用数据驱动误分类成本，我们已经将估计收益提高了接近两百万美元。现在，它应该足够一个辛勤的数据分析师去赚取一个不错的假期奖金。

17.5 一般的 *k* 元目标的分类评估度量

对于带有取值为 $A_1, A_2, \ldots, A_k$ 的 k 元目标变量的分类问题，有 k^2 种可能的预测/实际分类组合，如表 17.10 所示。

表 17.10 一般的 k 元变量可能的 k^2 种决策组合

	决策	预测值	实际值
$A_1\|A_1$	决策 $_{A_1\|A_1}$	A_1	A_1
$A_1\|A_2$	决策 $_{A_1\|A_2}$	A_1	A_2
⋮	⋮	⋮	⋮
$A_1\|A_k$	决策 $_{A_1\|A_k}$	A_1	A_k
$A_2\|A_1$	决策 $_{A_2\|A_1}$	A_2	A_1
⋮	⋮	⋮	⋮
$A_2\|A_k$	决策 $_{A_2\|A_k}$	A_2	A_k
⋮	⋮	⋮	⋮
$A_k\|A_1$	决策 $_{A_k\|A_1}$	A_k	A_1
⋮	⋮	⋮	⋮
$A_k\|A_k$	决策 $_{A_k\|A_k}$	A_k	A_k

一般 k 元问题的列联表如表 17.11 所示。

表 17.11 一般 k 元问题的列联表

		预测分类				
		A_1	A_2	…	A_k	实际总计
实际分类	A_1	计数 $_{A_1\|A_1}$	计数 $_{A_2\|A_1}$	…	计数 $_{A_k\|A_1}$	计数 $_{\Sigma\|A_1}$
	A_2	计数 $_{A_1\|A_2}$	计数 $_{A_2\|A_2}$	…	计数 $_{A_k\|A_2}$	计数 $_{\Sigma\|A_2}$
	⋮	⋮	⋮	⋮	⋮	⋮
	A_k	计数 $_{A_1\|A_k}$	计数 $_{A_2\|A_k}$	…	计数 $_{A_k\|A_k}$	计数 $_{\Sigma\|A_k}$
	预测总计	计数 $_{A_1\|\Sigma}$	计数 $_{A_2\|\Sigma}$	…	计数 $_{A_k\|\Sigma}$	计数 $_{\Sigma\|\Sigma}$

边际总数的定义和三元例子相似，我们用总数 N=计数 $_{\Sigma|\Sigma}$ 代表列联表中所有单元格的总和。

接下来，我们对三元例子进行扩展，并为 k 元例子定义分类评估度量。对于第 i 个分类，我们定义灵敏性如下：

$$A_i\text{-灵敏性}=\frac{\text{计数}_{A_i|A_i}}{\text{计数}_{\Sigma|A_i}},\quad i=1,2,\ldots,k$$

这里 A_i-灵敏性为正确预测的 A_i 记录数和 A_i 记录总数的比率。这里被解释为一条实际上属于 A_i 分类的记录被正确分类为 A_i 的可能性。接下来假 A_i 率以如下方程给出：

$$\text{假}A_i\text{率}=1-A_i\text{-灵敏性}=\frac{\sum_{i\neq j}\text{计数}_{A_j|A_i}}{\text{计数}_{\Sigma|A_i}}$$

假 A_i 率被解释为错误分类为 A_i 的记录数和 A_i 记录总数的比率。接下来，我们有

$$\text{真}A_i\text{的比例}=\frac{\text{计数}_{A_i|A_i}}{\text{计数}_{A_i|\Sigma}}$$

和

$$\text{假}A_i'\text{的比例}=1-\text{真}A_i'\text{的比例}=\frac{\sum_{j\neq i}\text{计数}_{A_i|A_j}}{\text{计数}_{A_i|\Sigma}}$$

最后，准确率和总误差率定义如下：

$$\text{准确率}=\frac{\sum_{i=j}\text{计数}_{i|j}}{N}$$

$$\text{总误差率}=\frac{\sum_{i\neq j}\text{计数}_{i|j}}{N}$$

17.6 *k* 元分类中评估度量和数据驱动误分类成本的示例

Loans4_training 和 Loans4_test 数据集被用于说明带有 4 个分类的目标的分类评估度量。注意 Loans4 数据集和 Loans 数据集是相似的，不同的是两个数据集的记录分布以及从二元目标到四元目标(*k* 元，*k*=4)的变化。在这种情况下，目标分类为拒绝、批准 1/3、批准 2/3 和批准全部。批准 1/3(用 A1 表示)表明申请人仅仅被批准贷款所需总数的 1/3，批准 2/3(用 A2 表示)表明批准贷款所需总数的 2/3。在 Loans4_training 数据集上进行不带误分类成本的 CART 模型的训练，用表 17.12 提供的列联表结果拟合 Loans4_test 数据集中的数据。

表 17.12 对于带有 4 个分类的 Loans4 目标，不带误分类成本的 CART 模型的列联表

		预测分类				
		Denied	Approved 1/3	Approved 2/3	Approved whole	实际总计
实际分类	Denied	计数$_{D\|D}$ 12 095	计数$_{A1\|D}$ 1018	计数$_{A2\|D}$ 6	计数$_{AW\|D}$ 0	计数$_{\Sigma\|D}$ 13 119
	Approved 1/3	计数$_{D\|A1}$ 763	计数$_{A1\|A1}$ 7697	计数$_{A2\|A1}$ 1152	计数$_{AW\|A1}$ 13	计数$_{\Sigma\|A1}$ 9625
	Approved 2/3	计数$_{D\|A2}$ 3	计数$_{A1\|A2}$ 1708	计数$_{A2\|A2}$ 8242	计数$_{AW\|A2}$ 1675	计数$_{\Sigma\|A2}$ 11 628
	Approved whole	计数$_{D\|AW}$ 0	计数$_{A1\|AW}$ 158	计数$_{A2\|AW}$ 1072	计数$_{AW\|AW}$ 14 096	计数$_{\Sigma\|AW}$ 15 326
	预测总计	计数$_{D\|\Sigma}$ 12 861	计数$_{A1\|\Sigma}$ 10 581	计数$_{A2\|\Sigma}$ 10 472	计数$_{AW\|\Sigma}$ 15 784	计数$_{\Sigma\|\Sigma}$ 49 698

为了进行数据驱动成本-效益分析，可以看以下数据，让它们告诉我们不同决策的成本和效益将会是什么。训练集的本金平均量仍为$13 427，所以被批准总量 1/3 或 2/3 的贷款本金分别被设置为$13 427/3=$4475.67 和 2*$13 427/3=$8951.33。训练集的平均利息金额仍为$6042，所以批准总金额 1/3 或 2/3 的贷款利息被分别设置为$6042/3=$2014 和 $2*6042/3=$4028。假设与三元例子中的假设相同。

这个四元分类框架的成本矩阵如表 17.13 所示。在练习题中读者可以去证明这些成本。这里会给出决策$_{AW|A2}$直接成本的证明样例。

决策$_{AW|A2}$：本该被批准申请贷款所需金额 2/3 的申请人被批准申请全额贷款。假设申请人将会付清 2/3 的贷款，银行将会收到 2/3 贷款的利息(成本是−$4028)，申请人将会立即违约剩下的贷款(成本是$4475.67)。这样，该错误的成本为$447.67($4475.67-$4028)。

表 17.13 四元分类框架的成本矩阵

		预测分类			
		Denied	Approved 1/3	Approved 2/3	Approved whole
实际分类	Denied	成本 $_{D\|D}$ $0	成本 $_{A1\|D}$ $4475.67	成本 $_{A2\|D}$ $8951.33	成本 $_{AW\|D}$ $13 427
	Approved 1/3	成本 $_{D\|A1}$ $0	成本 $_{A1\|A1}$ -$2014	成本 $_{A2\|A1}$ $2461.67	成本 $_{AW\|A1}$ $6937.33
	Approved 2/3	成本 $_{D\|A2}$ $0	成本 $_{A1\|A2}$ -$2014	成本 $_{A2\|A2}$ -$4028	成本 $_{AW\|A2}$ $447.67
	Approved whole	成本 $_{D\|AW}$ $0	成本 $_{A1\|AW}$ -$2014	成本 $_{A2\|AW}$ -$4028	成本 $_{AW\|AW}$ -$6042

在练习中，读者被要求调整成本矩阵的形式以便于软件分析。

由表 17.13 中调整后的成本矩阵提供的误分类成本被应用于 CART 模型，生成的列联表如表 17.14 所示。

表 17.14 对于带有 4 个分类的 Loans4 目标，带误分类成本的 CART 模型的列联表

		预测分类				
		Denied	Approved 1/3	Approved 2/3	Approved whole	实际总计
实际分类	Denied	计数 $_{D\|D}$ 12 044	计数 $_{A1\|D}$ 1073	计数 $_{A2\|D}$ 2	计数 $_{AW\|D}$ 0	计数 $_{\Sigma\|D}$ 13 119
	Approved 1/3	计数 $_{D\|A1}$ 729	计数 $_{A1\|A1}$ 7737	计数 $_{A2\|A1}$ 1158	计数 $_{AW\|A1}$ 1	计数 $_{\Sigma\|A1}$ 9625
	Approved 2/3	计数 $_{D\|A2}$ 3	计数 $_{A1\|A2}$ 1372	计数 $_{A2\|A2}$ 9664	计数 $_{AW\|A2}$ 589	计数 $_{\Sigma\|A2}$ 11 628
	Approved whole	计数 $_{D\|AW}$ 1	计数 $_{A1\|AW}$ 110	计数 $_{A2\|AW}$ 1922	计数 $_{AW\|AW}$ 13 293	计数 $_{\Sigma\|AW}$ 15 326
	预测总计	计数 $_{D\|\Sigma}$ 12 777	计数 $_{A1\|\Sigma}$ 10 292	计数 $_{A2\|\Sigma}$ 12 746	计数 $_{AW\|\Sigma}$ 13 883	计数 $_{\Sigma\|\Sigma}$ 49 698

表 17.15 包含了带有和不带误分类成本的模型的分类评估变量的比较。不带误分类成本的模型被记作模型 3，带有误分类成本的模型被记作模型 4。对于每一种度量，性能较好的模型用粗体表示。评估度量是混合的，一些度量支持每个模型。但是，对于最重要的度量，即模型总成本的度量，模型 4 是较优的。

表 17.15 带有和不带误分类成本的四元 CART 模型的评估度量比较(性能较好的高亮显示)

评价度量	CART 模型	
	模型 3：没有误分类成本	模型 4：有误分类成本
D-灵敏性	**0.92**	0.91
假 D 率	**0.08**	0.09
A1-灵敏性	0.80	**0.84**
假 A1 率	0.20	**0.16**
A2-灵敏性	**0.83**	0.77
假 A2 率	**0.17**	0.23
AW-灵敏性	0.97	**0.92**
假 AW 率	0.13	**0.08**
真 D 的比例	0.94	**0.96**
假 D 的比例	0.06	**0.04**
真 A1 的比例	**0.75**	0.74
假 A1 的比例	**0.25**	0.26
真 A2 的比例	0.76	**0.81**
假 A2 的比例	0.24	**0.19**
真 AW 的比例	**0.96**	0.92
假 AW 的比例	**0.04**	0.08
准确率	0.86	**0.87**
总误差率	0.14	**0.13**

模型 3 的总成本是-$133 658 890，每位申请人的成本为-$2689，然而模型 4 的总成本为-$137 610 255，每位申请人的成本为-$2769。每位申请人通过使用误分类成本获得的收益增加为$80，总收益增加为

收益增加=$137 610 255-$133 658 890=$3 951 365

因此，使用数据驱动误分类成本构建的模型使银行的收益增加了近 400 万美元。但是，在总成本方面，三元模型(模型 1 和模型 2)优于四元模型(模型 3 和模型 4)。

R 语言开发园地

```
# 加载所需的包和数据

library(rpart)
train3 <- read.csv(file="C:/…/Loans3_training.txt",
```

```
      header = TRUE)
test3 <- read.csv(file="C:/…/Loans3_test.txt",
      header = TRUE)
```

```
# 运行模型
cart3 <- rpart(Approval3 ~ Debt.to.Income.Ratio_z+ FICO.Score_z+Request.Amount_z,
      data = train3,
      method = "class")
```

```
# 评估模型
pred3.class <- predict(object=cart3, newdata=test3[, 3: 5] , type="class")
pred3.prob <- predict(object=cart3, newdata=test3[, 3: 5] , type="prob")
c.table <- t(table(pred3.class, test3[, 7]))
c.table[1, 1] /sum(c. table[1,]) # D-灵敏性
# 等等
```

R 参考文献

Therneau T, Atkinson B, Ripley B. 2013. rpart: Recursive partitioning. R package version 4.1-3. http://CRAN.R-project.org/package=rpart.

R Core Team. *R: A Language and Environment for Statistical Computing*. Vienna, Austria: R Foundation for Statistical Computing; 2012. ISBN: 3-900051-07-0, http://www.R-project.org/.

练习

概念辨析

1. 解释真正类/假正类/真负类/假负类的用法为什么不适用于带三元目标的分类模型。
2. 解释本章中用于列联表边际总数和总数的符号 Σ 。
3. 解释我们为什么不在三元分类问题中使用特效性度量。
4. 假 A 率和 A-灵敏性之间的关系是什么？

5. A-灵敏性和假 A 率如何解释？
6. 在本书中，为什么我们要避免使用术语“正预测值”？
7. 真 A 的比例和假 A 的比例之间的关系是什么？
8. 解释一下真 A 的比例和假 A 的比例。
9. 使用术语“列联表的对角线元素”定义①准确率和②总误差率。
10. 用你自己的语言，解释以下的度量：
    a. D-灵敏性，D 代表贷款问题中的拒绝分类
    b. 假 D 率
    c. 真 D 的比例
    d. 假 D 的比例
11. 解释一下对于贷款问题，我们如何决定本金和利息的金额。
12. 为什么我们要调整成本矩阵，使得对角线上出现 0 元素？
13. 在比较模型时，我们需要使用哪个成本矩阵？
14. 当有误分类成本参与时，对于比较模型性能，最好的度量是什么？

数据应用

15. 为表 17.15 中的每一个直接成本提供证明。
16. 调整表 17.13，使得对角线上出现 0 元素且矩阵被缩放(类似于表 17.7)。
17. 使用表 17.12 和表 17.14 中的结果，确认表 17.15 中评估度量的值。

实践分析

18. 总结在本章中使用 Loans3 数据集进行的三元分类分析(注意结果可能因为 CART 模型中的不同设置会略有不同)。报告所有显著结果，包括汇总表，类似于表 17.9。

19. 总结在本章中使用 Loans4 数据集进行的四元分类分析(注意结果可能因为 CART 模型中的不同设置会略有不同)。报告所有显著结果，包括汇总表，类似于表 17.15。

第 18 章

分类模型的图形化评估

18.1 回顾提升图表和增益图表

在第 15 章，我们已经了解了提升图表和增益图表的相关概念。回想一下，提升被定义为模型正分类集合中正类命中的比例除以整体数据集中正类命中的比例：

$$提升=\frac{正分类集合中正类命中的比例}{整体数据集中正类命中的比例}$$

其中，我们将正类响应被预测为正类定义为命中。为构建提升图表，软件根据响应的正面趋向性对记录进行排序，然后计算每个百分位的提升情况。例如，第 20 个百分位上的提升值为 2.0 意味着包含最可能的响应者的 20%的记录是随机采样同样大小的记录包含的响应者的 2 倍。增益图表代表提升图表的累积形式。要了解提升图表和增益图表的更多内容，见第 15 章。

18.2 使用误分类成本的提升图表和增益图表

提升图表和增益图表可用于误分类成本存在的场景。这是因为软件是通过响应的趋向对记录进行排序，对给定的分类模型，误分类成本直接影响响应的倾向。回顾贷款数据集，银行将要通过对包含 150 000 个贷款申请人的训练数据集进行训练，预测是否同意贷款，预测变量包括借款-收益率、FICO 得分、请求数量等。在第 16 章中，我们获得了数据驱动的误分类成本，如表 18.1 中的成本矩阵所示。

表 18.1 银行贷款例子的成本矩阵

		预测分类	
		0	1
实际分类	0	$Cost_{TN}$=−\$13 427	$Cost_{FP}$=\$13 427
	1	$Cost_{FN}$=\$6042	$Cost_{TP}$=−\$6042

为便于说明，分类和回归树(CART)模型分别开发为带有和不带误分类成本两种，得到的对比提升图表如图 18.1 所示。带有误分类成本的模型提升优于不带误分类成本的模型提升，直到大约第 60 个百分位数。以上反映了带有误分类成本的模型的优势。以累积的提升为例，此优势也得以体现，如图 18.2 中的增益图表所示。

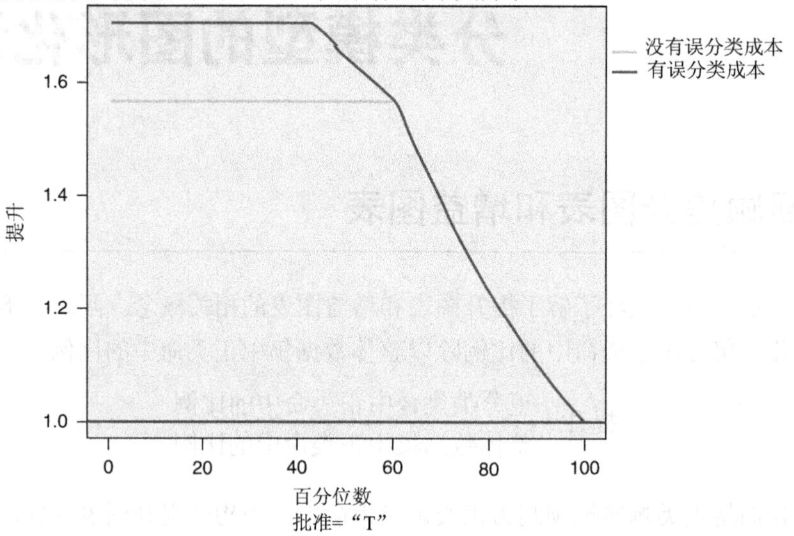

图 18.1 相对于不带误分类成本的模型，带有误分类成本的模型具有更大的提升

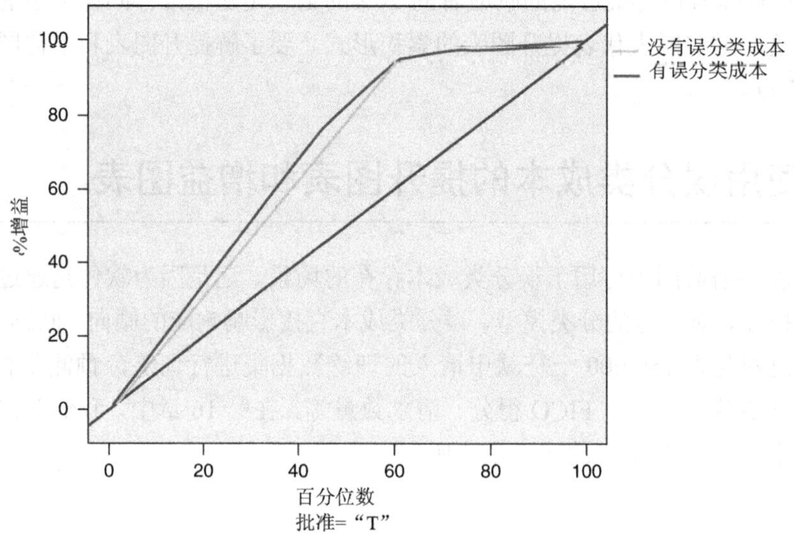

图 18.2 相对于不带误分类成本的模型，带有误分类成本的模型具有更大的增益，直到第 60 个百分位数

18.3 响应图表

响应图表和提升图表几乎相同，唯一的区别在于纵坐标轴。响应图的纵轴不是表示度量提升，而是表示指定百分位数处的正类命中比例(见图 18.3)。例如，在第 40 个百分位数上，对于带有误分类成本的模型，大概有 84.8%的响应记录为正类命中，而对于不带误分类成本的模型，只有 78.1%的响应记录为正类命中。分析人员根据客户的需求或量化复杂性选择何时使用提升图表和何时使用响应图表。

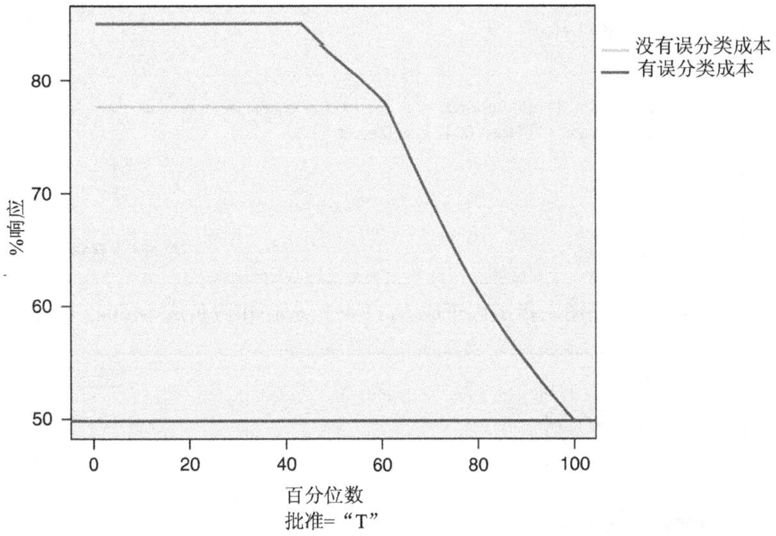

图 18.3　除纵坐标轴外，响应图表和提升图表完全相同

18.4 利润图表

到目前为止，模型评估图表已经对正类命中进行了处理，由提升、增益和响应比例进行度量。但是，客户可能对候选模型利润率的图形化显示感兴趣，以便能够在公司内部进行更好的交流，采用管理人员最容易理解的术语：钱。在这种情况下，分析人员可能转向利润图表或者投资回报(ROI)图表。

利润定义如下：

利润=收入-成本

为了在建模器中构建利润图表，分析人员必须为成本矩阵中的每个单元指定成本或收益。图 18.4 和图 18.5 展示了对于贷款数据集如何使用派生节点完成此项工作，在图 18.6 中使用评估节点完成此项工作。

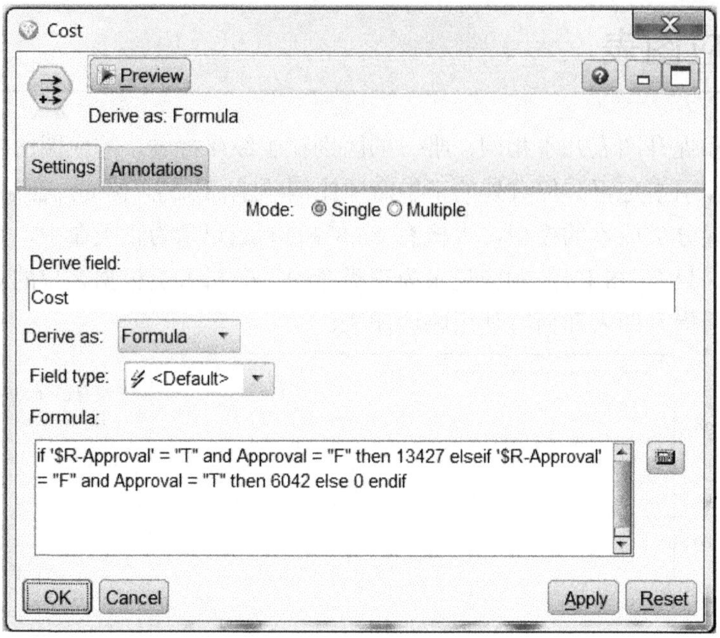

图 18.4 为利润图表指定假正成本(13 427 美元)和假负成本(6042 美元)

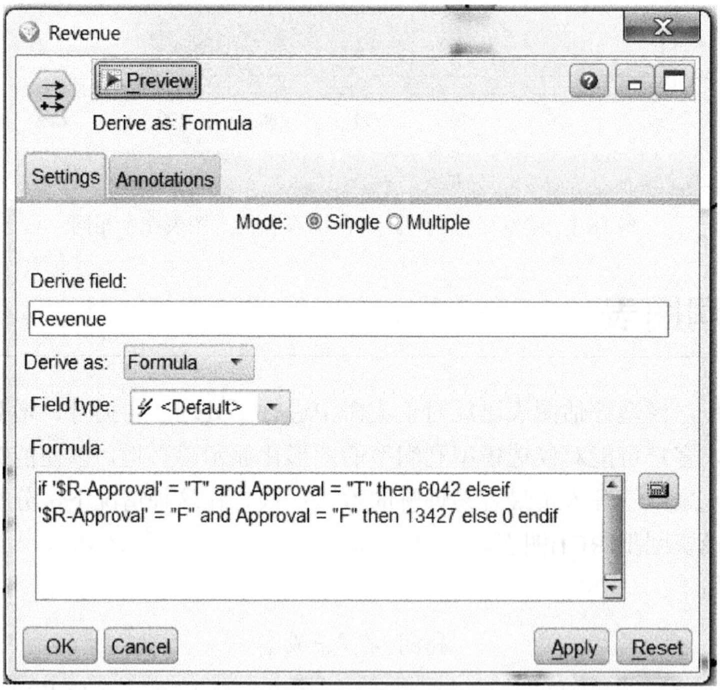

图 18.5 为利润图表指定真正收益(6042 美元)和真负收益(13 427 美元)

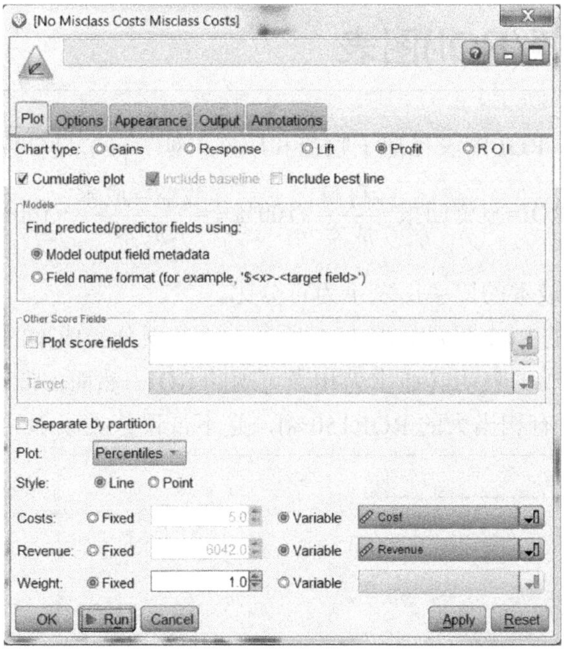

图 18.6 在 IBM Modeler 中构建利润图表，指定变量成本和收益

当我们从最大可能命中到最小可能命中浏览时，利润图表描述了公司所期望得到的累积收益。一个好的利润图表在中心附近增长到峰值，随后减小。此峰值为一个重要的点，因为它代表了最大利润率的点。

例如，考虑图 18.7，这是贷款数据集的利润图表。对于带有误分类成本的模型，随着模型到达最具可能的命中，利润急剧增长，在第 44 个百分位数时达到最大值，预计利润值为 66 550 919 美元。对于不带误分类成本的模型，利润增长相对缓慢，直到第 61 个百分位数达到最大值，预计利润值为 53 583 427 美元(未显示)。这样，带有误分类成本的模型不仅产生了额外的 1300 万美元利润，而且这些增长的利润仅仅在前 44%的申请者中就得以实现，因此节约了银行进一步的时间和开销。

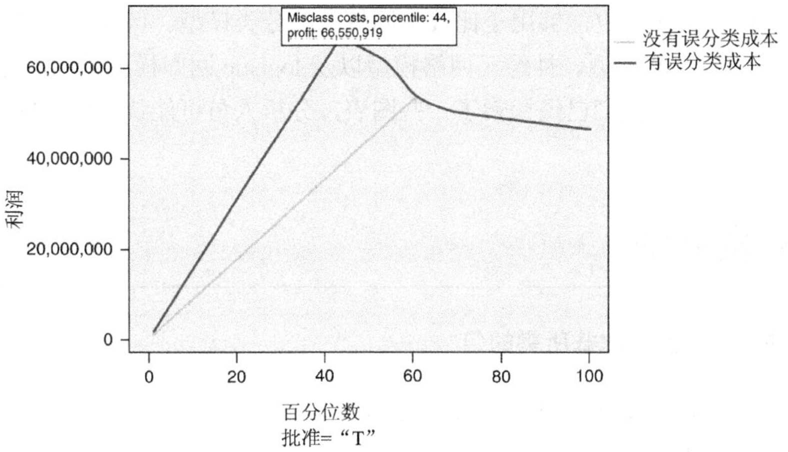

图 18.7 贷款数据集的利润图表。在仅前 44%的申请者中利润就实现最大化

18.5 投资回报(ROI)图表

和利润图表一样，ROI 图表包括了收益和成本。对于每个百分位点，ROI 被定义如下：

$$\text{ROI}=\text{投资回报}=\frac{\text{利润}}{\text{成本}}\times 100\%=\frac{\text{收益}-\text{成本}}{\text{成本}}\times 100\%$$

即 ROI 为利润和成本的比率，表示为百分比。

银行贷款数据集的 ROI 图表如图 18.8 所示。不带误分类成本的模型在第 60 个百分位数之前 ROI 大约为 60%，表明其通常为相当可观的 ROI。然而，带有误分类成本的模型在第 60 个百分位数之前有相当大的 ROI(150%)，是不带误分类成本的模型的 2.5 倍。

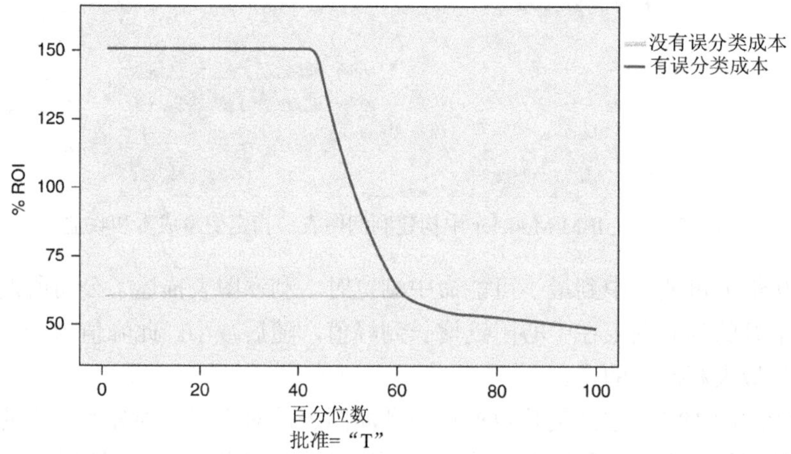

图 18.8 投资回报(ROI)图表显示带有误分类成本的模型在第 60 个百分位数之前提供一个相当大的 ROI(150%)

注意，所有这些图形化评估和所有模型评估技术一样，需要在测试数据集上而不是在训练数据集上执行。最后，尽管本章示例处理了带有误分类成本和不带误分类成本的两类模型，但组合的评估图表也能够用于比较不同算法的分类模型。例如，可以采用图形化方式对 CART 模型、C5.0 模型、神经元网络模型以及 logistic 回归模型的利润进行评估。

总而言之，在本章我们已经探索了一些图表，分析人员可能认为这些图表有助于图形化评估其分类模型。

R 语言开发园地

```
# 加载并准备数据，加载所需的包

loan.train <- read.csv(file="C:/…/Loans_Training.csv",
    header = TRUE)
```

```
choose <- sample(dim(loan.train)[1], size = 1000)
train <- loan.train[choose,-5]
library(rpart); library(caret)
train$DtIR.z <- (train$Debt.to.Income.Ratio-
    mean(train$Debt.to.Income.Ratio))/sd(train$Debt.to.Income.Ratio)
train$FICOs.z <- (train$FICO.Score - mean(train$FICO.Score))/sd(train$FICO.Score)
train$ReqAmt.z <- (train$Request.Amount-
    mean(train$Request.Amount))/sd(train$Request.Amount)
train <- train[,-c(2:4)]
```

运行模型，得到置信度值

```
costs <- list(loss = matrix(c(-13427, 13427, 6042, -6042), ncol=2, byrow=TRUE))
costs$loss[1,] <- costs$loss[1,]+13427
costs$loss[2,] <- costs$loss[2,]+6042
cart.woCost <- rpart(Approval ~ DtIR.z+FICOs.z+ReqAmt.z,data = train,
    method = "class")
cart.withCost <- rpart(Approval ~ DtIR.z+FICOs.z+ReqAmt.z,data = train,
    method = "class", parms = costs)
conf <- predict(cart.woCost, newdata = train, type = "prob")
conf.cost <- predict(cart.withCost, newdata = train, type = "prob")
```

绘制提升图表

```
m <- data.frame(NoCost = conf[,2],
    Cost = conf.cost[,2])
our.lift <- lift(as.factor(train[,1])~
    NoCost + Cost, data = m)
xyplot(our.lift, plot = "lift",
    auto.key = list(columns = 2),
    main = "Lift for Models With
    and Without Cost")
```

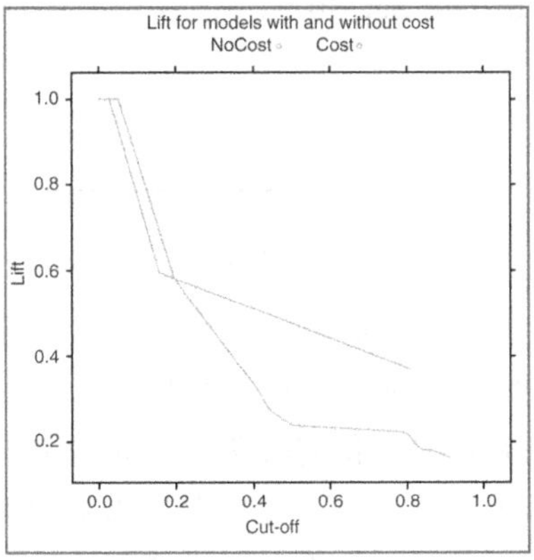

```
# 绘制收益图表

xyplot(our.lift, plot = "gain",
    auto.key = list(columns = 2),
    main = "Gain for Models With
    and Without Cost")
```

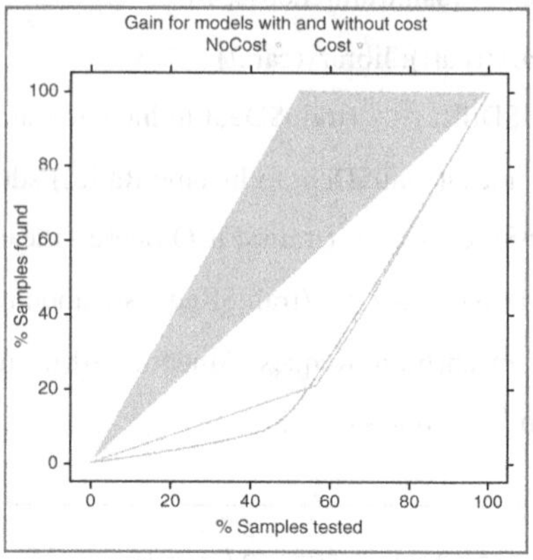

R 参考文献

Kuhn M. Contributions from Jed Wing, Steve Weston, Andre Williams, Chris Keefer, Allan Engelhardt, Tony Cooper, Zachary Mayer and the R Core Team. 2014. caret: Classification and regression training. R package version 6.0-24. http://CRAN.R-project.org/package=caret.

Therneau T, Atkinson B, Ripley B. 2013. rpart: Recursive partitioning. R package version 4.1-3. http://CRAN.R-project.org/package=rpart.

R Core Team. *R: A Language and Environment for Statistical Computing*. Vienna, Austria: R Foundation for Statistical Computing; 2012. ISBN: 3-900051-07-0, http://www.R-project.org/. Accessed 2014 Sep 30.

练习

1. 在第 15 个百分位数上，一个模型具有 2.5 的提升意味着什么？
2. 如果提升和增益度量了命中的比例，为什么不管成本矩阵是怎样的，我们都能在存在误分类成本的情况下使用提升图表和增益图表？
3. 提升图表和增益图表之间的关系是什么？
4. 什么是响应图表？它和哪个图表相类似？
5. 按照成本和收益，分析人员可以使用哪些图表来图形化地评估分类模型？
6. 描述一个好的利润图表看起来是怎样的。
7. 什么是 ROI？
8. 这些图表应该在训练数据集或者测试数据集上执行吗？为什么？

实践分析

对于练习 9～14，为贷款数据集提供一组分类模型的图形化评估。不要将利息作为预测器。确保使用测试数据集开发图表。

9. 使用 Loans_training 数据集，构建 CART 模型和 C5.0 模型用于预测贷款批准。

10. 构建单个提升图表用于评估两个模型。解释此图表。哪个模型表现更好？是一个模型一直更好吗？

11. 构建并解释增益图表，比较两个模型。

12. 准备并解释响应图表，比较两个模型。比较响应图表和提升图表。

13. 分别为 CART 模型和 C5.0 模型构建和解释利润图表(提示：寻找方法构建单个的利润图表来比较两个模型)。每个模型的利润峰值在哪里？利润峰值出现在哪个百分位数上？哪个模型更好？为什么？

14. 分别为两个模型构建并解释 ROI 图表(提示：找到构建单个 ROI 图表的方法来比较两个模型)。哪个模型更好？为什么？

对于练习 15～18，我们使用再平衡作为误分类成本的代理，以便为我们的候选模型增加神经网络和 logistic 回归。

15. 建模器中的神经网络和 logistic 回归并没有明确的误分类成本。因此，使用数据集的再平衡代替本章中使用的误分类成本。

16. 使用 Loans_training 数据集，构建神经网络模型和 logistic 回归模型，使用再平衡数据预测贷款批准。

17. 构建单个提升图表用于评估四类模型：CART、C5.0、神经网络和 logistic 回归。解释此图表。哪个模型更好？是一个模型一直更好吗？

18. 构建并解释增益图表，比较四类模型。

19. 准备并解释响应图表，比较四类模型。

20. 分别为四类模型构建并解释单个的利润图表(提示：找到一种方法构建单个的利润图表来比较四类模型)。每个模型的利润峰值在哪里？利润峰值在哪个百分位数上出现？哪种模型更好，为什么？

21. 分别为四类模型构建并解释单个的 ROI 图表(提示：找到一种方法构建单个的 ROI 图表来比较四类模型)。哪个模型更好？为什么？

第Ⅳ部分

聚　　类

第 19 章

层次聚类和 k-均值聚类

19.1 聚类任务

聚类指的是将记录、观察值或案例分组到相似的对象集合中。簇是一个相似记录的集合，而该集合中的记录与其他簇中的记录没有相似之处。聚类不同于分类，它是没有目标变量的。聚类不是试图进行分类、估计或预测目标变量的值。事实上，聚类算法是寻求将整个数据集划分成相对均匀的子组或簇，并且簇内的记录相似度最大，簇之间的相似度最小。

例如，由 Claritas Inc.公司开发的 Nielsen PRIZM 段代表美国每个用邮政编码定义的地理区域的不同生活方式类型的人口统计概略情况。例如，为加利福尼亚州贝弗利山(邮政编码 90210)确定的簇如下：

- 簇#01：上地壳地产
- 簇#03：呼风唤雨
- 簇#04：年轻的文人
- 簇#07：金钱和头脑
- 簇#16：波希米亚的混合

簇# 01 的描述为：上地壳是“全美最高级的地址，其生活方式是美国最富有的，是 45～64 岁之间空巢夫妇的天堂。只有在这一地区，拥有研究生学位的居民才会有年收入超过 10 万美元的情况。其他地区没有更富裕的生活标准”。

商业和研究中的聚类任务的示例包括以下内容：

- 一个不具有庞大市场营销预算的中小企业利基产品的目标营销。
- 为会计审计目的，将财务行为细分为良性和可疑的类别。
- 当数据集有数百个属性时，作为一种降维工具。

- 基因表达聚类，其中大量的基因可能会表现出类似的行为。

聚类通常是作为数据挖掘过程中的一个初始的步骤，所产生的簇将被作为采用不同技术的后续工作的输入，如神经网络。由于许多现代数据库的规模巨大，因此往往是首先应用聚类分析，减少后续算法的搜索空间。在本章中，先简要介绍层次聚类的方法，然后详细讨论 k-均值聚类；在第 20 章中，我们将讨论 Kohonen 网络聚类，其结构与神经网络有关。

聚类分析会遇到许多我们在前述分类方法中遇到的相同问题。例如，我们需要确定：

- 如何度量相似性。
- 如何重新编码分类变量。
- 如何标准化或规范化数值变量。
- 我们希望发现多少簇。

为简单起见，在本书中，我们专注于记录之间的欧氏距离：

$$d_{\text{Euclidean}}(x,y)=\sqrt{\sum_i (x_i-y_i)^2}$$

其中 $x=x_1,x_2,\ldots,x_m$ 和 $y=y_1,y_2,\ldots,y_m$ 代表两个记录的 m 个属性值。当然，存在许多其他的度量，如城市街区的距离：

$$d_{\text{city-block}}(x,y)=\sum_i |x_i-y_i|$$

或闵可夫斯基距离，增加指数 q 表示前述两个度量的更一般情况：

$$d_{\text{Minkowski}}(x,y)=\left(\sum_i |x_i-y_i|^q\right)^{1/q}$$

对分类变量，我们可以再次定义“差异”函数用于比较一对记录的第 i 个属性值：

$$\text{different}(x_i,y_i)=\begin{cases}0 & 若\ x_i=y_i\\ 1 & 否则\end{cases}$$

其中 x_i 和 y_i 是分类值。然后我们可以用 different(x_i, y_i)代替上述欧式距离中的第 i 项。

为获得最佳性能，聚类算法与分类算法类似，需要归一化数据，以便特定变量或变量子集不能主导分析。分析人员可以使用在前面的章节中讨论的最大最小规范化和 Z-分数标准化。

$$最大最小规范化：X^*=\frac{X-\min(X)}{\text{Range}(X)}$$

$$Z\text{-分数标准化：}X^*=\frac{X-\text{mean}(X)}{\text{SD}(X)}$$

所有聚类算法识别记录的目标为组内记录的相似度非常高，组间记录的相似度非常低。换句话说，如图 19.1 所示，聚类算法寻求构建簇的记录，使得簇之间的差异比簇内的差异大。从某种意义上说，有点类似于方差分析的概念。

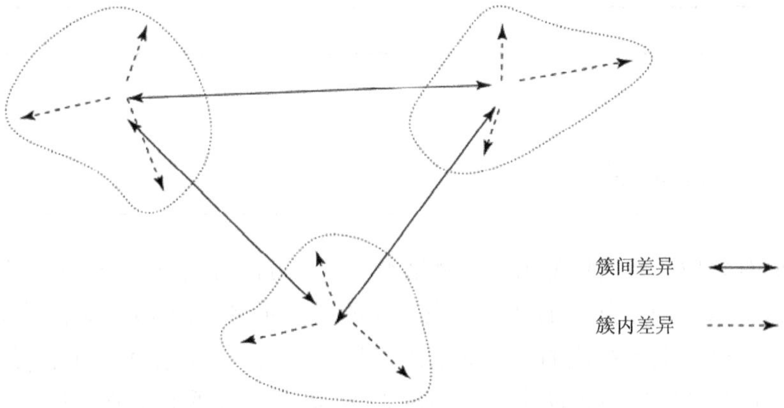

图 19.1　相对于簇间的差异，簇内差异比较小

19.2　层次聚类方法

聚类算法要么是层次聚类方法，要么是非层次聚类方法。在层次聚类中，树状簇结构(树状图)是通过递归划分(分裂的方法)或凝聚现有的簇(凝聚)来创建的。凝聚聚类方法初始化每个观察值来形成自己的一个小簇。然后，在随后的步骤中，最接近的簇聚合成一个新的组合簇。通过这种方式，在每个步骤中，数据集中的簇的数目都会减少。最终，所有的记录被组合成一个巨大的簇。分类聚类方法以一个大的簇中的所有记录作为开始，其中最不相似的记录被递归分割，变成一个单独的簇，直到每个记录代表它自己的簇。由于大多数计算机程序在应用层次聚类时都采用凝聚方法，因此我们重点关注凝聚方法。

一旦进行了适当的重新编码和规范化，记录间的距离就相当清楚了。但如何确定记录的簇之间的距离？在考虑两个簇的靠近程度时，应当以它们的最近邻的靠近程度作为评价标准，还是应当以它们的最远邻的靠近程度作为评价标准？如何能够使评价标准满足所有的极端情况？

我们研究了几个评价准则，用于确定任意簇 A 和 B 之间的距离：

- 单一链，有时称为最近邻居方法，是依据簇 A 和簇 B 中的任意记录的最小距离。换句话说，簇的相似性是依据每个簇中最相似成员的相似度。该方法往往形成细长的簇，有时会导致异构的记录聚集在一起。
- 完全链，有时称为最远邻居方法，是依据簇 A 和簇 B 中的任意记录的最大距离。换句话说，簇的相似性是依据每个簇中最不相似成员的相似度。该方法倾向于形成更紧凑的球状簇。
- 平均链的设计是为了减少簇链评价准则对极端值的依赖性，如最相似或最不相似的记录。该方法是簇 A 与簇 B 中的所有记录的平均距离。由此产生的簇趋向于近似等于簇内变化。

让我们通过使用以下较小的一维数据集，研究这些方法是如何工作的：

2	5	9	15	16	18	25	33	33	45

19.3 单一链聚类

假设我们有兴趣对数据集使用单一链聚类。凝聚方法首先将每个记录分到自己的簇。然后，单一链寻求在两个簇中的任何记录之间的最小距离。图 19.2 说明了如何在这个数据集中实现。由单个记录构成的簇之间的距离显然是最小的，在本例中就是包含值 33 的两个簇，对任意有效的度量方法来说其距离为 0。因此，这两个簇被合并为一个包含两个记录的新簇，值均为 33，如图 19.2 所示。注意，步骤 1 完成后，只剩下 9 个簇。接下来是步骤 2，值为 15 和 16 的两个簇被合并为一个新簇，因为距离为 1 是剩余簇之间的最小距离。

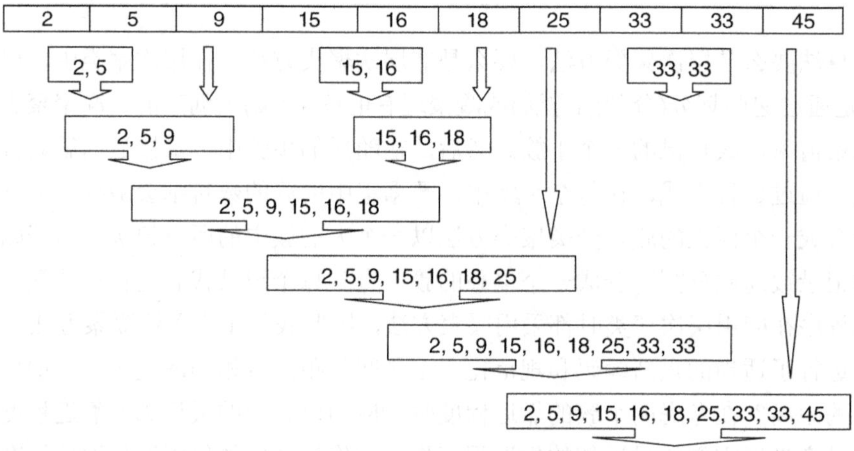

图 19.2 数据集样本的单一链聚类

下面是后续步骤。

- 步骤 3：包含值 15 和 16 的簇(簇{15,16})与簇{18}合并为新簇，因为 16 和 18 之间的距离(两两簇比较最小)为 2，在剩余的簇中最小。
- 步骤 4：簇{2}和{5}合并。
- 步骤 5：簇{2,5}与簇{9}合并，因为 5 和 9 之间的距离(两两簇比较最小)为 4，在剩余的簇中最小。
- 步骤 6：簇{2,5,9}与簇{15,16,18}合并，因为 9 和 15 之间的距离是 6，在剩余的簇中最小。
- 步骤 7：簇{2,5,9,15,16,18}与簇{25}合并，因为 18 和 25 之间的距离是 7，在剩余的簇中最小。
- 步骤 8：簇{2,5,9,15,16,18,25}与簇{33,33}合并，因为 25 和 33 之间的距离是 8，在剩余的簇中最小。

- 步骤 9：簇{2,5,9,15,16,18,25,33,33}与簇{45}合并。最后一个簇包含了数据集的所有记录。

19.4 完全链聚类

接下来使用完全链标准，验证在采用同样的样本数据集时是否会产生一个不同的聚类结果。完全链寻求最大限度地最小化两个簇中彼此最远的记录间的距离。图 19.3 说明了数据集的完全链聚类。

- 步骤 1：由于每个簇只包含一个记录，因此在步骤 1 中，单一链和完全链没有区别。两个簇中值为 33 的两个簇再次被合并。
- 步骤 2：类似单一链，将包含值 15 和 16 的簇合并成一个新的簇。同样，这是因为在单记录簇的评估方面，两个准则没有差异。
- 步骤 3：在这一点上，完全链开始与之前的单一链有所区别。在单一链中，簇{15,16}此时合并为簇{18}。但完全链注重的是最远的邻居，而不是最近的邻居。这两个簇的最远的邻居是 15 和 18，距离为 3。{2}和{5}之间的距离与之相等。完全链评价准则对平局没有提出要求，所以我们选择第一个出现的合并，因此将簇{2}和{5}合并到一个新簇。
- 步骤 4：现在簇{15,16}与簇{18}合并。
- 步骤 5：簇{2,5}与簇{9}合并，因为完全链的距离为 7，在剩余的簇中是最小的。
- 步骤 6：簇{25}与簇{33,33}合并，完全链的距离为 8。
- 步骤 7：簇{2,5,9}与簇{15,16,18}合并，完全链的距离为 16。
- 步骤 8：簇{25,33,33}与簇{45}合并，完全链的距离为 20。
- 步骤 9：簇{2,5,9,15,16,18}与簇{25,33,33,45}合并。所有记录都包含在最后的这个大簇中。

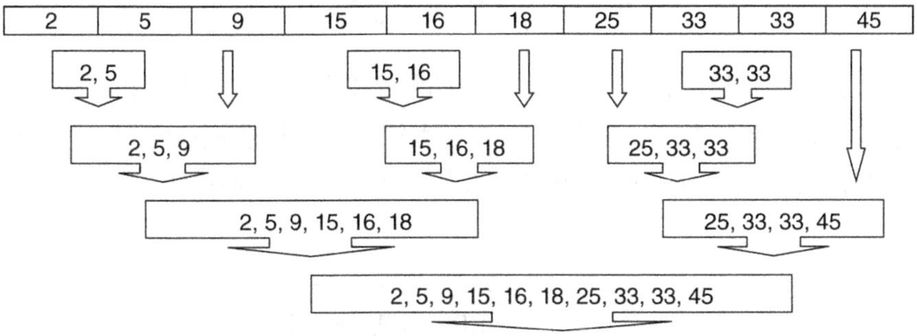

图 19.3　样本数据集的完全链聚类

最后，平均链准则是簇 A 中所有的记录到簇 B 中所有记录的平均距离。由于单一记录的平均值是记录的值本身，因此这种方法和早期的方法没有什么不同，其中单记录簇被合并。在步骤 3 中，平均链将面临合并簇{2}和{5}或将簇{15,16}与{18}进行结合的选择。簇

{15,16}和簇{18}的平均距离是|18－15|和|18－16|的平均值，结果为 2.5，而簇{2}和{5}之间的距离当然是 3。因此，在这一步中，平均链将簇{15,16}与簇{18}合并，紧接着是簇{2}与{5}合并。读者可以在这个示例中验证平均链准则和完全链将产生相同的层次结构。一般情况下，平均链产生的形状比单一链产生的形状与完全链更相似。

19.5 *k*-均值聚类

k-均值聚类算法是一种发现数据簇的简单有效的算法。该算法步骤如下。

- 步骤 1：询问用户应当将数据集划分为多少个簇。
- 步骤 2：随机分配 *k* 个记录成为初始簇中心位置。
- 步骤 3：为每一个记录找到最近的簇中心。因此，从某种意义上说，每个簇中心“拥有”一个记录的子集，从而表示一个数据集的划分。因此我们有 *k* 个簇 $\mathrm{C}_1,\mathrm{C}_2,\ldots,C_k$。
- 步骤 4：对于 *k* 个簇中的每一个簇，找到簇质心，并将簇质心以新的簇中心位置更新。
- 步骤 5：重复步骤 3～5，直到收敛或终止。

虽然其他标准也可以用，但步骤 3 中的“最近的”标准通常是欧氏距离。步骤 4 中的簇中心的获取方法如下。假设我们有 *n* 个数据点 $(a_1,b_1,c_1),(a_2,b_2,c_2),\ldots,(a_n,b_n,c_n)$，这些点的质心就是这些点的重心，位于点 $(\sum a_i/n,\sum b_i/n,\sum c_i/n)$。例如，点(1,1,1)、(1,2,1)、(1,3,1)和(2,1,1)的质心为 $(\frac{1+1+1+2}{4},\frac{1+2+3+1}{4},\frac{1+1+1+1}{4})=(1.25,1.75,1.00)$。

当质心不再改变时，该算法终止。换句话说，对所有簇 $\mathrm{C}_1,\mathrm{C}_2,\ldots,C_k$，所有记录分别处于不同的簇且每个簇的簇中心不再发生变化时，程序终止。另外，当某些收敛准则得到满足时，该算法可能会终止，如均方误差(MSE)无明显变化时。

$$\mathrm{MSE}=\frac{\mathrm{SSE}}{N-k}=\frac{\sum_{i=1}^{k}\sum_{p\in C_i}d(p,m_i)^2}{N-k}$$

SSE 表示误差平方和，$p\in C_i$ 表示簇 *i* 中的每个数据点，m_i 代表簇 *i* 的质心(簇中心)，*N* 是样本总数，*k* 是簇的数量。回想一下，聚类算法寻求构建记录的簇，使得簇之间的变化比簇内的变化大。因为这个概念类似于方差分析，所以我们可以定义一个伪-*F* 统计量如下：

$$F_{k-1,N-k}=\frac{\mathrm{MSB}}{\mathrm{MSE}}=\frac{\mathrm{SSB}/k-1}{\mathrm{SSE}/N-k}$$

这里的 SSE 与上面的定义一样，MSB 是簇之间的均方。SSB 是簇之间的平方和，定义如下：

$$\mathrm{SSB}=\sum_{i=1}^{k}n_i\cdot d(m_i,M)^2$$

这里 n_i 是簇 i 中的记录的数量，m_i 是簇 i 的质心(簇中心)，M 是所有数据的总平均。

MSB 表示簇间差异，MSE 表示簇内差异。因此，一个“好”的簇将有一个大的伪-F 统计值，代表簇间差异比簇内差异大这种情况。因此，随着 k-均值算法的持续进行，簇的质量增加，我们希望 MSB 增加，MSE 减少，F 增加。

19.6　k-均值聚类实操示例

让我们用一个示例来说明 k-均值算法是如何工作的。如表 19.1 及图 19.4 所描绘的，假设我们在二维空间中有 8 个数据点，取 $k = 2$。

表 19.1　k-均值示例的数据点

a	*b*	*c*	*d*	*e*	*f*	*g*	*h*
(1,3)	(3,3)	(4,3)	(5,3)	(1,2)	(4,2)	(1,1)	(2,1)

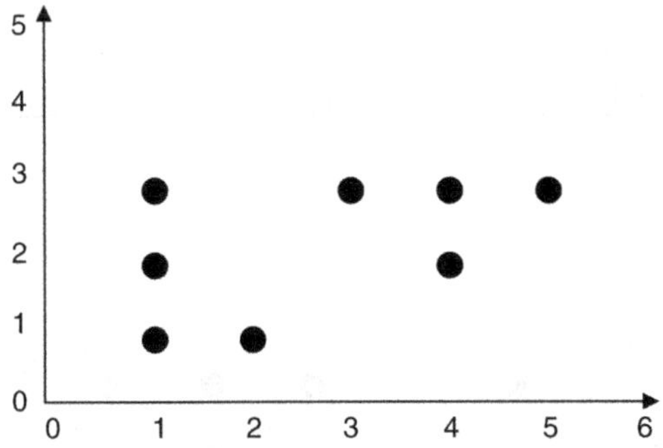

图 19.4　k-均值如何将数据划分成两个簇

让我们逐步应用 k-均值算法。

- 步骤 1：询问用户应该将数据集划分为多少簇。我们已经表示过，我们感兴趣的是 k=2。
- 步骤 2：随机分配 k 个记录到初始簇中心位置。在这个示例中，我们指定簇中心是 m_1=(1,1)和 m_2 =(2,1)。
- 步骤 3(第一遍)：为每个记录找到最近的簇中心。表 19.2 包含每个点和每个簇中心 m_1=(1,1)和 m_2 =(2,1)的欧氏距离，以及每个点与哪个簇中心最近的标识。因此，簇 1 包含点{a,e,g}，簇 2 包含点{b,c,d,f,h}。
- 步骤 4(第一遍)：为每一个簇寻找质心，并用新的质心值更新每个簇中心的位置。簇 1 的质心是[(1+1+1)/3,(3+2+1)/3]=(1,2)。簇 2 的质心是[(3+4+5+4+2)/5,(3+3+3+2+1)/5]=(3.6,2.4)。在第一遍结束之后，簇和质心(三角形)如图 19.5 所示。值得注意的是，m_1 已经移动到簇 1 的三点中心，而 m_2 已经向右移动了相当大的距离，在簇 2 的五点中心。
- 步骤 5：重复步骤 3 和 4，直到收敛或终止。由于质心变动了，所以我们通过算法回到步骤 3，开展第二遍工作。

- 步骤 3(第二遍)：为每一个记录找到最近的簇中心。表 19.3 给出的是每个点与更新后的簇中心 m_1=(1,2)及 m_2 =(3.6,2.4)之间的距离，以及该点所属的簇。可以看出记录 *h* 的类别发生了变化，记录 *h* 原先属于簇 2，现在属于簇 1。整个过程中，m_2 发生相对较大的变化，记录 *h* 更靠近 m_1，因此记录 *h* 更改为属于簇 m_1。所有其他记录保持在同一个簇中。因此，簇 1 是{*a*,*e*,*g*,*h*}，簇 2 是{*b*,*c*,*d*,*f*}。

表 19.2 寻找每一个记录的最近的簇中心(第一遍)

点	与 m_1 的距离	与 m_2 的距离	簇成员关系
a	2.00	2.24	C_1
b	2.83	2.24	C_2
c	3.61	2.83	C_2
d	4.47	3.61	C_2
e	1.00	1.41	C_1
f	3.16	2.24	C_2
g	0.00	1.00	C_1
h	1.00	0.00	C_2

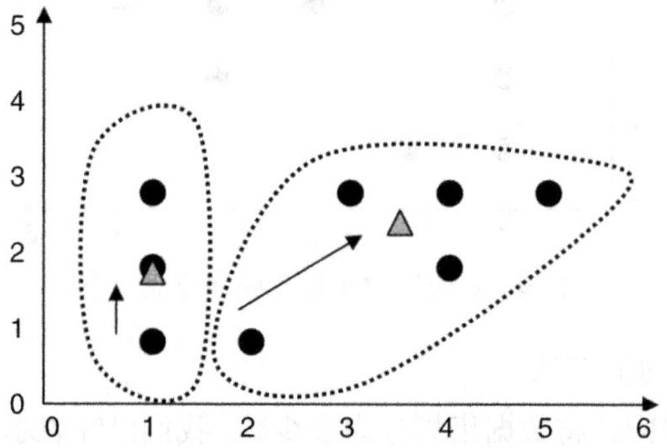

图 19.5 通过 *k*-均值算法第一遍寻找之后的簇和质心 Δ

表 19.3 寻找每一个记录的最近的簇中心(第二遍)

点	与 m_1 的距离	与 m_2 的距离	簇成员关系
a	1.00	2.67	C_1
b	2.24	0.85	C_2
c	3.16	0.72	C_2
d	4.12	1.52	C_2
e	0.00	2.63	C_1
f	3.00	0.57	C_2
g	1.00	2.95	C_1
h	1.41	2.13	C_1

- 步骤 4(第二遍)：对于每一个簇，找到簇质心并用新的质心值更新每个簇中心的位置。簇 1 的新质心是[(1+1+1+2)/4,(3+2+1+1)/4]=(1.25,1.75)。簇 2 的新质心是[(3+4+5+4)/4,(3+3+3+2)/4]=(4,2.75)。在第二遍后，簇和质心如图 19.6 所示。质心 m_1 和 m_2 都稍微有所移动。
- 步骤 5：重复步骤 3 和 4，直到收敛或终止。由于质心变动了，我们通过算法再次返回到步骤 3 进行第三遍寻找(而事实证明，这是最后一遍)。
- 步骤 3(第三遍)：为每个记录找到最近的簇中心。表 19.4 给出的是每个点与新的簇中心 m_1 =(1.25,1.75)和 m_2 =(4,2.75)之间的距离，以及最终所属的簇类别。注意与上一次处理比较，没有点发生任何变化。
- 步骤 4(第三遍)：对于每一个簇，找到簇质心并用新的质心值更新每个簇中心的位置。由于没有记录改变簇成员关系，因此簇质心也保持不变。
- 步骤 5：重复步骤 3 和 4，直到收敛或终止。由于质心没变，因此算法结束。

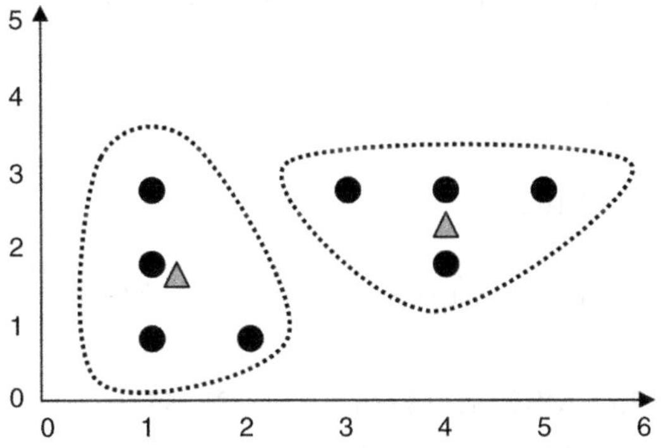

图 19.6　通过 k-均值算法第二遍寻找之后的簇和质点 Δ

表 19.4　寻找每一个记录的最近的簇中心(第三遍)

点	与 m_1 的距离	与 m_2 的距离	簇成员关系
a	1.27	3.01	C_1
b	2.15	1.03	C_2
c	3.02	0.25	C_2
d	3.95	1.03	C_2
e	0.35	3.09	C_1
f	2.76	0.75	C_2
g	0.79	3.47	C_1
h	1.06	2.66	C_1

19.7 *k*-均值算法执行中 MSB、MSE 和伪-*F* 的行为

让我们观察在每遍的步骤 4 之后这些统计的行为。

第一遍：

- $\mathrm{SSB}=\sum_{i=1}^{k} n_i \cdot d(m_i, M)^2 =$

  $3\cdot d((1,2),(2.625,2.25))^2+5\cdot d((3.6,2.4),(2.625,2.25))^2=12.975$
- $\mathrm{MSB}=\dfrac{\mathrm{SSB}}{k-1}=\dfrac{12.975}{2-1}=12.975$
- $\mathrm{SSE}=\sum_{i=1}^{k}\sum_{p\in C_i} d(p,m_i)^2$

  $=2^2+2.24^2+2.83^2+3.61^2+1^2+2.24^2+0^2+0^2=36$
- $\mathrm{MSE}=\dfrac{\mathrm{SSE}}{N-k}=\dfrac{36}{6}=6$
- $F=\dfrac{\mathrm{MSB}}{\mathrm{MSE}}=\dfrac{12.975}{6}=2.1625$

总的来说，我们希望下面这样的情况：MSB 增加，MSE 减少，*F* 的值增加。相关的计算留作练习。

第二遍：MSB=17.125，MSE=1.313333，*F*=13.03934

第三遍：MSB=17.125，MSE=1.041667，*F*=16.44

这些统计表明，我们已经实现了相比于簇内差异(以 MSE 测量)的簇间差异(以 MSB 测量)最大化。

请注意，*k*-均值算法不能保证找到全局最优的伪-*F* 数值，而常常是局部最优的。为了提高实现全局最优的概率，分析人员可以考虑使用不同的初始簇中心。Moore 建议①在一个随机的数据点上放置第一个簇中心和②将随后的簇中心点离以前的中心尽可能地远。

应用 *k*-均值算法的一个潜在的问题是：到底应当有多少个簇？也就是说，谁来决定这个 *k*？除非分析人员有一定的基本簇数量方面的知识作为先验知识；否则，应当将“外循环”添加到算法中，选用不同的 *k* 值展开循环。因此，采用不同 *k* 值的聚类解决方案可以进行比较，然后选择具有最大 *F* 值的 *k* 值。另外，一些聚类算法，如 BIRCH 聚类算法，可以选择最佳数量的簇。

如果一些属性比其他属性与问题更相关怎么办？由于簇成员关系是由距离决定的，因此我们可以采用相同的轴拉伸的方法，量化属性的相关性，这在第 10 章中讨论过。在第 20 章中，我们将研究另一个常见的聚类算法——Kohonen 网络，该算法在结构上与神经网络有关。

19.8 SAS Enterprise Miner 中 k-均值算法的应用

接着，我们将转向采用 SAS Enterpriser Miner 软件，利用其提供的 *k*-均值算法处理客户流失数据集(客户流失数据集可以从本书网站获得；也可以通过以下网址获得 http://www.sgi.com/tech/mlc/db/)。客户流失数据集包含 20 个变量，涉及 3333 位客户，以及客户流失(离开公司)与否的标识。

下面的变量被传递给 Enterprise Miner 聚类节点：

- 标志(1/0)变量
  - 国际套餐和语音邮件套餐
- 数值变量
  - 账户长度、语音邮件消息、白天分钟数、傍晚分钟数、晚上分钟数、国际分钟数、客服呼叫次数
  - 对所有的数值变量应用最大最小规范化之后

Enterprise Miner 聚类节点使用 SAS 的快速聚类(FASTCLUS)过程，快速聚类是 *k*-均值算法的一种版本。簇的数目被设置为 3。该算法包含 3 个在大小上存在较大差异的簇。簇 1 比较小，包含 92 条记录；簇 2 比较大，包含 2411 条记录；簇 3 属于中等大小，包含 830 条记录。

一些基本的簇分析将有助于我们了解到每个簇中的记录类型。图 19.7 提供了 Enterprise Miner 的一个聚类结果窗口，包含一个涉及 3 个簇的国际套餐成员关系的饼图分析。簇 1 中的所有成员和簇 2 中的一小部分成员参与了国际套餐，簇 3 中没有成员参与国际套餐。注意，左边的饼图代表了所有记录，与簇 2 相似。

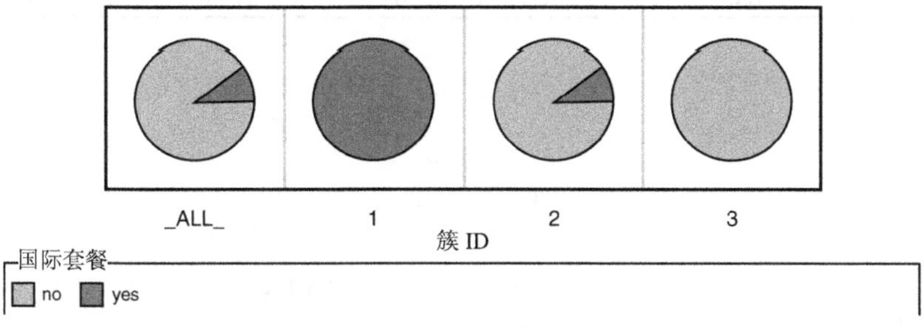

图 19.7　跨簇的国际套餐采用者的 Enterprise Miner 分析

接下来，图 19.8 说明了每个簇中采用语音邮件套餐的客户的比例(请注意不同颜色表示了是/否响应)。值得注意的是，簇 1 和簇 3 只包含语音邮件套餐采用者，而簇 2 不包含语音邮件套餐采用者。换句话说，这个字段采用 *k*-均值算法产生一个“完美”的划分，完美地将数据集划分为采用和未采用国际套餐的客户。

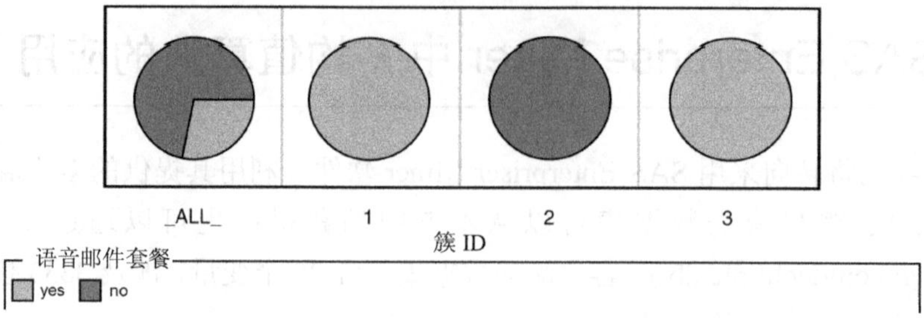

图 19.8 采用与未采用语音邮件套餐的客户是互斥的

这些结果清楚地表明，该算法在很大程度上是依赖于分类变量来形成簇。表 19.5 中对数值变量均值的比较显示出相对较小的变化，表明在这些维度上簇是相似的。例如，图 19.9 中的客户服务呼叫(标准化)的分布在每个簇中是比较相似的。如果分析师对这个分类变量的聚类结果不满意，他或她可以选择拉伸或收缩适当的轴。如前面所提到的，这将有助于调整聚类算法来得到更合适的解决方案。

表 19.5 对簇中变量均值的比较显示变化不大

Cluster	Frequency	AcctLength_m	VMailMessage	DayMins_mm
1	92	0.4340639598	0.5826939471	0.5360015616
2	2411	0.4131940041	0	0.5126334451
3	830	0.4120730857	0.5731159934	0.5093940185
Cluster	**EveMins_mm**	**NightMins_mm**	**IntMins_mm**	**CustServCalls**
1	0.5669029659	0.4964366069	0.5467934783	0.1630434783
2	0.5507417372	0.4773586813	0.5119784322	0.1752615328
3	0.5564095259	0.4795138596	0.5076626506	0.1701472557

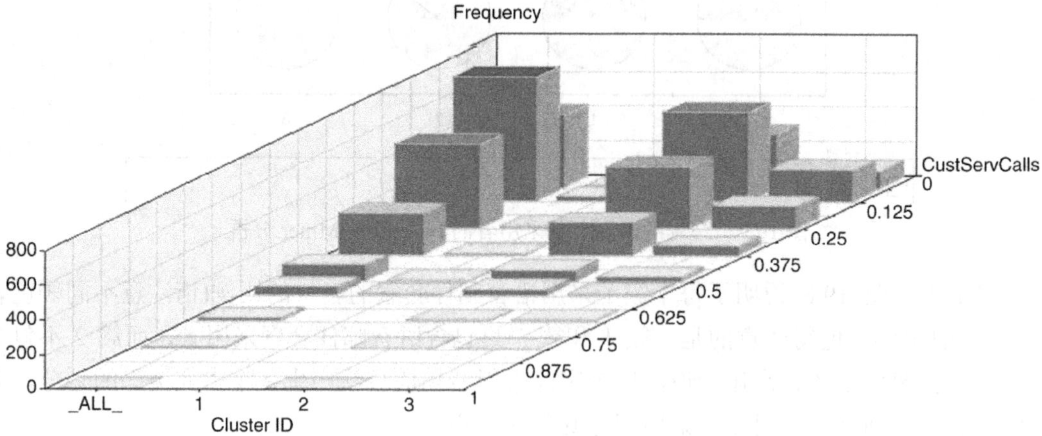

图 19.9 跨簇的客户服务呼叫的分布是相似的

因此，仅使用分类变量，簇可以被概括如下。

- 簇 1：高级用户。同时采用国际套餐和语音邮件套餐的一小部分客户。
- 簇 2：大部分用户。客户群的最大的细分市场，其中一些已经采用了语音邮件套餐但没有采用国际套餐。
- 簇 3：语音邮件用户。采用语音邮件套餐而没有采用国际套餐的一个中等规模的客户群。

19.9 使用簇成员关系来预测客户流失

然而，假设我们想利用这些簇来帮助我们完成客户流失的分类任务。我们可以用图直接比较不同簇之间的流失比例，例如图 19.10。在这里，从整体上来看(饼状图的左边)，那些已经采用国际套餐的比那些没有采用此套餐的比例更高。这一结果是在第 3 章中发现的。值得注意的是，与包含采用国际套餐和不采用国际套餐的客户的簇 2 相比，包含国际套餐采用者的簇 1 的流失比例较高，且高于包含不采用国际套餐的客户的簇 3。显然，该公司应该看一下这一套餐，看看为什么客户离开公司的比例较大。

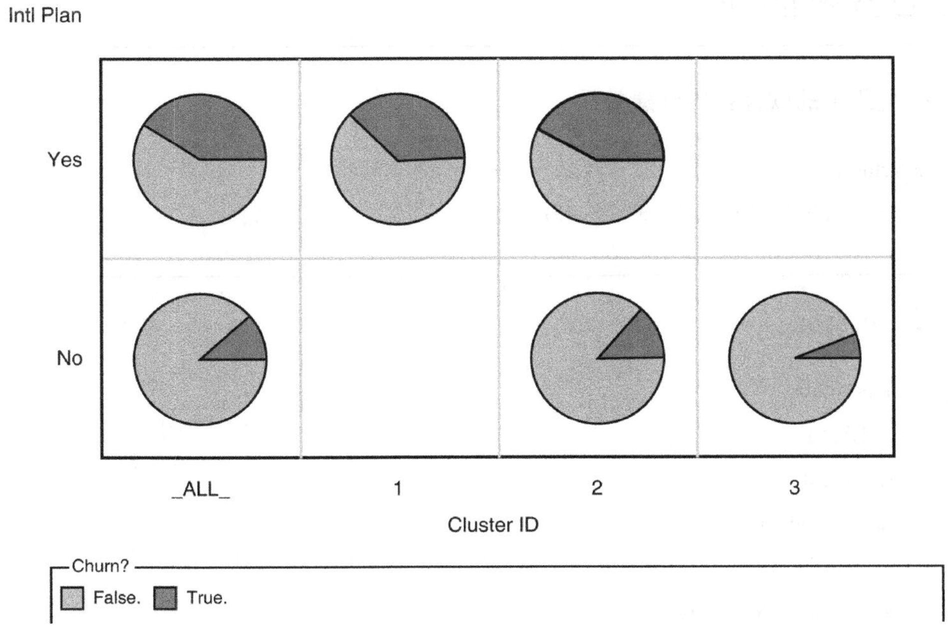

图 19.10　国际套餐的采用者与未采用者的流失行为

现在，我们从第 3 章知道语音邮件套餐采用者的流失比例较低，我们预期簇 3 的流失率会低于其他簇。这一预期在图 19.11 中确认。

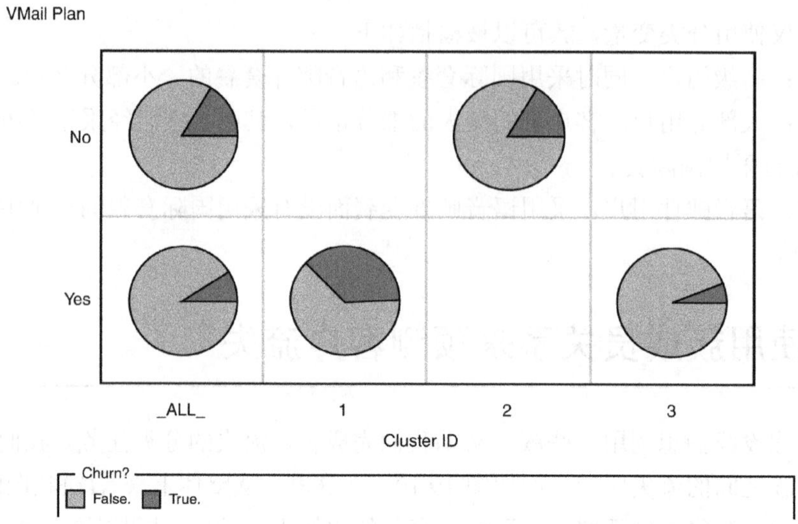

图 19.11 语音邮件套餐的采用者和未采用者的流失行为

在第 20 章中，我们将探讨使用簇成员关系作为输入的数据挖掘模型。

R 语言开发园地

```
# 安装所需的软件包并创建数据

library(cluster)
data <- c(2, 5, 9, 15, 16, 18, 25, 33, 33, 45)
```

```
# 单一链聚类

agn <- agnes(data,
    diss = FALSE,
   stand = FALSE,
   method = "single")
# 绘制系统树图
dend_agn <- as.dendrogram(agn)
plot(dend_agn,
   xlab = "Index of Data Points",
   ylab = "Steps",
   main = "Single-Linkage Clustering")
```

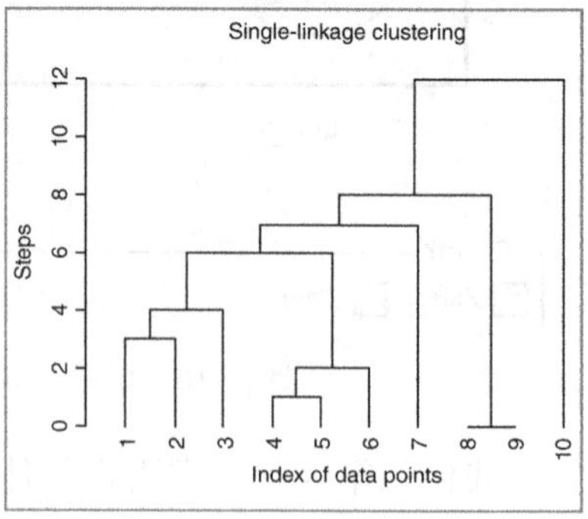

完全链聚类

```
agn_complete <- agnes(data,
    diss = FALSE,
   stand = FALSE,
   method = "complete")
# 绘制系统树图
dend_agn_complete <-
   as.dendrogram(agn_complete)
plot(dend_agn_complete,
   xlab = "Index of Data Points",
   ylab = "Steps",
   main = "Complete-Linkage Clustering")
```

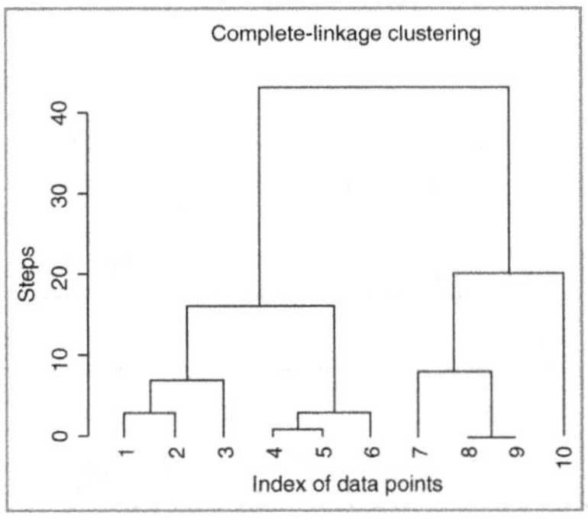

---

k-均值聚类

```
#通过表 10.1 创建数据矩阵
m <- matrix(c(1,3,3,3,4,3,5,3,
   1,2,4,2,1,1,2,1),
   byrow=TRUE,
   ncol = 2)
km <- kmeans(m,
   centers = 2)
km
```

```
> km
K-means clustering with 2 clusters of sizes 4, 4

Cluster means:
  [,1] [,2]
1 1.25 1.75
2 4.00 2.75

Clustering vector:
a b c d e f g h
1 2 2 2 1 2 1 1

Within cluster sum of squares by cluster:
[1] 3.50 2.75
 (between_SS / total_SS =  73.3 %)

Available components:

[1] "cluster"      "centers"      "totss"
[4] "withinss"     "tot.withinss" "betweenss"
[7] "size"
```

R 参考文献

Maechler M, Rousseeuw P, Struyf A, Hubert M, Hornik K. 2013. cluster: Cluster analysis basics and extensions. R package version 1.14.4.

R Core Team. *R: A Language and Environment for Statistical Computing*. Vienna, Austria: R Foundation for Statistical Computing; 2012. ISBN: 3-900051-07-0, http://www.R-project.org/. Accessed 2014 Sep 30.

练习

概念辨析

1. 对于邮编 90210，你将会将其归于哪个簇？

2. 描述所有聚类方法的目标。

3. 假设我们有以下数据(一个变量)。用单一链来识别簇。

0	0	1	3	3	6	7	9	10	10

4. 假设我们有以下数据(一个变量)。用完全链识别簇。

0	0	1	3	3	6	7	9	10	10

5. 簇质心的直观意义是什么？

6. 假设我们有以下数据：

a	*b*	*c*	*d*	*e*	*F*	*g*	*h*	*i*	*j*
(2,0)	(1,2)	(2,2)	(3,2)	(2,3)	(3,3)	(2,4)	(3,4)	(4,4)	(3,5)

应用 *k*-均值算法识别簇，取 k=2。尝试使初始簇中心尽可能相距远些。

7. 参考练习 6。表明在算法每一步之后，簇间差异与簇内差异的比率在不断增加。

8. 再次确定练习 6 数据中的簇，这一次应用 *k*-均值算法，使用 k= 3。尝试使初始簇中心尽可能相距远些。

9. 参考练习 8。表明在算法每一步之后，簇间差异与簇内差异的比率在不断增加。

10. 你认为哪一个聚类解决方案是可取的？为什么？

11. 确认本章示例步骤 4 中第二遍和第三遍的 MSB、MSE 和伪-*F* 值的计算。

实践分析

为了下面的练习，使用本书网站上的“谷物”数据集。确保数据进行归一化处理。

12. 使用所有的变量(除了名称和等级)，运行 *k*-均值算法以识别数据中的簇，取 k=5。

13. 使用聚类配置文件，清楚地描述簇内谷物的特点。

14. 取 k=3，重新运行 *k*-均值算法。

15. 你觉得哪个聚类解决方案可取，为什么？

16. 使用聚类配置文件，清楚地描述簇内谷物的特点。

17. 使用簇成员关系来预测等级。这样做的一个方法是构建一个只基于簇成员关系的等级直方图。基于你的早期配置文件，描述你发现的关系。

第 20 章

Kohonen 网络

20.1 自组织映射

Kohonen 网络是由芬兰研究员 Tuevo Kohonen 在 1982 年提出的[1]。虽然最初应用到图像和声音分析领域，但 Kohonen 网络仍然是聚类分析的一种有效机制。Kohonen 网络代表了一种自组织映射(SOM)，这本身就代表了一类特殊的神经网络，神经网络我们已在第 12 章研究过。

SOM 的目标是将一个复杂的高维输入信号转换成一个简单的低维离散映射[2]。因此，SOM 非常适合簇分析，满足寻找隐藏在记录和字段中的模式的要求。SOM 将输出节点构建为节点簇，距离较近的节点比其他距离更远的节点更相似。Ritter[3]表明 SOM 是非线性主成分分析方法的一种推广，主成分分析也是一种降维技术。

SOM 是一种竞争式学习方法，其输出节点相互竞争以成为获胜节点(或神经元)，从而能够作为特定输入对象的唯一被激活的节点。正如 Haykin 所描述的那样，“在竞争性学习过程中，针对各种输入模式(刺激)或输入模式的类别，选择性调整神经元”。典型的 SOM 架构如图 20.1 所示。输入层显示在图的底部，每个字段有一个输入节点。与神经网络类似，这些输入节点执行时没有处理其自身，只是简单地将字段输入值传递给后续工作。

---

1 Tuevo Kohonen, Self-organized formation of topologically correct feature maps, *Biological Cybernetics*, Vol. 43, pp. 59 - 69, 1982.

2 Simon Haykin, *Neural Networks: A Comprehensive Foundation*, Prentice Hall, Upper Saddle River, NJ,1990.

3 Helge Ritter, Self-organizing feature maps: Kohonen maps, in M.A. Arbib, ed., *The Handbook of Brain Theory and Neural Networks*, pp. 846 - 851, MIT Press, Cambridge, MA, 1995.

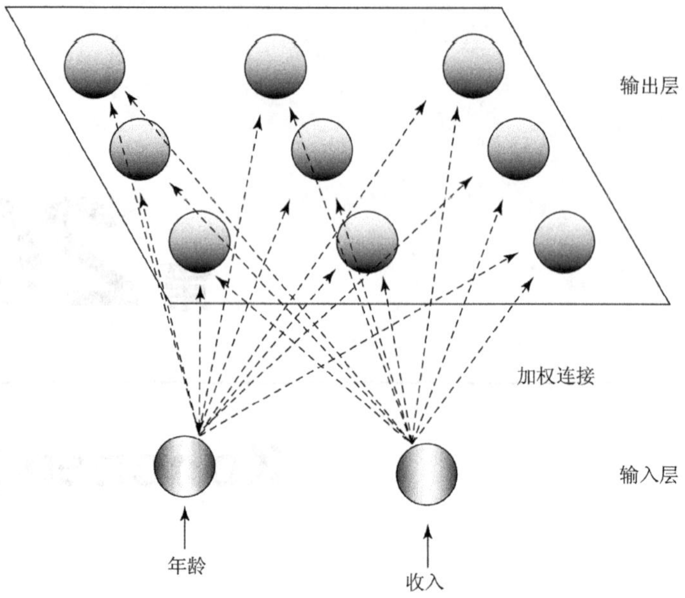

图 20.1 以年龄和收入记录形成的简单聚类记录的自组织映射拓扑

与神经网络类似，SOM 是前向反馈和全连通的。前馈网络不允许循环。全连通的意思是，一个给定层中的每个节点都连接到下一层中的每个节点，同一层中的节点不存在连接关系。类似神经网络，每个节点之间的连接有一个与它相关联的权重，在初始化时被随机分配 0 和 1 之间的值。调整这些权重是神经网络和 SOM 学习机制的关键。变量的值需要进行归一化或标准化，与神经元网络类似，以使某些变量在学习算法中不能主导别的变量。

但是，与大多数的神经网络不同的是，SOM 没有隐藏层。数据从输入层被传递到输出层。输出层以栅格形式表示，通常为一个或两个维度。虽然如六边形这种其他的形状也可以使用，但是通常用一个长方形的形状来表示。图 20.1 所示的输出层为 3×3 的正方形。

对于一个给定的记录(实例)，特定的字段值被从一个特定的输入节点转发到输出层中的每个节点。例如，假设数据集的第一个记录归一化后的年龄和收入值分别为 0.69 和 0.88。值 0.69 将通过与年龄相关的输入节点进入 SOM，这个节点将把 0.69 传到输出层的各节点。类似地，值 0.88 通过收入这个输入节点分配给输出层中的每个节点。这些值以及分配给每个连接的权重将为每个输出节点确定一个评分函数值(如欧氏距离)。具有“最优”分值的输出节点将被指定为获胜节点。

SOM 具有三个特有过程：

(1) 竞争。如上所述，输出节点相互竞争以产生针对特定评分函数的最佳值，最常用的是欧氏距离。在这种情况下，在输入字段与连接权重中具有最小的欧氏距离的输出节点将被宣布为获胜者。接下来，我们将以一个示例详细地研究它的工作原理。

(2) 合作。获胜的节点因此成为兴奋神经元的中心。这是模拟人的神经元的行为，并对其附近的其他神经元的输出敏感。在 SOM 中，所有与获胜节点为邻的节点共享获胜节点所赢得的“活力”和“奖赏”，这种情况被称为适应性。因此，尽管输出层中的节点没有直接相连接，但是由于这种友邻参数，它们趋向于具有共同的特征。

(3) 适应。获胜节点附近的节点参与适应，即学习。这些节点的权重将被调整，以进一步改进评分函数。换句话说，拥有类似字段值的集合的节点将增加赢得竞争的机会。

20.2 Kohonen 网络

Kohonen 网络是基于 Kohonen 学习的自组织映射网络。假定我们有第 n 个记录的包含 m 个字段的集合，表示为向量 $x_n = x_{n1}, x_{n2}, \ldots, x_{nm}$。对每个特定的输出节点 j，都包含有 m 个权重，用向量表示为 $w_j = w_{1j}, w_{2j}, \ldots, w_{mj}$。在 Kohonen 学习中，获胜节点的邻居节点通过输入向量与当前权重向量的线性组合调整其权重：

$$w_{ij,\text{new}} = w_{ij,\text{current}} + \eta(x_{ni} - w_{ij,\text{current}}) \tag{20.1}$$

其中 η 有 $0 < \eta < 1$，与神经元网络类似，表示学习率。Kohonen[4]指出学习率是训练次数(遍历数据集的趟数)的减函数，大多数情况下，η 呈现出线性或几何递减趋势。

Kohonen 网络算法(参考 Fausett[5])在相应的框中显示。在初始化时，权重是随机分配的，除非存在先验知识，会为权重向量分配适当的值。初始化时，将指定学习率 η 和邻域大小 R。R 值开始的时候可能比较大，但随着算法的继续，它会减小。注意，不能吸引足够数量命中的节点将被剪枝，从而提高算法效率。

Kohonen 网络算法

对于每个输入向量 x，执行以下步骤：

- 竞争。对于每个输出节点 j，计算评分函数值 $D(w_j, x_n)$。例如，对于欧氏距离，$D(w_j, x_n) = \sqrt{\sum_i (w_{ij} - x_{ni})^2}$。从所有的输出节点中，查找 $D(w_j, x_n)$ 值最小的节点作为获胜节点 J。
- 合作。在 J 的大小为 R 的邻域中，找出所有的输出节点 j。对于这些节点，对所有输入记录字段执行以下的计算。
- 适应。调整权重：

$$w_{ij,\text{new}} = w_{ij,\text{current}} + \eta(x_{ni} - w_{ij,\text{current}})$$

- 根据需要调整学习率和邻域大小。
- 终止规则满足时停止算法执行。

4 Tuevo Kohonen, *Self-Organization and Associative Memory*, 3rd ed., Springer-Verlag, Berlin, 1989.

5 Laurene Fausett, *Fundamentals of Neural Networks*, Prentice Hall, Upper Saddle River, NJ, 1994.

20.3 Kohonen 网络学习示例

考虑下面的简单示例。假设我们有一个包含两个属性的数据集，两个属性分别为年龄和收入且已经标准化，并假设我们想用一个 2×2 的 Kohonen 网络发现数据集中的隐藏簇。因此，我们将有如图 20.2 所示的拓扑图。

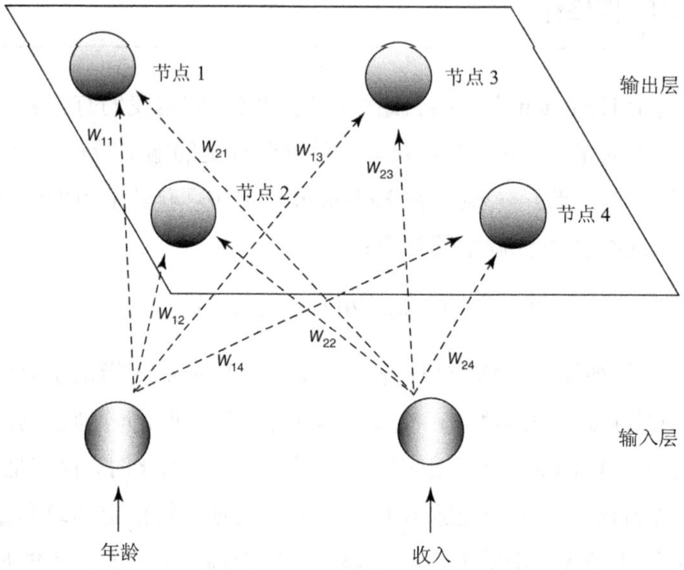

图 20.2 示例：2×2 的 Kohonen 网络的拓扑结构

一个包含 4 个记录的数据集将作为输入，每一个记录包含一个简单的描述。针对该网络，我们为其设置邻域大小为 R=0，因此只有获胜的节点将有调整其权重的机会。同时，我们将学习率 η 设为 0.5。最后，假设权重已被随机初始化如下：

$$w_{11}=0.9 \qquad w_{21}=0.8 \qquad w_{12}=0.9 \qquad w_{22}=0.2$$
$$w_{13}=0.1 \qquad w_{23}=0.8 \qquad w_{14}=0.1 \qquad w_{24}=0.2$$

对于第一个输入向量 x_1=(0.8,0.8)，我们按序执行竞争、合作和适应操作。

- 竞争。我们为 4 个输出节点的每个节点计算输入向量与权重向量之间的欧式距离：

节点1：$D(w_1,x_1)=\sqrt{\sum_i (w_{i1}-x_{1i})^2}=\sqrt{(0.9-0.8)^2+(0.8-0.8)^2}=0.1$

节点2：$D(w_2,x_1)=\sqrt{(0.9-0.8)^2+(0.2-0.8)^2}=0.61$

节点3：$D(w_3,x_1)=\sqrt{(0.1-0.8)^2+(0.8-0.8)^2}=0.70$

节点4：$D(w_4,x_1)=\sqrt{(0.1-0.8)^2+(0.2-0.8)^2}=0.92$

因此，第一个输入记录的获胜节点是节点 1，因为在所有的节点中，节点 1 使得评分函数 D 的结果最小，即该记录的输入向量与权重向量之间的欧式距离最小。

注意，针对第一个记录(0.8,0.8)，节点 1 为什么能够获胜。原因在于节点 1 的权重(0.9,0.8)比其他节点的权重更类似于该记录的字段值。为此，我们可以期望节点 1 对具有高收入的年老者的记录表现出更强的亲和力。换句话说，我们可以期待节点 1 能够发现高收入的年老者的簇。

- 合作。在此简单示例中，我们将邻域大小设置为 0，所以输出节点之间没有合作关系！因此，只有唯一的获胜节点(节点 1)将有调整权重的权利(后续示例中我们将忽略该步骤)。
- 适应。对于获胜节点(节点 1)，权重调整如下：

$$w_{ij,\text{new}} = w_{ij,\text{current}} + \eta(x_{ni} - w_{ij,\text{current}})$$

由于 j=1(节点 1)，n=1(第一个记录)并且学习率 η= 0.5，因此对于每个字段，公式变为 $w_{i1,\text{new}} = w_{i1,\text{current}} + 0.5(x_{1i} - w_{i1,\text{current}})$。

对于年龄：$w_{11,\text{new}} = w_{11,\text{current}} + 0.5(x_{11} - w_{11,\text{current}}) = 0.9 + 0.5(0.8 - 0.9) = 0.85$

对于收入：$w_{21,\text{new}} = w_{21,\text{current}} + 0.5(x_{12} - w_{21,\text{current}}) = 0.8 + 0.5(0.8 - 0.8) = 0.8$

注意发生的调整类型。权重是在输入记录的字段值的方向上发展。因此，作为获胜节点的年龄的权重 w_{11} 原本是 0.9，但在第一个记录的标准化值的方向上调整为 0.8。由于学习率 η= 0.5，因此将按照当前权重和字段值之间距离的一半(0.5)来调整。这一调整将有助于节点 1 更熟练地捕捉到高收入的年老者的记录。

接下来，对于第二个输入向量 x_2=(0.8,0.1)，我们有以下步骤：

- 竞争。

节点1：$D(w_1,x_2) = \sqrt{(0.85-0.8)^2 + (0.8-0.1)^2} = 0.78$

节点2：$D(w_2,x_2) = \sqrt{(0.9-0.8)^2 + (0.2-0.1)^2} = 0.14$

节点3：$D(w_3,x_2) = \sqrt{(0.1-0.8)^2 + (0.8-0.1)^2} = 0.99$

节点4：$D(w_4,x_2) = \sqrt{(0.1-0.8)^2 + (0.2-0.1)^2} = 0.71$

获胜节点为节点 2。请注意，节点 2 赢得了第二个记录(0.8,0.1)的竞争，因为它的权重(0.9,0.2)比其他节点的权重更类似于该记录的字段值。因此，我们可以预计节点 2 对较低收入的年老者的记录更贴近。也就是说，节点 2 将代表一组具有低收入的年老者。

- 适应。对于获胜节点(节点 2)，权重调整如下：由于 j=2(节点 2)，n=2(第一个记录)并且学习率 η= 0.5，因此对于每个字段，公式变为 $w_{i2,\text{new}} = w_{i2,\text{current}} + 0.5(x_{2i} - w_{i2,\text{current}})$。

对于年龄：$w_{12,\text{new}} = w_{12,\text{current}} + 0.5(x_{21} - w_{12,\text{current}}) = 0.9 + 0.5(0.8 - 0.9) = 0.85$

对于收入：$w_{22,\text{new}} = w_{22,\text{current}} + 0.5(x_{22} - w_{22,\text{current}}) = 0.2 + 0.5(0.1 - 0.2) = 0.15$

在输入记录的字段值的方向上再次更新权重。由于当前的权重和年龄字段的值是相同的，因此权重 w_{12} 经历与 w_{11} 相同的调整。收入的权重 w_{12} 向下调整，因为第二个记录的收入水平低于目前的获胜节点的收入值。由于这一调整，节点 2 甚至会更好地捕捉到低收入的年老者的记录。

接下来，对于第三个输入向量 x_3=(0.2,0.9)，我们有以下步骤：

- 竞争。

$$节点1：D(w_1,x_3)=\sqrt{\sum_i (w_{i1}-x_{3i})^2}=\sqrt{(0.85-0.2)^2+(0.8-0.9)^2}=0.66$$

$$节点2：D(w_2,x_3)=\sqrt{(0.85-0.2)^2+(0.15-0.9)^2}=0.99$$

$$节点3：D(w_3,x_3)=\sqrt{(0.1-0.2)^2+(0.8-0.9)^2}=0.14$$

$$节点4：D(w_4,x_3)=\sqrt{(0.1-0.2)^2+(0.2-0.9)^2}=0.71$$

获胜节点是节点 3，因为它的权重(0.1,0.8)最接近第三个记录的字段值。因此，我们可以预期节点 3 代表一群具有高收入的年轻者。

- 适应。对于获胜节点(节点 3)，权重调整如下：对于每个字段，$w_{i3,\text{new}}=w_{i3,\text{current}}+0.5(x_{3i}-w_{i3,\text{current}})$。

$$对于年龄：w_{13,\text{new}}=w_{13,\text{current}}+0.5(x_{31}-w_{13,\text{current}})=0.1+0.5(0.2-0.1)=0.15$$

$$对于收入：w_{23,\text{new}}=w_{23,\text{current}}+0.5(x_{32}-w_{23,\text{current}})=0.8+0.5(0.9-0.8)=0.85$$

最后，对于第四个输入向量 x_4=(0.1,0.1)，我们有以下步骤：

- 竞争。

$$节点1：D(w_1,x_4)=\sqrt{\sum_i (w_{i1}-x_{4i})^2}=\sqrt{(0.85-0.1)^2+(0.8-0.1)^2}=1.03$$

$$节点2：D(w_2,x_4)=\sqrt{(0.85-0.1)^2+(0.15-0.1)^2}=0.75$$

$$节点3：D(w_3,x_4)=\sqrt{(0.15-0.1)^2+(0.85-0.1)^2}=0.75$$

$$节点4：D(w_4,x_4)=\sqrt{(0.1-0.1)^2+(0.2-0.1)^2}=0.1$$

获胜节点是节点 4，因为它的权重(0.1,0.2)具有到第 4 个记录的字段值的最小欧氏距离。因此，我们可能会预期节点 4 代表具有低收入的年轻者的簇。

- 适应。对于获胜节点(节点 4)，权重调整如下：对于每个字段，$w_{i4,\text{new}}=w_{i4,\text{current}}+0.5(x_{4i}-w_{i4,\text{current}})$。

$$对于年龄：w_{14,\text{new}}=w_{14,\text{current}}+0.5(x_{41}-w_{14,\text{current}})=0.1+0.5(0.1-0.1)=0.10$$

$$对于收入：w_{24,\text{new}}=w_{24,\text{current}}+0.5(x_{42}-w_{24,\text{current}})=0.2+0.5(0.1-0.2)=0.15$$

由此，假如网络不断被输入与图 20.2 所示的 4 个记录相似的数据，我们将可以看出 4 个输出节点表示 4 种不同的簇。这些簇的内容见表 20.1。

表 20.1　由 Kohonen 网络发现的 4 个簇

簇	关联的节点	描述
1	节点 1	高收入的年老者
2	节点 2	低收入的年老者
3	节点 3	高收入的年轻者
4	节点 4	低收入的年轻者

显然，在此简单的示例中通过利用 Kohonen 网络发现的簇是非常明显的。然而，该示例能够很好地描述网络在基本层次的操作方式(利用竞争性和 Kohonen 学习)。

20.4　簇有效性

为了避免虚假的结果，并保证所得到的簇反映总体情况，应当对聚类解决方案进行验证。一种常见的验证方法是将原始样例随机划分到两个不同的组，并为每个组设计一种聚类方法，然后使用下述或其他的汇总方法比较其结果。

现在，假设某个研究者有兴趣在一个特定的领域开展进一步的推理、预测或其他分析工作，并希望使用簇作为预测变量。当然，对研究人员来说，重要的是不要将感兴趣的字段用作建立簇的字段。例如，在后续的示例中，将采用客户流失数据集构建簇。我们希望将这些簇作为预测变量，帮助开展客户流失与否的分类工作。由此，要注意不要将流失字段包含到用于建立簇的变量中。

20.5　使用 Kohonen 网络进行聚类应用

接下来，我们将 Kohonen 网络算法应用到第 3 章的“流失”数据集(可从本书网站以及 http://www.sgi.com/tech/mlc/db/下载)。该数据集包含 20 个变量，涉及 3333 个客户的信息，以及指示客户是否流失(离开公司)的标记。以下变量被传递到 Kohonen 神经网络算法，使用了 IBM/SPSS 建模器。

- 标志(0/1)变量
  - 国际套餐和语音邮件套餐
- 数值变量
  - 账户长度、语音邮件消息、白天分钟数、傍晚分钟数、晚上分钟数、国际分钟数和客服呼叫次数
  - 对所有数值变量运用 Z-分数标准化后

网络的拓扑结构如图 20.3 所示，输入层的每一个节点与输出层的每个节点连接，每个连接都带有权重值(未显示)，节点按照它们在建模器结果中使用的方式标记。Kohonen 学习参数在建模器中设置如下。对于前 20 个循环(遍历数据集)，邻域大小设置为 $R = 2$，学

习率设置为线性衰减，从 $\eta = 0.3$ 开始。然后，在接下来的 150 个循环中，邻域大小被重置为 R = 1，而学习率允许从 $\eta = 0.3$ 线性衰减到 $\eta = 0$。

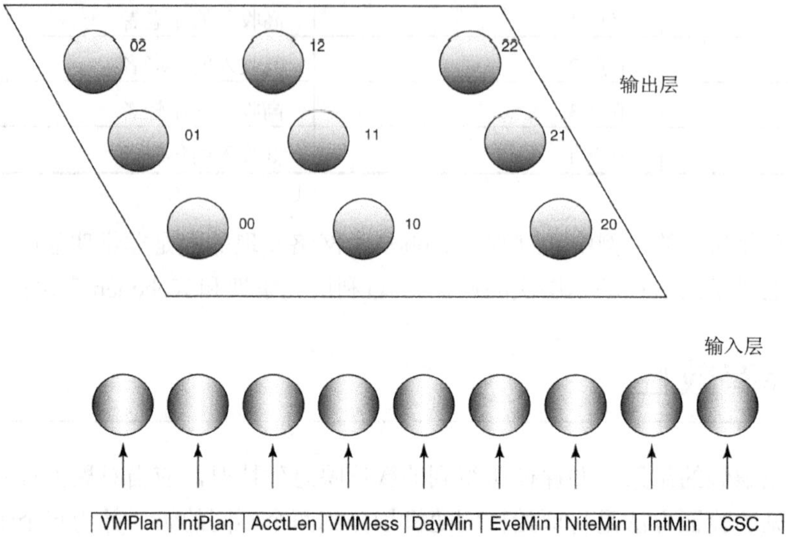

图 20.3 用于聚类流失数据集的 3×3 的 Kohonen 网络的拓扑

结果证明，Modeler Kohonen 算法只使用 9 个可用输出节点中的 6 个，如图 20.4 所示，输出节点 01、11 和 21 被剪枝(请注意，6 个簇中的每一个实际上是点图中的常量值，如(0,0)和(1,2)。引入随机冲量(x、y 轴，人工噪声)来描述簇成员关系的大小)。

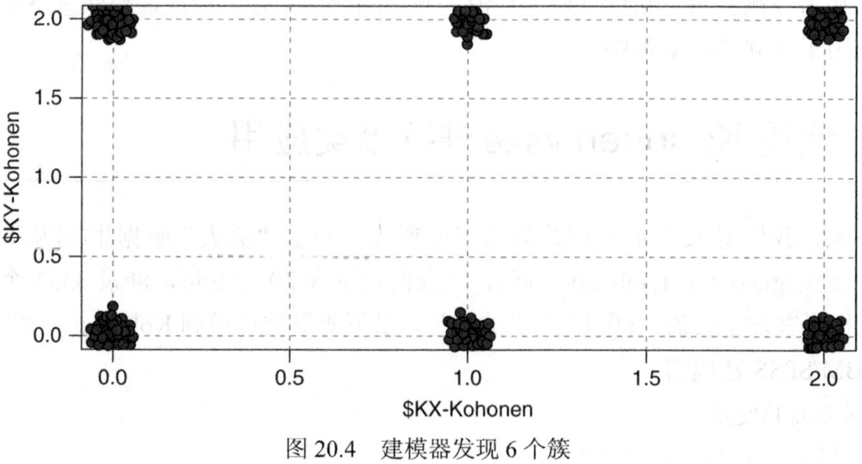

图 20.4 建模器发现 6 个簇

20.6 解释簇

我们如何解释这些簇？我们如何开发簇配置文件？考虑图 20.5，该图与图 20.4 类似，但嵌入了标识客户是否是国际套餐采用者的内容。图 20.5 显示，国际套餐采用者专属于簇 12 和 22，其他簇仅包含未采用国际套餐的客户。Kohonen 聚类算法发现了这个高质量判断维度，将数据集按照采用国际套餐和未采用国际套餐的客户进行了整齐的划分。

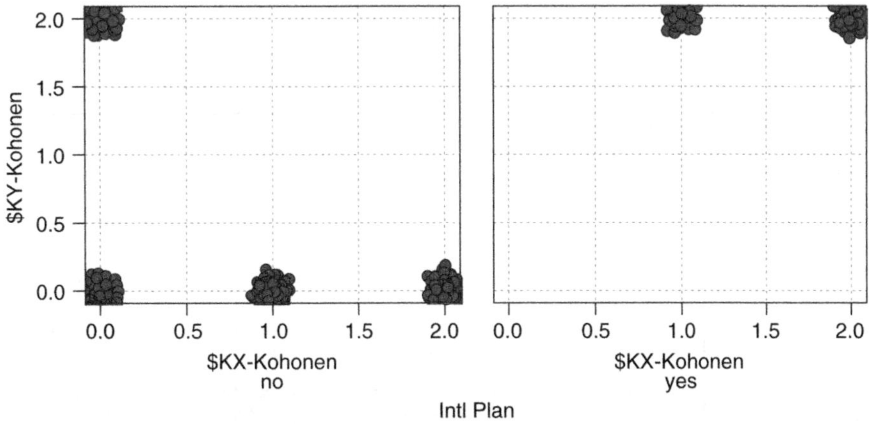

图 20.5　采用国际套餐的客户专属于簇 12 和 22

图 20.6 显示了簇成员的语音邮件套餐采用状态。底部的 3 个簇(即簇 00、簇 10 和簇 20)只包含未参与语音邮件套餐的客户。簇 02 和 12 只包含采用语音邮件套餐的客户。簇 22 主要包含未采用语音邮件套餐的客户，也包含一些采用语音邮件套餐的客户。

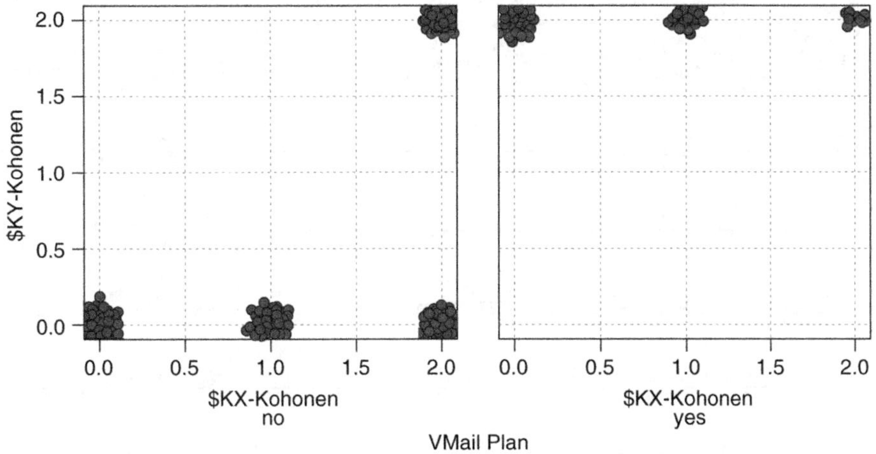

图 20.6　相似的簇相互靠近

记住，由于存在邻近参数，比较靠近的簇应该比距离远的簇更相似。注意在图 20.5 中，所有采用国际套餐的客户位于连续的(邻近)簇中，未采用国际套餐的客户的情况类似。除了簇 22 包含采用及未采用两种情况外，图 20.6 也是类似的。

我们可以发现，簇 12 代表那些已经采用国际套餐和语音邮件套餐的一个特殊客户子集。这是一个明确定义的客户子集，或许可以解释为什么尽管这部分客户只占 2.4%，但却可以在 Kohonen 网络中发现。

图 20.7 提供了所有变量的值在簇中的分布情况的相关信息，列表示簇，行表示变量。行的颜色越深，变量越重要。变量的重要性是指变量在区分簇时的有用程度。考虑 Account Length_Z，簇 00 包含趋向于长期留在公司的客户，即其账户使用时间长度处于较长的一边。

簇 20 与之不同，其客户趋向于新客户。

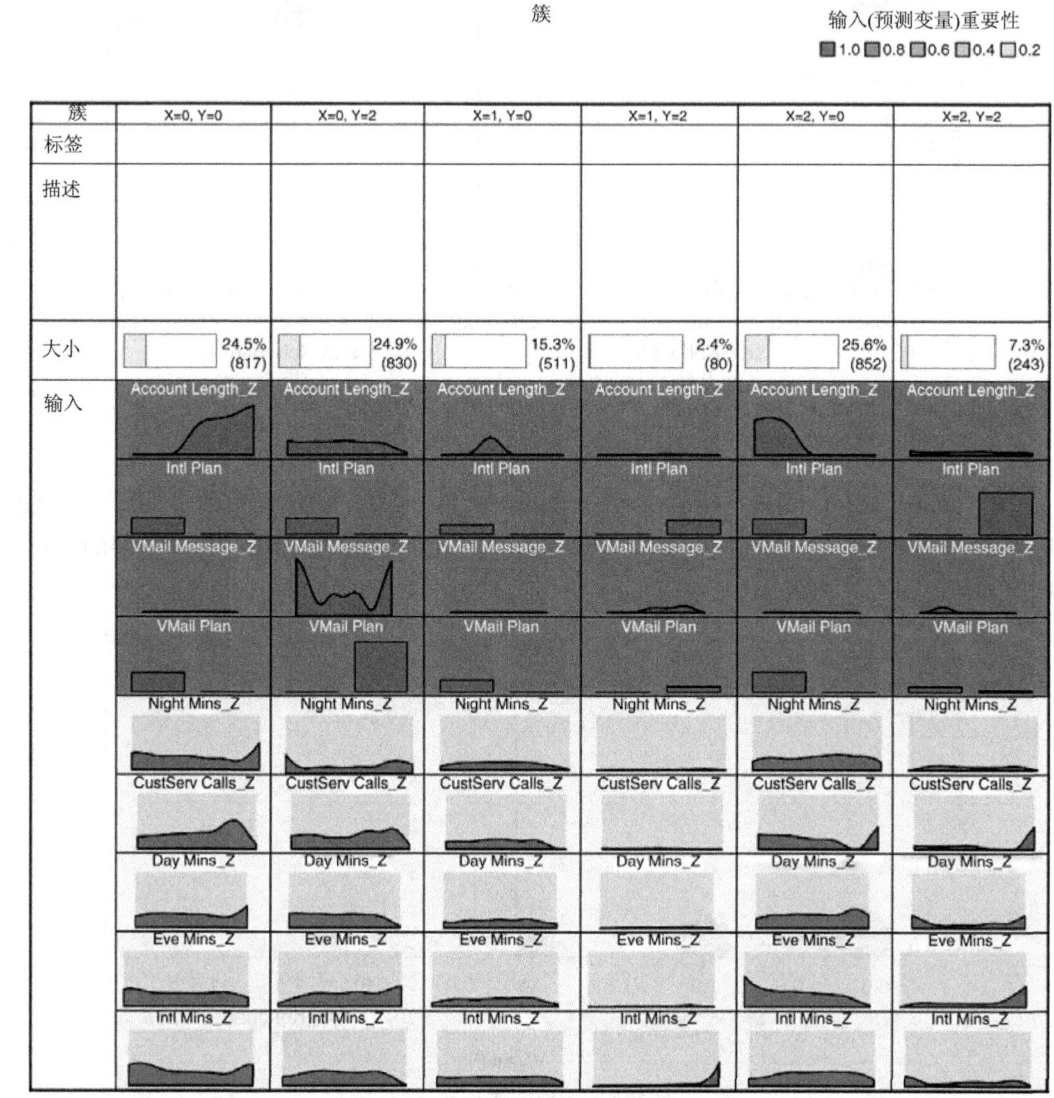

图 20.7 变量是如何在簇中分布的

对于定量变量，数据分析师应给出每个变量及每个簇的均值，并评估簇均值的差异是否是显著的。重要的是为用户提供的均值来自原始尺度(未经转换的)，而不是来自 Z 尺度或最大最小尺度，使客户能够更好地了解簇。

图 20.8 提供了这些均值以及方差分析的结果(见第 5 章)，以评估跨簇的均值差异是否是显著的。每行包含一个数值变量的信息，以及对每一行的方差分析。每一个单元格包含了簇均值、标准差、标准误差(标准差/$\sqrt{簇计数}$)和簇计数。自由度是 $df_1 = k-1 = 6-1 = 5$ 和 $df_2 = N-k = 3333-6 = 3327$。对于特定变量的方差分析，*F*-检验统计值是 *F*=MSTR/MSE，重要性统计值为 1-*p*-值，其中 *p*-值=*P*(*F*>*F*-检验统计值)。

Grouping field: $KXY-Kohonen

*Cells contain: Mean, Standard Deviation, Standard Error, Count

Field	X=0, Y=0*	X=0, Y=2*	X=1, Y=0*	X=1, Y=2*	X=2, Y=0*	X=2, Y=2*	F-Test	df	Importance
Account Length	141.508	100.722	100.683	106.962	61.707	103.119	674.616	5, 3327	1.000
	23.917	39.075	8.527	36.221	21.163	39.068			Important
	0.837	1.356	0.377	4.050	0.725	2.506			
	817	830	511	80	852	243			
VMail Message	0.000	29.229	0.000	31.662	0.000	0.827	7101.682	5, 3327	1.000
	0.000	7.542	0.000	6.240	0.000	3.670			Important
	0.000	0.262	0.000	0.698	0.000	0.235			
	817	830	511	80	852	243			
Night Mins	196.819	201.483	200.988	204.590	205.786	193.717	3.758	5, 3327	0.998
	49.504	51.374	49.476	53.412	50.421	51.803			Important
	1.732	1.783	2.189	5.972	1.727	3.323			
	817	830	511	80	852	243			
CustServ Calls	1.696	1.531	1.638	1.425	1.458	1.477	3.597	5, 3327	0.997
	1.378	1.292	1.353	1.329	1.232	1.343			Important
	0.048	0.045	0.060	0.149	0.042	0.086			
	817	830	511	80	852	243			
Day Mins	176.195	178.695	181.266	189.140	180.263	187.607	2.344	5, 3327	0.961
	54.152	53.576	53.688	51.752	54.926	58.528			Important
	1.895	1.860	2.375	5.786	1.882	3.755			
	817	830	511	80	852	243			
Eve Mins	201.320	202.366	203.940	207.570	196.409	202.741	2.196	5, 3327	0.948
	51.550	50.477	49.588	48.509	49.766	54.283			Marginal
	1.804	1.752	2.194	5.424	1.705	3.482			
	817	830	511	80	852	243			
Intl Mins	10.098	10.153	10.225	10.861	10.312	10.551	2.098	5, 3327	0.937
	2.805	2.787	2.864	2.956	2.766	2.609			Marginal
	0.098	0.097	0.127	0.330	0.095	0.167			
	817	830	511	80	852	243			

图 20.8　评估是否跨簇的均值具有显著差异

注意，图 20.7 和图 20.8 支持确定账户长度和语音邮件消息数量作为识别簇的最重要的两个数值变量。下一步，图 20.7 显示了簇 00 的账户长度大于簇 20 的账户长度。这一结果由图 20.8 所示的统计数据所支持，其中显示簇 00 的平均账户长度为 141.508 天，簇 20 的平均账户长度为 61.707 天。此外，较小的簇 12 具有最高的语音邮件消息平均数(31.662)，并且簇 02 也有比较大的平均数(29.229)。最后，注意 Kohonen 簇的近邻趋向于使相邻簇相似。如果能够找到一个平均的账户使用时间长度为 141.508 的簇位于平均长度为 61.707 的簇的右边，这将是令人惊奇的。事实上，这种情况并未发生。

总的来说，并不是所有的簇都保证提供明显的可解释性。数据分析师应该和领域专家合作，使用 Kohonen 或其他方法探讨簇的相关性和适用性。然而，此处出现的这些簇大多数相当清晰，能自我解释。

簇配置文件

- 簇 00：始终如一的非采用者。既不属于语音邮件套餐，也不属于国际套餐，属于大簇 00 的客户接受公司服务的时间最长，其平均账户使用时间最长，这可能与其客户服务呼叫数量最大的特性相关。该簇表现为具有最低的平均使用时间，包括白天使用时间、国际电话时间，以及次低的傍晚和晚上使用时间。

- 簇 02：语音邮件用户。这个大簇包含采用语音邮件套餐的成员，因此具有高的语音邮件消息平均数，其成员均未参与国际套餐。除此以外，该簇的其他变量趋向于位于中间水平。
- 簇 10：一般客户。该簇属于中小型簇，客户既不属于语音邮件套餐，也不属于国际套餐。除了客户服务呼叫平均次数处于第二位以外，其他变量处于平均值范围。
- 簇 12：强力客户。该簇为最小的簇，包含属于语音邮件套餐和国际套餐的客户。其客户在 3 个类别的使用时长方面都处于前列，并在其他分类中位于第二位。其客户服务呼叫平均次数最少。公司应保持对该簇的密切关注，因为该簇代表了具有高收益的群体。
- 簇 20：属于非采用者的新用户。簇 00 中的客户代表公司的最新客户，不属于任何语音邮件套餐和国际套餐。平均而言，具有最短的平均账户长度。但这些客户具有晚上通话平均时长最高的特征。
- 簇 22：国际套餐用户。簇 22 为小簇，成员参与国际套餐，其中少数客户参与了语音邮件套餐。客户服务呼叫数量次低，这可能意味着他们需要帮助的情况最少。除了最低的晚上平均使用时长外，该簇的其他变量趋于平均值。

簇配置文件可能对企业和研究人员带来实际的利益。他们可以在一个预算缩减的时代提出市场细分策略。例如，也许只有将能够带来最大利益的客户作为邮寄对象，而不是针对整个客户群实施大规模邮寄。另一种策略是确定由于其离去会给公司造成巨大损失的客户，如簇 12 中的客户。最后，可以根据客户簇的行为识别流失情况，提出干预措施，以便能够尽量保持客户的忠诚度。

然而，假设我们想应用这些簇，帮助我们开展客户流失分类任务。我们可以比较流失客户在各簇中的比例，如图 20.9 所示。从图中我们可以看出，簇 12(强力客户)和簇 22(国际套餐客户)的客户离开公司的风险最大，这可以通过其较高的总流失比例看出。簇 02(语音邮件套餐用户)的流失率最低。这家公司应该认真审视一下自己的国际套餐，看看客户为什么不满意。同时，公司应该鼓励更多的客户参与其语音邮件套餐，使客户离开公司变得不那么方便。这些结果和建议反映出我们在第 3 章得到的研究结果，第 3 章我们初步研究了流失与各个字段之间的关系。还要注意的是，簇 12 和簇 22 是邻近的簇；尽管客户流失并不是簇结构的输入字段，但易于流失的客户类型之间与不易流失的客户类型之间相比具有更多的相似性。

		Churn	
$KXY-Kohonen		False.	True.
X=0, Y=0	Count	692	125
	Row %	84.700	15.300
X=0, Y=2	Count	786	44
	Row %	94.699	5.301
X=1, Y=0	Count	440	71
	Row %	86.106	13.894
X=1, Y=2	Count	49	31
	Row %	61.250	38.750
X=2, Y=0	Count	746	106
	Row %	87.559	12.441
X=2, Y=2	Count	137	106
	Row %	56.379	43.621

图 20.9　簇中流失客户的比例

20.7　将簇成员关系作为下游数据挖掘模型的输入

簇成员关系可被用于丰富数据集及提高模型的有效性。事实上，随着数据仓库的不断增长，包含的字段也在不断增加，聚类逐渐成为一种常见的降维方法。

我们将描述如何使用上述发现的客户流失数据集和簇将簇成员关系作为下游数据挖掘模型的输入。现在，每个记录已经由 Kohonen 网络算法分配到与之相关的簇中。我们在分类流失情况时，通过将簇成员关系字段加入到输入字段中来丰富我们的数据集。运行分类和回归树(CART)决策树模型，客户分类为流失客户和非流失客户。由此产生的决策树输出显示在图 20.10 中。

```
Day Mins_Z <= 1.573 [Mode: False.] (2,217)
  CustServ Calls_Z <= 1.473 [Mode: False.] (2,049)
    Intl Plan in ["no"] [Mode: False.] (1,866)
      Day Mins_Z <= 0.772 [Mode: False.] ⇨ False. (1,561; 0.974)
      Day Mins_Z > 0.772 [Mode: False.] (305)
        Eve Mins_Z <= 1.298 [Mode: False.] ⇨ False. (274; 0.898)
        Eve Mins_Z > 1.298 [Mode: True.] ⇨ True. (31; 0.742)
    Intl Plan in ["yes"] [Mode: False.] (183)
      Intl Mins_Z <= 1.007 [Mode: False.] ⇨ False. (151; 0.775)
      Intl Mins_Z > 1.007 [Mode: True.] ⇨ True. (32; 1.0)
  CustServ Calls_Z > 1.473 [Mode: False.] (168)
    Day Mins_Z <= -0.359 [Mode: True.] ⇨ True. (71; 0.859)
    Day Mins_Z > -0.359 [Mode: False.] ⇨ False. (97; 0.784)
Day Mins_Z > 1.573 [Mode: True.] (142)
  $KXY-Kohonen in ["X=0, Y=2"] [Mode: False.] ⇨ False. (31; 1.0)
  $KXY-Kohonen in ["X=0, Y=0" "X=1, Y=0" "X=1, Y=2" "X=2, Y=0" "X=2, Y=2"] [Mode: True.] ⇨ True. (111; 0.766)
```

图 20.10　通过增加簇成员关系以丰富数据集的 CART 决策树输出

根节点划分是判断 Day Min_Z(白天通话时长的 Z-标准化版；除非是客户的要求，否则分析人员不应改变这些值)是否大于 1.573。这代表了拥有最高的白天通话时长的 142 个用户，比平均值高 1.573 个标准差。对该组来说，二级划分通过簇完成，簇 02 从剩下的簇中分开。值得注意的是，如果白天通话分钟数高，其模式分类为真(流失客户)。在该子集中，簇 02 的成员不会流失，因为其涉及的 31 位具有高白天通话时长且属于簇 02 的客户不流失的概率为 100%。回想一下簇 02(可以作为流失行为的制动器)，它代表语音邮件用户，在所有簇中流失率最低。

R 语言开发园地

```
# 打开 kohonen 包，读入并且准备数据

library(kohonen)
churn <- read.csv(file = "C:/…/churn.txt", stringsAsFactors=TRUE)
IntPlan <- VMPlan <- Churn <- c(rep(0, length(churn$Int.l.Plan))) # 标志变量
for (i in 1:length(churn$Int.l.Plan)) {
  if (churn$Int.l.Plan[i]=="yes") IntPlan[i] = 1
  if (churn$VMail.Plan[i]=="yes") VMPlan[i] = 1
  if (churn$Churn[i] == "True") Churn[i] = 1
}
AcctLen <- (churn$Account.Length - mean(churn$Account.Length))/sd(churn$Account.Length)
VMMess <- (churn$VMail.Message - mean(churn$VMail.Message)) /
  sd(churn$VMail.Message)
DayMin <- (churn$Day.Mins - mean(churn$Day.Mins))/sd(churn$Day.Mins)
EveMin <- (churn$Eve.Mins - mean(churn$Eve.Mins))/sd(churn$Eve.Mins)
NiteMin <- (churn$Night.Mins - mean(churn$Night.Mins))/sd(churn$Night.Mins)
IntMin <- (churn$Intl.Mins - mean(churn$Intl.Mins))/sd(churn$Intl.Mins)
CSC <- (churn$CustServ.Calls -mean(churn$CustServ.Calls))/sd(churn$CustServ.Calls)
```

```
# 运行算法，得到一个 3×2 的 Kohonen 网络

# 将变量放入矩阵中，确保每行包括一条记录
dat <- t(rbind(IntPlan, VMPlan, AcctLen,
  VMMess, DayMin, EveMin, NiteMin,
  IntMin, CSC))
som.6 <- som(dat,
  grid = somgrid(3, 2),
  rlen = 170,
  alpha = c(0.3, 0.00),
  radius = 2)
```

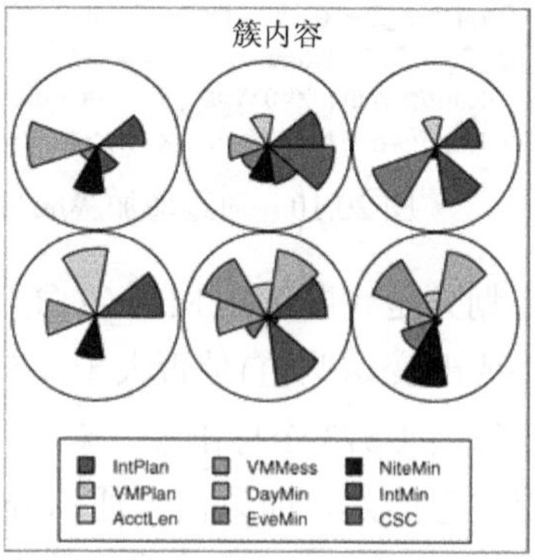

```
# 画出每个簇
plot(som.6,
  type = c("codes"),
  palette.name = rainbow,
  main = "Cluster Content")
# 画出每个簇中的计数
plot(som.6,
  type = c("counts"),
  palette.name = rainbow,
  main = "Cluster Counts")
```

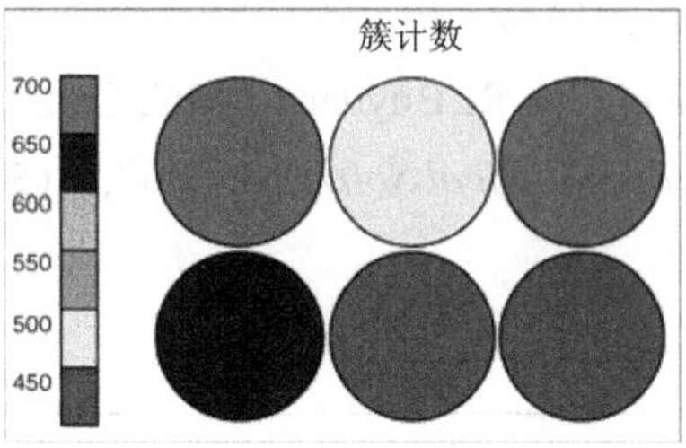

画出每个簇

```
som.6$unit.classif # 获胜簇
som.6$grid$pts # 描绘位置
coords <- matrix(0, ncol = 2, nrow = dim(dat)[1])
for(i in 1:dim(dat)[1]){
  coords[i,] <-
  som.6$grid$pts[som.6$unit.classif[i],]
}
pchVMPlan <- ifelse(dat[,2]==0 , 1, 16)
colVMPlan <- ifelse(dat[,2]==0 , 1, 2)
plot(jitter(coords), main = "Kohonen Network
  colored by VM Plan",
  col = colVMPlan,
  pch = pchVMPlan)
```

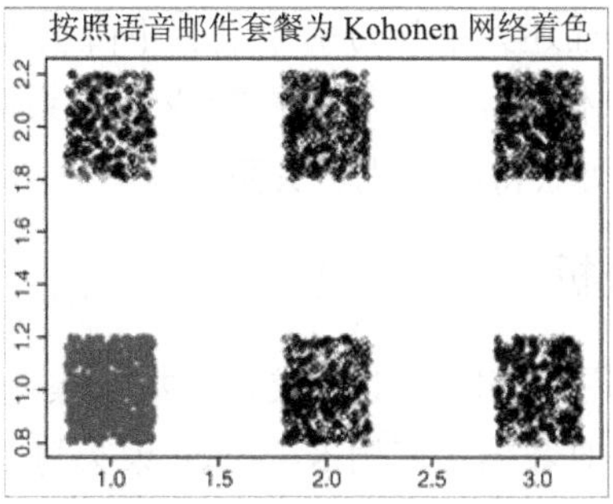

每个簇的流失情况百分比表

```
c.table <- table(Churn, som.6$unit.classif)
round(prop.table(c.table, 2)*100, 2)
```

```
Churn     1     2     3     4     5     6
    0 92.56 89.38 93.20 65.44 84.27 80.27
    1  7.44 10.62  6.80 34.56 15.73 19.73
```

R 参考文献

1. R Core Team. *R: A Language and Environment for Statistical Computing*. Vienna, Austria: R Foundation for Statistical Computing; 2012. ISBN: 3-900051-07-0, http://www.R-project.org/. Accessed 2014 Sep 30.

2. Wehrens R, Buydens LMC. Self- and super-organising paps in R: the Kohonen package *Journal of Statistical Software*, 2007;21(5).

练习

1. 描述 Kohonen 网络和第 7 章的神经网络之间的相似性，以及它们之间的区别。

2. 描述 SOMS(例如 Kohonen 网络)展示的 3 个特有过程。Kohonen 网络与其他 SOM 模型有哪些不同？

3. 使用权重和距离清楚地解释在输入确定的情况下，为什么某个输出节点将赢得竞争。

4. 对于更大的输出层，增加 R 值会有什么影响？

5. 描述如果学习率 η 没有下降会发生什么？

6. 本章展示了如何将簇成员关系应用于后续建模工作。这是否适用于层次聚类和 k-均值聚类获得的簇成员关系？

实践分析

使用本书网站上“成人”数据集进行以下练习。

7. 对数据集应用 Kohonen 聚类算法，注意不包括收入字段。使用一个不太大的拓扑结构，如 3×3。

8. 构建簇成员关系的散点图(用 x、y 轴)，收入有重叠。对得到的结果进行讨论。

9. 构建簇成员关系的条形图，收入有重叠，对结果开展讨论。与散点图作比较。

10. 构建簇成员关系的条形图，婚姻状态有重叠，对结果开展讨论。

11. 若你的软件能够提供此类支持的话，则构建收入、婚姻状态以及其他分类变量的 Web 图。精细调整 Web 图，使其能够更好地表达信息。

12. 为簇建立数值型汇总。例如，为簇建立平均汇总结果。

13. 利用上述信息以及其他你可以使用的信息，建立详细的、富含信息的簇配置文件，包括标题。

14. 使用簇成员关系作为 CART 决策树模型的输入，对收入进行分类。簇成员关系对收入的分类是否具有重要的意义？

15. 使用簇成员关系作为 C4.5 决策树模型的输入，对收入进行分类。簇成员关系对收入的分类是否具有重要的意义？与 CART 模型进行比较。

第 21 章

BIRCH 聚类

21.1 BIRCH 聚类的理论基础

BIRCH 是一种使用层次结构的平衡迭代约减和聚类方法，由 Tian Zhang、Raghu Ramakrishnan 和 Miron Livny[1]在 1996 年提出。BIRCH 特别适合于海量数据集或流媒体数据，能够通过一次扫描获得一个良好的聚类解决方案。当然，该算法可以通过增加扫描次数，获得更好的聚类效果。据作者的研究，BRICH 算法在处理大数据时，其时间复杂度和空间复杂度都比其他算法要好。

BIRCH 由两个主要阶段或步骤组成[2]，如下所示：

BIRCH 聚类算法

- 阶段 1：构建 CF 树。通过建立簇特征树(以下称为 CF 树)将数据加载至内存中。可选工作为将生成的树压缩为更小的 CF 树。
- 阶段 2：全局聚类。对 CF 树的叶子应用已有的聚类算法，精炼这些簇。

BIRCH 有时也被称为两步聚类，因为存在上述的两个阶段。以下我们将详细讨论这两个阶段。

1 Tian Zhang, Raghu Ramakrishnan, and Miron Livny, BIRCH: an efficient data clustering method for very large databases. In *Proceedings of 1996 ACM-SIGMOD International Conference on Managementof Data*, pp. 103 – 114, Montreal, Quebec, Canada, June 1996, ACM Press.

2 我们将作者的可选阶段融入他们各自的必需阶段。

21.2 簇特征

通过巧妙地使用一个汇总统计的小型集合来表示大型的数据点集，BIRCH 聚类实现了其高效性。出于聚类的目的，这些汇总统计构成一个 CF，表示对实际数据的一个充分的替代物。在 Zhang 等人的原始文件中，建议用以下汇总统计构成 CF：

簇特征

一个 CF 包含 3 个汇总统计数据，用于表示单一簇中的数据点集。这些统计如下所示：

- 计数。簇中的数据值有多少。
- 线性求和。对单个坐标求和。这是对簇位置的度量方法。
- 平方求和。坐标的平方和。这是对簇范围的度量方法。

请注意，线性总和及平方和相当于数据点的均值和方差。

例如，考虑图 21.1 中的簇 1 和簇 2。簇 1 包含数据值(1,1)、(2,1)和(1,2)，而簇 2 包含数据值(3,2)、(4,1)和(4,2)。CF_1 表示簇 1 对应的 CF，其构成如下：

$$CF_1=\{3,(1+2+1,1+1+2),(1^2+2^2+1^2,1^2+1^2+2^2)\}=\{3,(4,4),(6,6)\}$$

簇 2 对应的 CF 为

$$CF_2=\{3,(3+4+4,2+1+2),(3^2+4^2+4^2,2^2+1^2+2^2)\}=\{3,(11,5),(41,9)\}$$

CF_1 和 CF_2 代表簇 1 和簇 2 中的数据。

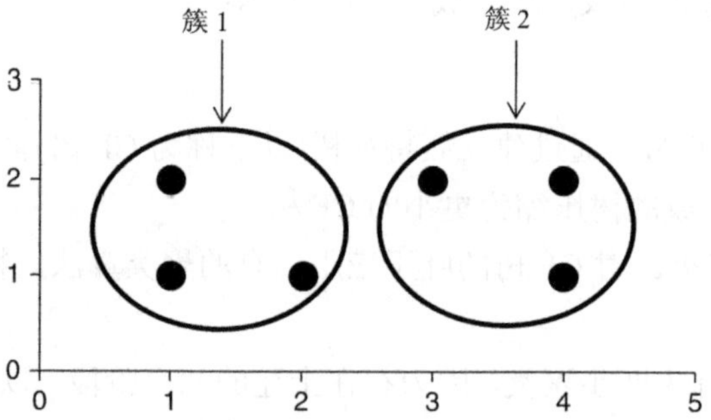

图 21.1 簇 1 和簇 2

BIRCH 算法的机制之一要求基于一定条件合并簇。叠加定理指出，通过在其各自的 CF 树中增加项可简单地将两个簇的 CF 合并。因此，如果需要合并簇 1 和簇 2，则其合并后的 CF 如下：

$$CF_{12}=\{3+3,(4+11,4+5),(6+41,6+9)\}=\{6,(15,9),(47,15)\}$$

21.3　簇特征树

CF 树是由 CF 组成的树型结构。CF 树表示数据的压缩形式，该压缩结构保留了数据中的聚类结构。CF 树具有以下参数：

簇特征树的参数

- 分支因子 B。B 的大小可用于确定非叶子节点允许拥有的最大子节点数。
- 阈值 T。T 是叶子节点中簇半径的上限。
- 叶节点 L 中的条目数。

图 21.2 显示了一个 CF 树的一般结构。

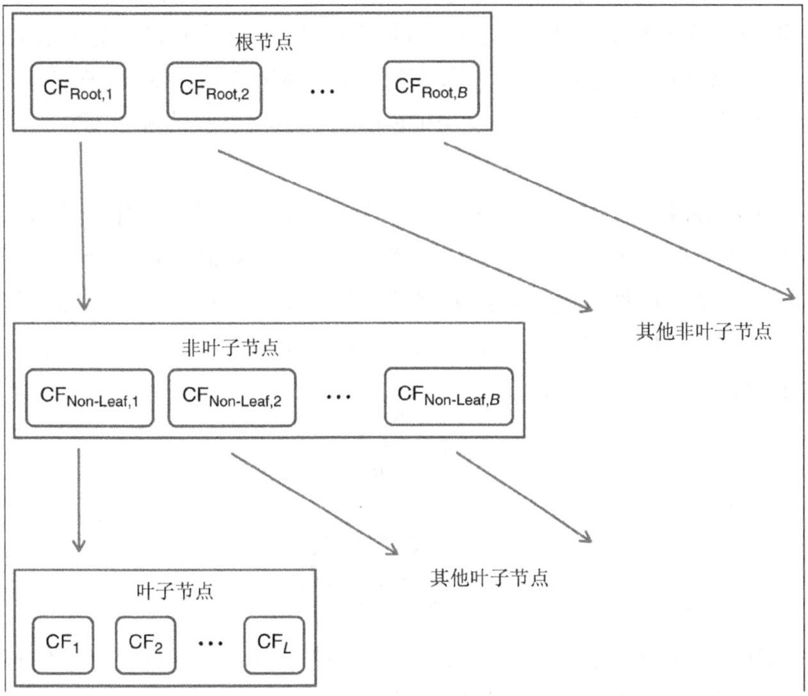

图 21.2　CF 树的一般结构，带有分支因子 B 以及每个叶子节点中的 L 个叶子

对于根节点或非叶子节点中的 CF 条目，CF 条目等于该条目所有子节点的 CF 条目之和。叶子节点 CF 简称为叶子。

21.4　阶段 1：构建 CF 树

BIRCH 算法的阶段 1 包括 CF 树的构建。采用的是序列聚类方法，算法一次扫描一个记录，并决定是否应当将给定的记录分配给已经存在的某个簇或构造一个新的簇。CF 树的构建过程包括以下 4 个步骤：

CF 树的构建过程

(1) 对于每一个给定的记录，BIRCH 比较该记录与根节点中每个 CF 的位置信息，要么使用 CF 的线性汇总值，要么采用 CF 的均值。BIRCH 将待分配的记录放入与待分配记录最接近的根节点 CF 中。

(2) 然后记录下降到在步骤(1)中选择的根节点的非叶子节点。BIRCH 比较记录与各非叶子节点的位置关系。将记录传递给与其最近的非叶子 CF 节点。

(3) 然后记录下降到步骤(2)选择的非叶子节点的叶子子节点。BIRCH 比较每个叶子的位置与记录的位置。BIRCH 初步将待分配记录分配到与其最近的叶子节点上。

(4) 执行 a 或者 b：

a. 如果包含新记录的被选择叶子的半径(下面定义)未超过阈值 T，那么该记录就被分配给该叶子。根据新数据点的情况，叶子及其所有的父节点 CF 都被更新。

b. 如果包含新记录的叶子的半径超过阈值，则产生一个新叶子节点，该叶子节点仅包含新记录。其涉及的父类 CF 根据新数据点的情况更新。

现在，如果步骤(4)的(b)被执行，并且叶子节点取最大值 L，则叶子节点将会被分裂为两个叶子节点。最远叶子节点 CF 作为叶子节点的种子，其他 CF 被分配到任何与之更近的叶子节点。若父节点已被填满，则拆分父节点等。下面的例子说明了这个过程。

每一个叶子节点 CF 可被看成一个子簇。在聚类步骤中，这些子簇将合并为新的簇。对于一个给定的簇，令簇质心为：

$$\overline{x} = \frac{\sum x_i}{n}$$

则簇的半径为：

$$R = \sqrt{\frac{\sum\left(x_i - \overline{x}\right)^2}{n}}$$

请注意，即使不知道数据点，也可以计算出簇的半径，只要我们有计数 n、线性和 LS 以及平方和 SS。这使得 BIRCH 可评估给定的数据点是否属于一个特定的子簇，而无须扫描原始数据集。平方和的推导如下：

$$\begin{aligned}
&\sum\left(x_i - \overline{x}\right)^2 \\
&= \sum\left(x_i^2 - 2\overline{x}x_i + \overline{x}^2\right) \\
&= \sum x_i^2 - 2\overline{x}\sum x_i + n\overline{x}^2 \\
&= \sum x_i^2 - \frac{\left(\sum x_i\right)^2}{n} \\
&= \mathrm{SS} - \frac{(\mathrm{LS})^2}{n}
\end{aligned}$$

那么

$$R = \sqrt{\frac{\mathrm{SS} - (\mathrm{LS})^2 / n}{n}}$$

当 CF 树生长过大时，即当 B 或 L 超过限制时，阈值 T 允许 CF 树改变大小。在此情况下，T 可被增加，使更多的记录被分配到 CF 中，从而减少 CF 树的总体规模，并允许更多的记录被输入。

21.5 阶段 2：聚类子簇

CF 树一旦被构建，任意现有的聚类算法可能被应用于子簇(CF 叶子节点)，将这些子簇合并为簇。例如，在提出 BIRCH 聚类方法的原始文章中，作者在聚类步骤中采用了类似 IBM/SPSS 建模器中的聚合层次聚类[3]方法。由于和数据记录相比，子簇的数量更少，因此该任务使聚类算法中的聚类步骤变得更加容易。

正如前面所提到的，BIRCH 聚类通过使用较小汇总统计的集合代表较大数据点的集合来实现其高效性。当添加新的数据值时，这些汇总统计可以被很容易地更新。正因为如此，CF 树比原始数据集小得多，从而允许更高效的计算。

BIRCH 聚类的一个不利影响如下。由于 CF 树中固有的树结构，聚类解决方案可能依赖于数据记录的输入顺序。为了避免这种情况，数据分析师可能希望将 BIRCH 聚类应用到采用不同随机排序产生的数据上，以发现结果中的一致性。

然而，BIRCH 聚类的一个优点是，分析师不需要选择最优 k 值(簇的数量)，这和其他一些聚类方法一样。相反，BIRCH 聚类解决方案中簇的数量是树构建过程的输出结果(在后面章节中可以看到更多关于 BIRCH 中簇个数的选择方法)。

21.6 BIRCH 聚类示例之阶段 1：构建 CF 树

让我们详细检查一下 BIRCH 聚类算法的操作，将它应用于以下一维数据集[4]。

$$x_1 = 0.5 \quad x_2 = 0.25 \quad x_3 = 0 \quad x_4 = 0.65 \quad x_5 = 1 \quad x_6 = 1.4 \quad x_7 = 1.1$$

让我们定义 CF 树参数如下：

- 阈值 T=0.15；没有叶子节点的半径会超过 0.15。
- 叶子节点 L=2 中的条目数。
- 分支因子 B=2；每个非叶子节点的子节点的最大数目。

3 参见本书第 19 章。

4 感谢 James Cunningham 对于该例子的有价值的讨论。

第一个数据值 x_1=0.5 被输入。使用第一个数据值的 CF 值对根节点进行初始化。新的叶子“叶子 1”被创建，BIRCH 将第一个记录 x_1 分配给叶子。因为它仅包含一个记录，所以叶子 1 的半径为零，因此小于 T=0.15。输入一个记录后的 CF 树如图 21.3 所示。

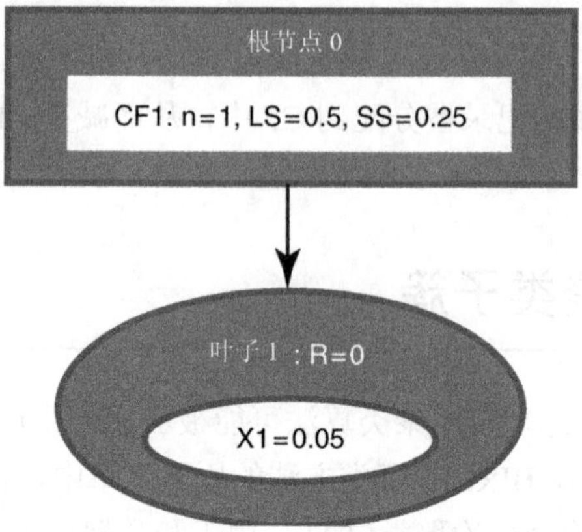

图 21.3 输入第一个数据值后的 CF 树

第 2 个数据值 x_2=0.25 被输入。BIRCH 暂时将 x_2=0.25 传递给叶子 1。此时叶子 1 的半径 R=0.126(小于 T=0.15)，因此 x_2 被分配给叶子 1。然后，CF_1 的汇总统计信息被更新，如图 21.4 所示。

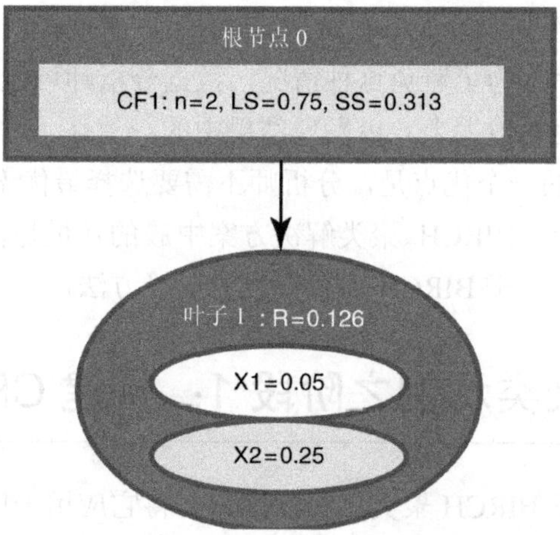

图 21.4 第 2 个数据值被输入：汇总统计信息被更新

第 3 个数据值 x_3=0 被输入。BIRCH 暂时将 $x_3 = 0$ 传递给叶子 1。然而，此时叶子 1 的半径增长到 R=0.205(大于 T=0.15)。由于大于阈值 T=0.15，因此 x_3 不能被分配给叶子 1。相反，一个新的叶子被初始化，称为叶子 2，仅包含 x_3。CF_1 和 CF_2 的汇总统计信息如图 21.5 所示。

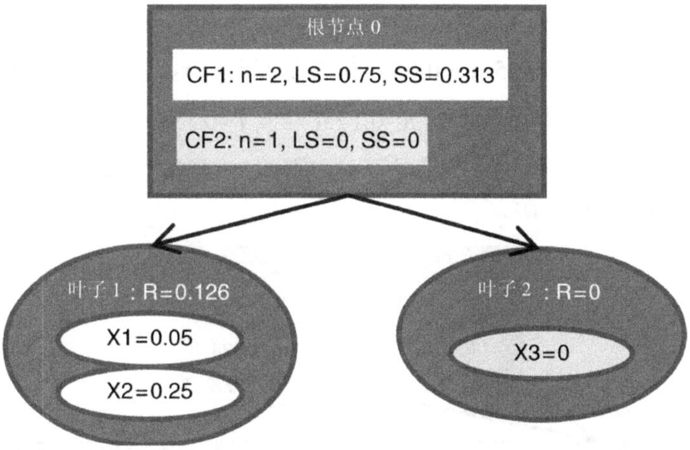

图 21.5　第 3 个数据值被输入：一个新的叶子被初始化

第 4 个数据值$x_4 = 0.65$被输入。BIRCH 比较x_4与 CF_1和 CF_2的位置信息。此位置信息通过$\overline{x} = LS/n$进行度量。得到$\overline{x}_{CF_1} = 0.75/2 = 0.375$，$\overline{x}_{CF_2} = 0/1 = 0$。这样，相对于 CF_2数据点，$x_4 = 0.65$更接近于 CF_1。BIRTH 暂时将x_4传递给 CF_1。此时 CF_1 的半径增加到$R = 0.166$ (大于 T=0.15)。由于大于阈值 T=0.15，因此x_4不被分配到 CF_1。相反，我们将初始化一个新的叶子节点。然而，$L = 2$意味着在一个叶子节点中不能有 3 个叶子。因此，我们必须把根节点拆分为①节点 1，包含叶子 1 和叶子 2 和②节点 2，仅包含叶子 3 且仅包含x_4，如图 21.6 所示。所有叶子和节点的汇总统计信息被更新，如图 21.6 所示。注意，父节点 CF 的汇总统计信息等于它们子节点 CF 的总和。

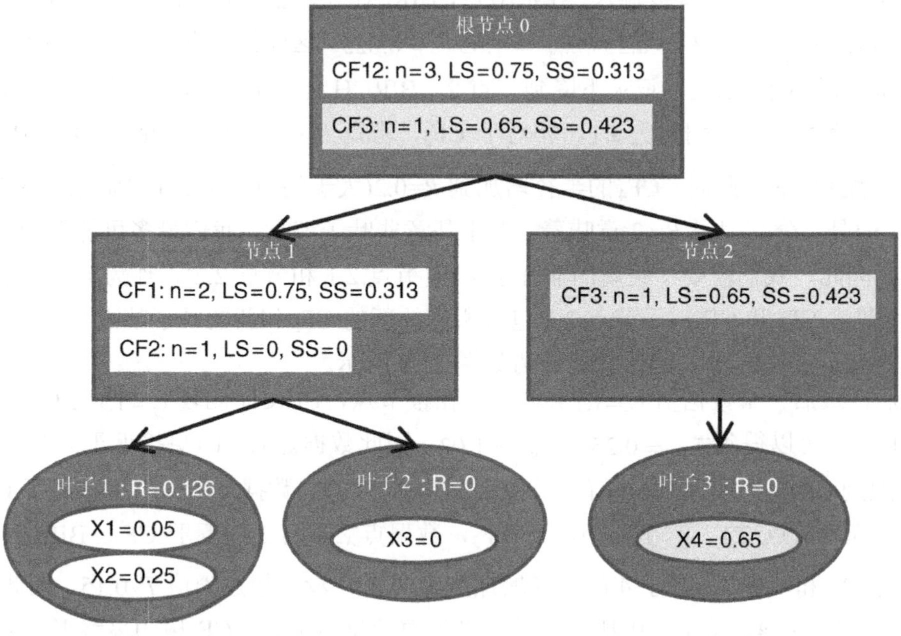

图 21.6　第 4 个数据值被输入。叶子上限 L=2 被超越，需要创建新节点

第 5 个数据值 x_5=1 被输入。BIRCH 比较 $x_5=1$ 与 CF_{12} 和 CF_3 的位置信息。可以得到 $\overline{x}_{CF_{12}}=0.75/3=0.25$，$\overline{x}_{CF_4}=0.65/1=0.65$。相对于 CF_{12}，x_5=1 更接近于 CF_3。BIRCH 将 x_5 分配到 CF_3。此时，CF_3 的半径增加到 R=0.175(大于 T=0.15)，因此 x_5 不能被分配到 CF_3。相反，叶子节点“叶子 4”中的一个新叶子被初始化，带有 CF_4，仅包含 x_5。CF_{34} 的汇总统计信息被更新，如图 21.7 所示。

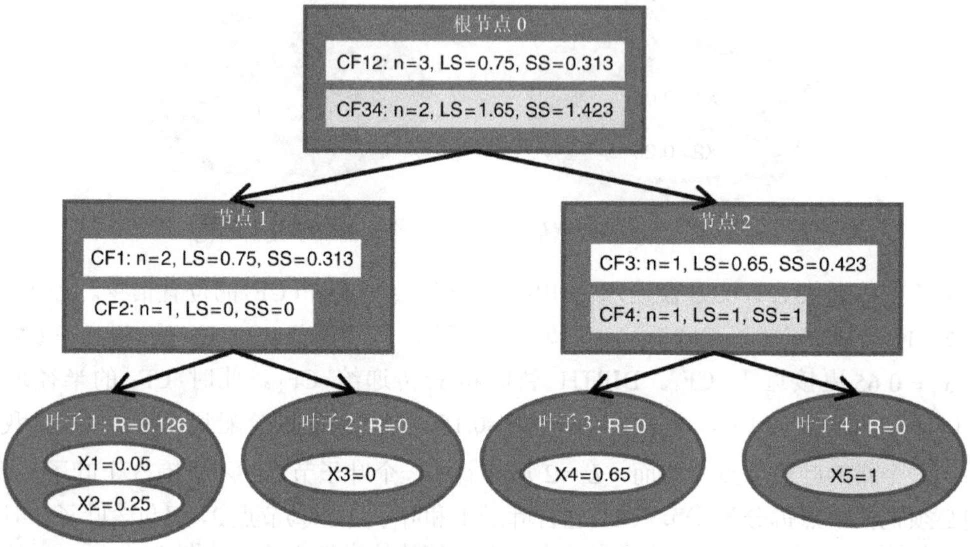

图 21.7 第 5 个数据值被输入。另一个新叶子被初始化

第 6 个数据值 $x_6=1.4$ 被输入。在根节点，BIRCH 比较 $x_6=1.4$ 与 CF_{12} 和 CF_{34} 的位置信息。可以得到 $\overline{x}_{CF_{12}}=0.75/3=0.25$，$\overline{x}_{CF_{34}}=1.65/2=0.825$。这样数据点 $x_6=1.4$ 更接近于 CF_{34}。BIRCH 将 x_6 分配到 CF_{34}。记录下降到节点 2，BIRCH 比较 $x_6=1.4$ 与 CF_3 和 CF_4 的位置信息。可以得到 $\overline{x}_{CF_3}=0.65$ 和 $\overline{x}_{CF_4}=1$。相对于 CF_3，数据点 $x_6=1.4$ 更接近于 CF_4。BIRCH 暂时将 x_6 分配到 CF_4。此时，CF_4 的半径增加到 R=0.2(大于阈值 T=0.15)，因此 x_6 不能被分配到 CF_4。但是，分支因子 B= 2 意味着，对于任意非叶子节点，我们最多可能有两个叶子节点分支。因此，我们需要一组新的非叶子节点(节点 2.1 和节点 2.2)，作为节点 2 的分支。节点 2.1 包含 CF_3 和 CF_4，而节点 2.2 包含所需的新的 CF_5 和新的叶子节点“叶子 5”作为其唯一的孩子，仅包含 x_6 的信息。该树如图 21.8 所示。

然后，最后一个数据值 $x_7=1.1$ 被输入。在根节点，BIRCH 比较 $x_7=1.1$ 与 CF_{12} 和 CF_{345} 的位置信息。可以得到 $\overline{x}_{CF_{12}}=0.25$，$\overline{x}_{CF_{345}}=1.02$。因此数据点 $x_7=1.1$ 更接近于 CF_{345}。BIRCH 将 x_7 分配到 CF_{345}。然后记录被降到节点 2。相对于 CF_5，数据点 $x_7=1.1$ 更接近于 CF_{34}。然后记录被降到节点 2.1。这里，相对于 CF_3，数据点 $x_7=1.1$ 更接近于 CF_4。BIRCH 暂时将 x_7 分配到 CF_4 和叶子 4。叶子 4 的半径增加到 R=0.05，没有超过阈值 T=0.15，因此 BIRCH 将 x_7 分配到叶子 4。父节点中所有的数值型汇总信息被更新。CF 树的最终形式如图 21.9 所示。

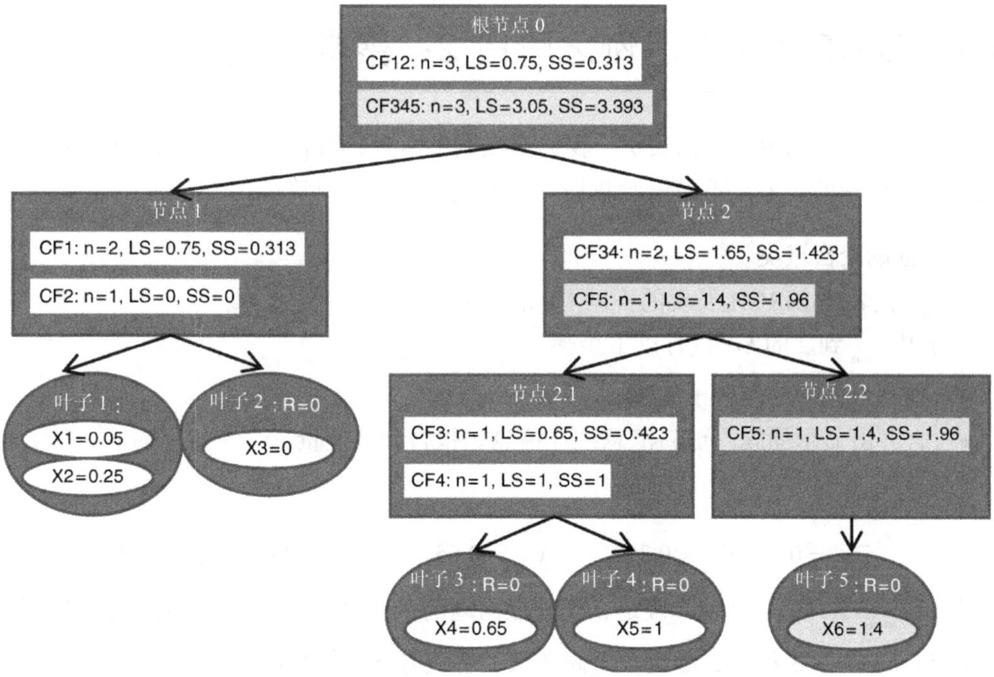

图 21.8　第 6 个数据值被输入：需要一个新的叶子节点，同时需要一个新的非叶子节点和根节点

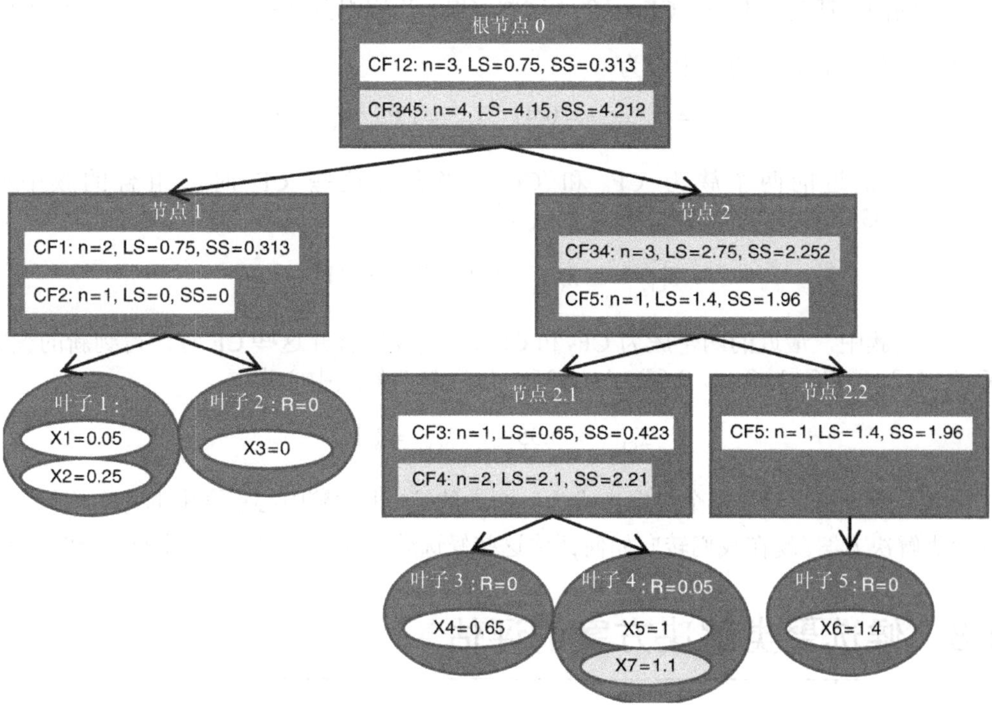

图 21.9　第 7 个(最后一个)数据值被输入：CF 树的最终形式

21.7 BIRCH 聚类示例之阶段 2：聚类子簇

阶段 2 经常采用聚合层次聚类，我们将在这里演示。CF_1、CF_2、CF_3、CF_4和 CF_5为聚合聚类将要处理的对象，不是原始数据。我们使用以下简单算法：

簇特征的聚合聚类

令 k_{max} 代表由 BIRCH 发现的不同 CF 的总数。

对于从 k_{max} 到 2 的 k，执行以下步骤：

- 找到最接近的两个子簇中心。
- 合并所显示的簇。更新汇总统计信息。报告评估度量。

簇中心如下：

$$\overline{x}_{CF_2}=0 \qquad \overline{x}_{CF_1}=0.375 \qquad \overline{x}_{CF_3}=0.65 \qquad \overline{x}_{CF_4}=1.05 \qquad \overline{x}_{CF_5}=1.4$$

由 k=k_{max}=5 开始。此时，假定 k=5 为该问题的最佳聚类解决方案。这里我们正在做的是为 k=5、k=4、k=3 和 k=2 形成一组候选聚类解决方案。然后，将基于一组评估度量来选择最佳的聚类解决方案。让我们继续讨论。

最近的两个簇为 CF_1 和 CF_3。合并这些 CF，我们得到新的簇中心 $\overline{x}_{CF_{1,3}}=(2\times 0.375+1\times 0.65)/3=0.47$。其余的簇中心为：

$$\overline{x}_{CF_2}=0 \quad \overline{x}_{CF_{1,3}}=0.47 \quad \overline{x}_{CF_4}=1.05 \quad \overline{x}_{CF_5}=1.4$$

这里，最近的两个簇为 CF_4 和 CF_5。当合并这些 CF 时，组合的簇中心为 $\overline{x}_{CF_{4,5}}=(2\times 1.05+1\times 1.4)/3=1.17$。其余的簇中心为

$$\overline{x}_{CF_2}=0 \quad \overline{x}_{CF_{1,3}}=0.47 \quad \overline{x}_{CF_{4,5}}=1.17$$

在这些簇中，最近的两个簇为 CF_2和 $CF_{1,3}$。当我们合并这些 CF 时，得到新的簇中心为 $\overline{x}_{CF_{2,1,3}}=(2\times 0.375+1\times 0+1\times 0.65)/4=0.35$。最后其余的簇中心为：

$$\overline{x}_{CF_{2,1,3}}=0.35 \qquad \overline{x}_{CF_{4,5}}=1.17$$

合并这两个簇将导致整个数据集成为一个大的簇。上述簇中心集合中的每个均代表一个候选聚类解决方案。现在我们转向如何评估这些候选簇的问题，以选择最佳的聚类解决方案。

21.8 候选聚类解决方案的评估

在第 23 章中，我们将检验衡量簇好坏的方法。这里，我们采用其中的一种方法，即伪-F 统计量

$$F=\frac{\text{MSB}}{\text{MSE}}=\frac{\text{SSB}/k-1}{\text{SSE}/N-k}$$

来选择 k 值，以便为我们的小数据集获得最佳聚类解决方案。

对于上述每个候选聚类解决方案，计算伪-F 统计量和 p-值，如表 21.1 所示。

表 21.1 伪-F 方法选择 $k = 2$ 作为首选的聚类解决方案

k 的取值	MSB	MSE	伪-F 统计量	p-值
2	**1.1433**	**0.3317**	**17.25**	**0.009**
3	0.6533	0.0408	15.52	0.013
4	0.4628	0.0289	16.02	0.024
5	0.3597	0.0181	19.84	0.049

当 $k = 2$ 时，出现最小 p-值。因此，首选的聚类方案用于以下簇中心：

$$\bar{x}_{\mathrm{CF}_{2,1,3}} = 0.35 \qquad \bar{x}_{\mathrm{CF}_{4,5}} = 1.17$$

这确实是由 IBM/SPSS Modeler 的两步(BIRCH)算法优先选取的聚类解决方案，如图 21.10 中的结果所示，但应该指出的是，Modeler 使用不同的方法来选择最好的模型。

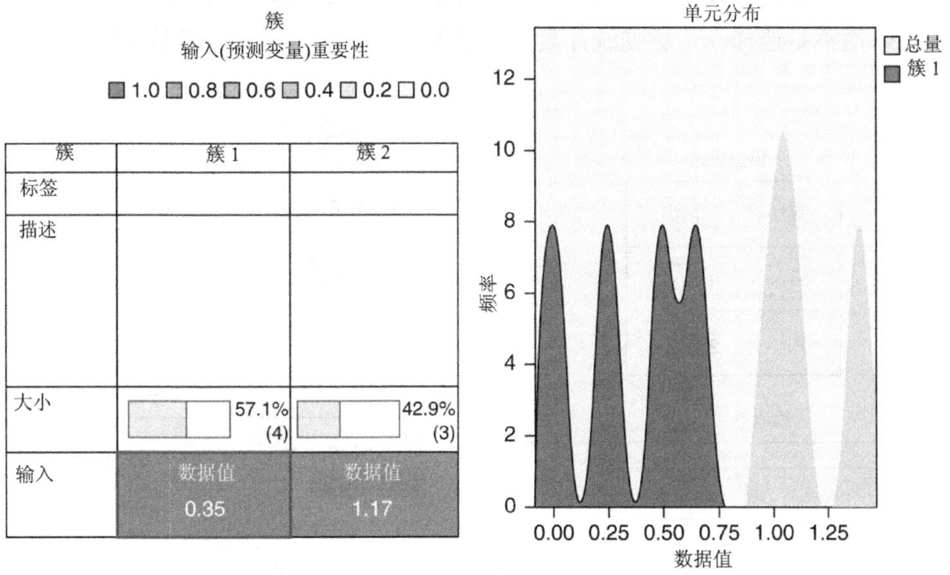

图 21.10 Modeler 的两步(BIRCH)算法选择相同的聚类解决方案

您可能想知道我们是否可以不依赖于原始数据，而仅依赖于 CF 集合中的汇总统计信息计算伪-F 统计量。答案是肯定的，并且我们将把证明留作练习。

21.9 案例研究：在银行贷款数据集上应用 BIRCH 聚类

回顾前面章节中的贷款数据集。Loans_training 数据集包含约 150 000 条记录，Loans_test 数据集包含约 50 000 条记录。任务是将贷款申请分类为批准或不批准(标志响应变量)，使用以下预测变量：债务-收入比率、FICO 得分和请求量。利息数额也包括在内，但这是一个关于请求量的数学函数，因此与预测变量完全相关。

21.9.1 案例研究第 1 课：对于任意聚类算法避免高度相关的输入

这个标题提示我们：分析师应该注意任意聚类算法的高度相关的输入。本小节仅显示了此类错误所消耗的代价。

定义两个聚类输入集合：

- 有利息的输入集合错误地将利息以及预测变量债务-收入比率、FICO 得分和请求量作为输入。
- 无利息的输入集合仅包含预测变量债务-收入比率、FICO 得分和请求量作为输入，不包含利息。

BIRCH 聚类被应用于两个输入集合[5]。有利息的聚类模型如图 21.11 所示。两个簇被识别，报告的平均轮廓(MS)值约为 0.6。无利息的聚类模型如图 21.12 所示。3 个簇被识别，报告的平均轮廓值约为 0.4。因此，轮廓值测量令我们相信，有利息的聚类解决方案更为可取。然而，正如我们在前面提到的，很多时候数据分析师可能需要选择一个符合客户需求的模型，而不是选择一个更受统计数值欢迎的模型。这里的案例就是这样。

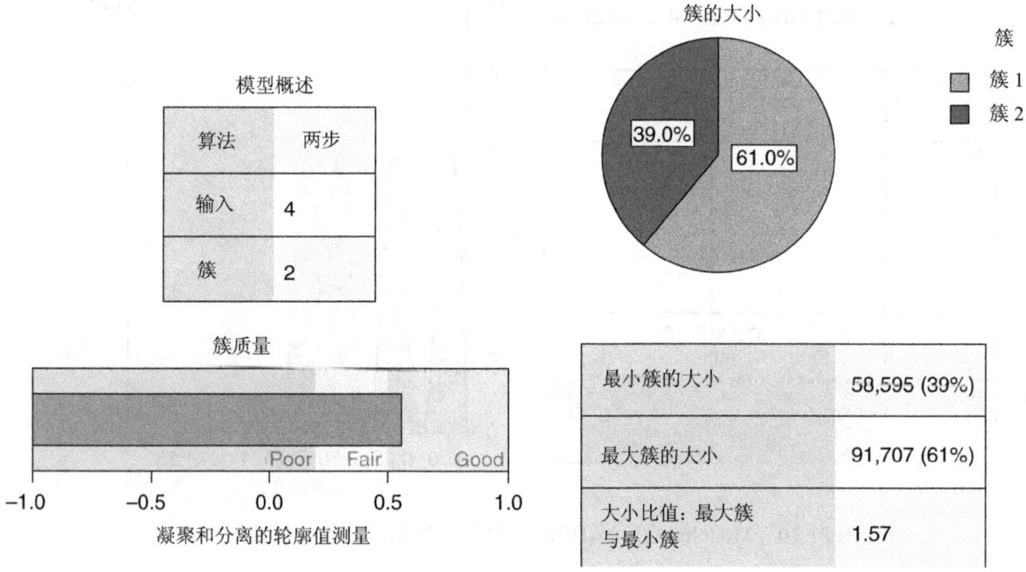

图 21.11 有利息的聚类模型识别两个簇，并具有较高的轮廓值

图 21.13 显示了预测变量如何影响簇的组成。对于有利息的模型，簇 1 包含那些具有低 FICO 得分、低请求量(因此低利息)和相对较高债务-收入比率的记录。簇 2 包含具有相反标准的记录。注意，针对利息和请求量的图本质上是相同的。由此说明，通过包含利息

5 IBM Modeler 中所选用的标准为对数似然值和 BIC。

作为输入本质上是对请求量的双倍计数，是一个关于请求量的函数。

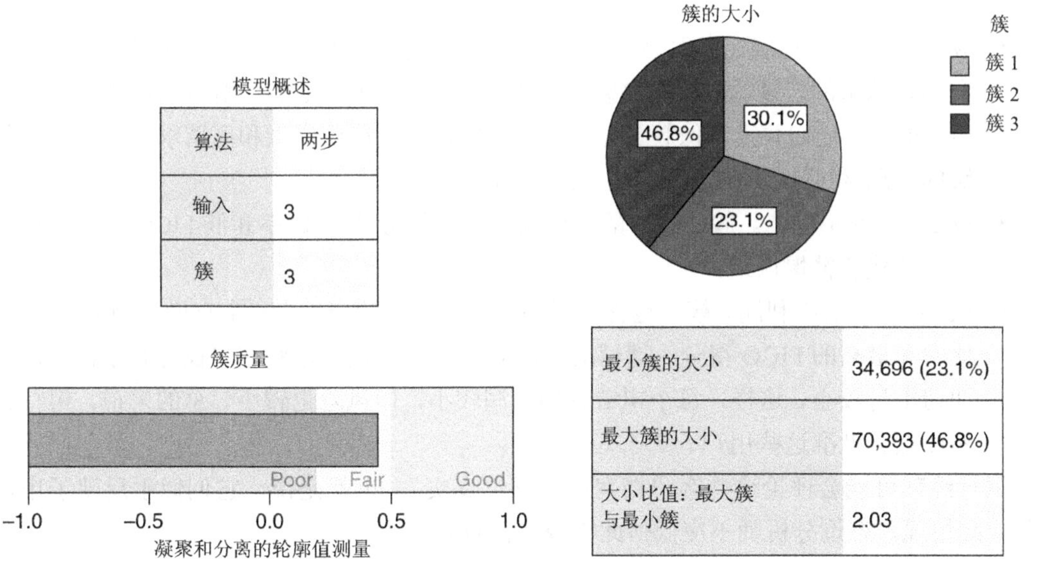

图 21.12　无利息的聚类模型识别 3 个簇

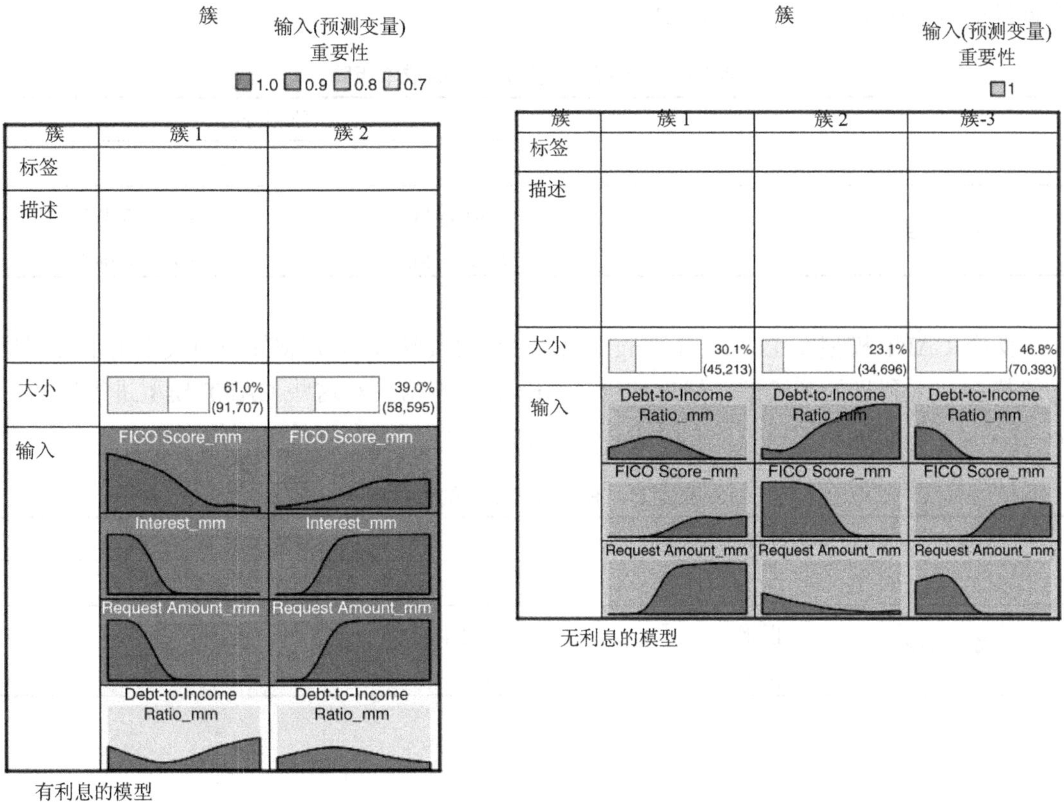

图 21.13　预测变量对簇组成的影响。有利息的模型本质上加倍了请求量的计数

然而，无利息的模型并未显示这样的双重计数。让我们简要介绍一下无利息的模型中的簇。

- 簇 1：可能具有高额利润。簇 1 包含那些具有较低债务-收入比率、较高 FICO 得分和高请求量的记录。银行通常愿意借钱给这类人，因为他们的财政状况往往相对安全。但是，他们并没有像簇 3 那样安全。最有可能偿还贷款和高请求量意味着有足够的利息(利润)，但偶尔的违约也会很高。
- 簇 2：情况不确定。簇 2 包含的申请人拥有高债务-收入比率和低 FICO 得分。银行可能被建议警惕该组。
- 簇 3：安全的小利润。簇 3 包含了经济状况最安全的申请者，带有最低的债务-收入比率和最高的 FICO 得分。遗憾的是，对于银行来说，这些客户仅寻找小额贷款，即请求量较小。这样，每个申请者的利润较小，但风险也较小。总的来说，银行自然而然会批准这些用户。

银行经理可能会评论这些客户档案说“感觉真实”，也就是说，它们似乎反映了申请者的实际情况。咨询分析师不应低估此类现实检查。

衡量簇适用性的一种方法是检验其对下游分类模型的影响。因此，接下来我们衡量仅在 CART 模型上使用簇成员关系来预测贷款审批的相对效率。在第 16 章中，我们发现这个问题的数据驱动成本矩阵如表 21.2 所示。

表 21.2 银行贷款案例研究的成本矩阵

		预测分类	
		0	1
实际分类	0	$Cost_{TN}$=\$0	$Cost_{FP}$=\$13 427
	1	$Cost_{FN}$=\$0	$Cost_{TP}$=−\$6 042

两个 CART 模型在 Loans_training 数据集上进行训练，分别将簇成员关系用于有利息的簇模型和无利息的簇模型。然后使用 Loans_test 数据集对这些 CART 模型进行评估。表 21.3 显示了有利息的模型的列联表，而表 21.4 显示了无利息的模型的列联表。

表 21.3 有利息的模型的列联表

		预测分类	
		拒绝	接受
实际分类	拒绝	15 624	9310
	接受	14 823	9941

表 21.4　无利息的模型的列联表

		预测分类	
		拒绝	接受
实际分类	拒绝	11 350	13 584
	接受	145	24 619

这些模型的模型成本如下。

- 有利息的模型：

$$(15\ 624)(\$0)+(9310)(\$13\ 427)+(14\ 823)(\$0)+(9941)(-\$6042)=\$64\ 941\ 848$$

每个客户的平均成本为 1306.73 美元。

- 无利息的模型：

$$(11\ 350)(\$0)+(13\ 584)(\$13\ 427)+(145)(\$0)+(24\ 619)(-\$6042)=\$33\ 644\ 370$$

每个客户的平均成本为 676.98 美元。

需要注意一个简单的步骤：移除聚类算法中完全相关的预测变量将会导致预估成本下降超过 3100 万美元！当然，使用相关输入的危害并不只针对 BIRCH 聚类，这一警告适用于所有的聚类算法。

21.9.2　案例研究第 2 课：不同的排序可能会导致不同的簇数目

其他聚类算法需要用户指定 k 的值，即模型中簇的数目。然而，对于 BIRCH，簇的数目是树构建过程的隐含结果。因此，用户不需要指定 k，但存在一个缺点。由于 CF 树中固有的树结构，聚类解决方案依赖于数据记录的输入顺序。所以，数据记录不同的顺序可能导致不同的 BIRCH 簇数目。此处我们将举例说明此现象。

对于 Loans_training 数据集中的大约 150 000 条记录，我们产生 8 种不同的排序。第一种排序是用于上述无利息的模型的数据的原始排序。剩下的 7 种排序如下：

- 步骤 1。生成一个排序变量，由(0,1)均匀分布中的随机点组成。
- 步骤 2。基于排序变量，将记录升序排序。
- 步骤 3。在步骤 2 中得到的记录上运行 BIRCH。

通过 8 种不同排序得到的聚类解决方案如图 21.14 所示。注意以下几点：

- 排序 1、2、8 有 k=3 个簇。
- 排序 3、4、6、7 有 k=4 个簇。
- 排序 5 有 k=6 个簇。

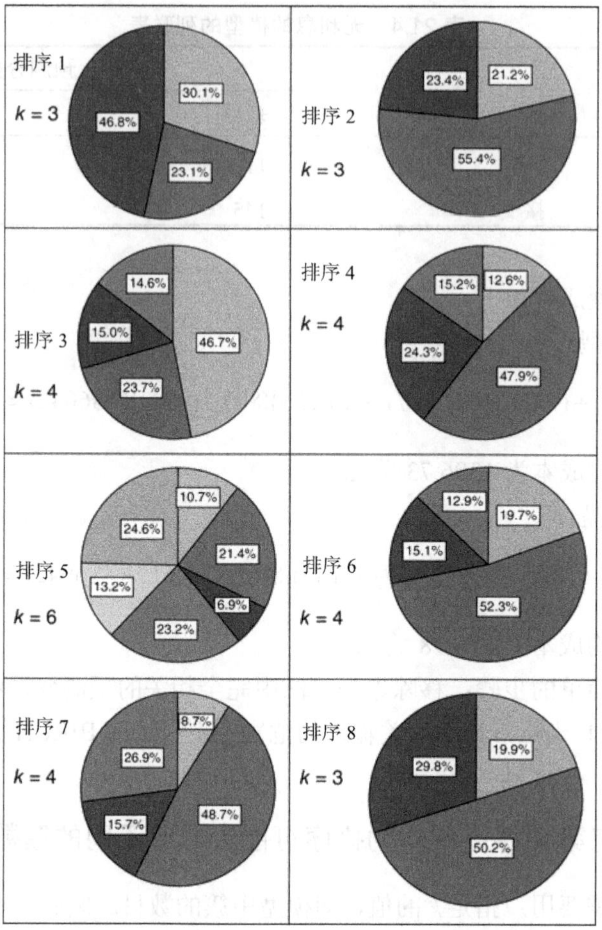

图 21.14　8 种不同排序产生的 BIRCH 簇的饼图总结。哪种排序最好

当不同的排序产生不同的 k 值时，分析师应该试图对 k 的最好取值达成共识。首先，我们将试图确定 $k = 4$，因为它在不同的排序中获得了最多的选票。例如，k=4 的模型具有最人的 MS 取值(见表 21.5)。但是，在正式揭晓之前，仔细查看这些簇模型对于预测贷款审批的性能是很有帮助的。

表 21.5　BIRCH 簇作为分类预测变量的模型概要：8 种不同的数据排序(最佳性能用粗体突出显示)

	TN	FP	FN	TP	每个客户的成本	k	MS
排序 1	11 360	13 584	145	24 619	$676.98	3	0.4
排序 2	**16 990**	**7944**	**5149**	**19 615**	**−$238.43**	**3**	**0.4**
排序 3	**19 469**	**5465**	**6943**	**17 821**	−$690.09	**4**	**0.4**
排序 4	12 444	12 490	1437	23 327	$538.48	4	0.5
排序 5	**19 451**	**5483**	**7389**	**17 375**	−$630.00	**6**	**0.4**
排序 6	13 538	11 396	380	24 384	$114.41	4	0.4
排序 7	11 987	12 947	121	24 643	$501.96	4	0.5
排序 8	9938	14 996	3	24 619	$1041.20	3	0.5

对于 8 种排序中的每个排序，我们使用训练集来构建 CART 模型，该模型仅使用簇成员关系作为预测变量。然后，我们使用测试数据集评估每个模型。有点令人惊讶的结果如表 21.5 所示(MS 为平均轮廓)。最重要的列为“每个客户的成本”列，因为这些数字影响到银行的账本底线。带来利润的 3 种排序用粗体表示。请注意，MS 值最大的 3 种排序位于成本方面性能最低的模型中。这表明，对于这一数据集的 *k* 值的选择，MS 可能不是一个非常有用的统计量。

所以，在该数据集中规避 *k* 值的选择似乎已成为共识。基于这一点分析，我们几乎超出了 *k* 值的选择问题，因为模型的盈利能力会随着给定 *k* 值的不同而有很大不同。相反，为什么不继续用由排序 3(*k*=4)和排序 5(*k*=6)(两个最有用的模型)得到的实际簇？这两种聚类解决方案都非常强大，它们仅使用簇成员关系作为预测变量就可以产生利润。如果分析师从这些簇出发，使用原始预测变量继续提高这些模型，那么他或者她将会为银行赚很多钱。

在实践中，BIRCH 通常用于“建议” *k* 的取值，所以实际的聚类可以使用一些其他方法执行，如 *k*-均值聚类。在这种情况下，分析师可能希望①报告 BIRCH“建议” *k* 为 3～6 和②使用 *k*-均值或其他一些聚类算法继续进行 *k* 的候选值的测试。

最后，始终与客户紧密沟通非常重要，特别是在目前这种情况下。客户通常清楚地了解他们所拥有的客户类型，并会经常观察存在多少个组。此外，客户可能更喜欢较小的簇数目，以方便簇结果在公司内部的传播。

R 语言开发园地

```
# 打开所需的软件包，读取数据

library(birch)
loan.test <- read.csv(file="C:/.../Loans_Test.csv",
   header = TRUE)
loan.train <- read.csv(file="C:/.../Loans_Training.csv",
   header = TRUE)
# 对于小示例使用 5000 条记录
train <- as.matrix(loan.train[1:1000,-c(1,5)])
```

```
# BIRCH 聚类

b1 <- birch(x = train, radius=1000) # 创建 BIRCH 树
# 利用 k-均值聚类子簇
kb1 <- kmeans.birch(birchObject = b1, centers = 2, nstart = 1)
```

```
# 绘制结果
par(mfrow=c(2,2))
  plot(b1[,c(2,3)],
  col = kb1$clust$sub)
plot(jitter(train[,c(1,3)], .1),
  col = kb1$clust$sub,
  pch = 16)
plot(jitter(train[,c(1,2)], .1),
  col = kb1$clust$sub,
  pch = 16)
plot(train[,c(2,3)],
  col = kb1$clust$sub,
  pch = 16)
```

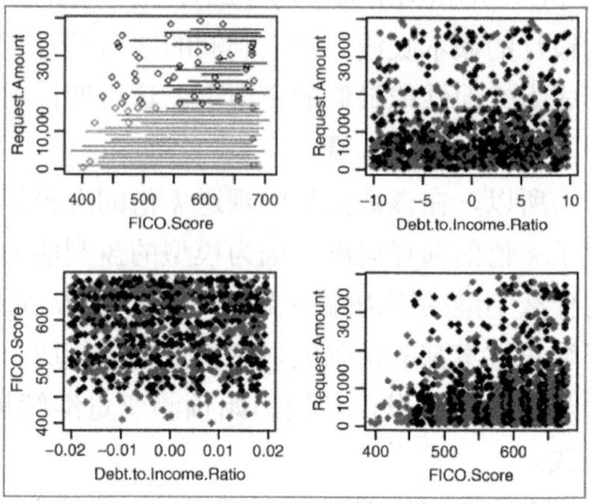

R 参考文献

R Core Team. *R: A Language and Environment for Statistical Computing*. Vienna, Austria: R Foundation for Statistical Computing; 2012. ISBN: 3-900051-07-0, http://www.R-project.org/. Accessed 2014 Sep 30.

Charest L, Harrington J, Salibian-Barrera M. 2012. birch: Dealing with very large data sets using BIRCH. R package version 1.2-3. http://CRAN.R-project.org/package=birch.

练习

1. 为什么 BIRCH 适用于流数据？
2. 描述 BIRCH 聚类算法的两个阶段。
3. 什么是 CF？
4. 两个簇的 CF 如何合并？
5. 描述 CF 树的参数。
6. 为什么 BIRCH 算法的阶段 2 是有效的？
7. 为什么聚类算法包含两个高度相关的输入是糟糕的？
8. MS 值总是代表最好的聚类解决方案吗？

实践分析

对于练习 9～12，使用贷款数据集，表明包含利息和其他预测变量是一种不好的做法，如下所示：

9. 按照案例研究第一课中的方法开发有利息和无利息的簇模型。

10. 使用 Loans_training 数据集，仅基于簇成员关系，为两个簇模型开发用于贷款审批预测的 CART 模型。

11. 使用 Loans_test 数据集评估每个 CART 模型。提供列联表，比较模型成本，如表 21.4 所示。

12. 基于前面练习的结果，我们从中能够学到什么？

对于练习 13～16，使用贷款数据集，表明不同的排序可能会导致不同的簇数目。确保不把利息作为聚类算法的输入。

13. 在 Loans_training 数据集上生成 4 种不同的排序。加上由先前无利息的模型产生的原始排序，共有 5 种不同的排序。

14. 在 5 种不同的排序上运行 BIRCH。报告每个 k 值和 MS 值。

15. 计算 5 种不同排序的模型成本。哪种模型具有最高的盈利能力或最低的成本？

16. 简要分析一下前面练习中获胜模型的簇。

第 22 章

度量簇的优劣

22.1 度量簇优劣的基本原理

每种建模技术都需要有一个评估阶段。例如，我们可以通过努力开发一种多元回归模型，用于预测花费在新车上的代价。但是，如果该回归模型估计值 s 的标准误差为$100 000，则该回归模型的可用性存在问题。在分类领域，我们通常期望能够预测对我们的直邮宣传有响应的客户的模型可为我们带来比基本的“给每个人发放优惠券”或“不发放优惠券”模型更多的利润。

同样的思路，聚类模型也需要评估。以下列出的是一些有趣的问题：

- 我们得到的簇与实际情况相符吗，或者它们仅仅是有关数学的人造结果吗？
- 我不清楚数据中包含多少种簇。识别的簇最优数目到底是多少？
- 如何度量某个簇集合比其他簇集合更好呢？

本章我们将介绍两种度量簇优劣的方法——轮廓方法和伪-F 统计方法。这些技术将通过评估及度量聚类解决方案的优劣，帮助我们解决上述问题。

无论哪种针对簇优劣或者簇质量的度量方法，都涉及簇分离程度以及簇凝聚程度这两个概念。簇分离程度表示簇间的距离，簇凝聚程度表示在每个簇内记录之间的紧密程度。任何一种良好的簇质量度量方法都需要具备上述两种指标。例如，误差平方和(SSE)是一种度量簇质量的良好方法。然而，虽然利用 SSE 可以计算簇中每个记录与簇中心之间的距离，但该指标仅反映了簇的凝聚程度，无法反映簇之间的分离程度。因此，当簇数目增加时，SSE 单调递减，它没有具备我们对簇优劣开展有效度量所期望的特性。当然，无论是轮廓方法还是伪-F 统计方法，它们都能够度量簇凝聚度和簇分离度。

22.2 轮廓方法

轮廓反映的是每个数据值的特征，定义如下：

轮廓

对每个数据值 i

$$\text{Silhouette}_i = s_i = \frac{b_i - a_i}{\max(b_i, a_i)}$$

其中，a_i为数据值与簇中心之间的距离，b_i表示数据值与最近的簇中心的距离。

轮廓值用于衡量某个特定点被分配簇的优劣。该值为正表明分配是合理的，且该值越大越好。若该值接近 0，则表明对该点的分配比较差，即使将该值分配到与其最邻近的簇也仅仅会产生较小的负值。若该值为负值，则说明对该点的分配是错误的，将其分配到与其最近邻的簇会得到更好的效果。

注意对轮廓的解释既涉及分离度，同时也涉及凝聚度。a_i值代表凝聚程度，它表示的是数据值与其簇中心的距离。b_i值表示分离度，表示数据值与其他簇之间的距离。如图 22.1 所示。簇 1 中的每个数据值都包含 a_i和 b_i，分别用实线和虚线表示。显然，对每个数据值，均有 $b_i>a_i$，表现为虚线比实线更长。因此，它们的轮廓值均为正，表明不存在对数据值的误分类。虚线表示分离度，实线表示凝聚度(簇 2 中数据值的轮廓在图 22.1 中未给出)。

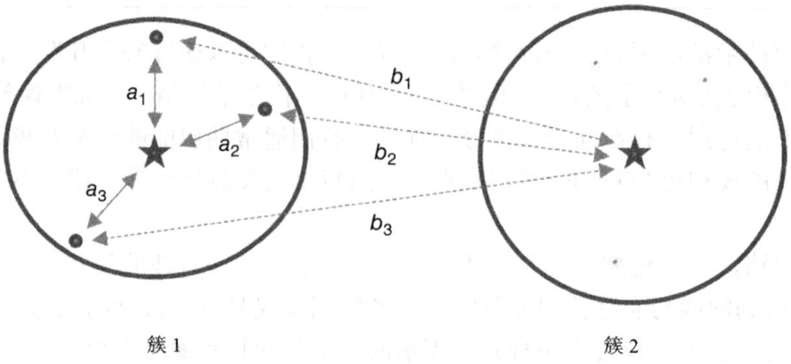

图 22.1 描述轮廓是如何能够同时反映凝聚度和分离度的

所有记录轮廓值的均值形成一种有用的有关聚类解决方案对数据的适应程度的度量。下面对平均轮廓值的简短解释仅可作为一种参考，具体如何使用要参考领域专家的意见。

对平均轮廓值的解释

- 0.5 或更高。针对数据的簇非常不错。
- 0.25～0.5。针对数据的簇存在一些疑问，但还不错。希望利用领域专门知识帮助支持簇的实际实现。
- 低于 0.25。产生的簇缺乏必要的证据。

22.3 轮廓值示例

假定针对以下的一维数据集，采用 k-均值聚类方法。

$$x_1 = 0 \quad x_2 = 2 \quad x_3 = 4 \quad x_4 = 6 \quad x_5 = 10$$

采用 k-均值聚类方法会将前 3 个数据分配到簇 1，后两个数据分配到簇 2，如图 22.2 所示。簇 1 的簇中心 $m_1 = 2$，簇 2 的簇中心为 $m_2 = 8$，见图 22.2 的垂直虚线。a_i 值表示数据值 x_i 到其所属的簇中心的距离。b_i 表示数据值到另外一个簇的簇中心的距离(因为仅有两个簇)。注意 $a_2 = 0$，因为 $x_2 = m_1 = 2$。

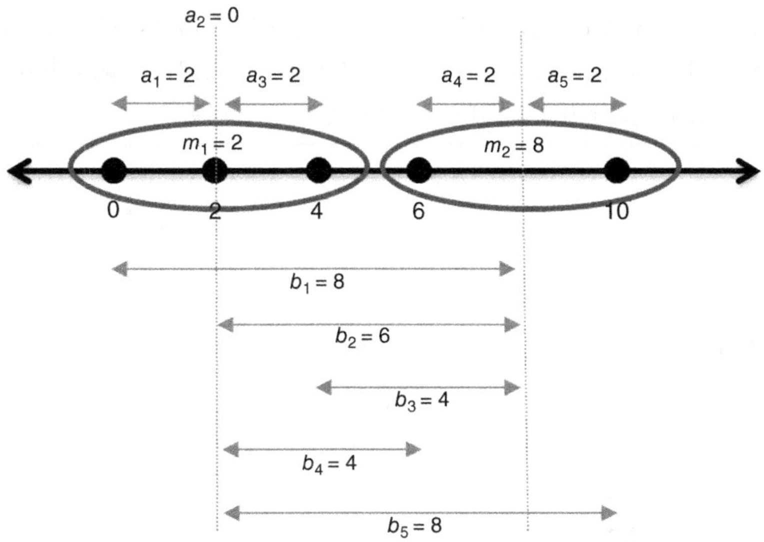

图 22.2　数据值与簇中心的距离

表 22.1 包含每个数据点轮廓值的计算结果，以及轮廓值的均值。利用前述的规则可知，平均轮廓值为 0.7 表示达到的簇结果反映了数据的实际情况。注意 x_2 分配给簇 1 是非常完美的，因为它正好处于簇 1 的簇中心；因此，其轮廓值为 1.00。然而，x_3 与其所属的簇中心的距离相对就比较远了，比较靠近另外一个簇的簇中心，其轮廓值为 0.50。

表 22.1　每个数据点轮廓值及轮廓值均值的计算结果

x_i	a_i	b_i	max(a_i, b_i)	Silhouette$_i$= $s_i = \frac{b_i - a_i}{\max(b_i, a_i)}$
0	2	8	8	$\frac{8-2}{8} = 0.75$
2	0	6	6	$\frac{6-0}{6} = 1.00$
4	2	4	4	$\frac{4-2}{4} = 0.50$
6	2	4	4	$\frac{4-2}{4} = 0.50$
10	2	8	8	$\frac{8-2}{8} = 0.75$ 平均轮廓值=0.7

22.4 Iris 数据集的轮廓值分析

接着，我们将轮廓法应用到大家都非常熟悉的Fisher教授给出的Iris(鸢尾花)数据集上，该数据集包含3类鸢尾花，共有150个观察对象。给出的度量属性为花瓣长度、花瓣宽度、萼片长度和萼片宽度。图22.3给出了涉及所有种类鸢尾花的花瓣宽度与花瓣长度的散点图(注意使用了最大最小规范化)。图22.3显示有一类分离度非常好，但至少从该图来看，其他两类效果不好。因此，我们可能会对鸢尾花的分类产生疑问：数据集中确实包含3种不同类别，但数据集的确要分为3种簇吗，或者两个是否可行呢？

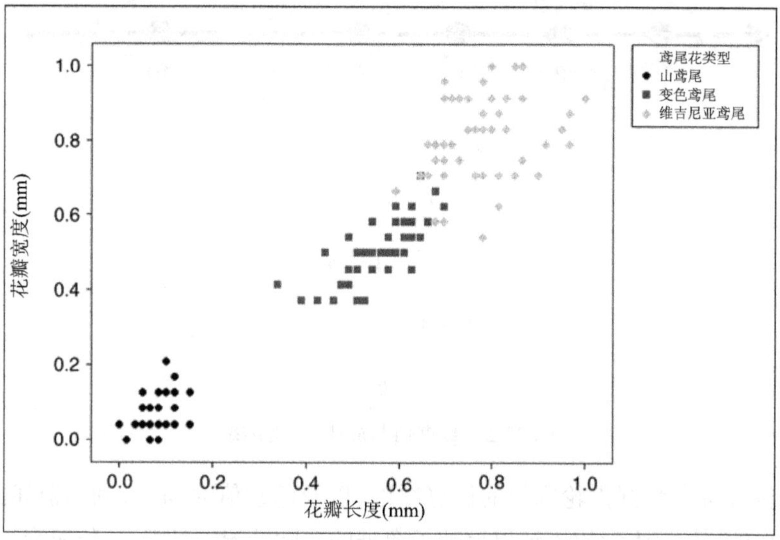

图22.3 其中两类鸢尾花似乎绞缠在一起

在将k-均值聚类应用到鸢尾花数据集时，取k=3是有理由的，将数据划分为3个簇。从逻辑上看，可能会想到的一个问题是：这样划分簇能够完美地匹配鸢尾花的种类吗(当然，种类类型并不包含在聚类算法中)？根据对图22.4与图22.3的比较来看，对该问题的回答是未必。例如，大多数维吉尼亚鸢尾花属于簇2，但有些属于簇3。多数变色鸢尾花属于簇3，但也有属于簇2的。

因此，我们采用轮廓法进行分析。计算出每种花的轮廓值，图22.5给出了轮廓值的点图。轮廓值点图给出了每个簇的轮廓值，并按照从高到低的顺序排序。簇1是定义良好的簇，因为其多数轮廓值都比较高。簇2和簇3的某些记录轮廓值较高，但都存在一些轮廓值较低的记录，不过没有出现轮廓值为负值的情况。若轮廓值为负值，表明簇的分类存在错误。表22.2中给出了每个簇的轮廓值的均值，以及总体的均值。这些值也支持我们的建议：簇1定义良好，簇2和簇3存在一些问题。根据我们在图22.3和图22.4中所学到的知识来看，该结果具有一般意义。

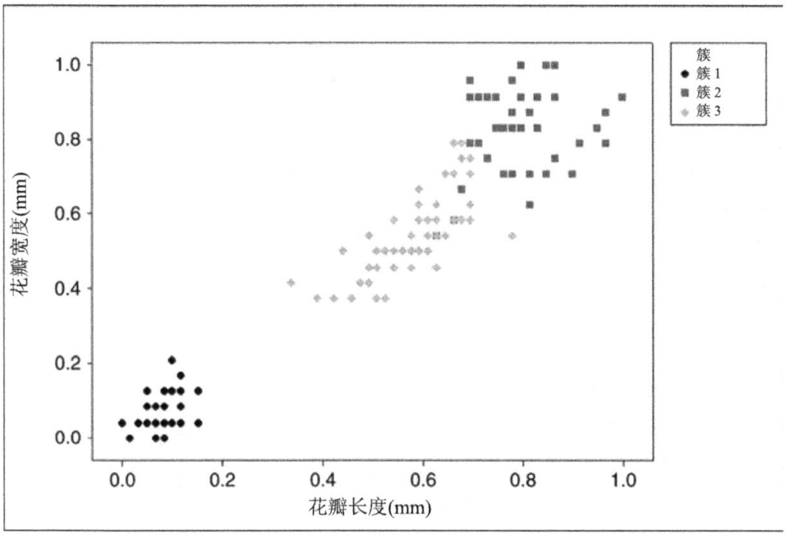

图 22.4　鸢尾花种类与簇并不完全一一对应

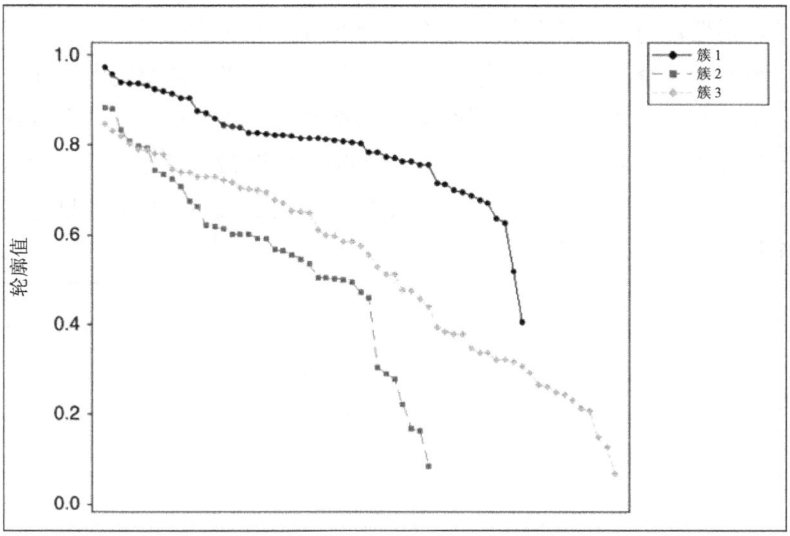

图 22.5　鸢尾花数据的轮廓值点图(k=3)

表 22.2　k=3 时的轮廓值的均值

	簇 1	簇 2	簇 3	总体情况
平均轮廓值	0.8002	0.5593	0.5254	0.6258

簇 2 和簇 3 中多数具有较低轮廓值的点出现在两个簇的边界区域，如图 22.6 所示。我们将轮廓值分级(出于描述的需要)：轮廓值小于 0.5 为低，高于 0.5 为高。在边界区域的点其轮廓值低的原因在于它离其他簇中心近，这种情况将导致 b_i 值较小，从而导致轮廓值较低。

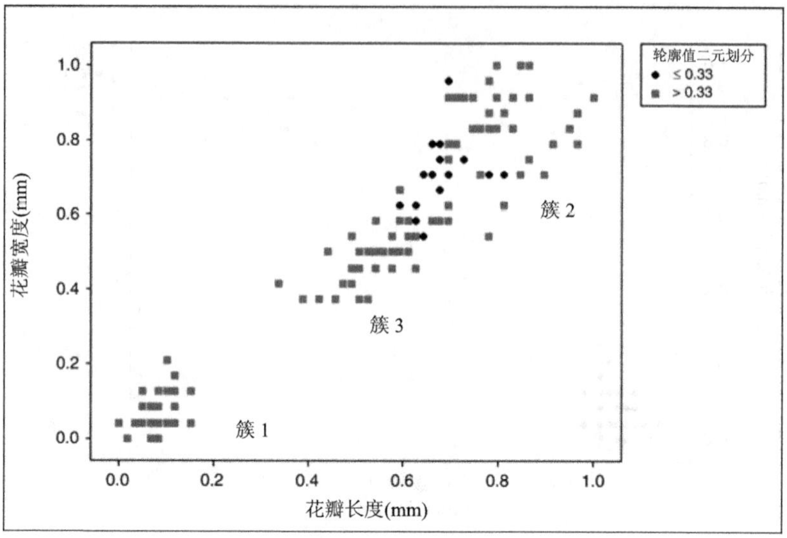

图 22.6 大多数轮廓值较低的点位于簇 2 和簇 3 的边界区域

通观本节，需要注意的是簇使用了 4 个预测变量，但我们的散点图仅涉及两个变量。这意味着在将预测变量空间投影到二维空间时，会丢失一些四维空间中存在的信息。

接着，应用 *k*-均值，取 *k*=2。应用结果显示将维吉尼亚鸢尾花和变色鸢尾花合并到一个簇中，如图 22.7 所示。*k*=2 个簇的轮廓值的散点图如图 22.8 所示。轮廓值较低的点似乎比 *k*=3 时要少。这一结果也得到了表 22.3 的轮廓值均值的支持。总的轮廓值均值比 *k*=3 时高 17%，每个簇的轮廓值均值也比 *k*=3 时高。

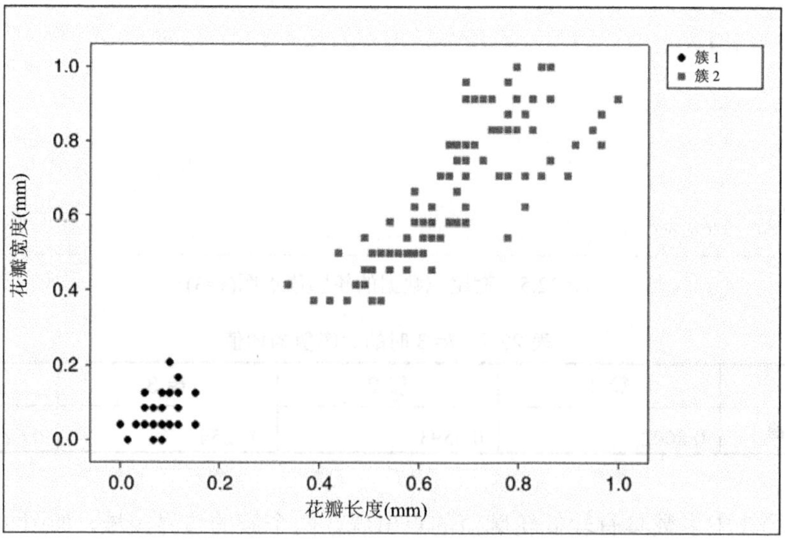

图 22.7 维吉尼亚鸢尾花和变色鸢尾花被合并到簇 2

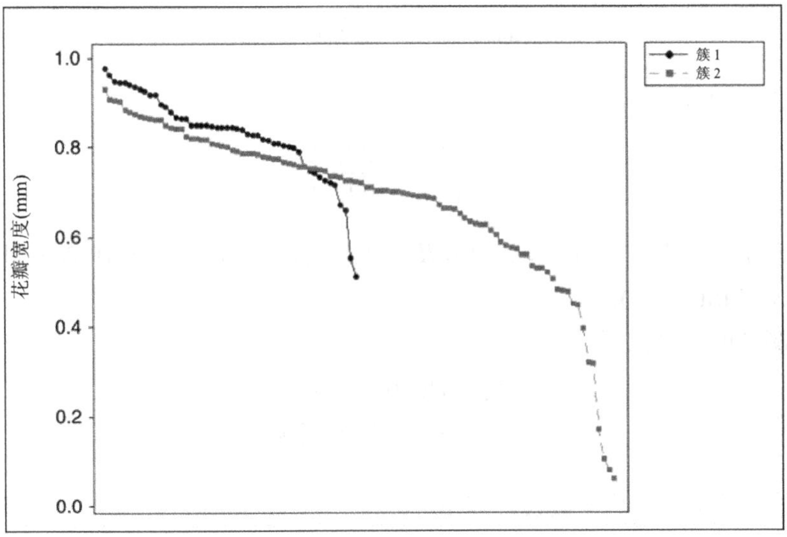

图 22.8 鸢尾花数据的轮廓值点图(k=2)

表 22.3 k=2 时的轮廓值的均值

	簇 1	簇 2	总体情况
平均轮廓值	0.8285	0.6838	0.7321

至此，可以得出结论，当 k=2 时，采用轮廓值的方法效果最好。这很好，但是要注意 k=2 这一方案没有识别出维吉尼亚鸢尾花和变色鸢尾花的差异，而 k=3 时，能够识别出这种差异。而这种差别对用户来说可能是非常重要的。很多时候，数据分析人员需要选择那些满足用户需求的模型，而不是选择那些完美匹配给定的统计需求的模型。

接下来，我们转向另外一种度量簇优劣的工具——伪-F 统计方法。

22.5 伪-*F* 统计方法

假定我们有 k 个簇，每个簇包含 n_i 个数据值，则样本总量为 $\sum n_i = N$。令 x_{ij} 表示第 i 个簇中的第 j 个数据值，令 m_i 为第 i 个簇的簇中心，令 M 表示所有数据的均值。定义 SSB 为簇间距离的平方和，表示如下：

$$\text{SSB} = \sum_{i=1}^{k} n_i \cdot \text{Distance}^2(m_i, M)$$

SSE 表示簇内距离平方和，定义如下：

$$\text{SSE} = \sum_{i=1}^{k} \sum_{j=1}^{n_i} \text{Distance}^2(x_{ij}, m_i)$$

其中，

$$\text{Distance}(a,b)=\sqrt{\sum(a_i-b_i)^2}$$

则，伪-F统计等于

$$F=\frac{\text{MSB}}{\text{MSE}}=\frac{\text{SSB}/k-1}{\text{SSE}/N-k}$$

伪-F统计表示的是一种比率，其中涉及①簇之间的分离度(通过 MSB 度量)和②簇内部的凝聚度(通过 MSE 度量)。

将要被测试的假设如下：

H_0：数据中没有簇

H_a：数据中包含k个簇

p-值足够小的话，拒绝零假设，其中：

$$p\text{-值}=P(F_{k-1,n-k}>\text{伪-}F\text{值})$$

我们称该统计量为伪-F的原因在于，它非常容易拒绝零假设。例如，由随机均匀分布(0,1)得出的 100 个变量，要求针对随机均匀分布的数据，采用 k-均值聚类获得 k=2 的簇，而实际上这些数据中并没有簇。

k-均值发现的簇如图 22.9 所示，简单地将数据按照值大于 0.5 和值小于 0.5 划分。产生的伪 F-统计如下：

$$F=\frac{\text{SSB}/k-1}{\text{SSE}/N-k}=\frac{6.4606/1}{2.2725/98}=\frac{6.4606}{0.0232}=278.61$$

由于 p-值近似等于 0，因此拒绝数据中没有簇的零假设。但是，由于数据是随机产生的，因此推断必定是数据中不存在真正的簇。出于该原因，F 统计量不能用于测试数据中的簇，由此得到其名称“伪-F”。

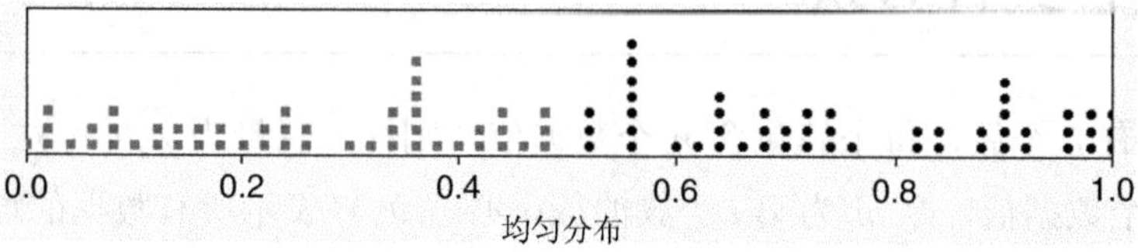

图 22.9 伪-F 统计从随机产生的数据中发现

然而，如果我们有理由相信数据中的确存在簇，但是我们不知道存在多少个簇，那么伪-F 能够帮助我们开展该工作。过程如下：

利用伪-F 选择最优簇数量

1. 采用聚类算法，选择不同的 k 值，开发聚类方案。

2. 计算每个候选方法的伪-F 统计以及 p-值，选择具有最小 p-值的候选方法作为聚类解决方案。

注意：在某些专业书籍上，可以看到说最好的聚类模型是伪-*F* 值最大的聚类模型。这种说法是存在问题的，因为需要从不同的自由度 *k*−1 和 *n*−*k* 考虑。例如，假设模型 A 有 *k*−1=5，*n*−*k*=100，伪-*F* 统计=3.1，而模型 B 有 *k*−1=6，*n*−*k*=99，伪-*F* 统计=3.0，则模型 A 的伪-*F* 统计值大。然而，模型 A 的 *p*-值为 0.0121，模型 B 的 *p*-值为 0.0098，这表明事实上模型 B 效果更好。

22.6　伪-*F* 统计示例

前面我们在将 *k*-均值聚类(*k*=2)应用到下列数据集时，它将前 3 个数据值划分到簇 1，后两个数据值划分到簇 2。

$$x_1 = 0 \quad x_2 = 2 \quad x_3 = 4 \quad x_4 = 6 \quad x_5 = 10$$

以下计算该簇的伪-*F* 统计。

产生的簇数量 *k*=2，簇 1 的数据点数量 $n_1 = 3$，簇 2 的数据点数量 $n_2 = 2$，总的数据点数量 *N*=5。簇中心为：簇 1 的簇中心 $m_1 = 2$，簇 2 的簇中心 $m_2 = 8$，总的均值 *M*=4.4。由于该数据集为一维数据，因此有 $\text{Distance}(m_i, M) = |m_i - M|$，由此可得：

$$\begin{aligned}\text{SSB} &= \sum_{i=1}^{k} n_i \cdot \text{Distance}^2(m_i, M) \\ &= 3\cdot(2-4.4)^2 + 2\cdot(8-4.4)^2 = 43.2\end{aligned}$$

和

$$\begin{aligned}\text{SSE} &= \sum_{i=1}^{k}\sum_{j=1}^{n_j} \text{Distance}^2(x_{ij}, m_i) \\ &= (0-2)^2 + (2-2)^2 + (4-2)^2 + (6-8)^2 + (10-8)^2 = 16\end{aligned}$$

由此可得伪-*F* 统计值为：

$$F = \frac{\text{MSB}}{\text{MSE}} = \frac{\text{SSB}/k-1}{\text{SSE}/N-k} = \frac{43.2/1}{16/3} = \frac{43.3}{5.33} = 8.1$$

图 22.10 给出了 *F* 统计的分布情况。其中 $df_1 = k-1 = 1$，$df_2 = N-k = 3$。注意，*p*-值为 0.06532，它并不能给出支持该簇实际情况的较强证据，原因可能在于该数据集的数据点太少。

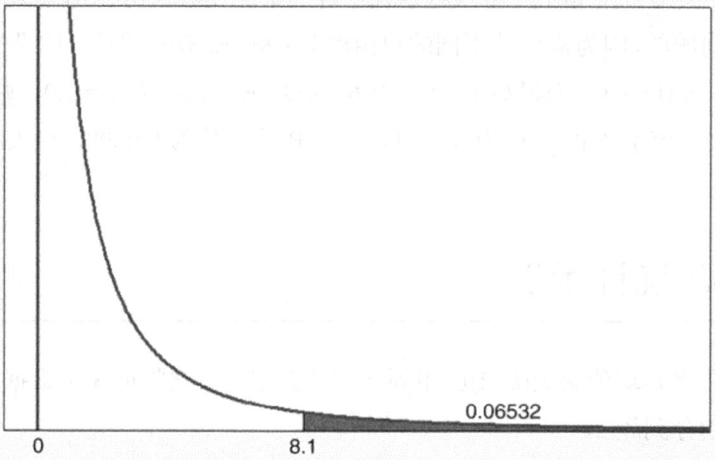

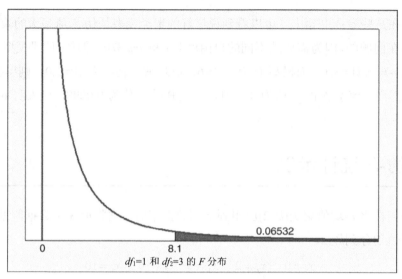

图 22.10 p-值为 0.06532 并不能给出支持该簇实际情况的较强证据

22.7 将伪-F 统计应用于 Iris 数据集

以下将通过采用伪-F 统计方法看看到底哪个 k 值适合 Iris 数据集。对于 Iris 数据集的数据向量(萼片长度、萼宽度、花瓣长度、花瓣宽度)，共有 N=150 个数据值。其均值分别为：

$$M=(0.4287,\ 0.4392,\ 0.4676,\ 0.4578)$$

取 k=3 时，我们有以下计算结果：

- 簇 1：$n_1=50,\ m_1=(0.1961,\ 0.5908,\ 0.0786,\ 0.06)$
- 簇 2：$n_2=39,\ m_2=(0.7073,\ 0.4509,\ 0.7970,\ 0.8248)$
- 簇 3：$n_3=61,\ m_3=(0.4413,\ 0.3074,\ 0.5757,\ 0.5492)$

根据上述结果，可以计算出每个簇的 SSB，如下所示。

- 簇 1：$50\times\{(0.1961-0.4287)^2+(0.5908-0.4392)^2+(0.0786-0.4676)^2+(0.06-0.4578)^2\}$
- 簇 2：$39\times\{(0.7073-0.4287)^2+(0.4509-0.4392)^2+(0.7970-0.4676)^2+(0.8248-0.4578)^2\}$
- 簇 3：$61\times\{(0.4413-0.4287)^2+(0.3074-0.4392)^2+(0.5757-0.4676)^2+(0.5492-0.4578)^2\}$

汇总上述结果，得出 $\mathrm{SSB}=\sum_{i=1}^{k}n_i\cdot\mathrm{Distance}^2(m_i,M)=34.1397$。

$\mathrm{SSE}=\sum_{i=1}^{k}\sum_{j=1}^{n_j}\mathrm{Distance}^2(x_{ij},m_i)$ 的值是通过首先获得每个观察对象与其簇中心距离的平方和，然后再汇总所有的项获得的。上述计算工作完成后，我们得到 $\mathrm{SSE}=6.9981$，据此可得到伪-F 统计值：

$$F=\frac{\mathrm{MSB}}{\mathrm{MSE}}=\frac{\mathrm{SSB}/k-1}{\mathrm{SSE}/N-k}=\frac{34.1397/2}{6.9981/147}=358.5$$

其 p-值约等于 0 后第 57 个小数位。

对 k=2，执行类似上述计算方法可以获得：

$$F = \frac{28.7319/1}{12.1437/148} = 350.2$$

其 p-值约等于 0 后 41 位小数点。因此，伪-F 统计趋向选择 k=3 的方案，而轮廓值方法趋向于选择 k=2 的方案。

当然还存在其他确定簇数的方法。例如，可以采用贝叶斯信息准则[1]。

下面，我们将转向判断簇优劣的最后一个话题：有关簇验证的话题。

22.8　簇验证

与其他数据挖掘建模技术一样，簇分析的应用应当采取交叉验证，以确保簇能够反映实际情况，而不是仅仅反映训练集中随机噪声的结果。多数现有的簇验证技术都非常复杂，例如预测强度法[2]。这些方法需要进行数据编程，所以不在本书讨论的范围内。

为此，我们将采用一种较为简单的将图形和统计结合的验证簇的方法，总结如下。

簇验证方法

目标：确认从测试数据集中获得的簇与从训练数据集中获得的簇匹配。

(1) 对训练数据集应用簇分析。

(2) 将簇分析方法应用到测试数据集。

(3) 使用图形和统计证实训练数据集中的簇与测试数据集中的簇相匹配。

该方法仅仅是将常用交叉验证方法重新应用到簇分析中。现在我们将该簇验证方法应用到贷款数据集上。

22.9　将簇验证方法应用于贷款数据集

回忆前述章节提到过的贷款数据集，银行的贷款审批分析人员采用债务-收入比率(DIR)、FICO 得分以及请求量预测贷款的审批。其中，训练数据集包含 150 302 条记录，测试数据集包含 49 698 条记录。为简化起见，将 k-均值聚类应用到训练集和测试集，k 值选择 3。

1 Qinpei Zhao, Mantao Xu, and Pasi Franti, Knee Point Detection on Bayesian Information Criterion, 20th IEEE Conference on Tools with Artificial Intelligence, 2008.

2 *Cluster Validation by Prediction Strength*, by Robert Tibshirani and Guenther Walther, *Journal of Computational and Graphical Statistics*, Volume 14, Issue 3, 2005.

从训练数据集和测试数据集分别产生的簇汇总图见图 22.11 和图 22.12。其中，簇 1 最小，簇 3 最大。所涉及的百分比相对比较接近。对于每个划分：

- 簇 1 包含借款-收入比率较高、FICO 得分较低、借贷数额低的申请者。
- 簇 2 包含借款-收入比率中等、FICO 得分中等/高、借贷数额高的申请者。
- 簇 3 包含借款-收入比率较低、FICO 得分高、借贷数额低的申请者。

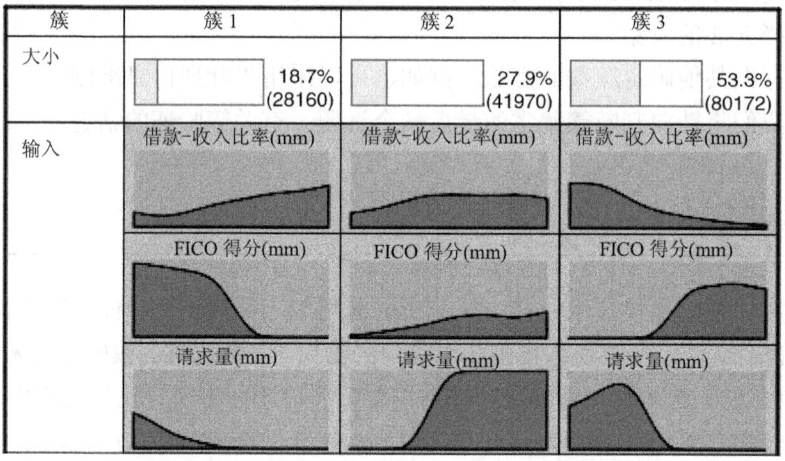

图 22.11 应用聚类至训练集构建的簇的汇总图

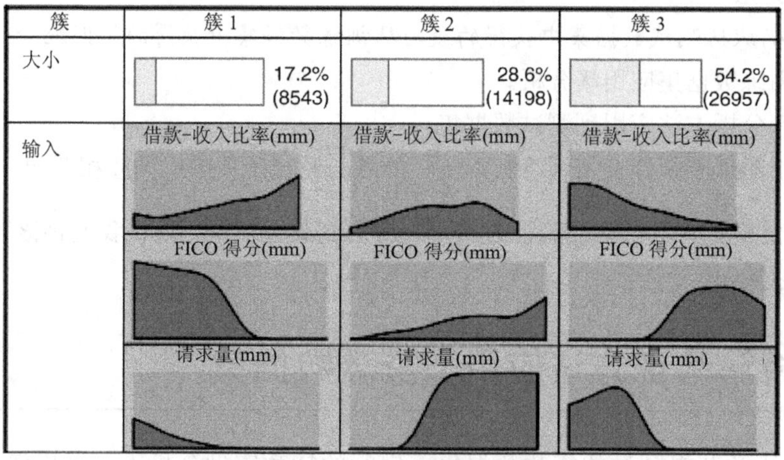

图 22.12 应用聚类至测试集构建的簇的汇总图

表 22.4 包含针对训练集和测试集(DIR)建立的簇的汇总统计(均值、标准差、记录数)。表 22.5 包含每个簇中变量均值的差异，两样例 t-检验的 t-统计量，以及该假设检验的 p-值[3]。

3 例如，参见 Larose, *Discovering Statistics*, second edition,W.H. Freeman and Company Publishers,New York, 2013.

表 22.4　针对训练数据集和测试数据集建立的簇的汇总统计

	训练 DIR	测试 DIR	训练 FICO	测试 FICO	训练 请求量	测试 请求量
簇 1						
均值	0.200	0.195	0.399	0.385	0.130	0.134
标准差	0.170	0.171	0.120	0.115	0.100	0.104
记录数	28 160	8543	28 160	8543	28 160	8543
簇 2						
均值	0.212	0.210	0.628	0.630	0.591	0.587
标准差	0.147	0.147	0.112	0.111	0.139	0.140
记录数	41 970	14 198	41 970	14 198	41 970	14 198
簇 3						
均值	0.153	0.156	0.664	0.662	0.202	0.196
标准差	0.102	0.107	0.076	0.077	0.105	0.103
记录数	80 172	26 957	80 172	26 957	80 172	26 957

表 22.5　变量之间的差异，包含两样例假设检验的结果

	簇 1			簇 2			簇 3		
	DIR	FICO	请求量	DIR	FICO	请求量	DIR	FICO	请求量
差分	0.005	0.014	−0.004	0.002	−0.002	0.004	−0.003	0.002	0.006
t-统计	2.37	9.76	−3.12	1.40	−1.85	2.95	−4.03	3.70	8.23
p-值	0.018	0.000	0.002	0.161	0.064	0.003	0.000	0.000	0.000

实际上，所有的 *p*-值都比较小，表明实际均值相等的零假设被拒绝。也就是说，假设检验结果表明，训练数据集的簇与测试数据集的簇不匹配。

然而，此时我们应当回忆起曾经讨论过的统计假设检验的一个问题：当样本量非常大时，零假设非常容易被拒绝。众所周知，当样本容量足够大时，典型的假设检验在面对较小影响尺寸和样例间差异较小时，将拒绝零假设。例如，采用 *t*-检验考察簇 3 中不同划分的 DIR 均值的差异。在表 22.5 中，*p*-值为 0，零假设被拒绝。但是，假设我们采用同样的 *t*-检验方法，运用几乎同样的均值和标准差，但每个分区中仅包含 1/10 的记录：训练集中 8017 条记录，测试集中 2696 条记录。此时，*p*-值为 0.203，零假设不再被拒绝。因此，在均值差异比较相似时，大量增加样例数量最终将导致大多数零假设都被拒绝。这种情况使得经典假设检验在针对大数据应用时具有局限性。

考虑一下簇 3 DIR 均值的不同划分之间存在 0.003 的差异是否具有实际意义。答案可能是否定的。相反，分析人员应当将精力集中到更大的环境中：我们试图确定是否训练数据集中发现的簇与测试数据集中发现的簇匹配。如果簇大致上相似，具有相似的配置，变

量均值比较接近，则应当认为匹配得到验证。基于该评定规则，我们可以得出结论：贷款数据集的簇能够通过验证。

为什么表 22.5 包含在此？首先，对小到中等的样例容量，统计推理是非常有效的。其次，无论记录的数量有多少，分析人员应当报告划分间变量均值的差异，这样客户(或者对数据非常熟悉的某些人)才能够给出是否这些差异具有实际意义的判断。

R 语言开发园地

读入并准备数据

```
i.data <- iris # Iris 是内置数据集
# 最大最小规范化
i.data$SL <- (i.data$Sepal.Length - min(i.data$Sepal.Length))/
    (max(i.data$Sepal.Length) - min(i.data$Sepal.Length))
i.data$SW <- (i.data$Sepal.Width - min(i.data$Sepal.Width))/
    (max(i.data$Sepal.Width) - min(i.data$Sepal.Width))
i.data$PL <- (i.data$Petal.Length - min(i.data$Petal.Length))/
    (max(i.data$Petal.Length) - min(i.data$Petal.Length))
i.data$PW <- (i.data$Petal.Width - min(i.data$Petal.Width))/
    (max(i.data$Petal.Width) - min(i.data$Petal.Width))
```

轮廓值

```
# 需要 cluster 包
library(cluster)
# k-均值(k=3)
km1 <- kmeans(i.data[,6:9], 3)
dist1 <- dist(i.data[,6:9],
    method = "euclidean")
sil1 <- silhouette(km1$cluster, dist1)
plot(sil1, col = c("black", "red", "green"),
     main = "Silhouette Plot: 3-Cluster
    K-Means Clustering of Iris Data")
# k-均值(k=2)
km2 <- kmeans(i.data[,6:9], 2)
dist2 <- dist(i.data[,6:9],
    method = "euclidean")
sil2 <- silhouette(km2$cluster, dist2)
plot(sil2, col = c("black", "red"),
    main = "Silhouette Plot: 2-Cluster
    K-Means Clustering of Iris Data")
```

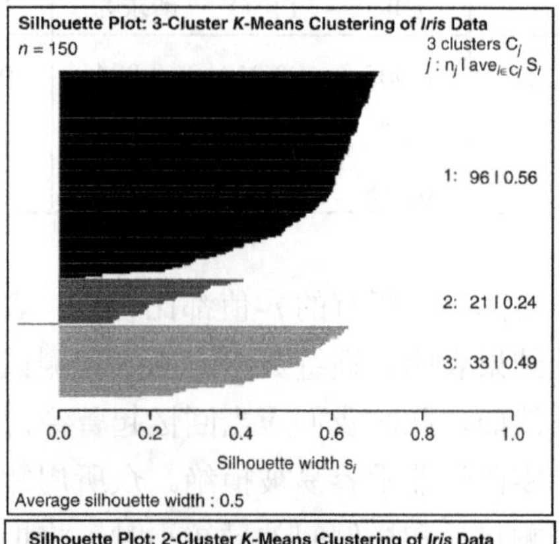

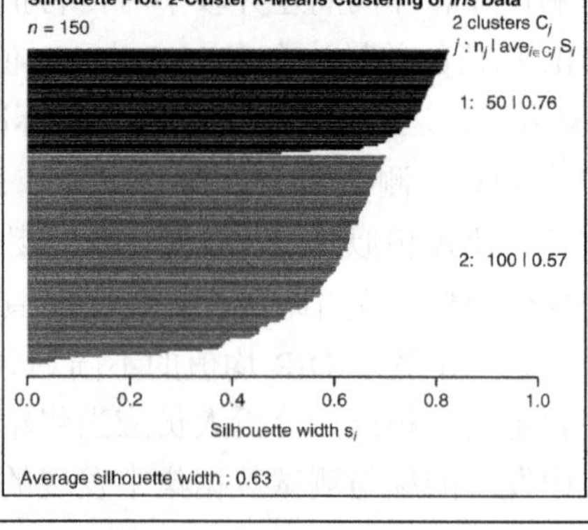

```
# 画出轮廓值

silval1 <- ifelse(sil1[,3] <= 0.33, 0, 1)
plot(i.data$PL, i.data$PW, col = silval1+1,
     pch = 16,
     main = "Silhouette Values, K = 3",
     xlab = "Petal Length (min-max)",
     ylab = "Petal Width (min-max)"
 legend("topleft", col=c(1,2), pch = 16,
     legend=c("<= 0.33", "> 0.33"))
silval2 <- ifelse(sil2[,3] <= 0.33, 0, 1)
plot(i.data$PL, i.data$PW, col = silval2+1,
     pch = 16,
     main = "Silhouette Values, K = 2",
     xlab = "Petal Length (min-max)",
     ylab = "Petal Width (min-max")
legend("topleft", col=c(1,2), pch = 16,
     legend=c("<= 0.33", "> 0.33"))
```

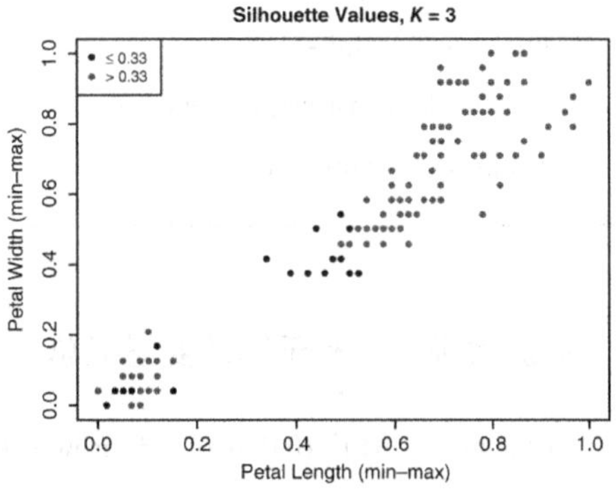

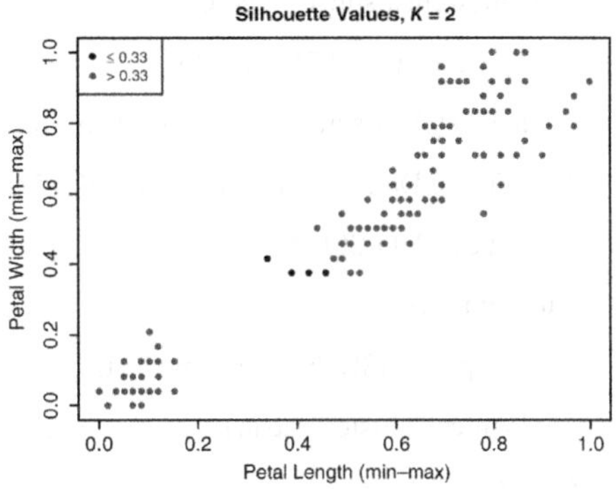


```
# 伪-F 统计

# 需要 clusterSim 包
library("clusterSim")
n <- dim(i.data)[1]
psF1 <- index.G1(i.data[,6:9], cl = km1$cluster)
pf(psF1, 2, n-2)
psF2 <- index.G1(i.data[,6:9], cl = km2$cluster)
pf(psF2, 1, n-1)
```

```
# 簇验证——准备数据

loan.test <- read.csv(file="C:/... /Loans_Test.csv", header = TRUE)
loan.train <- read.csv(file="C:/... /Loans_Training.csv", header = TRUE)
```

```
test <- loan.test[,-1]
train <- loan.train[,-1]
kmtest <- kmeans(test, centers = 3)
kmtrain <- kmeans(train, centers = 3)
```

```
# 簇验证——基于簇的变量汇总
clust.sum <- matrix(0.0, ncol = 3, nrow = 4)
colnames(clust.sum) <- c("Cluster 1",
     "Cluster 2", "Cluster 3")
rownames(clust.sum) <- c("Test Data Mean",
    "Train Data Mean", "Test Data Std Dev",
    "Test Data Std Dev")
clust.sum[1,] <-
    tapply(test$Debt.to.Income.Ratio,
    kmtest$cluster, mean)
clust.sum[2,] <-
    tapply(train$Debt.to.Income.Ratio,
    kmtrain$cluster, mean)
clust.sum[3,] <-
    tapply(test$Debt.to.Income.Ratio,
    kmtest$cluster, sd)
clust.sum[4,] <-
    tapply(train$Debt.to.Income.Ratio,
    kmtrain$cluster, sd)
```

```
> clust.sum
                   Cluster 1 Cluster 2 Cluster 3
Test Data Mean     0.2131943 0.1847925 0.1674191
Train Data Mean    0.1683801 0.1843572 0.2143234
Test Data Std Dev  0.1519871 0.1312425 0.1343831
Test Data Std Dev  0.1353878 0.1278332 0.1518468
```

R 参考文献

Maechler, M., Rousseeuw, P., Struyf, A., Hubert, M., Hornik, K.(2013). cluster: Cluster Analysis Basics and Extensions. R package version 1.14.4.

Walesiak, M, Dudek, A <andrzej.dudek@ue.wroc.pl> (2014). clusterSim: Searching for Optimal Clustering Procedure for a Data Set. R package version 0.43-4. http://CRAN.R-project.org/package=clusterSim. Accessed 2014 Sep 30.

R Core Team. *R: A Language and Environment for Statistical Computing*. Vienna, Austria: R Foundation for Statistical Computing; 2012. 3-900051-07-0, http://www.R-project.org/. Accessed 2014 Sep 30.

练习

1. 为什么我们需要评估度量聚类算法？
2. 什么是簇的分离度和簇的凝聚度？
3. 为什么 SSE 未必是簇质量的良好度量方法？
4. 什么是轮廓？其范围是什么？它是簇、变量或数据值的特征吗？
5. 如何解释轮廓值？
6. 解释为什么轮廓既能反映分离度，又能反映凝聚度。
7. 如何解释平均轮廓？
8. 什么时候数据值具有完美的轮廓值？该值是什么？
9. 描述轮廓点图的含义。
10. 分析人员始终都应当选具有更好轮廓均值的聚类方案吗？解释原因。
11. 解释伪-*F* 统计为什么能够同时反映分离度和凝聚度。
12. 为什么伪-*F* 统计这一名词中包含“伪”这个字。
13. 解释如何用伪-*F* 统计选择最佳簇数目。
14. 对或错：最佳的聚类模型是具有最大伪-*F* 统计量的那个。解释原因。
15. 我们采用的簇验证方法是什么？
16. 为什么在面对大数据应用时，统计假设检验存在较大的问题？
17. 确定从训练数据集和测试数据集中获得的簇是否匹配的评价准则是什么？

实践分析

利用 Loans_training 数据集和 Loans_test 数据集完成下列练习。这些数据集可从本书网站(www.DataMiningConsultant.com)上获得。

18. 采用 k=3 的 k-均值聚类算法，针对训练集建立聚类模型。
19. 为获得的聚类模型建立轮廓值点图。
20. 计算每个簇的轮廓值均值，以及该聚类模型的总体轮廓值均值。
21. 提供一个二维散点图，使用你选择的变量，簇成员关系可以有重叠。选择产生有趣点图的变量。注意聚类边界在何处是封闭的，何处是不封闭的。
22. 使用和先前练习中同样的变量，提供二维散点图，包含对丢弃的轮廓值的重叠使用，如本章所讨论的。解释两个散点图之间的关系。
23. 采用 k=4 的 k-均值算法重复练习 18～22。
24. 比较两个聚类模型的轮廓值均值，哪个模型更好？

25. 比较两个聚类模型的伪-F统计，哪个模型更好？

26. 开发一个好的分类模型用于预测贷款审计，仅基于簇成员关系。应用第16章讨论的数据驱动误分类成本。比较k=3和k=4时使用模型总成本的结果。哪个模型更好？

27. 利用测试数据集，应用k-均值聚类，其中的k选择上述练习中产生最佳聚类结果的k值。验证从训练数据集和测试数据集中获得的簇。

第V部分

关 联 规 则

第23章

关联规则

23.1 亲和度分析与购物篮分析

亲和度分析研究“共同”的属性或特征。亲和度分析的方法，也被称为购物篮分析，寻求发现属性之间的关联关系；即，亲和度分析寻求发现用于量化两个或多个属性之间关系的规则。关联规则的形式为“如果存在前项，则存在后项”，同时包括与规则相关的支持度和可信度的度量。例如，某一超市在周四晚上共有1000位客户购物，200位购买了尿布，在购买尿布的200人中，50人购买了啤酒。所以，关联规则为“如果购买了尿布，则购买啤酒”，支持度为$\frac{50}{1000}=5\%$，可信度为$\frac{50}{200}=25\%$。

在商业和研究领域应用关联规则的例子包括：

- 调查获得公司手机套餐的订阅者对提供服务升级给出正面响应的比例。
- 验证父母给孩子读书，孩子成为阅读爱好者的比例。
- 预测通信网络的退化。
- 找到超市中哪些商品被一起购买，哪些商品从来不会一起被购买。
- 确定某种新药会出现危险副作用的案例的比例。

我们可以采用哪些类型的算法来挖掘某一特定数据集中存在的关联规则呢？此类算法存在的令人头疼的问题是维度灾难：随着属性数量的不断增长，可能存在的关联规则指数式增长。特别地，如果存在k个属性，设其仅为二元属性，仅计数正例(例如，购买尿布=yes)，则可能存在的关联规则数量[1]为$k\cdot 2^{k-1}$。考虑一下关联规则的典型应用——购物篮分析，其中可能有上千个二元属性(例如购买啤酒、购买爆米花、购买牛奶、购买面包等)，

1 Hand, Mannila, and Smyth, *Principles of Data Mining*, MIT Press, 2001.

搜索问题成为毫无希望的难题。例如，假设一个较小的便利店仅包含 100 种不同的商品，客户可能购买或不购买这 100 种商品的任意组合。那么，强大的搜索算法面临的可能存在的规则数大约有 $2^{100} \cong 1.27 \times 10^{30}$ 个。

然而，挖掘关联规则的先验算法利用规则本身的结构简化搜索问题，以便能够正常执行。在研究先验算法前，让我们先以一个简单示例，考察关联规则挖掘的基本概念和表示法。

假设某本地农场主建立了一个路边蔬菜摊，并提供如下销售商品：{芦笋,豆类,花椰菜,玉米,青辣椒,南瓜,西红柿}。定义该项集为 I 。客户一个接一个进入，拿起购物篮，购买不同的商品。客户购买的商品是 I 的子集(为达到我们的目的，我们将不会考虑客户购买商品的数量，仅仅考虑是否购买了某种商品)。假定表 23.1 给出了在某个秋天的下午路边蔬菜摊的交易情况。

表 23.1 路边蔬菜摊的交易情况

事务	购物篮
1	Broccoli, green peppers, corn
2	Asparagus, squash, corn
3	Corn, tomatoes, beans, squash
4	Green peppers, corn, tomatoes, beans
5	Beans, asparagus, broccoli
6	Squash, asparagus, beans, tomatoes
7	Tomatoes, corn
8	Broccoli, tomatoes, green peppers
9	Squash, asparagus, beans
10	Beans, corn
11	Green peppers, broccoli, beans, squash
12	Asparagus, beans, squash
13	Squash, corn, asparagus, beans
14	Corn, green peppers, tomatoes, beans, broccoli

购物篮分析的数据表示

购物篮数据的表示方法主要有两种：使用事务数据格式或者表数据格式。事务数据格式需要两个字段(ID 字段和内容字段)，每条记录仅表示某一个商品。例如，表 23.1 中的数据可以表示为表 23.2 所示的事务数据格式。

表 23.2　路边蔬菜摊的事务数据格式

事务 ID	项
1	Broccoli
1	Green peppers
1	Corn
2	Asparagus
2	Squash
2	Corn
3	Corn
3	Tomatoes
⋮	⋮

采用表数据格式时，每条记录表示不同的事务，每个项采用 0/1 标志字段表示。表 23.1 的数据可以表示为表 23.3 所示的表数据格式。

表 23.3　路边蔬菜摊的表数据格式

事务	芦笋	豆类	花椰菜	玉米	青辣椒	南瓜	西红柿
1	0	0	1	1	1	0	0
2	1	0	0	1	0	1	0
3	0	1	0	1	0	1	1
4	0	1	0	1	1	0	1
5	1	1	1	0	0	0	0
6	1	1	0	0	0	1	1
7	0	0	0	1	0	0	1
8	0	0	1	0	1	0	1
9	1	1	0	0	0	1	0
10	0	1	0	1	0	0	0
11	0	1	1	0	1	1	0
12	1	1	0	0	0	1	0
13	1	1	0	1	0	1	0
14	0	1	1	1	1	0	1

23.2 支持度、可信度、频繁项集和先验属性

令 D 表示表 23.1 中的事务集合，D 中的每个事务 T 表示包含在 I 中的项集。假定有一个特殊项集 A(例如包含豆类和南瓜)和另外一个项集 B(例如芦笋)。则关联规则形式为：若 A，则 B (即 $A \Rightarrow B$)，其中前项 A 和后项 B 均为 I 的某个子集，且 A 和 B 互斥。例如，该定义不允许出现类似"如果豆类和南瓜，则豆类"这样的规则。

对某个关联规则 $A \Rightarrow B$，其支持度 s 为事务集合 D 中包含 A 和 B 的事务的比例。也就是：

$$\text{支持度} = P(A \cap B) = \frac{\text{包含}A\text{和}B\text{的事务数量}}{\text{事务总数量}}$$

对某个关联规则 $A \Rightarrow B$，其可信度 c 是对规则精度的度量，定义为包含 A 同时包含 B 的事务在包含 A 的事务中所占的比例。即：

$$\text{可信度} = P(B \mid A) = \frac{P(A \cap B)}{P(A)} = \frac{\text{包含}A\text{和}B\text{的事务数量}}{\text{包含}A\text{的事务数量}}$$

分析人员通常期望所获得的规则具有较高的支持度或较高的可信度，或两者兼而有之。强规则指那些满足或超过最小支持度和可信度准则的规则。例如，分析人员可能希望发现在超市中那些被同时购买的商品，因此设置最小支持度为 20%，可信度为 70%。然而，欺诈现象分析人员或恐怖事件检测人员需要将最小支持度减少到 1%左右，因为涉及欺诈或与恐怖活动相关的事务相对较少。

项集是由包含在 I 中的项所组成的集合，k-项集是包含 k 个项的集合。例如，{豆类,南瓜}是一个 2-项集，而{花椰菜,青辣椒,玉米}是一个 3-项集。每个项集都来自蔬菜摊集合 I。频繁项集为包含某一特定项集的事务的数量。频繁项集是满足最少出现次数要求的项的集合，即满足频繁项集出现次数 $\geq \varphi$。例如，假设我们设 $\varphi = 4$。那么，出现次数超过 4 次的项被认为是频繁的。我们将频繁 k-项集定义为 F_k。

挖掘关联规则

从大型数据库中挖掘关联规则主要包含两个步骤：

(1) 发现所有频繁项集；即发现所有出现次数 $\geq \varphi$ 的项集。

(2) 针对频繁项集，建立满足最小支持度和可信度条件的关联规则。

先验算法利用先验属性缩小搜索空间。先验属性指出如果某个项集 Z 是非频繁的，则将某个项 A 增加到项集 Z 中，新的项集仍然是非频繁的。也就是说，如果 Z 是非频繁的，则 $Z \cup A$ 也将是非频繁的。事实上，非频繁项集的超集仍然是非频繁的。利用先验属性有助于显著地缩减搜索空间。

先验属性

如果项集 Z 是非频繁的，则对于任意项 A，$Z \cup A$ 仍然是非频繁的。

23.3　先验算法工作原理(第 1 部分)——建立频繁项集

考虑表 23.1 所示的事务集合 D。如何利用先验算法从该数据集中挖掘关联规则呢？

令 $\varphi = 4$，则 D 中出现次数超过 4 次的项集是频繁项集。首先获得频繁 1-项集 F_1，表示仅需要考察独立的蔬菜商品本身。为此，需要回到表 23.3 获得列计数汇总，得到包含每个特定蔬菜的事务的次数。当汇总满足或超过 $\varphi = 4$ 时，则这些 1-项集是频繁-1 项集。可得到 F_1={芦笋,豆类,花椰菜,玉米,青辣椒,南瓜,西红柿}。

接着，获取频繁 2-项集。一般地，为获得频繁 k-项集 F_k，先验算法首先构建候选 k-项集 C_k，C_k 由 k−1-项集 F_{k-1} 自身连接而来。然后使用先验属性对 C_k 进行剪枝操作。通过剪枝步骤对 C_k 剪枝后保留下来的项集形成 F_k。此处，C_2 包含所有蔬菜的两两组合，如表 23.4 所示。

表 23.4　候选 2-项集

组合	数量	组合	数量
Asparagus, beans	5	Broccoli, corn	2
Asparagus, broccoli	1	Broccoli, green peppers	4
Asparagus, corn	2	Broccoli, squash	1
Asparagus, green peppers	0	Broccoli, tomatoes	2
Asparagus, squash	5	Corn, green peppers	3
Asparagus, tomatoes	1	Corn, squash	3
Beans, broccoli	3	Corn, tomatoes	4
Beans, corn	5	Green peppers, squash	1
Beans, green peppers	3	Green peppers, tomatoes	3
Beans, squash	6	Squash, tomatoes	2
Beans, tomatoes	4		

由于 $\varphi = 4$，因此可得 F_2={{芦笋,豆类},{芦笋,南瓜},{豆类,玉米},{豆类,南瓜},{豆类,西红柿},{花椰菜,青辣椒}，{玉米,西红柿}}。接着，将利用生成的频繁 2-项集 F_2 生成候选 3-项集 C_3。为此，我们将 F_2 与其自身作连接操作，其中将有 $k-1$ 个共同项(按字母顺序)的项集连接。例如，{芦笋,豆类}和{芦笋,南瓜}有 k−1=1 个共同项——芦笋，则产生新的候选项集{芦笋,豆类,南瓜}。类似地，{豆类,玉米}和{豆类,南瓜}具有共同项——豆类，可建立候选 3-项集{豆类,玉米,南瓜}。以同样的方法可以建立候选 3-项集{豆类,玉米,西红柿}和{豆类,南瓜,西红柿}。至此，产生的候选 3-项集为 C_3={{芦笋,豆类,南瓜},{豆类,玉米,南瓜},{豆

类,玉米,西红柿},{豆类,南瓜,西红柿}}。

然后利用先验属性，对候选 3-项集 C_3 进行剪枝。对 C_3 中的每个项集 s，建立并检验其长度为 $k-1$ 的子集。如果子集中有一个集合是非频繁的，则 s 是非频繁的。例如，考虑 s ={芦笋,豆类,南瓜}，其 $k-1=2$ 的子集建立如下：{芦笋,豆类}、{芦笋,南瓜}、{豆类,南瓜}。从表 23.4 可知，每个子集均为频繁项集，因此 s ={芦笋,豆类,南瓜}将不会被剪枝掉。读者可以自行验证 s ={豆类,玉米,西红柿}也不会被剪枝。

然而，考虑 s ={豆类,玉米,南瓜}的情况，其中{玉米,南瓜}的频度为 $3<4=\varphi$，因此{玉米,南瓜}是非频繁的。因此，按照先验属性要求，{豆类,玉米,南瓜}不是频繁项集，故将被剪枝掉，不会成为频繁 3-项集 F_3 的一员。同样，考虑 s ={豆类,南瓜,西红柿}的情况。其子集{南瓜,西红柿}的频度为 $2<4=\varphi$，因此是非频繁的。同样，按照先验属性要求，其超集{豆类,南瓜,西红柿}也不是频繁的，将被剪枝，不会出现在频繁 3-项集 F_3 中。

我们仍然需要验证候选频繁项集。项集{芦笋,豆类,南瓜}在事务列表中出现 4 次，但{豆类,玉米,西红柿}仅出现 3 次。因此，后一个候选项集将被剪枝，至此仅有一个频繁 3-项集 F_3：{芦笋,豆类,南瓜}。通过上述方法从蔬菜摊数据集 D 中得到了频繁项集。

23.4 先验算法工作原理(第 2 部分)——建立关联规则

下一步，我们将利用频繁项集建立关联规则。对每个频繁项集 s，这可以由以下两步工作完成：

建立关联规则

(1) 首先，建立 s 的所有子集。

(2) 令 ss 表示 s 的非空子集。考虑建立规则 R：$ss \Rightarrow (s-ss)$，其中 $(s-ss)$ 表示不包含 ss 的集合 s。若 R 满足最小可信度需求，则建立(并输出) R。对 s 中的每个 ss，执行上述步骤。注意为简化起见，通常期望是单一后项。

例如，考虑频繁 3-项集 F_3 中的 s={芦笋,豆类,南瓜}。s 的子集包括{芦笋}、{豆类}、{南瓜}、{芦笋,豆类}{芦笋,南瓜}、{豆类,南瓜}。对表 23.5 显示的第一条关联规则，考虑 ss={芦笋,豆类}，因此 $(s-ss)$ ={南瓜}。考虑规则 R：{芦笋,豆类}$\Rightarrow${南瓜}。该规则的支持度为{芦笋,豆类}和{南瓜}在数据集 D 中同时出现时所占的比例 $4/14=28.6\%$。为获得可信度，注意到{芦笋,豆类}在数据集 D 中出现过 5 次，其中 4 次包含{南瓜}，因此可信度为 $\frac{4}{5}=80\%$。对表 23.5 中第二个规则的统计与前述过程类似。对表 23.5 中的第 3 条规则，支持度仍然是 $\frac{4}{14}=28.6\%$，但是可信度跌落到 $\frac{4}{6}=66.7\%$。这是因为{豆类,南瓜}出现在 6 个事务中，而包含{芦笋}的情况仅出现 4 次。假设最小可信度标准为 60%，同时期望是单一后项，则候选规则如表 23.5 所示。若最小可信度为 80%，则第三个规则将被删除掉。

表 23.5　蔬菜摊数据的候选关联规则：两个前项

如果“前项”，　那么“后项”	支持度	可信度
如果购买芦笋和豆类，那么购买南瓜	$\frac{4}{14}=28.6\%$	$\frac{4}{5}=80\%$
如果购买芦笋和南瓜，那么购买豆类	$\frac{4}{14}=28.6\%$	$\frac{4}{5}=80\%$
如果购买豆类和南瓜，那么购买芦笋	$\frac{4}{14}=28.6\%$	$\frac{4}{6}=66.7\%$

最后，转向考察单一前项/单一后项规则。利用上述的关联规则建立方法，使用 F_2 中的项集，我们可以建立如表 23.6 所示的候选关联规则。

表 23.6　蔬菜摊数据的候选关联规则：一个前项

如果“前项”，那么“后项”	支持度	可信度
如果购买芦笋，那么购买豆类	$\frac{5}{14}=35.7\%$	$\frac{5}{6}=83.3\%$
如果购买豆类，那么购买芦笋	$\frac{5}{14}=35.7\%$	$\frac{5}{10}=50\%$
如果购买芦笋，那么购买南瓜	$\frac{5}{14}=35.7\%$	$\frac{5}{6}=83.3\%$
如果购买南瓜，那么购买芦笋	$\frac{5}{14}=35.7\%$	$\frac{5}{7}=71.4\%$
如果购买豆类，那么购买玉米	$\frac{5}{14}=35.7\%$	$\frac{5}{10}=50\%$
如果购买玉米，那么购买豆类	$\frac{5}{14}=35.7\%$	$\frac{5}{8}=62.5\%$
如果购买豆类，那么购买南瓜	$\frac{6}{14}=42.9\%$	$\frac{6}{10}=60\%$
如果购买南瓜，那么购买豆类	$\frac{6}{14}=42.9\%$	$\frac{6}{7}=85.7\%$
如果购买豆类，那么购买西红柿	$\frac{4}{14}=28.6\%$	$\frac{4}{10}=40\%$
如果购买西红柿，那么购买豆类	$\frac{4}{14}=28.6\%$	$\frac{4}{6}=66.7\%$
如果购买花椰菜，那么购买青辣椒	$\frac{4}{14}=28.6\%$	$\frac{4}{5}=80\%$
如果购买青辣椒，那么购买花椰菜	$\frac{4}{14}=28.6\%$	$\frac{4}{5}=80\%$
如果购买玉米，那么购买西红柿	$\frac{4}{14}=28.6\%$	$\frac{4}{8}=50\%$
如果购买西红柿，那么购买玉米	$\frac{4}{14}=28.6\%$	$\frac{4}{6}=66.7\%$

为给关联规则提供有用的整体度量，分析人员有时会将可信度乘以支持度。这样做允许分析人员按照普遍性和精确性组合情况来对规则进行排序。表 23.7 提供了一个当前数据集的列表，该列表首先通过最小可信度 80%对规则进行过滤。

表 23.7 蔬菜摊数据的最终关联规则列表：按照支持度×可信度排序，最小可信度为 80%

如果“前项”， 那么“后项”	支持度	可信度	支持度×可信度
如果购买南瓜，那么购买豆类	$\frac{6}{14}=42.9\%$	$\frac{6}{7}=85.7\%$	0.3677
如果购买芦笋，那么购买豆类	$\frac{5}{14}=35.7\%$	$\frac{5}{6}=83.3\%$	0.2974
如果购买芦笋，那么购买南瓜	$\frac{5}{14}=35.7\%$	$\frac{5}{6}=83.3\%$	0.2974
如果购买花椰菜，那么购买青辣椒	$\frac{4}{14}=28.6\%$	$\frac{4}{5}=80\%$	0.2288
如果购买青辣椒，那么购买花椰菜	$\frac{4}{14}=28.6\%$	$\frac{4}{5}=80\%$	0.2288
如果购买芦笋和豆类，那么购买南瓜	$\frac{4}{14}=28.6\%$	$\frac{4}{5}=80\%$	0.2288
如果购买芦笋和南瓜，那么购买豆类	$\frac{4}{14}=28.6\%$	$\frac{4}{5}=80\%$	0.2288

比较一下表 23.7 和图 23.1，后者是采用先验算法的建模器得到的关联规则，其中可信度不低于 80%，且按照支持度×可信度的结果排序。第三列(建模器称为“支持度%”)实际上并不是我们在本章中所定义的支持度。相反，建模器所称的“支持度”仅包含前项，而不是我们定义的那样包含前项和后项(根据 Han 和 Kamber[2]、Han 等人[3]的著作，或者其他文献)。为利用建模器得到的结果获得关联规则的实际支持度，需要将支持度与可信度相乘。例如，建模器报告第一条规则的支持度为 50%，可信度为 85.714%。按照对支持度的一般理解，实际意味着其支持度为 50%×85.714%=42.857%。注意一下图 23.1，因为其在报告前项之前首先报告的是后项。除“支持度”存在差异外，图 23.1 所示的软件的有关蔬菜摊数据的关联规则与我们手工逐步获得的规则是相同的。

---

2 Jiawei Han and Micheline Kamber, *Data Mining Concepts and Techniques*, Second Edition, Morgan Kaufmann, San Francisco, CA, 2006.

3 David Hand, Heikki Mannila, and Padhraic Smith, *Principles of Data Mining*, MIT Press, Cambridge,MA, 2001.

Consequent	Antecedent	Support %	Confidence %
Beans	Squash	50.0	85.714
Squash	Asparagus	42.857	83.333
Beans	Asparagus	42.857	83.333
Green Peppers	Broccoli	35.714	80.0
Broccoli	Green Peppers	35.714	80.0
Beans	Asparagus Squash	35.714	80.0
Squash	Asparagus Beans	35.714	80.0
Green Peppers	Broccoli Tomatoes	14.286	100.0
Green Peppers	Broccoli Corn	14.286	100.0
Squash	Asparagus Corn	14.286	100.0
Beans	Tomatoes Squash	14.286	100.0

图 23.1　建模器生成的蔬菜摊数据的关联规则

有了从关联规则中获得的知识，蔬菜摊雇主可以在布置市场时利用上述发现的模式。为什么某些产品同时出现在客户的购物篮中呢？是否应该改变产品的布放位置以方便客户同时购买这些产品呢？工作人员是否应当提醒顾客在购买产品 B 时，不要忘记购买相关的产品 A 呢？

23.5　从标志数据扩展到分类数据

至此，我们对仅包含标志数据类型的关联规则进行了介绍。即，所有蔬菜摊属性其数据类型都是取值为 0/1 标志的布尔类型，如表 23.3 所示的表数据格式那样，直接反映购物篮分析的问题。然而，关联规则并不仅限于标志数据类型。一般来说，先验算法可以应用于分类数据类型。让我们看一个示例。

回忆一下在第 8 章和第 9 章中分析时所用到的规范化的成人数据集。此处，我们利用第 12 章应用的数据集，将先验算法应用于婚姻状态、性别、工作类型等预测变量以及目标变量收入上，并使用建模器。最小支持度为 15%，最小可信度为 80%，最多包含两个前项，关联规则如图 23.2 所示。

Consequent	Antecedent	Support %	Confidence %
Income = <=50K	Marital status = Never-married Work Class = Private	25.184	95.855
Income = <=50K	Marital status = Never-married	32.9	95.319
Income = <=50K	Marital status = Never-married Sex = Male	18.272	94.374
Income = <=50K	Sex = Female Work Class = Private	23.9	90.979
Income = <=50K	Sex = Female	33.164	89.193

图 23.2　利用先验算法从分类属性中发现的关联规则

这些规则中有一些规则包含名义变量婚姻状态和工作类别，每个变量都包含几个值，因此这些属性确实是非标志型分类属性。先验算法将采用前述方法获得频繁项集，对同时出现的分类变量的值进行计数，而不是简单地对共同出现的标志值计数。

例如，考虑图 23.2 中的第二条规则“如果婚姻状态=未婚，则收入<=50 000”，该规则可信度为 95.319%。数据集中婚姻状态为未婚的共有 8225 个实例，代表了数据集中 32.9%的记录数(再次说明，建模器认为该值为“支持度”，与大多数专家认可的支持度不同)。该规则的支持度为(0.329)(0.95319)=0.3136。也就是说，31.362%的记录其婚姻状态值为未婚且收入值“<=50 000”，这构成分类属性的频繁 2-项集。

23.6　信息理论方法：广义规则推理方法

关联规则的结构，由于其前项和后项都是布尔表示，因此正如我们所看到的那样，特别适合处理分类数据。然而，当我们希望将关联规则运用到更广范围的数据类型时，特别是应用到数值类型属性上，会出现什么情况呢？

当然，总是可以找到将数值数据离散化的方法。例如，可以将收入在$3000 元以下定义为低收入，超过$7000 元定义为高收入，其他定义为中等收入。同样，我们知道无论是 C4.5 还是 CART 算法，对数值属性的处理都是通过有利的方式对数值变量作离散化处理。遗憾的是，除非在预处理阶段进行离散化处理，先验算法并未提供处理数值属性的机制。当然，离散化可能会导致信息缺失，因此如果分析人员的输入数据包含数值数据，并且不希望对其作离散化处理，则可以选择应用挖掘关联规则的替代方法：广义规则推理(GRI)。GRI 方法既可以处理输入为数值变量的数据，也可以处理输入为分类变量的数据，但是输出仍然需要是分类变量。

GRI 由 Smyth 和 Goodman 在 1992 年提出[4]。GRI 利用了信息理论方法(正如 C4.5 决策树算法中所做的那样)以确定候选关联规则的“兴趣度”，而不是采用频繁项集的方式。

4 Padhraic Smyth and Rodney M. Goodman, An information theoretic approach to rule induction from databases, *IEEE Transactions on Knowledge and Data Engineering*, Vol. 4, No. 4, August 1992.

J-度量

具体来说，GRI 应用了 J-度量：

$$J = p(x)[p(y|x)\ln\frac{p(y|x)}{p(y)} + [1-p(y|x)]\ln\frac{1-p(y|x)}{1-p(y)}]$$

其中：

- $p(x)$表示 x 的观察值的概率或可信度。这是对前项的范围的度量。前项属性的该值出现的普遍性如何？可以使用前项中变量的频率分布计算 $p(x)$的值。
- $p(y)$表示 y 值的先验概率或可信度。这是对后项中 y 的观察值的普遍性的度量。可以通过后项中变量的频率分布计算 $p(y)$的值。
- $p(y|x)$表示条件概率或先验可信度，即在 x 发生的情况下的 y 值。这是在 x 发生的情况下，对 y 值的观察结果。即：$p(y|x)$表示在考虑额外的与 x 相关的知识的情况下，观察 y 值更新的概率。用关联规则的术语来说，$p(y|x)$利用规则的可信度直接度量。
- ln 表示自然对数函数(以 e 为底的对数)。

对那些前项不止一个的规则来说，可以认为 $p(x)$是前项中不同变量值之间采用与操作得到的概率。

通常，由用户来定义期望获得的最小支持度和最小可信度。然而，对 GRI 而言，用户还需要定义他(她)期望获得多少条规则，因此需要定义算法所引用的关联规则表的大小。之后，GRI 算法建立单一前项的关联规则，并计算 J，即对关联规则的 J-度量值。如果由 J-度量量化得到的新规则的“兴趣度”比关联表中当前的最小 J 要高，则新规则被插入到规则表中，并通过删除具有最小 J 的规则保持规则表的大小不变。后续将考虑包含多个前项的特殊规则。

如何描述 J-统计的行为呢？显然(由于 $p(x)$处于方括号外)，$p(x)$越大，J 值也越大。即，J-度量趋向那些前项值具有更高普遍性的规则，反映其在数据集中具有更高的覆盖性。同样，当 $p(y)$及 $p(y|x)$更接近极限值(接近 0 或 1)时，J-度量趋向于变得更高。因此，J-度量也趋向于那些后项概率 $p(y)$接近极限或其规则的可信度 $p(y|x)$接近极限值的规则。

J-度量青睐具有较高可信度或较低可信度的规则。为什么我们会对可信度非常低的关联规则感兴趣呢？例如，假设我们有一条规则：如果买啤酒，则买指甲油。该规则的可信度 $p(y|x)=0.01\%$，J-度量会青睐该规则，因为其可信度极低。分析人员可以采用反向思维考虑该规则：如果买啤酒，则不买指甲油，其可信度为 99.99%。尽管该类反向规则通常是非常有趣的（“我认为我们最好将指甲油从啤酒区撤出”），但通常不会带来直接的行动。

23.7 关联规则不易做好

在应用关联规则时需要小心，因为其结果有时具有欺骗性。看看下面的例子。回到先验算法，我们要求建模器从成人数据库中挖掘关联规则，要求最小支持度为10%，最小可信度为60%，规则中最多两个前项。图23.3所示为一条关联规则。

Consequent	Antecedent	Support %	Confidence %
sex = Male	workclass = Private	69.54	65.631

图23.3 基本没用的关联规则

结果(未显示)包括如下的关联规则：如果 Work_Class=Private，则 Sex=Male。可信度为65.53%。对小业主感兴趣的市场分析人员可能会试图利用该规则支持将目标瞄准男性的新市场策略。然而，从适当的角度来看，该规则聊胜于无。

人们需要考虑数据集中男性的原始(先验)比例，在此情况下是66.84%。换句话说，应用该规则实际上将随机选择男性的概率从0.6684减少到0.6553。我们劝告你最好自己根据数据集的情况寻找其他解决方案，而不要应用该规则。

如果该规则一点用处都没有，为什么软件还要给出这条规则呢？快速回答是建模器的先验算法的默认排序机制是可信的。然而，此处需要强调的是，在没有仔细理解所获得的结果的模型和机制的情况下，数据挖掘人员不应当简单地相信计算机输出。随着复杂的点击式数据挖掘软件的不断应用，开销巨大而分析不正确的情况比以往任何时候都更常见。总之，数据挖掘容易造成不良的后果。需要求助于有见识的专家以及自己不断提高警惕，将隐藏在数据集中的金矿变成可执行的且能够带来利益的结果。

使用关联规则，需要牢记涉及的先验概率。为便于描述，我们现在要求建模器给我们提供先验关联规则，但这次我们使用可信度差异作为评估度量。此处，规则趋向于先验可信度与后验可信度之间存在最大变化的情况。满足上述要求的关联规则如图23.4所示：如果 Marital Status=Divorced，则 Sex=Female。数据集中包含33.16%的女性，因此一条能够以60.029%的可信度区分女性的关联规则是有用的。该关联规则的先验和后验可信度之间的差异为0.60029−0.3316=0.2869。

Consequent	Antecedent	Support %	Confidence %
Sex = Female	Marital status = Divorced	13.74	60.029

图23.4 该关联规则是有用的，因为后验概率(0.60029)比先验概率(0.3316)要高很多

另外，分析人员可能希望使用可信度比率评估潜在的规则。可信度比率定义如下：

$$\text{可信度比率} = 1 - \min\left(\frac{p(y|x)}{p(y)}, \frac{p(y)}{p(y|x)}\right)$$

例如，对规则“如果 Marital Status=Divorced，则 Sex=Female”，我们有 $p(y) = 0.3316$，$p(y\,|\,x) = 0.60029$，因此有：

$$\min\left(\frac{p(y|x)}{p(y)}, \frac{p(y)}{p(y|x)}\right) = \frac{p(y)}{p(y|x)} = \frac{0.3316}{0.60029} = 0.5524$$

由此可信度比率等于1−0.5524=0.4476。在练习中，我们将进一步探讨这些规则选择标准之间的差异。

23.8 度量关联规则可用性的方法

正如所见，并非所有关联规则都是有用的。这里我们介绍一种可以量化关联规则有用性的度量方法：提升度。其定义如下：

$$提升度=\frac{规则可信度}{后项的先验比例}$$

回忆超市的例子，该例包括1000位客户，200位买了尿布。在买了尿布的200位客户中，50人还买了啤酒。购买了啤酒的客户的先验比例为$\frac{50}{1000}$=5%，该规则的可信度为$\frac{50}{200}$=25%。由此，该关联规则“如果买尿布，则买啤酒”的提升度为：

$$提升度=\frac{0.25}{0.05}=5$$

这可以解释为“从整个数据集来看，购买尿布的客户5倍于购买啤酒的客户”。显然，该关联规则对那些希望卖出更多尿布的商店管理者来说是有用的。假设1000位客户中有40人购买了昂贵的化妆品，然而在购买了尿布的200位客户中，仅有5人购买了昂贵的化妆品。在此情况下，关联规则“如果买尿布，则买昂贵化妆品”的提升度为：

$$提升度=\frac{5/200}{40/1000}=\frac{0.025}{0.04}=0.625$$

因此，从整个数据集来看，购买了尿布的客户仅有62.5%的可能性购买昂贵化妆品。

一般来说，提升度值不等于1将会比那些提升度值接近1的规则更有趣和有用。为什么提升度值越接近1的规则可用性越差呢？考虑关联规则“如果A，则B”的可信度定义：

$$可信度=P(B|A)=\frac{P(A\cap B)}{P(A)}$$

则，为获得提升度，我们将它除以后项B的先验比例，得到：

$$提升度=\frac{规则可信度}{后项的先验比例}=\frac{P(A\cap B)}{P(A)P(B)}$$

现在，若$P(A\cap B)=P(A)P(B)$，则事件A与B是独立的。由此，比率$\frac{P(A\cap B)}{P(A)P(B)}$接近1表示A与B为独立事件，意味着A发生的情况不会影响B发生的可能性。从数据挖掘的角度来看，此类关系没有什么用处，因此我们总是希望关联规则的提升度值不要接近1。

23.9 关联规则是监督学习还是无监督学习

在完成关联规则学习前，让我们讨论几个感兴趣的话题。首先，我们可能会问关联规则到底是监督学习，还是无监督学习呢？其实多数数据挖掘方法属于监督学习，因为①预先定义了目标变量；②为算法提供了丰富的样例集合，在这些集合中，会发现目标变量与预测变量之间可能存在的关联。而无监督学习没有清楚地定义目标变量。数据挖掘算法在所有变量中搜索模式和结构。聚类可能是最常见的无监督数据挖掘算法。

然而，关联规则挖掘可以应用于监督学习，也可以应用于无监督学习。例如，在市场购物篮分析中，可能仅仅对“哪些商品会被一起购买”感兴趣。此时，并不存在明确的目标变量。然而，一些数据集存在自然的结构，因此某些特定的变量起到后项的角色，且没有前项(参考练习中的 Play 例子)。例如，假定政治民意调查人员从投票站中收集人口统计信息，以及主题的投票偏好。在此情况下，可以从数据集中挖掘出关联规则，其中人口统计信息可以表示可能的前项，投票偏好可用于表示为单一后项。这样，关联规则有助于通过一定的人口统计特征，以监督学习方式分类居民的投票趋向。

为此，对该问题的回答是，尽管关联规则一般都被用于无监督学习，但也可以被应用于分类任务的监督学习。

23.10 局部模式与全局模型

最后，数据分析人员需要考虑模型与模式之间存在的差异。模型是对数据集的全局描述或解释，得到的是高层视图。模型可以是描述性的或者是推论性的。描述性模型寻求以简洁的方式总结整个数据集。推论性模型的目标是提供一种机制，确保分析人员能够完成从样例到总体的概括。无论哪种方式，视图都是全局的，涉及整个数据集。然而，模式主要是数据的局部特征。事实上，可识别的模式仅仅适合于部分变量或者数据记录的某些部分。

我们已经讨论过的大多数建模方法都涉及全局模型构建。然而，关联规则特别适合于发现数据中存在的局部模式。当我们在关联规则中应用“如果”子句时，就对数据进行了划分，因此通常多数记录并未应用。应用“如果”子句深入“下钻”数据集，目标是发现隐藏的可能也可能不与大量数据有关的局部模式。

例如，考虑如图 23.4 所示的关联规则：如果 Marital Status=Divorced，则 Sex=Female，可信度为 60.029%。我们可以发现该关联规则仅涉及数据集中 13.74%的记录，而忽略了其他 86.24%的记录。即使在涉及的记录中，关联规则还忽略了大多数变量，仅关注两个变量。因此，严格来讲，该关联规则不能被认为是全局性的，不能被认为是一个模型。它表示一种针对这些记录和变量的局部模式。

当然，发现有趣的局部模式是数据挖掘的重要目标之一。有时，发现数据中的模式会导致开展新的有效益的工作。例如，回忆一下流失数据集(见第 3 章)，其中那些属于语音邮件套餐的客户比其他客户(见图 23.5)的流失风险要小很多。这一发现影响 3333 条记录中的 922 条(27.663%)，仅包含两个变量，因此可以认为是一种局部模式。然而，这一情况的发现可能导致营销策略的改变，如果采取适当的部署，将会为移动电话公司带来新的利润。

Consequent	Antecedent	Support %	Confidence %
Churn? = False.	VMail Plan = yes	27.663	91.323

图 23.5　赢利模式：语音邮件套餐的客户流失可能性低

R 语言开发园地

 # 加载数据集，加载所需的包，创建事务对象

```
adult <- read.csv(file = "C:/…/adult.txt",
    stringsAsFactors = TRUE)
library(arules)
testing <- as(adult[,-c(1, 3, 4, 5, 7, 8, 9, 11, 12, 13, 14)], "transactions")
```

 # 运行程序，查看按照支持度排序的输出结果

```
rules <- apriori(testing,
    parameter=list(supp=0.15,
    conf=0.80,
    maxlen=3))
inspect(sort(rules))
```

```
> inspect(sort(rules))
   lhs                                    rhs                                   support confidence      lift
1  {marital.status=Married-civ-spouse} => {sex=Male}                           0.40644 0.8881216677 1.328807331
2  {marital.status=Never-married}      => {income=<=50K.}                      0.31360 0.9531914894 1.253144049
3  {sex=Female}                        => {income=<=50K.}                      0.29580 0.8919310095 1.172605976
4  {workclass=Private,
    marital.status=Married-civ-spouse} => {sex=Male}                           0.26300 0.8889940508 1.330112590
5  {workclass=Private,
    marital.status=Never-married}      => {income=<=50K.}                      0.24140 0.9585451080 1.260182357
6  {marital.status=Married-civ-spouse,
    income=<=50K.}                     => {sex=Male}                           0.22540 0.8893623737 1.330663675
7  {workclass=Private,
    sex=Female}                        => {income=<=50K.}                      0.21744 0.9097907950 1.196085921
8  {income=>50K.}                      => {marital.status=Married-civ-spouse} 0.20420 0.8531082888 1.864147122
9  {income=>50K.}                      => {sex=Male}                           0.20352 0.8502673797 1.272169758
10 {marital.status=Married-civ-spouse,
    income=>50K.}                      => {sex=Male}                           0.18104 0.8865817826 1.326503355
11 {sex=Male,
    income=>50K.}                      => {marital.status=Married-civ-spouse} 0.18104 0.8895440252 1.943763712
12 {marital.status=Never-married,
    sex=Male}                          => {income=<=50K.}                      0.17244 0.9437390543 1.240717099
```

R 参考文献

Hahsler, M, Buchta, C, Gruen, Bettina and Hornik, Kurt (2013). arules: Mining Association Rules and Frequent Itemsets. R package version 1.0-15. http://CRAN.R-project.org/package=arules. Accessed 2014 Oct 06.

R Core Team. *R: A Language and Environment for Statistical Computing*. Vienna, Austria: R Foundation for Statistical Computing; 2012. 3-900051-07-0, http://www.R-project.org/.Accessed 2014 Oct 06.

练习

1. 描述表示市场购物篮数据的两种不同的方法。每种方法的优缺点分别是什么？
2. 什么是支持度和可信度。用支持度表示可信度的公式。
3. 用自己的语言表述先验属性。

对于下列练习，考虑来自 Quinlan 的数据集[5]，如表 23.8 所示。目标是利用先验算法发现关联规则，预测何时适合户外运动。因此，与蔬菜摊示例不同，我们可以将对项集的搜索限制在包括属性 Play 的那些项上面。

表 23.8 用于关联规则挖掘的天气数据集

序号	天气趋势	温度	湿度	有风	出去玩
1	Sunny	Hot	High	False	No
2	Sunny	Hot	High	True	No
3	Overcast	Hot	High	False	Yes
4	Rain	Mild	High	False	Yes
5	Rain	Cool	Normal	False	Yes
6	Rain	Cool	Normal	True	No
7	Overcast	Cool	Normal	True	Yes
8	Sunny	Mild	High	False	No
9	Sunny	Cool	Normal	False	Yes
10	Rain	Mild	Normal	False	Yes
11	Sunny	Mild	Normal	True	Yes
12	Overcast	Mild	High	True	Yes
13	Overcast	Hot	Normal	False	Yes
14	Rain	Mild	High	True	No

4. 令$\varphi = 3$。建立频繁 1-项集。
5. 令$\varphi = 3$。建立频繁 2-项集。
6. 令$\varphi = 3$。建立频繁 3-项集。
7. 采用 75%的最小可信度和 20%的最小支持度，产生包含一个前项的关联规则用于预测 Play 属性。
8. 采用 75%的最小可信度和 20%的最小支持度，产生包含两个前项的关联规则用于预测 Play 属性。
9. 对练习 7 和练习 8 的每条规则，用观察到的支持度乘以可信度，得到排序并放入

5 J. Ross Quinlan, *C4.5: Programs for Machine Learning*, Morgan Kaufmann, San Francisco, CA, 1993.

表中。

10. 用关联规则软件检验你手工发现的结果。

11. 对上述通过先验算法发现的每条规则，计算其 *J*-度量。然后按照 *J*-度量值排序。将排序结果与先验支持度乘以可信度的排序结果进行比较。

12. 计算获得图 23.5 中第 6 条规则的 *J*-度量值。

实践分析

利用本书网站给出的流失数据集，完成下列练习。使用 Churn_Training_File。过滤除下列变量外的所有变量：语音邮件套餐、国际套餐、客户服务呼叫、流失情况。按序设置客户服务呼叫。允许前项和后项包含 3 个预测变量，但流失情况只能作为后项。

13. 设置前项最小支持度为 1%，规则最小可信度为 5%，前件最大数量为 1。利用规则可信度作为评估度量。

  a. 获得具有最大提升度值的关联规则。

  b. 针对(a)中的规则给出下列度量结果。

    (i) 实例的数量

    (ii) 支持度%(根据本章的定义)

    (iii) 可信度%

    (iv) 规则支持度%

    (v) 提升度

    (vi) 可部署性

  c. 手工计算各种度量。

  d. 针对该数据，解释(c)中每种度量的含义(可忽略(i))。

14. 设置前项最小支持度为 1%，规则最小可信度为 5%，前项最大数量为 1。

  a. 利用可信度差异作为评估度量建立规则，评估度量下界为 40。解释该评估度量的含义。

  b. 对建立的规则，用手工计算方法计算需要的评估度量，并说明该评估度量满足最小下界要求。

  c. 利用可信度差异作为评估度量建立规则，评估度量下界为 30。

  d. 选择具有最高可部署性的规则。解释为什么该规则的可部署性比我们在问题 13(a)中发现的要大。

15. 设置前项最小支持度为 1%，规则最小可信度为 5%，前项最大数量为 1。

  a. 利用可信度比率作为评估度量建立规则，其中评估度量下界为 40。解释该评估度量的含义。

  b. 选择包含国际套餐的规则。手工计算需要报告的评估度量，并说明该评估度量满足最小下界要求。

16. 比较练习 13 与第 3 章和第 6 章的 EDA 和决策树分析的结果。讨论结果的异同。你喜欢哪种分析形式？能够发现结果所带来的影响吗？

17. 运用 GRI 算法发现关联规则，用于预测流失或非流失行为。为支持度和可信度定义合理的下界。

18. 比较先验算法与 GRI 算法结果。哪个算法产生更多的规则，为什么？针对特定的数据集，哪个算法可能更好？为什么？

第Ⅵ部分

增强模型性能

第 24 章

细分模型

在本书第Ⅵ部分中，我们将检验能够增强模型性能的方法。本章我们将学习细分模型，采用聚类或划分数据集的方法，为每种细分开发特定聚类模型，由此来增强模型的整体功效。第 25 章将学习集成方法，将从分类模型获得的结果集成，以便增强精度，减少分类的变异性。最后，第 26 章将考虑其他类型的集成方法，包括投票和模型平均方法。

24.1 细分建模过程

迄今为止，我们建立的模型应用于测试数据集中的所有记录，甚至应用到所有相关数据领域或总体的观察对象上。然而，在大多数应用中，我们可以用以下方法增强模型的整体性能：

a. 识别与其他子集采用不同的预测方法的数据子集；

b. 将独特的、定制的模型应用于每个子集。

模型的结果集往往更有效，其总的误差率更低，或者说比一个普适的模型具有更高的整体效益。

识别有用子集的过程可以利用探索数据分析(EDA)或通过聚类分析实现。由此获得的定制模型对数据的每个子集是特定的，被称为细分模型。众所周知，细分模型在市场或客户关系管理等领域是非常有效的，而且可以增强大多数应用中预测模型的性能。

细分建模过程如图 24.1 所示。

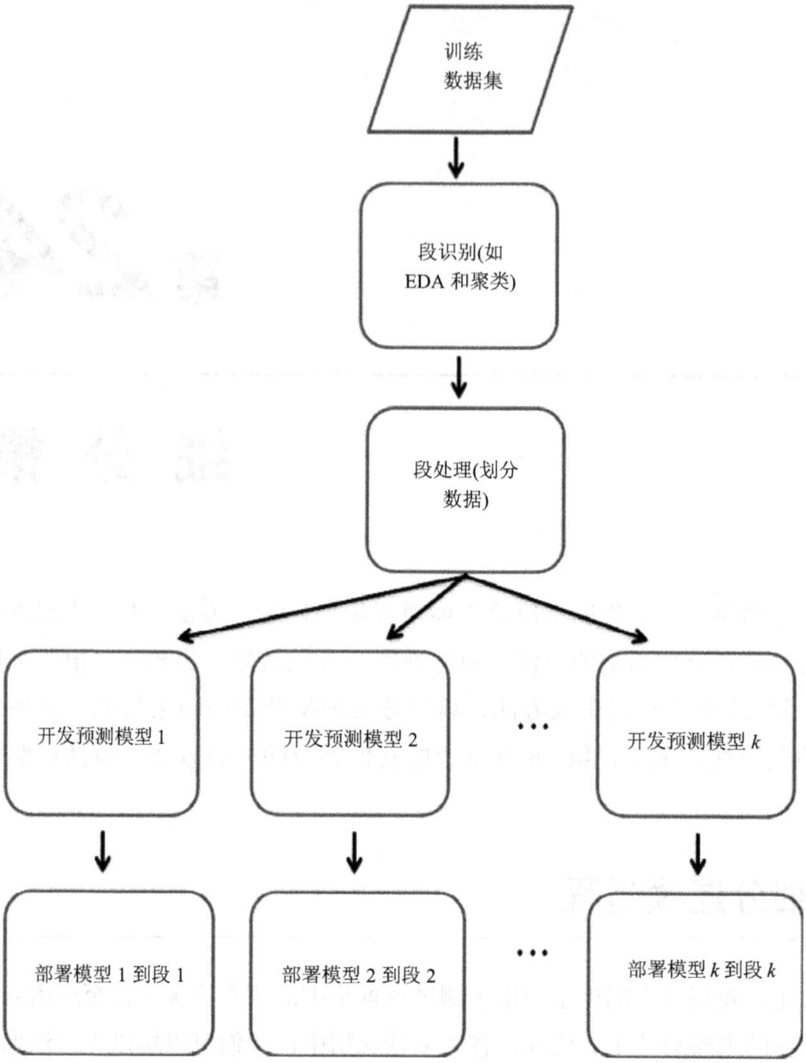

图 24.1 细分建模过程

细分建模过程

(1) 利用 EDA、聚类或预备建模技术(如带有哑元变量的回归)，识别有用的分段。

(2) 基于第(1)步发现的分段信息，将训练数据集划分为 k 个段。

(3) 为 k 个段中的每个段开发定制的预测模型。

(4) 对 k 个段中的每个段的记录应用定制的预测模型。

我们提供了细分建模的示例，它们使用如下分段识别方法：

- EDA
- 聚类分析

24.2　利用 EDA 识别分段的细分建模

成人数据集试图按照收入水平大于或小于$50 000 分类，利用了预测变量集，包括资本收益和资本损失等。我们注意到在 EDA 阶段，报告资本收益或资本损失的人群都趋向于高收入，而不是趋向于低收入，正如图 24.2～图 24.4 所示的标准化条形图那样。这些图显示高收入(≥$50 000)人群占有资本收益(见图 24.2)、资本损失(见图 24.3)或者资本收益或资本损益(见图 24.4)的人群的比例。

Value	Proportion	%	Count
T		8.3	2076
F		91.7	22924

图 24.2　资本收益

Value	Proportion	%	Count
T		4.62	1156
F		95.38	23844

图 24.3　资本损失

Value	Proportion	%	Count
T		12.93	3232
F		87.07	21768

图 24.4　资本收益或资本损失

紧接着，我们推测：

a. 图 24.2～图 24.4 中的 EDA 表示实际针对总体的二分类，意味着那些报告有资本收益或资本损失的客户的特征与那些没有资本收益或资本损失的客户存在系统性差别。

b. 若能够针对每个不同的分组构建特定的模型，而不是仅仅为所有客户构建一个总体的模型，则我们可以得到更好的结果。

为验证如上推测，我们执行以下 EDA 驱动的针对成人数据集的细分建模过程：

EDA 驱动的细分建模过程

(1) 将成人数据集划分为训练集和测试集。

(2) 使用整个训练数据集训练分类和回归树(CART)模型，用于预测收入情况。该模型为全局模型。

(3) 使用整个测试数据集评估全局模型。

(4) 将训练数据集按照报告资本收益或资本损失(Caps)和没有相关报告(No Caps)的情况进行细分。

(5) 对测试数据集重复步骤(4)。

(6) 使用 Caps 组训练数据训练 CART 模型来预测收入。训练获得的模型称为资本收益或损失模型(Caps 模型)。

(7) 使用 No Caps 组训练数据训练 CART 模型来预测收入。训练获得的模型称为无资本收益或损失模型(No Caps 模型)。Caps 模型和 No Caps 模型一起表示我们的细分模型。

(8) 使用测试数据集中的 Caps 组评估 Caps 模型。

(9) 使用测试数据集中的 No Caps 组评估 No Caps 模型。

(10) 比较全局模型与 Caps 模型和 No Caps 模型合并结果的列联表、误差率等。

为节省空间，此处未展示第(1)步至第(9)步的输出。每个模型的列联表如图 24.5 所示，其中行表示实际收入，列表示预测收入。

	$R-Income		
全局模型	Income	<=50K	>50K
	<=50K	4417	257
	>50K	787	694
Caps 模型	Income	<=50K	>50K
	<=50K	302	10
	>50K	41	406
No Caps 模型	Income	<=50K	>50K
	<=50K	4158	204
	>50K	650	384

图 24.5 全局模型与每个细分模型的列联表

比较总误差率[1]，我们有：

$$\text{总误差率}_{\text{全局模型}}=\frac{257+787}{6155}=0.1696$$

$$\text{总误差率}_{\text{Caps模型}}=\frac{10+41}{759}=0.0672$$

$$\text{总误差率}_{\text{No Caps模型}}=\frac{204+650}{5396}=0.1583$$

$$\text{总误差率}_{\text{合并的Caps和No Caps模型}}=\frac{10+41+204+650}{6155}=0.1470$$

显然，细分模型比全局模型效果更好一些。Caps 模型的总误差更低，但是 No Caps 模型也稍低。合并模型总误差率净减少 2.26，表示相对于全局模型误差率，合并模型误差率减少 13%(0.0226/0.1696)。

1 由于训练集/测试集不同，读者的结果可能略有不同。

24.3 利用聚类方法识别分段的细分建模

客户流失数据集被用于开发模型来预测在什么情况下客户会抛弃公司提供的服务。我们采用聚类方法开发细分模型，期望更好地理解公司客户的各种细分情况。对客户流失数据集采用如下聚类驱动的细分建模过程。

聚类驱动的细分建模过程

(1) 将客户流失数据集划分为训练数据集和测试数据集。

(2) 利用整个训练数据集训练 CART 模型来预测流失情况，形成全局模型。

(3) 利用整个测试数据集评估全局模型。

(4) 对训练数据集应用 *k*-均值聚类，采用 k=3 的聚类解决方案(当然，分析人员可以采用任何类型的聚类方法，且 *k* 值的选择完成取决于分析人员对实际情况的理解和判断)。

(5) 使用训练数据集，训练定制的 CART 模型来预测 k=3 个簇中的每个簇的流失情况，形成模型“簇 1”、“簇 2”和“簇 3”。

(6) 利用测试数据集评估每个定制簇模型(当使用建模器时，不需要针对测试数据集训练新的簇模型。簇节点将根据每个记录与簇中心的距离将每个测试集的记录分配到适当的簇中)。

(7) 配置簇以便能更好地理解客户。

(8) 通过列联表、误差率、成本及收益等，对全局模型与从定制簇模型产生的合并结果进行比较。

图 24.6 提供了簇 EDA。最有助于识别簇的变量在图的顶部，按照重要性降序排列。这里遵循简单的簇配置文件。

- 簇 1。未参加任何套餐的客户占多数。该簇包含训练数据集中将近 65%的记录(与测试数据集的比例类似)。这些客户既不属于国际套餐，也不属于语音邮件套餐。
- 簇 2。参加语音邮件套餐的客户。该簇包含大约 25%的记录，表明参与语音邮件套餐的客户占较大的比例。
- 簇 3。参与国际套餐的客户。该簇仅包含大约 10%的记录，表示那些选择了国际套餐的客户。注意该簇在客户服务呼叫的上端有一个尖峰，这并不是一个好的兆头。

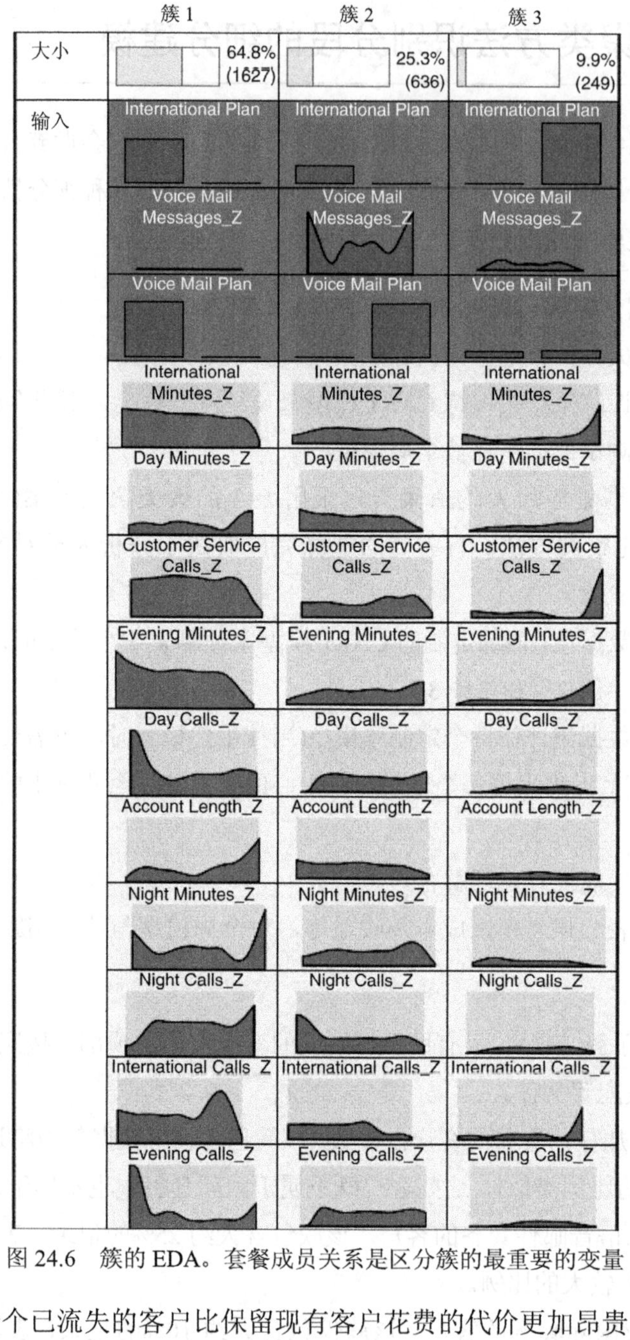

图 24.6 簇的 EDA。套餐成员关系是区分簇的最重要的变量

显然，找回一个已流失的客户比保留现有客户花费的代价更加昂贵。出于该原因，在 CART 模型中，我们将对假负类(例如，实际流失客户不会流失的预测)使用 2 比 1 的误分类成本。

全局模型和每个簇模型的列联表如图 24.7 所示。

	Churn	False	True
全局模型	False	647	58
	True	26	90
簇 1 模型	False	446	36
	True	15	56
簇 2 模型	False	170	9
	True	10	5
簇 3 模型	False	44	0
	True	5	25

图 24.7 全局模型与每个簇模型的列联表

因为我们采用了误分类成本，所以与模型成本比较，总误差率显得并不是那么重要。计算结果如下：

$$模型成本_{全局模型}=26\times 2+58=110$$

$$模型成本_{簇1模型}=15\times 2+36=66$$

$$模型成本_{簇2模型}=10\times 2+9=29$$

$$模型成本_{簇3模型}=5\times 2+0=10$$

$$模型成本_{合并的簇模型}=66+29+10=105$$

根据以上计算，簇(细分)模型的合并成本(105)大约比全局模型(110，单位未定义)要低4.5%，这将会让你的客户感到满意。然而，使用聚类进行细分的更大好处是聚类告诉我们客户的行为。图 24.8 是簇的规范化条形图，表示存在的流失情况。显然，与其他两个簇比较，簇 3(国际套餐参与客户)具有更高的流失率。公司管理人员应该研究造成大量参与国际套餐的客户放弃采用公司服务这一结果的原因。

Value	Proportion	%	Count
Cluster-1		67.36	553
Cluster-2		23.63	194
Cluster-3		9.01	74

图 24.8 簇 3(参与国际套餐的客户)具有较高的流失率

从图 24.7 中，我们可以计算每个簇中以及整个测试数据集中实际流失客户的比例。

$$流失比例_{整个测试数据集}=\frac{26+90}{647+58+26+90}=0.1413$$

$$流失比例_{簇1}=\frac{15+56}{446+36+16+56}=0.1284$$

$$流失比例_{簇2}=\frac{10+5}{170+9+10+5}=0.0773$$

$$流失比例_{簇3}=\frac{5+25}{44+0+5+25}=0.4054$$

与其他簇比较，簇 3 的流失客户的比例最高，反映在图 24.8 中。

现在，我们可以比较为每个簇建立的决策树，如图 24.9 所示。注意到对每个簇来说，决定流失情况的决策树的特点是各不相同的，它们展示每个细分的独特性质。通过采取定制的方法，每个公司可以根据实际情况减少每个分段客户流失的问题。

- 簇 1。未参加任何套餐的客户占多数。根节点为 Day Minutes_Z (标准化每日通话分钟数)，每天通话分钟数(与均值大约有 1.5 个标准差)较多的用户具有流失的风险。幸运的是，这类人并不多。另外，具有大量客户服务呼叫的客户(与均值比较，大约有 1.5 个或更多个标准差，至少有 4 个客户服务呼叫)有流失的风险。
- 簇 2。参与语音邮件套餐的客户。尽管在所有簇中，簇 2 的流失比例最低，我们仍然需要注意具有较高(至少 4 次)客户服务呼叫的客户，他们具有较高的流失风险。注意到 CART 模型表明，尽管在 36 个用户中，仅有 38.9%的客户具有高客户服务呼叫，但预测仍然是“流失=真”，因为假负错误的误分类成本贵两倍。
- 簇 3。参与国际套餐的客户。该簇对公司来说是最麻烦的，具有超过 40%的流失率。显然，我们的国际套餐服务正在导致客户放弃公司的服务。决策树表明，参与国际套餐的客户中没有大量采用国际长途服务(Calls_Z≤−0.804)的客户的流失率为 100%。在剩下的客户中，具有较高的通话时长的客户流失率也达到 100%。因此，迫切需要采取必要的措施，降低如此高昂的流失率。

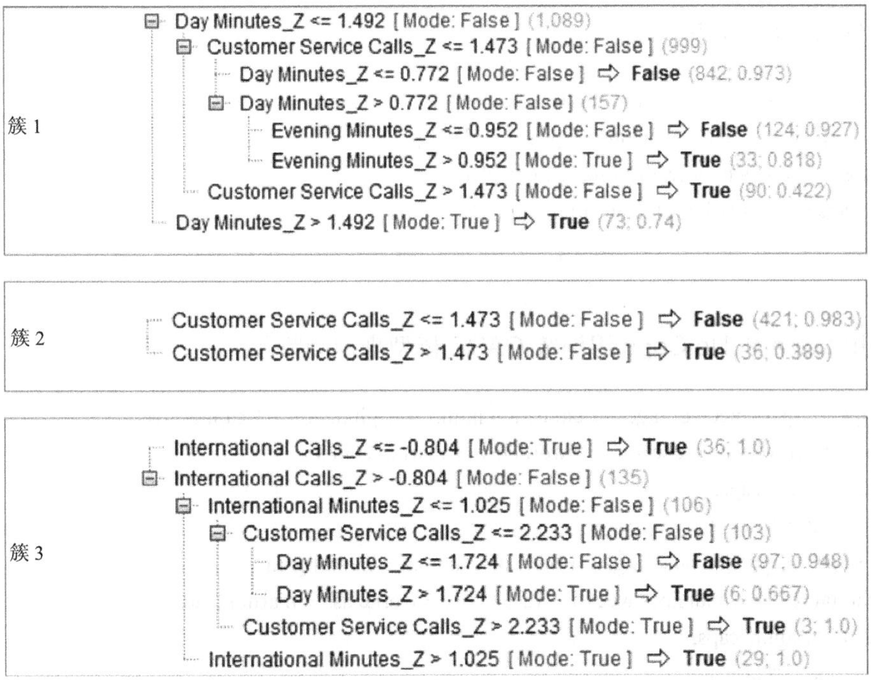

图 24.9 3 个簇的 CART 决策树

R 语言开发园地

```
# 准备数据，打开所需的包

adult <- read.csv(file = "C:/.../adult.txt",
    stringsAsFactors=TRUE); library("rpart")
# 像在第 11 章中那样运行数据准备后
choose <- runif(dim(adult)[1], 0, 1)
train <- adult[which(choose <= 0.75),]; test<- adult[which(choose > 0.75),]
```

```
# 在整个训练数据集上训练 CART 模型来预测收入

cartfit <- rpart(income ~ age.z + education.num.z + capital.gain.z +capital.loss.z +
    hours.per.week.z + race + sex + workclass + marital.status,
    data = train, method = "class")
# 使用整个测试数据集评估全局模型
pred.carttest <- predict(cartfit, newdata = test)
pred.fittest <- ifelse(pred.carttest[,1] >pred.carttest[,2], "Pred: <=50K.", "Pred: >50K.")
global.table <- table(pred.fittest, test$income)
```

```
# 细分训练和测试数据集

train.caps <- train[which(train$capital.gain==0),]
train.nocaps <- train[which(train$capital.gain!=0),]
test.caps <- test[which(test$capital.gain==0),]
test.nocaps <- test[which(test$capital.gain!=0),]
```

```
# 使用 Caps 和 No Caps 组训练 CART 模型来预测收入

cart.caps <- rpart(income ~ age.z + education.num.z + capital.gain.z + capital.loss.z +
    hours.per.week.z + race + sex + workclass + marital.status,
    data = train.caps,
    method = "class")
cart.nocaps <- rpart(income ~ age.z + education.num.z + capital.gain.z +
    capital.loss.z + hours.per.week.z + race + sex + workclass + marital.status,
    data = train.nocaps,
    method = "class")
```

```
# 使用 Caps 和 No Caps 测试数据集评估 Caps 和 No Caps 模型

p.test.caps <- predict(cart.caps, newdata = test.caps)
p.fittest.caps <- ifelse(p.test.caps[,1] > p.test.caps[,2], "Pred: <=50K.", "Pred: >50K.")
caps.table <- table(p.fittest.caps, test.caps$income)
p.test.nocaps <- predict(cart.nocaps, newdata = test.nocaps)
p.fittest.nocaps <-ifelse(p.test.nocaps[,1] > p.test.nocaps[,2], "Pred:<=50K.", "Pred: >50K.")
nocaps.table <- table(p.fittest.nocaps, test.nocaps$income)
```

```
# 比较列联表、误差率

global.table
caps.table
nocaps.table
(global.table[2]+global.table[3])/ sum(global.table)
(caps.table[2]+caps.table[3])/ sum(caps.table)
(nocaps.table[2]+nocaps.table[3])/ sum(nocaps.table)
(caps.table[2]+caps.table[3]+nocaps.table[2]+nocaps.table[3])/(sum(caps.table)+
    sum(nocaps.table))
```

R 参考文献

R Core Team. *R: A Language and Environment for Statistical Computing*. Vienna, Austria: R Foundation for Statistical Computing; 2012. ISBN: 3-900051-07-0, http://www.R-project.org/. Accessed 2014 Sep 30.

Therneau T, Atkinson B, Ripley B. 2013. rpart: Recursive partitioning. R package version 4.1-3. http://CRAN.R-project.org/package=rpart.

练习

1. 简略解释细分建模。
2. 指出两种识别有用分段的方法。
3. 解释细分建模过程。
4. 当市场管理人员打算仅采用全局模型而不是细分模型处理客户事宜时，你将如何给出建议。

实践分析

利用 WineQuality 数据集完成练习 5～8。

5. 执行 Z-标准化。将数据集划分为训练集和测试集。
6. 利用整个训练集训练数据回归模型用于预测质量。该模型为全局模型。
7. 使用整个测试数据集评估全局模型，将从训练集中建立的模型应用到测试集中的记录上。计算误差的标准差(实际值-预测值)，以及绝对误差均值(可使用 IBM/SPSS 建模器的分析功能实现该工作)。
8. 细分训练数据集为红葡萄酒和白葡萄酒。测试数据集也作同样的分类。
9. 使用训练集中的红葡萄酒训练回归模型来预测葡萄酒的质量，形成红葡萄酒模型。
10. 使用训练集中的白葡萄酒训练回归模型来预测葡萄酒的质量，形成白葡萄酒模型。
11. 使用测试数据集中的红葡萄酒评估红葡萄酒模型。计算误差的标准差、绝对误差均值等。
12. 使用测试数据集中的白葡萄酒评估白葡萄酒模型。计算误差的标准差、绝对误差均值等。
13. 比较全局模型与红白葡萄酒模型的合并结果(加权平均值)的误差的标准差、绝对误差均值等。
14. 比较为两类葡萄酒建立的回归模型，并对其存在的实质性差异加以讨论。

第 25 章

集成方法：bagging 和 boosting

在本书第Ⅵ部分中，我们将学习能够增强模型性能的方法。在第 24 章中，我们学习了细分模型，采用有效的聚类或划分数据集的方法，为每种细分开发特定聚类模型，由此来增强模型的整体功效。第 25 章将学习集成方法，将从分类模型获得的结果集成，以便增强精度，减少分类的变异性。最后，第 26 章将考虑其他类型的集成方法，包括投票和模型平均方法。

通过本书前述章节的介绍，我们已经熟悉了一系列分类算法，包括：

- *k*-最近邻分类
- 分类和回归树(CART)
- C4.5 算法
- 用于分类的神经元网络
- logistic 回归
- 朴素贝叶斯和贝叶斯网络

然而，到目前为止，我们始终一次仅采用一种算法。如果我们能够将多个分类模型合并，会产生什么效果呢？合并的模型会更加精确吗？波动性如何？

使用分类模型集成方式的理由是什么呢？

25.1 使用集成分类模型的理由

使用集成分类模型而不是仅仅使用单一模型的好处在于：

(1) 集成分类器可能具有较低的误差率(boosting)。

(2) 集成分类器的方差比我们已经使用过的不太稳定的具有较大变化的分类模型(例如决策树和神经元网络)更低(bagging 和 boosting)。

集成分类器为什么会比单一分类器误差率更低呢？考虑如下示例。

假设我们有一个包含 5 个二元分类器的集成分类器，每个误差率均为 0.20。集成分类器将考虑每个分类器的分类(预测)，考虑 5 个分类器结果，选择最多的结果类作为集成分类器的输出类。如果每个分类器分类情况相似，则集成分类器将遵循该结果。在此情况下，集成方法的误差率与单个分类器的误差率相等，为 0.20。

然而，如果单个分类器是独立的，即如果每个分类器的分类误差是不相关的，则投票机制能够保证集成分类器仅在大多数单独的分类器都出现错误时才会出现错误。我们可以利用二项概率分布公式计算集成分类器的误差率。

令 ε 表示独立分类器的误差率。5 个独立分类器中的 k 个分类器作出错误预测的概率为：

$$\binom{5}{k}\varepsilon^k(1-\varepsilon)^{5-k}=\binom{5}{k}0.2^k(1-0.2)^{5-k}$$

因此，5 个分类器中 3 个分类器出现错误的概率为：

$$\binom{5}{3}0.2^3(0.8)^2=0.0512$$

类似地，4 个独立分类器出现错误预测的概率为：

$$\binom{5}{4}0.2^4(0.8)^1=0.0064$$

5 个独立分类器都出现错误的概率为：

$$\binom{5}{5}0.2^5(0.8)^0=0.00032$$

在此情况下，集成分类器的误差率等于：

$$\begin{aligned}\text{误差率}_{\text{集成分类器}}&=\sum_{i=3}^{5}\binom{5}{i}\varepsilon^i(1-\varepsilon)^{5-i}=\sum_{i=3}^{5}\binom{5}{i}0.2^i(0.8)^{5-i}\\&=0.0512+0.0064+0.0003=0.05792\end{aligned}$$

该误差率远低于独立分类模型 0.20 的误差率。

然而，当误差率超过 0.5 时，将独立模型合并为一个模型将会产生更大的误差率。本章的练习将请读者验证为什么情况会是这样。在第 25 章中，我们将验证用于改进分类模型性能的集成方法：bagging 和 boosting。但是首先，我们需要考虑如何有效地度量预测模型。

25.2 偏差、方差与噪声

我们希望我们的模型(无论是估计模型或者是分类模型)都有较低的预测误差。即，

我们希望目标 y 与预测 $\hat{y}$ 之间的距离 $(y-\hat{y})$ 最小。可以将特定观察对象的预测误差作如下分解：

$$(y-\hat{y}) = 偏差 + 方差 + 噪声$$

其中

- 偏差表示预测($\hat{y}$，如图 25.1 中的闪电箭头所示)与目标(y，图 25.1 中靶心的位置)之间的平均距离；
- 方差度量预测变量 $\hat{y}$ 本身的变化情况；
- 噪声表示预测变量可能获得的预测误差的最低边界。

为降低预测误差，需要降低偏差、方差和噪声。非常遗憾，对噪声我们无能为力：噪声是预测问题的内在特征。因此，我们只能从偏差或方差着手。正如我们将会看到的那样，bagging 可以降低分类模型的方差，而 boosting 可以同时降低偏差和方差。因此，boosting 提供了一种方法用于权衡偏差-方差[1]，在降低偏差时一定会使方差增加，反之亦然。

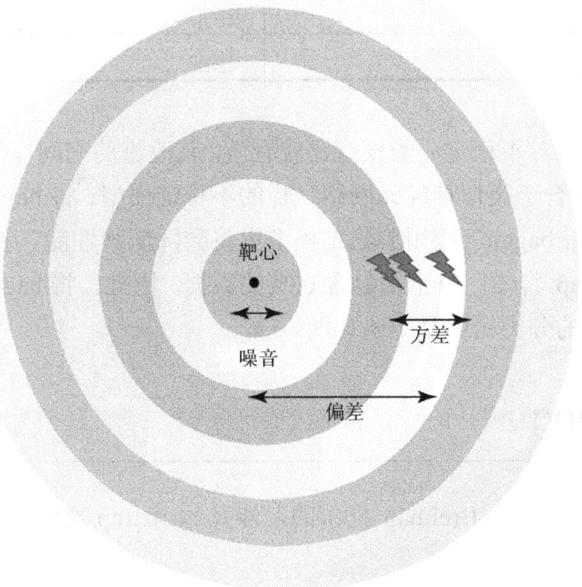

图 25.1　预测误差=偏差+方差+噪声

25.3　适合采用 bagging 的场合

人工神经网络模型通常能够构建一个可以有效适合训练数据的模型，因此其构建的模型偏差较低。然而，初始环境发生的微小的变化将会导致预测较大的变化，因此神经元网络被认为具有低偏差、高方差的特点。按照 Leo Breiman 的说法，这种较大的可变性使

1 参考第 7 章。

神经元网络成为一种不稳定的分类器。

一些分类和回归方法存在不稳定性，因为训练数据集或结构的微小扰动可能会引起构建的预测变量产生较大的变动。

参考文献：Leo Breiman，*Arcing Classifiers*, The Annals of Statistics，Vol 26, No.3, 801-849,1998.

表 25.1 为 Breiman 指出的有关分类算法的稳定性情况列表。

表 25.1 稳定或不稳定分类算法

分类算法	稳定或不稳定
分类和回归树	不稳定
C4.5	不稳定
神经网络	不稳定
k-近邻	稳定
判别分析	稳定
贝叶斯	稳定

减少方差的方法对不稳定分类模型比较有效，其改进的空间在于可降低可变性。因此，bagging 方法特别适合于类似神经元网络这样的不稳定模型。将 bagging 应用于不稳定模型是有意义的，但若将 bagging 应用到稳定模型中将会降低其性能。这是因为 bagging 将使用原始数据的 bootstrap 样本，每个都包含 63%的数据。因此，将 bagging 应用到类似 *k*-最近邻模型或其他稳定的分类器中是不明智的。

25.4 bagging

术语 bagging 是由 Leo Breiman[2]提出的，涉及 bootstrap 聚集。bagging 算法如下所示：

bagging 算法

步骤 1 从训练数据集中重复抽取样例，因此数据集合中每条记录被抽取的概率是均等的，每个样例的大小与训练数据集中原始样例的大小是相同的。这些样例构成了 bootstrap 样例。

步骤 2 根据步骤 1 中获得的 bootstrap 样例训练分类或估计模型，每个样例的预测结果将被记录。

步骤 3 bagging 集成预测被定义为具有步骤 2 中(针对分类模型)大多数投票的类或步骤 2 中(针对估计模型)作的预测的平均结果。

2 Leo Breiman, *Bagging Predictors*, Machine Learning, Volume 26, 2, pp. 123-140, 1996.

由此可知，bootstrap 样例是在步骤 1 中获得的，基模型在步骤 2 中得到，结果在步骤 3 中聚集获得。注意聚集过程(要么是通过投票方式，要么是通过平均方式)通过模型方差达到减少误差的效果(针对不稳定模型)。通过 bagging 实现的方差减少部分是通过将异常离群点值平均获得的，而不是通过其他方法获得的。

通过类推，考虑一个均值为 μ，方差为 σ^2 的正态分布。样例均值 $\bar{x}$ 表示聚集，对大小为 n 的样例将满足正态分布，均值为 μ，方差为 $\frac{\sigma^2}{n}$。即，聚集统计 $\bar{x}$ 的方差比独立观察对象 x 的方差小。

因为样例可重复，所以某个观察对象在特定 bootstrap 样例中可能会出现多次，而另外一些样例可能一次也未参与。bootstrap 样例包含原始训练数据集中 63%的记录。这是因为观察对象以如下概率被选择成为 bootstrap 样例：

$$1-(1-\frac{1}{n})^n$$

当 n 足够大时，上式将收敛为：

$$1-\frac{1}{e}\cong 0.63$$

平均来说，bootstrap 样例会丢失大约 37%的原始数据，这也是为什么采用 bagging 会造成类似 k-最近邻这样的稳定型分类器性能下降的原因。

为了解 bagging 是如何工作的，考虑表 25.2 中的数据集。其中，x 表示变量值，y 表示分类，结果为 1 或 0。假设我们有一个一级的决策树分类器，对于检验条件 $x \leqslant k$，选择值 k 来最小化叶子节点熵。

表 25.2　采样数据集以建立 bootstrap 样例

x	0.2	0.4	0.6	0.8	1
y	1	0	0	0	1

现在，假设不使用 bagging，分类器最好可以按照 $x \leqslant 0.3$ 或 $x \leqslant 0.9$ 进行划分，每个示例具有 20%的误差率。然而，假设我们应用 bagging 算法。

步骤 1　从表 25.2 的数据集中可重复地抽取 bootstrap 样例，结果如表 25.3 所示(当然，你可能会选择不同的 bootstrap 样例)。

表 25.3 从表 25.2 中抽取的 bootstrap 样例，包含基分类器

		bootstrap 样例					基分类器
1	x	0.2	0.2	0.4	0.6	1	x≤0.3=>y=1
	y	1	1	0	0	1	否则 y=0
2	x	0.2	0.4	0.4	0.6	0.8	x≤0.3=>y=1
	y	1	0	0	0	0	否则 y=0
3	x	0.4	0.4	0.6	0.8	1	x≤0.9=>y=0
	y	0	0	0	0	1	否则 y=0
4	x	0.2	0.6	0.8	1	1	x≤0.9=>y=0
	y	1	0	0	1	1	否则 y=0
5	x	0.2	0.2	1	1	1	x≤0.1=>y=0
	y	1	1	1	1	1	否则 y=0

步骤 2 为每个样例训练一级决策树分类器(基分类器)，显示在表 25.3 的右边部分。

步骤 3 对每条记录，选举结果表明，多数类被选择作为 bagging 集成分类器的结果。因为我们采用 0/1 分类，所以多数结果为独立分类器的平均结果。如果比例小于 0.5，则 bagging 预测结果为 0，否则为 1。比例和 bagging 预测结果见表 25.4。

表 25.4 基分类器的预测结果

bootstrap 样例	x=0.2	x =0.4	x =0.6	x =0.8	x =1
1	1	0	0	0	0
2	1	0	0	0	0
3	0	0	0	0	1
4	0	0	0	0	1
5	1	1	1	1	1
比例	0.6	0.2	0.2	0.2	0.6
bagging 预测	1	0	0	0	1

1 的比例=平均=>多数 bagging 预测

在此情况下，bagging 预测对每个记录的分类都是正确的，因此该例的误差率为零。当然，在多数大数据应用中，绝不会出现这种情况。

Breiman 指出“关键因素是预测方法的不稳定性”。如果基分类器不够稳定，则 bagging 可以对预测误差的降低作出贡献，因为该方法降低了分类器的方差，同时不会对偏差造成影响，可以回忆一下前述讨论过的预测误差=偏差+方差+噪声。然而，如果基分类器是稳定的分类器，则预测误差主要来源于基分类器的偏差；由此运用 bagging 方法将不会发挥作用，甚至可能会降低性能，因为每个 bootstrap 样例平均仅包含 63%的数据。当然，通常，

bagging 方法用于减少不稳定基分类器的变异性，因此 bagging 集成模型将能够强化测试数据的泛化能力。

bagging 方法也存在问题。决策树的优点在于其简单性和可解释性，因为其不稳定性，所以成为 bagging 方法常见的候选基分类器。客户能够理解决策树的流程，以及导致特定分类的因素。然而，聚集(通过投票或平均)决策树将导致基决策树结构复杂化，变得难以解释。

对稳定的基分类器，替代策略是获取预测变量的 bootstrap 样例而不是获取记录。当预测变量集高度相关时，这种方法特别有效[3]。

25.5 boosting

boosting 是由 Freund 和 Schapire 于 20 世纪 90 年代提出的[4]。boosting 与 bagging 的差异在于其算法是自适应的。同样的分类模型被应用于训练集。不过在每次迭代中，boosting 算法为误分类的记录赋予更大的权重。boosting 对减少误差具有双重好处，无论是对方差(如 bagging)还是对偏差，都是如此。

boosting 算法

步骤 1　原始训练数据集 D_1 中所有观察对象具有相等的权重。有确定的初始“基”分类器 h_1。

步骤 2　如果先前的基分类器对某个观察对象作出错误的分类，则增加该观察对象的权重，当观察对象分类正确时，将减少其权重。基于新的权重，形成新的数据分布 D_m，m=2,…,M 和新的基分类器 h_m，m=2,…,M。该步骤重复执行直到迭代次数 M 达到预期的数值。

步骤 3　最终形成的 boosted 分类器是 M 个基分类器的加权和。

以下我们仍然采用前述的简单示例，执行 ADABoost 算法，该算法是由 Robert E. Schapire 和 Yoav Freund[5]在其论著 *Boosting: Foundations and Algorithms* 中提出的。

步骤 1　原始训练数据集 D_1 包含 10 个二值数据，如图 25.2 所示。初始基分类器 h_1 被确定从整个数据集中划分出两个最左边的值(见图 25.3)，阴影区域表示被划分为“+”的值。

---

3 Matthieu Cord and Padraig Cunningham, editors, *Machine Learning Techniques for Multimedia*, Springer-Verlag, Berlin, 2008.

4 Yoav Freund and Robert E. Schapire, *A decision-theoretic generalization of online learning and an application to boosting*, Journal of Computer and System Sciences, Volume 55 (1), pp. 119-139.

5 MIT Press, 2012.

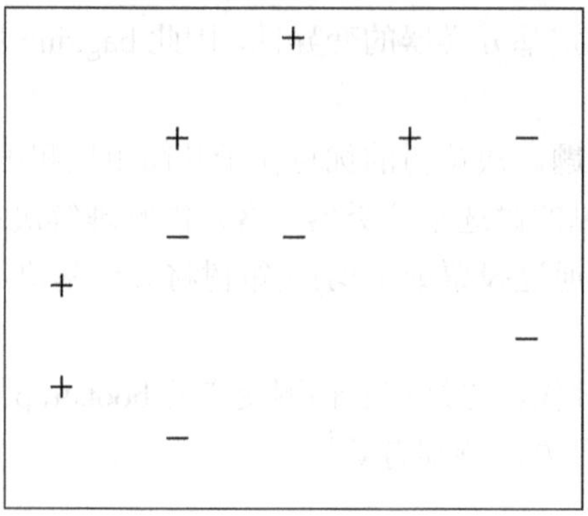

图 25.2 原始数据

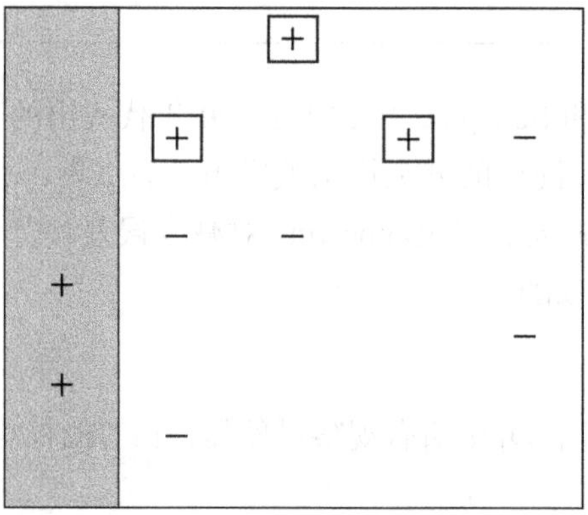

图 25.3 初始基分类器

步骤 2(第 1 遍) 有 3 个值未被 h_1 正确分类，如图 25.3 中带方框的“+”所示。这 3 个值的权重(图中用相对大小表示)增加，而其他 7 个值权重减小。图 25.4 显示了新的数据分布 D_2 的情况。基于 D_2 中的新权重，建立新的基分类器 h_2，如图 25.5 所示。

步骤 2(第 2 遍) 有 3 个值未被 h_2 正确分类，如图 25.5 中带方框的“−”所示。这 3 个值的权重(图中用相对大小表示)增加，而其他 7 个值权重减小。形成新的数据分布 D_3，如图 25.6 所示。基于 D_3 中的新权重，构建新的基分类器 h_3，如图 25.7 所示。

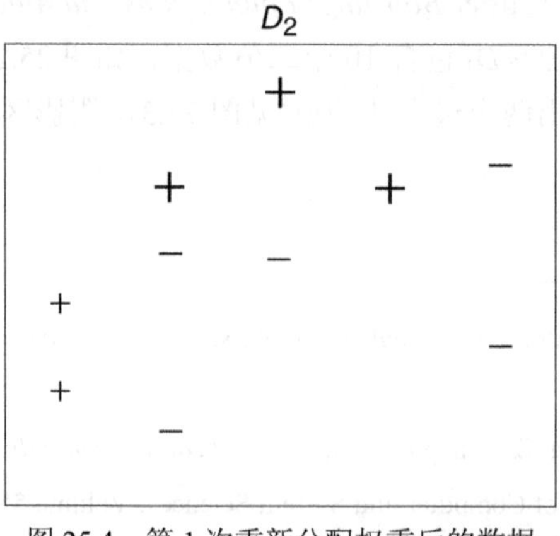

图 25.4 第 1 次重新分配权重后的数据

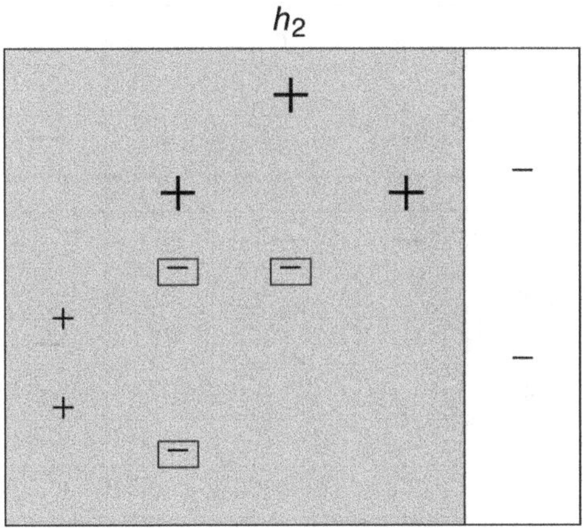

图 25.5　第 2 次的基分类器

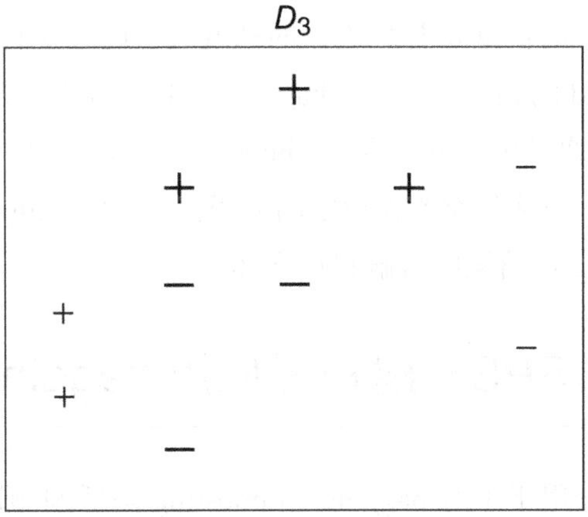

图 25.6　第 2 次重新分配权重后的数据

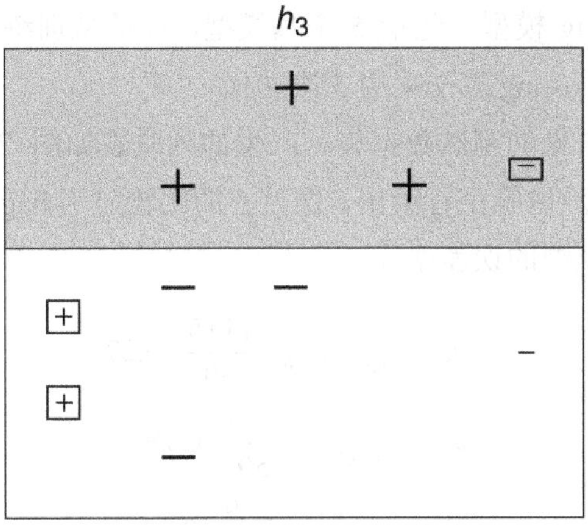

图 25.7　第 3 次的基分类器

步骤 3　最终形成的 boosted 分类器如图 25.8 所示，它是 3 个基分类器的加权和：$a_1h_1+a_2h_2+a_3h_3$。

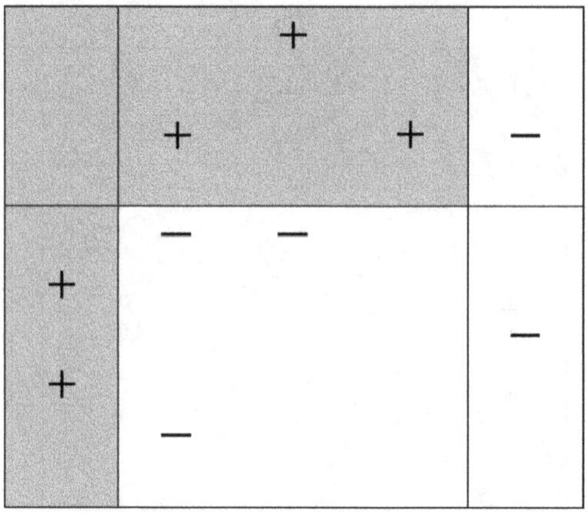

图 25.8 最终形成的 boosted 分类器是 3 个基分类器的加权平均

分配到每个基分类器的权重 a_i 与分类器的精度成正比。要研究详细的权重计算方法，请参考 Schapire 和 Freund 的相关书籍。与 bagging 类似，当基分类器是不稳定的分类器时，boosting 执行效果较好。通过关注分类误差，boosting 具有减少偏差带来的误差以及方差带来的误差的效果。然而，当基分类器为稳定的分类器时，boosting 将导致方差增加。同样，与 bagging 一样，boosting 使结果的可解释性变坏。

25.6 使用 IBM/SPSS 建模器应用 bagging 和 boosting

最后，我们提供一个用于了解 bagging 和 boosting 降低预测误差的示例。ClassifyRisk 数据集被划分为训练数据集和测试数据集，应用训练集开发了 3 个模型：①预测风险的原始 CART 模型；②bagging 模型，包括 5 个基模型，能够从训练集中有回放地抽取样例；③boosting 模型，其中 boosting 算法采用 5 次迭代。

将这些模型应用于未见的测试数据集。产生的列联表如图 25.9 所示，其中预测风险($R-risk)在列中给出，实际风险由行给出。误差率的比较显示 bagging 和 boosting 模型的误差率均小于原始 CART 模型的误差率[6]。

$$误差_{原始CART模型}=\frac{11+5}{59}=0.27$$

$$误差_{bagging模型}=\frac{5+6}{59}=0.19$$

$$误差_{boosting模型}=\frac{5+9}{59}=0.24$$

6 由于数据划分及 bootstrap 抽样不同，读者的结果会不同。

原始 CART 模型

$R-risk		
risk	bad loss	good risk
bad loss	20	11
good risk	5	23

bagging 集成模型

$R-risk		
risk	bad loss	good risk
bad loss	26	5
good risk	6	22

boosting 集成模型

$R-risk		
risk	bad loss	good risk
bad loss	26	5
good risk	9	19

图 25.9　集成模型比 CART 模型具有更低的误差率

遗憾的是，尽管误差率低，但可解释性差。图 25.10 显示了原始 CART 模型采用的决策树。从该决策树可以看出，客户能够实现任何可操作的决策规则。例如，“如果客户收入≤$37 786.33 且年龄≤47.5 岁，并且婚姻状况为单身或其他，则我们可以预测流失可能性高，置信度为 97.6%”。集成方法无法解释将几个决策树聚集后产生的结果。

income <= 37786.325 [Mode: bad loss] (69)
age <= 47.500 [Mode: bad loss] (47)
marital_status in ["married"] [Mode: good risk] ⇨ good risk (6; 0.833)
marital_status in ["other" "single"] [Mode: bad loss] ⇨ bad loss (41; 0.976)
age > 47.500 [Mode: bad loss] (22)
age <= 58 [Mode: good risk] ⇨ good risk (19; 0.579)
age > 58 [Mode: bad loss] ⇨ bad loss (3; 1.0)
income > 37786.325 [Mode: good risk] ⇨ good risk (58; 0.793)

图 25.10　原始 CART 模型的决策树提供良好的可解释性

参考文献

除了以上引用的来源外，下列书籍对集成方法(包括 bagging 和 boosting)都有详细的介绍。

Introduction toDataMining, by Pang-Ning Tan, Michael Steinbach, and VipinKumar, Pearson Education, 2006.

Data Mining for Statistics and Decision Making, by Stephane Tuffery, John Wiley and Sons, 2011.

R 语言开发园地

```
# 准备数据

risk <- read.csv(file = "C:/... /classifyrisk.txt",
    stringsAsFactors=FALSE, header=TRUE, sep="\t")
choose <- runif(dim(risk)[1], 0, 1)
train <- risk [which(choose <= 0.75),]
test<- risk [which(choose > 0.75),]
```

```
# 预测风险的原始 CART 模型

cart.o <- rpart(risk ~ marital_status+mortgage+loans+income+age,
    data = train,
    method = "class")
p.0 <- predict(cart.o, newdata = test)
pred1 <- ifelse(p.0[,1] > p.0[,2], "Pred: bad loss", "Pred: good risk")
o.t <- table(pred1, test$risk)
```

```
# bagging 模型(5 个基模型)

s1 <- train[sample(dim(train)[1], replace = TRUE),]
# 从 s2 到 s5 按照以上方式重复进行
cart1 <- rpart(risk ~ marital_status+mortgage+loans+income+age,
    data = s1, method = "class")
p1 <- predict(cart1, newdata = test)
pred1 <- ifelse(p1[,1] >p1[,2], "Pred: bad loss", "Pred: good risk")
# s2、s3、s4、s5 按照以上方式重复进行
preds <- c(pred1, pred2, pred3, pred4, pred5)
recs <- as.integer(names(preds)); fin.pred <- rep(0, dim(test)[1])
for(i in 1:dim(test)[1]){
    t <- table(preds[which(recs==as.integer(rownames(test))[i])])
    fin.pred[i] <- names(t)[t == max(t)]
}
bag.t <- table(fin.pred, test$risk) # Contingency table
```

boosting 模型(5 次迭代)

```
cart6 <- rpart(risk ~ marital_status+mortgage+loans+income+age,
    data = train, method = "class")
p6 <- predict(cart6, newdata = train)
pred6 <- ifelse(p6[,1] >p6[,2], "bad loss", "good risk")
moreweight <- train$risk != pred6
new.weights <- ifelse(moreweight==TRUE, 2, 1)
cart7 <- rpart(risk marital_status+mortgage+loans+income+age,
    weights = new.weights, data = train, method = "class")
p7 <- predict(cart7, newdata = train)
pred7 <- ifelse(p7[,1] >p7[,2], "bad loss", "good risk")
moreweight <- train$risk != pred7
new.weights <- ifelse(moreweight==TRUE, 2, 1)
# 对于 cart8 和 cart9 重复上述步骤
cart10 <- rpart(risk ~ marital_status+mortgage+loans+income+age,
    weights = new.weights, data = train, method = "class")
p10 <- predict(cart10, newdata = test)
pred10 <- ifelse(p10[,1] >p10[,2], "Pred: bad loss", "Pred: good risk")
boost.t <- table(pred10, test$risk) # 列联表
```

比较模型

```
# 比较列联表
o.t
bag.t
boost.t
# 比较误差
(o.t[2]+o.t[3])/ sum(o.t)
(bag.t[2]+bag.t[3])/ sum(bag.t)
(boost.t[2]+boost.t[3])/ sum(boost.t)
```

```
> o.t

pred1             bad loss good risk
  Pred: bad loss        24         5
  Pred: good risk        7        21
> bag.t

fin.pred          bad loss good risk
  Pred: bad loss        27         7
  Pred: good risk        4        19
> boost.t

pred10            bad loss good risk
  Pred: bad loss        24         6
  Pred: good risk        7        20
```

R 参考文献

1. R Core Team. *R: A Language and Environment for Statistical Computing*. Vienna, Austria: R Foundation for Statistical Computing; 2012. 3-900051-07-0, http://www.R-project.org/. Accessed 01 Oct 2014.

练习

1. 描述使用集成分类模型的两个好处？

2. 回忆本章开始提供的示例，其中将 5 个误差率为 0.20 的独立二元分类器集成会得到误差率更低的集成分类器。演示集成 3 个独立的误差率为 0.10 的二元分类器会得到误差率低于 0.10 的集成分类器。

3. 演示集成 5 个独立的误差率为 0.6 的二元分类器会得到误差率高于 0.6 的集成分类器。

4. 写出将预测误差分解后的等式。

5. 解释下列术语的含义：偏差、方差、噪声。

6. 判断题：bagging 可降低分类器模型的方差，而 boosting 可以降低偏差和方差。

7. 不稳定分类算法的含义是什么？

8. 哪种分类算法是不稳定的？哪种分类算法是稳定的？

9. 如果我们将 bagging 应用到稳定模型中，会导致什么结果？为什么？

10. 什么是 boostrap 样例？

11. bagging 算法包括哪 3 个步骤？

12. bagging 是如何降低预测误差的？

13. 使用 bagging 方法的问题是什么？

14. boosting 算法包括哪 3 个步骤？

15. 解释我们称 boosting 算法具有自适应性的含义。

16. boosting 算法采用 boostrap 样例吗？

17. boosting 算法使用系列分类器的加权平均。其中加权平均的权重取决于什么？

18. 判断题：与 bagging 不同，boosting 不存在无法解释结果的问题。

练习 19～23 使用下列信息。表 25.5 表示采样的数据集，用于建立 boostrap 样例。表 25.6 显示 5 个 boostrap 样例。

表 25.5 采样数据集用于建立 boostrap 样例

x	0	0.5	1
y	1	0	1

表 25.6　来自表 25.5 的 boostrap 样例

		boostrap 样例		
1	x	0	0	0.5
	y	1	1	0
2	x	0.5	1	1
	y	0	1	1
3	x	0	0	1
	y	1	1	1
4	x	0.5	0.5	1
	y	0	0	1
5	x	0	0.5	0.5
	y	1	0	0

19. 类似于表 25.3，为每个 boostrap 样例构建基分类器。

20. 提供一张类似表 25.4 那样的预测每个基分类器的表。

21. 类似于表 25.4，获得 1 的比例，提供对每个 x 的多数预测结果。

22. 验证集成分类器准确地预测 x 的 3 个值。

23. 将表 25.6 中的第 5 个 boostrap 样例作如表 25.7 所示的修改。

表 25.7　修改后的 boostrap 样例

x	0.5	0.5	1
y	0	0	1

重新计算 1 的比例，提供对每个 x 的多数预测结果，得出 bagging 分类器并非总是能正确地预测每个 x 值的结论。

实践分析

利用 ClassifyRisk 数据集完成练习 24～27。

24. 将数据集划分为训练数据集和测试数据集。

25. 利用训练数据集建立 3 个模型：①预测风险的原始 CART 模型；②bagging 模型，包括 5 个基模型，能够从训练集中有回放地抽取样例；③boosting 模型，其中 boosting 算法采用 5 次迭代。

26. 将这些模型应用于测试数据集。建立每个模型的列联表。比较 bagging 及 boosting 模型与原始 CART 模型的误差率。

27. 从原始 CART 模型获取样例相关的决策规则。对从 bagging 及 boosting 模型获得的结果的可解释性进行评价。

第 26 章

模型投票与趋向平均

在第Ⅵ部分中，我们主要验证改善分类与预测模型性能的方法。在第 24 章中，我们学习了细分模型，利用对数据的细分增强模型总体的有效性。在第 25 章中，我们学习了集成方法，将多个分类模型的结果合并，以增强分类的精度，降低波动性。本章我们将考虑利用模型投票和趋向平均等将不同类型模型合并的方法。

26.1 简单模型投票

在奥林匹克花样滑冰比赛时，冠军选手的归属并不是由一位裁判决定的，而是由一组裁判决定的。每个裁判的喜好通过合并函数聚集，最终确定冠军人选。在数据分析时，不同的分类模型(例如 CART 或 logistic 回归)对同样的数据可能会提供不同的分类结果。因此，数据分析人员可能也会对利用模型投票或趋向平均合并分类模型感兴趣。因此，通过与其他模型组合，每个模型的强弱将会被平滑化。模型投票与趋向平均被认为是集成方法，因为从某种程度上说，最终分类模型将基于每个基分类器的输入。

模型组合的方法之一是利用简单的投票方法(也称为多数分类方法)。考虑表 26.1，假设我们要完成一个分类任务，其目标变量是标志变量。我们开发了 3 种独立的分类模型：①CART 模型；②logistic 回归模型；③神经元网络模型。对每条记录，每个模型提供的分类要么是响应(1)，要么是无响应(0)。表 26.1 给出了 5 个记录、每个模型提供的分类，以及“获胜”的分类。获胜分类至少应得到 3 种模型的支持。

表 26.1 简单模型投票示例

记录	CART	logistic 回归	神经元网络	C5.0	朴素贝叶斯	多数分类
1	0	0	0	0	0	**0**
2	0	1	0	0	0	**0**

(续表)

记录	CART	logistic 回归	神经元网络	C5.0	朴素贝叶斯	多数分类
3	0	1	0	0	1	**0**
4	1	1	0	0	1	**1**
5	1	1	1	1	1	**1**

在此示例中，logistic 回归模型趋向于将记录分类为 1，而神经元网络模型正好相反。该简单投票模式是一种平均化预测变量的方法，其目标是采用这样的共识模型能够提供更稳定的结果。过程与 bagging 类似。然而，在采用 bagging 时，分类模型相同，而记录被重新采样。在运用简单投票时，如表 26.1 所示，模型可以是不同的。

26.2 其他投票方法

需要注意的是，多数分类仅是模型投票计数的方法之一。以下将列出针对二元分类模型，可能用于合并投票的方法：

- 多数分类。选择票数超过 50%的分类。
- 相对多数分类。选择获得票数最多的分类，无须获得多数。对二元分类模型来说，多数分类和相对多数分类具有等价性。
- 单一充分性分类。如果至少有一个模型得票为正类，则合并分类为正类。
- 双重充分性分类。如果至少两个模型投票为正类，则合并分类为正类。
- *k* 重充分性分类。如果至少 *k* 个模型投票为正类，则合并分类为正类，其中 $k<m$(模型总的数量)。
- 正一致性分类。仅当所有模型投票为正时，合并分类为正类。

当然，可采用类似方法计算负类的投票。注意到这些计算投票的替代方法通常会使合并分类器产生不同的分类决策。表 26.2 给出了每种不同计算票数的方法所给出的分类决策，数据来源于表 26.1。

表 26.2 不同的投票方法可能会产生不同的获胜者

记录	相对多数分类	单一充分性分类	双重充分性分类	三重充分性分类	四重充分性分类	正一致性分类
1	0	0	0	0	0	0
2	0	1	0	0	0	0
3	0	1	1	0	0	0
4	1	1	1	1	0	0
5	1	1	1	1	1	1

与这些不同的投票方法相关的集成模型具有什么特点呢？

- 单一充分性分类在识别正类响应时比较积极。因此，其敏感性较高，但是易于产生大量错误的正类预测[1]。
- 相比较来说，正一致性分类不利于对正类的分类。因此，其特殊性较高，但具有产生太多负类的风险[2]。
- 我们希望多数分类落入前面两种情况的行为中，并且在 4 种采用的统计方法中属于中间情况。同样，在合并 m 个模型(m 是奇数)时，我们希望采用($(m+1)/2$)重分类来反映多数分类策略的行为。

一般来说，集成分类器的缺点会扩展到投票模型中；即，其缺乏可解释性的问题依然会体现在投票模型中。与决策树可方便地直接解释相比，向客户解释投票集成的工作方式是非常困难的。

26.3　模型投票过程

模型投票过程如图 26.1 所示，可以总结如下：

模型投票过程

(1) 将数据集划分为训练数据集和测试数据集。

(2) 利用训练数据集训练一组基分类器。

(3) 将从步骤(2)获得的基分类器应用到测试数据集上。

(4) 使用分析人员或客户偏好的某种投票方法，将来自步骤(3)的分类结果合并到集成模型中，包括如下方法：

- 多数分类
- 单一充分性分类
- 两重充分性分类
- 正一致性分类

(5) 采用总误差率、灵敏性、特效性、假正的比例(PFP)和假负的比例(PFN)等评估所有基分类模型及所有投票集成模型。部署性能最佳的模型。

1 真正预测与实际正响应的比值。

2 真负预测与实际负响应的比值。

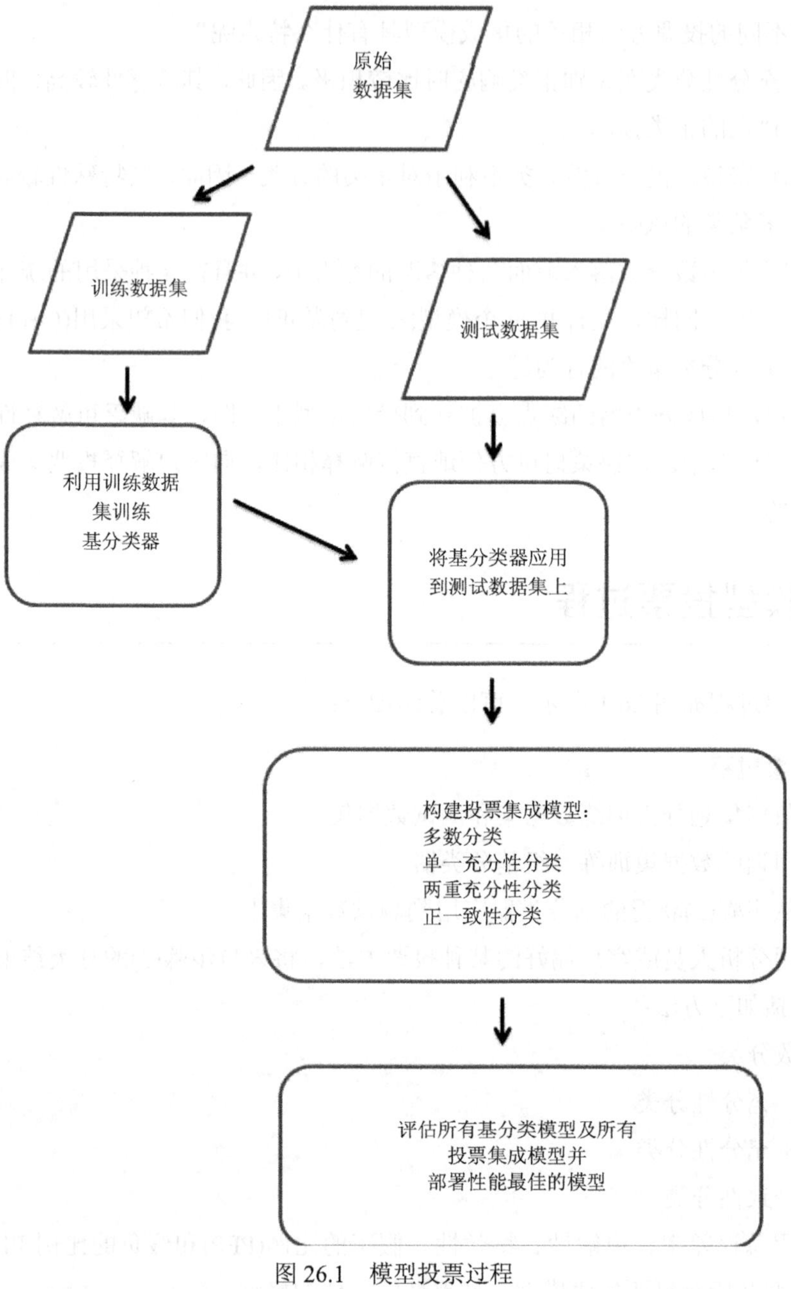

图 26.1 模型投票过程

26.4 模型投票的应用

为描述简单模型投票及其他投票方法在面对实际数据时如何应用，我们将模型投票过程运用到 ClassifyRisk 数据集中。

(1) 将数据集划分为训练数据集和测试数据集。

(2) 利用训练数据集，训练下列基分类器来预测风险。

- 贝叶斯网络
- logistic 回归
- 神经元网络

(3) 为实现本例的目的，从测试数据集中随机采样 25 个记录，称之为工作测试数据集。将步骤(2)得到的基分类器应用到工作测试数据集。

(4) 采用下列投票方法，将来自 3 个基分类器的分类结果合并为投票集成模型：

- 多数分类
- 单一充分性分类
- 两重充分性分类
- 正一致性分类

(5) 按照总误差率、灵敏性、特效性、PFP、PFN 等对来自步骤(3)的每个基分类器及来自步骤(4)的 4 种投票集成模型进行评估。

测试工作数据集如表 26.3 所示，该表还包含来自步骤(2)的 3 个基分类器的分类结果，以及步骤(5)的 4 种投票集成模型的分类结果。“风险”表示实际输出，“风险”右边的列表示基分类器及投票集成分类器的预测结果(Good Risk 编码为 1，Bad Loss 编码为 0，Income 四舍五入到美元以节省空间)。表 26.4～表 26.10 表示每个基分类器和投票模型的列联表。

表 26.3　工作测试数据集

抵押	贷款	年龄	婚姻状况	收入	风险	贝叶斯网络	logistic 回归	神经网络	多数	单一充分性	两重充分性	正一致性
Y	2	33	Other	31 287	0	0	0	0	0	0	0	0
Y	2	39	Other	30 954	0	0	0	0	0	0	0	0
Y	1	17	Single	27 948	0	0	0	0	0	0	0	0
Y	2	43	Single	37 036	0	0	0	0	0	0	0	0
Y	2	34	Single	23 905	0	0	0	0	0	0	0	0
Y	1	28	Married	38 407	0	1	1	0	1	1	1	0
N	1	23	Married	23 333	0	0	0	0	0	0	0	0
N	2	38	Other	32 961	0	0	0	0	0	0	0	0
Y	2	26	Other	28 297	0	0	0	0	0	0	0	0
Y	2	43	Other	28 165	0	0	0	0	0	0	0	0
N	2	46	Other	27 869	0	0	0	0	0	0	0	0
Y	2	33	Other	27 615	0	0	0	0	0	0	0	0
Y	3	41	Other	24 308	0	0	0	0	0	0	0	0
Y	1	53	Single	35 816	0	1	0	1	1	1	1	0
Y	2	42	Single	24 534	0	0	0	0	0	0	0	0
Y	1	62	Single	33 139	1	1	1	1	1	1	1	1

(续表)

抵押	贷款	年龄	婚姻状况	收入	风险	贝叶斯网络	logistic回归	神经网络	多数	单一充分性	两重充分性	正一致性
N	1	25	Single	34 134	1	0	0	0	0	0	0	0
Y	2	49	Single	31 363	1	1	0	0	0	1	0	0
N	1	35	Single	28 277	1	0	0	0	0	1	0	0
N	1	30	Married	49 751	1	1	1	1	1	1	1	1
N	1	56	Married	47 412	1	1	1	1	1	1	1	1
Y	1	47	Married	47 665	1	1	1	1	1	1	1	1
N	1	48	Married	41 335	1	1	1	1	1	1	1	1
N	0	43	Single	55 251	1	1	1	1	1	1	1	1
Y	1	48	Single	40 631	1	1	1	1	1	1	1	1

表 26.4 贝叶斯网络模型

		预测风险	
		0	1
实际风险	0	13	2
	1	2	8

表 26.5 logistic 回归模型

		预测风险	
		0	1
实际风险	0	14	1
	1	3	7

表 26.6 神经元网络模型

		预测风险	
		0	1
实际风险	0	14	1
	1	2	7

表 26.7　多数投票集成模型

		预测风险	
		0	1
实际风险	0	13	2
	1	3	7

表 26.8　单一充分性集成模型

		预测风险	
		0	1
实际风险	0	13	2
	1	2	8

表 26.9　两重充分性集成模型

		预测风险	
		0	1
实际风险	0	13	2
	1	3	7

表 26.10　正一致性集成模型

		预测风险	
		0	1
实际风险	0	15	0
	1	3	7

表 26.11 包含对所有模型的评估度量。每个基分类器共享系统的总误差率 0.16。然而，正一致性集成模型有较低的总误差率 0.12(每个模型的最佳性能以粗体显示)。正如预期的那样，在所有的集成模型中，单一充分性模型具有最佳的灵敏性和 PFN，但其特效性和 PFP 不佳。正一致性模型的特效性和 PFP 非常好，但灵敏性和 PFN 不佳。

表 26.11　针对所有基分类器和投票集成的模型评估度量(最佳性能以粗体表示)

模型	总误差率	灵敏性	特异性	PFP	PEN
贝叶斯网络	0.16	**0.80**	0.87	0.20	**0.13**
logistic 回归	0.16	0.70	0.93	0.12	0.18
神经元网络	0.16	0.70	0.93	0.12	0.18
多数投票	0.20	0.70	0.87	0.22	0.19

(续表)

模型	总误差率	灵敏性	特异性	PFP	PEN
单一充分性	0.16	**0.80**	0.87	0.20	**0.13**
两重充分性	0.20	0.70	0.87	0.22	0.19
正一致性	**0.12**	0.70	**1.00**	**0.00**	0.17

上例表明精心挑选的投票集成模式有时会获得比任何基分类器更好的性能。实际上，投票能够确保集成分类器能够比部分的汇总和更好。当然，这样的性能改进不能确保对所有数据集都有效，但的确值得一试。

26.5 什么是趋向平均

投票方法并非是合并模型结果的唯一方法。投票方法表示对每个模型的正确与否的决策，均未考虑对决策可信度的度量。分析人员可能希望有一种考虑可信度(或者称为趋向)的方法将该模型应用于特定的分类。这样能够对决策空间作出精细的调整。

幸运的是，此类趋向度量可以通过 IBM/SPSS 建模器实现。对每个模型的结果，建模器不仅报告决策，而且报告算法在决策中的可信度。报告的可信度度量与报告的分类有关。因为我们希望计算获得该度量，所以必须首先将报告的可信度转换为特定类的趋向，通常针对正类。对 ClassifyRisk 数据集，按照以下方法开展工作：

如果预测类是 Good Risk，则趋向=报告的可信度。

如果预测类是 Bad Loss，则趋向=1-报告的可信度。

对包含 m 个基分类器的集成，趋向的均值(或平均趋向)通过如下方法计算获得：

$$\text{趋向均值}=\frac{\text{趋向}_{\text{模型}1}+\text{趋向}_{\text{模型}2}+\cdots+\text{趋向}_{\text{模型}m}}{m}$$

然后我们可以合并不同类型的分类模型，例如决策树、神经元网络、贝叶斯网络等，获得所有模型正响应的趋向均值。

注意趋向均值是一个字段，每条记录包含一个。因此，我们可以验证所有记录的趋向均值的分布情况，并选择可用于把数据集划分为将被预测为正类响应及负类响应的类的特定值。

26.6 趋向平均过程

趋向平均过程如图 26.2 所示，总结如下：

趋向平均过程

(1) 将数据集划分为训练数据集和测试数据集。

(2) 利用训练数据集训练一组基分类器。

(3) 将步骤(2)获得的基分类器运用到测试数据集上。

(4) 对测试数据集中的每条记录，计算每个基分类器中该记录目标变量为正响应的趋向。计算每个记录在所有基分类器中的趋向均值。

(5) 构建趋向均值的归一化直方图，包含目标变量，如图 26.3 所示。

(6) 从左至右扫描直方图，识别将测试集中的目标变量划分为正类和负类的趋向均值的候选阈值。目标是选择候选阈值集合，将响应者放于右边，未响应者放在左边。

(7) 使用评估度量(例如总误差率、灵敏性、特效性、PFN 及 PFP)评估所有基分类器，以及通过步骤(6)选择的候选阈值定义的模型。部署具有最佳性能的模型。

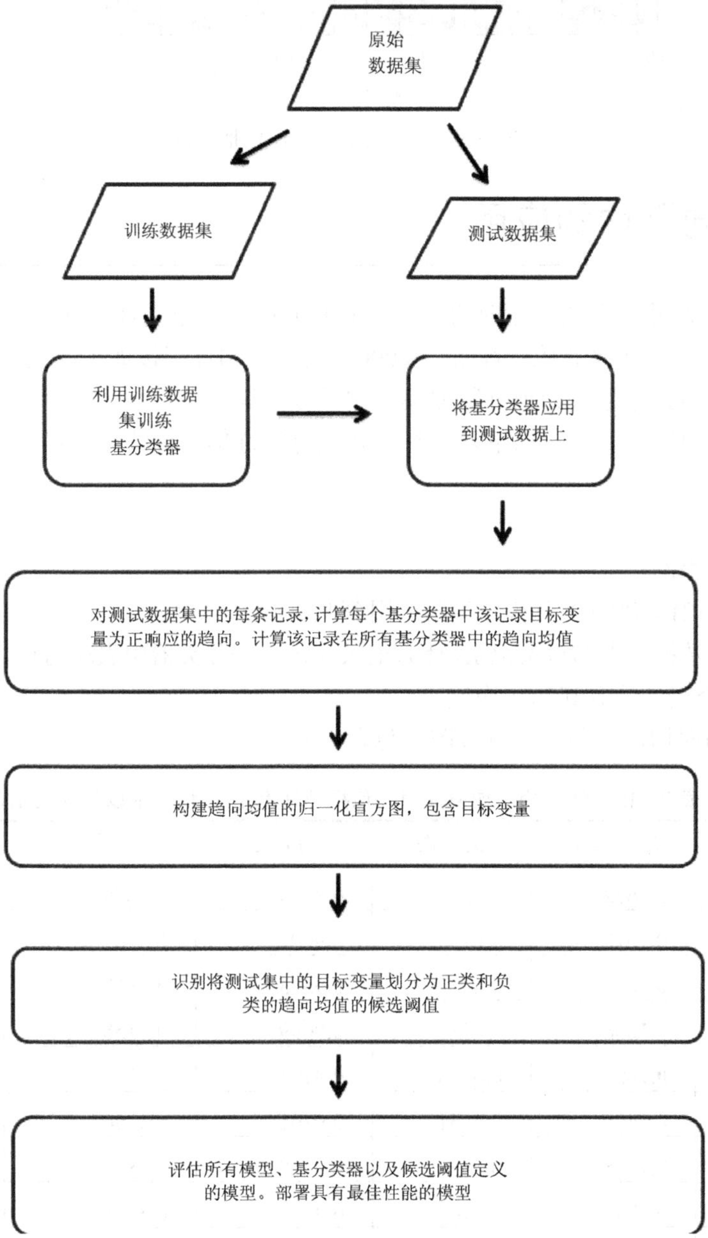

图 26.2　趋向平均过程

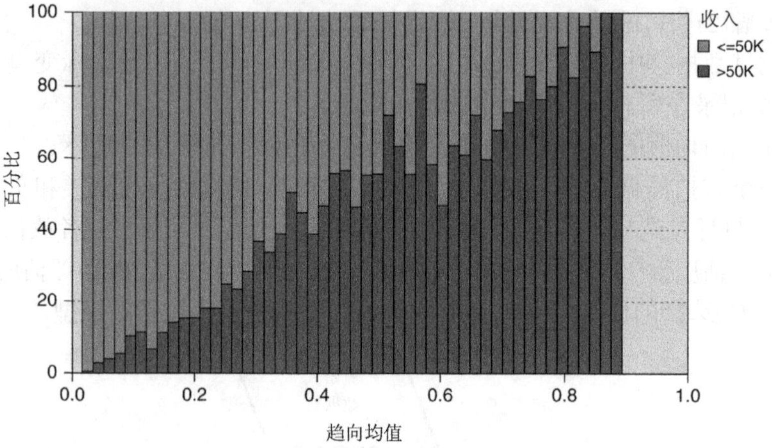

图 26.3 趋向均值分布，包括收入

26.7 趋向平均的应用

构建趋向平均集成分类模型时将采用 Adult_training 数据集和 Adult_test 数据集。二元目标变量“收入”表示是否收入超过$50 000。趋向平均过程按如下方式应用：

(1) 将成人数据集划分为训练数据集和测试数据集。

(2) 为预测风险，将采用以下基分类器开展对训练集的训练工作：

- CART
- logistic 回归
- 神经元网络

(3) 将步骤(2)构建的 3 个基分类器运用到测试数据集上。

(4) 对测试数据集中的每条记录，计算记录在每个基分类器中表现为正类(收入>$50 000)的趋向。为每个记录计算其趋向均值。

(5) 构建趋向均值的归一化直方图，包含收入。

表 26.12 候选趋向均值阈值，包括评估度量(最佳性能以粗体表示)

阈值	总误差率	灵敏性	特异性	PFP	PFN
0.34	0.1672	**0.7346**	0.8639	0.3689	**0.0887**
0.4	0.1610	0.6158	0.9097	0.3163	0.1180
0.6	0.1691	0.4477	**0.9523**	**0.2517**	0.1552
0.4005	0.1608	0.6158	0.9099	0.3158	0.1180
0.4007	**0.1607**	0.6158	0.9101	0.3153	0.1180
0.4009	0.1608	0.6151	0.9101	0.3156	0.1182
CART	0.1608	0.5436	0.9328	0.2806	0.1342
Log Reg	0.1748	0.5105	0.9249	0.3171	0.1436
Neur Net	0.1608	0.5388	0.9238	0.3085	0.1366

(6) 从左至右扫描图 26.3 的直方图，确定趋向均值的候选阈值，将测试集按照目标变量“收入”取正类或负类划分。目的是选择候选阈值集合，将响应者放于右侧，未响应者放于左侧。

(7) 为步骤(6)选择的候选阈值建立一张表(见表 26.12)，包括对其的评估度量，如总误差率、灵敏性、特效性、PFN 及 PFP。该表中还包括基分类器。

t 的阈值按如下所示定义正类和负类响应：

如果趋向均值≥t，则目标响应分类为正类。

如果趋向均值<t，则目标响应分类为负类。

表 26.12 包括趋向均值的候选阈值，以及用于候选阈值定义的模型的评估度量。在图 26.2 中，肉眼观察到 0.3、0.4 和 0.6 是较好的候选阈值。评估按照这些阈值定义的模型揭示 0.4 在 3 个值中最佳，因为其总误差率最低(假设总误差率是首选度量)。围绕值 0.4 作进一步考察，最终表明 0.4005、0.4007 和 0.4009 为最佳候选值，其中 0.4007 具有最低的总误差率 0.1607。

注意到总误差率 0.1607 基本上与原始 CART 模型的总误差率 0.1608 没有差别。趋向平均模型具有非常低的可解释性，因此这里原始 CART 模型可能成为首选。然而，趋向平均有时能够提供更强的分类性能，当对精度的要求超过解释性时，其应用值得一试。

表 26.12 帮助我们为各种平均趋向阈值描述了集成模型的期望行为。

- 低阈值在识别正类时具有较好的能力。按照低阈值定义的模型具有良好的灵敏性，但是易于产生大量的对正类的错误估计。
- 高阈值在识别正类时效果不好。由高阈值定义的模型具有较好的特效性，但是具有产生较高 PFN 的风险。

利用投票和趋向平均方法的集成能够处理带有误分类成本的基分类器。对投票集成来说，基分类器的偏好是造成误分类成本的原因，因此集成这些偏好与无误分类成本的模型的处理相比，没有多少差别。趋向平均过程与此类似。每个基分类器在计算趋向时将考虑误分类成本，因此过程与无误分类成本的模型是相同的。当然，模型需要用定义的分类成本加以评估，而不是仅仅考虑总误差率。

R 语言开发园地

```
# 准备数据

risk <- read.csv(file = "C:/.../classifyrisk.txt",
    stringsAsFactors=FALSE,
    header=TRUE,
    sep="\t")
```

```
risk$loans_n <- (risk$loans - min(risk$loans))/(max(risk$loans)-min(risk$loans))
# 以此推及连续变量
risk$ms_single <- ifelse(risk$marital_status=="single", 1, 0)
# 以此推及分类变量
crisk.n <- risk[,7:13]
# 创建 75%训练数据集, 25%测试数据集
choose <- runif(dim(crisk.n)[1], 0, 1)
train <- crisk.n[which(choose <= .75),]
test <- crisk.n[which(choose > 0.75), ]
```

```
# 建立单个模型

# logistic 回归
lr <- glm(risk_good ~ ms_married+ms_single+mortgage_y+loans_n+income_n+age_n,
    data = train,
    family=binomial)
# 神经元网络
library(nnet)
nn <- nnet(risk_good ~ ms_married+ms_single+mortgage_y+loans_n+income_n+age_n,
    data = train, size = 10)
```

```
# 分类工作测试集

# 创建工作测试集(n=25)
pick25 <- sample(1:dim(test)[1], size = 25, replace = FALSE)
test.25 <- test[pick25,]
# 使用模型对工作测试集进行分类
pred.lr <- ifelse(round(predict(lr, test.25))<.5, 0, 1)
pred.nn <- round(predict(nn, newdata=test.25))
```

```
# 投票集成模型

pred.all <- matrix(c(test.25$risk_good, pred.lr, pred.nn), ncol = 3)
pred.all <- pred.all[order(test.25$risk_good),]
colnames(pred.all) <- c("Risk", "Log Reg", "Neural Net")
sing.s <- pos.un <- rep(0, 25)
for(i in 1:25){
    if(pred.all[i,2]==1 || pred.all[i,3]==1){
        sing.s[i] <- 1# Single Sufficient
    }
if(pred.all[i,2]==1 &&pred.all[i,3]==1){
        pos.un[i] <- 1 # Positive Unanimity
    }
}
pred.all <- cbind(pred.all, sing.s, pos.un)
```

```
# 评估结果

lr.t <- table(pred.all[,1], pred.all[,2])
nn.t <- table(pred.all[,1], pred.all[,3])
ss.t <- table(pred.all[,1], pred.all[,4])
pu.t <- table(pred.all[,1], pred.all[,5])
rownames(lr.t) <- rownames(nn.t) <-
    rownames(ss.t) <- rownames(pu.t) <-
    c("Good Risk", "Bad Loss")
colnames(lr.t) <- colnames(nn.t) <-
    colnames(ss.t) <- colnames(pu.t) <-
    c("Pred: Good Risk", "Pred: Bad Loss")
lr.t; nn.t
ss.t; pu.t
```

```
> lr.t

          Pred: Good Risk Pred: Bad Loss
Good Risk               9              3
Bad Loss                3             10
> nn.t

          Pred: Good Risk Pred: Bad Loss
Good Risk               9              3
Bad Loss                3             10
> ss.t

          Pred: Good Risk Pred: Bad Loss
Good Risk               9              3
Bad Loss                2             11
> pu.t

          Pred: Good Risk Pred: Bad Loss
Good Risk               9              3
Bad Loss                4              9
```

R 参考文献

1. R Core Team. *R: A language and environment for statistical computing*. Vienna, Austria:

R Foundation for Statistical Computing; 2012. ISBN 3-900051-07-0, URL http://www.R-project.org/. Accessed 2014 Sep 30.

2. Venables WN, Ripley BD. *Modern Applied Statistics with S*. 4th ed. New York: Springer; 2002. ISBN:0-387-95457-0.

练习

1. 描述简单模型投票的另外一种说法是什么？
2. 多数分类与相对多数分类的区别是什么？
3. 解释单一充分性和多重充分性分类的含义。
4. 描述负一致性分类的含义。
5. 描述与下列投票方法相关的模型的特点：
   a. 单一充分性分类
   b. 正一致性分类
   c. 多数分类
6. 使用投票集成模型存在什么问题？
7. 投票集成模型构建时，采用的是训练集还是测试集的分类结果？
8. 判断题：与其他构成的分类器比较，投票集成模型的性能总是更好。
9. 使用趋向平均而不使用投票集成的理由是什么？
10. 对二元目标变量，如何计算正类响应的趋向。
11. 对一个包含 m 个基分类器的集成，用简单的话语描述趋向均值的公式。
12. 判断题：趋向反映的是数据集的特征而不是单一记录的特征。
13. 在扫描趋向均值的归一化直方图时如何寻找候选阈值？
14. t 的阈值如何定义目标变量的正响应和负响应？
15. 描述下列趋向平均集成模型的行为：
    a. 阈值较低
    b. 阈值较高
16. 判断题：使用投票或趋向平均的集成模型都难以处理误分类成本。

实践分析

练习 17～21 采用 Adult2_training 数据集以及 Adult2_test 数据集完成模型投票。

17. 利用训练集训练 CART 模型、logistic 回归模型及神经元网络模型，将它们作为预测收入的基分类器。

18. 将基分类器模型应用到测试数据集上。

19. 利用下列方法，合并分类结果成为投票集成模型。

    a. 多数分类

b. 单一充分性分类

c. 两重充分性分类

d. 正一致性分类

20. 按照总误差率、灵敏性、特效性、PFN 及 PFP，评估所有基分类器模型以及所有投票集成模型。哪个模型性能最佳？

21. 对假负类应用误分类成本 2(而不是默认的 1)。利用新的误分类成本重新完成练习 23～29。确保使用新的误分类成本而不是在练习 28 中提到的度量评估模型。

练习 22～29 使用流失数据集完成趋向平均方法。

22. 将数据集划分为训练数据集和测试数据集。

23. 利用训练数据训练 CART 模型、logistic 回归模型和神经元网络模型，将其作为基分类器预测客户流失情况。

24. 将基分类器模型应用到测试数据集上。

25. 对测试数据集中的每条记录，计算每个基分类器中该记录流失情况为正响应的趋向。计算每条记录在所有基分类器中的趋向均值。

26. 构建包含流失情况的趋向均值的归一化直方图。

27. 从左至右扫描直方图，识别趋向均值的候选阈值，将测试集划分为流失和非流失两组。目标是选择候选阈值集，用于识别流失客户和非流失客户。

28. 使用总误差率、灵敏性、特效性、PFP 和 PFN 评估所有基分类器，以及按照先前练习中选择的候选阈值定义的模型。部署性能最佳的模型。

29. 对假负类应用误分类开销 5(而不是默认的 1)。使用新的误分类成本，重做练习 23～29。确保采用新的误分类成本评估模型，而不是在练习 28 中提到的度量。

第Ⅶ部分

更 多 主 题

第 27 章

遗传算法

27.1 遗传算法简介

遗传算法(GA)试图通过计算模拟自然选择操作过程，并将其用于解决商业或研究领域的问题。该算法是由 John Holland[1]于 20 世纪 60 年代及 70 年代提出的，GA 提供了一种用于研究生物择偶、繁殖、突变以及遗传信息交叉等效应的框架。

在自然界中，充满约束和压力的特定环境迫使不同的物种(以及物种内部不同的个体)通过竞争产生最合适的后代。而在遗传算法的世界里，会对各种各样的潜在方案进行比较，通过优胜劣汰产生更多最优解决方案。

毫无疑问，遗传算法借用了基因方面的术语。我们身体中的每个细胞包含相同的染色体组，DNA 构成我们身体的基本功能。每个染色体可以被划分为基因，作为 DNA 的构成基础，用于编码特定性状，例如眼睛的颜色等。基因的特定实例(例如棕色眼睛)是一个等位基因。每个基因都处于染色体的某个特定位置上。在繁殖期间，将发生重组和交叉，通过合并父母染色体的特征，产生新的染色体。后代染色体上单一基因发生改变的突变情况尽管发生的几率很小，但可能会随机性地发生。对后代适应性的评价一般是评估生存能力(活得足够长)或者后代的生育能力。

在遗传算法领域，染色体代表的是候选的解决方案，基因是候选解决方案的位或数字，等位基因是特殊的位或数字实例(例如，二进制解决方案的 0 或实数值解决方案的 7)。二进制数的基数为 2，因此第一位十进制位置表示 1，第二位表示 2，第三位表示 4，第四位表示 8 等。因此二进制字符串 10101010 表示为十进制时，结果为：

1 Holland, *Adaptation in Natural and Artificial Systems*, University of Michigan Press, Second Edition:MIT Press, 1992.

$$(1\times128)+(0\times64)+(1\times32)+(0\times16)+(1\times8)+(0\times4)+(1\times2)+(0\times1)$$
$$=170$$

在 GA 中，存在 3 个操作符：选择、交叉和变异。

(1) 选择。选择是一种用于确定哪个染色体将被复制的操作。适应度函数评估每个染色体(候选解决方案)，染色体越适合，则被选择复制的可能性越大。

(2) 交叉。交叉操作符执行重组功能，通过随机选择基因位置并从左至右交换两个染色体子序列的位置，建立两个新的后代。例如，以二元表示来说，两个字符串 11111111 和 00000000 将在第 6 位交叉，建立两个新的后代 11111000 和 00000111。

(3) 变异。变异操作符随机改变染色体位置上的位或数字，然而通常以较小的概率发生。例如，交叉操作发生后，11111000 子字符串可能在第 2 位发生变异，变成 10111000。变异为基因池引入了新的信息，防止过快收敛到局部最优。

多数 GA 函数通过迭代对被称为种群的潜在解决方案集合进行更新，种群中每个成员在每次迭代中根据适应性进行评价。新种群利用上述讨论的操作替换旧种群，选择最适合的成员完成繁殖和克隆。适应度函数 $f(x)$为实数值函数，对染色体(潜在解决方案)进行操作，而不是对基因进行操作，因此 $f(x)$中的 x 指的是在作适应性评估时染色体所取的数量值。

27.2 基因算法的基本框架

以下对 GA 框架的介绍参考 Mitchell[2]所著的 *An Introduction to Genetic Algorithms* 一书。

- 步骤 0。初始化。假定数据都按照位串(1 和 0)编码。定义交叉概率或交叉率为 p_c，突变概率或突变率为 p_m。通常，所选的 p_c 比较高(例如 0.7)，p_m 比较低(例如 0.01)。
- 步骤 1。选择种群，它是一个包括 n 个染色体的集合，每个长度为 l。
- 步骤 2。为种群中的每个染色体计算适应度函数 $f(x)$。
- 步骤 3。根据以下步骤进行迭代，直到产生 n 个后代。
  - 步骤 3a。选择。利用步骤 2 获得的适应度函数 $f(x)$的值，为每个染色体分派选择概率，适应性越高，获得的选择概率越高。这些概率分配常用的方法是轮盘赌方法。对每个染色体 x_i，获得该染色体适应性与所有染色体适应性之和的比值。即 $f(x_i)/\sum_i f(x_i)$，将此比例作为父母染色体的选择概率。每个染色体按照假定存在的一个轮盘赌旋转所确定的占一定比例的块选择父母。基于该概率，选择一对染色体作为父母。允许同样的染色体不止一次被选择成为父辈。允许染色体与其自身配对，产生该染色体的 3 个副本以建立新一代染色体。如果分析人员对过快收敛到局部最优比较担心，则也许不允许这样配对。

---

2 Melanie Mitchell, *An Introduction to Genetic Algorithms*, MIT Press, Cambridge, Mass, Second edition,2002.

- 步骤 3b。交叉。对于在何处执行交叉，选择随机产生的位置(交叉点)。然后，利用概率 p_c，与步骤 3a 中选择的父母执行交叉操作，构成两个新的后代。如果交叉没有完成，则克隆父母的两个准确的副本，并传递给下一代。
- 步骤 3c。变异。利用概率 p_m，在两个后代的位点上执行突变。染色体取代其在新种群中的位置。如果 n 为奇数，则随机抛弃一个新的染色体。

- 步骤 4。染色体的新种群替代当前的种群。
- 步骤 5。检查是否满足终止规则。例如，平均适应度在连续若干代之间几乎没有变化吗？若收敛得以实现，则停止执行并报告结果；否则，转步骤 2。

算法的每次迭代被称为一代，多数 GA 应用采用 50 至 500 代能够实现收敛。Mitchell 建议研究人员用不同的随机数种子运行多次，针对不同的运行结果，获得模型评估统计结果(例如最佳总体适应度)并取得其平均值。

27.3 遗传算法的简单示例

让我们来检验遗传算法应用于实际工作的示例。假定我们的任务是找出均值 μ=16 且标准差 σ=4 的正态分布的最大值(见图 27.1)。为此，我们想要找到的最大值是：

$$f(x)=\frac{1}{\sqrt{2\pi}\sigma}\exp(\frac{-1}{2\sigma^2}(x-\mu)^2)=\frac{1}{\sqrt{2\pi}(4)}\exp(\frac{-1}{2(4)^2}(x-16)^2)$$

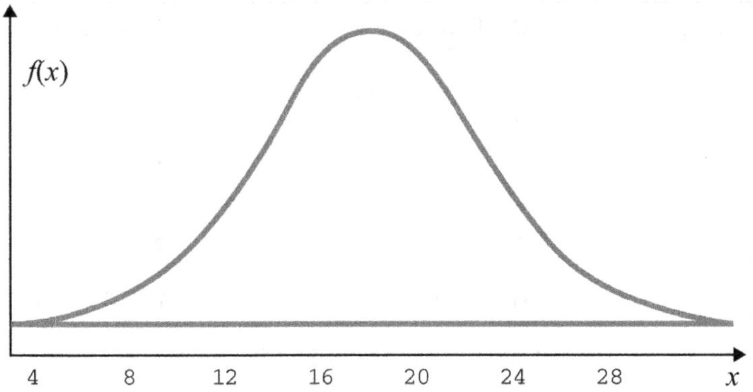

图 27.1 获得正态分布(16,4)的最大值

我们允许 X 的取值仅为 5 位二进制数；即 00000 到 11111，或十进制表示的 0～31。

27.3.1 第 1 次迭代

- 步骤 0。初始化。我们将交叉率定义为 p_c=0.75，突变率为 p_m=0.002。
- 步骤 1。我们的种群将是个包含 4 条染色体的集合，从 00000～11111 中随机选择。因此，n=4，l=5。其中包括 00100(4)、01001(9)、11011(27)和 11111(31)。
- 步骤 2。计算种群中每个染色体的适应度函数 $f(x)$。

- 步骤 3。通过以下步骤执行迭代，直到建立 n 个后代为止。
  - 步骤 3a。选择。汇总适应度值得到：

$$\sum_i f(x_i) = 0.001108 + 0.021569 + 0.002273 + 0.000088 = 0.025038$$

接着，为每个染色体选择父辈的概率将会通过用其 $f(x)$除以 0.025038 获得，如表 27.1 所示。显然，染色体 01001 获得轮盘赌较大的区域。随机选择过程开始执行。假设染色体 01001 和 11011 被选择作为第一对父辈，因为它们的染色体具有最高的适应度。

表 27.1 每个染色体选择的适应度及概率

染色体	十进制值	适应度	选择的概率
00100	4	0.001108	0.04425
01001	9	0.021569	0.86145
11011	27	0.002273	0.09078
11111	31	0.000088	0.00351

  - 步骤 3b。交叉被随机选择为第二个位置。假设最大交叉率 $p_c = 0.75$，将在 01001 与 11011 之间发生交叉，如图 27.2 所示。注意字符串在第 1 位与第 2 位之间被划分开。每个孩子染色体从不同的父辈接受一段。如此两个染色体形成新的一代 01011(11)和 11001(25)。

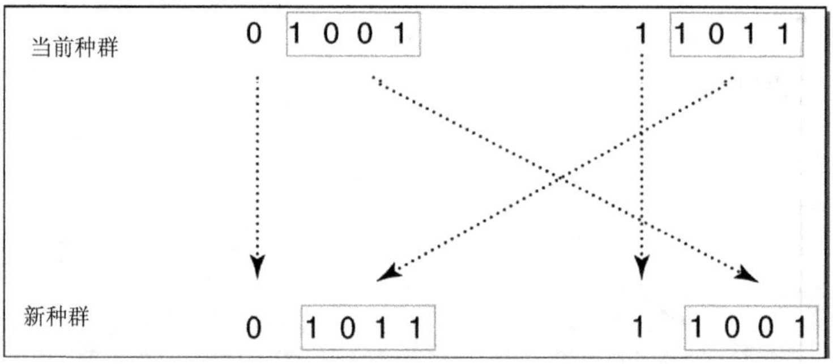

图 27.2 前两个父辈于位 2 执行交叉

  - 步骤 3c。变异。由于变异概率较低，假设 01011 或 11001 均没有基因变异发生。这样我们的新种群将产生两个新的染色体。我们需要更多的情况发生，为此返回步骤 3a。
  - 步骤 3a。选择。假设这一次染色体 01001(9)和 00100(4)被轮盘赌方法选择。
  - 步骤 3b。交叉。然而，这次假设并未发生交叉。为此，这些染色体的克隆体变成新一代的成员，即产生新成员 01001 和 00100。至此在新种群中包含 4 个成员。
- 步骤 4。用染色体新种群替换当前的种群。
- 步骤 5。返回步骤 2 继续迭代。

27.3.2 第 2 次迭代

- 步骤 2。计算种群中每个染色体的适应度 $f(x)$，如表 27.2 所示。
  - 步骤 3a。选择。第 2 代适应度值汇总得到 $\sum_i f(x_i)=0.076274$，其含义为第 2 代染色体的平均适应度是第 1 代的 3 倍。计算选择概率，如表 27.2 所示。

表 27.2 第 2 代的适应度和选择概率

染色体	十进制值	适应度	选择的概率
00100	4	0.001108	0.014527
01001	9	0.021569	0.282773
11011	11	0.045662	0.598657
11001	25	0.007935	0.104033

我们希望您通过练习完成后续工作。

27.4 改进及增强：选择

对选择操作符来说，分析人员应当注意适应性与多样性的平衡问题。如果更关注适应度而不是变化，则种群中主要包含那些具有高度适应性但次优的染色体，降低了遗传算法获得全局最优的能力。如果关注多样性而不是适应性，则模型收敛的速度会非常慢。

例如，在前述的第 1 代中，特定基因 01001(9)控制了适应性，具有超过 86%的选择概率。此为选择压力的一个示例，是遗传算法拥塞现象的示例。它指从繁殖开始，一个特定的染色体比其他任何染色体都具有更高的适应度，因此在下一代中建立了太多其自身的克隆和相似的副本。通过减少种群的多样性，拥塞降低了遗传算法不断探索搜索空间中新区域的能力。

可以采用多种技术处理拥塞问题。De Jong[3]建议新一代染色体应取代那些与当前代最相似的个体。Goldberg 和 Richardson[4]提出一种适应度共享函数，当存在其他类似种群成员时，则染色体的适应度将会下降，形似度越大，降低程度越大。通过该方法，多样性得以体现。

3 Kenneth De Jong, 1975. *An Analysis of the Behavior of a Class of Genetic Adaptive Systems*, Ph.D. Thesis,University of Michigan, Ann Arbor.

4 David Goldberg and Jon Richardson, 1987. Genetic algorithms with sharing for multi-modal function optimization, in *Genetic Algorithms and Their Applications*: *Proceedings of the Second International Conference on Genetic Algorithms*, J. Greffenstette, editor, Erlbaum.

改变配对条件也能够用于增加种群的多样性。Deb 和 Goldberg[5]指出，如果配对仅在充分相似的染色体之间发生，则可能会导致产生不同的“配对组”的趋向。这些组具有低的组内变化性和高的组间变化性。然而，Eshelman[6]及 Schaffer[7]研究了相反的策略，禁止具有较强相似性的染色体配对。结果表明整体上种群内的多样性仍然较高。

Forrest[8]提出的西格玛标度以较稳定的比率保持选择压力，通过适应度的标准差度量染色体的适应度。如果某个单一染色体在运行开始时获得控制权，则适应度的变化也将会增大，变化的增大将减少控制权。在执行后期，种群通常更趋向同质性，通过更小的变化性可以获得更高适应度的染色体。西格玛标度适应性如下所示：

$$f_{\text{sigma-scaled}}(x) = 1 + \frac{f(x) - \mu_{\text{f}}}{\sigma_{\text{f}}}$$

其中 μ_{f} 和 σ_{f} 表示当前代的平均适应度和适应度的标准差。

波尔兹曼选择根据一趟运行中当前代所处的远近位置，使选择压力呈现不同的情况。在初期时，该方法可能会获得更小的选择压力，因此能够维持对搜索空间开展更广泛的探索。越到后期，增加选择压力将有助于遗传算法尽快收敛到最优解，获得全局最优值。在采用波尔兹曼选择时，温度参数 T 逐渐由高降低。染色体将按照下式调整适应度：

$$f_{\text{Boltzmann}}(x) = \frac{\exp(f(x)/T)}{\text{Mean}(\exp(f(x)/T))}$$

当温度下降时，在高适应度染色体和低适应度染色体之间，期望适应度的差异将会加大。

由 De Jong 所开发的 Elitism 指出选择条件要求遗传算法在从一代到下一代时，保持一定数量的最适应的染色体，以便能够保护染色体免受交叉、突变或无法复制所造成的破坏。

---

5 Kalyanmoy Deb and David Goldberg, 1989. An investigation of niche and species formation in genetic function optimization, in *Proceedings of the Third International Conference on Genetic Algorithms*, J. Greffenstette, editor, Morgan Kaufmann.

6 Larry Eschelman, 1991. The CHC adaptive search algorithm: How to have safe search when engaging in nontraditional genetic recombination, in *Foundations of Genetic Algorithms*, G. Rawlins, editor, Morgan Kaufmann.

7 Larry Eshelman and J. David Schaffer, 1991. Preventing premature convergence in genetic algorithms by preventing incest, in *Proceedings of the Fourth International Conference on Genetic Algorithms*, R. Belew and L. Booker, editors, Morgan Kaufmann.)

8 Stephanie Forrest, 1985. Scaling fitnesses in the genetic algorithm. In Documentation for PRISONERS DILEMMA and NORMS Programs that Use the Genetic Algorithm. Unpublished manuscript.

Michell 和 Haupt[9]报告说 Elitism 极大地改善了遗传算法的性能。

排序选择按照染色体的适应度排序染色体。排序避免了采用比例适应度方法所带来的选择压力，但是忽略了染色体适应度之间的绝对差异。排序不考虑变异性，提供了一种适度调整的适应性度量。因为无论适应性的绝对差异如何，按照 k 及 k+1 排序的染色体，其选择概率的差异是相同的。

竞赛排序方法比排序选择具有更好的计算效率，保持对选择排序的适当压力。按照竞赛排序，两个染色体被随机选择，并执行对种群的替换。令 c 为用户选择的处于 0 与 1 之间的常量(例如 0.67)。选择随机数 r ，r 满足 $0 \leqslant r \leqslant 1$。如果 $r<c$，则适合的染色体将会被选择作为父辈；否则，将选择更低适应度的染色体。

27.5 改进及增强：交叉

27.5.1 多点交叉

这里我们强调的单点交叉操作存在众所周知的位置偏差的问题。即，遗传算法的性能部分依赖于染色体中变量所处的顺序。因此，位置 1 和位置 2 的基因通常交叉在一起，仅仅是因为它们相互接近，而位置 1 和位置 7 的基因很少交叉。现在，假设位置反映了数据及变量之间的关系，则这一问题不会引起我们的关注，但是这样的先验知识相对少见。

解决该问题的方法是执行如下的多点交叉。首先，随机选择交叉点集，并按照这些点将染色体进行划分。然后，为形成后代，通过替换这些父类重新组合片段，如图 27.3 所示。

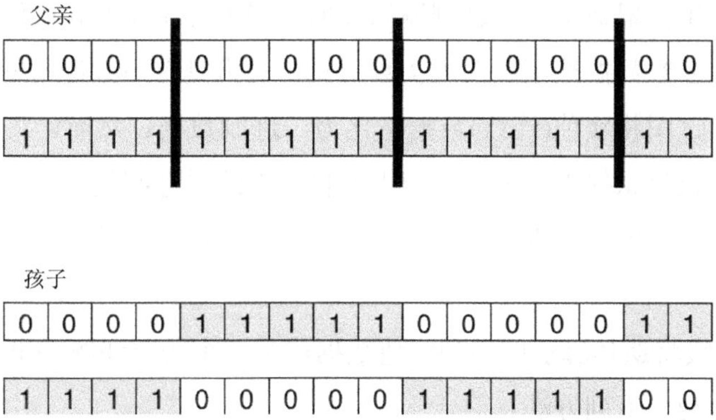

图 27.3　多点交叉

9 Randy Haupt, and Sue Ellen Haupt, *Practical Genetic Algorithms*, John Wiley and Sons, Inc., 1998.

27.5.2 通用交叉

另外一种可用的交叉操作为通用交叉。采用通用交叉时，第 1 个孩子如下建立。其基因由父辈以 50%的概率随机分配。第 2 个孩子的基因取与第 1 个孩子相反的情况。该方法的好处是继承的基因与位置无关。通用交叉如图 27.4 所示。其修改版本主要是在分配概率方面考虑各自父辈的适应度。

Eiben 和 Smith[10]讨论了交叉与变异的作用，以及它们之间存在的针对搜索空间的协调与竞争的问题。他们将交叉描述为探索性的，在两个父辈区域跳跃，发现有关搜索空间的新区域。而将变异描述为开发性的，在已经发现的区域中优化当前的信息，建立较小的随机偏差并因此不会离父辈太远。交叉和变异相互补充，因为只有通过交叉才能将两个父辈的信息组合到一起，只有通过变异才能引入全新的信息。

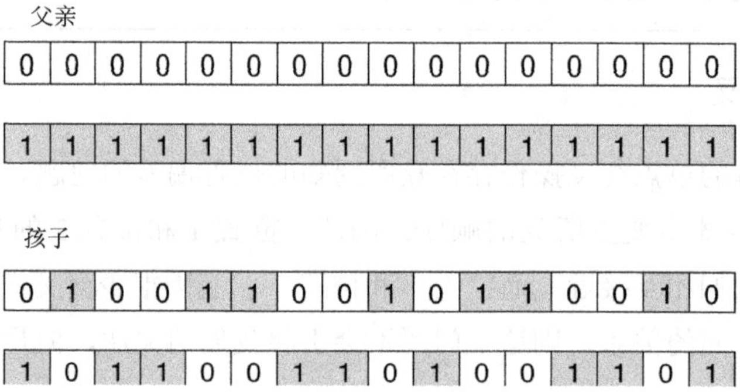

图 27.4 通用交叉

27.6 实值变量的遗传算法

遗传算法的原始框架适用于二进制编码数据，因为交叉和变异操作与此类数据的交互非常自然。然而，多数数据挖掘数据为实数形式，通常具有小数位精度。

一些分析人员试图将实值(连续)数据量化为二进制数据。然而，将实值数据重新表示为二进制必然会导致信息损失，因为可能需要将最近的二进制数字四舍五入，导致精度降低。为减少精度损失，每个二进制染色体需要变得更长，增加数字又不可避免地会使算法的速度受到影响。

因此，如何直接将遗传算法应用到实值数据成为一个研究课题。Eiben 和 Smith 建议在执行交叉操作时可利用下列方法。

10 A. E. Eiben, and Jim Smith, 2003. *Introduction to Evolutionary Computing*, Springer, Berlin.

27.6.1 单一算术交叉

令父辈为$<x_1,x_2,...,x_n>$和$<y_1,y_2,...,y_n>$。随机选择第k个基因。然后，令第1个孩子的形式为$<x_1,x_2,...,\alpha\cdot y_k+(1-\alpha)\cdot x_k,...,x_n>$，第2个孩子为$<y_1,y_2,...,\alpha\cdot x_k+(1-\alpha)\cdot y_k,...,y_n>$，其中 0≤$\alpha$≤1。

例如，令父辈为<0.5,1.0,1.5,2.0>及<0.2,0.7,0.2,0.7>，且α=0.4。随机选择第3个基因。然后，单一算术交叉产生第1个孩子为：

$$<0.5,1.0,(0.4)\cdot(0.2)+(0.6)\cdot(1.5),2.0>=<0.5,1.0,0.98,2.0>$$

第2个孩子为：

$$<0.2,0.7,(0.4)\cdot(1.5)+(0.6)\cdot(0.2),0.7>=<0.2,0.7,0.72,0.7>$$

27.6.2 简单算术交叉

令父辈为$<x_1,x_2,...,x_n>$和$<y_1,y_2,...,y_n>$。随机选择第k个基因。在该点及以后各点合并所有基因值。即，令第1个孩子的形式为$<x_1,x_2,...,\alpha\cdot y_k+(1-\alpha)\cdot x_k,...,\alpha\cdot y_n+(1-\alpha)\cdot x_n>$，第2个孩子的形式为$<y_1,y_2,...,\alpha\cdot x_k+(1-\alpha)y_k,...,\alpha\cdot x_n+(1-\alpha)\cdot y_n>$，其中 0≤$\alpha$≤1。

例如，令父辈为<0.5,1.0,1.5,2.0>及<0.2,0.7,0.2,0.7>，且α=0.4。随机选择第3个基因。然后，简单算术交叉将产生第1个孩子为：

$$<0.5,1.0,(0.4)\cdot(0.2)+(0.6)\cdot(1.5),(0.4)\cdot(0.7)+(0.6)\cdot(2.0)>=<0.5,1.0,0.98,1.48>$$

第2个孩子为：

$$<0.2,0.7,(0.4)\cdot(1.5)+(0.6)\cdot(0.2),(0.4)\cdot(2.0)+(0.6)\cdot(0.7)>=<0.2,0.7,0.72,1.22>$$

27.6.3 完全算术交叉

令父辈为$<x_1,x_2,...,x_n>$和$<y_1,y_2,...,y_n>$。对每个父辈的整个向量执行上述的合并。对孩子向量的计算将留作练习。注意，对以上这些算术交叉技术来说，受影响的基因表示父辈值之间的中间点，当α=0.5时建立父辈值的均值。

27.6.4 离散交叉

孩子染色体中的每个基因是从父母染色体的基因中选择而来，选择方式通常是采用均匀概率方式。例如，令父辈为<0.5,1.0,1.5,2.0>及<0.2,0.7,0.2,0.7>，可能产生的孩子为<0.2,0.7,1.5,0.7>，其中第3个基因直接来自第1个父辈，而其他都来自第2个父辈。

27.6.5 正态分布突变

为避免过快收敛到局部最优，将为每个变量增加一个满足正态分布的“随机冲量”。

分布为正态分布，其均值为 0，标准差为 σ，可以控制变化量。如果产生的突变变量超出了允许的范围，则其值将被重置，以便其值能够位于该范围内。如果所有变量都发生突变，显然此时 $p_m=1$。

例如，假设突变分布为 Normal(μ=0,σ=0.1)，我们期望将突变应用到离散交叉示例中的孩子染色体<0.2,0.7,1.5,0.7>。假设从该分布中产生 4 个随机冲量：0.05、−0.17、−0.03、0.08，则孩子染色体变为<0.2+0.05,0.7−0.17,1.5−0.03,0.7+0.08>=<0.25,0.53,1.47,0.78>。

27.7 利用遗传算法训练神经元网络

神经元网络包括层次化的、前向反馈的、全连接的人工神经元(或节点)网络。神经元网络可用于分类和评估。可参考 Mitchell[11]、Fausett[12]、Haykin[13]、Reed 及 Marks[14]的文献或本书第 12 章有关神经元网络拓扑和相关操作的内容。图 27.5 提供了简单神经元网络的基本图示。

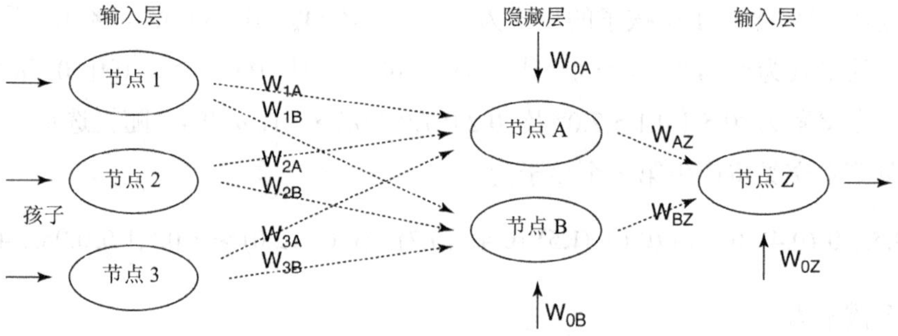

图 27.5 简单神经元网络

网络具有的前馈属性限制了网络流动的单一方向性，不允许出现循环。神经元网络由两个或多个层次构成，而多数神经元网络包括 3 层：输入层、隐藏层、输出层。当然，尽管多数神经元网络的隐藏层仅包含一层，但该层可以由多层构成。通常，一个隐藏层对多数情况来说已经足够。神经元网络是全连接的，意味着给定层上的每个节点与下一层上的所有节点存在连接关系，当然一般不会与同层上的其他节点存在连接关系。节点之间的连接具有权重(例如 W_{1A})。初始阶段，权重将被随机分配一个 0 到 1 之间的值。

---

11 Tom Mitchell, 1997. *Machine Learning*, WCB-McGraw-Hill, Boston.

12 Laurene Fausett, *Fundamentals of Neural Networks*, Prentice-Hall, New Jersey, 1994.

13 Simon Haykin, *Neural Networks: A Comprehensive Foundation*, Prentice-Hall, Inc., New Jersey, 1990.

14 Russell D. Reed and Robert J. Marks II, *Neural Smithing: Supervised Learning in Feedforward Artificial Neural Networks*, MIT Press, Cambridge, 1999.

神经元网络是如何学习的呢？神经元网络是一种监督学习方法，需要大量具有完整记录的训练集，包括目标变量。当每个训练集中的观察对象经过神经元网络处理后，从输出节点产生输出值(假设仅包含一个输出节点)。输出值将与训练集合中目标变量的实际输出值比较，获得误差(实际值-输出值)。此预测误差类似回归模型中的残差。为度量输出预测与实际目标变量值的拟合程度，多数神经元网络模型采用误差平方和方法：

$$SSE = \sum_{\text{records}} \sum_{\text{output nodes}} (\text{实际值} - \text{输出值})^2$$

其中，误差平方和涉及所有输出节点及训练集中的所有记录。

因此，要解决的问题是构建模型权重以便能够使 SSE 最小。在采用该方法时，权重类似回归模型中的参数。能够使 SSE 最小的权重的“实际”值未知，我们的任务就是要在给定数据的情况下，准确地估计出权重。然而，由于渗透在网络中的 Sigmoid 函数的非线性特性，正如在最小二乘回归中所出现的类似情况，最小化 SSE 不存在封闭形式的解。多数神经元网络模型采用后向传播(一种梯度下降优化方法)，以帮助获得最小化 SSE 的权重集合。后向传播对每个记录采用预测误差(实际值-输出值)，通过网络将误差反向渗透，按照划分式“职责”将误差分配到不同的连接。利用梯度下降方法，调整这些连接的权重，以减少误差。

然而，因为发现神经元网络中权重的最佳集合是一种优化任务，所以遗传算法非常适合。后向反馈的问题包括陷入局部最优的趋势(原因在于该算法试图寻找权重空间的简单路径)以及需要为每个权重计算导数或梯度信息。同样，Unnikrishnan 等人[15]指出在后向传播中初始权重选择不适当将会延误收敛时间。然而，遗传算法执行全局搜索，减少了局部最优的可能性，当然并非总是能够保证获得全局最优。同样，遗传算法不需要计算导数或梯度信息。不过，利用遗传算法的神经元网络来训练权重比传统的利用后向传播的神经元网络运行速度要慢。

遗传算法所采用的搜索策略与反向传播算法所采用的搜索策略有很大的不同。反向传播所采用的梯度下降策略从一个求解向量移动到另一个相似的求解向量。但是，遗传算法搜索策略变化非常大，建立的孩子染色体可能与其父辈完全不同，这种行为降低了遗传算法陷入局部最优的概率。

---

15 Nishant Unnikrishnan, Ajay Mahajan, and Tsuchin Chu, 2003. Intelligent system modeling of a three-dimensional ultrasonic positioning system using neural networks and genetic algorithms, in *Proceedings of the Institution for Mechanical Engineers*, **Vol 217**, Part I: J. Systems and Control Engineering.

Huang、Dorsey 和 Boose[16]利用遗传算法优化的神经元网络预测生命保险公司的财务困境。Unnikrishnan、Mahajan 和 Chu 利用遗传算法优化神经元网络的权重，用于建模三维超声波定位系统。他们以染色体的形式表示网络权重，表 27.3 用染色体表示图 27.5 的神经元网络的权重。然而，他们的染色体长度为 51 个权重，反映 5 个输入节点的 5-4-4-3 拓扑结构，两个隐藏层的每个层包括 4 个节点，3 个输出节点。作者采用这样的染色体长度的原因在于，该模型效果比神经元网络的反向传播和传统线性模型要好。

表 27.3 用染色体表示图 27.5 中神经元网络的权重

W_{1A}	W_{1B}	W_{2A}	W_{2B}	W_{3A}	W_{3B}	W_{0A}	W_{0B}	W_{AZ}	W_{BZ}	W_{0Z}

David Montana 和 Lawrence Davis[17]提供了一个利用遗传算法优化神经元网络权重的例子。他们的研究任务是分类 lofargrams(水下声纳频谱)为有趣或无趣。他们的神经元网络为 4-7-10-1 拓扑，染色体总共包括 126 个权重。使用的适应度函数是常用的神经元网络度量 $\text{SSE} = \sum_{\text{records}} \sum_{\text{output nodes}} (\text{实际值} - \text{输出值})^2$，不过被调整的权重表示染色体的基因。

针对交叉操作符，他们利用了改进的离散交叉。这里，对孩子染色体的每个无输入节点，随机选择其父染色体。来自父辈的输入连接被复制给特定节点的孩子。由此，对每对父辈，仅建立一个孩子。针对变异操作符，他们采用随机冲量，类似前面所给出的正态分布变异。由于神经元网络权重取值被限制在-1 和 1 之间，因此需要对应用变异后产生的权重进行检查，以确保这些权重处于要求的范围之内。

改进后的离散交叉如表 27.4 和图 27.6 所示。该例中，节点 A 的权重由父辈 1 提供，而节点 B 和 Z 的权重由父辈 2 提供(阴影部分)。

表 27.4 表示交叉结果的神经元网络权重

	W_{1A}	W_{1B}	W_{2A}	W_{2B}	W_{3A}	W_{3B}	W_{0A}	W_{0B}	W_{AZ}	W_{BZ}	W_{0Z}
父辈 1	0.1	−0.2	0.7	−0.6	0.4	0.9	−0.1	0.3	−0.5	0.8	−0.2
父辈 2	0.2	−0.4	0.5	−0.5	0.3	0.7	−0.2	0.1	−0.6	0.9	−0.3
孩子	0.1	−0.4	0.7	−0.5	0.4	0.7	−0.1	0.1	−0.6	0.9	−0.3

16 Chin-Sheng Huang, Robert Dorsey, and Mary Ann Boose, 1994. Life Insurer Financial Distress Prediction: A Neural Network Model, *Journal of Insurance Regulation*, Winter 94, **Vol 13**, Issue 2.

17 David Montana and Lawrence Davis, 1989. Training feedforward networks using genetic algorithms. In *Proceeding of the International Joint Conference on Artificial Intelligence*. Morgan Kaufmann.

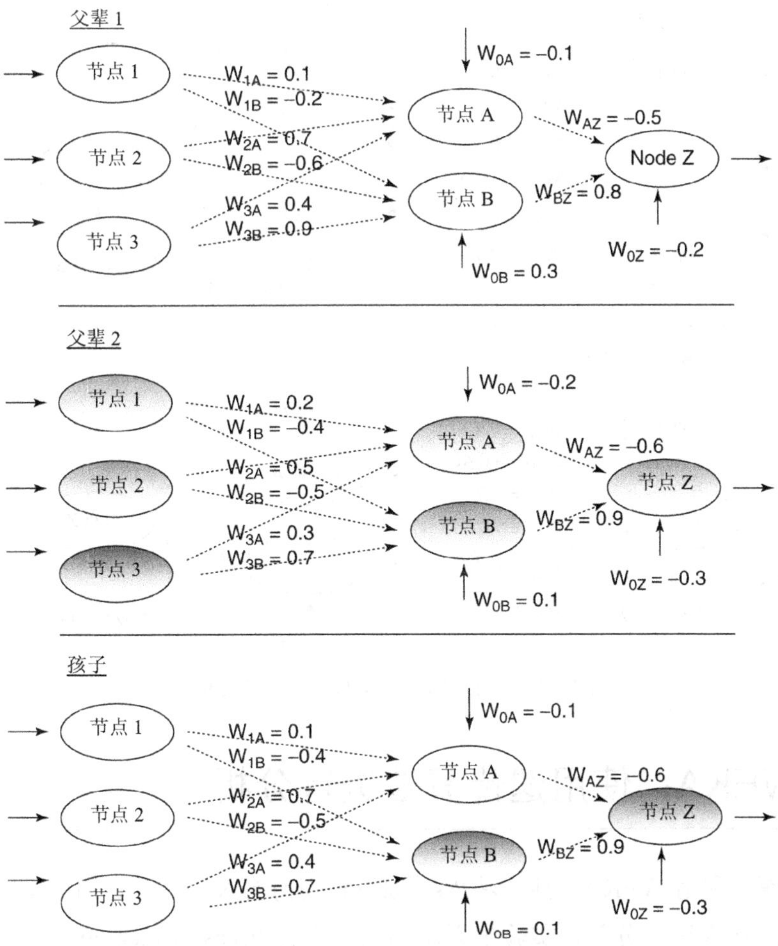

图 27.6 描述神经元网络权重的交叉

表 27.5 和图 27.7 描述了随机冲量变异示例。在该例中，变异仅应用于节点 B 上的权重，针对通过交叉操作生成的孩子。新的权重与原先的权重差别不大。Montana 及 Davis 的基于遗传算法的神经元网络优于后向传播神经元网络，尽管其染色体总共包含 126 个权重。

表 27.5 变异前及变异后的权重

	W_{1A}	W_{1B}	W_{2A}	W_{2B}	W_{3A}	W_{3B}	W_{0A}	W_{0B}	W_{AZ}	W_{BZ}	W_{0Z}
变异前	0.1	−0.4	0.7	−0.5	0.4	0.7	−0.1	0.1	−0.6	0.9	−0.3
冲量	None	−0.05	None	−0.07	None	0.02	None	None	None	None	None
变异后	0.1	−0.45	0.7	−0.57	0.4	0.72	−0.1	0.1	−0.6	0.9	−0.3

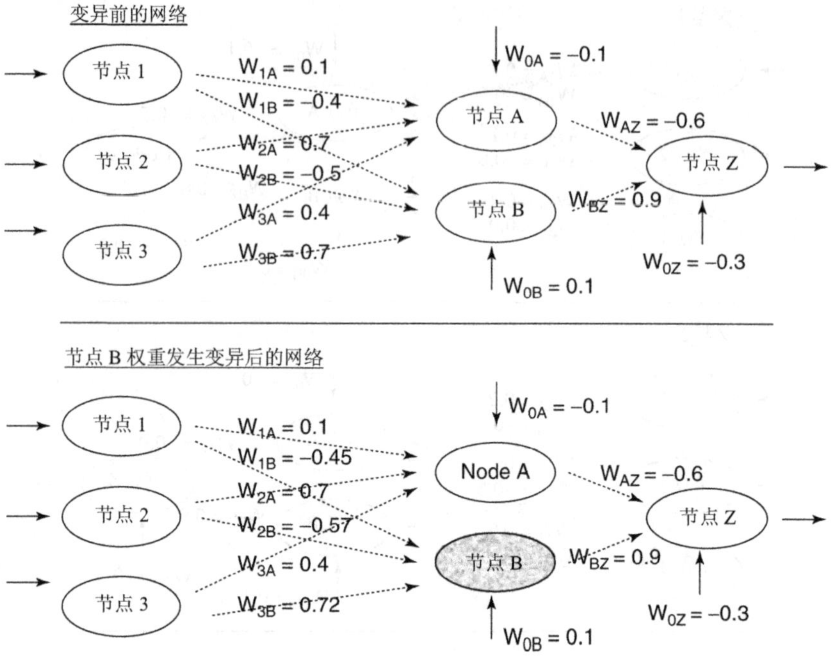

图 27.7 描述神经元网络权重的变异

27.8 WEKA：使用遗传算法进行分析

本节将探索利用 WEKA 的遗传搜索类优化(选择)输入子集，它们用于对患有良性或恶性乳腺癌的病人进行分类。实验中采用的输入文件 breast_cancer.arff 来自威斯康辛乳腺癌数据库。删除包含一个或多个缺失值的 16 个记录后，breast_cancer.arff 包括 683 个实例。此外，该文件包含 9 个数值输入(“样例代码号”属性被删除)和一个值为 2(良性)和 4(恶性)的目标属性类。表 27.6 给出了 breast_cancer.arff 文件的 ARFF 文件头和前 10 个实例。

接下来我们加载输入文件并了解类的分布情况。

(1) 单击 WEKA GUI Chooser 对话框中的 Explorer。

(2) 在 Preprocess 选项卡中，单击 Open file 并指定输入文件 breast_cancer.arff 的路径。

(3) 在 Attributes(左下部)中，选择列表中的 class 属性。

WEKA Preprocess 选项卡显示类的分布，其中 65%(444/683)的记录的值为 2(良性)，剩余的 35%(239/683)的记录的值为 4(恶性)，如图 27.8 所示。

表 27.6　乳腺癌输入文件 breast_cancer.arff

```
@relation breast_cancer.arff         numeric
@attribute clump_thickness           numeric
@attribute uniform_cell_size         numeric
@attribute uniform_cell_shape        numeric
@attribute marg_adhesion             numeric
@attribute single_cell_size          numeric
@attribute bare_nuclei               numeric
@attribute bland_chromatin           numeric
@attribute normal_nucleoli           numeric
@attribute mitoses                   numeric
@attribute class                     {2,4}
@data
5,1,1,1,2,1,3,1,1,2
5,4,4,5,7,10,3,2,1,2
3,1,1,1,2,2,3,1,1,2
6,8,8,1,3,4,3,7,1,2
4,1,1,3,2,1,3,1,1,2
8,10,10,8,7,10,9,7,1,4
1,1,1,1,2,10,3,1,1,2
2,1,2,1,2,1,3,1,1,2
2,1,1,1,2,1,1,1,5,2
4,2,1,1,2,1,2,1,1,2
...
```

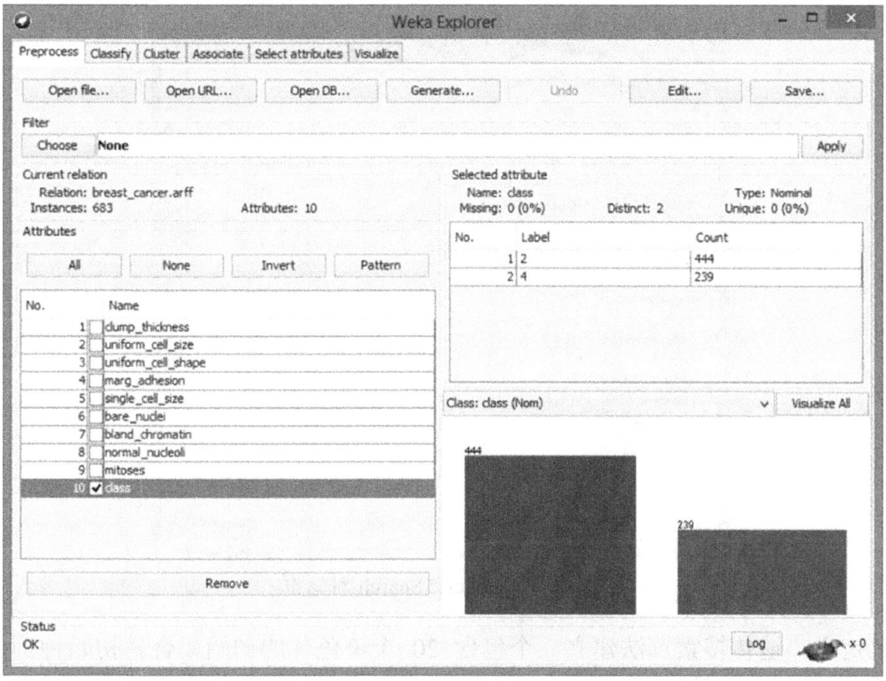

图 27.8　WEKA Explorer：类分布

下面我们将建立基线并使用带有 10 折交叉验证的朴素贝叶斯分类记录，将所有 9 个属性输入到分类器中。

(1) 选择 Classify 选项卡。

(2) 在 Classifier 中，单击 Choose 按钮。

(3) 在导航层次中选择 Classifiers | Bayes | Naïve Bayes。

(4) 默认情况下，在 Test 选项中，可注意到 WEKA 指定了 Cross-validation。我们将使用该选项完成我们的 4 个实验，因为我们仅有一个数据文件。

(5) 单击 Start。

Classifier 输出窗口中的结果显示朴素贝叶斯获得不错的 96.34%(658/683)的分类精度。这一结果给我们留下的提高空间不大。你认为所有 9 个属性在分类任务中具有同等重要的地位吗？在为朴素贝叶斯选择输入属性时，是否可以选择所有 9 个属性的某个子集作为输入来进一步提高分类精度呢？

在确定上述问题的答案前，让我们先看看 WEKA 进行属性选择的方法。对实际数据集来说，包含不相关的、冗余的或具有噪声的数据的可能性的确是存在的。这些特性将会导致分类精度的降低。相比较而言，去除不相关属性通常会改善分类精度。WEKA 的监督属性选择过滤器使得能够指定一个评价和搜索方法的组合，目标是确定有用的属性子集并将其作为学习模式的输入。

默认情况下，WEKA 包含遗传搜索类，包括总体大小 n=20 的染色体，交叉概率为 $p_c = 0.6$，变异概率为 $p_m = 0.033$。图 27.9 展示的是 Genetic Search 对话框中可用的默认选项。

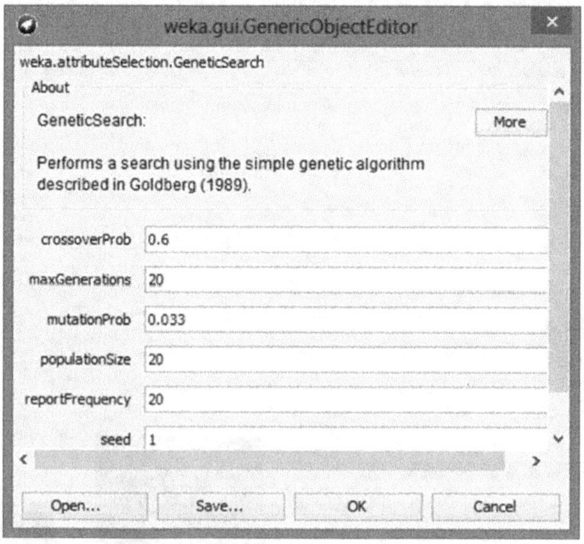

图 27.9 Genetic Search 对话框

如上定义，遗传搜索算法建立一个包含 20 个染色体的初始集合。初始种群中的个体染色体可能包含下列属性子集。

1	4	6	7	9

其中，5 个基因中的每个基因表示一个属性索引。例如，示例染色体中的第 1 个基因为属性 clump_thickness，通过其索引位置=1 表示。在我们的配置中，WrapperSubsetEval 评估方法作为适应度函数 $f(x)$并用其为每个染色体计算适应度。WrapperSubsetEval 按照定义的学习模式评估每个属性(染色体)集合。在下面的例子中，我们将定义朴素贝叶斯。采用该方法，一个染色体的可用性由朴素贝叶斯度量得到的分类精度决定。换句话说，染色体的分类精度高，则相关性大，由此得到的适应度分值就高。

现在，我们将 WEKA 遗传搜索类运用到属性集合上。为完成该任务，首先我们将为属性选择定义评估器和搜索选项。

(1) 选择 Classify 选项卡。

(2) 单击 Choose 按钮。

(3) 从导航层次中选择 Classifiers | Meta | AttributeSelectedClassifier。

(4) 现在，紧邻 Choose 按钮，单击文本“AttributeSelectedClassifier…”。

AttributeSelectedClassifier 对话框如图 27.10 所示，其中显示的是默认的 classifier、evaluator 和 search 方法。下面我们将重写默认选项以定义新的 classifier、evaluator 和 search 方法。

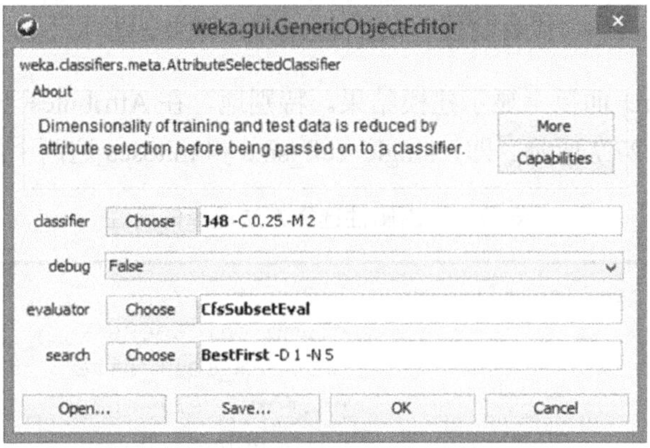

图 27.10 AttributeSelectedClassifier 对话框

(1) 紧挨着 evaluator，单击 Choose 按钮。

(2) 从导航层次中选择 AttributeSelection | WrapperSubsetEval。

(3) 单击紧挨着 evaluator Choose 按钮的文本 WrapperSubsetEval。出现如图 27.11 所示的 WrapperSubsetEval 对话框。默认情况下，WEKA 指定的是 ZeroR 分类器。

(4) 单击紧挨着 classifier 的 Choose 按钮。

(5) 从导航层次中选择 Classifiers | Bayes | Naïve Bayes。

(6) 单击 OK 按钮关闭 WrapperSubsetEval 对话框。接下来定义 AttributeSelection 的评估方法。

(7) 在 AttributeSelection 对话框中，单击紧挨着 search 的 Choose 按钮。

(8) 从导航层次中选择 AttributeSelection | GeneticSearch。

(9) 单击 OK 按钮，关闭 AttributeSelection 对话框。

属性选择的评估器和搜索方法已被指定。最后，我们指定并执行分类器。

(10) 单击紧挨着 classifier 的 Choose 按钮。

(11) 选择 Classifiers | Bayes | Naïve Bayes。

(12) 单击 OK 按钮。

(13) 在 Test 选项下，指定 Use training set。

(14) 单击 Start 按钮。

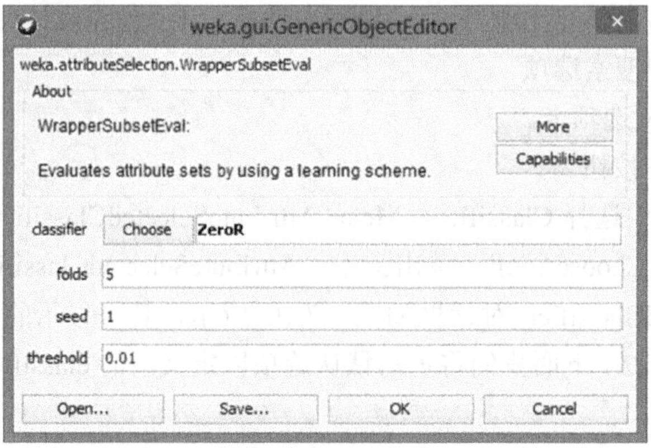

图 27.11 WrapperSubsetEval 对话框

WEKA 在 Explorer 面板上显示建模结果。特别地，在 Attributes 下，注意列表显示 7 个预测变量属性，如表 27.7 所示。即，single_cell_size 和 mitoses 这两个属性被从列表中删除。

表 27.7 由属性选择方法选择的属性

```
Selected attributes:  1,2,3,4,6,7,8 : 7
                      clump_thickness
                      uniform_cell_size
                      uniform_cell_shape
                      marg_adhesion
                      bare_nuclei
                      bland_chromatin
                      normal_nucleoli
```

Naïve Bayes 得到的分类精度为 96.63%(662/683)，表明第 2 个模型精度比第 1 个模型高 0.05%(96.93%与 96.34%)。在该例中，当采用 9 个属性中的 7 个属性作为输入时，分类精度提高了。尽管这些结果在精度方面并未显示出巨大的改善，但该例表明 WEKA 的遗传搜索算法如何能够成为一种属性选择方法的。

默认情况下，遗传搜索方法定义默认选项 report frequency=20 及 maxgenerations=20，导致 WEKA 报告初始和最终的总体特征。例如，20 个染色体的初始总体特征如表 27.8 所示。

表 27.8　遗传算法报告的初始总体特征

```
Initial population
merit        scaled       subset
0.053        0.05777      4 6 7 9
0.04978      0.06014      1 2 3 4 7 9
0.03807      0.06873      1 2 3 4 6 9
0.05564      0.05584      6 7 8
0.13177      0            8
0.03953      0.06765      2 3 5 6 7 8
0.0448       0.06379      2 6 7
0.09048      0.03028      5 8
0.07028      0.0451       2
0.04275      0.06529      1 6 8 9
0.04187      0.06593      3 4 5 6 7 8
0.04275      0.06529      2 4 6 7 8
0.08492      0.03436      4 5
0.0612       0.05176      2 4 7
0.03865      0.0683       1 2 4 6 7 9
0.03807      0.06873      1 3 4 6 9
0.04275      0.06529      3 6 7 8 9
0.05329      0.05756      2 4 8
0.05271      0.05799      1 4 7 8
0.04275      0.06529      3 6 7 8 9
```

从图中可以看出，每个子集是一个染色体，merit 为由朴素贝叶斯报告的适应度分值，等于对应的分类误差率。例如，考虑表 27.8 所示的染色体{4,6,7,9}，其 merit=0.053；该值对应[18](当{4,6,7,9}作为输入时)由带有 5 折交叉验证的朴素贝叶斯分类所得到的误差率。

同样，每个染色体的定标适应度在 scaled 列中可获得，WEKA 使用线性定标技术度量该值的结果。按照定义，原始的适应度和定标的适应度具有线性关系 $f' = a \cdot f + b$，其中 f' 和 f 分别表示定标和原始适应度值。常量 a 和 b 分别是选择 $f'_{avg} = f_{avg}$ 和 $f'_{max} = C_{mult} \cdot f'_{avg}$ 的结果。常量 C_{mult} 表示总体中适应度最佳的个体副本的期望数量，当总体较小时，通常被设置[19]为 1.2～2.0 之间的值。

因此，通过计算表 27.8 所示的平均适应度值，可以获得 $f_{avg} = 0.055753$ 及 $f'_{avg} = 0.055755$，满足常量 a 和 b 被选择的规则。因为 C_{mult} 的值不是 WEKA 的选项，所以表 27.8 的最后两行的适应度值被选择用于解 a 和 b 的方程(按照 $f' = a \cdot f + b$ 的关系)。

$$0.05799 = 0.05271a + b$$
$$0.06529 = 0.04275a + b$$

用第 1 个方程减去第 2 个方程，我们得到：

---

18 实际上，由于 WrapperSubsetEval 阈值的差异，该值可能略有不同。

19 WEKA 内部设置该值。

$$-0.0073 = 0.00996a$$

$$a = -\frac{0.0073}{0.00996} = -0.73293, \quad b = 0.096623$$

利用定义 $f'_{\max} = C_{\text{mult}} \cdot f_{\text{avg}}$ 可得到 $C_{\text{mult}} = \frac{f'_{\max}}{f_{\text{avg}}} = \frac{0.06873}{0.055753} = 0.096623$。最后，观察到表 27.8 中的第 5 行有 $f' = 0$。原始适应度值 0.13177 对应由染色体{8}产生的总体中的最大分类误差，结果是 f' 被映射为 0 以避免出现负定标适应度的可能性。

在此练习中，我们分析了简单的分类问题，使用遗传搜索发现属性子集，用于改进朴素贝叶斯分类的精度，并与采用全部属性的情况进行了比较。尽管该例仅涉及 9 个属性，但仍然存在 $2^9-1=511$ 种不同的属性分组方法。如果分类模型输入涉及 100 个可能的属性，则将会产生 $2^{100}-1=1.27\times10^{30}$ 个不同的选择。在此情况下，遗传搜索技术的确有助于确定可用属性子集。

威斯康辛乳腺癌数据库(1991 年 1 月 8 日)来源于威斯康辛州麦迪逊医院的 William H. Wolberg 博士。

R 语言开发园地

```
# 遗传算法

# 需要 GA 包
library("GA")
# 使该函数的适合度最大
n <- function(x) { dnorm(x,
    mean = 16, sd = 4) }
fit <- function(x) { n(x) }
ga1 <- ga(type="real-valued",
    fitness=fit, min = 0, max = 31)
summary(ga1)
plot(ga1)
ga1@solution
```

```
> summary(ga1)
+-----------------------------------+
|         Genetic Algorithm         |
+-----------------------------------+

GA settings:
Type                  =  real-valued
Population size       =  50
Number of generations =  100
Elitism               =
Crossover probability =  0.8
Mutation probability  =  0.1
Search domain
     x1
Min  0
Max 31

GA results:
Iterations             = 100
Fitness function value = 0.09973557
Solution               =
      x1
[1,] 16

> ga1@solution
      x1
[1,] 16
```

R 参考文献

R Core Team. *R: A language and environment for statistical computing*. Vienna, Austria: R Foundation for Statistical Computing; 2012. ISBN 3-900051-07-0, URL http://www.R-project.org/. Accessed 2014 Sep 30.

Scrucca, L (2013). GA: a package for genetic algorithms in R. *Journal of Statistical Software*, 53(4), 1-37. URL http://www.jstatsoft.org/v53/i04/.

练习

概念辨析

1. 根据表 27.9 右侧的描述，在表左侧选择相应的遗传算法术语。

表 27.9　遗传算法术语对应表

术语	定义
a. 选择	问题的一种候选解决方案
b. 代	按照适应度的标准差度量染色体的适应度，将选择压力维持在一个常量比例
c. 拥挤	决定哪个染色体将被繁殖的操作符
d. 交叉	处于邻近位置的基因通常被交叉在一起，影响遗传算法的性能
e. 染色体	在遗传池中引入新信息来防止过早收敛的操作符
f. 位置偏置	前向反馈、全连接、多层的网络
g. 通用交叉	遗传算法的循环
h. 突变	一个特别适合的染色体建立大量克隆体，封闭自身拷贝，由此减少总体的多样性
i. 西格玛标度	要求遗传算法在从一代到下一代时保持一定数量的最适合的染色体的选择条件
j. 基因	执行重新合并，通过以新方式合并父辈基因建立两个新的后代的操作符
k. Elitism	每个基因以 50%的概率随机分配给其双亲中的一个
l. 神经元网络	候选方案的一个位

2. 讨论为什么选择操作符需要仔细平衡涉及多样性的适应度。描述过分强调其中某个时所带来的风险。

3. 比较使用后向传播和遗传算法优化神经元网络的优缺点。

数据应用

4. 继续完成本章的示例，其中适应度由正态分布(16,4)确定。执行到第 3 次迭代结束为止。抑制突变，第 2 次迭代在位置 4，仅执行一次交叉。

5. 计算文中提到的完全算术交叉示例的孩子向量。使用在简单算术交叉一节中描述的父辈，其中 α=0.5。对结果进行说明。

实践分析

6. (加分题)编写简单遗传算法的计算机程序。使用正态分布(16,4)适应度函数，实现文中讨论的示例。令交叉率为 0.6，变异率为 0.01。以所有 0～31 个整数为总体。运行 25 趟并度量最优决策满足 x=16 时所生成的代。如果有时间，改变交叉和突变率，并比较结果。

7. 通过 WEKA 使用 breast_canner.arff 数据集重复这一过程，采用遗传搜索方法选择属性子集。然而，这次重复时，指定朴素贝叶斯在进行属性选择和 10 折交叉验证时采用 use kernel estimator=true。现在，对比使用整个属性集和由遗传搜索选择的子集进行分类的结果。分类精度得到提高了吗？

第 28 章

缺失数据的填充

28.1 缺失数据填充的必要性

在大数据世界中，数据缺失的现象比较普遍。完全不包含缺失值的数据库几乎不存在。分析人员如何处理缺失数据可能改变分析的结果，因此学习如何处理缺失数据的方法以使结果没有偏差是非常重要的。

缺失数据的产生可能包含多种不同的原因。调查数据可能会产生缺失，因为响应者拒绝回答某些特定问题，或者只是偶尔跳过某个问题。试验观察结果可能会存在缺失，这是因为天气恶劣或设备失效。在含噪音的传输过程中，数据可能会丢失，诸如此类。

在第 2 章中，我们学习了 3 种常见的缺失数据处理方法，如下所示：

(1) 用某个由分析人员定义的常量值替换缺失值。

(2) 用字段均值(对数值变量而言)或模式(对范畴型变量而言)替换缺失值。

(3) 用观察得到的变量分布随机产生某个值来替换缺失值。

我们知道每种方法都多多少少地存在一些问题，可能会产生一些不适合的数据值，进而使得到的结果存在偏差。例如，在第 2 章中，对缺失立方英寸值的汽车，产生了一个 400 立方英寸的值。然而，该值没有考虑日本车的情况，数据库中日本制造汽车的发动机没有 400 立方英寸的尺寸。

因此我们需要数据填充方法，能够在计算缺失立方英寸时，利用车为日本产的知识。在开展数据填充工作时，我们会问“当给定某条记录的所有其他属性时，该缺失值最有可能的取值是什么？”例如，150 马力、300 立方英寸的美国车与 90 马力、100 立方英寸的日本车比较，可能会有更多的气缸。这种方法称为缺失数据填充。在本章中，我们将从连续型变量和范畴型变量着手，探究缺失值填充的方法。

28.2 缺失数据填充：连续型变量

我们在第 9 章中介绍了使用 cereals 数据集的多元回归。让我们花点时间返回第 9 章再次审视该数据集的特征。我们注意到该数据集存在如下 4 个缺失数据值：

- Almond Delight 的钾含量；
- Cream of Wheat 的钾含量；
- Quaker Oatmeal 的碳水化合物含量及糖含量。

在我们利用多元回归填充这些缺失值前，首先必须为执行多元回归准备数据。特别是，需要将范畴型变量转换为 0/1 哑元变量。为此，我们将变量 type 转换为标识变量，确定该谷物是否为免煮谷物。然后，我们将为变量 manufacturer 派生一系列哑元变量，标识为 Kellogg's、General Mills、Ralston 等。

我们首先使用多元回归建立一个良好的回归模型，用于估计钾含量。注意，我们将使用变量 Potassium(钾)为响应变量，而不是采用原来的响应变量 rating。采用的思想是使用一系列预测变量(不包括钾含量)估计 Almond Delight 谷物的钾含量。所有原始预测变量(去掉钾)表示预测变量，钾表示响应变量，采用回归模型填充钾含量。用于填充的预测变量不包括原来的响应变量 rating。

由于并不是所有的预测变量对预测钾含量都具有显著性，我们将运用多元回归的逐步变量选择方法。在运用逐步回归时[1]，初始回归模型不包含预测变量，然后将显著性最强的预测变量加入回归模型，接下来是显著性次强的预测变量。在每个阶段，每个预测变量都将被测试是否具有显著性。该过程持续到将所有具有显著性的预测变量放入模型中，不具有显著性的预测变量将会被删除。产生的模型通常为良好的回归模型，尽管无法保证其全局最优。

图 28.1 显示出按照逐步回归变量选择过程进行多元回归产生的结果。回归方程为：

$$\begin{aligned}&\text{Estimated potassium}\\&= -73.11 + 10.137(\text{Protein}) + 23.515(\text{Fiber}) + 1.6444(\text{Sugars})\\&\quad + 7.841(\text{Shelf}) + 70.61(\text{Weight}) - 22.1(\text{Kellogg's})\end{aligned}$$

1 参见第 9 章。

```
The regression equation is
Potass =  - 73.1 + 10.1 Protein + 23.5 Fiber + 1.64 Sugars + 7.84 Shelf
          + 70.6 Weight - 22.1 Kelloggs


74 cases used, 3 cases contain missing values

Predictor        Coef   SE Coef       T      P
Constant       -73.11     18.53   -3.94  0.000
Protein        10.137     2.946    3.44  0.001
Fiber          23.515     1.270   18.52  0.000
Sugars         1.6444    0.7334    2.24  0.028
Shelf           7.841     3.208    2.44  0.017
Weight          70.61     20.95    3.37  0.001
Kelloggs      -22.096     5.534   -3.99  0.000


S = 21.3976     R-Sq = 91.6%     R-Sq (adj) = 90.9%


Analysis of Variance

Source          DF      SS      MS       F      P
Regression       6  336060   56010  122.33  0.000
Residual Error  67   30676     458
Total           73  366736


Predicted Values for New Observations

New Obs    Fit  SE Fit        95% CI              95% PI
      1  77.97    4.41  (69.16, 86.77)   (34.36, 121.57)


Values of Predictors for New Observations

New Obs Protein    Fiber   Sugars   Shelf  Weight  Kelloggs
      1    2.00     1.00     8.00    3.00    1.00  0.000000
```

图 28.1　用于填充钾含量缺失值的多元回归结果(输出的预测值部分仅面向 Almond Delight)

为估计 Almond Delight 的钾含量，我们将 Almond Delight 预测变量的值加入回归方程中：

$$\begin{aligned}&\text{Estimated potassium for Almond Delight}\\&=-73.11+10.137(2)+23.515(1)+1.6444(8)\\&\quad+7.841(3)+70.61(1)-22.1(0)=77.9672\end{aligned}$$

结果显示，Almond Delight 的估计钾含量为 77.9672 毫克。该结果就是我们将为 Almond Delight 缺失的钾含量填充的值：77.9672 毫克。

我们用同样的回归方程为 Cream of Wheat 填充其缺失的钾含量值，将 Cream of Wheat 的值作为预测变量加入回归方程中：

$$\begin{aligned}&\text{Estimated potassium for Cream of Wheat}\\&=-73.11+10.137(3)+23.515(1)+1.6444(0)\\&\quad+7.841(2)+70.61(1)-22.1(0)=67.108\end{aligned}$$

为 Cream of Wheat 缺失的钾含量填充值为：67.108 毫克。

下面将转向填充 Quaker Oatmeal 缺失的碳水化合物和含糖量值。此处具有挑战性的问题是 Quaker Oatmeal 有两个预测变量值缺失。例如，如果我们建立用于填充碳水化合物的回归模型，模型仍然需要填充含糖量的值，那么对 Quaker Oats 缺失的含糖量值如何填充呢？用均值或其他临时替代值并不合适，原因前面已经讨论过。因此，我们将使用如下方法：

步骤 1 是建立回归模型填充碳水化合物；预测变量不包括糖。

步骤 2 是构建回归模型填充糖含量，其中利用了第 1 步获得的碳水化合物值。

至此，经过步骤 1 和步骤 2 获得的值将成为我们对糖和碳水化合物的填充值。注意计算中包含了前期获得的钾的填充值。

步骤 1：填充碳水化合物的逐步回归模型将基于除糖以外的所有预测变量，具体如下所示(为节省空间，未给出计算机输出)：

$$\begin{aligned}&\text{Estimated carbohydrates}\\&=6.004-1.7741(\text{Fat})+0.06557(\text{Calories})+0.9297(\text{Protein})\\&\quad+0.013364(\text{Sodium})-0.7331(\text{Fiber})+4.406(\text{Nabisco})+2.7(\text{Ralston})\end{aligned}$$

(注意糖未作为预测变量)。然后，按照步骤 1 填充 Quaker Oats，如下：

$$\begin{aligned}&\text{Estimated carbohydrates for Quaker Oats}\\&=6.004-1.7741(2)+0.06557(100)+0.9297(5)\\&\quad+0.013364(0)-0.7331(2.7)+4.406(0)+2.7(0)=11.682\text{ g}\end{aligned}$$

步骤 2：用 11.682 替换数据集中 Quaker Oats 缺失的碳水化合物值。填充糖的逐步回归模型为：

$$\begin{aligned}&\text{Estimated sugars}\\&=0.231+0.16307(\text{Calories})-1.5664(\text{Fat})-1.04574(\text{Carbohydrates})\\&\quad-0.8997(\text{Protein})+1.329(\text{Cups})+7.934(\text{Weight})-0.34937(\text{Fiber})\\&\quad+1.342(\text{Ralston})\end{aligned}$$

$$\begin{aligned}&\text{Estimated sugars for Quaker Oats}\\&=0.231+0.16307(100)-1.5664(2)-1.04574(11.682)\\&\quad-0.8997(5)+1.329(0.67)+7.934(1)-0.34937(2.7)\\&\quad+1.342(0)=4.572\text{ g}\end{aligned}$$

将 4.572 插入数据集中 Quaker Oats 缺失的糖值，至此数据集中无缺失值。

现在，雄心勃勃的程序员可能希望(i)使用填充的 4.572 克糖为碳水化合物填充更精确的值，(ii)使用更为精确的碳水化合物值并获得糖的更为精确的值，以及(iii)重复步骤(i)和(ii)直到收敛。然而，从上述步骤 1 和步骤 2 的单一应用获得的值通常仅仅是缺失值的近似。

当若干变量具有的缺失值较多时，若不采用递归编程语言，上述步步逼近的过程将会非常繁琐。此时，我们可以采用如下方法：

步骤 1：填充缺失值最少的变量的值。仅选取无缺失值的变量作为预测变量。如果不存在无缺失值的预测变量，则使用具有最少缺失值的一组变量(当然，不包括将要预测的变量)。

步骤 2：填充缺失值次少的变量的值，此处采用与步骤 1 类似的预测变量。

步骤 3：重复步骤 2，直到所有缺失值填充完毕为止。

28.3　填充的标准误差

客户可能期望了解填充值的精度。在估计或填充值时，分析人员应当试着提供所给出估计或填充的精度的度量方法。此时，可以采用填充的标准误差[2]。简单线性回归情况下的公式为：

$$\text{填充的标准误差}=\text{SEI}=s\cdot\sqrt{1+\frac{1}{n}+\frac{(x_p-\bar{x})^2}{(n-1)s_x^2}}$$

其中 s 为回归估计的标准误差，x_p 为特定记录的已知预测变量的值，$\bar{x}$ 表示所有记录之间预测变量的均值，s_x^2 表示预测值的方差。

对多元回归(如此处所示)来说，SEI 的公式更加复杂，最好还是留给软件来处理。Minitab 将 SEI 定义为“SE Fit”。如图 28.1 所示，我们为 Almond Delight 填充其所缺失的钾含量值，填充的标准差 SEI=SE Fit=4.41 毫克。其解释为，重复采样 Almond Delight 谷物，在采用图 28.1 所示的预测变量情况下，填充钾的典型预测误差为 1.04 毫克。

28.4　缺失值填充：范畴型变量

可以使用任何一种分类算法填充范畴型变量的缺失值，我们将采用 CART(分类与回归树，参考第 8 章相关内容)进行说明。数据文件 classifyrisk 是一个仅包含 246 条记录、6 个字段的小型数据文件。范畴型预测变量是 maritalstatus 和 mortgage；连续性预测变量是 income、age 以及 loans 数量。目标变量为 risk，该变量是包含两个值 good risk 和 bad loss 的二元变量。在数据文件 classifyrisk_missing 中记录号为 19 的记录内，marital status 值缺失。

2 这是来自于相同的公式，用于寻找简单线性回归中随机选择的 y 值的预测区间。

为填补该缺失值，我们应用 CART，将 maritalstatus 作为目标字段，其他预测变量作为 CART 模型的预测变量。针对连续型变量执行 Z 分数标准化。建立的 CART 模型如图 28.2 所示。

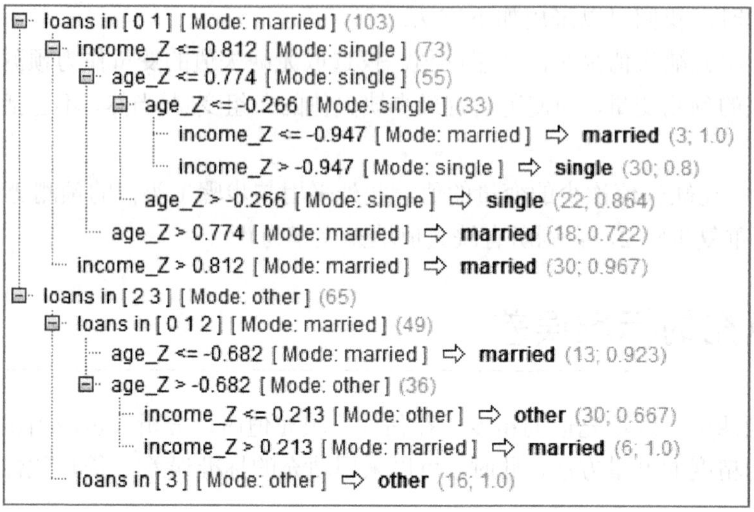

图 28.2 填充 maritalstatus 缺失值的 CART 模型

记录 19 表示的是一个具有如下字段值的客户：loans=1，mortgage=y，age_Z=1.450，income_Z=1.498，因此其所表示客户的年龄大于平均年龄，收入处于平均收入之上，使用过抵押贷款和其他贷款。根节点按照 loans 进行划分；我们首先按照分支“loans in[0 1]”展开。下一个划分将检查 income_Z 是否大于 0.812。按照分支“income_Z > 0.812”继续展开，该节点作为叶结点，包含 30 条记录，其中 96.7%记录的婚姻状况为 married。由此，记录 19 中婚姻状况的缺失值将填充为 married，其可信度为 96.7%。

28.5 缺失的处理模式

分析人员应该意识到填充缺失值表示一种替换。完成替换后，数据值不再缺失；其缺失的值被一个填充数据值替换。然而，在缺失模式中可能包含有信息，除非为算法提供某些指示，指明该数据值已缺失，否则这些信息将不会体现出来。例如，假设要研究新生育药物对绝经前妇女的效果，并且变量 *age* 存在一些缺失值。受试者年龄与受试者拒绝给出年龄之间可能存在相关性。因此，可能的情况是年龄值缺失发生在 *age* 比较大的情况下。因为年龄大与生育是相关的，分析人员必须说明这种可能存在的关联性，方法是标注哪些是经过填充的缺失值。

一种说明缺失模式的方法是简单构建一个如下所示的标志变量：

$$age\_missing = \begin{cases} 1 & \text{如果年龄值被填充} \\ 0 & \text{其他情况} \end{cases}$$

在模型中增加 *age_missing*，解释其效果。例如，在回归模型中，也许 *age_missing* 哑元变量具有负的回归系数，其 *p*-值非常小，表明显著性。这表明的确存在缺失模式，即对这些年龄值缺失的案例，生育药物的效果情况趋向于变小(或更消极)。该标志变量也可用于分类模型，例如用于 CART 或 C4.5。

处理缺失值的其他方法包括减少分析中案例所具有的权重。这虽然不能解释缺失模式，但可表示处于无缺失标示和完全忽略记录之间的一种折中。例如，假设数据集包含 10 个预测变量，记录 001 有一个预测变量值缺失。则该缺失值将会被填充，记录 001 被分配一个权重，如 0.90。记录 002 的 10 个字段中有两个字段缺失，可能分配权重为 0.80。分配的权重值依赖于特定的数据域和感兴趣研究问题。算法再开展分析时将减少包含缺失值的记录的影响程度，按照其缺失字段的多少确定比例。

参考文献

有关缺失数据的经典书籍是：

Little R, Rubin D. *Statistical Analysis with Missing Data*. second ed. Wiley; 2002.

R 语言开发园地

#准备 Cereals 数据

```
# 读入 Cereals 数据集
cereal <- read.csv(file = "C:/…/cereals.txt",
     stringsAsFactors=FALSE,
     header=TRUE,
     sep="\t")
cereal$Cold<- c(rep(0, length(cereal$Type)))
cereal$Manuf_N<-cereal$Manuf_Q<-cereal$Manuf_K<-cereal$Manuf_R<-
  cereal$Manuf_G<-cereal$Manuf_P<- c(rep(0, length(cereal$Manuf)))
for (i in 1:length(cereal$Type)) {
  if(cereal$Type[i] == "C") cereal$Cold[i] <- 1
  if(cereal$Manuf[i] == "N") cereal$Manuf_N[i] <- 1
  if(cereal$Manuf[i] == "Q") cereal$Manuf_Q[i] <- 1
  if(cereal$Manuf[i] == "K") cereal$Manuf_K[i] <- 1
  if(cereal$Manuf[i] == "R") cereal$Manuf_R[i] <- 1
  if(cereal$Manuf[i] == "G") cereal$Manuf_G[i] <- 1
  if(cereal$Manuf[i] == "P") cereal$Manuf_P[i] <- 1
}
```

#建立回归模型

```
reg1<- lm(Potass Calories +
    Protein + Fat + Sodium +
    Fiber + Carbo + Sugars +
    Vitamins + Shelf +
    Weight + Cups + Cold +
    Manuf_P + Manuf_R +
    Manuf_G + Manuf_K +
    Manuf_Q + Manuf_N,
    data = cereal)
step1 <- step(reg1,
    direction = "both")
summary(step1)
```

```
> summary(step1)
Call:
lm(formula = Potass ~ Calories + Protein + Fat + Fiber + Carbo +
    Sugars + Vitamins + Shelf + Weight + Cold + Manuf_P + Manuf_K,
    data = cereal)
Residuals:
    Min      1Q  Median      3Q     Max
-44.006 -10.655  -0.201  12.593  55.608
Coefficients:
            Estimate Std. Error t value Pr(>|t|)
(Intercept) -41.3976    29.9285  -1.383  0.17164
Calories     -0.7050     0.5326  -1.324  0.19051
Protein      10.7344     3.6037   2.979  0.00415 **
Fat           8.5642     5.7527   1.489  0.14172
Fiber        24.5904     2.0583  11.947  < 2e-16 ***
Carbo         3.4000     2.4375   1.395  0.16811
Sugars        4.6504     2.2746   2.044  0.04523 *
Vitamins     -0.1644     0.1263  -1.301  0.19815
Shelf         9.0983     3.4874   2.609  0.01141 *
Weight       72.9586    36.2560   2.012  0.04861 *
Cold        -40.0808    22.3437  -1.794  0.07780 .
Manuf_P     -11.5908     8.3905  -1.381  0.17219
Manuf_K     -20.7905     6.3381  -3.280  0.00172 **
---
Signif. codes:  0 '***' 0.001 '**' 0.01 '*' 0.05 '.' 0.1 ' ' 1

Residual standard error: 20.61 on 61 degrees of freedom
  (3 observations deleted due to missingness)
Multiple R-squared: 0.9293, Adjusted R-squared: 0.9154
F-statistic: 66.84 on 12 and 61 DF,  p-value: < 2.2e-16
```

#运行最终的回归模型

#只包括在前述分析中具有显著性的预测变量

```
reg2<- lm(Potass Protein +
    Fiber + Sugars + Shelf +
    Weight + Manuf_K,
    data = cereal)
summary(reg2)
```

```
> summary(reg2)

Call:
lm(formula = Potass ~ Protein + Fiber + Sugars + Shelf + Weight +
    Manuf_K, data = cereal)

Residuals:
    Min      1Q  Median      3Q     Max
-45.201 -15.013  -0.373  13.470  60.668

Coefficients:
            Estimate Std. Error t value Pr(>|t|)
(Intercept) -73.1079    18.5342  -3.944 0.000194 ***
Protein      10.1374     2.9456   3.442 0.001001 **
Fiber        23.5150     1.2698  18.518  < 2e-16 ***
Sugars        1.6444     0.7334   2.242 0.028263 *
Shelf         7.8412     3.2081   2.444 0.017155 *
Weight       70.6058    20.9513   3.370 0.001251 **
Manuf_K     -22.0963     5.5336  -3.993 0.000164 ***
---
Signif. codes:  0 '***' 0.001 '**' 0.01 '*' 0.05 '.' 0.1 ' ' 1

Residual standard error: 21.4 on 67 degrees of freedom
  (3 observations deleted due to missingness)
Multiple R-squared: 0.9164, Adjusted R-squared: 0.9089
F-statistic: 122.3 on 6 and 67 DF,  p-value: < 2.2e-16
```

#使用模型来估计缺失值

```
#记录 5 为 Almond Delight
#记录 21 为 Cream of Wheat
predict(reg2, newdata = cereal[5,])
predict(reg2, newdata = cereal[21,])
```

```
> predict(reg2, newdata = cereal[5,])
       5
77.96659
> predict(reg2, newdata = cereal[21,])
      21
67.10763
```

#准备 ClassifyRisk 数据，并打开所需的库

```
risk <- read.csv(file = "C:/…/classifyrisk.txt",
    stringsAsFactors=FALSE, header=TRUE, sep="\t")
risk$loans_n<- (risk$loans - min(risk$loans))/(max(risk$loans)-min(risk$loans))
#以及其他连续型变量的数据
library(rpart); library(rpart.plot)
#使记录 19 的婚姻状况缺失，用于创建一个新的数据集
risk[19,4]<-NA; criskna<- risk
```

#应用 CART 填充缺失值

```
imp1 <-rpart(marital_status
    mortgage + loans_n + age_n +
    income_n,
    data = criskna, model = TRUE,
    method = "class")
rpart.plot(imp1)
#预测记录 19 的婚姻状况
predict(imp1, criskna[19,])
```

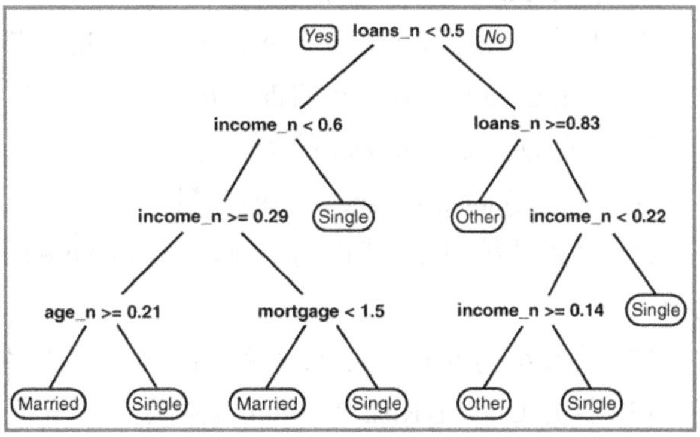

R 参考文献

Milborrow S. (2012). rpart.plot: Plot rpart models. An enhanced version of plot.rpart. R package version 1.4-3. http://CRAN.R-project.org/package= rpart.plot.

R Core Team. R: *A language and environment for statistical computing*. Vienna, Austria: R Foundation for Statistical Computing; 2012. ISBN 3-900051-07-0, URL http://www.R-project.org/. Accessed 2014 Sep 30.

Therneau T, Atkinson B, and Ripley B (2013). rpart: Recursive Partitioning. R package version 4.1-3. http://CRAN.R-project.org/package=rpart.

练习

1. 为什么需要填充缺失值?

2. 在填充连续型变量时，解释我们对预测变量集及目标变量集将采用什么填充方法。

3. 在填充缺失值时，我们是否应当将原始目标变量作为数据填充模型的预测变量之一？为什么？

4. 当许多变量存在大量缺失值时，我们应当如何开展工作？

5. 仔细思考数据集中的潜在缺失模式如何能够表示良好的信息。

6. 提出两种处理缺失模式的方法。

实践分析

利用 Cereals 数据集完成练习 7～12。给出每种填充的标准误差。

7. 使用多元回归方法填充 Almond Delight 的钾含量。

8. 填充 Cream of Wheat 的钾含量。

9. 填充 Quaker Oatmeal 的碳水化合物值。

10. 填充 Quaker Oatmeal 的糖含量值。

11. 插入从练习 10 获得的 Quaker Oatmeal 糖含量值，填充 Quaker Oatmeal 的碳水化合物值。

12. 比较练习 9 和练习 11 获得的填充值的标准误差，对获得的结果加以解释。

13. 打开 ClassifyRisk_Missing 数据集。填充婚姻状况的缺失值。

利用 ClassifyRisk_Missing2 数据集完成练习 14 和 15。

14. 填充数据集中的所有缺失值。解释所采取的顺序。

15. 给出练习 14 填充值的标准误差(针对连续型值)或可信度级别(针对范畴型值)。

第Ⅷ部分

案例研究：对直邮营销的响应预测

第 29 章

案例研究，第 1 部分：业务理解、数据预处理和探索性数据分析

在第 29～31 章中，我们将本书中学到的主要内容集中用于一个详尽的案例研究中：对直邮营销的响应预测。在第 29 章中，我们按照以下步骤进行介绍：(i)在业务理解阶段阐明目标，(ii)在数据理解阶段的第一部分中初步了解数据集，在数据准备阶段准备数据，在数据理解阶段的第二部分：探索性数据分析(EDA)中提取有用信息。然后，第 30 章中会使用聚类分析来了解客户数据库中可能的分段，并使用主成分分析方法研究预测变量之间的关系。最后，第 31 章中会使用多种分类技术进行建模阶段的处理，并且推荐评估阶段中使用的模型。

29.1 数据挖掘的跨行业标准

第 29～31 章中的案例研究将按照数据挖掘的跨行业标准(CRISP-DM)流程进行。根据 CRISP-DM，一个特定数据挖掘项目的生命周期包括 6 个阶段，如图 29.1 所示。CRISP-DM 的细节已在第 1 章中进行了探讨；这里仅概述该过程。

CRISP-DM：6 个阶段

(1) 业务(或研究)理解阶段
(2) 数据理解阶段
(3) 数据准备阶段
(4) 建模阶段
(5) 评估阶段
(6) 部署阶段

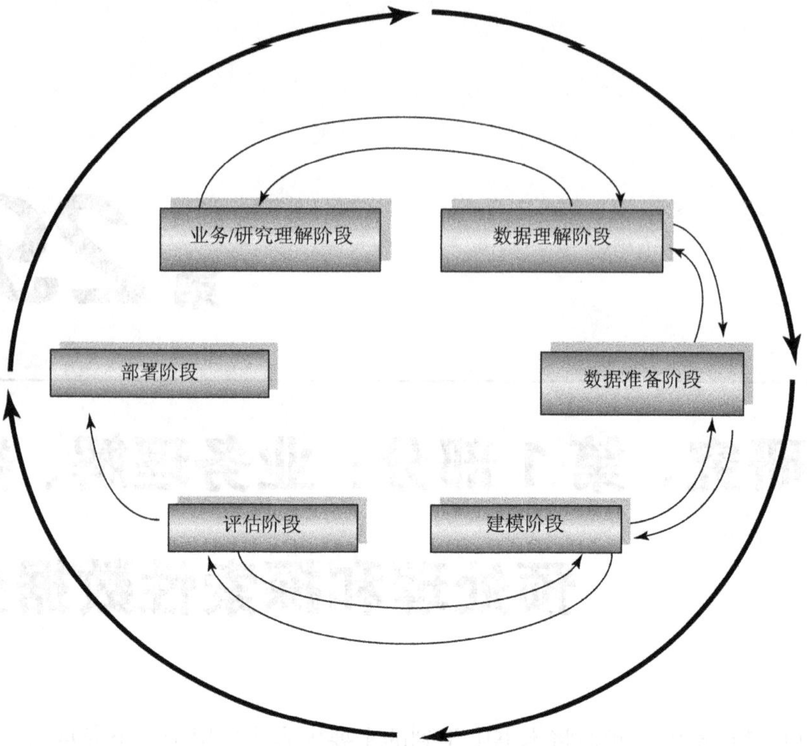

图 29.1 CRISP-DM 是一个迭代自适应过程

事实上，数据准备阶段往往先于数据理解(EDA)阶段或是两者交叉进行，因为在尝试从数据中提取信息之前，我们可能希望先对数据进行整理。本章中，我们将着手处理以下几个阶段：

业务理解、数据准备和探索性数据分析：概述

(1) 业务理解阶段

(2) 数据理解阶段，第一部分：了解数据集

(3) 数据准备阶段

(4) 数据理解阶段，第二部分：从数据中提取一些有用信息

29.2 业务理解阶段

在业务理解阶段，管理者和分析人员需要通过交流明确该项目的主要目标。经常会有这种情况发生：由于缺乏对主要目标的沟通/理解，导致分析人员在提出了完美的解决方案后却发现其对应一个错误的问题，就好像爬到梯子的顶端，才发现它依靠在错误的墙上。为避免上述情况发生，分析的主要目标和次要目标声明需要同时得到管理者和分析人员的认可。

在此详细的案例研究中，我们充当零售服装连锁店的分析人员。clothing_store 数据集代表真实数据[1]，由新英格兰一家服装连锁店提供。数据包含了 28 799 名顾客的 51 个字段。关于该数据集的详细信息将在随后的数据理解阶段提供。以下是有关分析的主要和次要目标的声明。

主要目标

制定一个分类模型，能够最大化直邮营销的利润。

次要目标

通过探索性数据分析、成分概况、聚类概况对顾客有更深入的理解。

对于此案例研究，我们的数据挖掘任务是一个分类问题。根据客户的信息对响应直邮市场促销的客户进行分类。然而，仅推导出带有最精确预测的分类器是远远不够的。分析人员需要考虑如何将分类问题融入客户的业务目标中。正如我们所说，对于服装店，首要目标是利润最大化。因此，分类模型的目标也应该是最大化利润，而不是简单地报告模型准确性、灵敏度和特异性等能给人留下深刻印象的取值。为了最大化利润，我们将推导和应用数据驱动的误分类成本。

数据驱动的误分类成本的定义可以被认为属于业务理解阶段。然而，由于在建模阶段之前我们不使用结果成本矩阵，这些误分类成本的推导会推迟到建模阶段初期进行(参见第 30 章)。

次要目标是利用市场分段概况来更好地了解客户数据库。具体来说，我们将设法在客户中揭示感兴趣的聚类和主成分，利用这些聚类和成分概况信息，对不同类型的客户进行更全面的了解。

29.3 数据理解阶段，第一部分：熟悉数据集

在数据理解阶段，我们使用探索性数据分析、图形化和描述性统计方法来进一步了解数据集。clothing_store_training_test 数据集包含大约 28 799 名客户的信息，具有以下 51 个字段：

- 客户 ID：唯一的加密客户身份
- 邮政编码
- 购买访问次数
- 净销售总额
- 每次访问的平均消费金额

1 可从本书网站中获取该数据集：www.dataminingconsultant.com。

- 4 种不同的特许经营权(4 个变量)中每一种的消费金额
- 过去 1 个月、3 个月和 6 个月的消费金额
- 去年同期的消费金额(SPLY)
- 毛利率
- 存档的市场促销次数
- 客户的存档天数
- 两次购买之间相隔的天数
- 客户购物的降价百分比
- 所购买的产品类别数
- 客户使用的优惠券数量
- 客户每次购物所购买的商品总量
- 客户购物所涉及的店铺数量
- 过去一年中的邮寄促销数量
- 过去一年中的促销响应数量
- 过去一年的促销响应率
- 产品一致性(低得分=多样化的消费模式)
- 访问之间的平均有效期
- Microvision®生活方式聚类类型
- 退货比例
- 标志：信用卡用户
- 标志：有效的存档电话号码
- 标志：网络购物
- 用 15 个变量提供客户在特定类型服装上的消费比例，包括毛衣、针织上衣、针织连衣裙、女士衬衫、夹克、西装裤、休闲裤、男士衬衫、连衣裙、西服、外套、珠宝、时装、袜子和收藏品类别。此外，用一个变量显示关于品牌的选择(加密)
- 目标变量：促销响应

假设这些数据基于去年进行的一次直邮营销活动。我们将使用此信息来制定本年度营销活动的分类模型。

在开始一个新的项目时，往往需要快速了解真实数据值。图 29.2 展示了前 20 条记录中部分字段的数据值。

	ID	Zip_code	Days_since_purchase	Purchase_visits	Total_net_sales	Credit_card	Ave_amount_spent	Brand	PSWEATERSraw
1	9955600066402	1001	208	2	368.46	0	184.23	11	0.18
2	9955600073501	1028	6	4	258.00	1	64.50	11	0.26
3	9955600076313	1056	327	2	77.00	0	38.50	11	1.00
4	9955600078045	1118	66	8	846.06	1	105.75	11	0.38
5	9955600078517	1107	49	1	87.44	0	87.44	11	0.20
6	9955600079035	1106	26	2	120.00	0	60.00	11	0.00
7	9955600081205	1108	98	3	450.98	0	150.32	11	0.16
8	9955600088237	1106	64	5	521.20	1	104.24	11	0.16
9	9955600088723	1118	145	1	782.08	1	782.08	11	0.12
10	9955600089274	1106	356	1	79.00	0	79.00	11	0.00
11	9955600093031	1104	264	1	318.50	0	318.50	11	0.24
12	9955600093053	1104	23	12	1663.46	1	138.62	11	0.25
13	9955600096452	1108	157	3	342.97	1	114.32	11	0.16
14	9955600099772	1201	144	7	632.08	1	90.29	11	0.38
15	9955600100984	1267	57	2	139.97	0	69.98	11	0.00
16	9955600102456	1267	118	1	172.99	0	172.99	16	0.00
17	9955600111322	1331	12	5	106.38	0	21.27	16	0.12
18	9955600113010	1373	276	1	87.48	0	87.48	16	0.85
19	9955600113573	1452	48	4	491.17	1	122.79	16	0.19
20	9955600114505	1462	29	4	107.21	0	26.80	16	1.00

图 29.2　快速查看数据

在数据集中，每一位(未交易)顾客都拥有唯一标识身份的 ID 字段。纵观邮政编码字段，我们会立即发现其中的问题。美国邮政编码有 5 位数字；为什么这里只有 4 位？其实，这是新英格兰邮政编码存在的一个普遍问题，其中把 0 作为初始数字。在数据处理过程中，邮政编码字段被设置为一个数值变量，其中初始的 0 被省略。我们需要替换这些初始 0；一种方法是通过执行以下指令得到一个新的邮政编码字段：

$$if\ length\left(ZIP\_CODE\right)=4\ then\ "0"\ ><ZIP\_CODE\ else\ ZIP\_CODE\ endif$$

这里“><”符号代表“连接”。例如，图 29.2 中第一条记录的邮政编码“1001”其实应该是“01001”，即马萨诸塞州阿格瓦姆市的邮编。

品牌字段使用数字代表分类字段，这是一个潜在的雷区，可能使接下来的建模算法变得混乱。字段应该使用字母值而不是数字进行重新填充。同样，信用卡标志字段使用 0/1 值，某些算法可能会错误地尝试在此字段上进行操作，而这些操作本应该在连续值上进行(例如，主成分分析)。因此，分析人员应慎重对待这些字段，尽可能使用 F/T 值代替 0/1 值。但是，作为回归和 logistic 回归中的指示变量预测因子，标志变量的 0/1 值是有用的。图 29.2 中没有其他重要问题。注意 PSWEATERSraw 代表比例，但也可以用百分比替代。

图 29.3 为我们展示了一些连续预测因子，包括带有响应覆盖图的直方图(深色=正面响应)和一些概要统计信息。我们立刻注意到一些预测因子十分倾斜，不过可以通过转换(下面讨论)得到改善。我们甚至可以得到一些类似 EDA 结果的提示：响应者似乎更倾向于拥有较长的存档时间且两次购物之间有较短的时间间隔。

Field	Sample Graph	...	Min	Max	Mean	Std. Dev	Skewness
Gross_margin_%raw			-6.46	0.99	0.52	0.17	-5.90
Tot_#_promos_on_file			0	38	11.54	7.14	0.16
Days_on_file			1	717	436.92	192.97	-0.24
Ave_days_betw_purchases			1.00	717.00	171.27	146.97	1.61
Markdown_%			0.00	0.95	0.19	0.13	0.30
Tot_#_product_classes			1	37	7.13	5.34	1.30
Coupons_used			0	32	0.75	1.67	4.32
Num_indiv_items_purchased			1	743	17.16	24.80	6.56
Num_stores			1	33	2.34	1.61	2.43

图 29.3 一些连续预测因子的概述

分析人员应该考虑缺失数据。正如我们在前面几章所讨论的，忽略缺失数据或不恰当地考虑缺失数据可能对模型的有效性产生不良影响。值得庆幸的是，图 29.4 显示我们的数据没有缺失值。

Audit | Quality | Annotations

Complete fields (%): 100% Complete records (%): 100%

Field	Measurement	% Complete	Valid Records
Zip code	Nominal	100	28799
Days since purchase	Continuous	100	28799
Purchase visits	Continuous	100	28799
Total net sales	Continuous	100	28799
Credit card	Flag	100	28799
Ave amount spent	Continuous	100	28799
Brand	Nominal	100	28799
PSWEATERSraw	Continuous	100	28799
PKNIT TOPSraw	Continuous	100	28799

图 29.4 所有字段和记录均 100%完整：没有缺失数据

下一步是，直邮市场促销响应的总体比例是多少？图 29.5 显示，在 28 799 名客户中只有 4762 名客户(或者 16.54%的客户)响应了去年的营销活动(1 表示响应，0 表示未响应)。由于响应的比例过小，我们决定在建模之前先平衡数据。

Value	Proportion	%	Count
0		83.46	24037
1		16.54	4762

图 29.5 多数客户未响应

其中一个变量是 Microvision 生活方式聚类类型，它包含每名客户的市场细分类别，由 Nielsen Claritas 定义。有 50 个细分类别，标记为 1～50；图 29.6 给出了客户数据库中最普遍的 18 个聚类类型分布。

Value	Proportion	%	Count
10		12.11	3488
1		9.43	2716
4		7.93	2284
16		6.57	1893
8		4.97	1430
15		4.61	1327
11		4.52	1301
18		4.25	1224
5		4.23	1219
23		4.02	1158
38		4.01	1155
3		3.15	906
12		3.1	893
6		2.86	823
25		2.24	646
20		1.85	532
24		1.69	487
35		1.68	483

图 29.6　18 个最普遍的 Microvision®生活方式聚类类型

数据集中 6 个最常见的生活方式聚类类型如下：

(1) 聚类 10。**甜蜜的家庭**。家庭、中上等收入和教育、管理者/专业人员、技术/销售。

(2) 聚类 1。**上流阶级**。大都市家庭、非常高的收入和教育、房主、管理者/专业人员。

(3) 聚类 4。**中产阶级**。家庭、非常高的教育、高收入、管理者/专业人员、技术/销售。

(4) 聚类 16。**乡村家庭**。大家庭、农村、中等教育、中等收入、精密/工艺。

(5) 聚类 8。**有影响力的人**。单身、夫妇、学生和最近的毕业生、高等教育和收入、管理者/专业人员、技术/销售。

(6) 聚类 15。**优秀青年**。年轻人、单身、夫妇、中高等教育、中等收入、一些租房者、管理者/专业人员、技术/销售。

总体来说，服装店似乎吸引了一批具有高收入和高教育的客户。聚类 1 是上流阶级，代表了 50 个聚类类型中最富有的一类人，并且在我们的顾客结构中位于最普遍分类的第二位。然而遗憾的是，相比于建模，Microvision 变量对于客户描述更加有用，因为它的取值并不能帮助我们辨别响应者和未响应者(未显示)。通常情况下，我们的当前策略是为建模阶段保留变量，即使它们在探索性数据分析阶段看起来并不显著。然而，由于 Microvision 变量包含很多不同的值，将它包含在某些模型(如 logistic 回归)中会降低模型性能。因此，我们从建模中省略此变量。

29.4　数据准备阶段

目前已了解数据集，我们将转向一个重要任务：准备分析的数据。需要处理几个问题，首先是开销金额为负值这一不寻常的问题。

29.4.1　消费金额为负值的情况

在许多消费金额领域和消费比例领域，一些客户在消费的金额和比例上存在负值。参见图 29.7，其中所选变量的最小值为负值。这怎么可能？目前在特定时间段内收集数据，此时间段并未详细说明，可能是一个月或一个季度。客户可能在前期购买一些衣服，并在数据收集时间段内退回了所购买的衣服。如果该客户在所关心的时间段内没有进行任何重要的采购，那么该客户的净销售额将为负值。

Field	Sample Graph	...	Min	Max	Mean	Std. Dev	Skewness
PSUITSraw			-0.59	1.00	0.03	0.13	5.01
POUTERWEARraw			-0.73	1.00	0.02	0.10	7.30
PJEWELRYraw			-0.11	1.00	0.01	0.04	9.76
PFASHIONraw			-0.67	1.00	0.03	0.08	5.82
PLEGWEARraw			-0.10	1.00	0.01	0.05	10.81
PCOLLSPNDraw			-0.44	1.00	0.07	0.18	3.03
Spent_at_AM_storeraw			-292.97	10642.72	14.06	142.88	27.02
Spent_at_PS_storeraw			-230.82	17946.90	147.52	411.12	11.04

图 29.7 最小值表示消费金额为负值的情况。怎么会这样？我们应该做些什么

这些金额和比例为负数的情况从两方面代表了一个问题。首先，如果我们进行转换，如自然对数或平方根转换，那么更倾向于处理非负数值。其次，如果消费金额为负值的客户比那些消费金额为零的客户更愿意响应直邮请求，那么我们的模型可能会因为这一点而混淆，错误地认为对金额为负值不做出响应。

现在，对于如何处理这些负值，我们有一系列选项。

- 选项 1：把它们当作数据输入错误，并删除相关记录或应用缺失数据的填充。
- 选项 2：保留原样。
- 选项 3：将负值更改为零值。
- 选项 4：取负值的绝对值。

为了帮助决定如何处理这些负消费金额问题，让我们比较一下负消费金额客户与其他两种客户(零消费金额客户、正消费金额客户)的响应率。图 29.8 显示相对于正消费金额客户的 22.19%和零消费金额客户的 11.98%，负消费金额客户在 PS 商店的积极响应中占有 21.57%的比例。因此，负消费金额的客户和正消费金额的客户有着相似的市场响应率，两者几乎都是零消费金额客户的两倍。因此，我们为字段中的负消费金额或负消费比例取绝对值。

Response		Neg	Pos	Zero
0	Count	80	9914	14043
	Column %	78.43	77.81	88.02
1	Count	22	2828	1912
	Column %	21.57	22.19	11.98

图 29.8 负消费金额客户和正消费金额客户有着相似的响应率

我们转向其他变量，如客户 ID。因为该字段对于每个客户来说都是独一无二且加密的，它可能不包含任何对于我们的预测任务(预测哪些客户最有可能响应直邮市场促销)有帮助的信息。因此，应该从任意分析模型中删除该字段。但是，为了完成日常任务如排序，客户 ID 字段应该被保留。邮政编码可能潜在地包含在这项任务中有用的信息。邮政编码虽然表面上是数字，但实际上它代表客户数据库按地理位置的分类。然而，对于目前的问题，我们把该字段放在一边，并专注于剩余的变量。

29.4.2　实现正态性或对称性的转换

大多数数值字段均右偏。例如，图 29.9 展示了产品一致性分布，仅购买几种不同类型衣服(例如，衬衫、袜子、裤子)的客户占变量中的较大值，购买多种不同类型衣服的客户占较小值。稍后我们将看到，较高的产品一致性对应于较低的促销响应率。图 29.9 为右偏斜字段，其中大多数客户有相对低的产品一致性水平，而较少的客户有较大取值。产品一致性取值较大的客户往往只买一到两种类型的衣服。注意在值 100 和 50 处有尖峰，这可能是由产品一致性的计算方式导致的结果(细节不进行说明)。有可能这些尖峰包含的客户表现出特定的行为，在这种情况下，分析人员可以派生出标志变量进行研究。但是，由于时间和空间有限，我们必须继续向下介绍。

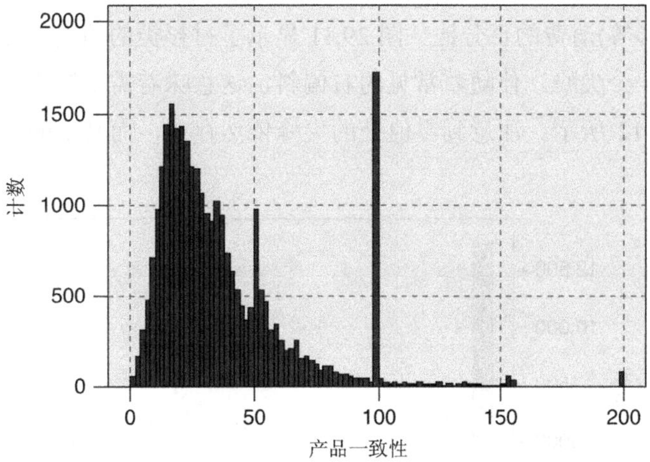

图 29.9　大部分数值字段右偏，如产品的一致性

对于许多数据挖掘方法和模型，如主成分分析和 logistic 回归，当变量呈正态分布或至少对称时，方法表现最好。因此，我们对所有需要该方法的数值变量进行转换，以得到近似正态性或对称性。分析人员可以从第 8 章给出的转换方法中进行选择，如自然对数(ln)转换、平方根转换、Box–Cox 转换或梯形幂转换。由于我们的变量仅包含正值，我们采用了自然对数转换。但是，对于包含零值以及正值的变量，我们应用平方根转换，因为 $x=0$ 时 $ln(x)$ 无意义。

图 29.10 展示了经过自然对数转换后的产品一致性分布。虽然没有得到完美的正态分布，但相比于原始的数据分布，偏斜程度大幅减少，从而可以更加顺畅地应用一些数据挖掘方法和模型。令人遗憾的是，尖峰仍然存在。

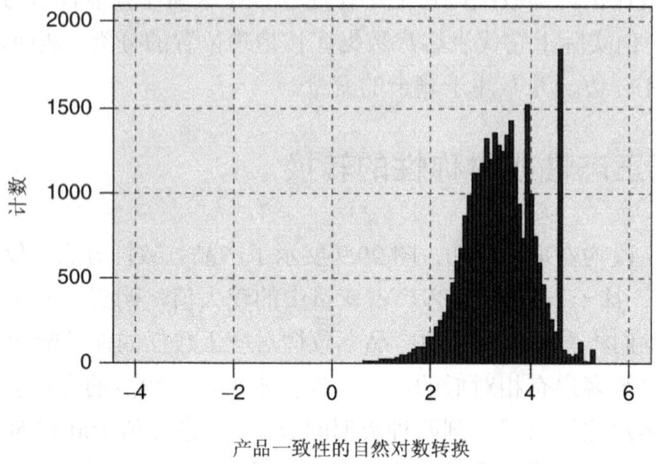

图 29.10 产品的一致性分布有较小的偏斜，尽管尖峰仍然存在

回想一下，数据集包括 15 个变量，提供了顾客对特定服装类(包括毛衣、针织上衣、针织连衣裙、衬衫等)消费的百分比。图 29.11 显示了衬衫类的消费百分比分布。我们注意到在零值处存在一个尖峰，伴随着常见的右偏斜，这意味着需要转换。在此应用平方根变换，结果如图 29.12 所示。注意到零值处的尖峰依然存在，而其余的数据呈现出较好的对称性。

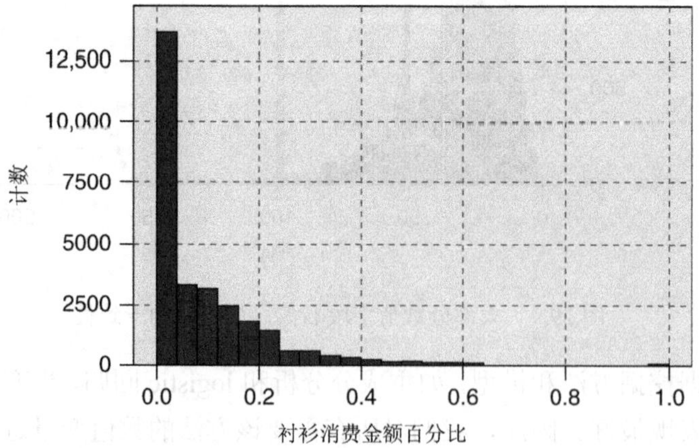

图 29.11 衬衫消费金额百分比的分布

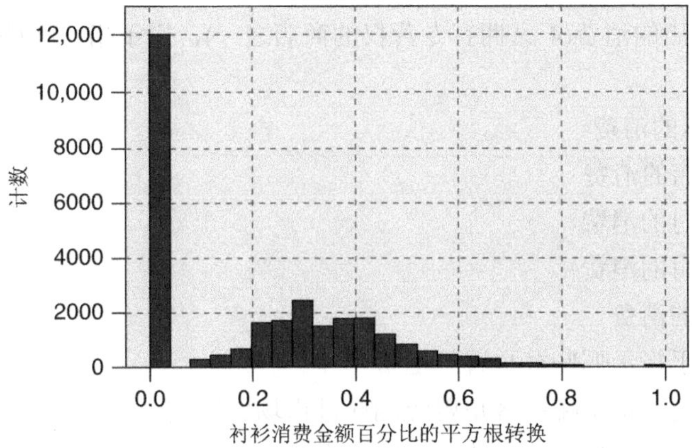

图 29.12 衬衫消费金额百分比经过平方根转换的分布

图 29.12 的二分特性促使我们为所有的衬衫购买者派生一个标志变量。图 29.13 展示了此标志变量的分布，约有 58%的顾客在一次或另一次购物中选择购买衬衫。同样，为其余的 14 种服装百分比变量构建标志变量。

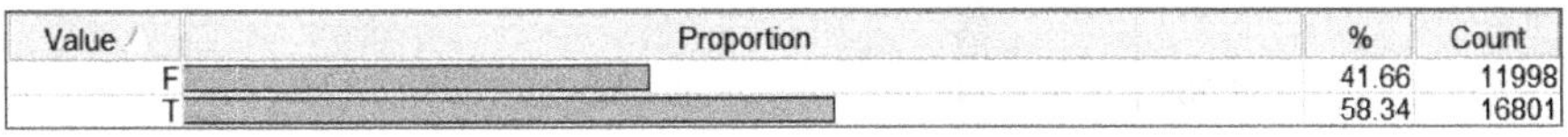

Value	Proportion	%	Count
F		41.66	11998
T		58.34	16801

图 29.13 衬衫购买者标志变量的分布

29.4.3 标准化

当数值变量间的变异性较大时，数据分析人员需要进行标准化。转换已经在某种程度上减小了变量间的变异性差异，但本质上的差异仍然存在。例如，变量“过去 6 个月的消费平方根”的标准偏差为 10.03，而变量“优惠券使用数量平方根”的标准偏差为 0.73。为了避免变量“过去 6 个月的消费平方根”由于较大的变异性而压制变量“优惠券使用数量平方根”，数值字段应该进行规范化或标准化。这里，我们选择标准化数值字段，这样它们的平均值均为 0，标准偏差均为 1。对于每个变量，减去变量均值，除以标准差，从而得到 *z*-得分。在此分析中，结果变量名前有一个前缀 *z*(例如，*z*-优惠券使用数量平方根)。其他标准化技术，如最小–最大标准化，在需要时可以取代 *z*-得分标准化。

29.4.4 派生新变量

为衬衫销售和其他类别销售创建标志变量代表派生新变量，以便更深入地了解客户行为，并有望提升模型的性能。更多标志变量的构建如下。图 29.14 显示了变量“过去 1 个月消费平方根”的柱状图。注意尖峰代表在过去 1 个月，大多数客户没有在商店消费。出于这个原因，标志(指示)变量构建用于表明过去 1 个月的消费，并且构建下列变量：

- 在 AM 商店的消费(4 家拥有专营权的商店之一)，用于指示哪些客户在这家特定的商店消费
- 在 PS 商店的消费
- 在 AX 商店的消费
- 过去 3 个月的消费
- 过去 6 个月的消费
- 去年同期的消费
- 退货，用于指示哪些客户曾经退货
- 响应率，用于指示哪些客户曾经响应过市场促销
- 降价，用于指示哪些客户购买了降价商品
- 无标志变量创建用于指示 CC 商店的消费，因为数据库中的所有记录都显示为非零消费金额

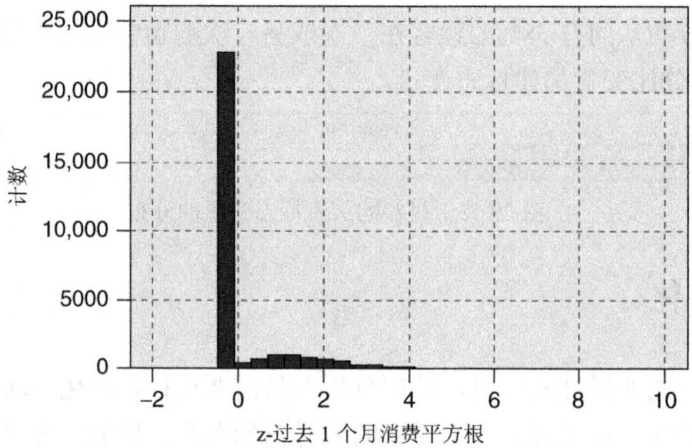

图 29.14 z-过去 1 个月消费平方根的柱状图促使我们创建一个标志变量来指示哪些客户在过去 1 个月中进行消费

数据准备阶段为数据挖掘提供机会来澄清变量间的关系，并从中获得可能对分析有用的新变量。例如，考虑以下 3 个变量：

- 过去 1 个月的消费(按照客户计算)
- 过去 3 个月的消费
- 过去 6 个月的消费

显然，客户在过去 1 个月的消费同时包含在“过去 3 个月的消费”和“过去 6 个月的消费”这两个变量中。因此，过去 1 个月的消费计算了 3 次。目前，分析人员可能不希望这个最近的金额获得如此大的加权。例如，在时间序列模型中，近期的测量值拥有最大的权重。然而，在这种情况下，我们并不倾向于对过去 1 个月的消费进行 3 次计数，因此必须衍生出两个新的变量，如表 29.1 所示。

表 29.1　新衍生的消费变量

衍生变量	公式
过去 2、3 个月的消费数量	过去 3 个月的消费数量-最后 1 个月的消费数量
过去 4、5、6 个月的消费数量	过去 6 个月的消费数量-最后 3 个月的消费数量

“过去 2、3 个月的消费”指的是在过去 90 天至 30 天内的消费。因此，我们将使用以下 3 个变量：

- 过去 1 个月的消费
- 过去 2、3 个月的消费
- 过去 4、5、6 个月的消费

并且我们应省略以下变量：

- 过去 3 个月的消费
- 过去 6 个月的消费

需要注意的是，即使有了这些派生变量，过去 1 个月的消费仍可能被认为拥有较大的权重(相比于任何其他月份的消费)。这是因为，过去 1 个月的消费有它自己的变量，而过去 2、3 个月的消费必须共享一个变量，过去 4、5、6 个月的消费也是如此。当然，所有派生变量都应按需进行转换和规范化。

原始数据集可能已定义自己的派生变量。考虑以下变量：

- 购买访问次数
- 净销售总额
- 每次访问的平均消费金额

每一次访问的平均消费金额表示比例：

$$\text{平均值} = \frac{\text{净销售总额}}{\text{购买访问次数}}$$

由于这些变量之间的关系由函数定义，可能结果是派生变量密切关联其他变量，分析人员应该注意检查这一点。例如，图 29.15 表明，变量“*z*-净销售总额对数”和“*z*-每次访问的平均消费对数”之间存在强相关性[2]。应该重视这种强相关性；后面我们将回到这一点介绍。此外，原始变量之间的相关系数应与通过这些变量 *z*-得分获得的相关系数相同。

2 对于大小为 28 799 的样本，任意绝对值大于 0.012 的相关系数的显著性统计为 α=0.05。

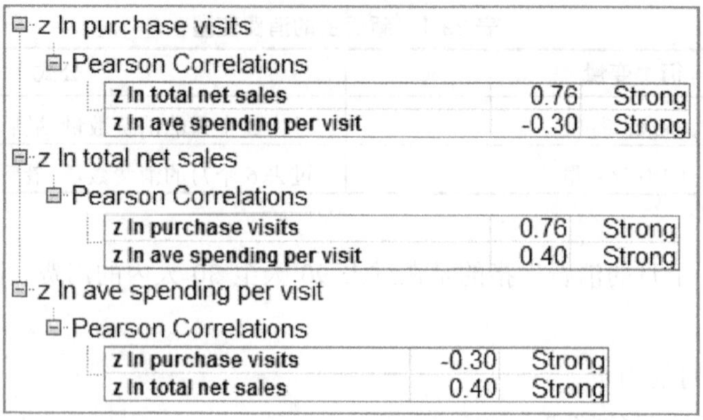

图 29.15　检查以确保派生变量与原变量不相关

29.5　数据理解阶段，第二部分：探索性数据分析

我们已经结束数据准备阶段，下面再次回到数据理解阶段，这次进行探索性数据分析。回想一下，探索性数据分析允许分析人员深入研究数据集，研究变量之间的相互关系，确定观察值的感兴趣子集，形成预测因子之间以及预测因子和目标变量之间可能关联的初步思路。所有这些工作的完成都不必担心如何履行建模方法(如回归)所需的假设。

29.5.1　探索预测因子和响应之间的关系

稍后我们将回到相关性问题，但首先要调查预测因子和目标变量“市场促销响应”之间的按变量关联。在理想情况下，分析人员应该检查每个预测变量的图表和统计信息，特别是与响应的关系。然而，在大部分数据挖掘应用中普遍存在庞大的数据集，使这项任务变得艰巨。因此，我们希望用一些方法来检测探索性框架中最有用的预测因子。

当然，选择最有用的变量是一个建模任务，位于现阶段的下一个阶段，即探索性数据分析风格的数据理解阶段。然而，在此早期阶段应用简单的工具选择一些有用变量也是相关的。也就是说，为每一个带有响应的预测因子检测相关系数，并选择进一步检查那些拥有最大绝对相关性的变量。当然，分析人员应该意识到这仅仅是一个粗糙的 EDA 工具，带有 0–1 响应变量的线性关系并不适用于此阶段中的推理和建模。然而，该方法可以减少变量的数目，这将有助于 EDA 阶段中的检测。表 29.2 列出了与目标变量“响应”间绝对相关性最高的前三个预测因子。

表 29.2　与目标变量 response 具有最大绝对相关性的变量

变量	相关系数	关联
有效期内每次访问平均时间的 z	−0.43	负类
购买访问的 z	0.40	正类
#购买的商品项的 z	0.37	正类

因此，我们检测这些所选预测变量和响应变量之间的关系。首先，图 29.16 展示了 *z*-两次访问平均间隔时间自然对数的直方图，带有响应叠加(0=未响应促销)。从图中可看出，在分布上端的记录有较低的响应率。为了更清楚地解释叠加结果，我们转向归一化的直方图，其中每个柱体具有相同的高度，如图 29.17 所示。

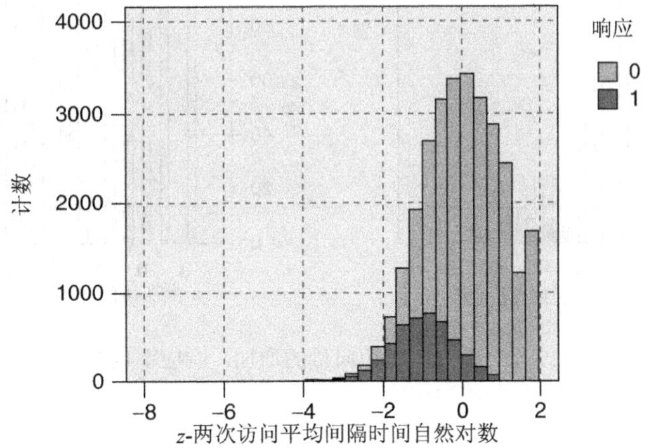

图 29.16　*z*-两次访问平均间隔时间自然对数的直方图带有响应叠加：可能很难解释

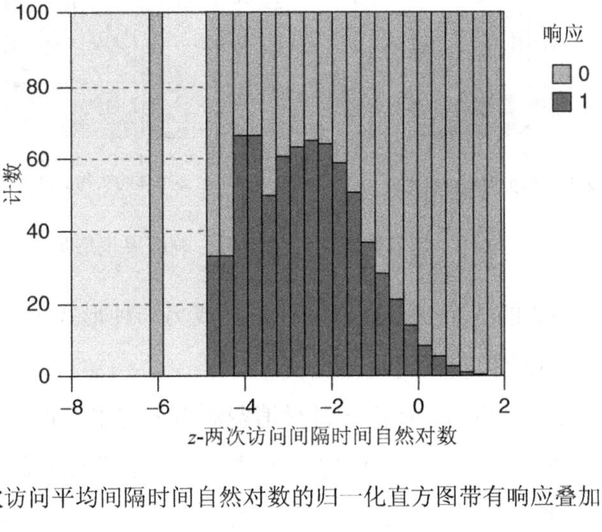

图 29.17　*z*-两次访问平均间隔时间自然对数的归一化直方图带有响应叠加：易于识别模式

图 29.17 表明，随着访问平均间隔时间的增加，对市场促销的响应率减少。这是有道理的，因为很少访问商店的客户将不大有可能响应促销活动。注意，仅展示归一化直方图是不够的，因为它未提供变量的原始分布。因此，通常建议同时提供非归一化和归一化直方图。

图 29.18 显示了 *z*-购买访问自然对数的非归一化和归一化直方图，说明随着购买访问数量增加，响应率也随之增加。这并不奇怪，因为我们可以推测，在商店经常购物的顾客

会购买许多不同的商品，花了很多钱，买了很多不同类型的衣服，因此可能更有兴趣回应我们的市场促销。图 29.19 显示了 z-个体购买物品数量自然对数和响应变量之间的关系。我们看到，随着个体购买物品数量的增加，响应率也增加。

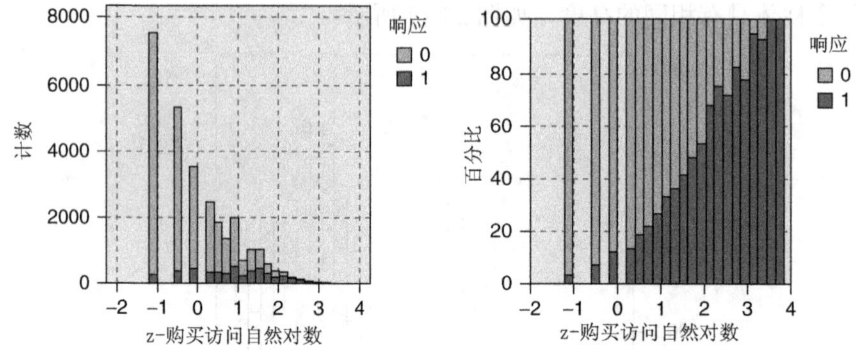

图 29.18 随着购买访问量的增加，响应率也增加

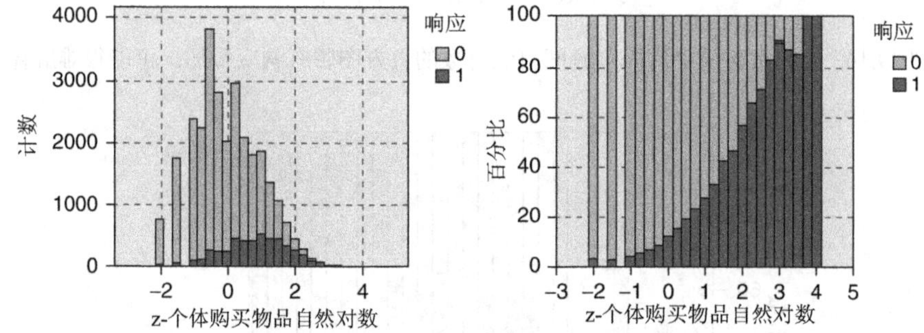

图 29.19 随着购买访问量增加，响应率也增加

我们可以预计表 29.2 的 3 个变量会以一种形式或另一种形式生成，成为提升响应率的最佳预测因子之一。这在建模阶段将进一步研究。

接下来考虑图 29.20，其中展示了 z-衬衫消费额百分比平方根自然对数的归一化直方图，以响应变量作为叠加。注意图 29.20，除了那些在衬衫上没有消费的人(最左边的柱体)，随着衬衫消费百分比的增加，响应率减少。此行为不限于衬衫，并且在所有服装百分比变量中普遍存在(未显示出)。这似乎表明，集中于某一特定类型服装的客户，即只买一种或两种类型的服装(如衬衫)，其往往具有较低的响应率。

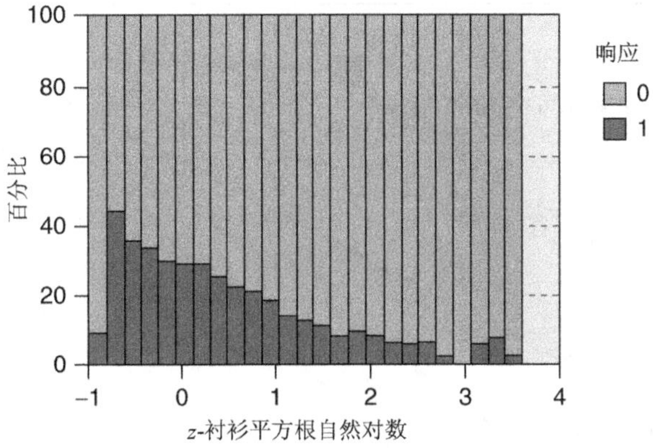

图 29.20　*z*-衬衫平方根自然对数，带有响应叠加

原始数据文件包含一个变量，用于测量产品一致性，并且基于图 29.20 中观察到的行为，我们预测产品一致性和响应之间的关系为负相关。事实正是如此，如图 29.21 所示，其中是 *z*-产品一致性对数的归一化直方图。图中显示了响应率最高的客户拥有最低的一致性，也就是购买习惯多样性最高或者购买了许多不同类型服装的顾客。

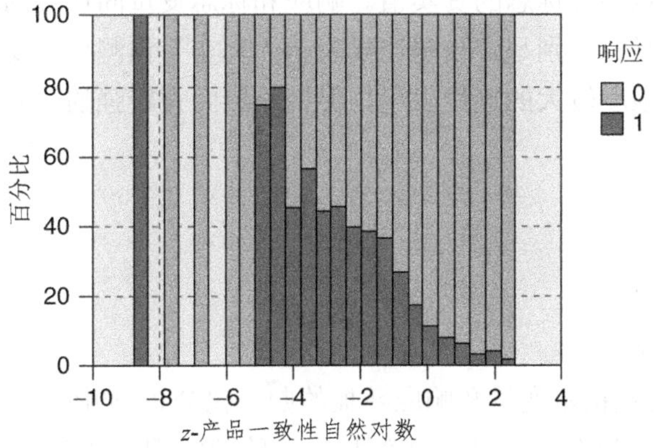

图 29.21　当顾客只专注于一种类型的服装时，响应率下降

接下来，我们对数据集中响应和许多标志变量之间的关系进行审查。图 29.22 提供了响应(右上)和如下指示变量(响应的逆时针方向)间关系的有向网络图：信用卡持有人，4、5、6 个月的消费，2、3 个月的消费，过去一个月的消费，去年同期的消费，退货，响应率，降价，网络买家和有效的电话号码。网络图是一种探测工具，用于确定哪一类变量值得进一步的研究。

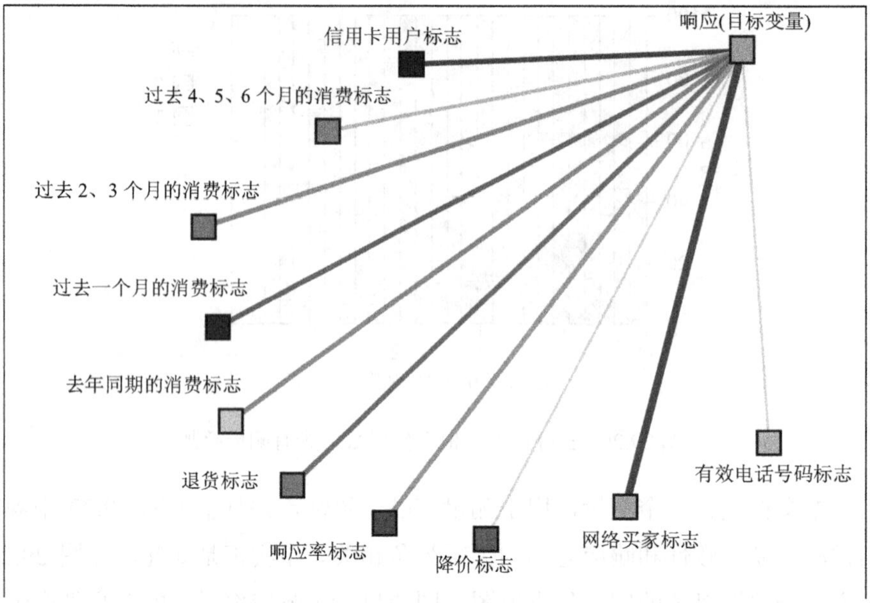

图 29.22 响应和多个标志变量之间关系的有向网络图

在此图中，仅显示各种标志的真实值。响应和标志变量间连线的暗度和强度用来度量变量和响应之间的关联。特别是，这些连线表示“真实”预测标志变量值与“真实”响应值的百分比。因此，强度较大的连线表示与促销响应间有较强的关联。图 29.22 中最强的连接如下：

- 网络买家
- 信用卡持有人
- 过去一个月的消费
- 去年同期的消费

因此，我们检查这些指示变量和响应叠加的归一化分布，如图 29.23 所示(正响应较暗)。图 29.23 中所示的计数(和百分比)表示预测标志值的频率(和相对频率)，其并不代表图形化显示的比例。为了检验这些比例，我们转向图 29.24 中的一组列联表。

Value	Proportion	%	Count
F		95.65	27546
T		4.35	1253

网络买家标志

Value	Proportion	%	Count
F		61.7	17768
T		38.3	11031

信用卡用户标志

Value	Proportion	%	Count
F		78.97	22744
T		21.03	6055

过去一个月消费标志

Value	Proportion	%	Count
F		76.05	21901
T		23.95	6898

去年同期消费标志

图 29.23 更高的响应率与(a)网络买家、(b)信用卡持有人、(c)过去 1 个月有购物记录的客户(d)去年同期有购物记录的客户相关联

考虑图 29.24 中的高亮单元格，它们表明响应促销的顾客比例取决于它们的标志值。网络买家(通过公司的网络购物选项进行购买)的响应率为非网络买家的 3 倍(44.852%对比 15.247%)。信用卡持有人的促销响应率为非持卡人的接近 3 倍(28.066%对比 9.376%)。相比于其他顾客，在过去 1 个月进行消费的顾客也拥有近 3 倍的可能性响应促销(33.642%对比 11.981%)。最后，在去年同期进行消费的顾客也比那些没有在去年同期进行消费的顾客拥有近两倍(27.312%对比 13.141%)的响应率。因此，我们可预期这些标志变量在接下来的模型建立阶段发挥重要作用。

Response		F	T
0	Count	23346	691
	Column %	84.75	55.15
1	Count	4200	562
	Column %	15.25	44.85

网络买家标志

Response		F	T
0	Count	16102	7935
	Column %	90.62	71.93
1	Count	1666	3096
	Column %	9.38	28.07

信用卡用户标志

Response		F	T
0	Count	20019	4018
	Column %	88.02	66.36
1	Count	2725	2037
	Column %	11.98	33.64

过去一个月消费标志

Response		F	T
0	Count	19023	5014
	Column %	86.86	72.69
1	Count	2878	1884
	Column %	13.14	27.31

去年同期消费标志

图 29.24　这些矩阵的统计数据描述了图 29.23 中的图形

29.5.2　研究预测因子间的相关性结构

回想一下，根据我们分析的目标，我们应该意识到预测变量之间多重共线性的隐患。因此，我们研究预测因子间的配对相关系数，并标记最强的相关性。表 29.3 中包含了预测变量之间绝对值最强的成对相关性列表。

表 29.3　预测变量中绝对相关性最强的配对

预测变量	预测变量	关联
购买访问次数的 *z*	#不同产品类的 *z*	0.80
购买访问次数的 *z*	#购买的商品项的 *z*	0.86
#促销文件的 *z*	#上年促销邮件的 *z*	0.89
总净销售的 *z*	#不同产品类的 *z*	0.86
总净销售的 *z*	#购买的商品项的 *z*	0.91
两次购买之间天数的 *z*	有效期内每次访问平均时间的 *z*	0.85
##不同产品类的 *z*	#购买的商品项的 *z*	0.93

图 29.25 显示了 *z*-净销售总额自然对数和 *z*-个体购买物品数量自然对数的散点图，带有响应叠加。显而易见的是，图中有很强的正相关性，随着购买物品数量的增加，净销售总额趋于增加。当然，这样的关系是有意义的，因为购买更多的商品可能会导致消费更多的金额。此外，在这两个变量的上端(右上角)，响应者往往多于未响应者；而在其下端(左

下角)，情况正好相反。

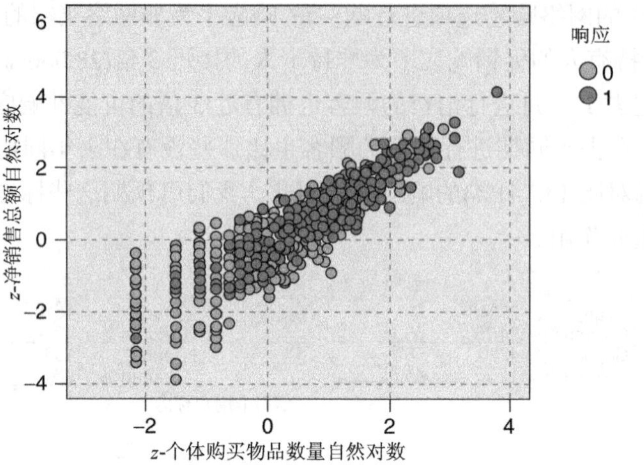

图 29.25 正相关关系散点图：z-净销售总额自然对数和 z-个体购买物品数量自然对数，带有响应叠加

对于一个负相关关系的例子，我们可以转向图 29.26，即 z-毛利润率百分比自然对数和 z-降价自然对数的散点图，带有响应叠加。这些变量之间的相关性为−0.77，所以它们没有在表 29.3 中列出。从散点图中可以很明显地看到，随着价格的降低，毛利率百分比趋于减小。

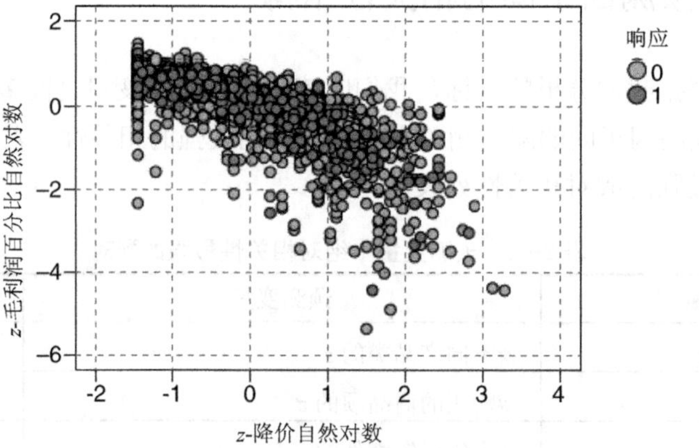

图 29.26 负相关关系散点图：z-毛利润百分比自然对数和 z-降价自然对数

然而，如果预测因子数目很多，评估个体散点图可能会变得冗长。这是因为，对于 k 个预测因子，有 C_k^2 种可能的二维散点图。例如，对于 10 个预测因子，有 45 个可能的散点图。因此，使用矩阵图可能会更加方便：其可以一次性提供多个散点图。图 29.27 就是一个矩阵图例子，其中包含 z-两次购物间隔天数自然对数、z-两次购物访问间隔的平均周期自然对数和 z-个体购买物品数量自然对数，带有响应叠加。沿着对角线的图为各个预测因子的直方图。注意 z-两次购物间隔天数自然对数和 z-两次购物访问间隔的平均周期自然对数之间为正相关关系(最左列中间的图)。这很有意义，因为两次购物访问间隔的时间越短，

两次购物的时间间隔也越短。这些客户趋于图的左下角，并且拥有比其他客户更高的响应率。另一个需要考虑的方面是 z-两次购物间隔天数自然对数和 z-个体购买物品数量自然对数之间的负相关关系(左下图)。这种关系有其意义，因为随着顾客购物间等待时间增长，他们会倾向于减少每次购买物品的数目。此外，最后一个图的左上角还提示了一个更大的响应率，因为这些消费者两次购物间的时间间隔较小，而购买的物品数量较多。

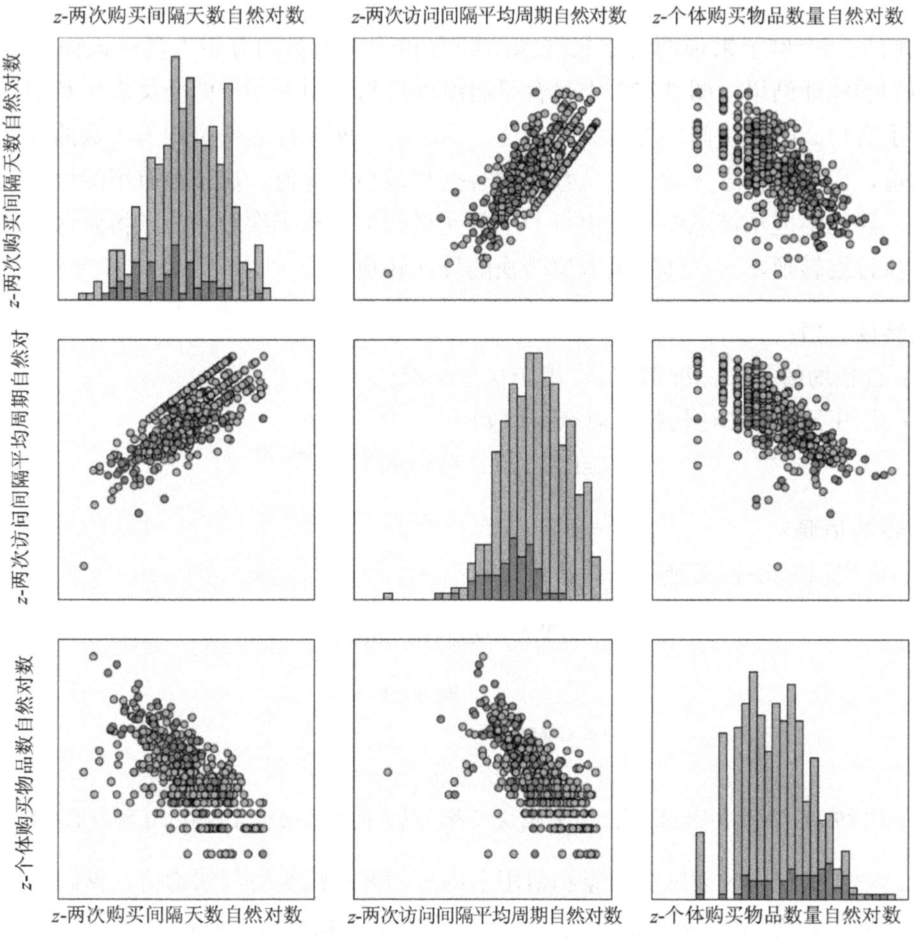

图 29.27　3 个预测因子的矩阵图，呈现正、负相关关系

用于检测分类变量和响应之间关系的简便方法为列联表(或交叉表)，其中使用响应函数代替原始的单元格计数。例如，假设我们对促销响应和两类客户间(购买毛衣和在过去一个月购物)的关系感兴趣。图 29.28 包含这种交叉表，其中使用单元格代表目标变量(响应)的均值。因为目标代表了一个二分变量，所以均值代表比例。

	flag spending last one month	
flag sweaters	F	T
F	0.06	0.18
T	0.15	0.36

图 29.28　购买毛衣和过去 1 个月进行消费的交叉表，单元格值代表促销响应百分比

因此，从交叉表中可以看出，既没有购买毛衣又没有在过去 1 个月进行消费的客户对直邮市场促销的响应率只有 0.06。然而，在过去 1 个月进行过消费并购买了毛衣的顾客积极地响应着促销，响应率为 0.36。

29.5.3 逆转换对于解释的重要性

我们举一个例子来说明将结果展示给顾客和管理人员的分析人员应该如何谨慎地逆转换他们的统计结果。图 29.29 中包含了网络用户与信用卡用户的交叉表，其中每个单元格包含了客户 *z*-购买访问自然对数的均值。请注意，两个标志变量均为正数的顾客拥有最大的均值，而两个标志变量均为负数的顾客拥有最小的均值。这是很有用的信息，但具有局限性。我们不能从消息中辨识出每一个单元格的平均购买次数。为了得到这个信息，我们需要执行逆转换，这意味着采取原转换的反向转换。

逆转换 z 值：

(1) 查找均值 $\overline{x}$ 和标准偏差 s，用于执行标准化。

(2) 应用下面的 Z 逆转换，以获得原始值：

$$\text{original value}=(z\ \text{value})\bullet s+\overline{x}$$

逆转换 ln 值：

(1) 应用以下 ln 逆转换，以获得原始值：

$$e^{\ln \text{value}}=\exp(\ln \text{value})$$

	Web Buyer Flag	
Credit Card Flag	F	T
F	-0.35	0.47
T	0.48	1.17

图 29.29 网络买家和信用卡用户的交叉表，其中的单元格包含 *z*-购买访问自然对数

因此，要找到同时为网络买家和信用卡用户的客户购买访问的均值，我们需要(1)首先进行 *Z* 逆转换，然后(2)应用 ln 逆转换。所有客户的平均购买访问量为 $\overline{x}=1.14$，标准偏差为 $s=0.93$。进行 *Z* 逆转换可得到：

$$\text{Original value}=(\text{z value})\cdot \text{s}+\overline{x}=(1.17)\cdot 0.93+1.14=2.2281$$

然后，进行 ln 逆转换可得到：

$$e^{\ln \text{value}}=e^{2.2281}=9.28$$

因此，既是信用卡用户又是网络买家的客户购买访问均值为 9.28 次访问。然而，既不是网络买家又不是信用卡用户的客户购买访问均值为：

$$\exp((z\ \text{value})\cdot s+\overline{x})=\exp((-0.35)\cdot 0.93+1.14)=\exp(0.8145)=2.26$$

因此，既是信用卡用户又是网络买家的客户购买访问均值为既不是信用卡买家又不是网络用户的客户购买访问均值的 3 倍以上。这些结果对顾客和管理人员来说是可以理解和操作的。

在第 29 章中已经展示了如何使用探索性数据分析来更多地了解客户，这属于案例研究次要目标的一部分。当然，沿着该路线还有很多工作可以进行，但由于空间有限，仅列举以上例子。接下来，在第 30 章中将通过主成分分析和聚类分析更加深入地了解我们的客户。

第 30 章

案例研究，第 2 部分：聚类与主成分分析

第 29～32 章会给出有关直邮销售预测响应的案例研究。在第 29 章中，我们通过考察项目的主要目标和次要目标开启案例研究工作，这些目标如下所示：

- 主要目标：开发分类模型，以使直邮销售的利润最大化。
- 次要目标：通过探索性数据分析(EDA)、成分和聚类配置更好地理解客户。

第 29 章执行的 EDA 等方法有助于我们学习某些有趣的客户行为。在本章中，我们将通过主成分分析(PCA)和聚类分析学习更多的客户行为。在第 31 章，我们将开发一个盈利分类模型以实现主要目标。

30.1 数据划分

第 29～31 章所执行的分析方法需要交叉验证。因此，我们将数据集划分为案例研究训练数据集和案例研究测试数据集。数据挖掘人员自行决定将数据集划分为训练集和测试集的比例，一般来说，其比例大致为从训练集 50%、测试集 50%到训练集 90%、测试集 10%。在本案例研究中，我们将这一比例大致分为训练集 75%、测试集 25%。

验证划分

我们在第 6 章讨论了用于验证随机划分数据集的方法，其中使用了一些简单的假设检验。但是，当测试的预测变量数量较多时，此类方法可能变得非常冗长乏味。对大量预测变量完成该类检验还有一些类似的计算方法。图 30.1 给出的是用于案例研究中一些连续性

变量的 *F*-检验的结果(与本例中的 *t*-检验等价)。对建模器而言，利用一个附加节点将训练数据和测试数据集放在一起，然后基于源输入，采用均值节点验证均值的差异。零假设为均值没有差异；重要性(Importance)字段等于 1−p 值。没有发现任何字段具有显著性。记住，即使均值没有差异，但平均来说，我们希望大约有 1/20 的测试具有显著性。

Grouping field: Source

*Cells contain: Mean, Standard Deviation, Standard Error, Count

Field	1*	2*	F-Test	df	Importance
z ln purchase visits	0.00	-0.00	0.09	1, 28772	0.24
	1.00	0.98			Unimportant
	0.01	0.01			
	21586	7188			
z days since purchase	-0.01	-0.01	0.02	1, 28772	0.11
	1.00	1.00			Unimportant
	0.01	0.01			
	21586	7188			
z gross margin %	-0.00	0.01	0.74	1, 28772	0.61
	1.02	0.94			Unimportant
	0.01	0.01			
	21586	7188			
z days on file	0.00	0.01	0.05	1, 28772	0.18
	1.00	1.00			Unimportant
	0.01	0.01			
	21586	7188			

图 30.1 连续型变量的均值没有显著的差异

对某些非连续型变量(未显示)的研究表明随机性没有系统性的差异。我们由此得出结论：划分是可行的，因此继续开展分析工作。

30.2 制定主成分

在采用诸如多元回归或 logistic 回归模型时，主成分分析非常有效，因为如果预测变量高度相关，则此类模型会变得不稳定。主成分分析在发现预测变量组间自然存在的亲合度时也非常有效，客户可能对此感兴趣。换句话说，无论是对于下游的建模工作，还是对于成分配置，主成分分析都非常有效。

图 30.2 给出了输入到主成分分析的变量。注意所有变量都是连续型变量，不包括标志或名义变量，这是因为主成分分析要求变量为连续型变量。当然，也没有包括响应变量。

z ln purchase visits	z sqrt outerwear
z days since purchase	z sqrt jewelry
z gross margin %	z sqrt fashion
z days on file	z sqrt legwear
z markdown	z sqrt collectibles
z promotions mailed	z sqrt spending AM
z ln total net sales	z sqrt spending PS
z ln ave spending per visit	z sqrt spending CC
z sqrt tot promos on file	z sqrt spending AX
z sqrt percent returns	z sqrt spending last one month
z sqrt promo resp rate	z sqrt spending SPLY
z sqrt sweaters	z ln days between purchases
z sqrt knit tops	z ln # different product classes
z sqrt knit dresses	z sqrt # coupons used
z sqrt blouses	z ln # individual items purchased
z sqrt jackets	z ln stores
z sqrt career pants	z ln lifetime ave time betw visits
z sqrt casual pants	z ln product uniformity
z sqrt shirts	z sqrt # promos responded
z sqrt dresses	z sqrt spending months 2 3
z sqrt suits	z sqrt spending months 4 5 6

图 30.2　输入到主成分分析中的预测变量

主成分分析应用于采用这些输入的训练数据集，其中最小特征值等于 1.0，并使用方差最大化旋转方法。旋转后的结果见图 30.3，共提取了 13 个成分，总方差解释为 68.591%。

成分	负载平方的旋转累计和		
	总计	方差%	累计%
1	8.847	21.064	21.064
2	4.135	9.846	30.910
3	2.010	4.785	35.695
4	2.000	4.763	40.457
5	1.881	4.479	44.936
6	1.308	3.115	48.052
7	1.304	3.104	51.156
8	1.300	3.094	54.250
9	1.239	2.951	57.201
10	1.210	2.880	60.081
11	1.206	2.870	62.952
12	1.191	2.836	65.787
13	1.178	2.804	68.591

图 30.3　针对所有连续型预测变量运用主成分分析的结果

遗憾的是，按照表 30.1 的结果来看，预测变量之间的共性比较低(<0.5，输出未显示)。共性低意味着这些变量与其他预测变量集合之变异性较小。因此，从主成分分析来看，将

它们删除具有实际意义。将主成分分析再一次应用到训练数据集，这次去掉了表 30.1 所包含的 8 个变量，所用的设置与之前类似。此时，图 30.4 显示仅提取了其中的 11 个成分，总方差解释为 75.115%。

表 30.1 具有低共性的预测变量集，即集合中的某个预测变量与其他预测变量之间不存在变化性

z sqrt knit tops	*z sqrt dresses*
z sqrt jewelry	*z sqrt fashion*
z sqrt legwear	*z sqrt spending AX*
z sqrt spending SPLY	*z sqrt spending last one month*

成分	负载平方的旋转累计和		
	总计	方差%	累计%
1	8.869	26.085	26.085
2	3.811	11.210	37.295
3	1.962	5.771	43.066
4	1.953	5.744	48.810
5	1.817	5.345	54.155
6	1.254	3.688	57.842
7	1.223	3.596	61.438
8	1.210	3.558	64.996
9	1.161	3.415	68.412
10	1.141	3.355	71.767
11	1.138	3.348	75.115

图 30.4 删除低共性的预测变量减少了成分的数量，增加了解释的方差

遗憾的是，在此处，*Z sqrt spending AM* 与其他预测变量之间显示出相对低的共性(0.470)，这一情况在训练集和测试集中都存在(未给出)。因此，该变量也将被去除，主成分分析将应用于简化后的预测变量集(删除了表 30.1 中的 8 个变量以及 *Z sqrt spending AM*)。训练集结果如图 30.5 所示。从主成分分析中删除另外的预测变量再一次使解释的累计方差增加，虽然这一增加部分原因在于忽略了该变量，从而减少了解释的变化性总量。

在我们开始应用此主成分分析解决方案前，将要从主成分分析模型中删除哪些预测变量？如果这些预测变量与其他变量之间具有较小的相关性，则将会在建模阶段删除它们，不会采纳为主成分。对这 9 个变量的主成分分析显示，它们之间的相关性也比较低(见图 30.6，该图用于训练集)。此外，仅从这 8 个预测变量中提取两个成分，其解释的方差低于 30%(未显示)。因此，这 9 个变量可自由移动到建模阶段，不需要应用于主成分分析。然而，它们对于客户数据库的知识没有帮助，因为我们将使用主成分配置揭示这些知识。

成分	负载平方的旋转累计和		
	总计	方差%	累计%
1	8.805	26.682	26.682
2	3.842	11.643	38.325
3	1.967	5.961	44.286
4	1.951	5.911	50.197
5	1.813	5.492	55.689
6	1.225	3.712	59.401
7	1.224	3.708	63.109
8	1.208	3.661	66.769
9	1.156	3.504	70.274
10	1.151	3.488	73.762
11	1.126	3.413	77.175

图 30.5　从主成分分析中删除另外一个变量再次增加了解释的方差

共性

	初始	提取
z sqrt knit tops	1.000	.275
z sqrt knit dresses	1.000	.240
z sqrt jewelry	1.000	.368
z sqrt fashion	1.000	.444
z sqrt legwear	1.000	.226
z sqrt spending AM	1.000	.118
z sqrt spending AX	1.000	.352
z sqrt spending last one month	1.000	.370
z sqrt spending SPLY	1.000	.272

图 30.6　相互之间具有较小方差的变量不参与主成分分析

因此，我们将继续开展图 30.6 所示之外的所有连续型预测变量的主成分分析工作。

30.3　验证主成分

与其他建模过程类似，分析人员应当利用交叉验证方法对主成分分析进行验证。图 30.7 包含针对训练数据集的旋转成分矩阵，其中显示某个变量属于哪个成分。小于 0.5 的值将被抑制，以增强可解释性。与图 30.8 进行比较，后者展示的是针对测试数据集的旋转成分矩阵。训练集和测试集之间的成分大致相同，仅包含少量的差异。例如，测试集显示 *Z Sqrt spending PS* 属于成分 1，而训练集则不然。然而，测试集成分的权重仅为 0.52，仅比将被抑制的限制要求 0.5 高一点。因此，我们知道这一结果对成分 1 来说是好消息，因为除了 *Z Sqrt spending PS* 以外，训练集和测试集对其他变量都达成了一致，该变量针对成分 1 的成员资格将遭到怀疑。

旋转成分矩阵											
	成分										
	1	**2**	**3**	**4**	**5**	**6**	**7**	**8**	**9**	**10**	**11**
z ln days between purchases	-.874										
z ln # individual items purchased	.871										
z ln lifetime ave time betw visits	-.849										
z ln purchase visits	.823										
z ln total net sales	.821										
z ln # different product classes	.812										
z days since purchase	-.732										
z sqrt spending months 4 5 6	.699										
z sqrt # coupons used	.694										
z ln product uniformity	-.679										
z ln stores	.635										
z sqrt promo resp rate	.633	.564									
z sqrt spending months 2 3	.633										
z promotions mailed		.880									
z sqrt tot promos on file		.850									
z days on file		.830									
z sqrt # promos responded	.626	.668									
z sqrt collectibles			.737								
z sqrt career pants			.666								
z sqrt jackets			.662								
z sqrt casual pants											
z gross margin %				.871							
z markdown				-.846							
z sqrt percent returns					-.828						
z ln ave spending per visit					.725						
z sqrt spending PS						.750					
z sqrt spending CC	.555					-.616					
z sqrt blouses							.787				
z sqrt sweaters							-.555				
z sqrt dresses								-.855			
z sqrt suits									.952		
z sqrt shirts										.859	
z sqrt outerwear											.906

图 30.7 旋转成分矩阵(训练数据集)，其中展示某个变量属于哪个成分

训练集与测试集之间还包括如下的其他细微差别。成分权重不相等，这主要是随机噪声造成的。成分 3 和成分 4 在测试数据集中被随意交换，但基本情况得以保留。然而一般来说，对从测试集和训练集中提取的成分基本达成共识。因此我们得出结论：主成分分析得到验证。

旋转成分矩阵											
	成分										
	1	2	3	4	5	6	7	8	9	10	11
z ln days between purchases	-.873										
z ln # individual items purchased	.873										
z ln lifetime ave time betw visits	-.844										
z ln purchase visits	.822										
z ln total net sales	.816										
z ln # different product classes	.811										
z days since purchase	-.728										
z sqrt spending months 4 5 6	.696										
z sqrt # coupons used	.689										
z ln product uniformity	-.687										
z sqrt spending months 2 3	.638										
z ln stores	.637										
z sqrt promo resp rate	.614	.584									
z promotions mailed		.881									
z sqrt tot promos on file		.849									
z days on file		.828									
z sqrt # promos responded	.610	.684									
z gross margin %			.874								
z markdown			-.840								
z sqrt collectibles				.729							
z sqrt career pants				.684							
z sqrt jackets				.660							
z sqrt percent returns					-.828						
z ln ave spending per visit					.701						
z sqrt spending PS	.502					.747					
z sqrt spending CC	.542					-.618					
z sqrt blouses							.779				
z sqrt sweaters							-.567				
z sqrt dresses								-.844			
z sqrt suits									.952		
z sqrt shirts										.865	
z sqrt casual pants											
z sqrt outerwear											.883

图 30.8　测试数据集的旋转成分矩阵

30.4　主成分概括

除了有利于降低下游建模工作的多重共线性之外，主成分的最有用之处是可用来了解变量之间是如何交互的。事实上，分析人员应当始终提供主成分的描述性概括，不仅为分析人员提供现实检查，同时能够增强客户的理解。分析人员应当问“这些主成分(毕竟它们是数学实体)对应现实世界的可识别常识性行为吗？”如果可解释性存在问题，则表明上游存在一些计算或过程错误。如果主成分无法对应现实世界的行为，则需要对“现实”开展进一步的验证，以及为客户提供有用的信息。

为概括成分，我们将利用通过针对训练集产生的旋转成分矩阵(见图 30.7)，训练集比测试集利用更多记录数量。注意成分 1 是一种较大且复杂的成分，包含许多预测变量，权重值为正或为负的情况均包含在内。这通常就是主成分分析的实例，其第 1 个成分通常表示现象的一般类型，例如“大小”或“销售”等。事实上，若未经方差最大正交旋转，第 1 个成分甚至会更大。表 30.2 给出了成分 1 中正或负加权预测变量。

表 30.2 成分 1 中含正或负权重的预测变量(出于清晰度考虑，“z ln”和“z sqrt”被删除)

正类成分权重	负类成分权重
# Individual items purchased	Days between purchases
Purchase visits	Lifetime average time between visits
Total net sales	Days since purchase
# Different product classes	Product uniformity
Spending months 4 5 6	
# Coupons used	
Stores	
Promo response rate	
Spending months 2 3	
# Promos responded	
Spending at CC store	

我们应当将成分 1 描述为度量“销售数量及频率。”该成分采用多种方式度量销售数量和频率，涉及以下方法：

- 购买多少类商品？
- 客户访问的频率如何？
- 客户两次购买之间的时间间隔有多长？
- 花费的总额是多少？
- 购买了多少种不同的商品？
- 随着时间流逝，开销的一致性情况如何？
- 客户在多少不同的商店内购物？
- 客户多长时间响应促销？

所有上述问题都包含在我们定义的成分 1(销售数量及频率)中。并不令人惊讶的是，这些变量同升共降，因此它们之间是高度相关的。

警告：成分不是聚类

重点是要注意主成分(与聚类不同)并不是特指相似客户的分组(聚类)，而是相似行为预测变量的分组。例如，成分 1 并不包含具有较高销售数量的客户。相反，成分 1 表示“共同变化的”一组变量，因此它们之间存在关联关系。在后面，我们将考察客户集合，客户集合为聚类而不是成分。

成分 1 很好地预测促销的响应并不足为奇。图 30.9(a)表示的是针对训练集中所有记录的成分值直方图，覆盖所有响应(深色=正类)。图 30.9(b)包含归一化直方图。由图中可见，具有高成分值的客户与正响应类别关联。这些客户涉及那些在表 30.2 中权重为正的列中具有较大值的变量，而具有较小值的变量在负权重列中出现。反过来，成分 1 中具有较小值的客户与负类响应关联。

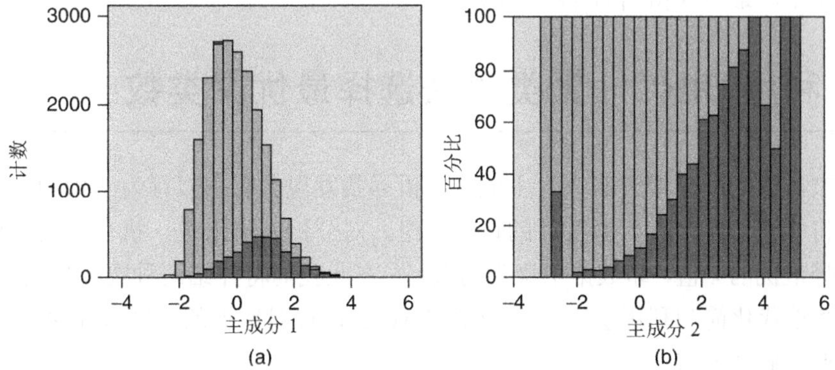

图 30.9 能够很好预测响应的成分 1 值。(a)直方图及(b)归一化直方图

以下是对其他 10 个成分的简要概括。

- **成分 2：促销趋向**。该成分包含 5 个预测变量，除了一个变量以外，其他变量都与过去的促销活动关联：促销响应率、邮件促销、存档的促销总数、响应的促销数量。第五个预测变量度量多长时间归档客户。所有预测变量的权重都为正，意味着它们之间存在正相关关系。
- **成分 3：职业装销售**。该成分包含 3 个相关的服装类型：职业裤、夹克和收藏品(定义为大多数的服装和职业装)。这些正相关预测变量用于度量职业装的购买情况。
- **成分 4：毛利与降价**。该成分包含两个负相关的预测变量：毛利率与降价率。这样设计的原因在于，随着价格的下降(降价率增加)，毛利将会减少。该成分恰好能够捕获这种行为。
- **成分 5：支出与收益**。该成分也包含两个负相关的变量：每次造访的平均支出与收益率。有证据表明，具有高收益率的客户在每次购物时具有较低的平均支出额。
- **成分 6：PS 商店与 CC 商店**。证据表明，这些不同的商店吸引不同的购买客户群。如果客户在 PS 商店花费较多，则在 CC 商店趋向于不购买任何商品，反之亦然。
- **成分 7：衬衫与毛衣**。显然，客户一般不会同时购买衬衫和毛衣。在衬衫方面花费较多，则在毛衣方面花费就会比较少，反之亦然。
- **成分 8：套装**。该成分仅包含一个预测变量：套装。事实上，后续的 4 个成分均包含单一变量。参考图 30.3，注意这些成分的特征值大约为 1.2 或更小，这意味着它们解释一个预测变量的变异性值。

- **成分 9：西服**。该成分仅包含一个变量：套装。你也许会感到奇怪，没有将该变量包含在“职业装销售”成分中。
- **成分 10：上衣**。单一成分：上衣。
- **成分 11：外套**。单一成分：外套。

可能产生的问题是：由于最后 4 种成分均包含单一变量，为什么不简单地忽略它们，而仅提取 7 种成分呢？答案是“单一”标签会带来误导。每种成分包含每个预测变量的负载；我们仅仅是抑制小部分，以便增强可解释性。因此，忽略后面 4 种成分影响的将不仅是这 4 个变量。最好保留所有 11 个成分。

30.5 利用 BIRCH 聚类算法选择最优聚类数

接下来，我们回到聚类研究。主成分分析寻找发现具有相似行为的预测变量分组，而聚类分析将寻找发现具有相似特征的记录分组。对分析人员来说，执行聚类分析的挑战性问题是选择最优的 *k* 值，即数据中聚类的数目。在此我们将介绍两种选择最优 *k* 值的方法，(i)利用平衡迭代化简和利用层次聚类(BIRCH)算法，针对数据的不同排序聚类；(ii)采用 *k* 均值聚类遍历候选 *k* 值。

在第 21 章中，我们知道在执行 BIRCH 聚类时不需要定义最优化 *k* 值。算法自身将选择 *k* 的最优值。遗憾的是，由于该算法是基于树结构的，BIRCH 聚类对算法所扫描记录的顺序敏感。换句话说，不同的数据排序方法将会产生不同的聚类解决方案。

我们将由此继续下列工作。

采用 BIRCH 聚类算法选择 *k* 值

(1) 以不同的方式对数据进行排序。

(2) 对每个不同的排序方式分别应用 BIRCH 算法。注意将为每个聚类模型选择一个 *k* 值。

(3) 就最适合数据集的 *k* 值获得一致意见。

我们选择 5 作为针对训练数据集的不同排序数目。建模器流程如图 30.10 所示。首先，派生 4 个新的排序变量：Sort2-Sort5(Sort1 为数据的原始顺序)。每个派生的变量将为每个记录分配一个从 0.0 到 1.0 的随机实数。然后按照每个排序变量分别排序记录。此后，针对 5 种不同的数据排序分别执行 BIRCH 聚类，即原始顺序加上 4 个随机顺序。表 30.3 给出了将 BIRCH 应用到每个排序所产生的最佳 *k* 值。利用 BIRCH 聚类产生的聚类数量的最优值为 *k*=2。

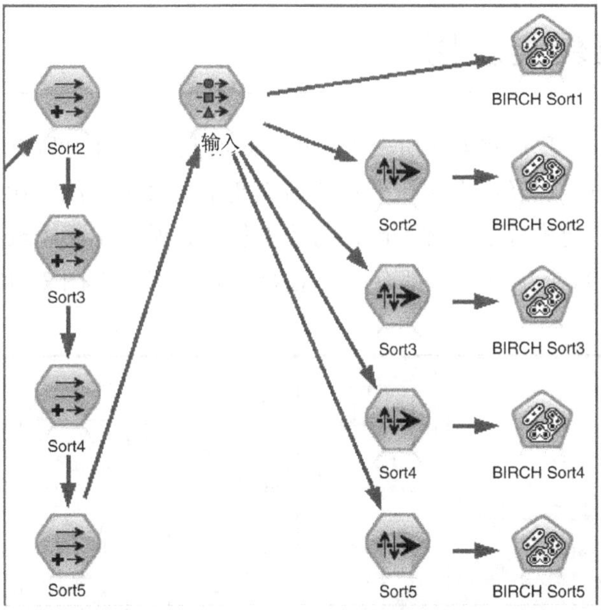

图 30.10　IBM/SPSS 建模器显示应用 BIRCH 聚类选择 *k* 值过程的流程摘录

表 30.3　根据 BIRCH 聚类应用于每个排序选择的最佳 *k* 值

Sort1	Sort2	Sort3	Sort4	Sort5
2	2	2	2	2

30.6　利用 *k* 均值聚类算法选择最优聚类数

另外一种方法，可能也是应用最为广泛的 *k* 值选择方法如下。

选择 *k* 值的遍历方法

(1) 选择一种聚类方法，例如 *k* 均值。选择 *k* 值的可能范围，将范围定义为 k_{low} 到 k_{high}。

(2) 从 k_{low} 开始，遍历 *k* 值，针对每个 *k* 值应用选择的聚类算法，直到 k_{high} 为止。

(3) 对每个 *k* 值，利用统计方法度量聚类模型的好坏，例如伪-F 统计或者平均轮廓法。

(4) 基于第(3)步的统计评估结果，选择具有最佳性能的聚类模型

在此例中，我们选择 *k* 均值聚类，并选择 *k* 值等于 2、3、4。建模器结果显示如图 30.11 所示。*k*=2 的平均轮廓值比其他 *k* 值要好。因此，两种方法都选择该数据集的最佳聚类数为 *k*=2。

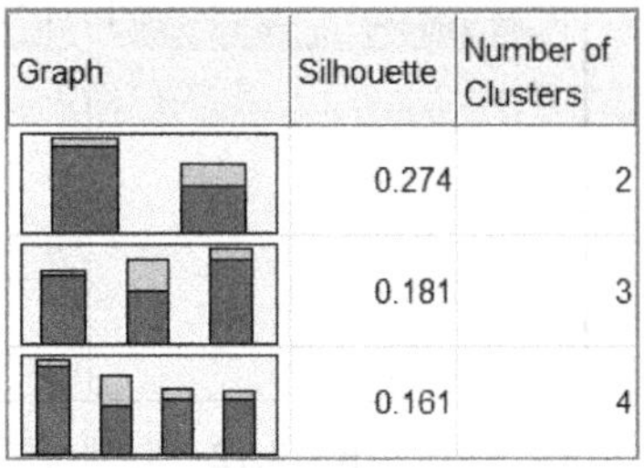

图 30.11　*k*=2 时平均轮廓统计结果最佳

30.7 k-均值聚类应用

为说明上述算法，我们将 k 均值聚类应用到训练集的一组预测变量上，包括图 30.2 所示的所有连续型变量，以及所有标识变量和名义变量。聚类算法的输入不包含主成分。当然，响应变量在任何建模算法中都不能作为输入包括。所产生两个聚类的图形化综述如图 30.12 所示。并不是每个预测变量都有助于对聚类的判别；在图 30.12 中忽略了这些预测变量。

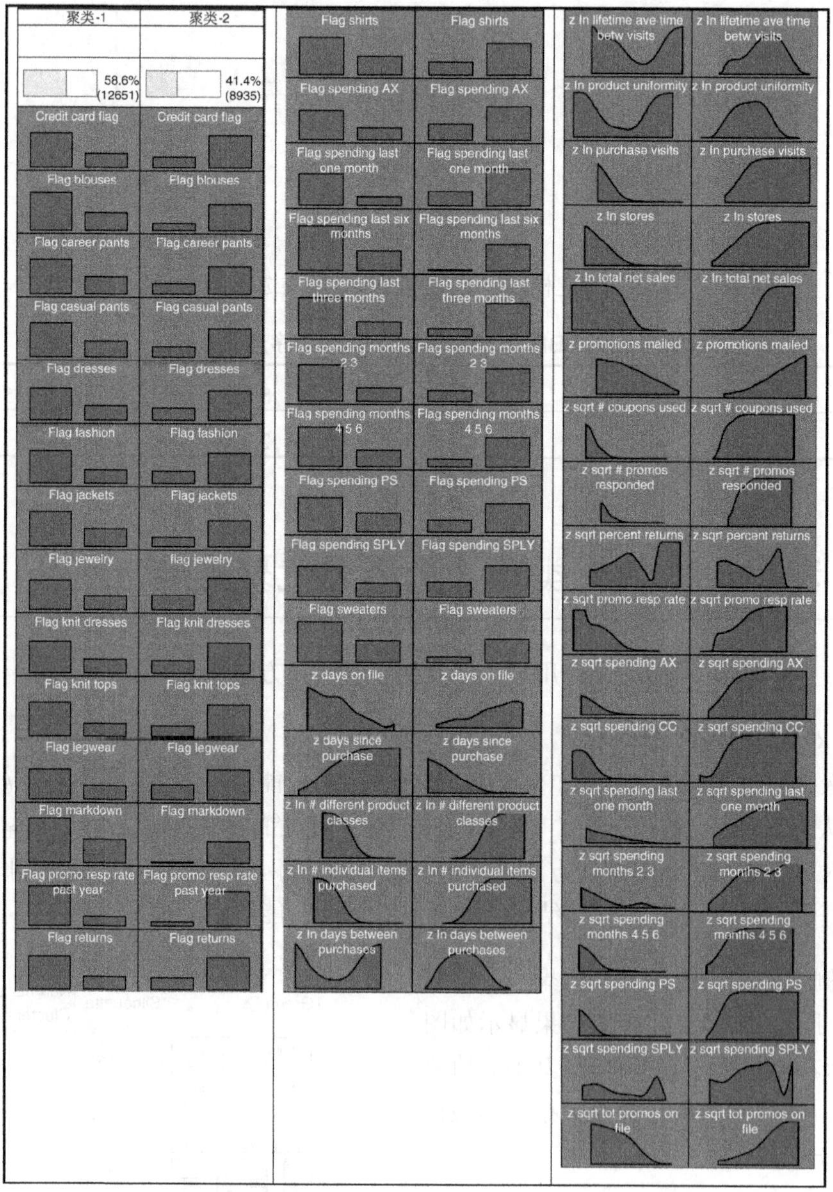

图 30.12 对训练数据中预测变量的图形化综述(按聚类)

30.8　验证聚类

我们采用交叉验证方法验证产生的聚类。将 *k* 均值聚类应用于测试数据集，并使用与训练数据集相同的一组预测变量。图形化综述结果如图 30.13 所示。结果与我们使用训练数据集发现的结果大致相同。包含两个聚类，较大的聚类代表偶尔购物的大型客户集，而较小的聚类表示的是忠实的客户(参考后续的聚类概括)。当然也存在一些差别，例如变量的顺序，但是总体来说，这些聚类通过验证。

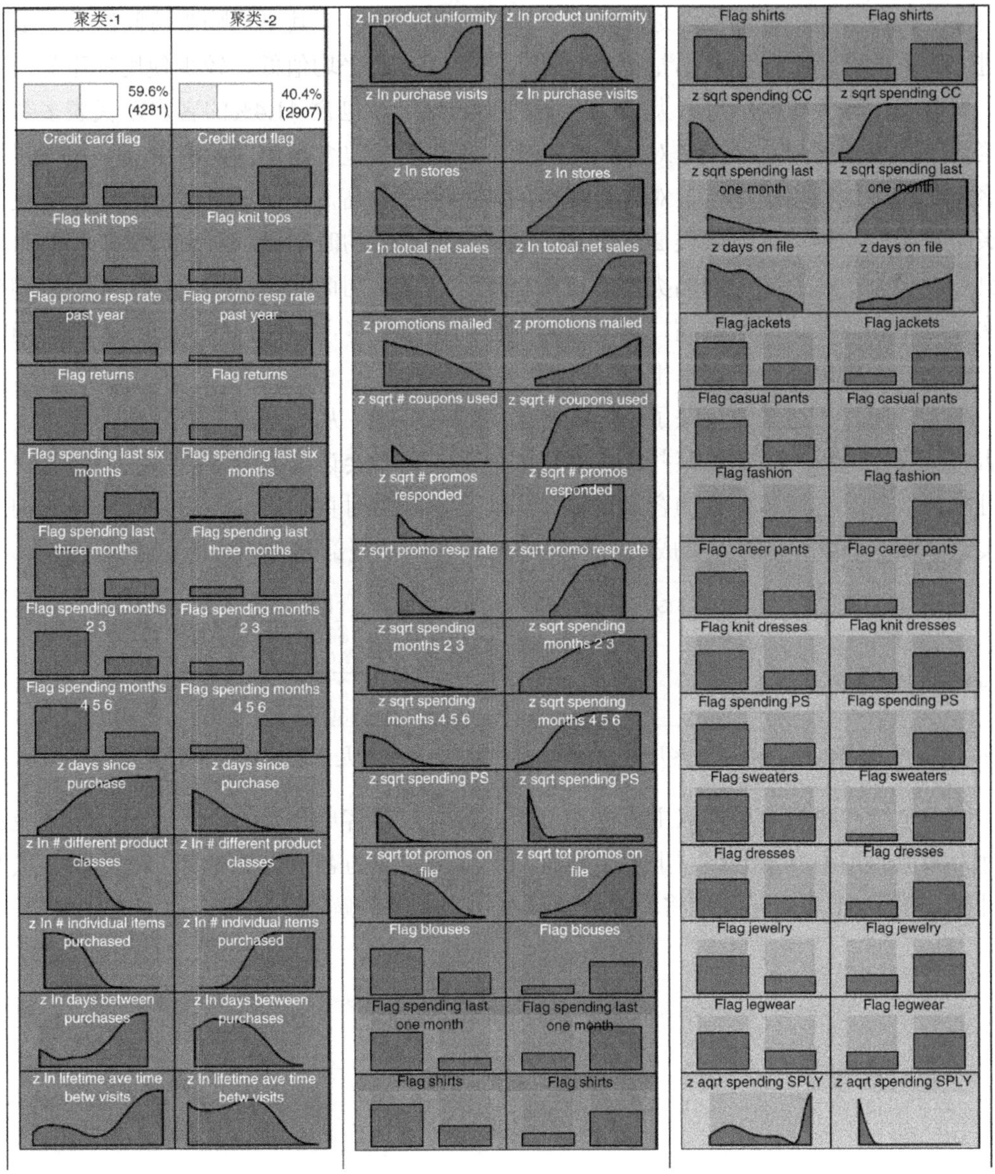

图 30.13　针对测试数据集，预测变量的图形化综述(按聚类)

30.9 聚类概括

我们可以利用图 30.12 提供的信息构建聚类的描述性概括，具体如下：

聚类 1：偶尔购物的客户。聚类 1 是较大的聚类，包含 58.6%的客户。对于图 30.12 所列出的所有标识变量，聚类 1 包含的正值比例较低。例如，该结果表明聚类 1 采用信用卡购买的发生率更低，对促销的响应更低，在前期阶段的开支更低，对大多数服装类的购买比例更低。聚类 1 包含新客户(存档天数)，而且他们购买间隔时间更长。偶尔购物的客户趋向于关注少量的商品类，通常购买的不同商品类较少，其平均购买访问次数更低，很少进入不同的商店，净销售总量更低。其促销响应率比平均值低，较少使用优惠券。

聚类 2：忠实的客户。聚类 2 为相对较小的聚类，包含 41.4%的客户，代表多数行为与聚类 1 相反的客户。聚类 2 对于所有列出的标识变量包含正值的比例更高。例如，这表明聚类 2 更多地使用信用卡，对既往促销的响应程度更高，在前期时间周期中开支更高，购买服装类的比例更高。聚类 2 忠实客户购买我们商品的时间更长，在购买之间的时间间隔更短。聚类 2 客户购买商品类别的范围更广，购买不同商品的平均数量更高。其购买访问次数比平均购买访问次数高，进入不同商店的次数更多，总净销售额更高。其促销响应率、优惠券使用率高于平均水平。

毫无疑问，上述聚类反映了不同的现实购物者分类，从而强调其有效性。可以设想，商店店员仅靠外貌就能知道某些忠实客户的姓名，而不会认出大多数偶尔造访的客户。我们可以预料到，与偶尔购物的客户比较，忠实客户聚类对直邮市场促销具有更强的响应。事实上，图 30.14 所示的聚类成员与响应的列联表中高亮部分表明，情况正是这样。

Response		cluster-1	cluster-2
0	Count	11818	6187
	Column %	93.42	69.24
1	Count	833	2748
	Column %	6.58	30.76

图 30.14 忠实客户对直邮市场促销的响应大约是普通客户的 4 倍多

作为总结，我们通过提取主成分和聚类，可以获得客户行为的一些知识，同时能够揭示行为相似的预测变量分组。上述工作有助于我们完成为客户提供更易于理解的方法的辅助目标。在第 31 章中，我们将构建分类模型，帮助我们解决主要目标：最大化效益。

第 31 章

案例研究，第 3 部分：建模与评估性能和可解释性

31.1 选择性能最佳模型，还是既要性能又要可解释性

本章和第 32 章致力于解决直邮营销预测响应案例研究的主要目标：制定分类模型，该模型将使利润最大化。然而，回想之前针对预测变量的多重共线性预测，这种方法可能会导致某些模型具有不稳定性，如多元回归和 logistic 回归模型。不稳定的模型缺乏可解释性，因为我们缺乏对它的可信度的解释，例如，一个特定的 logistic 回归系数是正值还是负值。决策树的相关预测变量的使用也存在问题。例如，设想一个应用于相关预测变量为 x_2 和 x_3 的数据集的决策树，假设在不相关的变量 x_1 上进行根节点分裂。决策树的左侧子树基于 x_2 分裂，与此同时，决策树的右侧子树基于 x_3 进行分裂。基于该决策树产生的规则将无法获取 x_2 和 x_3 变量之间的相似性。因此，在分类时使用相关变量需要谨慎。

我们已经看到，对于多重共线性的补救方法是对相关预测变量的集合运用主成分分析 (PCA)。这样做可以解决多重共线性的问题，但是我们应看到，采用这种方法在某些情况下可能会降低分类模型的性能。主成分通常无法获得所有预测变量的变化性，这表示信息的净损失。因此，当比较原始预测变量集合时，主成分分析方法通常无法较好地完成分类。而且最重要的是，多重共线性会对目标变量的点估计造成显著的影响。

为此，分析人员与客户必须共同考虑以下问题：

“我们是需要寻找最佳的分类性能，例如需要最大化分类模型的效果，而对模型任何方面的解释没有任何兴趣吗？或者，我们需要一个尽管性能有所下降但却能够保持较完整解释性的模型吗？”

- 如果业务或研究问题的主要目的仅是最佳的分类性能，对模型特征(如系数)的解释性不感兴趣，则可以不将主成分替代为相关预测变量集合。事实上，这些模型通常优于类似的基于 PCA 的模型。我们将在第 32 章研究该类分类模型。
- 然而，如果分析的主要(或辅助)目标是评估或解释响应的个体预测变量的效果，或者制定基于预测变量特征的可能响应者的概括，则强烈建议将主成分替代为相关预测变量集合。本章我们对这些分类模型开展研究工作。

31.2 建模与评估概述

本章及第 32 章采用的建模与评估策略概述如下所示：

建模与评估概述

(1) 利用数据驱动的误分类开销制定损益表(开销矩阵)。

(2) 为所有模型提供输入列表。

(3) 根据与每个所联系客户相关的期望利润建立基线模型性能，以便对候选模型的性能进行校准。

(4) 使用内置误分类开销对训练数据集应用以下分类算法：

a. 分类与回归树(CART)

b. C5.0 决策树算法

(5) 应用再平衡替代误分类开销，用于下列不涉及内置误分类开销的方法：

a. 神经元网络

b. logistic 回归

(6) 采用投票方式合并 4 个分类模型的预测结果。

(7) 利用测试数据集和损益表对上述所有模型进行评估，确定最佳效益模型。

(8) (仅对本章)：解释最佳效益模型。

由于我们的策略要求应用多个模型，而这些模型需要被评估和比较，因此将在建模与评估阶段之间来回移动。

31.3 利用数据驱动开销开展损益分析

我们将利用第 16 章中学习到的方法派生开销矩阵。我们试图预测客户是否响应直邮促销活动。现在，假设他们做出了响应，我们期望他们将会花费多少金额呢？一种合理的估计是使用 28 799 位客户每次访问的平均消费额，即 113.59 美元，见图 31.1(中值是另外一种合理的估计，但我们在本案例研究中未采用它。顺便问一下，为什么均值比中值大？提示：检验最大值，设想每次访问成衣店的平均花销为 1919.88 美元)。假设值 113.59 美元的 25%(或 28.40 美元)表示平均利润。回忆一下，该值等于“开销”−28.40 美元。同样，假设邮寄开销为 2 美元。

Count	28799
Mean	113.59
Min	0.49
Max	1919.88
Standard Deviation	86.98
Median	92.00

图 31.1　每次访问平均消费额的统计汇总

最后，总结列联表的每个单元格的含义，如表 31.1 所示。

表 31.1　直邮响应分类问题的通用列联表

		预测分类	
实际分类		0=无响应	1=响应
	0 无响应	TN=正负类计数	FP=负正类计数
	1 正响应	FN=负负类计数	TP=正正类计数

- **TN=正负类**。表示我们预测不会响应、实际也的确未对直邮促销做出响应的客户。
- **TP=正正类**。表示我们预测会响应、实际上的确对直邮促销做出响应的客户。
- **FN=负负类**。表示我们预测不会响应、实际上却对促销做出响应的客户。
- **FP=负正类**。表示我们预测会响应、实际上却并未响应的客户。

下面将计算开销。

计算直接开销

- **正负类**。我们不会与该类客户联系，不会投入 2 美元的直邮开销。因此，对该客户的开销为 0 美元。
- **正正类**。我们将与该类客户联系，将投入 2 美元直邮开销。另外，该类客户正面响应直邮，为我们提供了平均 28.40 美元的利润。为此，该客户的开销是 2 美元-28.40 美元=-26.40 美元。
- **负负类**。我们不会与该类客户联系，不会投入 2 美元的直邮开销。因此，对该客户的开销为 0 美元。
- **负正类**。我们将与该类客户联系，将投入 2 美元直邮开销。但是该客户将我们的宣传单抛弃，不会对我们的促销做出回应。为此，对该客户的直接开销为 2 美元。

以上开销汇总到表 31.2 的开销矩阵中。注意开销完全是数据驱动的。

表 31.2　该示例的数据驱动的开销

		预测分类	
		0	1
实际分类	0	$Cost_{TN} = \$0$	$Cost_{FP} = \$2$
	1	$Cost_{FN} = \$0$	$Cost_{TP} = -\$26.40$

类似 IBM/SPSS 建模器这类的软件包需要开销矩阵采用存在零开销的形式以制定正确决策。因此，我们从最底行的每个单元格减去$Cost_{TP} = -26.40$美元，调整后的开销矩阵见表 31.3。

表 31.3 调整后的开销矩阵

		预测分类	
		0	1
实际分类	0	0	$\text{Cost}_{\text{FP, Adj}}$ = \$2
	1	$\text{Cost}_{\text{FN, Adj}}$ = \$26.40	0

从解释性方面考虑，现在可以明智地用一个调整后的非零开销除以每个调整后的非零开销，从而可以使其中一个调整后的非零开销等于 1。这样做之后，分析人员就可以对管理者或客户解释每个分类错误的相对开销。例如，假设我们用$Cost_{FP,ADj} = 2$分别除$Cost_{FP,ADj}$和$Cost_{FN,ADj}$，结果为$Cost^*_{FP,ADj} = \$1$及$Cost^*_{FN,ADj} = \$13.20$。由此，我们可以认为，我们没有联系却实际上响应促销的客户的开销是已联系却未响应的客户开销的 13.2 倍。

从决策的角度考虑，表 31.3 等于表 31.2。即每个开销矩阵将产生同样的决策。然而，在评估分类模型时，表 31.3 并未提供对总开销模型的精确估计。使用表 31.2 可以提供精确的估计。

31.4 输入到模型中的变量

分析人员应当始终为客户或终端用户提供模型输入的详细列表。这些输入应当包括衍生变量、转换变量或原始变量，以及在适当情况下的主成分和聚类成员。图 31.2 包含本节示例需要用到的输入到分类模型中的所有变量列表。

	flag spending SPLY
Phone # on file	flag returns
Credit Card Flag	flag promo resp rate past year
Web Buyer Flag	flag markdown
Brand	flag spending months 4 5 6
flag sweaters	flag spending months 2 3
flag knit tops	z sqrt knit tops
flag knit dresses	z sqrt knit dresses
flag blouses	z sqrt jewelry
flag jackets	z sqrt fashion
flag career pants	z sqrt legwear
flag casual pants	z sqrt spending AM
flag shirts	z sqrt spending AX
flag dresses	z sqrt spending last one month
flag suits	z sqrt spending SPLY
flag outerwear	PC 1
flag jewelry	PC 2
flag fashion	PC 3
flag legwear	PC 4
flag collectibles	PC 5
flag spending AM	PC 6
flag spending PS	PC 7
flag spending CC	PC 8
flag spending AX	PC 9
flag spending last three months	PC 10
flag spending last one month	PC 11
flag spending last six months	Cluster

图 31.2 分类模型的输入变量(性能与解释性部分)

注意到所有连续型变量都被转换并标准化，从而派生出许多标志变量。事实上，在预处理数据之后，仅有少量变量保持不变，包括标志变量 Web Buyer 和 Credit Card Holder。

31.5　建立基线模型性能

我们怎样才能知道我们建立的模型性能良好呢？分类精度达到80%可以满足吗？为能校准候选模型的性能，需要建立基准以便能够比较这些模型。这些基准通常以较为简单的模型基线性能的形式存在。以下列举其中两个此类简单模型：

- “不要将市场促销发给任何人”模型
- “将市场促销发给所有人”模型

显然，公司在数据挖掘工作中不需要采用这两类模型。由此，如果经过艰难的数据挖掘后，获得的模型的性能比上述基线模型要低，则需要重新考虑挖掘。换句话说，数据挖掘产生的模型绝对要比基线模型性能更好，应该有比基线模型更大的优势才能证明工作的有效性。

从图 31.3 可以看出，测试数据集中有 6027 位客户未响应促销活动，而有 1161 位客户做出了响应。“不发送给任何客户”模型的列联表/开销表(取自表 31.2)如表 31.4 所示。

Value	Proportion	%	Count
0		83.85	6027
1		16.15	1161

图 31.3　测试数据集中响应的分布情况

表 31.4　“不发送给任何人”模型的列联表/开销表

		预测分类	
		0	1
实际分类	0	6027·($0) = $0	0·($2)= $2
	1	1161·($0)= $0	0·(−$26.40) =$0

按照该模型，我们未对任何人开展促销活动，由此没有实际开销。接下来，“发送给所有人”模型的列联/开销表见 31.5。

- “发送给所有人”模型的最终开销为$12 054-$30 650.40=-$18 596.40。
- 每位客户的开销为-$2.59，我们曾经说过，负开销等于收益。

表 31.5　“发送给所有人”模型的列联表/开销表

		预测分类	
		0	1
实际分类	0	0·(−$2) = $0	6027·($2)= $12054
	1	0·($26.40)= $0	1161·(−$26.40) =−$30 650.40

至此，通过给所有人发送促销，我们获得了平均每客户 2.59 美元的收益。从少数响应的客户获得的收入比将促销信息发送给所有客户的开销要大。

现在，考虑忽略误分类开销的情况，并选择具有最高精度的模型。“不发送给任何人”模型的总精度为 6027/7188=0.8385，远比“发送给所有人”模型的总精度 1161/7188=0.1615 要高。因此，如果我们错误地忽略误分类开销，将会选择“不发送给任何人”模型，因为该模型精度更高。这一令人震惊的错误将会给公司带来巨额损失。我们更清楚的是，“不发送给任何人”模型是完全不正确的，将不再讨论该模型。然而，“发送给所有人”模型的确能够为公司带来利益。因此，“发送给所有人”模型被选作基线模型，其每个客户 2.59 美元的利润将被定义为基准利润，任何候选模型都应当获得比其更高的收益。

31.6 利用误分类开销的模型

在使用类似 CART 和 C5.0 决策树模型这样的建模器时，误分类开销可以清楚地加以定义，但在使用神经元网络或者 logistic 回归时则不行。因此，我们在执行分类时将采用能够清楚定义误分类开销的模型：CART 和 C5.0 模型，以针对训练数据集进行训练，并利用测试数据集评估。CART 模型的列联表/开销表如表 31.6 所示，其中 CART 模型的误分类开销定义负正类为 1 美元，负负类为 13.20 美元。

- CART 模型的总开销为-20 944 美元。
- CART 模型的每客户开销为-2.91 美元。

表 31.6 带误分类开销的 CART 模型的列联表/开销表

		预测分类	
		0	1
实际分类	0	3299·($0) = $0	2728·($2)= $5456
	1	161·($0)= $0	1000·(−$26.40) =−$26 400

由以上结果可知，CART 模型以每客户−$2.91+2.59=$0.32 击败“发送至所有人”模型。

接着，运行 C5.0 决策树模型，其误分类开销给出了负正类为$1，负负类为$13.20。C5.0 模型用训练集训练，测试集评估。该模型的列联表/开销表如表 31.7 所示。

- C5.0 模型的总开销为−22682.40 美元。
- C5.0 模型的每客户开销为−3.16 美元。

表 31.7 带误分类开销的 C5.0 模型的列联表/开销表

		预测分类	
		0	1
实际分类	0	2637·($0) = $0	3390·($2)= $6780
	1	45·($0)= $0	1188·(−$26.40) =−$29 462.40

总结上述两种模型可以看出，C5.0 模型比 CART 模型更好，它以每客户-\$3.16+2.59=\$0.57 击败“发送给所有人”模型。

31.7 需要用代理调整误分类开销的模型

在第 16 章中，我们学习了针对误分类开销采用代理进行调整的方法，其中此类开销无法通过算法明确定义。在我们的案例研究中，$Cost_{FN,\text{Adj}} > Cost_{FP,Adj}$，因此在应用分类算法前，我们将用训练集中的正响应记录数乘以 b，其中 b 是重采样率，$b = Cost_{FN,Adj} / Cost_{FP,Adj} = 52.8/4 = 13.2/1 = 13.2$。由此，我们将用 13.2 乘以训练集中的正响应(响应=1)记录数。这一工作将通过以置换方法重采样响应为正的记录实现。

用调整后的训练数据集训练神经元网络模型，并用测试集评估模型，其列联表/开销表如表 31.8 所示。

- 神经元网络模型的总开销为-\$22 205.2。
- 神经元网络模型的每客户开销为-\$3.09。

表 31.8　神经元网络模型应用到调整后数据集产生的列联表/开销表

		预测分类	
		0	1
实际分类	0	2768·(\$0) = \$0	3259·(\$2)= \$6518
	1	73·(\$0)= \$0	1088·(−\$26.40) =−\$28 723.20

由以上结果可知，神经元网络模型比 CART 模型更好，但是没有 C5.0 好，它以每客户−\$3.09+2.59=\$0.50 击败“发送给所有人”模型。

最后，用调整后的训练数据集训练神经元网络模型，并用测试集对模型进行评估，其列联表/开销表如表 31.9 所示。

- logistic 回归模型的总开销为−\$21 866.40。
- logistic 回归模型的每客户开销为−\$3.04。

表 31.9　logistic 回归模型应用到调整后数据集产生的列联表/开销表

		预测分类	
		0	1
实际分类	0	2757·(\$0) = \$0	3270·(\$2)= \$6540
	1	85·(\$0)= \$0	1076·(−\$26.40) =−\$28 406.40

可以看出，logistic 回归模型比 CART 模型更好，但没有 C5.0 模型或神经元网络模型好，它以每客户−\$3.04+2.59=\$0.45 击败“发送给所有人”模型。

31.8 采用投票和趋向平均方法合并模型

我们再次利用投票和趋向平均模型来合并模型。这些方法在本示例中运用，并取得了成功。如果我们采用的四种模型(CART、C5.0、神经元网络、logistic 回归)预测为正响应，则单一充分投票模型预测正响应。类似地，可设计开发两折充分、三折充分以及正类一致性模型。结果如表 31.10 所示。在投票模型中，三折充分模型性能最佳，但是仍然没有 C5.0 模型好。

表 31.10 使用投票和趋向平均(最佳性能由黑体字表示)合并模型的结果

模型	模型利润总和	每客户利润
“发送给所有人”模型	\$18 596.40	\$2.59
CART 模型	\$20 944.00	\$2.91
C5.0 模型	**\$22 682.40**	**\$3.16**
神经元网络	\$22 205.20	\$3.09
logistic 回归	\$21 866.40	\$3.04
单一充分	\$21 408.40	\$2.98
两折充分	\$22 411.60	\$3.12
三折充分	\$22 555.20	\$3.14
正一致性	\$21 322.80	\$2.97
趋向均值 0.356	\$22 553.60	\$3.14
趋向均值 0.357	\$22 573.60	\$3.14
趋向均值 0.358	\$22 508.40	\$3.13

为清楚起见，列出的是利润而不是成本，其中利润=−成本。从完整性考虑，也考虑了单身模型

趋向平均也在本示例中应用，产生相似的结果。四个分类模型的正响应趋向被平均，产生的趋向均值参考图 31.4。分析人员需要试图确定一个截至值，将高比例的正类响应放于右边，高比例的负类响应放于左边。从示例来看，最价临界值[1]为趋向均值 0.357，如表 31.10 所示。若四类分类模型的正类响应的趋向均值比 0.357 高，则该模型预测正响应。该模型运行良好，但是仍然不及原来的 C5.0 模型。

若有需要，读者可以考虑更多的模型增强方法，例如使用分段模型以及 boosting 和 bagging 等模型。

1 当然，为获得最佳临界值，对所有可能的临界值采用穷举搜索，需要编程或执行脚本。

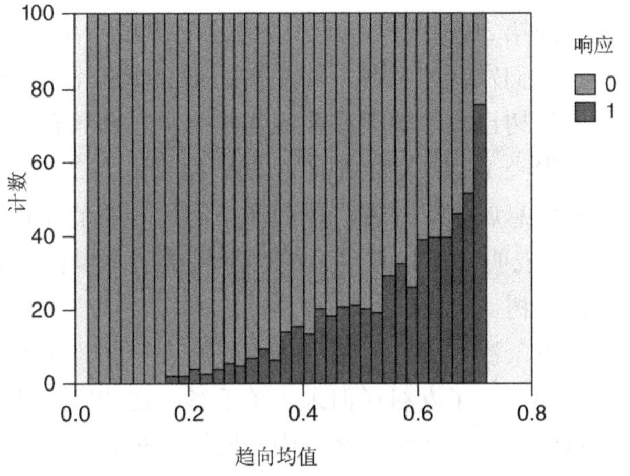
100
80
60
40
20
0
计数
0.0
0.2
0.4
0.6
0.8
趋向均值
响应
0
1

图 31.4 带响应覆盖图的趋向均值

31.9 对利润最佳模型的解释

本章前面内容中介绍过，我们的兴趣在于同时考虑模型性能和模型的解释能力。现在考虑解释我们的最佳利润模型，原始 C5.0 决策树。图 31.5 包含 C5.0 决策树，从左至右观察，根节点分裂从左开始。

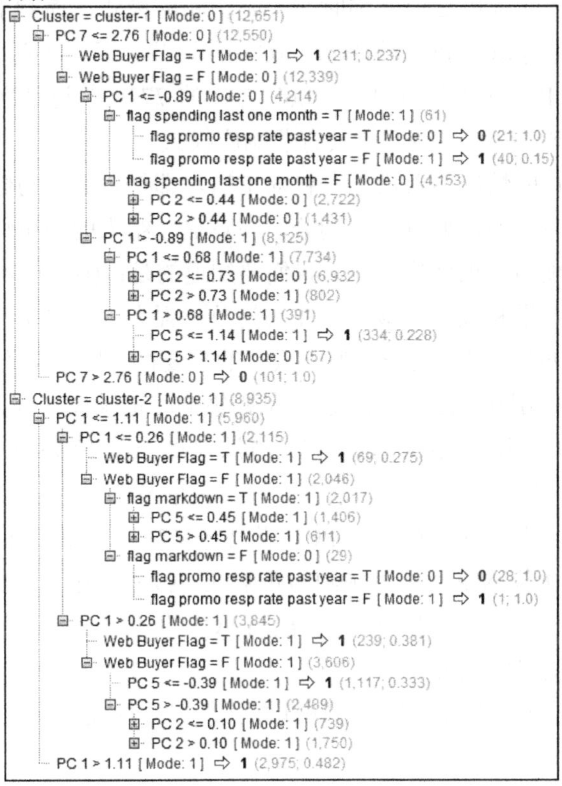
Cluster = cluster-1 [Mode: 0] (12,651)
PC 7 <= 2.76 [Mode: 0] (12,550)
Web Buyer Flag = T [Mode: 1] ⇨ 1 (211; 0.237)
Web Buyer Flag = F [Mode: 0] (12,339)
PC 1 <= -0.89 [Mode: 0] (4,214)
flag spending last one month = T [Mode: 1] (61)
flag promo resp rate past year = T [Mode: 0] ⇨ 0 (21; 1.0)
flag promo resp rate past year = F [Mode: 1] ⇨ 1 (40; 0.15)
flag spending last one month = F [Mode: 0] (4,153)
PC 2 <= 0.44 [Mode: 0] (2,722)
PC 2 > 0.44 [Mode: 0] (1,431)
PC 1 > -0.89 [Mode: 1] (8,125)
PC 1 <= 0.68 [Mode: 1] (7,734)
PC 2 <= 0.73 [Mode: 0] (6,932)
PC 2 > 0.73 [Mode: 1] (802)
PC 1 > 0.68 [Mode: 1] (391)
PC 5 <= 1.14 [Mode: 1] ⇨ 1 (334; 0.228)
PC 5 > 1.14 [Mode: 0] (57)
PC 7 > 2.76 [Mode: 0] ⇨ 0 (101; 1.0)
Cluster = cluster-2 [Mode: 1] (8,935)
PC 1 <= 1.11 [Mode: 1] (5,960)
PC 1 <= 0.26 [Mode: 1] (2,115)
Web Buyer Flag = T [Mode: 1] ⇨ 1 (69; 0.275)
Web Buyer Flag = F [Mode: 1] (2,046)
flag markdown = T [Mode: 1] (2,017)
PC 5 <= 0.45 [Mode: 1] (1,406)
PC 5 > 0.45 [Mode: 1] (611)
flag markdown = F [Mode: 0] (29)
flag promo resp rate past year = T [Mode: 0] ⇨ 0 (28; 1.0)
flag promo resp rate past year = F [Mode: 1] ⇨ 1 (1; 1.0)
PC 1 > 0.26 [Mode: 1] (3,845)
Web Buyer Flag = T [Mode: 1] ⇨ 1 (239; 0.381)
Web Buyer Flag = F [Mode: 1] (3,606)
PC 5 <= -0.39 [Mode: 1] ⇨ 1 (1,117; 0.333)
PC 5 > -0.39 [Mode: 1] (2,489)
PC 2 <= 0.10 [Mode: 1] (739)
PC 2 > 0.10 [Mode: 1] (1,750)
PC 1 > 1.11 [Mode: 1] ⇨ 1 (2,975; 0.482)

图 31.5 最佳利润模型，既考虑性能也关注可解释能力：C5.0 决策树

本示例中的根节点按照第 30 章中获取的聚类划分。回忆一下，聚类 1 包含临时客户，而聚类 2 包含忠实客户。我们发现忠实客户对促销的响应比例比临时客户高 4 倍还多，因此很明显，我们的分类决策树已发现聚类在响应与不响应之间具有良好的辨识能力。这一点在决策树中反映为：对聚类 1，模式为 0(响应=0)；而对聚类 2，模式是 1。考察图 31.5，记住图上部的所有节点和信息属于临时客户，而图下部所有的节点和信息属于忠诚客户。划分点处显示的“+”符号表明还能展开更多的决策树结果，但在一页范围内，我们没有足够的空间来画出整个决策树。

首先讨论临时客户。下一次划分在主成分 7 上，即女衬衫与羊毛衫，其中 101 位临时客户仅有极少数(PC 7>2.76)购买了女衬衫但未买羊毛衫，这些客户被预测为不响应。下一次划分存在一些值得注意的事情：在临时客户中，网络购买者被预测为积极响应。尽管这些客户中仅有 23.7%的人给出了响应，13.2-1 误分类开销率使得模型易于将这些客户预测为响应者，而不会产生严重的负负类开销。然而，事实上响应者是少数(211)。继续考虑绝大多数临时客户，我们发现下一次划分针对主成分 1，即销售数量和频率。注意这次划分是首次包含数量较多的记录。原因在于，第 1 个主成分非常大且是较有预测性的响应，正如我们在第 30 章所见到的那样。事实上，PC1 是对忠实客户的第 1 次划分。不出所料，4214 位临时客户具有较低的 PC1 值(PC1<=−0.89)，他们是非响应模式，而剩余 8125 位临时客户具有正响应模式。对那些具有较小 PC1 的客户，下一个重要的划分是 PC2，即促销趋向。不出所料，802 位具有较高 PC2 值的临时客户是正响应模式，而剩下的临时客户具有非响应模式。对那些具有中等以上 PC1 值(PC1>−0.89)的客户，下一次划分再次针对 PC1，即调整剩下的记录。对于 PC 值处于−0.89 至 0.68 之间的 7734 条记录来说，下一个划分针对 PC2，较高值具有正响应模式，中低值具有非响应模式。

下面讨论忠实客户的情况。首次划分针对 PC1，即销售数量与频率。具有较高值的记录直接预测为积极响应，不需要进一步划分。注意这一结果的简单性：考虑这一复杂的数据集，在将某个客户预测为积极响应时，我们要知道的是：(i)客户属于忠实客户聚类，(ii)客户具有较高的销售数量和频率。该结果非常简单、强大，且非常清楚。接着，我们发现下一次划分仍然针对 PC1，强调这一大型主成分的重要性。对 PC1 为 0.26 及以下值的忠实客户，下一次划分是网络购买者，其中仅 69 条积极响应记录被划分出来。接着考虑降价标识；即，客户是否购买了降价商品。但该划分方法仅划分出 29 条记录。下一次划分为主成分 5，即支出与回报。此处会有更多的划分，以便能够从 2017 条记录中获得更多的信息，但是没有更多的空间用于展开。对那些 PC1 值处于 0.26 至 1.11 之间的记录，下一次划分是网络购买者，对 239 位网络购买者预测为正响应。接着考虑主成分 5，即支出与回报：若该值较低，预测为正响应。对具有中等或较高 PC5 值的记录，预测为正响应。对于 PC2，即促销趋向，仍然有更多的划分。

在第 32 章中，我们将考虑牺牲可解释性而获得更好性能的模型。

第 32 章

案例研究，第 4 部分：高性能建模与评估

本章将从性能出发权衡模型的可解释性。我们将充分利用多重共线性不会影响对模型的预测这一事实，且不考虑用相关预测变量替代主成分。这样，原始预测变量集包含比主成分集更多的信息，因此我们希望开发比第 31 章提出的模型性能更好的模型，即使可解释性可能会受到影响。

32.1 输入到模型中的变量

本章中的模型将受益于更多数量的输入变量，其中许多是在第 31 章归入主成分的连续型变量。图 32.1 给出了变量的列表。注意聚类成员仍然是输入，而主成分则不是。

Predictors	flag spending last three months	z sqrt casual pants
	flag spending last one month	z sqrt shirts
Phone # on file	flag spending last six months	z sqrt dresses
Zip code	flag spending SPLY	z sqrt suits
Credit Card Flag	flag returns	z sqrt outerwear
Web Buyer Flag	flag promo resp rate past year	z sqrt jewelry
Brand	flag markdown	z sqrt fashion
flag sweaters	flag spending months 4 5 6	z sqrt legwear
flag knit tops	flag spending months 2 3	z sqrt collectibles
flag knit dresses	z ln purchase visits	z sqrt spending AM
flag blouses	z days since purchase	z sqrt spending PS
flag jackets	z gross margin %	z sqrt spending CC
flag career pants	z days on file	z sqrt spending AX
flag casual pants	z markdown	z sqrt spending last one month
flag shirts	z promotions mailed	z sqrt spending SPLY
flag dresses	z ln total net sales	z ln days between purchases
flag suits	z ln ave spending per visit	z ln # different product classes
flag outerwear	z sqrt tot promos on file	z sqrt # coupons used
flag jewelry	z sqrt percent returns	z ln # individual items purchased
flag fashion	z sqrt promo resp rate	z ln stores
flag legwear	z sqrt sweaters	z ln lifetime ave time betw visits
flag collectibles	z sqrt knit tops	z ln product uniformity
flag spending AM	z sqrt knit dresses	z sqrt # promos responded
flag spending PS	z sqrt blouses	z sqrt spending months 2 3
flag spending CC	z sqrt jackets	z sqrt spending months 4 5 6
flag spending AX	z sqrt career pants	Cluster

图 32.1　本章用到的模型输入列表

32.2　使用误分类开销的模型

我们首先使用两种可定义误分类开销的算法，这两种算法是：分类与回归树(CART)和 C5.0。CART 模型针对训练数据集进行训练，并用测试数据集进行评估。CART 模型的列联表/成本表如表 32.1 所示，其中误分类成本在正类错误时定义为$1，在负类错误时定义为$13.20。

- CART 模型总开销是-$23 366。
- 人均 CART 模型客户开销是-$3.25。

表 32.1　带误分类开销的“性能 CART 模型”的列联表/开销表

		预测分类	
		0	1
实际分类	0	3322·($0) = $0	2705·($2)= $5410
	1	71·($0)= $0	1090·(-$26.40) =-$28 776

因此，“CART 性能模型”以每位顾客-$3.25+2.59=$0.64 的数据击败了“发送给每个人”模型。此外，CART 性能模型以每位顾客-$3.25-$2.91=$0.34 的数据击败了第 31 章中使用主成分的 CART 模型，至少在估计的模型开销方面是如此。

接下来，运行“性能 C5.0 决策树模型”，给定负正类的误分类开销为$1，负负类的开销为$13.20。C5.0 模型的列联表/开销表如表 32.2 所示。

- C5.0 模型总开销为-$24294.40。
- 人均 C5.0 模型客户开销是-$3.38。

表 32.2　带误分类开销的 C5.0 模型的列联表/开销表

		预测分类	
		0	1
实际分类	0	3509·($0) = $0	2518·($2)= $5036
	1	50·($0)= $0	1111·(-$26.40) =-$29 330.40

因此，C5.0 性能模型以-$3.38+2.59=$0.79 每位顾客的数据击败了“发送给每个人”模型。C5.0 性能模型优于第 31 章中运用主成分的 C5.0 模型，其依据是-$3.38-$3.16=$0.22 的数据。

32.3　需要作为误分类开销代理调整的模型

接下来，对于神经元网络和 logistic 回归模型，为了使用作为误分类开销代理的调整，我们将训练数据集中带有正响应的记录数乘以重采样率 b=13.2。

“性能神经元网络模型”在调整后的训练数据集上进行测试，并在测试数据集上进行评估，其列联表/开销表如表 32.3 所示。

- 神经元网络的总开销为-$24 887.20
- 人均神经元网络模型的客户开销为-$3.46

表 32.3　性能神经元网络模型应用于调整后数据集的列联表/开销表

		预测分类	
		0	1
实际分类	0	4109·($0) = $0	1918·($2)= $3836
	1	73·($0)= $0	1088·(-$26.40) =-$28 723.20

因此，神经元网络模型以-$3.46+2.59=$0.87 每位客户的数据击败了“发送给每个人”模型。这一神经元网络模型性能优于第 31 章中运用主成分的神经元网络模型，其依据是-$3.46-$3.09=$0.37 的数据。

最后，“性能 logistic 回归模型”在调整后的训练数据集上训练并在测试数据集上评估，其列联表/开销表如表 32.4 所示。

- logistic 回归模型的总开销是-$23361.20。
- 人均 logistic 回归模型客户开销是-$3.25。

表 32.4　logistic 回归模型应用于调整数据集后的列联表/开销表

		预测分类	
		0	1
实际分类	0	3345·($0) = $0	2681·($2)= $5362
	1	73·($0)= $0	1088·(-$26.40) =-$28 723.20

因此，logistic 回归模型以-$3.25+2.59=$0.66 每位客户的数据击败了“发送给每个人”模型。这一性能 logistic 回归模型要优于第 31 章中运用主成分的 logistic 回归模型，其依据是-$3.25+$3.04=$0.21 的数据。

32.4　使用投票和趋向平均的合并模型

在第 26 章中，我们学习了如何将投票和趋向平均组合为模型。所有的“性能投票”组合模型都优于第 31 章中的同类模型，但并没有超越单点性能神经元网络模型。再次，三折充分的投票模型在投票模型中具有最佳结果(见表 32.5)。趋向平均也得到应用，获得了类似的结果。对 4 个性能分类模型的积极响应趋向进行平均，所得到的平均消费趋向的直方图如图 32.2 所示。一个非穷举的搜索方案获得的最佳结果是平均趋向= 0.375，如表 32.5

所示。如果 4 个模型中正面响应的平均趋向为 0.375 或更高，则该模型预测正面响应。这种模式表现很好，但同样也没有超越单点性能神经元网络模型。

表 32.5 利用投票和趋向平均(最佳性能高亮显示)组合性能模型得到的结果

模型	模型总利润	每位客户的利润
“发送给所有人”模型	$18 596.40	$2.59
CART 模型	$23 366.00	$3.25
C5.0 模型	$24 294.40	$3.38
神经元网络	**$24 887.20**	**$3.46**
logistic 回归	$23 361.20	$3.25
单一充分	$23 653.60	$3.29
两折充分	$24 136.40	$3.35
三折充分	$24 223.60	$3.27
正一致性	$23,895.2	$3.32
趋向均值 0.374	$24 224.80	$3.37
趋向均值 0.375	$24 236.80	$3.37
趋向均值 0.376	$24 198.00	$3.37

为清楚起见，列出的是利润而不是成本，其中利润=–成本。从完整性考虑，也考虑了单身模型。

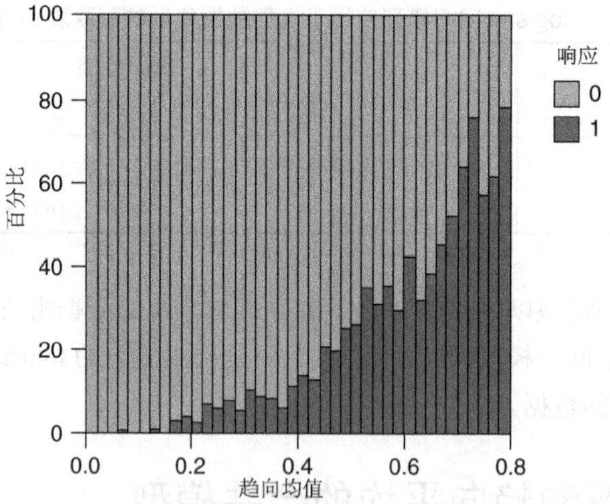

图 32.2 趋向均值(带响应覆盖)

若有必要的话，读者可以考虑试试更深入的模型增强方法，如使用分段建模，以及采用 boosting 和 bagging。

32.5　经验总结

显然，本章的“性能”模型优于第 31 章中使用的主成分模型。与第 31 章讨论的同类模型相比，表 32.5 中模型获得的利润平均提高大约 7～12%。允许模型使用实际的预测变量而不是主成分，使盈利能力得到增加。换言之，更多的信息会导致更好的模型。

性能模型的缺点是缺乏可解释性。最佳的性能模型是神经元网络模型，当然众所周知的是，神经元网络模型缺乏可解释性能力。神经元网络的优点在于，当数据存在非线性的关联时，其他类型的模型都有筛选困难的问题。服装店的数据验证了我们上述的结论。

32.6　总结

到此为止，主要目标和次要目标是否得到解决呢？

- **主要目标**：制定分类模型使直邮营销利润最大化。
- **次要目标**：通过 EDA、成分概况以及聚类概况更好地理解我们的客户。

在第 29、30 和 31 章中，我们与客户之间建立了更好的理解，方法是使用探索性数据分析、成分概况和聚类概况，并对第 31 章中的最佳性能模型进行了解释。在第 31 和 32 章，我们开发了一套模型，其将为我们的服装店公司获得更多的盈利，从每位客户 3.46 美元，发展到比“发送给每个人”模型每客户增加 0.87 美元，利润增加 25%。因此，这就达成了案例研究的主要目标和次要目标，通过利用现有的数据增强知识和盈利能力，预测分析人员提供了有价值的服务。

附录 A

数据汇总与可视化

本附录将简要介绍用于数据汇总和可视化的方法。若需要进行深入研究，请参考 *Discovering Statistics*，*Second Edition* 一书，其作者为 Daniel Larose(W.H. Freeman，第 2 版，2013 年)。

第 1 部分：汇总 1：数据分析基础构件

- 描述性统计主要涉及从数据集中汇总和组织信息的方法。

  考虑表 A.1，我们将利用该表描述一些统计学概念。

表 A.1　10 位贷款申请人的特征

申请人	婚姻状况	抵押贷款	收入($)	等级	年份	风险
1	Single	Y	38,000	2	2009	Good
2	Married	Y	32,000	7	2010	Good
3	Other	N	25,000	9	2011	Good
4	Other	N	36,000	3	2009	Good
5	Other	Y	33,000	4	2010	Good
6	Other	N	24,000	10	2008	Bad
7	Married	Y	25,100	8	2010	Good
8	Married	Y	48,000	1	2007	Good
9	Married	Y	32,100	6	2009	Bad
10	Married	Y	32,200	5	2010	Good

- 对其收集信息的实体称为元素。在表 A.1 中，元素为 10 位申请人。元素也称为实例或对象。
- 变量是元素的特征，不同元素的变量可以取不同的值。表 A.1 中的变量是婚姻状况、抵押贷款、收入、等级、年份、风险。变量也称为属性。
- 特定元素的变量取值集合是一个观察对象，观察对象也称为记录。申请人 2 的观察对象如下所示。

申请人	婚姻状况	抵押贷款	收入($)	等级	年份	风险
2	Married	Y	32000	7	2010	Good

- 变量可以是定量的，也可以是定性的。
  - 定性变量要保证元素按照某种特征分类。表 A.1 中的定性变量包括婚姻状况、抵押贷款、等级、风险等。定性变量也称为类别变量。
  - 定量变量取数字值，可以对其进行有意义的代数操作。表 A.1 中的定量变量为收入和年份。定量变量也称为数值变量。
- 数据可以按照四种度量级别进行划分：名义、序数、区间和比率。其中，名义和序数数据为类别型；区间和比率数据为数值型。
  - 名义数据涉及姓名、标识或分类。名义数据不存在自然的顺序，也不能对名义数据执行代数操作。表 A.1 中的名义变量为婚姻状况、抵押贷款和风险。
  - 序数数据可以表现出一定的顺序。然而，对序数数据执行代数操作是无意义的。表 A.1 中涉及的序数变量为(收入)等级。
  - 区间数据包含按照区间定义的定量数据，不包括自然数 0。可以对区间数据执行加减操作。表 A.1 中涉及的区间数据为年份(注意不存在第 0 年，日历计数范围从公元前 1 年或到公元 1 年)。
  - 比率数据是定量数据，可以对其执行加、减、乘、除等操作。比率数据存在自然数 0。在表 A.1 中，比率数据为收入。
- 取有限或可计数数字值的数值变量为离散变量，每个值能够被图形化为一个点，不同的点之间存在空间差异。表 A.1 中的离散变量为年份。
- 取无限多个值的数值变量为连续变量，其可能的取值构成了数值区间。点空间被不同的点充满。表 A.1 中的连续变量为收入。
- 特定问题所涉及的所有元素构成总体，参数反映了总体的特征。例如，所有美国选民构成一个总体，参数为支持每吨碳排放收取 1 美元税在总体中所占的比例。
  - 参数值往往是未知的，但它一般都以常量形式存在。
- 实例包含总体的子集。实例的特征称为统计。例如，所处班级中的美国选民集为一个实例，统计为支持每吨碳排放收取 1 美元税的人数。这类调查是难以切合实际的，因此我们转向统计推理。

- 统计推理包含根据总体中实例的特征估计或得出有关总体特征结论的方法。例如，假设班上大约有 50%的选民支持收税；利用统计推理，我们可以推断出在所有美国选民中，大约有 50%的人支持收税。显然，这样得出结论是存在一定问题的。实例既不随机，又不具有代表性。因此，得出的结论可信度不高。
- 当抽取实例时，每个元素被选中的机会均等，则称该实例具有随机性。
- 预测变量是一种有助于预测响应变量结果的变量。表 A.1 中，除风险变量外，其他变量均为预测变量。
- 响应变量是一种特殊的变量，当部分预测变量值确定时，响应变量的值一般是确定的，也就是说响应变量的值由部分或全部预测变量的值来确定。表 A.1 中的风险就是响应变量。

第 2 部分：可视化：汇总及组织数据的图和表

A.2.1 类别变量

- 某个类别的频度(或者计数)是每个类别中所包含的某个数字值的数量。分类变量的某一特定分类的相对频率等于其出现的频率除以所有实例的数量。
- 特定分类变量的(相对)频率分布包含所有分类变量所假设的分类，以及每个分类值的(相对)频率。频率按照实例数相加，相对频率的和值为 1。
- 例如，表 A.2 包含婚姻状况的频率分布和相对频率分布，数据来源于表 A.1。

表 A.2 频率分布与相对频率分布

婚姻状况类别	频率	相对频率
Married	5	0.5
Other	4	0.4
Single	1	0.1
Total	10	1.0

- 柱状图是用于表示某个类别变量的频率或相对频率的一种图形化表示方法。注意柱状图之间不能相交。
  - 帕累托图是一种柱状图，其柱形按照降序排列。图 A.1 是帕累托图的示例。
- 饼图将一个圆划分为多个块，每个块的比例大小表示与该块对应的类别的相对频率。图 A.2 显示的是婚姻状况的饼图。

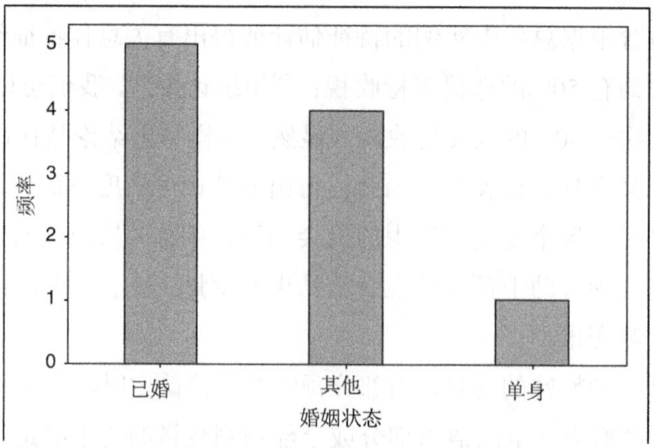

图 A.1 婚姻状态的柱状图

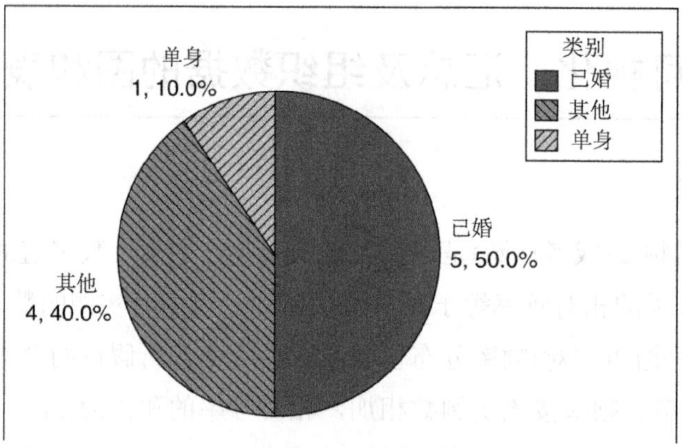

图 A.2 婚姻状态饼图

A.2.2 定量变量

- 定量数据按照类别分组。类别的低(高)限制等于类别中的最小(最大)值。类别宽度是最低类别极限之间的差异。
- 对定量数据，(相对)频率分布将数据划分为系统宽度的不相交类别。表 A.3 给出了表 A.1 中收入变量的频率分布和相对频率分布。

表 A.3 收入的频率分布与相对频率分布

收入类别	频率	相对频率
\$24 000-\$29 999	3	0.3
\$30 000-\$35 999	4	0.4
\$36 000-\$41 999	2	0.2
\$42 000-\$48 999	1	0.1
总计	10	1.0

- 累计(相对)频率分布和累计(相对)频率分布给出了数据值小于等于类别上极限的总数量(相对频率)的数据值。如表 A.4 所示。

表 A.4　收入的累计频率分布与累计相对频率分布

收入类别	累计频率	累计相对频率
$24 000-$29 999	3	0.3
$30 000-$35 999	7	0.7
$36 000-$41 999	9	0.9
$42 000-$48 999	10	1.0

- 某个变量的分布是用图、表或公式定义的数据集中所有元素的变量值或频率。例如，表 A.3 表示变量收入的分布。
- 直方图是一种图形化的表示方法，表示某个定量变量的(相对)频率分布(见图 A.3)。注意直方图表示了数据平滑性的简化版本，其形状将根据类的数量和宽度发生变化。因此，对直方图的解释需要谨慎。请参考发现统计量。在 Daniel Larose 所著书籍中，第 2 版的第 2.4 节中有一个实例，数据集通过改变直方图类别的数量和宽度，表示为呈对称和右倾斜的情况。

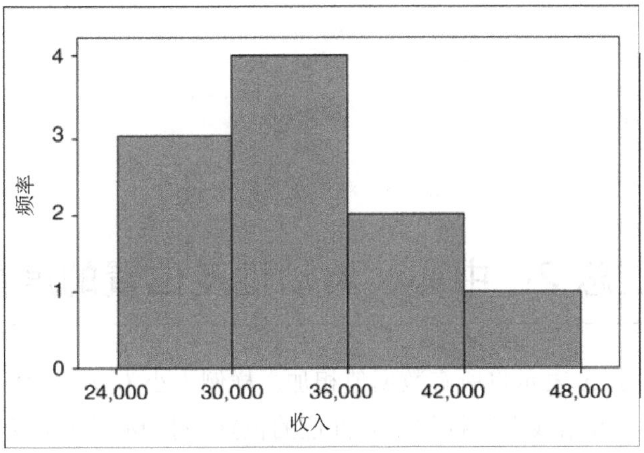

图 A.3　收入直方图

- 茎叶显示给出了数据分布的形状，同时在显示中包含原始数据值，其要么是正确的，要么是近似的。叶单位定义为等于 10 的指数倍，茎单位为叶单位的 10 倍。通过茎-叶合并，每个叶表示一个数据值。例如，在图 A.4 中，叶单位(右边列)是 1000，茎单位(左边列)为 10 000。因此，“2 4”表示 2×10 000+4×1000=$24 000，而“2 55”表示两个等于$25 000(其中一个是精确的，另外一个为近似的：实际值为$25 100)。注意，在图 A.4 中，向左旋转 90°，表示数据分布的形状。
- 在点图中，每个点表示一个或多个数据值，这些点位于数据线之上。如图 A.5 所示。

```
收入茎叶图
叶单位=1000

2  4
2  55
3  2223
3  68
4
4  8
```

图 A.4　收入的茎叶图

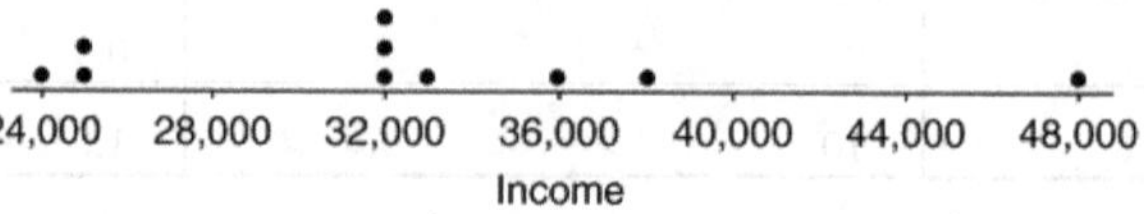

图 A.5　收入的点图

- 若存在将分布划分为轴对称的两个近似镜像，这样的分布称为对称性分布(见图 A.6(a))。
- 右倾斜数据从右至左有明显的长尾(见图 A.6(b))，左倾斜数据从左至右有明显的长尾(见图 A.6(c))。

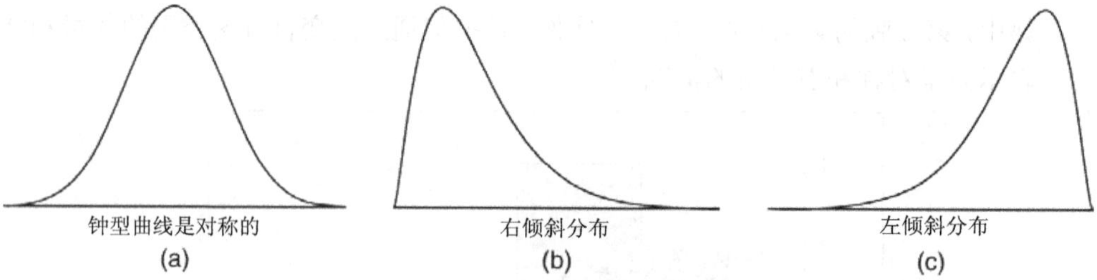

图 A.6　对称及倾斜分布

第 3 部分：汇总 2：中心、波动性及位置的度量

- 汇总求和符号 Σx 表示将所有数据值相加。样例大小为 n，总体大小为 N。
- 中心度量表示数据线上数据的中心部位的位置。对中心度量，我们将学习采用均值、中位数、众数和中点。
  - 均值是数据集数据的算术平均。为获得均值，将所有值相加，然后除以值的个数。表 A.1 中收入的均值通过如下计算获得：

$$\frac{38\ 000+32\ 000+\ldots.+32\ 200}{10}=\$32\ 540$$

  - 样例均值是样例的算术平均，用 $\bar{x}$ 表示。总体的均值是总体的算术平均，用 μ 表示。
  - 当数据的数量为奇数且数据以升序排序时，则中位数是处于中间位置的数据值。如果数据的数量为偶数，则中位数为中间两个数据的平均值。当收入数据按照升序排列时，中间两个值分别是$32 100 和$32 200，则其均值表示的中位数为$32 150。

- 众数是以最大频率出现的数据值。定量和类别变量都有众数，但只有定量变量才有均值和中位数。每个收入值仅出现一次，因此不存在模式。而“年份”的模式为 2010，其出现的频率为 4。
- 中点是数据集中最大最小值的平均值。收入的中点为：

$$\begin{aligned}\text{Midrange(收入)} &= \frac{(\max(\text{收入}) + \min(\text{收入}))}{2} \\ &= \frac{48000+24000}{2} \\ &= \$36000\end{aligned}$$

- 倾斜及中心的度量。以下列举的是可能的、但非严格的规则：
  - 对对称数据来说，均值和中位数近似相等。
  - 对右倾斜数据来说，均值比中位数大。
  - 对左倾斜数据来说，均值比中位数小。
- 变动性的度量对数据集中存在的变动、传播和散布进行量化。为度量变动性，我们将学习范围(间距)、方差、标准差，最后是四分卫间距(*IQR*)。
  - 变量的范围等于最大最小值之差。收入的范围为：范围=max(收入)-min(收入)=48 000-24 000=$24 000。
  - 偏差是数据值与均值之间的差异。对申请人 1 来说，其收入的偏差为 $x-\overline{x}=38\ 000-32\ 540=5460$。对任何可想象出的数据集，均值偏差始终等于 0，因为偏差和等于 0。
  - 总体方差是偏差平方的平均，表示为 σ^2 (西格玛平方)：

$$\sigma^2 = \frac{\sum(x-\mu)^2}{N}$$

  - 总体标准差为总体方差的平方根：$\sigma=\sqrt{\sigma^2}$。
  - 样本方差是偏差平方的平均值，将分母的 n 用 n-1 替换，以使其成为对 σ^2 的无偏估计(无偏估计是一个统计量，其期望值等于其目标参数)。

$$s^2 = \frac{\sum(x-\overline{x})^2}{n-1}$$

  - 样本标准偏差是样例偏差的平方根：$s=\sqrt{s^2}$。
  - 方差以平方作为表示单位，对非专业人士来说这可能不太清楚。基于此原因，以原始单位表示的标准差用于报告结果是比较常见的方法。例如，收入的样本方差为 s^2=51 860 444，对客户来说其含义不好理解。因此，最好用样本标准差 $s=\$7201$ 表示。

- 样本标准偏差 s 是典型偏差的大小，即数据值与数据值均值之间的差异。例如，收入典型偏差与其均值之间的差异为$7201。

- 位置度量表示某一特定数据值在数据分布中所处的相对位置。此处位置度量采用百分比、等级百分比、*Z*-score 及四分位数。
  - 数据集的百分之 p 表示数据集中百分之 p 的数据小于或等于该值。50%为中位数。例如，收入的中位数为$32 150，50%的数据值小于或等于该值。
  - 数据值的等级百分比等于在数据集中小于或等于该值的数据值的百分比。例如，申请人 1 的收入$38 000 的百分比等级是 90%，表示大约 90%的申请人收入小于等于$38 000。
  - 特定数据值的 *Z*-score 表示标准差低于或高于数据均值的大小。*Z*-score 表达式如下：

$$Z-score=\frac{x-\overline{x}}{s}$$

  对申请人 6，其 Z-score 为：

$$\frac{24000-32540}{7201}\approx -1.2$$

  申请人 6 的收入处于均值之下 1.2 倍标准偏差。
  - 给定 Z-score 时，我们也可以获得数据值。Z-score=−2，对应的最小收入为：

$$\text{Income}=Z-score\cdot s+\overline{x}=(-2)(7201)+32540=\$18138$$

  表示若申请人收入低于$18 138，则不予贷款。
  - 如果数据分布为正态分布，则经验规则为：
    - 大约 68%的数据处于均值附近 1 个标准偏差之间。
    - 大约 95%的数据处于均值附近 2 个标准偏差之间。
    - 大约 99.97 的数据处于均值附近 3 个标准偏差之间。
  - 第 1 个四分位数(*Q*1)为数据集的 25%；第 2 个四分位数(*Q*2)为数据集的 50%；第 3 个四分位数(*Q*3)为数据集的 75%。
  - *IQR* 是一种对离群点不敏感的变异性度量。*IQR*=*Q*3−*Q*1。
  - 在采用 *IQR* 方法检测离群点时，数据值 x 称为离群点，条件为：
    - $x \leqslant Q1-1.5(IQR)$，或
    - $x \geqslant Q3+1.5(IQR)$

- 数据集的五数汇总包含最小值 *Q*1、中位数 *Q*3 以及最大值。

- 箱点图是一种基于五个数汇总的图，可用于识别对称性和倾斜性。假设对某个数据集(不是来自于表 A.1)，我们有 *min*=15、*Q*1=29、*median*=36、*Q*3=42、*Max*=47，则箱点图如图 A.7 所示。

- 箱包含从 $Q1$ 到 $Q3$ “中间一半” 的数据。
- 左边的需要延伸至最小值，不是离群点。
- 右边的需要延伸至最大值，也不是离群点。
- 左边的需要延伸比右边的需要延伸长时，则分布是左倾斜的。
- 当左右需要延伸相等长度时，则分布是对称的。图 A.7 所示的分布表现为左倾斜。

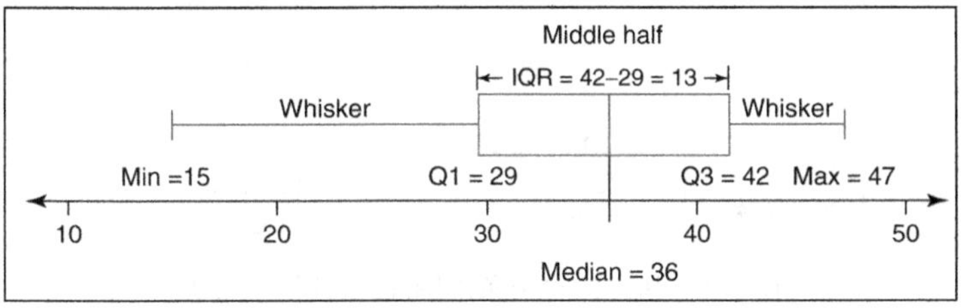

图 A.7　左倾斜数据的箱点图

第 4 部分：双变量关系的汇总及可视化

- 双变量关系表示两个变量之间的关系。
- 两个类别变量之间关系的汇总可采用列联表，列联表是两个变量之间的交叉表，每个单元格包含变量值的合并结果(即每个列联)。表 A.5 是变量抵押贷款(mortgage)和风险(risk)的列联表。总计列包含风险的边际分布，即单变量的频率分布。类似地，总计行也表示抵押贷款的边际分布。

表 A.5　抵押贷款与风险列联表

		抵押贷款		
		是	否	总计
风险	良好	6	2	8
	不良	1	1	2
	总计	7	3	10

- 从列联表中可以获得更多信息。不良贷款风险的基线比例为 2/10=20%。然而，对于没有抵押贷款的申请者，其不良贷款风险的比例为 1/3=33%，比基线风险高；对于申请过抵押贷款的申请者，其不良贷款风险的比例仅为 1/7=14%，比基线风险低。因此，申请者是否申请过抵押贷款对预测贷款风险是有益的。
- 聚类条形图是列联表的图形化表示方法。图 A.8 显示出风险的聚类状条形图，按照抵押贷款聚类。注意，两个组之间的差别非常明显。

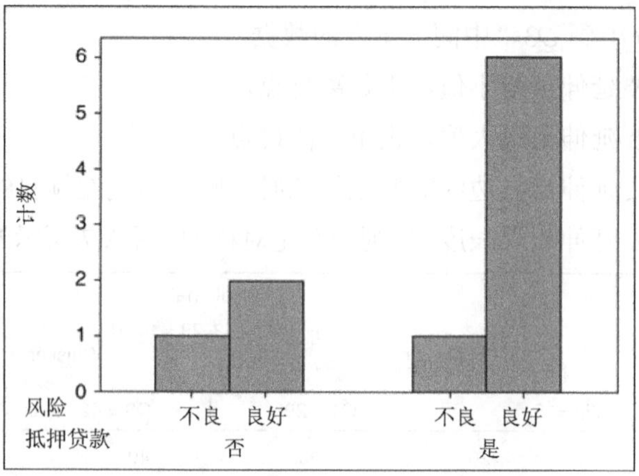

图 A.8　风险的聚类条形图(按抵押贷款聚类)

- 为对定量变量与分类变量之间的关系进行汇总，我们可计算为每个级别的分类变量计算定量变量的汇总统计。例如，针对不良贷款风险与良好贷款风险记录，Minitab 提供了收入的如下汇总统计。所有的汇总度量都比良好贷款风险要大。其差异具有显著性吗？我们需要利用假设检验来判别(参考第 4 章)。

Descriptive Statistics: Income

Variable	Risk	Mean	StDev	Minimum	Median	Maximum
Income	Bad	28050	5728	24000	28050	32100
	Good	33663	7402	25000	32600	48000

- 为可视化定量变量与分类变量之间的关系，可以用独立值点图，其本质上为一组垂直的点图，每个点表示分类变量的一个类别。图 A.9 给出的是收入与风险的单独值点图，其中表明收入越高，贷款风险越小。

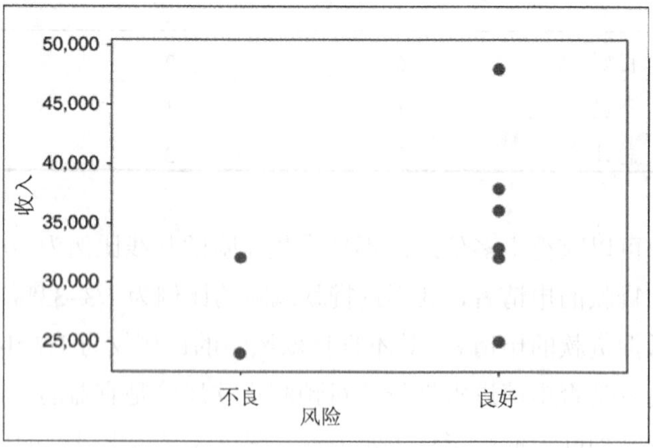

图 A.9　收入与风险的独立值点图

- 散点图用于可视化两个定量变量 x 和 y 之间的关系。每个(x,y)是笛卡尔平面上的点，x 轴为水平轴，y 轴为垂直轴。图 A.10 是包含 8 个点的散点图，表示变量之间可能存在的某些关系，还包含关联系数 r。
- 关联系数 r 量化两个定量变量之间线性关系的强度和方向。关联系数定义如下：

$$r=\frac{\sum(x-\overline{x})(y-\overline{y})}{(n-1)s_x s_y}$$

其中 s_x 及 s_y 分别表示 x 变量和 y 变量的标准偏差。$-1\leqslant r\leqslant 1$。

- 在包含大量记录(超过 1000)的数据挖掘中，即使 r 的值较小，例如$-0.1\leqslant r\leqslant 0.1$，其也可能是统计上显著的。
- 如果 r 为正且是显著的，我们就说 x 与 y 正相关，这意味着当 x 增加时，导致 y 增加。
- 如果 r 为负且是显著的，我们就说 x 与 y 负相关，这意味着当 x 增加时，导致 y 减少。

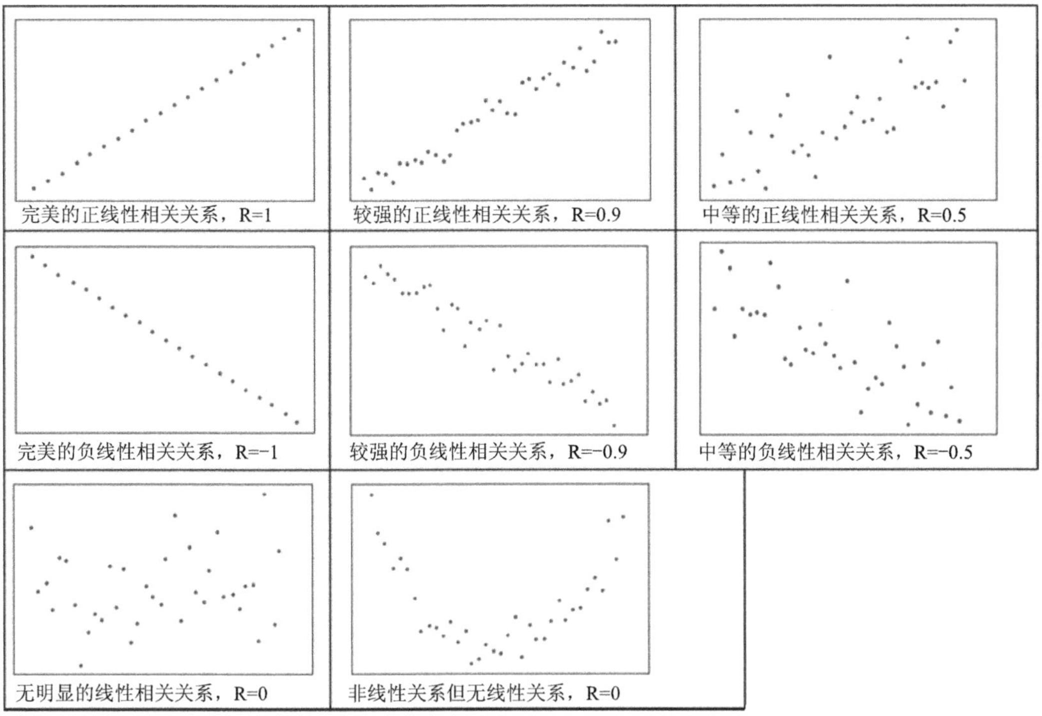

图 A.10　x 与 y 之间可能存在的关系